미생물

공역_ 박우준 • 강형일 • 성정석 • 전체옥 • 조장천

microbe

Moselio Schaechter
John L. ingraham
Frederick C. Neidhardt

미생물

월드사이언스
WORLD SCIENCE
worldscience.co.kr

microbe

미생물

인쇄 | 2010년 5월 1일
발행 | 2010년 5월 10일
공역 | 박우준 · 강형일 · 성정석 · 전체옥 · 조장천
발행인 | 박선진
발행처 | 도서출판 월드사이언스

등록번호 | 제16-1601호
등록일자 | 1988년 2월 12일

주소 | 서울특별시 서초구 방배동 864-31 월드빌딩 1층
전화 | 02) 581-5811~3
FAX | 02) 521-6418
E-mai | worldscience@hanmail.net
URA | http://www.worldscience.co.kr

정가 35,000원
ISBN 978-89-5881-154-1

이 도서의 국립중앙도서관 출판시 도서목록 (CIP)은 e-CIP 홈페이지
(http://www.nl.go.kr/cip.php)에서 이용하실 수 있습니다.
(CIP 제어번호: 2010001619)

Contents

서문(Preface)

미생물의 세계는 놀랍게도 유일하게 우리 인간이 사는 곳이다. 이 교과서를 쓴 의도는 여러분에게 미생물의 세계, 그것의 인간에 있어서의 중요성과 그 이상의 것, 그것의 우리의 행성을 잘 유지하는 것에 대한 중요성을 소개하기 위해서이다.

우리의 현재 계획은, 비록 사실이 계속적으로 소개되지만, 사실이 아닌 개념을 강조하는 것이다. 미생물이 같이 있는 방식, 생장과 생존을 위해서 반드시 해야 하는 것과 어떻게 다른 생명체와 상호작용을 하는지에 대한 이야기를 해주고 싶다. 비록 이 책은 미생물에 대하여 너무 많은 것들이 있기 때문에 상당히 두꺼운 책이지만, 우리의 접근방법은 사전과는 거리가 멀다.

여러분 중 다수는 보건 전문분야에 들어가서, 특히 질병유발원으로서 미생물에 대하여 너무 읽고 싶을 지도 모른다는 것을 우리가 인지하고 있다. 우리가 의대에서 가르치고 의대 오리엔테이션에서 이 책을 사용하기 때문에, 우리는 이러한 관심사항을 공유한다. 그러나 이들을 병원균으로 다루기 위해서 미생물의 생활과 활동에 관한 모든 면에 대한 지식이 필요하다고 생각한다. 이 분야에서 어떤 것들이 있는지 기대한다면, 이 책의 22장을 펴고 처음에 그곳을 읽어주기 바란다. 배경지식이 별로 필요 없고 미생물 교육과정의 초기에 읽을 수 있다.

이 책에 과다한 많은 정보를 넣고 싶지 않기 때문에, 여러분이 인터넷에서 이용 가능한 풍부한 자료를 이용해 주길 바란다. 선택을 좋게 하고, 여러분에게 너무 많은 흥미로운 웹사이트로 질리게 하지 않게 하기 위해, 우리가 여러분이 관심 가질 만한 몇 가지의 특별히 관련된 웹사이트를 선택했고, 본문에 실어 놓았다. 더 많은 정보를 위하여 이 책의 앞 쪽에 있는 마지막 항목인 "Study Aids"를 참조하라

사사(Acknowledgments)

다음의 개개인에게 모두 관대하고 유익한 그들의 논평, 제안, 질문에 대한 대답, 그리고 일부 경우에서는 전체 장들의 리뷰에 대하여 감사한다: Jennifer Antonuci, Douglas Bartlett, Paul Baumann, Mya Breitbart, Veronica Casa, Mike Cleary, Kathleen Collins, Dean

Dawson, Wesley Dunnick, Cary Engleberg, Jack Fellman, Joshua Fierer, Margo Haygood, Gary Huffnagle, Mark Hildebrand, John Howieson, Philip King, Denise Kirschner, Roberto Kolter, Sydney Kustu, David Lipson, Stanely Maloy, Jack Meeks, Hal Mensch, Mylene Mozafazadeh, Cristian Orrego, Joe Pogliano, Kit Pogliano, Malini Raghavan, Monica Riley, Forest Rohwer, Dirk Schuler, Anca Segall, Deborah Spector, David Stollar, David Thorley-Lawson과 Joseph Viznet.

특히 많은 전자현미경 사진을 제공해준 Terry Beveridge에 감사한다.

University of California, San Diego의 2003 세균학 학급동료에게도 초고를 읽어주고, 예리하고 유용한 평을 해준 것에 감사한다: Cathy Chang, Collin Chang, Jason Chen, Jennifer Han, Jennifer Heieh, Jennifer Kim, Neal Mehta와 Ilya Monosov.

다음의 학부 미생물학을 가르치는 경험 많은 선생님께도 개개인에게도, 전체 본문을 읽고 틀린 곳을 고쳐주고 각자의 견해를 주신 것에 대하여 특별히 감사한다: Rod Anderson, Robert Bender, Gary Ogden, James Russel과 Amy Cheng Vollmer. 그들의 사려 깊고 중요한 논평이 매우 도움이 되었다.

마지막으로 ASM Press의 직원들과 이 책을 위해 일 해준 다른 이들에게도 그들의 기술, 경험과 인내에 대하여 감사하다. Jeff Holtmeier(Director)가 Kenneth April (production editor), Elizabeth McGillicuddy(copy editor), Kathleen Vckers (proofreader), Patrick Lane(artist)와 Susan Schmidler(cover와 interior designer)로 구성된 우수한 팀원을 조직했다. 좋은 유머와 완전한 몰입으로 그들은 원고를 책으로 만드는 것을 해내었다.

저자들에 관하여

우리 세 명의 저자는 오랜 세월동안 함께 연구하면서 교류를 가져왔다. 이 저서는 우리의 5번째 공동 작품이며, 공동 저서로는 교과서인 "세균 세포의 물리학"과 참고서인 "Escherichia *coli*와 Salmonella: 세포와 분자 생물학" 등이 있다. 우리는 같은 분야를 연구하는 사람들의 일의 즐거움과 그것이 우리의 관계를 돈독하게 했음을 확신할 수 있나. 이뿐만 아니라, 우리 저자 각자는 미국 미생물학회의 회장으로서 재임하는 등의 공통된 경험 역시 공유해 왔다.

Moselio Schaechter (사진 가운데)은 이탈리아에서 태어나고, 10대에 에쿠아도르에서 자랐다. Pennsylvania 대학에서 박사 학위를 받았으며, Tufts 의학대학에서 그의 연구 생활 대부분을 보내고 1995년에 샌디에이고로 옮겼다. 그의 주 연구 관심분야는 미생물의 생장률 조절, 막 생물학, 그리고 염색체 교류를 포함하는 세균 물리학이었다. 그의 이메일 주소는 mschaech@sunstroke.sdsu.edu이다.

John L. Ingraham (사진 오른쪽)은 캘리포니아에서 태어나고 자랐으며, 버클리에서 수학하였다. 그의 연구 생활 대부분을 California-Davis 대학에서 보내었다. 그 역시 저온에서의 미생물 생장, 말산이 젖산으로의 발효, 퓨젤유 형성, 피리미딘 대사, 그리고 탈질화 반응을 포함한 세균 물리학을 연구하였다. 그의 이메일 주소는 jingrah1@earthlink.net이다.

Frederick C. Neidhardt (사진 왼쪽)은 필라델피아에서 태어났으며, 오하이오 주의 Kenyon 대학에서 생물학을 전공하였고 Harvard 대학에서 박사학위를 받았다. 그는 Harvard, Purdue, 그리고 Michigan 대학에서 연구 생활을 하였다. 그의 주 연구 관심사는 분해대사물 저해, 생장률 조절, 아미노아실-tRNA 합성효소, 그리고 열 충격과 세포의 광범위한 연락망을 관찰하는 것이다. 그의 이메일 주소는 fcneid@umich.edu이다.

Study Aids

웹사이트

이 책의 독자는 인터넷의 사이트에 쉽게 직접적으로 연결될 수 있을 것이다. 학습경험을 증대시키기 위하여, 이 책과 연결된 웹사이트가 http://www.microbebook.org에 위치하고 있다. 이 웹사이트는 책에서 다루고 있는 것들과 관련된 다른 사이트뿐만 아니라 아래 설명되어 있는 온라인 학습안내도 연결되어 있다. 우리는 독자가 www.microbebook.org를 즐겨찾기 북마크로 해 놓기를 부탁한다. 일단 사이트가 열리면, 한 번의 클릭으로 연결될 수 있다. 본문에서, 연결 사이트는 웹사이트에 연결에 해당되는 번호를 가진 사이드바(sidebars)로 (또는 한 경우에서 표로) 나타나 있다.

연결 사이트는 여러 가지 목적으로 선택되었는데, 주요한 점은 독자로 하여금 더 많은 정보를 알게 하고 동영상 또는 비디오를 제공하는 것이다. 이들 웹사이트는 안정성을 위하여 선택되었고 계속적으로 모니터링하고 새롭게 갱신될 것이다.

온라인 학습안내

다른 study aid는 BrainX Digital Tutoring System이다. 미생물(Microbe)은 강력한 온라인 학습안내가 부수적으로 존재합니다. 이 시스템은 학습의 신경학에 대한 최근의 연구를 사용하였다. 간단하게 각 장에 소개된 자료의 좋은 이해를 위하여 책의 각 장을 읽는 것이다. 그리고 온라인으로 가서 정보를 강화시키기 위하여, 오랜 기억에 남아 있을 때까지 tutoring system을 사용하는 것이다.

시작하기 위하여, http://www.microbebook.org에 가라. 거기서 BrainX Digital Tutoring System의 여러분의 계좌를 열기 위한 사이트로 연결될 수 있고 미생물(Microbe) 학습안내를 사용하라.

이 책을 처음 구입했다면, BrainX Digital Tutoring System에 접속하고 미생물(Microbe) 학습안내를 사용하기 위해 책의 앞표지 안에 표시되어 있는 인증번호를 입력하라고 할 것이다. 만약 중고 미생물(Microbe)를 구입했다면, www.microbebook.org를 방문하여 온라인 학습안내를 위한 암호를 구입하기 위한 설명을 따르면 된다.

역자서문

미생물학은 생명과학의 기초 자료를 제공할 뿐만 아니라 의약품, 농업, 환경 등 인간의 생활과 활동에 밀접하게 연관되어 있기 때문에 매우 중요한 학문분야이다. 최근 과학기술의 발달로 이미 1000여개의 미생물 유전체가 밝혀지고 다양한 미생물학 분야의 지식들이 새롭게 나오고 있지만, 기존의 미생물 교과서는 기존의 교과서를 바탕으로 한 새로운 개정을 내기 때문에 기존의 교과서에서 다루지 않는 분야의 내용을 쉽게 접할 수 없는 단점이 있다. 이 책 Microbe(미생물)은 미국 미생물학회(American Society for Microbiology)에서 2006년 교과서용으로 출간한 책으로 내용의 분량이 적당하고, 꼭 알아야 하는 기본적인 미생물학적 지식과 함께 나른 교과서에서 다루지 않았던 분야를 좀 더 깊게 소개하여 학생들로 하여금 흥미를 유발토록하고 있다. 특히 교과서 내용과 관련된 연구내용의 논문 원본을 인터넷을 통해 접근할 수 있도록 하여 좀 더 자세한 정보를 요구하는 독자로 하여금 좋은 정보를 제공하고 있다. 또한 저자들은 역대 미국 미생물학회 회장을 역임한 학자들로 미생물학 분야의 교육자로서, 연구하는 학자로서 전문가들이다. 따라서 다른 교과서에서는 생각하지 못했던 방식, 다루지 않았던 방식으로 문제를 접근하고 풀어가고 있다. 다른 교과서에 비해 내용이 간단하고 도식화된 그림으로 쉽게 설명되어 있어 대학교 2-3학년 일반미생물학 교과서로 적당할 것으로 생각된다. 교과서 일부에 은유적인 표현과 웃음을 자아내는 표현을 사용하였으나 한국의 정서에 맞지 않아 일부 수정이 불가피했다.

또한 이 책 Microbe(미생물)은 첫 번째 판이기 때문에 원서와 역서에 오류가 일부 있을 수 있으나 일부 학문적, 용어 사용상의 오류에 대하여서는 독자들의 지도편달과 함께 계속적으로 수정을 하도록 하겠다. 본 Microbe(미생물)을 번역하는데 적극적으로 협조해 주신 역자여러분에게 감사드리고, 기술적 교정을 위해 수고해준 월드사이언스(주)관계자 여러분께도 감사드린다.

2010. 4

대표역자 **박우준**

역자 정보

강형일 순천대학교 환경교육과 부교수
고려대학교 미생물학 박사(Ph.D)

박우준 고려대학교 환경생태공학부 부교수
Cornell University, 미생물학 박사(Ph.D)

성정석 동국대학교 생명과학부 부교수
Oregon State University 면역학 박사(Ph.D)

전체옥 중앙대학교 생명과학과 부교수
포항공과대학교 환경공학 박사(Ph.D)

조장천 인하대학교 생명과학부 부교수
서울대학교 미생물학 박사(Ph.D)

단원 I 미생물의 활동

제1장 미생물의 세계

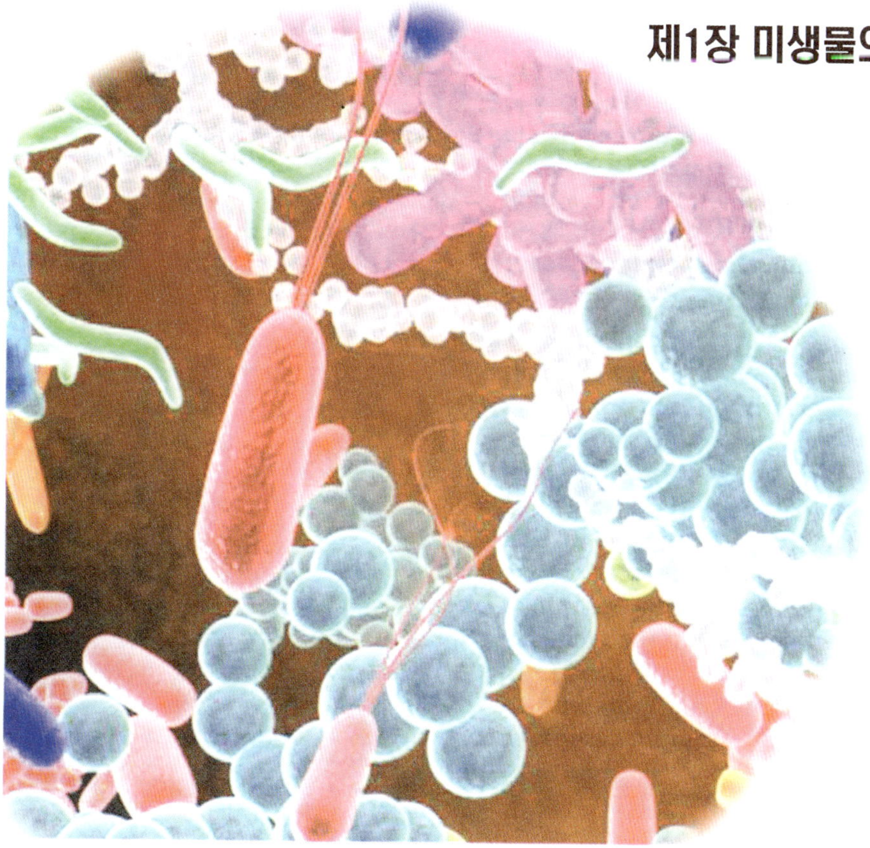

제1장 미생물의 세계

1.1 *본 단원의 일반적인 배경*

서론

생물체는 대부분 육안으로는 보이지 않는 생물인 미생물이며, 눈으로 볼 수 있는 생물들은 소수에 불과하다. 미생물은 생물계의 모든 구성원들 그리고 무생물계의 많은 부분과 상호작용을 한다. 상호작용의 영향은 매우 경이적이라고 할 수 있으며(표1.1), 이러한 이유 때문에 미생물에 대한 연구는 미생물학을 초월하여 생물학의 모든 분야에 영향을 미치고 있다. 우리는 미생물의 활동에 대한 진지한 고찰 없이는 생물학 또는 지구과학의 어떤 분야에 대한 연구도 가능하지 않다고 생각한다. 또한 미생물은 인간의 생활에도 많은 영향을 주고 있다(표1.2). 이 장에서는 미생물의 중요한 특성들에 대해 소개하고자 한다.

미생물이란?

전통적으로 미생물은 너무 작아서(100 마이크로미터[μm]보다 작음) 현미경으로만 볼 수 있는 독립생활 유기체로 기술되어 왔으나, 어떤 미생물은 육안으로도 식별이 가능할 만큼 크다. 가장 작은 세균은 길이가 겨우 0.2 μm에 불과하지만, 거대 세균이나 원생동물은 길이가 1mm 또는 그보다 더 길기도 하다. 미생물은 핵이 없는 **원핵생물(Prokaryote)** 또는 핵이 있는 **진핵생물(Eukaryote)** 중의 하나이다(그림1.1). 조류나 곰팡이를 제외한 진핵 미생물을 총칭하여 원생생물(Protist)이라고 부른다. 미생물의 정의를 복잡하게 만드는 요인들 중 첫 번째는 어떤 미생물들은 독립생활을 하지 않는다는 것인데, 한센병을 일으키는 간균인 *Mycobacterium leprae*와 같은 것은 세포 속에서만 살아가는 절대 기생 미생물이다. 두 번째로 복잡한 요인은 어떤 그룹의 미생물은 범위를 정하기가 매우 어려운데, 그것은 그들이 부분적으로 서로 많은 공통점을 가지고 있기 때문이다. 예를 들어, 효모는 확실히 미생물이지만 버섯은 미생물이 아니다. 하지만 효모나 버섯 모두 곰팡이 그룹에 속한다.

표 1.1 미생물들의 특성

미생물들은
모든 생명체들의 근원이다.
식물이나 동물보다 계통발생학적으로 더 다양하다.
엄청나게 많다.
액체상태의 물만 있으면 실질적으로 지구상 어디서나 생장한다.
생명에 필요한 물질들을 변환시킨다.
지구를 변화시킨다.
기후에 영향을 미친다.
동물, 식물 또는 다른 미생물들과 수많은 공생관계를 갖는다.
질병을 일으킨다.
동물과 식물의 행동에 영향을 미친다.

표 1.2 인간의 미생물 사용

주요 산업에서의 화학적 활동들을 수행
유용한 단백질들의 생산을 위한 도구(예: 백신개발)
식품의 생산과 보존 향상
하수 처리와 같은 주요 공중 보건 기능
오염장소의 생물학적 환경복원
악의적인 의도의 생물학전과 생물학적 테러리즘

표 1.3 진정세균과 고세균

진정세균과 고세균은 세포벽과 세포막의 화학적 성분이 다르다.
진정세균은 항생제에 민감하지만, 고세균은 대부분의 항생제에 민감하지 않다.
고세균의 단백질과 핵산 합성 효소는 진핵생물과 비슷하지만 진정세균과는 같지 않다.
진정세균에는 동물과 식물 병원균이 존재하지만, 고세균은 동물과 식물의 질병을 유발하지 않는다.
대표적인 진정세균들은 대장균, 포도상구균, 연쇄상구균 등이 있다.
대표적인 고세균들은 초고온성 균들과 메탄 생성균들이다.

마지막으로 **바이러스(Virus)**들은 또 어떠한가? 바이러스는 미생물인가? 꼭 그렇다고는 할 수 없다. 왜냐하면 그들은 살아있는 세포들이 지녀야할 중요한 요건 중 하나를 갖추지 못하고 있기 때문이다. 즉, 바이러스는 세포의 몸체 완전성을 유지할 수 있는 능력이 부족하다. 바이러스는 세포 생명체들이 하는 것처럼 복제하고 변이하지만 그들은 복제과정 동안 해체된다. 바이러스의 주요 구성성분은 그들의 숙주세포에서 독립적으로 만들어진 다음 후대 바이러스 몸체로 재결합되는 핵산과 단백질이다. 바이러스는 단백질을 만들 수 있는 능력이 없어서(리보솜을 가지고 있지 않다) 그들의 거대분자 생합성을 위해 필요한 모든 조립 부품의 공급을 숙주에 의존한다. 숙주 밖에서 바이러스 분자들은 생명력이 없고 복제도 할 수 없다. 바이러스 생물학에 대해서는 제17장에 언급되어 있다.

원핵생물은 상당히 큰 부류인, **진정세균(Bacteria)**과 **고세균(Archaea)**으로 구성되어 있다. 우리가 제2장에서 살펴보겠지만, 이들 두 그룹은 일반적으로 같은 구조를 지니고 있다. 그들은 핵과 미토콘드리아 또는 엽록체와 같이 막으로 구성된 세포기관들이 결핍되어 있다(표 1.3). 리보 핵산(Ribosomal ribonucleic acid, RNA) 서열 분석에 기반을 둔 분자생물학적 방법론은 진정세균과 고세균이 두 개의 다른 진화군으로 구성되어 있음을 보여주고 있다. 그들의 계통학적 분기점은 아주 오래전으로 거슬러 올라가는데, 그것에 관한 세부사항은 논쟁의 여지가 남아 있다. 많은 연구자들에 따르면 고세균은 실질적으로 진정세균보다 진핵생물에 더 가깝다(그림 1.2). 여기서 진정세균은 하나의 가지를 형성하고 고세균과 진핵생물이 다른 가지를 형성한다. 하지만 다른 연구자들은 원핵생물이라는 용어가 계통학적 의

그림 1.1 미생물. 미생물은 원핵 미생물과 진핵 미생물 모두를 포함한다.

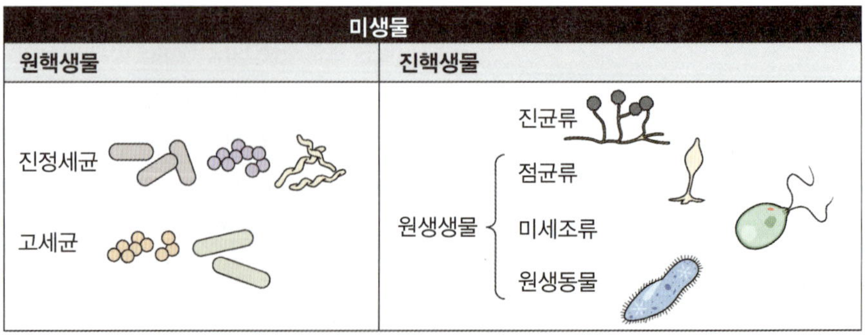

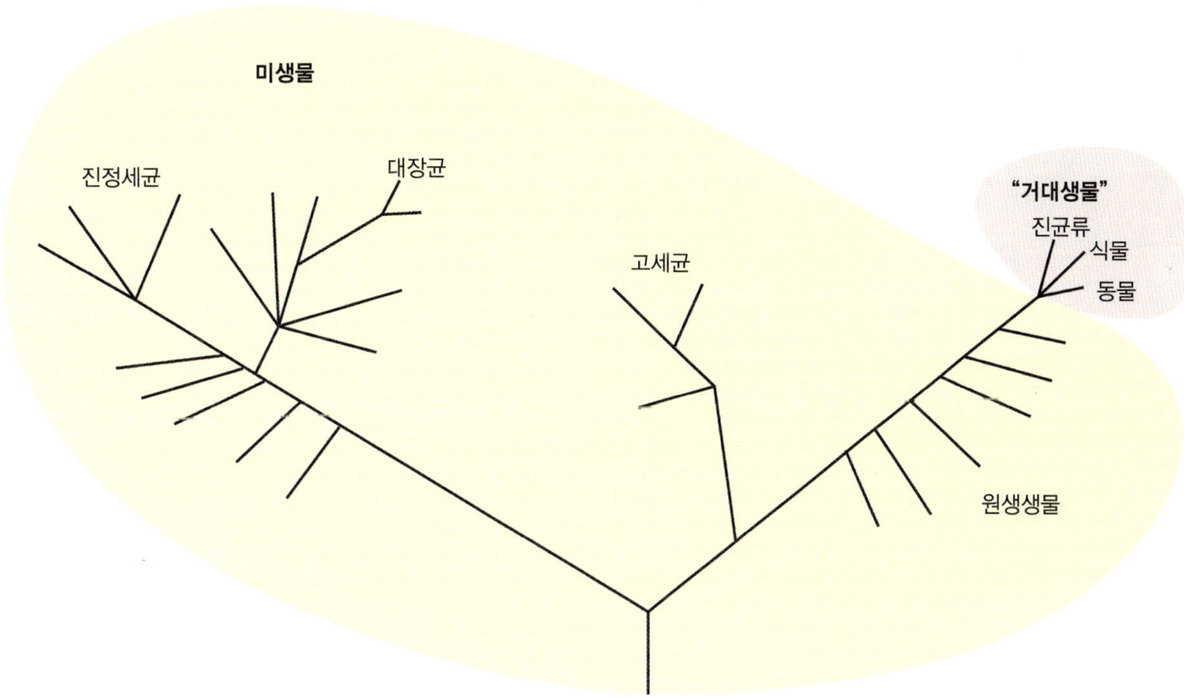

그림 1.2 작은 리보솜 RNA(16S 또는 18S rRNA)의 유연관계에 근거한 생물계의 계통학적 관계: 살아있는 모든 유기체들은 원핵생물인 진정세균과 고세균, 그리고 진핵생물의 세 가지 **계(domain)**중에 하나에 속하고, 각각은 다시 여러 개의 **문(phyla)**으로 나뉜다. 원핵생물 계에 있는 계의 수가 **진핵생물계**에 있는 계의 수보다 더 많다는 것을 주목하라. 게다가 육안으로 보이지 않는 유기체(미생물)들의 문의 수는 눈에 보이는 것(거대생물)들보다 훨씬 더 많다. 동물들과 식물들 그리고 진균류는 생명 계통수의 작은 가지에 자리 잡고 있다.

미를 지니는 것이 아니므로 세포형태(주로 진핵의 결핍)를 기술하는데 제한되어야 한다고 주장한다. 하지만 주목해야 할 것은 진정세균과 고세균이 모든 진핵생물들을 더한 것보다 더 많은 계통학적 다양성을 가지고 있다는 것이다.

미생물의 오랜 역사

진화에 관해 의미 있는 토론이 이루어지기 위해서는 반드시 미생물이 포함되어야 한다. 생명체는 미생물로부터 시작되었고, 그런 단세포 유기체들은 생명체가 지구상에 존재해 온 시간의 약 80% 동안 지구를 독차지했었다(그림 1.3). 우리는 생명이 시작된 "원시 습지" 또는 다윈이 "따뜻한 작은 연못"이라고 부른 곳의 위치 또는 본질을 알지 못하지만, 미생물이 출현해서 번성한 최초의 세포 생명체라는 것은 알고 있다. 이렇게 오랜 역사를 지니고 있기 때문에 미생물은 다른 모든 생명체의 발생을 가능하게 하도록 진화하고, 기본적인 물질대사 기능을 수립할 수 있는 충분한 시간을 가질 수 있었다. 진화를 통해 미생물들은 인간의 관점에서 보면 전혀 불가능해 보이는 장소들을 포함한 다양한 생태학적 영역에서 생존할 수 있게 되었다. 미생물들은 얼어붙은 툰드라, 끓는점 이상의 물, 고압, 강산성 또는 강염기성의 환경 그리고 농축된 염수 등에서도 자란다.

미생물에 대한 화석기록이 충분하지는 않지만, 유전학적 정보를 종합해 보면 미생물이 초기에 매우 다양한 형태와 생활 방식으로 분화하였다는 것을 말하기에 충분하다. 원핵생물

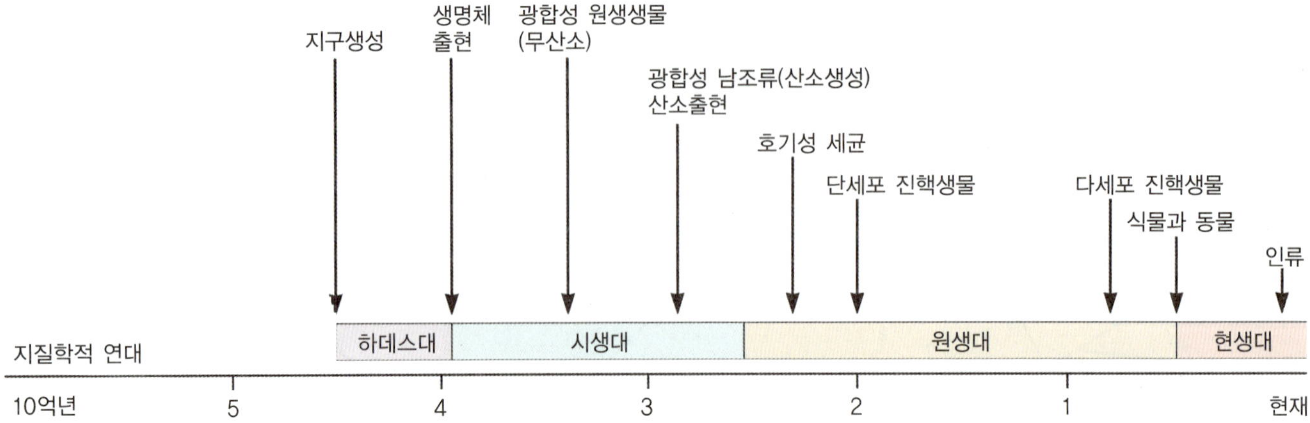

그림 1.3 지구상에 나타난 생명체의 시간척도. 화살표들은 생명체 형태가 출현했을 때의 대략적인 시간을 나타낸다. 현생대는 세 개의 시기로 나뉘어져 있다. 상대적으로 단순한 동물들과 식물들이 출현한 고생대(5억4천만년~2억4천8백만 년), 공룡들과 조류와 어류가 출현한 중생대(2억4천8백년~6천5백만 년) 그리고 포유류의 시기인 신생대(6천5백만 년~현재)로 나누어져 있다.

은 진핵생물이 출현하기 전까지 약 20억년(지구상에 생명체가 존재했던 시간의 약 절반) 동안 지구상에 홀로 존재했다. 다세포 생명체는 7억5천년 이전에는 출현하지 않았다. 이장의 뒷부분에서 살펴보겠지만, 어떤 미생물은 자급자족하는 유일한 생명체 형태로 다른 생명체 없이도 무한히 살아갈 수 있다.

원핵생물은 모든 생명체의 조상이다. 효모나 조류에서 인간에 이르기까지 모든 진핵생물은 핵을 가지지 않은 선조으로부터 생겨난 것이다. 이러한 발달의 특별한 점이 미토콘드리아와 엽록체같은 진핵세포의 세포기관들에서 나타난다. 초기미생물의 섭취에 의해 얻어진 이 기관들의 유전체는 비록 감소되어 있지만 명백하게 미생물에 의해 유래된 것이다.

미생물의 작은 크기

미생물들은 작다. 대표적인 세균의 부피는 약 1μm 로 대략 사람 세포의 1/1000에 해당한다. 어떤 세균은 평균보다 훨씬 더 크고 또 어떤 것들은 평균보다 더 작기도 하다. 한 예로 검은 쥐치의 소화기관에 살고 있는 거대한 세균인 *Epulopiscium fishelsoni*는 엄청난 크기를 가지고 있는데, 길이가 0.5 mm 이상이고 부피는 1/10 mm^3이며 사람의 육안으로도 식별이 가능하다. 가장 작은 세균에서 가장 큰 세균에 이르기까지 그 크기의 범위는 백만 배 이상에 달한다(그림. 1.4). 따라서 크기만으로 진핵생물과 원핵생물을 구분하는 것은 그다지 좋은 방법이 아니다. 몇몇 해양 조류(예를 들면 *Ostreococcus tauri*)는 직경이 약 1μm 정도인데, 그들은 가장 작은 진핵생물로 알려져 있고, 이는 대부분의 원핵생물 크기에 속한다. 하지만 대부분의 원핵생물 세포가 진핵생물 세포보다 작다는 것은 사실이다.

실제로 세균이 얼마나 작은지 알아보기 위해서 1.5 μm가 약간 넘는 길이의 세균과 사람을 각각 100만 배로 확대했다고 상상해보자. 백만 배 확대된 세균은 이제 사람의 크기가 되었다. 반면에 사람은 뉴욕에서 시카고에 이르는 크기로 커져있다. 부피 면에서 살펴보면 확대되지 않은 사람만큼의 부피를 차지하기 위해서는 10^{17}의 세균이 필요하다. 부피가 더 작다는 것은 부피 대 표면의 비율이 더 크다는 것을 의미한다. 일반적인 세균의 부피 대 표면

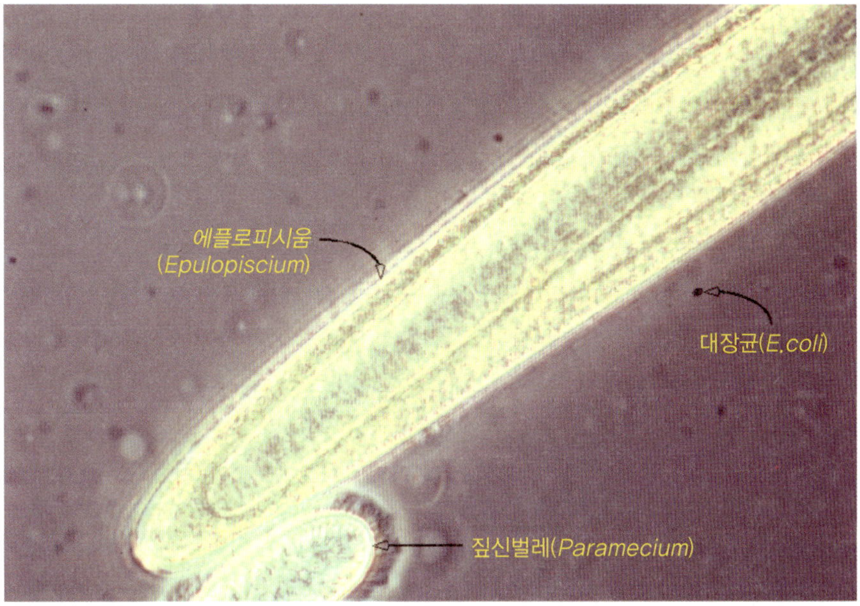

그림 1.4 얼마나 커야 크다고 할 수 있나? 가장 큰 원핵생물로 알려진 것 중의 하나인 *E. fishlsoni*는 보통의 세균인 대장균(*Escherichia coli*)보다 훨씬 크고 심지어는 큰 단세포 진핵생물인 짚신벌레(*Paramecium*)보다도 크다.

비율은 전형적인 동물세포의 비율보다 1000배 정도 더 크며 이것은 환경으로부터 영양분을 더 빨리 흡수 할 수 있도록 해준다.

세균에 대한 단순한 현미경 관찰로는 알 수 있는 것이 많지 않다. 대부분의 세균은 뚜렷한 득싱이 없는 보통의 작은 소시지 또는 공처럼 생겼다. 그러나 이러한 단순성에도 불구하고 일정한 미생물종을 관찰해온 미생물학자들은 그것의 크기와 모양이 상당히 독특하다는 것을 알아냈다. 이것은 현미경으로 이들을 관찰함으로써 생명체의 상대적인 건강상태를 평가할 수 있기 때문에 유용하다. 배양액에서 건강하지 못한 박테리아는 불균등하게 부풀려지거나 늘어지거나 또는 불규칙적인 기형의 형태를 보이는 반면 건강한 세균은 대체로 균등한 모양이다.

원핵생물의 복잡성에 대해 이해하기 위해서, 우리가 천만배로 줄어들어 일반적인 세균 내부로 들어가는 멋진 항해를 상상해보자. 우리가 무엇을 볼 수 있을까? 주변 환경은 우리의 접촉에 대해서 어떻게 느낄까? 아마 가장 큰 물체는 비치볼 크기의 리보솜들로 우리의 시야를 거의 가득 채울 것이다. 또한 실타래처럼 단단히 감긴 기다란 DNA(deoxyribonucleic acid) 가닥도 볼 수 있을 것이다. 그리고 우리는 내용물이 걸쭉하고 끈적거린다는 것도 알게 될 것이다.

식물세포나 동물세포로의 유사한 항해는 그것이 세균보다 크다는 것뿐만 아니라 세균과는 다른 세포 구조를 가지고 있다는 것을 보여줄 것이다. 여기서 내부의 핵, 미토콘드리아, 골지체, 소포체, 그리고 식물에서는 엽록체가 막에 의해 구분된 구획들로 나누어져 있다. 이러한 구조는 비록 공간적으로는 분리되어 있지만 신진대사 신호를 통해 서로 의사소통한다. 이와는 날리 대부분의 세균에는 구획이 거의 없어 공간과 에너지의 효율적인 사용에서 커다란 이점을 가지고 있다.

미생물은 자신들의 집합체(aggregates)를 형성하거나 다른 미생물들과 집단을 형성함으로써 크기의 작음에서 오는 타고난 취약성을 극복한다. 그러한 세포 집합체는 종종 육안으로 관찰되기도 한다. 그들은 단순한 세포덩어리가 아니다. 각각의 세포들은 대사적으로 형태학적으로 구별될 수 있지만, 서로 모여 유사한 하나의 다세포 유기체를 형성한다. 몇몇 경우에서 그들은 독특하고 아름다운 구조를 만든다(그림 14.5). 각각의 세포는 그런 구조 내에서 다른 세포들과 의사소통을 한다.

무수한 미생물의 존재

개별적인 미생물들이 작기는 하지만 지구상에 존재하는 그들의 전체 양은 매우 놀랄만하다. 미생물들은 거의 모든 곳에 존재하는데, 그들은 실질적으로 물이 있는 곳이면 어디에서나 발견된다. 우선 바다의 경우만 살펴보면 바닷물 1밀리리터 당 거의 백만 개의 세균이 존재하고, 지구 바닷물 전체에 있는 미생물을 모두 합하면 적어도 10^{29}개의 세포들이 있다. 몇몇 계산에 따르면 지구상에 존재하는 미생물의 생물체 총량은 지구상에 존재하는 모든 식물체의 양과 같거나 그보다 크다고 추정된다. 따라서 원핵생물에 있는 탄소의 양은 지구 즉 땅과 바다에 있는 모든 식물의 탄소양와 거의 같거나, 어떤 계산들에서는 그보다 훨씬 큰 것으로 나타났다. 또한 원핵생물이 비율적으로 식물보다 더 많은 질소와 인을 포함하고 있기 때문에 이들은 생물세계에서 질소와 인의 가장 큰 저장소이기도 하다.

1.2 *지구상 미생물의 개체수 조사*

미생물의 수, 크기의 크고 작음은 중요하다. 세균성 이질 같은 질병은 단지 몇 개의 세균 세포를 삼킴으로써 감염될 수 있지만, 거의 1조에 달하는 세균(10^{12}의 세균)의 무게가 1그램도 채 되지 않으며, 그 크기도 대략 각설탕 하나의 크기밖에 되지 않는다. 하지만 1조의 이질 간균은 인간들뿐만 아니라 지구상에 존재하는 모든 척추동물을 감염시키기에 충분하다. 커다란 호수를 오염시키거나 그것을 약간 마심으로써 전염병을 일으키게 하기 위해 얼마나 많은 배설오염물이 필요할까? 많지 않다. 대장에는 미생물이 아주 많아서 척추동물 분변의 건조 무게 중 1/3~1/2정도가 세균이다. 그러한 미생물의 대량 존재는 자연계에서도 예외적이지 않다. 예를 들어 치아와 잇몸 틈새(gingival crevice)사이의 공간(치위생사가 관찰하는 잇몸사이의 움푹 파인 틈)은 세균으로 가득 차 있다. 다른 말로 표현하자면, 우리 몸 내부와 표면에는 인체세포를 모두를 합한 것보다 더 많은 세균이 살고 있는 것이다.

생장과 존속

실험실의 최적조건하에서 몇몇 세균은 20분마다 한 번씩 분열한다(한 시간에 8개, 그 다음 한 시간에 64개 그리고 그 다음시간에는 128개 등으로 늘어남). 어떤 세균은 그보다도 더 빨리 자란다. 우리는 하나의 세균에서 시작해서 주어진 시간 내에 생성되는 세균의 수를 방정식 $N = 2^g$을 이용해서 계산할 수 있는데, 이 때 N은 세균의 수이고 g는 세대(배가 되는)의 수이다. 하나의 세균이 10억 개로 늘어나는데 20세대(또는 6시간 40분) 밖에 걸리지 않는다(계산에 관해서는 제4장 생장의 법칙에서 살펴보면 된다). 즉, 하나의 세균이 지구보다도 더 큰 부피로 증식하는 데는 이틀도 채 걸리지 않는 것이다. 그렇다면 왜 그런 일이 일어나지 않는 걸까? 그 답은 개체군이 먹을 양분이 모자란다는 것과 비록 양분이 충분할지라도 세균의 대사 활동을 통해 생장을 저해하는 유해물질이 축적되기 때문이다.

세균의 높은 부피에 대한 표면 비율은 빠른 신진대사 속도를 가지도록 해준다. 급속하게 생장하는 세균은 동물세포들보다 그램당 10배~1000배 더 빠르게 영양분을 처리한다. 그렇게 급속한 화학적 변환에 대해 중요한 결과가 나타나는데, 그들 중 몇몇은 파악하기가 쉽다. 동물의 시체가 분해되는데 얼마나 오랜 시간이 걸릴까? 빵이 부풀기 까지 걸리는 시간은? 사람이 전염성 매개체로 인해 아프게 될 때까지 걸리는 시간은? 몇 시간일까? 아니면 며칠일까?

그와는 반대로 몇몇 미생물들은 최적조건하에서조차 매우 느리게 생장한다. 어떤 환경에서는 생존 경쟁에서 이기기 위해 빠른 생장이 요구되지만 다른 곳에서는 그렇지 않은 것이다. 결핵을 일으키는 결핵 간균(*Mycobacterium tuberculosis*)은 24시간마다 한 번씩만 분열한다. 영양분이 빈약한 곳에서 살고 있는 어떤 미생물들은 결핵 간균보다 훨씬 더 느리게 생장하는데, 한 달에 한 번, 1년에 한 번, 어떤 경우는 그보다도 훨씬 더 느리게 분열한다. 미국 서부의 사막을 방문한 사람들은 아마 밝은 색들로 "채색된" 햇빛에 구워진 바위를 본 것을 기억할 것이다. 그것들은 바위의 실제 색깔들이 아니다. 그것들은 "사막옻"이라고 알려진 녹청의 얇은 표면으로, 아메리카 인디언들은 그것을 깎아내어 멋진 암석조각품을 만들었다.

"사막옻"은 바위에 살고 있는 세균의 활동들에 의해 오랜 시간에 걸쳐 퇴적되어온 철과 망간산화물의 얇은 층으로 구성되어 있다. 미생물들은 진흙 입자들에 의해 태양의 치명적인 자외선으로부터 보호되고 있다. 그들 세균이 얼마나 느리게 생장하고 분열하는지 상상해보라. 정확히 계산을 할 수는 없지만, 몇 년 또는 몇 세기의 시간이 걸린다는 것이 터무니없는 추정은 아닌 것 같다. 그러한 환경에서 생장과 분열은 지속적이지 않고, 짧은 시간동안 부정기적으로 이루어졌을 것이다. 그러나 느리게 생장하면서도 미생물들은 오랜 시간에 걸쳐 아주 큰 변화를 만든다.

1.3 *사막옻의 사진*

이렇게 아름답게 채색된 바위들로부터 우리가 얻어야 할 교훈은 세균이 오랜 시간동안 살아남기 위해서 매우 빠르게 생장하거나 자주 분열할 필요가 없다는 것이다. 이것은 미생물들이 건조, 고압, 방사능, 그리고 고삼투압과 같은 가혹하고 비호의적인 조건에 적응할 수 있는 아주 강력한 구조를 가지고 있다는 것을 말해준다. 따라서 미생물 세계가 우리 지구의 필수적인 구성요소라는 것은 놀랄 일이 전혀 아니다.

미생물의 생존환경

생명체가 있는 곳에는 미생물이 존재한다. 미생물이 없이 생명체를 유지할 수 있는 곳은 지구상에 단 한 곳도 없다. 이것은 몹시 가혹하다고 여겨지는 환경을 포함한다. 믿기 어려운 일들이 발생하는데, 미생물들은 물의 끓는점이 넘는 온도, pH 1.0, 수천의 대기압, 그리고 농축된 바닷물(표 1.4)과 같은 극단적인 환경에서 생존할 뿐만 아니라 실제로 생장한다. 현재 **고온성 세균**(높은 온도에서만 자라는 미생물)중 가장 높은 온도에서 자라는 미생물은 121℃에서도 자라는데, 이것은 해저에서와 같이 높은 압력에서만 얻어질 수 있는 온도이다. 실험실에서 이와 같은 미생물을 배양하기 위해서는 압력솥 또는 고압멸균기가 필요하다. 이 사실은 고압멸균기가 이러한 고온성 미생물들을 죽일 수 없기 때문에 미생물 배양용 배지들을 멸균하는데 비효과적일 수도 있다는 것을 뜻한다. 그러나 대부분의 미생물학 연구는 이보다 훨씬 낮은 온도에서 이루어진다. 혹시 그런 초고온성 세포들이 존재했다 하더라도 보통의 실험에서 사용되는 온도에서 자라지 않았을 것이고 따라서 관찰되지는 못했을 것이다. 마찬가지로 불가능하겠지만, 선반에 오랫동안 놓여진 1.0 N의 염산 용기에서 보풀처럼 보

표 1.4 알려진 극한 생명체

몇몇 미생물은 다음의 조건에서 생존한다.
- 5백만래드의 감마방사선(대략 인간을 죽일 수 있는 방사선의 약 10,000배)
- 매우 높은 압력(대략 8,000기압, 또는 평방인치당 117,000 파운드)

몇몇 미생물은 다음의 조건에서 생장한다.
- 극도의 pH(0에서 11.4까지)
- 극한의 온도(영하15도에서 121도까지)
- 높은 수압(대략 1,300 기압 또는 평방인치당 18,500 파운드)
- 높은 삼투압(염도 5.2 M)

이는 공 모양 즉 액체 내 곰팡이의 생장이 일어날 지도 모른다. 우리는 생명에 대해 명백하게 인간중심적인 견해를 가지고 있다. 우리는 이들 생명체들을 이상하다고 생각하며 극한 미생물(extremophiles)라고 부른다. 그러나 이들 생명체들의 관점에서 보면 pH 7과 37℃의 온도 그리고 낮은 염도는 불편할 뿐만 아니라 생존할 수 없는 조건이다. 극한이라는 개념은 아름다움과 마찬가지로 관찰자의 관점인 것이다.

고온에서 자랄 수 있다는 것은 고온성 미생물의 생물 분자들이 일반적으로 우리가 생각하는 것보다도 훨씬 큰 안정성을 가지고 있다는 것을 의미한다. 반응 기작이 무엇이든지 간에 열에 대한 안정성은 연구 분야와 산업 분야에서 유용성을 지니고 있다. 예를 들어 고온에서 사용하도록 되어 있는 어떤 세탁세제들은 고온성 세균으로부터 얻어진 열에 안정적인 가수분해효소를 포함하고 있다. 널리 사용되고 있는 다른 예로 **중합효소 연쇄반응 (polymerase chain reaction, PCR**: 과학수사에서 DNA를 검사하는데 사용되는 것과 같은 방법)이 있는데, 이것은 고온과 저온의 교차 변환에 의존한다. 최초로 사용된 열 저항성 효소는 옐로우스톤 국립공원의 온천에서 자라는 고온성 미생물로부터 얻어졌다.

1.4 *Yellowstone 미생물 사진*

미생물들은 가혹한 환경에서 생존할 수 있는 능력을 가지고 있을 뿐만 아니라 예상치 못한 방법으로 대사에너지를 얻는다. 지구상에 존재하는 많은 미생물은 광합성을 하는데, 사실 그들이 광합성을 발명했다. 다른 미생물들은 빛이 아닌 무기화합물의 화학결합에서 에너지를 얻어내는 방법을 발전시켜 왔다. 그래서 미생물들은 수소분자, 환원된 철, 황화물(sulfide) 그리고 다루기는 어렵지만 에너지가 풍부한 화합물들을 산화시킨다. 이들 미생물들은 광합성에서 이산화탄소를 고정하는 것과 거의 비슷한 방법으로 그들 세포의 탄소를 이산화탄소로부터 얻는다. 하지만 이들은 태양에너지에 의존하지 않는다. 이러한 대사적인 기능은 유기영양분의 공급이 없는 어두운 곳에서 생명체가 존재하는 것을 가능하게 해준다. 사실 이러한 세균은 바다 속 깊은 곳의 분기공 그리고 암석의 갈라진 틈에서 생명을 유지시키는 힘이다. 이들 미생물들의 군집은 아주 커서 지표면에서 산소를 이용하는 미생물 전체보다도 많다고 생각된다. 따라서 미생물들은 지구상의 얇은 표면보다 더 많은 곳에서 살아가고 있는 것이다. 이런 미생물들의 특이한 대사적, 생태적인 특징들은 화성이나 목성의 위성인 유로파 같이 우리 태양계의 다른 장소에서조차 유사한 생명형태가 존재할지 모른다는 추측을 가능하게 한다.

지구상에 존재하는 많은 미생물은 환경의 물리적 화학적 특성에 직접적인 영향을 미친다. 그들의 활발한 생화학적 활동들을 통해 미생물은 생물권에 중요한 변화를 가져온다. 생명의 유지를 위해, 탄소와 산소 그리고 질소와 같이 필요한 요소들은 재순환되어야 한다. 예를 들어, 우리 대기의 산소는 생명체들의 활동에 의해 끊임없이 보충되고 있는데, 원래는 광합성 미생물들에 의해 생산되었다. 오늘날 공기 중에 있는 산소의 절반은 적어도 미생물의 광합성 활동 결과이고, 나머지 반은 식물의 광합성으로부터 얻어진다. 미생물에 의해 유기물의 분해가 일어나지 않았다면 탄소는 죽은 식물체에 축적되었을 것이고, 식물생장에 필요한 충분한 양의 이산화탄소는 없었을 것이다. 비료로 사용되는 화학적으로 합성된 질산염 이외에 원핵세포 미생물들은 모든 생명체에게 필요한 이용 가능한 질소의 중요한 원천이다. 이것은 만일 미생물들의 활동이 갑자기 멈춘다면, 식물들이 사용할 수 있는 질소가 일주일 내로 고갈될 것이라는 예측을 가능하게 한다. 때때로 우리는 그런 미생물들의 활동에 충분한 관심을 기울이고 있지 않다. 과학자들이 애리조나 주에 독립된 생물권(biosphere)를 건설하려고 시도했을 때, 만족스러운 자급자족의 환경이 유지될 수 없었던 주된 이유는 토양 내 미생물들의 활동을 충분히 고려하지 않았기 때문이었다. 미생물들의 호흡 때문에 산소가 예상했던 것보다 더 낮은 수준으로 감소했던 것이다. 이것은 우리의 환경에 대한 미생물의 영향과 지구를 살 수 있는 곳으로 만드는 그들의 필수적인 역할을 보여준다.

다양한 미생물들은 영양섭취와 생장을 위해 서로 다른 종류의 유기물질을 이용한다. 자연적으로 생산되는 거의 모든 유기화합물에 대해 물을 이용할 수 있는 한 그것을 분해할 수 있는 미생물이 적어도 한 종류는 존재한다고 말할 수 있다. 이러한 사실은 환경오염을 정화하는 목적에 특히 유용하다. 오염된 장소에서 미생물들의 활동을 촉진시키는 기술은 생물학적 환경복원(bioremediation:제23장 참고)으로 알려져 있다. 그것은 1989년 Exxon Valdez사의 유조선에 의한 알래스카 기름유출 정화에 성공적으로 사용되었고, 오늘날에 이르기까지 다른 중요한 용도들이 지속적으로 개발되고 있다.

1.5 미생물을 이용한 생물학적 복원의 상세 설명

다양한 환경에서 미생물들의 존재가 새로운 생명체의 출현을 어렵게 하고 있다. 세포 형성에 필요한 화학요소들이 세포 구성에 충분한 양만큼 축적되지 않는데, 그것은 환경 내에 존재하는 미생물들이 그것들을 먹어치우기 때문이다.

몇몇 미생물들은 식성이 매우 까다로워서 탄소와 에너지의 공급원으로 아주 좁은 범위의 화합물만을 이용한다. 사람의 몸과 관련된 많은 미생물들이 이 범주에 속하는데, 아마도 이들은 풍부하고 상대적으로 일정한 환경에 적응해왔기 때문일 것이다. 몇몇 다른 미생물들은 놀라울 정도로 많은 화합물을 이용하는 능력을 가지고 있다. Pseudomonas라고 불리는 특별한 세균 종은 수백 개의 유기화합물을 대사할 수 있다. 이 종류의 미생물이 다양한 자연환경에서 발견되는 것은 놀랄 일이 아니다. Pseudomonas 종들은 토양과 식물의 뿌리, 수계, 그리고 동물들에 많이 존재한다. 또한 그들은 많은 유전자들을 가지고 있으며 따라서 가장 큰 미생물 유전체집단을 가지고 있다.

지구를 만든 미생물

미생물의 대사적 능력을 고려한다면, 그들이 우리 지구의 지질학과 기상학에 중요한 역할을 한다는 것을 깨닫는데 맹목적인 믿음이 필요하지 않다. 예를 들어, 많은 커다란 동굴들은 그들의 형성을 황화수소(hydrogen sulfide)를 산화시켜 황산을 만드는 미생물의 공으로 돌려야 한다. 탄산칼슘의 퇴적물은 미생물이 생산한 황산에 의해 좀 더 가용성의 황산칼슘으로 바뀌고 이것은 물에 용해되어 들어간다. 그 진행은 매우 느리지만 미생물의 활동은 꾸준하고 멈춤이 없어 일정한 시간이 지나면 이러한 미생물 광부들이 땅에 커다란 구멍을 파는 것이다.

미생물은 암석을 만들기도 한다. 석회석은 지구상에 존재하는 암석의 10%를 차지하는데, 대부분이 해양 플랑크톤인 인편모조류(coccolithophores)라고 불리는 미생물 구성원에 의해 생성되어진다. 해마다 이 미생물들은 석회암의 주요 구성성분인 방해석(calcite)을 백오십만 톤씩 만들어 낸다. 유사하게, 규조류는 규소 함유 암석의 거대한 퇴적물을 만들어낸다. 미생물은 또한 마모되어 부서져가는 암석의 풍화작용에도 관여한다. 보편적으로 암석의 표면은 몇몇 미생물들만의 보금자리로 생각되지만, 표면으로부터 수 킬로미터를 따라 내려간 갈라진 틈에 미생물이 다량 존재하여, 이들의 생체량은 지구표면에 있는 미생물보다 많은 것으로 추정된다.

지구의 지질학은 기후와 대기 중에 존재하는 질소와 산소 같은 주요 기체들의 순환에 많은 영향을 받는다. 이러한 기체 순환의 많은 부분이 미생물의 활동에 기인된다. 약 25억년 전에 자유 산소분자가 처음으로 지구상에 나타났고, 생산되는 산소의 많은 부분을 세균의 광합성이 담당한다. 만일 미생물에 포함되는 규조류와 같은 진핵생물도 포함된다면, 광합성은 압도적으로 많은 부분이 미생물에 의해 생산되는 것이다. 주요 온실 가스인 이산화탄소는 미생물에 의해 만들어지기도 하고 소비되기도 한다.

1.6 구름 형성에 대한 토의

심지어는 구름의 형성도 미생물에 그 근원을 가진다. 해조류와 미생물이 협동하여 휘발성 화합물인 황화메틸을 만드는데, 그 양이 무려 연 5천만 톤에 이른다. 황화메틸은 대기 중에서 황산염으로 변하고, 황산염은 수증기를 물방울이 되게 하는 핵을 이루는 매개체로 작용한다. 그 결과가 구름이다. 다음의 되먹임 고리(feedback loop)를 주목하라. 큰 구름이 덮으면 광합성에 이용 가능한 빛의 양이 적어지고, 빛의 양이 적어지면 구름을 형성하게 하는 황 화합물의 생성이 줄어들게 된다. 조만간 이것은 적은 양의 구름 생성으로 이어지며 순환과정은 다시 시작한다. 미생물들이 정말로 우리 지구를 만든 것이다.

생존하기

모든 독립생활 생명체는 세 가지 범주에 대해 끊임없는 욕구를 가지고 있는데, 그들은 **영양분(nutrition**, 간헐적인 음식의 이용), **주거(occupancy**, 어떤 서식지에 남아있고자 하는 욕구) 그리고 해를 끼치는 매개체에 대한 **저항성(resistance)**이다.

사람의 소화기관에 살고 있는 미생물들이 이러한 예를 잘 보여주고 있다. 대부분의 사람들에게 있어, 비록 모든 사람들이 똑같은 종의 미생물을 가지고 있지는 않지만(각 개인마다 자신만의 미생물을 가지고 있음), 다양한 종류의 상대적인 미생물 수는 어느 정도 일정하다. 어떤 종들은 그램당 백억 개 이상에 이를 정도로 풍부하고, 그에 반해 다른 것들은 백만배 이하의 빈도를 갖는다는 것은 마찬가지로 놀라운 사실이다. 왜 우세한 종들이 다른 것들을 완벽하게 제거하지 못하는 걸까? 그 답은 서로 다른 생태적 지위라고 할 수 있다. 크게 보면, 인간의 소화기관은 내강(lumen, 관 내부에 있는 중앙 공간)과 벽 역할을 하는 상피조직층이라는 서로 다른 구획을 가진 관모양의 기관이다. 이러한 구획은 액체가 내장 근처에서는 균등하게 섞이지 않고 그것의 표면이 끈적거리는 점액으로 덮여있기 때문에 서로 구분된다. 각 구획들은 미생물들에게 서로 다른 생존의 기회를 제공한다. 내강에서 번성하지 못하는 종들은 번성하는 다른 종들에 의해 없어지게 될 것이다. 여기서 중요한 점은 제공되는 영양분의 신속한 이용과 그에 따른 빠른 생장이다. 게다가 이곳은 움직이는 환경이어서 미생물들이 끊임없이 씻겨 없어진다. 내강에서의 생존은 많은 수의 세포를 만드는 것 뿐만 아니라 변화하는 환경에 신속하게 대응하는 능력에 달려 있다. 비록 장의 내강에 영양분이 풍부하기는 하지만 미생물은 다른 종들과 경쟁해야 하고 또한 동족과도 경쟁해야 하는 것이다. 따라서 그들에게 주어진 자원을 효율적으로 사용할 수 있는 능력이 있어야 하고, 마찬가지로 풍요와 궁핍의 변화하는 영양조건에 신속하게 적응할 수 있어야 한다. 그런 미생물들은 효율성과 적응성을 서로 잘 조화시켜야 한다.

다른 미생물들은 그와는 다른 전략으로 진화해 왔는데 바로 장의 표면에 달라 붙어있는 것이다. 이들은 비록 빨리 자라지는 않지만, 쉽게 씻겨 내려가지 않고 그 자리에 남아 있는 것이다. 여기서 중요한 점은 빠른 생장이 아니라 서식지 점유이다. 미생물 세계에 있어 서식지 점유는 굉장히 중요한 문제이다. 작은 흙덩이, 바다 속에 있는 바위들, 또는 동물들의 상피표면은 기회가 있을 때마다 미생물에 의해 군락이 형성된다. 미생물 군집이 존재하지 않는 표면을 발견하는 것은 매우 힘들다. 한 예외가 바로 호흡기 관 맨 아래쪽 부분이다. 여기서는 숙주들의 강력한 방어기작이 미생물이 달라붙는 것을 억제한다. 우리의 수폐(水肺)의 상피는 표면으로부터 작은 분자들을 제거하고 그것들을 우리 몸 밖으로 운반하는 올림근(elevator, 끊임없이 위로 밀어 올리는 일련은 섬모군)으로 덮여있다. 이 섬모들로 이루어진 상피가 바이러스 감염 등으로 손상되면 세균성 기관지염이나 폐렴이 항상 뒤따라온다. 예상했던 것처럼 병원균을 포함한 많은 미생물들은 표면에 붙을 수 있는 방법을 발전시켜왔다. 많은 미생물들이 달라붙는 것을 돕기 위해 끈적거리는 물질을 만들고, 다른 것들은 세포의 표면에 특정한 위치를 인지할 수 있는 특별한 부속기관을 가지고 있다. 이러한 미생물학적 분자장치를 부착소(adhesin)라고 부른다. 따라서 군락 형성은 임상미생물이나 환경미생물에 있어 중요한 관심사항이다.

미생물들의 협동

> 1.7 *사우어크라우트의 조리법과 사진*

사우어크라우트(sauerkraut, 소금에 절인 양배추)를 떠올려보자. 그것이 모든 사람들이 좋아하는 음식은 아니지만, 미생물 활동의 연결된 관계를 잘 보여주고 있다. 사우어크라우트는 높은 재현성을 가진 양배추의 미생물 발효 제품이다. 단지 필요한 것은 양배추를 썰고, 소금을 뿌리고 공기가 들어가지 않게 밀폐하는 것이다. 그리고 몇 주가 지나면 최종제품이 소비될 준비가 끝난다. 그것이 매번 거의 실패 없이 정확하게 만들어지지만, 생산과정에 있어서는 수십 가지 미생물의 생태천이(ecological succession)를 필요로 한다. 실제로 일어나는 일들은 다음과 같다. 소금의 첨가는 양배추 세포의 원형질 분리를 일으켜 많은 양의 가용성 물질인 당류, 아미노산류, 비타민류들을 배출하게 하는데, 이들은 세균과 효모의 영양분이 된다. 미생물들 중 일부는 양배추를 부드럽게 하고 그들의 조직을 변화시키는 효소들과 당류를 젖산, 아세트산, 프로피온산과 같은 유기산으로 전환시키는 효소들을 만든다. 첫 번째 발효과정 마지막에서 다른 종류의 미생물이 남아있는 기질을 사우어크라우트에게 독특한 향을 가져다주는 화합물로 전환시키는 임무를 수행한다. 이러한 두 번째 발효는 완성품의 독특한 맛을 가져다준다. 이 시기까지 pH는 3.5정도로 빠르게 떨어지지만, 이것은 다른 미생물들을 억제시킬 수 있을 만큼 충분히 낮지 않다. 세 번째 발효는 산성에 강한 다른 미생물군에 의해 이루어지는데, 훨씬 많은 젖산을 형성하여 pH를 2.0정도까지 떨어뜨린다. 이제 사우어크라우트는 원하는 맛을 가지게 되고, 낮은 pH는 공기가 차단되는 한 더 이상 미생물들이 생장하지 못하도록 한다. 그것으로 장기간 보존이 가능해진다. 세 가지로 구분되는 미생물군이 사우어크라우트를 만드는 것이다. 첫 번째 미생물 집단은 다음 단계의 미생물들에게 필요한 영양분을 만들고, 두 번째 미생물 집단은 독특한 향을 만들며, 세 번째 집단은 그것을 보존식품이 되도록 한다.

우리가 여기서 배운 것은 무엇일까? 양배추 그 자체가 관여하는 많은 미생물들의 근원이 되었음이 틀림없다는 것이다. 이것은 신선하고 깨끗한 양배추도 다양한 미생물들을 지니고 있다는 것을 뜻한다. 어떤 미생물들은 양배추를 만진 사람이나 사용된 그릇 또는 주변 환경에서 유래되었을 것이다. 하지만 사우어크라우트의 재현성은 접종원(inoculum, 최초의 세포)의 주된 공급원이 양배추 그 자체라는 것을 의미한다. 환경이 여러 단계로 변화함에 따라 새로운 미생물이 새로운 생태적 지위를 확보하기 위해 증식한다. 우리는 미생물군(microbial community)이 매우 복잡한 곳에서조차 단지 몇몇의 미생물들만이 특정한 시기에 활동적이라는 사실을 배웠다. 다시 환경이 바뀌면 다른 종류의 미생물들이 활동적이 된다.

미생물 활동의 연계는 드문 일이 아니다. 예를 들어 포유류는 섬유소를 분해하는 효소를 생산하지 않는다. 소, 양, 사슴 그리고 다른 반추동물들은 그 대신 반추위(rumen)라고 불리는 커다란 발효실에 섬유소를 소화시키는 미생물들이 서식할 수 있도록 해준다. 동물은 미생물에게 생장에 적합한 서식처를 제공해주고, 미생물은 섬유소를 휘발성의 지방산으로 분해시킴으로써 보답하는데, 이 지방산은 동물들의 주요 에너지원으로 사용된다. 그러한 상호작용은 지구상에 존재하는 유기물질들의 웅장한 재순환 체계 중 일부에 불과하다. 단일 미생물종의 활동을 통해 분해되는 동물이나 식물은 없다. 먹이사슬과 상호개체군이 분해의 표준이 된다.

자연에서 미생물들은 수백여 개의 다른 종들로 구성된 군집에서 산다. 어떻게 그들이 공존하는 지는 정의하기 어렵다. 우리는 종들 사이의 상호작용이 먹이경쟁, 먹이사슬, 포식관계, 항균물질과 항생물질의 분비 등을 포함한다는 것을 알고 있다. 언뜻 보면, 수백 가지 종들의 공존은 우리가 이해하기에 너무 복잡해 보인다. 그러나 그것을 이해하려고 하는 것은 열대우림의 주어진 공간에 어떻게 수백 종의 식물들이 공존하는가에 대한 이유를 질문하는 것과 크게 다르지 않다. 양쪽 모두의 경우, 이러한 중요한 질문들에 대해 간단하게 대답할 수 없다.

대부분의 자연적 서식처에서 세균은 **생물막(biofilm)**이라고 불리는 복잡한 구조를 형성하여 표면에 거주한다. 쇠파이프의 부식증가, 치아의 치태 그리고 구식 맥주드럼통의 막거품 등이 바로 그 예들이다. 생물막은 일반적으로 여러 세포층들 두께이며 육안으로도 볼 수 있다. 그들은 단일 종으로 이루어졌을 수도 있지만 대부분의 경우 여러 종으로 구성되어 있다. 일정한 크기보다 두꺼운 생물막은 특별한 조직 구조를 가지는데, 이것은 기질과 노폐물의 교환을 가능하게 해준다. 그러한 생물막은 신선한 기질에 대한 접근성을 좋게 하기 위한 통로를 설계하고 발전시키는 복잡한 구조물이다. 이러한 방식으로 생물막을 만드는 미생물들은 환경으로부터 먹이를 얻거나 물질을 교환하는 그들의 능력에 제한을 받는 분리된 깊은 장소에 존재하는 불이익을 극복한다.

결론

미생물들은 작고 어디에나 존재하며, 그 수가 매우 많고 어떤 환경에도 적응할 수 있으며 다른 생명체의 지속적인 존재에 꼭 필요하다. 그들은 이 지구를 형성하는데 아주 중요한 역할을 한다. 그러므로 그들에 대한 연구는 지구상의 생명체를 이해하고자 하는 모든 사람들에게 중요하다. 이어지는 두 장에서 우리는 원핵세포의 체제에 대해 다룰 것이며, 그들의 생리학, 유전학, 생태학 그리고 진화에 대해 토의할 것이다.

학습문제

1. 고등학생들을 위해 '지구상에 존재하는 미생물의 중요성'을 주제로 하는 강의개요를 준비해보자.

2. '인류에게 있어 미생물이 중요한 이유'라는 주제로 고등학생에게 강의하기 위한 준비를 해보자.

3. 세균은 그 몸체의 부피에 있어 서로 간에 백만 배 이상의 범위를 가지고 있다. 평균보다 아주 크거나 아주 작음으로써 오는 영향에 대해 논의해보자.

4. 진정세균과 고세균이 어떤 방식으로 과거에 진핵생물의 진화에 영향을 미쳐왔는가? 또 현재에는 어떤 영향을 미치고 있는가?

단원 II 구조와 기능

제2장 원핵세포의 구조와 기능: 외피와 부속 기관들

제3장 원핵세포의 구조와 기능: 세포내부

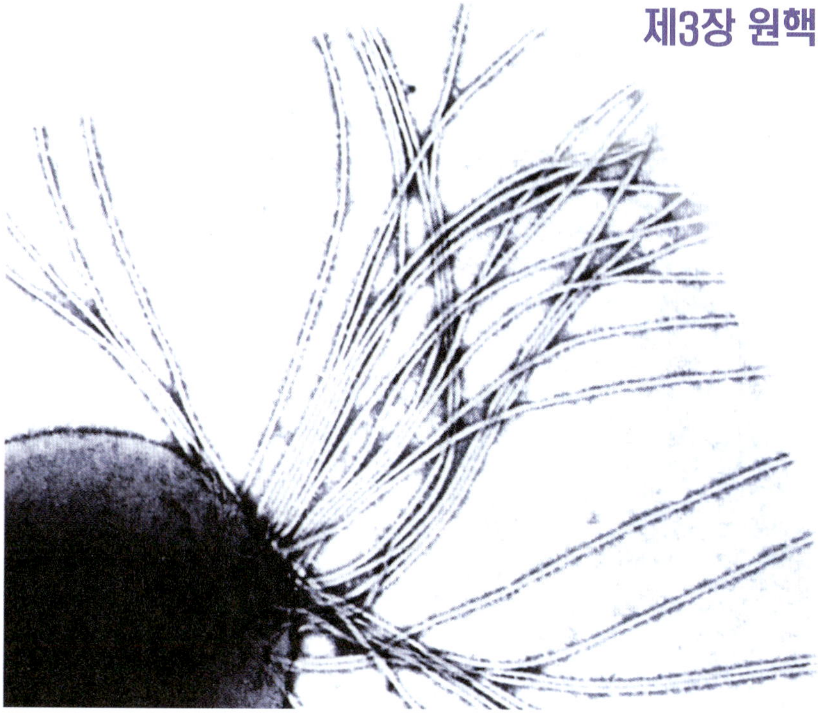

제2장 원핵세포의 구조와 기능: 외피와 부속기관들

원핵세포

현미경

- 새로운 현미경
  - 주사근접 탐침 현미경(scanned-proximity probe microscope)
- 분자 염색들

원핵세포들의 복잡한 외피와 부속기관들

세포막

세포막이 보호되는 방법

- 그람양성 용액
- 그람음성 용액
- 항산성 용액
- 결정질 표층들
- 세포벽이 없는 세균: 마이코플라즈마
- 고세균의 세포외피

캡슐, 편모 그리고 필리: 어떻게 원핵생물들은 특정 환경에 대처하는가?

- 캡슐과 점질층
- 편모
- 필리

학습문제

원핵세포

미생물 세계는 생태계 내의 세포 형태에 있어서 원핵생물과 진핵생물이라는 가장 큰 공간에 걸쳐있다. 원핵세포들은 핵, 미토콘드리아 그리고 엽록체가 결핍되어 있다(그림 2.1). 그리고 그들은 **식균작용(endocytosis)**과 **음세포작용(pinocytosis)**을 수행하지 못한다. 즉 그들은 작은 조각이나 액체 방울을 섭취할 능력이 없는 것이다. 원핵생물과 진핵생물은 또한 리보솜의 구조나 지방질의 구성과 같은 중요한 생화학적 항목에서도 차이점을 지니고 있다. 게다가 대부분의 원핵생물들은 단수체이며, 단일의 원형 **염색체(chromosome)**와 염색체 이외의 **플라스미드(plasmid)**라는 것을 가지고 있다. 대부분의 진핵생물은 배수염색체와 여러 종류의 선형 염색체를 가지고 있다. 이 장과 다음 장에서는 원핵세포의 구조만을 다루도록 하겠다. 선별된 진핵 미생물의 세포구조는 제16장에서 다루게 될 것이다.

진정세균과 고세균의 세포는 작지만 상당히 복잡한 구조를 가지고 있다. 원핵세포들은 별다른 특징이 없는 작은 공이나 소시지가 아니다. 오히려 그들이 가지고 있는 일부 단백질과 DNA는 세포의 특정한 장소에 위치해 있다. 게다가 그들은 진핵생물의 세포골격에 포함되어 있는 것에 상응하는 유사 단백질을 포함하고 있어 세포형성과 세포분열을 위해 정교한 구조를 사용한다. 주화성(화학적 자극에 반응하는 세균의 운동)에 관여하는 것을 포함한 많은 단백질들이 오로지 극단 중의 한 곳에만 위치한다(제13장 참고). 그러므로 진정세균은 유인물질과 혐오물질을 인지하는 일종의 코를 가졌다고 말할 수 있다. 원핵세포들의 정교한 해부구조를 보여주는 예들이 반복될 것이고 이 책의 전반에 걸쳐 발견될 것이다.

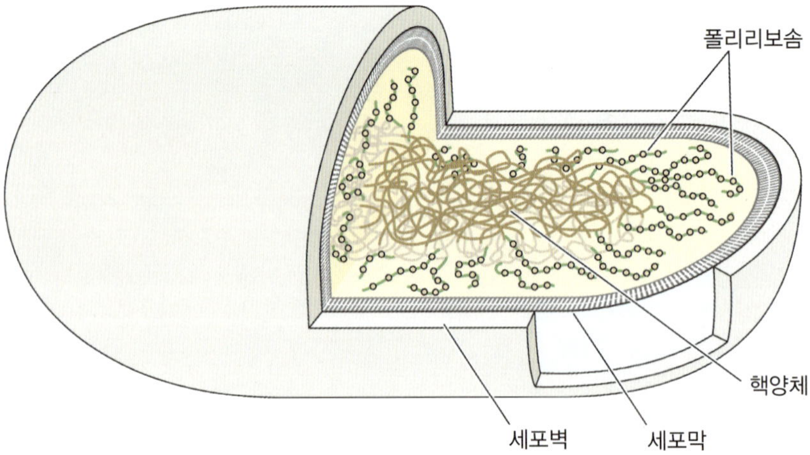

그림 2.1 전형적인 원핵세포의 초미세구조. 세포막 내부에 DNA가 핵양체라고 불리는 덩어리로 감겨져 있다. 몇 개의 리보솜들이 하나의 mRNA 분자에 붙어서 폴리리보솜을 만든다. mRNA 분자들이 전사되는 동안 이러한 형태를 만든다. 세포막 외부에는 세포벽과 세포외 기질이라고 불리는 전형적인 막이 있다(그림에서 제시하지 않음).

현미경

미생물학자들의 미생물 시각화에 대한 중요성은 해가 거듭하면서 점점 강조되고 있다. 초기 미생물학은 절대적으로 관측과학이었고, 현미경 전문가들이 미생물학을 이끌었다. 아마도 첫 번째 미생물학자인 Antonie van Leeuwenhoek는 한 차례의 장질환을 겪는 동안 그의 분변에서 편모충 (*Giardia*) 세포들의 존재를 관찰하였다. 이 발견은 전적으로 현미경 관찰에 의존한 것이다.

2.1 *Leeuwenhoek 현미경 모습*

19세기 후반 "의료 미생물학의 황금기" 에 걸쳐 광학현미경은 미생물학자들의 가장 귀중한 도구로 남아있었다. 그 무렵 원핵세포 관찰에 대한 원천적인 어려움을 극복하는 것이 가능하게 되었다. 원핵세포들은 색채가 부족해서 광학현미경에 의해 명확하게 관찰될 수 있는 만큼 충분한 대비를 만들어내지 못한다. 염색들이 단독 또는 다른 염색과 조합되어 사용되었고 그에 따라 원핵세포의 대비가 증가하였으며, 그것은 원핵세포들을 선명하게 관찰할 수 있도록 해주었다. 미생물 세포 표면의 특이한 특성을 이용할 수 있는 염색은 커다란 성과를 가져다 주었다. 19세기 독일의 미생물학자인 Robert Koch는 숙주 조직 내에서 결핵 간균을 볼 수 있도록 하는 분별염색(differential stain)을 이용해 결핵의 원인을 밝혀냈다. Christian Gram은 세균을 두 부류군(그람양성과 그람음성 세균, 하단 참조)으로 분류하는 것을 가능하게 하는 분별염색법을 개발했다.

원핵세포들은 광학현미경의 해상도의 한계에 근접한다. 최적의 조건하에서 광학현미경은 약 0.22 마이크로미터(마이크론, μm)의 **분해능(resolving power,** 두 점이 분리되었다고 인지되는 최소거리)을 가진다. 다시 말하면 이것은 전형적인 원핵세포 너비의 1/3 크기이다. 그러므로 원핵생물의 세포내에서 가장 큰 구조만이 광학현미경에 의해 관찰된다. 세포 형태에 있어서 원핵생물과 진핵생물을 구분하는 가장 기본적이고 명백한 차이가 적절한 전자현미경의 이용이 가능했던 1930년대 후반에야 발견된 사실은 놀랄만한 일이 아니다. 전자현미경의 우수한 분해능이 광학현미경으로는 보이지 않던 내부구조를 밝혀냈다.

위상차현미경(phase-contrast microscope)과 그것의 사촌격인 **미분간섭 위상차 현미경(Nomarski differential interference contrast microscope)**은 활동적이고, 고정화에 의해 왜곡되지도 않으며 염색되지 않은 살아있는 세포의 관찰을 가능하게 하였다. 이들 현미경들은 미생물 세포들의 높은 굴절률을 이용하여 세포를 통과하는 빛과 돌아가는 빛의 간섭을 만들어냄으로써 대비를 만들어냈다.

그리고 머지않아, 전자현미경을 이용한 원핵세포의 내부구조 연구를 위해 중금속 염색, 그림자 캐스팅, 동결파쇄법, 동결식각법을 포함한 강력한 도구들이 개발되었다. 광학현미경 또한 형광에 기반을 둔 새로운 기술의 발달로 크게 도움을 받고 있다. 현재 현미경 사용은 미생물 연구에 있어 다시 필수적인 부분이 되고 있다.

새로운 현미경

광학현미경은 대상물체의 3차원 사진을 제공할 수 없다. 현미경 대상물체의 아주 정확한 3차원 영상이 두 종류의 현미경인 **공초점 현미경(confocal microscope)**과 **디컨볼루션 현미경(deconvolution microscope)**에서 얻어질 수 있다. 두 가지 모두 물체의 다른 층들에 초점을 맞춤으로서 광학적 단층들을 만들어 낸다. 이 단층들이 조합되어 표본의 3차원 영상을 만들어 낸다. 다른 말로 하면 이것은 방사선학자가 환자의 내부기관들을 찍기 위해 컴퓨터 단층촬영을 사용하는 것과 비슷하다. 이 두 현미경은 초점의 다른 면으로부터 발생하는 선명하지 못한 부분을 어떻게 제거하느냐에 차이가 있다. 공초점현미경은 수집조리개 앞에 설치된 바늘구멍 시스템을 이용하는데 이것은 초점의 평면에서 출발한 빛을 제외한 시료로부터의 다른 모든 빛들을 차단한다. **디컨볼루션 현미경(deconvolution microscopy)**에서는 소프트웨어에 기반을 둔 과정이 이러한 목적을 위해 사용된다. 여기서 광학적 단층들이(공초점현미경에서와 같이)대상물체를 통해서 얻어진다. 그러나 기계적인 방법으로 초점외의 빛이 제거되는 대신, 최근접 이웃 알고리즘이라 불리는 방법을 사용하는 컴퓨터에 의해 각 초점면으로부터 오는 빛들이 제거된다. 그림 2.6에서 그 예를 살펴보자.

2.2 *공초점 현미경의 상세도*

2.3 *디컨볼루션 현미경의 상세도*

주사근접 탐침 현미경(scanned-proximity probe microscope)

주사근접 탐침 현미경(scanned-proximity probe microscope)은 광학적인 도구를 사용하지 않고 단일 원자와 분자들을 분해하여 시각화할 수 있다. 전통적인 현미경들과는 달리 근접주사현미경들은 렌즈를 사용하지 않고, 매우 가느다란 탐침을 주사함으로써 대상물체의 높이를 감지한다. 그러므로 이들은 회절법칙에 의해 제한 받지 않고, 해상력(resolving power)의 한계는 탐침자의 크기에 의해서 결정된다. 탐침은 원자 하나의 크기만큼 작게 날카로워질 수 있고 원자의 직경거리에 해당하는 정도로 표본의 표면에 매우 가까이 근접할 수 있다. 측정된 것은 이미지를 만들어 내는 전자신호로 변환된다. 가장 많이 사용되고 있는 주사근접 탐침 현미경에는 **주사형 터널 현미경(scanning tunneling microscope)**과 **원자힘 현미경(atomic force microscope)**이 있다.

2.4 *원자힘 현미경의 상세도*

분자 염색들

전통적인 염색들은 빛의 대비를 증가시키고 포자나 편모 같은 세포의 특정 부분을 식별하거나 돋보이게 하기 위하여 사용된다. 분자 염색(molecular stain)들은 좀 더 나은 식별력을 가지게 할 수 있으며, 분자들의 특정한 형태를 가시화하기 위해 사용될 수 있다.

형광색소: **형광색소(fluorochrome)**라고 불리는 형광물질을 운반하도록 만들어진 특정 DNA 탐침자나 항체를 사용하여 특정 세포 또는 세포 구성요소들의 위치를 확인할 수 있다. 그렇게 표지된 구성요소는 형광현미경 하에서 빛을 내어 세포나 조

2.5 *GFP에 대한 상세한 설명*

직 내에서 그들의 위치를 알 수 있도록 해준다.

형광단백질: 살아있는 세포에서 어떤 단백질의 위치는 **형광단백질(fluorescent proteins)**을 대상 단백질과 융합시킴으로서 알아낼 수 있다. 그런 인공단백질은 형광단백질을 코딩하는 유전자(gene)를 조사하고자하는 단백질 유전자와 유전공학적으로 융합시킴으로써 만들 수 있다. 그런 형광단백질의 최초 유전자는 해파리로부터 얻어졌는데, 그 산물이 **녹색형광 단백질 (green fluorescent protein, GFP)**로 알려져 있다. **황색형광 단백질(yellow fluorescent protein, YFP)**, **시안형광 단백질(cyan fluorescent protein, CFP)**과 같이 일부 수정된 형태의 단백질들은 GFP에 비해 몇 가지 장점을 가지고 있어 점점 더 많이 사용되고 있다. 융합된 형광단백질의 중요한 이점은 그들이 살아있는 세포들에 사용될 수 있다는 것이다. 따라서 주입된 단백질의 변화를 같은 세포 내에서 시간에 따라 관찰할 수 있다.

원핵세포들의 복잡한 외피와 부속기관들

미생물의 해부는 미생물이 환경변화에 어떻게 대처해왔는가에 대한 많은 부분을 설명해준다. 세균과 같이 독립생활을 하는 작은 단세포 생명체들은 영양학적으로 다양한 상황에 직면하고, 위험한 물리 화학적 변화들을 견뎌야하며, 일반적으로 표면에 부착할 수 있는 능력을 가지고 있어야만 한다. 그러한 도전들에 대한 해답은 진정세균과 고세균의 구조에 잘 드러나 있다. 미생물은 그 자신이 공격할지도 모르는 숙주 세포들을 포함한 다른 세포들이나 무생물적 환경에 접촉하고 또한 의사소통을 하는데, 미생물의 표피층 구성 및 구조가 이를 가장 잘 설명해준다. 따라서 미생물의 표면 구성성분이 종종 미생물이 특정 환경에서 생존할 수 있는지 여부를 결정해준다.

미생물 세포는 **복잡한 외피층(complex envelope layers)**과 **부속기관(appendages)**들로 둘러싸여 있는데, 이들은 주요 분류군 사이에 좀 더 정확하게 말하면 한 가지 종 내의 변종에서조차 구성성분이 다르다. 이러한 구조들은 생명체를 극한의 삼투압, 혹독한 화학물질, 심지어는 항생제와 같은 적대적인 환경들로부터 보호한다. 우리는 먼저 진정세균 구조의 구조적인 특성을 기술한 후 고세균의 구조적인 특성들과 비교하도록 하겠다.

세포막

다른 모든 세포들처럼 진정세균도 보편적인 지질 이중 막으로 구성된 **세포막(cell membrane)**을 가지고 있다. 우리는 고세균이 그들의 막을 만들기 위해 이용하는 다른 방법들도 충분히 언급할 것이다. 어느 경우에서나 세포막은 세포 내부와 환경 사이의 실질적인 경계이다. 전형적으로 세균에 있어서 세포막은 인지질과 200여종 이상의 서로 다른 단백질들로 구성되어 있다. 단백질들은 대략 막 무게의 70% 정도를 차지하는데, 이것은 포유동물의 세포막에 비해 월등히 높은 비율이다.

세균의 세포막은 상당히 바쁜 장소이다. 그들은 진핵세포 내에서 **원형질막(plasma membrane)**과 세포내 기관들의 막들 사이에서 분배되는 기능을 담당하는 것으로 생각된다. 그것의 가장 중요한 기능은 배지로부터 기질(substrates)들을 흡수하는 것이다. 기본적으로 세포막은 특별한 전달 시스템들과 전자전달사슬들을 포함한 삼투압과 용질의 경계이

표 2.1 원핵생물과 진핵생물의 세포막과 기관들의 기능들

	구조	
기능	원핵생물	진핵생물
삼투장벽	세포질 막	세포질 막
용질의 수송	세포질 막	대체로 세포질 막
호흡기전자전달	세포질 막	미토콘드리아 막
단백질 합성	세포질에 있는 폴리리보솜	소포체의 폴리리보솜
세포벽중합체의 합성	세포질 막	활면소포체, 골지체
단백질분비	세포질 막	식물에서의 골지체
광합성	다양한 막 종류, 몇몇은 세포질 막에서 연속성을 가지고 다른 것은 독립적으로 존재	소포체와 분비소포 엽록체막

다. 세포막은 다양한 방식으로 대부분의 대사물질 흡수를 수행하는 특이 단백질들을 포함하고 있다. 이러한 **전달기작(transport mechanism)**들은 특정 기질들을 주변의 배지보다 10^5 배 만큼이나 더 많이 세포내에 농축시킬 수 있다(제 6장에서 상세히 기술될 것이다).

세포막이 보호되는 방법

모든 생체막들과 마찬가지로 세균의 세포막은 세제와 다른 **양친매성 화합물(amphipathic,** 극성과 비극성의 영역을 포함하는)에 의해 파괴될 수 있다. 또한 막들은 세포내 높은 삼투압을 견디기 위해 구조적으로 안정화되어야 한다. 대부분의 세균은 튼튼한 주머니 모양의 구조로 막을 감싸서 이러한 문제들을 해결한다. 이 문제와 관련해서 몇 가지 다양성을 지니는데, **그람양성(gram positive)**, **그람음성**(gram negative, 그림 2.2), **항산성(acid-fast)** 그리고 마이코플라즈마(mycoplasma)라는 4가지의 구조적 형태가 있다.

그람염색(고안해 낸 초기 덴마크 미생물학자의 이름에서 유래)은 대부분의 세균을 그람양성과 그람음성 두 부류로 구분한다. 그람음성 종들이 그람양성 종들보다 더 많다. 그러나 사람과 동물의 병원성 미생물들은 그람양성이 많다. 그람염색은 짧은 알코올 세척 후에도 보라색 염색와 요오드의 복합체를 보유하는 어떤 세균(그람양성 세균)의 능력에 의존한다(그림2.2). 그람음성 세균은 염색를 유지하지 않고 반투명으로 되지만 붉은색의 염색로 대비 염색될 수 있다. 그래서 염색된 후에 그람양성 세균은 현미경에서 보라색으로 보이며, 그람음성 세균은 붉은색으로 보인다. 이들 두 부류간의 차이는 그들의 세포외피에 있는 근본적인 차이를 반영하는 것으로 나타난다.

2.6 *그람염색을 언급하고 있는 첫 번째 논문*

그람양성 용액

포도상 구균(*Staphylococcus*)이나 연쇄구균(*Streptococcus*)과 같은 그람양성 세균들은 높은 내부 팽창압력으로부터 막을 보호하는 두꺼운 **세포벽(cell wall)**을 가지고 있다. 이 벽의 주요 구성물은 당류와 아미노산의 복합중합체인 펩티도글리칸(peptidoglycan)이다. 세균에서 발견되는 특이 펩티도글리칸을 **뮤린(murein)**이라 부르는데(그림2.3), 뮤린은 막을 보호하는 것 이외에 막의 모양과 강도를 결정한다.

뮤린은 세균에서만 볼 수 있는 튼튼한 중합체이다. 이 사실만으로 이것이 항생제의 좋은 목표물이 될 수 있다는 것을 알 수 있다. 사실 페니실린을 포함한 전체 β-lactam계 항생

표 2.2 그람염색

1. 크리스탈 바이올렛(보라색)으로 염색한다; 세척한다
2. 요오드화칼륨으로 염색를 착색시킨다; 세척한다
3. 알코올로 씻어낸다; 세척한다
   그람음성 세균들은 탈색이 되고 그람양성 세균들은 보라색으로 남아있다
4. 샤프라닌(붉은색)으로 대비염색한다; 세척한다
   그람음성 세균은 붉은색이 되고 그람양성 세균들은 보라색으로 남아있다

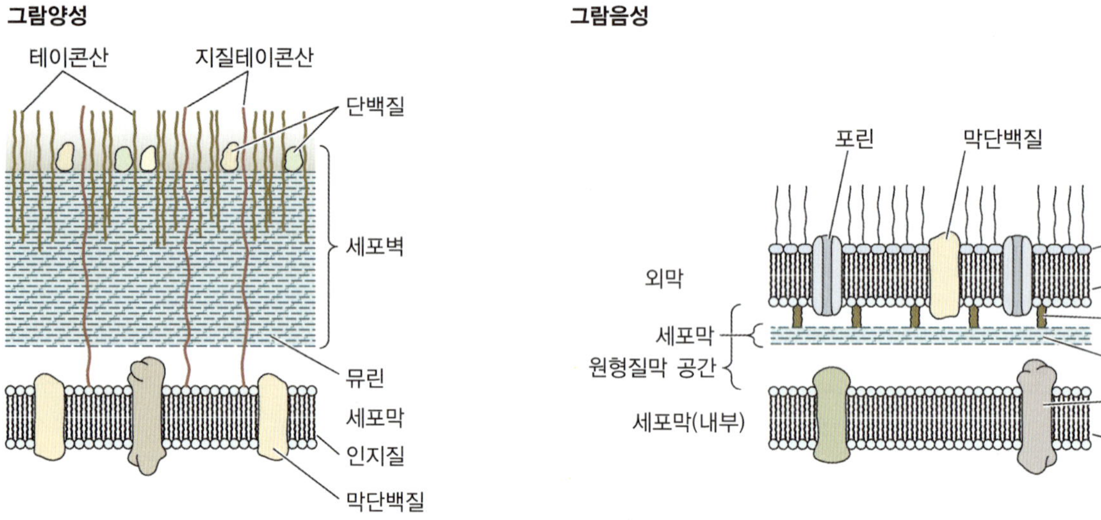

그림 2.2 그람양성균와 그람음성균의 외피. 그람양성균은 많은 뮤린 층들로 이루어진 두꺼운 세포벽을 가지고 있다. 몇몇 구성성분들(테이콘산, 지질 테이콘산, 단백질)은 막으로부터 돌출되어 있다. 그람음성 세균은 얇은 세포벽과 외막을 가지고 있다. 외막의 바깥쪽은 LPS로 구성되어 있다. 두 막 사이의 공간을 주변세포질이라고 부른다.

그림 2.3 뮤린의 구조. 뮤린은 짧은 펩티드에 연결된 *N*-아세틸글루코사민(*N*-acetylglucosamin)과 *N*-아세틸뮤람산(*N*-acetylmuramic acid)이 교대되는 글리칸 사슬로 구성되어 있다. 이들 펩티드 중의 일부는 다른 글리칸 사슬의 펩티드들과 교차 연결되어 2-D 네트워크를 만든다. 뮤린은 D-아미노산과 디아미노피멜산을 포함해 몇 가지 독특한 구성성분들을 가지고 있다.

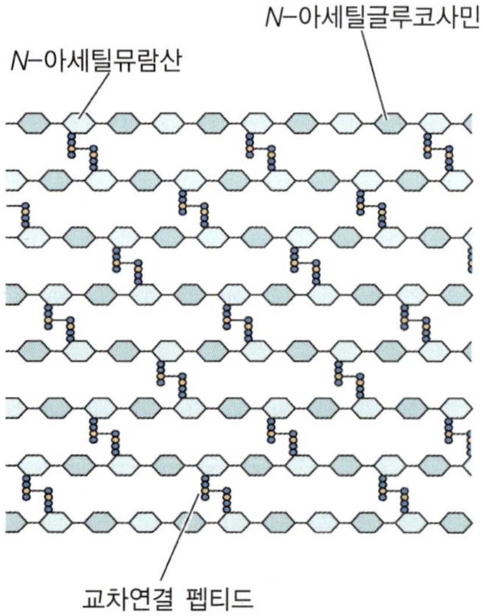

제는 뮤린 합성을 방해함으로써 효과를 나타낸다. 뮤린은 서로 교차되어 있는 기다란 가닥들의 구성체인데 중세시대에 사용된 쇠사슬 갑옷과 비슷하다. 그 가닥들은 짧은 펩티드들에 연결된 글리칸(당) 사슬들로 구성되어 있다. 뮤린의 전반적인 구조는 모든 종들에 있어서 비슷하지만, 화학적인 세부항목에 있어서는 서로 다르다(그림 2.4). 2차원적 고분자 섬유가 그것의 크기와 형태를 결정짓는 낭(구형낭, sacculus)이라고 불리는 온전한 자루를 형성하기 위해 세균의 길이와 둘레에 감겨져 있다. 낭의 모양에 따라서 세균은 **간균(bacillus,** 막대 모양, 복수형은 bacilli), **구균(coccus,** 구 모양, 복수형은 cocci), 또는 **나선균(spirillum,** 스프링 또는 나선 모양, 복수형은 spirilla), 또는 다른 많은 모양들, 그리고 흔히 접하는 모양은 아니지만 삼각형과 사각형 모양도 지닌다. 내부가 비워졌을 때 뮤린 자루는 그것이 유도된 세포의 모양과 크기를 유지한다(그림 2.5). 그람양성 세균의 다양한 층들 배열은 그림 2.2에 나타나 있다.

뮤린이 세균의 세포 모양을 결정짓는 유일한 요소는 아니다. 많은 막대 모양의 세균들은 세포막 아래에 섬유로 된 나선형을 형성하는 액틴과 유사한 단백질을 포함한다(그림 2.6). 이 단백질이 부족한 **돌연변이(mutant)**종은 구 모양이 된다. 흥미롭게도 이 단백질은 구균이 아닌 대부분의 막대 모양의 세균에서 발견된다. 이 단백질과 또 다른 단백질 FtsZ(또 다른 세포골격 단백질 유사체, 튜불린)의 존재는 진핵생물의 세포골격이 진정세균을 조상으로 가졌을 지도 모른다는 것을 의미한다. 세균과 진핵생물의 액틴(actin)분자들은 아미노산 구성에 있어서 현저하게 다르지만(서열 동일성이 약 15%정도) 거의 동일한 3차원 구조를 가지는데, 이러한 3차원 구조는 기능을 위해 보존되어야 한다는 것을 암시한다. 진핵생물의 세포골격에 대응하는 진정세균의 단백질 예들이 표 2.3에 나타나 있다.

어떻게 세포벽이 세포막의 방어에 기여할까? 단단한 뮤린낭(murien sacculus)은 그들의 세포질보다 삼투압이 낮은 배지에서 세균들이 생존하는 것을 가능하게 해준다. 압력을

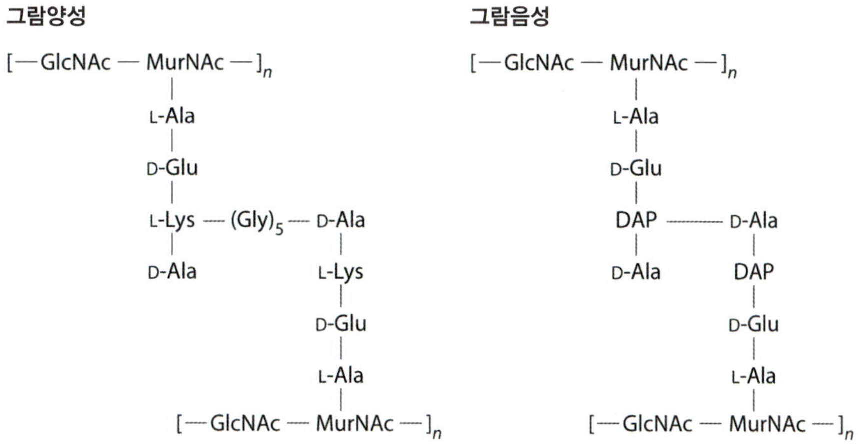

그림 2.4 뮤린의 조성. 일반적으로 그람양성균 뮤린은 리신과 D-알라인 잔기가 서로 펩티드 교차연결되어 있다. 그람음성 세균에서 교차 연결은 디아미노필멜산(DAP)과 D-알라인(D-alanine) 사이에 있다.

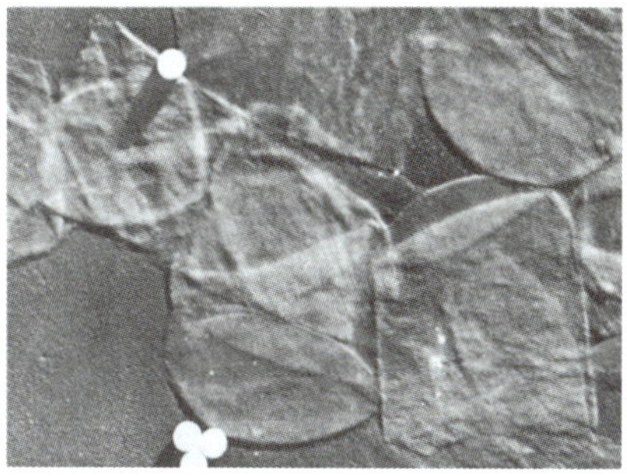

그림 2.5 뮤린 낭. 전자현미경 사진은 대장균의 납작해진 뮤린 낭을 보여준다. 3차원 구조에서 이 구조는 원래의 그것과 같은 면적을 차지한다. 하얀 구체들은 라텍스 구슬들로 직경이 0.25μm이며 크기를 보여주기 위해 그림에 포함되었다.

밀어낼 수 있는 단단한 코르셋 모양의 구조가 없다면, 막은 터졌을 것이고 세포들은 용해되었을 것이다. 이러한 간단한 실험은 뮤린이 세포의 보호와 세포의 형태 결정이라는 역할을 수행함을 보여준다. 뮤린층은 포유류의 조직들과 눈물을 포함한 분비물들에 존재하는 효소인 리소자임(lysozyme)에 의해 가수 분해될 수 있다. 만일 주변의 삼투압이 낮다면 세포들은 용해될 것이다. 만일 삼투압이 높다면 **리소자임(lysozyme)** 처리가 된 세균은 용해되지 않으나 그 모양이 변화될 것이다. 만일 본래 세포들이 막대 모양이었다면 그들은 구형으로 바뀔 것이다(그림 2.7). 그러한 구조가 그람음성 세균에서 발견되었을 경우 **스페로플라스트(spheroplast)**라 부르고, 그람양성 세균에서 발견되었을 경우 **원형질체(protoplast)**라고 부른다.

몇 개의 뮤린층들로 구성된 그람양성 세균의 세포벽은 두꺼운 장벽을 형성하는데, 그것의 인산염과 당 그리고 전하를 띤 아미노산이 높은 극성을 띠기 때문에 소수성 화합물의 통과를 막는다. 따라서 세포들은 두꺼운 친수성 층으로 둘러싸인다. 결과적으로 그람양성 세균은 인간의 내장에서 발견되는 담즙산염을 포함하는 유독성의 소수성 화합물을 견더낼 수 있는 것이다.

그람양성의 세포벽은 당 알코올, 리비톨 혹은 글리세롤이 **인산디에스테르 결합(phosphodiester bond)**에 의해 연결된 **테이콘산(teichoic acids)**이라는 독특한 중합체를 함유하고 있다(그림 2.8). 테이콘산은 연쇄상 구균 같은 생명체들이 숙주의 조직에 고착하는 것을 도와줌으로써 발병을 일으킨다.

2.7 *MreB 단백질의 3차 구조에 대한 동영상*

표 2.3 세균의 세포골격 단백질들

이름	알려진 기능	진핵생물의 대응물
FtsZ	격막형성의 분배	튜불린(tubulin)
MreB	간균의 세포모양	F-액틴(F-actin)
parM	플라즈미드 격리	F-액틴(F-actin)
크레센틴(crescentin)	세포 뒤틀림	중간섬유

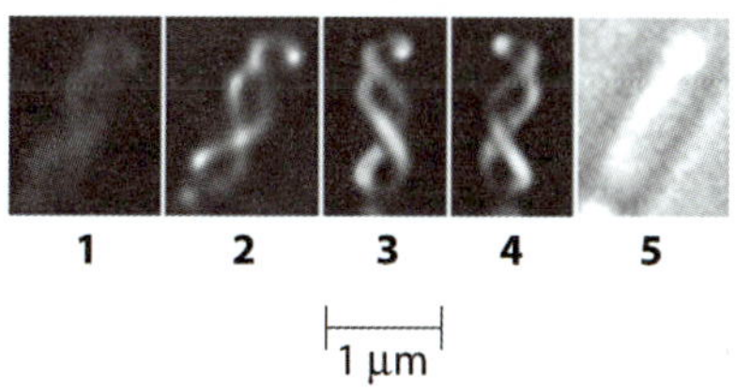

그림 2.6 Mreb 단백질에 의해 만들어진 나선구조. 대장균에서 액틴 유사 Mreb 단백질 유전자가 형광 단백질의 유전자과 융합되었다. 그 단백질 세포 내 위치를 형광현미경을 이용해 알 수 있다. 아래 영상들은 디컨볼루션 현미경 검사법이라 불리는 과정에 의해 선명해졌다. 영상 1은 보정 전의 것이고 영상 2는 보정 후에 얻은 것이다. 영상 3과 4는 서로 180℃ 회전한 것이다. 영상 5는 세포의 윤곽을 보여준다.

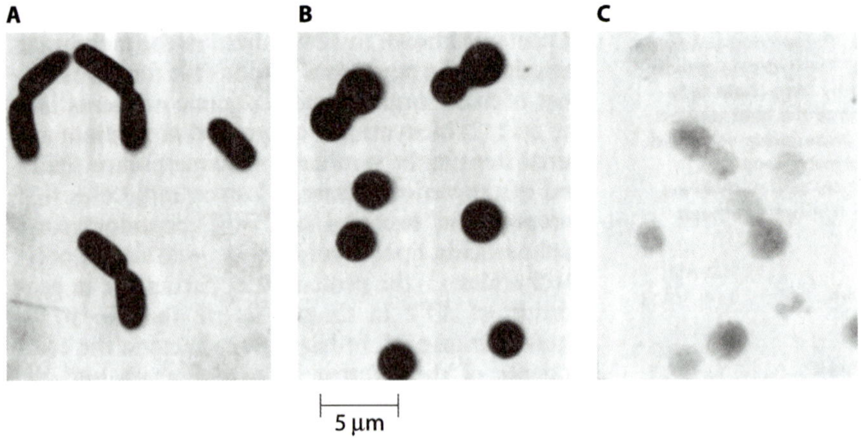

그림 2.7 바실러스 속(*Bacillus megaterium*) 기관의 프로토플라스트. (A) 온전한 세포들 (B) 0.5 M 설탕용액에서 리소자임에 의해 형성된 프로토플라스트 (C) 저삼투압 배지에서 프로토플라스트의 삼투 용해 후 형성된 환영(빈껍질들)

그람음성 용액

그람음성 세균은 그들의 세포막을 보호하기 위해 근본적으로 차별화된 방법을 발전시켜왔다. 두꺼운 뮤린 세포벽 대신에 그들은 독특한 외막으로 둘러싸인 얇은 뮤린층을 가지고 있다(그림 2.2). 그 외막은 다른 생물학적 막들과는 화학적으로 구분되며, 특히 유해한 화학물질에 저항성을 가진다. 비록 그것이 이중층의 구조이기는 하지만, 그것의 바깥 면은 특이한 구성성분을 포함하고 있다. 그것은 **지질다당류(lipopolysaccharide, LPS)**라는 복잡한 분자로 뮤린처럼 오로지 원핵세포에서만 발견된다. 반면에 외막의 안쪽 면은 모든 세균과 진핵생물의 세포막 층을 구성하는 보편적인 인지질로 구성되어 있다.

LPS는 세 부분으로 구성되어 있다(그림 2.9).

- 지질 A (lipid A)는 막의 바깥 면에 LPS가 끼워져 있다. 지질 A는 단쇄지방산과 인산염기가 부착된 이당으로 구성된 특이한 당지질이다. 지질 A가 외막으로부터 방출되면 척추동물들은 열과 쇼크를 일으킨다. 이러한 이유 때문에 LPS는 내독소(endotoxin)로도 알려져 있다.
- 지질 A에 붙어있는 단쇄 당분자인 중심다당체(core)는 그 조성이 그람음성 세균 내에서 상대적으로 일정하며, keto-deoxyoctanoic acid 와 헵토즈(heptose)라는 두 개의 특이 당분자을 포함하고 있다.
- **O 항원(O-antigen)**은 중심 다당체(core)에 연결된 많게는 40개까지의 당잔기를 가지는 기다란 탄수화물 사슬이다. O 항원의 친수성 탄수화물 사슬은 세균 표면을 감

그림 2.8 테이콘산의 구조. 테이콘산의 두 종류 반복단위인 리비톨과 글리세롤을 보여준다. 사슬의 길이는 종에 따라 다르다.

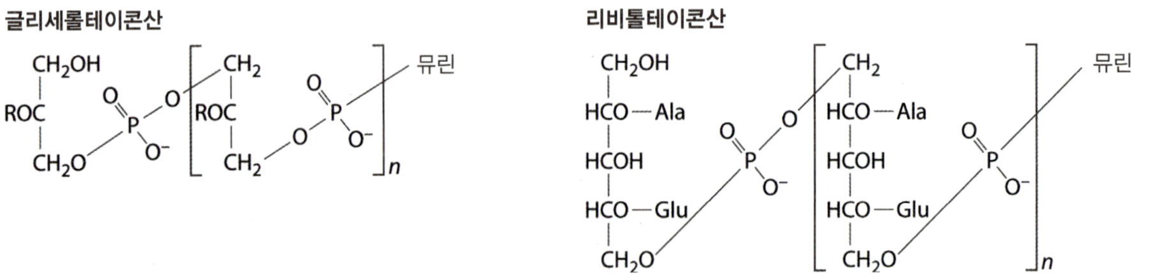

싸고 소수성 화합물을 배제시킨다. O 항원사슬의 중요성은 그들의 생합성 결핍 돌연변이체에서 나타난다. O 항원을 거의 만들지 못하거나 단순히 짧은 사슬을 가지고 있는 돌연변이는 담즙산염과 항생제에 민감하게 반응한다. 이름이 내포하는 것처럼 O 항원은 높은 면역성을 지녀 그것이 척추동물에게 주입되었을 때 아주 강한 항체를 유도해낸다. 또한 O 항원은 매우 다양하여 같은 종 또는 같은 종 내의 변종들 사이에서도 다르게 나타난다. 한 예가 오염된 햄버거 고기 섭취 후 심각한 감염증세를 보여주는 대장균 O157:H7에 의해 옮겨지는 "O157"이다. O 항원들의 변이성 때문에 한 종류에 대한 항체는 다른 종류를 포함하고 있는 세균의 감염으로부터 개인을 보호해주지 못한다. 게다가 O 항원은 독성을 가지고 있는데, 이것은 몇몇 그람음성 세균의 **병원성(virulence**, 질병을 일으키는 특성)에 대해 설명해준다.

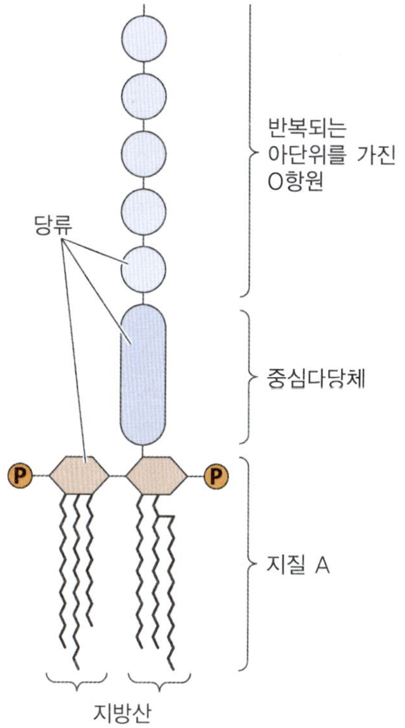

그림 2.9 LPS 구조. LPS는 세 부분으로 구성되어 있다. 지질 A는 지방산이 부착된 인산화된 이당류이다. 중심다당체와 O 항원은 반복되는 당류로 구성되어 있다. 이 부분은 종에 따라 다양하게 나타나며 그람음성 세균들 사이에서 항원의 다양성을 가지는 주요 원인이 된다.

해로운 소수성 화합물을 막기 위해 그람음성 세균도 그람양성 세균과 마찬가지로 외부에 존재하는 친수성 다당체에 의지한다. 그람양성 세균의 경우는 뮤린 낭이 그리고 그람음성 세균의 경우는 외막이 그 역할을 수행하며 단지 위치만이 다를 뿐이다. 어떻게 필수 용해성 영양분들은 두 개의 막들을 통과하는 걸까? 모든 세포들의 세포질막처럼 그람음성 세균의 내막은 상당히 복잡한 전달구조를 가지고 있다(제6장 참고). 하지만 외막의 통과는 어떻게 일어날까? 내막의 전달구조를 똑같이 사용하는 것은 낭비일 뿐만 아니라 내막 보호라는 목적에 역효과를 가져올 것이다. 게다가 **세포질 막(cytoplasmic membrane)**과 달리 외막은 에너지원이 결여되어 있다. 그람음성 세균은 이 문제에 대해 다시 한 번 흥미로운 해결책을 찾아냈다. 외막은 설탕과 아미노산 그리고 특정한 이온들과 같은 많은 친수성 화합물의 진입을 비특이적으로 용인해주는 **특별한 경로(special channels)**를 가지고 있다. 이 경로들은 단백질 분자 3개로 형성되어 있으며 **포린(porin)**이라고 불린다. 포린 경로는 좁아서 삼당류 크기인 약 600~700 달톤(dalton)까지의 화합물 유입만을 허락할 정도의 크기이다(그림 2.10).

생존을 하는데 필요한 어떤 화합물들은 600~700 달톤보다 그 크기가 크다. 이 분자들은 비타민 B_{12}와 삼당류들보다 큰 당류 그리고 킬레이트 화합물 형태의 철을 포함한다. 그런 화합물들은 각 화합물들을 이동시키기 위해 특별히 설계된 단백질들을 이용하는 독립적인 특수 전달체계를 이용하여 외막을 통과한다. 따라서 외막은 작은 친수성 영양분들의 통과를 허락하지만, 크기에 상관없이 소수성 화합물은 차단하며, 특별히 만들어진 기작을 통해 크기가 큰 특정 친수성 분자들이 진입하는 것을 용인한다.

그람음성 세균의 두 개의 막은 그들 사이에 **주변세포질(periplasm)**이라고 불리는 구획을 만든다(그림 2.2). 이 구획은 뮤린층과 영양을 돕는 젤 형태의 뮤린 전구체 그리고 단백질을 함유하고 있다. 이들은 분자들을 소화가 가능한 크기로 잘라주는 **인산분해 효소(phosphatases)**, **핵산 분해효소(nucleases)**, 그리고 **단백질 분해효소(proteases)**와 같은 분해효소들을 포함한다. 게다가 주변세포질은 소위 **결합단백질(binding protein)**이라고 불리는 것들을 포함하고 있는데, 이들은 설탕과 아미노산에 대해 높은 결합친화력을 가져 배지로부터 그것들을 흡수하는 일을 돕는다. 주변세포질은 또한 **β-락타마아제(β-lactamase)**라고 불리는 효소를 가지고 있는데, 이것은 페니실린이나 세팔로스포린 같은 항생제들을 불활성화시킨다. 그람양성 세균은 주변세포질 구획을 가지고 있지 않지만 비슷한 효소들을 환경으로 분비한다.

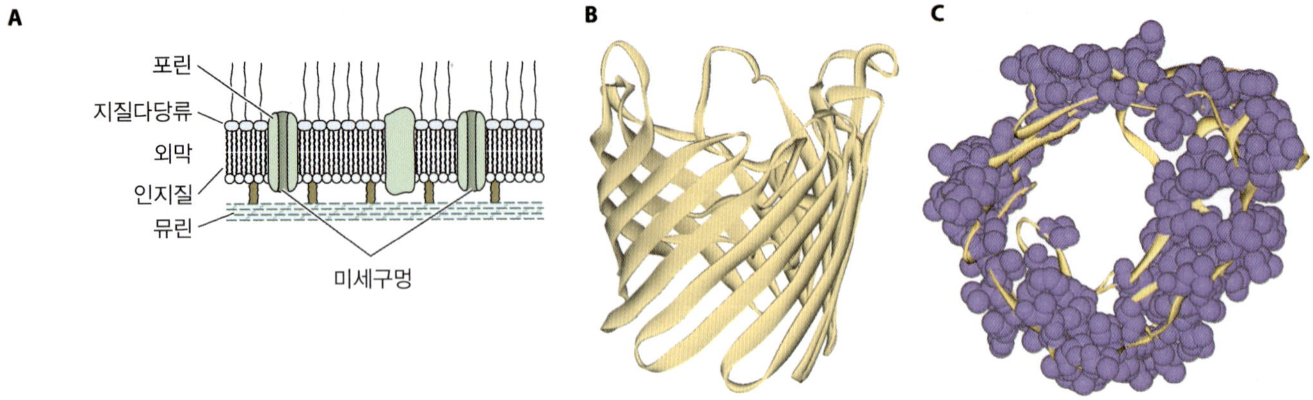

그림 2.10 포린들. (A) 그람음성균의 외막이 포린 분자들에 의해 만들어진 미세 구멍을 보여주고 있다. (B) 포린의 3차원 구조(측면). 포린들은 외막에 삽입된 16가닥으로 구성된 술통모양의 β배럴을 형성한다. (C) 물로 가득 찬 통로를 만드는 친수성 잔기들이 보여주는 포린을 위에서 본 모습.

뮤린층은 주변세포질에 떠다니는 독립적인 구조가 아니라 외막에 있는 몇 개의 단백질에 묶여 있는 형태이며 그중에 하나가 지단백질(lipoprotein)이다.

항산성 용액

몇몇 세균, 그 중에서도 특히 결핵 간균(*Mycobacterium tuberculosis*), 그리고 그들과 가까운 관계에 있는 세균들은 주변 환경의 도전으로부터 그들의 세포막을 보호하기 위해 또 다른 방법을 발전시켜 왔다. 그들의 세포벽들은 많은 양의 복잡한 분지의 탄화수소(60에서 90개의 탄소길이)인 **밀랍(waxes)**을 함유하고 있다. X 선 회절연구는 **마이콜산(mycolic acid)**이라고 알려진 밀랍이 두 개의 층들에 배열되어 있고 그들의 소수성 꼬리들이 두 층 사이의 공간으로 향하고 있음을 보여준다. 이들 마이콜산 층들은 유난히 두껍고 복합당질과 뮤린 세포벽의 아래층들에 공유결합으로 붙어있다. 따라서 마이콜산은 단순히 정렬되지 않은 밀랍층이 아니라 잘 정렬된 지질 이중층(lipid bilayer) 막을 형성한다. 단백질들이 이 막에 끼워져 있고, 여기서 그들은 영양분과 특정 약물들이 천천히 통과할 수 있는 물로 채워진 미세구멍을 형성하는데, 이러한 관점에서 볼 때 이것은 그람음성 세균의 외막에 있는 포린과 비슷하다.

이렇게 강한 소수성 보호막 때문에 이들 세균들은 살균제나 강산을 포함한 많은 가혹한 화학물질에 손상되지 않는다. 만일 짧은 가열 또는 일시적인 세정제 처리에 의해 이들 세포에 주입된다면, 이것은 다른 모든 세균과는 달리 묽은 염산에 의해서 제거될 수 없다. 따라서 이들 미생물들은 **항산성(acid-fast)**이라고 불리는데, 이것은 산에 저항성을 가진다는 것을 뜻한다(표 2.4). 그들의 밀랍층은 뮤린, 다당류, 그리고 지질과 서로 얽혀 있다. 이러한 미생물은 심한 독성의 화학물질 뿐만 아니라 백혈구에도 저항성을 가진다. 그 대가로 지불하는 것은 이들 미생물들이 매우 느리게 생장한다는 것이며, 아마도 그것은 영양분 흡수율이 그들을 둘러싸고 있는 밀랍층에 의해 제한되기 때문일 것이다. 사실 친수성 분자들에 대한 그들의 투과도는 그람음성 세균인 대장균(*E.coli*)에 비해 100배에서 1,000배정도 더 낮다. 인간 결핵 간균과 같은 몇몇 항산성균들은 24시간마다 겨우 한 번씩 분열한다.

2.8 *3가지 형태의 세균세포벽에 대한 좀 더 자세한 설명*

결정질 표층들

어떤 진정세균과 고세균은 세균 막 구성의 또 다른 변형인 **결정질 표층(crystalline surface layer)**을 가지고 있다. 이들 층들은 사각형, 육각형, 또는 기울어진 형태의 결정체 배열로 정렬된 단백질 하부구성체를 가지고 있다(그림 2.11). 이들 구조는 S층(S-layer)이라고 불리며, 이들은 세포의 가장 바깥쪽 표면에 위치해 있다. S층은 세균의 모든 주요 그룹을 포괄하는 많은 종들에 존재한다. 몇몇 고세균들에게 있어서 S층은 세포막의 외부에 있는 유일한 층이다. 그람양성 세균에 있어서 S층은 뮤린 벽 외부에 있으며, 그람음성 세균에 있어서 S층은 외막의 바깥쪽에 있다. 그람양성 세균이나 그람음성 세균 모두에서 이 구조는 때때로 분자 몇 개의 두께에 불과하다.

S층들은 대체로 단일 종류의 단백질 분자로 이루어져 있으며 가끔은 탄수화물이 부착되어 있기도 하다. 이 격리된 분자들은 자가조립을 할 수 있다. 즉 세포상에 있는 것과 비슷한 또는 동일한 시트를 만들 수 있다. S층을 단백질 또는 당단백질로만 구성된 지질이 없는 막의 일종으로 생각해보자. 외부환경에 노출된 단백질에서 예상되는 것처럼, S층 단백질은 단백질 분해효소와 단백질 변성체에 상당한 저항성을 가진다.

S층들의 기능은 아마도 보호일 것이다. 어떤 유기체(예를 들면 내장병원체인 *Campylobacter*)에 있어서, S층들은 식균작용을 방해하도록 한다. S층은 세균을 세균 바이러스(살균바이러스)에 의한 감염으로부터 보호하거나, 역설적으로 말하면 수용체로서의 기능에 의해서 다른 파지(phage)에 의한 감염을 촉진시킨다. S층은 몇몇 세균의 표면에 대한 부착에도 관여한다.

생물공학자들은 S층에 대한 몇 가지 잠재적 용도를 예상하고 있다. 이 층들의 주기적인 구조는 전자공학, 광학 그리고 자기학에 필요한 재료를 제조하는데 있어 분자와 입자의 정규배열 생성을 위해 유용하게 이용될 수 있다. 세균은 대상이 되는 단백질과 S-단백질 중 막에 부착하도록 하는 부분을 제거하고 분비에 관여하는 부분으로 구성되는 융합 분자를 만들도록 조작될 수 있다. 그러한 재조합 세균들은 쉽게 정제될 수 있으며 산업적 목적으로 사용될 수 있는 다량의 가용성 융합단백질을 만들 수 있다.

표 2.4 항산성염색

1. 뜨거운 퓨신(fuchsin, 적색)으로 염색한다; 세척한다.
2. 산성알코올로 탈색한다; 세척한다. 항산성 세균만 적색으로 남아있다.
3. 메틸렌블루로 대비염색한다; 세척한다. 다른 모든 물질은 청색으로 된다.

2.9 *생물공학에 대한 리뷰논문*

세포벽이 없는 세균: 마이코플라즈마

세균에 의한 뮤린의 보편적인 용도에는 예외들이 있다. **마이코플라즈마(mycoplasma)**는

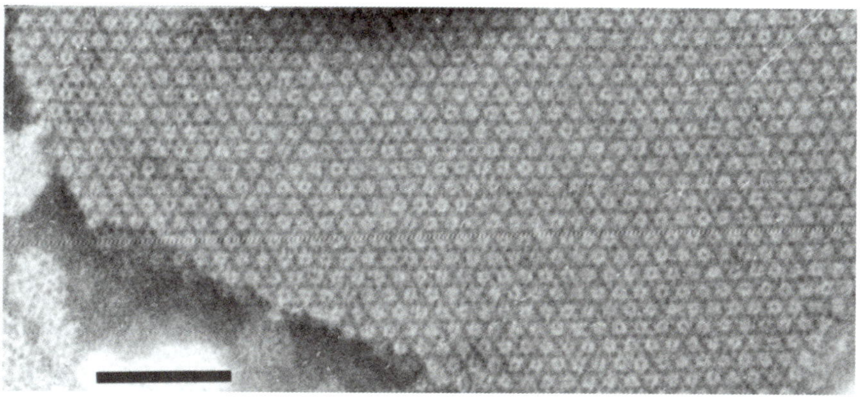

그림 2.11 고세균과 진정세균의 S층. 전자현미경에서 보이는 것으로 S층의 단편이 하부단위들의 규칙적인 배열을 보여주고 있다. 단위=100 nm

뮤린을 가지고 있지 않은 세포벽 결핍 세균이다. 비록 그들의 구조나 생리에 대해 잘 연구되어 있지 않지만 세포벽이 없는 고세균도 역시 존재한다. 페니실린의 목표물이 결핍되어 있기 때문에 마이코플라즈마는 이들 약품뿐만 아니라 관련 약품인 세팔로스포린에도 저항성을 가진다. 폐렴의 병원체인 *Mycoplasma pneumoniae*는 그들의 막에 **스테롤(sterol)**을 가지고 있는데, 스테롤의 존재는 진핵세포에서는 일반적인 것이지만 원핵세포에서는 드문 경우에 해당된다. 유전자분석은 마이코플라즈마를 그람양성 세균과 가까운 것으로 분류하는데, 그들은 아마도 그람양성 세균들로부터 유래되었을지도 모른다.

아마도 사람들은 마이코플라즈마가 상당히 연약하다고 생각할 지도 모른다. 하지만, 그들은 단단한 세포벽 없이도 잘 대처한다. 비록 배양이 꽤 까다롭기는 하지만 그들은 인체 또는 심지어 가혹한 환경에서 존속하는 뛰어난 능력을 가지고 있다. 그러한 강인함은 마이코플라즈마와 비슷하며 세포벽이 없고 호열성과 호산성을 나타내는 *Thermophasma* 고세균에서도 나타난다. 이러한 유기체들은 절대로 약한 것들이 아닌데, 인디애나의 천천히 타고 있는 석탄광으로부터 한 가지 종이 분리되기도 했다.

우리는 앞에서 간균의 세포벽이 제거되면 세포들이 **스페로플라스트(spheroplast)**로 바뀐다는 것을 언급했다. 스페로플라스트들은 배양될 수 있으며 마이코플라즈마의 그것들과 비슷한 군락을 형성한다. 한때 L형(L form)으로 불렸던 스페로플라스트 배양액과 마이코플라즈마의 차이점은 뮤린이 형성되도록 조건을 주었을 때, 스페로플라스트는 그들의 본래 세균 모양으로 전환되는데 반해 마이코플라즈마는 절대로 그렇지 않다는 것이다.

마이코플라즈마가 뮤린이 결핍된 유일한 세균이 아니다. 이러한 독특한 특성은 육상과 수생의 환경에서 발견되는 매우 특이하고 계통학적으로 분기된 세균인 Planctomycetes에서도 나타난다. 이러한 미생물들은 S층이라고 불리는 단백질에 의해 보호된다.

고세균의 세포외피

고세균의 세포외피들은 진정세균의 그것들과 다르다. 그리고 그것은 원핵생물인 두 부류 사이의 **진화적인 거리(evolutionary distance)**를 나타낸다. 고세균의 세포막은 지방산보다는 이소프레노이드(isoprenoid)라고 불리는 독특한 지질을 포함하고 있는데, 에스테르 결합보다는 에테르 결합으로 글리세롤에 연결되어 있다. 이들 지질 중 몇몇은 인산기를 포함하고 있지 않으므로 인지질이 아니다. 몇몇 종들에서 이들 분자들은 거의 인지질의 길이를 가지며, 개개의 분자들은 막 가운데서 그들의 친수성 이소프레노이드 잔기를 가지고 상호작용하여 지질 이중막의 반을 형성한다. 어떤 종들을 일반적인 이중층이 아니라 **지질단층(lipid monllayers)**으로 구성된 놀라운 구조를 가지고 있다. 이들 지질은 훨씬 길며(인지질의 약 두 배 길이) 양쪽 끝에 글리세롤 에테르를 지닌 두 개의 머리 부분을 가지고 있다. 단일 분자는 인지질이 하는 것과 같이 내부에 비극성 탄화수소 사슬을 가지도록 하고 극성그룹은 외부 표면에 배치하도록 한다(그림 2.12). 많은 고세균들은 매우 높은 온도에서 자라는데(제4장 참조) 그들의 특이 지질들이 그러한 환경에 적응하는 것을 돕는다. 사실 단수 이소프레노이드 막들은 시험관 조건에서 인지질 막들보다 고온, 고염, 그리고 낮은 pH에 더 안정적이며, 복수 이소프레노이드 막들은 훨씬 더 안정적이다.

고세균은 세균과 같은 세포벽이 없다. 어떤 고세균은 세균의 S층보다 계면활성제에 더 민감한 S층을 가지고 있다. 많은 종들에서 S층은 당단백질로 구성되어 있다. 몇몇 고세균들

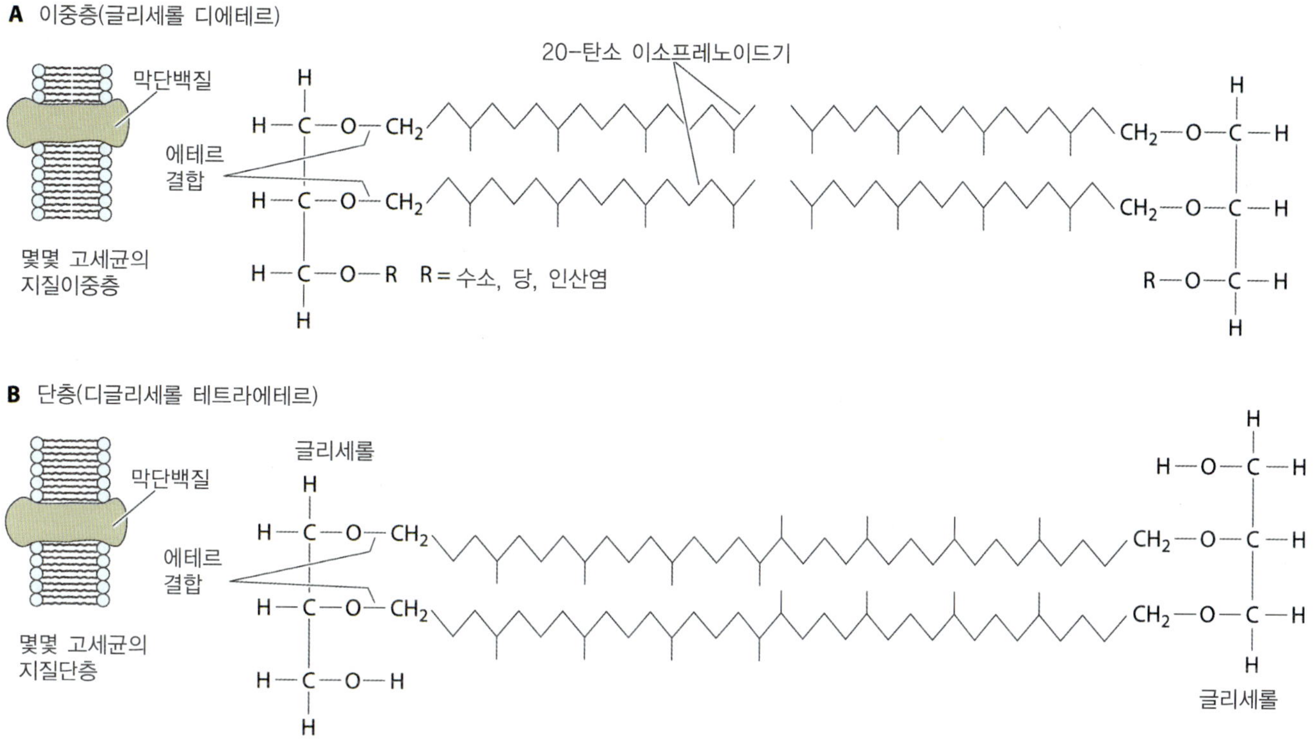

그림 2.12 두 종류의 고세균 막. (A) 인지질 막에서와 같이 이소프레노이드 이중층들이 에테르 결합에 의해 글리세롤에 연결되어 있다. **(B)** 그림 A에 있는 것들의 두 배 길이를 갖는 이소프레노이드 단층들이 에테르 결합에 의해 글리세롤에 연결되어 있다.

은 그들의 모양을 만들 수 있도록 다당류 또는 **모조 뮤린(pseudomurein)**이라 불리는 펩티도글리칸으로 만들어진 단단한 세포벽을 가지고 있다. 그것은 D-아미노산보다는 L-아미노산을, 그리고 β-1,4 결합보다는 α-1,3 결합을 가진 이당류들을 가진다는 점에서 뮤린과는 다르다. 모조 뮤린 세포벽을 가진 고세균은 그람양성 반응을 보여준다. 세포벽이 결여된 종들은 세균보다는 고세균에서 더 일반적인데, 놀랍게도 이들은 거칠고 뜨거우며 산성인 환경에서 사는 것들도 포함한다.

캡슐, 편모 그리고 필리: 어떻게 원핵생물들은 특정 환경에 대처하는가?

원핵생물들의 형태학적 다양성은 세포벽이나 세포막에 제한되어 있지 않다. 일부 세균과 고세균은 캡슐(capsule), 편모(flagella) 그리고 필리(pili)와 같은 외부구조들을 가지고 있다. 이들 구성요소가 항상 존재하는 것은 아니지만 그들은 특정 환경에서 생존을 위해 중요하다.

캡슐과 점질층

그람양성 또는 그람음성을 막론하고 많은 세균들은 점액막으로 둘러싸여 있다. 점액이 점성을 지니고 세포에 부착된 상태로 유지되어 있을 때, 그것을 캡슐(capsule)이라고 불린다(그림 2.13). 만일 그것이 좀 더 느슨해지면 점질층(slime layer)이라고 부르는데 그것의 명확한 구분은 없다. 대부분의 경우에 이 층은 고분자의 다당체로 이루어져있는데 이종중합체(즉 한 종 이상의 단당류를 포함)이거나 단일중합체이다. 어떤 세균에 있어 이 층은 다당류가 아니라 아미노산으로 이루어진 중합체인데 그 예가 탄저균(*Bacillus anthracis*)에 있는 글루탐산이다. 이 물질의 합성은 환경에 의존하며 항상 요구되는 것은 아니다. 캡슐이나 점액층이 결핍된 유기체들이 적어도 실험실 환경 하에서는 잘 자라지만, 이들 층은 특정한 자연환경에서의 생존을 위해서 필수적이다.

이 점질층은 종종 생태적 지위를 확보하기 위한 세균 세포의 능력을 결정짓는 주요 요소이다. 그것은 또한 탈수를 막아주는 역할을 하기도 한다. 치아우식증(dental caries)을 유발시키는 연쇄구균인 *Streptococcus mutans*를 예로 들 수 있는데, 이 균은 자당을 포도당과 과당으로 분해시키고, 포도당을 덱스트린이라 불리는 끈끈한 중합체로 전환시키는데, 그것은 미생물이 치아의 법랑질에 붙어 치석을 형성하는 것을 도와준다. 점질층은 또한 세균들이 수계에서 바위나 식물 같은 자연환경의 표면에 달라붙어 생물막을 형성할 수 있도록 도와준다.

캡슐은 또한 식균세포들에 의한 세균의 섭취를 방해하기 때문에 식균작용에 대한 세균의 방어에 주요한 역할을 한다. 목표로 하는 동물의 내부기관에 도달하기 위해 혈액을 통해 이동하는 많은 세균들은 실제로 캡슐에 싸여있다. 수막염균(*Neisseria meningitidis*)이나 헤모필루스 인플루엔자(*Haemophilus influenzae*)와 같은 세균성 수막염의 병원체들을 그 예로 들 수 있다.

2.10 *움직이는 세균의 동영상*

편모

많은 세균과 고세균은 용액이나 젖은 표면을 따라 활발하게 움직일 수 있다. 이러한 움직임에는 여러 가지 방법이 있는데, 가장 보편적인 것이 편모라고 불리는 나선형 필라멘트의 움직임에 의한 것이다. 편모는 회전하는 추진기와 같은 역할을 한다. 이것은 진핵생물의 편모와 대비될 수 있는데, 진핵생물의 편모는 채찍과 같은 움직임으로 2차원에서 이동한다. 각

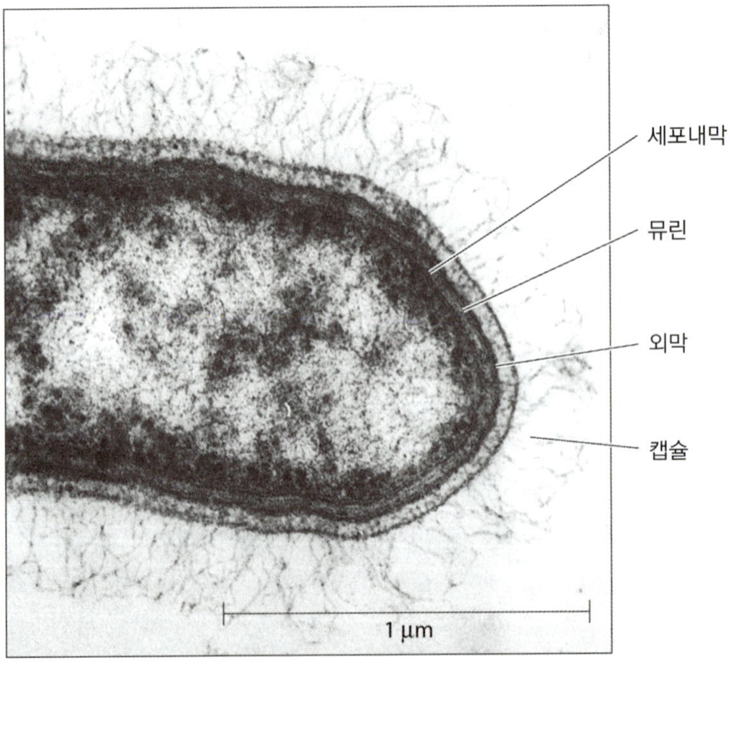

그림 2.13 세균의 캡슐. 캡슐은 이 전자현미경 세절편에서 세포 외피들을 둘러싸고 있는 불분명한 물질들이다. 그것의 두께가 세포 직경의 약 1/4라는 것을 주목하라. 어떤 세균들은 상당히 두꺼운 캡슐을 가지고 있다.

각의 원핵생물 편모는 그것을 회전시킬 수 있는 일종의 모터를 갖추고 있는데, 이것은 우리들 특히 나노기술에 관심이 많은 사람들을 매혹시킨다. 생물학에서 모터의 다른 자연적인 예 그리고 그것도 그렇게 작은 크기의 예를 생각해 낼 수 있는가?

번성하는 많은 병원균들은 운동성을 지니는데, 이것은 그들이 환경에 그리고 숙주의 체내에 퍼져나가는 것을 돕는다. 종들에 따라 하나의 세포가 한 개 혹은 많은 편모를 가지고 있다(그림 2.14). 어떤 종에서는 편모가 세포의 끝(극)에 위치하고 있고, 다른 종들에서는 세포 주변에 무작위(주모성 또는 전체가 털로 덮임)로 위치해 있다. 이와 같은 구분은 분류학과 진단 미생물학에 유용하다. 편모가 세균의 표피층을 뚫고 나온 유일한 필라멘트 모양의 구조는 아니다. 필리(pili, 핌브리아(fimbriae))나 섬유(fibril)와 같은 다른 것들도 있다(그림 2.15).

편모들은 세 부분으로 구성되어 있다(그림 2.16). 기다란 나선형의 **필라멘트(filament)**가 편모 **갈고리(hook)**를 통해 **기저체(basal body)**에 연결되어 있다. 이것은 편모를 세포외피에 매달아주고 편모운동모터를 포함하고 있는 복잡한 구조이다.

필라멘트(filament)는 배지 내에서 5-10μm으로 늘어나는 나선형의 구조인데 이것은 때때로 세포길이의 몇 배에 해당한다. 필라멘트의 내부는 비어있다. 대부분의 세균에서 필라멘트는 **편모단백질(flagellin)**이라는 단일 단백질로 구성된다. 편모단백질은 높은 항원성을 나타내며 때때로 감염에 대해 특별한 면역반응을 유도해내기도 한다. 기계적으로 말해서 편모단백질은 매우 단단한데 근육의 F 액틴보다 약 100배정도 더 뻣뻣하다. 편모단백질 분자들은 편모 필라멘트의 구조적인 특성을 나타내기 위해 스스로 뭉치는데, 이것은 분자수준 형태발생의 한 예가 된다. 시험실 내에서 분리한 편모 필라멘트는 편모단백질 용액으로 분리될 수 있다. 이온 환경이 적절하게 조절되면 편모단백질 분자들은 원래의 것과 거의 구별할 수 없는 편모 필라멘트를 다시 형성한다.

편모 갈고리는 짧고 휘어진 구조인데 필라멘트보다 직경이 약간 크며 편모 필라멘트를 세포에 연결시킨다. 그것은 기저구조에 있는 모터와 편모 필라멘트 사이의 "보편적 이음새" 역할을 하는 것으로 보인다. 편모 갈고리의 분자구조 역시 상대적으로 단순하다. 편모 필라멘트와 마찬가지로 이것은 단일 종류의 단백질로 구성되어 있다.

기저체는 그람음성 세균의 경우 4개의 고리들이 부착된 막대 모양이 봉을 형성하기 위해 뭉친 약 15개의 단백질들로 구성되어 있다. 고리들은 투관 혹은 고정자로서의 역할을 하는데 봉이 회전하는 동안 세포 외피의 여러 층에 그 구조를 고정시켜 준다. 어떻게 봉이 세포

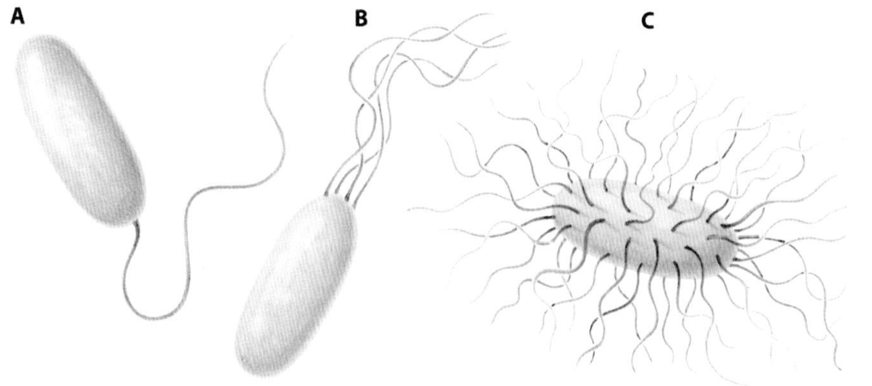

그림 2.14 몇몇 세균 형태에 있어서의 편모배열. (A) 단일 극성 편모 (B) 다극성 편모들 (c) 세포 주위 모두에 걸쳐 난 편모(주모성).

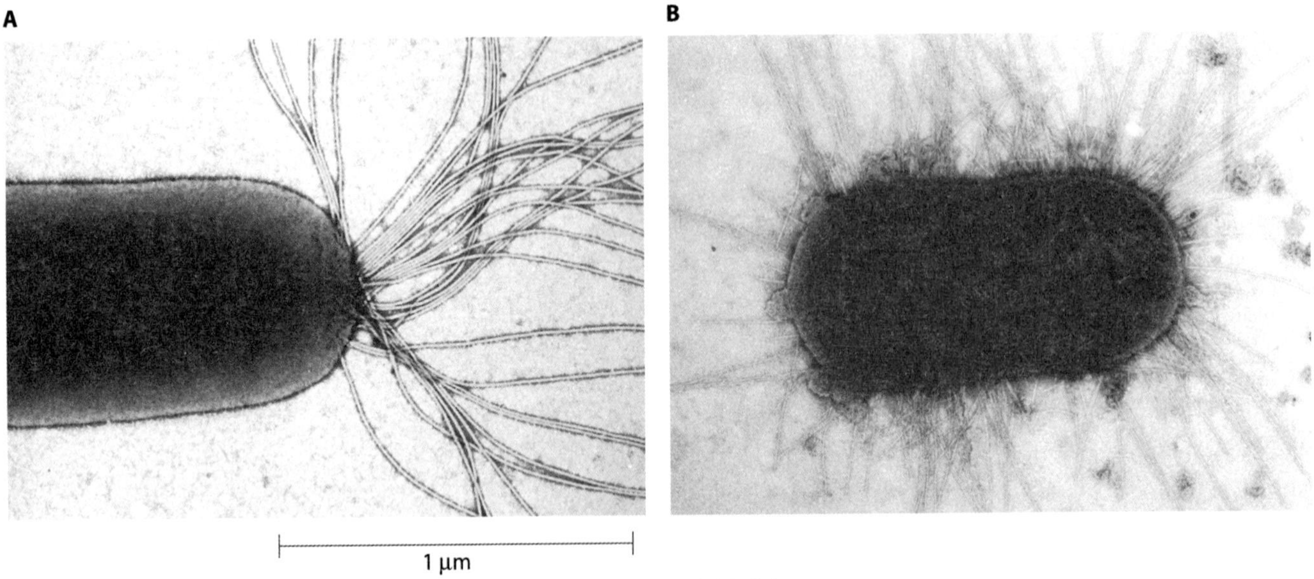

그림 2.15 전자현미경으로 관찰된 편모와 필리. (A) 세균의 극단에 삽입된 편모. 다른 미생물에서 편모는 세포의 전반에 걸쳐 삽입되어 있거나 세포의 극단에 하나의 편모가 삽입된 경우도 있다. (B) 그람음성균을 둘러싸고 있는 필리들

표면의 물리적 부착을 유지하는지는 아직 알려지지 않았다. 그림 2.16에서처럼 각각의 고리는 그람음성 세균에서 세포외막의 특별한 층에 연결되어 있다.

예상되는 것처럼 그람양성 세균과 그람음성 세균은 서로 다른 편모 기저체들을 가지고 있다. 그람양성 세균은 단지 두 개의 고리들을 가지고 있는데, 하나는 그들의 세포막에 박혀 있고 다른 하나는 세포벽의 구성성분인 테이코산과 결합되어 있다.

매독과 라임병의 매개체를 포함하는 스피로헤타(spirochete)로 알려진 나선균에서 편모들은 외부환경으로 뻗어 나와 있지 않다. 그들은 세포 양쪽 끝에 부착된 주변세포질 내에 들어 있다(그림 2.17). 편모 필라멘트가 회전할 때 세포는 코르크 마개뽑이와 같은 방식으로 회전한다. 스피로헤타(spirochete)는 점성이 너무 강해서 외부적으로 편모를 갖춘 세균들의 운동성을 어렵게 하는 배지 내에서조차 움직일 수 있다. 운동성은 스피로헤타가 창자 내에 서식하는 것을 가능하게 하는 데 필수적인 것으로 생각된다.

편모들은 어떻게 만들어질까? 그 답은 단계적이다. 먼저 기저체가 조합되어 세포 외피로 끼어 들어간다. 그 후 편모 갈고리가 더해지고 마지막으로 생장이 일어나는 끝부분에 새로운 편모단백질의 기본 단위가 더해짐으로써 편모 필라멘트가 점진적으로 만들어진다. 어떤 사람들은 새로운 분자의 추가가 세포의 가장 가까운 끝에서부터라고 추측하기도 한다. 하지만 꼭 그런 것만은 아니다. 편모는 세포로부터 튀어나온 끝부분으로부터 자란다. 편리하게도 편모는 새로운 편모단백질 분자들이 분출되는 텅 빈 중앙통로를 가지고 있다. 편모단백질 분자가 끝부분에 도달했을 때 각각의 분자들이 이미 있던 것들과 자발적으로 응집하면서 편모 필라멘트가 길어진다(그림 2.18). 시간의 경과에 따라 그 과정이 느려진다. 이것은 편모의 기계적인 절단에 의한 것과 더불어 왜 편모들이 길이에 있어서 한계를 가지는지 설명해준다.

편모의 조립은 잘 조절되는 하나의 과정이다. 만일 편모단백질 분자들이 세포 내에 축적되면 무슨 일이 생길지 생각해보자. 만일 그들이 세포 내에서 필라멘트로 만들어진다면 이들은 아마도 주요한 생리적 과정을 해칠 것이다(세균들은 "소화불량"이 될 것이다). 사실 편

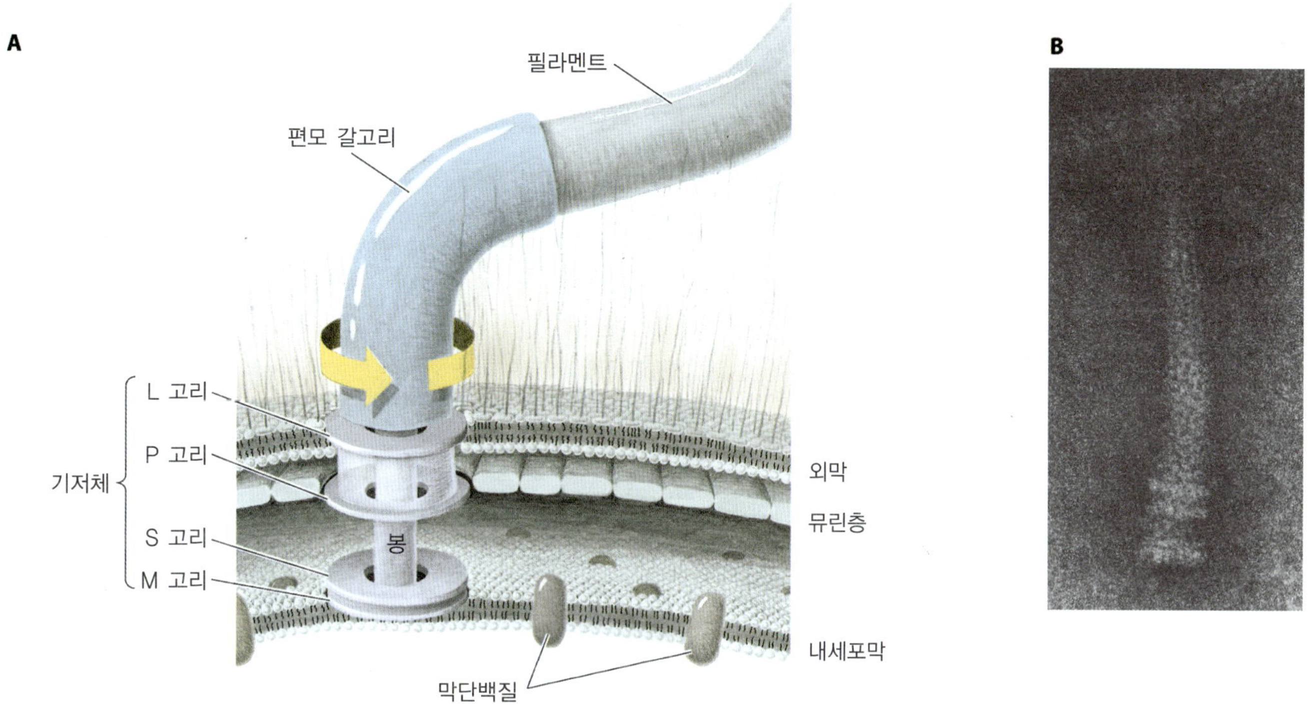

그림 2.16 편모의 구조. **(A)** 그람음성균에서 이중막으로 편모의 삽입. 그람양성균에서는 바깥쪽에 보이는 두 개의 고리가 결핍되어 있다. **(B)** 세포의 가장 가까운 대장균 편모 부분의 전자현미경사진

모단백질 분자들의 합성은 편모의 조립 과정에 있어서 그들의 이용과 연관되어 있다. 대장균에서 이러한 연관성은 편모단백질 합성의 저해제를 통해 일어난다. 이 저해제는 세포 내 편모단백질 분자의 축적과 그들이 편모 필라멘트로 조립되는 것을 막는다. 그러나 일단 기저체가 외피로 삽입되면, 저해제는 세포질에서 배지로 분비된다. 따라서 편모의 조립은 저해제의 감소로 이어지고 이것은 새로운 편모 단백질 분자형성을 가능하도록 해준다. 주화성을 야기하고 외부적으로 목적운동과 관련된 분자회로는 제13장에서 상세히 설명될 것이다.

2.11 *편모의 조합에 대한 리뷰논문*

필리

필리(핌브리아라고도 부름)는 세균이 숙주 세포나 다른 표면에 부착하는 것, 단백질과 핵산을 다른 세포로 전달하는 것, 그리고 운동성 등과 같이 매우 다양한 생리학적 기능과 관련된 구조이다. 모든 필리들이 이런 역할을 다 수행하는 것은 아니다. 대부분은 필리들은 특성화

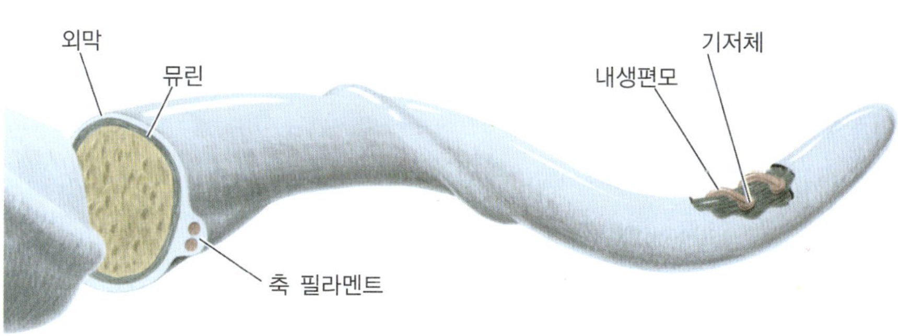

그림 2.17 원형질막공간 내에 있는 축 편모의 배열.

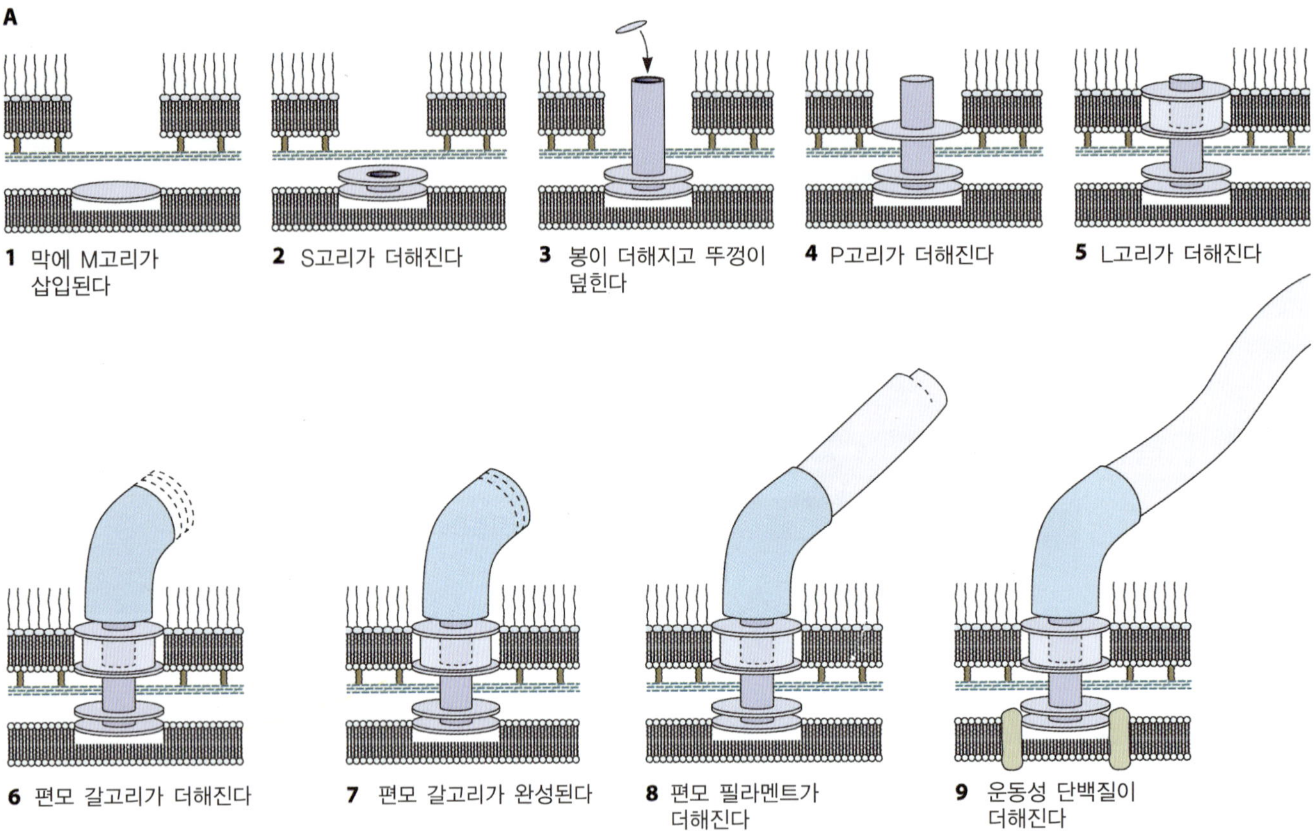

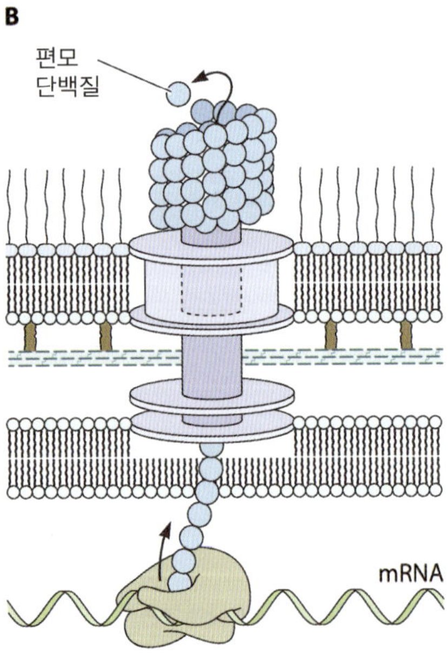

그림 2.18 편모가 조립되는 방법(그람음성 세균의 경우). (A) 편모조립 과정은 세포막 안으로 기저체의 고리들이 삽입되는 것으로 시작된다**(1**과 **2)**. 봉이 더해지고**(3)**, 두 개의 외막 고리들이 더해진다**(4**와 **5)**. 그리고 편모 갈고리**(6**과 **7)**와 필라멘트**(8)**가 더해진다. 마지막 단계는 세포막으로 운동단백질이 보충되는 것이다**(9)**. **(B)** 편모의 중심부를 통해 편모 단백질 소단위가 분출되면서 편모 필라멘트가 생장한다 (그림 A에서 8단계).

되어 있으며 기능이 제한적이다. 필리는 곧은 단백질 필라멘트로 구성되어 있는데, 편모보다 가늘고 대부분 길이가 짧다(비록 어떤 것들은 길기도 하지만). 그들은 때때로 많은 수로 특정 세균의 표면 전반에 걸쳐 분포하고 있다(그림 2.14). 어떤 종에서는 세포 끝 한 쪽 또는 양쪽에 다발 모양을 나타내기도 한다.

실질적으로 모든 그람음성 세균들은 필리를 가지고 있지만 그에 비해 아주 적은 그람양성 세균만이 필리를 가지고 있다. 인체에서 필리는 세균이 점막 표면에 붙는 것을 가능하게 한다(예; 위장관과 요로). 끈적거림은 필리의 끝 또는 옆면에 있는 특이 단백질인 부착소(adhesin)에 의해 만들어진다. 필리는 또한 질병에서 다른 기능을 수행하고 있다. 캡슐과 마찬가지로 필리는 백혈구의 식균작용을 저해시킨다. 그들은 또한 항원들이며 숙주 내에서 면역반응을 유도한다. 필리의 단백질인 필린(pilin)은 높은 변이성으로 몇몇 세균들로 하여금 연속적인 위장을 가능하도록 하는데, 이것으로 세균들이 면역체계의 허를 찌르는 것을 가능하게 한다. 예를 들어, 임질의 원인인 임균(gonococci)은 필린의 변형체 형성을 위한 정보를 갖는 많은 유전자를 가지고 있다. 각각의 필린은 항원성이 다르며 숙주에 의해 서로 다른 항체 형성을 유도한다. 한 종류의 필린에 대한 항체가 있을 때, 다른 항원성을 가진 필린의 합성으로 전환이 이루어지는 계통에 대한 빠른 선택이 이루어진다. 이것은 빠르게 변하는 시나리오로 필리는 숙주의 면역반응에 한 발 앞서서 변형시킨다. 이것은 왜 필린을 가지는 임균에 대한 백신이 지금까지 실패해 왔는지를 설명해준다.

필리를 통한 운동은 편모운동과 완전히 다르다. 필리는 곧은 막대 형태이며 회선하지 않는다. 그들의 끝부분은 세포로부터 거리를 두고 표면에 강하게 부착되어 있다. 그리고 필리는 안쪽 끝부터 단량체로 분해되어 세포 안으로 들어간다. 이런 면에서 그들은 닌자들에 의해 사용되었던 것들을 연상시키는 쇠갈고리와 비슷하다. 결론은 다음과 같다. 이 과정이 반복되는 동안 세균은 부착되어 있는 끝부분으로 움직인다. 이 종류의 표면이동은 **잡아당김(twitching)**이라고 부르는데 필리를 가진 세균에서는 꽤 보편적이다(잡아당김 운동은 제13장에서 살펴볼 것이다).

2.12 병원성 발생에서 필리의 기능에 대한 리뷰논문

필리는 어떻게 만들어질까? 편모와는 다르게 그들은 세포의 내부에서 바깥쪽으로 자란다. 비록 필리가 중앙에 관을 가지고 있기는 하지만 필린(필리 단백질)이 지나가기에는 너무 작다.

2.13 필리와 편모에 대한 좀 더 많은 정보

결론적으로 세균과 고세균은 작기는 하지만, 그들이 환경에서 생존하는데 중요한 역할을 하는 정교한 세포외피가지고 있다. 세균 세포의 세포벽, 캡슐, 외막은 생물세계의 다른 곳에서는 발견되지 않는 분자들과 진기류-특이 당, D-아미노산 그리고 특이 지질-를 함유하고 있다. 세균의 편모와 필리에 해당하는 부분이 진핵생물에는 없다. 이것이 특별한 연구 분야인 "미생물 피부과학"을 만든다.

학습문제

1. 그람양성 세균과 그람음성 세균은 어떻게 그들의 세포질막을 유해한 화학물질로부터 보호하는가?

2. 고세균과 진정세균의 외피 조성 차이는 그들의 생태학적 분포를 반영하는가?

3. 700 달톤 또는 그보다 적은 분자량을 가진 친수성 화합물이 어떻게 그람음성 세포 안으로 들어가는가?

4. 항산성 세균은 어떻게 막 손상 화학물질을 견뎌내는가?

5. 결정체 S층들은 무엇이며, 원핵생물의 세포에 얼마나 많이 분포되어 있는가?

6. 원핵세포의 캡슐과 점질층은 세균의 생존에 있어서 어떤 역할을 하는가?

7. 세균 편모의 구조와 기능의 주요 특징은 무엇인가? 그람양성세균과 그람음성 세균에서 어떻게 다른가?

8. 세균의 필리가 어떤 기능을 위해 이용되는가? 그들의 구조는 어떠하며 어떻게 만들어지는가?

제3장 원핵세포의 구조와 기능: 세포내부

일반적인 고찰

핵양체(Nucleoid)

세포질

봉입(inclusion)과 소낭(vesicle)

- 기낭(gas vesicle)
- 광합성과 화학합성을 위한 세포소기관들
- 카르복시소옴
- 엔테로소옴
- 저장과립과 기타

결론

학습문제

일반적인 고찰

우리는 2장에서 원핵세포의 표면구조가 구조적으로나 생화학적으로 아주 독특하다는 것을 살펴보았다. 그렇다면 세포 내부는 어떨까? 그것 또한 진핵세포의 내부와 다를까? 우리가 이 장에서 살펴보게 될 그 답은 '그렇다' 이다. 여기서 우리는 원핵세포 외피 내부에 있는 두 가지 주요 구성요소, **핵양체(nucleoid)**와 **세포질(cytoplasm)**을 살펴보도록 하겠다. 단지 두 개만 존재한다는 것은 많은 것을 말해준다. 미토콘드리아, 핵, 골지체, 소포체, 색소체, 체세포 분열기구 등은 진핵세포에서는 거의 일반적인 것들이지만 진정세균이나 고세균에는 결핍되어 있다. 첫 번째 충동은 원핵세포의 내부에 대해서 언급되는 내용에는 흥미로운 것이 거의 없을 지도 모른다고 생각하는 것이다. 그와는 정반대이다. 진핵생물 부류의 복잡성이 세균의 진화 과정동안 채택되지 않았음에도 불구하고, 매우 효율적인 세포 내부구조는 독특하고 멋진 구조적 특성의 발전을 가능하게 했다(표3.1).

먼저 세균의 핵양체와 세포질의 독특한 특성에 대한 기능적 중요성에 대해 집중적으로 살펴본 후 특정 세균의 덜 두드러진 내부구조를 간단하게 살펴보도록 하겠다. 우리가 언급하는 내용의 많은 부분은 고세균에도 적용된다.

핵양체(Nucleoid)

원핵생물과 진핵생물의 가장 근본적인 차이는 아마도 유전자의 세포학적 구성일 것이다. 원핵생물은 진정한 핵이 없다. 대신 그들은 그들의 DNA를 핵양체라고 불리는 구조로 싸고 있다. 대부분의 원핵세포 핵양체는 단일한 원형 염색체를 포함하고 있는데, 이것은 대부분 원래 모습의 DNA 분자이다. 약간의 예외가 있기는 하지만, 핵양체는 막의 도움을 받지 않는 세포질에서 분리된 비정형화된 DNA 덩어리처럼 보인다(그림 3.1). 예외들은 우리가 제2

표 3.1 원핵세포 세포막 내부에 존재하는 것

구조 또는 구성성분	기능
핵양체	유전체의 저장
	전사
세포질 기질	
폴리리보솜	단백질 합성
효소	신진대사
조절 단백질	유전자 발현 조절
대사중간산물, 전구체	대사과정에 관여
에너지화합물, 염류	
소낭들(일부에만 있음)	
기낭	세포의 부양
광합성 소낭	광합성
화학합성 소낭	화학합성
카르복시소옴	종속영양균의 이산화탄소의 고정 증가(?)
엔테로소옴	프로판디올의 대사, 기타
저장과립들	에너지가 풍부한 화합물 저장
액시도칼시좀	폴리 포스페이트, 폴리 하이드록시 알카노에이트
기타	글리코겐과 유사 화합물, 황화합물
기타 구조들	
마그네토솜(magnetosome)	자기장과 관련하여 방향설정에 관여

장에서 보았던 독특한 세균 그룹인 planctomycetes에서 나타난다. 이들 미생물에서 핵양체는 진핵세포의 핵막을 연상시키는 이중막에 의해 둘러싸여 있다(그림 3.2). 현재 확신하고 있는 원핵세포의 핵양체와 진핵세포 핵 사이의 구분은 원핵생물이 진핵 형태의 체세포분열기구를 가지고 있지 않다는 것이다.

진핵세포와 바이러스뿐만 아니라 원핵세포들도 그들의 가늘고 긴 DNA를 작은 세포 안에 넣어 구성하기 위해서는 위상적인 문제를 풀어야만 한다. 만일 펼쳐진다면 대장균의 DNA 분자는 세포길이의 약 1000배가 될 것이다. 만약 이 염색체가 보통 스파게티 두께로 확대된다면, 각각의 면들이 한 접시에서 다른 접시로 연결된 스파게티 접시 200개와 같을 것이다. DNA를 그렇게 작은 공간 안에 어떻게 집어넣는가 하는 문제의 해답은 그것을 핵양체 안에 단단히 접어 넣는 것이다. 핵양체 내에서 DNA의 물리적 상태는 약간 불가사의하다. 왜냐하면 시험관에서 세포내의 1/100로 농축된 용액이 단단한 젤라틴 상태이기 때문이다. 단백질과 상대이온(counter ion)이 DNA 분자를 접힘 상태로 유지하는데 중요한 역할을 하고 있음이 분명하다.

3.1 *핵양체의 구조와 스파게티*

DNA를 그렇게 치밀한 구조로 접는 것에 관한 정보는 시험관 연구에서 얻을 수 있다. 세균이 물리적 수단에 의해 파괴되었을 때 그 **용해물(lysate)**은 점성이 매우 높다. 왜냐하면 부분적으로 높은 음전하를 띤 DNA 가닥의 전기적 반발력으로 인해 핵양체가 터지기 때문이다. 그러나 만일 마그네슘과 같은 상대이온의 이온강도가 높으면(예 0.1 M), 핵양체는 압축된 상태로 남아 있으며 용해물도 끈적거리지 않는다. 따라서 살아있는 세포에서 핵양체

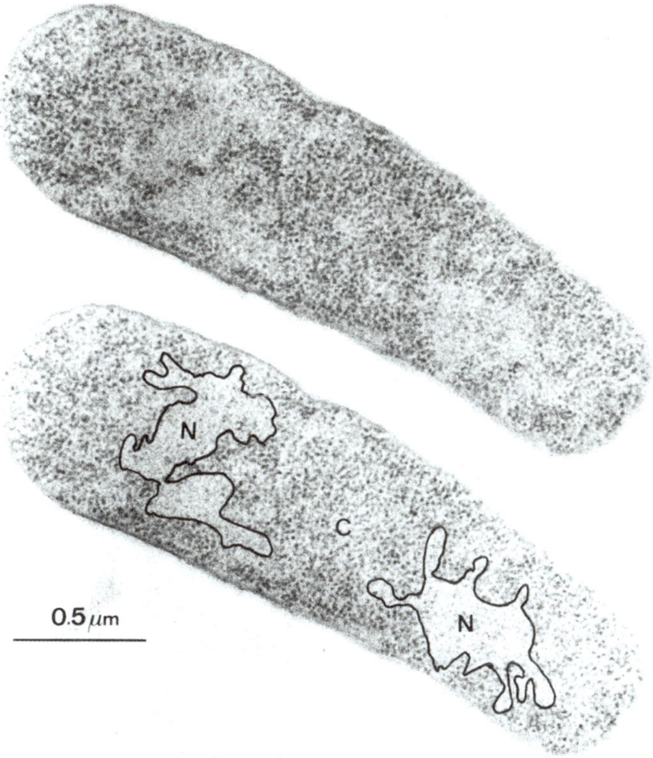

그림 3.1 대장균 세포 세절편의 전자현미경사진. 핵양체에 해당하는 뚜렷한 불규칙적인 부분이 하단 그림에서 윤곽선으로 표시되었다. 세포의 나머지 부분인 세포질(C)은 많은 과립모양의 리보솜을 가지고 있다.

그림 3.2 원핵세포 핵 외피. Planctomycete문의 *Gemmata obscuriglobus* 세절편의 전자현미경 사진은 핵양체(N)가 두 개의 막으로 구성된 핵 외피(NE)에 의해 둘러싸인 것을 보여준다. 구조의 내부와 외부에서 보이는 진한 과립 모양은 리보솜이다.

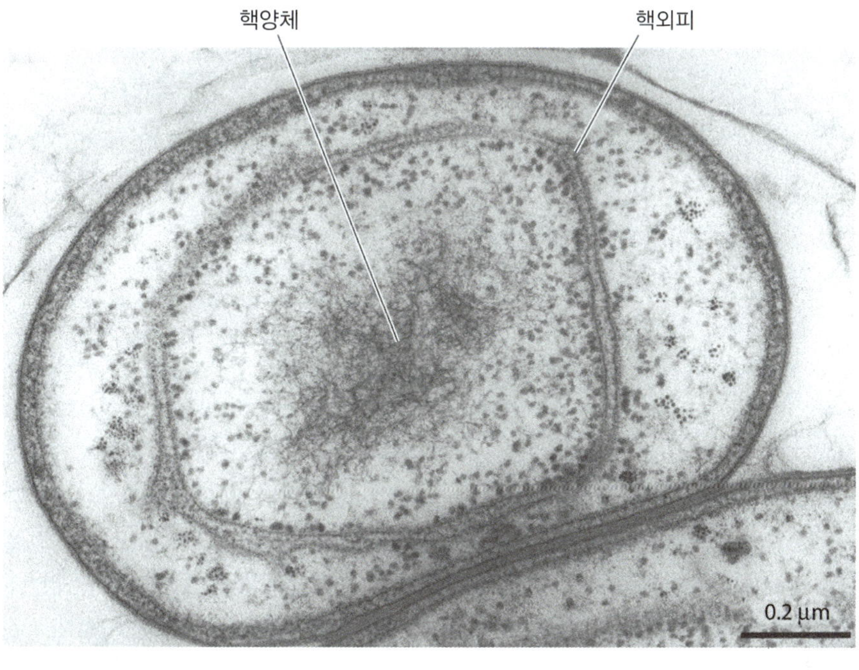

내부와 주변의 이온 환경은 DNA 결합 단백질과 상호작용하여 DNA의 특별한(비록 알려지지는 않았지만) 압축상태를 유도한다. 이러한 압축은 핵양체로부터 세포의 리보솜(ribosome)과 폴리리보솜들을 배제하는 역할을 한다. 이러한 이유 때문에 원핵세포 단면의 전자현미경은 실 모양의 핵양체(단단하게 접힌 DNA 가닥 때문)와 과립모양의 세포질(많은 양의 리보솜 때문)을 보여준다(그림 3.1). 진핵생물의 중기 염색체 또는 바이러스 입자 내의 DNA가 이것보다 훨씬 더 압축될 수 있음을 주목하라.

핵양체에 DNA가 고도로 압축되어 있기 때문에 DNA에서 RNA로의 전사는 핵양체와 세포질의 경계면에서만 일어난다. 이러한 사실은 다음의 연구들에 의해 증명되었다. 먼저 세포들이 RNA의 방사성 전구체 즉 트리튬으로 표시된 유리딘에 단시간동안 노출되었다. 이러한 세포들의 초박막 절편에 감광유제를 바르고 난 후에 트리튬 원자가 붕괴되도록 약간의 시간을 주어 감광시켰고, 그 표본들을 현미경으로 관찰하였다. 감광입자들은 내부에서가 아니라 오로지 핵양체의 표면에서만 관찰되었는데, 이것은 RNA 중합효소 분자가 오직 핵양체의 표면에서만 작용한다는 것을 보여준다. 이러한 연구결과는 더 나아가 DNA가 정적이지 않고, 내부에서 핵양체 표면으로 그리고 다시 내부로 뱀처럼 꿈틀거리며 움직인다는 것을 제시한다. 그러한 움직임을 각각의 유전자에게 전사될 수 있는 기회를 제공한다. 이러한 영상은 핵양체-세포질 경계면이 주요한 원핵생물의 특성인 전사와 번역(translation)의 밀접한 연결을 가능하게 만들어 준다는 완전히 새로운 주제를 꺼내 놓는다. 전령 RNA (messenger RNA, mRNA)가 여전히 길게 늘어나는 도중에 리보솜이 mRNA 분자에 부착하면서 단백질 합성은 시작된다(Planctomycetes는 심지어 그들의 "핵막" 안에 리보솜을 가지고 있다). DNA의 전사에 의해 길게 늘어나고 있는 mRNA 사슬을 이용하여 단백질로의 유전정보 번역(translation)이 동시에 일어난다(8장에서 살펴보자).

대부분의 세균에서 **유전체(genome)**는 이중나선형 DNA의 단일원형분자로 구성되어 있다. 염색체의 고리 모양은 다음과 같은 한 가지 문제를 해결한다. 세포는 선형 DNA 분자의 끝 부분을 파괴하는 엑소뉴클리아제(exonuclease)를 가지고 있다. 끝 부분이 없다는 것은 이러한 효소에 영향을 받지 않는다는 것을 뜻한다. 진핵세포들의 경우 염색체는 선형이며 끝부분은 말단소립(telomere)이라는 특별한 구조에 의해 보호된다. 어떤 세균들은 선형 염색체를 가지고 있기 때문에 고리 모양의 법칙에 예외가 있다. 이들의 끝부분은 이중나선의 헤어핀 구조 또는 염색체 끝부분의 특별한 단백질 결합에 의해 보호된다. 선형 염색체의 예들은 라임병의 매개체(*Borrelia burgdorferi*)와 다양한 항생물질을 생산하는 토양박테리아(*Streptomyces*) 같이 전혀 공통점이 없는 세균 종에서 발견된다. 왜 어떤 세균들의 염색체는 원형이고 다른 것들은 선형일까? 우리는 아직 그 답을 알지 못한다.

원형이라는 것은 세균 염색체에게 다른 특성을 부여해주는데 그것은 염색체가 **초나선(supercoiled)**형이 되도록 하게 한다. 즉 그것은 돌돌 감긴 전화선의 성가신 꼬임처럼 고차원적인 꼬임을 가지고 있다. 그 결과 염색체들은 스프링 장치처럼 강력하게 활성화되어 있다. 이것은 DNA 복제와 mRNA로의 전사를 위해 필요한 DNA 가닥 분리를 위한 에너지 장벽을 낮추어 준다. 초나선링(supercoiling)이 되는 것은 DNA의 위상을 변화시키는 두 개의 효소인 토포아이소머라아제(topoisomerase)의 균형에 의해 가능하다고 생각된다. 이들 중의 하나인 **DNA 지라아제(DNA gyrase)**는 초나선형 DNA를 원형 DNA가 되도록 한다. 그것의 작용은 두 번째 효소인 토포아이소머라제 I(**topoisomerase I**)에 의해 방해받

3.2 *DNA 초나선링의 간단한 도식*

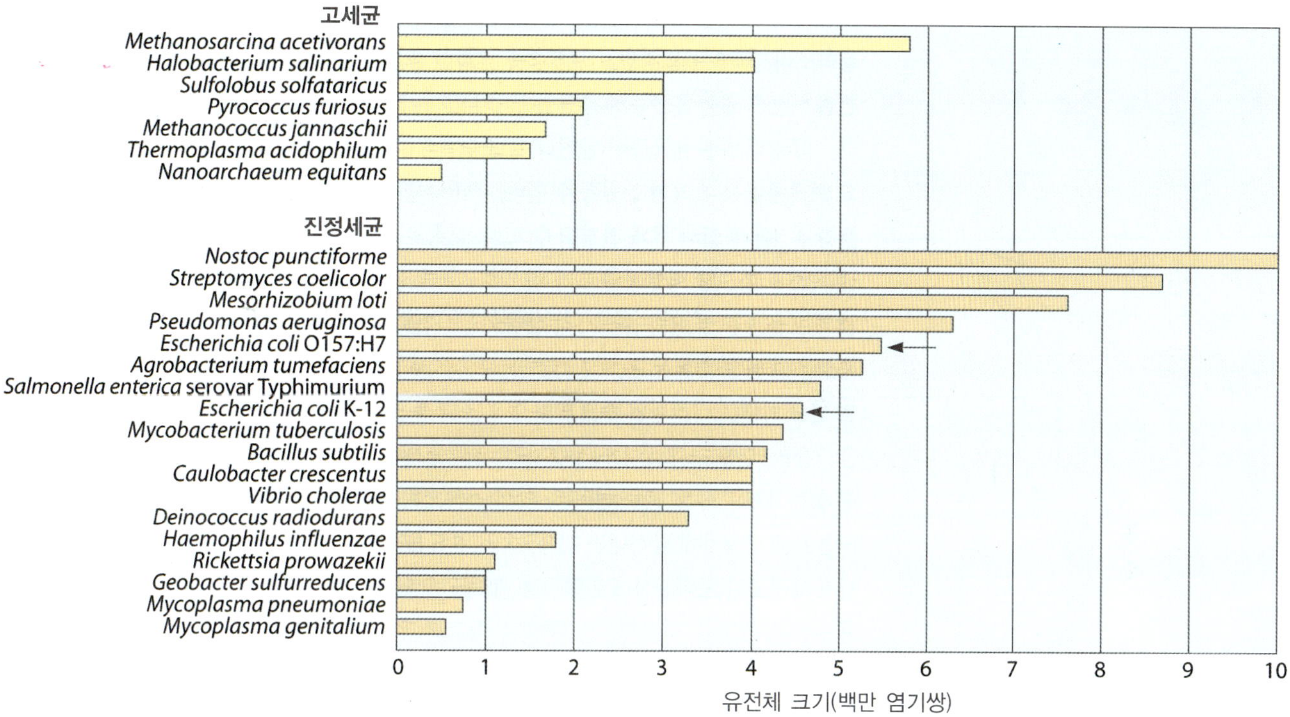

그림 3.3 고세균과 세균의 유전자 크기. 유전자 크기의 전반적인 범위는 약 20배 정도이다. 두 종류의 대장균 O157:H7과 K-12(화살표)에서 유전자 백만 쌍의 염기 즉 약 20%가 다르다는 것을 주목하라.

는데, 그것은 단일가닥 절단에 의해 초나선을 느슨하게 한다. 원형염색체(circular chromosome)는 단일의 초나선 분자가 아니라 개별적 영역으로 나누어지고 각각이 개별적으로 초나선화 된다. 초나선 분자는 단일가닥을 절단함으로써 느슨해지나, 전체 염색체를 느슨하게 하기 위해서는 그런 절단이 여러 번 필요하다. 이러한 발견은 핵양체 내부에 다수의 구성 체제가 있음을 암시한다.

3.3 *세균의 염색체 구조와 기능에 대한 개관*

원핵세포 유전자의 크기는 상당히 다양하다(그림 3.3). 가장 작은 것으로 알려진 것은 약 580,000의 염기쌍으로 구성되어 있으며, 가장 큰 것은 거의 1000만개의 염기쌍을 가지고 있다. 진핵세포의 염색체의 경우는 290만 개부터 40억 개를 넘는 염기쌍에 이르기까지 그 범위가 다양하다. 일반적으로 원핵세포의 유전체(genome) 크기는 기능들의 수와 유전자의 수를 반영하는데, 그것은 그들이 특별한 범위의 서식지에서 번성하기 위해 필요하다. 이 주제에 관한 자세한 사항은 나중에 살펴보기로 하겠다(제13장).

많은, 아마도 대부분의 세균들은 단일 염색체, 유전용어로 말하자면 단일 **연관군(linkage group)**을 가지고 있지만 여기에도 예외는 있다. 콜레라 간균은 두 가지의 서로 다른 염색체를 가지고 있고, 몇몇 근류 박테리아(콩과의 근류와 관련된 질소고정 세균)는 세 개, 또 다른 것들은 네 개를 가지고 있다. 우리는 그런 염색체들이 어떻게 후대세포에 하나씩 할당되는가에 관한 의문이 생긴다. 염색체의 분배를 확실하게 하는 기작은 제9장에서 논의될 것이다.

염색체와 더불어 많은 세균들은 **플라스미드(plasmid)**라고 불리는 염색체 이외의 DNA 유전자 구성체를 가지고 있다(제10장). 어떤 플라스미드들은 굉장히 크고 안정적으로 유전되기 때문에 그들을 염색체로부터 분리해서 말하는 것은 정의의 문제에 불과하다. 플라스미드들은 불필요한 기능들을 암호화한 유전적 요소로 정의된다. 즉 플라스미드를 상실한 세균은 생존이 가능하지만 염색체가 없는 세균은 생존할 수 없다.

비록 대부분 세균들이 단일의 개별 염색체를 가지고 있기는 하지만, 그들은 하나 이상의 염색체 분자를 가지고 있을 수 있다. 세균의 경우 핵양체의 수 그리고 염색체 분자의 수는 생장조건들에 의해 쉽게 변경될 수 있다. 급속하게 생장하는 세균들은 느리게 생장하는 세균들보다 세포 당 핵양체의 수가 더 많다. 그 과정은 쉽게 바뀔 수 있다. 생장속도가 감소할 때 세포들은 단일 핵양체를 가진 상태로 돌아간다. 그러므로 이것을 보다 안정된 상태인 진핵생물의 배수성과 유사한 상태로 말하는 것은 정확하지 않다. 따라서 세균은 반수성일 수도 있고 때때로 다핵성일 수도 있다.

물리적으로 복잡한 DNA 분자가 어떻게 복제되고 분리되며 그리고 mRNA로 전사될 수 있는가? 어떻게 그렇게 방대한 양의 스파게티가 많은 기능들을 수행하면서 서로 엉키지 않는가를 명백하게 밝혀내는 것은 쉽지 않다. DNA의 복제와 분리 그리고 전사를 위한 핵양체의 구조와 초나선화에 관해서는 제8장과 9장에서 언급될 것이다.

세포질

오랫동안 (심지어 전자현미경의 출현 이후에도) 세균의 세포질은 가용성 효소와 리보솜과 같은 분자 기계의 주머니라는 것이 보편적인 개념이었다. 따라서 좀 더 평범한 내부를 보호하는 세포의 외부가 원핵생물의 흥미로운 구조라고 생각되어져 왔다. 이러한 관점은 전자현미경과 형광현미경을 증대시키는 기술의 발전에 의해 반박되어 왔다. 제1장에서 우리는 세균 세포 내로의 여행을 가정하고 우리가 보게 될 것을 상상하려고 노력했다. 여기서 우리는 세균 내부의 물리적 특성들에 대해 좀 더 자세히 다루도록 하겠다.

원핵세포의 내부는 거대분자들로 가득 차 있다. 세포질은 세포의 대사기관들로 가득 차 있는데, 대부분은 단백질을 만드는 일에 관여하는 것들이다. 우리는 이미 세포질의 과립모양이 리보솜들의 상당한 압축결과라는 것을 알고 있다(대장균 세포 하나에 20,000에서 200,000개에 이르며 생장속도에 따라 다르다). 전형적인 세포는 무게로 계산해서 대략 20%의 단백질, 7-20%에 이르는 RNA(생장 조건에 따라) 그리고 2%의 DNA로 구성되어 있다. 여기에 용해성 전구체와 무기성 이온 1-2%를 더한다. 일반적으로 모든 거대분자의 농도는 약 30% 정도이며, 이것은 달걀흰자 단백질 농도의 3배에 해당한다. 게다가 거대분자들은 물과 결합하는데 그것은 그들의 실질적인 분자 부피를 증가시킨다. 어떤 비교에 의하면 거대분자의 농도가 매우 높아 그것이 세균 내부를 매우 끈적거리게 만든다. 그 결과 세균 세포 내의 화학반응은 시험관 연구에서의 보편적인 것과는 완전히 다른 환경에서 발생하며, 생체 조건 밖의 생화학적 결과를 살아있는 세포에 대한 것으로 추정하는 것은 위험하다. 특히 효소반응 속도나 거대분자 움직임 속도는 시험관 측정으로부터 추론할 수 없다. 비록 세포질이 핵양체로부터 가시적으로 분리되었지만 그 둘은 매우 밀접하다. 우리가 언급한 것처럼 DNA에서 mRNA로의 전사가 핵양체와 세포질의 경계면에서 일어난다. mRNA 분자들은 리보솜들로 적재되는 것이 끝날 때까지 기다리지 않고 만들어지기 시작한 후에 바로 전사를 한다. 전사는 계속 이어져 mRNA는 점점 길어지며 더 많은 리보솜들이 부착되어 폴리솜(polysome) 또는 폴리리보솜(polyribosome)이라고 알려진 것을 형성한다. 따라서 생장하는 세균의 세포질에서 자유롭게 떠돌아다니는 리보솜은 거의 없다. 즉 대부분 mRNA에 부착되어 단백질 합성에 관여한다.

광표백 후 형광복구(FRAP, fluorescence recovery after photobleaching)와 같은 특별한 물리적 기술은 세포 내로 클로닝된 녹색형광 단백질과 같은 형광단백질의 확산속도 측정을 가능하게 해주었다.

이러한 측정은 녹색형광 단백질이 물보다 대장균에서 10배 정도 더 천천히 확산되고 진핵세포 세포질이나 미토콘드리아에서 보다 4배 정도 더 느리게 확산된다는 것을 보여준다. 그러나 확산속도는 여전히 상대적으로 높다. 작은 단백질은 전형적인 세균의 길이(1마이크로미터 μm)를 약 100 밀리초에 이동할 수 있는데, 이것은 화학적 반응으로는 느린 것일지라도 생물학적 반응으로는 상당히 빠른 것이다. 이 확산속도는 그렇게 크지는 않지만 유전자들이 세포의 다른 곳에서 만들어진 작동체에 의해 발현되는 속도를 설명하기에 충분할 만큼 크다. 그러므로 특정 분자의 확산속도가 몇몇 세포 내의 상호작용을 제한할 수 있다는 것이 가능하다.

여기서 세포크기가 중요하다. 세균의 크기가 클수록 확산의 영향력은 더 커진다. 그들의 가장 작은 부위의 크기가 1㎛를 초과하는 세균에 있어서 확산은 생장률 제한조건이 된다. 크기가 알려진 원핵세포의 극단적인 예는 어떤 물고기의 내장에서 발견되는 *Epulopiscium fishelsoni*라는 거대세균인데, 이것은 길이가 0.5 μm이고 폭이 80 μm에 이른다(그림 3.4). 이것은 이 책에 나오는 마침표의 크기이며 따라서 육안으로도 볼 수 있다. *E. fishelsoni*는 실험실에서는 아직 배양되지 않으므로 그것이 얼마나 빨리 사라는지, 생합성 요구는 어떻게 충족시키는지 우리는 알지 못할 뿐 아니라, 영양분이나 대사물질이 이들 세포의 내외부로 어떻게 이동하는지도 알지 못한다. 크기만으로 확산이 문제를 나타낸다는 것을 의미하지 않을지 모른다는 것에 주목하자. 다른 거대 세균인 구형 *Thiomargarita namibiensis*는 직경이 300-700 μm이다(그림 3.4). 그러나 대부분의 *T. namibiensis*는 농축된 질산염으로 가득 채워진(>0.1 M) 내부 소낭으로 구성되어 있는데, 이것은 황화물의 산화를 위해 사용된다(자세한 내용은 제18장 참조). 이 미생물의 관련 세포질은 단지 1-2 μm 두께의 껍질이다.

봉입(inclusion)과 소낭(vesicle)

우리는 주로 일반적인 세균과 고세균에 대해 다루어 왔다. 하지만 거기에는 원핵세포들의 모양, 종류, 구조 등과 같은 훌륭한 것들이 존재하고 이러한 다양성 중 몇몇은 세포의 내부에서 찾아볼 수 있다. 몇몇 원핵생물은 세포 생리학의 다양한 측면과 관련된 내부 소낭들을 가지고 있다. 어떤 것들은 지질이 없는 단백질 막에 의해 둘러싸여 있으며, 다른 것들은 이중의 지질-단백질 막으로 둘러싸여 있다. 이들 구조를 미토콘드리아나 엽록체로부터 구별 짓는 것은 바로 DNA의 결핍이다.

기낭(gas vesicle)

수계에 살면서 광합성을 하는 세균들은 부양성의 문제를 가지고 있다. 물표면 근처에 많은 양의 햇빛이 있기 때문에 세균에 부양성이 제공되지 못한다면 비록 가볍기는 하지만 결국 물

3.4 *FRAP에 대한 논문*

3.5 *거대 세균에 대한 리뷰논문*

그림 3.4 두 개의 거대 세균. (A) 세계에서 가장 큰 원핵생물로 알려진 *T. namibiensis*. 하얀 덩어리들은 황화수소(hydrogen sulfide)의 산화에 의해 만들어진 유황 과립들이다. 세포의 대부분은 질산으로 가득찬 소낭들로 이루어져 있다. 세포질은 약 1 μm 두께의 얇은 껍질로 일반적인 세균들의 그것과 같은 범주에 속한다. **(B)** 만일 *T. namibiensis*의 소낭을 배제한다면 세계에서 가장 큰 세균이 되는 *E. fishelsoni*. 눈금자의 차이를 주의하라. 어느 쪽 눈금자에서든지 일반적인 세균은 이 문장의 끝에 나오는 마침표보다 작다.

A

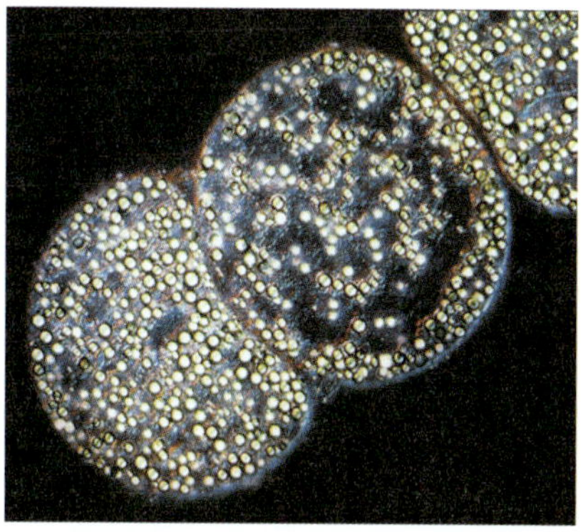

B

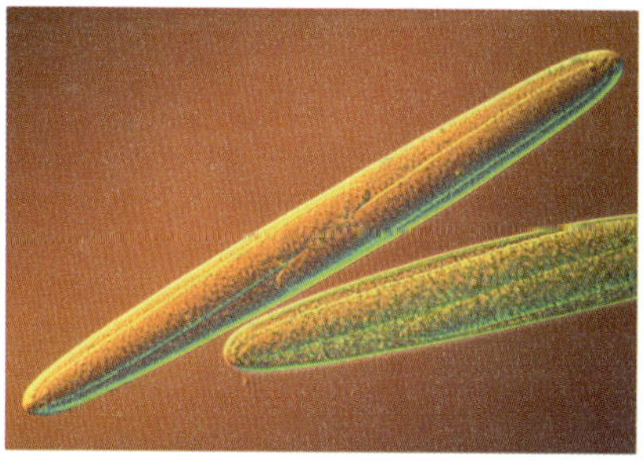

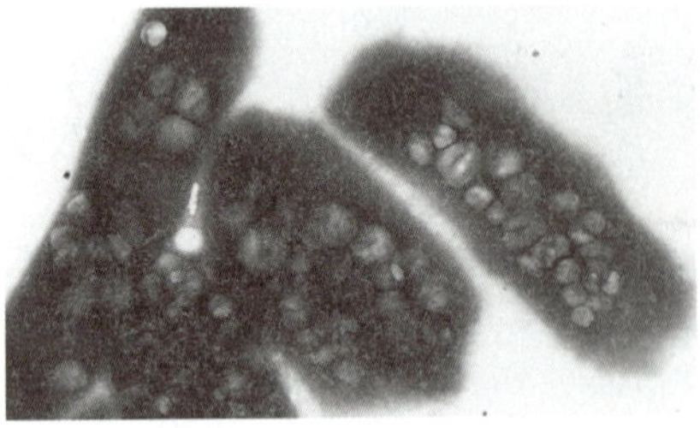

그림 3.5 많은 수의 기낭을 가지고 있는 음염색된 *Halobacterium*의 빈 세포들.

속으로 가라앉을 것이다. 그런 많은 미생물들은 내부의 기낭(gas vesicle)들에 의해서 부력을 가지게 되는데, 기낭들은 일반 환경의 것들과 비슷하게 기체로 채워진 구조이다(그림3.5). 이들 소낭들은 오로지 단백질로만 구성된 껍질에 둘러싸여 있으므로, 그것들은 전형적인 생물막이 아니다. 단백질 껍질은 기체는 자유롭게 투과할 수 있지만 물은 투과하지 못한다. 기낭들은 가스에 의해 팽창은 하지만 단백질 껍질이 상당히 견고하기 때문에 그들의 형태를 유지하지는 않는다. 세포가 정수압의 급격한 증가에 노출될 때 기낭들은 붕괴된다.

기낭들은 **청남세균류(blue-green bacteria)** 또는 시안세균(cyanobacteria)으로 알려진 거대한 그룹에 속하는 수생광합성 세균들의 특징이다. 광합성을 위해 모두 같은 파장의 빛을 이용하는 것은 아니므로 물속에서 서로 다른 위치를 선호할 것이다. 기낭들은 적절한 조절을 통해 팽창하거나 수축하여 알맞은 파장과 빛의 세기를 갖는 수심에 세포들을 위치시킨다.

광합성과 화학합성을 위한 세포소기관들

광합성은 고도로 체계화된 공간에서 일어난다. 식물에서 광합성은 복잡한 다구획집합체인 엽록체(chloroplast)에서 수행된다. 이 구획들 중의 하나는 틸라코이드(thylakoid)로 구성되어 있는데, 이것은 빛에너지가 포집되어 화학에너지로 변환되는 곳이다. 틸라코이드는 광합성반응이 일어나는 표면적을 매우 크게 만드는 막모양의 주머니 층들이다. 틸라코이드를 둘러싼 유동성 구획인 스트로마(stroma)에서 이산화탄소를 당으로 변환시키는데 필요한 에너지를 사용한다(Calvin cycle).

광합성을 하는 세균들은 유사한 구조들을 가지지만 체계에 있어서 다르다. 광합성세균들은 다양한 종류의 광합성을 하는 막 모양의 구조를 가지는데, 어떤 것들은 세포막과 연결되어 있고 어떤 것들은 그렇지 않다. 유사하게 환원철, 황화물, 수소와 같은 무기물질의 산화로부터 에너지를 얻는 **화학독립영양체(chemoautotroph)**들은 이 과정이 일어나는 확대된 막 구조물을 가지고 있다. 이러한 세균 종들의 특별한 대사활동은 제6장에서 다루어질 것이다.

카르복시소옴

생화학적 빌딩 블록(building block)을 만들기 위해 이산화탄소를 고정시키는 독립영양 세균(제 6장 참조)은 종종 카르복시소옴(carboxysome)이라는 다른 종류의 구조를 가지고 있다(그림3.6). 이들은 탄소고정에 중요한 역할을 하는 효소인 **RuBisCo (ribulose**

그림 3.6 다양한 세균의 소낭들. (A) 광합성 시안세균인 *Synechococcus*에서의 카르복시소옴 (B) 황화물을 환원시키는 독립영양세균인 *Halothiobacillus*에서의 카르복시소옴 (C) 종속영양균인 *Salmonella*에 있는 엔테로소옴. 화살표들이 전형적인 구조을 가리키고 있다. 단위 100 nm.

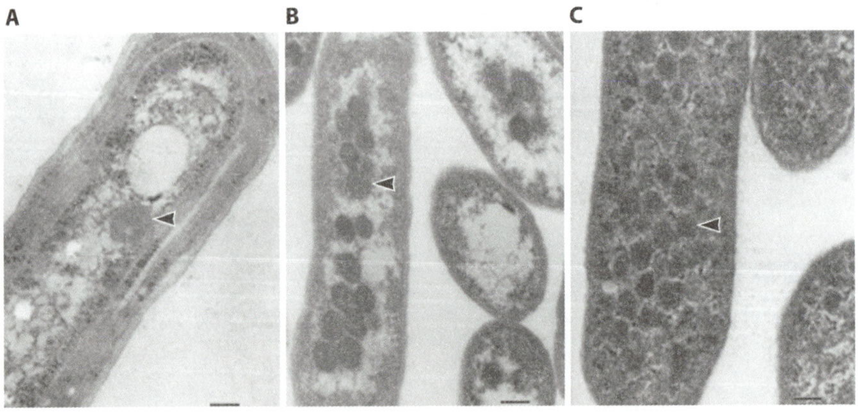

bisphosphate carboxylase)를 포함하는 지질막이 아닌 단백질 껍질로 둘러싸인 다면체구조를 가지고 있다. 카르복시소옴의 구조화된 환경은 이 효소의 촉매력을 증가시키는 것 같지만 어떻게 작용하는 지는 알려지지 않았다.

엔테로소옴

놀랍게도 카르복시소옴과 비슷한 구조가 살모넬라균이나 대장균 같은 종속영양 세균에서도 발견되는데 이들을 엔테로소옴(enterosome)이라고 부른다(왜냐하면 맨 처음 장내 세균에서 발견되었기 때문이다). 전자현미경상으로 엔테로소옴은 카르복시소옴과 비슷한 것처럼 보인다. 그들은 카르복시소옴에 있는 RuBisCo(그림 3.6)를 함유하고 있지는 않지만, 함유하고 있는 다른 종류의 단백질 중 일부는 카르복시소옴에 있는 난백실과 일지한다. 엔테로소옴은 프로판디올, 에탄올아민과 같은 기질의 대사활동에 필요한 효소들을 포함하고 있는데, 사실 이들 구조는 미생물이 이러한 기질에서 생장할 때만 나타난다. 아마도 그러한 기질이 어떤 역할을 하는지, 왜 그들을 대사시키는데 그렇게 복잡한 효소배열이 필요한지 궁금할 것이다. 프로판디올은 장 세균에 의해 분해될 수 있으며 포유류의 장벽에서 발견되는 당인 푸코스의 대사산물로 밝혀졌다. 엔테로소옴은 살모넬라 병원균과 관련이 있는데 그 이유는 어떤 비병원성 돌연변이체들이 프로판디올 대사가 결여된 것으로 증명되었기 때문이다.

엔테로소옴의 존재에 대한 이유는 잘 이해되지 않고 있다. 그들은 프로판디올의 대사 과정에서 발생하는 프로판 알데하이드라는 독성의 중간반응물에 대처하는 역할을 하는 것으로 알려졌다. 비록 그들의 합성에 상당한 에너지 소모가 요구됨에도 불구하고 이들 세균에 의해 보유된다는 사실로 판단해 볼 때 엔테로소옴은 상당히 중요한 역할을 수행함에 틀림없다.

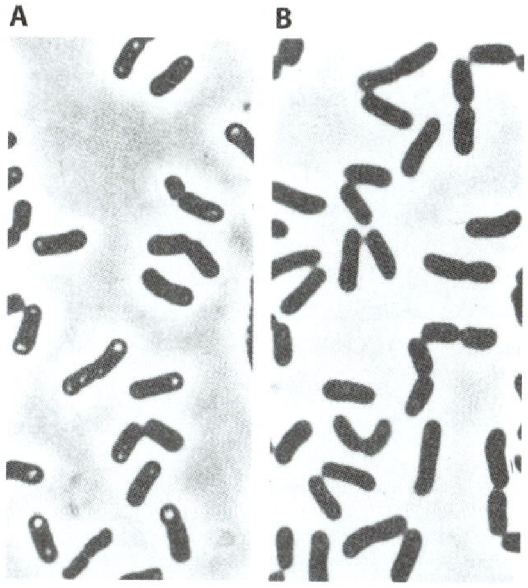

그림 3.7 바실러스 속의 *Bacillus megaterium* 저장과립들(위상차 현미경). (A) 고농도의 포도당과 아세트산에서 자라는 세포. 밝은 부분이 폴리하이드록시 알케인 과립들이다. **(B)** 같은 배양액의 세포들을 탄소원 없이 24시간 동안 배양한 후의 모습이다.

저장과립과 기타

현미경 하에서 어떤 세균들은 그들의 세포질 안에 굴절반사소체들을 가지고 있는 것으로 보인다(그림 3.7). **봉입체(inclusion body)**이라고 불리는 이들은 황, 인산염(피로인산 중합체를 포함한 몇 개의 화학적 형태), 칼슘, 글리코겐과 같은 유기고분자를 저장하는 역할을 한다. 몇몇 경우에 봉입체들은 막에 의해 둘러싸여 있는데, 이 경우 그들은 보통 볼루틴 과립(volutintin granule) 혹은 **액시도칼시좀(acidocalcisome)**이라고 불리며 진핵세포에서 발견되는 몇몇 구조들과 유사하다.

3.6 *카르복시소옴과 엔테르소옴에 대한 리뷰논문*

다양한 종류의 세균들은 **폴리 하이드록시 알카논산(polyhydroxyalkanoate)**이라고 불리는 저장물질을 만드는데, 그것은 산업적인 용도를 지닌 중합체이다. 이들 화합물 중의 어떤 것들은 딱딱하고 뻣뻣한 플라스틱을 만들고, 다른 것들은 고무와 비슷한 물질을 만들어낸다. 그들은 내재적으로 생분해성이므로 무공해 플라스틱의 매력적인 자원으로 여겨지고 있다.

운동성을 지닌 일부 수생 세균들은 **마그네토솜(magnetosome)**을 가지고 있는데 이것은 막으로 둘러싸인 자철광(magnetite) 결정체 혹은 다른 철을 함유한 물질로 작은 자석역할을 한다. 이들 세균들은 지구의 자기장에 반응함으로써 그들 스스로 방향성을 맞출 수 있다(제 13장 참조).

3.7 *액시도칼시솜좀에 대한 리뷰논문*

결론

원핵세포들은 일반적으로 핵막이 결여되어 있고 그들의 유전체 DNA는 핵양체라고 불리는 비정형화된 덩어리를 형성한다. 일부 진정세균과 대다수의 고세균은 단백질 혹은 단백질-지질 막으로 둘러싸인 낭들을 가지고 있다. 비록 원핵세포들에는 진핵세포들에 대응하는 특성을 지닌 기관들이 결여되어 있지만 그들의 내부는 놀랍게도 복잡하고, 신진대사 기능을 가진 부분들로 가득 차 있으며, 점성이 매우 높다. 다음 장에서는 우리는 미생물의 생장과 번식에 대한 특징들과 어떻게 생장과 번식이 이루어지는가에 대해 개략적으로 살펴보도록 하겠다.

학습문제

1. 전형적인 원핵세포와 진핵세포의 세포질 구조를 비교해보자.

2. 세균의 핵양체는 진핵과 어떻게 다른가?

3. 세균 핵양체 DNA가 원형이라는 것이 어떤 차이를 만들어 내는가?

4. 세균들이 그들의 부양밀도를 어떻게 변화시키는가?

5. 어떤 추가적 기관들이 몇몇 원핵세포들에서 발견되는가? 그들의 알려진 기능들은 무엇인가?

단원 III 생장

제4장 미생물 개체군들의 생장

4.1 *생장하는 세균 동영상*

서론

대부분의 원핵생물들은 어떤 의미에서 복잡한 생명체들이 가지고 있는 필수적인 생활주기를 가지고 있지 않다. 환경이 적합하기만 하면 대부분의 원핵생물들은 끊임없이 번식한다. 어떤 세균들은 포자형성과 같은 발생적 변화를 경험하기도 하지만 세균의 발생이 고등 식물이나 동물에서 보이는 끊임없는 **분화(differentiation)**과정의 결과인 경우는 거의 없다. 따라서 세균들이 실제로 생장하지 않을 때, 그들은 그런 상태를 유지하는 것이다.

하지만 예외가 있는데 몇몇 세균들은 필수적인 발달주기를 거친다. 그 예가 바로 *Caulobacter*라는 균인데, 이 균은 세포분열을 할 때마다 다른 종류의 세포 두 개로 분화된다(제14장 참조). 대부분의 세균과 실질적으로 모든 고세균은 보다 반복적인 생활 형태를 가진다. 각각의 세포가 자라서 두 개의 동일한 자손 세포(progeny cell)로 나누어진다. 그리고 그것은 그들의 원세포와 같이 다시 분열한다. 그런 생명체에 있어 각각의 세대들은 그 이전의 세대와 닮아있다.

개별적인 세포의 크기뿐만 아니라 개체군의 세포 수 증가를 나타내기 위해 "생장"이라는 용어를 사용하는 것이 관습적이다. 비록 어떤 세균은 매우 느리게 생장해서 한 세포가 두 개의 새로운 세포들로 자라는데 며칠 또는 그 이상이 걸리기는 하지만, 빠른 생장은 많은 종들 특히 부족하거나 간헐적으로 이용 가능한 영양분을 위해 환경에서 경쟁해야 하는 세균들의 특징이다. 생장이라는 것은 독립생활 미생물들이 어떻게 살아가는지에 대한 가장 포괄적인 정보를 제공해준다. 잘 자라서 번성하고 있는지 또는 줄어들고 있는지? 변화하는 환경자극에 도전받고 있는지 또는 상대적으로 안정되어 교란받지 않는 존재로 있는지? 생장은 미생물 상태의 가장 일반적인 지표이므로 우리의 관심을 끌만한 가치가 있다.

효율적인 생장에는 진화적인 이점이 있다. 대부분의 미생물들은 격리되어 사는 것이 아니라 먹이를 위해 그들의 이웃들과 경쟁을 해야만 한다. 빠르게 영양분들을 이용할 수 있다는 것은 큰 선택적 이점을 부여해 준다. 세균들이 그렇게 놀라운 속도로 자랄 수 있도록 진화해온 것은 전혀 놀랄 만한 일이 아니다. 단일 대장균세포 합성의 전체 과정이 37℃의 풍부한 배지에서 약 20 여분 걸리는데, 대장균조차 가장 빠르게 분열하는 미생물은 아니다. 염습지에서 분리된 세균인 *Vibrio natriegens*는 10 분도 안 걸려서 두 배가 될 수 있다. 하지만 빠른 생장만이 유일하게 이용 가능한 생존전략이 아니라는 사실을 명심하라. 예를 들어, 표면에 부착하는 것은 미생물의 장기간 생존을 가능하게 해주는데, 먹이를 위해 경쟁을 잘 하기 때문이 아니라 특별한 환경적 생태위치에서 견뎌낼 수 있기 때문이다.

세균 생장측정의 기본적인 면을 소개하기 위해 우리는 실험실에서 쉽게 해답을 찾을 수 있는 직접적인 질문을 생각해보도록 하겠다. 즉, 주어진 세균 종이 서로 다른 배양액에서 얼마나 빨리 자라는가? 실험적으로 그 답을 얻기 위해 우리는 먼저 실험실에서 사용되는 배양액에 대해 알아야 한다. 사람들은 미생물학자들이 생명체들의 자연적 환경과 비슷한 배양액을 쓰려고 한다고 생각할 지도 모른다. 이것은 어느 정도 사실이다. 특히 **광독립영양**(**photoautotrophic**, 빛으로부터 에너지를 얻음)이나 **화학독립영양**(**chemoautotrophic**, 무기화합물의 산화로부터 에너지를 얻음)같은 경우가 여기 해당된다(제6장 참조). 그러나 종종 한천평판배지에 개체군이 얼마나 빨리 나타나는가, 얼마나 만들기 쉬운가, 또는 얼마만큼의 비용이 요구 되는가 등의 실질적인 이유가 배양액 선택의 기준이 된다. 실험실에서는 배지의 화학적 구성성분을 정확하게 아는 것 그리고 그 조성을 쉽게 재현할 수 있는 것과 같은 다른 특성들이 중요해진다.

4.2 *어떻게 미생물학에 있어서 젤화제로 한천이 사용되었는지 알아보기 위해서 "How agar came to be used in the culturing of bacteria"를 눌러라.*

진단연구실에서는 환자의 시료에서 분리된 미생물의 배양액 내 특성이 그들 미생물이 무엇에 속하는지 밝혀내는데 도움을 준다. 예를 들어 유당(lactose)을 발효시키는 능력은 어떤 장내세균성 병원체와 비병원체를 구분하는데 사용되는 특징이다. 실험자는 유당과 pH 지표 염료가 포함된 **감별배지**(**differential medium**)를 간단하게 사용할 수 있는데, 유당 발효균은 한천평판배지 상에 그들 군체 주위배지의 색깔을 변화시키는 산을 생산하지만, 유당 비발효균은 그렇게 하지 못한다. 배지는 어떤 미생물은 생장하고 다른 미생물은 생장하지 못하도록 설계될 수 있다. 그러한 **선택배지**(**selective medium**)의 예가 바로 5%의 염화나트륨을 포함하고 있는 배지인데, 그것은 포도상 구균의 생장은 방해하지 않지만 임상표본에 존재할지 모르는 많은 다른 세균의 생장은 저해한다. 또한 세균 **군락**(**colony**)의 모양과 형태는 미생물을 식별하여 주거나 적어도 그것이 어떤 미생물에 속하는 것이 아니라는 것은 말해준다.

4.3 *세균 군락의 사진들*

우리의 실험으로 돌아가서 다양한 배양 배지가 어떤 주어진 종의 생장을 위해 사용될 수 있다. 만일 우리가 대장균 또는 그와 비슷한 세균배양을 원한다면 우리는 영양액체배지(nutrient broth)라고 불리는 농후배지를 선택할 수 있는데, 그것은 미생물에 당, 아미노산, 퓨린, 피리미딘, 비타민 그리고 다른 영양분들을 공급하는 고기 추출물(소고기국물에 있는 것과 비슷함)과 성분이 불명확한 펩톤(고기 분해물)을 포함하고 있다. 분명히 말해서 그런 배지의 정확한 화학적 구성성분은 알려지지 않았다. 선택 범위의 극단에서 우리는 화학적 조성을 모두 알고 있는 합성 최소배지(minimal medium)를 선택할 수 있는데, 이것은 유일한 탄소원으로 포도당과 함께 무기염만으로 구성되어 있다(표 4.1). 우리는 아미노산 또는 비타민 같은 영양분의 수를 단독 또는 조합하여 첨가함으로써 이러한 배지의 복잡성을 증가

표 4.1 대장균의 생장을 위한 MOPS배지로 알려진 최소 배지

구성성분	농도(mM)
인산 칼륨(K_2HPO_4로서)	1.32
염화 암모늄	9.52
염화 마그네슘	0.523
황산 칼륨	0.276
황산 제1철	0.01
염화 칼슘	$5X10^{-4}$
염화 나트륨	50
MOPS (완충제)	40
몰리브덴, 붕소, 코발트, 구리	극소량
망간, 아연	
탄소원 (예0.2%의 포도당)	

MOPS, morpholinepropanesulfonic acid. 높은 생장률을 뒷받침해주는 영양배지를 만들기 위해 다음의 보충제들이 추가되어야 한다. 20개의 아미노산, 푸린, 피리미딘, 그리고 약간의 비타민류. 최소배지는 구성성분이 명확하게 밝혀져 있으므로 재현이 가능하다는 사실을 명심하라. 게다가 그들은 세포구성요소의 효과적인 표지를 위한 동위원소(^{14}C, ^{35}S, ^{32}P)와 유기 전구체의 사용을 가능하게 한다.

시킬 수 있다. 배양액을 사용하기 전에 우리는 존재할지 모르는 모든 생명체를 사멸시키기 위해 멸균해야 하는데 주로 **고압멸균기(autoclave**, 고급의 고압솥)를 사용한다. 초고온성균은 이러한 처리과정을 견뎌낼 수 있기 때문에 이러한 살균 과정이 모든 생명체를 제거하지 못한지도 모른다는 사실에 주목하라. 그러한 미생물은 아주 특별한 환경에서만 발견되고, 어떤 경우든 우리가 실험실에서 사용하는 37℃에서는 생장하지 않는다. 액체배지를 살균하는 다른 기술은 비록 내부분의 바이러스가 통과하기는 하지만 세포성 미생물을 걸러내는 막 필터를 통과시키는 것이다. 이 방법은 열에 불안정한 성분을 함유하는 무균배지를 준비하는 수단으로 제공된다.

이제 우리는 예를 들어 세 종류의 배지를 선택하는 것으로 실험을 진행할 수 있다. 1, 영양액체배지, 2, 탄소원으로 포도당을 포함하고 있는 최소배지, 3, 2 번 배지와 같은 조건에 10개의 아미노산을 추가한 배지. 우리는 이 각각의 배지에 미생물을 첨가함으로써 실험을 진행할 수 있다. 이 과정은 **접종(inoculation)**이라고 불리는데 이것은 일반적으로 미리 준비한 순수배양물(접종원, inoculum)로부터 소량의 세포를 이동시키는 것을 포함한다. 우리가 산소를 공급하기 위해(대장균은 그 방식을 좋아한다) 37℃의 교반장치에 배양물을 설치하면 시간의 경과에 따라 세균 양이나 수가 증가되는 생장이 이루어진다. 전형적인 실험실 대장균종에 있어서 이러한 매개변수의 값은 1번 배지에서는 20분마다, 2번 배지에서는 50분마다, 3번 배지에서는 35분마다 배가 된다. 아주 간단한 실험이지만 이 실험은 몇 가지 숨겨진 사실들을 포함하고 있으며, 제12장을 위해 남겨진 많은 의문점들을 불러일으킨다. 제일 첫 번째 의문은 "생장속도는 어떻게 결정되는가?" 이다.

세균배양의 생장 측정법

배양균의 생장률을 측정하는 데는 여러 가지 방법이 있는데, 우리는 세포 수 또는 세포 구성

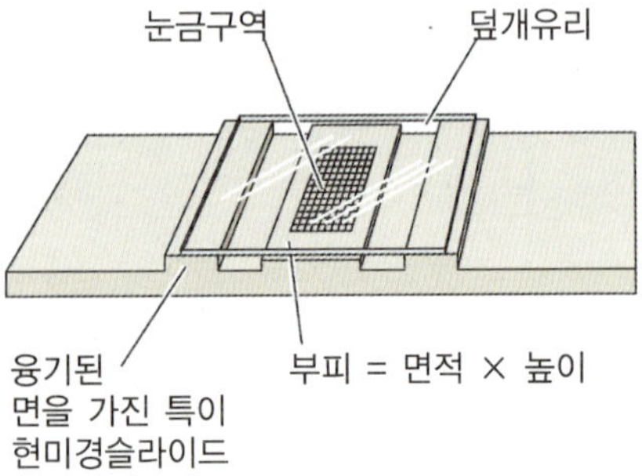

그림 4.1 현미경에서 세포수를 세기 위한 계수판(혈구계산기로 알려짐). 눈금이 그어진 부분은 면적을 결정하고 융기한 덮개 유리와 슬라이드 사이의 공간은 높이를 결정한다. 특정 구획에 있는 입자의 수를 세는 것은 단위 부피당 그들의 수를 추정할 수 있게 해준다.

그림 4.2 전자입자계수기. 완충액에 입자, 즉 세균이 희석된 현탁액이 바깥쪽 비커에 들어있다. 일정한 양의 용액이 안쪽의 관에 있는 미세 구멍을 통해 빨려 들어가고 두 개 전극 사이의 전도도가 측정된다. 세균의 수를 효과적으로 세기 위해서는 안쪽 관에 있는 구멍은 30 μm 만큼은 커야 한다.

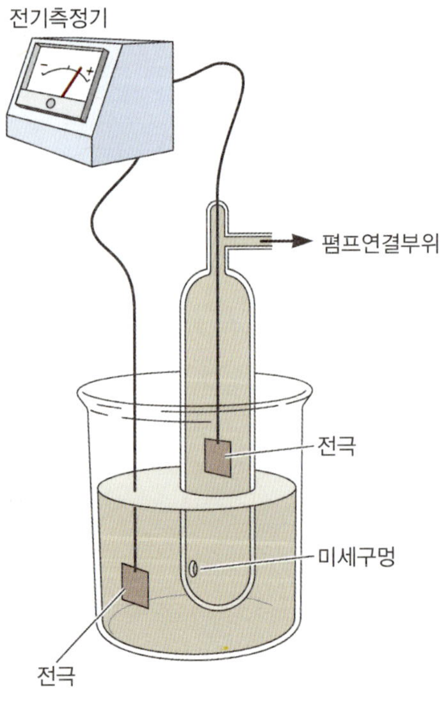

물의 증가 속도, 영양분의 감소 속도 혹은 대사물의 축적 속도 중에 선택할 수 있다. 가장 널리 사용되는 측정법은 **탁도(turbidity)** 측정법인데, 색채계 또는 분광광도계를 사용하여 거의 즉각적으로 알아낼 수 있다. 이 측정은 간편할 뿐만 아니라 정확하다. 탁도 측정은 세균 세포들이 빛을 분산시키는 능력에 의존한다(미생물은 실질적으로 투명하기 때문에 빛을 흡수하는 것이 아니다). 그러한 측정이 효과가 없는 경우가 있는데, 예를 들면 배양액 자체가 혼탁할 경우이다. 그러나 위에서 설명한 실험에서의 생장속도를 결정할 목적으로 탁도 측정이 선택될 것이다. 만일 배지의 화학적 구성조성과 온도에 주의를 기울인다면 생장률을 결정을 위한 이러한 방법은 재현성이 있고 정확도도 높아 아마도 5% 이내의 오차범위를 가질 수 있다.

가끔 사람들은 전체 세균의 생물량보다는 개체군 내에 살아있는 세포의 수를 알기를 원한다. 살아있는 세포의 수를 세는 것은 한천으로 응고된 적절한 배양배지를 가지고 있는 페트리 접시에서 하나의 세균이 하나의 군락(colony)을 형성하는 능력에 의존한다. 그러한 생균수 측정(viable count)을 수행하기 위해서는 시료를 희석시키고, 측정된 희석 시료를 한천표면에 도말하여 적절한 시간 동안 배양한 다음, 생장한 군락의 수를 세는 것이 필요하다. 이 기법은 어떤 경우에는 피하기 힘든 잠재적 오류를 가지고 있다. 예를 들어 세균들이 서로 덩어리져 있다면 군락의 수는 개별적인 세포의 수가 아니라 세균 덩어리의 수를 나타내게 될 것이다.

총입자수 계산은 현미경 혹은 전자입자 계수장치를 이용하여 수행될 수 있다. 현미경에서 시료에 있는 세포는 **계수판(counting chamber)**을 이용해 셀 수 있는데(그림 4.1), 그것은 알려진 깊이만큼(세균의 경우 대체로 0.02 mm) 중앙부분이 파인 유리판이며, 그것의 바닥은 정해진 부분만큼 눈금이 그려져 있다. 파인 곳에 세균 현탁액을 가득 채우고 덮개유리로 덮어, 세포들이 바닥에 가라앉을 때까지(그래서 세포들이 모두 같은 초점에 있도록) 기다린다. 단위면적(여기서는 부피에 비례해서) 당 세포의 수는 현탁액 내의 전체 세포수를 나타내준다. 혈액이나 다른 동물의 세포수를 세는데 사용되는 유사한 도구를 **혈구계산기(hemocytometer)**라 부른다.

전자계수(electronic counting)는 세균 세포가 식염수보다 더 적은 양의 전류를 전도시킨다는 원칙에 근거를 두고 있다. 전자입자계수기는 세균 현탁액 시료가 첨가된 식염수를 포함하고 있는 두 개의 부분으로 구성되어 있다. 이 두 개의 공간들은 미세구멍을 통해 연결되어 있다(그림 4.2). 세균이 이 미세구멍을 통과할 때마다 그것은 전기전도도를 감소시키고 숫자의 변화는 자동적으로 기록된다. 세포개수 측정기는 종종 배양액에 있는 백혈구나 동물세포와 같은 다른 입자들을 세는 데에 사용되기도 한다. 이러한 기계들은 개체군내 어떤 특징(예를 들어 세포 당 DNA 함유량)의 분포를 알아내기 위해 사용되는 유세포 측정기(flow cytometer)와는 다르다는 것을 주목하라.

언제 생장속도를 측정해야 하는가?

전형적인 배양액의 탁도 변화가 그림 4.3에 나타나있다. 배양균이 여러 시간에 걸쳐 생장하였지만 24시간 경에 생장이 멈추었다는 것을 기억하라. 그때 우리는 생장의 **정지기(stationary phase)**에 있다고 부른다. 무엇이 생장을 멈추게 하는가? 배양액에 있는 세포들이 영양분을 다 써버리고 배설물을 분비했다. 따라서 필수영양분들이 소모되었고 어떤 배설물들은 억제농도에 도달하게 되었다.

얼마동안 정지기에 놓여있던 배양균을 새로운 배지로 옮긴다면 그것은 바로 생장을 시작하지 않을지도 모른다. 약간의 시간동안 생장이 지연되는데, 지연되는 시간은 미생물, 배지 그리고 배양액이 정지기로 있었던 시간에 따라 다르다. 이 시간을 **적응기(lag phase)**라고 부른다. 휴면구조(제14장 참조)를 형성하는 세균뿐만 아니라 고초균(*Bacillus subtilus*)과 같이 포자를 형성하는 세균들에 있어서 적응기는 특별한 특성을 가진다. 이러한 구조들은 정지기에서 형성되기 때문에, 새로운 배지에서 배양균의 후속생장은 유리발아(germination)의 긴 과정 후에 다시 시작된다. 대장균은 비록 포자형성보다 덜 뚜렷하기는 하지만 정지기동안 생리학적 재배열을 경험한다(제13장 참조). 일단 생장이 일정한 속도로 재개되면 이 시기를 배양균의 **지수기(exponential phase)**라고 부른다. 여기서 생장속도는 일정하며 그것이 소제목 질문에 대답이 될 수 있는 바로 생장측정이 이루어지는 시기이다.

대수기에 놓인 배양균은 소비되는 기질의 농도가 이용 가능한 수준 이하로 떨어지지 않는 한 일정한 비율로 생장한다. 생장속도가 일정한 상태로 유지되다가 영양물질이 고갈되면 0으로 떨어진다. 그러므로 생장속도는 단지 기질의 농도가 특정 한계치(일반적으로 마이크로 몰(μM) 범위이다) 이하로 떨어지는 경우에만 변한다. 생장속도와 기질의 농도와의 관계는 거의 일차속도반응(그림 4.4)과 비슷한데, 그것은 Michaelis-Menten 방정식에 의해 기술되는 효소-촉매 반응속도와 기질 농도사이의 관계와 유사하다.

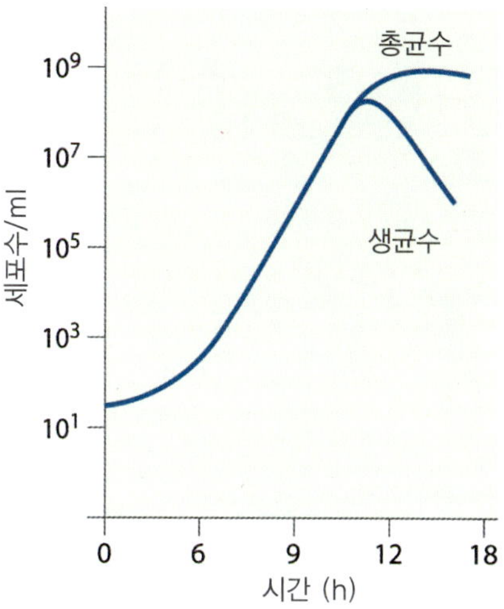

그림 4.3 전형적인 세균의 생장곡선. 측정은 전체 세포 수와 생균수에 대해 이루어졌다. 미생물의 대부분 생장기간 동안 전체 세포수와 생균수가 같다는 것을 주목하라. 그것은 **생존력(viability)**이 거의 100%에 가깝다는 것을 나타낸다. 생장이 느려지면서 일부 세포들이 죽는다. 그러나 그들은 제거되지 않았고 따라서 전체 세포수에 포함된다. 하지만 모든 세균들이 이렇게 하는 것은 아니다. 어떤 것들은 생장이 느려지면 용해된다.

생장 법칙

"세포가 분열할 때 그들은 배가 된다." 라는 말을 들어본 적이 있는가? 각각의 분열에서 하나의 세균은 두 개가 되고 다시 4개가 된다. 2, 4, 8, 16,……, 2^n의 급수는 세포수의 증가를 나타내고 여기서 n은 세대(generation)의 수를 나타낸다(1,2,3,4 등). N_0로 시작해 n세대 후의 세포수 N은 아래의 방정식에 의해 계산될 수 있다.

4.4 *Michaelis Menten 방정식 (다른 생화학 교과서 참조)*

그림 4.4 필수 기질 농도의 함수로서 생장속도의 변화. 생장속도는 기질 농도 전반에 걸쳐 일정하지만 기질이 아주 적어지면서 감소한다. 이 범위에서의 측정을 위해 배양 세균이 많이 희석되어야 한다. 그렇지 않으면 세포들이 적은 양의 기질을 쉽게 소비하고 따라서 측정하는 동안 기질의 농도를 변화시킨다. 이러한 관점에서 대장균에 대해서 최대 생장속도의 절반 즉 50%의 생장속도(수평선과 수직선으로 표시된)를 보이는 포도당의 농도는 10^{-6} M이다.

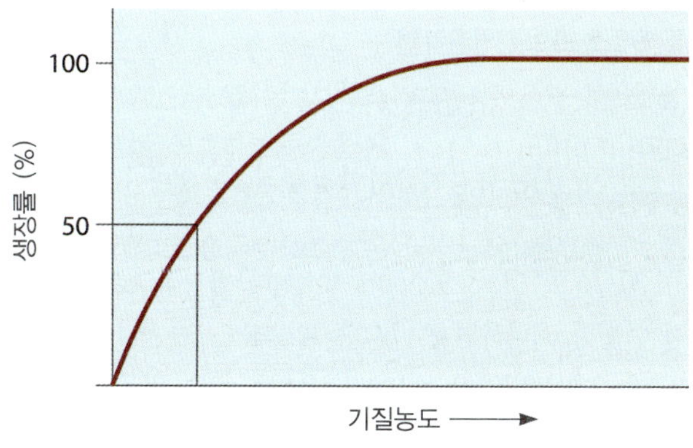

$$N=2^{n}N_0 \quad (1)$$

그리고

$$\log N = n \times \log_{10} 2 + \log N_0 \quad (2)$$

만일 초기 단계의 세포수와 특정 단계의 세포수가 주어진다면 중간세대의 수를 다음 방정식에 의해 구할 수 있다.

$$n= \frac{\log N\text{-}\log N_0}{0.301} \quad (3)$$

예를 들어, 우리가 ml당 1000개의 세균에서 시작했다면 개체수가 ml당 10억에 도달하는데 얼마나 걸릴까? 3번 방정식에 의해 n은 ($\log 10^9$ - $\log 10^3$)/ 0.301 과 같다. 따라서 n은 6/0.301이며 약 20세대이다.

만일 우리가 이러한 증가가 일어나는 시간간격을 알고 있다면 우리는 세포수가 두 배가 되는데(1 세대 시간, generation time, [g]) 얼마만큼의 시간(t)이 걸리는지 방정식 g = t/n으로부터 계산할 수 있다. 만일 시간이 10시간이라면 g=10/20 또는 30분이 될 것이다.

지금까지 우리는 세포가 두 배가 되는 단계의 생장에 대해 기술했다. 어떤 시간간격 동안의 생장률을 계산하는 것은 수학적 여담을 요구한다(미적분학에서 배운 것을 아마도 처음 사용할 수 있는 기회를 줄 것이다).

수학적 용어로

$$dN/dt= kN \quad (4)$$

여기서 dN은 시간(t)의 경과에 따른 단위부피당 세포 수(N) 변화를, k는 비생장 속도(specific growth rate)라고 불리는 비례상수를 나타낸다. k의 단위들은 시간의 역수인데 대체로 시간$^{-1}$ (hours^{-1})으로 표현된다.

방정식 (4)부터 방정식 7까지의 단계는 수학애호가들을 위한 것이다. 방정식 4를 적분하면:

$$N/N_0 = e^{kt} \quad (5)$$

4.5 적분 과정

양쪽에 로그를 취하면

$$\log N/N_0 = \log N - \log N_0 = \log(e)kt \quad (6)$$

그리고 로그 베이스 10으로 전환하면

$$k = 2.303(\log N\text{-} \log N_0)/t \quad (7)$$

배양균의 비생장속도 (k)는 특정 세균이 특정 환경에서 얼마나 빨리 자라는지를 나타낸다. 예를 들어 배양액이 시간 0에서 10^3의 세포를 포함하고 6시간 후에는 10^8이 된다면, 비생장속도는 (8-3)2.303/6 또는 k= 1.92hours^{-1}이 된다. 방정식 7로부터 우리는 또한 k와 g의 관계를 결정할 수 있다. 왜냐하면 g는 N_0가 배가 되는 시간 즉 1에서 2가 되는데 걸리는 시간이므로 우리는 k= 2.303(0.301-0)/g 또는 k= 0.693/g라는 것을 알 수 있다.

수학적 계산이 없어도, 생장배양액에서 세포의 수 또는 구성성분이 어떤 특정시간에 존재하는 세포의 수에 비례해서 증가한다는 것은 명백하다. 더 많은 세포들이 존재할수록 정해진 시간당 더 많은 세포들이 만들어진다. 따라서 **지수생장(exponential growth, logarithmic growth)**은 자가촉매 반응 또는 1차 화학반응과 유사하다. 방정식 5에서 보이는 생장의 기본법칙은 벤자민 프랭클린이 세계의 8번째 불가사의라고 말한 복리의 기본법칙과 같다.

균형 생장

배양균이 대수기에 있는 동안 모든 세포 구성성분은 같은 시간간격에 걸쳐 동일 비율로 증가한다. 바꾸어 말하면 배양액에서 세포수가 누 배가 되는데 걸리는 시간은 DNA의 양, 리보솜의 수, 개별 효소분자 등이 배가 되는데 걸리는 시간과 같다. 얼마나 간단한 일인가! 한 예로 만일 40분마다 배가 되는 배양액에서 대장균 세포 하나에 포함된 평균 DNA 양이 26 펨토그램(fg)이라는 것을 알고 있을 경우, DNA 합성의 평균 속도가 0.65 fg/세포/분이라는 것을 어떤 추가적인 측정 없이도 알 수 있다. 이러한 상태를 **균형 생장(balanced growth)**이라고 부르며, 실험실에서는 상당한 시간에 걸쳐 유지될 수 있지만 자연환경에서는 대체로 오랫동안 지속되지 않는다. 자연적인 조건하에서는 세균은 생장기와 비생장기를 교대로 갖는다. 즉 그들은 끊임없이 정체기에 들어갔다 나왔다를 반복하고 있는 것이다.

실험실에서 지수생장을 하는 균형 생장 배양균의 사용은 분명한 이점들을 가지고 있다. 이것은 쉽게 재현되는 배양균의 유일한 생장기이며, 따라서 다른 상황에서 또는 다른 실험실에서도 재현이 가능하다. 적절한 공기를 가진 같은 배지에서 그리고 같은 조건의 온도, 삼투압, pH 조건하에서 배양균은 날마다 같은 양상을 보일 것이다. 그러면 그 미생물은 동일한 생리적 상태가 될 것이다. 생장이 불균형한 다른 조건에서 미생물의 특성은 조건이 변화함에 따라 다르게 나타날 것이다. 시료 채취 시간이 기록되고 그것이 생장측정과 관련이 있는 한 균형 생장 상태인 배양액에서 언제 시료를 채취하는가는 문제가 되지 않는다.

균형 생장 조건에서 세포들이 자라기 때문에 언뜻 생각하기에는 역설적으로 들리지만 균형 생장에서 개개의 세포들은 크기가 증가하지만 결국은 분열이 되므로 크기가 일정하다는 것을 제시한다. 사실은 균형 생장은 개별 세포들의 평균적인 행동을 보여주는 것이 아니라 개체군내 세포들의 평균행동을 나타낸다.

우리가 이론에서 실습으로 전환할 때 '변화하지 않는 환경' 정상상태' 등과 같은 균형 생장과 관련된 용어들은 근사치로 사용되어야 한다. 실제로 그들은 '변화하지 않는다고 가정된 환경' '대략적인 정상 상태' 를 나타낸다. 이 점은 미묘한 것이다. 몇몇 세포의 특성은 무게에 있어서 그 증가가 감소되기 훨씬 이전인 배양액의 생장 초기에 변한다. 이러한 변화들은 종종 인지되지 못하는데, 그것은 균형 생장의 조건이 단지 낮은 세포 밀도에서만 비슷해질 수 있다는 것을 의미한다. 이러한 사실은 특정한 생화학적 측정이 상당히 큰 표본을 필요로 하기 때문에 때때로 맞지 않는 경우가 있지만 그럼에도 불구하고 규칙이 잘 들어맞는 편이다.

대수기(logarithmic (log) phase)의 초기 또는 후반, 심지어는 대수기 중간에 채취된 배양액에 대한 언급이 논문에서 이루어진다. 이 부정확한 기술은 배양액이 균형 생장에 있다는 것을 확실하게 하기 위한 주의가 기울여지지 않은 것 같은 인상을 주기 때문에 혼란을

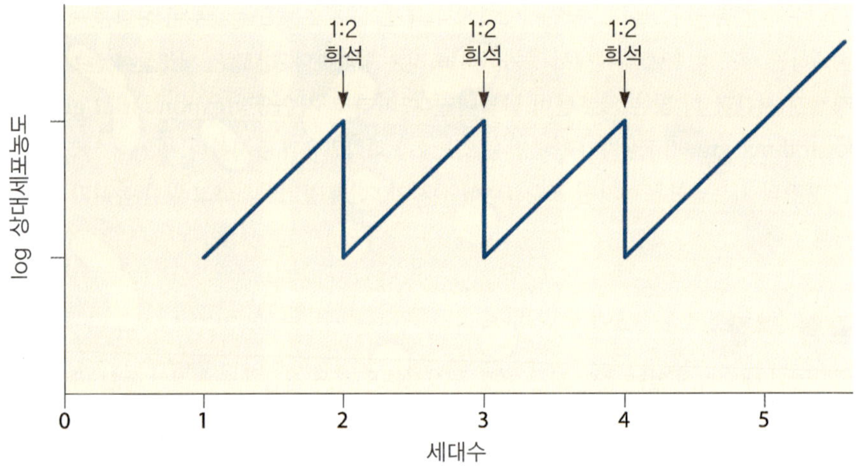

그림 4.5 배양균을 지수적으로 생장하도록 유지하는 법. 균형 생장 상태에서 어느 정도 세포농도를 초과하지 않는 한 배양균은 지수적으로 생장할 것이다. 이러한 조건을 얻기 위한 한 가지 방법은 배양액이 특정 세포농도에 도달했을 때 배양액 동일한 배지로 희석시키는 것이다. 본 예에서 각 세대가 바뀔 때마다 두 배 희석을 수행하였다. 비록 지루한 일이긴 하지만 이러한 과정은 배양액을 원칙적으로는 영원히 정상상태로 유지시킬 수 있다.

일으킨다. 그러므로 미생물 생장이 시료를 채취하는 시간에 변하지 않는다고 확신할 수 없다. 생장이 생리학적 실험을 통해 관찰되지 않는다면 그 결과는 자기 자신의 실험실이든 타인의 실험실이든 간에 재현되지 않을 것이다. 사실 정확하게 특성이 밝혀지지 않은 배양균을 가지고 수행된 생리학적 실험은 거의 쓸모가 없다.

연속 배양

실험실에서 배양액을 정해진 간격마다 신선한 배지로 희석시킴으로써 균형 생장이 유지될 수 있다(그림 4.5). 만일 이러한 희석이 자주 이루어지면 (예를 들어 몇 번의 배가시간(doubling time)마다 한번씩) 배양액은 생장의 대수기를 유지하게 된다. 실험자가 그런 희석을 수행하는 한 세포는 무제한으로 생장한다. 그러나 오랜 시간동안 주기적으로 희석을 하는 것은 지루한 작업이 될 수 있다. 그런 지루함은 자동화를 통해 극복할 수 있다. 생장속도의 범위에 걸쳐서 균형 생장 상태로 배양액을 유지하기 위해서 우리는 **연속배양장치(continuous-culture device)** 또는 키모스타트(chemostat)라고 불리는 장치를 사용할 수 있다.

키모스타트의 개요가 그림 4.6에 나타나 있다. 원리적으로 키모스타트는 호기성 세균의 생장을 위해 공기를 공급해주고 원하는 온도를 유지시킬 수 있는 배양기로 구성된 단순한 장치이다. 신선한 배지는 유량을 조절할 수 있는 계량펌프 또는 밸브에 의해 일정한 속도로 공급된다. 부피는 신선한 배지가 더해지는 속도와 같은 속도로 배출장치를 통해 빼냄으로써 항상 일정하게 유지된다. 신선한 배지가 배양용기 내 내용물과 빠르게 섞여 균질화 되도록 강한 혼합장치가 설치되어 있다. 키모스타트가 기능을 제대로 발휘하기 위해서 세균의 농도는 회분식(batch) 배양에서 균형 생장을 가능하게 하는 농도를 초과하지 않아야 한다. 이러한 조건은 필수영양소를 제한함으로써 가능하다. 실제로 이것은 포도당, 암모니아, 인산염, 또는 필수 아미노산과 같은 필수 영양소들의 농도를 낮춤으로써 가능하다.

그림 4.6 연속배양장치/키모스타트. 저장소로부터 신선한 배지가 배양기로 계량펌프를 이용해 일정한 속도로 공급된다. 배양액의 양은 신선한 배지가 공급되는 것과 같은 속도로 여분의 배지를 배출구를 통해 제거함으로써 일정하게 유지된다. 배양용기 내 구성물을 혼합하기 위한 장치는 표시하지 않았다. 배양용기의 크기는 수 mm에서 수천 갤런에 이르기까지 다양하다.

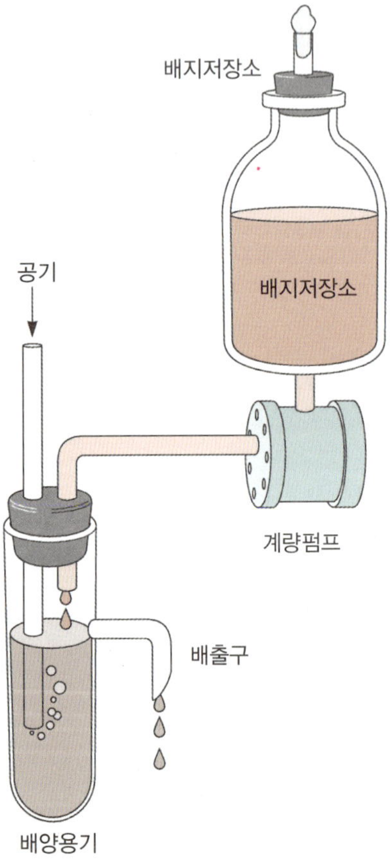

키모스타트의 중요한 특성들은 다음과 같다.

1. 신선한 배지의 부피당 공급 속도는 배양용기에서의 생장속도를 결정한다(정해진 배

지에서 그 미생물의 최대 생장속도까지).

2. 배양용기에서 세균의 농도는 일정하고 제한 영양소의 농도에 의해서 결정된다.

예상했던 것처럼 키모스타트는 실험실에서 세균의 돌연변이 생성(mutagenesis)과 진화 연구에 유용한 것으로 증명되었다. 이 장치는 또한 대규모 산업적 발효에 응용될 수도 있다.

어떻게 해서 키모스타트가 자가교정 시스템인지 증명하기 위해 신선한 배지의 공급 속도를 증가시키는 것을 상상해보자. 배출 속도가 증가할 것이고 세포들은 그들이 형성되는 속도보다 훨씬 빠른 속도로 배출되어 나갈 것이다. 그 결과 반응기 내 세포 밀도는 감소할 것이고, 제한 영양소를 낮은 속도로 이용하게 되며 배양용기 내 영양소 농도는 증가한다. 그러면 생장률은 배양액의 배출에 의한 비생물 세포의 감소 속도와 일치할 때까지 증가할 것이다. 신선한 배지의 공급 속도가 감소한다면 그 반대의 현상이 그 결과로 발생할 것이다. 따라서 배양균의 생장속도는 배양용기로부터의 미생물의 배출 속도와 일치하도록 조절되며 배양균의 농도는 항상 일정하게 유지된다.

세포의 생리는 생장률에 의해 어떤 영향을 받는가?

모든 생명체는 적절한 영양분이 제공될 때 더 빨리 자라고 더 양호해진다. 하지만 세균에서의 결과는 보다 흥미로운데 일정한 환경조건(pH, 온도, 삼투압) 하에서 세균의 생장률이 매우 다르게 나타난다는 것이다. 많은 세균은 그들이 처한 영양환경을 이용하여 그들의 선택적 이점(selective advantage)인 높은 생장률을 가지도록 그들을 특별한 형태로 변화시키도록 특히 잘 적응되어 왔다. 이렇게 놀라운 위업을 이루기 위해 세균 세포의 구성 성분은 배지의 영양적 특성에 변화하는 것처럼 배양률에 따라서도 크게 변화한다. 그 예로 고분자 성분조성과 세포 크기 모두 생장률에 따라 변화한다. 이러한 변화들 중 변화의 근거가 분명한 것이 있다. 예를 들어, 세균이 빠르게 생장하려면 그것은 더 많은 단백질 합성능력을 필요로 한다. 사용되지 않는 장치는 에너지의 불필요한 낭비이다. 따라서 특정 배지에서 최대 속도로 생장하기 위해 세균의 세포는 최적의 단백질 합성 기구를 가지고 있어야 한다. 많거나 적으면 오히려 생장률을 감소시킨다.

배지의 조성이 아니라 특정 배지가 지원해주는 생장률이 그 안에서 자라는 세포의 **생리적 상태(physiological state**, 세포 크기, 고분자 성분조성)를 결정한다. 예를 들어, 세포의 생리적 상태는 같은 생장률을 유지하면 서로 다른 배지에서조차 같게 나타난다. 따라서 생리적 상태의 변화는 영양분의 특이성이 아니라 관여한 영양분이다. 온도, pH, 삼투압, 정수압 역시 생장률에 영향을 주지만, 이러한 비영양적 변수의 변화는 전체적인 고분자의 성분조성이나 세포 크기에는 크게 영향을 주지 않는다. 예를 들어, 배양온도를 변화시켜 생장률을 수 배 변화시키면 특정 단백질의 세포내 함량에는 변화를 주지만(제12장 참조), 단백질, RNA, DNA의 세포내 비율에는 거의 영향을 미치지 않는다. 온도변화는 유사한 요인에 의하여 모든 세포 반응 속도에 영향을 미친다. 따라서 새로운 환경에 적응하기 위해 전체적인 세포의 고분자 성분조성의 조정이 필요하지는 않다.

생장률이 고분자 성분조성에 어떻게 영향을 미칠까? 그림 4.7에서 보여주는 것처럼 세포질량, 단백질, RNA(대부분 리보솜) 그리고 DNA는 생장률과 함께 변화한다. 세포가 더

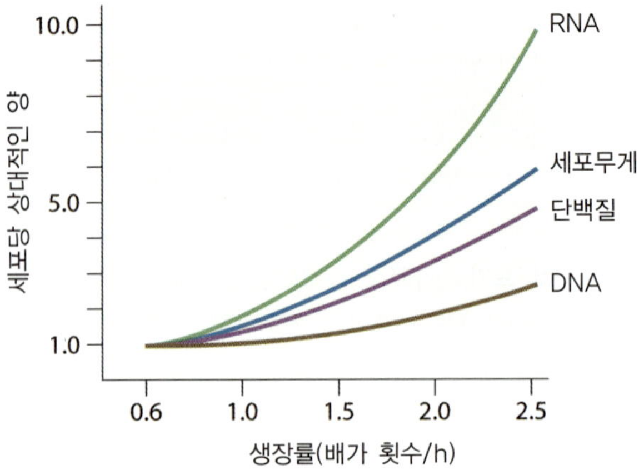

그림 4.7 다른 속도로 생장하는 배양 대장균의 구성성분. 각각의 배양균들은 온도는 같으나 각각 다른 생장률을 보이도록 다양한 배지에서 배양되었다. 다양한 구성성분은 세포 당 상대적인 양으로 작성되었다.

빠르게 생장하면, 세포는 더 커지고 각각의 구성요소들을 더 많이 가지게 된다. 이것들은 주요한 변화인데 시간당 2.5회 배수 생장하는 배양 대장균은 시간당 0.6회 배수 생장하는 배양액의 세포들보다 세포 당 10배나 더 많은 리보솜을 함유하고 있다. 이 여분의 RNA를 저장할 장소가 있어야 하기 때문에, 빠른 생장을 하는 세포들이 더 큰 것이다. 그림 4.8A는 빠르게 생장하는 세포들이 느리게 생장하는 세포들보다 얼마나 더 큰지를 보여주고 있다. 여기서 22분 만에 배수 생장하는 세포들과 72분 만에 배수 생장하는 세포들이 섞여졌다. 그들이 서로 같은 종들이라는 것을 믿기가 매우 어려울 정도로 크기에 있어서 차이가 난다.

개별세포의 구성성분은 생장속도에 따라 농도에 있어서 서로 다른 속도로 변화한다. RNA는 세포체보다 훨씬 빠르게 증가하고, 단백질은 약간 느리게 증가하며, DNA는 훨씬 더 느리게 증가한다. 이것을 설명하기 위해 리보솜 함유량을 세포 한 개당 계산하는 것이 아니라 전체 세포무게에서의 %로 가정해보자(그림 4.8B). 시간당 0.5회 이상 배수 생장을 하는 경우 세포 무게당 리보솜의 비율은 생장속도의 선형함수라는 것을 기억하자. 다른 말로 하면, 세포가 빠르게 자랄수록 그들의 요구를 충족시키기 위해 더 많은 양의 단백질을 합성하여야 하며 그것을 위해서는 더 많은 리보솜을 가져야만 한다. 그런 선형관계는 각각의 리보솜(그리고 단백질 합성조직에 동반되는 구성요소들)이 빠르게 생장하는 세포와 느리게 생장하는 세포에서 같은 속도로 단백질을 합성한다는 것을 제시한다. 이것은 아주 효과적인 형태의 조절이다. 생장률과 관계없이 같은 양의 리보솜을 가지고 있는 세포들의 경우를 생각해보자. 만일 이러한 경우라면 느리게 생장하는 세포에 있어서 모든 리보솜들이 느린 속도로 작용하거나 또는 일부분이 사용되지 않고 나머지 일부분만 빠른 속도로 작용하게 될 것이다. 어느 쪽이든 간에 많은 에너지를 필요로 한다. 따라서 비효율적인 리보솜을 만들어 에너지를 낭비하는 대신에 세포들은 그들의 수를 최적화한다.

제9장에서 우리는 세포들이 그들의 DNA를 만드는데 똑같은 전략을 사용하고 있음을 볼 수 있다. 거기서 다시 한 번 DNA 합성속도는 거의 변화가 없게 나타난다.

그림 4.8B의 그래프는 다른 점을 보여주고 있다. 매우 느리게 생장하는 배양액에서 리보솜의 함유량은 선형을 벗어나고 세포들은 여분의 리보솜을 갖게 된다. 위에서 했던 논쟁에 의하면 이것은 낭비적인 것이다. 사실 이들 여분의 리보솜을 만드는 것은 에너지 면에서 효율적인 일이 아니다. 그러나 빈약한 배지에 있던 배양 세포가 시간이 경과한 후에 영양이

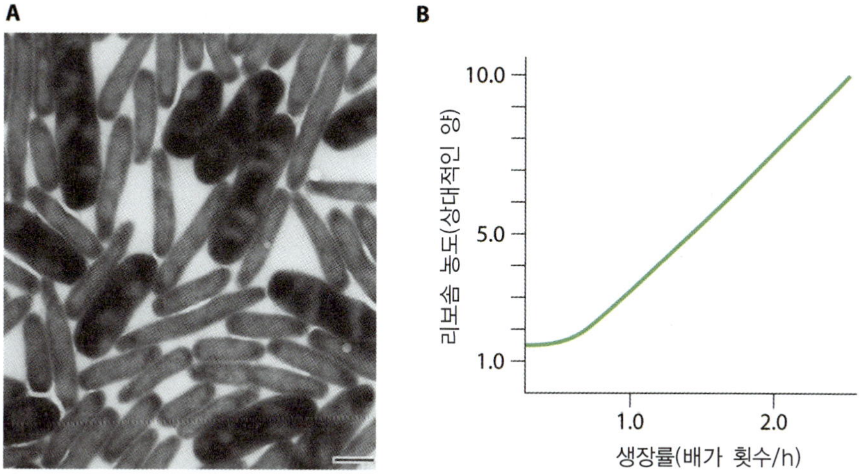

그림 4.8 생장률에 따른 세포크기와 리보솜 함량 변화. (A) 다른 배지에서 자란 대장균이 혼합된 전자현미경 사진. 큰 세포들은 시간당 2.3회 배수생장 했고, 작은 것들은 시간당 0.8회 배수 생장을 하였다. 단위는 1μm 이다. **(B)** 그림 4.5의 방법에 의해 생장된 배양균과 그들의 리보솜 용량이 세포무게에 대한 비율로 나타내졌다. 생장률에 따라 세포의 크기가 다르기 때문에 이 실험은 그림 4.7과는 다르게 나타난다. 생장률과 리보솜 용량의 관계가 낮은 생장률에서는 선형함수가 아니라는 것을 주목하라. 이것은 세포가 얼마나 늦게 자라는가에 상관없이 영양조건이 개선되었을 때 다시 생장을 시작하기 위한 최소한의 리보솜을 유지하고 있다는 것을 의미한다.

풍부한 배지에 있게 될 것이라고 생각해보자. 다른 생명체와 경쟁하기 위해 이들 세포들은 가능한 한 빨리 그들의 단백질 합성을 늘려야 한다. 만일 그들이 리보솜을 전혀 가지고 있지 못하다면(그래프에서의 선형함수가 외삽법에 의해 제로 생장률인 것처럼), 새로운 조건 하에서 그들은 생장을 재개할 수 없을 것이다. 약간의 리보솜을 가지는 것은 그들이 다시 생장하는 것을 가능하도록 해준다.

서로 다른 생장속도에서 리보솜을 만드는데 필요한 그들의 자원배분에 세포들이 어떻게 적응하는가는 세균 생리학의 중심문제가 되어오고 있다. 그 해답 중 우리가 알고 있는 것은 제13장 "글로벌 대응 네트워크"에서 언급될 것이다.

온도, 정수압, 삼투압, 그리고 pH의 영향

커다란 동물 내에 있는 세포들은 최적의 pH와 온도가 유지되는 등장용액에 담겨져 있어 항상 일정하고 거의 최적인 환경에 존재한다. 반대로 미생물들은 급격하게 변할 수 있고, 위협이 될 수 있는 환경과 밀접한 접촉을 하고 있어 우리는 대부분의 미생물들이 환경적 스트레스와 변화에 대응하기 위한 일련의 기구들을 발전시켜 왔다는 사실에 놀라지 말아야 한다. **극한 생물(extremophile)**이라고 불리는 몇몇 원핵생물의 생태학은 또 다른 측면에서 놀랄만하다. 이 그룹의 많은 수가 매우 극단적인 온도(표 4.2), pH, 정수압 그리고 염도의 환경 등을 견뎌내기 위해서 뿐만 아니라 실제로 번성하기 위해 진화해왔다. 몇몇 것들은 하나 이상의 환경적인 도전을 견디어 낸다. 자연환경에 의해 부과된 것들을 포함하여 변화에 대한 미생물들의 적응이라는 주제는 제13장에서 자세히 다루어질 것이다. 여기서 우리는 미생물이 환경과 어떻게 상호작용하는 지에 대해 개략적으로 소개하도록 하겠다.

표 4.2 미생물의 온도반응

분류	일반적인 생장 온도
저온성 미생물	5℃
통성 저온성	최대 20℃ 또는 그 이상
절대 저온성	최대 < 20℃
중온성 미생물	37℃
고온성 미생물	50~70℃
광고온성 미생물 (eurythermophile)	넓은 온도 범위, 37℃에서도 생장
협고온성미생물 (stenothermophile)	좁은 온도 범위, 37℃에서 생장 못함
초고온성 미생물	>70℃

온도

온도가 미생물의 생장에 어떻게 영향을 미치는 가를 요약하는 것은 쉬운 일이다. 미생물들은 주위의 온도와는 무관하게 액체상태의 물이 있는 곳이면 어디서나 자랄 수 있다. 지구상의 액체 상태에 있는 물의 온도 범위, 즉 미생물의 전체적인 생장범위는 순수한 물의 끓는점과 어는점을 훨씬 초과하여 확장된다. 물은 어는점 이하에서는 용해물질에 의해, 끓는점 이상에서는 고압에 의해 액체상태가 유지된다. 따라서 어떤 미생물은 -15℃ 또는 아마도 그 이하의 고염환경에서도 자랄 수 있다. 집에서 사용하는 냉장고의 온도가 -15℃ 이하로 설정되어 있는 것은 이러한 이유때문이다. 그러나 냉장고에서 몇 주 혹은 몇 달 후에 상한 소시지나 햄을 본 사람들이 아는 바와 같이 그렇게 낮은 온도조차 소금기가 있는 음식이 맛있고 안전한 상태로 유지되는 것을 보증할 수는 없다. 이들 온도에서 일어나는 매우 느린 생장은 관찰자의 인내심을 시험하고, 일시적인 온도 상승이 관찰된 미생물의 생장을 설명할 수 있는지에 대한 의심을 불러일으킨다는 것을 명심하라. 바다 속 깊은 곳 또는 바위 속 깊이 갈라진 틈 등의 고압조건에서 존재하는 온도계의 다른 끝인 끓는점 이상에서 매우 잘 자라는 미생물도 존재한다.

극한 온도에서의 생장과 관련해 그 영역이 미생물들 사이에 명확히 특화되어 있다. 광범위하게 말하자면, 세균과 곰팡이는 낮은 온도를 지배하고 고세균은 가장 높은 온도를 지배하지만, 모든 미생물은 특정한 온도 범위 내에서 생장이 특화되어 있다. 40℃ 이상의 넓은 온도범위에서 자라는 원핵생물은 거의 없고 많은 것들이 상당히 좁은 온도 범위에 생장이 제한되어 있다.

생장률에 대한 영향

미생물이 선호하는 특정한 온도나 범위에 관계없이 미생물 생장에 대한 온도의 효과에 대한 일반화가 가능하다. 어떤 범위("**정상(normal)**" 범위)에서 온도는 그것이 화학반응 속도에 영향을 주는 것과 같은 방법으로 생장률에 영향을 준다. 생장률은 아레니우스(Arrhenius) 방정식을 따르는데, 그것은 화학반응 속도의 대수를 절대온도 역수의 선형함수로 기술한다(그림4.9).

4.6 아레니우스 방정식

정상범위의 양쪽 끝인 고온과 저온에서의 생장은 아레니우스 방정식에 의해 예측된 것보다 훨씬 더 느려진다. 최고온도에서 생장률의 감소는 **최고치(최적생장온도, optimum growth temperature)**를 지나간 다음 가파르게 0으로 감소한다**(최대생장온도, maximum growth temperature)**. 최저 온도에서 생장률의 감소는 느려지지만, 궁극적으로 곡선의 경사는 **최저생장온도(minimum growth temperature)**에서 수직이 된다. 이 곡선의 일반적인 모양은 비록 온도계에서 그것의 위치와 선형범위에서의 경사가 다르게 나타나지만 모든 미생물에게 있어서 동일하다.

미생물의 온도반응 분류

온도에 대한 다양한 미생물의 반응이 넓게 퍼져 있어, 그들을 간결하고 명확하게 분류하는 것은 어려운 일이다. 미생물학자들은 언제나 정확한 정의에 동의할 수 없었음에도 불구하고 여전히 분류를 시도하는 것을 즐기고 있다. 온도반응을 분류하는 한 가지 방법은 생

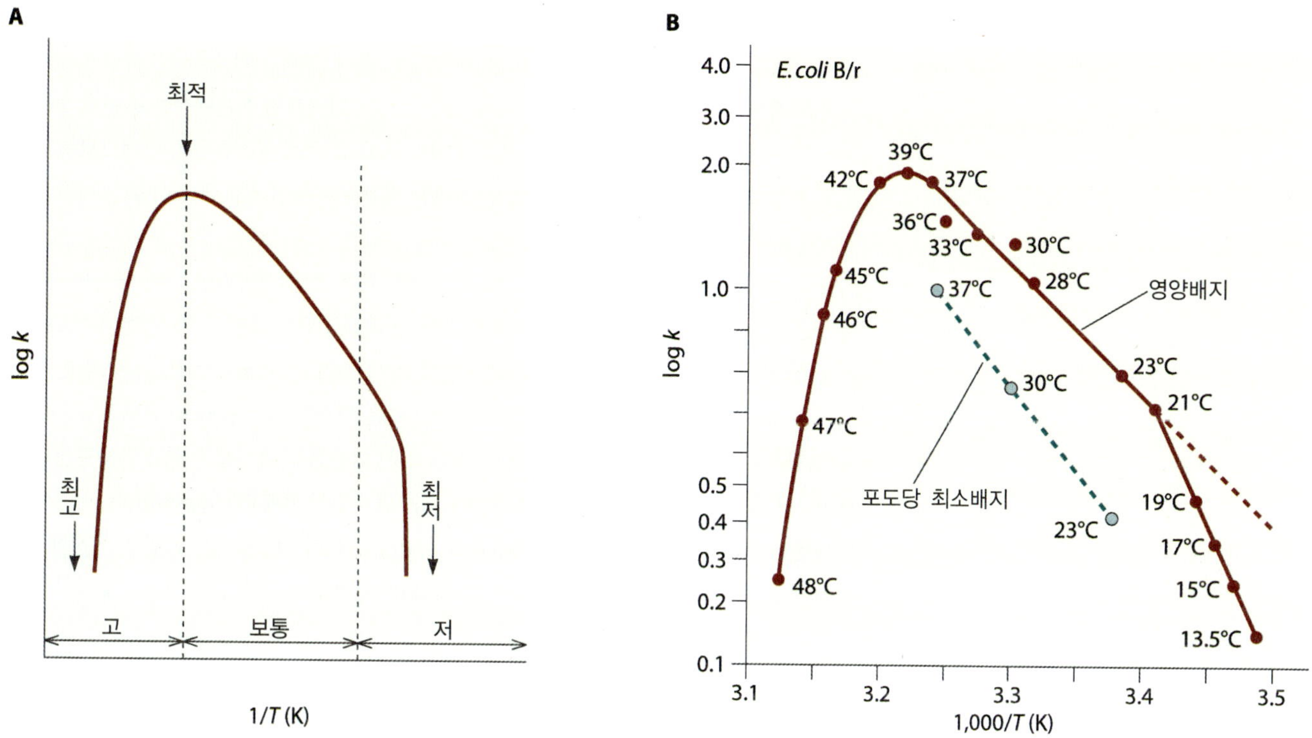

그림 4.9 세균의 생장에 대한 온도의 영향. (A) 아레니우스 플롯의 일반적인 형태. 절대온도 K(Kelvin K)의 역수로서의 온도(T)가 생장속도(k)의 대수에 대하여 그려진다. **(B)** 대장균에 대한 생장률의 특이값. 영양배지에서 보다 최소배지에서 대장균이 얼마나 느리게 생장하는지 주목하라. 하지만 정상범위 내에서의 아레니우스 플롯의 기울기는 두 배시 보누에서 농일하다. 대장균 생장을 위한 최저온도는 7.8℃ 이다.

장에 대한 미생물의 최적온도에 의한 것이다. 만약 최적온도가 낮다면 미생물은 **저온성 미생물(psychrophile)**이고, 중간이면 **중온성 미생물(mesophile)**이고, 온도가 높으면 **고온성 미생물(thermophile)**이며, 아주 높으면 **초고온성 미생물(hyperthermophile)**이다. 이들은 널리 사용되는 용어로서 유용하지만 최고생장온도와 최저생장온도 또는 생장범위의 정도에 대해서는 말해주지 않는다. 현재 최고의 저온성 미생물은 *Psychromonas ingrahamii* 인데 이것은 실제로 -12℃에서 생장한다.

극한 온도에서의 생장한계

우리는 왜 생장속도가 감소하다가 결국 미생물의 생장범위 한계에서 멈추는지 알고 싶을 것이다. **고온(high temperature)**에서의 생장 중단에 대한 이유는 상대적으로 간단하다. 대부분 단백질처럼 일부 중요한 세포의 구성요소가 열적으로 비활성화 되기 때문이다. 많은 돌연변체들**(열에 민감한 많은 돌연변이(heat-sensitive mutations))**는 필수 단백질의 열적 안정성을 감소시킴으로써 미생물의 최대 생장온도를 감소시킨다.

초고온싱 미생물들은 일반적인 저온에서 이루어지는 생화학 이론을 무시하고 단백질, 핵산, 지질에 대한 분자생물학적 특성을 재검토 하도록 한다. 보통의 생명체에서 가지고 있는 단백질, 핵산, 지질 분자들은 극한 세균과 고세균의 생장을 위해 요구되는 온도보다 훨씬 낮은 온도에서도 불안정하다. 그러므로 고온성 미생물은 구성성분들이 독특한 생화학적 특성을 가지도록 진화해옴으로써 높은 온도에 적응해 왔다. 그러한 미생물로부터 분리된 효소들은 최적생장 온도와 비슷한 온도에서 활성을 보이고 일반적인 실온에서는 종종 활성을 보이지 않는다. 중온성 숙주에 그들이 클로닝 되었을 때, 고온성 효소들은 일반적으로 그들의 높은 온도 속성을 유지하는데, 이처럼 열에 대한 저항성은 유전 정보에 들어있다. 이것은 열 저항성 단백질들은 숙주 전체 아미노산 조성과는 완전히 다르다는 것을 보여준다. 그러나 그들 효소의 열 안정성은 수소결합, 소수성에 의한 내부패킹, 염다리에 의해 영향을 받는 3차 구조에 의존한다는 증거가 있다. 따라서 고온성 미생물 단백질은 글루타민산과 아르기닌과 같이 하전된 아미노산을 그들의 분자표면에 많이 가지고 있는데, 이것은 추가적인 이온결합을 가능하게 한다. 게다가 초고온성 미생물들은 열충격(heat-shock) 단백질을 만드는데 그것은 다른 단백질의 열 변성을 방어한다. 어떤 열충격 단백질들은 다른 단백질들의 중첩 또는 다중단백질 복합체의 조합을 촉진시키는 단백질인 **샤페론(chaperone)**단백질이다. 고세균인 *Pyrodictium occultum*이 108℃에서 생장했을 때 건조무게의 80%까지 샤페론단백질이다. 그러므로 열저항성은 부분적으로는 단백질의 본래의 속성과 샤페론에 의한 단백질 보호에 기반을 둔 것 같다.

"어떻게 세포내 핵산이 고온에서 그들의 본래 모습을 유지하는가" 하는 문제 또한 풀기 어려운 난제이다. 용액 내에서 DNA는 80℃ 보다 낮은 온도에서도 변성되므로(두개의 가닥으로 분리된다), 어떤 기작들이 이러한 변성을 막기 위해 작동해야만 한다. 관여하는 요인 중에 고온성 미생물이 열 보호성 DNA결합단백질과 인산염을 중화하여 분자를 안정화시킬 수 있는 상대적으로 높은 농도의 마그네슘을 가지고 있다는 것이 사실일지도 모른다. 게다가 고온성 미생물은 역 지라아제(reverse gyrase)라고 불리는 특이 효소를 가지고 있는데, 이 효소는 양성 초나선을 DNA로 도입할 수 있는 것으로 알려진 유일한 토포아이소머라아제(topoisomerase)이다. 그러한 초나선링은 DNA의 열안정성에 기여한다. 어떤 단일 기작도 초고온성 미생물에서 단백질과 핵산의 열 안정성에 책임을 지고 있는 것 같지 않다. 오히려 증가된 열안정성은 명백한 규칙을 따르지 않는 수많은 미묘한 변화에 기인한다.

고온성 미생물들이 가지고 있는 지질들의 안정성은 어떠한가? 많은 고온성 미생물의 한 영역을 차지하는 몇몇 고세균에 있어서 막들은 인지질 이중층으로 구성되어 있지 않고, 고도로 안정된 에테르 결합(보통의 지질에서의 에스테르 결합이 아닌)에 의해 글리세롤에 연결된 이소프레노이드들로 구성되어 있다(그림 2.12). 몇몇 경우에 있어 이들 분자 쌍들이 막을 형성하거나 다른 경우에서는 단일의 이중 머리를 가진 분자가 단일 층들로써 막을 연결한다. 에테르결합은 에스테르 결합보다 더 안정적이고 단일 층이 이중층보다 더 안정적이기 때문에 이러한 독특한 분자적 특성들이 고세균 막이 고온에 잘 적응했음을 암시한다. 이러한 개념이 가지고 있는 문제점은 비고온성 고세균 역시 이러한 독특한 구조를 가지고 있다는 것이다. 합리적인 추측은 고세균이 맨 처음 고온의 환경에서 발생해서 나중에 저온에서도 생장할 수 있는 형태로 진화했다는 것이다. 이것은 생명 자체가 초기지구의 특성인 고온에서 시작되었을지도 모른다는 논쟁의 여지가 많은 개념을 이끌어낸다. 이러한 생각을 지지하는 것은 고세균과 세균의 가장 오래된 계통들이 모두 고온성이라는 것이다(그림 4.10).

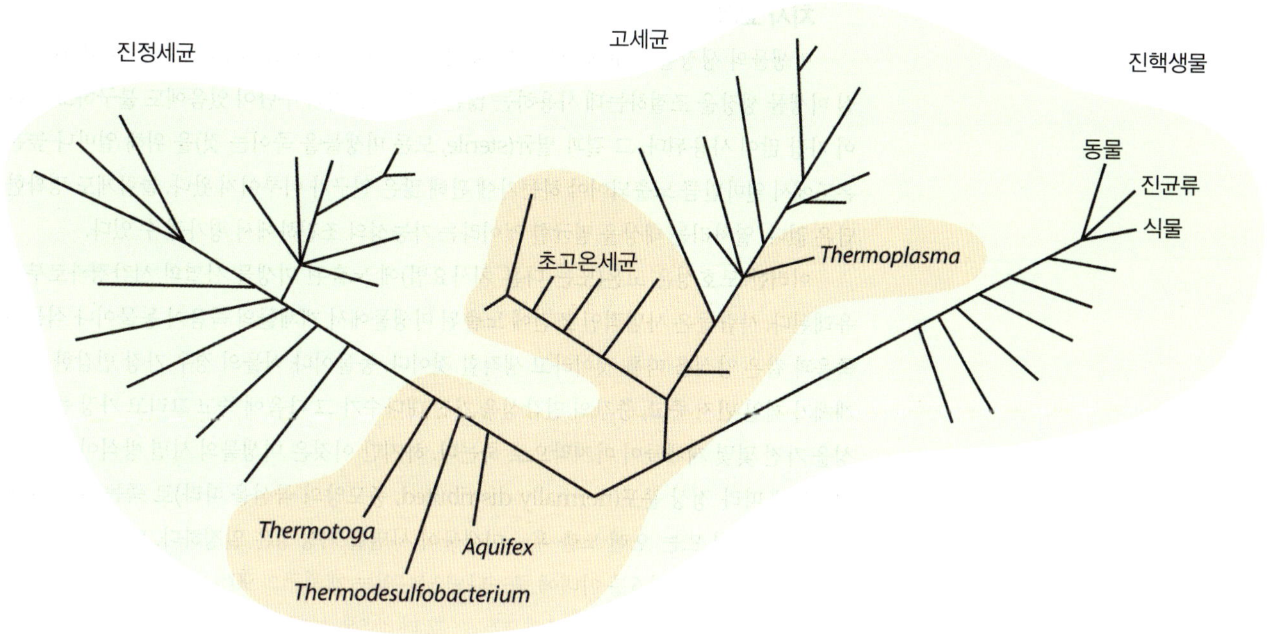

그림 4.10 고온성 미생물의 계통발생. 고온(>60℃)에서 자랄 수 있는 세균과 고세균은 상대적으로 낮은 그룹에서 나타나고 계통수의 오래된 가지부분에 모여져 있다.

몇몇 고온성 세균들로부터 얻은 열안정성 단백질은 산업적인 용도를 지니고 있다. 예를 들어, 열에 안정적인 프로테아제는 세탁세제로 널리 사용되고 있는데, 오랜 저장기간을 가질 뿐만 아니라 높은 활동성을 가지고 있어 소량으로 사용될 수 있다. 실험실에서 열 안정석인 **DNA 중합효소(DNA polymerase)**는 소량의 DNA를 증폭시키는 PCR(연쇄중합반응) 기술을 단순화시킨다. PCR은 반응혼합물의 고온과 저온에의 교차 반응을 요구하는데, 열에 안정적인 중합효소를 사용하면 열처리과정 후 새로운 효소를 추가하는 일이 불필요하게 된다.

정확한 최저 생장 온도의 존재는 실험자의 인내력에 대한 시험이 아니라 좀 더 복잡한 해석을 요구한다. 온도가 낮아짐에 따라 화학반응은 점점 느리게 진행되지만 멈추지는 않는다. 이것이 왜 미생물의 생장을 정지시키는 것일까? 낮은 온도에서 약화되는 유일한 화학적 힘은 소수성 상호작용이다. 그 이유는 이들 상호작용을 방해하는 물의 특성의 변화이다. 약화된 소수성 상호작용은 단백질의 구조적 변화들을 가져오며, 변화들 중 어떤 것들은 활성도를 변화시키고 생장을 방해한다. 예를 들어, 리간드에 붙어 형태를 변화시키는 **알로스테릭 단백질(allosteric protein,** 제12장 참조)의 활성도는 그들의 형태적 변화에 의해 달라지게 된다. 만일 그들이 효과기(effector)에 의한 억제에 너무 민감하게 반응하면, 낮은 온도에서 일어나는 것처럼 단백질의 기능이 멈추게 된다. 저온에 의한 단백질의 형태적 변화 또한 단백질이 리보솜과 같이 복잡한 구조로 조립되는 것을 방해한다. 사실 많은 증거들이 리보솜에서 단백질 합성의 시작은 대상균의 중요한 저온 민감성 단계이라고 제시한다.

제12장에서 살펴보겠지만, 생장범위의 한계점에서 미생물은 특이 단백질을 합성하고, 그들 막들의 지방산 구성을 조정하는데, 그렇지 않으면 그들은 생장범위를 확대시킨다.

치사 효과

미생물의 생장을 멈추게 하는 고온보다 조금 더 높은 온도에서 미생물은 사멸한다. 사실 미생물 생장을 조절하는데 사용하는 많은 화학적 물리적 수단이 있음에도 불구하고 고온이 가장 많이 사용된다. 그 결과 멸균(sterile, 모든 미생물을 죽이는 것)을 위해 얼마나 높은 온도에서 얼마만큼 노출되어야 하는가에 관해 많은 연구가 이루어져 왔다. 놀랍게도 명확한 답은 없다. 열처리는 대상을 멸균할 것이라는 가능성의 조건하에서 평가될 수 있다.

이러한 모호성은 고온(또는 다른 치사요법)에 노출된 미생물 사멸의 시간경과로부터 유래된다. 사람들은 사멸적인 조건에 노출된 미생물에서 개체들의 죽음이 동물이나 식물의 죽음과 같은 양식을 따를 것이라고 생각할 것이다. 동물이나 식물의 경우 가장 민감한 몇몇 개체가 제일 먼저 죽고, 중간의 민감성을 가진 대다수가 그 다음에 죽고 그리고 가장 큰 저항성을 가진 몇몇 개체들이 마지막으로 죽는다. 하지만 이것은 미생물의 사멸 방식이 아니다. 민감도에 따라 정상 분포(normally distributed, 종모양의 곡선을 따라)로 죽는 대신에 어느 시기든-즉시 또는 오랜 노출 후 - 미생물이 사멸할 가능성은 일정하다. 만일 개체군 내 90%의 미생물이 초기 5분 이내에 죽는다면 남아있는 개체군의 90%는 다음 5분 내에 죽을 것이다. 그리고 남아 있는 개체군의 90%는 그 다음 5분 이내… 등등. 수학적으로 정리하면 생존개체 수의 대수는 노출시간에 대해 선형함수가 된다(그림 4.11). 그래프는 단일 속도론(single-hit kinetics) - 만일 페인트 볼이 일정한 속도로 임의적으로 군중에게 발사되고, 맞은 볼을 개별적으로 볼 수 있을 때 기대하는 반응 - 을 보여준다. 우리는 페인트 볼과 단일 목표물의 열 해당량이 얼마인지 질문할 지도 모른다. 하지만 그 답은 결코 명백하지 않다.

특정 미생물 개체군을 제거하기 위해 얼마나 오랜 시간 열처리가 필요한지 알기위해 우리는 다음 세 가지를 알아야 한다. ① 열처리 온도에서 특정한 미생물들의 1/10 감소시간(decimal reduction time, 또는 ***D*값(*D* value),** 생존하는 개체군을 1 log 단위만큼 감소시키는데 필요한 시간, 즉 생존미생물들의 90%를 죽이는데 걸리는 시간) ② 군집의 크기 그리고 ③ 모든 미생물이 죽을 것이라는 확신이다.

그림 4.11 미생물에 대한 온도의 치사 효과. 개체군에서 살아있는 세포들의 수는 각각의 D 값에서 90%로 감소한다. 이 경우 D값은 60분이다.

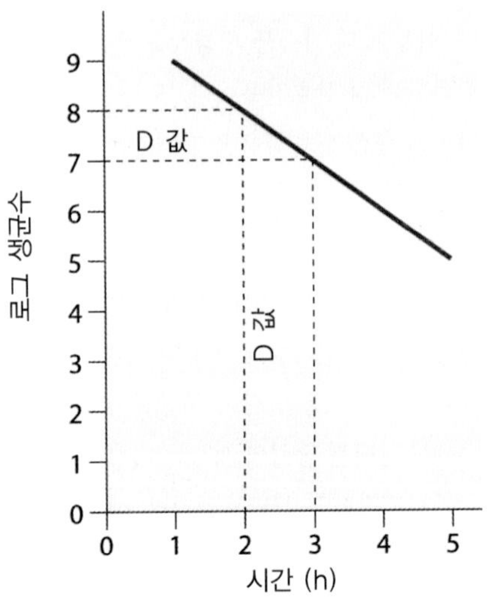

저온 그 자체는 미생물에게 그리 치명적이지 못하나, 생장하는 배양균을 빠르게 저온으로 이동시키면 미생물을 죽일 수 있다. 이러한 현상을 저온 충격(cold shock)라고 부른다. 예를 들어 37℃에서 빠르게 생장하는 대장균 배양균을 5℃로 갑자기 이동시키면 개체군의 90%가 죽을 것이다. 동결 역시 미생물을 죽이지만 그것은 저온에 인한 결과라기보다는 부유 배지가 동결할 때 미생물들이 겪게 되는 높은 삼투압에 대한 일시적인 노출 때문이다.

정수압(hydrostatic pressure)

바다 속 깊은 곳에서 얻게 되는 높은 정수압은 식물과 동물을 파괴하여 사멸시키지만 미생물들은 아니다. 세포막을 포함한 대부분의 세포 외부장벽이 물을 자유롭게 투과시키기 때문에 미생물은 파괴되어 죽는 것으로부터 보호되고, 미생물 세포 내의 압력은 빠르게 외부의 압력과 균형을 맞추게 된다. 정수압은 분자의 부피 증가를 방해하고 부피 감소를 도움으로써 분자수준에서 미생물에 영향을 미친다. 이러한 사실에도 불구하고 대부분의 많은 미생물들이 엄청난 압력을 견뎌낸다. 예를 들어, 대장균은 300기압(평방 인치당 4,400 파운드)의 압력에서까지 생장하고 다른 어떤 미생물들은 그것의 4배에 달하는 압력도 견뎌낼 수 있다(표1.4 참조). 호압세균(barophile)이라고 불리는 몇몇 원핵생물은 1기압에서 생장하는 것보다 높은 압력에서 더 빨리 자란다. 효모는 설명하기 힘든 예외인데, 양조 효모인 *Saccharomyces cerevisiae*의 생장은 튼튼한 샴페인 마개가 견딜 수 있는 압력인 8기압에서 멈춘다.

높은 정수압에 대한 미생물의 다양한 반응에 대한 적절한 설명은 그들의 효소촉매 반응의 기본상태와 활성상태 사이에 있는 분자 크기 차이이다. 활성화된 상태에서 분자의 크기가 커진다면 반응은 증가된 압력에 의해 억제될 것이다. 만일 크기가 작아진다면 반응은 빨라지거나 고압에 의존적이 될 수도 있다.

삼투압

인간은 소금이 음식을 상하게 하는 미생물의 생장을 억제한다는 사실을 알기 훨씬 이전부터 음식을 장기보존하기 위해 음식에 소금을 첨가했다. 19세기에 소금에 절인 돼지고기는 오랜 항해를 하는 선원들의 기본식품이었고, 또한 서부 개척자들의 겨울철 주요양식이었다. 높은 염도는 음식에 존재하기 쉬운 미생물의 생장을 완전히 멈추게 하지만, 다른 미생물들은 그러한 환경도 견뎌낼 수 있다. 미생물들이 생장할 수 있는 염도의 범위는 공기로부터 천천히 공급되는 영양분을 가진 증류수로부터 포화점에 가까운 5.2 M 염화나트륨의 농도까지 전범위에 걸친다. *Halobacterium*(이 종 이름에서 *-bacterium*이라는 것은 고세균이 발견되기 이전에 붙여진 것을 의미한다)과 같은 고세균은 고염에서 잘 자라지만 *Halomonas*와 같은 세균들도 그에 뒤지지 않고 잘 자란다.

높은 삼투압을 가진 환경은 미생물들에게 두 가지 도전을 가져다준다. 먼저 높은 삼투압은 수분 활성도(water activity), 즉 세포에 대한 물의 이용성을 감소시켜 세포를 건조시킨다. 둘째로 그것은 내부와 외부 사이의 삼투압 차이를 줄여서 세포의 팽창압력을 감소시킨다. 세포벽이 없는 종들을 제외하고 대부분의 원핵생물은 생장에 따라 그들의 세포벽을 확장시키기 위해 높은 팽창압력에 의존한다. 높은 외부 삼투압 환경에 노출되었을 때, 용질을 공급하거나 더 많은 용질을 합성함으로써 세포질의 용해농도를 증가시켜 그들의 압력을 유지한다. 그런 보정적인 용질들은 칼륨이온, 글루타민산염, 프롤린(proline), 콜린(choline), 베테인(betaine, 트리메칠글라이신), 그리고 당인 트레할로스(trehalose) 등을 포함한다. 용질에 의해 세포 내부농도가 올라감에 따라 미생물은 또 다른 문제 즉 단백질의 비활성화라는 문제에 직면하게 된다. 그러나 프롤린, 콜린 그리고 베테인 등 **이면성 용질(compatible solute)**이라고 불리는 용질은 대부분의 다른 것들보다 손상을 덜 받도록 해주고 심지어는 방어하기도 한다. 트레할로스는 특별한 지위를 가지고 있다. 그것은 염분에 의해 생성되는 또는 다른 형태의 건조로부터 세포막을 보호한다. 제빵효모는 고농도의 트레할로스를 함유하고 있는 경우에만 건조되지 않고 활성을 유지할 수 있다. 이러한 방법은 미생물에만 국한되지 않고 물곰(water bear)라고 불리는 매우 작은 토양서식 동물에 의해서도 사용되는데, 그것은 고농도의 트레할로스를 함유하고 있어 완벽한 건조를 견뎌낼 수 있고 수분이 재공급 되었을 때 다시 살아날 수 있다.

pH

대부분의 미생물 종들은 다소 좁은 pH 범위 내에서 생장하지만, 미생물 전체적으로는 볼 때 그들은 매우 광범위한 pH 범위를 갖는다. **호산성균(acidophile)**은 pH1.0의 광산침출수에 다량 존재하고, **호염기성균(alkaliphile)**은 pH11.5의 미국서부 사막에 있는 소다호수에 다량 존재한다. 일반적으로 진균류는 약산성의 pH를 좋아하고 세균은 약염기성 pH를 좋아한다.

원핵생물들은 그들의 단백질이 견뎌내는 것보다 더 넓은 범위의 pH에서 생장한다. 그들은 특별한 방법으로 이러한 난관을 극복한다. 견디기 힘든 온도에서 행하는 것처럼 조건이 나쁜 pH환경에 적응하는 대신에, 그들은 세포 안과 밖으로 수소이온을 이동시킴으로써 pH에 적응한다. 그렇게 함으로써 거의 일정한 내부 pH를 유지한다. 예를 들어, 대장균은 세포내 pH를 7.8 가까이 유지함으로써 pH6.0부터 pH8.0의 범위에 걸쳐 최고 속도로 생장할 수 있다. 원핵생물들은 극단의 pH에 적응하고 살아남을 수도 있다. 낮은 pH에 적응되지 않은 장티푸스균인 *Salmonella enterrica*의 경우 pH5.7에서 치명적이지만, 그 균을 pH5.8에서 한 세대동안 배양한 것은 pH3.3에서 100배에서 1000배 정도 더 저항성을 가진다.

결론

우리는 인간에게 극한으로 보이는 조건에서 살아남는 미생물의 능력과 이들 조건의 변화에 적응하는 그들의 능력에 경외감을 느낀다. 생장과 생존에 있어 세균 또는 고세균의 지속적인 존재가 예측된다. 미생물은 생장할 때가 생장하지 않을 때보다 더 형식에 맞도록 반응하기에 생장시에는 좀 더 쉽게 간단한 수학적 방정식에 의해 표현될 수 있다. 앞으로 이어지는 4개의 장에서는 에너지와 빌딩 블록을 얻는 생화학적 활성과 그들이 새로운 세포로 전환하는 것에 대해 살펴보도록 하겠다.

학습문제

1. 개체군 내 세균의 수를 어떻게 추정할 수 있는가? 다양한 기법들은 같은 정보를 제공해 주는가?

2. 배양 세균의 생장률은 어떻게 측정될 수 있는가?

3. "균형 생장"의 개념은 왜 중요한가?

4. 배양 세균의 생장곡선 동안 어떤 일들이 일어나는가?

5. 연속배양장치(chemostat)가 어떻게 작동되는지 설명하라. 그러한 장치를 이용하는 이유는 무엇인가?

6. 세균과 고세균의 생장에 관련이 있는 온도, pH, 대기압, 그리고 삼투압의 범위에 대해 논하시오.

제5장 세포형성

서론

지구는 진실로 미생물들의 행성이다. 미생물 개체군이 매우 광범위하게 분포하고 있어 그들이 생물권의 한계를 정의한다고 말할 수 있다. 생명체가 있는 곳에는 미생물이 있으며, 미생물이 없는 곳에는 생명체도 없다.

미생물에 의한 지구의 우점은 분명히 그들의 번식능력과 관련이 있다. 미생물의 번식은 무엇을 포함하고 있을까? 본 장과 이어지는 네 개의 장에서 우리는 미생물들의 생화학적 측면들을 살펴보도록 하겠다. 그렇게 하기 위해서 우리는 모든 생명체의 가장 근본적인 속성인 자가촉매반응(autocatalysis, 생물학에서의 자기복제능력)을 규명해야 한다. 우리는 자기복제의 생화학적 측면에 대해 우리가 알고 있는 많은 것들이 미생물 시스템의 연구로부터 얻어져 왔다는 것을 알게 될 것이다.

이 장은 많은 생화학적 세부사항들을 조직화하기 위한 일관된 틀을 마련해줄 것이다. 어떤 의미에서 그것은 지구에 있는 미생물체들을 지속시켜주는 무수히 많은 개체의 생화학적 세부사항의 역할을 이해하도록 해주는 물질대사의 논리(metabolic logic)를 제공해 줄 것이다.

생장대사: 무생물에서 생물을 만든다

생물은 무생물과는 다른 것처럼 보인다. 무생물은 소규모에서 화학적으로 활동적이거나 대규모에서 지질학적으로 활동성을 보이지만, 그들은 일련의 반응과정에 있어서 조직적으로 작용하지 않고 전반적으로 비활성을 보여준다. 반면에 생물은 호흡하고, 움직이고, 환경의 변화에 반응하며, 주변 환경을 변화시키고 그리고 생명체의 보편적인 특징인 그들 스스로 자손을 낳는다. 살아 있는 생명체의 이러한 특징은 전체적으로 **물질대사(metabolism)**라고 불리는 고도로 조직화된 화학반응들의 결과이다.

살아있는 시스템은 기발한 분자들의 훌륭한 배열이다. 그들로부터 만들어진 단백질, 탄수화물, 핵산, 그리고 지질과 같은 각각의 거대분자들이나 복잡한 세포구조들 모두 적어도 현재 지구상태 하에서 자발적으로 축적된 것 같지는 않다(만일 형성되어 있었다면 이미 존재하는 다른 미생물이 그것들을 모두 소비했을 것이다). 오히려 세포들은 새로운 세포를 생산해내는 합성과 조립의 반응을 유도하기 위해 그들의 구조 안에 내재된 정보들을 이용한다. 살아있는 시스템의 번식은 4가지 주요한 원칙에 의해 가능해진다(표 5.1). (i) 특별한 촉매인 효소는 극도로 느린 반응을 빠르게 해준다. (ii) 반응연결(reaction coupling)이라고 불리는 설계전략은 특히 **아데노신 삼인산(adenosin triphosphate, ATP)**을 아데노신 이인산(adenosin diphosphate, ADP)과 무기인산으로 변환하는 것과 같은 고에너지 결합(많은 양의 자유에너지를 방출할 수 있는 결합)의 가수분해를 생명체에게 우호적인 다른 반응들과 연결시킴으로서 에너지적으로 반응이 잘 일어날 수 있는 개별적인 화학적 반응과정을 만든다. (iii) ATP를 만들기 위한 에너지의 획득은 유기적, 무기적 그리고 광화학적 산화-환원(redox) 반응들에 의해 일어난다. (iv) 생체막들은 에너지를 다른 형태로 변환하도록 해주는데, 산화반응에서 얻어진 에너지를 편모 회전과 같은 일을 하는데 직접적으로 사용하거나 보편적인 에너지인 ATP를 생산하는데 쓰이는 이온농도구배 형성을 가능하게 해준다. 에너지와 관련된 효소촉매반응, 화학에너지의 획득 그리고 그것의 ATP로의 전환은 생물을 무생물로부터 구분하게 하고 생명체가 무질서에서 질서를 만들어 내는 것을 가능하게 한다.

물질대사는 생물시스템에 있는 화학 반응과정의 총합이다. 비록 전부는 아닐지라도 미생물 세포 내 수천가지 반응이 새로운 세포형성에 직접적으로 기여한다. 이러한 반응들의 앙상블을 우리는 생장대사(growth metabolism)라고 부른다. 우리는 이 장과 이어지는 세 장에서 미생물의 생장대사에 초점을 맞출 것이다. 물질대사의 비생장 반응(non-growth

표 5.1 모든 세포대사의 토대를 형성하는 화학 반응과정

화학반응과정	기능
효소매개 촉매반응	촉매는 반응물과 결합하여 활성화 에너지를 낮춤으로써 순방향과 역방향 모두의 화학반응을 촉진시킨다. 대부분의 생체촉매들은 단백질이지만, 일부는 리보자임이라고 불리는 RNA이다.
반응연결 (reaction coupling)	한 예로 분자 A로부터 분자 B로의 전환이 에너지 측면에서 유리하지 못할 때, ATP에서 ADP와 무기인산염으로의 가수분해 같은 매우 유리한 반응에 그 반응을 결합시킴으로써 반응을 유도할 수 있다. 따라서 A는 A-AMP를 형성하기 위해 아데닐레이트화 될 것이고 좀 더 쉽게 B를 형성할 것이다.
산화환원반응에 의한 에너지 획득 유기물질 무기물질 광화학 반응	산화반응(유기 또는 무기분자들로부터 전자 또는 전자와 양성자(proton)를 제거하는 것)은 양성자 집합체(proton pool) 또는 ATP와 같이 대사적으로 사용가능한 형태의 에너지를 축적하기 위해 사용된다. 그 대신에 태양 에너지는 전자를 높은 에너지 수준으로 올리고 그들이 본래의 낮은 수준으로 돌아감으로써 양성자 집합체 또는 ATP을 만들 수 있다.
전하량과 화학물질의 농도구배 형성을 위한 세포막의 이용	생물막은 화학적 또는 광화학적 산화에 의한 획득에 관계없이 에너지를 대사적으로 사용 가능한 형태로 변환시키는 것을 가능하게 해준다. 진정세균의 인지질 막과 고세균의 이소프레노이드 막, 그리고 그들이 가지고 있는 단백질은 얻어진 에너지로부터 이온농도구배를 만들고, 이들은 나중에 ATP 형성이나 직접적인 작업수행에 사용된다.

reaction)들은 세포내 대사산물과 팽압의 유지, 세포구조 수선, 물질분비, 운동성 그리고 환경적 스트레스에 대한 기타 반응 같은 필수적인 세포활동에 중요하다. 이에 관해서는 제13장에서 언급될 것이다.

이 장에서 일반적인 생물학과 생화학을 통해 이미 우리에게 매우 친숙한 일부분은 간과될 수 있다. 그 이유는 물질대사의 많은 상세한 부분이 모든 생명체에 공통적이기 때문이다. 사실 우리가 식물이나 동물의 물질대사에 관해 알고 있는 많은 부분, 특히 생합성 등은 미생물에 대한 연구로부터 얻어진 것들인데 그 이유는 그들이 연구하기가 더 쉽기 때문이다. 세균이나 효모는 특히 배양, 유전자 조작, 방사성 동위원소의 표지 그리고 효소분석을 위한 단백질 추출이 용이하다. 따라서 대부분의 대사경로에 관한 선구적인 연구들은 미생물을 대상으로 진행되었다.

또한 우리들은 미생물에게만 있는 독특한 생물의 화학적 측면을 접하게 될 것이다. 그 과정을 통해 우리는 지구상에 있는 생명체의 생화학적 잠재력이 미생물 대사과정의 다양성에 의해 광범위하게 정의된다는 것에 감사히 여겨야 할 것이다.

생장대사의 구조

제4장에서 살펴본 것처럼 미생물 세포는 생장의 명수들이다. 비록 일부 미생물들은 사람 세포나 다른 복잡한 생명체의 세포(일반적으로 복제에 12~24시간이 걸림)들보다 빨리 자라지 않을지라도 많은 세균이 빠른 생장과 복제능력을 가지고 있다. 우리는 이미 제2장과 제3장에서 원핵세포의 구조적 특징 자체가 빠른 복제를 가능하게 해준다는 것을 살펴보았다. 이러한 구소석 효율성은 빠른 물질대사에도 반영된다. 어떤 미생물이 몇 분 만에 배가 된다는 사실은 세균의 물질대사 속도가 일반적인 식물이나 동물의 대사속도보다 적어도 10배 이상 빠르다는 것을 말해준다.

이러한 놀라운 복제 능력에는 매우 많은 양의 화학반응이 관여한다. 얼마나 많은 반응들이 지난 반세기에 걸쳐 축적된 생화학적 지식으로부터 추정될 수 있을까? 그리고 지금 얼마나 많은 반응들이 많은 미생물들에 대한 유전체 **정보 분석(informatic analysis**, 컴퓨터를 이용한 유전체 염기서열정보)에 의해 증가될 수 있을까? 비록 수백 종의 미생물 유전체 서열이 분석되었지만, 대장균으로부터 얻어진 기본적인 생화학적, 유전적 그리고 생리학적 지식들은 다른 미생물로부터 얻은 정보를 훨씬 능가한다. 따라서 물질대사의 제시에 있어서 우리는 반세기 넘게 대장균에 대해 집중된 연구로부터 얻은 상세한 정보에 많은 부분 의존할 것이다. 이러한 대장균 중심성은 유전체의 크기나 대사의 복잡성에 있어 대장균이 평균에 속한다는 사실에 의해 역시 정당화된다. 표 5.2는 다양한 세포 기능과 관련된 대장균의 유전자수를 요약한 것이다. 4,200개가 넘는 유전자들의 거의 절반이 기능이 알려진 효소를 부호화한다. 많은 유전자가 포도당과 무기염으로부터 원형질을 만드는 일에 관련되어 있다.

그들이 부호화하는 알려진 물질대사 유전자와 효소의 목록은 아마도 여러분들을 놀라게 할 것이다. 이것은 명백하게 조직화된 어떤 구조를 필요로 한다. 그러한 구조는 음식물로부터 시작해서 물질대사의 여러 단계를 거쳐 결국은 새로운 세포형성으로 끝나는 흐름도의 형태를 갖는다. 이러한 종류의 흐름도가 그림 5.1에 나타나있다.

비록 반응 흐름도들이 화학에서는 친숙하지만, 주의해야 할 단어들이 여기 정리되어 있다. 이 흐름도는 우리가 흔히 접하는 것들과는 다르다. 먼저, 유기화학에서는 시작물질이

5.1 *생장 물질대사에 대해 알려진 생화학적 세부 사항의 전반적인 내용은 E. coli에 대한 물질대사 정보를 요약한 웹사이트 EcoCyc에서 찾을 수 있다.*

표 5.2 다양한 신진대사 과정과 관련된 대장균의 유전자 산물

기능적 분류	유전자 수
소형분자들의 물질대사	
분해와 에너지 물질대사	316
중앙 중간산물 물질대사	78
광범위한 조절기능	51
생합성	
아미노산과 폴리아민	60
퓨린, 피리미딘, 뉴클레오시드, 뉴클레오티드	98
지방산	26
거대분자들의 물질대사	
합성과 부분적 변형	406
분해	69
세포 외피들	168
세포 반응과정	
수송	253
기타 예: 세포분열, 주화성, 이동성, 삼투압조절, 해독, 그리고 세포 사멸	118
그 외 다양한 물질대사	107
합계	1,894

다르면 일반적으로 다른 산물을 기대한다. 하지만 이 반응 흐름도에서 우리는 시작물질을 바꿀 수 있지만 여전히 필수적으로 같은 산물을 얻게 된다. 종속영양체(아래 참조)의 경우 유기영양분이 포도당, 숙신산, 맥아당 또는 다른 이용 가능한 음식물에 상관없이 최종 산물은 항상 종속영양체의 세포이다.

둘째로 그림 5.1에서 묘사되는 것처럼 살아 있는 세포의 성공적인 생산은 물질대사의 화학반응뿐만 아니라 그 반응들의 상호작용에 의존한다. 이 흐름도는 무수한 되먹임 고리(feedback loop)들과 다른 여러 통제 장치들이 생략되어 표시되고, 서로 조화롭게 작용하여 결국 살아있는 세포의 순차적인 생산을 보여준다. 이렇게 통제해주는 힘이 없다면 흐름도는 결코 그것의 결론으로 흐르지 못할 것이다. 다음에(제12장 참조) 우리는 새로운 세포형성이라는 총체적 세포 합성에서 이들 수 백 개의 반응들이 어떻게 협조적으로 기능을 수행하는지를 연구하는 물질대사 생리학의 중심문제에 대해 다루게 될 것이다.

그림 5.1의 흐름도는 우리가 생장대사의 수많은 반응들을 조직화하는 것을 어떻게 도와주는가? 우리는 끝에서부터 즉 만들어지는 세포가 발견되는 흐름도의 오른쪽 끝에서부터 시작해서, 이러한 유기합성의 시작물질인 음식을 향해 한걸음씩 뒤로 나아가야 한다. 이상한 일이지만 이러한 방식의 진행은 개념적으로 그리고 생물학적으로 이치에 맞는데, 그 이유는 각 단계의 시작물질은 앞 단계에서 만들어진 산물을 나타내고 있기 때문이다.

하나로부터 두 개 만들기

일단 세포의 부피나 크기가 성공적으로 두 배가 되면, 모든 세포의 혼합물과 구조를 만들고 이제 확대된 세포는 두 개의 살아있는 단위로 분열하여야 한다. 이 분열과정(대체로 이분법

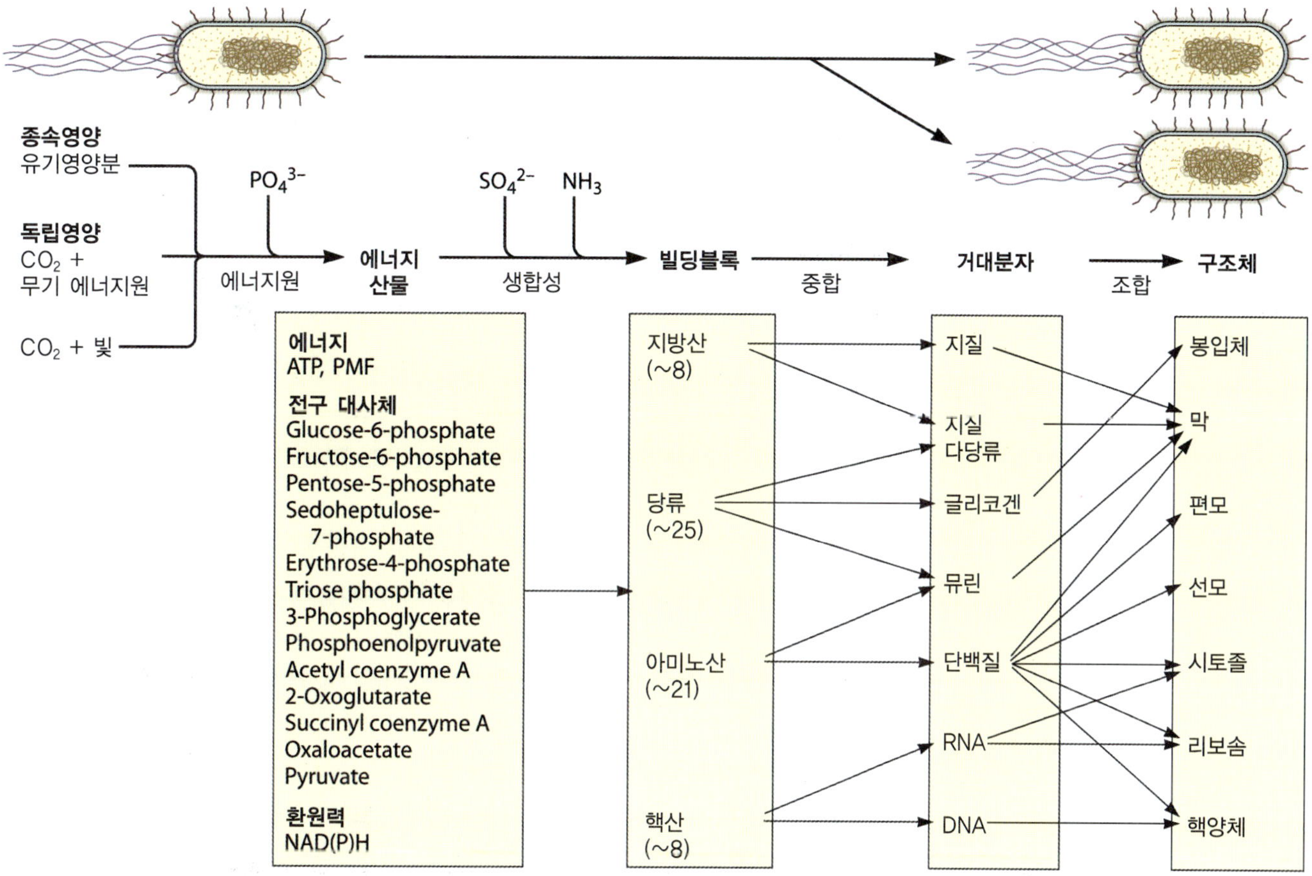

그림 5.1 세포 하나에서부터 두 세포를 만드는데 필요한 세균의 생장 물질대사 구조도. 그림은 에너지 획득, 생합성, 중합과 조합의 순차적 과정을 통하여 유기 기질(종속영양세균)과 CO_2(독립영양세균)가 세균 세포의 구조체로 전환되는 생화학적 흐름을 보여준다.

(binary fission))은 독자들이 생각하는 것처럼 단순한 것과는 거리가 멀다. 우리는 제9장 전체를 그러한 분열에 대해 다룰 것이다.

세포구조 조립

정확한 복제는 새로운 세포 각각이 그들의 어버이 세포와 동일한 구조를 갖는다는 것을 보여준다. 즉 각각의 세포들은 반드시 (i) 편모기관과 다른 부속기관 등을 포함하는 복잡한 외피 (ii) 핵양체 그리고 (iii) 많은 폴리리보솜(개별적인 mRNA분자에 결합된 다수의 리보솜)과 효소기관을 가진 세포질을 가지고 있어야만 한다. **조립반응(assembly reactions)**은 거대분자들로부터 각각의 세포구조를 형성한다(그림 5.1). 몇몇 경우(예를 들어 리보솜 또는 편모 필라멘트)에 구조물들은 중합에 의한 것과 같이 거의 스스로 조립하는 것과 같은 반면 다른 경우(예를 들어 그람음성 세균의 외막)에서는 완성된 구조의 형성을 유도하기 위해 보다 정교한 과정들이 진화되었음이 분명하다. 어떤 구조들의 조립은 효소촉매 반응들에 의존한다. 반면에 다른 구조들의 조립은 그렇지 않다. 조립이 분자들로부터 구조를 만들어내지만, 그것은 분자들(특히 단백질)이 만들어진 지점에서 그들의 최종 위치로 이동하는 것에도 관여한다. 제8장에서 우리는 거대분자들의 이동과 미생물의 구조 조립을 위해 진화되어 온 기작들을 살펴보도록 하겠다.

거대분자 형성

미생물 구조분석(제2장과 제3장 참조)에 근거해 우리는 주요 세포 구조들의 화학적 구성성분(단백질, 핵산, 탄수화물, 지질 그 외에 지단백질, 지질다당류 그리고 뮤린 같은 이들의 혼성물)을 열거할 수 있다(표 5.3과 그림 5.2). 이들 거대분자의 구성성분(모든 구성성분이 환경으로부터 얻어진 것보다는 새로이 만들어진 것임에 틀림없다)의 양은 세균들마다 그리고 생장조건마다 다르다. 표 5.3은 잘 정의된 환경에서 자란 대장균 한 계통의 대략적인 값을 요약해 놓았다(주의: 여기서 그리고 때때로 다른 경우에도 우리는 대장균의 특정한 자료들을 사용하는데, 대장균이 다른 세균들보다 중요하기 때문이 아니고 단지 그것에 대해 더 많이 알고 있기 때문이다). 이 값들은 미생물마다 매우 다른데, 극단의 예를 들자면 고세균은 뮤린이 없다. 거대분자들은 아미노산(amino acids), **뉴클레오티드(nucleotide)**, 지방산, 당, 그리고 많은 관련 화합물 같은 그들의 **빌딩블록(building block)**의 **중합(polymerization)**에 의해 형성된다(그림 5.1). (지질들은 거대분자에, 그리고 지방산은 단량체 빌딩블록에 포함되며, 단순한 편의를 위해 지질을 단백질이나 핵산과 같은 부류에 놓기에는 충분히 크지 않고 지방산은 지질을 만들기 위해 중합되지 않는다는 것을 주목하라.) **중합반응(polymerization reaction)**은 ATP 형성에 많은 에너지를 요구한다. 커지는 폴리펩티드 사슬에 아미노산 한 개의 첨가는 네 개의 **고에너지 인산염결합(high-energy phosphate bond)**을 필요로 한다. 늘어나는 핵산 사슬에 뉴클레오티드를 추가하는 것은 잔기 하나당 두 개의 고에너지를 요구한다. 게다가 교정(proofreading), 오류의 수정, 완성된 거대분자 사슬의 후속변경, 단백질의 접힘으로 인한 성숙단백질 생성, DNA의 초나선화를 위해 에너지가 요구된다.

표 5.3 평균적인 대장균 세포의 전체 조성

물질	총 건조무게(%)
거대분자들	
단백질	55.0
RNA	20.4
23S RNA	10.6
16S RNA	5.5
5S RNA	0.4
전이 RNA(4S)	2.9
전령 RNA	0.8
그 외 작은 RNA들	0.2
인지질	9.1
다당류	3.4
DNA	3.1
뮤린	2.5
글리코겐과 기타 저장물질들	2.5
전체 거대분자	96.1
소형분자들	
대사산물, 빌딩블록, 비타민, 기타	2.9
무기이온들	1.0
전체 소형분자	3.9

빌딩블록(building block) 합성

중합반응을 위해 사용되는 **빌딩블록(building block)**은 아미노산, 뉴클레오티드, 지방산, 당류, 그리고 거대분자를 만들기 위해 세포들에 의해 사용되는 기타 분자들을 말한다. 만일 이러한 빌딩블록을 주변 환경으로부터 얻을 수 없다면 이들은 생합성 반응(biosynthesis reaction)에 의해 처음부터 만들어져야 한다(그림5.1). 모든 생합성 경로는 그림 5.1에 나타낸 보편적인 **전구물질(precursor metabolites)**인 13개의 화합물중 하나 또는 그 이상으로 시작된다. 빌딩블록은(우리가 지금 살펴보는 이유에서처럼) 그들이 만들어진 전구물질보다 더 환원된 상태에 있고, 일반적으로 더 크며 더 복잡하다. 따라서 많은 양의 환원된 NADPH(생합성 경로에서 환원력의 가장 보편적인 형태인 아데닌 디 뉴클레오티드 인산-nicotinamide adenine dinucleotide phosphate)과 에너지(대부분 ATP)가 그들의 합성에 사용된다.

생합성을 위해 환원력과 에너지가 많이 소비된다. 따라서 동물숙주들의 내부 또는 외부를 포함한 영양분이 풍부한 환경에 길들여진 세균은 생합성능력의 대부분을 상실했고 따라서 불필요하고 낭비적인 효소를 만드는 유전자를 가지고 있지 않다는 것은 놀랄 일이 아니다.

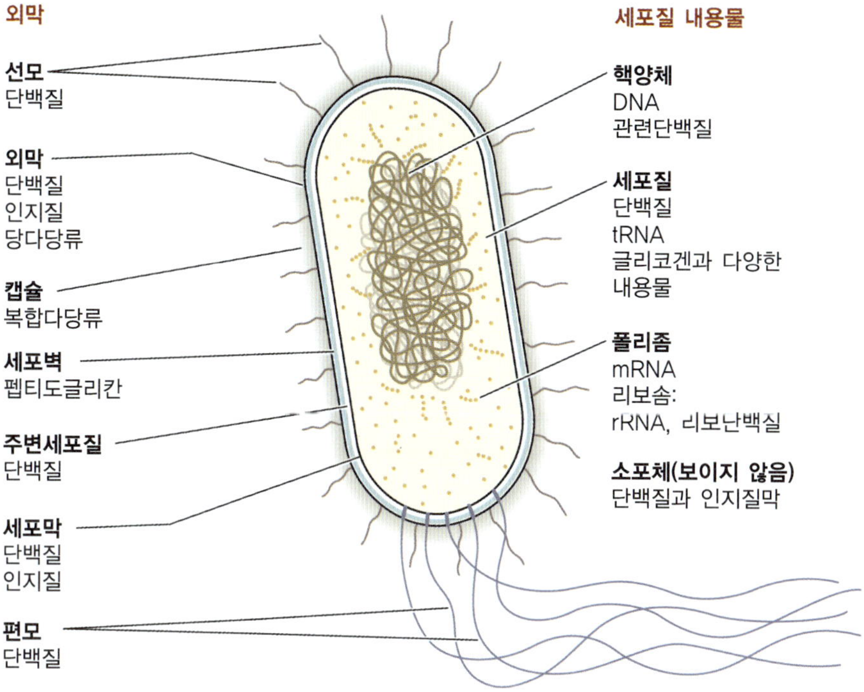

그림 5.2 세균 세포로 조립된 거대분자 구성체. 각각의 주요 세포내 구조와 구획을 구성하는 거대분자의 분포의 한 예를 그람음성 세균을 이용하여 보여주고 있다.

에너지 생성(fueling)

생합성을 위해 필요한 전구물질, 에너지, 환원력을 얻는 것은 **에너지 생성반응(fueling reaction)**의 함수이다(그림 5.1). 그러나 에너지 생성에 대한 부담은 단순히 생합성을 위해 제공하는 것보다 훨씬 큰데, 그 이유는 세포의 에너지 요구량(energy requirement)이 빌딩 블록을 만드는 것보다 훨씬 더 크기 때문이다. 심지어는 생장하지 않는 세포도 에너지를 요구하는 수많은 활동에 관여되어 있다. 표 5.4는 생장에 관련이 있든 없든 에너지를 소비하는 주요 활동들을 요약해주고 있다. 이러한 활동들을 위해 요구되는 에너지의 양은 환경조건에 따라 그리고 미생물 종류마다 매우 다르지만 아주 많이 클 수도 있다. 에너지에 대한 가장 큰 수요는 당연히 생장을 위한 것이다. 생장에 대한 에너지(ATP)와 환원력(NADPH)의 요구량은 (i) 특별한 생장조건 하에서 세포의 성분조성 (ii) 생합성과 중합 경로의 세부사항(표 5.5)을 아는 특정한 예에서 계산될 수 있다. 이 많은 양의 에너지가 어떻게 얻어지는가? 그 모든 것은 유기, 무기 혹은 광화학 산화환원반응으로부터 얻어진다. 동물과 균류는 배타적으로 유기 산화환원반응을 이용하고, 식물들은 광화학 산화환원반응을 이용하며, 원생생물은 유기 산화환원반응과 광화학 산화환원반응을 이용한다. 하지만 원핵생물은 유기, 무기, 광화학 산화환원반응 이 세 가지 모두를 이용한다.

세포분열, 세포구조의 조립, 거대분자의 중합, 그리고 빌딩블록의 생합성 모두 하나의 놀라운 단순한 특징을 공유하는데, 그것들이 모든 원핵생물에 있어 근본적으로 동일하다는 것이다. 하지만 에너지 생성과정은 아니다. 여기서 미생물들은 생태계의 다른 부분에서는

표 5.4 에너지를 요구하는 세포활동

세포활동
생장관련 세포활동
영양분 흡수
빌딩블록의 생합성
거대분자의 중합
거대분자의 변형과 전달
세포구조의 조립
세포 분열
생장과 관계없는 세포활동
이동성
단백질과 다른 물질의 분비
대사산물 집합체 유지
팽압 유지
세포내 pH 유지
세포구조 수선
주위사물 탐지
세포사이의 의사소통

보이지 않는 다양성과 융통성을 보여준다. 다음 두 가지 특징들을 고려해 보자. (i) 원핵생물은 CO_2와 같은 무기탄소 뿐만 아니라 지구상의 어떤 유기화합물(일부 인공 플라스틱은 제외)도 유일한 탄소원으로 사용할 수 있다. (ii) 그들은 에너지와 환원력을 유기 또는 무기화합물을 산화시킴으로써 또는 빛으로부터 에너지를 획득함으로써 얻을 수 있다. 만일 여러분의 생화학적 시야가 식물과 동물의 물질대사활동으로 제한되어 있다면 이들 연소방식들 중의 일부는 예상치 못한 것이고 이상할 수도 있다.

원핵생물 세계에서 에너지 생성방식은 아주 다양해서 원핵생물들을 다양한 그룹으로 분류하기 위해 기술적 용어의 발명이 요구되어 왔다. 물질대사 분류에서 사용된 첫 번째 구분은 탄소원의 특징이다. 유기화합물들로부터 탄소를 얻는 미생물을 **종속영양체(heterotroph)**라고 부르고, CO_2를 주요 탄소원으로 사용하는 미생물을 **독립영양체(autotroph)**라고 부른다(이 용어는 식물, 동물, 균류, 원생생물에도 동일하게 사용된다).

표 5.5 거대분자를 만드는데 사용되는 에너지와 환원력

포도당으로부터 만들어지는 거대분자구성요소	소요 에너지 (μmol of ~ p[a]/g of cells)	소요 환원력 (μmol of NADPH/g of cells)
단백질		
아미노산 합성	7,237	
중합, mRNA, 기타 단계들	21,970	
합계	29,257	11,253
RNA		
리보뉴클레오티드의 합성	6,540	
중합, 변형, 기타 단계들	256	
합계	6,796	427
인지질		
합계	2,578	5,270
DAN		
디옥시리보뉴클레오티드의 합성	1,090	
중합, 메틸화, 고리감기(coiling)	137	
합계	1,227	200
지질다당류		
뉴클레오티드 쌍의 합성	470	
합계	470	564
뮤린		
아미노산과 당의 합성	248	
교차연결	138	
합계	386	193
글리코겐		
ADP-글루코스 합성	154	
합계	154	

[a]~P, 고에너지 인산결합

표 5.6 미생물의 에너지 생성반응 양식

분류	탄소원	에너지원
종속영양미생물[1]		
화학합성 종속영양균	유기화합물	유기화합물
광합성 종속영양균	유기화합물	빛
독립영양미생물		
화학합성 독립영양균[2]	CO_2	무기화합물
광합성 독립영양균	CO_2	빛

[1]: organotrophs(유기영양체)
[2]: lithotrophs(무기영양체)

두 번째 특징은 에너지와 환원력의 공급원이다. 만일 화학적 자원이 사용되면 독립영양체 또는 종속영양체 앞에 "**chemo-**"라는 접두사가 붙는다. 만일 빛이 사용되었다면 앞에 "**photo-**"라는 접두사가 붙는다. 화학독립 영양체들은 무기분자들(H_2, CO, NH_3, NO_2, H_2S, S, $S_2O_3^{2-}$, 그리고 Fe^{2+}을 포함)을 에너지와 환원력의 근원으로 사용하는데, 이들 독립영양체들은 **무기영양체(돌 섭취자, lithotroph)**라고 부른다. 그렇지만 독립영양생물과 무기영양생물이라는 용어가 동의어로 받아들여지는 것이 보편적이다(어떤 미생물학자들은 종속영양생물 대신 **유기영양체(organotroph)**라는 용어를 사용하는데 이것은 혼동을 일으키는 용어들이다). 우리가 사용하는 용어들이 표 5.6에 요약되어 있다. 이들 부류 미생물들의 독특한 에너지 생성반응은 제6장에서 다루어 질 것이다.

종속영양체에서 에너지 생성은 탄소와 에너지원으로 사용되는 유기물질의 섭취로 시작된다. 많은 경우에 있어 섭취는 환경에 희석된 상태로 존재하는 어떤 영양성분을 농축시키기 위해 에너지 소비를 필요로 하다. 독립영양체에서의 에너지 생성은 비록 많은 경우에 있어 단지 CO_2와 빛 또는 무기화합물이기는 하지만 탄소원과 에너지원의 섭취로부터 시작한다. 영양공급원이 무엇이든지간에 그것은 궁극적으로 종속영양생물 또는 독립영양생물에 의해 13개의 전구 대사물질로 전환된다(만일 이들 자체가 영양분으로 이용될 수 있는 경우가 아니라면). 이러한 전환은 우리에게 친숙한 중앙 대사 경로를 통해 이루어지는데, 그것은 다음 장에서 살펴볼 것이다.

만일 에너지가 빛으로부터 얻어진 것이 아니라면 에너지를 세포에 유용한 형태로 전환하는 것은 영양분 분자의 산화 즉 무기화합물로부터 전자를 제거하거나 유기물질로부터 수소원자(전자와 양성자)를 제거하는 것을 포함한다. 영양물질을 전구 대사물질로 전환하는 동일한 효소적 경로들은 ATP를 생산해낸다. 그것이 바로 전구 대사물질이 일반적으로 평균적 빌딩블록보다 더 산화되었다는 것과 에너지 **생성경로(fueling pathways)**에서 만들어진 환원력의 일부가 생합성에 사용되어야 한다는 것에 대한 이유이다. 다른 모든 생명체들뿐만 아니라 미생물도 **기질수준 인산화(substrate level phosphorylation)** 또는 일반적으로 **전자전달(electron transport)**에 의하여 성립된 **양성자 동력(proton motive force)**에 의한 ATP 형성을 위해 산화반응을 이용한다. 후자의 경우 전자는 세포막을 가로지르는 양성자(H^+) 구배를 만들기 위해 전기화학구배를 낮추어 세포막 안의 매개체에서 매개체로 이동한다. 그리고 이러한 양성자 구배는 ADP로부터 ATP를 만드는데 이용된다. 이 에너지 변환 방식들은 제6장에서 살펴보도록 하겠다.

미생물이 사는 곳은 미생물의 대사능력과 직접적으로 관련이 깊다. 그리고 물질대사의 에너지 생성측면에서 우리는 환경적 특성과 미생물들의 생활 형태가 잘 일치한다는 것을 알 수 있다. 다시 말하면 에너지를 얻기 위해 광화학을 사용하는 유기체는 빛이 있는 곳에 살고, 황, 철 또는 다른 원소와 같이 무기물의 산화를 이용하는 미생물은 그러한 원소들이 많은 곳에서 산다.

생장대사의 지구적 영향

질병의 매개체로서 미생물의 명예(혹은 불명예)가 자연계에서 미생물의 중요한 역할을 가리는 경향이 있다. 미생물의 화학적 활동이 아마도 지구상 생명체의 가장 저평가된 측면일 것이다. 지구의 생물계는 미생물의 물질대사에 의존한다. 단도직입적으로 말하자면, 미생물이 사라지면 지구에 있는 모든 생명체도 사라질 것이다.

지구의 화학적 순환과정

미생물은 지구화학 형성에 영향을 주고 지구화학의 균형유지에 중책을 맡고 있다. 살아있는 물질의 주요 요소인 탄소, 질소, 황, 인은 자연에서 그들만의 순환 과정 속에 존재하는데, 그 순환과정을 통해 이들은 소비되고 보충된다(제18장 생지화학적 순환 (biogeochemical cycles) 참조). 미생물은 이들 지질화학적 순환에서 꼭 필요한 참여자이다. 왜냐하면 미생물의 물질대사는 주요 구성요소 집합체의 균형을 유지하는데 필수적인 물질의 상호 전환을 야기하기 때문이다. 이러한 지질화학적 순환에서 미생물에 의해 행해지는 몇 가지 역할은 지구를 모든 다른 생명체가 살 수 있는 곳으로 유지하기 위해 필요하다.

어떻게 미생물이 환경에 대해 그렇게 중요한 역할을 수행하고 지구 전체에 대한 영향을 끼치는 걸까? 몇몇 요인들이 관여되어 있다. 미생물은 생물권 전반에 걸쳐 엄청난 숫자로 존재하여, 지구 생물량의 많은 부분을 차지한다. 그들은 높은 물질대사 속도를 가지고 있고, 자연적으로 생성되는 어떤 유기화합물도 대사할 수 있으며, 하나의 집단으로서 그들은 유기화학적 전환뿐만 아니라 무기화학적 전환에도 뛰어나다. 비록 종속영양 세균이 독립영양 세균보다 미생물학자에게 더 친숙하기는 하지만, 독립영양이 지구의 지질 화학적 순환의 과정에 상당량 관여하므로 지구 전반적으로 지배하는 물질대사라고 할 수 있다.

제18장에서 주요 순환의 각각 단계에서 미생물이 맡은 역할에 대해 알아볼 것이다.

생물학적 환경정화

하나의 집단으로서 자연적으로 생성되는 유기화합물(그리고 대부분의 인공화합물)을 분해하거나 많은 무기화합물들을 산화 또는 환원시키고 다양한 환경 틈새에서 번성하는 미생물의 총체적 능력은 최근 수십 년 동안 특별한 중요성을 지녀왔다. 산업생산과 수만가지 화학물질의 사용, 석탄과 석유의 대량수송과 소비, 그리고 핵에너지의 군사적, 민간적 사용들은 지구환경에 매우 위협적인 오염을 발생시켜왔다. 생물권의 모든 지역-지표수와 지하수, 토양, 그리고 대기-들은 유독한 화학제품들에 의해 오염되었다. 이러한 위기에 대한 염려가 **생물학적 환경정화(bioremediation)**라고 불리는 전략의 발전을 유도하였다. 이것은 살아있는 미생물이 깨끗한 물과 토양환경의 복원, 유독 폐기물의 정화, 그리고 지구의 지질화학과 물리적 순환의 지속적인 균형유지를 돕는데 사용되는 것이다.

5.2 *생물학적 환경정화에 대한 유용한 개요. 몇몇 특별한 예시들이 제 23장에 나타나 있다.*

생물학적 환경정화 분야는 매우 광범위하며 점점 확대되고 있다. 그것은 토양과 지하수에 있는 살충제와 위험물의 미생물에 의한 분해, 강이나 호수에 있는 초과 영양분 제거, 지하수에 있는 독성 염류의 농축과 제거, 광산폐수 그리고 군사폐기물 저장소로부터 우라늄 또는 다른 방사성 물질을 제거하기 위한 농축, 기름유출 정화 등 효율을 강화하는 방법들을 포함한다. 개발 중인 과정 또는 이미 사용 중인 과정의 목록은 인상적이다.

요약과 계획

본 장의 의도는 수천 가지의 개별적 대사반응이 어떻게 새로운 세포를 만들어내는지에 대한 우리의 이해를 돕는 개념적 틀을 보여주는 것이다. 이어지는 4개의 장은 음식에서부터 살아있는 새로운 세포까지의 과정으로 우리를 안내할 것이다. 비록 우리가 개별적인 반응들과 경로들의 생화학적 세부사항을 다루지는 않지만(많은 것들은 *EcoCyc* 웹사이트에서 찾아볼 수 있다), 물질대사 각 단계(에너지 생성, 생합성, 중합 그리고 조립)의 전반적인 특징들과 특별한 원리들을 다루는 것이 우리의 주목적에 해당할 것이다. 지구의 생물권에서 미생물들의 지위는 우점종으로 존재하지만 대부분 눈에 보이지 않는 미생물에 의해 수행되는 생화학적 변환에 의해 정의되기 때문에 이러한 관심은 적절하다. 우리는 그런 것들을 수행하는 원핵생물 방식의 독특함에 초점을 맞출 것이다.

모든 미생물이 동일한 물질대사 활동과 능력을 가지고 있다는 개념을 가진 물질대사에 대한 틀로부터 벗어나서는 안 된다. 각 그룹은 특별한 환경적 상황에 대처하기 위한 특별한 물질대사 프로그램을 발전시켜 왔기 때문에 엄밀하게 말하면 미생물은 지구의 성공적인 개척자이다. 예를 들어 에너지 생성반응들의 놀라운 배열은 특화된 미생물의 엄청난 다양성 때문에 가능하다.

학습문제

1. 지구상의 생명체는 (i) 단백질 효소 촉매작용, (ii) 반응연결, (iii) 에너지 획득, 그리고 (iV) 다양한 형태를 지닌 에너지의 세포막 매개 상호전환(생장대사: 무생물로부터 생물체 만들기 참고)에 의해 가능하다. 이 과정들 중의 하나 또는 다른 과정을 필요로 하지 않는 다른 행성에서 다른 생명 형태를 생각해내고 설명해보라.

2. 지구 생물권의 범위는 원핵미생물(진정세균과 고세균)의 분포에 의해 정의된다고 하는 말의 근거는 무엇인가?

3. 물질대사의 광범위한 대사과정들(에너지 생산, 생합성, 중합, 조립, 그리고 세포분열)은 각 단계들이 선행 단계의 산물을 시작물질로 사용한다는 사실에 의해 서로 관련성이 있다. 물질대사 과정들의 각 단계에서 시작물질과 산물의 종류를 나열하라. 이 과정들 중 생략이 가능한 것이 있는가? 있다면 어떤 조건하에서 생략이 가능한가? (힌트: 영양분의 효과를 고려해 볼 것)

제6장 에너지 생성

에너지 생성반응의 개요

새로운 세포를 만들기 위한 대사적 경로는 에너지 생성으로 시작한다. 여기서 우리는 미생물들이 생합성에 필요한 대사 물질과 에너지 그리고 생장과 무수히 많은 다른 세포활동에 필요한 추가적인 에너지를 어떻게 얻는지 살펴보고자 한다. 우리가 언급해왔듯이, 이 필요한 것들 - 13개의 전구체 대사물질, 환원력 그리고 에너지 - 을 공급해주는 반응들의 총체가 세포의 에너지 **생성반응들(fueling reactions)**이다.

에너지 생성의 다양성은 지구 생물권에서 미생물의 우세에 대한 상당부분의 열쇠를 쥐고 있으며, 미생물들의 화학적 활동에 모든 생명체가 의존하는 근거가 된다. 미생물들, 특히 원핵생물들은 에너지를 얻고 대사 물질을 만들기 위해 거의 믿을 수 없을 정도로 다양한 방법들을 진화시켜왔다. 이러한 능력은 그들이 예상치 못한 많은 장소들에서 무수히 자라는 것을 가능하게 해주고, 심지어 토양과 물의 지구화학조차 변경시킬 수 있도록 한다. 원핵생물들이 진핵생물들과 대사적으로 가장 적게 닮은 부분이 에너지 생성에 있고, 원핵생물의 두 가지 주요 대사 형태인 종속영양과 독립영양을 구분하는 것도 바로 에너지 생성이다.

유기 탄소원(그림 6.1)들을 이용하는 종속영양 미생물들에 있어서, 에너지 생성 반응은 3단계로 쉽게 분류될 수 있다. 첫 번째 단계는 **유입과정(entry process)**으로 환경으로부터 유기 및 무기 영양 기질들을 세포 내로 운반한다. 두 번째 단계는 **공급자경로(feeder pathway)**이며 이 과정은 일단 세포 내 영양 기질들을 중심 대사 과정의 하나 또는 다른 대사산물로 전환한다. 마지막 단계는 대부분 세포들의 대사과정들에 공통적인 경로들의 그룹인 **중앙 대사(central metabolism)**로 여기서 모든 전구체 대사물질들을 생산한다. 종속영양 미생물들 에너지 생성의 세 가지 단계가 그림 6.1에 나타나 있다.

주요 탄소원으로 CO_2를 이용하는 독립영양 미생물들(그림 6.2)은 약간의 독특한 특징

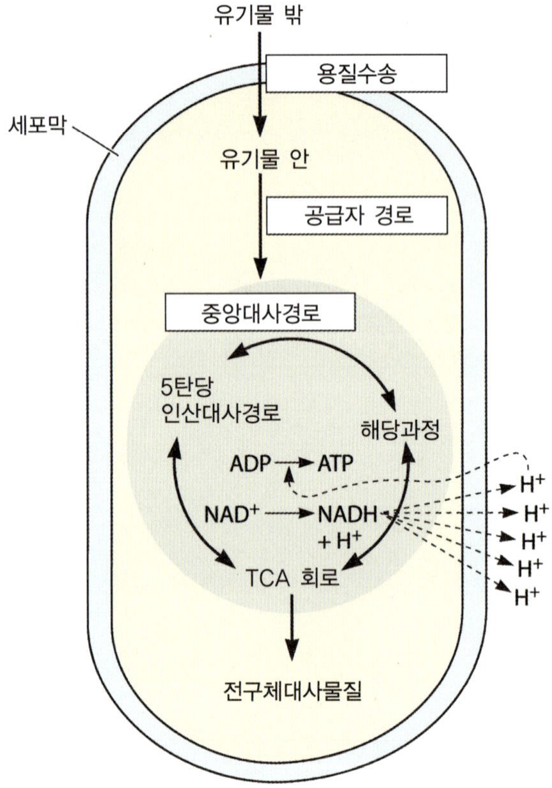

그림 6.1 종속영양 생물의 에너지 생성 과정. 이 그림은 에너지 생성의 세 가지 구성 요소들로 세포가 기질들을 얻을 수 있도록 해주는 용질 수송, 기질들을 중앙 대사경로에 있는 대사 물질들로 변환시키는 공급자 경로, 그리고 물질대사의 세 가지 중앙 대사경로(해당경로, 오탄당 인산경로, TCA 경로)를 보여 준다. 에너지 생성의 세 가지 생성물(ATP, NADH, 그리고 전구체 대사물질들)과 양성자 동력에 의한 ATP 생성이 나타나 있다.

들을 가지고는 있지만 같은 단계들로 이야기 할 수 있다. 빛 또는 무기화합물로부터 독립적인 CO_2고정과 에너지의 생산은 독립영양을 결정하는 과정들이다; 중앙대사의 경로들은 오로지 전구체 대사물질들을 제공하는데 사용된다. 그리고 공급자 경로들은 CO_2고정의 산물들을 중앙대사로 인도하도록 설계되었다. 독립영양의 에너지 생성은 분리된 그림으로 살펴볼 필요가 있다(그림 6.2).

우리는 먼저 에너지 생성의 에너지와 환원력에 대해 논의한 후, 어떻게 전구체 대사물질들이 만들어지는가에 대해 다룰 것이다.

에너지와 환원력 얻기

추진력과 추진력의 생성

가장 근본적인 수준에서, 생명 시스템에 있는 모든 에너지는 두 가지 형태의 사용 가능한 에너지(usable energy)를 생산하기 위해 에너지 구배를 낮추는 전자들의 움직임으로부터 유래된다. 두 가지 형태의 사용 가능한 에너지는 (i) ATP의 고에너지 인산 결합(~P) (그리고 다른 뉴클레오시드 삼인산염(nucleoside triphosphate)을 포함하는 유사 분자들)과 (ii) 막

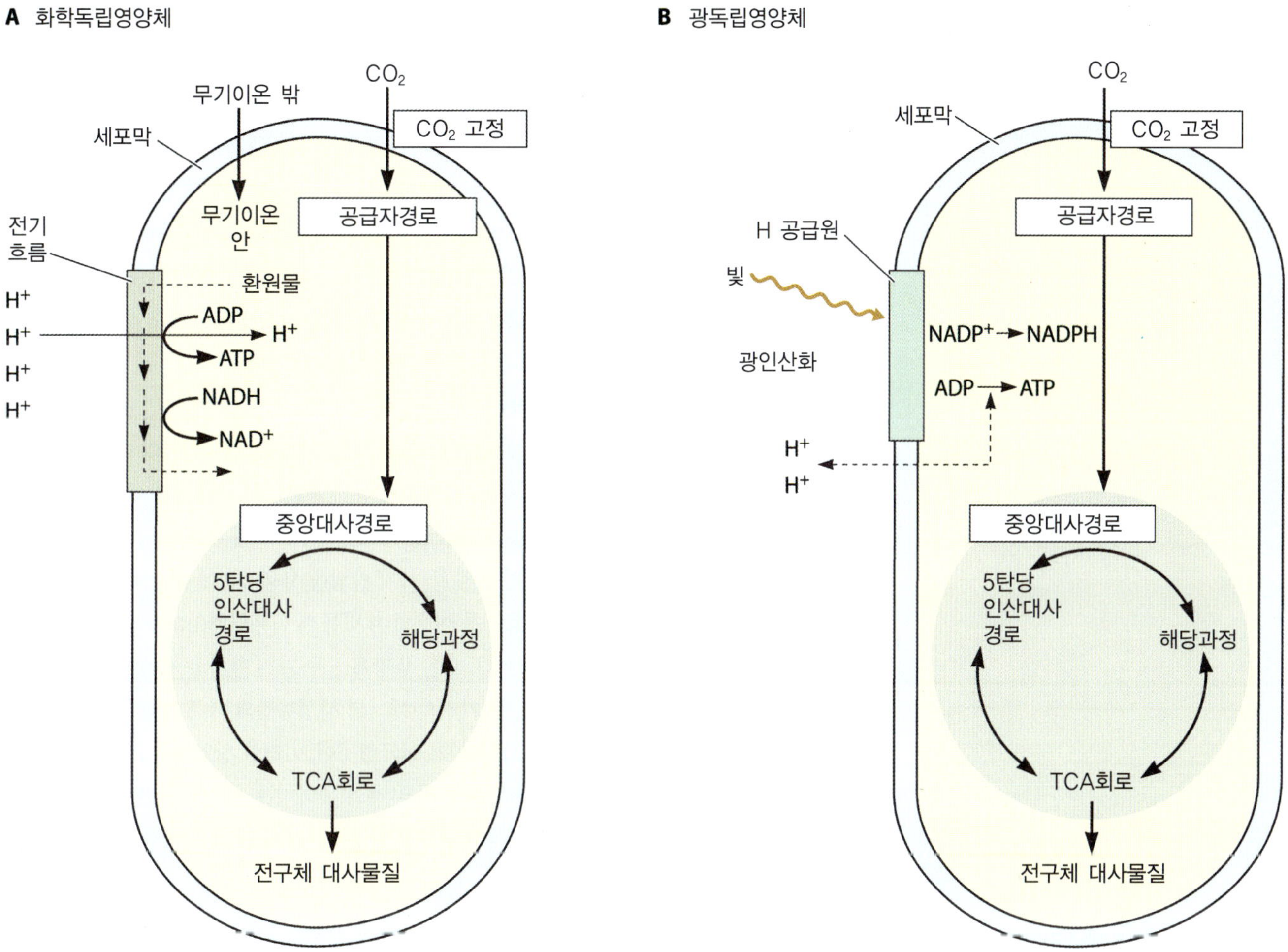

그림 6.2 독립영양 생물의 에너지 생성 과정. 독립영양 생물의 특징인 이산화탄소 고정을 공급자 경로와 세 가지 유사한 중앙 대사 경로와 관련하여 보여주고 있다. **(A)** 화학합성 독립 영양생물의 에너지 생성. 막 운반체에 있는 양성자와 전자 수송에 의해 ATP 생성을 유도하는 무기 산화환원 반응이 화학합성 독립영양 생물의 두드러진 특징으로 도식적으로 표시되어 있다. **(B)** 광 독립영양 생물의 에너지 생성. ATP와 환원력을 생성하기 위한 빛 에너지 획득이 광 영양 생물들의 두드러진 특징으로 도식적으로 표시되어 있다.

을 통해 생기는 이온 구배들이다. 두 형태 모두 필요하다. 왜냐하면 ATP는 물질대사의 대부분이 개별반응들을 ATP 가수분해에 결합시키는 장치에 의해 추진되기 때문이고(제5장 "생장 대사: 무생물에서 생물을 만든다." 참조), 막을 통한 이온 구배들은 편모를 회전시키고 특정 영양분을 세포 안으로 운반하는 것과 같이 많은 세포 과정들을 추진시키기 때문이다. 우리가 지금 살펴보는 것처럼, 이 두 가지 형태의 이용 가능한 에너지들은 상호 전환될 수 있다. 즉, 이온 구배는 ATP 생산에 이용될 수 있고, ATP는 이온 구배를 구성하는데 사용될 수 있다.

전자들은 산화 반응으로부터 나오며 이것들 중 다수는 탈수소반응(유기 분자로부터 수소 원자의 제거)을 포함한다. 수소 원자들(H는 양성자 하나에 전자 하나가 더해진 것)은 두 개의 관련 조효소(coenzyme)인 NAD^+(nicotinamide adenine dinucleotide) 또는

$NADP^+$(nicotinamide adenine dinucleotide phosphate) 중의 하나로 이동된다. 그들의 환원된 형태인 NADH와 NADPH는 많은 대사 반응에 필요한 양성자와 전자의 공급원이다. NADH는 대부분 에너지 생성 반응에 참여하고, NADPH는 일반적으로 생합성에 사용된다. ATP가 세포 에너지를 대표하는 것으로 언급되듯이 NADH와 NADPH는 세포의 환원력(reducing power)을 대표하는 것으로 일컬어진다. 종속영양 미생물에 있어 NAD(P)H(우리가 애매하게 조효소의 쌍으로 언급한 것처럼)는 대체로 에너지 생성과 생합성 사이에 있는 하나의 연락선으로 기능한다. 그러나 독립영양 미생물에서는 특이한 방법들이 NAD(P)H를 만들기 위해 사용되어야만 한다. 우리가 제7장에서 생합성에 대해 논의할 때 하나보다는 두 가지 조효소의 필요성에 대해 살펴볼 것이다.

환원력과 에너지는 세포 생물학에서는 동일한 의미를 지닌다. 왜냐하면 우리가 다음에 살펴볼 "기질 수준 인산화와 발효"에서 보게 되는 것처럼 그들은 전자전달의 순방향과 역방향을 통해 상호 전환이 가능하기 때문이다. 그들의 상호 전환성이 주어졌을 때, 우리는 에너지와 환원력을 총괄하여 세포의 구동력(driving force)이라고 부를 것이다.

생물학적 세계는 ATP를 만들기 위해 두 가지 방법을 사용하는데 (i))기질 수준 인산화와 (ii) 세포막에 결합된 ATP 합성효소를 이용하여 막통과 이온구배(transmembrane ion gradient)를 얻어 ATP를 만드는 것이다. 모든 생명체는 두 가지 형태의 에너지 생성방법 모두를 가지고 있지만, 원핵생물은 이 두 가지의 에너지 생성과정의 다른 형태를 발달시키는 데 놀라운 창조성을 나타낸다(표 6.1). 우리가 언급했듯이, 이러한 창조성은 ATP 한 분자를 만들기 위해 필요한 것에 비교될 만큼 아주 작은 양의 에너지를 생산하는 반응들을 포함한 다양한 에너지 생산반응들을 이용하여 지구상의 생명이 유지되는 모든 서식지를 개척한 원

표 6.1 진핵생물과 원핵생물의 에너지 대사과정 비교

주요 에너지 생성 구조	진핵생물	원핵생물
기질 수준 인산화		
발효: 중개자로 NADH 만을 이용하는 두 번째 유기분자 환원을 위한 산화반응에서 하나의 유기기질로부터 제거된 양성자와 전자를 이용; ATP는 기질수준 인산화에서 형성된다.	혐기성 세균들과 통성 세균에 일반적이며 그것이 ATP의 유일한 공급원이 될 수 있다. 매우 다양한 기질과 부산물	식물과 동물에서, 중앙 대사 경로 일시적으로 존재하여 기능함. 동물 조직에서 이것은 일시적 무산소 상태에서 살아남기 위한 수단으로 작용. 특히 효모와 같은 진핵생물에서는 유일한 ATP 공급원으로 이용될 수 있음.
막을 통한 이온 구배		
호흡: 환원물로부터 전자가 막에 존재하는 운반자들(전자전달 사슬)에 의해 산화물로 이동하며, ATP형성과 에너지를 필요로 하는 반응과정에 사용할 수 있도록 막을 통한 이온 구배를 형성.	다양한 유기, 무기 전자 공여체(환원물)와 수용체(산화물) 있음. 화학합성 독립영양의 토대를 형성. 양성자 이외의 다른 이온 구배 가능.	동물의 주요 에너지 형성 방법이지만 유기 환원물과 산화물로서 산소(O_2)에 제한되어 있음.
광합성: 빛 에너지는 전자 전달 사슬을 따라 기저상태의 엽록소나 $NADP^+$로 흘러가도록 엽록소로부터 유래한 전자를 활성화시키고 막을 통한 이온 구배를 생성.	광합성이 순환적인지 비순환적인지에 따라, 수소와 전자의 공급원에 따라 몇 가지 다양성을 나타냄. 광 독립영양의 토대 형성	전자와 수소의 공급원으로 H_2O을 이용하고 오로지 산소 생산
효소 이온 펌프: 전자전달 사슬의 일부가 아닌 막 단백질이 세포막을 가로질러 이온을 전위시킴.	다양한 세균에서 일반적임	존재하지 않음
스칼라 반응: 전자전달 사슬로부터 분리되어 있거나 또는 일부분인 효소가 이온을 움직이지 않고 이온을 소비하거나 생산하여 막 안팎의 이온 농도 구배 형성.	다양한 세균에서 일반적임	존재하지 않음

핵생물의 뛰어난 능력을 설명해준다.

이 주제는 면밀한 관심을 가질 만한 가치가 있다. 우리는 차례로 두 가지 에너지 획득 메커니즘에 대해 살펴볼 것이다.

기질 수준 인산화와 발효

ATP를 생성하는 가장 쉽고 간단한 방법은 기질 수준 인산화(substrate level phosphorylation)이다. 언뜻 보기에 기질 수준의 인산화라는 용어가 ADP로부터 ATP를 생성하는 과정에 사용되기에는 이상한 이름으로 보일 수 있지만, 자세히 살펴보면 그 이론적 근거를 찾을 수 있다. 이 과정에서, 먼저 유기 기질은 에너지 유입을 요구하지 않는 반응에서 무기 인산(PO_4^{3-})으로 인산화 된다. 그 결과 생성되는 기질의 인산기는 고 에너지 결합에 의해 부착된 것이 아니기 때문에 중요한 단계가 이어진다. 즉 인산화된 기질은 산화되고, 그렇지 않으면 반응에서 열로 방출되었을 에너지가 갇혀 있게 된다. 처음의 **저에너지 인산결합(low-energy phosphoryl bond)**은 **고에너지 인산결합(high-energy phosphoryl bond)**이 되고, ATP를 형성하기 위해 ADP로 전달될 수 있다. 이와 같이 대사체 기질에 의한 ADP의 인산화가 ATP를 만들기 때문에 기질 수준 인산화라고 부르는 것이다.

유익한 예가 해당경로(glycolytic pathway, 그림 6.13 참조)에서의 반응이다. 글리세르알데히드 3인산(3-phosphoglyceraldehyde)이 글리세르알데히드 탈수소효소에 의해 인산화되고 동시에 산화(2H 제거)되며, 단독반응으로 고에너지 인산 결합을 만들어낸다.

3-phosphoglyceraldehyde + NAD^+ + P_i ⟶ 1,3-bisphosphoglycerate + NADH +

생성 물질의 1번 탄소에는 아실인산염기(acyl phosphate)가 고에너지 결합에 의해 부착되어 있고, 이것은 바로 이어지는 3-포스포 글리세르산(phosphoglycerate) 키나아제(kinase)에 의해 ATP를 만드는데 사용될 수 있다.

1,3-bisphosphoglycerate + ADP + NADH + H^+ ⟶ 3-phosphoglycerate + ATP + NAD^+

해당경로에서 이어지는 반응들은 3-포스포 글리세르산(phosphoglycerate)을 2-포스포 글리세르산(phosphoglycerate)으로 전환시키고 그것은 에놀라아제(enolase) 효소에 의해 탈수되어 인산기가 고에너지 결합에 의해 부착된 포스포에놀 피루브산(phosphoenol pyruvate)을 형성한다. 그 다음 포스포에놀 피루브산(phosphoenol pyruvate)은 ADP에

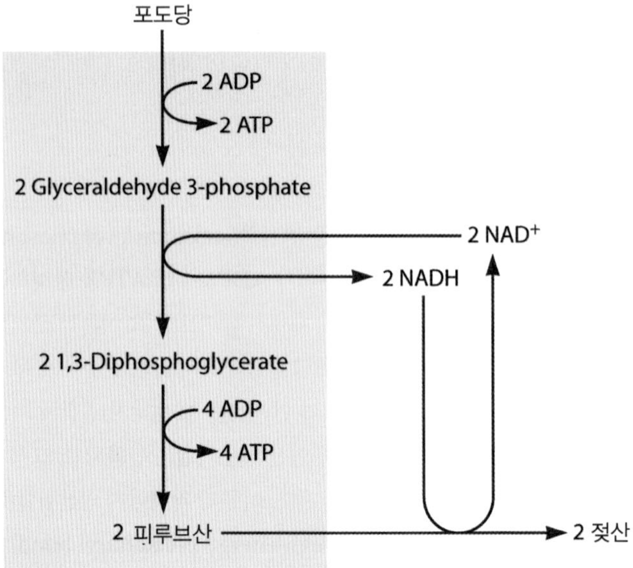

그림 6.3 정상 젖산 발효. 젖산 탈수소 효소에 의해 촉진된 반응과 결합된 해당경로의 간략도를 NAD^+의 환원과 재산화를 강조하기 위해 보여주고 있다. NAD^+의 재산화는 당을 이용한 지속적인 ATP생성을 가능하게 해준다.

기질 수준 인산화를 수행할 수 있다. 글리세르알데히드3인산의 초기 인산화와 탈수소화의 순수한 결과치는 피루브산(pyruvate) 분자 두 개로 전환되는 포도당 분자 하나당 ADP에서 ATP로의 전환 두 개를 얻게 해준다(그림 6.3)

기질 수준 인산화는 해당경로와 트리카르복시산(tricarboxylic acid, TCA) 회로의 작동에 있어서 필요한 과정이다. 언뜻 보기에, 그러한 과정에서 미생물만의 독특한 것이 없어 보이지만, 사실 존재한다. 식물이나 동물과는 달리, 많은 미생물은 **발효(fermentation)**라고 불리는 과정에서의 ATP 생성 방식만을 이용하여 무한히 살 수 있다. 발효는 대체로 첫 번째 기질의 물질대사 산물이며, 중간 운반자로서 NADH만을 이용하는 두 번째 유기분자를 환원하기 위하여 기질의 산화반응으로부터 얻은 양성자와 전자를 이용하는 것이다. 왜 두 번째 유기분자의 환원이 중요한가? 만일 NAD^+의 재생산을 위해 어떤 일이 수행되지 않는다면 **해당과정(glycolysis)**은 멈출 것이다. 이것은 중요한 문제이다. 왜냐하면 만일 세포의 에너지 요구량을 충족시키기에 충분한 ATP가 기질 수준 인산화에 의해 단독으로 생성되려면 많은 양의 기질이 사용되어야 하기 때문이다. 그 예로 해당과정을 사용하면, 세포는 피루브산으로 대사되는 포도당 1몰마다 2몰의 ATP(또는 두 개의 고에너지 결합[~P])를 얻는다. 포도당 대사에서 같은 양은 NAD^+로부터 2몰의 NADH를 생산해낸다. 그러므로 발효에서 중요한 단계는 NADH로부터 수소원자를 없애고 이것을 NAD^+로 다시 산화시키는 것이다.

발효에 의해 에너지를 얻는 미생물에 있어서 생합성을 위한 환원력(NADH) 생산은 문제가 되지 않는다는 것이 명백하다. 문제는 그 반대로 환원력 제거, 즉 산화된 NAD를 재생산하는 것이다. ATP 생산에 소모되어야 하는 많은 기질 중에서 아주 적은 양이 세포 물질 합성에 사용 된다. 대부분의 기질은 NADH로부터 발생하는 초과된 수소원자의 최종 수용체 역할을 하는 발효의 최종산물 형태로 회수될 수 있다. 이들 발효 생성물은 무엇인가? 많

표 6.1 미생물 발효의 예

기질	생성물	미생물
포도당과 관련 당류	젖산, 에탄올, 아세트산(acetate), 부티레이트, 부탄디올, 그리고 그 밖의 다른 생성물(그림 6.4)	*Lactobaccillus spp.*와 많은 다른 미생물
아미노산(알라닌 등)	아세트산(글리신으로부터)	*Clostridium sporogenes*
수소와 일산화탄소(H_2,CO)	아세트산	*Clostridium aceticum*
옥살산(oxalate)	포름산(formate) + CO_2	*Oxalobacteria formigenes*
말론산(malonate)	아세트산 + CO_2	*Malonomonas rubra*
젖산(lactate)	프로피온산+아세트산 (propionate+acetate)	*Clostridium proponicum*
피루브산	아세트산	*Desulfotomaculum thermobenzoicum*

은 세균에 있어서 발효 경로들은 산화된 중간 산물로 피루브산을 거친다. 그림 6.4는 다양한 세균에 의해 피루브산으로부터 형성된 발효 최종 산물을 보여준다. 그러나 원핵생물은 발효 경로를 매우 창의적으로 고안해내어 왔으며, 많은 종류의 기질과 환원된 최종산물이 서로 다른 미생물에 의해 사용된다고 알려져 있다(표 6.2).

그림 6.4에 나타난 발효 과정에서, NADH 산화는 탈수소효소(예:젖산 또는 에탄올 탈수소효소)에 의해 이루어지나, 몇몇 세균은 수소 가스를 생산하기 위해 NADH와 다른 환원된 보조인자(cofactors)들을 산화시킬 수 있는 수소화 효소를 가지고 있다. 이 반응은 발생되는 수소가스의 농도가 낮을 때만 열역학적으로 가능하다. 어떤 자연환경에서는 수소의 효과적인 제거가 메탄생성균과 황 환원세균이라 불리는 다른 특정한 세균의 소거작용에 의해 이루어진다. 이종간의 수소전송 과정은 세균이 부가적인 키나아제(예: 아세테이트와 부티레이드 인산화효소) 반응을 이용하여 그들의 ATP생산 증가를 가능하게 해준다.

발효는 인류 역사전반에 걸쳐 곡식이나 과일로 만들어진 알코올 제품 전체의 음료 생산과 절인 과일과 채소의 보존과 맛 향상을 위한 음식 가공에 사용되어 오고 있다. 독자들은 아마도 제1장의 실질적인 발효의 전형적인 예로 순차적인 발효과정에 의해 생산되는 소금

그림 6.4 다양한 미생물에서 피루브산으로부터 생성되는 발효산물. 해당과정 동안 생성된 NADH는 피루브산과 파생물들의 환원에 사용되어 각 미생물마다 독특한 발효산물을 만든다.

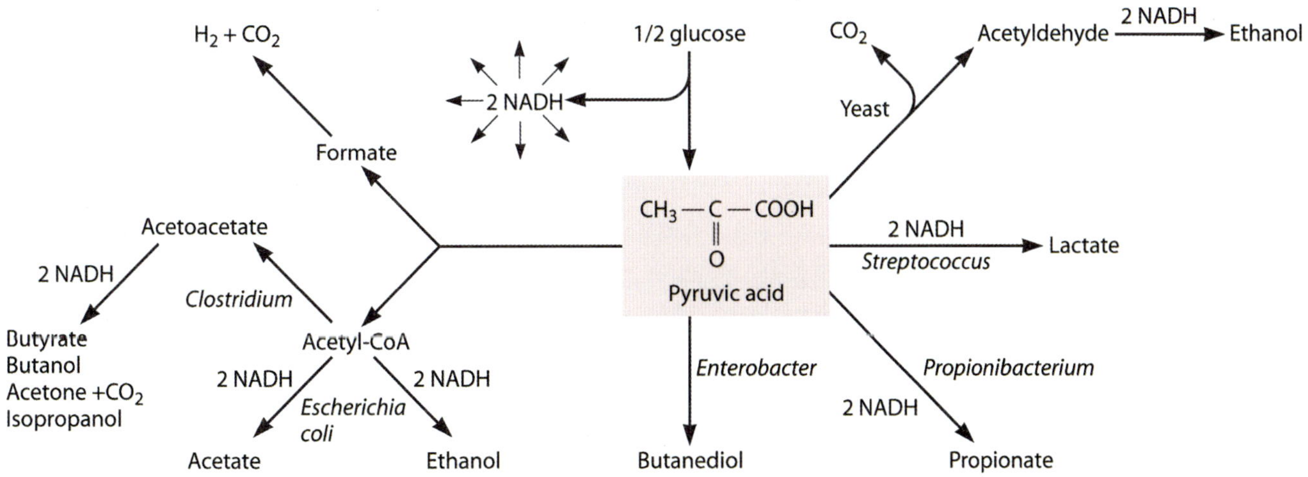

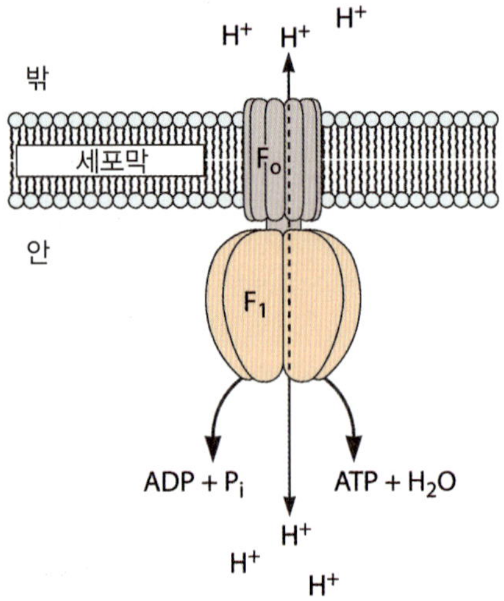

그림 6.5 막 ATP 합성효소 또는 F_1F_0 ATPase. 이 다중 기본 단위 효소는 두 개의 큰 복합체로 이루어져있다. 하나는 F_0로 세포막을 통한 양성자 통로를 형성한다. 다른 하나는 F_1으로 막의 내부 표면에 있다. 외부로부터 활성화된 막의 F_0을 경유하는 세 개 혹은 네 개의 양성자 이동은 F_1이 ADP로부터 하나의 ATP 분자를 형성하는 동력을 제공한다. 이 반응은 ATP에 대한 막 전위의 비율에 따라 어느 한쪽 방향으로 나아가도록 되어있다. 비율이 불충분할 때는 ATP가수분해로 양성자 구배를 생성할 수 있고, ATP농도가 세포가 기능을 하기에 너무 낮을 때는 양성자가 들어옴으로써 ATP를 생성할 수 있다(따라서 이 복합체의 대체 이름들이다).

에 절인 양배추(사우어크라우트) 생산에 대한 기술을 떠올릴 것이다. 그러나 모든 발효가 인간의 감각을 즐겁게 하는 것은 아니다. 냄새가 나는 많은 생성물 중에는 부티르산, 메탄, 그리고 카다베린(cadaverine)과 같은 아민들이 있는데, 카다베린은 시체를 뜻하는 cadaver로부터 적절하게 이름 지어졌다. 왜냐하면 이것은 썩은 고기(넓은 의미에서 발효과정) 산물 중 하나이기 때문이다.

발효는 당, 아미노산, 중앙물질대사 경로에서 생성된 화합물 등 유기기질들의 사용에 기반을 두고 있기 때문에, 발효방식의 에너지 생성은 종속영양 미생물에 제한되어 있다.

막을 통한 이온 구배

비록 발효 과정에서의 기질 수준 인산화가 미생물 사이에서 매우 일반적이라 할지라도, 대부분 미생물들의 에너지 생성은 세포막을 가로지르는 이온 구배의 사용을 포함한다. 양성자 구배의 경우에, 세포막은 양성자 동력(proton motive force)에 의해 에너지를 얻는다고 일컬어진다. 이러한 구배를 만드는데 원핵생물이 사용하는 많은 방법들을 조사하기 전에 어떻게 구배가 ATP를 생산할 수 있는지에 대한 언급이 이루어져야 한다. 세포막 안에 본래 ATPase(여전히 이 이름이 사용된다)라고 불리는 효소 복합체인 F_1F_0 합성효소(F_1F_0 synthase)가 있다(그림 6.5). 그것의 두 부분은 구배의 전기 화학적 에너지와 ATP의 화학에너지를 상호 전환하는 기능을 수행한다. 그 효소의 F_0 부분은 소수성 단백질로 세포막을 가로질러 있으며 이온들은 그것을 통해 막의 안쪽 표면에 위치한 F_1 구성요소에 전달된다. F_1 구성요소는 ATP → ADP + inorganic phosphate(P_i) 반응을 촉진시키지만, 중요한 것은 그것이 F_0을 통한 이온 흐름의 에너지를 이용하여 역 반응인 ADP + P_i → ATP를 추진시킬 수도 있다는 것이다. 어림잡은 계산은 세포 내부로 세 개 또는 네 개의 양성자를 운반하는 것이 ATP 분자 하나를 만드는데 충분하다는 것을 나타낸다(이 과정은 때때로 **산화적 인산화(oxidative phosphorylation)**라는 오래된 이름으로 불리는데, 기질 수준 인산화로부터 구별하기 위해 사용되었다). 동일한 F_1F_0 ATP 합성효소는 반대 방향으로 작용하여 ATP를 가수분해하고 양성자의 분비를 촉진시킨다. 무엇이 이 시스템의 작용 방향을 결정하는지 궁금해 할 것이나 그 답은 간단하다. 그것은 ATP의 내부 농도와 막을 가로지르는 전기화학적 구배의 크기에 따라 결정된다. 낮은 ATP 농도와 가파른 구배는 양성자의 유입과 ATP 생성을 촉진시키고, 높은 내부의 ATP 농도와 낮은 전위차는 ATP를 사용하여 양성자를 밖으로 내보내도록 한다. 사실 막의 ATPase/ATP 합성효소에 의한 ATP의 가수 분해는 세균이 막을 통한 이온 구배를 만드는 유일한 방법이다.

비록 ATP를 생산하기 위해 세균이 사용하는 가장 일반적인 구배가 양성자 구배이지만, 예를 들어 해양과 가축의 반추위에 살고 있는 많은 세균들은 염기성 또는 고나트륨 환경에 살고 있다. 여기서, 양성자 구배는 이루어질 수 없는데 그 이유는 양성자가 과량의 수산화 이온들과 반응하기 때문이다. 미생물이 발전시켜온 해결책은 다른 양이온, 일반적으로 Na^+를 이용하는 것이다(이 경우 이온구배는 **나트륨 동력(sodium motive force)**을 구성한다고 일컬어진다).

ATP의 합성 이외에 이온 구배는 (i) 세포막을 가로지르는 이차 능동 수송(이온 결합 수송), (ii) 세포의 팽압(수압) 유지, (iii) 세포 내부의 pH 유지, (iv) 편모 회전(제2장과 제14장 참고), (v) NADH의 공급이 불충분 할 때 NAD^+의 환원을 위해 호흡 사슬을 이용해 전자의 역 흐름을 시키는 것 등을 포함한 여러 가지 다른 목적을 위해 사용될 수 있다.

막통과 이온 구배의 중요성을 고려했을 때, 그들의 생성은 분명히 생명 과정에서 중심부를 차지한다. 알려진 다양성들을 언급하자면, 원핵생물은 이러한 구배를 만들어 내는데 네 가지나 되는 방법을 발전시켜왔는데, (i) 호흡, (ii) 광합성, (iii) 효소 펌프 그리고 (iv) 스칼라 반응(표 6.1)이 있다.

호흡

발효처럼 **호흡(respiration)**은 **전자 공여체(electron donor, 환원물)**로부터 최종 **전자 수용체(electron acceptor, 산화물)**로 전자가 이동하는 과정이다. 그러나 호흡에서는 전자가 전날사슬 역할을 하는 나수의 막-결합 전자운반체를 경유해 산화물에 도달한다. 이것은 환원물과 산화물 사이의 전기 화학적 구배를 낮추는 단계에 따라 전자를 한 곳에서 다른 곳으로 건네준다(그림 6.6). 이러한 일련의 단계적 반응들은 (i) 양성자를 세포 바깥으로 퍼내기 위한 에너지 사용, (ii) 전자에서 수소로의 전달하는 동안 세포로부터 양성자 내보내기, 또는 (iii) 세포 내부에서 양성자를 소비하거나(NADH 탈수소효소가 이 역할을 함) 세포 외부에서 양성자를 생산하는(포름산 탈수소효소가 수행) 스칼라 반응에 의해서 양성자 구배를 만들어낸다.

전체적으로 이런 운반자들을 **전자전달계(electron transport system, ETS)**라 부른다. 그러한 사슬의 구성요소들(황색단백질, 퀴논, 시토크롬, 그리고 다른 전자 운반체들)의 산화환원(Redox) 전위는 각각의 구성요소가 전 단계 요소의 환원된 형태에 의해 환원될 수 있는

그림 6.6 호흡에서 전자 전달계의 개요. 기질(환원물)로부터 제거된 전자는 막 내부의 있는 운반자에서 운반자로 산화 환원 구배를 따라 내려간다. 그리고 ADP로부터 ATP를 만드는데 사용될 수 있는 양성자(H^+) 구배를 만들어 낸다.

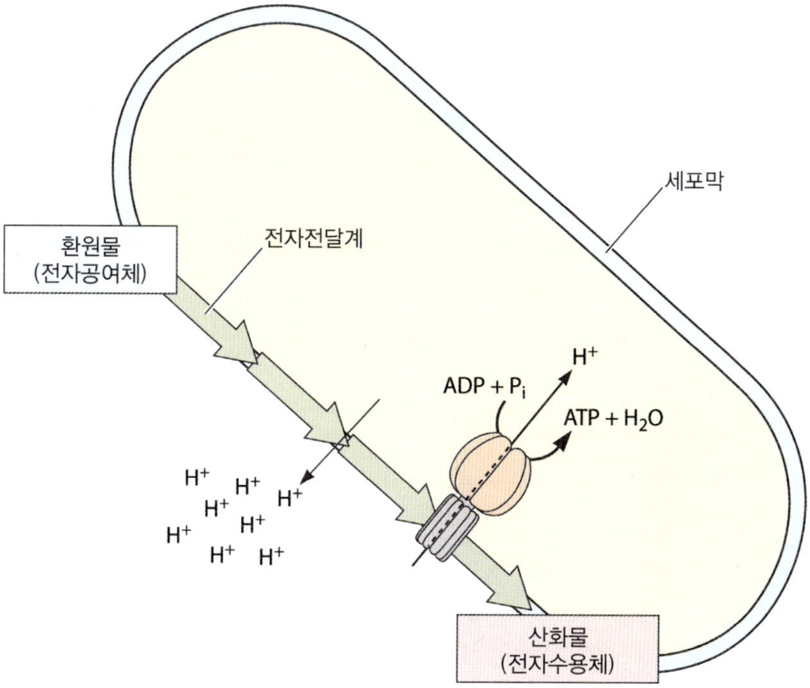

방식으로 위치하고 있다. 따라서 환원력(수소원자나 전자)이 운반체 분자의 연쇄 사슬을 통해 산소 또는 다른 최종 전자 수용체(NO_3^-와 푸마르산이 그 예이다)로 흘러갈 수 있다. 이런 과정은 유기 화합물로부터 최종 전자 수용체로 수소 원자가 이동하는 결과를 낳는다. 어떤 전달사슬은 수소 원자를 운반하고, 다른 것들은 전자만을 운반한다. 환원은 수소 운반자에서 전자 운반자로 환원력이 이동할 때 일어나며 양성자(H^+)를 방출한다. 수소 운반자와 전자 운반자가 전달사슬에서 바뀔 때, 환원력의 흐름이 세포로부터 양성자가 방출되도록 한다. 막을 통한 이러한 양성자의 이동은 ETS의 다른 구성원들에 의해 다른 방식으로 일어난다. 어떤 것들은 방향적으로 양성자를 배출하는 양성자 펌프들로 작용한다. 전자의 저장소 역할을 하는 퀴논류는 세포 내부로부터 양성자를 선택하여, 다음 시스템 구성요소인 시토크롬으로 전자를 전달하는 동안 양성자를 외부로 내보낸다.

전체적으로 양성자는 막의 내면에 있는 수소 운반자의 환원에 의한 시토졸(cytosol)로부터 얻어지고, 막 외면에 있는 전자 운반자의 환원에 의해 세포 밖으로 내보내 진다. 이 주제에 대한 차이는 거의 끝이 없다. 원핵생물은 다른 환경의 산화환원 조건에 따라 적절한 전기화학적 특성을 가진 운반자를 이용하여 전자전달에 상당히 잘 적응할 수 있다(그림 6.7).

그것의 광범위한 다양성 외에도 한 가지 추가특성이 원핵생물 호흡의 특징을 구별 짓게 한다. 진핵생물의 호흡은 미토콘드리아 막 복합체 안에서 일어난다. 반면에 원핵생물에게는 세포막 그 자체가 호흡이 일어나는 장소이다. 따라서 세균 세포 전체가 미토콘드리아처럼 역할을 수행한다. 이 사실은 미토콘드리아가 초기에 원시적인 진핵생물에 의해 삼켜진 세균세포의 고도로 진화된 후대 개체라는 증거의 관점에서 본다면 그리 놀랍지는 않다(제19장의 "미토콘드리아, 엽록체, 진핵세포의 기원" 참조).

그림 6.7 대장균에서 서로 다른 조건하에서 작용하는 전자전달계의 예. (A) 높은 산소 분압. 양성자와 전자(e^-)는 NADH 탈수소 효소 I 에 의해 환원된 NAD로부터 제거된다. 양성자들은 배출되고, 전자는 퀴논으로 이동되며 그 전자는 산소분자를 물로 환원시키기 위한 시토크롬 산화효소(Cyo 산화효소)에 의해 사용될 수 있다. 그리고 이것은 네 개의 추가적인 양성자 배출을 수반한다. (B) 낮은 산소 분압. 같은 NADH 탈수소 효소와 퀴논이 이용되지만 최종 반응은 다른 산화효소(Cyd 산화효소)에 의해 촉진되며 그것은 양성자를 배출하지 않는다. (C) 무산소. 젖산에서 피루브산으로의 산화는 젖산 탈수소 효소에 의한 두 개의 전자 제거를 포함한다. 그 다음, 전자들은 메나퀴논(MK)을 MKH_2로 환원하는데 사용되고, 이번에는 그것이 푸마르산(fumarate)을 숙신산(succinate)으로 환원시키는 것을 가능하도록 해준다. 이 과정을 혐기성 호흡이라 부른다.

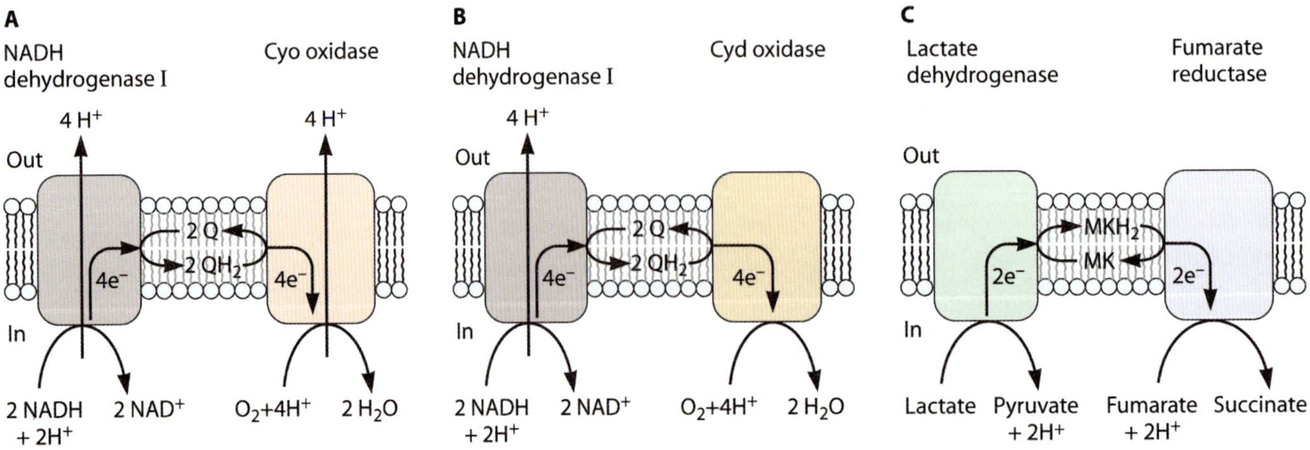

표 6.3 산소 대신에 혐기성 호흡에서 사용될 수 있는 전자수용체 화합물

유기화합물	무기화합물
Fumarate	Nitrate(NO_3^-)
Dimethylsulfoxide(DMSO)	Nitrite(NO_2^-)
Trimethylamine N-oxide(TMAO)	Nitrous oxide(N_2O)
	Chlorate(ClO_3^-)
	Perchlorate(ClO_4^-)
	Manganic ion(Mn^{4+})
	Ferric ion(Fe^{3+})
	Gold(Au^{3+})
	Selenate(SeO_4^{2-})
	Arsenate(AsO_4^{3-})
	Sulfate(SO_4^{2-})
	Sulfur(S^0)

호흡의 에너지 이득은 명확하다. 발효의 기질 수준 인산화에 의해 얻을 수 있는 것 이상 ATP생산의 증가는 대단한 것이다. 대부분의 발효에서 포도당 1몰은 기질 수준 인산화에 의해 겨우 2~4몰의 ATP를 생산한다. 그러나 만일 포도당이 완전히 호흡에 의해 대사된다면 30몰 정도(종과 생장조건에 따라 다르다)의 ATP를 생산할 수 있다.

"호흡"이라는 용어는 산소가 전자와 양성자의 최종 수용체인지 아닌지와는 상관없이 사용된다. 산소가 수용체(산소를 물로 환원하는 결과를 가져옴)일 때, 그것은 **호기성 호흡(aerobic respiration)**이라고 불리고, 다른 분자가 최종 수용체일 때 그것을 **혐기성 호흡(anaerobic respiration)**이라고 부른다(그림 6.7C). 집단으로서 미생물은 혐기성 호흡 사슬에서 최종 전자 수용체로서 몇몇 유기물과 다수의 무기물 등 다양한 화합물을 이용하는데 뛰어나다 (표 6.3). 우리 지구의 많은 부분이 혐기적이다. 혐기적 조건이 지표면 아래에서 일반적이기는 하지만, 토양, 호수, 시내, 그리고 해양은 질산염과 황산염을 포함하고 있으며 때때로 아주 많은 양을 포함하고 있다. 이런 광대한 생태계는 특히 혐기성 호흡의 모든 에너지 이점을 얻는데 적합한 세균에 의해 군락이 이루어지고 있다. 지구상의 생명현상 결과는 놀랄만하다. 예를 들어, 아질산염(NO_2^-)을 생산하고 차례로 환원에 의해 산화질소(NO), 아산화질소(N_2O) 그리고 마지막으로 질소가스(N_2)로 이어지는 수용체로서의 질산염 이용은 지구 대기에 존재하는 대부분의 질소를 설명한다(제18장 참고). 발효 산물이 냄새가 날 수 있는 것처럼, 썩은 달걀(H_2S 때문임)과 죽은 생선(트리메틸아민 때문임)과 같은 지독한 냄새도 혐기성 호흡의 산물일 수 있다.

독립영양 미생물이 전구체 대사물질을 만드는 이산화탄소 고정 경로들은 에너지나 환원력을 만들어내지 않는다. 대신에, 그들은 막대한 양의 에너지와 환원력을 사용한다. 화학합성 독립영양 생물은 이런 필수적 추진력을 무기 화합물을 산화시켜 얻고, **광 독립영양체(photoautotroph)**는 빛으로부터 에너지를 획득하여 얻는다. 많은 사람들은 **화학합성 독립영양체(chemoautotroph, 화학 무기 영양체)**에 있어서의 호흡을 원핵생물 물질대사의 최고 성취로 생각한다(광합성을 배우는 학생들은 이 관점에 대해 반박할 지도 모른다). 확실히 에너지 생성 분야에서 화학합성 독립영양 생물들은 원핵생물이 군락을 이룰 수 있는 생태적 영역의 확장을 거의 능가할 수 있다. 반면에 화학합성 독립영양 생물이 ATP와 환원력을 얻

표 6.4 화학합성 독립영양 미생물에 의해 전자 공여체로 이용될 수 있는 무기 화합물

화합물	생물학적 진행과정
NH_4^+	암모니아 산화 세균은 주로 토양에서 일어나는 질산화의 첫 단계에 관여하여 아질산염을 생성한다. 토양에서 암모니아는 빠르게 질산염으로 전환된다(제18장 참조).
NO_2^-	질산염을 생성하는 아질산염 산화세균은 질산화의 두 번째 단계에 관여한다.
H_2	화학합성 독립영양 미생물의 생장을 위해 수소를 산화할 수 있는 능력은 그람음성균, 그람 양성균과 고세균 사이에 널리 분포한다. 그런 원핵생물의 대부분은 또한 화학합성 종속영양 생장도 가능하다. 즉 그들은 통성적 화학합성 독립영양 미생물로 때때로 혼합영양체(mixotroph)로 언급되기도 한다.
Fe^{2+}	이온 세균이라고 불리는 철산화 세균은 철이온(Fe^{2+})이 자연적으로 산화되지 않는 상태로 존재하는 산성의 수생환경에 널리 분포되어 있다. 그들은 강, 습지 그리고 때로는 해양환경에서 발견되며, 그들이 형성하는 이온 산화물 덩어리에서 관찰될 수 있다.
Mn^{2+}	대부분의 철세균은 망간 이온을 이용하는 화학합성 독립영양 생장도 할 수 있다.
H_2S, S^0, $S_2O_3^{2-}$	환원된 황 화합물을 산화시키는 화학합성 독립영양 미생물은 자연에 널리 분포되어 있다. 그들은 해저의 열수 분출공 근처에 있는 생물군집의 일차 생산자들이다. H_2S는 O_2에 의해 스스로 산화되기 때문에, 그것을 이용하는 세균은 밖으로부터 O_2가 확산되어 들어올 수 있는 H_2S 공급원이 있는 지역에 존재한다.

는 방식에는 특별한 것이 없다. 그들은 종속영양체가 하는 것처럼 동일한 호흡 기작을 이용한다. 즉, 전자를 막에 파묻혀 있는 전자전달 사슬을 통해 보내고, 그렇게 생성된 양성자 동력을 이용하여 막을 가로지르는 ATPase/ATP 합성효소를 통해 일부 양성자를 다시 받아들임으로써 ATP를 만든다. 화학합성 독립영양 생물은 환원력(NADPH)을 비슷한 방법으로 얻는다. 즉, $NADP^+$를 환원하기 위해 ETS에서 전자의 흐름을 반대로 하는데 양성자 동력을 이용한다. 화학합성 독립영양 생물의 독특한 특성은 무기원(inorganic source)으로부터 전자 전달 사슬에 에너지를 공급하는 그들의 능력에 있다(표 6.4). 이들 미생물 대부분은 호기성 호흡을 하지만, 많은 미생물이 다양한 형태의 혐기성 호흡도 할 수 있다.

많은 세균이 그들이 먹는 영양분에 의해 이름이 알려져 왔다. 더 일반적으로 사용하는 세균의 비공식적인 이름의 일부가 표 6.5에 나열되어 있다. 독자들은 혐기성 호흡과 화학합성 독립영양에 의한 에너지 생성이 호기성 호흡의 상호보완적인 변형이라는 것을 우연히 눈치 챘을지도 모른다. 즉, 혐기성 호흡은 전자 전달 사슬의 최종 전자 수용체와 관련하여 다르고, 화학합성 독립영양에 의한 에너지 생성은 사슬에 1차적 전자 공여체와 관련하여 다르다.

광합성

광합성에서 빛에너지는 엽록소로부터 온 전자를 활성화시켜 전자전달계를 통하여 원래의 여기상태의 엽록소나 $NADP^+$로 흐르게 한다. 만약 전자가 $NADP^+$로 흐른다면 더 많은 전자가 계속해서 엽록소에 공급되어야만 한다; 전자의 원천은 물일 수도 있고 황 화합물일 수도 있다. 원핵생물에서 광합성은 세균에 한정되어 있고, 거의 모두는 독립영양 생물이다(표 6.6). 몇몇 호염성 고세균은 빛에너지를 얻는데 필요한 원시적 메커니즘을 갖고 있다(제16장 참조), 하지만 그것은 단지 운동을 위해 에너지를 공급하기에는 적당하지만 독립영양 생장을 위한 것은 아니다. 어떤 세균들은 광종속영양생물로서 유기 화합물로부터 전구대사체를 유도하고 광합성으로부터 추진력을 유도한다.

표 6.5 에너지 생성활동에 근거한 원핵생물의 비공식적 이름

비공식 이름	구별되는 특징	대표 속
메탄생성균(methanogen)	에너지원으로 수소, 이산화탄소, 포름산, 메틸아민 또는 이와 유사한 분자들을 이용하여 부산물로 메탄을 생성하는 독립 영양 고세균	*Methanobacterium*
수소 세균 (hydrogen bacteria)	유일한 에너지원으로 수소를 이용하는 독립영양체	*Pseudomonas*
질산화균(nitrifier)	유일한 에너지원으로 암모니아나 아질산을 이용하는 독립영양체	*Nitrosomonas*
탈질균(denirifier)	혐기성 호흡에서 수용체로서 질소 산화물을 이용하는 미생물. 그 결과 질소가스(N_2)를 발생.	*Paracoccus*
황세균(sulfur bacteria)	유일한 에너지원으로 황, 황화수소 (hydrogen sulfide)또는 티오황산염을 호기적 또는 혐기적으로 이용하는 독립영양체.	*Sulfolobus*
철세균(iron bacteria)	에너지원으로 제1철을 제2철로 산화시키는 독립영양체	*Thiobacillus*
광영양체(phototroph)	빛에너지를 이용하는 독립영양체	*Rhodobacter*
메틸영양체(methylotroph)	단독 에너지원으로 메탄, 메탄올, 메틸아민 또는 포름산을 이용하는 독립영양체	*Hyphomicrobium*

광독립영양 세균의 한 그룹인 시안세균(Cyanobacteria)은 엽록소 a, 광계(photosystem) I, II를 이용하는 식물과 조류와 같은 산소성 광합성 체계를 이용한다. 그것이 실제로 동시에 발생한 것은 아니다. 식물과 조류에서 광합성을 수행하는 소기관인 엽록체는 원시 진핵생물에 의해 포획된 시안세균의 현대적 진화의 산물이다. 산소성(산소를 생산하는) 광합성에서 발생하는 산소는 물로부터 온 전자들의 부산물이다.

다른 세균 그룹들은 전자 공여체로 물보다는 화합물을 이용하여 환원력을 발생시키기 때문에 무산소성 (산소를 생산하지 않는) 광합성을 수행한다. (C.B. van Niel에 의해 공식화

표 6.6 광합성세균의 특성

일반적인 명칭	전자공여체	엽록소 종류	예
산소발생			
시안세균	물	엽록소 a 그리고 피코빌린	*Synechoccus spp.,* *Oscillatoria spp.,* *Nostoc spp.*
산소비발생			
자색비황세균	수소, 알코올, 유기산, 그리고 제 1철 이온을 포함한 많은 기질들	박테리오클로로필 *a, b*	*Rhodobacter spp.,* *Rhodopseudomonas spp.,*
자색황세균	환원된 황화합물 (수소, 그리고 산)	박테리오클로로필 *a, b*	*Cromatium spp.,*
녹색황세균	환원된 황화합물 (황화수소, 티오황산염)	박테리오클로로필 *c, d, e*	*Chlorobium spp.,*
헤리오세균	젖산, 다른 유기산	박테이오엽록소 *g*	*Heliobacillus spp.,*

그림 6.8 세균의 순환적 광인산화 반응. 박테리오클로로필(Bchl)은 빛을 사용하여 활성상태(Bchl*)로 되며, 부분적으로 박테리오페오피틴(Bpheo)과 퀴논으로 구성된 전자 전달 사슬을 통하여 전자(e−)를 산화된 박테리오클로로필을 환원시키는 시토크롬 C_2로 통과시킴으로써 쉽게 산화된다. 전자의 순환적 흐름은 Bchl로부터 화살표로 나타내었다. E′₀는 전기화학적 포텐셜이다.

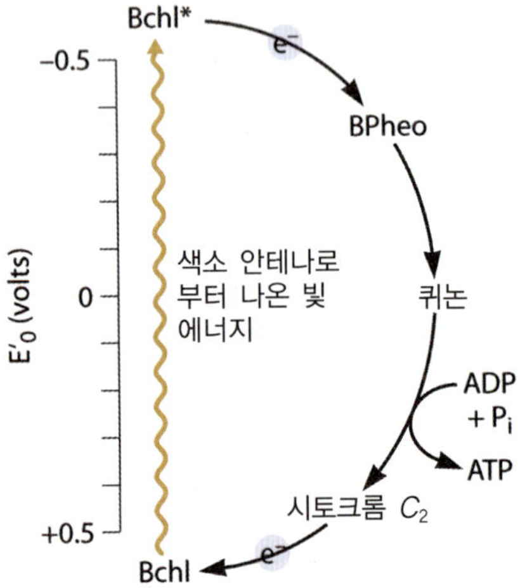

된) 모든 광합성에 대한 일반화된 반응은 다음과 같다:

$$H_2A + CO_2 \rightarrow A + \text{carbohydrate}$$

여기서 A는 O, S 또는 다른 원소가 될 수 있다. 이들 세균 그룹의 일반적 특성은 표 6.6에 요약되어 있다.

미생물 대사 다양성의 전체적 특성에 관심 있는 사람들은 어떻게 몇몇 세균들이 연료공급 반응의 분류 계열(classification lines)을 넘나드는 지에 대해 배우는 것에 고무되어 질 수 있다. 비산소성 광합성은 혐기성 과정이지만, 자색 비황 세균(purple nonsulfur bacteria)라고 불리는 세균들은 부가적으로 산소 존재 시 화학종속영양 생장을 할 수 있다. 이들은 수소세균 (에너지원으로 수소를 사용하는 세균)과 마찬가지로 조건적 독립영양생물이다. 더군다나, 표 6.6에서 제시하는 것처럼 자색 비황 세균은 광종속영양 생장을 할 수 있다. 자색 비황 세균은 연료공급 반응의 분류계열을 넘나들 수도 있다. 만약 미호기성(microaerophilic) 조건이라면, 이들은 수소(H_2) 또는 황화수소(H_2S)를 산화하여 화학독립영양생물로서 생장한다. 광합성은 전자화학 기울기에 따른 흐름이 세포막을 횡단하여 양성자를 내보낸다는 점에서 기본적으로 호흡과 유사한 형태로(ATP 합성에 쓰일 수 있는) 양성자 동력을 발생시킨다. 광합성의 경우에, 전자는 빛에 의해 활성화되는 엽록소에 있기 때문에 높은 전자화학적 위치에서 출발한다. 따라서 **색소 안테나(pigment antenna)**에 의해 붙잡히는 빛 에너지(hν로 측정되는 광자, 여기서 h는 플랑크 상수, ν는 헤르츠로 방사선 주파수)가 동력이 된다. 엽록소는 기저상태(ground state)에서 활성화된 상태로 상승하고, 활성화된 엽록소는 산화되어 전자를 내놓아 전자전달계가 시작되도록 한다. 이들 전자들은 기저상태의 엽록소(**순환적 광인산화반응, cyclic photophosphorylation**)로 돌아가거나 (그림 6.8) $NADP^+$(**비순환적 광인산화반응, non-cyclic photophosphorylation**)에 전달된다. [순환적 광인산화반응은 ATP를 발생시키지만 환원력이 NAD(P)H로 저장되지는 않는다. 다양한 그룹의 광영양생물들이 다른 방식으로 이 문제를 해결하며, 그들 중 두개가 그림 6.9에 나타나 있다.]

효소 펌프

효소 펌프(표 6.1)는 막 단백질로 전자전달계의 일부가 아니라 독립적으로 양성자 또는 다른 이온들을 막을 통해 내보내 일반적 에너지 요구 과정에 쓰일 수 있는 기울기를 형성한다. 가끔 이들 반응들은 다른 수단에 의하여 생산된 기울기를 높여 주기도 한다. 빛에 의해 유도되는 *Halobacterium halobium*(고세균)에는 세포로부터 양성자를 내보내는 효소가 있으며, *Klebsiella aerogenes*(세균)은 나트륨 이온을 밖으로 내보내는 oxaloacetate decarboxylase를 가지고 있다. 다른 예로서, 이온 펌프들이 막-결합 메탄 생성균(methanogen) (표 6.5)의 메틸전이효소(**methyltransferase**)와 나트륨 이온(Na^+) 이온을 밖으로 내보내는 이형이황화합물 환원효소 (heterodisulfide reductases)와 같이 전체 일을 수행한다.

스칼라 반응(Scalar reactions)

스칼라 반응(표 6.1)은 호기심을 끄는 이름으로 에너지 대사에서 매우 흥미로운 역할을 수행한다. 처음 접했을 때, 이것의 정의는 어색한 것 같다: 스칼라 반응은 기질과 산물이 같

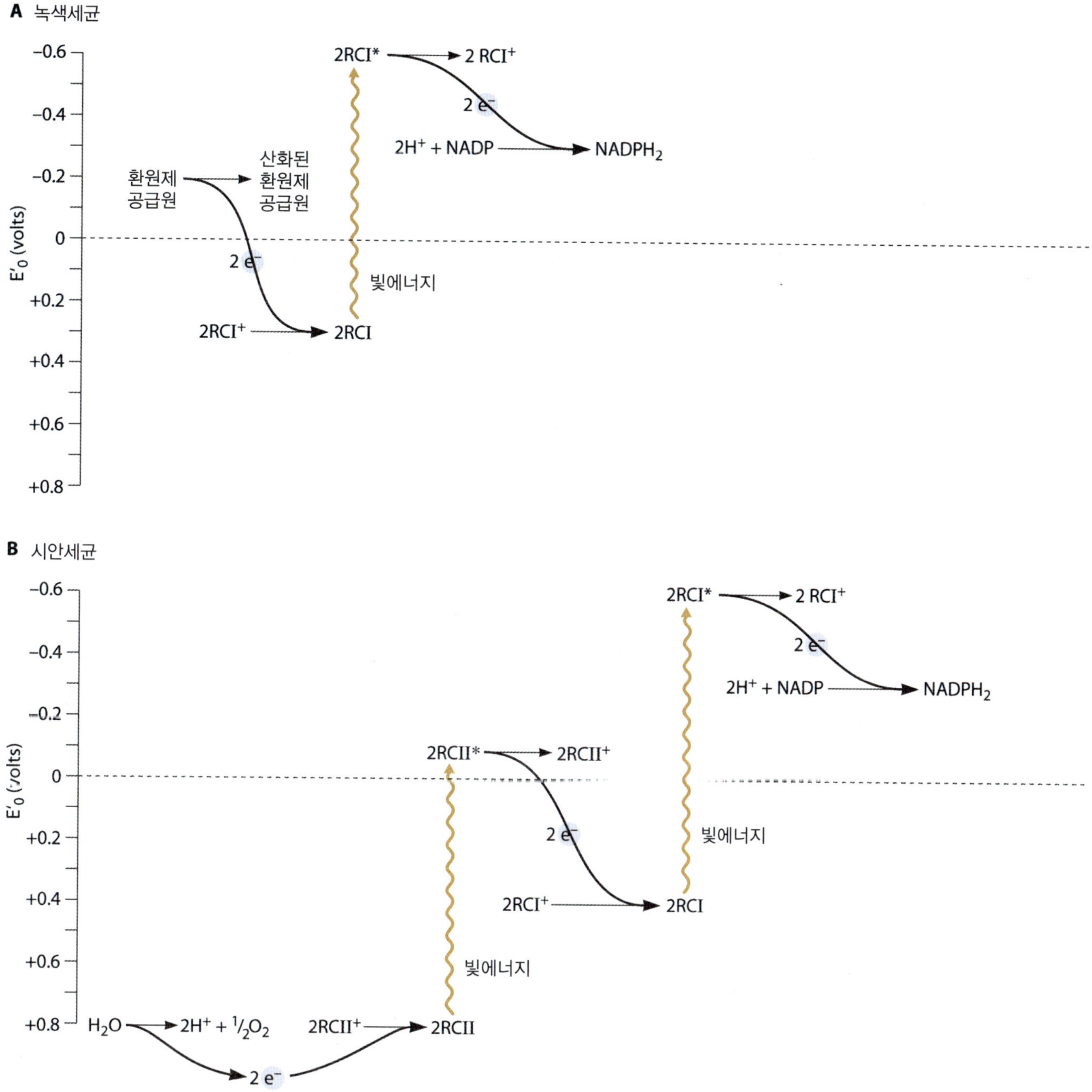

그림 6.9 비순환적 광인산화 반응에서 환원력의 생산. (A) 녹색 세균에서 환원제의 원천으로부터 온 전자(e−)는 반응센터(RCI+)에서 산화된 박테리오클로로필로 전달되고, 거기에서 환원된다(RCI). 빛에너지는 RCI에서 박테리오클로로필을 활성형인 RCI+로 전환하는데, 이것은 쉽게 산화되고 그 전자를 전달 사슬로 공여함으로써 NADP+를 NADPH로 환원시키게 된다. (B) 시안세균에서(조류와 식물에서도) 두개의 연속적인 엽록소의 광자극반응-처음은 RCII 그리고 나서 RCI에서—은 충분히 NADP+를 환원시킬 수 있는 물에서 전자의 환원력을 일으킨다. 두터운 화살은 전자 전달 사슬을 나타낸다.

은 위치나 구획에 있는 반응이다. 이 정의는 **벡터 반응(vectorial reaction)**과 대조적으로 하나 이상의 산물이 반응의 결과로서 분리된 공간으로 이동된다.) 에너지 대사의 문맥에서, 스칼라 반응은 직접 혹은 간접적으로 이온을 이동시킴이 없이 횡단막 이온 기울기를 형성한다. 어떤 스칼라 반응은 전자전달계와 관련되어 있지만 다른 것들은 분리되어 존재한다. 이들은 세포 에너지의 일부분 또는 전체를 공급하기 위하여 가장 색다른 방식으로 독립적인 기능을 나타낸다. 예로서, *Oxalobacter formigenes*는 옥살산(oxalate)를 탈카르복시화(decarboxylating)하여 포름산(formate)를 형성함으로써 모든 에너지를 획득한다. 이 반응은 하나의 양성자를 소비하여 세포막을 횡단하는 양성자 구배를 형성함으로써 세포로 하여금 ATP를 형성하게 한다. 또 다른 예로서, 레드 와인(red wines)을 (제23장 참조) 산성화하여 복잡성(complexity)을 증가시키는 말로젖산(malolactic) 세균들은 말산(malate)을 세포 내로 들여와 탈카르복시화하여 젖산을 생성하는 스칼라 반응에 의하여 그들의 에너지를 증가시킨다. 젖산은 여전히 세포 내에 존재하지만 이어되는 단계에서 분비되며, 양성자 공동수송(symport)으로 알려진 과정에서 하나의 양성자를 취하게 되고 양성자 구배가 만들어 진다. 이러한 예들은 특수환 환경에서 생존과 경쟁의 압력 하에서 생물의 진화는 창조적인 산물이면서 강력한 힘이 된다는 것을 보여준다.

산소와 생명

여러 면에서, 에너지 대사에 대한 토론은 분자 산소의 존재 여부와 깊게 관련되어 있다. 생물과 산소의 관계는 산소 및 그 유도체들이 세포에 상당한 독성을 나타내기 때문에 복잡하다. 결론적으로, 세포 내부는 매우 낮은 농도의 산소를 포함하거나 전혀 없게 된다. 그렇지만, 산소는 생물학적 **산화환원 반응(redox reactions)**에서 에너지원이 유기물이든 무기물이든 상관없이 최종 전자수용체로 매우 효과적이다.

산소의 독성효과를 견뎌내는 생물의 능력은 두 가지 요인: 세포 내 효소가 기본적으로 산소에 감수성이 있는지와 세포가 상당히 독성이 높은 두 개의 산소 대사산물, 과산화수소(H_2O_2)와 과산화물(O_2^-)을 분해할 수 있는가에 달려 있다. 이들 두 가지 요인에 따라 산소에 대한 상당히 다른 범위의 세균의 반응이 존재한다. 산소에 아주 민감하여 대기 중의 산소에 잠시 노출되었을 때도 치명적인 절대 혐기성 세균은 하나의 극단적 범위의 예이지만 다른 극단적 예로서는 산소에 완전히 중독되어 있는 (우리 몸의 세포와 같은)세포들이다. 산소에 견딜 수 있는 생물들은 일반적으로 다음과 같은 보호 효소를 가지고 있다.

- 카탈라아제(catalase), 과산화수소(H_2O_2)를 물(H_2O)과 산소(O_2)로 전환하는
- 슈퍼옥사이드 디스뮤타아제(superoxide dismutase), 과산화물(O_2^-)을 산소(O_2)와 과산화수소(H_2O_2)로 전환하며, 이들 산물은 계속해서 카탈라아제에 의해 분해된다.

표 6.7은 산소에 대한 반응의 범주를 정의한 것으로 효소의 작용을 나타내는 세균의 예를 보여준다.

전구 대사물질(precusor metabolites) 만들기: 종속영양세균

영양획득

세포막의 가장 기본적인 역할은 세포를 유지하는 것이다. 낮은 분자량의 대사체를 비롯한 세포 성분이 환경으로 확산되는 것으로부터 막는 것은 생명유지에 필수적이다. 하지만, 물질은 세포내로 들어가야 하고 많은 여러 물질들이 분비 되어야만 한다. 따라서 상당한 세포

표 6.7 산소에 대한 반응에 의하여 분류된 미생물

군	동의어	호기성장	무산소 생장	카탈라아제 및 슈퍼옥사이드의 소유	특성	예(들)
호기성	절대 호기성	예	아니오	예	산소요구; 발효를 할 수 없음	*Mycobacterium tuberculosis, Pseudomonas aeruginosa, Bacillus subtilis*
혐기성	절대 혐기성	아니오	예	아니오	산소에 의해 치사; 산소 부재 시 발효	*Clostridium botulinum Bacteroides melaninogenicus*
조건적		예	예	예	산소 호흡; 산소 부재 시 발효 또는 혐기성 호흡	*Escherichia coli Shigella dysenteriae, Staphylococcus aureus*
무관	내기적 혐기성	예	예	예	산소의 존재 또는 부재 시 발효	*Streptococcus pneumoniae, Streptoccus pyogenes*
미호기성		미약	예	소량	낮은 산소 농도에서 최고 생장; 산소 없이 비생장	*Campylobacter jejuni*

유전체의 단편들이 용질 이동과 관련된 구조를 암호화한다는 것은 놀랄 일도 아니다.

미생물의 빠른 생장은 자연적인 이치이다: 음식물은 높은 비율로 세포 내로 들어가야만 한다. 그렇지만 미생물의 생존은 또한 잠재적으로 살아있는 세포의 기계장치에 해로운 물질들을 배제시킬 수 있느냐에 달려 있다. 따라서 음식물의 급격한 도입은 상당한 선택적 방식으로 일어나야만 한다. 게다가, 대부분의 미생물은 단지 세포내로 낮은 비율로 확산을 가능케 할 정도로 상당히 희석된 영양액에서 빠르게 생장한다. 따라서 세포 내에서 음식분자를 농축시키는 메커니즘이 필요하다. 지금 우리가 보는 바와 같이, 이들 세 개의 난제-빠른 유입, 선택적 도입, 그리고 음식 분자의 농축 필요성-들은 미생물에 의해서 성공적으로 내처되어 왔다.

섭취되어야만 하는 다양한 화학적 분자와 근본적으로 다른 구조를 하고 있는 그람양성 및 그람음성 세균의 외막을 가정해 본다면, 많은 용질 수송 수단이 개발되어 빠르게 영양분의 선택적 도입을 가능하게 한다는 사실이 그리 놀라울 일은 아닐 것이다. 많은 종류의 수송 메커니즘은 세포막과 관련되어 있다. 우리는 이것들에 대해 자세히 논할 것이지만 먼저 그람양성 세포의 외막을 다루고자 한다.

그람음성 세균의 세포막을 통한 수송

그람양성 세포의 두터운 뮤레린 격자는 쉽게 물과 용질이 쉽게 투과할 수 있으며, 따라서 세포막은 첫 번째 소수성 장벽이다. 한편, 그람음성 세균에서 용질은 처음 소수성 외막을 만난다. 이러한 구조는 물에 대한 비투과성 장벽을 제공해주며 용해된 이온들은 세포막에 있는 포린을 형성하는 채널에서 투과성을 나타낸다(참조 제2장). 이들 구멍은 세포외막을 횡단하며, 600-800 dalton 이하의 물 분자와 소수성 용질이 쉽게 주변세포질(periplasm)로 확산될 수 있도록 한다. 소수성 화합물은 세포외막의 구멍을 통과할 수 없다. 이러한 사실은 당, 아미노산, 그리고 대부분의 이온들이 주변세포질로 확산될 수 있지만 소수성 분자와 크기가 큰 친수성 분자들의 경우 세포외막을 통한 선택적 수송을 하기 위해서는 특별한 구조가 필요함을 의미한다. 세포외막은 구멍을 통해 용질을 빠르게 내보낼 수 있는 수단을 갖고 있지 않기 때문에 기질 농도는 외부 배지에서 보다 주변세포질에서 낮아야만 한다. 예외적으로, 비록 세포외막에서 ATP의 분명한 원천이 없기 때문에 그 메커니즘이 분명하지는 않지만, 큰 비타민 B_{12} 분자를 받아들이는 구멍들은 에너지가 충전되어지는 것으로 보인다. 또한 세포에는 생명유지에 필요한 광물질을 수집할 수 있는 유기 철 킬레이트와 같은 다른 큰 분자를 이당류와 함께 우선적으로 받아들이는 구멍도 있다.

세포막을 통한 수송

하나의 과정이 모든 환경에 있는 모든 용질에 대해 쓰여 질 수 없기 때문에 용질을 선택적으로 빠르게 세포내로 들이기 위한 상당히 다양한 메커니즘이 개발되어 왔다. 이러한 메커니즘에는 세 가지 형; **수동 수송**, **능동 수송**, 그리고 그룹 전좌**(group translocation)**가 있다.

1. **수동 수송**은 확산과 에너지의 비사용에 의존하기 때문에 세포 내부보다 세포외부에서의 용질의 농도가 높을 때만 운용된다. **단순 확산(Simple diffusion)**은 매우 소수의 영양소의 유입을 설명해준다. 용존 산소, 이산화탄소, 그리고 물 자체가 이 목록의 대부분이다. 단순 확산은 속도와 선택을 제공하지 않는다. 단순 확산과 마찬가지로 **촉진 확산(Facilitated diffusion)**은 에너지의 투입을 필요로 하지 않으며 용질분자의 최종 운동은 여전히 하향 농도 구배에 의존한다. 그렇지만, 촉진 확산은 선택적이다. 채널 단백질은 특정 분자의 통과를 촉진시키는 선택적 채널을 형성한다. 촉진 확산은 진핵 미생물에서 흔하게 나타나지만 (이것은 효모가 당을 획득하는 방법), 원핵생물에는 매우 드물게 나타난다. *Escherichi coli*와 다른 장내 세균들은 촉진 확산에 의하여 글리세롤을 운송하고, 몇몇 *Zymomonas* 및 *Streptococcus* 종들은 이러한 방식으로 포도당을 전달한다.
2. **능동 수송**은 사실상 모든 영양소의 유입을 조절한다. 표 6.8과 그림 6.10에 다양한 종류의 능동 수송 메커니즘이 요약되어 있다. 모두 높은 비율로 영양소를 세포내로 들이기 위하여 에너지를 사용하며, 종종 농도구배에 역행한다. 많은 영양소들은 능동수송의 결과 천배 이상 농축된다. 이들 메커니즘은 즉시 사용할 수 있는 에너지원에 따라 두 종류: 이온-결합 수송(ion-coupled transport) 및 ATP-결합 카세트 (ATP-binding cassette; ABC) 수송으로 구성된다,

   - **이온-결합 수송**은 전자전달 또는 막-결합 ATPase에 의한 ATP의 가수분해에 막을 횡단하여 형성된 전기화학적 농도 구배 (양성자 또는 나트륨 유인력)에 의하여 시작된다. 필수적으로, 이것은 사전 적재 계획으로; 막을 준비시키는데 있어 에너지를 사용하기 전 에너지의 투입이 이루어진다, 따라서 이러한 수송 메커니즘은 양성자의 우선적 방출을 1차 수송으로 여길 경우 2차 활성 수송으로 가끔 언급된다. 양성자와 나트륨 동력은 용질을 세포내로 들이기 위해 다르지만 관련되어 있는 세 가지 방식[공동수송**(symport)**, 대항수송**(antiport)**, 그리고 단일수송**(uniport)**]으로 이용된다(표 6.8, 그림 6.10). 특히 이온-결합 수송은 혐기성 생물보다 이온 동력을 보다 쉽게 발생시키는 호기성 생물에 흔하게 나타난다.
   - **ABC 수송**은 용질을 세포내로 직접 들이기 위해 ATP를 사용한다. 그람음성 세포의 주변 세포질에 위치해 있거나 그람양성 세포막의 외표면에 붙어 있는 특정 결합

표 6.8 원핵세포에서 용질의 능동적 수송의 예

메커니즘	에너지원	화합물	과정	분포 및 기능
이온 - 짝 운반	양성자 동력	막; 특정 전이막 단백질	공동수송(symport): 중성 용질 또는 음성 이온 수송을 동반하는 양성자 전달 대항수송(antiport): 두개의 유사한 전하를 가지는 이온이 반대방향으로 동시에 전달됨 단일수송(Uniport): 단일 분자가 전기화학 구배에 의해 운반됨	호기성 균에서 흔하게 나타남 몇몇 당, 아미노산, 그리고 많은 무기 이온의 운반에 관여
그룹 전좌 (PTS 시스템)	포스포에놀피루브산	세포질: 효소 I과 히스티딘 단백질(Hpr) 막: 다중 소단위를 갖는 효소 II (다른 기질에 대한 특이 단백질)	PEP의 인산기는 효소I으로부터 Hpr, 그리고 들어오는 용질, 대개는 당을 인산화하는 적당한 효소II의 소단위로 연속적으로 전달되며; 효소II의 또 다른 소단위는 전좌채널을 형성함	혐기성 세균에서 당 운반시에 흔하게 나타나지만 그들에 제한되어 있지는 않음
ABC 운반	ATP(또는 acetyl-PO_4)	주변세포질(G^-) 또는 막(G^+); 다른 기질에 대한 특이 결합 단백질 막: 두개의 채널 단백질, 두 ATPase	막 채널에서 특정 결합 단백질 창고에 결합된 용질로 구성된 카세트, 그리고 용질 운반은 ATP의 가수분해에 의해서 이루어짐	많은 세균이아미노산과 다른 유기 영양소를 운반하기 위한 많은 수의 이들 카세트를 가지고 있음
철 시데로포어	ATP	외피: 모든 외피층에 확장되어 있는 8개 이상의 단백질 그룹 분지 시데로포어)Fe^{3+} 킬레이터)	시데로포어(엔테로켈린은 *Escherichia coli*의 것 중의 하나)는 만들어져 분비됨; 철(Fe^{3+})과 결합한 후 그것은 여덟 개의 외피 복합체에 의하여 외피의 모든 층을 통과하여 운반됨	많은 병원성 균과 철-결핍 환경에서 살아가는 세균에서 흔함

단백질(specific binding proteins)은 그들의 특정 리간드(ligand)를 막의 단백질 복합체에 전달함으로써 특이성을 제공한다. 이 때 ATP의 가수분해는 촉발되며, 에너지가 사용되어 막의 구멍을 열고 세포 내로 기질의 한 방향 이동을 가능하게 한다. 이러한 수송 방식은 많은 세균에서 흔하게 볼 수 있다; 예로서 *E. coli*는 수십 개의 특정 결합 단백질을 소유하여 운반되는 기질의 거의 반을 처리한다.

3. **인산전이효소 계(phosphotransferase system**; PTS)는 세포 내에 도착한 용질을 다른 분자로 화학적으로 변형하여 수송을 수행한다. 이들 그룹 전좌(**group translocation)**의 이론은 수송 과정을 위해서 에너지가 사용되는 것이 아니라 막 투과성이 없어 세포 내에서 붙잡히게 되는 세포 내 유도체를 형성하기 사용된다는 점이다. (엄격한 의미에서 그룹 전좌는 농도구배가 관여하지 않기 때문에 능동 수송이 아니라는 점에 주의하자.) 세균의 PTS (유일하게 알려진 그룹 전좌)는 기질이 세포막을 통과할 때 기질의 인산화를 가져온다. 포스포에놀피루브산(Phosenopyruvate)은 흔한 고에너지 인산 그룹 원천 중의 하나이다(그림 6.11). 이 수송 수단은 많은 세균에서 다양한 종류의 당의 유입 시 필수적이다. 관찰력이 있는 독자들은 PTS에 의한 포도당의 수송이 에너지학적으로 공짜 선물로 간주될 수 있음을 알 수 있을 것이다; 해당과정은 포도당이 인산화되어 포도당-6-인산으로 전화되는 것으로 시작되기 때문에, 어째든 한 인산기(~P)의 소비가 이루어져야만 할 것이다. 이러한 이유로 인해, PTS는 특히 산소가 없는 곳에서 살아가는 미생물처럼 에너지학적으로 어려움에

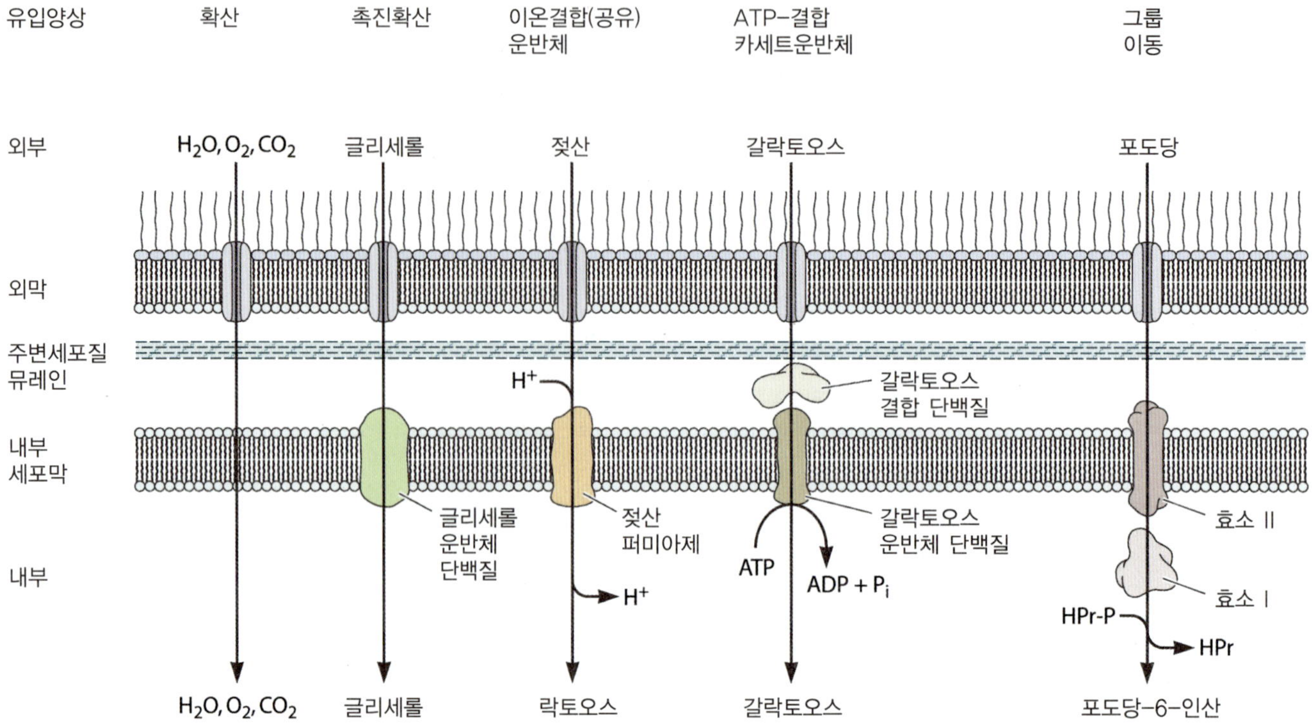

그림 6.10 용질 전달 과정의 다양성. 다양한 방식이 *E. coli*에서 탄수화물 전달과정에서 예시되고 있다.

직면한 미생물에서 흔하게 나타난다. 여기서 우리는 두 가지 다른 상황, 분해대사물 억제(catabolite repression) (제12장 참조)라 불리는 **광범위 조절 계(global control system)** (매우 다양한 관련되어 있는 기능을 가진 많은 유전자를 조절하는 계를 광범위라고 부름) 메커니즘의 일부와 주화성(제14장 참조)에 관여하는 관여자로서 PTS를 다룰 것이다.

특수 수송 과정들이 이들 주요 메커니즘을 보완해 준다. 아마도 가장 두드러진 것은 중요한 병원균을 비롯한 많은 세균들이 포유동물 숙주로부터 철 (Fe)을 훔치는 방식이다 (그림 6.12).철은 진핵생물에서 만큼이나 세균에게는 필수적 영양소이지만, 동물의 내부 구획은 사실상 자유 철을 포함하고 있지 않다; 철은 **트란스페린(transferrin)**과 **락토페린(lactoferin)**과 같은 단백질 복합체에 격리되어 있다. 세균은 **시데로포어(siderophore)**라 불리는 강력한 철 킬리이터(chelator)를 분비하여 이 문제를 해결한다. *E. coli*에서 볼 수 있는 한 예로, **엔테로켈린(enterochelin)**이라는 시데로포어를 들 수 있다. 이 분자는 합성되어 분비된다. 철과 결합한 후 엔토켈린-철 복합체는 세균의 세포 외막, 주변 세포질, 그리고 세포 내막에 집합적으로 모여 한 그룹을 형성하고 있는 8개 단백질의 협동 작용에 의하여 활발하게 세포 내로 다시 수송된다. 이것은 ATP에 의해 이루어지는 과정이다.

마지막으로, 세포로부터 물질(어떤 최종 산물과 독성 물질)의 능동적 수송은 지극히 중요하며 주요한 일부 원핵세포 막의 기계장치를 움직이게 한다는 사실을 간과하지 말아야 한다.

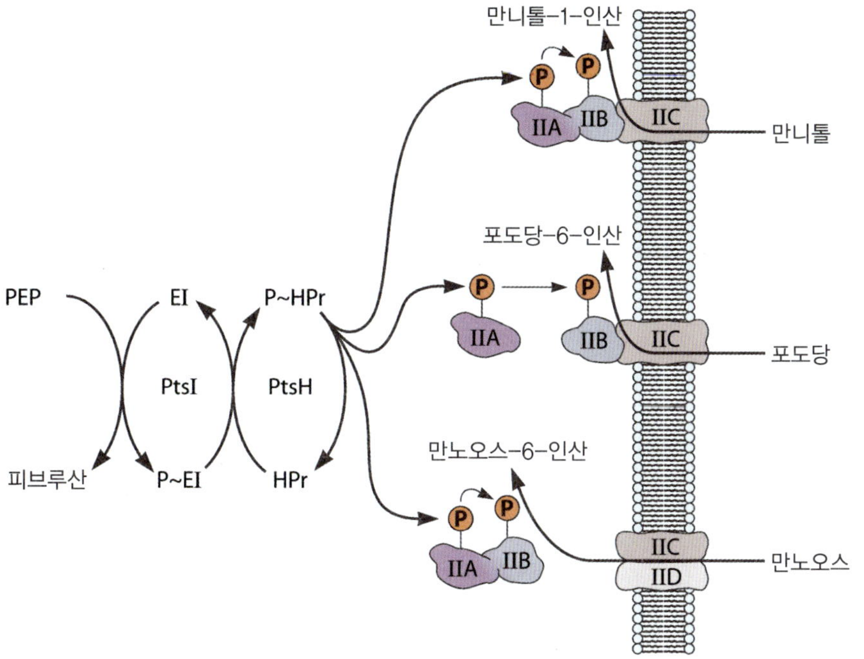

그림 6.11 ***E. coli*에서 세 당에 대한 PTSs.** E_1과 HPr은 모든 시스템에 의하여 공유되는 이란 단백질로서 당-특이 전달 성분을 인산화시키는데 기여한다. IIA에서 IID는 주어진 당에 대한 특이 단백질.

연료공급 경로(Feeder pathways)

전구 대사체물질을 만들고 유인력을 발생시키기 위한 토대로서 제공되는 탄소화합물이 유입되었을 때, 이들은 에너지 생성 반응의 중앙 경로 속으로 도입될 필요가 있다. 생장을 위해 기질로서 사용될 수 있는 물질의 다양성은 매우 크다. *Salmonella*의 경우, 수십 년 전에 이루어진 실험적 연구를 통해 80개가 넘는 유기화합물이 단일 탄소원과 에너지원으로 제공될 수 있음을 규명하였다(표 6.9). 토양에 서식하는 미생물(예, *Pseudomonas* 종)의 경우, 잠재적 기질 목록은 훨씬 더 크며 자연에서 유기물질의 순환에 중요한 역할을 하는 많은 화합물

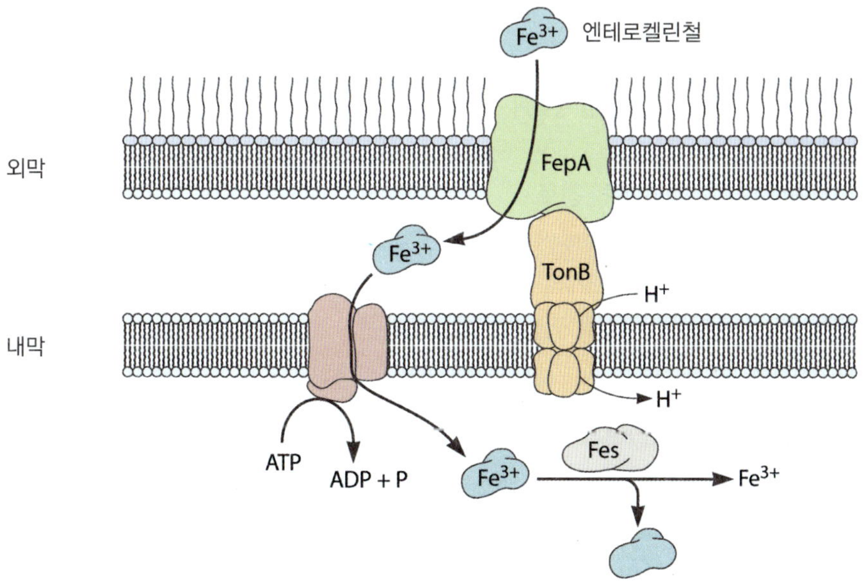

그림 6.12 ***E. coli*의 엔테로켈린(enterochelin) 철 전달 시스템.** 철과 결합한 엔테로켈린 분자는 TonB 복합체에 의하여 방출되는 양성자력 에너지를 필요로 하는 과정에서 외막의 FepA 단백질을 통하여 통과하며, TonB 복합체는 에너지가 충만한 세포막을 통하여 확장되어 있다. 이어 그 복합체는 다른 Fep 단백질을 통하여 세포막을 통과하는데, 이 과정은 ATP 가수분해에 의하여 유도된다. 에스테라제(Fes)는 엔테로켈린을 절단하여 철(Fe)을 방출한다.

표 6.9 *Salmonella*에 의해 단일 탄소원으로 쓰이는 화합물

아세트산	L-푸코오스	메소-이노시톨	L-프롤린
N-아세틸-D-글루코사민	푸마르산	DL-이소시트르산	프로피온산
N-아세틸-D-만노스아민	갈락타르산	α-케토글루타르산	피르부산
아데노신	갈락티톨	L-젖산	L-람노오스
L-알라닌	D-갈락토오스	라우르산	D-리보오스
L-아라비노오스	D-글루카릭산	L-자일로오스	D-세린
DL-시트라말산	D-글루코놀락톤	L-말산	L-세린
시트르산	D-글루콘산	D-말토오스	D-소비톨
L-시스테인	D-글루코사민	D-만니톨	숙신산
시티딘	D-포도당	D-만노오스	메소-타르타르산
2-디옥시아데노신	D-포도당-6-인산	D-만노오스아민	티미딘
2-디옥시시티딘	D-글루쿠로닉산	멜리비오스	D-트레할로오스
2-디옥시구아노신	D-글루쿠로놀락톤	L-메티오닐-L-알라닌	트리카발리리산
2-디옥시-D-리보오스	DL-글리세르산	6-메틸아미노퓨린	트리데카노이산
디옥시우리딘	글리세롤	α-메틸-D-갈락토시드	우리딘
디히드록시아세톤	α-글리세로인산	미리스트산	D-자일로오스
D-에리스로스	글리콜산	올레이산	
D-과당	구아노신	옥살로아세트산	
D-과당-6-인산	이노신	3-포스포글리세르산	

을 포함한다. 연료공급 경로는 이와 같이 엄청나게 다양한 물질을 중앙 경로의 대사물질 중의 하나로 전환시키며, 이것으로부터 세포는 생합성에 필요한 13개의 전구 대사체와 유인력을 만들 수 있다. 몇몇 **연료공급 경로**는 단일 반응(예, 자당(sucrose)이 두 분자의 육탄당(hexose)으로 전환)으로 구성되지만, 몇몇은 비록 전구 대사물질이 없을 지라도 많은 연속적 효소 촉매 단계들로 구성되며 상당한 ATP와 환원력을 만들기도 한다.

명심해야할 중요한 원리는 에너지 생성을 위해 음식으로 유입된 유기화합물은 연속적 반응에 의해 적어도 서로 연결되어 있는 중앙 대사과정의 세 개의 경로 중 하나로 들어갈 수 있는 유도체로 전환되어야만 하며, 이에 대해 아래에서 다루고자 한다.

중앙 대사과정

중앙 대사과정은 세 개의 일반 경로와 수많은 종-특이적 보조 에너지 생성 경로로 구성된다,

중앙 대사과정의 일반 경로

이들 경로는 세포로 구성된 생물에서 보편적으로 존재하고 모두 13개의 전구 대사체의 합성을 설명해주기 때문에, 3개의 상호 연결된 대사 경로는 특수한 상태를 가진다. 모든 생화학 강의는 중앙 대사과정을 구성하는 세 경로의 주요 특징을 소개할 것이다. 그림 6.13에 나타낸 바와 같이 이 들 세 경로의 개요는 세 경로의 주요한 연료용 산물들을 강조하고 있다.

1. **해당과정 경로.** 해당과정 경로(초기 발견자의 이름을 따 **Embden-Meyerhof-Parnas [EMP]** 경로로 알려진)에서, 포도당은 인산화된 후 2 분자의 삼탄당으로 쪼개지고 결국전구 대사체인 2분자의 피르부산을 생성한다. 세 개의 다른 전구 대사체, 두 분자의 NADH 형태의 환원력 그리고 총합 2분자의 ATP가 형성된다.

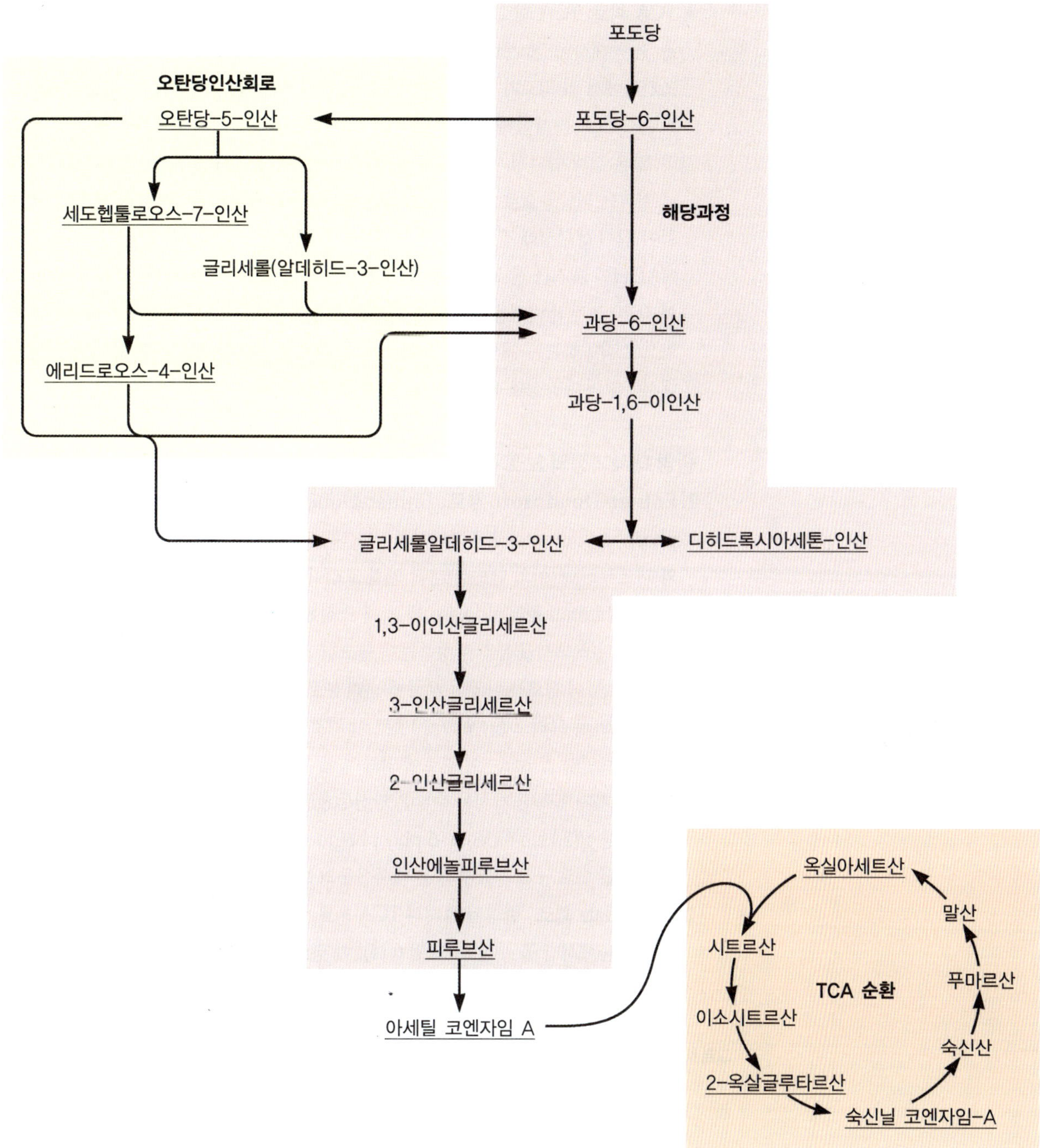

그림 6.13 중앙 연료 공급 경로. 13개의 전구체 대사물질에 밑줄이 그어져 있다.

2. 오탄당 인산 경로. 가끔 육탄당 일인산 션트(Pentose monophosphate shunt)라 불리는 이 경로는 포도당-6-인산을 삼탄당 인산으로 전환하는 대체 경로인 것 같지만 두 개의 부가적인 전구 대사물질을 공급하는 중추적인 역할을 수행한다. 이것은 또한 생합성에서 가장 흔하게 사용되는 NADH 형태로 두 분자의 환원력을 형성하는데 필수적이다.

3. **TCA 회로.** TCA 회로(또는 크렙스 회로)는 해당과정의 산물 피르부산으로부터 연결 전구 대사물질(acetyl-coenzyme A)을 거쳐 연료공급이 이루어진다. 비록 많은 조건하에서 이 경로가 회로로서 기능을 나타내지 않지만, 이 회로는 두 분자의 이산화탄소(CO_2)를 생산하면서 세 개의 전구 대사체와 네 단위의 환원력을 형성 할 수 있다. 많은 절대 혐기성 미생물들은 이 회로의 일부만을 갖고 있으며, 정상적으로 나타낸 것과는 역방향으로 기능을 나타낸다. 이 수단에 의하여 부수적인 NADH 를 생산함이 없이 생합성에 필요한 전구 대사물질이 생산될 수 있다. 우리가 아는 바와 같이 NADH의 제거는 산소가 없을 시 직면하게 되는 하나의 문제이다. 일반적인(*E. coli* 와 같은) 조건적 미생물들은 전체 회로를 소유할 수 있지만 혐기성 조건에서 반대 방향으로 작동하는 두개의 별개의 팔로서 이 회로를 움직인다. 이러한 유연성은 "중앙 대사과정의 다양성과 유연성" 으로 아래에 기술된다.

중앙 대사과정의 보조 경로

1. **Entner-Doudoroff 경로.** Entner-Doudoroff 경로는 오탄당 인산 경로(6-phosphogluconate)의 중간대사물질과 해당과정의 두 화합물(triose-3-phosphate와 피르부산) 사이의 단순한 대체 연결 고리이다(그림 6.14). 이 회로는 단지 두 개의 효소(dehydratase와 aldolase)에 의해 조절된다. 이 경로가 쓰이기 위해서는 ATP 생산과 전구 대사물질을 형성하는데 필요한 해당 경로가 작동되는 것을 필요로 한다. 하지만, 이 경로는 다양한 세균에 널리 분포되어 있으며, 몇몇 세균(*Pseudomonas*, *Zymomonas*, 그리고 *Erwinia* 종)에서 이 경로는 당 대사의 주요 경로로서 제공되는 것으로 보인다. *E. coli*는 이 경로에 의하여 글루콘산(gluconate)을 대사시킨다. 이 경로의 한 가지 독특한 가치는 수많은 당산(sugar acids)으로부터 온 경로는 하나의 중간 대사물질(2-keto-3-deoxy-6-phosphogluconate) 속으로 들어가고, 따라서 이 경로는 다른 연료 공급 경로부터 온 대사산물의 수집 장치로 제공될 수 있다.
2. **Glyoxylate 회로.** 변형된 형태의 TCA 회로, glyoxylate 회로는 세균, 원생동물, 그리고 식물에서만 볼 수 있다(그림 6.15). 이 경로는 TCA 회로에서 두 개의 부분적인

그림 6.14 Entner-Doudoroff 보조 경로.

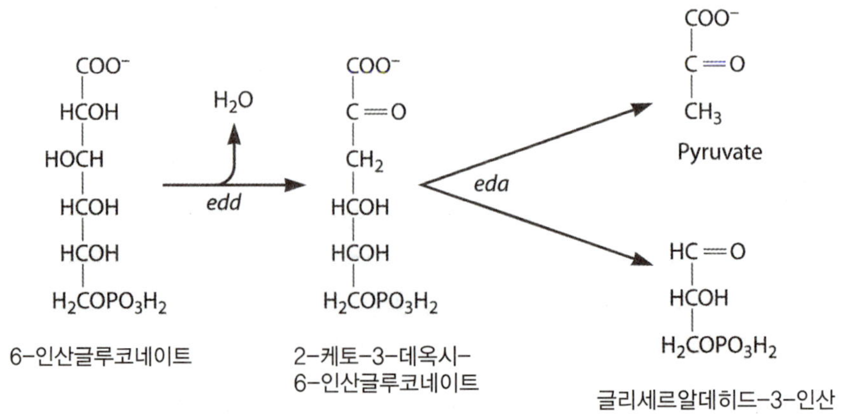

탈칼르복시화 반응을 갖는 사실상 우회로 또는 짧은 순환 회로로, 미생물이 아세트산에서 자랄 수 있게 한다(혹은 지방산을 아세트산으로 전환한다).

3. **발효 경로.** 많은 혐기성 종속영양 생물은 NADH를 NAD^+로 재산화시킬 수 있는 방법을 찾을 때만 기질 수준 인산화 반응에 의하여 그들이 필요로 하는 모든 ATP를 생산할 수 있음을 기억할 것이다. 발효라 불리는 이 기법은 NADH로부터 온 대부분의 수소 원자들을 피르부산이나 피르부산으로부터 유도된 몇몇 화합물로 전달됨으로써 이루어진다. 이 짧은 경로들(많은 경로들이 그림 6.4에 나타나 있음)은 중앙 대사과정의 보조적 에너지 생성 경로로 여겨진다.

중앙 대사과정의 다양성과 유연성

모든 생화학 수업에서 이들 대사 경로를 능수능란하게 다룰 수 있는 미생물들을 다루지 않는다. 어떤 그룹의 세균은 산소가 없고 이-탄소(혹은 일 탄소) 화합물과 다른 비당류에서 생장할 수 있는 능력 때문에 오랫동안 잘 알려져 있지만, 다양한 생태적 환경에서 생장하기 위하여 개개의 미생물에 의하여 독특하게 적응하여 진화된 중앙 경로들이 많이 있다. 예로서, 만약 세포에 단일 탄소 및 질소원으로 포도당 대신 오직 지방산, 오탄당, 혹은 말산만이 공급된다면, 어떻게 미생물들은 에너지 생성 산물(전구 대사체, 환원력, 그리고 에너지)을 획득할 수 있을까?

그 답은 어떤 연료 공급 경로가 대사물질들을 특정 중앙 경로로 쏟아 붓는 가에 상관없이 전구 대사물질이 만들어져야만 하기 때문에, 환경 조건에 따라 중앙경로가 정 방향 혹은 역 방향으로 운영되어야만 한다는 것이다.

많은 원핵생물이 호기성, 혐기성, 그리고 포도당 **신생합성과정(gluconeogenesis**; 일-탄소, 이-탄소, 삼-탄소, 혹은 사-탄소로부터 육탄당의 합성)을 요구하는 상황에서 생장할 수 있게 하는 중앙 경로를 운영하는데 있어 변형된 회로가 그림 6.16에 예시되어 있다. 운영의

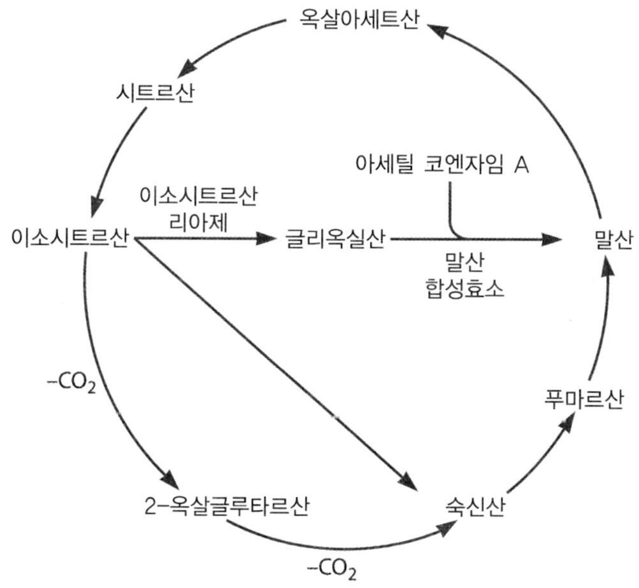

그림 6.15 글리옥실산(Glyoxylate)의 옆길(shunt).

A

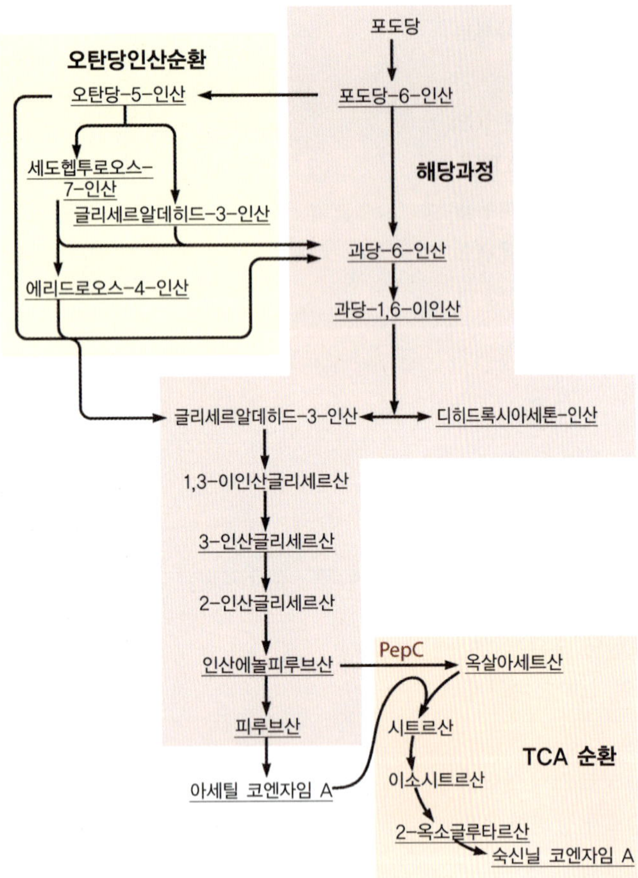

B

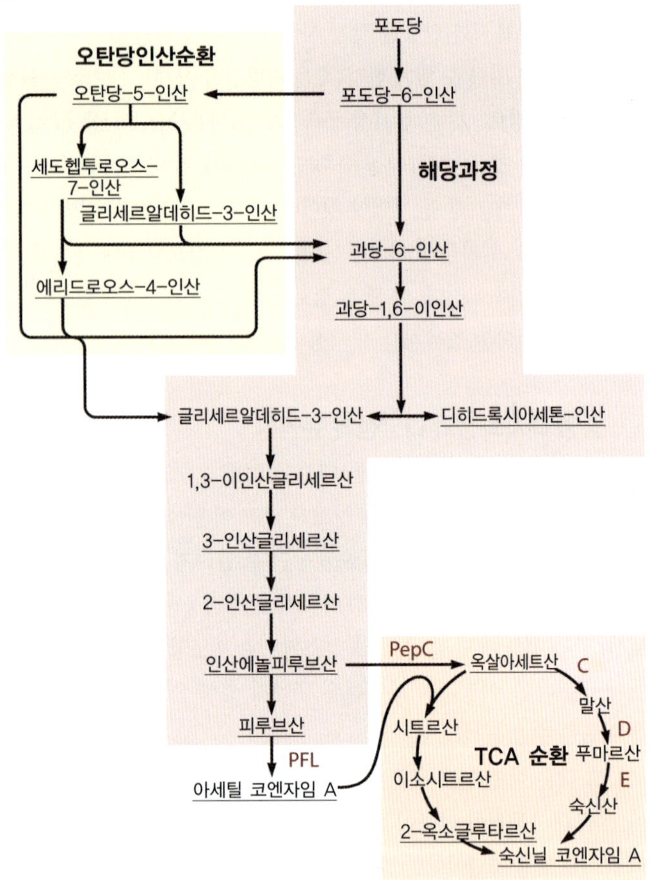

C

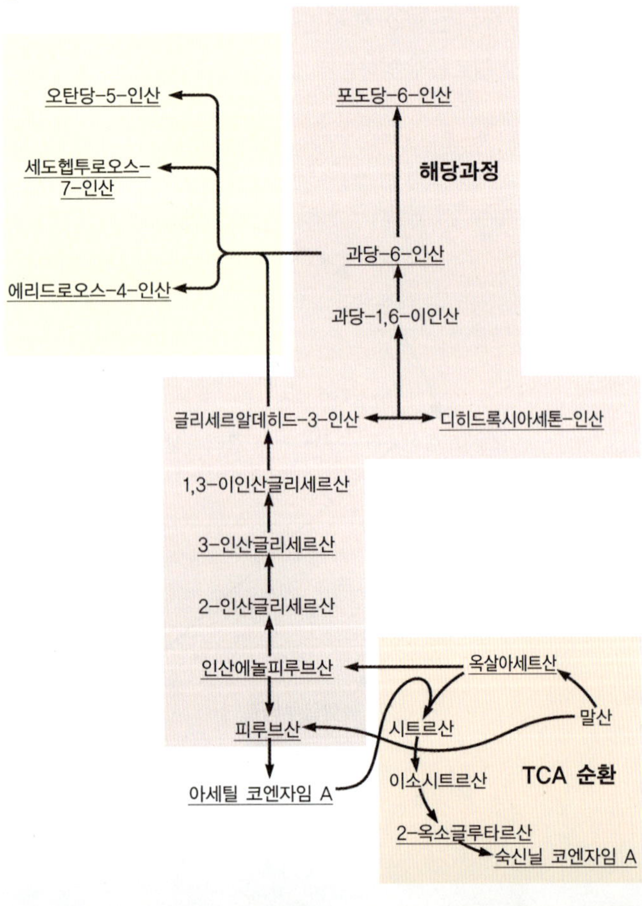

그림 6.16 중앙 에너지 생성 경로들의 작용 방식. 이 예들은 *E. coli*와 같은 조건적 종속영양 생물을 기초로 하였다. 13개의 전구체 대사물질에 밑줄이 그어져 있다. **(A)** 포도당에서 호기적 생장. PepC(phosphoenolpyruvate carboxylase)는 TCA 경로의 가장 많은 연료 공급 반응, 포스포에놀피루브산의 카르복실화에 의하여 옥살아세트산을 생성한다. TCA 회로의 성분들은 에너지-생산 회로로서가 아니라 세 개의 전구 대사물질을 공급하는데 거의 독점적 기능을 갖는다. **(B)** 포도당에서 혐기성(발효) 생장. PepC는 TCA 경로의 주요 연료공급 반응에 관여한다. PFL은 피루브산-포름산 리아제로 이 반응을 촉매하는데 있어 호기성 피루브산 탈수소효소(pyruvate dehydrogenase)를 대신한다. **(C)** 말산에서 호기적 생장. 말산은 두개의 말산 효소 중 하나에 의하여 피르부산으로 전환된다. 피르부산의 포소포에놀피루브산의 전환은 부가 효소인 포소포에놀피루브산 합성효소(synthase)에 의하여 촉매된다. 마찬가지로, 과당-6-인산은 부가 효소, 과당-1,6-biphosphatase에 의하여 형성된다. 또한 오탄당 인산 회로의 혐기성 경로도 작동하게 된다.

유연성은 주어진 조건에 따라 적당한 대사물질 흐름의 방향을 정하기 위하여 어떤 주요 단계에서 같은 화학 반응이 두 개의 분리된 효소에 의하여 촉매되어야만 할 것과 별도의 촉매 인자 조건들을 충족시킬 것을 요구한다. 어떻게 이러한 통제가 이루어지는 지에 대해서는 제12장에서 다루어진다.

전구 대사물질 만들기: 독립영양체

독립영양체, 식물 혹은 미생물의 명확한 특성은 충분한 이산화탄소(CO_2)를 고정 (유기 화합물로의 전환)하여 적당한 비율로 생장할 수 있을 정도로 전구대사체를 만들어 모든 세포 구성분을 만드는데 필요한 탄소를 공급 할 수 있는 능력이다. 이것은 어렵고 에너지학적으로 비싼 대사과정이다.

캘빈 회로

대다수의 독립영양 생물은 이산화탄소를 5탄당 인산인 **리불로오스 이인산(ribulose biphosphate)**에 더하는 것을 촉매하는 효소, **리불로오스 이인산 카르복시라제(ribulose biphosphate carboxylase; RuBisCo)**를 통해 이산화탄소를 고정하고, 육탄당 중간 대사물질을 생성하는데 이들 대사물질들은 쪼개져 자연적으로 두 분자의 3-인산 글리세르산 (3-phosphoglycerate)을 생성하게 된다. RuBisCo가 필수적 역할을 하는 **캘빈 회로**(또는 환원적 5탄당 인산 경로로 알려짐)는 이산화탄소를 수용할 수 있는 리불로오스-1,5-이인산을 생산한다. 이 길을 따라, 글리세프알데히드-3-인산(glyceraldehyde-3-인산) (삼탄당 인산; triosephosphate) 중간대사체가 나다난다. 삼탄당 인산은 또한 해당 경로의 중간 대사물질이기 때문에 중앙 경로의 교차 경로로 흘러 들어가 전구 대사체들을 형성 할 수 있다. 따라서, 캘빈회로는 중앙 대사 과정의 경로들과 더불어 이산화탄소로부터 모든 전구 대사물질을 합성할 수 있을 정도로 풍부하다.

이 중요한 경로의 기능적 심장이라 할 수 있는 RuBisCo는 자연에서 독특한 역할을 한다. 이 효소는 지구상에 있는 대다수의 유기물의 생산에 관여하고 있다. 또한 단지 그것의 중심적 역할 때문만이 아니라 매우 좋은 효소는 아니기 때문에 지구상에서 가장 풍부하게 존재하는 효소이다. 분자적 토대로 봤을 때 RuBisCo는 다소 비효율적(낮은 전환수를 가짐)이며, 산소와 이산화탄소를 구별하는데 어려움을 갖고 있다. 이 효소는 100가지 중 한 인자에 의하여 산소보다는 이산화탄소를 좋아한다. 그렇지만, 대기 중에 존재하는 압도적인 산소의 농도 때문에 RuBisCo는 세 분자의 이산화탄소 고정 때마다 한 분자의 산소를 고정한다. 한 분자의 산소를 고정할 때마다 이 효소는 대사 에너지에서 엄청난 비용으로 제거되어야만 하는 쓸데없고 독성이 있는 산물(포스포글리콜산; phosphoglycolate)을 생산한다. 몇몇 생물(예, 바랭이류 같은 C-4 식물)은 세포 내 이산화탄소의 농도를 증가시킬 수 있는 메커니즘을 개발하여 RuBisCo의 효율성을 재고하였다. 더 나은 RuBisCo가 개발되지 않은 이유에 대한 설들은 많이 있다; 실제로, 현재까지 성공적이 않지만 효소의 본성에 손을 가하는 유전공학적 시도가 이루어져 왔지만, 확실한 답은 없다. 아마도, RuBisCo는 어려운 화학적 반응에 직면해 있을 수도 있다.

표 6.10 캘빈 회로 이외의 CO_2 고정 경로

경로	주요 반응	분포
환원 TCA 회로	역 TCA 회로의 운영에 의한 CO_2 고정;	*Chlorobium*과 어떤 다른 광독립영양세균; 몇몇 수소-산화 세균
히드록시피온산 경로	아세틸-CoA와 프로피오닐-CoA가 수용체로 작용하는 두 반응에 의한 CO_2 고정; 일련의 순환적 반응에서, 아세틸-CoA은 재생된다.	*Chloroflexu*, 광독립영양세균
아세틸-CoA 경로[a]	H_2가 사용되어 CO_2를 환원시키는 발효에서 CO_2 고정, 궁극적으로 아세트산 형성	*Desulfobacterium autotrophicum*, 어떤 클로스트리디아, 그리고 아세트산생성균과 고세균

[a]CoA, coenzyme A.

기타 이산화탄소-고정 회로

비록 캘빈 회로가 독립영양체가 이산화탄소를 고정할 수 있는 것으로 가장 널리 알려져 있는 경로이지만, 그것이 유일한 것은 아니다. 두 개의 다른 이산화탄소-고정 경로: **환원적 TCA 회로 (reductive TCA cycle)**와 **히드록시프로피온산 경로(hydroypropionate pathway)**가 독립영양체에 존재한다. 이들 각각은 비교적 작은 그룹의 원핵생물에 제한되어 있다. 부가적으로, 이산화탄소와 수소(H_2)로부터 아세트산을 만드는 네 번째 경로가 여러 혐기성 세균과 고세균에 존재한다(표 6.10). 이산화탄소 고정에 필요한 네 경로가 존재는 것은 미생물 대사과정에서 흔히 직면하는 사실이라는 것을 보여준다. 자연 도태는 같은 목표일 것으로 여겨지는 것을 획득하기 위하여 다양한 경로의 선별을 유도하였다. 이와 같은 표면적 풍부함은 특정 생태학적 니체(ecological niche)에서 특정 경로의 이점에 대해 우리가 잘 알고 있지 못함을 반영하는지도 모른다.

이산화탄소 고정에 관여된 이들 경로 모두는 중앙 경로의 하나 또는 또 다른 대사물질을 생산하거나 중앙 대사물질로 쉽게 전환되는 화합물을 생산한다.

요약

이 장에서 우리는 어떻게 영양소가 세포 내로 들어오고 생장과 다른 활동에 필요한 상당량의 ATP와 더불어 환원력과 생합성에 필요한 13개의 전구 대사물질로 생산하는 경로에 필요한 기질을 제공하는 지에 대해 알아보았다.

다음 요점은 반복적 강조 사항을 나타낸 것이다.

- 중앙 경로의 유연성. 이들 경로들은 환경에 의해 주어진 기질에 따라 가역적이며 모두가 세포가 필요로 하는 모든 에너지의 생산을 유도한다.
- 엄청난 수의 연료 공급 경로. 결론적으로, 미생물은 모든 생물과 그들의 산물을 재순환하는데 필수적인 역할을 한다.
- 산소의 독성 효과에 대처하는 방식. 산소 중독으로부터 해방은 혐기성 생물에 의해 보여 진다.
- 에너지 전도체로서 세포 외막(cell envelope)을 이용하는 영리함.

- 한 생물 또는 또 다른 생물들에게 에너지원으로 작용하는 새로운 유기 및 무기 물질의 다양성.
- 광역적 토대 하에서 독립영양체의 에너지 생성 방식의 우월성.

마지막 요점은 특별히 관심을 가질 가치가 있다. 모든 생명의 에너지는 환원 화합물의 산화에 의하여 얻어지는데, 그것은 포도당과 같은 익숙한 화합물일 수도 있고 미생물의 경우에는 생각할 수 없을 정도로 사실상 지구상에 있는 모든 유기 화합물일 수도 있고, 대부분의 무기 화합물일 수도 있다. 그 목록은 수소, 이가 철(ferrous iron), sulfide, 암모니아, 그리고 기타 화합물 등을 포함하고 있기 때문에 상상력을 이끌어 낸다. 미생물은 에너지를 가지는 모든 것을 먹을 것처럼 보이며, 따라서 이들은 지구상에서 최종적인 에너지 청소부이다. 산화는 환원이 되는 무엇인가를 요구하고, 미생물은 계속해서 우리를 놀라게 한다. 동물과 식물은 산소를 이용하지만, 미생물은 산소 이외의 다른 것들 중에서 황산(sulfate), 질산(nitrate), 그리고 이가 철(ferrous iron)을 이용한다. 우리는 산소를 취하는 것을 호흡으로 말하기 때문에, 유사한 개념으로 미생물은 암석을 빨아들인다. 이것은 에너지 대사에 대한 우리의 재래식 관념을 바꾸고, 비법처럼 들리는 생화학 반응을 포함하는데 까지 우리의 관념을 확장시키지만, 요점은 이들 과정이 광대한 규모로 일어나고 자연에서 물질의 순환에 필수적이라는 것이다. 이러한 낯선 생화학이 없다면 지구상의 생명은 지속될 수가 없다.

학습문제

1. 지구 생물권의 미생물 우점은 대부분 미생물의 에너지 생성 반응의 다양성과 관련된다는 주장을 설명하시오.

2. 에너지와 환원력을 하나의 실체인 동력(driving force)으로 묶기 위한 정당한 이유는 무엇인가?

3. 세포의 ATP 발생은 두 개의 다른 메커니즘인 기질-수준 인산화 반응과 막전달 이온 구배에 의해 일어난다. 어떻게 이들 각각의 메커니즘이 에너지 구배에 따라 아래로 전자의 이동을 시킬 수 있는지를 설명하시오.

4. 전이막(transmembrane) 이온 구배에 의한 ATP의 생성은 두 단계: 구배(gradient) 설정 및 에너지를 사용하여 ATP를 생성하는 것을 포함한다. 미생물들은 이들 각 단계를 수행하기 위해 어떤 메커니즘을 개발하였는가?

5. 어떻게 광합성에 의하여 에너지는 생성되는가?

6. 식물은 독립영양체이고 동물은 종속영양체이다. 어떤 원핵생물은 독립영양체, 또 다른 원핵생물은 종속영양체이며 몇몇은 어느 한 쪽의 에너지 생성 방식을 이용할 수 있다. 원핵생물은 어떤 다른 생물보다 훨씬 큰 에너지 생성 방식의 다양성을 보여준다는 설을 무엇으로 정당화시킬 수 있는가?

7. 무엇으로 원핵생물에 의해 이용되는 용질의 유입 반응의 다양성을 설명할 수 있는가?

8. 대부분의 반응과 중앙 대사과정의 경로는 독립영양체와 종속영양체에 의하여 유사하게 공유되고 있다. 그런 경우라면, 중앙 대사과정은 에너지-발생 단계에서 볼 수 있는 큰 다양성을 소유하지 못한다는 주장에 대해 논하시오.

제7장 생합성

일반 관찰

생합성과 영양소

산 개울과 같이 영양소가 부족한 환경에서 생장하든 닭 육수와 같이 영양소가 풍부한 환경에서 생장하든 미생물 세포는 꼭 같이 안전하게 정렬된 빌딩 블록을 중합 기계장치에 제공해야만 한다(표 7.1). 세포가 만들 수 없는 영양소는 환경으로부터 이미 형성된 것을 획득해야만 한다. 생합성 능력과 영양 요구성은 상호적이다: 세포의 생합성 능력이 크면 클수록 세포의 영양 요구성은 적어진다. 사람들이 우선 생각하는 것과는 반대로 적은 영양 요구성을 갖는 세포는 대사적 의미에서 더 복잡하다.

대부분의 빌딩 블록은 비록 어느 정도의 에너지가 소요되지만 세포 내로 전달 될 수 있다. 어떤 세균의 종들은 필수 영양소로 사용하기 위하여 오로지 하나 이상의 이들 물질이 있는 외부 공급원에 의지한다.

난배양 (fastidious) 세균이라 불리는 몇몇 세균은 거의 모든 빌딩 블록을 요구하는 것처럼 보인다. *Leuconostoc citrovorum* (낙농 세균)은 19개의 아미노산, 두개의 퓨린, 한 개의 피리미딘, 그리고 비타민들을 요구한다; 이들 세균은 포유동물보다도 요구를 충족시키기 어렵다. 영양 스펙트럼의 다른 한 쪽 끝에 있는 몇몇 종은 완전한 합성 화학자, 다시 말해 그들은 완전한 배열의 생합성 경로를 소유하고 있으며 모든 빌딩 블록을 합성할 수 있다. 이들 극한 상황 사이에는 모두 중간 대사체 상태의 영양소가 존재한다. 놀라울 것도 없이 유기물이 풍부한 환경에서 자라는 세균은 자연도태의 결과로 불필요한 경로를 잃어버리는 경향이 있다. 세균 영양 형태의 다양성에 대한 것은 표 7.2에 나타나 있다.

세균학과 생합성 경로

몇몇 예외적인 것을 제외하고, 빌딩 블록을 생성하는 모든 생합성 반응이 알려져 있으며, 그

표 7.1 대표적 그람-음성 세균을 생성하는데 필요한 주요 빌딩 블록[a]

단백질 아미노산	DNA 뉴클레오티드	글리코겐 단량체
알라닌	dATP	포도당
아르기닌	dGTP	
아스파라긴	dCTP	**폴리아민 단위**
아스파르트산	dTTP	오르니틴
시스테인		
글루탐산	**지질 성분**	**조효소**
글리신	글리세롤 인산	NAD^+
히스티딘	세린	$NADP^+$
이소루이신	지방산 (수개)	CoA
루이신		CoQ
리신	**지질다당류 성분**	박토프레노이드
메티오닌	UDP-포도당	테트라하이로폴레이트
페닐알라닌	CDP-에탄올아민	시아노코발라민
프롤린	히드록시미리스트산	피리독살 인산
셀레노메티오닌	지방산	니코틴산
세린	CMP-KDO	다른 조효소
트레오닌	NDP-헵토오스	
트립토판	TDP-글루코사민	**보결분자단**
티로신		FMN
발린	**뮤린 단량체**	FAD
	UDP-N-아세틸그루코사민	비오틴
RNA 뉴클레오티드	UDP-N-아세틸뮤람산	시토크롬
ATP	알라닌	리포산
GTP	디아미노피멜산	티아민 피로인산
CTP	글루탐산	
UTP		

[a]GTP는 구아노신 삼인산; UTP, 우리딘 삼인산; dTTP, 디옥시리보실티아민 삼인산; UDP, 우리딘 이인산; CDP, 시티딘 이인산; CMP, 시티딘 일인산; KDO, 2-케토-3-디옥시크툴로소닉산; NDP, 뉴클레오시드 이인산; TDP, 리보실티아민 이인산; FMN, 플라빈 모노뉴클레오티드; FAD, 플라빈 아데닌 디뉴클레오티드; LPS, 지질다당류

들은 몇몇을 제외하고는 생합성 반응이 일어나는 모든 생물에서 꼭 같다. 20세기 중반 하나 또는 또 다른 영양 요구성을 가진 원영양체(prototroph; 영양요구성이 아닌 균주)의 돌연변이체 분리는 정확하게 생합성 경로를 발견하는 수단을 제공하였다. 대부분 *Escherichial coli*와 *Salmonella*와 같은 장내세균 **영양요구성 돌연변이체(auxotrophic mutants)**는 반응을 차단시킨 후 중간대사물질에서 자랄 수 있으므로 인하여 실마리를 제공해 주었고, 빌딩 블록이 부족하였을 때 그 반응을 차단시키기 전 이들은 많은 양의 중간대사물질을 환경으로 방출한다. 이러한 중간대사물질은 차례차례 이전 단계에서 차단된 돌연변이체에게 영양분으로 제공되는 것으로 볼 수 있다. 동위원소에 표지된 대사물질의 생체 내(in vivo) 사용과 효소 활성의 생체 외(in vitro) 측정은 각 돌연변이체에서 제거된 효소를 동정할 수 있도록 하였다. 하나씩 각 빌딩 블록을 만드는데 필요한 단계들이 풀려나갔다. 미생물학에서 이러한 업적은 모든 생물학의 발전에 부가적으로 기여하였다: 세균학에서 발견된 경로들은 (기대했던 대로) 다른 세균, 미생물, 식물, 동물들에 의하여 대부분 복제되어질 수 있는 것으로 증명되었다.

표 7.2 두 종속영양 세균의 영양 요구성

	배지 조성			
			유기	
생물	무기	미량원소[a]	탄소/에너지원	필수 영양소[b]
Escherichia coli	K^+, NH_4^+, Mg^{2+}, Fe^{2+}, Cl^-, SO_4^{2-}	Mn^{2+}, Mo^{6+}, Cu^{2+}, Co^{2+}, Zn^{3+}, B^{3+}	포도당	없음
Streptococcus agalactiae[c]	위와 같음	위와 같음	위와 같음	알라닌, 아르기닌, 아스파르트산, 시스틴, 시스테인, 글루탐산, 히스티딘, 루이신, 리신, 이소루이신, 메티오닌, 페닐알라닌, 프롤린, 세린, 트립토판, 티로신, 발린, 니코틴산, 판토텐산,피리독살, 티아민, 리보플라빈, 비오틴, 엽산, 아데닌, 구아닌, 크산틴, 우라실

[a] 이들 물질들은 실험도구, 증류수, 배양액의 주요성분들의 불순물로, 충분한 양으로 보통 존재한다.

[b] 많은 경우에, 사면석 이성실체(예, L형 아미노산)이어야 한다.

[c] N.P. Willett, G.E. Morse, J. *Bacteriol*, **91**: 2245-2250, 1966년 데이타

생합성 경로의 개념

만약 누군가가 매우 큰 종이에다 모두 75-100개의 빌딩 블록(우리는 여기에 효소 보조인자를 포함시킨다)의 구조(혹은 그 이름까지)를 설계하고 그들 각각에 대하여 그들의 합성을 유도하는 효소의 촉매 반응을 더한다면, 결과적으로 나타나는 대사 지도는 우리를 몹시 당황스럽게 할 것이다; 그 그림에는 수백 개의 효소 촉매 반응이 있다. 이러한 크기와 복잡성을 선보이는데 있어 컴퓨터가 훨씬 더 유용하며 여러분들은 EcoCyc 웹사이트에서 그러한 방식으로 선보이는 생합성 경로를 볼 수 있고, 이것에 대해서는 5장에서도 언급된 바 있다.

그렇지만 잘 살펴보면 단순한 조직화는 생합성 반응의 비모로부터 나타난다(그림 7.1). 거의 100개의 빌딩 블록이 단지 13개의 전구 대사물질-5장 연료공급 경로의 중간대사물질로 일고 있는 화합물로부터 만들어진다. 따라서 생합성 그림의 전체적인 패턴은 단지 13개의 유사한 시작 물질로부터 유래된 평형과 분지 경로중의 하나이다.

7.1 *E. coli*에 대한 대사 정보를 요약한 웹 사이트, *EcoCyc*

좀 더 구체적으로 살펴보면, 다른 특징이 명확하게 나타난다.

1. **빌딩 블록**-각 경로의 최종 산물은 일반적으로 전구 대사물질보다 더 감소하며, 따라서 그 경로들은 환원된 조효소 니코틴아마이드 아데닌 디뉴클레오티드 포스페이트(NADPH)의 형태로 환원력(reducing power)을 이용한다. 이것은 이상적 요소로, 연료공급 반응들(5탄당 인산 경로는 제외)이 일반적으로 NADH 형태로 환원력을 생산하고 생합성 경로는 대개 NADPH 형태로 이용 된다는 것을 상기할 필요가 있다. 표면적으로 드러나는 이러한 등가(equivalent) 조효소의 존재는 쌍을 이룬 개개가 각기 다른 가(value)의 **환원 평형(reductive poise**; 환원형과 산화형의 비율)에 놓일 수 있도록 해준다. 따라서 세포들은 높은 산화형 NAD^+/NADH 비율 (낮은 환원 평형)을 유지하며, 이것은 연료공급 경로의 산화환원 반응으로부터 수소를 받아들이는데 있어 이 조효소의 역할을 촉진시키게 해준다. NADPH/$NADP^+$ 비율은 높으면 (높은 환원 평형) 그것은 생합성 경로에서 수소를 공여하는 역할을 촉진시킨다. 두 형태의 환원력 사이의 상대 평형은 조정되어야만 한다. 그들은 대부분 **transhydrogenase**라는 효소에 의하여 이루어진다. 대부분의 경로들은 ATP에 있는 에너지를 이용하여 열역학적으로 선호하는 전구체로부터 빌딩 블록에 이르는 물

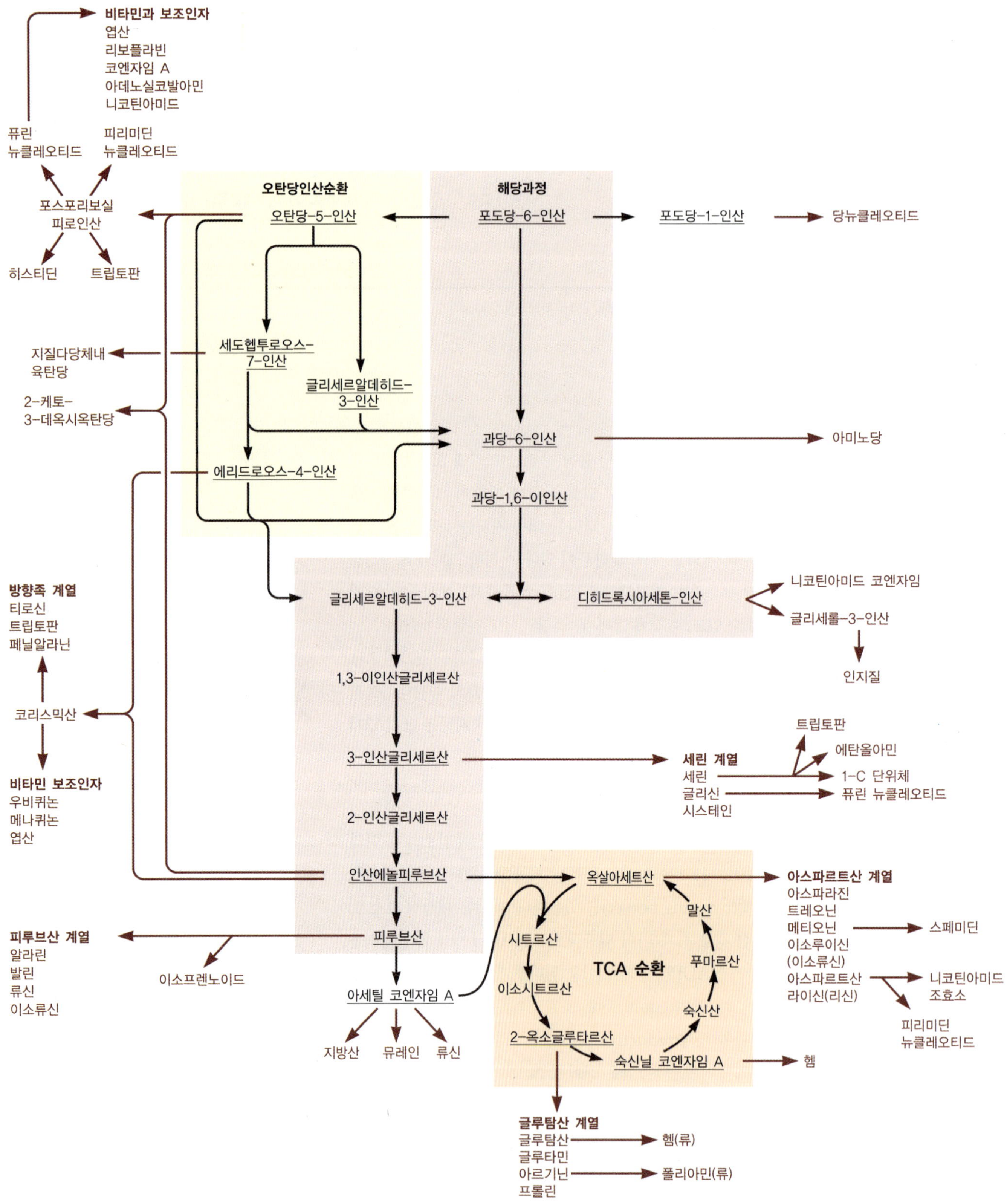

그림 7.1 중앙 대사과정으로부터 생합성 최종 산물에 이르는 경로. 13개의 전구체 대사물질에 밑줄이 그어져 있다. 생합성 최종 산물은 빨갛게 표시되어 있다.

질의 흐름을 유도한다(전이막 이온 구배와 같은 기타 에너지원은 비록 많은 세균에서 이들 구배로 인해 ATP가 생산되지만 독점적으로 세포내 반응에 직접 유용하게 쓰이는 것은 아니다).

3. 이 대사 지도에서 증명되지 않은 것은 생합성 경로에서 가장 중요한 특징 중의 하나이다. 각 경로의 주요 반응에서 나타나는 효소들은 이성질체(allosteric)로, 그들은 하나는 촉매 활성을 나타내고 하나는 비활성인 두 개의 형을 가질 수 있음을 의미한다. 어느 시기에 선택된 이들 형태는 결합 또는 필요한 특정 분자, 즉 주어진 효소 산물의 필요성에 대한 중요한 척도인 조절 리간드 (controlling ligand)의 결합 결손에 의하여 결정된다. 리간드는 촉매 활성 부위와는 다른 효소 단백질의 특정 부위에 결합한다. 그와 같은 리간드는 일반적으로 낮은 분자량의 대사물질이다. 만약 리간드가 결합한다면, 효소는 비활성 형태로 변하게 된다(그것은 또한 다른 방식으로 작동하기도 한다: 어떤 리간드의 결합은 어떤 이성질체 효소를 활성화시킨다). 이성질체는 어떤 방법을 제공하며 효소 활성은 그 방법에 따라 멀리 떨어져 있으면서 유사하지도 않은 그 기질 혹은 산물에 의하여 변형될 수 있다. 생합성 경로의 일반적 특징은 생합성 경로에서 최종 산물인 빌딩 블록이 하나 이상의 효소에 대한 이성질체 리간드이다.

뒷 절에서 보다 자세히 다루어지겠지만, 생합성 경로에서 최종 산물에 의한 하나 이상의 효소의 억제 패턴은 기대치 않은 상황을 가져온다: 이들 경로의 운용은 원재료의 가용성보다는 *중합 반응 시 그들의 최종 산물의 이용 비율*에 의하여 조절된다. 이 사실은 생장 대사 과정에서 매우 중요하다. 왜냐하면 세포가 그들의 빌딩 블록을 만들 수 있을 만큼 빠른 속도로 생장하지 않고-그들이 생장할 수 있을 만큼의 속도로 빌딩 블록을 만드는 직관에 반한 결과를 가져오기 때문이다. 우리는 조절에 관한 뒷장에서 이처럼 호기심을 끄는 상황으로 돌아가게 될 것이다(제12장 참조).

생합성 경로의 특징(분지패턴, NADPH와 ATP의 이용, 그리고 이성질체 효소에 의한 조절)은 그림 7.2에 요약되어 있다.

한 가지 사실은 이 토론으로부터 분명해져야만 한다. 생합성 경로는 실제 생물학적 실체로 사람들이 생합성 반응의 네트워크를 바이트-크기의 조각으로 조직화하는 것을 도울 수 있도록 설계된 지적 구조물이 아니다. 미생물학자가 아닌 미생물 세포는 대사 단위로 정의했다. 어떤 경로의 효소들은 물리적으로 세포내에 위치하고 있다는 증거들이 계속해서 발견되고 있다. 이러한 조직적 요소는 세포가 단지 효소를 담고 있는 가방인지(한 때 몇몇 학자들에 의하여 그렇게 여겨졌던 경우가 있었던 것처럼), 고도로 정렬된 효소 복합체의 한 세트인지에 대한 이슈에 대해 논하고 있는 점에서 중요하다. 대사적으로 관련되어 있는 효소들의 물리적 결합은 한 촉매제로부터 다음 촉매제로 대사물질의 확산 시간을 최소화하고 세포내 대사물질의 농도를 낮춤으로써 여러 과정을 촉진시킬 수 있다.

13개의 전구 대사물질의 어떤 것도 질소 또는 황을 포함하고 있지 않지만 많은 빌딩 블록과 다른 세포 구성물은 이들 중 하나 혹은 둘 모두를 포함하고 있다. 이 점에서, 어떻게 질소와 황이 대사물질 속으로 병합되는지를 잘 조사해 볼 필요가 있다(이 과정에 대한 가장 어울리는 단어는 동화이다).

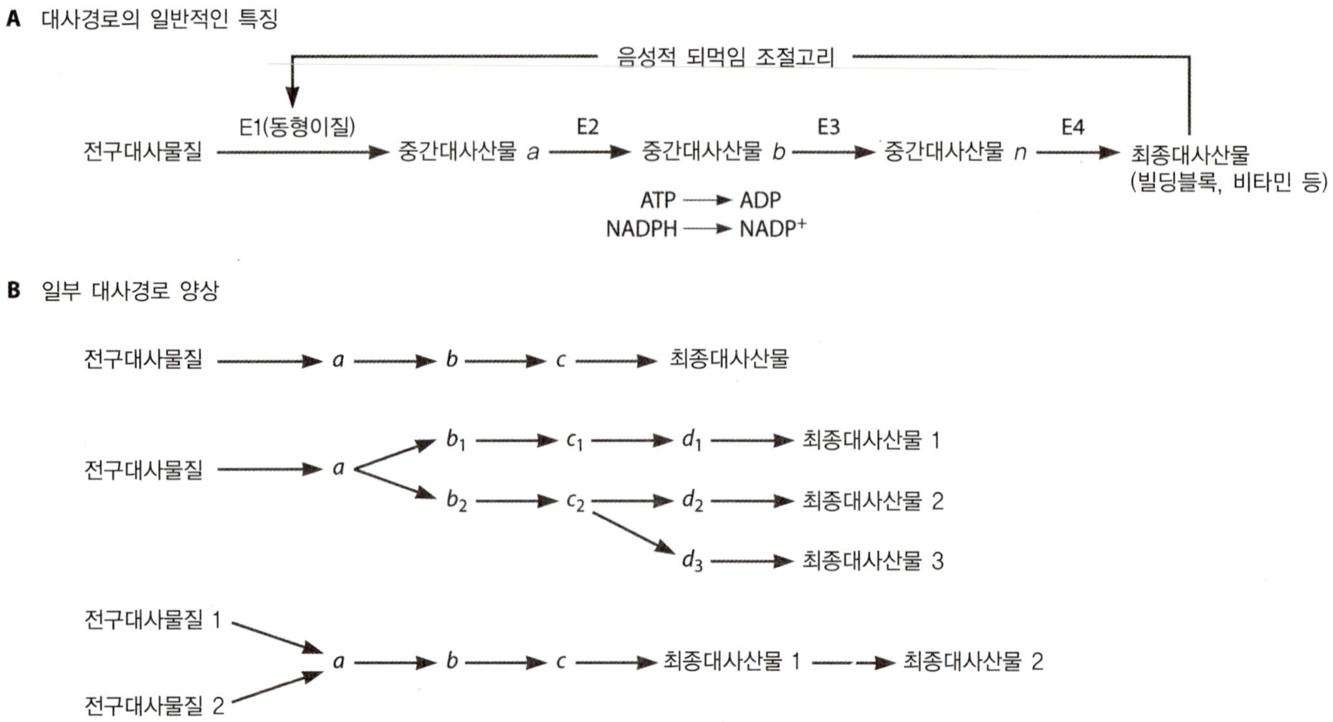

그림 7.2 미생물 생합성 경로의 특성. (A) 생합성 경로의 일반적 특성. 이 경로의 효소들, E1-E4 (B) 다른 경로의 패턴으로, 다중의 전구체와 경로의 가지를 예시해준다.

질소의 동화

질소는 원형질의 중요한 성분이다: 이것은 무게에 의해 탄소 다음으로 주요한 요소이다. 이것은 다른 화합물은 물론 모든 아미노산과 뉴클레오티드에서 볼 수 있으며 모든 세포 건조중량의 15%를 차지한다. 질소의 동화는 연료 공급에서 일어나지 않지만 생합성시 전구 대사물질로부터 세포 거대분자의 빌딩 블록으로 진행되는 경로를 따라 여러 단계에서 일어난다. 질소는 환원된 상태(아미노 또는 아미도기로 -3 산화 상태)로 이들 경로 속으로 들어가며 거의 모든 세포 구성물(아미노, 아미도, 또는 이미노기나 heterocyclic 유기분자로)에서 환원 상태로 유지된다(거의 항상 생물학적 법칙의 경우에서처럼 예외가 있지만 예외는 매우 드물다. 주목할 만한 것은 자연적 항생제 클로람페니콜로, 이 물질에서는 질소가 니트로 [-NO_2]기로 나타난다).

엄청난 수의 환경 질소원이 있다: 질소 기체(지구 대기 중의 주요 성분), 여러 가지 무기 질소 옥사이드, 그리고 모든 원형질의 질소 화합물이 어떻게 이들 질소가 이용되는 가에 대해 조사할 때, 질소 동화에 대해 전반적 개요를 보여주는 그림 7.3을 참고함으로써 토론을 해나가는데 도움이 될 것이다.

주연: 글루탐산과 글루타민

세포 구성물 질소의 원자가 상태(-3)가 일정한 것과 아주 대조적으로 미생물들은 환경에 있는 -3에서 +7에 이르는 전 범위의 산화상태 질소원을 이용할 수 있다. 따라서 미생물의 질소 대사과정은 넓게 기저에 놓인 매우 다양한 원재료가 세포 대사과정으로 들어갈 때 비교적

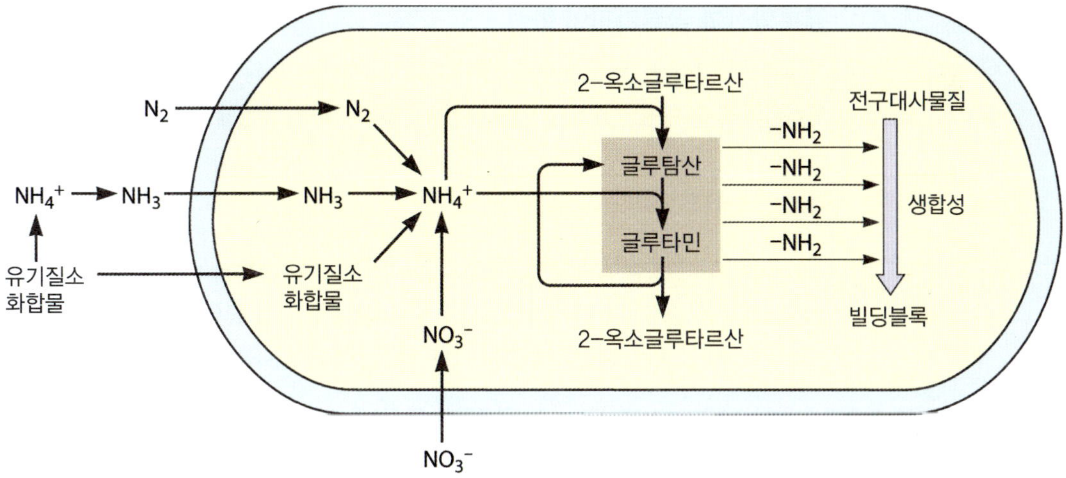

그림 7.3 질소의 생합성 동화. 자세한 내용은 본문에 기술되어 있다.

일정한 형태로 모아지는 피라미드로 볼 수 있다. 영양분으로부터 온 경로는 한 곳으로 모아지며 아주 놀랍게도, 한 지점에서 거의 모두가 두 화합물, 아미노산 **글루탐산**과 **글루타민**을 통해 흐른다. 글루탐산과 조금 덜한 정도이지만 글루타민은 그들의 질소를 다양한 빌딩 블록의 생합성 경로에 공여한다. 양적으로, 글루탐산은 훨씬 더 중요하다: 세포 질소의 약 90%가 이 물질을 통해 흐른다.

글루덤산은 페닐알라닌과 같은 아미노산의 생합성시 **아미노기 전이(transamination)**에 의하여 아미노기를 공여한다.

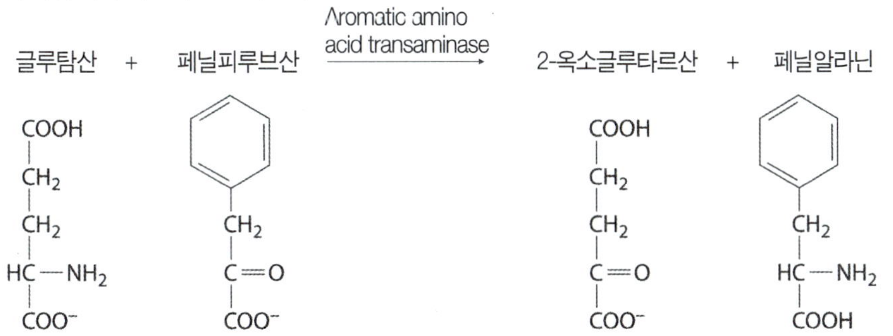

글루타민은 아미도기를 뉴클레오티드 시티딘 삼인산 (CTP)을 비롯한 다양한 생합성에 공여한다:

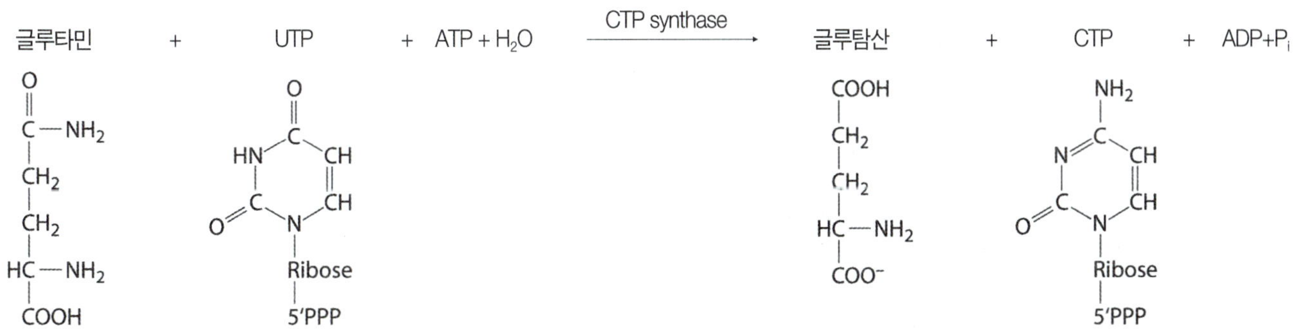

글루탐산과 글루타민의 합성

어떻게 글루탐산과 글루타민이 합성되는가? 그리 놀랍지도 않게, 그들의 합성 경로는 상호 연결되어 있다. 어떤 세균은 두 가지 방법으로 글루탐산을 합성할 수 있다. 그들이 선택하는 방법은 임의적으로 이루어지는 것이 아니라 영양조건에 따라 달라지며, 생태가 생리를 처방하는 방법에 대한 알맞은 예라 할 수 있다.

1. 글루탐산은 글루탐산 탈수소효소(glutamate dehydrogenase)에 의해 촉매되는 ATP-의존적 반응에서 암모니아를 TCA 회로의 전구 대사물질인 2-옥소글루타르산(2-oxoglutarate) 속으로 병합함으로써 합성될 수 있다.

2-옥소글루타르산 + NH_3 + H^+ + NADPH $\xrightarrow{\text{글루탐산 탈수소효소}}$ 글루탐산 + H_2O + $NADP^+$

글루타민은 글루탐산으로부터 glutamine synthetase (GS)에 의해 촉매되는 ATP-유도 반응에서 암모니아의 두 번째 분자를 병합함으로써 합성될 수 있다.

글루탐산 + NH_3 + ATP $\xrightarrow{\text{glutamine synthetase (GS)}}$ 글루타민 + P_i + ADP

2. 몇몇 미생물에서 암모니아보다는 글루타민의 아미도 질소가 glutamine synthase(글루탐산-옥소글루타르산 아미도 전이효소를 뜻하는 GOGAT라고도 불림)에 의해 촉매되는 반응에서 2-옥소글루타르산으로부터 글루탐산을 만드는데 쓰일 수 있다:

글루타민 + 2-옥소글루타르산 + H^+ + NADPH $\xrightarrow{\text{GOGAT}}$ 2 글루탐산 + $NADP^+$

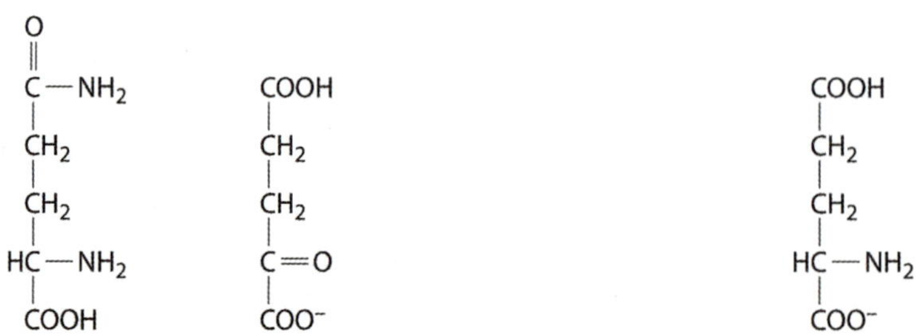

따라서, 모두 세 개의 효소에 대한 유전자를 갖고 있는 미생물은 질소 대사의 흐름에서 두개의 대체 경로: (i) 글루탐산 탈수소효소(glutamate dehydrogenase)를 통하거나 (ii) GS와 GOGAT를 통해 주연인 글루탐산을 만들 수 있다.

왜 글루탐산을 합성하는데 두 개의 경로를 갖는 것이 이점이 될 수 있는가? 그 답은 낮은 농도의 환경 암모니아를 수집할 수 있는 것과 ATP를 제공하는 것 사이의 거래에 놓여있는 것 같다. 글루탐산 탈수소효소 경로는 ATP를 필요로 하지 않지만 상당한 농도의 암모니아가 존재할 때만 기능을 나타낸다. 두 번째 경로(GS와 GOGAT)는 정반대의 특성을 갖고 있다: 이 경로는 상당한 양의 ATP(글루탐산 당 1 분자)를 필요로 하지만, 낮은 농도의 암모니아에서 기능을 잘 나타낸다. 만약 암모니아가 환경에 풍부하다면, 세포는 첫 번째 경로를 사용하여 ATP를 절약하고; 암모니아가 결핍되었을 때는 두 번째 경로를 사용하기 위해 에너지 가격을 지불해야한다.

암모니아의 획득

여러분들은 앞에서 고찰을 통해 글루탐산과 글루타민이 생합성에 제공하는 질소 원자는 독점적으로 암모니아로부터 유래된다는 것을 알았을 것이다. 우리는 어떻게 미생물이 암모니아를 획득하는지에 대해 의문을 가져야만 한다.

합성 배양 배지에서 질소는 일반적으로 암모니아 이온의 형태로 공급되지만, 이 형은 자연 환경에서는 상대적으로 드물다. 예로서 무수 암모니아 비료가 토양에 뿌려졌을 때, 어떤 미생물(종속영양체)이 그것을 동화하고 어떤 미생물(질화 독립영양체)들은 그것을 질산으로 산화시키기 때문에 질산은 빠르게 사라진다(제6장 참고). 말할 필요도 없이, 환경에 있는 모든 가능한 질소를 수집하는 능력은 진화에 있어 강력한 힘이라 할 수 있으며, 이러한 면에서 굉장히 다양한 능력을 갖고 있는 미생물이 선택되는 결과를 가져온다. 결과적으로, 질소는 오늘날 미생물중에서 거의 모든 유기 또는 무기분자의 일부분으로 획득될 수 있거나 지구 대기의 80%를 차지하고 있는 무기 질소(N_2)의 큰 저장고로부터 직접 취해질 수도 있다. 5 장에서 물질의 생지화학 순환의 개념을 소개했던 것을 상기해보자. 지구의 질소 공급은 다양한 화학적 형태로서 생태적 장소에 존재한다. 이들 형태의 상호 전환과 물리적 위치 사이의 전이는 상당한 정도로 미생물 활동의 결과로 나타난다. 질소 순환은 18장에서 보다 자세하게 다룰 것이다.

암모니아가 가용할 때 그것은 전이막 채널(transmembrane channels)을 통해 이온 암모니아(NH_4^+)보다는 용존 기체 암모니아(NH_3) 형태로 대부분의 세균으로 확산되어 나간다. 신기하게도, 이러한 채널을 형성하는 단백질은 밀접하게 적혈구 세포에서 CO_2 채널을 형성하는 척추동물의 Rh 단백질과 연결되어 있다. 암모니아가 가용하지 않을 때 대부분의 미생물들은 일반적으로 세포내에서 다른 질소 화합물을 가공하여 그것을 획득한다. 어떤 미생물은 환경이나 주변세포질로 deaminase를 분비한다. 예를 들면, *Helobacter pyroli*는 활성의 세포외 urease(우레아를 암모니아와 CO_2로 분해)를 분비하고, *Klebsiella pneumoniae*는 주변세포질의 asparaginase(아스파라긴을 암모니아와 아스파르트산으로 가수분해), cytidine deaminase, 그리고 cytosine deaminase를 생산하다. 각 경우에 결과적으로 나타나는 암모니아는 세포에 의해서 취해진다. 세포 내로 들어왔을 때 유기질소원은 종종 실제 암모니아의 방출에 관련되어 있는 deaminase에 의해 다양하고 독특한 경로에 의해 대사가 이루어진다. 많은 미생물들은 동화 질산 환원효소(질산을 아질산으로)와 동화 아질산 환원효소(아질산을 암모니아로)에 의해 촉매되는 두 단계 경로에 의해 질산 이온으로부터 암모니아를 획득할 수 있다.

질소로부터 암모니아

대기 중의 질소가 암모니아 또는 질산으로 전환되는 생물학적 환원을 **질소 고정**이라고 부른다. 이것은 독특한 원핵세포의 과정으로 세균과 고세균에 의하여 조절되고 지구상의 생명체에 중요하다. 질소 고정은 원핵세포에 의해 조절되는 탈질화(질산을 질소로 전환하는 혐기성 호흡의 단계)와 암모니아와 질산을 질소로 전환하는 anammox 반응을 통하여 지속적으로 고갈된다(제18장 참조). 질소 고정은 미생물, 식물, 그리고 동물에 의해 이용되는 질소원을 다시 채우는 유일한 수단이다. 지질학적 측면에서 대기 중의 질소를 통한 그러한 지구 질소 공급의 순환은 빠르게 이루어진다. 그것의 반감기는 막대한 질소 기체 저장고(지구 대기의 80%)를 고려해본다면 약 2000만년에 불과하다. 좀 더 놀라운 사실은 지구미생물이 질소고정을 중지했을때의 측정치로 토양에 존재하는 이 영양분을 1주내에 고갈시킬 수 있다.

20세기 까지, 질소 고정은 거의 독점적인 원핵세포의 영역이었다(소량은 심한 뇌우와 화산의 산물이다). 독일 화학자 Fritz Haber에 의한 질소를 암모니아로 전환시키는 방법의 발견으로, 우리 인간들도 주요 참가자가 되었다. 오늘날 비료용 고정 질소 세계 공급량의 거의 절반이 화학적 방법을 사용하여 공업적으로 생산된다.

생물학적 질소 고정은 두 요소: **dinitrogenase**와 **dinitrogenase reductase**로 구성된 **nitrogenase** 효소 복합체에 의하여 조절된다. 그들의 이름은 그들의 기능을 의미한다: dinitrogenase는 질소의 실제 8개 전자의 환원을 조절한다. 그것은 철-몰리브데늄 보조인자(FeMoCo)와 결합되어 기능을 나타내는 두 개의 α 소단위와 두 개의 β소단위로 구성된 사중합체이다. 이 과정은 전자를 공급하는 nitrogenase reductase(α_2 이합체)에 의해 두 분자의 암모니아를 생산한다. nitrogenase reductase 복합체의 생물학적 발명은 매우 그 복합체가 상당히 고도로 보존되어 있다는 점에서 오직 한번 일어났을 수 있다. 이 효소 주요 서열의 70%가 이 효소 복합체를 갖고 있는 모든 종의 세균과 고세균에서 동일하게 나타난다. 다른 종에서, 심지어는 다른 도메인에 있는 종으로부터 유래된 dinitrogenase와 nitrogenase reductase의 혼합체도 활발하게 질소를 감소시킨다. 이 반응은 엄청나게 에너지가 소요된다-약간은 **발열반응**(열 에너지를 생산하는)인 촉매 반응 그 자체에 때문이라기보다는 질소(N_2)에서 두 개의 질소 원자를 결합시키는 매우 강한 삼중 결합을 깨는데 필요한 고활성 에너지 때문이다. 1 분자의 질소를 암모니아로 환원시키는데 20-24 분자의 ATP가 필요하다.

Nitrogenase 효소 복합체의 또 하나의 놀라운 특성은 산소에 극단적인 감수성을 보인다는 점이다. 이 것은 산소에 가장 민감한 단백질로 알려져 있다. 질소 고정을 조정하는 원핵세포는 그들의 nitrogenase 효소 복합체를 산로로부터 보호하기 위해 다양한 전략을 개발했다(제18장 참조).

황의 동화

지구상에 10개의 가장 풍부한 원소 중의 하나인 황은 상당수가 원소 황(S^0)이나 좀 더 환원된 형태 보다는 산화된 상태로 존재한다. 6장에서 본 것처럼 (표 6.1 참조), 원핵세포는 에너지-생산 전자 전달에서 공여체와 수용체로서 황 화합물을 사용하여 연료 공급 반응에서 이러한 다양한 상태를 활용한다. 결과적으로, 원핵세포는 황의 생지화학 순환에서 주요 역할자이다(제18장 참조).

어떻게 원핵세포는 황을 세포의 황-함유 화합물에 병합시키는가? 질소가 항상 생합성 경로에 무기 암모니아 이온으로 들어가는 것처럼 황은 무기 형태인 황화물(H_2S 또는 S^{2-})로 들어간다. 황 동화에 대한 개요는 그림 7.4에 나타나 있다. H_2S는 아미노산 L-시스테인 합성을 통하여 병합된다. (L-시스테인은 O-아세틸-L-세린과 함께 L-시스테인, 아세트산, 그리고 물을 생산하는 H_2S 반응을 촉매시키는 효소 O-acetylserine sulfohydrylase에 의하여 만들어진다.) L-시스테인은 세포에서 직접적으로 혹은 간접적으로 내부분의 다른 황 함유 화합물에 대한 원천으로 제공된다(예로서, L-메티오닌, 비오틴, 티아민, 그리고 조효소 A [CoA]).

이러한 중요한 반응에 가용할 수 있는 충분한 H_2S를 갖는 것은 H_2S가 자연적으로 산소에 의해 산화되어 주로 혐기성 환경에 존재하기 때문에 중요한 이슈가 될 수 있다. 그러한 곳에 있는 절대 혐기성생물은 문제가 없으며, 몇몇은 에너지 발생은 물론 생합성을 위해 독점적으로 H_2S를 이용한다. 그렇지만 대부분의 다른 세균과 모든 혐기성생물은 동화를 위해 산화된 황 화합물을 H_2S로 환원시켜야만 한다. 호기성 토양에서 주요 황의 형태는 유기물이다(유기황, 아미노산, 그리고 기다 C-결합 황 화합물). 황-함유 아미노산은 위와 같이 동화될 수 있지만 대부분의 유기 황 화합물로부터 황을 획득하기 위해서는 그들을 황산염(sulfate)으로 산화시키는 것을 필요로 한다. 다음에 일어나는 것은 에너지적 측면에서 비싼 편인데, 이는 아황산염(sulfite)을 통한 황산염의 황화물(sulfide)로의 환원이 3 개의 고-에너지 인산 결합, 세 개의 NADPH, 그리고 1 분자의 환원형 티오레독신(thioredoxin)의 소비를 필요로 하는 일련의 4개의 반응에서 일어나기 때문이다. 이와 같이 비싼 경로가 결핍된 생물은 우리가 아는 바와 같이 황화물(H_2S)에서 황의 사용에 제한적인 주로 혐기성생물이다. 물론 황산염 환원을 소비하는 또 하나의 경로가 있다: 이미 형성된 황-함유 모든 빌딩 블록을 들여오는 것이다. 놀랍지도 않게 어떤 세균의 병원성과 절대 기생체는 바로 그렇게 행한다.

그림 7.4 황의 생합성 동화. 자세한 내용은 본문에 기술되어 있다.

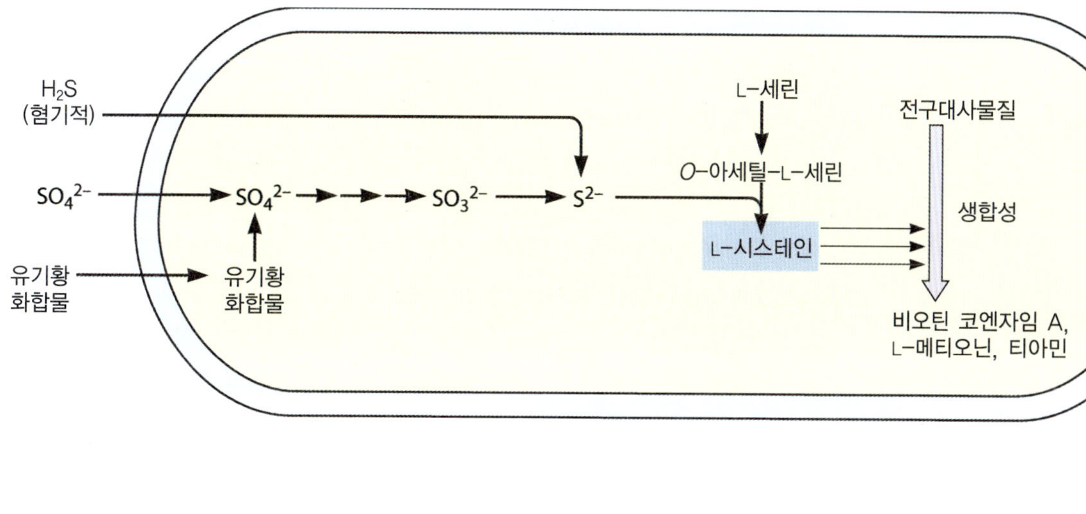

인의 동화

다수의 인을 가진 세포함유물-인산화된 당과 단백질은 물론 핵산, 인지질, 그리고 조효소의 주요 성분-은 이 원소의 원천에 대한 세포의 욕구를 대변해 준다. 정원사나 생태적 마음을 가진 사람들이 알고 있는 것처럼 인산은 많은 환경에서 제한적이며 원하거나 그렇지 않은 식물의 수확을 결정짓는 것은 바로 인의 이용 가능성이다. 따라서 우리는 정확하게 미생물이 다른 생물과 경쟁하여 이 중요한 성분을 동화하는데 효과적인 수단을 개발하고 유지하는데 있어 알맞은 진화적 압력을 기대할 수 있다.

인은 비록 유기 인 화합물이 환경 원천으로서 공급되기도 하지만 언제나 대사 반응에서 무기 인으로 동화된다. 대부분의 세포에 유기 인산은 비투과적이며 아주 소수의 경우에만 세균 속으로 들어간다. 일반적으로 세균은 세포 밖에서 혹은 그람 음성 세균의 주변세포질에서 인산 에스테르를 가수분해한다. 인산의 유입은 일반적 혹은 특이전 전달 시스템을 통하여 일어난다. 잘 연구된 경우로, 유기인의 가수분해에 필수적인 효소의 활성은 적당한 인이 환경에 존재할 때 억제된다. 13장에서, 우리는 어떻게 인이 감지되고 그것을 획득하는 방법에 대해 어떻게 적당한 결정을 내리는 지에 대해 다룰 것이다.

질소, 혹은 황의 동화와는 다르게 인은 동화과정에서 산화되지도 환원되지도 않으며, 가장 주요한 차이점은 그것의 동화가 생합성 반응에서 보다는 연료 공급 동안에 일어난다는 점이다. 이 사실은 에너지 변환에 있어 인의 중심적 역할과 관련이 있다. 동화반응은 무수히 많다; 몇몇 잘 알려진 익숙한 반응들은 중앙 연료 공급 경로에서 일어나며 몇 개가 6장에서 자세히 언급되고 있다. 이들 반응에 의해서 생산된 ATP는 세포에서 주요 인 공여자로서 제공된다.

빌딩 블록의 경로

그림 7.1에 보이는 생합성의 개요는 전구 대사물질의 탄소 골격을 세포 빌딩 블록으로 전환하는 수백의 효소-촉매 반응을 아주 단순화해서 요약한 것이다. 이 경로들은 아주 자세하게 잘 알려져 있으며 EcoCyc 웹 사이트에서 쉽게 검색할 수 있다. 여기서 우리는 그림 7.1에 축약하여 개괄적으로 나타나 있는 것들을 명확하게 하고 빌딩 블록의 주요 군들을 만들어 내는 경로들의 일반적 특징을 나타내고자 한다.

아미노산

미생물 단백질을 포함하여 단백질에는 21개의 아미노산이 있다. 실제로 pyrrolysine, norleucine, 그리고 다른 표준 아미노산의 변형체를 넣는다면 더 많은 아미노산이 존재하지만 단지 21개의 아미노산만이 특정 tRNA-관련 삼염기조(triplet) 뉴클레오티드 코돈의 방향으로 신장하는 폴리펩티드 사슬 속으로 병합된다; selenocystein의 tRNA는 논센스 코돈 UGA를 인지한다. 어떤 세균은 모든 아미노산을 합성하고 어떤 세균은 일부만을 합성하거나 전혀 합성하지 않기도 한다. 우리 인간들은 우연히 21개의 아미노산 중에 12개를 합성할 수 있으며 진화 과정의 어디선가 나머지 9개를 만들 수 있는 능력을 상실하였다. 다른 신인동형 동성론(anthropomorphism)에서 우리는 이 9개의 "본질"을 식이요법의 감각으로 부르고 있다(현명한 우리; 우리는 가장 어려운 것; 즉 가장 긴 합성 경로를 가진 아미노산들을 만드는 것을 포기했다).

단지 각 아미노산이 공통적인 전구 대사물질 또는 전구 대사물질의 복합체를 공유한다는 사실에 의해 정의된 이른바 6개의 아미노산 패밀리가 있다(그림 7.1과 표 7.3).

뉴클레오티드

그림 7.1에서 아주 명확하게 잘 나타나지 않는 것은 핵산을 만드는 빌딩 블록이 활성 상태로 제조된다는 사실이다. 즉, 퓨린과 피리미딘 생합성 경로의 최종 산물은 중합에 필요한 리보뉴클레오시드와 디옥시리보뉴클레오시드 삼인산이다. 리보오스와 디옥시리보오스 형인 퓨린 뉴클레오티드들은 21개 효소에 의해 촉매되는 분자 네트워크를 가진 여러 단계에서 전구대사물질 **리보오스-5-인산**으로부터 만들어진다. 피리미딘 뉴클레오티드들은 24개의

표 7.3 단백질 아미노산의 패밀리와 그들의 전구체 대사물질

아미노산 패밀리	전구체 대사물질
세린 패밀리	
세린	3-인산글리세르산
글리신	3-인산글리세르산
시스테인 (그리고 셀레노시스테인)	3-인산글리세르산
아스파르트산 패밀리	
아스파르트산	옥소아세트산
아스파라긴	옥소아세트산
드레오닌	옥소아세트산
메티오닌	옥소아세트산
이소루이신	옥소아세트산, 피루브산
리신	옥소아세트산
글루탐산 패밀리	
글루탐산	2-옥소글루타르산
글루타민	2-옥소글루타르산
아르기닌	2-옥소글루타르산
프롤린	2-옥소글루타르산
피루브산 패밀리	
알라닌	피르부산
발린	피르부산
이소루이신	피르부산, 옥살로아세트산
루이신	피르부산, 아세틸-CoA
방향족 패밀리	
티로신	에리스로스-4-인산, 포스포에놀피르부산
페닐알라닌	에리스로스-4-인산, 포스포에놀피르부산
트립토판	에리스로스-4-인산, 포스포에놀피르부산, 오탄당-5-인산
히스티딘 패밀리	
히스티딘	오탄당-5-인산

효소에 의해 촉매되는 분지 네트워크에서 두 개의 전구 대사물질, 리보오스-5-인산과 옥살초산으로부터 만들어진다. 말할 필요도 없이, 전구 대사물질에 더하여 이들 경로들은 많은 에너지(고-에너지 인산), 환원력(NADH와 NADPH로부터), 그리고 동화된 질소(글루타민으로부터 아미노기 전이에 의해 공여된 아미노기와 피리미딘 네트워크에서 단일 반응의 경우 암모니아 이온)를 소비한다.

대부분 빠르게 성장하는 세균이 핵산이 풍부하다는 사실을 가정해본다면 (세포 전체 건조 중량의 25%까지), 이들 빌딩 블록에 대한 생합성 요구는 높다. 4장에서 살펴본 바와 같이 ("어떻게 세포의 생리는 생장율에 의해서 영향을 받는가?"), 생장의 경제성과 효율성의 주요 특징은 다른 생장율에서 만들어진 RNA 양을 조절함으로써 RNA 합성에 필요한 자원을 보존하는 것으로 구성된다.

당과 당-유사 유도체

다양한 각 미생물 종의 수많은 기능과 특이성은 캡슐, 세포벽, 세포외막의 성분인 당과 당-유사 유도체의 합성에 따라 달라진다. 예를 들면, 인간에게 침입하는 세균의 운명은 미생물 표면 성분이 숙주의 면역 시스템에 의하여 인지되는지에 따라 크게 영향을 받을 수 있다. 표 7.1에서 한 종류의 세균에서 외막 성분으로 발견된 소수의 탄수화물유사 분자들이 목록으로 올려져 있다; 선별압은 다양한 세균에서 수십 개의 다른 당 유도체의 진화를 가져왔다. 알려진 빌딩 블록의 완전한 목록은 매우 크다. 이들 성분 중 환경으로부터 이미 만들어져 동화될 수 있는 것은 거의 없다; 거의 모두가 그림 7.1에 나타나 있는 전구 대사물질(사-, 오-, 육-, 그리고 칠탄당)로부터 만들어져야만 한다.

당을 생산하기 위한 또 따른 필요성은 저장 기능에서 비롯된다. 많은 원핵세포는 인간들이 하는 만큼이나 탄소 예비자원을 글리코겐으로 저장한다. 어떤 예에서는 이들 중합체는 가끔 봉입체(inclusion bodies)라고 불리는 소기관-유사 구조에 저장된다(제3장 참조).

지방산과 지질

생명은 표면의 환경으로 빈번하게 언급되어 왔으며 **인지질 이중층**으로 구성된 막은 지구상에 살아있는 생물을 정의할 수 있도록 해주는 생물학적 표면이다. (고세균의 막 구조는 이 테마에서 가변적이다[제2장 참조, "고세균의 세포 외피"]). 이미 아는 바와 같이 인지질은 글리세롤과 에스테르 결합으로 이루어진 지방산을 포함하는 디글리세라이드(diglyceride)이다. 어떤 지방산은 또한 **지질단백질**(그람-음성 세균에서 뮤레인 벽과 세포막에 놓여있는 단백질)과 같은 매우 소수의 다른 성분에서 발견되지만, 이들 성분의 양은 세균의 막 인지질과 그람-음성 세균의 세포외막의 A 지질에 있는 성분과 비교하였을 때 소수에 불과하다. 세균에 있는 지방산의 엄청난 다양성에도 불구하고, 이들 모두의 합성은 같은 방법을 따르며 같은 종류의 벽돌을 쌓아 보다 많은 다른 구조를 만드는 것 같다. 지방산을 만드는 벽돌은 아세틸-CoA로부터 유도된 이-탄소 단위로서 이 단위들은 적당한 길이의 지방산이 만들어질 때까지 반복해서 더해진다.

지방산은 탄소 원자 수, 이중 결합의 수와 위치, 그리고 분지되어있는지의 여부에 따라 다르다. 인지질의 다양성은 부분적으로 종 사이의 차이점을 반영해주며 부분적으로는 세포의 물리적 환경에 특이적 반응을 보여준다(제13장 참조). 좀 더 많은 이중 결합, 더 짧은 사슬, 그리고 단순한 분지화는 지질의 유동성을 증가시킨다; 진화는 환경 온도와 압력의 기능으로 새로이 합성된 지방산에서 이들 특성을 모듈화하는 메커니즘의 개발을 가져오게 하였다. 분지된 사슬과 불포화 지방산은 종에 따라 공통적인 생합성 줄기로부터 여러 지점에서 다양한 경로로부터 합성된다. 이들 경로의 지방산 최종 산물은 세균에서는 자유롭게 존재하는 것이 아니라 그들이 병합할 때까지 CoA에 부착된 체로 존재한다. 이들은 여러 막 인지질, A 지질, 혹은 지질단백질의 하나 속으로 병합된다.

요약

생합성에서 두개의 미생물 테마가 강조되어야만 한다. 첫째, 모든 생물이 원형질의 빌딩 블록을 합성하는 방법을 우리가 아는 것은 대개는 세균의 연구에서 비롯되었다. 그 이유는 간단하다: (i) 많은 세균은 우리가 만들 수 없는 (따라서 인간의 영양에 관한 용어에서 '필수' 라 불리는) 모든 빌딩 블록을 만들 수 있다. 그리고 (ii) 20세기 중엽에 세균은 생합성의 유전학적 생화학적 발견을 하는데 있어 가장 실제적인 기회를 제공하였다. 결과적으로 생화학 경로의 개념 자체는 미생물 연구에서 비롯되었다.

둘째, 미생물의 생합성 경로의 발견으로부터 중요한 전달 메시지 중의 하나는 20세기 초에 생화학자들에 의해 "생화학의 일관성" 으로 발표된 테마가 실제로 옳았다는 것이다. 이 테마는 이 행성의 모든 생명이 연관되어 있으며, 즉 공통 조상을 갖고 있으며 이러한 근원적 관계는 동등한 것은 아니지만 유사한 생화학으로 반영된다.

생합성은 연료 공급 이상으로 필수적으로 미생물의 식물 및 동물과의 밀접한 관계를 반영해 주고 있다. 미생물의 연료 공급 대사과정은 생명이 영양분으로 유기물을 수집하고 순환할 수 있는 잠재력을 나타내는 반면, *미생물의 생합성 대사과정은 인간이 먹이사슬에서 고차소비자로 진화할 때 잃어버린 것들을 우리에게 상기시켜준다.*

학습문제

1. 영양분이 풍부한 환경에서 살아가는 세균 종은 많은 빌딩 블록을 만드는 능력을 상실하는 경향이 있다. 어떻게 이러한 유전적 특성과 생태학적 지위의 결합이 일어날 수 있는 지를 설명하시오.

2. 웹 사이트 EcoCyc에서 볼 수 있는 경로 정보를 이용하여 한 아미노산을 합성하는데 가장 긴 생합성 경로와 가장 짧은 경로를 결정하시오.

3. EcoCyc로부터 이들 경로의 모든 전형적 특성을 보여주는 어떤 생합성 경로를 선택하시오.

4. 어떤 선별압이 수소원자를 나르는 두 개의 조효소 운반자(NAD와 NADP)의 진화를 이끌 수 있는가?

5. 인간 세포의 아미노산과 기타 질소-함유 성분의 생합성은 어떠한 방식에 의해 궁극적으로 지구상의 원핵세포의 생화학적 활동에 의존하는지를 설명하시오.

6. 어떤 의미에서 글루탐산과 글루타민은 생장 대사과정의 생합성 단계에서 독특한 것인가?

7. 인의 동화가 황 또는 질소의 동화와 다른 주요 방식을 언급하시오.

8. 핵산 빌딩 블록의 생합성 시 드는 비용을 설명하시오(예로서 아미노산과 당을 만드는 비용과 비교하였을 때).

제8장 거대분자의 조립

- 서론
- DNA
  - 복제의 개요
  - 복제 개시
  - DNA 가닥 신장
  - 복제 오류의 교정
  - 복제 종결
  - DNA의 보호
  - 핵양체의 결합
- RNA
  - 전사의 개요
    - RNA-P와 기능
    - 전사 산물
  - 전사 개시
    - 프로모터
    - 전사 개시
  - RNA 사슬 신장
  - 전사 종결
  - 전사체의 운명
    - mRNA의 삶과 죽음
    - 안정 RNA의 변형과 결합
  - 중합효소 붕괴와 유전체 조직화
- 단백질
  - 단백질 합성의 특수 템포와 방식
  - 번역
  - 단백질 합성의 개시
  - 폴리펩티드 사슬 신장
  - 번역 종결
  - 단백질의 가공
    - 공유 변형
    - 단백질 접힘
  - 단백질의 위치 이동
- 외피 형성
  - 외피 형성의 문제
  - 세포막
  - 세포벽
  - 외막
  - 부속기관
  - 캡슐
- 결론
- 학습문제

서론

에너지 생성과 생합성은 에너지와 생장 대사과정의 다음 단계에 필요한 빌딩 블록을 제공한다: 세포의 구조를 형성하는 거대분자의 조립. 생화학의 모든 수업은 이 과정을 필수적으로 언급하며, 이 과정은 분자(빌딩 블록)를 긴 사슬 속으로 중합하는 것, 산물을 변형하고 접는 것, 그리고 산물을 적당한 세포 장소에 위치시키는 것을 포함한다. 적어도, 이와 같은 내용은 단백질, 핵산, 그리고 다당류에도 적용된다. 지질과 그들의 접합체, 뮤린, 그리고 어떤 복합체 탄수화물은 그들이 다양한 화학결합에 의하여 연결되어 있는 다른 단량체-당, 지방산, 대사 물질의 아미노산 유도체, 그리고 특이적 당-로 구성되어 있기 때문에 이러한 내용에 들어맞지는 않는다.

각 거대분자는 적당한 세포 장소에 놓여져 협동 기능을 나타내는 파트너들과 함께 정확하게 병렬로 위치해 있어야 한다. 이러한 기능적 구조의 결합은 단순한 기술이 아니다. 대개 친수성 표면을 가지고 있는 어떤 단백질은 분명하게 소수성인 막을 통과하여 위치 이동이 이루어져야만 하고, 뮤린 벽 또는 그람 음성 균의 세포외막과 같은 외피의 외부 구조를 조립하는 것은 에너지를 필요로 하는 반응을 수반하지만 ATP가 없는 환경인 세포질에서 일어난다. 예상되는 것처럼, 다중의 결합 전술이 개발되었다. 어떤 경우에, 지정학적 배열은 뮤린과 다른 외피 구조를 형성할 때와 마찬가지로 매우 활발한 중합 반응 동안에 이루어진다. 또 다른 예로서 적당한 위치 배열은 분자가 완성된 후에 많은 경우 **분비 단백질(secreted protein)**로 일어난다. 리보솜의 경우 여러 RNA 분자와 수 십개의 단백질들이 정확하게 통합되어야 하며 알맞은 순서로 이와 같이 가장 주된 세포 기계장치를 조립하여야 한다. 다른 안정 RNA 종인 tRNA는 그들의 폴리뉴클레오티드 사슬을 완성한 후 상당히 특이적으로 변형되어야 한다.

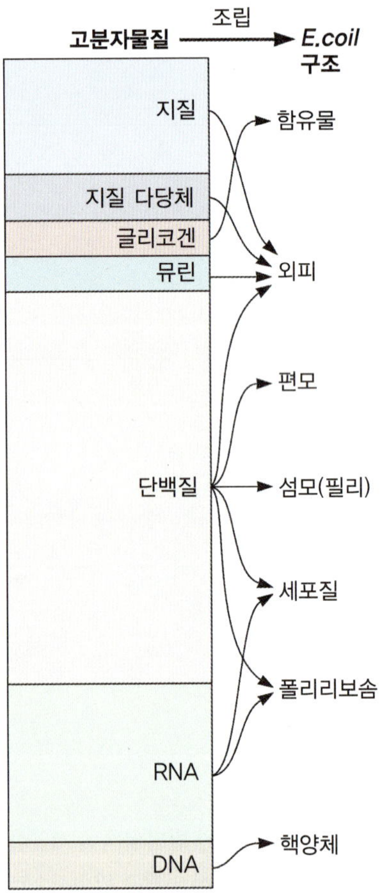

그림 8.1 세균 세포의 구조를 형성하는 거대분자. 각 박스의 크기는 일반적 세균 세포, *E. coli*의 구조에 있는 각 거대분자의 상대적 양을 나타낸다.

현재까지, 우리는 분자의 생화학을 주로 다루었다; 이제 우리는 세포가 개개의 빌딩 블록으로부터 형태를 만드는 것을 보게 될 것이다. 특이적인 원핵세포의 거대분자 합성의 특성에 초점을 맞추기 위하여, 우리는 생화학 수업에서 정상적으로 다루어지는 주제를 다시 한번 간단하게 들여다볼 것이다. 그림 8.1은 이장의 초점에 대한 개괄적 내용을 보여준다.

DNA

복제의 개요

원핵세포 DNA의 합성은 일반적 규칙에 따른다: 각 사슬은 동반자인 상보적 사슬을 만들기 위해 기질로서 작용한다. 복제 프로그램은 일반적 패턴(적어도 rolling-circle 복제라고 불리는 하나의 흥미로운 것을 제외하고는 [제10장 참조])을 따른다. 복제가 일어나는 장소에서 이중 가닥의 분자는 분리되고 효소와 다른 단백질이 복제 기점에 결합하여 디옥시뉴클레오시드 삼인산(dATP, dGTP, dCTP, 그리고 dTTP)이 두 개의 노출된 각각의 단일 가닥에서 서로 상보적인 염기와 결합할 수 있도록 복제 기점을 만들어준다. 이들 뉴클레오티드들은 pyrophosphate를 떼어놓음으로서 두 개의 새로운 가닥에서 중합될 수 있다. 이러한 복제를 **반보존적(semi-conservative)**이라고 부른다: 각각의 새로운 이중 가닥은 오래된 가닥과 새로 합성된 가닥으로 구성된다.

지금 우리가 따르는 것들은 *Escherichi coli*의 복제에 관한 설명으로, 그 과정은 가장 폭넓게 잘 연구되어 있다. 우리는 가장 기본적인 세포 과정에서도 미생물은 기대치 않은 다양성(하나의 지표: 모든 원핵세포의 염색체가 환형은 아님)을 보여주기 때문에 위에 언급한 내용이 보편적으로 적용되지는 않는다는 것을 알아야만 한다. 고세균 종에서 많은 관련된 단백질이 세균의 것 보다는 진핵세포에서 발견되는 것과 더 유사하다는 것을 제외하고는 일반적인 복제는 세균의 개요를 따른다.

복제는 무질서하게 시작되는 것이 아니라 *oriC*(염색체 복제의 기원에 대한 것)라고 불리는 특정 위치에서 시작된다. 이 과정의 시작은 특이적으로 결정된 빈도로 일어난다. 몇몇 예외를 제외하고, 세균의 염색체는 환형이 아니라 선형이고 복제는 **양방향(bidirectional)**이다: 그것은 일정한 속도로 양방향으로 두 개의 복제 기점이 복제 종결점(*terC*)에 다다를 때까지 진행한다. 복제의 속도는 종에 따라 크게 다르며 알려진 범위는 10 배에 이를 정도로 엄청나다. 매우 낮은 세포 생장률을 제외하고, 각 종에서 중합 속도는 거의 일정한 것으로 알려져 있다(아래 및 제9장 참조).

DNA 합성은 5′ →3′ 방향으로 일어난다(이웃한 디옥시리보오스 잔기 사이의 인산 결합과 비교하여 비례하여). 결론적으로 각 가닥의 합성은 원 이중 나선의 두 개의 주형 가닥이 역평행(한 가닥은 5′ →3′ 방향으로 달리고; 상보적 가닥은 3′ →5′ 방향으로 달린다)이기 때문에 다소 다른 메커니즘에 의하여 진행되어야만 한다. 복제 기점이 움직이는 방향과 같은 방향으로 합성된 가닥은 **선도가닥(leading strand)**이라고 불리며, 다른 가닥을 **지체가닥(lagging strand)**이라고 부른다. 그림 8.2는 이에 대한 전체적인 복제의 특성을 보여준다.

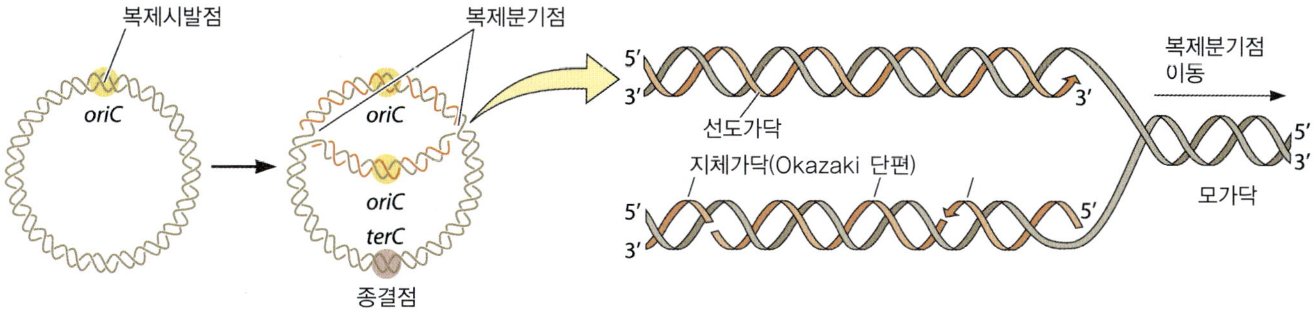

그림 8.2 DNA 복제의 개요. 자세한 내용은 본문 참조.

복제 개시

복제를 시작하는 것은 아주 복잡하다-그러나 여러분은 세포의 유전적 설계도의 합성을 단순화할 수 있도록 조절하는 과정을 거의 기대하지 않을 것이다. 자세한 것은 *E. coli*에서 알려져 있지만 확실치 않은 이야기들도 있다.

세 가지 의문점이 바로 떠오른다.

1. 어떤 생화학적 단계가 개시에 필요한가?
2. 어떻게 개시의 빈도는 조절되는가, 즉 어떻게 세포는 더 많은 DNA를 필요로 하는지를 아는가?
3. 어떻게 세포는 이른 개시를 방지하는가?

이 질문에 답하기 위해 *oriC*의 구조(그림 8.3)와 다양한 핵심 단백질과의 상호 관계를 생각해보자.

1. DNA가 이중 나선으로 단단하게 붙어있는 한 어떤 생화학적 진행 과정도 DNA에서 정상적으로 일어날 수 없다. **전사**와 **재조합**은 물론 복제는 두 가닥의 분리를 필요로 한다. 복제의 경우에 분리는 지역적 것 이상이어야만 한다; 결국 두 가닥은 이중나선의 풀림을 포함하여 완전히 분리되어야 한다. 복제 개시의 경우 DNA 풀림은 개시의 양성 조절자인 단백질 DnaA가 **Dna 박스**(5개의 9-bp 분절, R1에서 R4 그리고 M [그림 8.3])라고 불리는 *oriC*의 특별 부위에 결합하기 시작한다. DnaA-*oriC* 복합체는 로딩 인자(loading factor, DnaC)에 의해 복제시발점(origin)에 결합하는 것을 도와주는 **DnaB**와 **helicase**(혹은 풀림 효소)에 의해 작용하게 된다. 풀림은 AT 쌍이 풍부하여 GC가 많은 부위보다 분리되기가 쉬운(왜냐하면 염기 쌍당 하나 적은 수소 결합을 갖기 때문에) 세 개의 반복된 13-bp 서열(L, M, 그리고 R [그림 8.3])의 근처에서 시작한다. **단일-가닥 결합(SSB) 단백질** 분자들은 분리된 가닥을 코팅할 수 있으며 그들 가닥이 **재결합**(**reannealing**; 가닥을 서로 결합시키는 수소결합을 재형성)하는 것을 방지한다. 이와 같이 가끔 **버블(bubble)**이라고 불리는 DNA 이중 가닥이 열려있는 상태에서 복제의 기계장치 혹은 **리플리좀**(그림 8.4)이 결합할 수 있다.
2. 적당한 DnaA의 세포 농도가 되었을 때, 두 개의 리플리좀은 *oriC*의 한 가닥에서 결

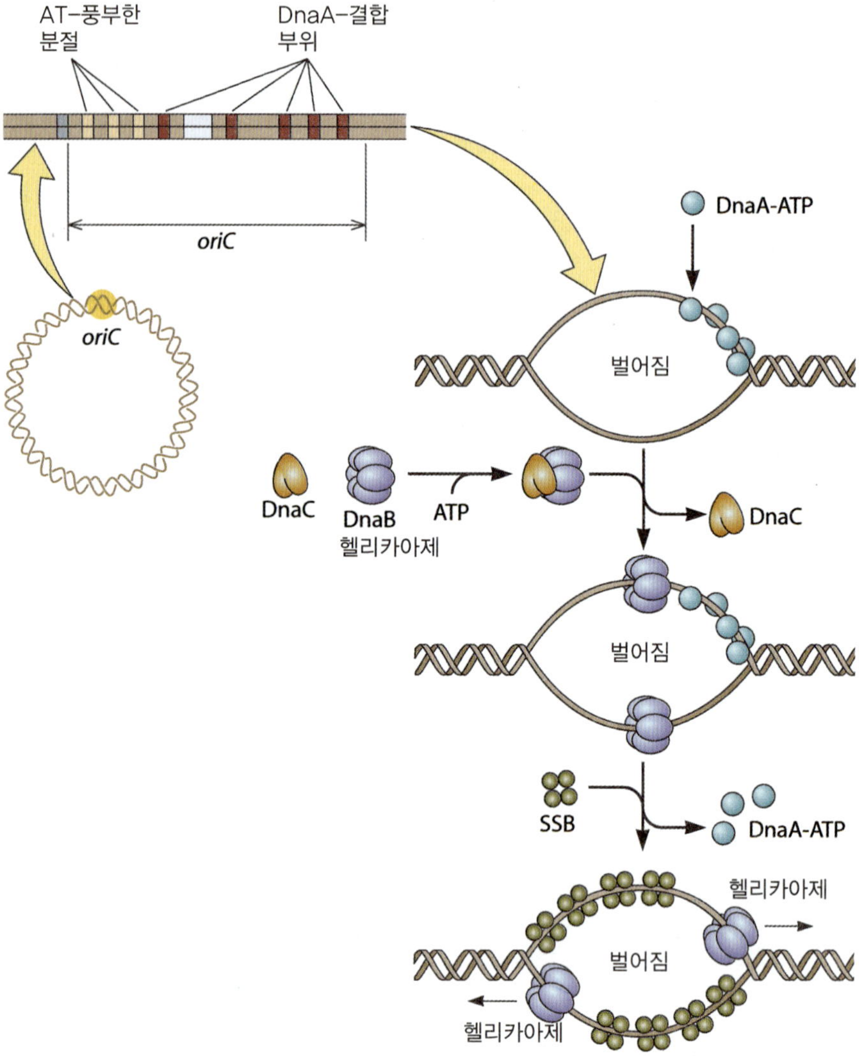

그림 8.3 *E. coli*에서 DNA 복제 개시. 복제시발점, *oriC*는 세 개의 AT가 풍부한 13-염기와 다섯 개의 DnaA 박스(DNA-결합 부위)를 가지고 있다. DnaA가 이들 박스에 결합하였을 때, 헬리카아제(helicase) DnaB는 (DnaC의 도움으로) 결합하고 DNA를 풀기 시작한다. 단일가닥은 SSB 단백질의 결합에 의하여 유지된다. 개시는 이 때 진행될 수 있다.

합하여 한 가닥은 시계 방향으로 하나는 반시계 방향으로 이동하기 시작한다. 세포의 질량이 변화함에 따라 DnaA의 농도 혹은 어떤 다른 세포 구성분이 변화하기 때문에 복제 시작과 세포 질량은 연관되어 있다. 따라서 개시는 세포 생장과 연관되어 있으며 흔히 말하는 것처럼 세포 생장이 없이 개시는 일어나지 않는다. 게다가, 활성적이기 위해서 DnaA는 ATP와 결합(이 산물은 **DnaA-ATP**로 나타냄)해야만 한다. 그림 8.3에 나타낸 바와 같이 DnaA-ATP가 효과적이기 위해서는 많은 분자들이 동시에 *oriC*에 결합해야만 한다. 그들의 협력적 결합은 DNA를 특수한 구조로 구부려 모든 DnaA 박스를 인접한 부위로 가져오게 함으로써 촉진된다. 구부림은 DNA-bending 단백질의 활동에 의하여 이루어진다.

3. 만약 *oriC*가 너무 자주 개시를 허락한다면 염색체는 감기게 되고 기능을 나타낼 수 없기 때문에 이른 재 개시의 방지는 중요하다. 어떻게 이러한 방지가 이루어질 수 있는가에 대한 답이 가능한 것은 아니지만 그 과정에 대해서는 많이 알려져 있다. 그 복제 개시 부위는 어느 시기에 개시에 참여함으로써 억제되는데 이 현상을 sequestration

이로 부른다. sequestration의 메커니즘은 세균이 새로이 만들어진 가닥과 오래된 가닥을 구분해야만 하는 방식에 의존하게 된다. 이러한 특성은 그들의 상대적 메틸화(methylation) 상태에 기초하여 만들어진다. 11 GATC 필린드롬(**palindromic) 서열**(상보적 가닥에서 역방향으로 꼭 같은 염기서열)이 *oriC*를 통해 흩어진다. GATC의 A 잔기는 DNA 아데노신 메틸저이효소(**Dam methylase**라고 불림)이라고 불리는 효소에 의하여 메틸화가 이루어진다. Dam methylase는 이들 잔기에서 활성을 나타내지만 수분이 경과한 후에 나타난다. 이 기간 동안 DNA의 모가닥은 이미 메틸화된 아데닌 잔기를 나르지만 새로 합성된 가닥은 잠시 동안 메틸화된 아데닌을 갖고 있지 않게 된다. 이 결과 나타나는 것은 새로 복제된 DNA의 **반메틸화(hemimethylation)**이다. 이것의 적절성은 무엇인가? **SeqA**라고 불리는 단백질은 *oriC*에 결합하여 DnaA 박스를 덮음으로써 개시를 억제하는데, 이로 인해 DnaA 박스의 메틸화를 방지하게 된다. SeqA는 반메틸화된 DNA에 결합하는 것을 선호하며, 따라서 선택적으로 GATC가 풍부한 *oriC*에서 작동하게 된다. SeqA가 결합하고 있는 한 새로운 개시는 억제된다. *oriC*의 부적절한 반복적 점화에 대한 더 큰 안전장치는 개시 동안에 DnaA-ATP가 DnaA-ADP로 전환함으로써 제공되고, 이로 인해 양성 조절자의 농도를 낮추게 된다. 열려있는 이중나선에서 복제의 기계장치(그림 8.4)는 바로 결합할 수 있다.

DNA 가닥 신장

*E. coli*를 측정하여 관찰되는 것처럼, 염색체는 초당 1,000개(종에 따른 매우 변이가 큰 수)의 뉴클레오티드에 접근하는 비율로 복제되고, 단지 복제 염기 100억 분의 1 bp의 빈도로 오류가 나타난다. 이것은 8백만 쪽의 교과서가 하나의 오타가 없는 것에 해당되는 것으로 믿을 수 없을 정도이다. 그러한 기술은 여러분이 그 과정에서 무엇이 발생하는 지를 그리려고 할 때 더 놀라게 된다.

여기서 세포 길이의 수천 배에 달하는 DNA분자이고 두 개가 밀접하게 얽혀있고 나선형으로 꼬여 있는 가닥인 염색체는 37℃에서 약 40분 내 복제를 한다. 이 과정은 두 가닥의

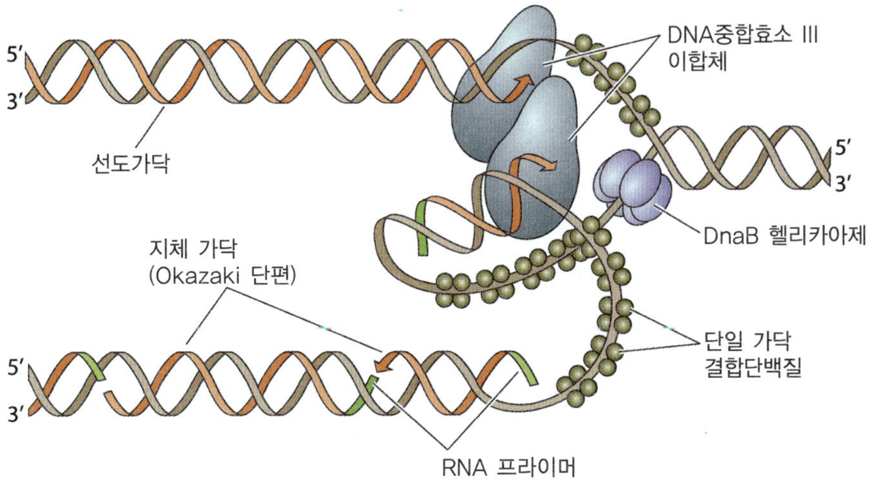

그림 8.4 DNA의 신장. 두 가닥은 DNA 중합효소 Pol III에 의하여 만들어진다. 지체가닥은 RNA 프라이머를 사용하여 **Okazaki 단편(Okazaki fragments)**이라고 불리는 작은 절편에서 *일반 방향과 반대*로 만들어지며, Pol III는 이합체로 작용하며 지체가닥이 부근에서 휘어지기 때문에, 지체가닥은 두 가닥에 대하여 같은 방향으로 향하게 된다. ssDNA, 단일-가닥 DNA(single-stranded DNA).

분리를 포함하고 있어야만 하며, 나선의 풀림이 없이는 진행될 수 없고 이는 결과적으로 복제 기점 바로 앞에 있는 이중 나선이 급격하게 양성의 초나선(supercoil)으로 꼬인다는 것을 의미한다. DNA를 만드는 중합효소는 오직 5′ → 3′ 방향으로만 사슬을 신장시킬 수 있으며, 따라서 새로운 한 가닥은 짧은 1,000-bp의 단편으로 5′→ 3′ 방향으로(역방향으로) 만들어져 같이 합해 잇는 과정이 이루어져야만 한다.

분명하게, 사슬 신장 과정은 많은 단백질의 협력적 결부를 필요로 한다. ATP의 가수분해로부터 나온 에너지를 사용하는 DnaB 헬리카아제는 SSB의 단백질의 도움으로 풀려 있는 이중나선의 지체가닥을 따라 움직인다. 리플리좀이 진행됨에 따라 복제 기점 앞에 있는 DNA는 이중나선이 풀림으로 인해서 회전한다. 복제 기점 바로 앞에 있는 이중 가닥 DNA에서 양성 초나선은 두 가닥을 깨고 꼬며 다시 봉합하는 **DNA 지라아제**(또는 **토포아이소머라아제 II**라고도 불림)의 작용으로 음성 나선을 도입하게 됨으로써 저항을 받게 된다.

중합은 각 가닥에서 같은 방식으로 진행되지 않는다. 선도 가닥에서 중합은 DNA 중합효소 III(Pol III)에 의하여 진행되자만, 지체 가닥의 경우 중합하기 위해서는 부가적으로 RNA 중합효소(RNA-P)를 필요로 한다. 왜 후자인가? 그 답은 Pol III가 폴리뉴클레오티드를 신장시킬 수 있지만 시작을 할 수는 없기 때문이다. 즉, Pol III는 뉴클레오티드를 더할 수 있는 primer 단편을 필요로 한다. 한편 RNA-Ps는 **프라이머** 단편을 필요로 하지 않는다. Pol III는 사슬을 단지 5′→ 3′ 방향으로만 신장시킬 수 있으며 복제분기점의 방향에 있는 지체 가닥에서 계속해서 진행하게 된다. 그렇지만 지체 가닥은 Okazaki 단편(발견자의 이름을 따서)이라 불리는 짧은 1,000-bp 5′→ 3′ 방향의 단편에서 역으로 (반대 방향으로) 만들어진다. 따라서 지체 가닥의 합성은 불연속적이다. 복제 기점이 이동함에 따라 Okazaki 단편들은 **DNA 리가아제**(그림 8.5)라고 불리는 효소에 의해서 합해져 이어지게 된다. RNA-P(혹은 DnaG 프리마아제)의 기능은 길이 약 10개의 뉴클레오티드인 RNA 단편의 합성을 시작할 수 있는 것이다. Pol III는 이 짧은 RNA 단편을 RNA 말단의 3′-OH속으로 더하여 Okazaki 단편에 대한 프라이머로 이용할 수 있다. 그림 8.4에 나타나 있는 것처럼 Pol III는 두개의 다중 소단위 분자들로서 복제 기점에 놓이며, 소단위 각 복합체는 두 개의 신장 DNA 가닥중 하나를 합성한다. Pol III에서 DNA 중합의 활성 촉매제(α-소단위)는 각 모가닥에서 Pol III의 진행에 앞서 슬라이딩 팔찌 모양을 형성하는 또 다른 소단위(β-죔틀)를 필요로 한다. 적절한 장소에 β-죔틀을 위치시키는 것은 집게적재기**(clamp loader)**로서 기능을 나타내는 또 다른 폴리펩티드 복합체(γ, δ, κ, 그리고 ψ라고 불리는)를 필요로 한다.

지형학적인 것에 흥미를 갖는 독자들은 트랙에 있는 가늘고 긴 모형 차의 경주자 만큼이나 두 개의 리플리좀이 염색체 주위에서 그들의 방향을 정하는 지 아니면 이중 나선의 DNA가 제공되는 한 그들이 다소 엄격하게 어떤 구조에 고정되어 있는지에 대해 의문점을 가질 수도 있다. 아직까지 명확한 답이 제공될 수는 없으며 여전히 우리는 확실하게 알지 못한다.

그림 8.5 틈이 있는 DNA의 결합. 지속적인 지체가닥 분자를 만들기 위하여 Okazaki 단편은 이 과정에서 NAD를 사용하여 DNA 리가아제에 의하여 결합된다.

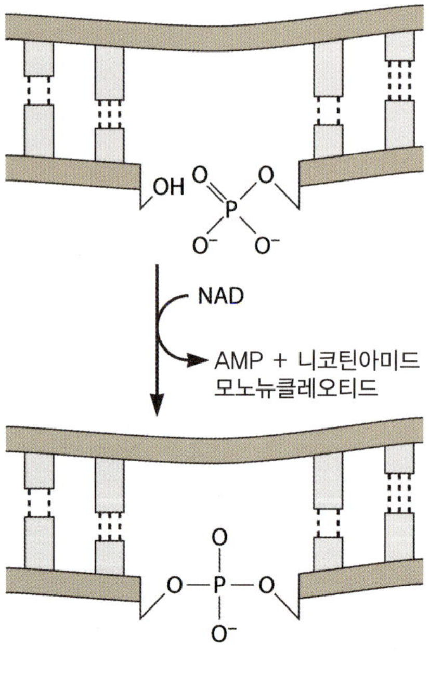

복제 오류의 교정

DNA에서 자연적인 변화-돌연변이-는 주로 DNA가 복제하는 동안 염기 사이의 불일치짝(mismatch) (A와 T 그리고 G와 C 이외의 결합)에 기인한다. 만약 잘못된 염기가 불일치짝(mismatch)을 통하여 삽입된다면 짝은 다른 DNA 가닥에 있는 상보적인 것과 이루어지지 않을 것이다. 위에서 본 바와 같이 *E. coli*에서 자연적 돌연변이는 합성된 1010 염기 당 오직 한

번 정도 발생한다. 이러한 놀랍고 믿을 수 있는 DNA의 복제는 여러 요소들 때문이다. DNA를 합성하는 동안 염기쌍은 매우 정교한 과정 그 자체이다. 정확성은 3′ → 5′ 방향의 엑소뉴클라아제(exonuclease) 활성이라 Pol I과 III의 불리는 특수한 특성 때문이다. 이들 중합효소는 그들 뒤로 적당하게 짝을 이룬 뉴클레오티드 쌍이 없다면 진행될 수 없다. 뉴클레오티드 쌍이 적당하게 짝을 이루지 않을 경우, 이들 중합효소는 멈추고 뒤로 이동하여 exonuclase 활성을 이용하여 잘못 짝을 이룬 염기를 제거한 후 진행한다. 이러한 **교정(proofreading)** 활성은 Pol I과 III가 DNA나 RNA primer에서 3′-OH 말단을 요구한다(즉, 그들은 그들 뒤로 적당하게 짝을 이룬 염기쌍을 가지고 있어야만 하기 때문에 할퀸 자국으로부터 시작할 수는 없다). Primer-의존적 중합효소가 진화되지 않았다는 것은 이러한 교정 기능의 중요성에 대한 증거가 된다.

게다가 단지 세균이 아니라 모든 세포는 놓쳐버릴 수 있는 불일치짝(mismatch)을 감지하고 복구할 수 있는 메커니즘을 가지고 있다. **불일치복구(mismatch repair; MMR)** 시스템이 결손된 돌연변이 세포들은 정상 세포보다 약 1,000배 더 자연적으로 돌연변이를 일으킨다. MMR 경로는 단지 원핵세포의 특성이 아니라 살아 있는 생물에 널리 퍼져 있다. 인간의 MMR 시스템은 어떤 유전적 암을 가진 가족들이 MMR 유전자에 돌연변이를 가지고 있기 때문에 엄청난 관심을 받아왔다.

MMR에 대해 우리가 알고 있는 것의 많은 부분은 **methyl-directed MMR**이라고 불리는 *E. coli* 시스템에서 행해진 연구에서 비롯된다. 이 시스템에서 (다른 시스템은 물론) MMR은 세 단계: 불일치짝(mismatch)의 인지, 잘못 병합된 염기와 주변 DNA의 **절단**, 그리고 절단된 DNA를 대치할 수 있는 **복구 합성(repair synthesis)**을 포함한다. 이것은 여러 단계를 밟는다(그림 8.6). 첫째, **MutS**라는 단백질은 불일치짝(mismatch)를 인지한다. **MutL**이라는 또 다른 단백질은 부정확한 염기를 제거하기 위해 새로 합성된 DNA 가닥에서 DNA를 절단할 수 있는 제 3의 단백질인 **MutH**를 자극한다. 어떻게 이들 단백질은 어느 가닥이 오래된 가닥(믿을 수 있는 서열을 가진)이고 어느 가닥이 새 가닥(잘못된 염기가 삽입된)이라는 것을 아는가? 어떤 세균, 특히 *E. coli*와 그 부류들은 새로 만들어 진 DNA와 초기에 만들어진 DNA를 구분할 수 있는 메커니즘을 가지고 있으며, 우리는 이미 복제의 시작: Dam methylase를 얘기할 때 다른 문맥에서 그것을 이미 다룬 적이 있다. 이 효소는 메틸기를 테트라뉴클레오티드(tetranucleotide)의 매 256개 범주마다 발견되는 서열, GATC 서열의 아데닌에 더한다. 이중 가닥 DNA의 새로 합성된 단편은 우리가 알고 있는 것처럼 Dam 효소가 새로이 합성된 가닥을 메틸화하는데 약간의 시간을 필요로 하기 때문에 반메틸화가 일어난다; 물론 오랜 가닥(원래 주형 가닥)은 완전히 메틸화가 이루어진다. 복구(Repair)를 가져오는 단계들은 다음과 같다. 단백질 MutS는 잘못 짝을 이룬 쌍에 결합한다. 단백질 MutL은 MutS에 결합한다. 잘 못 짝을 이룬 부위에 결합된 이 MutL-MutS 복합체는 가장 가까운 반메틸화가 이루어진 GATC 부위에 MutL이 다다라 인지할 때 까지 그것을 통하여 DNA의 위치를 이동시킨다. 그 점에서 MutH 엔도뉴클레아제(endonuclease)는 이 게임에 합류하여 GATC 부위에 있는 메틸화가 이루어지지 않은 가닥을 잘라낸다; 헬리카아제(helicase)는 잘린 부위로부터 DNA를 풀고, 엑소뉴클레아제(exonuclease)는 이 가닥을 뒤로 저작하여 결국 잘못 짝을 이룬 염기를 제거하게 된다. 이 때 잃어버린 단편은 대치되고 복구된 가닥 DNA 리가아제(ligase)에 의해 원형 그대로 만들어진다.

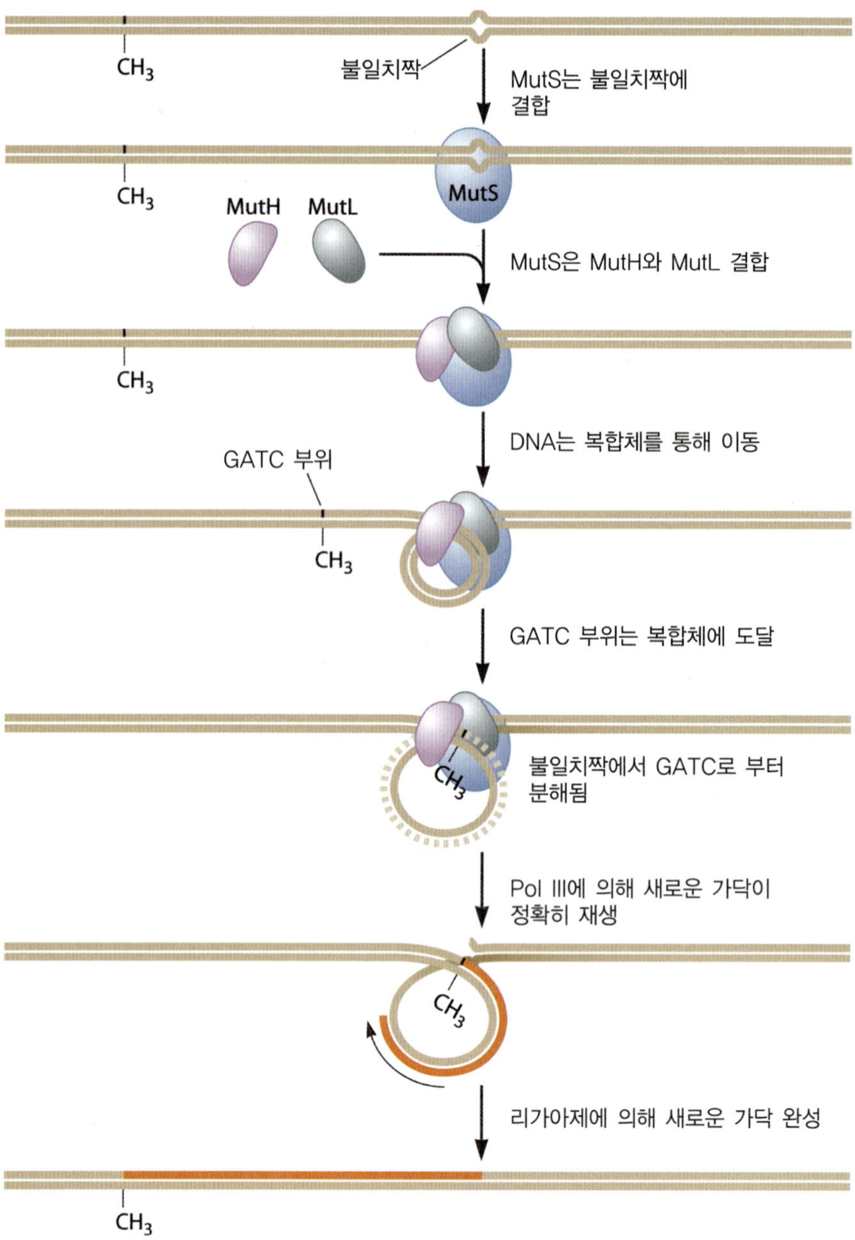

그림 8.6 불일치수리. 불일치짝은 단백질 MutS에 의하여 인지된다. 이 때 MutH와 MutL은 MutS-DNA 복합체에 결합한다. DNA는 GATC 부위(Dam 메틸라아제에 의한 메틸화 부위)에 이를 때까지 이 복합체를 통하여 이동한다. 여기서 아직 메틸화가 이루어지지 않은 불일치짝을 갖는 새로운 가닥은 분해되고, 그 틈은 Pol III와 DNA 리가아제(ligase)에 의하여 메워진다.

복제 종결

복제과정을 거의 완성하였을 때 두 개의 리플리좀은 *oriC*로부터 염색체 주위로 중간 부위(180°)에 모이게 된다. 잘 조절된 종결 과정에 의해서 그들은 충돌을 피하게 된다. 이 부위에는 분리된 반대 극성을 가진 종결 그룹인 T1과 T2에 배열되어 있는 *ter*라 불리는 여러 개의 특별한 서열이 있다. T1은 리플리좀이 반시계 방향으로 움직이는 것을 차단한다; T2는 리플리좀이 시계방향으로 움직이는 것을 차단한다. 종결 부위는 그들의 기능에 있어 *ter* 서열과 결합하여 DnaB 헬라카아제를 억제함으로써 리플리좀의 진행을 막는 **Tus(terminator utilization substance)**라는 단백질의 도움을 받는다.

대부분의 세균 염색체는 환형이기 때문에 복제에서 마지막 단계는 또 다른 기동작전을 필요로 한다. 종결의 마감되면 완전한 딸 염색체는 지형학적으로 **concatene**(즉, 한 사슬에 있는 두 개의 고리)이라고 불리는 구조 속으로 함께 잠기는데(꼬이는데), 이것은 나선의 이중-가닥의 닫힌 환 (그림 8.7)을 풀어 나타난 피할 수 없는 결과이다. Decatenation은 이중-가닥이 깨어진 곳에 삽입되어 다른 DNA 분자가 그 틈을 통과할 수 있도록 해주는 토포아이소머라아제(topoisomerase)라고 불리는 효소에 의해서 수행된다. 나중에 같은 효소들이 틈이 있는 가닥을 다시 메우게 된다.

분리된 환형의 염색체 속으로 들어가기 전 catenate는 동형 재조합, 즉 두 개의 염색체의 동종 서열 사이의 교차에 감수성을 나타낸다(제10장 참조). 단일 교차는 두 개의 염색체로 구성된 이합체의 형성(역전되지 않는다면 치명적인 사건)을 가져올 수도 있기 때문에, 특별한 **재조합 효소**(**recombinase**; DNA를 절단하고 이어 붙이는 효소)의 활동은 특히 중요하다.

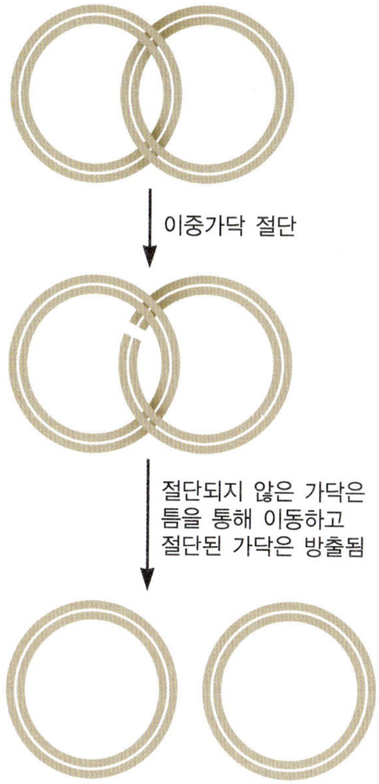

그림 8.7 자매 염색체의 decatenation. 자세한 내용은 본문 참조.

DNA의 보호

DNA가 합성되는 동안 많은 세균과 미생물 세포들은 그들의 소유물로 인지하기 위하여 독특한 방식(가축에 소인을 찍는 것과 유사한 과정)으로 그들의 DNA를 표시한다. 무슨 목적 때문인가? 미생물 세포는 빈번하게 플라스미드나 바이러스에 의해 도입된 '외래' DNA에 의해서 침입을 받는다. 그러한 침입의 결과는 세포에 그리 이로운 것이 아니다(바이러스 침입의 경우, 죽음과 용해가 흔한 결과이다). 세균은 원치 않는 침입 DNA를 파괴하는 강력한 DNA-가수분해 **엔노뉴클레아제(endonuclease)**를 개발하였다. 수백의 이들 제한 효소(세균성 바이러스의 생장을 제한하는 특성을 통하여 발견되었기 때문에 그렇게 이름 붙여짐)는 세균에서 발견되었다. 각 제한효소는 DNA상에서 다른 염기의 특정 서열(인지 부위)을 인지하여 이중 가닥을 깨어 결과적으로 핵산 분해 효소가 이들 노출된 말단에서 다른 분자를 공격할 수 있음으로 인하여 DNA의 완전한 분해를 가져온다(표 8.1). 세포는 인지 부위에 있는 아데닌 또는 시토신 잔기를 메틸화하여 자신의 염색체 DNA를 보호한다. 메틸화에 의한 이러한 **변형**은 DNA를 자신의 것으로 표시하여 자신의 제한효소로부터 자신의 DNA를 보호할 수 있는 "상품화"이다.

많은 미생물, 특히 세균들은 **제한-변형** 전략을 이용한다. 아주 유사하게 여러분들은 재조합 DNA 기술에서 그들의 역할에 대한 문맥에서 제한효소를 다룬 바 있으며, 거기에서 많은 제한효소의 사용으로 우리가 그들의 중요한 생물학적 역할을 잊을 수도 있다. 유전체 분석과 in vitro DNA 조작을 다루는 어떤 실험실도 준비된 특정 서열에서 매우 특정적이고 고도로 생산적인 DNA를 쪼갤 수 있는 제한 효소의 제공 없이는 기능을 발휘할 수 없다. 생명공학 기술의 진수인 DNA 클로닝은 제한효소에 상당히 의존한다. 수백 개의 원핵세포의 제한 변형 시스템은 소수의 광역 그룹으로 나누어진다. Type I 시스템은 단일 단백질 속으로 변형(메틸화)과 **제한**(분해) 활성을 결합시킨다; 실험실에서 가장 중요한 type II 시스템은 분리된 제한효소와 메틸라아제(methylase)로 구성된다. 어느 경우에도, 세포 내 DNA가 복제되는 동안 메틸라아제(또는 제한-메틸라제)는 새로운 가닥에서 만들어진 인지 분위에서 작동하며 메틸화에 의하여 그것을 변형시킨다.

표 8.1 어떤 제한 효소의 반응

종류	효소	생산 미생물	인식 DNA 서열[a]
여섯 개의 염기쌍 인식; 상보적인 단일 가닥 말단 생산	*Eco*RI	*Escherichia coli* (R)[b]	G▼A A T T C C T T A A▲G
	*Hin*dIII	*Haemophilus influenzae*	A▼A G C T T T T C G A▲A
여섯 개의 염기쌍 인식; blunt end 생성	*Hpa*I	*Haemophilus parainfluenzae*	G T T▼A A C C A A▲T T G
	*Hin*dII	*Haemophilus influenzae* Rd	C ▼A G T (T) (G) A C C A (A) (T) T G G ▲C
네 염기쌍 인식; 상보적 단일 가닥 말단 생성	*Hha*I	*Haemophilus haemolyticus*	G C G▼C C▲G C G
	*Mbo*I	*Moraxella bovis*	▼G A T C C T A G▲
네 염기쌍 인식; blunt end 생성	*Hae*III	*Haemophilus aegypticus*	G G▼C C C C▲G G

[a]화살표는 단일 가닥 절단 부위를 가리킨다. 염기의 위 서열은 5′ → 3′ 방향으로 쓰여 졌다.

[b]플라스미드 유래 유전자에 의하여 암호화됨.

그림 8.8 핵양체의 조밀한 특성을 보여주는 그림. 분리되어 펼쳐진 후의 DNA는 중심점으로부터 방사된 루프로 구성되는 것으로 보인다. 자세한 내용은 본문 참조.

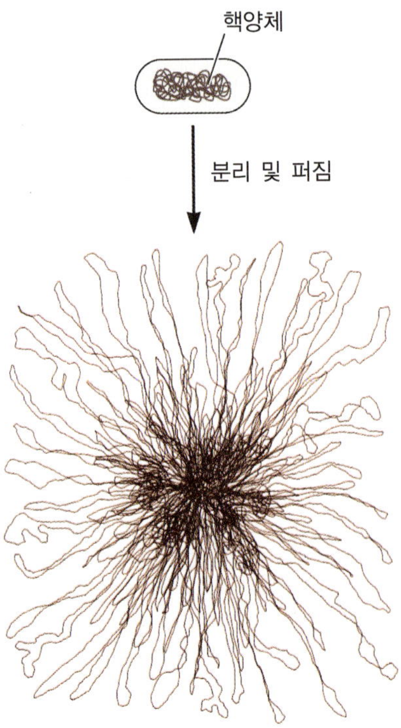

핵양체의 결합

3장에서 원핵세포의 염색체는-모든 세포 DNA와 마찬가지로 아주 단단하게 묶여져 있다는 것을 다룬 바 있다. 진핵세포에서 염색체 DNA는 히스톤 단백질 분자의 복합체 주위로 단단히 감겨져 뉴클레오솜(nucleosome)을 형성하고 3차 코일링(tertiary coiling)에 의하여 더 단단히 묶이게 된다. 세균에서 이 과정은 비록 유사하기는 하지만 다소 다르다. 뉴클레오솜 대신에 *E. coli*의 염색체 DNA는 초나선형으로 단단히 묶인 루프(loop)로 구성된 물리적 도메인들(그 수는 30-200개 사이로 추정된다)을 가지고 있다. 이 루프들은 서로 상당히 다르기 때문에 루프 중 어느 하나의 단일 가닥에서의 쪼개짐은 이웃한 루프에 영향을 미치지 않고 초나선을 풀 수 있게 된다. 이 루프들은 전자현미경에서 볼 수 있기도 하다; *E. coli* 세포의 용균과 풀린 DNA의 방출은 DNA가 형태가 없는 난잡한 것이 아니라 중심부에서 방사되는 루프를 가진 꽃과 같은 구조를 한 "spaghetto" 모양을 하고 있음을 보여준다(그림 8.8).

핵양체가 구조화 되는 방법은 잘 알려져 있지 않지만 여러 가지 요소들이 관여하는 것으로 보인다. SMC(structural mainteance of chromosome)라 불리는 단백질은 염색체를 단단한 구조 속으로 응축시키는 역할을 한다. SMC 단백질은 DNA 양쪽 말단에서 DNA에 결합하는 역평행(antiparallel) 가닥으로 구성된다. 중간에 이들 분자는 두 개의 팔이 함께하여 부착된 DNA를 가까운 위치로 가져올 수 있는 관절(hinge)을 가지고 있으며, 그 족집게 중의 하나는 sticky end를 가지고 있다. 염색체 상에서 멀리 떨어진 이 두개의 DNA 절편은 제거될 수 있고 이 과정에 의하여 떨어져 있는 부위는 같이 합해질 수 있다. ATP는 이 과정에서 소비된다(SMC 단백질은 ATPase이다). 누군가 Muk(핵에 대한 일본말)이라고 불렀던 어떤 SMC들은 적당한 염색체 분리를 위해서는 필수적이다. SMC 단백질은 거의 모든 생물에서 발견되었으며 아주 잘 보존되어 있어 그들이 초기 진화과정에서 유래되었고 그들의 역할이 실제로 주요하다는 것을 제시해준다.

이것과 결부되어 있을 것으로 여겨지는 다른 요소들은 핵양체(**HU**, **H-NS**, 그리고 **Fis**)와 결합되어 있는 여러 개의 염기성 단백질을 포함하고 있다. 또한 **REP** 서열(repetitive extragenic palindrome)이 어떤 역할을 할 가능성에서 흥미롭다. REP 요소는 원핵세포 유전체에서 (각 염기에서 약간의 변이와 함께) 나타나는 38-bp의 팔린드롬 서열이다. 유전체에는 이와 같은 것들이 수많이 존재하며 그들은 항상 유전자 사이에서 나타나며 유전자 내에서 나타나지는 않는다. 그들은 도메인을 정의하는데 관여하는 것으로 추측되고 있다.

전체 유전체를 복제하는 요소는 두 개의 딸세포의 탄생을 준비하는 것이다. 세포분열과정에서 이들 염색체의 분리 메커니즘에 관해 우리가 거의 알지 못하는 것은 9장에서 언급할 것이다.

RNA

전사의 개요

RNA-P와 기능

전사는 DNA의 한 가닥의 절편에 상보적인 염기서열을 가진 전사체(transcript)라 불리는 RNA 분자의 합성을 의미한다. 진핵세포는 여러 개의 RNA 중합 효소를 가지고 있지만 원핵세포는 **DNA-의존적 RNA-P**(**RNA-P**로 축약)로 불리는 오직 하나를 가지고 있다. 이 효소는 모든 세포의 RNA 중, 안정 RNA(**rRNA**, tRNA, 그리고 조절 RNA)와 **불안정 RNA**(**mRNA**)을 합성한다. 오직 하나의 RNA-P가 있음에도 불구하고 그것은 여러 개의 **시그마(σ) 인자**(DNA-인지 특이성을 제공하는 대치 가능한 소단위[아래 참조]) 중의 하나와 결합하여 선별적으로 어떤 유전자 세트를 전사하기 위하여 변형될 수 있다.

전사의 촉매제로서 RNA-P의 기능은 쉽게 언급될 수 있다: 그것은 DNA의 한 가닥에 의하여 지정된 순서에서 당 인산 결합에 의하여 5′ → 3′ 방향으로 리보뉴클레오시드 삼인산(ATP, GTP, CTP, 그리고 UTP)과 결합한다. 한 pyrophosphate(두 개의 인산기를 가진)는 이 과정에서 떨어져 나간다. 핵심(core) RNA-P는 DNA에 대해 비교적 낮은 친화도를 가지고 있으며 구분 없이 DNA에 결합한다. 선별적 결합을 획득하는 것은 시그마 인자의 역할이다. 시그마 인자가 없는 핵심(core)은 닫힌 집게(clamp)에 비유될 수 있다(여러분의 엄지 손가락과 닿는 집게손가락을 그려 보아라). 시그마 인자의 결합은 집게를 열어(엄지와 집게손가락이 분리됨) 핵심(core)과 DNA가 보다 잘 접촉할 수 있도록 해준다. 나중에(아래 참조) 시그마 인자가 방출되었을 때 그 집게는 다시 닫히고 RNA-P는 DNA에 부착한다.

놀라울 것도 없이, RNA-P 분자는 다소 복잡하다 (비록 DNA 리플리좀보다 적은 수의 성분을 가지고 있지만). 아마도 모든 세균의 RNA-P들은 4개의 소단위로 구성되어 있고 그 중 하나(α)는 두개의 사본으로 존재하기 때문에 $\alpha_2\beta\beta'$라고 붙여진 꼭 같은 핵심(core) 소단위 구조를 공유한다. 고세균의 전사 또한 단일의 RNA-P에 의해서 수행되지만 세균의 것과는 아주 다르다. 고세균의 RNA-P는 세균의 대표적인 4 개의 소단위보다 많은 14개나 되는 소단위를 가지고 있으며, 이런 면에서 보면 진핵세포에서 발견되는 것과 더 가깝다고 할 수 있다. 하나의 결론적 예로 세균의 효소를 억제하는 (리팜핀과 같은) 항생제는 고세균 중합효소에는 영향을 미치지 않는다는 것이다.

전사 산물

RNA-P에 의해서 만들어진 산물을 전사체라고 부른다. 단백질을 암호화하는 구조 유전자(기능에 대한 cis-trans 유전 시험 후, 좀 더 정확하게는 **시스트론[cistron]**이라고 부름)의 전사체를 mRNA라고 부른다. 거의 모든 세균의 mRNA 전사체는 **폴리시스트론(polycistron)**이다-그들은 여러 개의 폴리펩티드를 암호화한다. 원핵세포에서 이와 같은 독특한 유전자 배열은 대부분의 단백질 암호 유전자가 염색체에서 집단으로 나타나기 때문에 발생하며, 이들 집단은 관련된 기능을 가진 유전자로 구성되며 일반적으로 관련 유전자들이 한 프로모터에서 출발하여 하나의 전사 종결 신호에서 끝이 나기 때문에 **전사 단위(transcriptional units)**인 하나의 오페론(operon)이라고 불린다. 프로모터 근처(어떤 경우 오페론의 프로모터와 구조 유전자 사이)에는 전사가 개시되는 것을 조절하는 조절 단백질이 작동하는 부위인 작동유전자(operator)라고 불리는 지역이 있다. 보통 세균의 단백질-암호 유전자의 전사는 mRNA 분자가 단지 수분의 반감기(그렇지만 이것의 적절성은 매우 유동적이며; 어떤 mRNA의 경우 반감기가 1분도 채 안되는 반면 어떤 mRNA는 더 길기도 함)를 가지고 있다는 점에서 특이하다. mRNA 합성의 적절한 조절은 세포의 생리적 상태에 따른 초를 다투는 반응과 결부되어 있다(제12장 참조).

RNA-P는 또한 tRNA를 암호화하는 유전자를 거의 50개 유전자를 전사하고 3개의 주요 RNA 중 하나를 암호화하는 6개의 풍부한 유전자들도 전사한다. 비록 상대적으로 매우 적은 수의 유전자와 결부되어 있지만 이러한 활성은 어느 순간에 대부분의 이들 RNA-P 분자들을 묶어버릴 수도 있다. 따라서 각 환경의 생장-촉진 잠재력에 따라 주의 깊고 경제적으로 조절되어야만 한다. 안정 RNA를 암호화하는 유전자들은 일반적으로 집단으로 구성된다. 그들 전사체는 초기 단계로서 쪼개짐에 의하여 진행되어야만 한다.

모든 거대분자 합성에서와 마찬가지로 전사체는 세 개의 독특한 단계; 개시, 신장, 그리고 종결 (그림 8.9)로 구성되며, 각각에 대해서는 이야기 거리가 많다.

전사 개시

이 절의 제목은 RNA-P와 그 기능에 대한 재미없는 이야기를 광고하는 것처럼 보인다. 아주 대조적으로, 이 이야기는 매력적이며 세 단어 "initiation of transcription"는 *분자생물학의 탄생을 비롯한* 20세기 생물학의 놀라운 많은 것들을 요약해서 나타낸다. 미생물을 연구하는 연구자들이 지난 세기 생물학적 사고에 기여한 것은 바로 유전자의 본질을 발견한 것과 어떻게 그들 유전자의 발현이 조절되는지에 대한 것이다, 여기서는 젖당(lactose)을 분해할 수 있는 **β-갈락토시다아제(β-galactosidase)**를 암호화하는 *lacZ* 유전자의 특성과 Lac 억제자(repressor)와 대사물질 억제 단백질 (catabolite repressor protein)에 의한 *lac* 오페론의 조절을 자세히 얘기하는 것으로서 상당히 요약하였다.

유전자 조절은 많은 전사 개시의 빈도를 변형하여 일어난다. 시작되었을 때, RNA 사슬의 신장율은 거의 주어진 온도에서 일정하다. 유전자 발현의 많은 단계-단지 개시가 아니

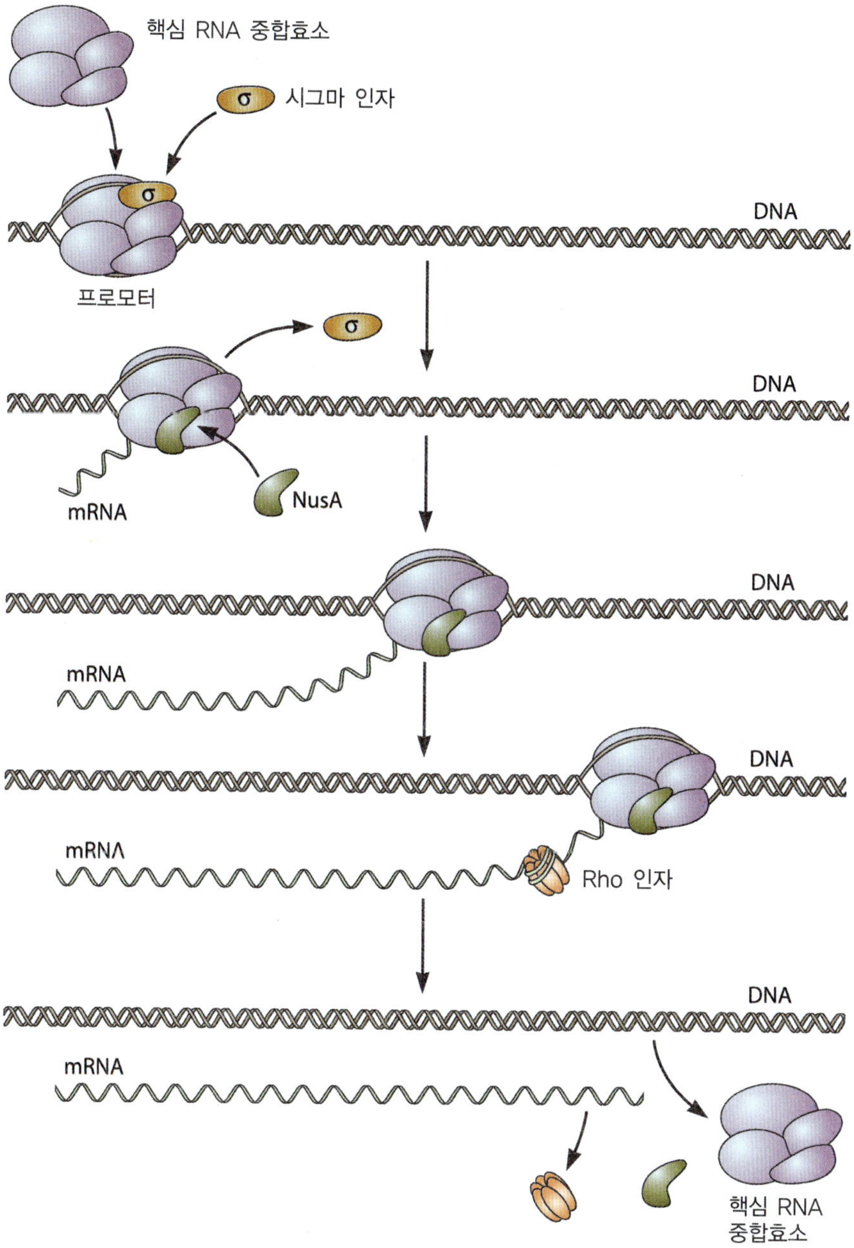

그림 8.9 전사의 개요. 자세한 내용은 본문 참조.

라-가 유전자 또는 또 다른 유전자를 조절하는데 필요한 요소들이다. 그렇지만 매우 초기 단계에서 유전자 발현의 조절을 차단하는 것이 가장 경제적일 수 있기 때문에 가장 주된 조절 장치는 어떤 면에서 개시의 조절과 관련이 있다. 이에 대한 좀 더 구체적인 것은 나중에 다룬다(제12장 참조).

프로모터

전사의 개시는 모든 전사 단위(오페론)에 선행하는 RNA-P의 α와 β 소단위가 **프로모터(promoter)**라고 불리는 특정 DNA 서열에 위치할 때 일어난다. RNA-P가 어디에서 시작해야하는 지를 정의하는데 있어 그들의 필수적인 역할을 고려해본다면, 프로모터는 독특하고 효과적이며 쉽게 인지되는 서열을 공유하고 있을 것이라는 것과 진화에서 상당히 보존적이 되었을 것이라는 것을 생각해 볼 수도 있다. 그렇지는 않다. DNA 절편 내에 있는 프로모터가 확실하게 인지되기 까지 상당한 시간이 소요되었고 많은 실험적 연구가 진행되었다. 어느 순간의 회상으로 프로모터 구조에서 이 모호함을 알게 되었다. 어떤 유전자들은 세대 당 1번 이하로 전사되는 반면 어떤 유전자들은 매 초마다 전사된다. 유전자 발현의 크기는 10,000배 정도 차이의 넓은 범위를 가질 만큼 다양하다. 이러한 다양성은 매우 다른 유전적 강도를 가진 프로모터에서 작동하는 다양한 조절 장치의 기능을 반영해준다. 따라서 한 생물체 내에서나 다른 종에서 단일 프로모터 서열은 없다. 대신에 RNA-P에 대한 "프로모터"를 의미하는 유일한 뉴클레오티드 서열 보다는 *일반적인 서열 패턴*이 존재한다.

무엇이 프로모터의 힘을 결정하는가? 확실히, 프로모터의 뉴클레오티드 서열이 중요하다는 것은 분명하며 어떻게 서열이 작동하는지를 알기 위해서 우리는 세균의 프로모터를 자세히 조사해야만 한다. 그림 8.10은 한 프로모터의 주요 특징-이 경우, 주요 시그마 인자인 σ^{70}(약 70,000의 분자량을 따서 이름을 지음)에 의해 안내되었을 때 *E. coli*의 RNA-P에 의해 인지된 프로모터를 나타내고 있다. 그림에 나타난 DNA 절편은 세 개의 주요 부위: 상향부위 (upstream region; UP 요소)에 의해 (5′ 방향으로) 왼쪽에 그리고 **하향 부위(downstream region)**에 의해 오른쪽에 놓여있는 **프로모터 핵심(core)**을 보여주기 위해 표지되었다. 현재 우리가 상향 및 하향부위에 관해 말할 것은 거의 없으며 대신에 (i) 몇몇 프로모터의 경우 상향부위는 여러 개의 조절 단백질이 작용하는 부위이고, (ii) 하향부위는 의문 속에 있는 유전자의 번역 부분의 시작 부위를 구성할 뿐만 아니라 조절의 의미를 갖고 있음에 주목해야 한다.

세균 프로모터 핵심(core)은 세 개의 부분: -35 **육합체(hexamer), -10 육합체(hexamer)**(- 표시는 유전자의 번역을 시작하는 코돈으로부터 상향 부위에 있는 거리를 나타낸다), 그리고 위의 육합체(hexamer)들을 분리하는 **17-bp 스페이서(spacer)**로 구성된다. 여러분에게 매우 실망스러울 수도 있는 것은 그 프로모터 핵심(core)에 대한 정의적 뉴클레오티드 서열이 제시되지 않는다는 것이다; 이것은 생략이 아니라 보편적인 서열이 존재

그림 8.10 *E. coli*에서 σ^{70}에 의해 인지되는 합의서열 프로모터의 구조. 핵심 프로모터는 -35(TTGACA)와 -10(TATAAT) 육합체(hexamer). 그들 사이의 스페이서(spacer)를 포함한다. 뉴클레오티드 염기와 스페이서 아래 빨간색으로 표시된 수들은 이 생물에서 알려진 σ^{70} 프로모터에서 나타나는 빈도(%)를 표시한다. (노트: 표시된 모든 염기는 DNA의 비주형 가닥에 있는 것들이다.) DNA에서 염기의 위치는 mRNA로 전사되는 첫 번째 염기에 비교하여 숫자가 매겨졌다.

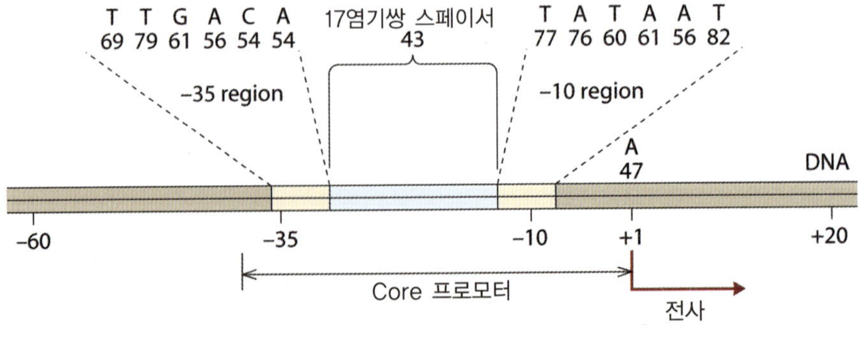

하지 않는다는 것을 보여준다. (그림의 상단 줄에서) 보이는 것은 두 개의 합의 서열(consensus sequence), 각각 -35와 -10 부위에 대해 나타낸 TTGACA와 TATAAT이다. (두 부위에 대한 수의 명명은 육합체 중심 근처에 있는 대장의 뉴클레오티드 잔기를 나타낸 것으로 하향 혹은 단백질-암호 부위의 첫 번째 염기로부터 역으로 센다.) 그들은 각 뉴클레오티드 잔기에서 볼 수 있는 통계상 가장 가능한 염기로 구성된 서열을 묘사하기 때문에 합의 서열이라 불린다. (전사에 대해 토론할 때 쓰이는 혼란스런 대회장을 주목해봐라: RNA를 만들기 위해 복제될 DNA 가닥은 안티센스(antisense) 혹은 주형 가닥 (template strand)이라고 부른다; 다른 가닥(주형 가닥에 상보적인 것)은 그 염기 서열이 T를 대치해 U를 가진 RNA 산물에 있는 서열과 동일하다는 단순한 사실 때문에 coding strand라고 부른다. *프로모터의 유전적 힘은* +1 위치 주변에 있는 서열은 물론 -35와 -10 부위를 포함하는 *프로모터의 뉴클레오티드 서열에 의하여 결정된다.*

전사 개시

단순하게 σ^{70}-의존적 RNA-P에 의한 전사 개시에 초점을 맞추어 보자. 첫 번째 단계는 RNA-P가 프로모터에 가역적으로 결합하여 폐쇄 복합체(closed complex)를 형성하는 것이다. 이 프로모터는 전사가 시작되는 곳에 대한 신호를 줄 뿐만 아니라 어느 DNA 가닥이 전사될 것인지를 결정하는데, 이는 주형 가닥에 있는 염기 서열이 RNA-P 분자의 결합 방향을 결정하기 때문이다. 두 번째 단계에서 비교적 느린 이성질화(isomerization)가 **개방 복합체(open complex)**가 형성된 곳에서 일어난다. 이 구조는 지역적으로 용해된 DNA 이중나선으로 길이가 약 12 bp인 **전사버블(transcription bubble)**로 구성되는데, 이 구조 내에서 중합효소는 전사될 가닥에서 자유롭게 작동한다. 세 번째 단계는 중합효소와 RNA 전사체가 형성되었을 때 프로모터 부위에서 발생한 버블(성숙된 길이가 18 bp)의 이동이다. 12장에서 우리는 프로모터 활성이 몇몇 개시 단백질 조절자에 의하여 크게 변화된다는 것을 알게 될 것이다.

고세균에서 전사 개시는 세균의 방식과는 상당히 다르다. 고세균의 RNA-P는 세균형 프로모터에서 보다는 TATA 박스(DNA 상에 있는 뉴클레오티드 서열)에서 시작한다-이는 진핵생물에 더 가깝다.

RNA 사슬 신장

RNA-P가 길이가 약 12개의 뉴클레오티드로 된 전사체를 형성하였을 때, 시그마 인자가 방출되고 다른 RNA-P 핵심과 자유롭게 결합한다. 시그마 인자의 상실로 RNA-P는 DNA에 고정되게 되고 주형 DNA 가닥을 따라 움직이게 된다; 버블은 RNA-P와 함께 움직이고(앞에서는 열린 상태로 뒤에서는 닫힌 상태로 있는 DNA의 염기쌍), 초기의 미성숙한 RNA 전사체는 RNA-P 뒤에서 끌려가게 되어 주형의 DNA 가닥과 쌍을 이루게 된다. 신장의 각 단계는 뉴클레오시드 삼인산 결합, pyrophosphate를 방출하는 미성숙한 사슬을 가진 결합 형성, 그리고 DNA 가닥을 따라 이루어지는 중합효소의 이동으로 이루어진다. 37℃ 에서 *E. coli*의 사슬 생장률은 mRNA를 만드는데 초당 더해지는 뉴클레오티드 수가 약 45 개이고 rRNA, tRNA, 그리고 다른 안정 RNA 종의 경우 거의 두 배에 가깝다. 우리는 이러한 수가 단지 얼마나 많이 전사에 대해 배웠는지를 보여주기 위해서가 아니라 그들이 단백질 합성의 전체 프로그램에서 중요하기 때문에 언급하는 것이다(아래 참조).

비록 우리는 유전자 발현을 조절할 때 주요한 과정으로 전사 개시를 강조했지만, 사슬 신장은 일정하지 않은 평범한 과정이다. 그것은 그 자신의 드라마를 소유하고 있다. 시그마 인자가 중합효소를 떠난 후 다른 단백질 인자들이 전사가 진행되는 동안 영향력을 행사한다. NusA와 NusG(세균성 바이러스의 합성에서 그 역할을 본 따 명명함)라고 불리는 *E. coli*에 있는 단백질들은 RNA-P와 일시적으로 결합한다. 그들은 RNA-P가 **정지 부위**(신장하는 RNA 가닥에서 헤어핀 루프를 형성하는 한 쌍의 대칭 구조를 가진 GC가 풍부한 부위)라 불리는 DNA 부위와 만났을 때 중합효소의 행태에 영향을 미친다. 정지는 전사가 방해받을 수 있는 기회를 증가시킨다. 따라서 유전자 발현의 조절은 개시를 넘어선 단계들과 결부되어 있다; 우리는 12 장에서 이러한 전사의 특징을 돌아본다.

전사 종결

종결에서 우리의 관심은 그것이 필수적인 단계라는 사실을 넘어선다. 진핵세포에서와는 달리, 원핵세포에서 종결은 조절에도 관여한다. 감쇠(attenuation)라 불리는 조절적 종결의 중요한 과정은 오페론의 구조 유전자가 전사되기 전 일어나며 11장에서 다룬다. 대개 오페론의 말단에서의 종결은 DNA 가닥에 있는 특별한 염기서열에 의해 조절되는 **단순(simple)** 과정이나 염기 서열에 의하여 신호가 주어지지만 rho(ρ)라고 불리는 부속 단백질의 관여를 필요로 하는 보다 **복합(complex)** 과정에 의해서 발생한다. 복합 종결은 **rho-의존적 종결**이라고 한다.

Rho-독립적 단순 종결은 중합효소가 역반복(inverted repeat)으로 배열된 DNA의 GC가 풍부한 부위와 연속적인 A 잔기를 가진 부위를 전사한 후 일어나며, 역반복 구조는 DNA가 **stem-and-loop 구조**(lollipop 모양을 하고 있고 이중-가닥의 줄기와 단일 가닥의 머리를 가짐)를 형성할 수 있게 해준다. Stem-and-loop 구조는 전사 버블 내에서 형성되는 것으로 여겨지며 따라서 전사과정을 정체시키는 원인이 된다. 전사체와 기질 사이의 계속적인 AU 쌍은 쉽게 깨어져 전사체를 방출하게 된다.

Rho-의존적 종결은 RNA-P가 최소 10초 동안 멈출 때마다 일어난다(유사한 stem-and-loop 구조에 의해서도 일어난다). 이것이 일어났을 때 rho는 정체된 RNA-P 복합체와 상호 작용하고 전사체를 방출한다. 그렇지만 Rho는 mRNA를 번역하는 리보솜에 의하여 중합효소에 다다르는 것으로부터 차단된다.

전사체의 운명

전사체는 3 개의 일반적인 종류가 있다. 그들은 (i)단백질(단백질이 하나 이상의 폴리펩티드 소단위로 구성되고 변형되기 때문에 실제로는 폴리펩티드)을 암호화하는 mRNA 분자, (ii) 세포의 단백질을 만드는 기계 장치의 안정 RNA 성분, 또는 (iii) 12장에서 그 기능을 다루게 될 소형 조절 RNA일 수 있다.

우리는 각 세포에 풍부하게 존재하며 매우 다른 수백 종의 mRNA가 있음을 알고 있다. 원핵세포 삶의 본질은 우리가 얘기한 바와 같이 상당한 변이가 있지만 평균 1분 이하의 반감기를 가지는 단백질을 만드는 지침서가 일정하게 전달되는 것이다. rRNA와 tRNA 분자들은 (적어도 영양결핍이 아닌 조건에서) 안정하며 폴리펩티드 사슬을 합성하는 일에서 반복적 기능을 나타낸다.

이들 두 개의 다른 RNA 군을 가진 세포 운명에 관해 토론하는 것은 더욱 흥미롭다.

mRNA의 삶과 죽음

원핵생물의 본질은 그들이 가진 mRNA의 전환(turnover)이다. 예를 들면 *E. coli*에서 mRNA의 평균 **반감기**(분자의 50%가 분해되는데 걸리는 시간)는 37℃에서 단지 1분 이하에 불과하다. 어떤 mRNA 종은 더 오래 존재하며, 어떤 것들은 더 짧게 존재한다.mRNA의 분해에 결부된 핵산분해효소에 대한 자세한 것은 아직도 탐구 중에 있지만 주 요점은 어떤 단백질이 만들어져야만 하는지를 나타내는 지침서는 세포가 그들의 생리학적 건강 및 현재 환경적 특성을 감지함에 따라 지속적으로 변화한다는 것이다. 단백질을 만드는 지침서를 지속적으로 지워버림으로써 세균 세포는 주어진 환경에 반응하기 위하여 항상 지속적인 상태를 유지한다. 비록 너무나 마음대로 mRNA를 가수분해하는 비용에 관해 의아하게 생각할 수도 있지만 그것은 어려운 시기에 쓸데없는 단백질을 만드는 것 보다 더 경제적이고 이점이 있다.

안정 RNA의 변형과 결합

가장 폭넓게 연구된 세균에서 모든 안정 RNA 종(대부분 rRNA와 tRNA)은 더 진행되어야만 한다. 전사되어 산물을 만들고, 산물은 *E. coli*에서 각 리보솜에 포함되어 있는 세 개의 rRNA 분자(5S, 16S, 그리고 23S)를 암호화하는 유전자들은 집단을 이루고 있으며 단일 단위, 즉 그들은 하나의 오페론 상에 배열된 채로 전사된다. 이러한 계획은 화학양론에서 리보솜에서 나타나는 rRNA의 합성을 확실하게 도와준다. *E. coli*에 7개 집단의 이들 *rrn* 유전자가 있으며, 각 오페론의 구조 유전자는:

16S 유전자—스페이서(spacer) tRNA 유전자—23S 유전자—5S 유전자—말단 tRNA

세균은 여분의 유전자를 갖고 있지 않은 것으로 유명하기 때문에 7개 사본의 rRNA 유전자는 주목할 만 하다. 이들 유전자에 대한 과도한 요구는 의심의 여지없이 이 여분(redundancy)을 유지하기 위한 토대이다; 빠른 생장 동안 세포 전사체의 반이 *rrn* 유전자로부터 유래된다. 모든 세균의 종이 이와 같은 많은 *rrn* 유전자 갖고 있는 것은 아니다; 그 수는 일반적으로 그 종의 세포 생장율과 상호 관련되어 있으며, 그 범위가 유전체 당 하나에서 12 개에 달한다. 그들 자신에 의한 다중의 사본(multiple copies)으로 rRNA 합성의 잉여율을 설명할 수는 없다; 고도의 활성을 가진 프로모터가 대개는 그에 대한 책임을 진다. 이들 *rrn* 오페론 내에서 선택된 tRNA 유전자의 봉입(inclusion)은 신기하며 *rrn* 오페론이 가장 풍부한 tRNA를 암호화한다는 사실과 관련되어 있다.

이들 *rrn* 오페론의 단순한 전사는 쓸모없는 거대 분자를 생산 할 수 있을 것이다-그러나 그러한 일은 발생하지 않는다. 전사가 진행됨에 따라 일단의 RNA **분해효소(ribonuclease)**들은 신장하는 산물을 자르고 다듬어 사용할 수 있는 rRNA와 tRNA 전구체로 만든다(그림 8.11). 리보솜 전구체는 선택된 염기들을 메틸화하거나 변형하는 수십 개의 효소-16S rRNA에 대한 10개, 그리고 23S rRNA에 대한 13개의 효소에 의하여 작동하게 된다. 거의 모든 이들 변형체들은 리보솜 내에서 그들의 활성 부위를 구성하는 rRNA 분

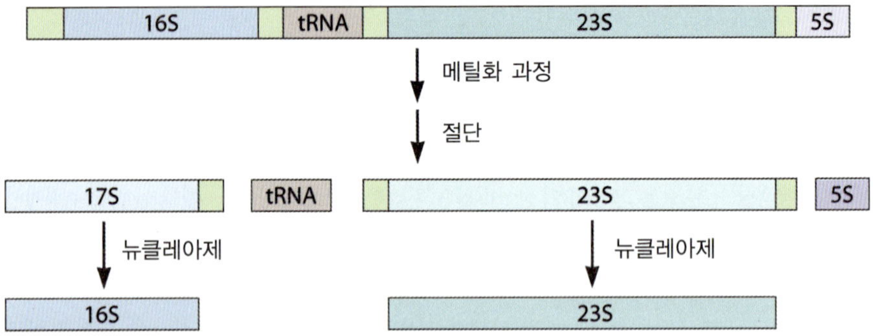

그림 8.11 rRNA 전사체의 가공. 세 종류의 rRNA는 공통의 전구체 분자로부터 나타난다.

자의 위치에 놓이게 된다. 이것이 의미하는 것은 진화에 의한 단백질 합성 기계 장치의 효과를 이 구조 조정에 의하여 높였다는 것이다. *세포는 RNA 그 자체를 암호화하기보다 변형된 효소를 암호화하는 유전정보에 더 많이 투자한다*는 점에서 이들은 중요하다 할 수 있다.

세균 리보솜의 두개의 소단위인 30S와 50S는 일련의 반응에 의하여 합해지며, 이것에 의해 다양한 리보솜 단백질 (r-proteins)은 어떤 정해진 순서에 따라 리보솜 입자의 rRNA 핵심(core)에 결합한다. 상당한 정도로, 이 과정은 자연적으로, 즉 안내자나 다른 분자에 의한 반응의 촉진 없이 일어나는 것으로 보인다. 리보솜의 결합은 어떻게 생물학적 거대분자가 형태를 형성하는 능력, 즉, 복합 구조의 결합 능력을 그들 분자 속으로 형성시키는가에 대한 좋은 예이다.

위에서 언급한 경우를 제외하고, 세포의 약 50 개의 tRNA 종에 대한 유전자가 rRNA를 암호화하는 유전자와 분리된 오페론에 있다. 활성 산물을 생산하기 위하여 이들 tRNA를 가공할 필요성은 큰 편이다. 수십 개의 효소들은 원 tRNA 전사체에서 작동하여 그들을 기능이 있는 분자로 전환시킨다. 대부분의 tRNA 분자를 생산하는 것은 큰 폴리시스트론 전사체를 쪼개어 모노시스트론 전구체 tRNA로 만드는 것, 각 말단에 있는 여분의 뉴클레오티드의 제거, 만약 tRNA 분자가 알맞은 장소에 없을 경우에는 terminal CCA 말단 부가(여기에 아미노산이 결합), 그리고 최종적으로 이노신(inosine)과 슈도우리딘(pseudouridine)과 같은 핵산에서 실제로 들어보지 못한 독특한 단량체의 변형은 물론 메틸화된 염기를 생산하기 위해 많은 염기와 리보오스 잔기의 상당한 변형을 포함한다. 모두 합해, *E. coli*의 tRNA에는 30개 이상(연구된 다양한 미생물에서는 80개 이상)의 다른 변형된 뉴클레오시드가 있으며 이들은 45개 이상의 다른 효소에 의해서 생산된다. 성숙한 tRNA에서 변형된 뉴클레오시드는 알 수 없는 기능을 가지고 있다. 개별적으로, 많은 것들이 돌연변이로 인해 세포의 생장 능력을 파괴함이 없이 제거되지만, 의심의 여지없이 이들 뉴클레오시드는 번역 시 tRNA 역할의 효율성을 증대시키는데 기여한다.

8.1 *E. coli에 대한 대사 정보를 요약한 웹 사이트, EcoCyc*

중합효소 붕괴와 유전체 조직화

염색체를 따라 이동하는 두 개의 DNA 중합효소 리플리좀과 함께 복제 기점을 그려보라. DNA의 두 가닥은 초당 1,000 뉴클레오티드 비율로 복제한다(위의 "DNA 가닥 신장" 참조). 이 과정은 트랙을 따라 움직이는 기차와 유사하지만 그 트랙은 깨끗하지가 않으며! 그것과는 거리가 멀다. 그 기차 앞에 RNA-P 분자-아마도 수천의 분자-가 유전자를 전사시키는데 관여하고 있다. 이들 RNA-P 분자의 몇몇은 오페론의 방향성에 의존하여 (마찬가지로, 어느 가닥이 특정오페론에 대한 sense strand인지에 따라) 한 가닥을 전사시킨다, 다음을 기억하라. (i) RNA-P는 단지 5′ → 3′ 방향으로만 진행한다. 그리고 (ii) DNA의 두 가닥은 반대 방향으로 달린다. 이러한 사실로부터 리플리좀에 앞서 몇몇 RNA-P 분자들은 그것을 향해 움직이고, 몇몇은 그것으로부터 멀어진다. 어느 경우에든 RNA-P가 초당 단지 45개의 뉴클레오티드(위의 "RNA 사슬 신장" 참조)로 움직이기 때문에 *리플리좀과의 충돌은 필수적이며*, 리플리좀의 DNA-P보다 약 20배 정도 느리고 따라서 리플리좀과 같은 방향으로 여행하는 RNA-P들은 빠르게 추월당하게 될 것이다.

한 가지 의문점이 바로 나타난다: 충돌은 비극적인 것인가? 추측한 바와 같이, 이 과정은 치명적이 아니다-그러나 이 과정은 중요한 결과를 가지고 있다. 그 산물은 비록 모든 경우에 RNA-P가 패배자일지라도 전사 방향에 의존하는 것으로 판명되었다. 정면충돌은 최악의 경우이다; 그들은 간단하다면 복제를 중단하고 전사를 중지시킨다. 같은 방향 충돌은 충격이 거의 없다; 그들은 단지 복제를 느리게 하고 지속적인 전사를 용인한다. 또한, 어떤 활성을 가진 전사 부위에 RNA-P 분자가 복제 기점과 같은 방향으로 움직인다면 약간 덜한 충돌이 있을 것이다.

이들 이유 중 둘(덜한 충돌과 심하지 않은 결과)의 경우, 복제와 같은 방향으로 지향된 유전자를 갖는데 이점이 있다. 약 100개의 서열이 완전하게 결정된 세균 유전체를 분석한 결과 이러한 이점이 다양한 유전자들의 위치에서 가닥 편향성(strand bias)을 가져오게 하였다. 이 결과는 복잡하지만 많은 종에서 복제 방향으로 위치시키는 가닥(그림 8.4에서 유추할 수 있는 것처럼, 지체가닥에 대한 반대말로서 선도 가닥)에 있는 유전자를 소유하는 것에 대해 강한 편향성이 있다. 어떤 경우, 그 편향성은 주로 많이 발현되는 유전자에 적용된다; 다른 경우, 그 편향성은 그들 유전자가 높게 발현이 이루어지는지에 상관없이 필수적인 기능을 가진 유전자에 더 적용된다.

RNA-P와 리플리좀 사이의 충돌이 단지 유전체의 조직화에 영향을 미치는 요인은 아니다. 예를 들면, 복제 시발점 근처에 있는 유전자들은 말단 근처에 있는 유전자들보다 훨씬 큰 **사본수**로 존재한다(제9장 "세포주기동안 DNA 복제"에서 언급). 이러한 유전자 조사(gene dosage) 효과는 유전체 조직화의 진화에 영향을 미치는 염색체의 다른 (여러) 구배와 비대칭적 특성으로 나타난다.

단백질

단백질 합성의 특수 템포와 방식

효율적이고 믿을 수 있는 단백질의 생산은 세포의 유전 정보가 어떻게 작동되는 가에 달려있기 때문에 많은 생물은 리보솜에 의존한다.

빠르게 생장하는 세균 세포는 바쁜 단백질-제조 공장이다. 원핵세포 건조 중량의 반 이상이 단백질이며 생장률에 따라 세포의 30-60%가 단백질을 만든 기계장치로 구성된다. **단백질 합성 시스템(protein-synthesizing system; PSS)**이라고 불리는 이 기계장치는 리보솜; tRNA; 아미노산-활성 효소; 개신, 신장, 그리고 종결 단백질; 완전한 산물을 변형하는 효소; 그리고 새로이 만들어진 단백질의 접힘(folding)과 위치 이동을 도와주는 단백질로 구성된다. 얇은 단면의 세포를 전자현미경으로 보면(그림 3.1 참조) 이 공장에 있는 기계들의 수를 눈으로 확인할 수 있는데, 이는 세포질의 전형적 모습이 리보솜으로 가득차있는 구획의 모습을 하고 있기 때문이다. 세균의 리보솜 기계는 단지 숫자가 많은 것이 아니라 그들은 진핵세포 리보솜보다 작고 빠르다. 또한 진핵세포에 의해 사용되는 10개의 단백질 **개시 인자(initiation factors)**와는 대조적으로 세균은 단지 3개만을 사용한다.

새로 만들어지는 단백질의 수와 그들의 신장 속도가 인상적이기도 하지만, 보다 더 특이한 것은 원핵세포의 단백질 합성 방식이다. 핵막이 없는 원핵세포의 염색체는(고세균 염색체를 포함해) 몇몇을 제외하고는 세포질에 바로 노출되어 그들 PSS가 매우 조밀하게 배열할 수 있도록 해준다. mRNA 전사체는 기능을 나타내기 전 핵으로부터 세포질로 위치 이동을 할 필요가 없기 때문에, *그들은 자신이 전사가 완전히 이루어지기 오래 전에 폴리펩티드 합성을 이끄는 일을 시작한다.* 리보솜-결합 부위(ribosome-binding site)가 초기 미성숙한 mRNA 전사체의 5′ 말단에서 형성되자마자 단백질 합성이 시작된다. 이 엄격한 원핵세포의 상황을 **짝 전사-번역(coupled transcription-translation)**이라고 부른다(그림 8.12). 마지막으로 이미 알고 있는 또 다른 유일한 원핵세포의 특성은 대부분의 mRNA가 다양한 단백질을 만드는데 있어 효율성과 속도를 촉진시키는 배열을 하고 있는 폴리시스트론이다.

이 전체적인 과정의 여러 모습들은 원핵세포에서 공동번역-전사(cotranslation-transcription)의 모습에 의해 나타나는 큰 차이에도 불구하고 진핵세포 번역에서 이루어지는 것과 유사하다. 그럼에도 불구하고 세균 PSS의 분자 구조와 활동 방식은 진핵세포 PSS의 유사 성분들과는 아주 달라, 이 차이점이 세균 감염을 치료하는데 큰 토대를 마련해 주고 있다. 세균 PSS의 성분, 특히 리보솜 그 자체는 많은 항생제의 좋은 표적이 되고 있다.

고세균에서의 단백질 합성은 어떠한가? 이 이야기는 그것이 몇몇 유일한 고세균 성분과 더불어 세균과 진핵세포의 모습을 혼합한 것이어서 흥미롭다. 고세균 리보솜은 크기에 있어 세균의 것과 비슷하다. 결과적으로 세균을 표적으로 한 항생제(스트렙토마이신, 에리스로마이신, 클로람페니콜, 그리고 **테트라사이클린**과 같은)의 배열은 고세균에는 비효과적이다. 마찬가지로, 우리는 번역에서도 다른 차이점을 알게 될 것이다.

무게(weight-for weight)에 기초하였을 때 단백질 합성률에서 진핵세포는 빠르게 생

그림 8.12 전사와 번역의 짝. 번역(단백질 합성)은 mRNA 분자가 만들어짐(전사)에 따라 일어나다. 이런 동시 합성은 두 과정을 분리하는 핵막이 없는 원핵세포에서만 일어날 수 있다.

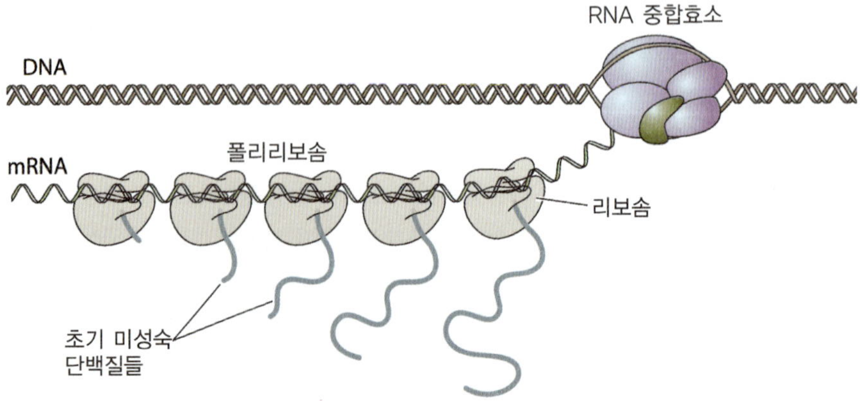

상하는 원핵세포와 거의 맞는 것이 없다.

번역

단백질 합성은 **번역(translation)**-전사와 마찬가지로 언어의 가공(processing)과 유사함으로 인해 사용되는 단어-을 의미한다. 언어학에서 *전사*가 같은 언어로 다시 쓰는 정보(예를 들면 목소리 기록을 서류 속에 복사하는 것)를 의미하는 반면에, *번역*은 다른 언어로 정보를 표현하는 것을 의미한다(예를 들면 일본어로 Swahili). 생물학에서 *전사*는 DNA에 있는 뉴클레오티드 서열에 있는 정보(핵산의 언어)는 mRNA 상의 핵산 서열로 복제된다; *번역*은 이러한 정보를 폴리펩티드에 사슬에서 아미노산 서열(단백질의 언어)로 전환하는데 필요하다.

번역은 언어하에서든 생물학에서든 번역지에 의존헌다. 뉴클레오디드 시열을 해식하고 그것을 아미노산 서열로 전환하는 생물학적 번역자는 단지 하나의 분자가 아니라 하나의 큰 세트의 분자 쌍: **아미노아실-tRNA 합성효소(aminoacyl-tRNA synthetases)**와 tRNA 분자로 구성된다. 20개의 아미노아실-tRNA 합성효소가 있다; 각각은 특정 아미노산을 인지하고 그것을 특정 tRNA분자에 붙인다. 이 효소는 mRNA에 있는 뉴클레오티드 코돈(세 개의 그룹으로 읽히는 뉴클레오티드, 또는 **삼염기조[triplets]**)를 인지한다. 적당한 아미노산을 거의 50개의 다른 RNA 분자(종에 따라 그 수가 다양함)에 붙임으로서 아미노아실-tRNA 합성효소는 mRNA상의 코돈과 함께 아미노산과 짝이 맞는 tRNA를 준비한다(그림 8.13). 소수의 경우, 코돈보다 적은 수의 tRNA 분자 종들이 존재하며, 이 경우 세포는 어떤 코돈을 이용하기 위해 wobble(세 번째 뉴클레오티드의 모호한 reading)에 의존하게 된다.

그림 8.4는 mRNA상의 코돈과 쌍을 이루는 (loop II 내) **안디고돈 삼염기조**(*anticodon triplet*)라고 불리는 세 개의 중요한 뉴클레오티드를 포함하는 tRNA 분자의 일반적 특징을 보여준다. CCA 말단에서 tRNA에 아미노산이 부착하는 것은 블록을 만드는 단백질을 활성화 형으로 바꾼다. 아미노아실-tRNA 합성효소에 의한 부착은 두 단계로 일어난다. 첫 째, 아미노산은 ATP와 반응하여 아미노아실 아데닐레이트(aminoacyl-adenylate)의 효소-결합 분자를 형성한다.

$$\text{ATP} + \text{아미노산} \rightarrow \text{아미노아실-AMP} + \text{무기 인}(P_i\text{-}P_i)$$

둘째, 아미노아실-tRNA는 전이 반응에 의하여 형성된다.

$$\text{아미노아실-AMP} + \text{tRNA} \leftrightarrow \text{아미노아실-tRNA} + \text{AMP}$$

중요한 것은 두 번째 반응은 가역적이며 만약 부정확한 아미노산이 우연히 주어진 tRNA에 부착되었을 경우, 이 합성효소는 그것을 제거할 수 있다. 왜 이러한 **교정(proofreading)**이 중요한가? 어느 아미노산이 tRNA에 부착하는 아미노산이 무엇이든 그것은 아미노산이 아닌 tRNA에 상보적인 코돈에 의하여 요청된 위치에 있는 단백질 속으로 병합될 아미노산이기 때문이다. tRNA 상의 부정확한 아미노산은 단백질 상의 부정확한 아미노산을 가져오게 되고 아마도 불활성 단백질을 생산하게 될 것이다.

단백질 합성의 개시

개시는 두 개의 리보솜 소단위(50S와 30S)와 세균에서 아미노산의 유도체인 포밀 메티오닌

두 번째 문자

첫 번째 문자	U	C	A	G	세 번째 문자
U	UUU Phe	UCU Ser	UAU Tyr	UGU Cys	U
	UUC Phe	UCC Ser	UAC Tyr	UGC Cys	C
	UUA Leu	UCA Ser	UAA Stop	UGA Stop	A
	UUG Leu	UCG Ser	UAG Stop	UGG Trp	G
C	CUU Leu	CCU Pro	CAU His	CGU Arg	U
	CUC Leu	CCC Pro	CAC His	CGC Arg	C
	CUA Leu	CCA Pro	CAA Gln	CGA Arg	A
	CUG Leu	CCG Pro	CAG Gln	CGG Arg	G
A	AUU Ile	ACU Thr	AAU Asn	AGU Ser	U
	AUC Ile	ACC Thr	AAC Asn	AGC Ser	C
	AUA Ile	ACA Thr	AAA Lys	AGA Arg	A
	AUG Met	ACG Thr	AAG Lys	AGG Arg	G
G	GUU Val	GCU Ala	GAU Asp	GGU Gly	U
	GUC Val	GCC Ala	GAC Asp	GGC Gly	C
	GUA Val	GCA Ala	GAA Glu	GGA Gly	A
	GUG Val	GCG Ala	GAG Glu	GGG Gly	G

그림 8.13 유전 암호. 가능한 mRNA의 삼염기조(triplet) 코돈이 그들이 암호화하는 아미노산과 함께 목록으로 만들었다. ocher(UAA), amber(UGA), 그리고 opal(UGA)이라고 불리는 비번역(nonsense) 코돈은 음영으로 처리되었고 중지(Stop)로 표시하였다.

그림 8.14 일반화된 tRNA 구조. φ는 슈도우리딘(pseudouridine)을 나타내고; DHU는 디히드록시우리딘(dihydroxyuridine)을 나타낸다.

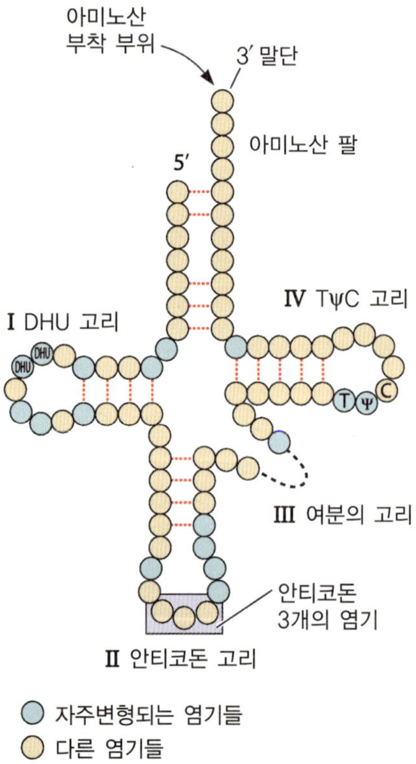

(formyl-methionine; fMet)이 결합하는 특별한 개시 tRNA(대개는 메티오닌 tRNA로 AUG를 인지함)로 구성된 개시 복합체의 형성과 더불어 mRNA 상의 개시 부위 (start site)에서 시작한다. 소수의 경우, fMet는 훨씬 더 흔한 메티오닌(methionine; AUG) tRNA 보다는 발린(valine; GUG)이나 루이신(leucine; UUG) tRNA에 결합한다. 어떤 경우에 이들 코돈은 유전자 내에서 빈번하게 나타나기 때문에 어떤 방식으로 그들이 개시 코돈(start codons)으로서 기능을 나타낼 수 있을까? 무엇이 유전자 내 AUG가 있는 곳에서 개시가 일어나는 것을 방지하는가? 그 답은 실제 개시 코돈이 30S 리보솜 소단위의 16S rRNA의 3′ 말단에 상보적인 4-6개 염기 서열에 의하여 약 10개 뉴클레오티드 upstream 부위에 앞서 진행한다는 데 있다. 샤인-달가노 서열(Shine-Dalgarno sequence)라고 불리는 이들 염기들은 16S rRNA와 수소결합을 하여 적당한 위치에 30S 리보솜 소단위를 놓일 수 있도록 도와준다고 여겨지고 있다. 고세균에서 개시 신호는 16S rRNA와 같은 유사한 원리에 기초하지만 초기 아미노산은 fMet가 아니라 메티오닌이다.

개시 복합체의 형성을 이끄는 단계는 그림 8.15에 나타내었다. 전 mRNA로부터 방출된 70S 리보솜은 GTP의 간섭과 30S 소단위에 결합하는 세 개 단백질 개시 인자(**IF1, IF2,** 그리고 **IF3**)에 의해 30S와 50S로 해리된다. 이들 요소들은 fMet-tRNA의 결합과 개시 복합체를 mRNA의 개시 부위에 결합시키는 것을 촉진한다. 30S 개시 복합체는 50S 소단위에 의하여 결합하고 GTP는 가수분해 되어 개시 인자가 방출되는 것을 도와 복합체를 안정화시킨다. 이제 남은 세 개 인자는 떠나고 성숙한 70S 개시 복합체는 진행할 준비를 마치게 된다.

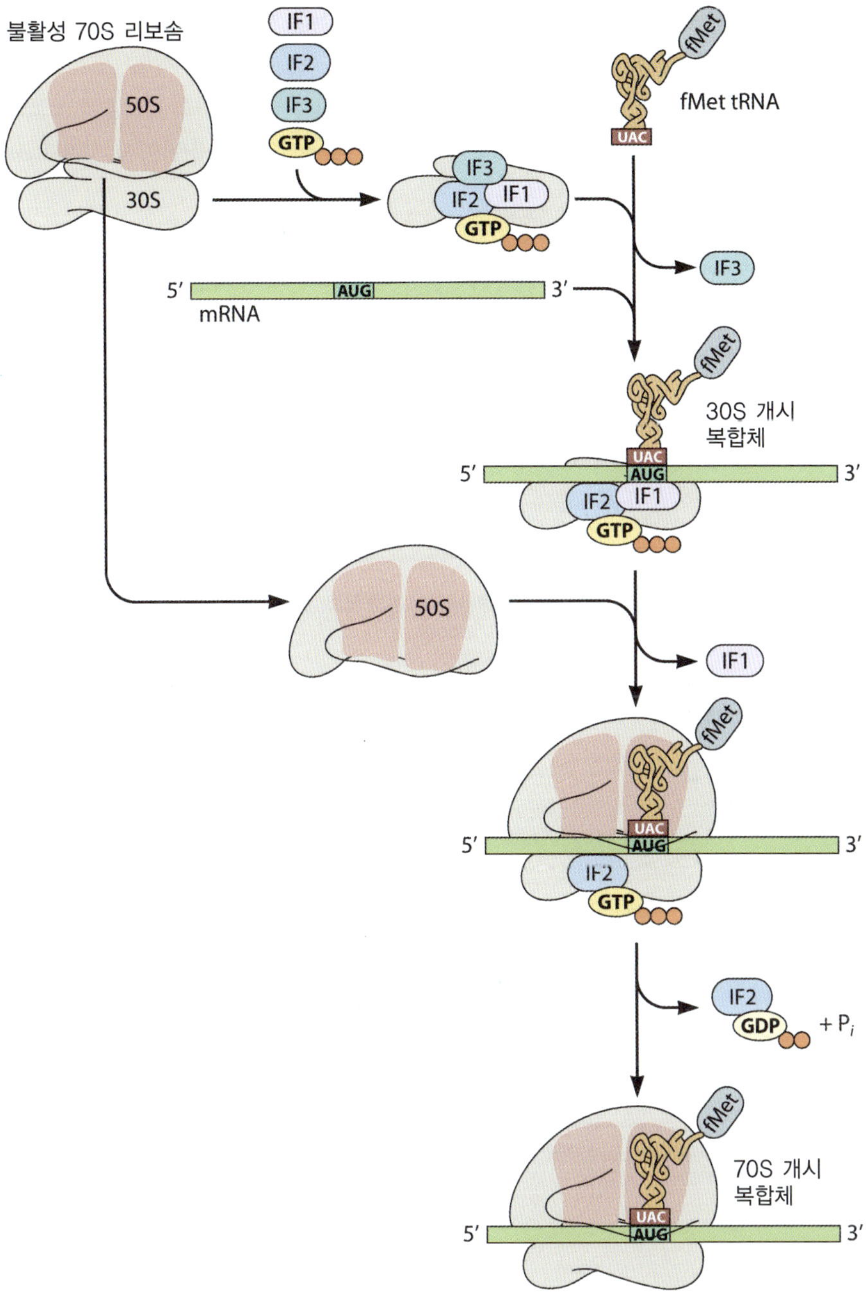

그림 8.15 세균 단백질 합성의 개시. 자세한 내용은 본문 참조.

폴리펩티드 사슬 신장

개시복합체가 형성되었을 때 미성숙한 폴리펩티드는 mRNA를 따라 70S 리보솜이 진행할 때 매 라운드마다 아미노산을 더하는 **신장 회로(elongation cycle)**에 의하여 길어지게 된다. 이 회로는 세 개의 단백질 인자와 두 개의 고-에너지 결합의 소비(두 분자의 GTP의 가수분해에 의해 제공됨)를 필요로 한다. 신장하는 폴리펩티드는 가장 최근의 아미노아실-tRNA를 통하여 리보솜에 결합하여 이 반응에 참여하게 된다. 리보솜이 개시 부위로부터 제거된 후, 또 다른 개시 복합체가 형성된다. 반복되는 개시는 70S 리보솜이 5′ 말단 근처의 번역 개시 부위에서 계속해서 더해지는 여전히 신장하고 있는 mRNA 사슬로 구성된 **폴리**

리보솜(polyribosome)의 형성을 가져온다(그림 8.12). 신장 회로의 라운드 수는 단백질의 아미노산 수와 일치한다.

유전암호를 해독한 것과 함께 분자 생물학의 주요 업적 중의 하나는 리보솜의 구조를 밝혀내고 유전적 지침서에 따라 아미노산을 엮는 화학적 물리적 수단을 밝혀 낸 것이다. 우리는 이 지식 중의 몇몇을 알아봐야만 한다.

초기 미성숙한 펩티드는 신장 회로의 시작에 의하여 신장하기 시작한다(그림 8.16). 각 회로 라운드마다 수십억 년에 걸쳐 세균의 진화가 이루어지는 동안 세심하고 완벽한 조화를 이룬 오케스트라 과정에 의해 펩티드 결합(한 아미노산의 아미노기와 다음 아미노산의 카르복실기 사이의 아미드 결합)을 형성하게 되고 한 아미노산이 더해진다. 이 회로의 시작을 보기 위해서는 mRNA의 어느 부위에서 결합하는 부분적으로 완전한 펩티드 사슬을 가진 70S 리보솜을 생각해보라. 이 리보솜은 tRNA와 결합하는 세 부위를 가지고 있다. **A 부위 (A site)**는 아미노아실-tRNA 분자를 받아들이고, P 부위(P site)는 tRNA 분자에 의하여

그림 8.16 세균 단백질 합성의 신장 순환. 자세한 내용은 본문 참조.

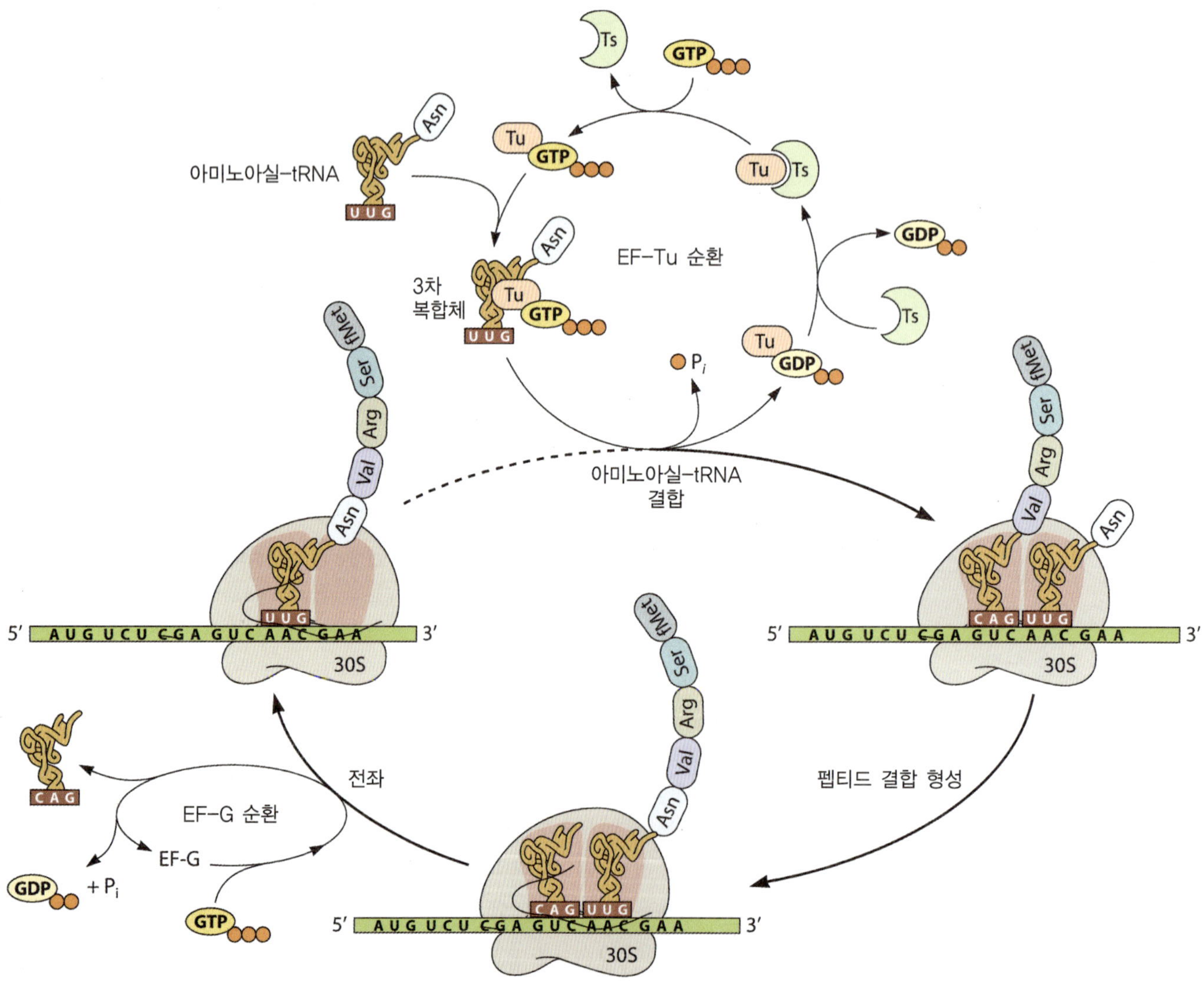

운영되며 여기에 부분적으로 완성된 펩티드 사슬이 결합한다. **E 부위(E site;** 그림에는 나타나 있지 않음)는 하전되지 않은(uncharged) tRNA에 의하여 운영되며, 펩티드 사슬을 새로 하전된(charged) tRNA에 전달하여 리보솜을 빠져나간다. 모든 세 부위에서 tRNA 분자의 안티코돈은 mRNA 코돈과 쌍을 이룬다.

신장 회로의 첫 번째 반응-**아미노아실-tRNA 결합**-에서 적당한 안티코돈을 가진 아미노아실-tRNA는 A 부위의 노출된 코돈에 결합한다. 이 반응은 두 개의 부속 단백질(신장 인자 Tu[EF-Tu]와 EF-Ts) 그리고 GTP 말단 인산의 가수분해에 의해 나타나는 에너지의 소비를 필요로 한다. 아미노아실-tRNA는 A 부위 자체에 들어가지 않지만 **삼원 복합체(ternary complex)**인 아미노아실-tRNA-EF-Tu-GTP로서 들어간다. GTP의 가수분해 후, 단백질 EF-Ts는 그 복합체로부터 GDP를 제거함으로써 EF-Tu는 자유롭게 새로운 삼원 복합체를 형성한다(이것을 EF-Tu 회로라고 부른다).

A 부위와 P 부위에 있는 tRNA는 적당한 위치에 놓여 A 부위에서 tRNA에 결합되어 있는 아미노산의 아미노기가 P 부위에서 펩티드의 말단 아실기(acyl group) 옆에 놓일 수 있도록 해준다. 두 번째 단계, **펩티드 결합 형성(peptide bond formation)**은 아실 결합을 깨고 펩티드 결합-단백질에 의해서가 아니라 50S 리보솜 소단위의 23S RNA 절편에 의하여 촉매가 이루어지는 반응(따라서 이것은 촉매 활성을 갖고 있는 RNA 분자인 라이보자임 **[ribozyme]**의 한 예)을 형성한다. 이 반응으로 A 부위에 있는 tRNA에 펩티드의 전달(한 아미노산이 길어짐)이 이루어진다. 하전되지 않은(uncharged) tRNA는 이 순환과정의 세 번째 단계인 **전좌(translocation)**가 이루어지는 동안 P 부위로부터 E 부위로 이동하며, 펩티드 결합을 하고 있는 tRNA는 P 부위로 전달되고 리보솜은 mRNA를 따라 한 코돈 이동한다. 전좌는 제 3의 부속 단백질 EF-G와 두 번째 GTP의 가수분해(EF-G 순환)를 필요로 한다. 이것으로 신장 순환과정은 완성된다.

모든 그 복잡성에도 불구하고 이 순환과정은 빠르며, 초 당 약 15개(37° C에서 자라는 *E. coli*에서)의 아미노산 잔기를 미성숙한 사슬에 더한다. 그렇지만 속도가 유일한 특성은 아니다. 여러분은 mRNA의 합성율이 초당 약 45 뉴클레오티드라는 사실을 기억할 수 있을 것이다. 리보솜은 mRNA를 따라 초당 15코돈의 속도로 진행하고 한 코돈이 세 개의 뉴클레오티드로 구성되어있기 때문에 *리보솜은 메시지가 만들어지는 것과 같은 비율로 메시지를 따라 움직인다.* 따라서 각 mRNA 분자는 신장하는 mRNA를 바쁘게 번역하는 리보솜들의 행진으로 둘러싸이게 되고, 그 행진을 이끄는 리보솜은 전사 버블에서 RNA-P와 보조를 맞추는-매우 세련된 과정(그림 8.12)이다. 이 공식적 연구의 결과는 번역이 진행되는 한 핵산분해효소(nucleases)에 노출된 mRNA의 큰 절편은 결코 없다는 것이다.

미성숙한 펩티드의 신장은 고세균에서 유사하게 진행되며, 비록 다시 한 번이긴 하지만 이 시스템의 성분들은 세균에 있는 당대적 성분들과는 구조적으로 다르다. 고세균의 EF-G는 세균 인자 보다 진핵세포의 인자와 더 유사하다.

번역 종결

종결은 우연히 일어나지 않는다. 그것은 두 개의 과정(펩티딜-tRNA[peptidyl-tRNA]와 완전한 펩티드의 방출)을 필요로 하며 리보솜이 세 개의 **종결 코돈(termination codons;** UAA, UAG, 또는 UGA; 일반적으로 tRNA가 이들을 읽지 못하기 때문에 번역할 수가 없어 **비번역 코돈**[nonsense codons]이라고 부름)중의 하나를 만났을 때 촉발된다. 매우 흥미로운 예외 사항으로는 세균에서만 개발된 것으로 셀레노시스테인(황 대신에 셀레늄 원자를 가진 시스테인)에 대한 tRNA가 UGA를 사용한다는 것이다. 분명히, UGA가 나타나는 문맥(즉, 그것을 둘러싸고 있는 코돈의 종류)은 그것이 **정지 코돈(stop codon)**으로 기능을 나타낼 것인지 아니면 셀레노시스테이닐(selenocysteinyl) tRNA를 요구하는 sense codon으로 기능을 나타낼 것인지를 결정한다.

다음에 일어나는 것은 두 개의 부속 단백질 인자의 활동에 따라 이루어진다. 첫째 **방출 인자 1 (release factor 1**[만나는 종결 코돈에 따라 **RF-1**; 또는 **RF-2**])이 A 부위에 결합하여 P 부위에 있는 tRNA로부터 온 폴리펩티드를 가수분해 할 수 있도록 **펩티딜 트렌스페라아제(peptidyl transferase)**를 활성화한다. 둘째, **RF-3**는 리보솜으로부터 다른 방출 인자를 제거한다. 70S 리보솜은 고 단위로 해리되고, 그들은 또 다른 mRNA를 번역하기 위해 재순환된다.

단백질의 가공

정확하게 말해서, mRNA의 번역은 *폴리펩티드*-펩티드 결합으로 이루어진 아미노산의 특이한 선형 배열-를 생산한다. 폴리펩티드는 성숙한 3차원 구조로 접힘으로써, 가끔은 하나 이상의 어떤 잔기의 변형 후에 단백질이 된다. 그렇지만 폴리펩티드를 단백질로 주조하는 것은 번역의 종결이 일어날 때 까지 기다리지 않으며; 몇몇 접힘과 변형은 펩티드 사슬이 신장하는 동안 일어난다.

세 과정에 의해 한 폴리펩티드 사슬이 그것의 역할이 촉매이든, 조절이든, 혹은 구조이든 상관없이 기능을 가진 단백질로 전환된다. 공유 변형(Covalent modification)은 폴리펩티드 사슬의 말단으로부터 온 여분의 잔기를 자르고 다른 대체물을 공유 결합에 의해 1차 펩티드 구조에 더할 수 있다. 이러한 변형의 전 후에 사슬은 **접힘(folding)**의 과정을 겪은 후 임의의 선형 분자로부터 성숙하고 활성을 가진 3차원 구조로 1차 펩티드를 전환시킨다. 그리고 셋째로, 단백질은 세포 내 혹은 세포 외의 적당한 장소로 위치 이동이 이루어져야만 한다.

공유 변형

단백질의 N-말단으로부터 온 아미노산 잔기를 자르는 것은 아주 흔한 것으로 단순하게 초기 f-Met 잔기에 영향을 미칠 수 있으며, 혹은 많은 단백질의 위치이동(방출과 분비-나중에 다루게 됨)의 기능을 가진 **신호 펩티드(signal peptide)**를 비롯한 다양한 기능을 제공하는 꽤 큰 선도 펩티드를 제거하는 것이다. S-S 결합의 형성은 공유 변형의 또 다른 예이다. *E. coli*와 다른 대부분의 세균에서 S-S 결합은 상당히 환원되기 때문에 세포질 내에 형성되지 않는다. 그들은 덜 환원적인 세포질로 방출된 후 어떤 단백질 내에서 형성된다(예외적으로, S-S 결합은 시안세균의 보다 산화된 세포질에서 형성된다).

마지막으로, 인, 메틸기, 뉴클레오티드, 지방산, 당, 또는 소수의 경우 시안기(cyanide group)가 단백질에 더해지는 것은 아주 흔한 일이다(표 8.2). 이러한 변형은 두개의 기능 부류로 나누어진다. 첫 번째 부류는 기능을 나타내기 위해 특별한 화학 기를 필요로 하는 단백질 분자(지질단백질 혹은 당단백질과 같은)를 단순하게 완성하는 것이다. 우리는 이것을 **결**

표 8.2 세균의 단백질 변형의 예

변형 형태	단백질[a]
주로 결합 반응	
신호 펩티드 절단	분비 단백질
S-S 결합 형성	많은 단백질
지질 단량체의 부가	뮤린 지질 단백질
당 단량체의 부가	막 당백질
프로스테 그룹의 첨가	많은 효소
주로 조절 반응	
인산화	리보솜 단백질 S6; 이소시트르산 탈수소효소; 조절 기능을 가진 많은 단백질
메틸화	주화성 신호 전달자
아세틸화	리보솜 단백질 L7
아데닐화	글루타민 합성효소

[a]*E. coli*의 예

합 변형(assembly modification)으로 언급한다. 두 번째는 성숙한 단백질의 활성을 조절하거나(혹은 조정하는) **조절 변형(modulation modification)**이다. 그들은 유단백질 구조와 활성에서 유연하게 조정할 수 있도록 해주며 대부분은 가역적이다. 더 자세한 것은 12 장에서 다룰 것이다.

단백질 접힘

일반적인 가정은 폴리펩티드가 그들을 접어 성숙하고 생물하적으로 활성이 있는 단백질로 만들 수 있도록 유도하는 정보를 그들의 1차 아미노산 서열 구조에 가지고 있다는 것이다. 이러한 개념이 완전히 옳은 것은 아니다. 대부분의 폴리펩티드는 여러 개의 최종적인 3차원 구조 중 어느 하나로 접힐 수 있으며 그 중 어느 하나는 생물학적으로 기능을 나타낸다. 거의 1차원적인 폴리펩티드 사슬이 최종 단백자로 이르는 길은 완전히 그려지지 않았지만 많은 것들이 지난 십년 동안 밝혀졌다. 세균에서 단백질 접힘에 관한 대부분의 발견의 경우 이를 위한 추진력과 시기는 **열 충격 반응(heat shock response)**에 관한 연구에서 비롯되었다(제12장 참조). 이 이야기는 많은 흥미로운 내용들을 담고 있지만 여기서 우리는 환경 스트레스에 의한 조절과는 별도로 단지 세균의 단백질-접힘 경로의 주요 모습을 요약할 것이다.

그림 8.17에 보이는 단백질-접힘 경로는 두 개의 원리에 의해 작동된다. 첫째, 그 자신의 장치 왼쪽에 있는 한 폴리펩티드는 잘못 접힐 것으로 보이며, 따라서 오랫동안 홀로 남겨져서는 안된다. 둘째, 잘못 접힘(misfolding)은 빠르게 교정되어야 한다. 세균은 **샤페론(chaperones)**이라고 적절하게 불리는 단백질을 다량으로 함유하고 있다. 이들 샤페론은 그 과정의 속도와 길을 조절하기 위하여 단백질을 접음에 따라 임시로 폴리펩티드와 결합한다(실제로, 이들 분자의 여러 패밀리가 있으며 그들은 원핵세포이든 진핵세포이든 모든 세포의 삶에 중요하다. 이들 샤페론 패밀리는 모든 생물에서 상당히 잘 보존되어 있다). *E. coli*에서 폴리펩티드에 의해 만난 첫 번째 샤페론은 리보솜-결합 **촉발 인자(trigger factor)**이다. 이들 다중 도메인 단백질은 **펩티딜 프롤린 이성질화 효소(peptidyl proline isomerase)** 활

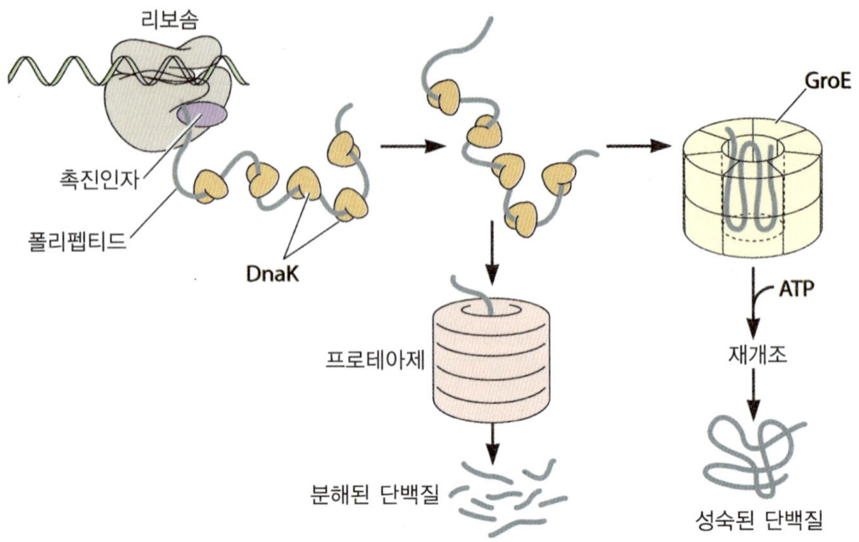

그림 8.17 단백질 접힘 경로. 자세한 내용은 본문을 보시오.

성을 갖고 있으며 신장하는 폴리펩티드에서 프롤린 펩티딜 결합의 *cis-trans* 전환을 조절한다. 프롤린 잔기는 단백질 사슬의 2차 구조에 굴곡을 도입하고 촉발 인자는 프롤린 결합이 적절하게 회전하고 있는지 확인할 수 있도록 도와준다. 리보솜으로부터 떨어져 나왔을 때, 여전히 도움을 필요로 하는 폴리펩티드는 또 다른 샤페론 DnaK에 의하여 결합하는데, DnaK는 동료 샤페론의 도움으로 잘못 접힌 작은 소수성 부위를 제거하는 능력을 가지고 있다. 어떤 성숙한 폴리펩티드는 더 도움을 필요로 하며, GroEL과 GroES로 구성된 접힘 기계에 의하여 도움을 받게 된다. GroEL 분자들은 결합하여 매우 큰 분자 항아리를 만들어 폴리펩티드가 스스로를 주조할 수 있도록 하여, 단백질 분해효소(protease)로부터 보호되며; GroES는 GroEL 항아리에 이르는 입구를 조절한다.

세포가 샤페론-보조 접힘의 길에 대한 대체 방법을 갖고 있는 것은 중요하다. 어떤 폴리펩티드는 쓸모없는 잘못 접힌 상태에서 합성의 오류에 의해서 또는 환경 조건으로 인한 파괴의 결과로 축적된다(그림 8.17). 이러한 부조화는 단백질 분해효소(protease)에 의해 빠르게 분해되고, 그들의 아미노산은 재사용된다.

단백질의 위치 이동

세포질이나 주변세포질과 같은 수서 환경에서 적당하게 주름이 접힌 단백질은 친수성 표면을 가지고 있다; 대부분의 친수성 아미노산 잔기는 단백질 내부에 묻힌다. 그렇지 않은 경우, 그런 단백질은 응집되어 침전될 것이다; 세포의 지질 막에 묻힌 단백질과 같은 소수성 단백질은 세재로 쌓여있지 않으면 액체에서 용해되지 않은 것으로 잘 알려져 있다. 이런 친수성 표면을 가진 단백질 분자는 소수성 인지질 막을 통하여 쉽게 들어가거나 통과할 수 없지만, 이것은 행해져야만 한다. *세균의 세포막은 매우 다양한 대사 기능을 가진 300개 이상의 단백질을 포함하고 있는*(제2장 및 제6장 참조) 반면, *그람-음성 세균의 주변세포질과 외막은 세포질에서 볼 수 없는 또 다른 수백의 단백질을 갖고 있다.* 어떤 세균은 단백질을 바로 진핵의 숙주 세포 속으로 방출한다(제20장 참조). 어떻게 이런 일이 이루어 질 수 있는가?

사람들의 첫 번째 생각은 아마도 막으로 들어가는 단백질이 예외적으로 소수성일 것이라는 것이다. 이러한 생각은 진실의 핵심을 짚고 있다. 많은 세포막 단백질은 강한 소수성으로, 오직 친수성 꼬리만을 세포질이나 외부로 내민다; 막에 내재되어 있을 수 있는 소수성 루프나 꼬리는 자거나 아주 작거나 엄청나게 큰 것일 수 있다. 한편, 많은 주변세포질 및 분비 단백질들은 일반적인 세포질 단백질만큼이나 소수성을 띠고 있다. 또 하나의 답이 있어야만 한다. 사실, 세균은 단백질을 막 안으로 혹은 막을 통하여 운반하는데 필요한 적어도 6 가지의 수단을 갖고 있다. **전좌(translocation**; 한 위치에서 다른 위치로 분자가 이동)는 많은 연구 주제가 되어 왔으며, **단백질 방출(protein export**; 세포질로부터 단백질의 이동)과 단백질 분비(protein secretion; 모든 막을 통해 외부 환경으로 위치이동)에 대한 새로운 메커니즘이 계속해서 보고되고 있다. 주의해야할 단어는 여기에 적시하였다: 위치이동에 맞는 명명법은 아직 일성하지가 않으며, "방출(export)" 과 "분비(secretion)" (그리고 몇몇 저자에 의해서 사용되는 "배출(excretion)" 의 경우도) 등의 용어들은 일정하게 쓰이지 않고 있다. 우리는 한 구획으로부터 어떤 다른 목적지로 단백질이 이동하는 것을 의미하는 것으로 "전좌(translocation)" 를, 세포질로부터의 이동을 나타내기 위해서 "방출(export)" 을, 외부 환경으로의 이동을 나타내기 위해 "분비(secretion)" 을 사용할 것이다. 세포막, 주변세포질, 혹은 외막에서 최종적으로 놓이게 될 운명을 갖는 단백질들은 *방출되는(exported)* 것으로 여겨지며; 환경으로 보내지는 단백질들은 분비된다(secreted)라고 말한다.

두 가지 의문점이 즉시 떠오른다. 어떻게 세포가 단백질의 적당한 목적지를 인지하는가? 그리고 위치이동에 필요한 단백질이 인지되었을 때 어떻게 이동이 이루어지는가? 인지는 필수적으로 세포가 단백질이 이동해야만 하는 것을 알아야할 뿐만 아니라 그 목적지가 어디인지도 알아야 한다는 점에서 엄청난 수수께끼이다. 단백질이 세포막, 주변세포질, 혹은 외막에 머무를 의중을 갖고 있는 것인지, 아니면 환경으로 분비될 의중을 갖고 있는 것인가? 그 답은 이제야 알기 시작하는 단계이다. 대개의 경우와 마찬가지로, 대부분의 정보는 *E. coli* 연구에서 비롯된다.

세포막으로의 삽입은 가장 간단한 경우이다. 우리가 말했던 것처럼, 막 내에 위치하는 단백질 혹은 일부 단백질은 소수성이다. 이러한 특성은 그 자체로 이들 단백질이 세포막에 끼어들도록 하기에 충분한 것이며; 그들은 다른 단백질의 도움을 필요로 하지 않는다. 그렇지만 세포막을 통한 단백질의 방출은 훨씬 더 복잡하다. 첫째, 어떻게 이러한 일이 대부분의 주변세포질 단백질과 그람-음성 세균의 외막 단백질, 그리고 그람-양성 세균의 분비 단백질을 방출하는데 필요한 **Sec** 시스템을 통하여 일어나는지를 생각해보자. Sec 시스템에 의한 인지는 초기에, 보통은 펩티드가 리보솜에서 만들어지는 동안 일어나다. **신호 서열(signal sequence)**이라고 불리는 인지 부위는 단백질의 N 말단에 있으며 따라서 첫 번째로 합성되는 부분이며; 그것은 독특하지만 변이가 큰 서열에서 15-30개의 아미노산으로 구성된다(그림 8.18). Sec 시스템(SecA) 단백질 중의 하나는 이 서열을 인지하여 그것에 결합하고, 이어서 이 단백질을 세 개의 다른 Sec 단백질(SecY,-E, 그리고-G)로 구성된 세포막-횡단 채널(cell membrane-spanning channel)로 이끈다(그림8.19). 이 채널은 친수성 내부 표면을 가지고 있기 때문에, 친수성 단백질은 그것을 통해 이동할 수 있다. 막 통로에 있는 단백질은 방출된 단백질에 대한 특정 샤페론인 다른 Sec 단백질(SecB)로 덮이게 되는데, 이들 샤페론은 단백질이 접히는 것을 막고 그들이 확장된 형으로 유지되도록 하여 채널을 통해 그들의 방향

그림 8.18 신호 서열. *E. coli*의 외피로 들어가는 7개 단백질의 전구체 형태의 아미노산 말단을 나타내었다. 소수성 부위의 염기성 아미노산은 회색 네모로, 소수성 부위의 글리신(glycine)과 프롤린(proline) 잔기는 회색 원으로, 그리고 절단 부위(화살표)의 잔기는 빨간색으로 나타내었다. OM, 외막(outer membrane); PS, 주변세포질 공간(periplasmic space); CM, 세포막(cell membrane)

으로 나아갈 수 있다. 이러한 이동이 이루어지는 동안, "신호 펩티다아제(signal peptidase)" (Lep)는 단백질의 신호 서열을 잘라내고; 신호 펩티다아제는 그 일을 마치게 된다. SecYEG 채널을 통한 단백질의 이동은 자유롭지 않으며; 양성자 동력(proton motive force), ATP, 혹은 둘 모두의 형태로 에너지를 요구한다. SecG와 SecA는 1 분자의 ATP를 가수분해하여, 채널을 통해 약 20 개의 아미노산 길이의 단백질을 이동하게 한다. 이 때 이 단백질은 주변세포질(혹은 그람-양성 세균의 경우 환경)에서 접힌다. 이들 모두는 그림 8.19A에 나타나 있다.

세포로부터 분비된 단백질 보다 세포막으로 삽입될 단백질이 일반적으로 다른 경로를 따른다(그림 8.19B). 이들 단백질의 N-말단은 신호 인지 입자에 의해 인지되는 신호 앵커 서열(signal anchor sequence)을 갖고 있으며, 이 신호 인지 입자는 단백질(Ffh)과 소형(4.5S) RNA 분자 (ffs)로 구성되어 있다. 이 신호 인지 입자는 번역이 여전히 지속되는 동안 초기 미성숙한 단백질을 세포막에 있는 단백질 수용체(protein receptor), FtsY로 호송한다. 미래 막 단백질의 번역은 FtsY에서 계속되고, 그동안 몇몇 단백질들은 SecYE(그림 8.19B의 왼 쪽 방향의 길)의 도움으로 막 속으로 삽입되는 반면, 다른 단백질들은SecYE의 조절을 받지 않고 삽입된다(오른 쪽 방향의 길).

그람-양성 세균에서 단백질은 직접 분비되지만 그람-음성 세균에서 분비된 단백질은 외막을 통과해야만 한다. 어떤 경우, 이 두 과정은 연속적이며: Sec 시스템은 이들 단백질을 주변세포질로 방출하고 이어 다른 시스템이 그들을 안내하여 외막을 횡단할 수 있도록 한다. 이와 같은 외막 운반체(outer membrane transporter)들은 아주 복합적이며; 예를 들면, *Klebsiella*의 외막을 통하여 아밀라아제(amylase)를 이동시키는데 14 개의 다른 단백질

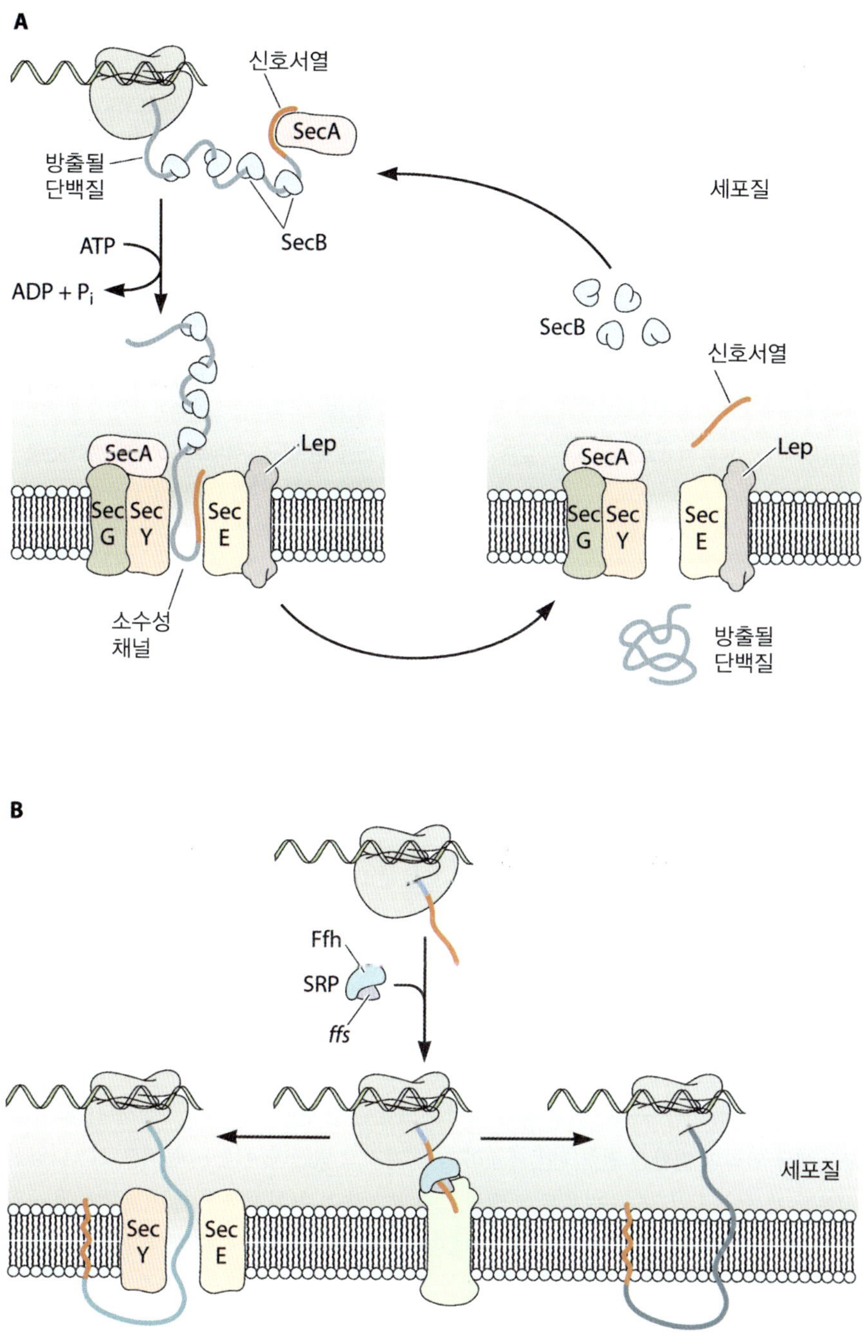

그림 8.19 Sec-조절 단백질 전좌의 두 가지 모델. **(A)** 세포막을 통한 방출 **(B)** 세포막으로의 삽입. SRP, 신호 인지 입자(signal recognition particle). 자세한 내용은 본문 참조.

을 필요로 한다. 기타 단백질(즉, 독소, 박테리오신, 그리고 편모와 필리를 만드는 단백질)들은 각 단백질에 특정적인 시스템을 통하여 무 막을 횡단하여 이동한다.

모든 메커니즘이 이들 범주 속의 하나에 알맞게 떨어지는 것은 아니다. 협동번역(cotranslational)도 아니고 Sec 의존적도 아닌 흥미로운 위치이동의 예는 많은 병원성 세균(*Yerrsiniu*, *Salmonella*, *Shigella*, 그리고 *Pseudomonas* 종)에서 일어난다. 이것은 **접촉-의존적 분비**(contact-dependent secretion)라고 불린다. 분비는 세균이 숙주 세포와 접촉 시 촉발되어 숙주 세포로 바 주입되는 결과를 가져오며, 여기에서 감염에 관여하게 된다. **Type**

표 8.3 몇몇 그람-음성 세균의 단백질 분비 시스템

시스템	이름	Sec 의존성	특성
Type I	ABC 방출자	Sec 독립적	세 개의 단백질로 구성, 그중 하나는 ATP-결합 카세트; 때때로 ABC 운반체로 불림; 신호 서열이 없는 단백질에서 작동
Type II	두-단계 시스템	Sec 의존적	1 단계에서 Sec 시스템에 의하여 주변세포질로 단백질 이동; 14 개의 보조 단백질이 2 단계에서 외막을 통해 그것을 이동
Type III	접촉-의존 시스템	Sec 독립적	외피를 세포질에서 표면까지 확장시키는 (ATPase를 비롯한) 20개 이상의 단백질을 포함; 숙주 세포와의 접촉에 의해 활성화되고, 독성 단백질을 숙주세포로 직접 주입
Type IV	접합 전이 시스템	모름	어떤 세균에서 진핵세포로 DNA를 전달하는데 같은 시스템 사용
Type V	자가 전달	Sec 의존적	Type II에서처럼 두 단계가 관여, 그러나 외막을 통해 전달하는데 필요한 보조 단백질은 불필요

III 분비(Type III secretion)로 알려진 이러한 분비 방식은 약 20개의 단백질 복합체(한 단백질이 분비하는데 필요한 샤페론과 이 시스템에게 에너지를 제공하는 ATP-결합 단백질을 포함하여)에 의하여 조절된다(제20장 참조).

단백질을 방출하는 방식에 대한 레퍼토리는 끝이 없는 것 같다; 새로운 방식은 계속해서 발견될 것이다. 표 8.3에에는 일부 목록이 포함된 것으로 그림 8.20에 예시되어 있다.

외피 형성

외피 형성의 문제

세균의 세포 외피는 훨씬 더 많은 수의 중요한 기능-상대적으로 진핵세포의 단순한 표면 보다-을 수행한다. 이들 구조는 그람-양성 형이든 그람-음성 형이든 지극히 복잡하다(제2장 참조). 세균 외피의 결합은 전형적인 세균의 향을 가지고 있는데, 이는 부분적으로는 다양한 성분들-세포막, 외막, 벽, 주변세포질, 캡슐, 그리고 부속기관-이 독특한 화학 및 건축적 특징을 갖고 있기 때문이고, 또 부분적으로는 매우 다양한 환경에서 급속한 생장이 결합 과정에 대한 특별한 문제를 보여주기 때문이다.

이들 문제를 고려하라.

- 지형적으로, 모든 외피 층은 막혀있는 표면으로 물리적으로 세포 고유성과 생명력을 유지하기 위해 지속되어야만 한다. 하지만 모든 외피층들은 세포 생장 동안 새로운 물질을 더하여 항상 확장되어야만 한다.
- 외피의 모든 구성물은 협력하고 마지막 목적지를 향해 특별한 관계를 갖고 성장하여야 한다.
- 단백질, 지질, 그리고 복합 다당류는 정확하게 그들의 마지막 목적지 속으로 통합되어야 하며, 그 목적지는 그람-음성 세균의 경우 세포막, 주변세포질, 외막, 또는 외부

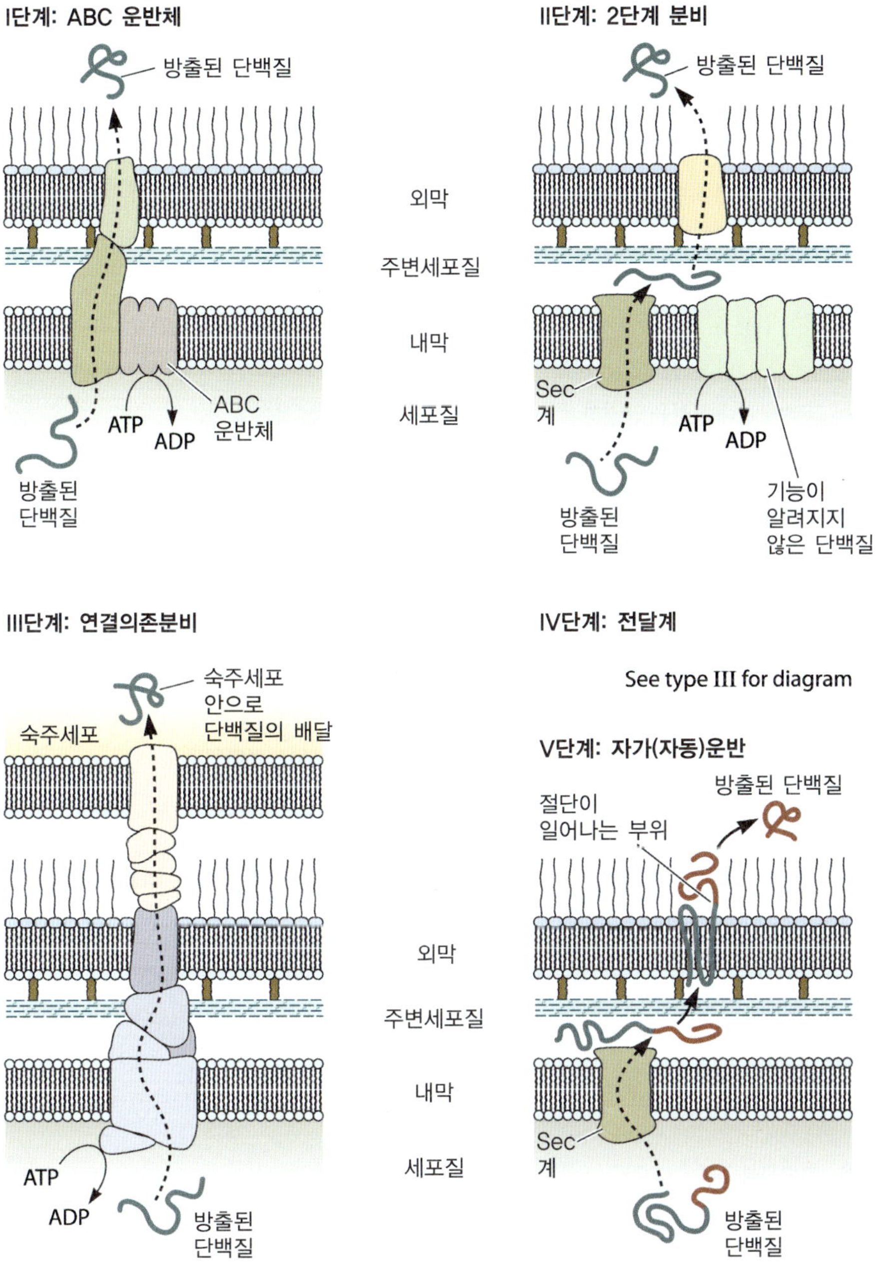

그림 8.20 단백질 방출에 대한 여러 메커니즘. 자세한 내용은 표 8.3 참조.

표면일 수 있다.

- 새로 결합된 외피는 세포분열을 촉진해야만 한다.
- 외피는 환경 변화의 첫 번째 감지자(sensor)로서 많은 경우 그 자신의 구조 또는 성분을 변형시킴으로서 이들 변화에 대한 세포 반응에 관여하여야 한다.

이들 모두는 우리에게 어떻게 외피 성분이 빠르고, 정확하고, 그리고 유연성을 가지고 결합하는지에 대한 의문점을 던진다. 미생물학자들은 단지 이 과정의 일반적인 과정의 그림을 가지고 있다. 많은 특정 의문점에 대한 답은 없다.

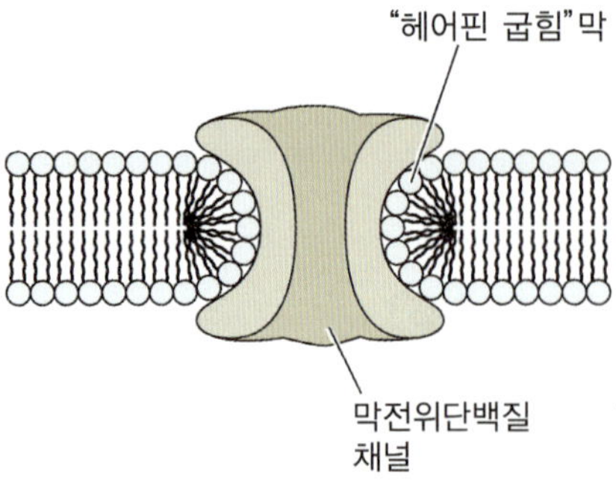

그림 8.21 세포막 이중층으로 인지질의 삽입. 자세한 내용은 본문 참조.

여기서, 우리는 세균 세포의 복잡한 부분을 조립하는데 필연적으로 따르는 것에 대한 일반적 개념을 제시한다.

세포막

막은 소수 부위 혹은 많은 부위에서 결합하는 지의 여부는 확실하게 잘 알려져 있지 않다. 새로이 형성된 인지질 분자는 이것이 세포막 내부의 작은 잎(leaflet)에서 처음으로 보이며, 비록 어떻게 이 과정이 수행되는지 정확하게 알려져 있지 않지만, 몇몇은 외부의 작은 잎 부분이 되기 위해 위치이동이 이루어져야만 한다. 가설적 메커니즘이 그림 8.21에 나타나 있다. 흥미롭게도, 다른 인지질이 비대칭적으로 세균 막 이중층의 작은 잎에 분포되어 있다. 무엇이 그러한 비대칭성을 안전하게 지켜주는 지에 대한 알려진 것은 없다.

막 단백질의 삽입은 위에서 언급한 메커니즘에 의해서 일어난다.

그림 8.22 뮤린 벽의 합성과 결합. (A) 언디카프레닐-인산(Undecaprenyl-phosphate) 회로. 뮤린 전구체 Undecaprenyl-p-p-[NAG-NAM-pentapeptide]의 합성과 글리칸(glycan)으로의 중합(빨간색으로 나타냄). P, 인산(phosphate); NAM, N-아세틸글루코사민(N-acetylglucosamine); UDP, 우리딘 이인산(urdine diphosphate); UMP, 우리딘 일인산(uridine monophosphate). **(B)** 그람-음성 세균에서 세포벽 결합. 그림은 뮤린 전구체 단위(NAG-NAM-pentapeptide)는 세포막을 통하여 언디카프레닐-인산(undecaprenyl-phosphate)에 운반되어, 주변세포질에서 글리칸(glycan)으로 중합된 후 기존의 뮤린 소낭(sacculus)에 결합한다. **(C)** 그람-양성 세균에서 세포벽 결합과 회전(turnover). 그람-음성 세균에서처럼, 언디카프레닐 회로(undecaprenyl cycle)는 세포막에서 작동하며 중합되어 기존 뮤린 소낭(sacculus)에 결합하는 뮤린 전구체 단위인 것으로 판명되었다. 많은 종에서 새로 형성된 뮤린은 합성 부위로부터 세포의 주변까지 진행하며, 여기서 궁극적으로 가수분해되어 탈락하게 된다.

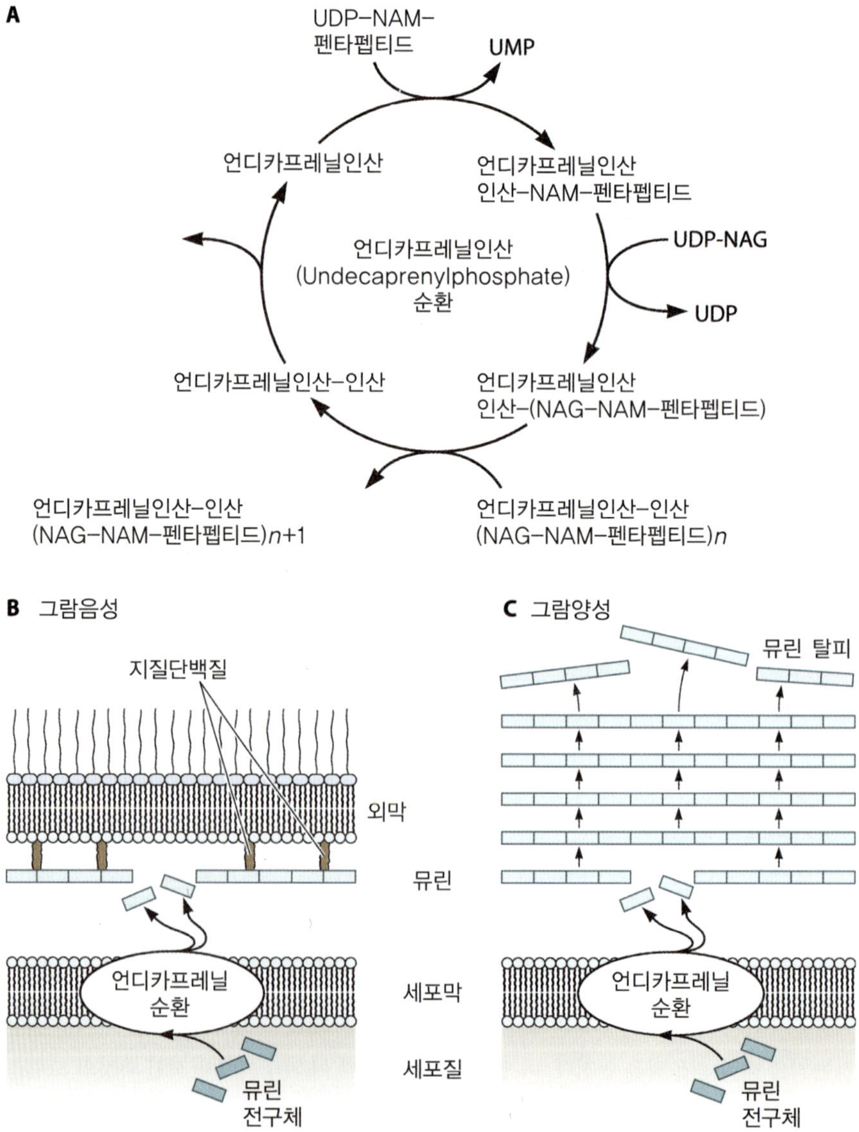

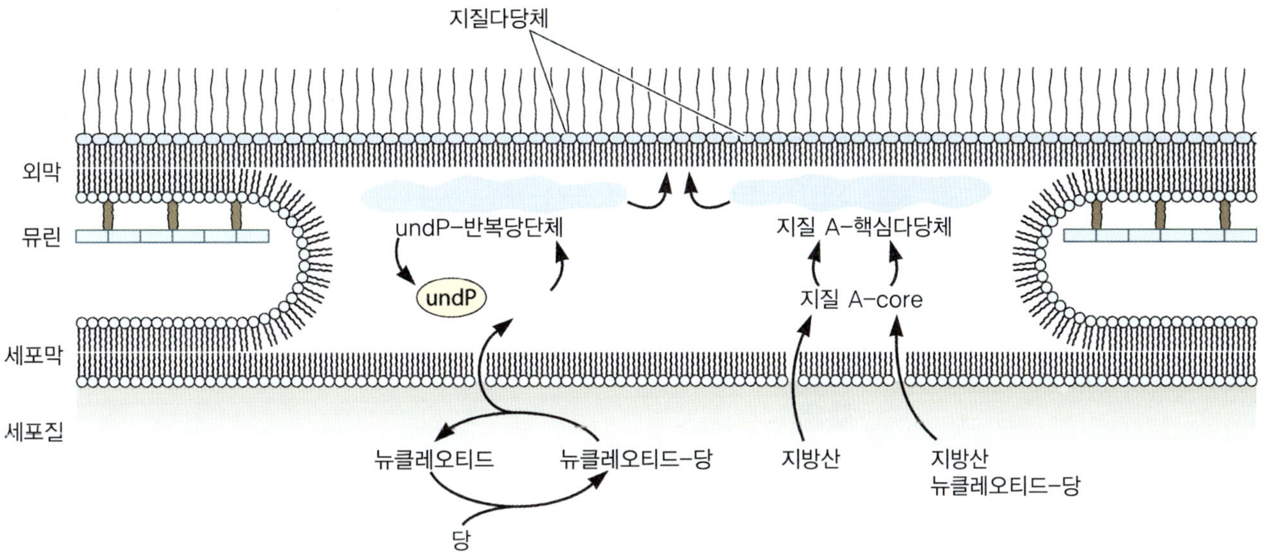

그림 8.23 지질다당류 합성과 결합. 지질다당류 소단위는 두개의 평행 과정에 의하여 세포막에서 합성된다. 한 경로는 반복되는 다당류 측쇄를 만들고, 뮤린 중합에서 기능을 나타내는 같은 운반체, 언디카프레닐-인산(undecaprenyl-phosphate; undP)을 쌓아 올린다. 다른 경로는 지질 A에서 만들어진 핵심 다당류를 만들며, 이것은 프라이머와 세포막을 통해 핵심을 운반하는 운반체로서 기능을 나타낸다. 이들 두 세트의 전구체들은 세포막의 내부 표면에서 만들어지고 양성자 동력(proton motive force)에 의하여 외부 표면으로 전좌된 후 거기에서 공유결합을 한다.

세포벽

뮤린(Murein)은 일련의 명확한 단계를 통해 결합한다: 세포질에서 전구체의 합성, 막을 횡단하여 이동시키기 위한 지질 운반자[말단에 인산을 가지고 있는 55-탄소 길이의 알킬 사슬로 언디카프레닐인산(undecaprenylphosphate)라고 부름]에 전구체의 결합, 그리고 기존의 분자 골격에 위 물질을 더함에 의한 중합(그림 8.22). 몇몇 세균의 종에서 세포벽 합성은 세포 표면을 따라 많은 부위에서 일어나는 반면, 그람-양성 구균과 같은 어떤 세균에서 이 과정은 세포의 적도면에서 한정되어 있다.

그람-음성 세균 외피의 지질단백질은 세 개의 지방산을 더하여 그들의 합성이 이루어진 후 변형된다. 외막 내 친수성 앵커는 1/3의 지질단백질 분자가 기저의 뮤린에 공유 결합하는 것을 촉진시킴으로서 세포벽이 외막과 결합할 수 있도록 한다(그림 8.22).

외막

외막은 외부의 작은 잎에만 존재하는 지질 다당류에 의해 극단적으로 세포막의 비대칭을 가져오게 한다. 이러한 특징을 가진 그람-음성 분자의 성분들은 독립적으로 A 지질의 핵심부(core portion)와 측쇄 다당류(side chain polysaccharide)를 합성하는 분리된 경로에 의해서 만들어진다. 이들 두 성분은 외막에서 결합한다. 외막에 인지질과 단백질이 결합하는 것은 세포막의 양성자 동력으로부터 온 에너지를 필요로 한다. 지질다당류 또한 단백질의 병합에 보조적 역할을 하는 것으로 여겨진다. 그림 8.23에 보이는 것처럼, 외막과 내막 사이에 분기점이 있다면, 그것은 우리가 이들 두 구조의 신장을 보는데 상당한 도움이 될 것이다. 불운하게도, 그러한 연합(fusion) 혹은 부착(adhesion) 부위에 대한 뚜렷한 증거를 얻는 것은 힘든 것으로 증명되었다.

부속기관

2장에서 언급한 바와 같이, 편모는 내부로부터 외부를 향하여 성분과 성분(기저체, 훅, 그리고 필라멘트)이 결합되어 있다. 긴 필라멘트는 구조의 핵심부를 통한 플라젤린(falgellin) 분자의 노출 그리고 생장 점(growing tip)에서 그들의 중합에 의하여 만들어진다. 한편 필리는 기저체에 더해짐으로써 성장한다.

캡슐

세균 캡슐은 이미 형성된 중합체로서 분비되거나 세포외 효소(extracellular enzyme)에 의하여 중합이 이루어진다.

결론

우리는 앞선 네장에서 새로이 형성된 세균 세포가 그 성분을 두 배로 증가시킬 수 있는 대사 과정을 살펴보았다. 큰 세포는 비교적 짧은 삶 동안 가장 큰 일: 두개의 살아있는 세포로 되는 것을 치를 준비가 되어 있다. 어떤 의미에서 우리가 쫓아 온 모세포는 생존을 멈추고 두 개의 딸세포가 대신 할 것이다, 이러한 운명을 가져 올 복잡한 사건들은 다음 장의 토픽으로 다루어질 것이다.

학습문제

1. 원핵세포는 빠른 생장을 위해 "유선형(간소화)" 되어 있다고 한다. 거대분자(Macrmolcules) 합성에서 어떤 특징이 이러한 원핵세포의 모습을 보여주는가?

2. DNA 복제의 어떤 면은 원핵세포와 진핵세포에서 다르지만; 또 어떤 면은 같다. 유사성과 차이점을 나열하시오.

3. DNA 메틸화는 원핵세포에서 중요한 역할을 한다. 이들 역할을 명명하고, 각각이 어떻게 기능을 발휘하는지 간단히 나타내시오.

4. 원핵세포는 어떻게 그들의 염색체가 복제하는 것보다 빨리 분열할 수 있는 지 설명하시오.

5. 원핵세포 mRNA 분자의 수명은 수 분에 불과하다. 이것은 에너지로 환산하였을 때 확실히 낭비적이다. 빠른 전환(turnover)을 위한 선별압(selective pressure)은 무엇일까?

6. 미생물학자들은 원핵세포 RNA-P가 어떻게 전사를 시작하는 곳(예, 프로모터와 같은 것)을 인지하는지를 아는데 수십 년이 걸렸다. 왜 이것이 어려운 문제가 되어왔는가? 원핵세포 프로모터의 구조는 어떠한가?

7. 원핵세포 염색체는 생장 세포에서 복제, 전사를 비롯해 많은 활성을 가진 부위이다. 이러한 과정에도 충돌이 있는가? 만약 있다면, 무엇이 충돌의 산물인가?

8. 원핵세포의 전사체는 거의 항상 폴리시스트론적(polycistronic)이다. 이것은 무엇을 의미하는가? 그것의 중요성은 무엇인가?

9. 무엇이 리보솜으로 하여금 시스트론(cistron) 내 AUG 서열에서 단백질 합성의 개시를 못하도록 막는가?

10. 만약 세균 세포에서 같은 단백질을 생산하는데 어느 시점에 관여하는 모든 폴리리보솜을 모은다면, 그들은 같은 크기(즉, 같은 수의 리보솜을 가짐)일까? 답을 말하시오.

11. 리보솜은 단백질 합성이 이루어지는 동안 원핵세포 mRNA가 분해되는 것을 막는다. 어떻게 이러한 보호가 RNA-P와 리보솜이 일하는 상대 속도에 따라 달라지는 지를 설명하시오. 만약 정상적인 것 보다 2배로 일하는 돌연변이체 RNA-P가 나타난다면 그 결과는 어떻게 될 것인지를 예측해보시오.

12. 원핵세포 세포질로부터 단백질을 방출하는데 필요한 단일의 효과적인 메커니즘 이상으로, 진화는 많은 수의 메커니즘을 개발하였고, 그들은 다섯 개의 다른 부류로 나누어진다(표 8.3). 왜 생물학은 이렇게 복잡해야만 하는가?

제9장 세포 분열 주기

서론

세균 세포는 단명의 존재로 살아간다. 이들 생물의 수명은 모세포가 분열할 때 시작하고 자신의 분열과 함께 바로 끝이 난다. 이러한 시간의 주기가 각 세균의 **세포 주기(cell cycle)**이다. 세포가 초기로부터 성숙하여 복제(duplex)됨에 따라 세균 세포에 무슨 일이 일어나는가? 생화학적 반응은 일련의 연속적 과정으로 일어나는가 아니면 동시에 일어나는가? 답은 우리가 생각하고 있는 사항에 따라 달라진다. 두 가지 주요 행사, **DNA 복제(DNA replication)**와 **세포 분열(cell division)**이 그 주기를 지배하게 된다. 각각은 큰 구조 단위와 후손(progeny) 염색체 또는 후손 세포를 생산하며, 세포 주기의 상당 부분을 차지하게 된다. 대조적으로, 상당수로 존재하는 세포 성분들은(즉, 개개의 효소들 또는 리보솜)은 세포 주기 동안 수백 또는 수천의 짧게 반복되는 과정으로 만들어진다.

세균 세포 주기의 연구 전략

세균의 세포 주기는 근본적 중요성에도 불구하고 개체군의 생장에 비해서 보다 덜 연구되었다. 세균 배양에서, 개개의 세포는 생장하고 분열하는데 거의 같은 양의 시간이 걸리지만, 정상적인 조건 아래서 개개의 세포는 동시 상태에 있지 않다. 그들은 다른 시간대에(asynchronously) 분열하기 때문에 생장 배양액의 한 시료는 세포 주기의 모든 단계에 있는 세포 세포들을 포함하며 어떤 특정한 단계에 대한 정보를 제공할 수는 없다.

어떻게 세포 주기를 연구하는가? 단일 세균은 재래식 화학 측정을 하기에는 너무나 작다. 그렇지만 어떤 DNA 서열 혹은 특정 단백질과 같은 개개 세포의 특정 성분은 그들을 **형광 염료(fluorescent dyes)**로 표지하여 세포 내에서 볼 수도 있고 위치시킬 수도 있다. 주어진 단백질은 그 유전자와 녹색 형광 단백질(green fluorescent protein; GFP)을 암호화하는 유전자를 융합(fusion)함으로써 표지할 수 있다. 형광으로 표지된 성분의 위치와 이동은 살아 있는 세균에서 계속해서 일어날 수 있다.

그렇지만 단일 세포를 가지고 수행된 연구는 정교할 수 있으며, 때때로 대량으로 측정하는 것이 바람직하기 때문에, 그러기 위해서는 동시에 분열하는 개체군을 사용할 필요가 있다. 세균은 정상 배양 시 동시에 분열하지 않기 때문에 동시에 생장시키는 배양은 인공적 수단에 의하여 유도되어 지거나 선별되어야만 한다. 이 과정에서 세포의 생리를 변화시킬 수 있는 것을 피하기 위해 주의가 필요하다. 이런 이유로 인해 (온도 전이 그리고 세포 분열이나 거대분자 합성의 억제와 같이) 동시성을 유도하거나 강제시키는 방법은 대부분의 목적에 적당하지 않다. 같은 연령(그리고 크기)의 세포를 선별하는 것은 많은 문제를 피할 수 있도록 해준다. 그들의 생리를 저해함이 없이 가장 어린 세포들을 회수하는 것이 가능하다. 그런 배양세포는 세포 주기 길이의 자연적 변이로 인해 그 배양세포가 비동시적으로 만들어지기 전에 몇 세대 동안 거의 동시에 분열할 것이다. 어린 세포를 얻기 위해 사용되는 장치를 **아기 기계(baby machine)**라고 부른다. 이 기술은 세균 세포를 붙잡는 얇은 막 여과지를 통하여 배양 세포를 여과하고, 계속해서 손잡이 위의 여과지의 전위, 그리고 여과지를 통해 신선한 배지를 느리게 붓는 과정을 수반한다(그림 9.1). 대부분의 세포는 정전기력(electrostatic attraction)에 의하여 여과지에 붙고; 부착되지 않은 세포들은 간단히 씻기거나 버려진다. 이 테마에서, 어떤 변이로 인해 편모에 의해 세균이 유리구슬(glass beads)에 붙게 되고 이 때 플라젤린(flagellin) 합성을 멈춘다.

9.1 *새로운 아기 기계(baby machine)에 대한 논문*

부착된 세포가 분열할 때, 자손 세포들 중의 하나가 방출된다. 다른 세포들은 여과지에 남아 계속해서 성장하고 분열하며, 결국 또 다른 자손 세포("아기[baby]")를 배지 속으로 방출한다. 이러한 방법은 *크기*가 아니라 *연령*에 의하여 세포를 정렬시키며: 탈착된 첫 번째 세포는 막에 위치한 가장 오래된 세포에서, 다음으로 탈착된 세포들은 중간 연령대의 세포 분열에서, 마지막으로 탈착된 세포는 원 배양세포에서 가장 어린 세포로부터 유래된다. 짧은 시간 동안 아기 기계로부터 온 유출액의 수집으로 몇 세대 동안 동시에 분열하는 한 배양 세포를 생산할 수 있다. *Caulobacter*(제14장 참조)와 같은 어떤 세균은 그들이 표면에 부착하여 분열시 아기를 방출하기 때문에 자연적 아기 기계처럼 행동한다.

세포 주기를 연구함에 있어 유용한 또 다른 기술은 **유동 세포측정**(flow cytometry)이다. 유동 세포 측정 기구는 형광 표지의 내용에 따라 한 개체군에 있는 세포의 분포를 결정하기 위하여 레이저를 사용하는데, 이 형광표지는 보통은 형광 염료이고 가끔 특정 세포 구성성분과 결합하는 항체에 결합된다. 유동 세포 측정 기구는 진핵세포와 함께 광범위하게 사용되지만, 개개의 세균의 내용물을 측정하는데도 사용될 수 있다. 이것은 세포 크기와 세포당 DNA의 예처럼 어떤 특정 성분의 분포를 측정할 수 있도록 해준다(그림 9.2). 그렇지만,

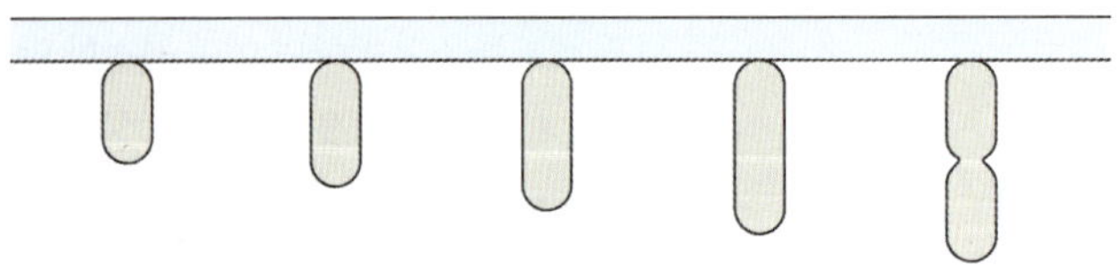

그림 9.1 아기 기계(baby machine)로부터 세포 분리에 대한 동역학(kinetics). 오래된 세포의 분열 산물이 먼저 방출되고, 계속해서 어린 세포의 방출이 이루어진다. 세포 연령에 대한 수들은 한 세대의 구분을 나타낸 것이다.

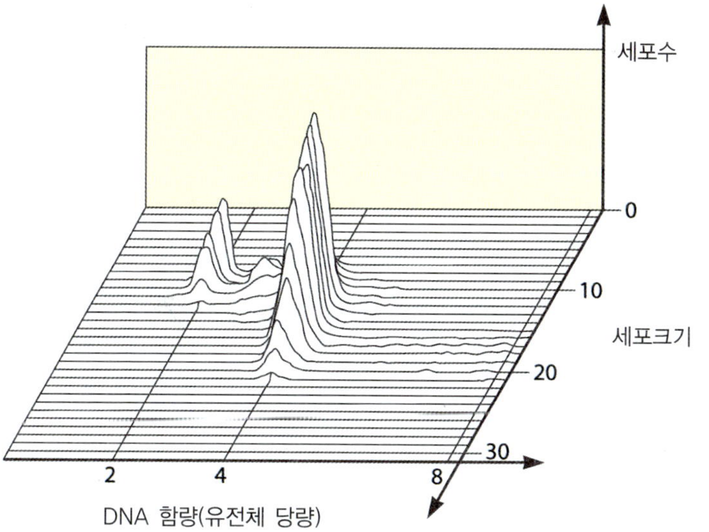

그림 9.2 유동 세포 장치에 의한 세균 개체군의 분석. *x*축, 세포 당 DNA 양; *y*축, 세포 크기들의 분포; *z*축, 세포 수. 배양은 DNA-특이 형광 탐침(probe)이 더해지기 전에 90분 동안 리팜핀으로 처리되었다. 약물 처리는 복제과정에 있는 모든 염색체들이 그들의 주기를 종결하도록 하였지만, 새로운 라운드를 시작하게는 하지 않았다. 둘 혹은 네 개의 유전체 당량(equivalent)을 갖고 있는 세포는 거의 없다. 이것은 각 세포 내에서 염색체는 그들의 복제를 동시에 개시함을 제시해준다.

아기 기계는 세포 외피의 합성과 같은 세균의 세포 주기 동안 발생하는 어떤 과정을 연구하기 위해 선택할 수 있는 방법으로 남아 있다.

세포 주기 동안 DNA 복제

빠르게 생장하는 세균 배양에서, DNA 복제는 세포 주기의 상당 부분에 걸쳐 일어난다. 단지 느리게 생장하는 세포에서만 DNA 합성이 없는 주기가 있다. 37℃에서 생장하는 *Escherichia coli*에서 복제 주기는 약 40분이다. 놀랍게도, 이 시간의 주기는 빠르게 생장하거나 느리게 생장하는 배양세포에서 거의 똑같다.

8장에서 언급한 것처럼, 세균의 DNA 복제는 독특한 **시발점(origin)**에서 시작하여 40분 후에 또 다른 독특한 부위인 **종결점(terminus)**에서 끝이 난다. 이것은 하나의 수수께끼를 만들어낸다. *Bacillus subtilis*와 *E. coli*를 비롯한 많은 세균들은 매 40분 보다 빠르게 복제할 수 있다. 어떻게 세포는 DNA의 유전체를 만드는데 걸리는 시간보다 빠르게 성장하고 분열할 수 있는가? 그 답은 그런 배양세포에서 *1 라운드의 이상의 복제가 동시에 계속해서 진행된다*는 것에 있다. 다른 말로 여러 개의 복제 기점이 같은 시간에 염색체를 횡단한다(그림 9.3). 한 방향으로 진행되는 복제 기점이 바로 시작하였을 때 그것에 앞서 같은 DNA 분자의 반쪽을 따라 진행하고 있는 또 다른 복제 기점은 여전히 말단에 도착하지 않을 것이다. 따라서 각 염색체는 하나 이상의 복제 기점을 가지고 있으며, 이러한 현상을 **다중기점 복제(multi-fork replication)**라고 한다. 결과적으로 세포 분열 후에 *각각의 새로 태어난 세포는 완전한 염색체와 더불어 복제를 진행 중인 염색체를 받는다.* DNA 한 유전체 이상을 가지는 탄생은 독특한 세균의 특성이다: 진핵세포는 그들의 후손세포에게 완성된 염색체를 제공

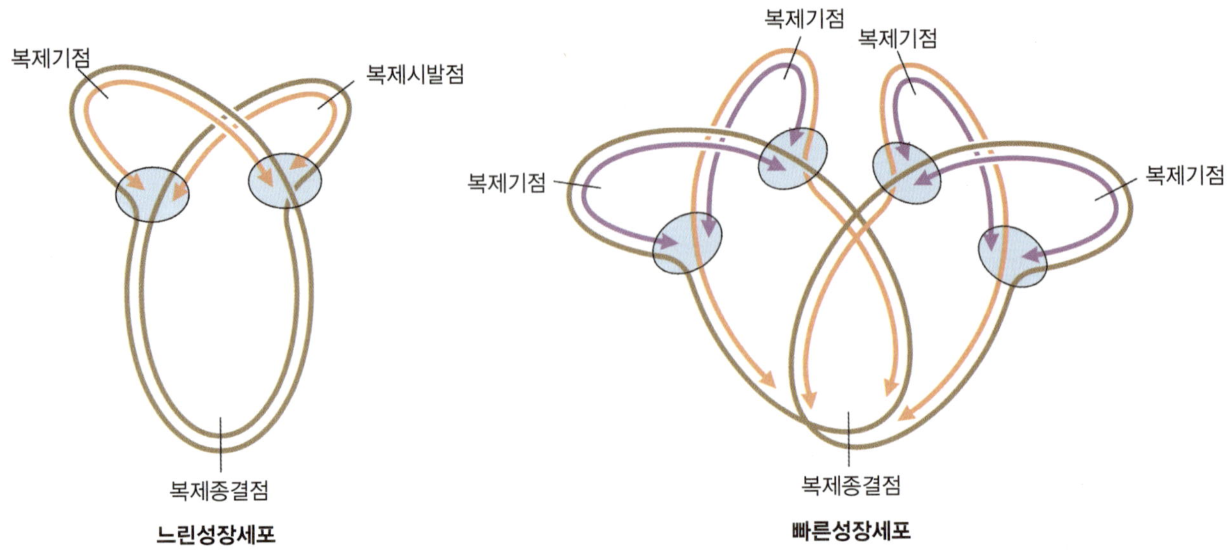

그림 9.3 느리게 그리고 빠르게 생장하는 *E. coli*의 DNA 복제. 복제는 복제시발점(origin)에서 시작하여 복제종결점(terminus)을 향하여 양방향으로 진행한다. 이 과정은 37℃에서 약 40분 걸린다. 20분마다 세대가 불어나는 배양에서, 개시는 매 20분마다, 즉 이전 복제 라운드가 종결되기 전에 일어나야만 한다. 이것은 다중기점(multifork) 복제로 알려져 있다.

한다. 이러한 차이는 세포 주기가 두 개의 도메인에서 다른 의미를 가지고 있음을 예시해 준다. 진핵세포는 형태적 그림을 지배하는 **유사분열(mitosis)** 및 세포질분열(cytokinesis)과 함께 정확한 괘종시계를 따라 복잡하고 시기 적절한 에피소드 시리즈를 경험하는 것 같다. 원핵세포에서, 비록 DNA 복제와 생장이 결합하더라도 그들은 독특한 스케줄을 따르지 않는다. 예를 들면, 빠르게 생장하는 세균은 느리게 생장하는 세균보다 *세포 당* 더 많은 *뉴클레오시드(nucleoside)*를 포함하고 있다. 이것은 진핵세포와는 달리 세포 당 그들의 유전체의 수가 쉽게 조절될 수 있으며 그들이 얼마나 빠르게 생장하는 가에 따라 달라질 수 있음을 의미한다(제3장 참조).

다중기점 복제의 결과로서 복제시발점(origin) 근처에 위치하여 처음 복제되는 유전자는 복제종결점을 향해 있는 유전자들보다 더 많이 존재할 것이라는 것에 주목할 가치가 있다. 따라서 복제시발점 근처에 있는 유전자와 복제종결점 근처에 있는 유전자의 비율은 4, 8 혹은 빨리 생장하는 세포에서는 그 이상으로 높을 것이고, 느리게 생장하는 세포에서는 1과 2 사이가 될 것이다(그림 9.4). 따라서 염색체를 따라 있는 유전자의 위치는 중요하고 그들의 발현 정도에 영향을 미친다. 복제시발점에 가까울수록 만들어질 수 있는 유전자 산물의 양은 더 크다. 대량으로 생산되어야만 하는 산물을 가진 유전자는 복제시발점 근처에 위치하는 경향이 있다. 이들은 리보솜 단백질에 대한 유전자와 단백질 합성 장치를 만드는데 관련된 단백질에 대한 유전자를 가지고 있다. **유전자 량(gene dosage)**이라고 알려진 이 효과는 염색체에서 유전자의 위치는 자연선택에 의하여 결정된다는 것을 제시해준다.

어떻게 DNA 복제는 조절되는가?

빠르게 생장하는 세균은 느리게 생장하는 세균보다 단위 시간 당 더 많은 양의 DNA를 합성해야만 한다. 그러나 우리가 말했던 것처럼 각 복제 기점(replication fork)의 움직임의 속

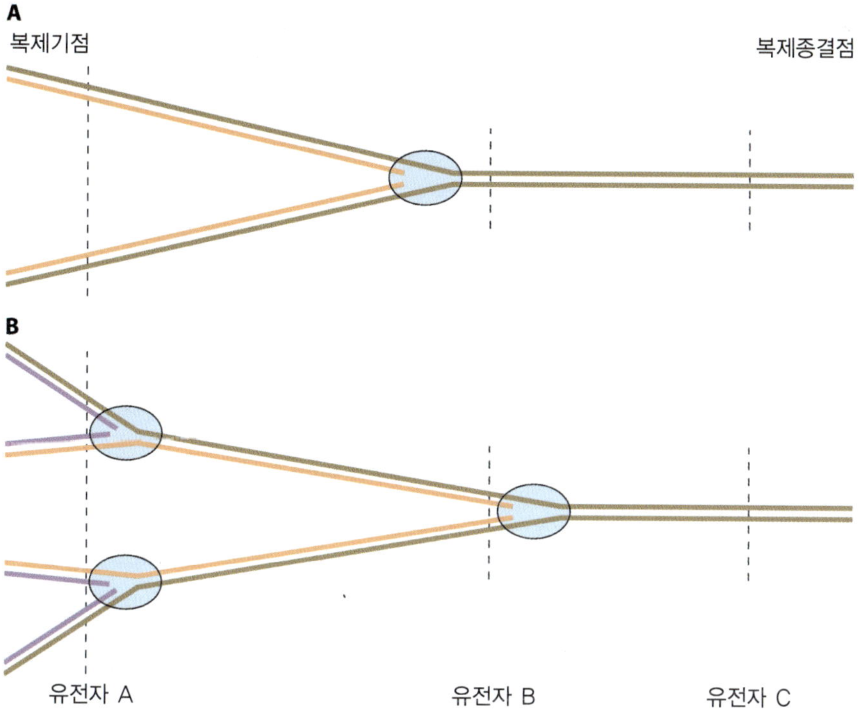

그림 9.4 다중기점(Multifork) 복제와 유전자 량(gene dosage). (A) 단일 복제 기점을 가지고 있고 느린 성장을 하는 세포에서, 복제시발점(origin)에 가까운 유전자들(유전자 A)의 비율은 하향(downstream) 유전자 (유전자 B와 C)의 두 배이다. (B) 다중기점(multifork)을 가진 세포에서, 복제시발점(origin)에 가까운 유전자들의 비율이 높다(유전자 A/유전자 B의 비율은 2. 유전자 A/유전자 C의 비율은 4). 단순화하기 위해, 염색체는 환형 구조 보다는 선형으로 그려졌다.

도는 생장률에 따라 크게 다르지 않다. 어떻게 이런 일이 일어나는 것일까? 세포 주기에서 만들어진 DNA 양은 복제 라운드의 **개시 빈도(frequency of initiation)**에 따라 달라져야만 한다. 세포가 빨리 자라면 자랄수록 그들은 새로운 라운드의 복제를 더 자주 갖게 되며, 이는 *복제 라운드의 개시 빈도가 조절되는 과정*이라는 것을 나타낸다. 어떻게 이런 조절이 이루어지는 것일까? 우리는 최종 정답을 갖고 있지 않지만, 가용한 사실과 아이디어에 대한 조사로 그 것을 설명할 수 있게 되었다.

단지 이론이 아닌 실험적 사실들은 DNA 복제의 개시가 조절 과정이라는 것에 대한 믿음을 지지해준다. 예를 들면, 하나 이상의 핵양체(nucleoid)를 포함하고 있는 세균에서, 핵양체의 복제는 놀라울 정도의 동시성(synchrony)과 함께 시작한다. 이들은 유동 세포 측정에 의해 볼 수 있는데, 빠르게 생장하는 *E. coli* 개체군은 주로 2개, 4개, 또는 8개의 핵양체를 가진 세포로 구성된다는 것을 보여준다(그림 9.2). 매우 적은 수의 세포가 비동시성(nonsynchronous) 복제로부터 예상되는 홀수를 갖고 있었다. 각 핵양체의 복제 개시는 잘 조절되는 과정이다.

또 다른 실험은 이 조절이 필연적으로 따르는 것이라는 것을 보여준다. 항생제 리팜핀(rifampin)은 RNA 합성을 억제하고, 따라서 단백질 합성도 멈추게 된다. 리팜핀은 복제 개시를 억제하지만 이미 시작된 복제는 계속되도록 허락한다. 따라서 복제에 미치는 이 약품의 효과는 *한 라운드의 복제 개시는 새로운 단백질의 합성을 요구한다*는 것을 제시해준다. 8장에서 비교적 자세히 언급한 것처럼 **DnaA**라고 불리는 단백질은 실제로 개시 과정에서 독특한 조절 역할을 하는 것으로 밝혀졌다. 우리는 **in vitro** 및 **in vivo** 실험으로부터 이 사실을 알고 있다. DnaA를 더하는 것은 시험관에서 개시가 일어나는데 필수적이다. 또한, DnaA는 특징적인 서열에 있는 복제시발점에 결합하며, 여기에서 DnaA는 이중나선이 열리는 것을 도와줌으로써 다른 단백질이 그 부위에 들어가서 복제시발점이 형성될 수 있도록 한다(8장 참조).

In vitro 연구로 DnaA를 만들지 않는 돌연변이체는 복제를 시작할 수 없다. 세포가 가지고 있는 DnaA의 양과 개시 단계를 수행하는 능력 사이에는 양적 관계가 있다. 암호화된 유전자가 다사본(multicopy)으로 존재할 때 상당량의 DnaA의 존재는 또 다른 라운드의 복제를 가져온다. 이것은 해로울 수 있지만, 세포는 너무 많은 DNA 만들기를 피하기 위한 메커니즘을 갖고 있기 때문에 개시 후 얼마 되지 않아 DnaA는 퇴화된다. 물론, DnaA 농도의 중요성을 알게 되면 한 단계 앞서 의문을 갖게 한다. 무엇이 이미 만들어진 DnaA 양을 조절하는가? 비록 여러 암시가 있지만, 완전히 만족스런 메커니즘적 답변은 아직 가능하지 않다.

9.2 *DNA 복제 개시에 대한 리뷰 논문*

세포 분열

대부분 "일반(ordinary)" 세균은 이분법(binary fission)으로 분열하여 두 개의 후손(progeny) 세포를 만든다. 아직도 몇몇 세균들은 좀 더 복잡한 분열 패턴을 가지고 있다. 예를 들면, 세균 *Caulobacter*는 분열하여 크기, 형태, 편모, 그리고 자루-같은 구조가 동일하지 않은 두 개의 세포로 된다(제14장 참조). 어떤 세균은 이분법이 아니라 출아(budding; 이 점에서 효모와 유사함)에 의하여 분열한다. 많은 세균에서 후손 세포는 분열 시 서로 분리되며 후손 세포를 특징적으로 배열하지 않고 멀리 움직인다. 분열의 면에 따라 몇몇은 서로 부착하여 쌍을 이루거나 구균의 사슬, 간균의 사슬, 포도모양의 뭉치, 사각형 시트, 혹은 육면체를 형성한다(그림 9.5). 더 복잡한 패턴도 복잡한 발달 주기를 가진 점액세균(myxobacteria), 시안세균(cyanobacteria), 그리고 방선균(actinomycetes)과 같은 원핵세포에서 발견된다(제11장 참조). 이들 세균의 몇몇은 형태적 복잡성과 후손 세포의 배열에서 균류(fungi) 및 조류(algae)와 유사하다.

형태적 고려사항

세포 분열은 세포막, 세포벽, 그리고 그람-음성 세균의 경우 외막의 함입을 수반한다. 이들 과정이 완성되었을 때만 후손 세포는 분리될 수 있다. 따라서 세포 분열은 다단계 과정이며

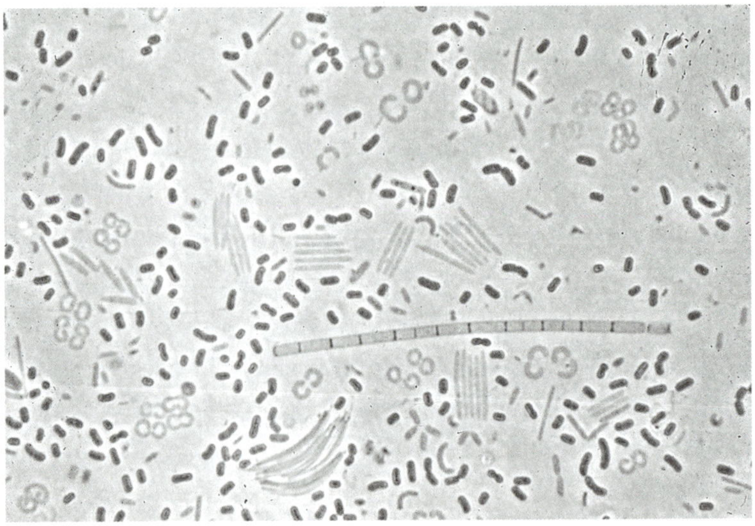

그림 9.5 세균과 고세균의 여러 형태. 보이는 미생물 군집은 미시간(Michigan) 동란싱(East Lansing)의 Burke 호수(Lake) 퇴적물의 수층에서 발견되었다. 형태의 풍부한 다양성은 바나나, 강낭콩(string beans), 소시지, 사탕수수 자루, 도너츠(doughnuts), 대추야자(dates), 그리고 기타 등과 같은 음식물을 연상시킨다.

종에 따라 상당히 다르다. 일반적으로, 대부분의 그람-음성 세균은 중간세포(midcell)에서 그들의 외피층(envelope layers)을 조립함으로써 분열한다(그림 9.6). 이 함입된 곡선은 두 개의 반구(hemispherical) 모자가 형성될 때 까지 계속해서 내부로 진행한다. 몇몇 그람-양성 구균과 간균에서 세포 분열은 분명한 끈의 조임이 없이 진행된다. 여기서, 분열 격막(septum)은 표면에 90도로 함입된 외피에 의하여 형성된다(그림 9.7). 이런 세포의 극은 대개 함입과 함께 분열하여 소시지 모양 보다는 사각의 실린더 모양을 한 간균의 극보다 좀 더 무디고 덜 둥근 편이다.

9.3 *세균 형태에 대한 리뷰 논문*

어떻게 격막은 형성되는가?

세포의 신장 방향을 변화시키고 격막을 만드는 것을 시작하기 위하여 무엇이 생장 세포의 외피를 유도하는가? 1991년에 밝혀진 놀라운 발견은 우리가 이를 이해할 수 있었던 열쇠임이 증명되었다. 연구자들은 뜻하지 않게 FtsZ라고 불리는 단백질이 **수축 환(constricting ring)**을 만들 수 있는 능력을 갖고 있으며, 궁긍적으로 세포결막이 여기에 형성될 것이라는 것을 알아냈다. **Z-환(Z-ring)**이라고 불리는 이 구조는 격막이 형성됨에 따라 점점 (눈의 홍채처럼) 오므라든다.

9.4 *FtsZ의 핵형성과정 (nucleation)에 대한 개요*

Z-환은 진핵세포에서 세포질분열을 조절하는 수축 환과 기능적 가치가 같은 것으로 여길 수 있다.

FtsZ 단백질의 여러 특성이 설명될 수 있다; 그러나 첫 째 어떻게 수축 환은 발견되었는가? 연구자들은 세균의 초박막 단면으로 전자현미경하에서 볼 수 있도록 금 입자로 표지된 FtsZ에 맞는 항체를 사용하였다. 그들은 FtsZ 단백질이 단지 격막 부위에만 위치하는 것으로 보였다(그림 9.8). 그렇지만 이것은 작고 어린 세포가 아닌 큰 세포에만 해당되는 것이어서, Z-환이 오직 세포 주기 후반부에서만 형성된다는 가설을 이끌었다. 이러한 제안은 FtsZ

그림 9.6 그람-음성세균의 세포 분열. *Escherichia coli*의 얇은 단면은 세포가 분열하기 전 수축한다는 것을 보여준다.

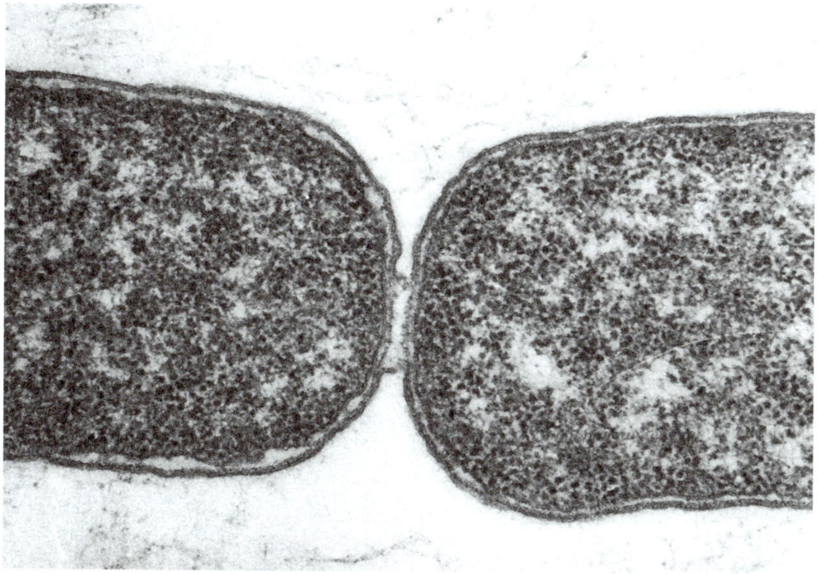

그림 9.7 그람-양성세균의 세포 분열. *Bacillus subtilis*의 얇은 단면은 세포가 수축하지 않음을 보여주지만, 후손 세포가 분리되기 전 만들어진 완전한 격막이 분리되기 시작함을 보여준다.

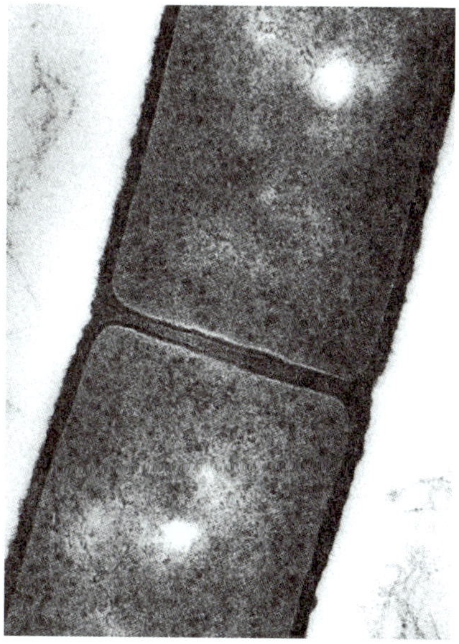

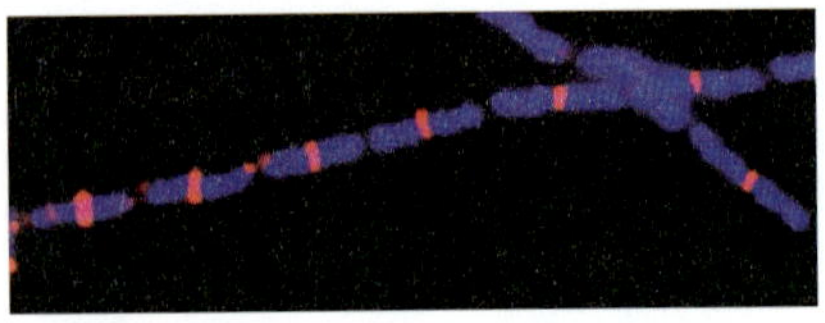

그림 9.8 생장 세균 세포의 Z-환. 분열 부위에서 Z-환을 만드는 단백질 FtsZ의 위치는 FtsZ(빨간색) 항체를 사용하여 *Bacillus subtilis*의 형광 현미경 관찰에 의해서 밝혀졌다. DNA는 DAPI(4',6'-diamidino-2-phenylindole)라는 염료에 의해 파랗게 염색되었다.

가 GFP에 결합된 살아있는 세포를 형광 현미경 아래서 관찰함으로써 확신하게 되었다. 따라서 적당한 시기에 아직 밝혀지지 않은 자극제에 반응하여 FtsZ 단백질 단량체(monomers)는 중합되어 Z-환을 형성하는 필라멘트(filament)가 된다. 이 환이 일을 마쳤을 때 세포는 분열하고 FtsZ 단백질은 다음 세포 주기 동안 다시 응집하기 위하여 딸세포의 세포질에 분산된다.

응집하여 필라멘트를 만들 수 있는 FtsZ의 능력은 진핵세포의 세포골격(cytoskeletal) 단백질을 연상시킨다. 실제로, FtsZ는 진핵세포 미세소관(microtubules) 단백질인 튜불린(tubulin)과 유사하다. FtsZ와 튜불린은 구조적으로 아주 유사하며 비록 그들의 아미노산 서열이 단지 20% 상동성을 갖고 있지만 그들의 3차원적 배열은 아주 잘 배열되어 있다. 두 단백질은 **GTPase**이고 필라멘트로 조직화하기 위해서 GTP(guanosine triphosphate)의 가수분해를 필요로 한다. 이 두 단백질은 글리신이 풍부한 GTP-결합 서열 모티프(GGGTG[T/C/G]G)를 공유하고 있다. 아마도 FtsZ는 세균에서 볼 수 있는 튜불린의 동족이며 하나의 진화적 조상을 공유하고 있을 것으로 결론을 내릴 수 있다.

FtsZ는 진핵세포 세포골격의 단백질과 유사한 유일한 세균 단백질은 아니다(표 2.3 참조). MreB(뮤린 조절 유전자 그룹 e)라고 불리는 단백질은 진핵세포 단백질인 액틴(actin)과 매우 높은 구조적 유사도를 가지고 있으며 염색체와 플라스미드의 분리에 관여하는 것으로 보인다.

무엇이 Z-환을 오므리게 하는가? 우리는 세균에서 수축 메커니즘을 모르기 때문에 설득력 있는 의견은 FtsZ가 환의 앞쪽 가장자리에서 중합하여 뒤쪽 가장자리에 있는 단계에서 분해하는 것이다. 그러나 어떻게 FtsZ는 세포의 중앙에 위치하며 거기에서만 중합하는가? 비록 Z-환을 결합시키는데 필요한 부위를 선택하는 것이 격막 뮤린을 합성하는 기계장치가 적당한 위치에 놓여야 할 것을 필요로 한다는 암시가 있음에도 불구하고, 우리는 그 답을 모른다.

FtsZ는 정상적으로 30℃ 생장하는 *E. coli*의 *fts* 돌연변이체에서 처음 동정되었지만, 더 높은 온도에서는 분열할 수 없다.(규정에 의해 유전자의 이름은 이탤릭체로 표기하며 단백질의 이름은 대문자로 표시하지만 이탤릭체로 쓰지 않는다). 용어 *fts*는 "filamentous temperature sensitive"를 나타내고 유전자 패밀리를 표시하는데, 이들은 각 유전자가 돌연변이가 되었을 때 꼭 같은 필라멘트-형성 표현형을 보인다. *ftsZ*는 거의 모든 세균과 많은 세균에서 발견되는 고도로 보전된 유전자이다. 세균 및 고세균 외에도 *ftsZ*는 엽록체와 몇몇 미토콘드리아와 같은 여러 진핵세포 소기관에서 발견된다. FtsZ는 이들 구조의 분열에서 어떤 역할을 하며 진핵세포 소기관들의 조상이 고대 세균의 조상임을 확신시켜주고 있다.

우리는 아래에서 좀 더 상세하게 어떻게 세포가 분열할 장소를 아는 지에 대한 의문점을 다룰 것이다. 우리는 Z-환이 형성되기 시작 한 후 무엇이 발생하는 지에 대해 더 잘 알고 있다. Z-환은 많은 다른 Fts 단백질처럼 세포막과 결합되어 있다. Z-환은 다른 중요한 세포분열 단백질을 모집한 골격(scaffold)을 형성하는 것으로 여겨진다. 이들 부가적 단백질들은 차례대로 결합하며 그들 모두는 분열 부위에서 FtsZ의 존재에 의존하게 된다. Z-환 부위에서 이들 단백질의 결합체는 디비좀(divisome)이라고 불려 왔다. 흥미롭게도, *ftsZ*는 마이코플라스마(mycoplasma), 뮤린이 없는 세포벽-결합 세균과 많은 다른 세균 분열 단백질에서도 발견된다. 이러한 사실 자체는 이 유전자의 산물 FtsZ가 기능적인 디비좀(divisome) 없이 세포 분열을 유도할 수 있음을 제시해준다.

어떤 디비좀(divisome) 단백질은 분열 과정을 조절할 수 있고, 또 어떤 디비좀(divisome) 단백질은 격막 뮤린의 합성에 결부되어 있을 수 있으며, 또 다른 단백질들은 여전히 안정화 되어 있거나 구조적 역할을 할 수 있다. PBP 3이라고 불리는 이들 단백질중의 하나는 특이적으로 격막에서 뮤린을 만드는데 관련되어 있다. **페니실린-결합 단백질(penicillin-binding protein)**을 나타내는 PBP는 페니실린과 다른 **β-락탐 항생제(β-lactam antibiotics)**와 공유결합을 하는 단백질 그룹을 나타내며 뮤린 대사과정과 관련되어 있다. 어떻게 PBP 3 역할을 결정되는가? 세포 신장(elongation)이나 뮤린 합성을 훼손함이 없이 격막 형성을 억제하는 β-락탐 항생제인 세팔렉신(cephalexin)은 PBP 3와 특수 친화도를 가지며, 따라서 이 단백질은 격막 뮤린 합성에 관련되어 있다.

어떻게 세균은 그 중간을 찾는가?

E. coli 또는 *B. subtilis* 같은 간형(rod-shaped) 세균은 중간에서 아주 정교하게 분열하는 경향이 있다. 세포를 따라 이 위치를 지정하는데 그들은 어떤 종류의 자를 사용하는가? 여러 가설이 있으며, 그들 중 현재까지 결론적으로 증명된 것은 없다. 그렇지만 흥미롭고 놀라운 사실이 발견되었다. 이 이야기는 1969년(현재 과학의 기준에 의하면 유사이전)에 시작되며, 그 때 연구자들은 *E. coli*의 어떤 돌연변이체가 종말에 가까워 졌을 때 비정상적으로 분열하여 소형의 비핵 세포를 생산하는 것을 알게 되었다(그림 9.9). 그들은 이 돌연변이체를 미니세포(minicell) 형성자라는 뜻으로 "min"이라고 불렀다. 이 발견에 대한 상상적 해석은 구형의 세균이 분열이 잠재적으로 일어날 수 있는 세 개의 부위: 중간에 하나, 각 말단(극)에 하나씩을 갖고 있다는 것이다. 마지막 두개 부위는 이전 분열이 완성되었을 때 닫혀 버린 이선 격막 부위의 잔재일 수 있다. 그렇지만, 세 개의 유전자 *minC*, *minD*, *minE* 중에서 하나에 변이가 나타난 min 돌연변이체는 닫힘(shut-off) 메커니즘을 갖고 있지 않으며 극 분열 부위에서 비정상적으로 분열한다. 이들 유전자의 단백질 산물은 정상 분열을 조절할 때 역할을 수행한다. 그들이 작용하는 방법은 다소 복잡하지만, 그들은 보상받을 수 있다는 것을 알고 있다. MinC와 MinD는 협동작용을 하여 FtsZ의 중합을 억제하고 Z-환 속으로 넣는다. MinE는 이 억제를 방해하지만 *오직 정상 격막 부위에서만* 행한다. 이 모델과 일치되게 MinE는 세포의 중간에 위치한다. 정상적으로 Z-환 형성의 억제는 오직 세포의 중앙에서만 전복되며, 이는 정상적인 분열을 가능하도록 해준다. MinC 혹은 MinD를 결손한 돌연변이

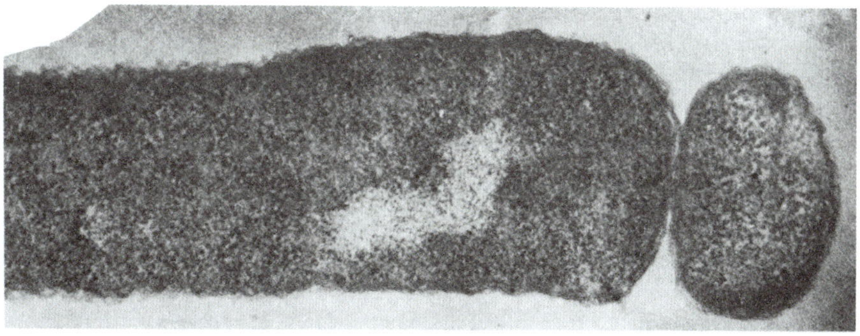

그림 9.9 *E. coli*에서 미니세포(minicell) 생산. 얇은 단면은 극에서 비정상적 분열을 하여 미니세포의 형성을 가져왔음을 보여준다.

체들은 아마도 그들이 극 부위에서 비정상적인 분열을 억제할 수 없기 때문에 미니세포(minicells)를 형성 할 것이다.

9.5 *세포 분열과 Min 시스템에 대한 리뷰*

Min 시스템은 더욱 놀라움을 준다: 이 단백질은 세포의 한 극으로부터 다른 극으로 빠르게 이동하는데, 이는 세균 세포에서 기대치 않았던 일이다. 이러한 이동은 이들 단백질과 GFP의 융합을 이용하여 저속 촬영 현미경에 의해 살아있는 세포 내에서 볼 수 있다.

언젠가, Min 단백질은 세포의 한 극에 위치하게 되며, 따라서 다른 극에서도 다시 출현한다. 이 이동은 놀라울 정도로 빠르며, MinD가 한 극에서 다른 극으로 이동하는데 약 20초 정도 소요된다. 이 단백질은 세포질을 통하여 이동하지 않으며; 대신에 그들은 세포막을 따라 미끄러져 세포의 극에서 극까지 감기는 나선형 구조를 만든다. 어떤 기능 때문에 Min 단백질은 이러한 종류의 현미경적 게임을 하는 것인가? 이러한 동요는 역학 측정 장치의 종류로서 제공될 수 있으며 세포의 중간을 결정하는데 도움이 될 수 있지만, 완전히 설명하기 위해서는 더 많은 연구가 필요하다.

Min 단백질은 미생물 세포에서 돌아다니는 유일한 분자는 아니다. 다른 단백질도 세포 내에서 돌아다니며, 아래에 언급하겠지만 DNA 또한 돌아다닌다. 동떨어진 것으로, 세균에서 거대분자를 위치시키는 형광 표지 기술의 개발은 세균 세포 생물학으로 알려진 새로운 영역을 탄생시켰다. 우리는 세균이 정체된 거대분자의 배열을 담고 있는 단순한 가방이 아니라는 것을 알고 있다. 이러한 발견은 그들의 내부가 무엇과 유사한지를 알기 까지는 더 많은 연구가 필요함을 제시해준다.

세포 분열과 DNA 복제 사이의 관계

원칙적으로, 세포는 각 후손 세포가 그 자신의 유전체를 소유할 때까지 분열할 수 없어야 한다. 정상적인 세균 생장에서, 세포 분열과 DNA 복제는 실제로 짝을 이루고 있지만, 이 두 과정은 짝을 이루고 있지 않다. 예를 들면, 어떤 돌연변이체들은 DNA를 만들지 않고 분열할 수 있고, 따라서 비핵세포(anucleated cells)를 생산한다. 그러나 세포 분열을 바로 멈추지 않고 세포가 DNA를 간섭할 수는 없다. 이것은 특히 DNA가 단일 및 이중 가닥 절단을 유도하는 자외선이나 방사선에 의해, 혹은 두 개의 DNA 가닥과 교차결합을 하는 마이토마이신 C(mitomycin C)와 같은 약물의 작용에 의해 손상을 입었을 때 사실이다. 만약 손상이 지나치게 심하지 않다면, 그렇게 처리된 세포는 분열하지 않고 계속 생장하여 긴 필라멘트(filament)를 형성할 것이다(그림 9.10). 손상된 DNA는 아주 빨리 치료되고 DNA 복제는 회복될 수 있어 그들의 길이를 따라 고르게 스페이스(space) 뉴클레오티드를 가진 필라멘트를 형성할 것이다. 나중에, 세포 분열이 회복되고 필라멘트는 적당한 길이의 세포를 만들기 위하여 절단된다.

그림 9.10 세포분열의 개시. *E. coli*의 배양은 치사량에 가까운 자외선 (ultraviolet light)의 조사량에 노출되어 생장과 핵양체 분열을 방해하지 않고 세포분열을 억제하였다. 결과는 정상적으로 일정한 간격을 두고 위치한 핵양체를 가진 긴 필라멘트이다.

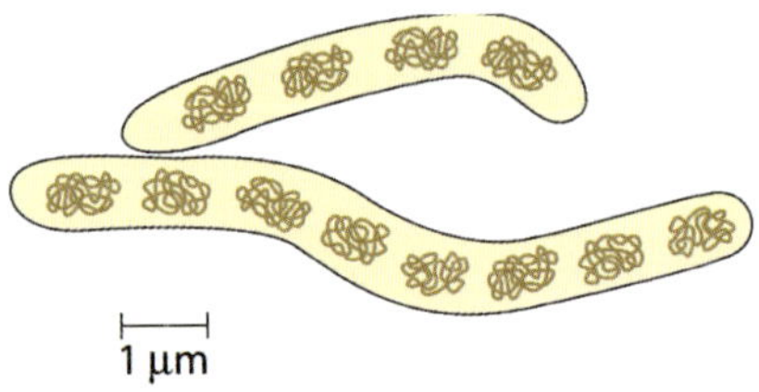

어떻게 세포 분열의 억제는 DNA 손상과 연결되어 있는가? 가장 잘 연구된 메커니즘은 **SOS 반응**(해양 조난 신호에서처럼)이라 불리는 것이다. SOS는 세균이 화학적 물리학적 손상을 입었을 때 나타나는 광역(global) 반응 시스템의 하나이다(제13장 참조). DNA의 이중 사슬에서 단일 가닥의 절단은 정상적으로 **DNA 복구(DNA repair)**와 세포 분열에 관련된 정상적으로 휴식 상태에 있는 많은 유전자를 활성화시킨다. 이들 유전자는 공통적인 하나의 특징을 가지고 있다: 그들의 발현은 같은 억제자, 즉 **LexA**라고 불리는 단백질에 의하여 억제된다. LexA가 존재하는 한 이들 유전자는 전사될 수 없다. 그렇지만 DNA가 손상을

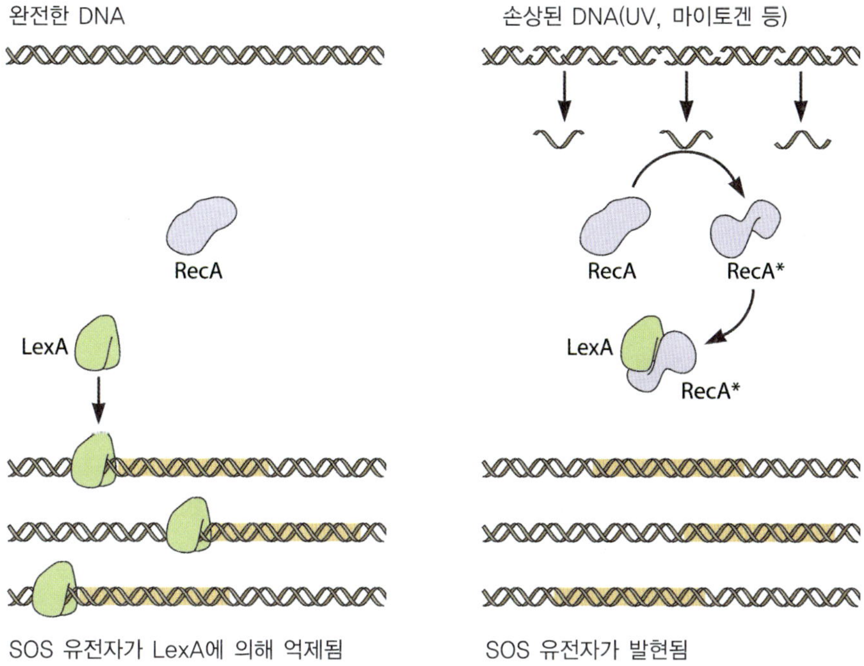

그림 9.11 SOS 반응. 이중 가닥이 깨어짐으로 인한 DNA 손상은 작은 DNA 절편의 형성을 가져온다. 이들 절편은 RecA를 활성화시켜 코프로테아제(coprotease), RecA*가 되게 한다. 새로운 RecA*는 LexA라 불리는 여러 오페론의 억제자를 절단하여 이 조절 하에 있는 유전자(SOS 유전자)가 발현될 수 있도록 한다. 스트레스를 받지 않은 정상적인 상황은 왼쪽에 나타내었고, 여기에서 LexA는 원래 모습 그대로 이들 유전자를 억제한다.

입었을 때 나타난 단일 가닥은 **RecA**라고 부르는 불활성 단백질과 결합하여 LexA 억제자를 절단할 수 있도록 한다(그림 9.11). 사실상, LexA는 자기-절단을 할 수 있는 능력을 가지고 있지만, 오직 활성 RecA에 의해 자극되었을 때만 능력을 발휘한다. 따라서 RecA는 실제로 프로테아제가 아니라 단백질 분해(proteolysis)에 필요한 보조인자(cofactor)이다. RecA는 또한 동형 재조합(homologous recombination)에서 주요 역할을 하는 다기능 단백질이어서, 매우 흥미롭다.

LexA의 조절 하에 있는 많은 유전자 중에는 정상적으로 억제되는 세포 분열의 억제자를 암호화하는 *sulA*가 있다. **SulA** 단백질은 격막-환-형성 단백질인 FtsZ에 결합하여 그것을 불활성화시킨다. SulA는 LexA에 의하여 음성 조절이 이루어진다. 따라서 DNA 손상이 Rec-A가 조절하는 LexA의 불활성화를 유도할 때, SulA는 합성될 수 있고 세포분열을 차단한다. LexA 조절 하에 있는 다른 유전자들은 DNA 복구(repair)에 결부되어 있는 복합 기계장치의 일부로서 LexA가 불활성화되었을 때 활성화가 이루어진다. 따라서 SOS 반응은 아주 복잡하고 세포 분열은 물론 DNA 복구를 포함한 여러 시스템이 결부되어 있다. DNA 복구가 완성되었을 때, SOS 반응에 대한 자극제는 사라지고 세포는 분열을 재개한다. 이러한 재개는 SulA를 파괴하는 **Lon**이라고 불리는 특정 프로테아제의 작용으로 촉진된다.

세포 분열 억제를 다루는 SOS 메커니즘의 일부는 DNA가 손상되었을 때만 작동된다. 정상 조건 하에서, SOS 메커니즘은 SulA가 결손된 돌연변이체에서 정상적으로 이미 진행된 분열을 조절하는데 관여하지 않는다. 따라서 SOS 반응은 DNA가 손상되었을 때만 요청

되는 *기대 메커니즘(anticipatory mechanism)*으로 진화되었다. SOS는 DNA 손상과 세포분열을 잇는 유일한 메커니즘이 아니다. 복잡한 다른 메커니즘도 있다. 왜 세균은 그들의 DNA가 손상되었을 때 분열하지 않는 것을 확실히 하기 위하여 그런 정도로 가는 것일까? 여러 의견이 설득력 있게 들린다. 세포 분열을 중단하는 것은 세포가 분열 이전에 그들의 손상된 DNA를 복구할 시간을 가져야하기 때문으로, 손상된 DNA를 가진 후손 세포의 생산을 피할 수 있게 한다. 이 외에도, 형성되는 필라멘트에서, DNA 손상으로부터 복구에 필요할 수 있는 부족한 세포 인자들은 여러 개의 세포 동종들과 공유될 수 있다.

세포 분열과 플라스미드 복제

세포 분열에 대한 감시원으로서의 메커니즘은 세포 자신의 고유성을 감지하는데 한정되어 있지 않다. 플라스미드(10장에서 더 다루어질 염색체외 요소)는 그들의 "부모" 혹은 숙주세포에 의해 확실히 유지될 수 있는 메커니즘을 암호화한다. 예를 들면, P1(이것은 다른 모습으로는 박테리오파지이기도 함)이라고 불리는 *E. coli* 플라스미드는 *플라스미드가 없는 세포의 생산을 방지*할 수 방법을 개발하였다. 어떻게 P1이 개체군에서 그것의 지속성을 확보하는가? 이 메커니즘은 유전적으로 분석되었고 아주 복잡한 것으로 나타났다. P1 플라스미드는 두 개의 단백질에 대한 유전자를 나르는데; 하나는 **Doc**이라고 불리는 **독소(toxin)**이고, 또 하나는 Phd라고 불리는 **항독소(antioxidant)**이다(그림 9.12). (미생물 용어에는 유머가 있다). 흥미롭게, Doc은 단백질 분해효소에 의한 분해에 저항성이 있는 반면, Phd는 그렇지 않다. Phd는 비록 불안정하지만 Doc의 악성 효과를 중화시킬 수 있도록 충분한 양이 만들어진다. 플라스미드 복제가 중단되었을 때 무슨 일이 일어날까? 세포는 계속해서 분열하고 플라스미드가 없는 후손을 생산한다. 이들 세포의 세포질은 초기에 상당한 정도의 Doc과 Phd를 생산하지만, 이들 단백질의 어떤 것도 재생 될 수 없고 Phd 항독소는 불안정하기 때문에 Doc의 독소 활성은 더 이상 중화될 수 없어 세포는 죽게 된다. 이들 플라스미드

그림 9.12 플라스미드의 독소-항독소 경로. 이 플라스미드에서, doc 유전자는 독소, Doc를 암호화하고; phd 유전자는 항독소, Phd를 암호화한다. Doc은 안정한 단백질이지만; Phd는 불안정하고 프로테아제(ClpPX라고 불리는)에 의해 절단된다. 이들 유전자를 나르는 플라스미드가 소실되었을 때 Doc 독소는 활성 상태로 남고 Phd에 의하여 더 이상 중화되지 않음으로써 세포의 죽음을 가져오게 된다.

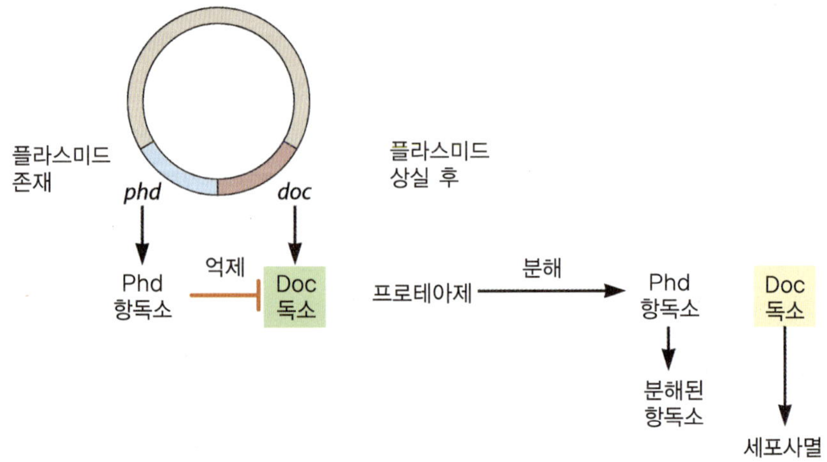

들은 다소 주문이 많은 숙주와의 관계: "나를 뒤에 남겨 둔다면 너는 죽을 것이다!" 를 개발하였다. 이러한 독소와 항독소의 두-유전자 배열은 **중독 모듈(addiction module)**이라고 불렸다. 유사한 배열이 염색체 유전자에 존재하는데, 그것으로 진핵세포와 유사하게, 세균 세포가 프로그램으로 된 세포 치사 메커니즘을 갖고 있음을 제안하게 되었다. 그런 메커니즘은 영양 결핍 조건 하에서 작동하며 남아있는 세포에 영양을 제공하기 위하여 죽어가는 몇몇 세포에게는 필수적인 것으로 여겨지고 있다. 얼마나 이타적인가!

원핵세포의 유사분열 유사과정

우리는 진핵세포가 복제된 염색체의 분포를 후손 세포에게 확실히 넘겨주기 위해에 수행하는 정교한 과정인 유사 분열에 대해서 많이 알고 있다. 우리는 원핵세포에서 이루어지는 유사 과정에 대해서는 거의 모른다. 진핵세포의 경우 우리는 여러 구조가 필요하다는 사실을 알고 있다: 분리(segregation) 장치가 붙어 있는 염색체 부위(동원체), 기계 장치 자체(유사분열 방추사), 그리고 분리된 염색체를 나누는 기계 장치(미세소관의 활주). 원핵세포에서 우리는 여전히 염색체 분리의 유사 모습을 잘 알지 못한다. 그렇지만 *세균 염색체는 엄청나게 분리된다*는 사실을 알고 있다. 분리가 조절되지 않을 시 발생하는 무핵 세균(anucleated bacteria)은 정상적인 배양에서는 매우 드물다.

9.6 *E. coli의 염색체 분리에 대한 리뷰 논문*

9.7 *GFP에 대한 리뷰*

가장 잘 연구된 세균, 주로 *B. subtilis*와 *E. coli*에서, 복제 과정과 염색체 분리는 진핵세포에서 행해지는 것처럼 연속적이 아니다. 실제로 위에서 언급한 것처럼, 그들 과정은 적어도 빠르게 생장하는 세포에서는 동시에 일어난다. 복제 장치는 복제시발점(origin)에서 일을 시작하고 종결점 부위에 이를 때까지 양방향으로 진행한다. 최근 개발된 기술로 우리는 살아있는 세포 내에 있는 다양한 염색체 부위를 볼 수 있게 되었다. 이것은 세균과 같은 작은 세포에서 비교적 작은 표적의 위치를 바로 파악하는 것은 어려울 것으로 생각할 수 있다는 점에서 놀라운 일이라 할 수 있다. 이런 어려움에도 불구하고 그러한 기술은 존재한다. 그들은 몇몇 독창적인 유전자 조립체(genetic constructs)와 조합을 이룬 초민감 **형광 현미경(fluorescence microscopy)** 기술을 사용한다. 따라서 염색체의 특정 부위는 다음의 유전자 조립체를 만듦으로서 표지될 수 있다. GFP에 융합된 특정 억제자(예,젖당 오페론의 억제자)와 결합하는 DNA 서열은 복제시발점 근처로 삽입된다. 형광 억제자의 단일 분자는 보기 어려울 수 있기 때문에, 연구자들은 종종 한 작동유전자 이상의 것, 대개는 그들 중 수십 개는 열을 이루어 삽입함으로서 형광 신호를 증폭하였다.

그림 9.13 DNA 복제의 시발점과 종점의 세포 위치. 복제 시발점은 GFP로 표지되었고; 종점은 빨간 형광 단백질로 표지되었다(본문 참조). 복제가 시작되기 전, 복제 시발점은 세포의 1/4과 3/4 지점에서 보이며 종결점은 세포 중간에 위치한다. 이 둘은 광학 오버레이(overlay)에 의하여 같은 세포로 보인다(오른쪽). 복제기점은 세포의 말단을 향하여 진행하는 반면, 복제종결점은 중앙에 그대로 남아 있다. 결국, 복제종결점은 두 배로 되고 세포의 길이를 따라 분열 시 세포 중심이 되는 1/4과 3/4 지점으로 이동한다. 바(Bar), 2μm.

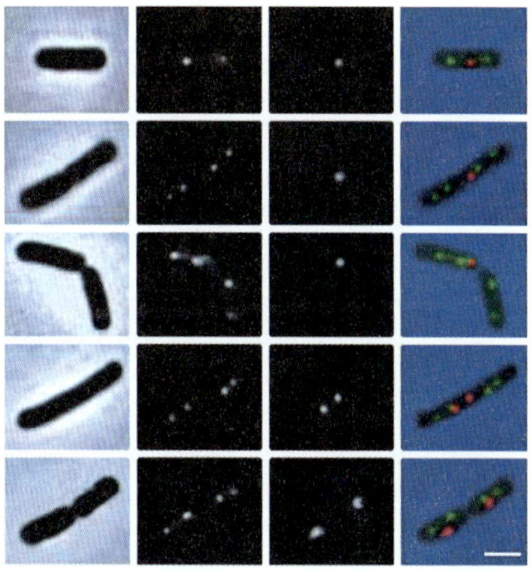

생장 주기와 DNA 복제를 막 시작하는 어린 세포에서, 복제시발점는 세포 길이를 따라 1/4 지점과 3/4 지점에 위치해 있으며 종결점은 세포 중심부에 있다. 세포가 성장하고 복제 시발점이 복제함에 따라 두개의 새로운 시발점은 멀리 떨어지고, 종결점은 잠시 세포 중심부에 남는다(그림 9.13).

8장에서 언급한 것처럼, 환형 염색체 복제의 마지막 단계는 **사슬연결체(catenate)**의 용해이다. 이 과정이 결핍된 돌연변이체는 계속해서 DNA를 만들지만 후손 염색체를 분리할 수 없다. 그러한 세포들은 계속해서 필라멘트로서 자라고 세포 중심에 많은 양이 DNA를 축적한다(그림 9.14). 하지만 염색체 분리(segregation)에는 또 다른 장애물이 있다: 약 6세대마다 한번 여전히 같은 세포에 놓여 있는 자매 염색체(sister chromosome)들은 **동형 유전자 재조합(homologous genetic recombination**; 동종 서열 사이에)을 경험한다(제10

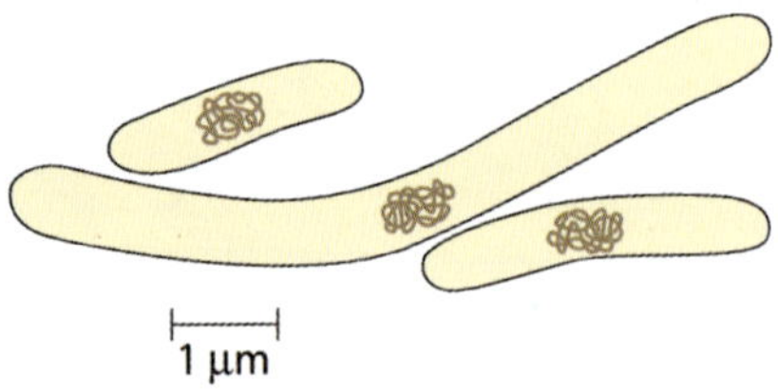

그림 9.14 자매염색체 decatenation의 억제 효과. 복제 후 염색체의 decatenationdp 결함이 있는 돌연변이체는 계속해서 성장하지만 분열할 수 없다. DNA는 개개의 핵상체로 분리되지 않지만 세포의 중심에 대량으로 남는다.

장 참조). 다중 재조합 과정보다 더 흔한 단일 재조합 과정은 염색체 이합체(dimer)를 생산한다. 이들의 적당한 분리(segregation)는 또 다른 재조합 과정에 의하여 오직 이합체가 두개의 단량체(monomer)로 전환될 때만 일어날 수 있지만, 두개의 그러한 과정은 비교적 드물다. 대신에, 세균은 높은 빈도로 작동하는 효율적인 이합체 용해 시스템을 사용한다. 염색체 종결점 근처에 *dif*이라고 불리는 특별한 재조합 부위가 있다. 특정 효소들은 이 부위에서 재조합을 수행하여 이합체를 두개의 자매 염색체(sister chromosome)로 전환한다. 왜 이들 세포는 비교적 드물게 일어나는 과정을 걱정하는가? 매 6세대마다 한번씩 일어나는 것은 64개의 세포 중에 오직 1개에 영향을 미친다. 그러나 환경에서의 경쟁의 상황에서 세포의 1-2%가 결함이 있는 개체군은 분명한 경쟁적 불리함에 놓이게 될 것이다.

요약해서, 세균의 세포 주기는 여러 가지 중요한 방법에서 진핵세포의 세포 주기와 다르며, 이는 세포 조직의 차이점을 반영한다. 비록 구조적으로 더 간단할지라도, 세균은 그들의 유전체가 후손 세포에서 적당히 할당되는 것과 세포 분열이 잘 조절되는 과정임을 확보하기 위한 복잡한 조절 메커니즘을 갖고 있다. 다음 장에서, 우리는 어떻게 유전자 교환이 발생하고 현재의 개체군에 여향을 미치는 지, 그리고 어떻게 그들의 진화적 기원에 대하여 충분히 생각할 수 있도록 설명할 것이다.

학습문제

1. 어떤 기술이 세균의 세포 주기를 연구할 수 있도록 하는가?

2. 세포 주기 동안 DNA 복제에 어떤 일이 일어나는가? 빠르게 생장하는 세포에서 어떻게 이들 과정은 세포 주기보다 오래 걸리는가?

3. 원핵세포의 세포 분열은 진핵세포의 세포 분열과 어떻게 다른가?

4. 세포 격막은 세균 분열 동안 어떻게 형성되는가?

5. 세균에서 세포 분열과 DNA 복제는 어떻게 연결되어 있는가?

6. 어떻게 세균은 분열할 목적으로 그의 중간을 찾는가?

7. 세균의 유사분열 유사과정을 논하시오.

단원 Ⅳ 유전

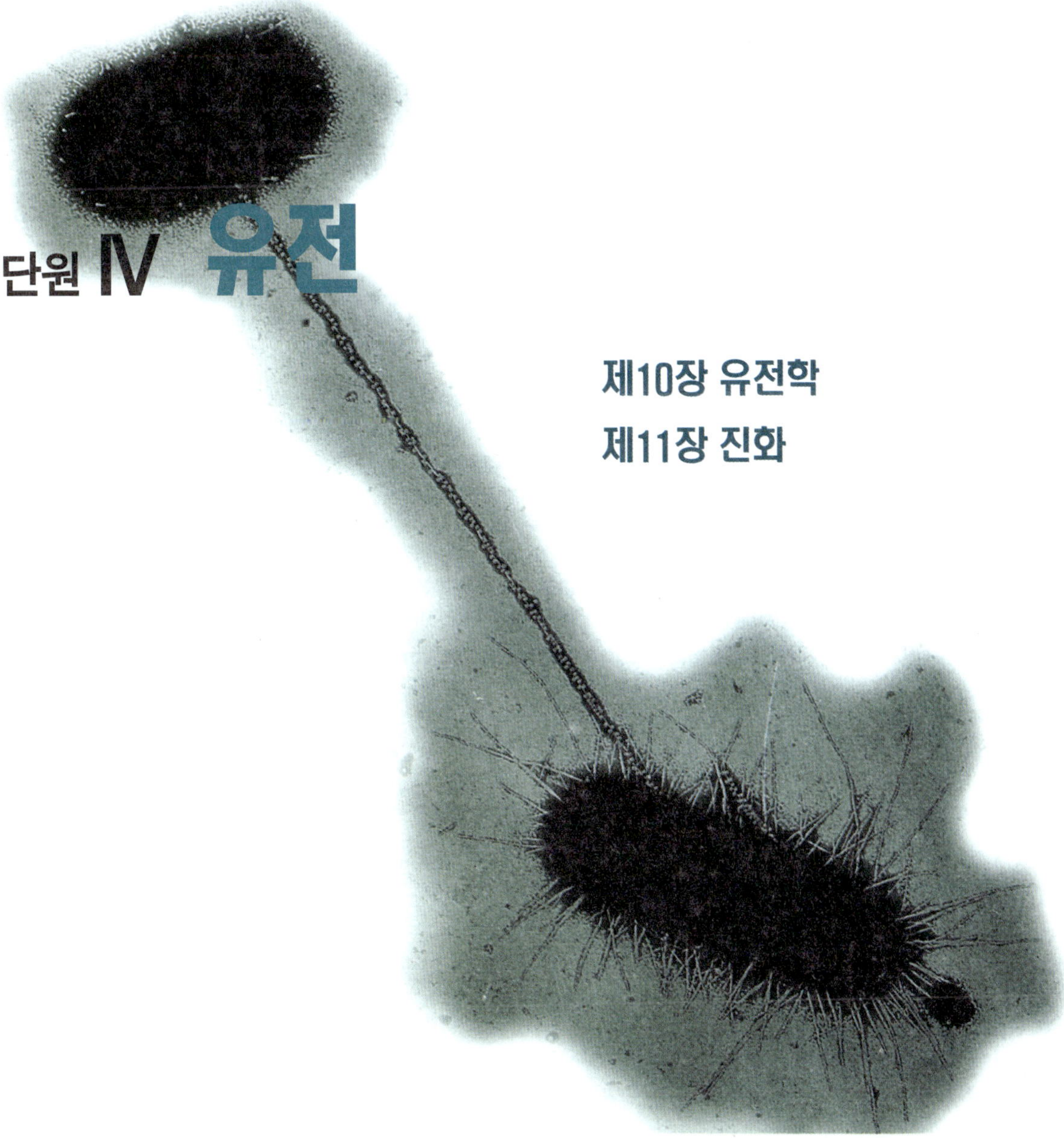

제10장 유전학

제11장 진화

제10장 유전학

서론

유전학은 놀라울 정도로 단일화되어 있다. 모든 세포 생물은 같은 방식, **디옥시리보핵산(deoxyribonucleic acid; DNA)**의 염기서열에 따라 암호화되어 있다; **유전 암호(genetic code)**는 보편적이다; 그리고 복제와 유전물질의 발현 메커니즘은 본질적으로 모든 생물에서 같다. 하지만 원핵세포와 진핵세포 사이에는 개체 사이에 유전 정보가 교환되는 방식에서, 유전 정보의 저장 패턴에서, 그리고 변화에 대한 감수성에서 흥미로운 차이가 있다.

유전학은 너무나 일체화되어 있고 원핵세포는 가장 좋은 실험 도구이기 때문에 가장 근본적인 발견-DNA는 모든 생물의 유전 정보가 암호화되어 있는 분자-을 비롯한 현대 분자 유전학의 많은 토대는 세균의 연구에서 비롯되었다. 이러한 획기적인 발견과 확증은 원핵세포가 세포 사이에서 DNA를 이동시키는 방법에 대한 연구에서 비롯되었다. 우리가 원핵세포를 연구함으로써 우리 자신에 관해 얼마나 많이 알게 되었는지는 이에 대한 놀라운 예의 하나이다.

원핵세포 사이의 DNA 교환

원핵세포와 진핵세포가 DNA를 교환하는 방법과 그 결과는 적어도 5가지의 중요한 관점에서 다르다.

1. 대부분의 진핵세포와는 다르게, 원핵세포는 생식에서 의무적인 단계로 DNA를 교환하지 않는다. 물론 몇몇 진핵세포도 그렇다: 어떤 진핵세포는 알 수 없는 무성생식을 하며, 어떤 것은 단성생식(parthenogenesis)을 할 수 있어, 생식과 DNA의 성적 교환(sexual exchange) 사이에 고정 관계를 우회한다. 그렇지만, 원핵세포의 생식은 결코 유전자 교환에 의존하지 않는다.

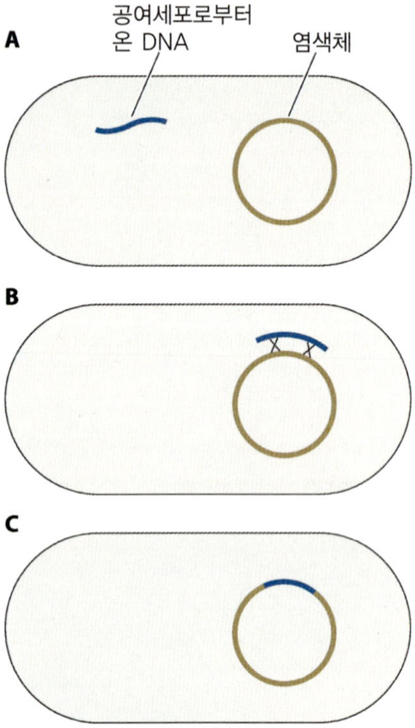

그림 10.1 원핵세포의 유전자 교환. 복제 그림은 어떻게 이중가닥 DNA의 한 단편이 수용세포의 한 부분이 될 수 있는지를 보여준다. **(A)** 대부분 원핵세포 사이의 유전자 교환이 일어나는 동안, 한 세포로부터 온 이중가닥 DNA의 작은 조각이 수용세포로 들어간다. **(B)** 두 재조합(X' s로 표시된 교차)의 결과로서 공여 단편의 일부가 수용 세포의 염색체 속으로 통합되어 염색체의 일부를 교체할 수 있다. **(C)** 그 결과는 부분접합체(merozygote)이다. 공여 단편과 환치된 염색체의 일부는 수용세포의 세포지에서 핵산분해효소(nucleases)에 의하여 파괴된다,

2. 진핵세포 배우자(gametes)가 융합할 때 나타나는 것처럼 DNA의 완전한 보체의 혼합 보다 대개는 DNA의 작은 부분이 한 원핵세포(**공여 세포**)로부터 그 파트너(**수용 세포**)에 전달된다. 그러한 전달은 유전적으로 쓸데없게 될 가능성이 높은데, 이는. 공여 DNA가 대개 수용세포에서 복제할 수 없고 파괴되기가 쉽기 때문이다. 공여된 일부 DNA는 수용 세포 내에서 기존의 **리플리콘(replicon)** (8장 참조) 속으로 병합되거나 공여 DNA 자체가 우연히 리플리콘이 될 때만 (한 쌍의 재조합 과정에 의하여) 복제할 수 있다(그림 10.1).
3. 자연에서 원핵세포 사이의 유전자 교환은 임의적 과정이지만, 조건이 실험실에서 적당하게 만들어지면 그것은 확실하게 조절될 수 있다.
4. 대부분의 고등 진핵세포는 배수체(diploid)이다. 그들은 한 세트 이상의 **염색체(chromosomes)**를 가지고 있으며 열성 대립유전자(recessive alleles)는 발현되지 않는다. 대조적으로 원핵세포는 반수체(haploid)이다; 그들의 열성 대립유전자는 발현된다. 열성 유전자의 발현과 발현되지 않은 결과의 차이점은 크다. 그것을 인간에 대입시키면, 3,500명의 백인 미국인 중의 한 명이 열성 유전병인 낭 섬유증(cystic fibrosis)으로 고통 받고 있으며; 만약 열성 유전자가 발현된다면 30명 중의 한명이 그것을 경험할 것이다.
5. 비록 진핵세포 사이의 유전자 교환이 한 메커니즘-배우자(gametes)의 융합-으로 일어날지라도, 그것은 **형질전환(transformation)**, **형질도입(transduction)**, 그리고 **접합(conjugation)**이라고 불리는 완전히 다른 세 개의 메커니즘에 의하여 원핵세포에서도 일어날 수 있다.이들 메커니즘 중 형질도입과 접합에 의하여 일어나는 염색체 유전자의 교환은 분명히 어떤 다른 과정의 우연한 산물이다-형질도입의 경우 박테리오파지에 의한 감염과 복제 그리고 접합의 경우 한 세포로부터 다른 세포로 어떤 **플라스미드(plasmids**; 많은 원핵세포에 존재하는 작은 DNA 리플리콘)의 이동.

비록 원핵세포 사이의 유전자 교환이 우연인 것처럼 보이고 사소할지라도, 원핵세포의 진화에 미치는 그 영향은 심오했고, 그 결론은 이 주제를 연구하는 학자들을 때때로 약 오르게 만들었다. 오늘날 원핵세포에 대한 분자적 연구는, 압도적으로 무성 수단에 의해서 생식하는 생물들에게 기대했던 대로, 그들의 진화 역사가 단지 독점적 **수직 유전자 전이(vertical gene transfer)** (모 세포에서 후손 세포로)에 의해서가 아니라, **수평 유전자 전이(horizontal gene transfer)** (한 세포로부터 다른 세포로, **측면 유전자 전이[lateral gene transfer]**이라고도 불림)의 수많은 예들로 기록되어 왔음을 보여주고 있다. 가끔 그러한 수평 유전자 전이는 먼 관계인 생물들 사이에서 일어남에 틀림없다. 수평 유전자 전이는 진화에 대한 분자 연구를 혼란스럽게 하는데, 왜냐하면 수평 유전자 전이가 유사한 유전자를 공유한 생물들이 반드시 그러한 유전자를 가진 선조들을 포함하는 공통 조상으로부터 진화될 수 없을 가능성을 보여주기 때문이며; 유사도는 관계가 먼 두개의 관련 세포 사이의 수평 유전자 전이로 인한 결과일 수 있다.

형질전환

단어 **형질전환(transformation)**(외관 혹은 본질의 변화)은 생물학에서 두개의 뚜렷한 의미를 가지고 있다: (i) 정상적으로 건강한 진핵세포가 암세포로의 변화 그리고 (ii) 환경으로부

터 용해된 DNA를 취하거나 재조합에 의해 DNA의 일부가 유전체 속으로 병합한 결과로서 나타난 한 세포의 유전적 변화. (19세기 그리고 20세기 초기에 형질전환은 [대개는 널리 퍼져있는] 여성의 가발을 나타내는 완곡한 표현법이었다: "당신은 그녀가 가발[transformation]을 쓰고 있는지 알았습니까?")

그들의 환경으로부터 DNA를 취하여 형질전환 할 수 있는 세포들을 **수용성(competent)**이라고 부른다. **유전적 수용성(Genetic competence)**은 일시적 상태이다. 그것은 어떤 종의 세균에서는 자연적으로 나타난다(이러한 종들의 세포들은 그들의 생리적 상태에 따라 수용성을 얻을 수도 혹은 잃을 수도 있다). 그럼에도 불구하고, 수용성을 개발하는 자연적 능력을 결핍한 대부분 종들의 세포들은 인공적 수단에 의하여 수용성이 되도록 유도될 수 있다.

인공적 형질전환

대부분의 원핵세포(아마도 적당한 조건이 발견된다면 모든 원핵세포)는 일시적으로 세포막의 투과성을 변형시켜, 세포를 수용성으로 만듦으로서 인공적으로 형질전환 시킬 수 있다. 이러한 처리는 얼음에서 고농도의 칼슘 이온에 노출에 이른 열충격, 그리고 전기천공법(electroporation) (세포를 잠깐 높은 볼트에 노출시켜 세포막에 일시적으로 구멍을 만든 것)과 같은 다양한 조작을 포함한다. 이러한 인공적 형질전환(artificial transformation)은 대개 환형의 플라스미드를 들여오는 데에 제한되어 있다; 그들은 노출된 말단을 가지고 있지 않기 때문에, 그들은 대부분의 원핵세포가 갖고 있는 세포내 엑소뉴클레아제(exnonuclease)에 서항성을 나타내며, 이로 인해 그들은 형질전환된 수용 세포에서 생존할 수 있다. 두 개의 엑소뉴클레아제가 결핍된 *Escherichia coli*는 인공적으로 선형 DNA에 의하여 성공적으로 형질전환 될 수 있다.

10.1 *전기청공법 장치의 도식과 그것이 어떻게 왜 작동하는지에 대한 요점*

인공적 형질전환은 재조합 DNA 기술에 기본적인 유전자 클로닝에서 중요한 단계이다.

표 10.1 *E. coli*에서 형질전환을 할 수 있는 것으로 알려진 몇몇 세균의 종

세균	특성
그람 양성	
Streptococcus pneumoniae	병원균
Bacillus subtilis	토양에 서식하는 중온성 포자형성균
Bacillus stearothermophilus	토양에 서식하는 중온성 포자형성균
Enterococcus faecalis	장내 세균
그람 음성	
Acinetobacter calcoaceticus	토양 서식자
Moraxella urethralis	기회성 병원균
Psychrobacter spp.	저온균
Azotobacter agilis	자유사, 토양-서식 질소 고정자
Pseudomonas stutzeri	토양-서식 실화 세균
Haenophilus influenzae	병원균
Neisseria gonorrhoeae	성 감염 병원균
Campylobacter jejuni	장내 병원균
Helicobacter pylori	위 병원균

10.2 유전자 클로닝에 대한 애니메이션

자연적 형질전환

세균의 어떤 종들은 **생장(growth)**하고 **발달(development)**하는 동안 자연적으로 형질전환을 경험한다(표 10.1). 생장의 어떤 조건 하에서, 그들은 수용성이 된다. 이 때 그들은 환경에 존재할 수 있는 용해성 DNA를 취하여 그들의 유전체 속으로 병합시킴으로써 유전적으로 변형된다. 일반적으로 수용성은 밀도 높은 배양에서 나타나며, 생물막(biofilm)에 있는 세포에서처럼, 밀접하게 결합한 세포 사이의 성공적 유전자 전이의 가능성을 높이기 위한 자연 선택임을 반영해준다(제13장 "군집노력에 의한 스트레스 대응" 참조). 사람들은 생물막에서의 형질전환이 만연한 것으로 생각할지 모르지만, 그러한 예측을 확증하기 위한 더 많은 연구가 필요하다. 자연적 형질전환 시스템은 원핵세포에서 비교적 드물게 나타난다. 가장 광범위하게 연구된 *Streptococcus penumoniae, Bacillus subtilis,* 그리고 *Haemophilus influenzae*의 형질전환은 어떤 내용 면에서 독특하지만, 그들은 많은 공통적 특성을 가지고 있다(그림 10.2). 이들 시스템은 복잡하고 20-30개의 유전자에 의하여 암호화되지만, 그들 모두는 비슷한 방식으로 형질전환 DNA를 진행시킨다. 세포의 환경에 있는 DNA는 세포 표면에 결합한다. 그것은 여기에서 작은 조각으로 단편화가 이루어지고, 오직 그 중의 한 가닥이 세포로 들어가며; 다른 가닥은 형질전환-특이 뉴클레아제에 의하여 분해된다. 대개 다음에 발생하는 것은 세포로 들어가는 가닥이 형질전환-특이 DNA-결합 단백질로 둘러 싸이게 됨으로써, 엑소뉴클레아제로 채워진 세포질을 통한 위험한 여행에서 생존할 수 있도록 해준다. 만약 그것이 세포 거주 DNA와 동종이라면, 그 가닥은 **단일-가닥 치환(single-strand displacement)**에 의하여 병합되어 거주 DNA의 한 가닥과 형질전환 DNA의 한 가닥으로 구성된 혼성 DNA(hybrid DNA)를 형성한다. 계속되는 분열에서, 오직 하나의 딸세포만이 형질전환 DNA-복제된 형질전환 DNA 가닥을 이어 받은 DNA-를 갖게 된다.

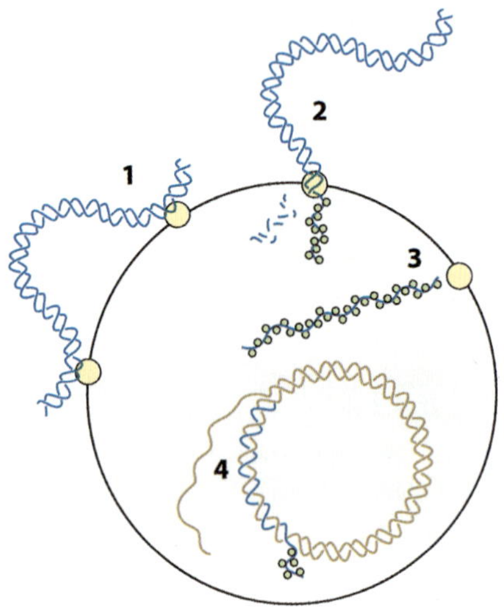

그림 10.2 ***S. pneumoniae*** **형질전환의 주요 특징.** (1) 이중가닥 DNA 단편은 여러 부위에서 세포 표면에 결합한다. (2) 두 결합한 DNA는 틈이 생기고 절단 되어, 한 가닥은 수용-특이 뉴클레아제에 의하여 분해된다. (3) 단일 가닥은 세포에 들어가고 특정 단백질에 의하여 싸여진다. (4) 들어오는 DNA는 기존 가닥을 환치시키고 이형이중나선(heteroduplex)을 형성한다.

자연 형질전환 시스템의 존재는 여러 가지 흥미로운 의문점을 불러일으킨다. 우선, 우리는 자연 환경에서 형질전환 DNA의 원천에 대해 의문을 가질 수 있다. 형질전환 DNA는 수용체 유전체의 DNA와 혼성화 할 수 있어야 하기 때문에 수용세포의 DNA와 밀접하게 관련이 있는 형질전환 DNA만이 형질전환을 할 수 있음을 기억하자. 형질전환 DNA의 원천은 환경에 있는 세포의 무작위적인 용균일 것으로 제안되고 있지만, 형질전환이 유전자 교환의 수단으로 개발되었다고 가정한다면, 그런 설명은 설득력이 없을 것으로 보인다. 용액에 있는 DNA는 자연 환경에서 수명이 짧은데, 이는 **디옥시리보핵산분해효소(deoxyribonucleases; DNases)**가 널리 퍼져있기 때문이다. 다른 세포로부터 온 DNA의 무작위적 방출에 의존적이기 위해 DNA를 획득하기 위해 복잡한 다중유전자-암호화 과정이 진화되었다는 것은 가능성이 없는 것으로 보인다. 실제로, 공여 세포로부터 DNA 방출 또한 유전자가 흡수될 가능성이 높을 때, 유전적으로 프로그램화 되어 일어난다는 증거가 몇 개 있다. 예를 들면, *Pseudomonas stutzeri*의 자연적 형질전환은 공여세포와 수용세포가 접촉하였을 때 일어난다. 자유 DNA(free DNA)는 오직 개체군이 조밀하고 세포밀도감지(quorsum sensing)라고 불리는 개체군-의존 현상에 의하여 통제될 때만 *Streptococcus pneumoniae* 배양에서 볼 수 있다(제13장 참조).

둘째, 우리는 자연적 형질전환의 생물학적 기능에 대해 물어 볼 수 있다. 몇몇은 그것이 영양적-DNA를 양분으로 사용하는 수단으로 개발하였다. 그렇지만 자연적 형질전환은 너무나 복잡하여 그리 간단히 설명할 수 없는 것 같다. 아마도 가장 논쟁이 되는 반론은

*Haemophilus*와 *Neisseria*를 비롯한 자연적으로 형질전환이 가능한 세균은 오직 밀접하게 관련된 균주로부터 온 DNA를 인지하고 취할 수 있는 메커니즘을 개발하였다. *H. influenzae*에서 발견되는 이 시스템은 특히 특이적이고 정교하다. 이 염색체는 11-염기쌍(5′-AAGTGCGGTCA-3′)을 가진 **인지 부위(recognition site)**의 사본을 600개 이상 갖고 있다. *H. influenzae*의 수용세포는 이 부위 중 하나를 포함하고 있는 DNA만을 세포 내로 들여온다. 그렇지만, *Acinetobacter calcoaceticus*와 *P. stutzeri*를 포함한 자연적으로 형질전환이 가능한 다른 종들은 무작위로 DNA를 받아들인다.

몇몇 사람들은 자연형질 전환을 DNA 복구 메커니즘으로 개발했다고 추측하고 있다. 그렇지만, 그것은 선택적으로 손상된 DNA를 표적으로 하지 않는다. 특정 세균 종의 균주 사이의 자연적 형질전환은 DNA를 교환하는 수단으로서 개발된 것으로 보인다. 그렇지만, 그것 역시 문제가 있지만 여전히 답이 없는 또 다른 의문점을 일으킨다. 왜 자연적 형질전환은 원핵세포에서 상대적으로 그렇게 드문 것인가? 지금 이 순간, 이에 대한 정답은 없다.

자연적 형질전환은 유전학의 역사에서 특별한 위치를 차지한다. 왜냐하면 그에 대한 연구로 유전자가 DNA로 구성되어 있음을 발견하게 되었기 때문이다. 1928년 Frederick Griffith는 잘 알려지고 간단하지만 길을 정확히 안내한 정밀한 실험을 수행했다. 그는 pneumococcus(*S. pneumoniae*)를 사용해서 캡슐을 갖고 있는(S라 불리는) 균주는 쥐를 죽였지만 캡슐을 갖고 있지 않은(R이라 불리는) 균주는 쥐를 죽이지 않았다는 것을 보여주었다. 열을 가해 죽인 S-세포는 쥐를 죽이지 않았기 때문에, 그는 이 캡슐 자체는 독이 없다는 결론을 내렸다. 그러나 이 캡슐 자체가 R 세포에 치명적인 것을 제공할 수 있을 것인가? 실제로 그는 열을 가해 죽인 S 세포와 살아있는 R 세포의 혼합물은 치명적이지만, 기대했던 대로 그 두 요소가 상승작용으로 반응하지는 않았다는 것을 알아냈다. 죽은 쥐는 단지 살아있는 S 세포를 포함하고 있었지만, Griffith는 이 세포가 수입된 R 세포에서 특징적으로 나타나는 다른 특성을 가지고 있음을 보여주었다. 이들 세포들은 S 세포의 어떤 특성과 R 세포의 다른 특성을 가지고 있는 재조합체(recombinants)였다. Griffith는 그가 **형질전환 본질(transforming principle)**이라고 불렀던 죽은 S-세포로부터 온 무엇인가가 R 세포를 "변형" 시켜, 그들 세포에게 매끄러운 것(smooth)을 제공했다라고 결론을 내렸다(그림 10.3). 16년 후(1944), O. Avery, C. MacLeod, 그리고 M. McCarty는 이 형질전환 본질을 순수분리하고 그것이 DNA라는 사실을 보여주었다.

10.3 *에버리(Avery), 맥레오드(MacLeod), 그리고 맥카티(MaCarty)의 모습과 그들에 대한 정보와 그들의 발견*

그림 10.3 형질전환의 원리의 발견과 나중에 이것이 DNA로 되어있다는 것을 처음으로 이끈 프레드릭 그리피스(Frederic Griffith)의 실험. **(A)** 살아있는 R 세포를 주사한 쥐. **(B)** 살아있는 S 세포를 주사한 쥐. **(C)** 열로 사멸시킨 S 세포를 주사한 쥐. **(D)** 살아있는 R 세포와 열로 사멸시킨 S 세포를 주사한 쥐. R 세포는 캡슐(capsule)이 없고; S 세포는 캡슐을 가짐.

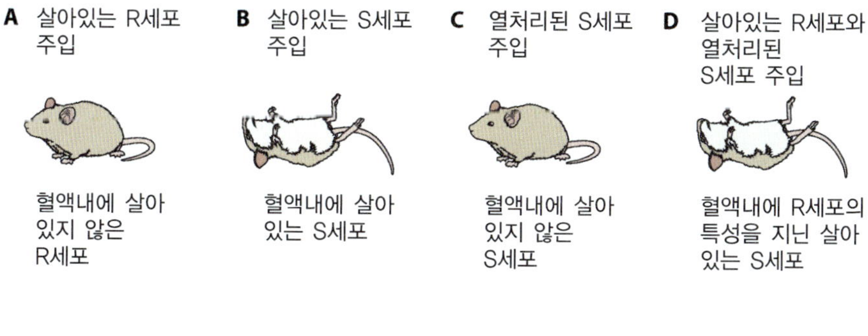

형질도입

비록 자연 형질전환이 원핵생물사이에서 유전자 교환의 기작으로써 진화하는 것에 대한 좋은 예들을 볼 수 있지만, 형질도입을 하기 위한 것은 비슷한 예를 보기 어렵다. 형질전환은 분명히 어떤 **박테리오파아지(bacteriophage)**[파아지(phage), 또는 세균바이러스]의 **비리온(virions)**이 만들어 지면서 규칙적으로 일어나는 실수의 결과이나, 우리는 이것이 유전자 교환의 선택적 이점을 제공하기 때문에 이러한 실수가 지속적일 수 있다는 것을 인지하고 있다. **형질도입 입자(transducing particles)**이라고 불리는, 이들 불완전한 비리온의 머리 부분은 부분적으로 혹은 완전하게 파아지 자신의 DNA를 치환하는 숙주세포의 DNA를 포함한다. 이러한 형질도입 입자가 이어서 다른 숙주세포에 붙고 DNA를 제공할 때, 이것이 형질도입 입자가 만들어졌던 세포와 이후에 감염시킨 세포사이의 유전자 교환을 매개한다.

두 가지 종류의 실수가 일어날 수 있고, 각각은 특정한 종류의 파아지의 특성이다. 한 종류는 일반 형질도입 입자를 만들게 되어 **일반 형질도입(generalized transduction)**을 매개하고, 다른 것은 특수 형질도입 입자를 만들어 특수 형질도입(specialized transduction)을 하게 된다. 일반 또는 특수의 명칭들은 얼마나 많은 숙주세포 유전자가 형질전환 되는지(세포에서 다른 세포로 이동하는지)에 관련된다. 일반 형질전환 파아지는 숙주유전자의 무엇이든 옮길 수 있다; 특수 형질전환 파아지는 단지 특정한 것만 옮길 수 있다.

일반 형질도입

일반 형질전환을 할 수 있는 많은 파아지 중에, *Salmonella*를 감염하는, P22가 가장 잘 연구되었고, 모든 일반 형질전환 파아지의 좋은 예이다.

P22로 감염된 세포 안에서, 파아지 DNA는 약 10개의 파아지 유전체가 끝에서 끝으로 연결되어 있는 긴 연쇄체(concetamers)로 [아마도 회전원 기작(rolling-circle mechanism, 그림 10.6B 참조)에 의해]합성된다(그림 10.4). 이것들은 그런 후에 "머리 채움(head-full)"

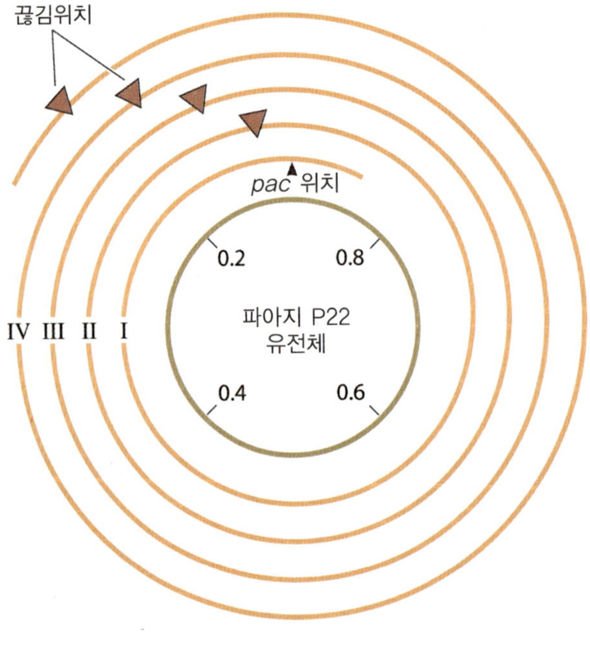

그림 10.4 일반 형질도입을 매개하는 파아지에 의한 DNA 채움. 안쪽의 원이 파아지의 유전체를 나타낸다. 바깥 족의 나선이 새로 합성된 파아지 DNA의 연쇄체를 나타낸다. 채움은 *pac* 위치에서 시작되고 파아지 머리가 찰 때까지 계속된다. 끊김은 삼각형이 있는 곳에서 일어난다. DNA의 연속적인 길이(I, II, III, 그리고 IV)가 각각 다른 파아지 머리로 채워진다. 채워지는 길이가 파아지 유전체보다 더 길어서, 어디서 채움이 시작되었던 간에 각 파아지 입자가 완전한 모든 유전자를 가지는 것을 주목하라

이라고 불리는 기작에 의해 파아지머리부분을 채우게 된다. 두 개의 파아지-암호화 단백질이 연쇄체의 각 유전체길이에서 자주 나타나는 17-bp 염기서열(pac)을 인식하고, 그곳을 자르고, 그리고 두 가닥 파아지 DNA의 끝을 잘라 비어 있는 파아지 머리로 가게 한다. 머리가 차면, 두 번째 뉴클레아제(nuclease)가 연쇄체를 다시 자르고, 꽉 찬 파아지 머리를 만들고 남아 있는 연쇄체는 다른 비어있는 파아지 머리로 들어갈 준비가 된다. 파아지 합성의 머리 채움 기작은 일반 형질전환을 가능하게 한다: pac-like 위치가 숙주 세포의 유전체에 또한 있다. 숙주 염색체도 그와 같은 자리에서 잘릴 수 있고, 파아지 머리에 채워질 수 있는 끝 부분이 만들어 진다. 이것이 일어나면, 그런 pac-like 위치로부터 시작되는 일련의 일반 형질 도입입자가 만들어진다. 이와 같은 일반 형질도입입자는 오직 숙주세포 DNA만을 포함한다. 말했던 것처럼, 숙주세포 유전자가 일반 형질도입 입자에 끼어 들이갈 수 있으나, 생각할 수 있는 것처럼, 같은 빈도로는 아니다. 유전자가 끼어들어 갈 수 있는 가능성은 pac-like 위치와의 근접성에 의존된다. 실제로, 야생형 P22는 어떤 숙주유전자를 다른 것들 보다 2000배 더 자주 어떤 형질도입 시킨다. 그러나 HT라고 명명된 높은 빈도의 형질도입을 위한 어떤 돌연변이 파아지는 거의 비슷한 빈도로 모든 숙주세포유전자를 형질도입 시킨다.

비진행성 형질도입

일반 형질도입을 형성하게 하는 실수는 놀랍게도 흔하다: 만들어진 결손 파아지 입자는 P22 용균액 후대의 약 2%정도에 해당한다. 그러나 다른 것을 감염시킬 때에는, 이들 입자의 겨우 약 10%의 DNA가 숙주세포의 유전체로 삽입된다. 남아 있는 대부분은 숙주 안에 자유롭게 있게 된다. 놀랍게도, P22의 직선화된 형질도입 DNA는 숙주세포의 염색체로 빨리 삽입되거나 혹은 삽입되지 않는다. 세포질 내에서 계속적으로 존재할 수 있는 이유는 파아지-암호화 단백질(Tdx)이 끝 쪽을 연결하여 원형을 만들기 때문이다. 복제되지는 않지만 발현될 수 있는 이러한 안정적 DNA를 포함하는 세포를 비진행성 형질도입체라고 부른다. 그래서 비진행성 형질도입체로부터 발달한 군락은 형질 도입된 유전자를 발현하는 오직 한 세포만을 가진다. 만약 생장이 그들의 발현에 의존한다면, 그런 단일 조각에서 유전자 발현이 전체군락을 만족시켜야만 하기 때문에 군락은 매우 작을 것이다. 만약 그러한 단일의 군락이 선택되어지고 다시 배양되면, 10^5 또는 비슷한 세포 수 중에 오직 한 세포만이 다시 군락을 형성하게 되고 군락은 또한 작게 될 것이다. 비진행성 형질도입체는 계속적으로 분열하여 필요한 유전자 산물을 만들지 못하는 세포도 생산한다. 그러나 그들의 세포질 내에는 그들이 모세포로부터 온 반 정도의 단백질을 포함할 것이고, 그래서 그들은 조금 더 많은 세포들을 생산할 것이다.

비진행성 형질도입(abortive transduction) 현상은 세균의 운동성 연구와 관련된 일련의 간단하지만 멋진 통찰력이 있는 실험을 통하여 발견되었다. 이들 실험들은 섬세한 관찰에 기인하여 거의 50년이 지난 후 지금 다시 살펴볼 필요가 있다. P22매개로부터 후대의 운동성을 보기 위하여, 연구자들은 군락들을 반고체 한천배지에 옮기고, 그 위에서 비운동성 군락이 작게 발달하고 운동성 군락은 넓게 퍼져 생장하였다. 그러나 실험자들은 세 번째 형태의 군락을 관찰하였고, 작은 세포들로부터 퍼져서 비운동성 군락의 "지나간 자국(trail) "을 가지고 있었다. 그들은 한 개의 운동성 세포가 왼쪽으로 움직이고, 각각의 세포분열에서, 일련의 비운동성 세포가 작은 군락을 만든다고 추측하였다(그림 10.5). 이 관찰로부터,

그림 10.5 비운동성 세포 (A), 운동성 세포 (B), 그리고 운동성 비진행성 형질도입체 (C) 로부터 형성된 군락

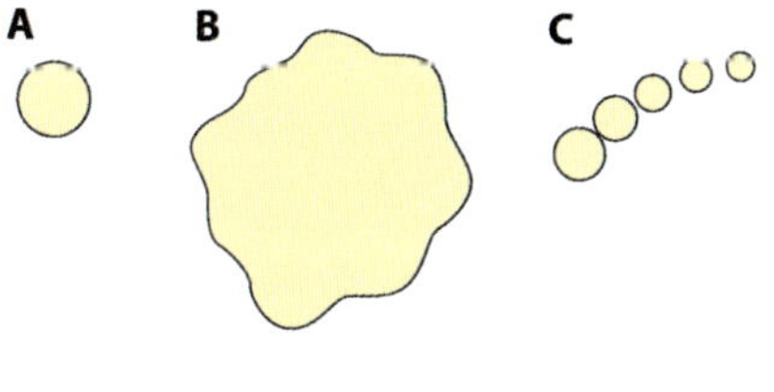

그들은 비진행성 형질도입에 대해 가설을 세우고 증명하였다. 한 개의 운동성 세포가 비진행성 형질도입체였다.

비진행성 형질도입은 미생물 유전학 분야를 발전시키기 위한 좋은 기법으로 증명되었는데, 비진행성 형질도입체는 그들의 유전체의 작은 부분이 안정된 배수체이 때문에 돌연변이 대립유전자의 우성을 측정하는 방법을 제공할 수 있다.

특수 형질도입

특수 형질도입은 일반 형질도입과 기작이 다르다(표 10.2). 채움 실수의 결과가 아니나라, 일부 잠재성 파아지의 생활사에서 초기에 일어나는 실수의 결과이다(제17장 참조). 이들 파아지의 유전체는 용원성이라고 불리는 현상으로 숙주세포의 염색체에 삽입되고 영양생식을 하기 위해 후에 절단되어 나온다. 보통 절단은 정확하지만, 드물게 일부 숙주세포의 유전자를 한 쪽에 포함하도록, 잘리는 곳이 이동한다. 결과적으로 일부 숙주세포 DNA가 파아지 유전체에 붙게 되어 파아지 머리 부분으로 그것을 가지고 들어간다(대응되는 파아지 DNA는 세균의 유전체에 남아있다).

특수 형질도입에 대한 우리 이해의 대부분은 잘 연구된 파아지 λ를 통해서이다. 파아지 λ의 기초적인특성인 용원성은 제17장에서 다룰 것이다. 여기서는 어떻게 특수 형질도입을 가져오는 가에 대하여만 다룰 것이다.

파아지 λ는 자신을 세균의 염색체의 특수한 위치(*attB*)에 삽입하여 *E. coli*를 용원화시킨다. 거기서, λ억제자라고 불리는 억제자에 의하여 조절 받으며 남아있게 되는데, 어떤 자연적인 혹은 강요된 일(예를 들면, 자외선[UV]에 노출)로 억제자의 농도가 낮아지면 세포 용균과 파아지비리온을 만들게 하는 병원성 생식을 유도하게 된다(제17장 "바이러스의 복제" 참조).

유도의 첫 번째 단계가 프로파아지의 절단으로, 보통 유전체의 양 끝에서 정확하게 일어난다. 그러나 드물게-사실 아주 희박하게(백만 개의 비리온이 만들어 질 때 약 한 번의 빈도로)-절단하기로 된 부위가 변경되어, 일부 비리온(특수 형질도입 입자라고 부르는)은 그들의 파아지 DNA에 일부 숙주의 DNA를 가지게 된다. 절단 부위가 양방향으로 변경이 될 수 있기 때문에, 특수 형질도입 입자는 *attB*위치 양쪽 중 한쪽의 숙주 유전자를 가질 수도 있다. *E. coli*에서 비오틴 합성을 암호화하는 유전자, *bio*가 *attB*위의 한 쪽에 갈락토오스 분해를 암호화하는 유전자, *gal*이 다른 한 쪽에 있다.

이와 같은 특수 형질도입 입자는 다른 세균세포를 감염하고 자신의 DNA가 그 세균의 세포유전자로 들어가면, 형질도입입자에 포함된 숙주 DNA가 또한 포함되어, 짧은 배수체 지역이 형성된다. 만약 형질도입입자를 형성하는 동안 잘리는 위치 변이가 비교적 작으면, 파아지는 잘못된 실수의 결과로 어떠한 중요한 파아지 유전자를 잃어버리지 않게 된다. 이

표 10.2 일반 형질도입과 특수 형질도입의 차이점

특성	일반 형질도입	특수형질도입
중개자	병원성 또는 잠재성 파아지	유일하게 잠재성 파아지만
형질도입 입자의 DNA	유일하게 숙주세포의 DNA만	파아지와 숙주세포 DNA
형질도입된 유전자	임의의 숙주 DNA	유일하게 프로파아지의 삽입위치와 가까운 유전자만

러한 경우에, 특수 형질도입 입자는 독립적인 생장을 할 수 있는 능력을 유지한다. 만약 파아지 DNA의 커다란 부분을 잃어버리면, 형질도입 입자는 손상되지 않은 **보조파아지(helper phage)**의 동시 감염으로 보완이 되면(말하자면, 일부 중요한 기능이 제공된다면) 계속적으로 숙주세포에서 번식할 수 있다. 이러한 입자를 결손파아지라고 부르고 그들이 포함하는 주변 유전자에 따라 λdgal 또는 λdbio라고 명명한다.

야생형 파아지의 유전체의 부정확한 절단이 드물게 일어나는 일이기 때문에, 파아지들의 단지 일부분이 낮은 빈도 형질도입입자이다. 그러나 결손 용원의 유전체의 정확한 절단은 놀라울 정도로 가장 흔한 일이기 때문에, 그들로부터 만들어지는 파아지의 대부분은 형질도입입자이고 높은 빈도의 형질도입입자가 된다.

특수 형질도입은 미생물 유전학의 강력한 도구인데, *attB*가까이에 유전자를 조작히게 하는 기술이 개발되고, 그래서 임의의 숙주 유전자를 가지는 높은 빈도 형질전환 용원액 형성을 가능하게 해 준다.

접합

유전자 교환의 세 번째 기작, 접합은 특정 플라스미드의 특성에 의존한다. 이들 특별한 플라스미드는 한 원핵세포로부터 다른 세포로 그들을 전이할 수 있도록 하는 놀라운 특성을 진화시켜왔다. 그들 중 일부는 광역 또는 무차별이라고 불리는데, 놀라울 정도로 이러한 기술을 발달시켰다. 그들은 단지 먼 관계의 종들 사이에 그들을 전이할 수 있다. 예를 들면, 일부는 거의 모든 그람음성 세균사이의 전이를 할 수 있고, 그와 같은 플라스미드의 일부는 유전자를 진핵생물에 전이할 수도 있다. *Agrobacterium*의 Ti 플라스미드는 유전자를 식물에게 전이할 수 있고, 일부 플라스미드(R751과 F)는 유전자를 효모 *Saccharomyces cerevisiae*에게 전이할 수 있다. *E. coli* 플라스미드가 배양에서 동물세포로 접합에 의해 유전자를 전이한다는 보고도 있다. 그와 같은 플라스미드는 원핵생물의 진화를 연구하는 사람들을 괴롭히는, 많은 수평적 유전자이동의 원인이다. **R 플라스미드(R plasmids)** 또는 **R 인자(R factors)**로 명명된 일부 플라스미드는 전이를 암호화하는 유전자이외에, 항생제에 저항성을 암호화하는 부가적인 유전자도 가지고 있다. 이들 플라스미드가 보건에 미치는 영향은 중대한데, 세균의 군집 안에서 항생제 저항성의 빠른 전파를 야기하고, 결과적으로 현재 임상의약에 대한 심각한 문제를 만든다.

그람음성 세균사이의 접합

가장 잘 연구된 **접합 플라스미드(conjugative plasmids)**는 F(fertility, 번식력의미) 플라스미드 혹은 F 인자(**F factors**)로, 장내세균의 같은 또는 다른 균주와 종들에 속하는 세포들 사이에서 전이된다. 이러한 대체로 큰(94.5-**kilobase[kb]**) 환형의 플라스미드에 13개의 *tra* 유전자를 포함하는 오페론은 자발적 전이를 위한 것들을 암호화한다. 이들 유전자 중 하나는 성적 필리(sex pili)라고 부르는 몇 개의 필리의 단백질 서브유니트를 암호화한다. 이런 필리를 가지는 세포들은 F^+ 또는 수컷이라 부른다(그림 10.6A). 이들 성적 필리의 끝은 F 플라스미드를 가지지 않는 세포들(F^- 혹은 암컷으로 명명된)에 붙는다. 그런 후에, 필리는 자신의 서브유니트를 잡아당겨서 중합체를 분리하고, 교배 쌍을 같이 끌고 와서 그들의 결합을 더 안정화하게 만든다. 회전원 기작에 의해, DNA의 단일가닥이 F 플라스미드의 특정

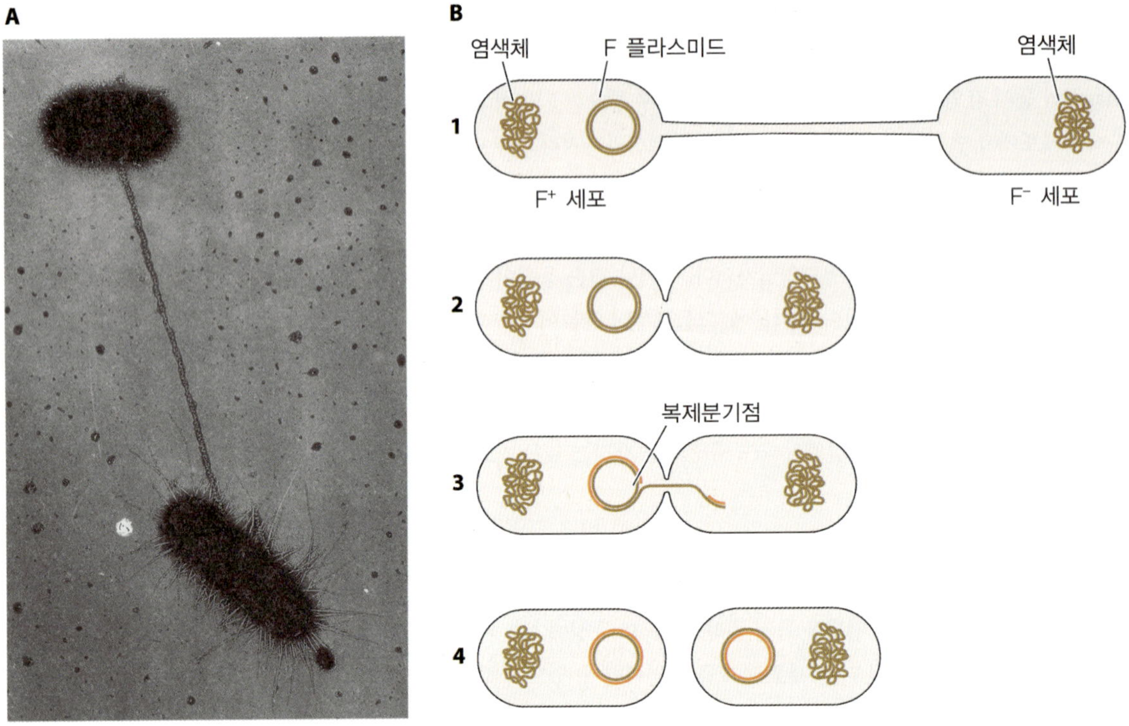

그림 10.6 F-플라스미드 매개 접합. **(A)** 성적 필리로 함께 붙어 있는 두 *E. coli*세포의 전자현미경사진(패널 B의 1단계). **(B)** 접합 과정의 단계. **(1)** 성적 필리가 F⁺세포가 F⁻에 붙으면 접합이 시작된다. **(2)** 성적 필리가 후퇴하여 세포를 함께하게 한다. **(3)** 회전환 기작에 의해, F 플라스미드가 복제된다. 이중 가닥 DNA에 닉(nick)이 생겨서 복제 분기점을 만들어 염색체 복제의 선도가닥에서 일어나는 것처럼 DNA복제가 일어난다(8장 참조). 결과적으로, F⁻세포에 들어가서 F⁺플라스미드의 단일가닥이 합성된다. **(4)** F⁻세포에서, 단일가닥이 복제되고 환원 형이 되어 F⁻세포가 F⁺세포로 바뀐다.

위치(*ori T*)에서 합성되고 암컷 세포로 제공된다(그림 10.6B). 거기서, 그것은 복제되고 환원이 된다. 교배과정의 결과로써, F⁻는 F⁺가 된다. F⁻와 F⁺가 섞여서 배양되면, 배양액은 빠르고 완벽하게 F⁺가 된다. 이 경우의 "수컷화"가 감염성이다.

드물게(약 10^{-7}빈도로), 염색체 유전자가 F⁻세포로 F 플라스미드 자체와 함께 들어가는 경우가 있는데, 아마 F 플라스미드가 염색체에 붙어서 그것을 수용세포로 끌고 갔기 때문일 것이다. 게다가, 보통 플라스미드와 염색체의 **삽입 인자[insertion element, (삽입염기서열, insertion sequence)]**와 일치하는 곳의 상동지역사이에 재조합에 의해 F 플라스미드가 숙주 세포 염색체로 들어 갈 수 있다. 들어간 F 플라스미드를 갖는 클론을 **Hfr**(high frequency of recombination의 의미)이라고 명명한다. 그들은 F⁺균주의 특성을 가지며 새로운 하나를 더 획득했다:F 플라스미드는 계속적으로 자신을 전이할 수 있는 능력을 발현하지만 이제 항상 그것과 염색체 유전자도 가지고 다닌다.

교배는 어느 정도 느린 과정으로, *E. coli* 염색체의 완전한 복제가 F⁺세포로 들어가는데 37℃에서 100분정도 요구된다. DNA는 일정한 속도로 들어간다; 그러므로, 교배의 시작과 특정 유전자가 들어가는 사이에는 시간적 지연이 *oriT*(F 플라스미드에서 처음으로 수용세포에 들어가는 위치)의 위치를 기준으로 한 유전자의 위치를 아는데 사용될 수 있다. *E. coli*

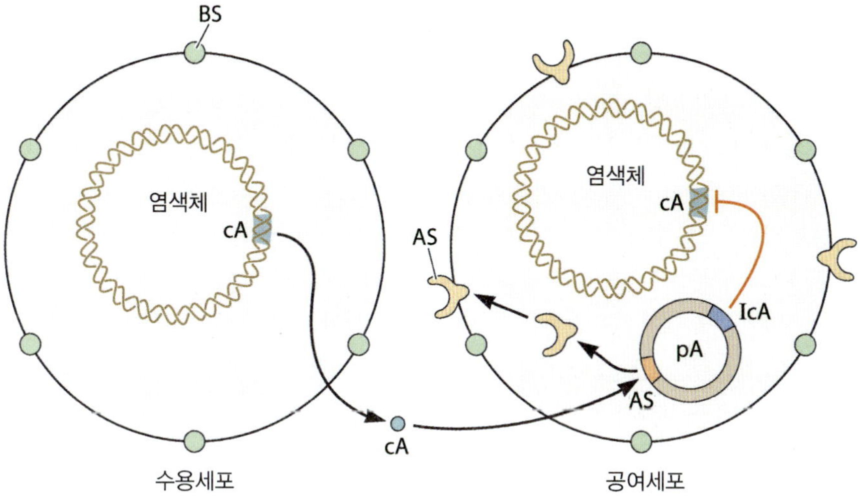

그림 10.7 *E. faecalis*의 접합. 수용세포는 공여세포의 플라스미드(pA)와 상호작용하는 염색체에 의해 암호화되는 페로몬(cA)을 만들고, 공여체로 하여금 뭉치게 하는 물질(AS)를 만들게 한다. 표면에서 AS가 다른 세포의 표면에 있는 결합물질(BS)과 결합하고 세포 덩어리를 만들고, 그 안에서 유전자 교환이 일어난다. 비록 공여세포는 또한 cA유전자를 가지지만, 그것의 발현은 pA에 의해 암호화되는 IcA에 억제된다. 그래서 뭉침이 단지 공여세포와 수용세포 그룹 사이에서만 일어난다.

의 염색체에서 유전자의 상대적 위치를 표시하는 것이 처음으로 이 원리에 의하여 이루어졌다. 이러한 교란된 교배 실험은 Hfr과 F⁻균주를 혼합하여 교배쌍이 서로 서로 분리되도록 시간을 두고 심하게 흔들어주어, 교배쌍이 교란되었던 시간에 들어간 유전자를 조사한다.

그람양성 세균사이의 교배

필리-매개 접합은 그람음성세균사이에 잘 나타나지만 그람양성 세균사이에서는 결여된 것으로 보인다. 필리에 의해 붙은 교배 쌍 대신에, 그람양성 세균 교배는 함께 모여서 세포집단을 형성하고 그 안에서 아직 잘 모르는 기작에 의하여 DNA가 공여세포로부터 수용세포로 전이된다. 그람음성 세균의 경우에서처럼, 플라스미드가 그람양성 세균에서 매우 중요한 역할을 한다. 그람양성 장내 세균 *Enterococcus faecalis*의 과정이 도식화되어있다(그림 10.7). 수용세포들은 염색체로부터 암호화된 페로몬(같은 종들의 다른 구성원에 신호를 보내기 위한 분비되는 화합물)이 공여세포를 부르고 수용세포와 덩어리가 된다. 비록 공여세포들은 같은 유전자를 가지지만, 그들은 페로몬을 생산하지 않는데, 공여세포의 플라스미드가 그들의 발현을 억제하는 유전자를 포함하기 때문이다. 페로몬은 공여세포로 들어가고, 그들로 하여금 모이게 하는 물질(또한 염색체에 의해 암호화된)을 생산하게 하고, 이것이 수용체와 뭉치게 만든다. 그런 후에, 유전자 교환이 일어난다.

흥미롭게도 수용세포들은 페로몬을 계속적으로 만든다. 이러한 계속적인 모이기 위한 부름이 이들 종들의 접합의 중요성을 나타내는 것임에 틀림이 없다.

돌연변이와 원핵생물사이의 유전자 변이의 근원

돌연변이(DNA의 유전적 변화)는 생물학적 변이와 그것에 의해 진화를 유발하는 기구이다. 돌연변이를 사용하는 실험은 세포 기능을 분석하기 위한 가장 값진 방법이다. 돌연변이 기술은 돌연변이 균주(특별한 돌연변이를 가진 것들)와 그것이 유래된 균주를 비교하는 것에 의존한다.

넓은 의미에서 돌연변이 기술은 유도, 삽입, 또는 특정 돌연변이 확인을 필요로 하고 그

10.4 J. Lederberg와 함께 1958년 노벨상을 공유한 G. W. Beadle 과 E. L. Tatum의 모습

10.5 N. crassa의 균락, 균사, 그리고 분생자의 모습

들의 결과를 분석한다. 이것은, 물론 발견되었지만, 분명하게 지금까지 그리고 앞으로 계속적으로 생산적이고 보편적인 현대 실험생물학의 도구이다. 생화학적 경로를 설명하기 위한 돌연변이 사용은 1941년에(유전적 정보가 확실히 DNA에서 암호화된다는 것이 알려지기 전!) G. W Beadle과 E. L. Tatum의 실험에 의해 발견되었다. 그들은 UV를 *Neurospora crassa*(붉은빵곰팡이)의 포자에 쬐고(돌연변이를 유발한다고 알려진 처리), 그들이 사상의 형태로 발달하도록 했다. 그와 같은 사상은 반수체이기 때문에, 열성과 우성의 표현형이 발현된다. UV 방사선은 -영양요구성 돌연변이를 포함하여, 매우 다양한 돌연변이 균주를 유도했다. 방사선을 쬐지 않은 균과는 다르게, 이들은 만약 특정한 작은 분자-예를 들면 아미노산, 뉴클레오티드 염기, 또는 비타민-가 공급되지 않으면 최소영양배지에서 생장할 수 없다. 기본적 유전자 교배와 생화학 연구들을 통하여, 돌연변이 위치가 특정 유전자에 있음을 확인했다. 이들 돌연변이의 결과들로 대부분 특정 생합성 효소의 기능이 소실되었음이 증명되었다. 불행이도 이 결과들은 "한 유전자, 한 효소 이론"의 명명에 의해 요약되었다. 후에 이 용어의 사용이 완전하게 맞지 않음이 알려졌다. 몇 개의 유전자가 어떤 효소의 다양한 이형중합체 서브유니트를 암호화하고 단일 유전자에 의해 암호화된 일부 단백질은 하나 이상의 효소활성을 가진다. 그러나 Beadle-Tatum의 실험은 생물학의 기초 원리를 확립했다: 대부분의 유전자가 단백질을 암호화하고, 단백질의 생리적 역할은 그것의 돌연변이를 가진 균주들의 표현형으로부터 추측될 수 있다. Beadle-Tatum의 실험은 돌연변이 실험의 기초를 제공하고, 대사경로와 복잡한 신호전달 단계와 같은 다양한 주제에 성공적으로 응용되고 있다.

돌연변이 종류

돌연변이(세포의 DNA의 임의의 변화)용어는 너무 광범위하기 때문에, 그것을 세부로 나누는 것이 유용하다. 돌연변이는 두 방법으로 분류될 수 있다: 그들의 **표현형(phenotype)**(돌연변이를 가진 균주의 모습 또는 기능의 관찰할 수 있는 변화) 또는 그들의 **유전형(genotype)**(세포의 DNA에서 일어나는 화학적 변화). 돌연변이 균주의 표현형을 설명하기 위해 더 자주 사용되는 일부 용어들이 표 10.3에 나타나 있다.

돌연변이의 유전형은 DNA의 모든 방식의 변화를 반영한다—일부는 작고[**점돌연변**

표 10.3 일반 형질도입과 특수 형질도입의 차이점

명명	표현형
영양요구주	외부의 생장 요소, 예., 아마노산 또는 비타민을 필요로 한다
탄소원	특정 화학물을 탄소원으로 사용하지 못하는
질소원	특정 화학물을 질소원으로 사용하지 못하는
인산 원	특정 화학물을 인산 원으로 사용하지 못하는
황 원	특정 화학물을 황 원으로 사용하지 못하는
온도 민감성	높거나 낮은 온도에서 특정 기능을 잃어버리는
열 민감성	높은 온도에서 특정 기능을 잃어버리는
냉 민감성	낮은 온도에서 특정 기능을 잃어버리는
삼투압 민감성	높거나 낮은 삼투압에서 특정 기능을 잃어버리는
조건부 치사	임의의 배양에서 특정 환경에서 생장할 수 없는(예, 높은 온도)

표 10.4 작은 돌연변이적 변화: 점돌연변이와 미세손상

종류	설명	결과
염기쌍	염기쌍의 변화	효과가 없는 것부터 완전하게 기능을 잃어버리는 것 까지 다양하다
전이	한 피리미딘이 다른 피리미딘으로 또는 한 푸린이 다른 푸린으로 대체, 예, AT의 GC로 변환	효과가 없는 것부터 완전하게 기능을 잃어버리는 것 까지 다양하다
전환	한 피리미딘이 푸린으로 또는 한 푸린이 다른 피리미딘으로 대체, 예, AT의 CG로 변환	효과가 없는 것부터 완전하게 기능을 잃어버리는 것 까지 다양하다
불변	염기쌍의 변화가 중복코돈으로 됨(원래의 코돈이 암호화하는 아미노산과 같은 것을 암호화함)	보통 없음
오인	염기쌍 변화가 다른 아미노산을 암호화함	적은 효과부터 완전하게 기능을 잃어버리는 것 까지 다양하다
비인식	염기쌍 변화가 정지(비인식)코돈(UAG를 앰버, UAA를 오크, 그리고 UGA를 오팔이라고 부름)	보통 기능을 잃어버림
틀이동	하나 또는 여러개의 염기쌍을 획득 또는 잃어버림, +1, -1, +2, -2 등으로 명명됨	보통 기능을 잃어버림

이(point mutations), 또는 미세손상, 소형변이로 다양하게 불린다](표 10.4), 일부는 크다(재배열 또는 대형손상, 대형변화라고 다양하게 불린다) (표 10.5).

돌연변이원천

DNA가 복제되면서 또는 화학적 손상을 당할 때 돌연변이가 일어난다. 돌연변이는 복제와 관련하여 자주 일어나기 때문에, **돌연변이율(mutation rate)**은 일반적으로 시간 또는 하루당이 아닌 세포분열동안 형성되는 돌연변이 숫자로 계산되어진다.

복제는 매우 정확하다("제8장의 복제 오류의 고정" 참조). 주요 DNA 중합효소는 매우 민감한 교정능력을 가진다: 잘못된 염기가 끼어들어가서 만들어진 불일치를 인식하고 그들의 3′ → 5′ 뉴클레아제의 활성을 이용하여 제거한다. 실수는 약 백만 개 중 한 개 정도이다. DNA 수리 시스템을 포함하는 다른 감시 기작은 놀랍게 100억분의 1의 오류를 줄인다.

시토신의 자발적 탈아미노산과 같은 화학적 손상, 방사선의 효과, 내부적으로 발생하는 활성산소(과산화수소와 슈퍼옥사이드를 포함하는)의 활동, 그리고 또한 트랜스포존(transposon)의 삽입으로부터 돌연변이가 된다. 자발적 탈아미노산은, 아마 가장 흔한 화학적 손상으로, 시토신을 우라실로 변환시키고, 복제의 다음 회에서 아데닌과 쌍을 이루게 하

표 10.5 커다란 돌연변이 변화: 재배열과 대형손상

종류	설명	변화	결과
복제	DNA의 보조적 복제형성	ABCDEFGHI → ABCDEF-DEFGHI[a]	단일 유전자 안에서 복제가 일어나지 않는 한 기능을 잃어버리지 않음.
결손	DNA의 절편의 손실	ABCDEFGHI → ABC-GHI	항상 기능을 잃어버림
전위 또는 삽입	DNA의 조각이 한 장소로부터 다른 장소로 움직임	ABCDEFGHI → UVW-DEF-XYZ	삽입되는 부위에서 보통 기능을 잃어버림
전좌	DNA 절편의 순서가 반대로 됨	ABCDEFGHI → ABC-FED-GHI	자주 기능을 잃어버림

[a]하이픈은 적당하지 않거나 또는 새로운 접합의 위치를 나타낸다. 밑줄은 D NA의 변화된 부위를 나타낸다

여, CG를 TA로 전이하게 만든다(우라실은 DNA 복제에서 아데닌으로 읽힌다).

유전학은 염색체위에 안정하게 있는 유전자를 연구하는 것에 국한되곤 했다. 더 이상은 아니다. 우리의 관점이 이제 트랜스포존와 레트로포존과 같은 **이동성 인자(mobile elements)**라고 불리는 것들을 포함하도록 변화되었다. 트랜스포존은 또한 점핑 유전자라고 불리는데, DNA의 한 위치에서 다른 곳으로 움직이는 유전적 인자이다. 모든 생물-원핵생물과 진핵생물-은 그들의 DNA에 트랜스포존을 매우 많이 가지고 있다. 대부분의 원핵생물은 몇 개의 다른 트랜스포존을 가지고 우리의 DNA중 약 반 정도가 트랜스포존일지 모른다. 다른 종류의 트랜스포존이 존재하고, 그들은 다른 기작에 의하여 움직이나(또는 점프하나)(표 10.6), 그들은 모두 움직이는 것을 매개하는 전위효소를 암호화한다.

유전체의 새로운 위치에 삽입되면, 트랜스포존은 높은 확률로 단백질-암호화 서열을 방해하여, 결손(deletion) 돌연변이가 일어난 것처럼 완전한 기능의 손실을 유발한다. 그러나 결손돌연변이와는 다르게, 어떤 트랜스포존에 의한 돌연변이는 일부 트랜스포존이 정확하게 빠져나갈 수 있기 때문에 복귀될 수 있다. 게다가, 삽입서열로 인한 돌연변이는 그들이 복귀되는 결손으로 보였기 때문에 처음에는 새로운 것으로 알려졌다. 반면에, 혼합트랜스포존(표 10.6)의 삽입으로 야기되는 돌연변이는, 가지고 있는 발현 가능한 유전자 때문에 보통 잘 확인된다. 예를 들면, 트랜스포존 Tn5는 카나마이신과 네오마이신 항생제를 **인산화(phosphorylation)** 시키는 효소를 암호화하는 유전자를 가지고 항생제를 불활성화 시킨다. 그래서 Tn5가 세균균주의 유전체에 삽입되면, 균주는 그와 같은 항생제에 저항성을 나타낸다. 비슷하게, Tn10은 테트라사이클린을 세포 밖으로 내보내는 효소를 암호화하는 유전자를 지녀서, 항생제 효과를 없게 한다.

돌연변이유발원

다수의 화학적 그리고 물리적 인자[**돌연변이 유발원(mutagens)**]가 돌연변이를 유발시킨다(표 10.7). 이들 돌연변이 유발원의 몇몇은 놀랍도록 강력하다. 예를 들면, 니트로소구아닌은, 처리된 배양의 거의 모든 생존세포들에게 돌연변이를 일으키고, 많은 세포들이 다중의 돌연변이를 갖게 된다.

미생물배양액을 물리적 그리고 화학적 돌연변이 유발원으로의 처리는 모든 유전자가

표 10.6 트랜스포존의 특성들

명명	특성
트랜스포존의 종류	
삽입서열	750에서 2,000 bp 길이의 비교적 작은 DNA 조각으로 전위효소만을 암호화한다; IS로 명명하고 이탤릭 수가 뒤에 온다, 예, IS1, IS2, IS3
혼합트랜스포존	삽입서열에 맞추어 측면에 하나 또는 더 많은 유전자; Tn으로 명명하고 뒤에 이탤릭 수가 온다, 예, Tn5, Tn10
트랜스포지션의 기작	
자르고 붙임	트랜스포존이 있던 DNA에서 잘리고 새로운 위치로 삽입된다.
복제	트랜스포존이 복제된다; 복제된 하나는 원래의 위치에 남고, 다른 하나는 새로운 위치로 이동한다.

표 10.7 일부 물리적 그리고 화학적 돌연변이 유발원

유발원	돌연변이 기작
물리적 요인들	
X-선	DNA의 이중-가닥 절단을 일으킴, 이것의 수리는 대형손상을 만듬
자외선	DNA의 인접한 피리미딘을 4, 5 위치에서 이어서 2분자체(dimer)를 만들고, 그것들의 수리과정은 대개 전환을 일으키지만, 또한 틀이동과 전이도 일으킴
화학적 요인들	
염기유사체	DNA에 삽입되고 나서, 그들의 다음 복제에서 분명하지 않은 염기쌍 결합으로 전이를 야기함
2-Aminopurine	티민 또는 시토신과 염기쌍을 이룰 수 있음
5-Bromouracil	이데닌 또는 구아닌과 염기쌍을 이룰 수 있음
DNA 수정자	
Nitrous acid	염기의 탈아미노산반응; 시토신의 탈아미노산은 우라실을 만들고 후에 CG를 TA로 전이시킴
Hydroxylamine	시토신의 6 아미노그룹에 수산기를 붙여서, CG를 TA로 전이시킴
Alkylating agents (예, nitrosoguanidine과 ethyl methane sulfonate)	DNA의 염기를 알킬화시켜 DNA의 구조를 변형시키고 결과적으로 다양한 돌연변이를 만듬
Intercalating agents (예, acridine orange와 ethidium bromide)	DNA의 싸여진 염기쌍에 끼어들어감; 복제는 틀이동돌연변이를 일으킴

거의 같은 확률로 돌연변이를 갖는다. 이와 같은 이유로, 만약 실험자가 한가지 특정한 또는 한 위치에서의 돌연변이를 찾는다면, 그것을 선택하거나 농화할 필요가 있고, 필요하다면 그것을 찾는다. 이것을 하는 방법은 다양하다. 두 가지 방법이 많은 연구에 쉽게 적용될 수 있다.

하나는, 농화배양방법으로, 페니실린이 오직 생장하고 있는 세포들만 죽이는 사실을 이용한다. 그러므로 특정 돌연변이를 농화배양하기 위해서는, 야생형 균주는 자라고, 원하는 돌연변이 세포는-예를 들면, 특정 아미노산 **영양요구체(auxotroph)**를 찾을 때-아미노산이 결핍된 배지의 배양액에서 자라지 못하는 환경적인 조건에 돌연변이가 유발된 배양액을 넣어 주는 것이 필요하다. 그리고 페니실린을 넣는다. 야생형 균주는 자라기 시작한 후에 곧 죽게 된다. 원하는 돌연변이는(그리고 물론 다른 것도) 필요한 아미노산이 없어서 자라지 못하기 때문에 죽지 않고, 그래서 생존하는 수가 많아진다. 일단 항생제가 희석되어 없어지면, 생존한 세포들은 정상적으로 생장한다.

두 번째 찾는 방법은 **복사평판법(replica plating)**으로 간단해서 강력하다. 여기서 영양요구 돌연변이, 예를 들면 특정 아미노산을 필요로 하는 것들을 찾기 위하여 어떻게 이용되는지 살펴본다. 야생형 균주와 돌연변이 균락이 있는 배지 위를 페트리 평판크기의 금속 또는 나무로 되어 무명 벨벳과 같은(필터종이도 또한 괜찮다) 보풀이 있는 천으로 둘러싸인 받침으로 누른다. 하나는 아미노산을 포함하고 다른 것은 결여된 두 평판을 천으로 이어서 누른다. 각 평판은 이제 각 균락으로 부터의 접종을 받았다-원본의 복사판. 접종한 후에 이들 평판을 비교하여, 특정 영양분 또는 배양 조건에서 자라지 않는 균락이 분명해지고, 그렇

10.6 복사평판법 장치의 모습과 그것의 사용 도해

게 하여 원하는 돌연변이 클론을 확인한다. 이 기술의 더 현대적인 (그리고 비용이 많이 드는) 버전은 로봇에 의존하여 마스터 평판으로부터 많은 수의 군락을 "고르고" 그리고 두 실험 평판에 각각을 올려놓게 된다. 복사평판법은 다른 종류의 돌연변이도 찾을 수 있다, 예를 들면, **온도-민감 돌연변이(temperature-sensitive mutants)**. 여기서는, 두 복사 페트리평판은 같은 배양액을 포함하지만, 그들은 다른 온도에서 배양된다.

위치-지정 돌연변이 형성

10.7 위치-지정 돌연변이형성 수행의 두 가지 방법의 설명과 도해

일련의 현대적 방법이 (만약 유전자의 염기서열이 알려졌으면) 특정 유전자의 DNA의 특정부위를 바꿀 수 있도록 가능하게 하였다. 바뀐 DNA의 조각이 합성되고 야생형 유전자 대신에 삽입된다. 이 기술을 **위치-지정 돌연변이 형성(site-directed mutagenesis)**라고 부르고, 실험생물학의 강력한 새로운 도구가 되고 있다.

유전체학

유전적 발견의 전통적 경로는 표현형과 그들의 유전체에 대한 그들의 유전의 양상으로부터 이끌어져 왔다. 이 잘 연구된 발견의 과정은 유전학만큼 오래되었다. 그러나 점차적으로 더 유전체 자체에 대하여 연구되면서, 연구방향이 반대로 흘러가기 시작했고, 실제로 유전적 정보의 방향이 유전체로부터 표현형으로 흘러간다. 그것이 현재의 생물의 전체 DNA 염기서열의 비교연구인, **유전체학(genomics)**의 시작이었다. 유전체의 연구는 세포와 어떻게 그들이 작동하는지 어렴풋이 알게 한다.

처음에는, 이와 같은 연구는 주로 미생물 종들과 그룹의 유사성을 밝히는 쪽으로 갔다. 예를 들면, 생물의 유전체 DNA의 G+C 몰 퍼센트를 결정하는 것(DNA의 밀도 또는 녹는점을 측정하여)이 그와 같은 정보를 제공했다. 두 생물의 값이 비슷하면, 그들의 연관성이 가깝다고 반드시 말할 수 없지만, 만약 값이 현저하게 다르면, 그들은 거의 확실하게 밀접한 관계가 아니다. DNA가 서로 결합할 수 있는가에 의하여 두 생물의 유전체 DNA의 유사성을 결정하는 것이 훌륭한 유사성 지표로 증명되었고, 이것이 아직까지 현재 원핵생물의 종들의 특성을 정의하는데 사용된다. 상대적인 유전체 크기(3장의 "핵양체" 참조)는 세포의 복잡성 또는 형질의 배열을 위한 가능한 지표로 매우 유망하게 보인다. 비록 그와 같은 정보가 흥미로운 상호관계를 제공하지만, 또한 혼란스러운 불일치를 나타내기도 한다. 예를 들면, 두 시안세균 *Nostoc*과 *Synechocystis*는 모든 면에서 매우 비슷한데, 첫 번째 것의 유전체[9.06 메가 베이스(Mb)]는 두 번째 것(3.6 Mb)보다 2.5배 크다. 영원(양서류)(15,000 Mb)이라는 생물은 우리의 유전체(3,000 Mb)보다 5배나 크고, 백합(100,000 Mb)은 대략 30배가 크다.

그래서, 새로운 변화가 일어났다. 유전체학이 DNA의 염기서열을 결정하는 방법들이 개발되어 놀랍게 발전되었다. 이와 같은 소위 **염기서열분석(sequencing)**의 도래로 미생물을 연구하는 방법이 완전히 새로워졌다(그리고 물론 다른 생물도 마찬가지로). 생물체가 생식하고 무수한 활동을 위해 필요로 하는 모든 정보가 DNA의 염기서열 안에 암호화되어있다. 그와 같은 서열은 또한 우리가 생물체를 완벽하게 이해하는데 필요한 모든 정보를 포함하고 있음에 틀림없다. 그러나 어떻게 알아낼 것인가?

첫 번째 염기서열(실제로, RNA 염기서열분석)로부터 온 놀라운 정보는 1977년도 칼 우스(Carl Woese)에 의한 고세균의 발견이었다. 그들의 리보좀 RNA염기서열이 다른 원핵생물과 진핵생물의 것들과 너무 달라서 그는 고세균이 생물세계의 뚜렷하게 구분되는 세 번째 가지를 구성한다고 (실제로, 이어지는 많은 자료도 말해주는 것과 같이) 결론지었다.

처음에는, "손으로 하는" DNA 염기서열분석이 너무 느리고, 노동이 많이 들고, 그리고 흥미가 없어서 생물의 DNA를 완벽하게 염기서열을 정하기에 충분한 자료를 얻기에 오직 작은 희망만을 제공하는 것처럼 보였고, 의미 있는 비교를 위하여 충분한 생물의 충분한 자료보다 훨씬 적었다. 그러나 기술의 발달로 상항은 변했다. 1995년, 중간크기 정도의 유전체를 가진, 병원성 세균 *H. influenza*의 유전체가 완전히 염기서열이 정해졌다. 더 완전한 염기서열이 곧 발표되었다. 그리고 1990년도 후반에, 고속 염기서열 기계가 나왔다. 손으로 20,000에서 50,000 bp의 염기서열을 정하는데 개인으로 1년의 일이었던 반면, 기계는 같은 일을 약 한 시간에 성취할 수 있었다. 그러나 심지어 기계라도 한 번에 단지 약 300-bp 염기서열만 결정한다. 이들 300-bp 염기서열은 백만 또는 10억 염기쌍으로 길 수 있는 유전체 안에서 존재하는 순서대로 정렬되어야 한다. 컴퓨터가 해답을 제공했다. 만약 DNA의 임의의 조작이 7배정도의 중복을 가진 수준으로 염기서열이 정해지면(과정을 일곱 번 반복하면), 충분한 정보가 겹치고 비슷한 자료가 얻어져서 컴퓨터가 조각들을 나열하고 계속적인 염기서열을 형성시킬 수 있다. 아직까지, 수작업 염기서열분석(마침)이 염기서열 결정의 피할 수 없는 것처럼 보이는 공백(gap)을 채우기 위하여 요구된다. 이제, 수백의 생물(우리 자신을 포함하여)의 유전체의 염기서열이 알려졌다. 문제는 더 이상 정보를 얻는 것이 아니라, 어떻게 그것을 처리하는가이다.

10.8 *Carl Woese의 모습*

주석달기

완전히 염기서열 분석된 유전체는 비록 매우 긴 것이지만 단지 A의, G의 T의, 그리고 C의 나열이다. 이 실제자료를 의미 있는 정보로 전환하는 과정이 **주석달기(annotation)**라고 부른다. 첫 번째 단계는 컴퓨터에게 유전자로 여겨지는, **열린 해독틀[open reading frame(ORF)]**이라고 부리는 것을 유전자-같은 거리로 떨어져 있는 시작과 종결 서열을 스캐닝 하여 찾게 하는 것인데, ORF는 DNA의 범위로 각각 단백질을 암호화한다. 그 후에, 컴퓨터가 발견된 ORF염기서열과 데이터베이스(예, GenBank라고 부르는 커다란 데이터베이스)의 "알려진" 기능을(아래 이 인용부호를 설명할 것이다) 가진 유전자 염기서열과 비교하도록 한다. 이와 같은 주석달기로, 보통 새로 염기서열이 된 생물의 약 반 정도의 유전자의 기능이 지정되는 것이 가능하다. 부가적인 컴퓨터 프로그램을 사용하여, 이들 각각의 기능이 예를 들면 생합성 경로와 같은 경로로 정렬된다.

여러분은 주석달기는 실험에 의한 것이 아니고 비교에 의한 것임을 알게 된다. 연이은 결론은 단지 앞선 지정만큼만 좋다. 생물을 이해하는 이 강력한 방법은 위험이 있지만, 다행인 것은 우리 인간이 아직 중요한 역할을 한다는 것이다-생물학적 판단과 잘못을 바로잡는 것 둘 모두.

새로 발견된 ORF로부터 유도된 단백질서열에 대한 기존 데이터베이스가 맞지 않은 경우에도, 그러나 모티프라고 불리는 염기서열을 조사하여 그것에 대하여 많은 것을 알 수 있는 가능성이 있다. 예를 들면, 어떤 모티프는 단백질 산물이 ATP, 니코틴아미드, **아데닌 디뉴클레오티드(NAD)**, 또는 DNA와 같은 특정 화학물에 결합할 수 있다고 알려준다. 다른 정보들은 세포막에 붙을 것 같은 소수성 부분의 성질 또는 세포막을 통과할 것 같은 성질들일 것이다. 또 다른 것은 신호 서열(제8장의 "단백질의 가공" 참조)로 단백질 산물이 아마도 주변세포질 또는 외부 환경으로 분비되는 것을 가리킨다. 그래서 ATP-결합 모티프를 가진 ORF는 키나아제일 수도 있고, NAD-결합 모티프를 가진 것은 아마 탈수소효소일 것이다.

우리가 살펴본 것처럼, 주석달기는 비교에 근거하고, "알려진" 기능과 단조로운 비교는 일부 위험할 수도 있다. 그와 같은 기능은 실험실에서 실험으로 결정되었다. 세포 단백질의 많은 수가 한 가지 이상의 기능을 수행한다. 일부는 인위적인 조건에서 분명하지 않을 수도 있다. 그래서 유전자에 부여된 기능은 연구자에게 가장 분명한 것이고, 자연조건에서 생물에게 중요한 역할을 하는 것일 필요는 없다. 그와 같은 유전자의 주석달기는 잘못된 것으로 판명될 것이다. 기껏해야, 주석달기는 그 자체가 가치 있기 때문에, 임시적인 것으로 고려해야만 한다.

연관성

유전체학은 이미 우리에게 다양한 미생물의 연관성에 대하여 많은 정보를 주었고, 더 많은 것을 가능하게 한다. 흥미롭게, 단백질의 연관성과 진화에 대하여도 말해준다. 유전자의 염기서열 유사성에 기초하여 생물의 모든 분야에 걸쳐 다양한 근원으로부터 온 단백질산물은 단백질 집합(family)으로 그룹지어질 수 있고, 더 낮은 유사성에 근거하여 단백질 집합은 초집합(superfamily)으로 그룹지어진다. 같은 집단 또는 초집단의 구성원들은 그들이 존재하는 생물이 어디에서 발견되어지던지 상관없이, 종적인 혹은 수평 전이를 통하여 퍼졌던지 상관없이 아마 같은 조상 단백질로부터 진화했을 것이다. 단백질서열의 연관성을 밝히는 것은 생물의 연관성을 밝히는 것보다 확실히 더 명확하다.

우리는 유전체학으로 유추될 수 있는 풍부한 과학적 그리고 응용이점을 단지 여기서 간단히 다루었다. 여러분의 상상력을 자유롭게 하라.

결론

모든 생물의 유전학에 공통적인 위협이 있으나, 유전자 교환의 상세한 설명은 원핵생물과 진핵생물이 상당히 다르다. 용이함과 정확성을 가지고 원핵생물을 연구할 수 있기 때문에 우리의 기초 분자생물학의 대부분의 지식은 원핵생물과 바이러스로 연구로부터 왔다. 이제, 유전체학의 도래로, 유전학의 연구는 새로운 장으로 들어가고 있고, 원핵생물에 대하여 축적되는 풍부한 지식은 매우 가치 있을 것이다.

학습문제

1. recA가 결여된 세균 균주들은 상동 재조합을 진행할 수 없다.

a. 이와 같은 균주가 일반 형질도입을 위한 공여 또는 수용균주로써 이용될 수 있는가? 왜?

b. 이 균주는 염색체 유전자의 공여자로(만약 F^+이면) 혹은 수여자(만약 F^-이면) 역할을 할 수 있는가? 왜?

2. 돌연변이의 결과로 야생형 균주의 생장을 가능하게 하는 최소배지에서 자랄 수 없는 세균 균주의 세 가지 가능한 표현형과 유전자형은 무엇인가?

3. 야생형 세균에서 자란 일반 형질도입입자가 영양요구성 돌연변이의 10^8세포의 부유 액에 첨가되고 혼합물이 (돌연변이균주가 필요한 영양분이 없는) 최소배지페트리평판에 깔린 후에, 수십의 군락이 발달하였다. 어떻게 이들 군락 중 어느 것이 비진행성 형질도입으로부터 인지 아닌지 결정할 수 있는가?

4. **틀이동 돌연변이(frameshift mutation)**가 **비인식 돌연변이(nonsense mutation)**를 만들 수 있는가? 어떻게?

5. 어떻게 리보오스를 탄소원으로 사용할 수 없는 돌연변이 균주를 농화배양하기 위한 페니실린 반내 선별(counter selection)을 사용하는가?

제11장 진화

11.1 *젊은이로서의 찰스다윈 (Charles Darwin)*

11.2 *Archaeopteryx의 화석*

개요

진화는 생물학의 통합적인 개념이다. 진화는 서로 다른 종류의 생물학의 방대한 사실을 지지하고 정리하는 골격을 제공한다. 합리적인 연구와 비교들을 위한 길잡이를 제공한다. 마지막으로 우리의 가장 기초적인 질문을 다룸으로써 가장 근본적인 매력을 제공한다. 지구상에 생명의 다양성이 어떻게 풍부해졌나? 우리주변에 우리자신을 포함하여 우리가 보는 모든 종들은 어디에서 왔나? 우리는 이 책의 처음부터 끝까지 진화에 대하여 이야기한다. 이 장에서는 미생물의 관점에 초점을 둔다.

진화의 개념은 150년이 채 안 되는, 상대적으로 최근의 인간의 업적이다. 1859년에 찰스다윈의 차분하고 섬세하게 논증된 대표작, *자연선택의 수단에 의한 종의 기원*이 출간되어 처음으로 일관적인 형태의 개념을 만들고 설득력 있는 원리-자연선택-을 상세히 설명했다. 그런 후에 빠르게 다양한 식물과 동물의 문(phyla)의 진화 역사에 대한 보편적인 개념이 발견되었다. 정보를 제공하는 주요 제공원은 화석기록이었다. 처음에는 순차적으로 정렬할 수 있고 후에 동위원소 붕괴를 통하여 연대를 정확하게 결정할 수 있는, 다양한 지질층에 존재하는 화석을 이해함으로써, 생물학자들은 마치 우리가 저속도 촬영사진을 보는 것과 같이 특정 그룹의 구성원들의 복잡성이 나타나고 다른 것들이 사라지는 것을 추적할 수 있게 되었다. 이들 화석의 일부는 고대 생물에 대하여 놀랄만할 정도의 상세함을 나타낸다. 공룡을 닮은 새, *Archaeopteryx lithographica*의 깃털은 1억 5천만 년 된 화석으로 잘 보존되어 있다.

초기 육상식물의 뿌리조직과 결합되어 있는 진균의 증거와 같은, 놀랄만한 현미경학적 상세함이 화석에서 분명하게 보인다. 심지어 진균의 포자가 때때로 보존되어 있다.

11.3 화석화된 진균포자

그러나 이와 같이 풍부한 진화의 화석 유래 기록들은 대체로 약 5억만 년 전 초기 캄브리안 시대로 제한된다. 그 이전 35억 년 전에는 지구는 오직 미생물만 살고 있었고 미생물들은 어느 정도의 현저한 예외를 제외하고는 유용한 화석기록을 남기지 않았다. 호주의 탄소질의 **규질암**(**Chert**, 단단한 퇴적암) 박편(그림 11.1)이 현재의 시안세균과 매우 흡사한 사상성의 원핵생물이 화석화된 기록을 나타내었다. 규질암안의 이들 화석은 35억 년 전 초기 선캄브리안시대 동안 형성된 것이다. 그래서 우리는 지구가 생겨난(대부분의 추정으로 45억 5천 년 전) 후 10억 년 전 조금 넘어서 부터 분명히 잘 진화된 미생물이 존재했다는 것을 알 수 있고 그로부터 약 3억년 후(38억 년 전)에 상대적으로 부드러운 둥근 형태가 되었다고 추정되었다.

그러므로 진화역사의 주요부분은 지구상에 오직 미생물만이 존재했을 때 일어났다. 그들은 우리가 현재 물려받고 사용하고 있는 유전적 대사적 체계를 발달시키기 위한 진화적 경험을 하였다. 우리는 그들이 개척한 긴 진화의 흔적의 끝자락에 서있다. 세포의 거대분자(단백질, RNA, 그리고 DNA)의 단위체의 서열에 대한 정보가 가능해지기 전에는, 이와 같이 긴, 미생물이 독점하던 시대를 연구할 좋은 방법이 존재하지 않았었다. 더구나 현재의 원핵생물의 형태가 너무 간단해서 그들의 진화적 기원을 밝히기가 어렵다.

거대분자의 염기 서열

DNA의 구조가 해석되고 유전자 발현의 센트럴 도그마(central dogma)가 완성된 후 얼마 지나지 않아, 생물의 거대분자의 단위체의 서열이 그들의 진화 역사에 대한 풍부한 정보를 가졌다는 것을 알게 되었다. 거대분자의 각 단위체의 일치와 위치가 각 개체들의 변이를 구별할 수 있게 하는 특성임을 알게 되었다. 그러므로 일련의 생물들로부터의 상동 거대분자를 구성하고 있는 단위체의 서열을 결정하는 것이 그들 생물들의 관계와 그들의 진화관계를 나타낸다. 더구나 서열의 변화가 선택적으로 **중립적**(이롭지도 않고 해롭지도 않은)이고 임의적으로 일어났다면, 이들은 유용한 **분자시계(molecular clock)**를 구성하게 된다. 두 가지 다른 생물의 상동 거대분자 사이에 서열차이의 수가 그들이 같은 조상을 가지기 때문에 시간의 측정 단위가 된다. 지구의 대기가 산소가 충분히 풍부한 상태가 되어 철산화물을 포함하는 층을 생성할 때와 같이 지질 역사의 시간과 같은 다른 사건과 함께, 특정 미생물의 가능한 출현을 비교함으로써 시계가 가는 속도를 판단할 수 있다. 그와 같은 때는 산소발생 광영양성세균이 우세할 때이다. 그러나 이와 같은 연구를 위해 어떤 거대분자를 선택해야만 하는가?

그림 11.1 호주 중앙의 Bitter Springs 퇴적층의 암석에서 발견된 사상성 시안세균의 화석. 퇴적층, 그리고 암석은 대략 8억5천만년 되었다.

서브유니트 리보좀 RNA

1970년대 초반, 칼 우스(Carl Woese)는 많은 원핵생물로부터 리보좀 RNA 작은 서브유니트(ssRNA)의 부분 서열을 모으기 시작했는데 그는 혁신적인 방법을 사용했다: RNA를 저중합체로 가수분해하여 그들의 서열을 정했다. 그의 결과는 고세균이 다른 도메인이라는 발견의 기초가 되었고 또한 다양한 그룹의 세균사이에 놀라운 관련성을 보여주었다. 예를 들면, 세포벽이 없는 마이코플라즈마(mycoplasmas)가 우리가 알고 있던 것처럼 세균의 세 번째 그룹을 형성하는 것이 아니고; 오히려 그람양성세균에 매우 밀접하게 연관되어 있으며 이들 둘은 한 그룹을 형성하고 있다. 칼 우스가 조사한 ssRNA는 모든 세포생물에 존재하고 단일 진화의 기원이라는 두 가지 장점을 가졌다. ssRNA는 또한 다른 중요한 이점을 제공한다. 분자의 어떤 부분(주로 이중가닥 지역)은 천천히 진화하고, 그래서 먼 근연관계의 생물들의 관계를 분별하기 위하여 오랜 기간의 진화동안 충분한 유사성을 보존하다. 다른 부분은 빠르게 진화하여 밀접하게 연관되어 있는 생물들 사이에 그들의 진화관계를 밝힐 수 있게 하여 준다.

그 후 곧 DNA 염기서열을 결정하는 신속한 방법이 가능해졌고, 많은 수의 ssRNA 유전자 서열이 훨씬 쉬운 방법으로 결정되었다. 이와 같은 방대한 양의 기록을 분석하고 계통수(tree)라고 부르는 그래프식의 요약으로 나타내는 컴퓨터 프로그램이 개발되었다. 생물의 모든 그룹의 대표생물을 연결시키는 도표를 때때로 **생명의 계통수(tree of life**, 그림 11.2)라고 부른다. 이 계통수는 모든 현존하는 생물에 이르는 모든 진화의 가지를 보여준다. 진화적 계통수는 방사상의 계통수(radial tree) 형태로, 혹은 **덴드로그램(dendrogram**, 계통수, 그림 11.3)으로 보여 줄 수도 있다. 때때로 계통수의 가지가 다양한 깊이를 가지는 쐐기형태로 그려지는데 이는 얼마나 많은 생물을 대표하는가를 나타내기 위해서다(그림 11.4). 어떤 형태이든지, 이들 계통수들은 생물이 단지 공통의 조상을 가진다는 것보다 많은 정보를 포함하고 있다. **마디(nodes**, 가지 또는 끝점)사이의 선의 길이는 계통간의 거리에 비례한다; 그러므로 계통수는 나타내어진 모든 생물을 분별하는 계통학적 거리에 대한 정보를 제공한다.

ssRNA 서열로부터 얻은 정보는 미생물 진화에 대하여 완전하게 새로운 그림을 그리게 되었다. 미생물학자들은 예전에 진화가 일직선상일 수밖에 없다고 제안했었다. 그것은 현재 시대에 고세균으로 대표되고 있는 가장 오래된 생물이, 세균이 되었고, 다시 이들은 진

그림 11.2 "생명계통수", 현존하는 생물 그룹을 보여주는 진화적 가지의 대표. 생명의 세 가지 영역의 대부분의 그룹이 미생물임을 주목하라.

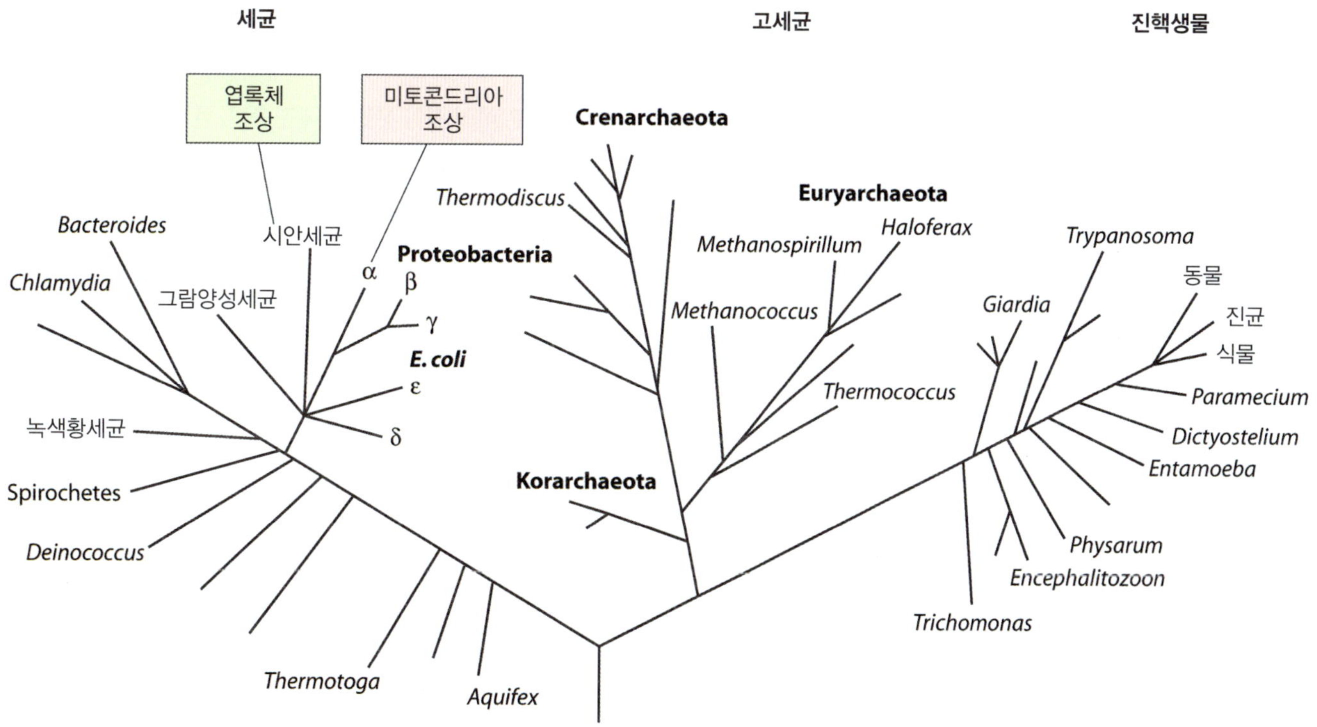

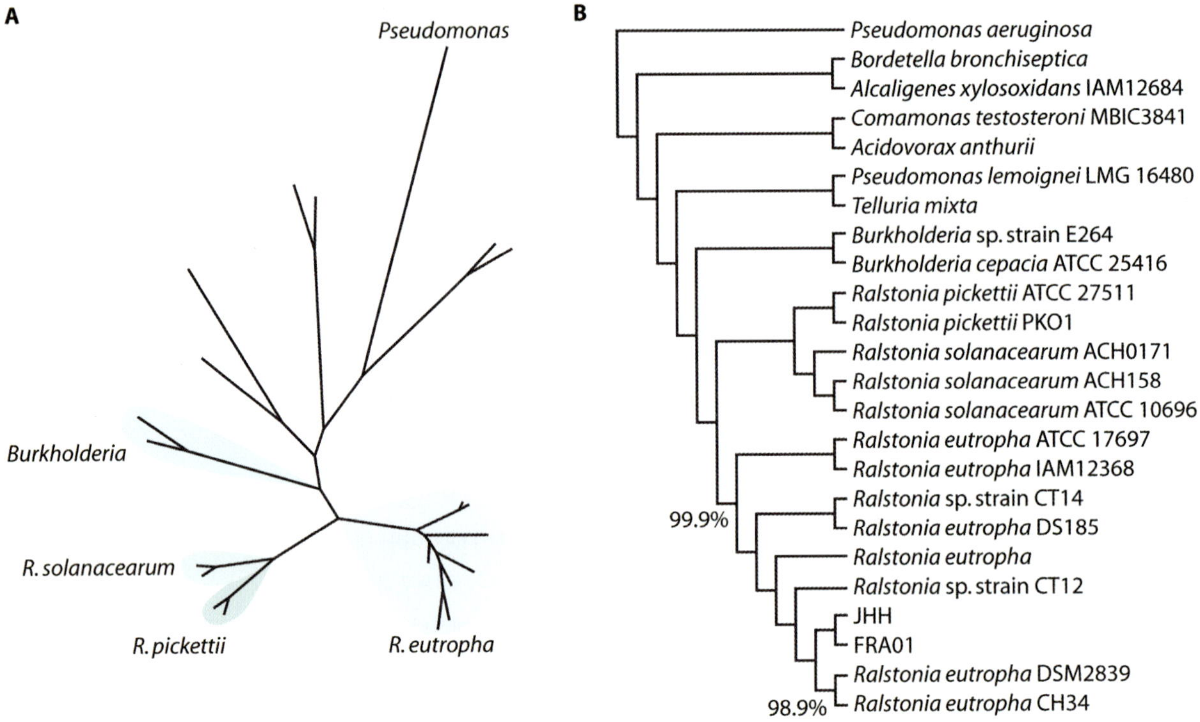

그림 11.3 세균사이의 관계. 특정 세균사이의 관계가 방사상의 계통수 (A)와 계통수의 형태로 나타나있다 (B).

핵생물로 되었다는 것이다. ssRNA 서열로부터 얻은 정보는 다른 진화론을 말해준다. 진화의 초기에 이들 세 주요 계통은 공통의 줄기로부터 나왔고, 각 계통은 독립적인 진화를 하였다는 것이다(그림 11.2).

물론, 중요한 질문에 대한 대답은 아직 얻지 못했다. 예를 들면, 현재는 멸종하였을 것으로 생각되는, 고대에 존재했던, 현재 미생물의 세 가지 주요 계통의 공통조상의 형질은 무엇이었을까? 특히, 모두의 가장 최근의 공통조상의 형질은 무엇이었을까? 아래 이와 같은 질문들에 대해 다시 언급한다.

진화 표지로서의 단백질

물론 ssRNA안의 염기 서열만이 유일하게 진화정보의 저장소는 아니다. 단백질의 아미노산의 서열 또한 그와 같은 정보를 가진다. 더 많은 염색체 정보가 알려질수록, 넓게 펴져 있는 미생물로부터, 다양한 단백질의 아미노산 서열이 ssRNA안의 염기 서열이 조사된 것처럼 연구되었다. 결과는 아직 만족스럽지 못하다. 때때로 단백질 서열로부터 구축된 계통수가 ssRNA 서열을 기초로 한 것과 달랐다. 사실, 특정 단백질에 기초한 계통수는 다른 단백질에 기초한 것과 다르다. 매우 분명하게, 특정 미생물안의 모든 거대분자들은 같이 진화되지 않았다; 그들의 암호화된 유전자들은 한 세대로부터 다음세대로 오직 **수직유전자전이(vertical gene transfer)**로만 이동되지 않았다. 이들 유전들의 일부는 계통사이에 **수평유**

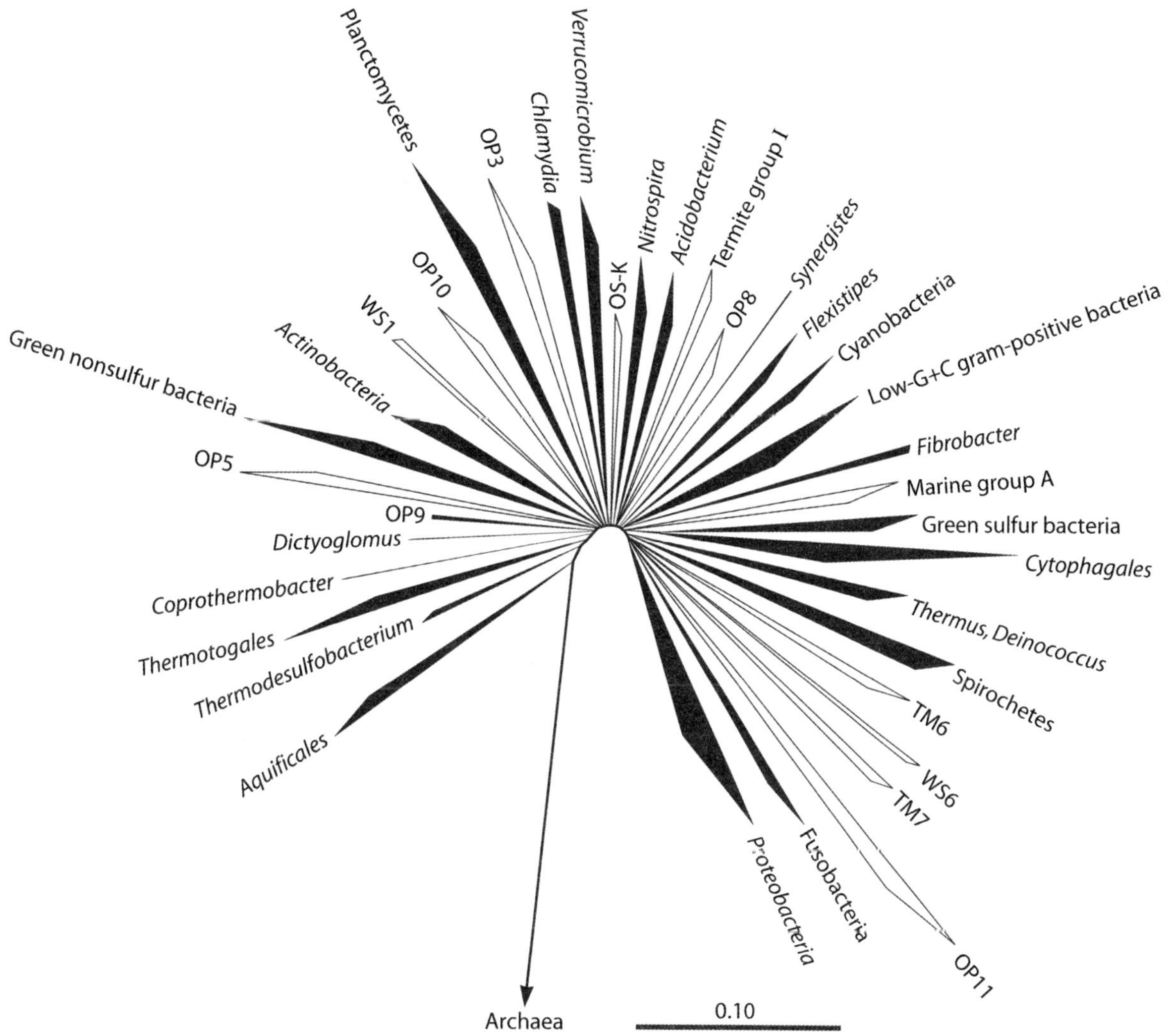

그림 11.4 쐐기도식으로 나타낸 세균사이의 관계. 각 쐐기의 깊이는 그룹의 가지 깊이를 반영한다. 윤곽선으로 나타낸 쐐기는 어떤 종도 배양이 되지 않는 그룹이다.

전자전이(horizontal gene transfer)로 이동되었을 것이다. 예를 들면 기주범위가 넓은 플라스미드가 한 세균 종에서 유연관계가 먼 종으로 이동하는 것이 현재에도 일어나고 있기 때문에, 우리는 미생물간의 수평유전자전이가 가능하다는 것을 알고 있다.

수평유전자전이는 서열의 비교로 유추되는 **계통발생학(phylogeny)**의 추적에 혼란을 준다 (그림 11.5). 계통 간에 전이가 일어나면, 그 계통의 진화 역사가 혼란스러워진다. 이와 같은 일이 일어나는 증거는 확실하다. 아미노아실-transfer RNA(tRNA) 합성단백질들이 그러한 예들이다. 이들 효소는 모두-아미노산을 각각의 tRNA 분자에 결합시키는-비슷한 반응을 촉매 하지만, 대략 모두 20개 정도가 존재하고, 각각은 특정 아미노산에만 특이적으로 작용한다. 모두는 아니지만 일부는 고세균에 진화된 것이 세균에 전체적으로 퍼져있는 것을 흔하게 볼 수 있다.

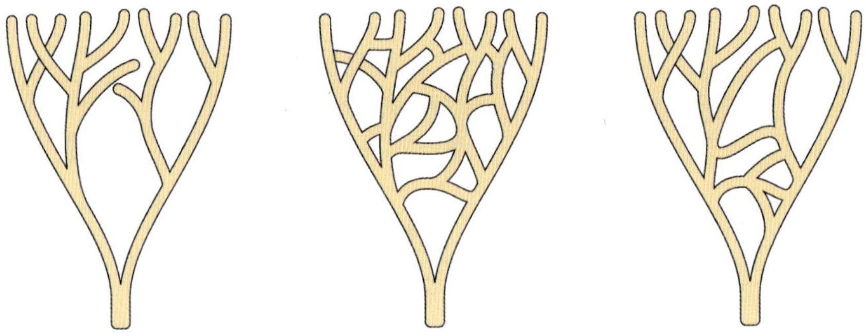

그림 11.5 수평유전자 전이(HGT). 세 가지 가능성이 나타나있다. (A) 수평전이이동이 없다. (B) 수평전이이동이 자주 일어난다. (C) 일부 수평전이이동이 주로 진화역사의 초기에 일어났다.

수평유전자전이가 너무 자주 일어나서 이것이 진화의 자취를 추적하는 것을 없애버렸는가? 대부분의 미생물 진화학자들은 그렇지 않다고 믿고 있다 (혹은 적어도 희망하고 있다). 낙관적인 이유들이 있다. 고등생물에서는, 화석기록을 조사하여 쉽게 진화의 자취를 그릴수가 있고, ssRNA에 기반을 둔 분자 방법도 같은 방향을 가리킨다. 비록 성공적인 수평유전자교환이 미생물 기능이 원시적이고 쉽게 향상될 수 있었던 초기 미생물진화시기에 자주 일어났지만, 그와 같은 전이들은 세포들이 더 복잡해지고 덜 쉽게 향상되면서 점점 드물어졌다는 것을 일부는 논쟁할 것이다. 매우 독립적인 특성들은 진화의 변화에 더 저항력이 있다.

서열을 통한 진화를 재현하는 것은 어쩔 수 없는 어려움들이 있다. 한 가지는 서열에서 다수의 변화들이 문제이다. 현존하는 두 생물이 공통조상으로부터 진화하였기 때문에 서열의 변화가 항상 일어나지 않았을 수도 있다. 중간단계의 변화가 일어났을 지도 모른다, 예를 들면, 한 생물의 "a"와 다른 생물의 "b" 사이의 변화가 "a"에서 "c"로 다음에 "b"로 변화되었다는 가능성을 배제할 수 없다. 한 서열에서 동일한 위치에 심지어 일치하는 것도 전 방향과 후 방향 변화의 결과일지도 모른다.

대부분의 생물학자들은 지구상의 생명체가 단지 한 번에 시작되었다는 견해를 가진다. 유전자 암호의 보편성, 생물의 대사공통점, 그리고 살아있는 생명체들의 많은 다른 유사점들이 이 견해를 뒷받침한다. 예를 들면, 젖산생성세균, 인간의 근육, 완두콩이 일련의 같은 효소촉매반응을 이용하여 포도당으로부터 젖산을 만드는 것과 이들 다양한 생물들에서 비슷한 작용을 촉매 하는 효소들 자체가 비슷하다는 점들은 참으로 놀랍다. 더구나, 가장 원시의 생명체가 조립한 분자들이, 영양분으로써 이것들을 확실히 사용하는 생물들의 존재 없이, 한 환경에서 유일하게 축적되었다는 사실이 가능하게 보인다. 1장에서 언급한 것처럼, 이것이 미생물들의 세계에서 새로운 생명체 출현을 방해한다.

공통조상

지구상의 생명체가 단지 한 번에 시작되었다는 판단은 우리 자체를 난처한 처지에 놓이게 한다. 가능한 최선의 기록은 현존하는 세가지 주요 계통-세균, 고세균, 그리고 진핵생물-이 초기 진화단계에서 갈라졌다는 것을 말해준다.

그 분지점에서 그들은 **공통조상(universal ancestor)**이라고 부르는 공유된 조상을 가졌음에 틀림이 없다. 공통조상은 어떻했을까? 진화이론의 어떤 논리적인 분석에 의해서도, 공통조상은 세 도메인들이 공통으로 가지고 있는 모든 형질들을 소유하고 있었어야만 한다. 그것들은 많은 형질의 목록이다. 목록은 유전자 암호뿐만 아니라 다른 많은 특성들-단지 몇 가지만 나열하면 에너지를 얻는 경로, 단백질 합성기작, 그리고 세포구조-을 포함한다. 이 논리는 즉각 주요한 질문을 낳는다. 그와 같은 공통조상은 모든 이들의 특성을 가지기 위하여 상당히 복잡했었을(적어도 대사적으로) 것임에 틀림이 없다. 게다가, 이것은 생명이 처음 나타나고 단지 5억 년쯤에 다 갖추어진 상태로 존재했었어야만 한다. 어떻게 이렇게 복잡한 생물이 그렇게 빨리 진화할 수 있었을까? 이러한 의문점은 모두는 아니지만, 많은 과학자들이 진화에 대하여 믿고 있는, 소위 천천히 점신적인 변화를 통하여 이루어졌다는 것에 문제점을 제기한다. 공통조상의 딜레마는 갑작스런 진화에 의해 복잡한 생물이 생겼고 그 이후 30억년동안 더 다양해졌다는 것이다. 이와 같은 종류의 폭발적인 진화는 또한 새로운 혹은 서식되지 않았던 생태적 지위(niche)가 이용 가능해졌을 때, 더 최근의 다른 진화의 단계에서도 때때로 일어났음을 주장하게 한다. 이러한 이론을 **단속평형설(punctuated equilibrium)**이라고 부른다.

생명의 기원

복잡한 공통조상의 수수께끼는, 우리로 하여금 다시 처음으로 돌아가서, 생명의 기원과 어떻게 처음 자가 복제를 하는 것이 대사적으로 복잡하게 되었는지에 대하여 생각하게 만든다. 처음의 생명체는 매우 간단한 것이었을 것임에 틀림이 없고, 아마 생물이라고 부르기에도 너무 간단했을 것이다. **원시생명체(progenote)**라는 용어가 때때로 사용된다. 어떻게 원시생명체가 태어나게 되었는지에 대한 많은 시나리오들-다른 행성으로부터 온, 점토와 같은 흡착성의 표면위해 물질들이 쌓여서 생겨났다는 등(하지만 이 가설은 어떻게 생명체가 시작되었는지 설명할 수 없다)-이 생겨나고 있다. 모든 가설들은 퓨린(purine), 피리미딘(pyrimidine), 아미노산등과 같은 생명체의 분자 구성 물질들이 생물발생이전의 세계에서 축적되었을 것이라는 추측을 공유하고 있다. 화학적 증거가 이와 같은 축적의 가능성을 확인해 준다. 첫 번째 증거는 1950년대 초반의 스탠리 밀러(stanley Miller)와 해롤드 유레이(Harold Urey)에 의한 유명한 실험이다. 생물발생이전 지구 대기의 구성성분으로 생각되어지는 가스혼합물(수소, 물, 암모니아, 메탄가스)에 전기를 흘려서, 그들은 아미노산과 핵산 염기를 포함한 생명체의 많은 구성요소(기본성분)를 만들었다. 비록 지구 과학자들은 현재 밀러와 유레이가 생물발생이전 지구의 대기에 대하여 잘못 추측했다고 믿고 있지만, 그들의 실험은 확실하게 생명의 기본요소가 생물발생이전 세계에서 쉽게 형성되고 축적될 수 있음을 보여준다.

11.4 밀러의 실험과 사용된 기구의 그림에 대한 간단한 설명

어떻게 생명체가 지구에서 시작되었을 지에 대한 대부분의 이와 같은 가설들은 다윈이 1871년 한 친구에게 보낸 편지에 있는 "따뜻하고 작은 연못" 이라고 부르는 것의 변화된 형태이다.

나의 그리운 후커(Hooker),

... 그러나 만약(그리고 정말 커다란 만약) 우리가 암모니아, 인을 포함한 염, 빛, 열, 전기 등

을 모두 포함하는 어떤 따뜻하고 작은 연못을 생각할 수 있다면, 단백질이 화학적으로 형성되고, 현재에는 즉각 관심을 끌고 받아들여지지만, 생명의 창조물이 생기기 이전에 더 복잡한 변화를 겪었음을 보여줄 수 있을 것이다. . . .

찰스 다윈 올림

초기 생명의 형태는 RNA에 바탕을 두었을 것이라는 것, 즉 초기는 RNA의 시대였을 것이라는 것이 현재의 합의된 의견이다. 이와 같은 생각은 그럴듯한데, 우리가 현재 RNA분자가 거의 모든 것을 할 수 있음을 알기 때문이다. RNA분자는 특정 바이러스에서 하는 것처럼 축적된 유전자정보를 가질 수 있다; 리보자임(효소활성을 가지는 RNA분자)처럼 화학반응을 촉매 할 수 있다. 실제로, 가장 기본적인 대사 작용 중의 하나로써 단백질 형성을 위해 아미노산을 연결하는 펩티드결합의 형성이 커다란 리보좀 서브유니트의 리보자임에 의해 촉매 된다. 이것이 단백질을 만드는 원시생명체의 초기 과정의 잔유물인가? RNA 시대가 발전하여 RNA-단백질시대가 되고 마침내 현재의 DNA-RNA-단백질시대가 되는 것을 상상할 수 있다.

원시생명체는 아마 현재의 기준에 의하면 어떤 것도 잘 하지 못할 것이지만 유일한 생명체 형태로써 그들은 더 뛰어난 생물들과 경쟁해야만 하는 것을 피할 수 있었다. 그들의 약점들과 같은 면들이 심지어 이점을 제공했다. 그들의 유전적 정보는 아마 높은 돌연변이율을 가졌고 결국 빠르게 진화하게 되었을 것이다.

그림 11.6 루리아(Luria)와 델브뤼크(Delbruck) 실험. 특정 파아지 저항성 세포를 가지지 않았을 작은 접종으로부터 시작된 배양세포를 높은 밀도로 생장시키고 파아지를 포함한 배지에 깐다. **(A)** 한 배양액으로부터의 여러 번의 표본은 모두 비슷한 수의 파아지- 저항성군락을 갖는다. **(B)** 각각의 배양액으로부터 얻어진 표본으로 부터의 파아지-저항성 군락의 수는 매우 다양하다.

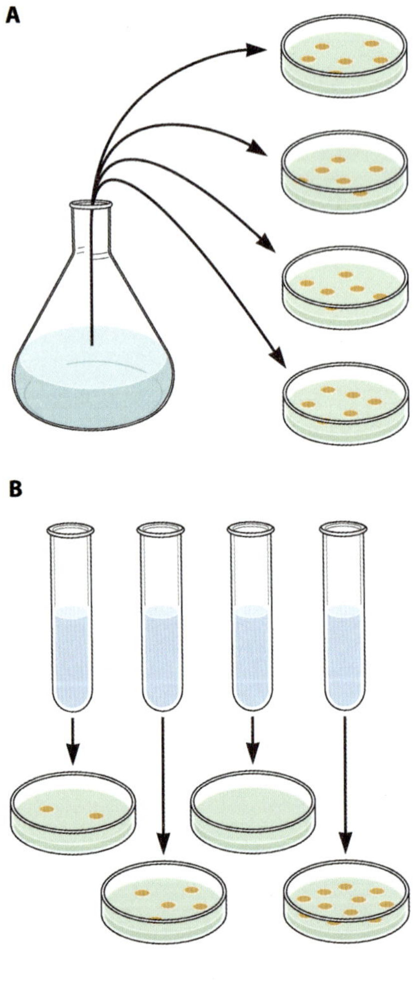

세균진화의 기작

다윈의 독창적인 책, *종의 기원(The origin of Species)*에서, 그는 진화는 자연적으로 존재하는 변이에 작용하는 자연선택에 의해 진행되고 이것이 유리한 형질을 선택한다고 제안하였다. 그의 이론의 본질은 환경적 변화의 간섭 전의 형질들의 존재이다. 변화는 단지 선호되는 형질을 선택한다. 그의 전임자인 라마르크(Jean-Baptiste Larmarck)가 추측한 것처럼 형질의 변화를 야기하는 것이 아니다.

다위니즘(Darwinism)

1943년, 루리아(Salvatore Luria)와 막스 델브뤼크(Max Delbruck)는 이미 존재하는 변이의 자연선택에 대한 다윈의 제안을 훌륭히 지지할 만한 실험을 했다. 잘 알려진 것처럼, 많은 수의 민감성 세균을 병원성 파아지와 섞은 후 도말하면, 적은 수의 파아지-저항성 군집이 항상 나타난다. 루리아와 델브뤼크는 파아지에 노출되는 것이 일부 세균의 세포가 파아지-저항성(라마르크가 주장하는 것처럼) 또는 단지 파아지 민감성 세균은 죽고, 이미 존재하는 파아지-저항성 세포가 나타나는 것(다윈이 예측하는 것처럼)인지를 알아보는 실험을 계획했다. 루리아와 델브뤼크는 후자가 그렇다고 보여주었다(그림 11.6). 그들은 논리적인 확률로써 너무 작아서 파아지-저항성 세포를 포함하기 어려운, 작은 접종원으로부터 얻은 민감성 세균으로 많은 수의 분리배양을 했다. 배양이 다 된 후에 각각의 배양액의 표본에 파아지를 섞은 후 도말했다. 나타나는 군집의 수가 매우 일정치 않게 다양했다-한 배양으로 얻은 다수의 표본보다 더 변이가 심했다. 이와 같은 결과는 설득력 있게 각각의 배양액사이에 높은 변이 정도는, 돌연변이가 일어났었을 지도 모르지만, 배양 생장동안의 상태에 기인한다는 수학적 모델에 잘 맞는다. 초기에 돌연변이가 일어난 배양은 많은 수의 저항성 군집을 만들고, 반면에 후에 돌연변이가 일어나면 적은 수의 저항성 군집이 나왔을 것이다 (그림 11.7). 만약 파아지에 노출된 것이 파아지 저항성을 나타냈다면, 같은 배양과 다른 배양으로 부터의 표본사이의 변이가 없을 것이다.

9년 후에, 조슈아 레더버그(Joshua Lederberg)와 에스커 레더버그(Esther Lederberg)는 그들이 새롭게 고안한 복제도말(replica plating, 10장 참조)기술을 이용하여 같은 관점을 증명면서도 훨씬 쉽고 좀 더 확신을 주는 실험을 하였다. 그들은 작은 군집들의 평판배지를 새로운 평판배지에 복제한 후, 한 평판배지를 파아지에 감염시켰다. 파아지-감염 평판배지 위에 나타난 파아지-저항성 군집과 같은 위치에 존재하는 파아지가 없는 평판배지위의 세포를 꺼내어, 다른 평판배지에 군집을 배양하고 같은 실험을 반복하였다. 결과적으로 그들은 파아지에 한 번도 노출된 적이 없는 파아지 저항성 세포를 분리하였다. 의심할 여지없이 이들의 저항성은 파아지에 의해 유도된 것이 *아니었다.*

신라마르키즘(Neo-Lamarckism)

루리아와 델브뤼크의 정교한 실험과 레더버그의 실험들은 확실하게 일부 돌연변이는 선택과 독립적으로 일어나는 것을 보여주었다. 그러나 물론 이것이 모든 돌연변이를 증명하는 것은 아니다. 1988년, 존 케언즈(John Cairns)와 동료들은 스트레스가 이것이 주는 제약을 극복하기 위해 특정 돌연변이를 유발할지도 모른다는 제안을 하는 실험을 발표하였다. 자세히 말하면, 그들은 β-갈락투시다아제를 암호화하는 유전자의 돌연변이로 인하여 젖산을 사용하지 못하는 세포가 젖산을 사용하여 생장하도록 도전받으면, 그들은 분명히 협동작용된 돌연변이를 일으켜서 생장을 하게 된다. 이들 돌연변이들은 세포가 도전받지 않을 때보다 100배 이상의 높은 비율로 나타난다. 이것은 마치 스트레스가 선호되는 돌연변이가 일어나

그림 11.7 클론에서 돌연변이 자손의 수적인 다양함. 클론에서 돌연변이 자손의 수는 언제 돌연변이가 일어났는가에 의존한다. 배양 1에서 보이는 것처럼, 만약 한 번의 돌연변이가 첫 번째 세대에서 일어났으면, 4번째 세대 후에는 8개의 돌연변이 세포가 있을 것이다. 그러나 배양 2에서 보이는 것처럼, 두 번의 돌연변이가 만약 두 번째와 세 번째 세대에서 일어났으면 단지 6개의 돌연변이 세포가 생길 것이다.

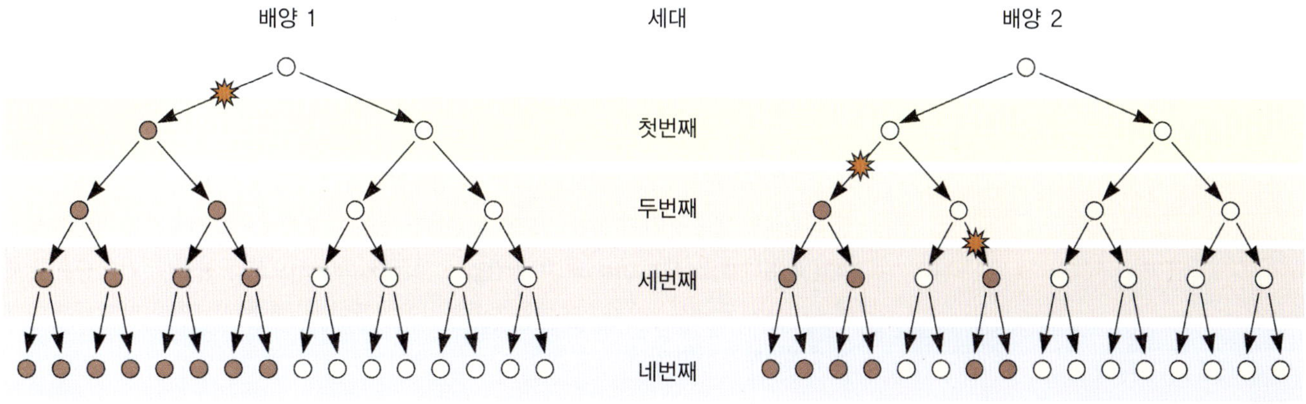

도록 유발시킨 것처럼 보인다. 이것에 대한 의미는 이것이 적응(다위니즘)기작이 아니라 라마르크의 기작을 원인이라는 것을 제안하기 때문에 논의의 쟁점이 되었다.

1998년, 존 로스(John Roth)와 동료들은 다위니즘이 문제되지 않는다는 것을 보였다: 부과된 스트레스는 선택적이지 않거나 심지어 일반적으로 돌연변이를 유도하지 않았다. 그들은 돌연변이 균주가 완벽하지 않아 적은 양의 β-갈락토시다아제의 활성을 나타내었음을 보여주었다. 그와 같은 돌연변이 균주가 며칠 동안 10^5 세포 정도를 포함하는 작은 군집을 충분히 형성할 수 있었다. 이와 같은 크기의 군집에서는 선호되는 돌연변이가 충분히 일어날 수 있다. 이 가능성은 **중복(duplication)**이 교정되기 때문에 증가한다. 교정의 기작은 일시적으로 한 가닥의 DNA사슬이 만들어지고 이것이 결과적으로 SOS(9장의 "세포분열과 DNA복제 사이의 관계" 참조)라고 알려진 스트레스 반응을 유도한다. 이 반응의 한 부분이 특히 오류를 만들어내기 쉬운 DNA 중합효소의 유도 때문이다.

다른 말로 하자면, 이들 연구자들의 경우 스트레스가 특정 선호(유익한) 돌연변이를 유발하지 않았다. 반면, 부과된 조건들이 이미 존재하던 중복을 *선택했고*, 이것이 일부생장을 가능하게 하여 목표가 되는 많은 수의 유전자를 만들고, 이것에 의하여 돌연변이 가능성을 증가시키고, 이것들 중에 일부가 β-갈락토시다아제의 결점을 교정할 수 있었다.

중폭-돌연변이생성(amplificaiton-mutagenesis)라고 부르는 이러한 기작은 물론 자주 형성되는 연계된 중복에 의존한다. 이것이 바로 이유이다. 중복은 자매 염색체사이의 재조합에 의해 자주 형성되고 자체의 중복성이 있는 위치에서 재조합에 의해 종종 없어진다(그림 11.8). 결과적으로 어떤 특정 유전자의 중복을 가진 세포들은 10^{-4}에서 10^{-5}정도의 빈도로 세균의 배양 중에 존재한다.

또한 중복은 아마 다른 생물들에서도 비교적 높은 빈도를 가지며 일어날 것이다. 그러므로 인간에 있어서도, 중폭-돌연변이가 어떤 암과 새로운 유전자들의 진화와 연관 있는 관련 돌연변이 군집의 출현과 같은, 다른 설명하기 힘든 생물학적 현상을 설명해줄지 모른다.

초기 진핵생물과 내부공생

초기 미생물 진화의 많은 면들은 단지 추측들이지만, 진핵생물의 미토콘드리아와 엽록체의 기원은 분명히 확립되어있다. 이들 두 기관은 원시 진핵세포에 의해 삼켜졌던 굉장히 변화된 세균의 후손들이다. DNA염기서열의 비교를 통하여 미토콘드리아는 갇힌 *프로테오박테리아* 분류군의 세균으로부터 유래된 것이고, 엽록체는 포획된 시안세균(이 분류군의 세균은 15장에 설명되어 있다)으로부터 유래된 것임을 알 수 있다.

세균을 삼키고 그들이 특정 대사기능의 일들을 하도록 유지했던 것은 미토콘드리아와 엽록체에 국한되지 않는다. 예를 들면, 진드기의 세포들은 아미노산을 생산하는 세균내부공생자를 가져서 진드기의 단백질-부족 영영분인 식물 즙액을 보충한다(제19장 참조). 이러한 내부공생자들은 틀림없이 미토콘드리아와 엽록체보다 더 최근에 유래된 것이다. 비록 더 이상 독립적인 생장을 하지 못할 정도로 오랜기간 동안 내부공생자로 적응되었지만, 그들은 아직 확실하게 *Escheriachia coli*와 관련있는 세균(*Buchnera*)으로 구분된다. 진핵생물의 세계는 다른 세균 내부공생자들의 예로 가득하지만 그들이 제공하는 선택적 이점은 대부분 아직 설명되지 못하고 있다

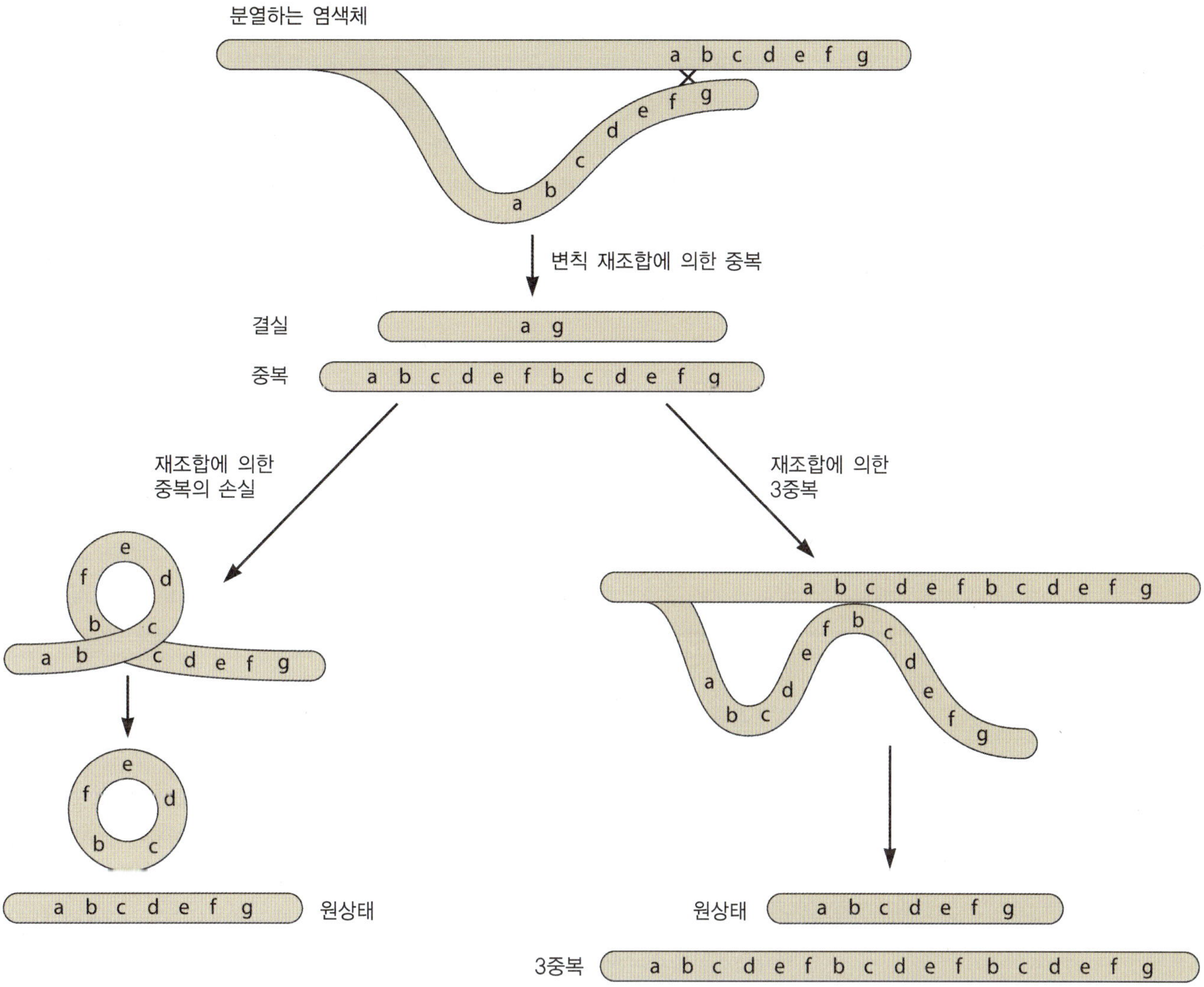

그림 11.8 중복의 형성, 결실, 그리고 증폭에 대한 가능한 기작.

어떤 원시 진핵 미생물들(생명계통수의 깊은 가지에 위치하는 것들, 예를 들면 수인성 병원균인 *Cryptosporidium*과 *Giardia*)은 미토콘드리아가 없다. 그러나 그들이 한때는 그것들을 가졌었을 것이라는 증거가 있다. 이들 생물의 핵 DNA안에는 이전에 내부공생자로부터 왔을 지도 모르는 일부 세균성 유전자들이 존재한다. 이들 생물들은 원시시대의 진화의 주요 중심으로부터 분화되어 나온 진핵생물(생명계통수의 분류에 의한)에 속하고, 획득 후에 유실 또는 유전체 축소가 더 최근에 분화된 **분기군(clades,** 단일조상으로부터 유래된 종들의 군집)의 특징이다. 최근증거에 의하면*Giardia*가 이중막으로 둘러싸인 미토콘드리아 기관의 잔유물인 **미토좀(mitosomes)**을 가졌을 것이고, 이것들은 축소진화의 결과를 보여준다.

분자의 진화

원시생명체의 유전체는 작았을 것이 분명하고 진화가 진행되면서 유전자 중복에 의해 이것의 확대가 일어났을 것이다. 이 과정은 진화역사 전체를 통하여 일어났던 것처럼 오늘날 매우 흔한 일이다(10장 참조). 중복의 경향과 그에 따른 향상과 특성화는 종의 진화, 즉 유전자의 진화보다는 진화의 다른 형태를 의미하고 이것은 단백질의 진화를 나타낸다. 단백질 진화는 아마 전체과정의 가장 기본적인 면이고 가장 재현하기 쉬울 것이다. 단백질은 결국 생물학적 과정들의 주요 주체이다. 그들의 진화는 생물들 사이의 그들의 분포와 독립적으로 연구될 수 있다.

매우 많은 생물들의 유전자서열이 가능함으로써 풍부해진 자료를 통하여, 생물들과 같이 단백질도 연관되어 있다는 것은 분명해지게 되었다. 이를 바탕으로 단백질들은 아마 공통의 진화역사를 갖는 구성원인 **단백질 집합(protein faimilies)**으로 구분된다. 분명한 유사성을 나타내는 단백질의 구성을 종합적으로 단백질 **초집합(superfamily)**이라 한다. 지금까지 약 7500개 단백질 집합들이 알려졌고 그 수는 아마 더 올라가지 않을 것이다.

11.5 밀러의 실험과 사용된 기구의 그림에 대한 간단한 설명

놀랍게도 같은 단백질 집합의 구성원들은 생물들의 전체 세계에 퍼져있다. 심지어 더 놀라운 것은, 같은 단백질 집합에 속하는 효소들은 같은 반응, 혹은 겉으로 보기에 심지어 매우 비슷한 반응들을 반드시 촉매하는 것은 아니다. 이 단백질 진화에 대한 새로운 견해는 어떻게 그들이 빠르게 진화할 수 있었는지 그럴듯한 설명을 제공한다. 각 단백질은 독립적으로 진화할 필요는 없다. 반면에 복잡한 진화의 계통수에의 단지 부속가지의 산물일지도 모른다.

심지어 더 뜻밖의 새로운 사실은 **단백질 도메인(protein domains**, 구분되는 형태 또는 기능을 갖는 한 단백질의 일정지역)의 연구로부터 나타난다. 많은 단백질에서, ATP 또는 NAD결합과 같은, 특별한 기능을 갖는 도메인들의 존재는 중요한 진화적 의미를 갖는다. 생각건대, 단백질은, 적어도 부분적으로, 다른 근원으로부터의 도메인의 결합을 통하여 한 단백질로 진화했고 그 때문에 새로운 효소활성을 만들어 낸다. 예를 들면, NAD결합 도메인과 특정 기질과 결합하는 도메인의 결합으로 한 단백질이 만들어지면 새로운 탈수소효소가 생기게 될 것이다. 많은 효소들이 이와 같은 모듈 기작으로 진화해 온 것으로 보인다. 실제로 일부 과학자들은 진핵생물의 유전자에서 흔하고 또는 일부 원핵생물에 존재하는 **인트론 (introns**, 유전자사이에 끼여 있는 암호화되는 않는 지역)이 새로운 도메인의 조합으로 구성된 새로운 효소를 갖도록 재조합을 촉진시키도록 진화했을 지도 모른다고 제안하고 있다.

재조합 도메인과 더불어, 단백질 진화는 두 개의 기작에 의해 진행되었음이 분명하다.

1. 돌연변이와 선택에 의하여 수직적인 전이와 함께 기존 활성의 점진적인 변화; 그와 같은 후손에 속하는 단백질들은 **오르토로고스(orthologous)**라고 한다.
2. 단백질을 암호화하는 유전자의 중복과 독립적인 돌연변이 그리고 두 개의 결과적인 계통의 선택; 이와 같은 방식과 관련된 것은 **파라로고스(paralogous)**라고 한다.

지난 삼십년 넘게 진행되어온 미생물진화에 대한 이해가 놀랄 정도로 빠르나 많은 질문이 그대로 남아있다. 아마도 이 기간 동안 일어났던 가장 중요한 변화는 관련된 연구분야와 이 연구를 하는 연구자들의 증가된 낙관론적인 정신일 것이다. 거대분자의 서열에 대한 정보가 가능하기 이전에는, 대부분의 미생물학자들은 미생물진화의 구체적인 것은 영원히 알 수 없을 지도 모른다고 생각했다. 지금은 대부분이 때가 되면 미생물진화에 대해 알 수 있을 것이라 믿고 있다.

결론

진화의 개념은 엄청난 다양성과 서로 다른 설명들을 이해하게 만들고 정리하는 생물학의 지도적 원리이다. 대부분의 진화의 업적들은-대사적, 유전적, 그리고 세포적-진핵생물이전에 원핵생물사이에서 일어났다. 원핵생물사이의 진화적 관련성은 화석기록의 부족 때문에 거대분자들의 서열 결정 방법이 알려질 때 까지 아직 잘 몰랐었다. 리보좀 RNA는 보편적이고 그중 일부분이 느리게 진화하기 때문에 미생물진화의 분자연구에 선택이 되었다. 단백질의 연구는 대체로 이들 결론을 잘 말해주지만 수평유전자전이에 의한 복잡성도 또한 잘 강조시켰다. 많은 확실한 증거들에 의해 지구상의 모든 생명체는 단일 기원으로부터 유래되었으며 미토콘드리아와 엽록체는 진화초기에 포획된 세균의 현재 진화 산물인 것을 알게 되었다. 단백질 진화 연구를 시작하기 위하여 충분한 분자 자료들이 축적되고 있다.

학습문제

1. 생물학적 진화를 어떻게 정의할 것인가?

2. 화석기록과 현존하는 생물들의 DNA 염기서열 모두 진화에 대한 정보를 제공한다.

a. 왜 후자가 미생물사이의 진화적 관계를 연구하는데 더 유용한가?

b. 생물들의 두 쌍 사이에 진화적 연관성을 연구하기 위해 화석기록을 사용할 때에, 직접적인 연관성을 나타내기 위하여 한 개 더 많은 화석기록이 필요한 것을 제안하기 위하여 **"잃어버린 연결고리(missing link)"**라는 용어가 때때로 사용된다. 생물사이의 관계를 나타내기 위하여 염기서열이 사용될 때 비슷한 개념이 있는가? 그렇다면, 그것은 무엇인가?

c. 미생물의 화석기록은, 별로 없지만, 염기서열의 연구가 제공하지 못하는 정보에 기여해왔다. 이 정보는 무엇이었나? 그리고 왜 염기서열은 그 정보를 제공하지 못했나?

3. 유전자(혹은 일련의 유전자들)는 생물들 사이에 진화적 관련성을 추정하기에 유용하기 위해 서열에 어떤 특성들을 가져야만 하는가?

4. 어떻게 두 개의 다른 유전자들의 염기서열이 생물군집사이의 다른 진화적 관계를 말해줄 수 있는지 설명하라

5. 진화동안 "RNA시대" 의 존재를 지지하는 주장에는 어떤 것들이 있나?

6. 세균이 모든 생물학적으로 유래된 산소 생산과 이용에 중요하다는 논제를 설명하라.

7. 어떻게 단백질 도메인이 단백질 진화의 속도를 증가시킬 수 있었나?

단원 V 생리학

제12장 협동작용과 조절
제13장 환경에서의 성공
제14장 분화와 발생

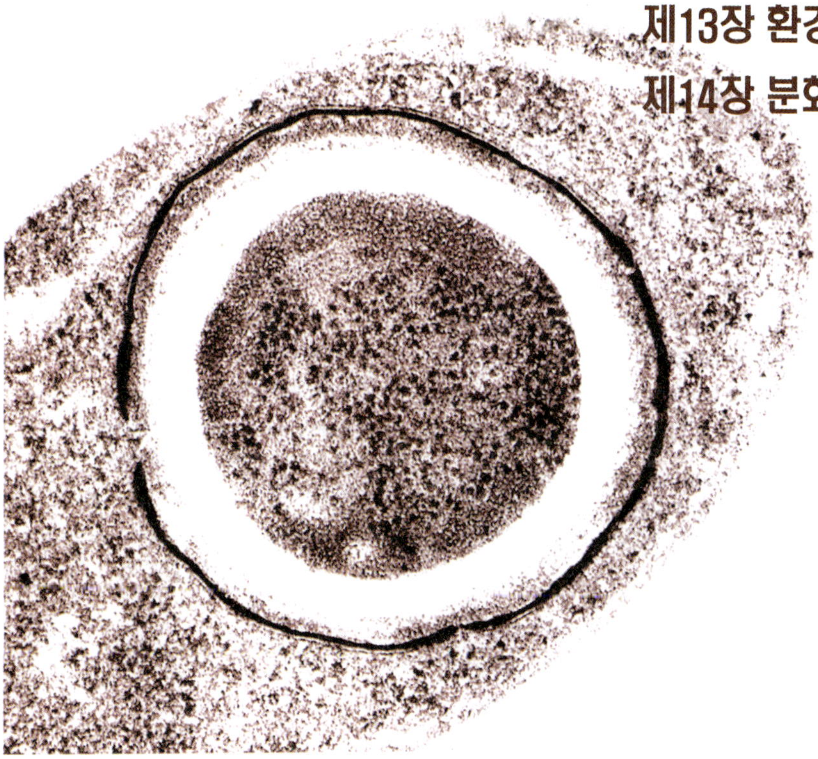

제12장 협동작용과 조절

개요

세균대사와 생장(3단원 참조)에 대한 조사를 통해 세균은 아마 2,000개 정도의 화학반응의 활동에 의해 생성되고, 생명기능을 작동한다고 나타났다. 우리는 대사단계들(에너지발생, 생합성, 중합과정) 개념에 대하여 소개했고, 대사경로의 구성을 토의하고, 간단한 유기물 혹은 심지어 완전한 무기물질로부터 살아있는 세포의 합성을 유도하는 복잡한 일련의 생화학적 반응에 대하여 서술했다.

우리는 이것이 살아있는 세포를 만들기 위한 모든 것이라고 어떻게든 믿게 매우 현혹되어있다. 2000개의 독립적인 화학반응 각각이 자동적으로 다른 모든 것들과 상호작용해서 생장의 질서와 효율을 만들 수 있는 방법은 아무것도 없다. *III단원에서 다루었던 것은 세포가 무질서를 만든다.* 이 장에서는 우리는 어떻게 질서가 무질서에서 만들어지고 어떻게 *독립적인* 화학반응이 하나의 협동작용 네트워크-거대한 복잡성과 최고의 인간 공학자의 위업을 초월하는 정밀함의 통합된 회로-로 조화시키는지 조사할 것이다.

대사작용의 협동작용을 위한 증거

몇 개의 간단한 실험을 통하여 세포의 구성성분을 협동작용하고 하나의 통합된 체계를 만들 수 있는 세포의 역량의 확실한 증거를 제공할 수 있다. 협동작용은 대사과정의 각 주요 대사단계에서 증명될 수 있다. 단순하게 생합성부터 시작하자.

생합성의 협동작용

*E. coli*와 같은 세균 종이 밀리리터 당 10^8 세포 수 밀도 (더 많은 글리세롤이 존재하면 배양액이 생장가능하게 하는 것 보다 훨씬 적은)까지 자라게 하도록, 무기염류와 단지 충분한

C^{14}-방사선으로 표지된 글리세롤을 유일한 탄소원과 에너지원(기질)을 포함한 배양액을 준비한다. 배양액에 적은 수의 세포로 접종하고 호기적 배양을 한다.

생장동안 이 배양액으로부터 얻은 표본은 몇 개의 간단하지만 유익한 사실을 제공한다. 첫째, 세균들이 여과 또는 원심분리로 제거된 배양액의 분석을 통하여 생장 기간 동안 주요 방사선 물질들이 사용되지 않은 글리세롤이고 신화적 대사로부터 발생한 CO_2라는 것을 알 수 있다. 그 후에, 글리세롤의 고갈로 인하여 생장이 멈출 때, 거의 모든 방사선 물질은 용존 CO_2였다. 단지 적은 양의 표지된 아미노산, 핵산, 또는 다른 대사물질들이 배양액에서 발견되었다.; 생장하는 세포들은 대사의 중간물질들을 밖으로 내지 않았다. 이들 자료는 *각 기본물질들의 형성속도와 거대분자형성을 위한 이들의 사용속도가 일치하고 각 대사과정을 통한 탄소의 흐름이 다른 것들의 것과 잘 협동작용 된다는 것*을 상당히 정확하고 간단하게 말해준다.

이 실험을 반복하되, 이제 아미노산, 예를 들면, 히스티딘(표지되지 않은)을 배양액에 포함시킨다. 생장의 끝에 이 배양액을 분석하면 다른 모든 아미노산과 함께 히스티딘은 거의 미량의 방사선도 포함하지 않는다; 그들은 그러므로 방사선의 글리세롤로 부터가 아니라 배양액에 제공된 방사선으로 표지되지 않은 히스티딘으로부터 거의 독점적으로 온 것임에 틀림없다. 전과같이 배양액의 방사선 물질은 거의 독점적으로 CO_2이다; 특히 방사선 히스티딘 또는 히스티딘 생합성 경로의 대사물질은 없다. *그러므로 글리세롤로부터 만들어진 히스티딘은 거의 없다.* 세포들은 배양액에 제공된 히스티딘을 사용했을 뿐 아니라, 히스티딘을 생합성하는 전체 경로를 완벽하게 차단했다. 이 실험은 실제로 거의 어떤 구성단위, 비타민, 혹은 조효소들(세포로 쉽게 들어올 수 있는)로 반복해도 같은 결과를 얻을 수 있다. *어떤 물질하나만 존재해도 그 물질의 내부 합성을 멈추게 한다.*

이 협동작용의 증거는 더 자세히 쉽게 만들 수 있다. 만약 실험을 다른 생장조건들-다른 온도, pH, O_2압력, 탄소원, 영양분 혼합물 등-에서 실행해도 같은 결과를 얻는다. 또한, 결과는 생장률과 세포의 화학적 성분과 독립적이다. 이 결과는 *한 경로와 다른 경로와의 협동작용이 조절될 수 있지, 고정된 것이 아니라는 것*을 보여준다. 다양한 범위에서 모든 다른 경로들에 비례하여 기능을 하는 각 경로의 속도가 조절될 수 있다.

에너지 발생의 협동작용

이 조절 가능한 협동작용이 에너지발생반응에도 또한 존재하는가? 많은 세균 종들은 다른 양의 전구물질, 에너지, 그리고 환원력을 주는 다양한 기질들로 생장할 수 있다. 이들 에너지 발생 물질에 대한 세포의 요구는 탄소원과 에너지원이 무엇이던 간에 실질적으로 동일하기 때문에, 다양한 에너지발생 반응으로부터 나온 이들 자원들의 비율을 조절하는 기작들이 존재한다. 탄소와 에너지원으로 많은 영양분(이미 만들어진 구성단위들을 포함하는)이 글리세롤과 함께 배양액에 첨가될 때 유연성의 다른 증거가 존재한다. 이들 조건에서는 에너지 발생의 물질에 대한 요구가 바뀐다. 전구대사물질들은 합성을 위해 더 이상 사용되지 않고 환원력을 위한 요구도 줄어드나 세포는 아직 중합과 조립을 하기 위한 ATP에 대한 요구를 가진다. 마치 거의 세포가 뇌를 가지고 문제를 생각한다고 생각될 정도로, 세포는 적당한 ATP공급을 만들기 위해 에너지 경로를 통하여 단지 충분한 글리세롤 대사한다; 세포는 전구대사물질은 대사하여 CO_2를 내고 환원된 조효소를 다시 산화시킨다. 그래서 불필요한 전구대사물질과 환원력 모두를 ATP로 전환시킨다.

중합과정의 협동작용

4장의 "세포의 생리는 생장률에 의해 어떤 영향을 받는가"로부터 세균 세포의 거대분자 성분이 생장배지의 본질에 의해 크게 영향을 받지 않는다는 것을 생각하자. 아미노산 혼합물에서 자란 세포들은 단백질이 더 많지 않고; 지방산에서 자란 세포들은 지방이 더 많지 않다; 핵산에서 자란 세포들은 핵산이 더 많지 않고 당에서 자란 세포들은 탄수화물이 더 많지 않다. 아주 반대로, 매우 다른 화학물질의 배지는 거의 동일한 거대분자 조성의 세포를 생산한다. 배양액의 일부 변화는 세포구성성분의 영향을 미치지만 *단지 생장률에 영향을 줄 정도까지* 만이다. 그래서 아미노산이 공급되어 자란 세포들은 최소영양배지에서 더 느리게 자란 같은 세포보다 RNA가 더 많다.그러므로 특정 생장률을 달성하기 위한 잠재력을 감지할 수 있고 적절하게 각 거대분자의 합성을 조정할 수 있는 조절 기작이 존재해야 한다.

결론적으로, 모든 주요 에너지 발생, 생합성, 중합 경로는 수천의 각각의 작용 부분으로 된 체계의 잠재하는 혼돈으로부터 질서를 갖게 하는 강력한 조절 작용을 받게 된다. 이들 예들이 협동작용을 설명한다. 이제 질문은, 이것들이 어떻게 달성되는가이다

두 가지 조절 작용

만약 여러분이 이런 조직된 방법으로 일을 하는 세포를 만든다고 하면, 아마 대사 반응의 속도가 조절될 수 있는 가능한 방법들을 고려할 것이다. 일반적으로, 아래와 같은(S_1과 S_2가 기질이고 P_1과 P_2가 대사산물)

$$\longrightarrow S_1 + S_2 \xrightarrow{\text{효소}} P_1 + P_2 \longrightarrow$$

대사 반응의 속도는 세 가지 방법 중 하나로 조절될 수 있다: (i) 효소의 활성의 다양성, (ii) 효소양의 변화, (iii) 하나 또는 두 기질의 세포내 농도의 다양성. 셋 중에서 어느 것을 선택할 것인가?

세균 세포들은 이들 수단을 모두 사용하나, 우리는 처음 두 가지에 초점을 맞출 것이다. 세 번째, 반응을 위한 기질 농도의 다양성, 기작은 이들 물질을 생산하는 어떤 반응에 작용하는 다른 기작의 하나로 야기될 수 있다. 그래서 대사 협동작용의 주요 기초는 효소들의 *활성* 또는 양을 다르게 하는 것이다.

효소활성의 제어

단백질 활성 조절은 두 종류이다. 어떤 경우에는 단백질 효소가 가역적으로 **공유결합**(인산화가 보통이나 아데닐기, 아세틸기, 메틸기 그리고 다른 작용기 또한 일어남)에 의해 불활성화(혹은 활성화되는)된다. 다른 경우에는, 가역적으로 다른 분자와 결합되어 조절된다—만약 작은 분자면 **리간드(ligand)**라고 불리고 단백질 또는 핵산이면 **조절자(modulator)**라고 불린다. 단백질활성의 이 조절을 **알로스테리(allostery)**라고 부른다. 비록 변형과 알로스테리 둘 다 중요하지만 우리가 곧 볼 것같이, 후자가 미생물 조절에서 훨씬 더 흔하고 보편적이다.

효소양의 제어

효소수준의 조절은 합성의 속도와, 또는 흔하지는 않지만, 각 단백질의 분해 속도 영향을 준다.

일반적으로, 고등 식물과 동물의 분화되는 세포들은, 적어도 세균과 비교하면, 효소의 양보다는 효소의 활성을 더 조절한다. 이것은 세균이 효소활성을 조절하지 않는다는 것이 아니라(다음 절에서, 우리는 이와 같은 조절들이 어떻게 우세하고 중요한지 볼 것이다) 세균이 훨씬 큰 정도로 그들의 각각 효소의 양을 조절한다.

그러면, 왜 세균과 고등생물들은 다른가? 적어도 네 가지 이유가 주어진다. 첫째, 세균은 종종 기질이 제한되어 있다. 효소를 만들고 그것을 쓰지 않으면 경제적이지 않다(단백질은 만들기 위해 사용되는 에너지를 상기하자[제8장 참조]). 세균은 소용없는 혹은 중복되는 단백질은 만들 여력도 없고, 그들은 중요한 효소를 생산하지 않고 생존할 수 없다; 두 상황 때문에 효소합성의 빠른 조절 장치가 요구된다.

두 번째, 세균은 효소합성의 조절을 통해 효소의 양을 위로 아래로 경이롭게 잘 조절하도록 적응되어 있다. 상향조절은 수 초안에 시작되고, 우리가 아래 볼 것처럼, 천배 혹은 그보다 많이 효소의 양의 빠르게 증가시킬 수 있다. 하향조절 또한 바로 시작된다. 효소의 합성을 중지함으로써, 세균 세포는 세포 생체량의 두 배 증가 할 때 그 효소를 반만 가지게 된다. 만약 세대시간이 20분이면 한 시간에 양이 8배 줄어들 수 있다.

새 번째, 세균의 mRNA의 회전이 빠르기 때문에, 단백질의 청사진이 완전하게 매 수 분 안에 새롭게 되어 전자단계에서 빠르게 효소합성을 조절할 수 있는 놀라운 기회를 가질 수 있다.

네 번째, 세균의 mRNA의 멀티시스트로닉(multicistronic)본질 때문에 전체 경로 또는 기능적으로 연관 있는 다른 그룹 효소의 종합적인 조절을 촉진한다. 하나의 mRNA 합성 조절의 한 번의 조정으로 세포는 전체 경로의 합성 속도를 변화할 수 있다.

왜 두 가지 조절 작용인가?

만약 반응이 효소의 양 또는 활성을 조절하는 것으로 동등하게 조절될 수 있으면, 왜 세균은 *두 가지* 기작을 사용하나? 세포 생리학의 이 중요한 질문을 답하기 위해, 우리는 각 조절 작용에 대하여 더 자세한 정보가 필요하다. 그러면 우리는 두 가지 조절 기작을 가지는 미생물의 원리를 평가하는 더 정보화된 위치에 있을 것이다.

그림 12.1에 나타난 조절 장치의 개요는 미생물의 단백질 활성과 양을 조절하는 다양한 방법을 보여준다. 우리는 첫 번째 효소활성 그리고 후에 효소 양의 조절을 고찰할 것이다.

단백질 활성의 조절

단백질 활성의 조절은 빠르게 거의 즉각적으로 일어남으로써 1초보다 훨씬 빠른 시간 안에 미생물 세포내에서 대사의 흐름을 조절하게 한다.

알로스테릭(Allosteric) 상호작용

효소(또는 다른 단백질)의 활성을 조절하는 가장 보편적인 방법은 생합성의 **알로스테릭 상**

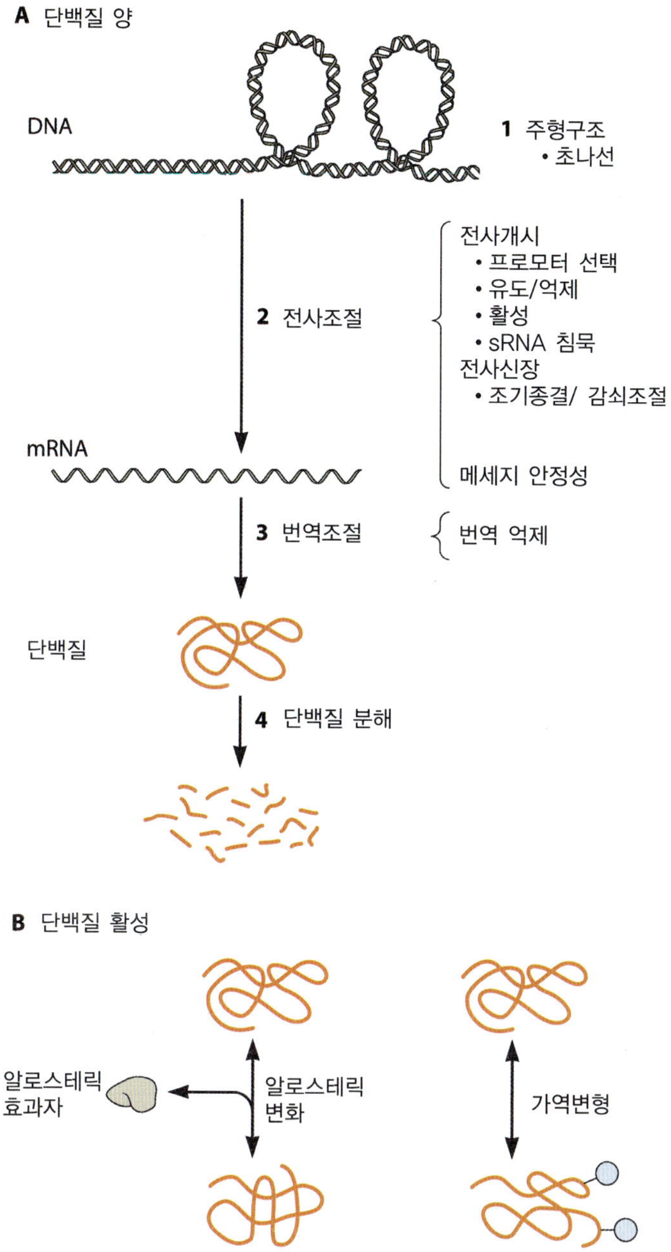

그림 12.1 대사조절장치의 개요. 그림은 대사 작용을 협동조절하기 위해 두 가지 형태의 조절의 개요를 보여준다: 세포의 단백질의 양을 조절 (A), 그리고 단백질의 활성을 조절 (B)

호작용(**알로스테리**는 다른 모양을 의미한다)이다. 알로스테리는 구조의 변화와 **알로스테릭 조절자**(그림 12.1B)라고 불리는 리간드에 결합한 후에는 단백질의 활성 변화를 포함한다. 효소의 경우에는, 모양의 변화가 촉매활성을 바꾼다. 알로스테릭 변화는 두 가지 특징을 가진다: (i) 알로스테릭 조절자가 결합하는 **조절 위치**는 효소의 촉매위치로부터 떨어져있고 (ii) 조절자는 기질(또는 생성물)과 입체적 유사성을 가질 필요가 없다. 이것은 강조할 만하다: *알로스테리는 기질이나 생성물과 거의 유사성이 없는 물질에 의해 효소의 활성을 변경하기 위한 수단을 제공한다.* 알로스테리는 기질을 닮은 물질이 효소의 활성 위치에 결합하

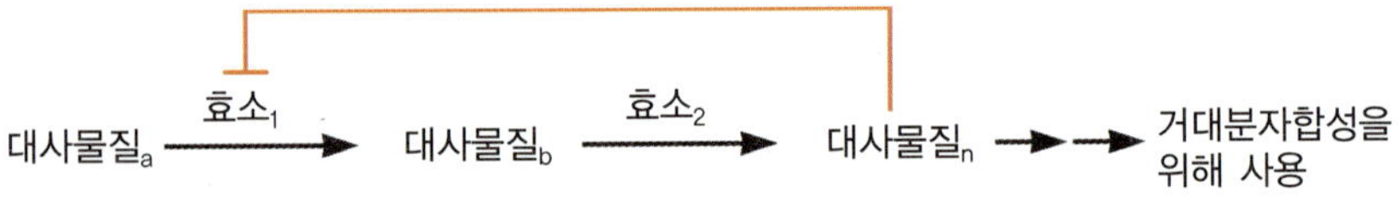

그림 12.2 되먹임 저해. 일련의 효소반응의 마지막 산물, 대사물질n,이 알로스테릭 단백질인, 효소의 조절위치에 결합할 수 있는 특성을 가지고 효소를 억제한다. 이와 같은 계획은 고분자 합성과 같은 일부 계속적인 과정에서 대사물질이 빨리 사용될 때만 만들어지게 하는 것을 가능하게 한다.

는 것을 경쟁하는 경쟁적 억제와 기본적으로 다르다. 어떻게 알로스테리가 작동하는가? 알로스테릭 효소들은 하나는 높은 그리고 다른 하나는 낮은 활성을 갖는, 적어도 두 가지 구조로 존재한다. 조절자의 결합은 두 가지 중에 한 가지 구조를 선호되게 만든다. 어떤 경우에는, 변화되는 것은 효소의 속도(V_{max}, 반응의 최대 속도)이다; 다른 경우에는, 기질에 대한 친화력(K_m, 미켈리스 상수)이다. 알로스테릭 조절자는 특별한 경우에 효소의 활성을 증가시키거나 감소시킬 수도 있다; 어떤 효소는 **양성**과 **음성**의 알로스테릭 조절자 둘 다를 가진다.

생합성의 알로스테리

우리는 세균은 구성단위인 히스티딘이 배양액에 제공되면 이것을 만드는 것이 아니라 이용할 것이라는 것으로 이 장을 시작하였다. 우리는 방사선으로 표지된 글리세롤과 유기염들로 구성된 배양액에서 이미 자란 배양균에 히스티딘을 첨가한 후 즉시 결과를 조사하면서 이와 같은 것을 더욱 강조하였다. 아주 빠르게 얻어진 시료로부터 *히스티딘을 넣은 후 수 초안에 거의 모든 히스티딘 생합성 경로의 흐름이 멈춘다*는 것을 알게 되었다. 이 결과는 공동 작용이 빠른 기작 때문이라는 것을 나타낸다. 이것이 알로스테리로부터 야기되었을 것이라는 것은 히스티딘 생합성의 첫 번째 효소가 정말로 알로스테릭 효소이고 히스티딘이 음성의 알로스테릭 조절자인 것이 알려지면서 확인되었다. 그래서 히스티딘을 첨가하면 즉시 첫 번째 과정에서 전체 경로를 막아버린다.

이와 같은 즉각적인 반응은 세포 안에서 히스티딘의 생합성을 조절하기위한 계속적인 반응의 더 극적인 경우이다: 세포에 의해 만들어지거나 배양액으로부터 얻은 히스티딘의 내부 농도가 전구체 대사물질로부터 결과 생성물로의 흐름의 속도를 결정한다. 히스티딘은 예외가 아니라 한 가지 예이다-거의 모든 구성단위는 그들의 생합성경로의 첫 번째 효소의 음성의 알로스테릭 조절자로서 역할을 하여 그들 자신의 합성을 조절한다. 이 조절 작용을 **피드백 저해**(혹은 **결과산물 저해**)라고 한다. 각 구성단위는 거대분자 합성에 사용되면서 없어지기 때문에 생합성 경로는 *요구충족*에 의해 작동한다: 그들은 중합과정에 그들이 소비되는 속도로 그들의 최종산물을 생산한다. 그림 12.2는 생합성 경로에서 피드백저해의 요소들을 일반적인 용어로 요약하고 있다. 피드백 저해는 생합성 경로의 가지나 그들의 다른 복잡성(그림 12.3)을 수용하도록 적응할 수 있다.

에너지발생의 알로스테리

알로스테릭 억제와 활성은 또한 에너지 경로를 통하여 대사물의 흐름을 조절한다. 여기서는 경로의 첫 번째 또는 초기 단계의 최종산물에 의한 간단한 장치가 적용되지 않는다.

그림 12.3 세균의 생합성 경로에서 발견되는 되먹임 저해의 양상. **(A)** 조절반응을 위한 동일한 기능의 효소는 두 경로의 마지막 산물에 의한 다른 되먹임효과를 가능하게 한다. **(B)** 누적 되먹임 저해는 조절 단백질의 다중의 알로스테릭 위치를 포함하여, 모든 마지막 산물이 과잉으로 존재하지 않는다면 일부 활성을 가지게 하도록 한다. **(C)** 순차적 되먹임 저해는 경로의 다양한 분지에 따로 작용하는 마지막 산물을 포함한다. **(D)** 억제와 활성은 양성(+)과 음성(-) 알로스테릭 작용자를 복잡한 경로를 협동작용하기 위하여 둘 다 사용한다.

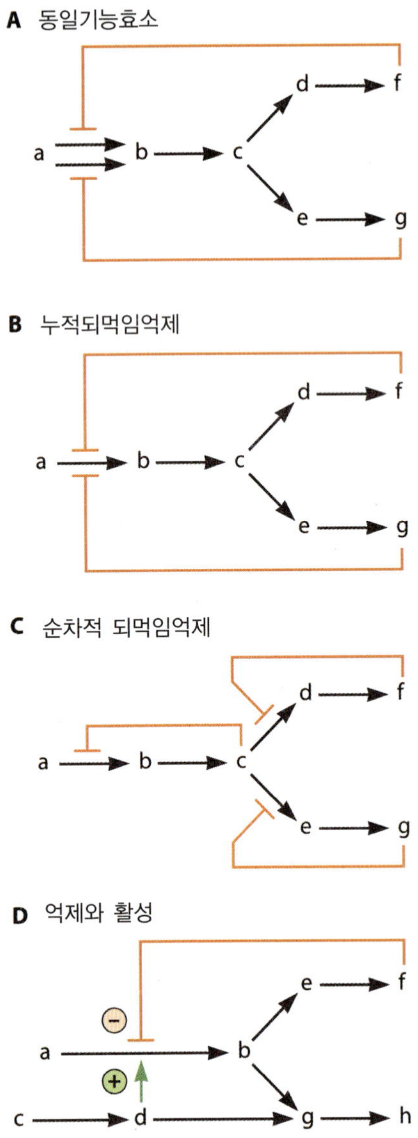

13개의 전구체 대사물질의 형성 경로들은 상당히 서로 연관되어 있어(어떤 것들은 순환한다) *특이한 초기단계들이 없다.* 예를 들면, 포도당으로 생장하는 초기단계는 말산염(malate)으로 자라는 마지막 단계이다(그림 6.16 참조). 그래서 조절들은 각각의 주요 에너지 발생 경로들에서 내부적으로 작동하고 양성과 음성의 알로스테릭 상호작용들은 많다(그림 12.4). 하나의 대사물질(예를 들면 아세틸 조효소 A)이 한 효소에는 양성의 조절자로 다른 것에는 음성의 조절자로 역할을 하는 것을 주의하라.

ATP와 환원된 니코틴 아미드 아데닌 디뉴클레오티드(인산염)(NAD[P]H)의 형성 속도는 또한 반드시 알맞게 조절되어야한다. ATP 합성과 이용은 ADP와 AMP를 통한 순환적 흐름을 포함하기 때문에, 모든 세 가지 아데닐산(adenylate)이 에너지 발생 반응(또한 생합성 경로 안에서)에서 조절역할을 하는 것은 이해할 수 있다. 세포의 에너시 상태의 유용한

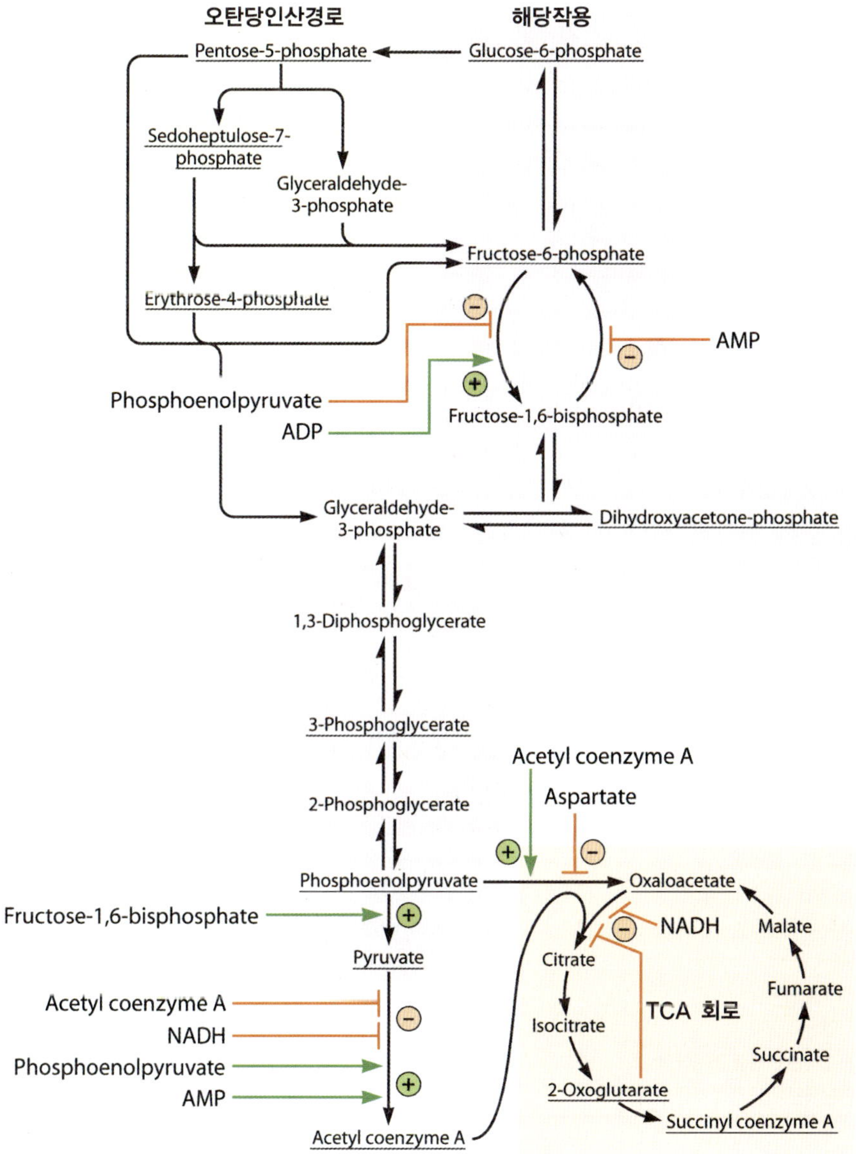

그림 12.4 알로스테릭 조절 단계의 일부를 보여주는 에너지 발생의 중심 경로. - 음성 알로스테릭 작용자; + 양성 알로스테릭 작용자

지표가 다음과 같이 정의되는 세포의 **에너지양(energy charge)**이다.

$$\text{에너지양} = \frac{([ATP] + [ADP]/2)}{([ATP] + [ADP] + [AMP])}$$

세포의 에너지양은 수학적으로 0으로부터(모두 AMP) 1까지(모두 ATP) 다양할 수 있으나, 사실 보통상태의 세균의 에너지양은 0.87과 0.95의 좁은 범위에서 유지된다. 매우 오랫동안 세포를 굶주리면 천천히 에너지양이 준다; 약 0.5정도에 이르면 세포는 죽는다. 일반적으로 ATP공급 경로들(에너지발생)은 높은 에너지양에 의해 억제를 받고 ATP이용 경로들(생합성과 중합반응)은 자극을 받는다.

유사한 알로스테릭 상호작용들은 조효소들인 NADH와 NADPH의 알맞은 작동 수준을 유지한다.

공유결합성 변형

공유결합성 변형에 의한 효소 활성의 조절은 진핵생물과 원핵생물 모두에서 일어난다. 세균의 예들은 표12.1에 나타나 있다. 이들(특히 인산화)의 일부는 세균의 생리에 매우 일반적으로 일어난다: 우리는 이것들을 운동성과 화주기성 그리고 지각의 신호전달(제13장 참조)의 토론에서 자세하게 다룰 것이다. 다른 것들은 많은 세포내 과정들과 연관이 없을지도 모르나, 그들이 관여하고 있는 과정들은 주요한 과정들이다(예를 들면, 질소 동화작용에서 주요 효소인 글루타민 합성효소의 조절에서 아데닐화).

단백질양의 조절

위에 언급된 모든 과정들이 심지어 최적으로 기능을 할 때에도, 필요 없는 단백질들은 계속 만들어 질 수 있다. 그러나 그와 같은 낭비는 일어나지 않는다; 다른 조절 기작들이 개입된다. 그것들에 대하여 배움으로써 생물학 전체에 대하여 지난 반세기 동안 몹시 흥분을 시키는 주제들을 알게 되었고 미생물 분자유전학의 분야를 낳게 하였다: 유전자발현의 조절에 의하여 효소의 양을 조절 어떻게 세균이 그들이 효소들의 합성 속도를 변화시키는지 발견

표 12.1 세균효소와 다른 단백질의 공유결합 변형의 예들

효소	생물(들)	변형
글루타민 합성효소	*E. coli*와 다른 세균들	아데닐화
Isocitrate 리아제	*E. coli*와 다른 세균들	인산화
Isocitrate 탈수소효소	*E. coli*와 다른 세균들	인산화
주화성 단밸질들	*E. coli*와 다른 세균들	메틸화
P_{II}[a]	*E. coli*와 다른 세균들	우리딜화
리보좀 단백질 L7	*E. coli*와 다른 세균들	아세틸화
구연산 리아제	*Rhodopseudomonas gelatinosa*	아세틸화
히스티딘 단백질 키나아제	많은 세균들	인산화
인산화된 반응 조절자들	많은 세균들	인산화

[a]P_{II}는 질소 대사 작용의 조절 단백질이다

하기 위하여 20세기 중반에 심도 깊은 연구가 이루어졌다. 초기연구들은 *E. coli*와 다른 밀접한 장내세균, *Salmonella*와 *Klebsiella*을 가지고 하였으나, 모든 세균들은 유전자를 발현시키고 중지시키는 것에 매우 잘 적응되어 있어 그와 같이 하여 효소의 양을 증가시키고 감소시킨다.

유전자 발현의 유동성이 세균 전체에 잘 퍼져 있다는 증거는 현재 널리 사용되고 있는 두 기술들 중 하나로 쉽게 얻을 수 있다: **단백질체 모니터링**과 **유전체**(혹은 **전사체**) **모니터링**. 단백질체 모니터링을 통하여(각각의 세포내 단백질들을 분리하기 위하여 전통적으로 2차원의 폴리아크릴아마이드 겔을 사용하여) 세포의 모든 단백질의 합성 양과 속도를 알 수 있게 되었다; (세포내 mRNA에 결합하기 위하여 모든 세포내 각각의 유전자를 포함하는 DNA 마이크로칩을 사용하는) 전사 모니터링으로 세포내의 mRNA 분자들의 수준을 알 수 있다(이러한 기술들은 13장의 "탈출에 의한 스트레스 반응" 부분에서 더 자세히 설명하고 있다). 다른 많은 종들의 세균의 조사를 통하여 다른 조건에서 생장하는 동안 급격하게 그들의 단백질과 메신저RNA(mRNA) 수준이 변화됨을 알게 되었다. 세포내의 대부분의 단백질들은 합성수준과 속도에서 -어떤 것들은 수십 배- 급격한 변화를 가지게 되어 있다. mRNA 수준에서도 비슷한 변화를 통하여 많은 경우(모든 경우는 아니지만)에 있어서 mRNA의 합성의 변화를 통하여 단백질의 수준이 조절되고 있음을 나타낸다.

유전자 조절은 광범위한 이야기로, 두 부분으로 잘 설명될 수 있다. 첫 번째는 우리는 많은 (거의 모든) 오페론이 더 큰 조절단위들의 구성원인 사실을 잠시 보류하고, 어떻게 각각의 오페론들이 조절되는지에 대하여 묻는다. 두 번째는 우리는 어떻게 오페론의 협동작용을 통하여 조절되고 세포내 조절 네트워크를 이루는지 알아본다.

오페론 발현의 조절

오페론은 원핵세포의 특징이다. 8장에서 본 것처럼, 프로모터, 두 개 혹은 더 많은 (전형적으로 더 많은) 시스트론(폴리펩티드를 암호화하는 유전자들)을 포함하는 DNA 절편으로 구성된 오페론은 전사의 단위이다. 오페론의 전사는 한 개 혹은 여러 폴리펩티드를 암호화하는 단일가닥의 mRNA분자를 만든다. 오페론 개념에 대한 즉각적인 재검토는 오페론의 주요특징들은 이해하는데 도움을 줄 것이다.

1961년에 야곱(F. Jacob)과 모나드(J. Monod)에 의해 처음 제안된 젖산을 대사하는 효소들을 암호화하는 *lac* 오페론이라고 명명된 유전자들을 위한 오페론의 조절에 대한 역사적인 그림이 그림 12.5에 있다. 그림 12.5A는 젖산이 *부재*한 상태에서 자라는 *E. coli* 세포들의 *lac* 오페론의 상태를 나타내고 있다. RNA중합효소(RNA-P)가 결합하는 위치인 프로모터가 역할을 위해 존재하지만, 바로 인접한 부위인 프로모터와 세 개의 오페론 단백질 유전자들(lacZ, lacY, 그리고 lacA)의 사이에 작동유전자가 놓여있다. 이 위치는 근처의 *lacI* 유전자의 산물인 LacI, 알로스테릭 단백질인 **억제단백질(repressor)**이 결합하는 곳이다. 억제단백질은 RNA-P가 오페론을 전사하는 것을 (중합효소가 결합하는 것을 방해하거나 중합효소의 이동을 막아서) 억제한다. 그래서 오페론의 어느 세 가지 효소들도 만들어지지 않는다. 이들의 산물들은 LacZ (β-갈락토시다아제, 젖산을 가수분해하는 효소), LacY [젖산을 세포 안으로 이동시키는 막 단백질 혹은 **투과 효소(permease)**], 그리고 LacA (기능이 불확실한 아세틸전이효소)이다. 때때로, 억제유전자로부터 억제단백질이 떨어지기도 하고 전사체가

저자노트 독자들은 J. Beckwith의 다음의 장을 참고하라 "오페론: 역사적 설명" (78장, p1227-1231, in F.C. Neidhardt, R. Curtiss III, J.L. Ingraham, E.C.C. Lin, K.B. Low, B. Magsanik, W.S. Reznikoff, M. Riley, M. Schaechter, and H.E. Unbarger (ed), Escherichia coli and Salmonella: Cellular and Molecular Biology, 2nd ed., vol. 1(ASM press, Washington, D.C., 1996)(대부분의 전문대학과 대학 도서관에서 이용가능)

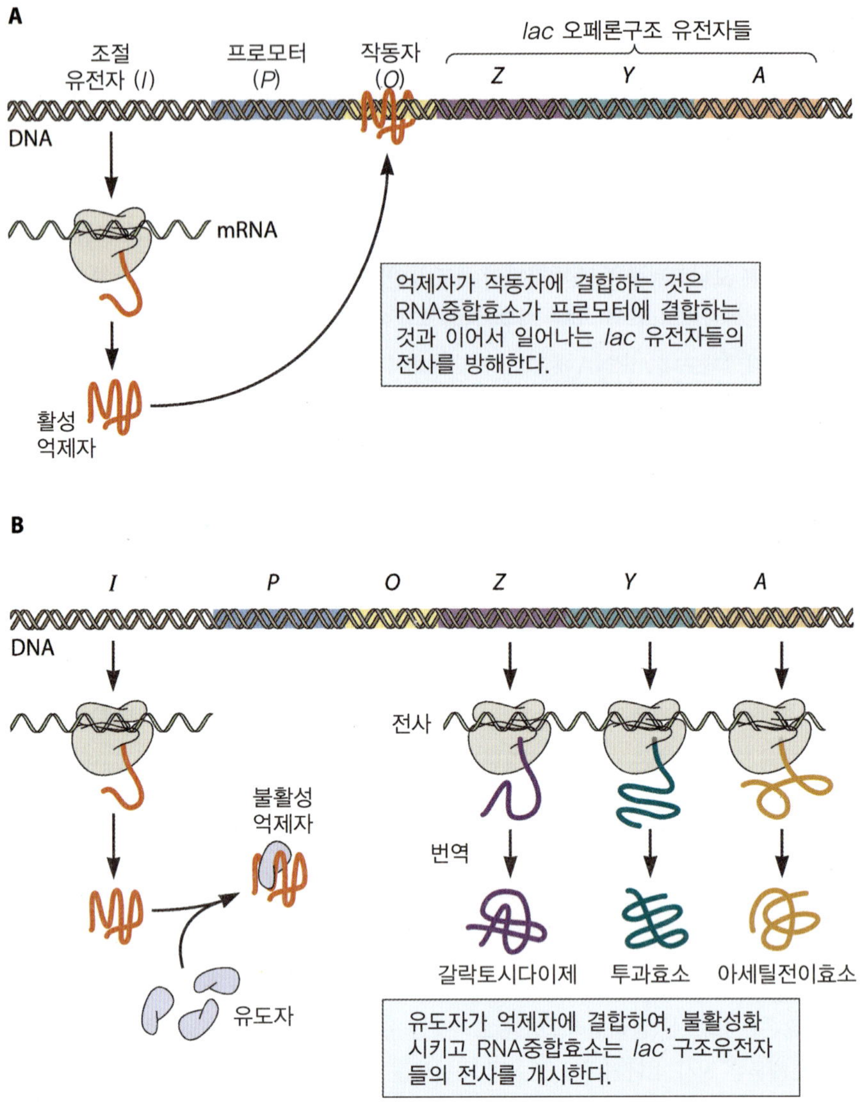

그림 12.5 야곱(Jacob)과 모나드(Monad)가 *E. coli*의 *lac*유전자 조절에 대하여 1961년에 제안한 최초의 오페론 모델. **(A)** 락토오스이외의 다른 기질에서 자랄 때의 세포에서 *lac*오페론이 유도되지 않은 상태; **(B)** 락토오스에서 생장하는 동안 유도된 상태. 설명을 위해서는 본문참조

만들어 지기도 하여, 세포가 오페론의 세 산물들을 기본적으로 **기저 수준(basal level)**을 가질 수 있게 한다.

그림 12.5B는 세포가 젖산이 존재할 때 생장하는 조건을 보여준다. 젖산은 LacY 투과효소에 의하여 세포 안으로 들어오고 β-갈락토시다아제에 의하여 알로락토오스라고 하는 대사산물이 형성된다. 알로락토오스 분자들은 LacI 억제단백질에 결합하여 이 알로스테릭 단백질의 변화를 유발하여 불활성화 시키는 형태, 즉 억제유전자에 결합할 수 없는 형태로 된다. RNA-P를 억제하는 것이 없기 때문에 RNA-P는 전사체를 자유롭게 만든다. 오페론 산물들이 만들어지고 세포들은 젖산을 이용하여 생장한다. 여러분은 어떻게 세포들이 생장배지에 젖산이 존재할 때 그림 12.5A에 나타난 **유도되지 않은 상태 (uninduced state)**에서 그림 12.5B에 보이는 **유도 상태(induced state)**로 전이되는지 궁금할 것이다. 어떻게 이동을 위한 투과 단백질이 유도되지 않았을 때 젖산이 세포 안으로 들어오는가? 답은 초기의 아

주 적은 양의 젖산이 기본적인 양의 투과단백질에 의해 세포 안으로 이동되고 그래서 기본적인 양의 β-갈락토시다아제에 의하여 알로락토오스로 전환된다. 분자생물학에 익숙한 사람들은 대사산물 억제가 일어나는 프로모터안의 **CAP[Catabolite gene activator protein,** *crp* 유전자의 산물인 대사산물 유전자 활성 단백질] 위치에 대하여 후에 언급될 주요한 특징을 생략한 것을 곧 알게 될 것이다. 우리는 이것들을 조절 네트워크의 문맥에서 아래 다룰 것이다.

요약하면, 알로스테릭 억제단백질이 젖산 기질로부터 만들어진 **유도자(inducer)**와 결합에 의하여 불활성화 될 때 *lac* 오페론이 발현된다. 그러므로 유도는 억제를 제거하는 것으로 이루어진다.

장내 세균의 *lac* 오페론 연구에 대한 놀라운 진보를 통하여 이 기작의 이해가 모든 유전자 조절을 설명해 줄 수 있을 것이라는 긍정적인 시각을 갖게 하였다. 점진적으로 *lac* 오페론은 완벽한 모델이지만 단지 *lac*에만 적용된다! 원초적인 오페론 모델의 주요점은 상당히 보편적이지만 *단지 특정 조건에서 발현될 때뿐이다.*

1. 오페론의 프로모터에서 전사의 시작이 조절의 위치가 *될 수 있다.*
2. 전사시작은 특정한 리간드들이 결합하여 알로스테릭한 성질을 가지는 조절 단백질들에 의하여 조절*될 수 있다.*
3. 오페론의 발현 증가는 음성의 조절이 없어지는 것으로 인하여 *일어날 수 있다.*

이와 같은 언급들이 왜 조건적인지는 *lac* 오페론은 단지 어떻게 미생물의 오페론들이 조절되는지의 한 가지 예를 나타내기 때문이다. 여기서 미생물학의 많은 관점들로써 우리는 미생물들이 대사적 생리적 도전에 대하여 엄청나게 다양한 해결방법을 보여주고 있다는 사실을 알게 된다. 미생물 진화에 의하여 만들어진 유전자 조절의 방법은 너무 다양하여 거의 모든 오페론은 독특하게 조절된다고 말할 수도 있다. 오페론은 (i) 조절 받는 위치, (ii) 조절의 방법(양성 혹은 음성), 그리고 (iii) 조절을 일으키기 위한 특별한 분자적 도구에 관하여 다르다. 어떤 오페론은 더 다양한 조절의 유동성과 민감성을 가지기 위하여 심지어 한 개 이상의 프로모터를-오페론 유전자 아래쪽 위치에 두 번째 조절 위치를 가지고- 이용하기도 한다. 그림 12.6처럼, *한 유전자로부터 완성된 단백질이 나오기까지 모든 생각할 수 있는 단계가 어떤 오페론 혹은 어떤 세균에서 조절을 위하여 선발된다.* 게다가, 10가지의 조절 단계 혹은 그림에서의 조건들 중 일부는 다양한 분자 기작에 의하여 조절 받을 수 있다. 몇 가지 잘 알려진 예를 이용하여 지금까지 진화된 일부 기작들을 살펴보자. 그림 12.6에 나타나 있는 번호로 표시된 10가지 각 단계에서 일어나는 조절 기작을 간단히 살펴볼 것이다.

전사시작은 가장 흔한 조절 단계이고 많은 단계(1, 2, 3, 4, 그리고 5로 번호 매겨진 과정들)에서 다양한 방법으로 조절된다. 최종생성물이 만들어지지 않아야 한다면 전사를 시작하여 낭비하지 않으려고 하기 때문에 이것은 그리 놀라운 일은 아니다. 전사시작은 RNA-P가 프로모터 부분에 결합한 후에 DNA를 열어 전사를 시작하는 것을 포함하기 때문에 조절을 위한 가능성은 분명하다. 프로모터는 그들의 유전적 혹은 기본적 강도가 다르다는 8장의 "프로모터" 부분을 기억하자. 그래서 강한 프로모터는 어떤 억제물질에 의하여 약해질 수 있고 약한 프로모터는 어떤 향상물질에 의하여 강해질 수 있다. 어떻게 이들 전사시작과 향상이 되는 지는 놀랍다.

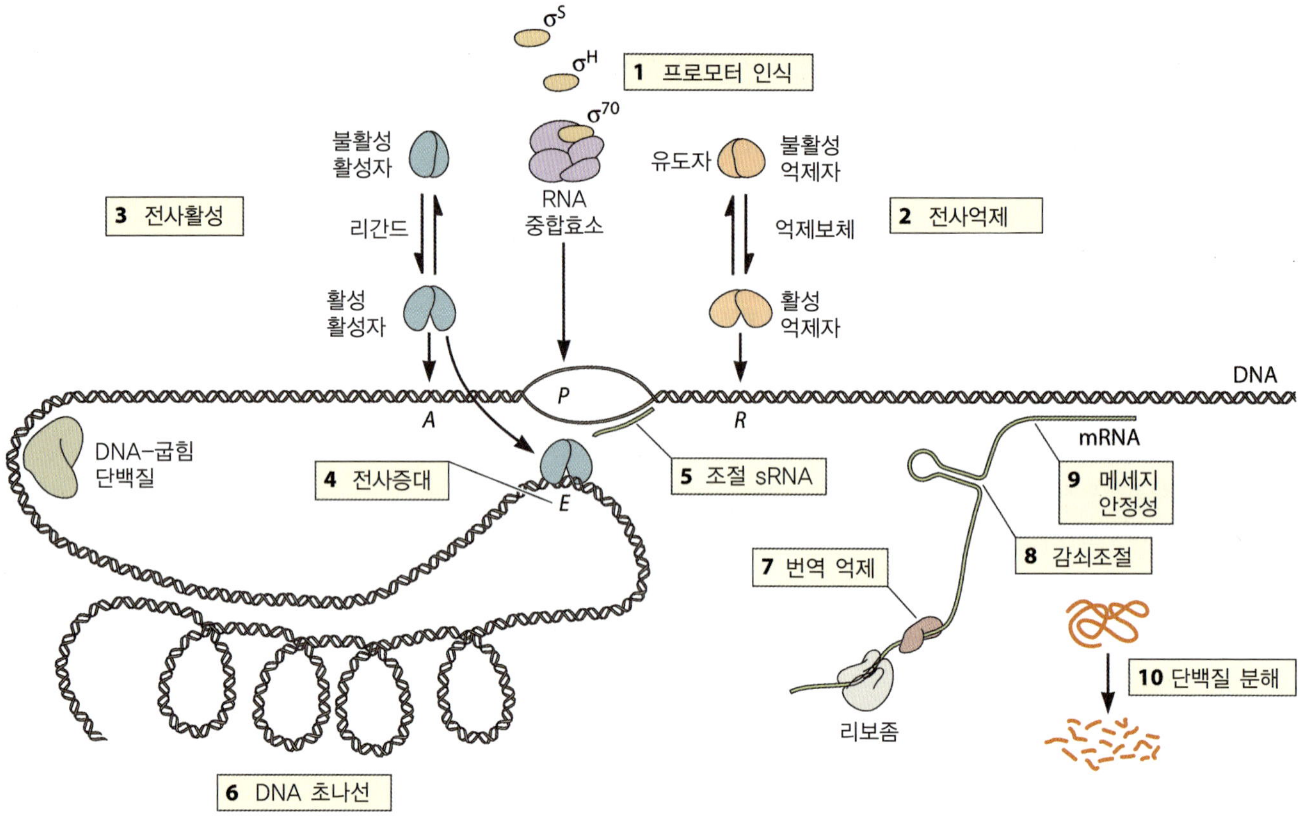

그림 12.6 단백질의 세포내 양에 영향을 줄 수 있는 일부 조절과정을 설명한 도식. 설명을 위해서는 본문참조

1 위치에서의 기작: 프로모터 인식

1 위치에서의 기작은 DNA의 조절 부위를 통해서가 아니라 RNA-P 자체의 구조를 통해서 작동한다. 프로모터 염기서열을 인식하는 것은 RNA-P에 시그마(σ) 서브유니트 부가를 통하여 이루어지는데 시그마 서브유니트는 핵심 RNA-P에 결합하여 홀로효소(holoenzyme) (제8장의 "전사개시" 참조)를 만든다. 세균의 세포들은 많은 수의 시그마 서브유니트를 가지고, 각각은 다른 프로모터 구조를 인지한다. 결과적으로 전사는 오직 오페론이 특정 시그마 서브유니트와 결합 능력이 있을 때만 시작된다. 어떤 시그마 서브유니트가 핵심 RNA-P에 결합하는지가 어떤 오페론이 전사가 될 지를 결정한다. 어떤 시그마 서브유니트가 핵심 RNA-P와 만나는지 결정하는 여러 가지 방법으로 조절이 이루어진다. 이 기작은 정체시기(stationary phase, 제13장 참조)와 포자형성 (제14장 참조) 혹은 열 충격 반응(제13장 참조)을 포함하는 더 높은 단계의 조절 기작에서 중요하다(다음의 "오페론이상의 조절" 참조).

2, 3, 4 위치에서의 기작: 전사 억제, 활성, 그리고 향상

조절 부위(control regions)이라고 불리는 DNA 염기서열은 그들이 조절하는 특정 오페론들에 대하여 다양한 장소들에 존재한다. 일부는 프로모터의 -35와 -10부위의 근접 또는 겹치는 부분에 존재하나, 다른 것들은 프로모터의 위쪽의 많은 수의 염기거나 심지어 오페론의 끝나는 부위의 아래쪽에 위치하기도 한다. 대부분의 경우에는, 이들 조절 부위는 알로스테릭한 **조절 단백질(regulatory proteins)**이 붙는 부위로 **박스(boxes)**라고 불린다. 많은 수가 단백질이 붙는[CAP box(CAP 박스)와 같이], 그들이 조절하는 과정 [nitrogen box(질소 박스)와 같이]을 따서 이름을 부른다. 그와 같은 프로모터 근처의 박스들 초기에는 **작동유전자(operators)**라고 불렀고 이 용어가 사용되는 것을 지금도 보게 된다, 하지만 이것은 우리가 조절 부위가 조절 단백질이 붙는 방법 이외에 다른 방법으로도 기능을 하는 것을 알기 때문에 덜 유용하다. 예를 들면, 어떤 조절 부위는 반대방향 DNA가닥으로부터 전사되는 유전자들의 프로모터이다. 다른 것들은 그들의 mRNA 전사체의 접힘을 유도한다. 그들이 조절하는 오페론으로부터 멀리 떨어진 위치의 조절부위를 **인핸서(enhancer)**라 불리는데, 그들이 전사시작을 보통 촉진하기 때문이다. 어떻게 DNA 염기서열이 멀리 떨어진 프로모터에 영향을 주는가? 해답은 프로모터 부위로 결합된 조절 단백질을 가져오게 하여 전사에 영향을 줄 수 있는 **DNA 굽힘(bending)**에 있다. 굽힘은 자발적으로 일어나지 않고 **DNA-굽힘 단백질들(DNA-bending proteins)**에 의하여 촉진된다.

일부 조절 단백질들[**활성자(activator)** 혹은 **양성 조절자(positive regulators)**]로 불리는]은 DNA 조절 부위에 붙어서 전사의 빈도를 증가시킨다: 다른 것들[**억제단백질(repressor)** 혹은 **음성 조절자(negative regulators)**]은 빈도를 감소시킨다. 한 가지 혹은 다른 기작의 선택이 운의 문제인가? 실험적인 증거를 통하여 많이 요구되는 산물을 암호화하는 오페론은 양성적인 조절이 되는 경향이 있는 반면, 중간 혹은 적은 양이 요구되는 것들은 음성적인 조절이 되는 것이 제안되었다.

탄소와 에너지원(공급경로)을 사용하는 데 관여하는 효소들은 오페론으로 암호화되어 있는데, 평소에는 작동하지 않다가 **유도(induction)**에 의하여 소설된다. 말하자면, 특정 기질의 사용을 위한 효소들은 외부에서 그 기질이 제공될 때만 생산된다. 많은 경우에는, 기질 혹은 기질과 밀접하게 관련된 물질이 **유도자(inducer)**로서 작용하는데 이들은 리간드로 관련된 오페론(만약 음성적으로 조절된다면)을 억제하는 조절단백질에 결합하여 억제로 부터 풀어주거나 조절단백질을 인핸서 또는 (만약 양성적으로 조절된다면)활성단백질 위치에 결합하게 해준다.

생합성 효소들을 암호화하는 오페론들은 일반적으로 합성단위 최종생성물이 환경 내에 존재하지 않는다면 계속 켜져 있는데 이와 같은 경우에 최종생성물들이 **억제보체(corepressor)** 리간드로 역할을 한다. 최종생성물은 보통 생합성 과정의 첫 번째 효소인 알로스테릭한 효소를 조절하는 리간드로 역할과 관련된 **억제단백질(repressor)**에 결합하여 생합성 오페론을 끄는 두 가지 역할을 할 수 있다. **억제(repression)**(아래서 다루어질 전자 종료와 피드백 억제에 작용하는 것과 함께)는 우리가 이장의 시작에서 실험한 -최종결과물을 넣은 글리세롤 염배양액에서 자라는 세균들-그와 같은 세포들에서 작동하였다.

5 위치에서의 기작: sRNAs로 조절

모든 조절분자들이 단백질들은 아니다. 어떤 것들은 **작은 RNA(sRNA)**분자들로 mRNA의 5′ 끝 부분에 결합하여 리보좀이 정보를 번역하는 것을 막는다(기작 7 [아래참조]). 이들 중 일부는 프로모터부분의 DNA가닥과 직접적으로 염기쌍을 형성한다.

6 위치에서의 기작: DNA 초나선(supercoiling)

대부분의 프로모터는 DNA의 초나선 되어 있는 정도에 민감하다. DNA의 초나선의 효과 중 한 가지는 이것이 DNA의 B형태로부터 Z-DNA라고 불리는 왼쪽으로 꼬여있는 형태로 분자의 3차 구조로 바꿀 수 있다는 것이다. 일부 프로모터의 활성은 B형태에서 Z-DNA형태로 전환됨으로 증가하고 다른 것들은 감소한다. DNA구조의 전환이 실제로 전사를 조절하기위한 일반적인 조절기작으로 이용되는 정도에 대하여 연구가 진행되고 있다.

우리는 이제 전사가 시작된 이후에 일어나는 기작(7부터 10)에 대하여 다루게 된다.

7 위치에서의 기작: 번역 억제

일부 세균들은 **전사 후 기작(posttranscriptional mechanism)**들을 진화시켰다. 몇몇 잘 연구된 경우에서, 조절되는 단계가 번역의 시작이다. 아마도 가장 주목할 만한 예는 리보좀 단백질(r-단백질)을 암호화하는 오페론들일 것이다. 그들의 mRNA는 특정 r-단백질(아직 리보좀으로 결합되지 않은)이 결합할 수 있는 부위를 제공하는 rRNA의 부분과 비슷한 염기서열을 포함하고 있다(8장 참조). 이 결합이 mRNA의 번역의 시작을 막아서 **번역 억제(translational repression)**라고 불리는 조절을 하게 된다. 이와 같은 방법으로 자유(아직 리보좀으로 결합하지 않은) r단백질의 풀(pool)이 r-단백질합성과 리보좀조립 속도를 균형잡히게 할 뿐만 아니라 각각의 r-단백질들과 다른 것들의 합성 속도를 조정한다. 모든 r-단백질들이 **번역 억제단백질(translational repressors)**-조립하는 동안 리보좀 RNA(r-RNA)에 직접 결합하는 바로 그 것들-로 작용하는 것은 아니고 적어도 주요 r-단백질 암호화하는 오페론 각각에 하나 정도가 존재한다.

기작 5에서 설명한 조절 sRNA분자들이 그들이 조절하고자 하는 mRNA에 상보적인 염기서열을 가진다. sRNA가 mRNA(시작하는 부분 근처, 5′ 끝 쪽)에 결합하여 리보좀이 번역을 시작하는 것을 막고, 따라서 이것은 번역 억제의 다른 종류의 기작을 구성한다 (이 경우에는 일을 하는 것이 단백질이 아니고 RNA분자이다). 이것은 비록 쉽게 보이지만, sRNA가 유전자 발현의 유용한 조절을 가능하게 하는 방법은 쉽지만은 않다. 무엇인가가 sRNA의 활성을 조절해야만 한다. 그 무엇인가는 아직 잘 모르지만 많은 경우에 **RNA 샤페론(RNA chaperone)**이라고 불리는, 일련의 단백질이 sRNA에 결합하여 그들의 목표물에 도달하게 해준다는 내용이 포함된다.

8 위치에서의 기작: 감쇄 조절(attenuation)

오페론의 조절을 위한, 특히 생합성 오페론의 경우, 한 가지 흔한 방법은 mRNA의 구조에 오로지 의존한다는 것이다; 어떤 특별한 단백질 혹은 RNA와 같은 조절분자가 없다. 이 기작에서는 약 90%까지의 전사체가 전사시작 후 짧은 시간 안에 이르게 종결되어 **감쇄 조절(attenuation)**이라고 불리지만 이 종결의 정도는 조절될 수 있다(다른 어떤 단백질도 관여되어 있지 않기 때문에, 연구자가 lac 오페론에서 인 것처럼 조절 단백질과 이들 오페론을 위한 DNA 결합부위를 찾으려고 계속해서 실패하는 도전을 상상해보라). 감쇄조절의 가장 잘 알려진 예는 (그리고 이것이 발견된 시스템은) *E. coli*의 트립토판합성을 책임지는 효소를 암호화하는 *trp* 오페론이다.

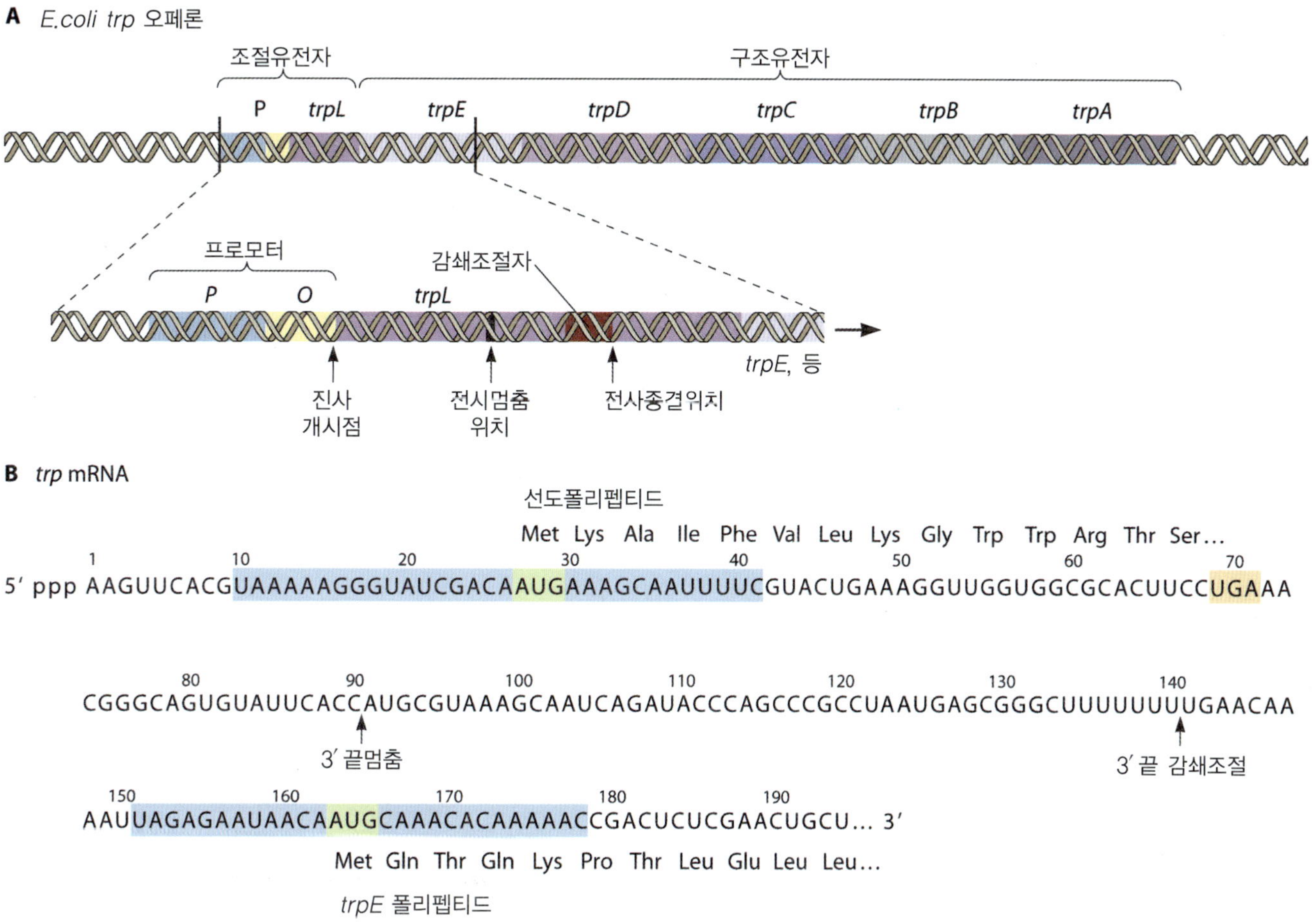

그림 12.7 *E. coli trp*오페론의 조절 그리고 구조 부위. (A) 오페론의 구조적 그리고 주요 기능적 특징들의 전체적 그림. 전사개시가 프로모터-적동자에서 조절되고, 전사종결은 전사된 162-bp 선도부위, *trpL* 에서 감쇄조절로 조절 받는다. 오페론을 전사하는 모든 RNA-P 분자들은 더 이상 진행되기 전에 전사 멈춤 위치에서 멈춘다. (B) *trp* mRNA의 5′끝 쪽에 뉴클레오티드 염기서열. 종결되지 않는 전사체가 나타나 있다; 감쇄조절에서 종결되면, 140-뉴클레오티드 전사체가 만들어진다[**3′끝(3′ terminus)**이 화살표로 나타나있다]. 멈춘 전사체의 3′끝쪽(뉴클레오티드 90)도 또한 화살표로 나타나있다. 이 전사체 절편의 두 개의 AUG-중심의 리보좀 결합위치가 그림자로 나타나있다. 박스로 표시된 AUG는 번역이 시작되는 곳이고, 그림자로 된 UGA는 번역이 멈추는 곳이다. 예측되는 선도펩티드의 아미노산 서열이 나타나있다.

이 오페론의 프로모터는 다섯 개의 구조(효소를 암호화하는)유전자로부터 멀리(160 염기쌍) 상류부분에 위치하고 있다. 전사체는 그러므로 프로모터와 첫 번째 유전자 사이에 **선도서열(leader sequence)** (*trpL* [그림 12.7])이라고 불리는 긴 염기서열을 포함한다. *이 서열이 감쇄조절에서의 유일한 작용자이다-다른 구성원들은 단지 번역 장치의 일반적인 부분들이다.* 선도서열로부터 전사된 RNA, **선도전사체(leader transcript)**는 두 가지 특징을 가진다:(i) 선도부분이 번역되는 속도에 따라 정해지는 두 종류의 형태로 존재한다, 한 가지는 전사의 종결을 야기하고 다른 것은 계속 전사되게 만들고,(ii) 이것은 **리보좀 결합부위(ribosome binding site)** (그림 12.7B)를 가지는데, 선도서열이 14개의 아미노산으로 되어 있는 **선도펩티드(leader peptide)**로 번역되게 하고 이 들 중 두 아마노산은 연속적인 트립토판이다. 선도에 있는 인접하는 트립토판 코돈은 세포 내 트립토판의 존재(실제로 트립토판-트랜스퍼 RNA[tRNA])가 선도서열의 번역의 속도와 전사의 종결의 빈도를 조절하는데 영향을 주는 것을 의미한다. 트립토판의 충분한 제공은 선도서열의 번역을 하게하고 종결을 일으킨다. 트립토판의 부족은 리보좀이 트립토판 코돈에서 멈추게 하여 전사종결을 지연시키는 전사체의 형태가 되게 만든다; 그래서 트립토판을 만드는 효소들이 많이 만들어질 수

그림 12.8 *E. coli* 의 *trp*선도부위의 선택적 이차구조. 숫자 1, 2, 3, 그리고 4는 그림에서 이차구조를 만드는 RNA절편을 나타낸다. (A) 종결배치. 화살표 앞부분이 전사멈춤의 위치를 나타낸다. (B) 항종결배치

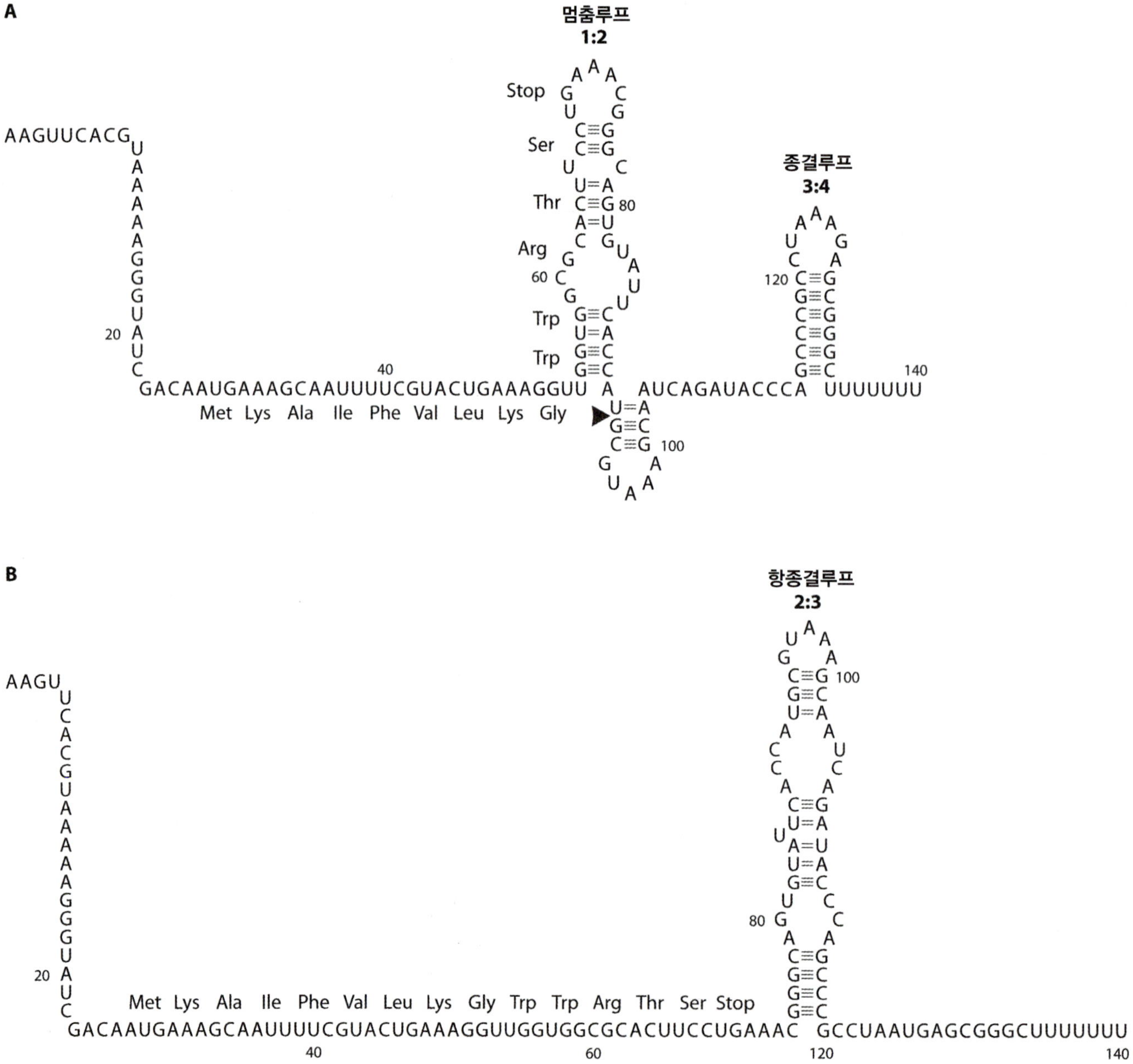

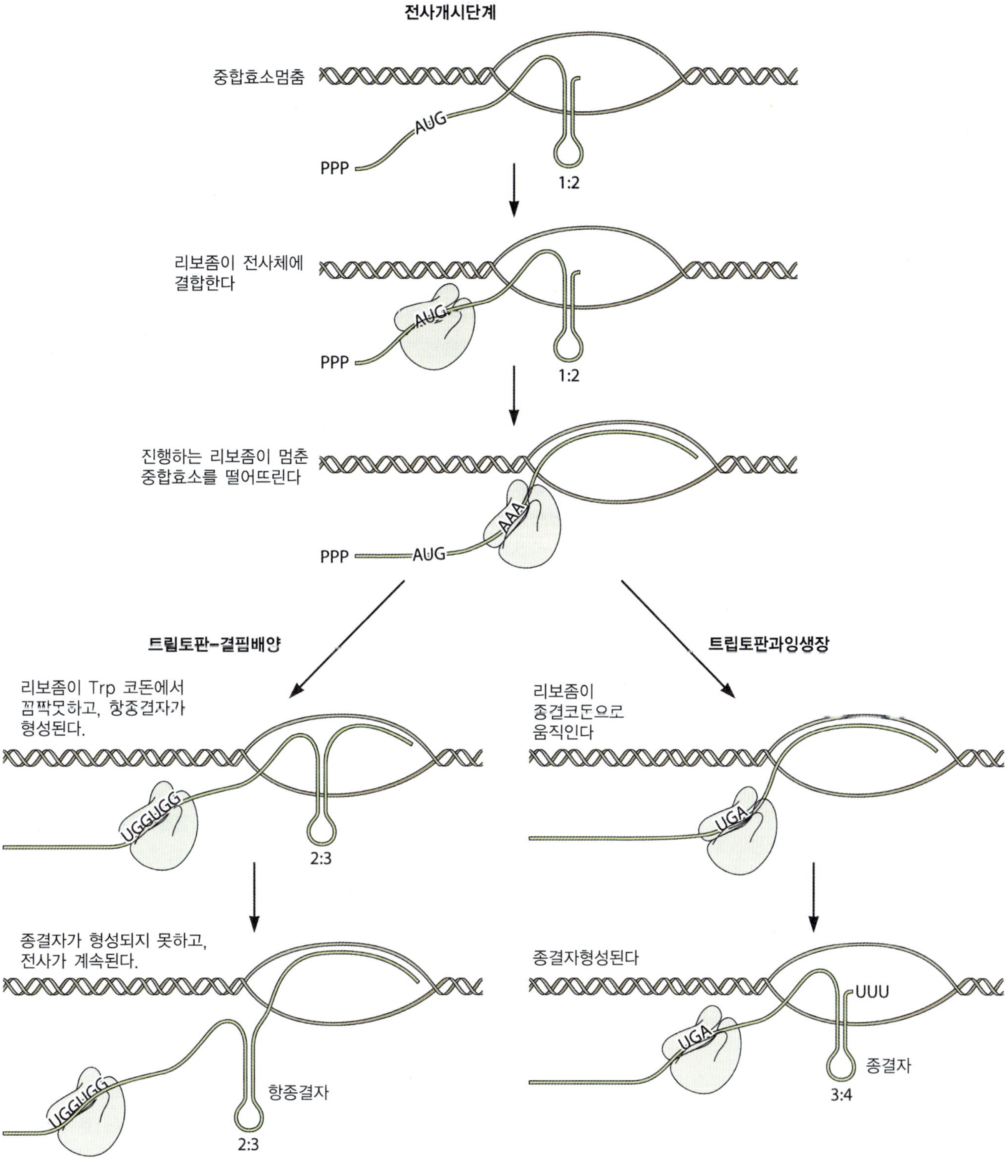

그림 12.9 감쇄조절에서 RNA-P와 첫 번째 번역하는 리보좀의 역할을 나타냄. 설명을 위해서는 본문참조

있다. 그림 12.8과 12.9이 기작을 도식화하고 RNA-P 멈춤의 역할을 설명하고 어떻게 전사가 전사하는 중합효소의 뒤의 구조(과정이 쉽게 시각화되지 않지만)에 의해 멈추는가를 보여준다.

다른 오페론과 다른 세균에서는, 감쇄 조절이 다른 양상을 보인다. 예를 들면, 일부 *Bacillus* 종들에서는 감쇄조절이 트립토판 코돈에서 리보좀의 멈춤에 의해서가 아니라 자유 트립토판에 결합하는 특별한 단백질에 의해서 이루어지는데, 이 단백질은 전사체에 **항종결자(antiterminator)** 구조의 형성을 막아서 rho-의존적 종결로 더 이상 전사가 일어나지 않게되는 것을 막는다. *E. coli*에서 아스파르트산 카바밀라제(aspartate carbamylase, 피리미딘 생합성의 필수 효소)를 암호화하는 오페론은 선도서열의 U가 많은 부위에 RNA-P의 지연을 통한 감쇄조절에 의하여 조절된다. 우리딘 3인산염(uridine triphosphate)수준이 낮을 때, 선도-번역 리보좀이 중합효소를 따라잡고 전사체의 종결헤어핀(terminator hairpin) 형성을 막는다.

9 위치에서의 기작: 안정성(stability)

세균의 전사체는 평균적으로 반감기가 짧다(제8장 참조). 특히 더 오래 mRNA가 존재하고 기능하면, 이것의 단백질생산이 더 많을 것은 분명하다. mRNA의 안정성을 변화하는 것은, 그러므로 이것의 세포내 단백질생산량을 조절하는 수단이 될 수 있다. 이 가능성은 실제로 사용되고 이 조절의 가장 중요한 요소가 우리가 전사와 번역의 억제에서 보았단 같은 종류의 분자들이다: sRNA. 리보좀을 막는 대신에 일부 sRNA는 그들이 표적 mRNA의 분해를 유도한다. sRNA가 사용되는 다른 조절기작들에서처럼, 그들이 어떻게 mRNA의 안정성에 영향을 증가시키고 줄이는지의 자세한 연구는 더 진행되어야한다.

10 위치에서의 기작: 단백질분해(proteolysis)

비록 대부분의 세균들의 대사경로를 조정하고 환경에의 반응을 조절하기 위한 방법의 목록에서 높은 위치를 차지하지는 않지만, 단백질분해는 확실히 역할을 한다. 몇 가지 경우에서 효소분해는 대사반응을 조절하는 수단을 제공한다. 하지만 더 흔하게, 단백질분해는 다른 단백질을 조절하는 단백질을 제거하기위해 사용된다. 예를 들면, 대체 시그마인자(8장 "RNA-P와 기능" 참조)는 중심 RNA-P가 위급한 상황 동안 특별한 단위의 프로모터를 인식하게 하고, 계속적으로 만들어지면서 분해된다. 단백질분해는 그들의 세포내 수준을 주요 시그마 인자(*E. coli*에서 σ70) 낮게 유지하게 한다. 환경변화가 특정 시그마 인자가 일하게 하는 것을 요구할 때에, 이것의 분해가 멈추어, 농도를 급격하게 올린다. 단백질 분해로부터 시그마 인자를 보호하는 것은 부분적으로 시그마 인자의 핵심RNA-P에 결합하는 것을 증가시킴으로써 가능하게 된다. 이 과정은 온도가 올라감에 따라 heat shock 유전자를 전사하기 위해서 RNA-P를 유도하기 위한 시그마 인자의 조절에 매우 중요한다(제13장 참조). 이 주제에 대한 변화들 또한 매우 흔한데, 특정 시그마 인자를 분해를 위해 특별한 protease(*E. coli*에서 ClpP)에 제시하는 chaperone의 작동을 변화시키는 예가 바로 그러하다. sporulation(제14장 참조)은 중요한 과정에 조절 단백질들을 계획적으로 분해하여 일어난다.

오페론 이상의 조절

오페론은 전사의 원핵생물의 단위이고, 조절에 관하여 우리가 위에서 본 것으로부터 이것이 또한 조절의 단위이기도 하다고 생각되어 질 것이다. 이 조직의 방법이-그것에 따라 전체 경로의 유전자들이 단일의 전사단위로 합쳐질 수 있다. 관련 기능들을 가진 유전자들을 조절하는 문제에 대한 간단한 해답을 얻을 수 있다. 왜 더 가는가? 왜 자연선택은 이 명확한 성공적인 전략 이상으로 움직이는가? 이 문제에 대하여는 적어도 두 가지 해답이 있다. 첫 번째는 어떤 과정들은 너무 많은 유전자들을 포함하고 있어 단일로 일하기 위한 오페론에 포함되기 어렵다. 예를 들면, 전사 장치들은 적어도 150개 유전자 산물을 구성하고 있는데, 이것들은 모두 성장이 효과적으로 되기 위하여 반드시 조화하여 기능을 하여야한다. 그러므로 다중 오페론의 조절이 필수적이다.

두 번째 해답은, 어떤 과정들은 반드시 개별적으로 조절되어야만 하는 유전자를 포함하고 있고, 그리고 이 과정들은 우선적으로 통합적인 조절이 되는 대상이다. 많은 수의 유전자들이 에너지생산을 위하여 당, 아미노산, 그리고 다른 화합물들을 사용할 수 있는 효소를 암호화한다. 만약 환경이 이 화학물의 혼합된 것을 포함하고 있다면, 경제학적으로 세포의 탄소와 에너지 필요를 만족시킬 수 있는 가장 좋은 최선의 기질만이 대사될 것을 요구할 것이다. (장내 세균의 경우, 포도당이 그와 같은 기질; pseudomonas의 경우 숙신산) 그러므로, 덜 가치 있는 기질을 위한 효소를 암호화하는 오페론은 반드시 억제되어야만 한다. 그리고 각 오페론은, 최선의 기질이 더 이상 존재하지 않고 자신의 기질이 존재하면 독자적으로 발현이 증가해야만 한다. 이 중복요구가 오페론위의 조직 수준을 요구한다.

오페론위의 조절 단위들

예측은 다양한지만, 각 세균들이 100개 또는 그러한 정도까지의 다중오페론 시스템을 포함한다는 것이 일반적 생각이다. 그들이 발견과 분석은 아직 진행 중이다(어떤 면에서는 이제 시작되었다). 더 잘 알려진 일부 예들이 표 12.2에 나타나 있다. 목록들은 다양한 기능적 네트워크로 배열되어 있다; 영양분 결핍에 반응, **산화-환원 작용(oxidation-reduction reactions)**, 그리고 전자전달, 환경에서 화학적 물리적 요소들로 인한 손상에 반응, 그리고 세포 생리와 형태의 변화. 이 표는 깊이 있는 연구를 통한 시스템의 *아주* 작은 예들을 포함한다. 그렇다하더라도 다양성은 쉽고 명확하다. 이들 시스템들의 복잡하고 서로 겹치는 성질이 미생물학자에게는 새로우나 화학 그리고 전자공학자들에게 익숙한 연구 영역을 만든다(시스템분석, 조절회로설계, 과다한 조절, 시스템 안정성, 그리고 비슷한 것들).

세균은 개개의 오페론을 협동작용을 만들기 위하여 다양한 방법을 고안해왔다. 어떤 경우에서는, 알로스테릭 단백질 조절자가 오페론 조절로부터 단순히 빌려왔다. 단백질 억제자 또는 활성자(activator)가 같은 부류의 오페론의 조절에 공통적인 특정 염기서열을 인식한다. 이 장치는 장내세균의 **SOS, 산화 손상(oxidative damage)**, 그리고 **혐기적 전자전달 (ananerobic electron transport)** 시스템에 사용된다. 다른 잘 알려진 경우는, alternative 시그마인자가 오페론 구성원들의 프로모터를 인식하기 위하여 다시 RNA-P를 프로그램 하는 것이다. 다양한 종들의 **열충격(heat shock)**과 **포자형성(sporulation)**시스템이 이 경우를 설명한다. 다른 예들은 단백질 조절자 *그리고* 시그마인자들의 조합을 필요로 하는데, 많

표 12.2 세균의 일부 레귤론과 모듈론들

자극/조건	시스템	생물(들)	조절유전자들(그리고 그들의 산물들)	조절받는 유전자들(그리고 그들의 산물들)	조절의 형태
양분이용					
탄소제한	분해대사물억제	장내세균	crp(전사활성자, CAP); cya(adenyl cyclase)	대사효소 암호화 유전자(lac, mal, gal, ara, 숨, dsd, hut, etc)	탄소원제한의 신호로 cAMP와 결합한 CAP 단백질에 의한 활성
아미노산 또는 에너지 제한	Stringent 반응	장내세균과 많은 다른 세균들	*relA*와 spoT [(p)ppGpp대사의 효소들]	번역, 그리고 생합성효소에 관여하는 리보좀과 다른 단백질을 위한 유전자들(〉200)	(p)ppGpp는 RNA 중합효소의 프로모터 인식을 변화함(본문 참조)
암모니아 제한	Ntr 시스템 (유기물질과 낮은 농도의 암모니아로부터 질소를 획득하는 능력을 증가시킴)	일부 장내세균	*glnB, -D, -G, -L*(전사 조절자들과 효소변형자들)	*glnA*(글루타민 합성효소), hut, 탈아민효소를 암호화하는 다른 유전자들	복잡함
암모니아 제한	Nif 시스템(질소 고정)	*Klebsiella aerogenes*과 많은 다른 세균들	암모니아 동화를 조절하는 다중의 유전자	(질소고정을 위한)질소고정효소를 암호화하는 다중의 유전자들	복잡함
인 제한	Pho 시스템(무기 인산을 획득)	장내세균	*phoB*(PhoB, 반응 조절자); *phoR*(PhoR, 감지 키나아제); *phoU*와 *ptsA*, -B, -C, S(PhoR기능을 촉진)	PhoA(알칼리 포스파타아제)와 유기인 사용에 관여하는 약 40개의 다른 유전자들	두요소 조절:감지 키나아제, PhoR로부터 온 낮은 인산 신호에 의한 PhoB의 전사 활성
에너지 대사					
산소존재	Arc 시스템(호기적 호흡)	*E. coli*	arcA(ArcA, 억제자); arcB(ArcB, 조절자)	호기적 효소들을 위한 많은 유전자들(〉30)	낮은 산소에서 ArcB로부터 온 신호에 의해 ArcA에 의한 호기적 효소의 유전자 억제

산소이외의 전자수용체의 존재	혐기적 호흡	*E. coli*	*fnr*(Fnr)	혐기적 호흡의 다른 효소들과 질산염 환원 효소를 위한 유전자들	Fnr에 의한 전사억제
사용가능한 전자수용체의 부재	발효	*E. coli*와 다른 통성세균들	알려지지 않음	발효경로를 효소를 위한 유전자들(〉20)	알려지지 않음
손상에 반응					
UV와 다른 DNA에 손상을 주는 것들	SOS 반응	*E. coli*와 다른 세균들	*lexA*(LexA, 억제자); recA(RecA, *LexA*의 조절자)	UV와 다른 요인들에 의해 손상된 DNA수리를 위한 약 20개 유전자들	RecA에 의해 잘린 LexA의 떨어짐으로 인해 LexA의 전사억제가 풀림
DNA 알킬화	Ada시스템(알킬화 반응)	*E. coli*와 다른 세균들	*ada*(Ada, 활성자)	DNA의 알킬화된 염기를 제거하는 것에 관여하는 4가지 유전자들	Ada에 의한 전사활성
H_2O_2 또는 비슷한 산화제 존재 높은 온도	산화적 반응	장내세균 열 충격	oxyR(OxyR, 활성자) 모든 세균들	H_2O_2와 다른 산화제로부터 보호하는데 관여하는 약12개의 유전자들	oxyR(OxyR, 활성자)
낮은 온도	냉 충격	*E. coli*와 다른 세균들	cspA(CspA)	거대분자합성을 위한 몇 개(12)유전자	알려지지 않음
높은 삼투압	외부 세포막 포린 반응	*E. coli*와 다른 세균들	ompR(OmpR, 반응조절자); envZ(EnvZ, 삼투압을 위한 감지 키나아제)	ompF(OmpF 포린); ompC(OmpC 포린)	EnvZ에 의해 인산화된 인산화 OmpR은 ompF의 음성의 조절자이고, ompC의 양성의 조절이다
기타 광범위 시스템					
환경의 생장을 지탱하는 특성	생장률 조절	모든 모든 세균들	fis(Fis); hns(H-NS); relA(Re lA); spoT(SpoT)	수백개의 유전자로 많은 수가 거대분자의 합성에 관여함	복잡함; 수동적 조절에 의해 영향을 받는 RNA중합효소/시스마70 홀로효소; 13장 본
굶주림과 억제	정지기	모든 세균들	rpoS(시그마-S); lrp(L게); crp(CAP); dsrA, rprA 그리 고 oxyS(조절 sRNA 분자); 많은 다른 조절 유전자들	수백의 유전자들이 구조와 대사 작용에 경향을 줌	13장 본문의 토론 참조
굶주림	포자형성	Bacillus subtilis그리고 많은 포자형성 세균	spo0A(활성자); spo0F(조절자); 많은 다른 조절 유전자들	포자형성을 위한 많은 (〉100)유전자들	14장 본문의 토론 참조

은 세균들의 **질소유용(nitrogen utilization)**시스템과 또한 정지기에 들어가는 보편적인 과정에서 발견된다. 가장 커다란 네트워크 중의 하나인 stringent 조절시스템은 전혀 단백질 조절자가 존재하지 않는다; 오페론 구성원들은 뉴클레오티드 구아노신 4인산(nucleotide guanosine teterphosphate, ppGpp)에 의해 조절되는데 많은 유전자들의 발현에 다양하게 영향을 미치도록 어떻게든 해서 RNA-P에 작용한다.

오페론위에 존재하는 단위들을 무엇이라고 부르는가? 두 용어가 흔하게 사용된다: **레귤론(regulons)**과 **모듈론(modulons)**. 이 용어들을 정의하기 전에, 우리는 이들 사용에 질적 평가를 하기를 원한다. 세균들은 조절 네트워크를 만들기 위하여 너무 잘 숙달되어 있어서 모든 다양한 것들을 구별하기 위하여 두 가지 이름을 할당하는 것은 현실적이지 않다. 그럼에도 불구하고, 현 시점에서는 레귤론과 모듈론의 용어를 흔하게 사용하고 있으니 진행하도록 하자. 이 토론에 있어 그림 12.10을 참고하면 도움이 될 것이다.

그림 12.10A에 설명되어 있는 **레귤론(regulon)**용어부터 시작하자. 이것은 *같은 단백질, 보통 단백질 억제자 또는 활성자에 의하여 통제받는 독립적인 오페론들의 그룹을 말한다.* 이것은 수많은 예들로 설명될 수 있다; 이 용어가 처음 사용된 것은 *E. coli*의 *arg* 레귤론인데, 아르기닌 생합성 경로의 효소를 암호화하는 오페론들의 그룹이 염색체에 흩어져서 존재한다. (반면에, 트립토판과 히스티딘 경로들은 단일 오페론에 의해 암호화된다). 레귤론은 일련의 오페론들이 협동적으로 조절되는 수단을 제공한다. 레귤론의 위가 모듈론이다. 모듈론이라는 용어는, 그림 12.10B에 설명되어 있는데, *비록 다른 regulon의 구성원이지만 공통의 조절자에 의해 통제를 받는 독립적인 오페론의 그룹*을 일컫는다. 모듈론은 레귤론이 협동적으로 조절될 수 있고 개개의 오페론과 레귤론으로 구성될 수 있는 수단을 제공한다. 모듈론의 예가 분해대사물 억제현상 시스템(**catabolite repression system**)인데, 장내세균은 실질적으로 기질이 사용(**catabolism**)과 관련된 모든 오페론들과 레귤론들을 통합하여서, 만약 세포내 뉴클레오티드 **cyclic AMP(cAMP)**수준이 낮으면 심지어 그들의 유도 기질이 존재하더라도 그들을 억제한다.

광범위한 조절 시스템의 예들

일부 모듈론들은 너무 영향력이 커서 **광범위 조절(global regulatory)**또는 **광범위 제어(global control) 시스템(systems)**이라고 불린다. 이 범위에 들어가는 두 모듈론들은 분해대사물 억제현상시스템(위에 언급)과 stringent반응시스템이다. 이들 두 시스템은 함께 직접 혹은 간접적으로 *세포의 단백질합성 용량의 거의 3/4*를 조절한다.

*분해대사물 억제현상*은 많은 세균의 생리에 매우 중요성을 가진다. 이 네트워크에서 **유도될 수 있는(inducible)** 대사 오페론들은 그들의 기질의 존재로 유도될 때 매우 높은 수준의 발현을 할 수 있다. 이들 오페론들의 중복을 막는 것은 너무 중요해서, 비록 조절의 분자적 기작은 매우 달라도, 모듈론 안에서 그들이 조절은 세균의 세계에서 매우 일반적이다. 장내세균이 최선의 기질, 포도당을 더욱 적은 기질을 제외하고 사용할 수 있는 능력은 적어도 세 가지 다른 장치들에 의존하는데, 이들 중 단지 한 가지가 분해대사물 억제 모듈이다(다른 두 가지는 어떤 배양에서도 포도당 대사 효소의 계속적인 합성과 포도당에 의하여 다른 기질의 유입을 억제하는 것이다). 어떻게 분해대사물 억제모듈이 작용하는가? 각 오페론

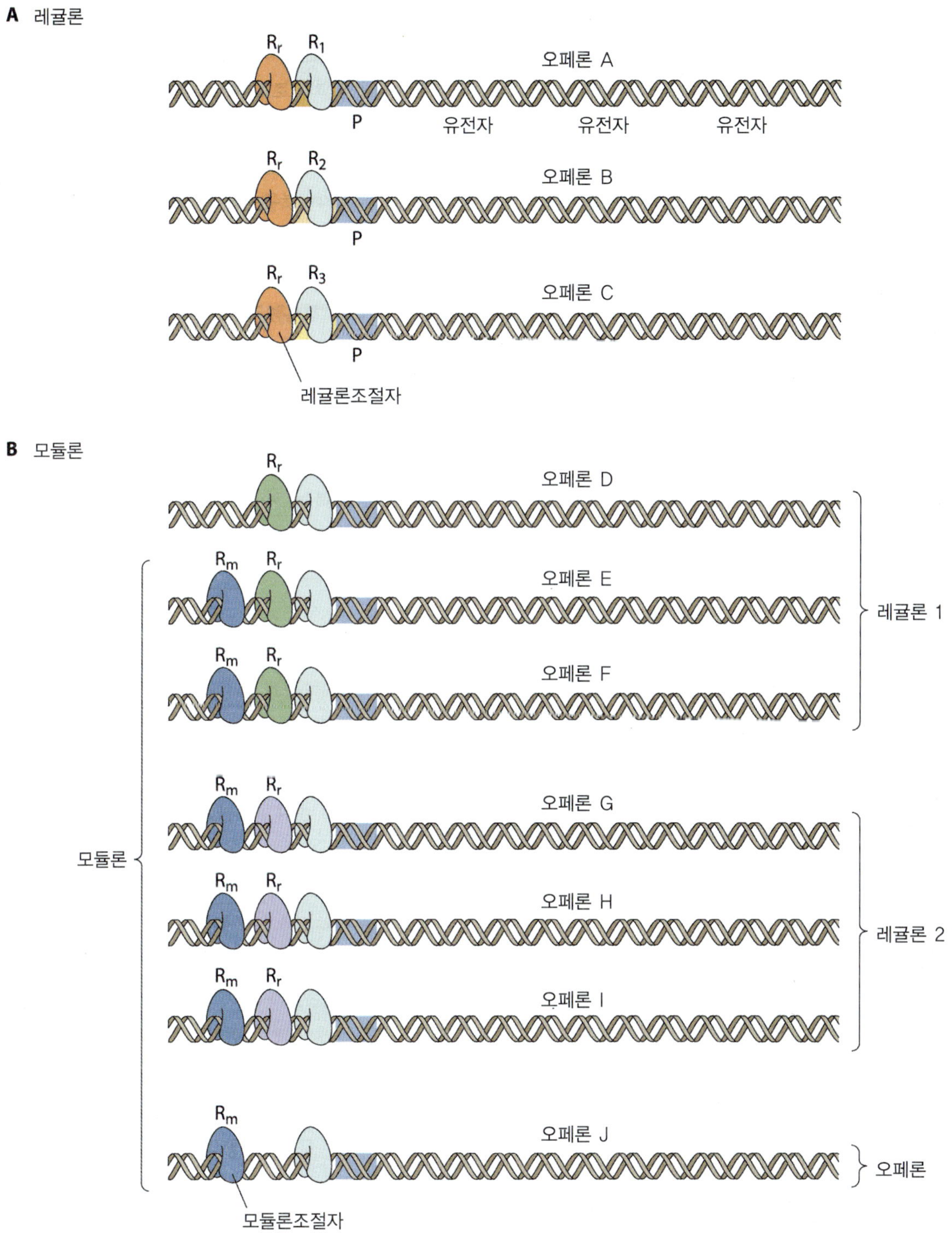

그림 12.10 오페론의 더 높은(광범위)조절단위로 조직되는 형태. (A) 레귤론 조직. 각 오페론(A, B, 또는 C)은 공통이 단백질 레귤루 조절자(R_r)와 오페론 유전자의 전사를 조절하는 오페론-특이적 단백질 조절자(R_1, R_2, 그리고 R_3)가 역할을 하는 조절 위치를 가진 DNA절편으로 나타나있다. 각 오페론의 프로모터(P)가 또한 나타나있다. **(B)** 모듈론 조직. 모듈론은 6개의 오페론(E부터 J)으로 구성되어 있는데, 단일의 모듈론 조절자(R_m) 혹은 광범위 조절자로 조절 받는 것이 나타나있다. 오페론 E와 F는, 오페론 D(모듈론은 아니다)와 함께, 한 레귤론(레귤론 1)의 부분이다. 레귤론 2의 모든 세 오페론(G, H, 그리고 I)는 독립적인 오페론인 J와 함께 모듈론에 포함된다. 두 개의 독립적인 레귤론 조절자가 각 오페론의 개개의 조절자로써 나타나 있다.

은 전사 시작위치의 상류부분에 조절 부위를 가지는데, 여기에 단백질 조절자, CAP이 결합한다. 이름이 의미하는 것처럼, CAP 이들 오페론들의 프로모터로부터 전사시작을 촉진하는데, 모두는 적은 고유의 강도를 가진다. CAP은 알로스테릭 단백질이고 이것이 작은 뉴클레오티드 리간드, cAMP에 결합했을 때만 이것이 결합하는 위치에 결합한다. cAMP-CAP의 결합은 오페론들이 알맞게 유도되면 전사를 증가시킨다. 이것은 중요하다; *cAMP-CAP에 의한 전사의 활성은 배양액에 같은 종류의 기질에 의해 이미 유도된 모듈론 안의 오페론에 한하여 작동한다.* 포도당은 세포내의 cAMP 수준을 낮추어 cAMP-CAP의 양을 줄이고, 결과적으로 심지어 유도기질이 존재하는 오페론들의 높은 발현을 억제한다. 이 유도될 수 있는 대사효소의 합성의 억제를 장내미생물의 경우에 **포도당-유도 분해대사물 억제(glucose-mediated catabolic repression)**이라고 부른다. 세포로부터 다른 기질의 포도당에 의한 억제와 배제는 종합적으로 **포도당효과(glucose effect)**라고 부르는 것의 원인이다. 포도당은 cAMP를 만드는 효소, 아데닐 cyclase(adenyl cyclase)의 억제를 통하여 세포내 cAMP수준에 영향을 미친다. 이 효소는 세포막에 결합되어 있는 효소로 포도당이 세포내로 phosphotransferase 시스템(제6장 참조)을 통하여 들어올 때 억제된다. 다른 세균 종들은 cAMP를 이용하지 않고 같은 결과를 이룰 수 있다; **Bacillus**와 같은 그람양성세균은 이 분자를 가지고 있지 않지만 효과적인 분해대사물 억제시스템을 가진다.

Stringent-반응 모듈론은 에너지 또는 아미노산을 위해 기아(starvation)에 반응하도록 되어 있는 거대한 네트워크이다. 이 반응은 광범위하다. 이것은 다양한 기능을 가진 많은 수의 오페론과 레귤론에 영향을 준다(그림 12.11). 많은 자세한 기작들이 연구되어야 한다. 알려진 것은 에너지 또는 아미노산 결핍 시에는 한 종류 또는 더 많은 종류의 aminoacyl-tRNA의 형성이 제한된다. 세포의 리보좀들의 일부분은, aminoacyl-tRNA의 결핍으로 인해 단백질을 만드는 활동이 멈출 때, GTP 파생물질인, ppGpp를 만들 수 있게 된다. 다음에 일어나는 것은 좀 모호하지만, 어떻게든지 해서 ppGpp가 RNA-P가 DNA의 많은 조절 위

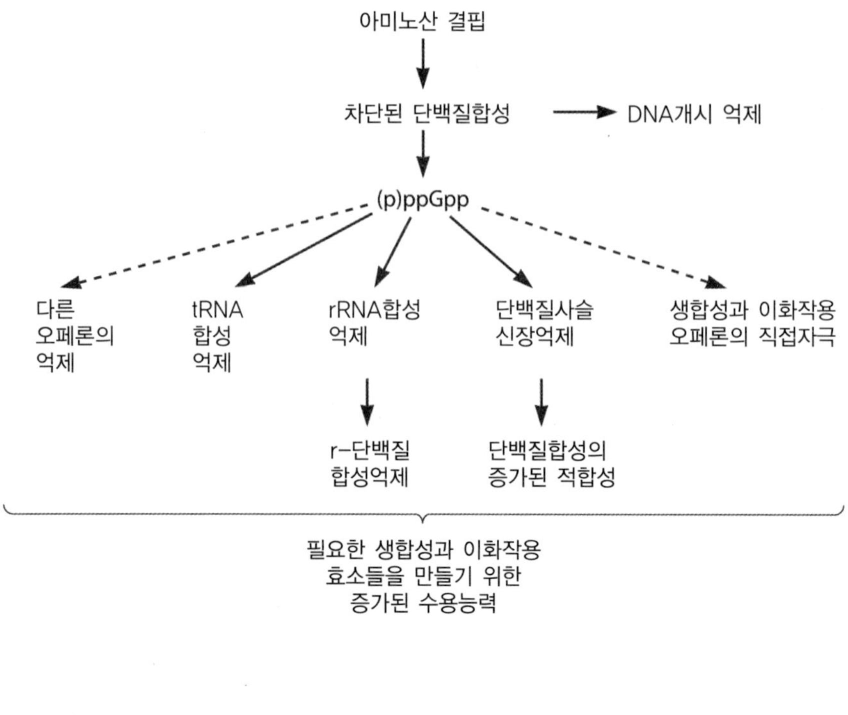

그림 12.11 Stringent 반응. 세균의 아미노산억제 후에 일어나는 일련의 반응을 나타냄. 무늬 없는 화살표는 확실한 증거로부터 ppGpp 축적으로부터의 결과를 나타낸다. 점선의 화살표는 더 추측되는 관련성을 표시한다.

치를 인식하는 것을 변경시키고, 그래서 전사의 광범위한 양상을 변화시킨다. 결과(그림 12.11)는 생리적인 의미를 만든다: 다양한 대사 작용들의 억제 및 촉진은 영양분 부족에 대처하기 위한 세포의 능력을 증가시키는데 적합하다. stringent 반응의 복잡한 내용은 이 간단한 설명보다 더 복잡하다; ppGpp를 만들고 분해하기 위한 정교한 생화학적 경로가 있고 반응을 하기 위한 구성요소 일부 혹은 전부가 없는 돌연변이의 흥미로운 특징들이 있다는 추측을 할 수 있다.

조절 장치의 협동 상호작용

위의 "왜 두 방식의 조절인가?" 에서, 우리는 질문을 던진다, 왜 세포는 단백질의 활성과 단백질의 양의 변화로 대사 작용의 조절을 해야 하는가? 우리는 이제 이 문제에 논의할 때가 되었다.

알로스테릭 효소 활성의 조절은 대사과정의 많은 경로를 통한 물질의 흐름을 조정하는 효소의 수준의 조절보다 더 빠르고 더 정확해야한다. 위의 "대사반응의 협동상호작용의 증거" 에 설명되어 있는 실험에서 본 결과는 알로스테릭 효소에 의하여 작동하는 마지막산물 억제를 통해 이루어 질 수 있다. 예를 들면, 히스티딘 생합성 경로의 조절은 경로의 효소를 암호화하는 유전자의 발현의 조절을 통하여 분명히 일어날 수 있으나, 그 아마노산이 배양액에서 첨가 또는 제거될 때 관찰되는 히스티딘 생합성의 거의 동시에 일어나는 변화를 제공할 수는 없다. 새로운 세포를 위한 성분을 규칙적인 방법으로 생산할 수 있도록 대사적 흐름의 협동상호작용의 주요 임무는 알로스테릭 효소들에 의해 이루어질 수 있다.

그러나, 우리는 단백질 합성을 조절하기 위하여 세균이 엄청나게 긴 기간을 가야만 하는 것을 방금 보았다. 유전자 조절을 위하여 10개의 매우 다른 방법의 우리의 피상적인 검토는 심지어 각 기작의 모든 다양성을 포함하고 있지 않다. 세균은 진화를 통하여 정해진 상황에서 그들이 무슨 단백질을 만들 것인지 그리고 각각을 얼마나 만들 것인지에 대하여 매우 민감하게 되었다. 이 진화과정 이면의 원동력에 대한 논리적인 추측은 경제와 효율에 대한 요구이다. 세균의 건중량의 반 이상이 단백질이고, 단백질은 만드는 것은 비용이 많이 든다. 각 환경에서 생장률을 최적화하는 것은 세포가 중복적이거나 관련 없는 단백질을 만들지 않는 것을 요구한다.

이 논쟁에 의하여, 대사 협동과정은-위의 "대사반응의 협동상호작용의 증거" 에서 언급되었던 것처럼 혼돈에서 질서를 만드는 것-효소활성의 알로스테릭 조절의 영역처럼 보인다. 반면에, 식량과 공간을 위해 경쟁자와 채워져 있는 세상에서 성공적으로 이기려면 전사와 번역에 정교하고 효과적인 조절을 요구한다.

이 생각들로부터, 그리고 알로스테릭단백질은 유전자발현의 조절자로서 중요한 역할을 하기 때문에, 어떤 사람은 알로스테리가 유전자 발현의 조절을 했기 보다는 초기의 진화과정에서 발전되었다고 추측할 지도 모른다.

요약과 결론: 협동작용과 반응을 위한 네트워크

우리의 토론은 어떻게 세균의 세포가 그들의 대사과정을 협동작용을 하는 가로부터 서서히 어떻게 그들이 그들의 환경에 대처하는 가에 대한 문제로 이어졌다.

세균 세포의 생장과 유지는 2000개 각각 화학반응을 대혼란을 피하기 위하여 각 반응의 조절을 하는 단일 복합시스템으로 통합을 요구한다. 특별한 조절 장치가 진화하여 효소 활성과 효소합성을 조정하고, 우리는 피드백 조절의 세계와 세포의 모든 부속과 과정들을 활성을 통합하는 복잡한 회로를 간단히 보았다. 심지어 이상적이고 지속적인 환경에서도(아마 자연계에는 존재하지 않고 실험실 키모스타트(chemostat) 배양에서의 생장에서만 도달될 것이다), 모든 이 협동과정이 *세포의 생명과 생장을 위하여 계속 요구된다.*

실제 생활에서는 어느 것도 지속적이지 않다. 지구상의 모든 생태적 지위(niche)는 온도, 화학적 성분, 그리고 생명을 위해 중요한 모든 요소들은 변화하게 되어 있다. 대부분의 미생물 세포의 환경은 고등의 식물과 동물들의 각 세포들이 보통 겪지 않는 종류의 엄청난 변화를 받기 쉽다.

그러므로, 세균 세포의 내부 과정들을 협동 조정하는 조절 장치들은 엄청난 부담을 가질 수밖에 없다. 이 세포는 계속적으로 새로운 도전을 하는 환경에 대응하여야만 한다; 온도, pH, 산화환원전위, 기압, 그리고 환경의 다른 물리적 요인들의 변화; 그리고 독성 요소들의 존재에서의 변화. 변화와 때때로 부적당한 환경과 교섭해야하는 필요성에 부딪힘 없이는 대사의 협동작용을 토론할 수 없다.

어떻게 대사반응들이 조정되는가에 대한 것은 어떻게 미생물 세포가 환경 스트레스에 대응하는 가와 분리할 수 없다. 그러므로 다음 장에서는 이것을 계속 다룰 것이다.

학습문제

1. 세균은 식물과 동물의 세포들 보다 더 그들의 효소 수준을 조절하는데 더 의지한다. 이 다른 점에 대한 네 가지 이유를 언급하라.

2. 어떤 종류의 조절이 일반적으로 더 빠른가: 알로스테릭 상호작용에 의한 단백질 활성의 조절 또는 효소의 양의 조절? 만약 모든 대사 협동작용이 유일하게 단백질 활성의 조절을 통해서만 이루어졌다면 어떤 장점이 희생되어야 하는가?

3. 인산화와 같이, 공유결합에 의해 단백질 활성이 조절되는 것은 단순한 리간드의 알로스테릭 결합에 의해서 하는 것 보다 더 비용이 많이 드는 것처럼 보인다. 공유결합에 의해 어떤 장점(들)이 제공될 수 있는가?

4. 넓은 범위의 에너지 공급과 필요에 대하여 어떻게 ADP와 AMP의 농도에 대한 ATP농도 비율이 세균의 세포에서 거의 지속적으로 유지될 수 있는가를 설명하라.

5. 모든 단백질들은 리보좀에 의하여 만들어지지만, 어떤 경우에서는, 리보좀들이 또한 특정 단백질 합성 속도를 조절하는데 역할을 한다. 특정 단백질의 합성을 조절하기 위하여 상당히 많은 또는 아주 다른 기작들 중에, 리보좀이 직접적으로 참여하는 것을 포함하는 두 가지를 말하라

6. 에너지에 관하여, 세균의 세포가 일정 단백질들의 세포수준을 조정하기 위하여 특별히 비용이 많이 드는 방법은 무엇인가? 단백질 양을 조절하기 위한 어떤 방법이 에너지 낭비를 피하기 위한 가장 좋은 방법인가?

7. 생합성 효소들을 암호화하는 오페론들은 다양한 방법으로 조절되는데, 이들 중 두 가지

는 전사억제와 감쇄조절이다. 이들과 관련된 조절유전자의 수에 관하여 이들 두 기작을 비교하라.

8. 어떻게 프로모터로부터 수 백 뉴클레오티드 떨어져 위치한 조절 부위가 그 프로모터의 유전자 발현을 조절할 수 있는지 설명하라. 그와 같은 조절 부위들에 정해진 이름은 무엇인가?

9. 알로스테릭 상호작용은 효소의 활성을 조절한다. 어떻게 알로스테리가 또한 유전자 발현 조절에 의해 효소의 양을 조율하는데 역할을 하는지 설명하라.

10. 조절단위로써 함께 일련의 오페론을 통제하는 조절의 진화에 대해 두 가지 이유를 말하라.

11. 레귤론과 모듈론 사이의 차이는 무엇인가?

12. 무엇이 일부 모듈론이 광범위 조절 시스템으로 불리는 지에 대한 독점적인 이유는 무엇인가? 그와 같은 모듈론의 예를 제시하라.

제13장 환경에서의 성공

서식지에서의 미생물

지금까지 우리가 설명한 견본 세균의 자세한 요약은 다음과 같다: *도움 없이는 인간의 눈에는 보이지 않는, 분자적 수준에서 구조적 섬세함이 많은, 그리고 자체-합성의 빠른 속도와 다양한 생화학적 환경에서 이분열로 무성 생식을 할 수 있는 한 세포로 된 생명체,*

지금까지는 괜찮다. 그러나 이 설명은 *척추로 지탱하고, 중간 크기의 성적으로 분화된 개체의 복잡한 과정에 의해 수년에 걸쳐 번식하는, 다세포 양발을 가진 잡식동물로써의* 인간을 설명하는 것과 비슷하다.

각 경우에서, 생명체의 일부 주요한 속성을 단지 빼먹은 것이 아니고-오히려, 본질적인 생명 그리고 생명체로 존재가 간과되어 왔다. 이 장에서는, 우리는 인간 대략적인 묘사가, 이를 테면, 여러분에게 공정하지 않은 것처럼, 세균의 간단한 설명이 기회를 놓친 것을 설명할 것이다. 지금까지 빠진 것은 자연환경에서의 세균 세포에 대한 설명이다.

이 장에서 미생물 생명체의 두 가지 면을 제공할 것이다. 첫 번째, 어떻게 세균이 그들의 환경을 감지하고 특정 환경변화들에 각 세포들이 반응하는지 알아본다: 대체로 여기서는 다양한 스트레스에 잘 알려진 반응들과 방향성 운동을 설명할 것이다. 두 번째로, 어떻게 세균들이 협동하여 행동하는지에 대하여 설명할 것인데, 세포-세포 대화, 그룹 이동과 군집형성으로 그와 같은 군집의 활동을 나타낸다. 이장의 뒤에서는 자연서식지의 미생물의 다른 활성들을 다룰 것인데, 그들의 인간과 민감한 그리고 민감하지 않은 상호작용 능력을 포함한다.

세포로서 스트레스에 대한 대응

앞장에서, 우리는 어떻게 세균이 대사경로를 통하여 물질의 운송을 조절하는지 보았다. 그들이 빠른 생장을 이루기 위해 어떻게 그들의 거대분자의 합성을 최적화하는지 알았다. 상황에 맞게 이들 내부를 조절 하는 감지분자와 융합된 회로는 효과적이고 정교하지만, 그들은 혼자서는 대변동에 대응하는 놀라운 세균의 능력을 설명하지 못하다. 그리고 지구에서 살아남아서 퍼지기 위한, 그들의 성공에 기여하는 특징이지만, 그들이 반드시 대응해야하는-극히 작은 크기-로 미생물이 환경의 힘에 극도로 노출된다.

갑자기 어떤 커다란 포유동물의 장에서 나온 세균을 생각해 보자. 그들이 오랫동안 살았을 계속적으로 따뜻하고, 어둡고, 영양적으로 복잡하고, 혐기적 환경으로부터, 이 세포가 사전경고 없이-경우에 따라서-춥고, 영양적으로 부족하고, 호기적이고 나른 pH의 세계로 밀려나와서 자외선을 포함한 빛에 노출되었다. 이 작은 세포에 가해진 스트레스는 엄청나지만, 이와 같은 일은 흔하고 과장되지도 않은 것이다. 많은 미생물세포들은 온도가 온화한 것으로부터 매우 덥고 또는 매우 춥게 급하게 변화 가능한 환경에 살고 있다; 그들에게 제공될 수 있는 물이 등장액(isosmotic)으로부터 증류수(비)에 도달하는 물까지 또는 아마 염이 매우 많은 소금물의 환경; pH가 중성으로부터 먼 그리고 매우 산성 또는 매우 알칼리성인 환경; 산화전위가 완벽하게 혐기적인 환경으로부터 매우 산화되어 있는 환경 그리고 방사선 손상의 위협이 계속 존재하는 환경. 특이 유전자 발현과 알로스테릭하게 조절되는 효소들이 아마 새로운 음식을 다루기에 충분할지 모르지만 식탁위에 있는 음식의 종류는 갑작스럽고 피할 수 없는 환경스트레스를 겪고 있는 세포에게는 두 번째로 중요한 것이다.

표 13.1 미생물에게 스트레스를 줄 수 있는 환경 특성들

물리적 요소들
온도
수압
삼투압
방사선
이온성
비이온성
화학적 요소들
해로운 화학물의 존재
유기화합물과 이온
산소와 그 유도체들
양성자
수산화 이온
유기화합물
항생제
산, 페놀, 알코올 등
영양분 결핍 또는 제한
탄소와 에너지원
질소, 황, 그리고 인산원
금속이온(Fe, Zn, Mg, Mo, Se, 등)
산소 또는 다른 전자수용체
내부적으로 생성되는 화합물
양성자
유기산, 알코올 등

스트레스의 본질

첫 번째로, 우리는 환경스트레스가 무슨 의미인지 분명하게 알아야한다. 정의되는 특징은 *변화*이다. 100℃에서 계속적으로 살고 있는 고온성 세균은 특별히 스트레스가 없고, 염분이 있는 곳에서 사는 호염성세균 또는 산성광산수에서 사는 호산성 종들과 마찬가지이다. 그와 같은 조건에 사는, **극한생물(extremophiles)**로 알려진 생명체에게는 단지 일상의 어느 하루이다. 모든 미생물에 스트레스인 것은 환경에서 근본적인 변화이고 이것에 그들은 진화와 최근 역사에 의해 적응되고 있다.

환경의 물리적 인자와 화학적 요소들(표 13.1)의 개개는 매우 넓은 범위로 다양하고 각각은 미생물세포에 중요한 스트레스 원인이 될 수 있다. 실제로, 각각은 잠재적으로 치명적일 수 있다. 미생물군집이 커지면, 그들은 그들 자체의 문제를 일으키는데 이는 단지 지역적으로 환경영양분을 결핍시켜서만은 아니다. 대사과정동안 생산되는 화합물은, 특히 에너지를 만드는 과정에 의한 것은, 환경의 중요한 구성요소이고 매우 독성일 수 있다. 예를 들면, 배양액의 pH의 변화와 짧은 길이의 유기산 그리고 관련된 부산물은 대사과정에 의해 생산되는 스트레스 요인 사이에서 중요하다. 자신의 대사 폐기물 안에서 살 수 있는 능력은, 특히 자신의 경쟁자가 그렇지 못하다면, 분명이 이롭다.

많은 미생물 종들에게, 그들이 성공적으로 적응할 수 있는 온도, 압력, pH, 그리고 비슷한 요인의 범위는, 과거의 수억 년에 걸쳐 진화한 스트레스 반응덕분에 놀랍도록 넓다. 우리는 이들 반응들의 일반적인 특징들과 특별한 예들을 지금 다룰 것이다.

스트레스 반응의 개요

변화는 변화를 유발한다. 환경에서 잠재적으로 위험한 전환은 변경된 행동을 야기한다. 일반적으로 세포의 반응은 그것과 관련된 다른 비용을 치루고 조건이 개선되면 가역적으로 돌아온다. 반응의 속도, 단순성, 그리고 효율성은 거의 의도적인 결정과 활동을 할 수 없는 의식하지 못하는 생물에 의해 만들어 지는 반응이라는 사실을 애매하게 한다. 생물의 초기 반응과 그 반응의 관리는 완전히 자동이어야 한다. 어떻게 이것이 가능한지 자세히 알아볼만하다. 우리는 여기서 세균의 행동이 특히 잘 연구되었기 때문에 세균에 집중할 것이다.

그림 13.1에 보이는 것처럼, 스트레스 반응 시스템의 단순화된 그림은 스트레스에 대한 반응을 이해하기에 좋은 출발점이다. 시작을 위해, 환경의 어떤 변화에 의해 야기된 스트레스는 세균에 의해 감지된다. 비록 보편적이지는 않지만 일반적으로 **감지자(sensor)**는 세포막 안에 있는 단백질이다. 환경변화는 감지자의 알로스테릭 변이를 야기하고, 이는 흔하게 자가인산화(autophosphorylation)를 일으키고, 이러한 경우에 그것을 **감지 키나아제(sensor kinase)**라 명명한다. 다음에, 변형된 감지자는 **신호(signal)**을 만드는데 -흔하게 인산화된 중간체들의 흐름을 통해-**반응 조절자(response regulator)**로 전파된다. 이 정보의 흐름을 **신호전달과정(signal transduction)**이라고 부른다. 반응 조절자는 종종 단백질인데, 레귤론(이 전장에서 본 조절단위)과 함께 연결된 일련의 표적 오페론의 발현을 통제하는 DNA에 결합에 의해 전자를 **조율한다(modulate)**(조정한다). 이 레귤론은 세포내 반응을 야기하는 반응단백질을 생산한다. 마지막으로, 되먹임 조정(feedback control)은 예를 들면 스트레스의 정도와 길이와 같은, 문제에 세포내 반응을 조화시킨다. 어떻게 세포가 그들의 환경을 감지하고, 어떻게 그들이 매우 복잡한 세포내 반응을 갖추기를 해내는지에 대해 더 많은 설명이 필요하다.

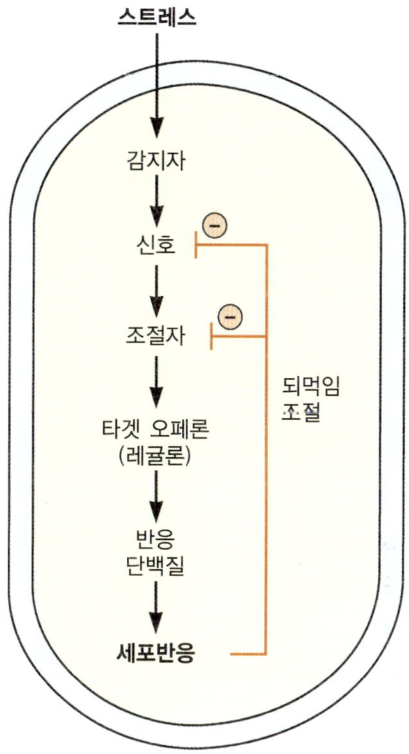

그림 13.1 간단하게 만든 스트레스 반응 회로

환경의 감지

환경에서의 변화에 반응하는 것은 그것의 주요 본질(pH, 온도, 산환-환원전위, 빛, 삼투압, 개개 유기 그리고 무기 영양분의 농도, 독성물질의 존재 등)을 감지하는 능력을 요구한다. 진화는 많은 감지 기작을 선택하는데 활동적이다. 많은 것들이 감지 키나아제와 반응 조절자로 구성되어 있고 그래서 이들을 **두 요소 조절체계(two-components regulatory system)**이라고 부른다.

그러나 많은 다른 반응시스템은 두 요소 보다 더 많은 것을 가진다. 이들 시스템은 신호 단백질들을 포함하는데, 감지와 조절자사이에 인산 신호를 전파하고, 그래서 **다중 요소 조절체계(multicomponent regulatory systems)**이다. 세균의 반응시스템은 미생물세계 전반에 걸쳐 매우 보존되어 있다.

그림 13.2에 나타낸 것처럼, 감지 키나아제는 보통 세포막에 걸쳐있는 단백질로 자가인산화를 할 수 있다. 특별한 환경변화가 감지 키나아제의 히스티딘 잔기에 인산화를 야기한다. 대부분의 경우에는, 감지 키나아제는 세포막에 걸려있다; 다른 경우에는, 완전하게 세포질 안에 위치한다. 인산 제공자는 ATP이다. 어느 경우든지, 인산화된 키나아제는 다음에 인산그룹을 두 번째 단백질, 보통 반응 조절단백질의 아미노 말단 근처의 아스파르트산 잔기에 전이하고, 그런 후에 일련의 유전자를 발현시키거나 혹은 다른 단백질과 반응하여 세포내 반응을 활성화한다.

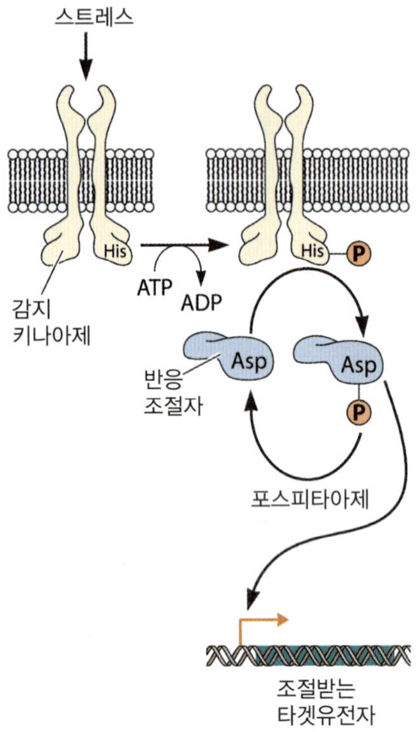

그림 13.2 감지 키나아제의 기능. 외부의 스트레스가 세포막 안에 들어 있는 단백질인 감지 키나아제의 N-끝부분에 영향을 주고, 자가 키나아제 역할을 활성화시켜, 보존된 히스티딘 잔기를 인산화 시킨다. 인산그룹은 반응 조절단백질의 보존된 아스파르트산 잔기에 옮겨져서 구조적 변화를 유도하여 타겟유전자(들)을 조절하기 위한 DNA-결합능력을 활성화시킨다.

미생물 세계에는 엄청나게 많은 다중 요소 조절체계가 있다. 표 13.2가 표본을 열거한다.

복잡한 반응을 위한 복잡한 회로

그림 13.2의 도식은 그림 13.1보다 많은 스트레스 반응 회로의 실제 복잡성을 더 현실적으로 나타낸다. 첨가된 특징을 주목하라: 스트레스는 *한 가지보다 더 많은* 신호를 유발하는 것을 보여주고 *한 가지 이상의* 조절 회로를 활성화시킨다. 그래서 다중의 레귤론이 반응에 관여하고, 이들 중 일부는 더 주요한 레귤론의 활성의 결과로서 이차적으로 활성화된다. 주요 반응에 관여된 일부 작용(effector) 단백질은 그들 자체가 다른 레귤론의 그 후의 활성에 관여하는 조절단백질일 수도 있다(지금까지 여러분은 반응 네트워크의 일부는 레귤론이 아니라, 12장에서 설명된 모듈론의 정의에 잘 맞는다는 것을 알았을 것이다).

이 복잡한 스트레스 반응에서 반응 유전자들의 커다란 전체적 효과를 위한 이름을 필요로 하는데, 그 이름이 **스티뮬론(stimulon)**이다. 스티뮬론은 자극에 대한 세포의 반응의 결과로 합성 속도가 현저하게 변화하는(양성적으로 또는 음성적으로) 단백질을 암호화하는 일련의 모든 유전자들이다(그림 13.3). 스티뮬론의 구성성분을 결정하는 것은 상대적으로 쉽다. 유도되고 억제되는 단백질을 간단히 조사할 수 있다. 더 어려운 일은 각각 스티뮬론을 그들의 유사한 레귤론과 모듈론(조절 단위)으로 분류하는 것이고, 전체 반응을 달성하는 조절 장치를 아는 것이다(표 13.3). 이들 작업은, 거의 시작하기 어려운데, 전통적인 모든 분자 유전학과 생리학적 접근과 함께 세포의 전체 전사체 그리고 번역양상을 모니터링하는 더 최근에 개발된 기술을 필요로 한다.

스티뮬론(stimulon)의 모니터링

1970년대 중반에, 세포에 의해 만들어지는 각 단백질 전체의 합성[세포의 **단백질체(proteom)**]을 측정하고 모니터링할 수 있는 기술이 개발되었다. 이러한 분석은 스트레스 반응 동안 방사능 표지된 아미노산 전구체를 세포에 제공하고, 후에 2차원 중합아크릴아미드 **겔 전기영동(gel electrophoresis)**으로 각 세포 단백질을 분산시키는 것으로 구성된다. 각 단백질은 개개의 점으로 나타나고, 그것의 방사능이 방사능사진으로 시각화될 수 있다(겔을 X-선 필름에 노출시키고, 알맞은 시간 후에 현상한다). **단백질체 모니터링**

표 13.2 다중 유전자의 네크워크

시스템	단백질키나아제	반응조절자	생물
질소 조절(Ntr)	NRII	NRI	*Escherichia coli, Salmonella, Klebsiella spp. Rhizobium spp.*
인 조절(Pho)	PhoR	PhoB	*E. coli, Bacillus subtilis*
포린 조절(Omp)	EnvZ	OmpR	*E. coli*
공생 질소고정	FixL	FixJ	*Rhizobium melioti*
호기성 호흡	ArcB	ArcA	*E. coli*
병원성	VirA	VirA/VirG	*Agrobacterium tumefaciens*
병원성	BvgC	BvgA	*Bordetella pertussis*
포자형성	SpoIIJ	Spo0A/Spo0F	*B. subtilis*

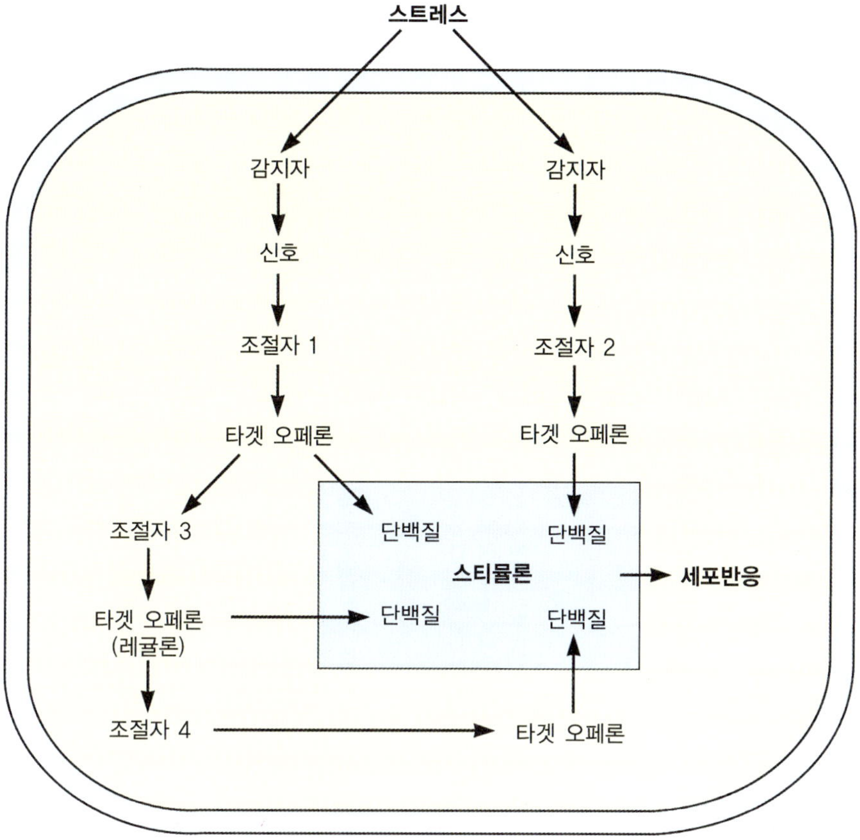

그림 13.3 일반화된 스트레스 반응 회로. 복잡한 스티뮬론의 반응을 일으키는 스트레스의 부과를 보여준다.

(proteomic monitoring)이라고 불리는 이 접근법은 세균의 생리, 특히 스트레스 반응 연구에 관하여 분기점이 되었다. 연구자의 실행능력을 자유롭게 하며, 특정 스트레스에 대한 세균 세포의 반응의 전체적인 정도의 발견을 가능하게 했다. 개인적으로 관심이 있는 여러 가지 단백질의 합성에 대하여 묻는 대신에, 연구자는 *세포*가 주어진 스트레스 반응을 위하여 중요하게 고려하는 단백질들이 어떤 것인지 배울 수 있다.

단백질체 모니터링의 힘은 1990년대 중합아크릴아미드 겔의 단백질부위를 확인하기 위한 질량분석기의 이용으로 훨씬 증대되었다. 생명체의 전체 유전체의 염기서열을 알게 됨으로써 그것이 만드는 각 단백질의 **등전위점(isoelectric point)**(산성[음성의]과 염기성[양성의]의 전하가 정확하게 균형되어 있는 pH) 뿐만 아니라 정확한 분자량도 계산할 수 있게 되었다. 질량분석기로 단백질의 질량을 매우 정확하게 측정하고; 중합아크릴아미드 겔에서 단백질의 위치는 그것의 등전위점의 표시를 제공한다. 이들 두 종류의 자료는 함께 관심 있는 부위의 정체를 확인하는 것을 가능하게 한다.

다른 발전은, **전사체 모니터링(transcriptional monitoring)** [또한 **유전체 모니터링(genomic monitoring)**라 불리는]인데, 1990년대의 미생물 유전체 염기서열에서 최고점에 올랐었고, 단백질체 모니터링의 중요한 보완을 제공한다. 이 모니터링은 세포의 전사체(transcriptome), 즉 정해진 시간에 만들어 지는 개개 유전자 전사(전사 RNA[mRNAs])를

표 13.3 잘 알려진 광범위 조절 시스템

시스템	기능	조절인자들	조절되는 유전자의 수와 종류	조절형태
대사산물억제(CRP 레귤론)	최적의 기질 우선사용을 확실하게 함	그람음성균에서, 조절단백질은 CRP; 뉴클레오티드는 cyclic AMP(cAMP); 그람양성균에서는, 조절단백질은 CcpA(cAMP가 관여하지 않는다)	이화작용 효소를 암호화하는 많은 유전자들	cAMP와 결합한 CRP가 많은 오페론들로부터 전사개시를 자극한다; 최적 기질의 대사과정동안 낮은 cAMP수준이 이화작용효소의 낮은 유전자 발현을 하게한다; 그람양성균은 인산전이 시스템의 Hpr과 결합한 CcpA를 사용한다
Stringent 반응(RelA 레귤론)	대사 작용을 에너지생산과 생합성으로 전환	RelA와 SpoT 효소가 뉴클레오티드, ppGpp를 만든다; 리보좀이 aminoacyl-tRNA에 굶주리면, 리보좀 RelA가 작동한다	아마도, 에너지 발생과 생합성의 많은 유전자들과 또한 중합반응 효소와 RNA을 암호화하는 유전자에 음성적 으로 작동한다.	완전하게 알려지지 않았다; ppGpp가 RNA중합효소에 영향을 준다고 알려져 있다; 높은 ppGpp 일부 에너지발생과 생합성 오페론을 자극한다; 높은 ppGpp가 r 단백질, rRNA, 그리고 번역인자들의 유전자 발현을 막는다.
생장률 조절	배양액의 생장-촉진 능력을 맞추기 위하여 전사와 번역을 조율한다	RelA레귤론의 구성요소; Fis단백질; H-NS단백질(본문과 표13.4참조)	리보좀 단백질, rRNA, 그리고 번역 인자들을 암호화하는 수백의 유전자들을 주어진 배양액에서 가능하면 단백질 합성속도와 맞추기위하여 조율한다	주요 풀리지 않은 문제; stringent 반응은, 단백질, Fis가 rRNA합성을 조절하는 것처럼, 양분이 없는 배양으로 전이되는 동안 일시적으로 기능한다;평형상태를 유지하는 것이 아마 "수동조절" 때문일 것이다(영양분이 많은 배지에서 생합성과 에너지 발생을 억제하는 것이 RNA중합효소 또는 번역 기구를 만들기 위한 다른 자원을 자유롭게한다).
정지기(RpoS 레귤론)	세포구조를 변경하고 대사작용을 비생장상태에서 생존을 최적으로 하기 위해 새로운 형태로 바꾼다	RpoS(σ^{38} 또는 σ^{S}); CRP similar H-NS와 같은, 다른 광범위 조절자와 협동작용한다	세포 대부분의 유전질에 직접 또는 간접적으로 효과를 준다	복잡한 네트워크에서 다중의 조절형태; σ^{S}에 의해 인식되는 프로모터를 가진 유전자 선택이외에 몇 개의 광범위 조절 시스템이 관여

열충격 반응(RpoH 레귤론)	높은 온도에서 단백질 접힘을 보조한다; 손상된 단백질을 수리 그리고/또는 분해	RpoH(σ^{32} 또는 σ^{H})	단백질분해효소를 암호화하는 수십개의 유전자들, 샤페론 단백질, 그리고 기능을 모르는 다른 유전자들	주요 조절형태는 RpoH에 의해 인식되는 프로모터를 가진 유전자들의 선택; stringent 반응과 협동작용
외벽 스트레스 반응 (RpoE 레귤론)	단백질 접힘을 보조하거나 또는 풀린 막 단백질을 분해; 외부 막단백질, 특히 포린을 감시한다	RpoE(σE 또는 σ^{24}), RseA(항-σ^{E}), 그리고 RseB 그리고 단백질 분해효소 DegS와 YaeL	그람음성균에서 단백질 분해효소, 주변세포질 샤페론과 지질탄수화물 중합체의 리피드A 구성요소를 생합성하는 효소를 암호화하는 많은 유전자들	스트레스가 없는 조건에서, RseA, RseB와 RpoE가 복합체를 이루어 RpoE가 RNA-P와 결합하는 것을 막는다. 열과 같은 외벽스트레스가 RseB에 결합되어 있는 세포 주변질 단백질을 변성시켜 단백질 분해효소 DegS가 RseA를 자르고, 그래서 RpoE를 자유롭게 하여 RNA-P에 결합하고 조절하는 유전자들의 프로모터로 가게된다
외벽 스트레스 반응 (CpxAR 레귤론)	단백질 접힘을 보조하거나 또는 풀린 막 단백질을 분해; 필리와 같은 외벽 표면 단백질을 감시한다	CpxA(감지 키나아제)와 CpxF(반응 조절자); CpxP, CpxA의 억제자	외벽안에서 단백질 접힘과 이동에 관여하는 많은 유전자들; 부분적으로 RpoE레귤론과 겹친다	스트레스가 없는 조건에서, CpxP가 CpxA에 결합하여 인산화되는 것을 막는다. 외벽 스트레스가 잘못접힌 단백질을 만들어, CpxP와 결합하여, CpxA를 자유롭게 하여 키나아제 역할을 하게하고 자신과 세포질의 반응 조절자인 CpxR을 인산화시킨다. 활성화된 CpxR은 CpxAR레귤론 유전자들의 활성자로 역할을 한다.
루신 반응(Lrp 레귤론)	영양분 이용가능성의 주요변화에 조율하기 위하여 세포를 보조한다	Lrp(루신 반응 단백질)	아미노산 생합성, 분해와 이동에 관여하는 단백질을 암호화하는 많은 유전자; 또한 필린 단백질을 암호화하는 유전자	Lrp는 일부 오페론(특히 생합성 효소를 암호화하는 것들)의 전사 활성자로, 다른 것(특히 분해단백질)에서는 전사 억제자로써 역할을 하는 이중의 조절자이다. 모든 경우는 아니지만 일부에서는 루신이 Lrp의 활성을 양성적으로 또는 음성적으로 변화시킨다

조사할 수 있게 한다. 전사체 모니터링은 DNA **마이크로칩(microchips)**의 사용을 통해 이룰 수 있는데, 작은 유리 또는 플라스틱 판(아마도 1평방인치)으로 이것 위에 모든 세포 유전자에 대응하는 적은 양의 DNA가 눈금형태로 단단히 고정되어 있다. 연구하고자 하는 배양액으로부터 전체 RNA를 재빨리 추출하여, RNA 표본으로부터 RNA의존적 DNA중합효소(또한 역전사효소, reverse transcriptase라 불림)를 이용하여 **상보적 DNA(complementary DNA, cDNA)**를 만든다. cDNA합성동안, 형광성 뉴클레오티드가 삽입된다. 형광-부착된 cDNA는 후에 유전자가 올려진 칩[**마이크로어레이(microarray)**라고 불림]에 붙게 되고 그런 후에 적당한 검출 장치로 스캐닝을 하면 mRNA를 활동적으로 만든-그들은 형광을 띤다—배양액의 유전자를 보여준다. 두 배양액의 비교는 대조적인 색의 형광 표지를 사용하여 가능한데, 각 표본의 cDNA를 위해 사용된다. 환경에 전체 세포반응을 연구하기 위한 이 기술의 유용성을 쉽게 상상할 수 있다.

단백질체 모니터링과 전사체 모니터링은 과다한 것과 거리가 멀다. 오히려, 그들은 중복된다. 각각은 유전자 활성의 측정을 제공하지만, 한 가지는, 비록 분해 또는 변형을 받지만, 반감기가 짧은 중간체(mRNA) 그리고 다른 것은 더 안정적인 산물(단백질)을 측정한다. 그래서 결과의 차이점이 예상된다. 또한, 유전자에 따라 단일 mRNA에 의해 생산되는 단백질 분자의 수가 다르고, 정해진 유전자도, 생리적 상황에 따라 이 수도 다양할 수 있다. 각 mRNA분자로부터 단백질양의 변이는 mRNA분해 속도변이 또는 번역시작의 조절(제9장 참조)로 인해서 야기될 수 있다. 마지막으로, 두 방법은 그들의 오류 원인에 있어서 다르다. 결과적으로, 미생물연구는 두 기술을 모두 사용한다.

하지만, 단백질 모니터링과 전사 모니터링은 한 가지 일치되고 놀라운 사실을 *나타낸다: 심지어 간단한 스트레스 또는 생장 조건에서의 작은 변이도 수많은 세포내 단백질의 합성속도를 변화시킨다.* 반응하는 단백질들은 몇 개의 기능적 종류로 구성된다. 주어진 스트레스를 직접적으로 처리하기 위한 단백질과 같이, 몇 가지는 여러분이 기대하는 것인데, 과산화수소가 스트레스의 원인이면 이를 제거하는 카탈라아제 또는 원인이 DNA손상이면 중요한 DNA-스플라이싱 효소인 RecA를 포함한다(제9장 참조). 그러나, 열 충격을 포함하는 많은 다른 스트레스들에 대처하는 것을 도와주는 샤페론과 단백질분해효소와 같은 반응단백질 또한 있다. 반응단백질의 수 또한 다양하다; 세포가 더 천천히 자라면 75개만큼이 감소한다. 이것들은 다양한 전사와 번역 요소들뿐만 아니라 리보좀 단백질과 리보좀 RNA(rRNA) 자체도 포함한다. 마지막으로, 많은 단백질들이 **정지기(stationary phase)**라고 불리는 자라지 않는 상태의 세포를 위한 조절 단계적 반응의 부분이다; 그들의 합성은 심각한 스트레스 상황에서 촉진된다.

주요 스트레스 반응 네트워크

각 반응의 복잡성을 고려하면, 개개 세균 세포들이 그렇게 다양한 환경변화에 대응하여 정리된 방어를 할 수 있는지 궁금할 것이다. 몇 가지 사실이 이 어려운 위업을 설명하는 것을 돕는다. 첫 번째, 각 스트레스에 대하여 완벽하게 다른 반응을 가질 필요는 없다. 많은 독성물질은 같은 세포 구조를 표적하고, 이들은 공통의 기작들로 보호되고 또한 복구될 수 있다. 예를 들면, 세포 외벽의 간단한 변경은 다른 화학물질의 해로운 효과를 감소하기에 충분하다. 두 번째, 몇 가지 스트레스 반응들은 수백 개의 다른 특별한 문제에 대하여 효과적이다.

세균 종들 사이에서 넓게 퍼져 있는, 이들 주요 네트워크는 특별한 관심을 받을 만하다.

광범위 반응 네트워크

수십 개 정도의 네트워크가 모여 세포가 대부분의 조건에 대응하게 해준다. 이들 네트워크는 많은 세포 기능에 영향을 미치고 많은 환경 스트레스 반응에 작용하고, 세균의 세계에서 넓게 분포되어 있다. 이러한 이유들로, 네트워크를 **광범위 반응 네트워크(global response networks)** [또는 **광범위 반응 시스템(global response system)**]으로 잘 명명되고, 12장에서 우리는 그들 중 두 가지를 살펴보았다(분해대사물 억제와 stringent 반응). 다른 주요한 네트워크는 표 13.3에 간단히 나타나 있는데, 표 12.2의 다중 유전자 시스템의 목록을 보완한다. 세균 세계의 이들 광범위 반응 네트워크 넓은 분포는 그들의 효과뿐만 아니라, 또한 그들이 진화에 출현하였음을 말해준다.

광범위 반응의 총체적 특징 중 세 가지는 주목 받을 만하다. 첫 번째, 이들 시스템은 다양한 분자적 기작을 사용한다; 독특한 시그마 인자; 억제자, 활성자, 또는 양쪽으로 작동하는 조절 단백질; 그리고 잘 알려진 방법이 아닌 것으로 RNA중합효소(RNA-P)를 지시하는 것 같은 뉴클레오티드. 두 번째로, 이들 시스템은 서로 독립적인 것이 아니다; 예를 들면, 필수 아미노산의 기근은 적어도 분해대사물 억제, stringent 반응, 그리고 Lrp(leucine 반응)의 세 가지 광범위 반응 네트워크를 야기한다.

마지막으로, 광범위 반응 네트워크는 전체 세포자체의 관계에서 가장 잘 이해된다; 다시 말하면, 그들이 양적인 정교함은 세포의 완전한 생리적 상태에 의지한다. 이 의존성의 가장 좋은 예는 이제 살펴볼 것인데, 단백질 합성시스템(PSS)의 생장속도관련 조절에서 찾을 수 있다.

PSS의 조절. 우리는 4장("세포의 생리는 생장율에 의해 어떤 영향을 받는가?")에서, 세포가 더 빨리 생장하면, 리보좀과 다른 많은 번역 인자들을 만드는데 그들의 자원의 많은 부분이 사용된다는 것을 주목했다. PSS합성은 비록 암호화하는 유전자들은 유전체의 0.5%보다 적게 차지하지만, 대단위의 대사작용이 될 수 있다. 게다가, 수백정도 단백질이 PSS를 구성하며, 전사와 신장인자, aminoacyl-transfer RNA(tRNA) 합성효소, 그리고 자연히 리보좀 단백질들을 포함된다. 세포가 영양이 적은 배양액에서 천천히 생장하며 적은 번역 장치들을 요구하면, 세포가 이 막대한 PSS합성을 줄이도록 효율성이 요구된다. 어떻게 세포는 이 효율성을 달성하는가-그리고 모든 미생물 세포들은 정교하게 단백질-합성 능력을 생장속도에 맞춘다-는 연구자들이 50년 이상 연구하였다. 완전한 해답은 심지어 가장 잘 연구된 미생물(*E. coli*)에서도 아직 알기 어렵다. 그러나 알려진 것은 놀랍고 유익하다.

우리는 단지, 양적으로 PSS의 가장 주요한 구성원인, 리보좀 합성의 조절만 볼 것이다. 리보좀 단백질은, 다시 상기하면, 번역 억제에 의해 조절되는데(12장의 "오페론 발현의 조절" 참조), 이를 통해 그들의 합성속도가 그들에게 결합하는 이용 가능한 rRNA에 의해 조절되고 그들이 만든 억제를 풀게 한다. 그래서 rRNA의 합성은 리보좀 합성의 속도제한(조정) 단계이고, 우리는 거기에 초점을 맞출 것이다.

간단하게, *E. coli*의 7개의 rRNA오페론은 강력한 프로모터를 가지고, 그들 중 몇몇은 RNA-P와 특히 강하게 결합하게 하는 특별한 상류의 염기서열**[UP 요소(UP element)]**을 가진다. rRNA의 프로모터 활성은 많은 인자들에 의해 영향을 받을 수 있는데(표 13.4), 두 가지 단백질을 포함한다: **Fis** 그리고 **H-NS. Fis**(factor for inversion stimulation)라고 불리는 단백질은 UP 요소 근처의 부위에 결합하여 RNA-P를 프로모터로 끌어온다; 이것은 *양성의* 조절인자이다. H-NS(histon-like nucleoid structure protein)는 **DNA 굽힘(DNA bending)**에 영향을 주고, 이것이 rRNA 프로모터 활성을 억제하기 때문에 음성의 조절인자이다. 두 Fis와 H-NS의 세포내 양은 그들의 예정된 역할과 일치하는 방식으로 다양하다. 이들 조절 단백질이외에, 구아노신 3인산 변이체인 ppGpp(구아노신 4인산)은 rRNA합성에 강력한 영향을 미친다. 이 뉴클레오티드는 stringent-반응 모듈론의 작용자이며(12장의 "광범위한 조절 시스템의 예들" 참조), 한 가지 중요한 특성은 완전히 rRNA와 tRNA의 합성을 억제하는 능력이다. 영양적 제한이 생장을 느리게 할 때, ppGpp가 빨리 축적되고 RNA-P을 변화시키는 방법으로 rRNA(또는 tRNA, 양쪽의)의 프로모터에서 기능을 하지 못하게 한다. ppGpp가 rRNA 프로모터를 인지하는 σ^{70}보다는 다른 시그마(σ) 인자와 결합된 RNA-P를 더 선호한다고 밝혀졌다. rRNA합성을 중지하면서, 계속적으로 천천히 자라면 PSS의 양이 줄어든다. 이 stringent 반응이 심지어 한 종류의 아마노산만 부족하여도 rRNA와 tRNA합성이 바로 멈추게 하는 것이다. 뉴클레오티드 3인산을 합성하는 세포의 능력을 제한하는 조건에서, 물론 RNA-P의 기질이 RNA합성을 제한할 것이다.

이와 같은 정렬된 조절은 PSS형성의 생장관련 조절을 설명하는 것을 생각할 수 있다. *돌연변이 연구로부터 얻은 놀라운 결과는 세포에서 FIS, H-NS, 그리고 stringent 반응을 없애도 계속해서 생장속도-의존적 방법으로 PSS 형성을 조절한다는 것이다.* 알기 어려운 빠진 기작은 RNA-P자체, 특히, rRNA의 프로모터뿐만 아니라 에너지를 만들고 생합성 기능을 하는 유전자를 포함하여 세포의 대부분의 다른 프로모터을 인식하는, σ^{70}서브유니트(흔한

표 13.4 PSS의 합성의 조절에 기여하는 요소들

요소	요소의 본질	역할
UP 요소들	rRNA오페론(rrn)의 프로모터의 위쪽에 바로 찾을 수 있는 A-T 잔기들이 풍부한 DNA염기서열	UP 요소들인 RNA-P와 결합하여 rrn 프로모터의 활성을 증가시킨다. 전사개시가 50배 이상만큼 증가될 수도 있다
Fis	UP 요소의 위쪽에 3에서 5개의 결합위치를 가지는 단백질	Fis가 RNA-P가 *rrn*프로모터에 결합하는 것을 도와주고 전사개시의 초기단계를 촉진한다. 전사개시가 8배 이상만큼 증가될 수 있다. Fis의 세포내 수준은 rRNA 합성이 빠르면 높아지고 반대로도 또한 같다
H-NS	비록 특이적 염기서열이 관여하지 않지만, 굽힘이 일어나는 부분의 DNA에 결합하는 단백질	H-NS가 *rrn*프로모터의 전사개시를 억제한다. 기작은 잘 모르나 DNA를 굽힘으로써 RNA-P를 움직이지 못하게 하는 것 같다. H-NS의 세포내 수준은 rRNA 합성이 빠르면 낮고 반대로도 또한 같다
ppGpp	구아닌 4인산; 리보좀-관여 RelA 단백질에 의해 만들어 지는 구아노신 3인산(GTP) 유도체(표 13.3)	ppGpp는 rRNA(그리고 tRNA) 합성의 잠재적인 억제자이다. 직접 그리고 아마도 간접적으로 *rrn*프로모터의 필요한 σ^{70} 말고 다른 시그마인자와 RNA-P와의 결합을 좋게 한다
RNA-P(σ^{70})	σ^{70}를 가진 RNA 중합효소	RNA-P(σ^{70})는 *E. coli*의 대부분의 오페론을 전사한다. 중합효소를 다른 프로모터에 가져오는 것은 *rrn*전사에 사용가능한 수를 줄이는 것이다. 또한 다른 시그마요소들과의 결합은 같은 효과를 가진다

형태)을 포함하는 RNA-P의 이용가능성으로 생각되어진다. 어떻게 RNA-P(σ^{70}) 이용가능성이 이 형태의 중합효소를 사용하는 수많은 다른 오페론보다 더 rRNA의 프로모터로부터 전사가 개시되는 것에 영향을 주는가? 한 가지 가능한 설명은 rRNA의 프로모터가 더 최고의 활성을 가지고 그래서 모든 다른 σ^{70}의존 프로모터보다 RNA-P로 포화되는 것이 더 어렵다. 환경이 영양적으로 더 어려우면, RNA-P가 rRNA대신에 에너지와 생합성생산 오페론에 더 관여할 것이다. **수동 조절(passive control)**로 알려진, 이 설명은 그림 13.4에 도식화되어 있다.

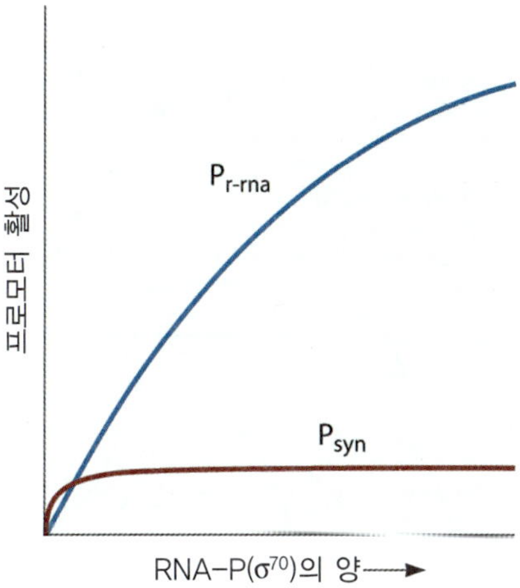

그림 13.4 rRNA 합성의 수동적 조절의 모델. RNA-P(σ^{70})의 다양한 이용가능성에 두 가상적인 프로모터의 반응: 하나의 프로모터($P_{r\text{-}rna}$)는 rRNA 오페론을 조절한다; 다른 것(P_{syn})는 생합성 효소를 암호화하는 오페론을 조절한다. $P_{r\text{-}rna}$는 높은 최대의 활성률을 가지고 포화되기 어렵다; P_{syn}는 낮은 활성을 가지지만 더 쉽게 포화된다. rRNA의 합성은 다른 σ^{70}의존성 오페론의 높아진 활성이나 다른 시그마인자가 ppGpp-자극에 의한 핵심 RNA-P와의 결합으로써 만들어진 이용 가능한 RNA-P(σ^{70})의 감소로 줄일 수 있다. 같은 방법으로, 다른 σ^{70}의존성 오페론의 대단위 억제는 RNA-P(σ^{70})를 rRNA프로모터를 위해 이용할 수 있게 만든다.

종합하면, PSS조절의 두 가지 면이 주목된다. (i) 다중의, 특히 작은 분자를 포함하는 중복기작(ppGpp와 뉴클레오티드 3인산 기질)뿐만 아니라 단백질(Fis, H-NS, 그리고 σ서브유니트)이 rRNA 프로모터에서 rRNA 전사개시를 빠르게 조율하기위하여 협동 작용한다. 이들 요소들은 배양액의 영양 풍족도에 주요한 변화가, 늘거나 줄거나하면 언제나 일을 수행한다. (ii) 평행 상태를 이루는 동안, 이들 기작들은 작동할 수도 있지만, 생장속도에 rRNA합성을 어울리게 할 필요는 없다; 생장-의존적 조절은 세포의 다른 모든 유전자들의 활성의 결과로써만 유일하게 일어날 수 있다.

근본적인 스트레스 반응: 정지기(stationary phase)

가장 최적의 반응이 특별하게 억제된 환경에서 생장을 하기에 충분하지 않다면 어떻게 되나? 단지 하나의 레귤론 또는 모듈론은 생장이 더 이상 불가능한 상황에 대처할 수 없다; 오히려, 위기상황프로그램이 세포가 **정지기(stationary phase)**로 알려진 폭넓은 저항성 비생장 상태로 들어가기 위한 준비를 개시한다(그림 13.5). 내생포자의 형성 또는 다양하게 분화된 저항성 세포들이 일부 세균에 의한 대체 전략이다(제14장 참조). 일부 그런 위기상황프로그램은 각 종들의 생존에 책임이 있다.

세균학자들은 비생장 세포들이 생장하는 것들과 다르다는 것을 오랫동안 알아왔다. 하나는, 그들은 달라보인다; 정지기의 세포들은 작다. 그들은 또한 생장하는 세포들보다 더 강하다; 세포를 깨기 위한 통상적인 방법(초음파 분해, 알루미나 분쇄, 또는 높고 낮은 압력의 순환을 받게 하는 것)들은 생장하는 세포들에게 만큼 정지기 세포들에게 효과적이지 않다. 정지기에서, 대사과정은 생장을 위한 합성보다는 오히려 생존을 촉진하는 방법으로 변경된다. 이들 쉽게 관찰되는 변이들은 정지기 세포의 전체적인 화학 구성성분의 변화와 각 세포내 구성요소(부속지, 세포외막, 그리고 그람음성세균의 주변세포질, 그리고 펩티도글리칸, 세포막, 핵양체, 그리고 리보좀)의 화학적 그리고/혹은 물리적 성질의 변화로 인해 이루어질 수 있다(그림 13.5). 이들 변화들의 모두가 세포의 강인함과 거친 환경에서 생존할 수 있는 능력에 기여한다.

정지기의 한 가지 더 특징은 언급할 만하다; 처음 접근에서는 세포가 생장을 멈추게 만드는 것과 상관없는 것 같다. 마지막 결과는 거의 같아 보인다. 탄소와 에너지원 또는 모든 필요한 영양분의 결핍, 세포의 대사과정의 독성부산물의 축적; 온도, 삼투압, 또는 pH의 환경변화; 혹은 해로운 화학물질과 접촉 등과 같은 수많은 이유에서 세포는 생장할 수 없게 된다. 그러나 이 접근은 전체적 이야기와 매우 멀다; 포도당의 결핍의 결과로써 정지기의 세포는 과산화수소 또는 중금속에 의해 해롭게 된 세포와 일치하지 않고, 차이점은 대개, 세포의

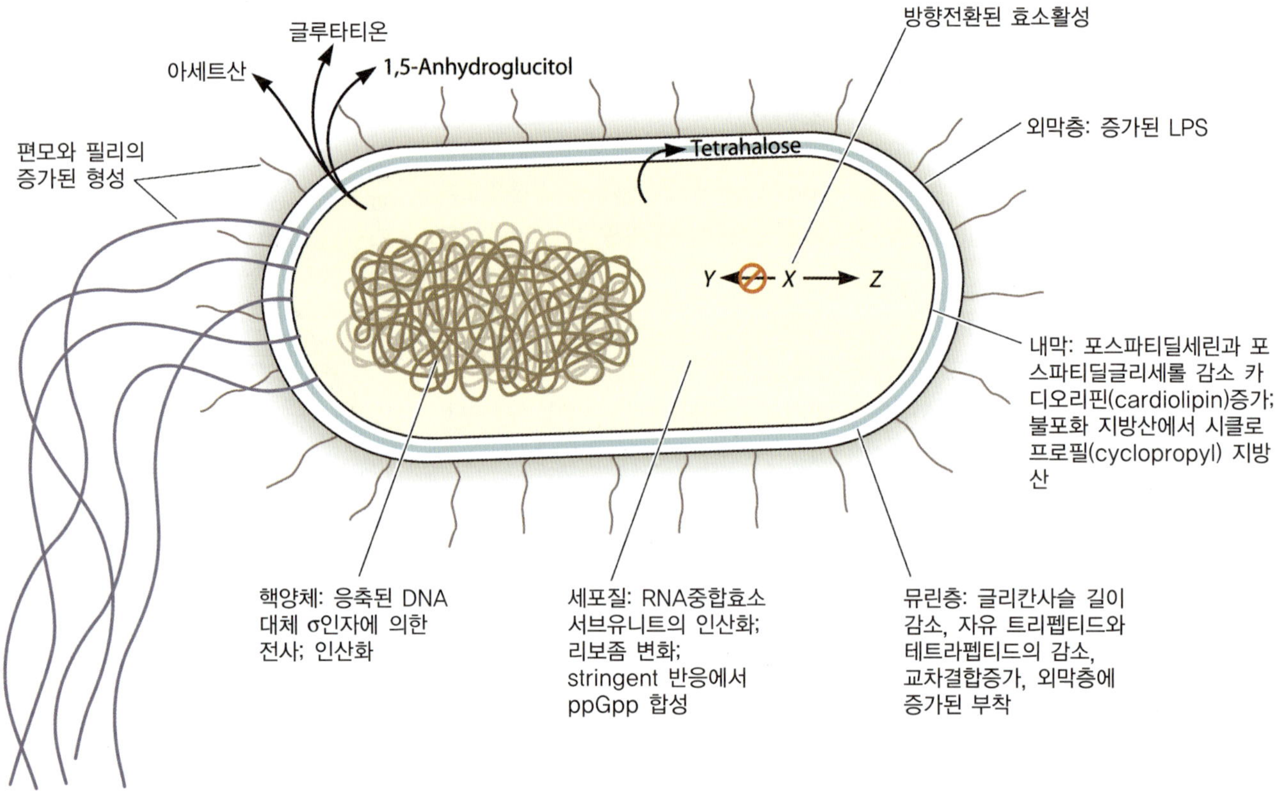

그림 13.5 정지기 세포. σ^S에 의해 조절되는 분화과정의 결과를 정지기세포와 활발히 생장하는 것의 많은 다른 점의 일부를 보여주며 나타내고 있다.

보이는 모습과 전체 화학적 강임함에서 아니라, 두 조건에서 만들어지는 효소의 일람에서 반영된다.

어떻게 세균 자체가 그렇게 급진적으로 그리고 예측되는 방법으로 변화하는가? 그리고 어떻게 세균이 그들이 자라지 못하게 하는 원인이 무엇이든 간에 강하게 하는 이 프로그램을 시작하게 하는가? 여러분은 바로 두 가지 해답을 기대할지 모른다; 과정이 복잡하다, 그리고 모든 것이 밝혀지지 않았다. 그러나 알려진 것은 매우 흥미롭고 만족할 만하다.

거대한 복잡성의 조절회로는 생장하는 세포를 비생장 정지기 세포로 바꾸는 과정을 지도한다. 이 과정의 부분에 small RNA(sRNA)분자가 연관되어 번역 개시를 조절한다(제12장 참조). 그림 13.6에, 정지기로 들어가는 매우 간단하게 만든 개요가 도식화되어 있다. 왼쪽에 세포 생장을 멈추게 하는 많은 경우들 중 일부가 나타나 있다. 오른쪽에는 세포가 정지기로 변형되기 위해 증가되거나 혹은 감소되어야만 하는 수백 개의 표적 오페론의 일부가 나타나 있다. 자극과 표적 유전자사이에는 조절자들의 두 기둥이 있다. 왼쪽 기둥에는 일부 sRNA 분자(DsrA, RprA, 그리고 OxyS)가 나열되어 있다. 본질적으로 이들 sRNA들은 **통합자(intergrator)**이다; 그들은 *다른 스트레스로부터의 신호를 처리하고 그들을 하나의, 일치되는 행동으로 통합한다*, 이 경우에서는 RNA-P를 다른 종류의 오페론으로 가도록 하는 σ^s, 시그마 인자의 합성을 촉진한다. 이들 오페론은 **정지기 레귤론(stationary-phase**

regulon)을 구성한다; 그들의 산물들은 정지기 세포의 다른 종류의 구조들과 활성들을 만드는 역할을 한다. 그래서 σ^s가 정지기로 들어가게 하는 주요 역할자이다. σ^s가 중심 RNA-P와 합쳐지면 σ^{70}와 합쳐지는 양을 줄이고, 이와 같은 방식으로, 생장과 관련된 오페론을 전사하는 것으로부터 중합효소가 비생장 상태에서 생존과 관련된 것들을 전사하게 바꾼다.

σ^s가 정지기의 유일한 조절자는 아니다. 다른 광범위 조절자들(H-NS, CRP, Lrp, 그리고 FhlA, 이들 중 일부는 위에서 언급되었다)이 또한 σ^s의존적 정지기 레귤론의 각각 오페론의 발현을 조율하고 정교하게 조절하는데 중요한 역할을 한다. 조절자가 조절자를 통제하고, 그 결과는 다른 조절자를 통제하는, 이 종류의 네트워크를 **조절의 단계적 반응(regulatory cascade)**이라고 부른다.

sRNA와 그들의 활동 방식에 대하여 몇 가지가 언급되어야 하는데, 특히 스트레스 반응의 이러한 면은 앞으로 몇 년 안에 상당히 연구될 것이기 때문이다. *E. coli*에는 대략 50개의 sRNA 종류가 있고, 대부분은 기능과 기작이 알려져 있지 않다. *E. coli*에만 국한된 것이 아니라, 조절 sRNA는 원핵생물사이에 넓게 퍼져 있다. 그러나, 정지기 전환에 관여하는 것으로 알려진 것은 *rpoS* 유전자의 산물인 σ^s를 위한 mRNA의 번역의 조절로 단일표적을 가지는 것으로 보인다(그림 13.7). 이 mRNA는 매우 긴 선도부위를 가지며, 리보좀 결합부위를 숨기는 고리형의 2차 구조를 형성하는 것으로 생각되며 그래서 리보좀이 RpoS의 번역 개시를 하는 것을 막는다(그림 13.7A). sRNA의 생각되어지는 역할은 이 고리 형에 결합하여 리보좀 결합부위를 억제된 접합으로부터 자유롭게 하는 것이다.

스트레스 반응과 미생물 다양성

모든 세균이 물리적 화학적 도전을 견디는데 동등하게 숙련된 것은 아니다. 특히 흥미로운 것은 의학적으로 중요한 세균이 그들이 숙주 몸에서 부딪치는 도전이다. 이들 도전들은 독특하고 복잡하다. 그들은 동물의 감염에 대한 강력한 내재 그리고 적응 면역 방어를 겪는다(제20장 참조). 그들이 병을 일으키든지 아니든지간에, 동물 숙주와 부딪치며 사는 문제를

그림 13.6 정기기로 들어가는 것을 조절하는 조절의 단계. 설명을 위해서는 본문 참조

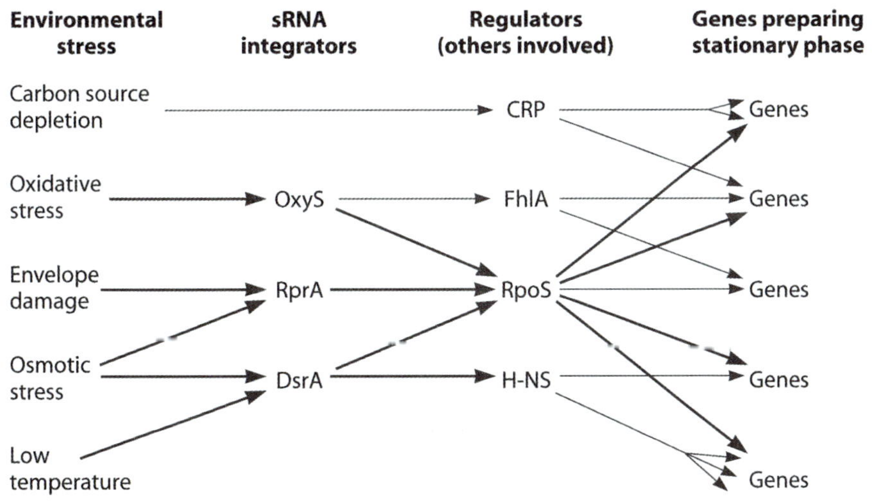

해결하는 세균은 잠재적 숙주에 들어가고 안에서 돌아다니면서 만나는 스트레스에 반응하는 특별한 시스템을 가지고 있다(제21장 참조). 생각할 수 있는 것처럼, 숙주 안에서 대응하기 위한 기작을 선택하는 동안, 점차적으로 진화는 밖에서 필요한 많은 미생물들을 없앤다.

스트레스 반응은 비용이 든다; 특별한 유전자, 효소, 그리고 감지와 조절단백질 그리고 에너지의 사용을 요구한다. 그것들이 사용되지 않으면, 선택 압은 그것들을 제거하는 경향이 있다. 넓은 의미에서, 모든 미생물, 그리고 특히 좁은 생태적 지위에서 살고 있는 것들은 *그들의 환경 생태적 지위의 거주자에게 오직 이익을 주는 스트레스 반응만을 존속시킨다.* 염기서열이 알려진 미생물 유전체의 분석을 통해 이 규칙이 증명되었다; 생명체의 생활방식과 그것의 유전자의 본질사이의 일반적 연관성이 밝혀졌다. 유전체 크기가 일반적으로 생명체가 환경스트레스를 겪는 정도를 반영한다. 생명체가 더 많은 스트레스를 겪으면, 그것의 유전체가 더 크다 그리고 더 많은 부분이 조절 유전자로 역할을 한다. 대사적 다양성과 토양, 물, 그리고 다양한 숙주의 다양한 환경에 넓게 분포하는 것으로 유명한 *Pseudomonas aeruginosa*는 유전체에 대략 5,570개의 열린 해독틀(ORFs)를 가지고, 그 중 거의 470(8.4%)개가 조절단백질을 암호화하는 것으로 보인다. *E. coli*는, *P. aeruginosa*처럼 다방명은 아니지만, 동물의 장에서 거의 일생을 보내나 한 숙주에서 다른 숙주로 이동할 때까지 살아남아야 한다. 4,289개의 ORFs로 이를 유지하고, 이중에 250개가 추정되는 조절자이다(5.8%). *Helicobacter pylori*는 서식처로 동물의 위에 대개 국한된 생명체로, 1,553개의 ORFs를 가지고 오직 17개의 추정 조절유전자를 가진다(1.1%). 가장 작은 알려진 자유생활 세포, *Mycoplasma genitalium*은 단지 480개의 유전자를 가지고, 1%보다 훨씬 작은 수가 조절 유

13.1 *유전자크기를 나열한 웹사이트*

그림 13.7 sRNA에 의한 번역조절을 통하여 σ^S의 합성의 조절. σ^S를 암호화하는 *rpoS* 유전자로부터 만들어지는 mRNA. 이 메시지의 번역은 sRNA에 의해 조절된다. (A) DsrA sRNA에 부재; (B) DsrA sRNA에 존재. 설명을 위해서는 본문 참조

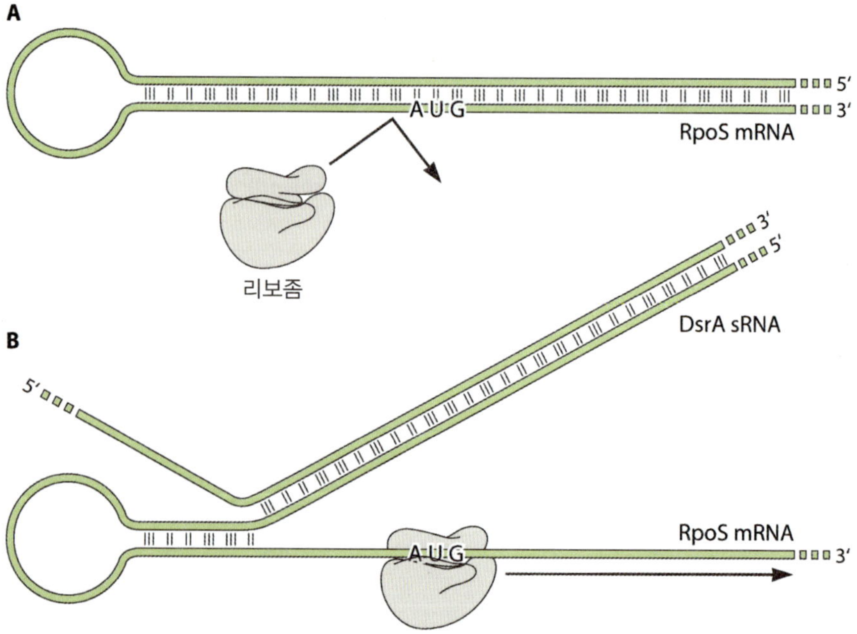

전자 모티프를 나타낸다. 염기서열이 밝혀진 유전체의 모든 자료가 이 추론을 지지하지 않는다; 유전체 크기가 많은, 아직 애매한 요인들에 의존하는 것 같다.

스트레스 반응과 수적인 안정성

보통, 일정 군집의 모든 세균들이 실제적으로 살고 있는 조건에 특정 변이에 생존하는 것은 아니다. 어떤 환경 인자의 가파른 변화 후에, 많은(99%) 또는 심지어 매우 큰(99.99%)비율의 미생물 군집이 죽을 수도 있다. 10^8 세포로부터 살아남은 것들은 살아있는 국부적인 군집을 만들기에 아직까지 충분한 수가 될 것이고(여기서, 각각 10^6과 10^4), 조건이 개선되면 증식하고 빨리 원래의 수를 회복할 준비가 되었다. 예를 들면, 빠르게 생장하고 있는 *E. coli*를 37℃에서 5℃로 급냉하는 가벼운 처리는 세포의 90% 넘게 죽일 수 있다, 그럼에도 불구하고 외관상 대재앙은 실험과정에서 일반적으로 이 처리를 행하는 미생물학자에 의해 거의 무시된다.

게다가, 미생물 생존의 수적인 안정성 방법에 다른 면이 있다. 환경변이에 대응하는 것은 자유롭게 부유하는(planktonic) 각 미생물 세포의 스트레스 반응 시스템에 의해 이룬 공이지만, 이것이 전체 이야기는 아니다. 미생물학자들은 세균이 스트레스에 반응하기 위해 함께 행동하는 방법을 진화시켰다는 것을 발견했다. 우리는 이제 관심사항을 이들 환경에 대응하는 "공동전선" 방법에 관심을 돌릴 것이다, 그러나 처음에, 어떻게 세균이 그들의 환경에 반응하여 움직이는지에 대한 기초적인 몇 가지를 배워야한다.

탈출에 의한 스트레스 대응

미생물은 종종 더 안전한 위치로 움직임으로써 환경의 변화에 대응한다. 다는 아니지만, 많은 운동성 세균 종들의 움직임은 편모의 도움으로 유영운동으로 이루어진다. 편모의 복잡한 구조-필라멘트, 고리, 그리고 기저체-는 제2장에 소개되었다. 세균의 편모는 진핵세포의 편모와 같은 기능을 하지만 구조적으로 그리고 추진의 수단이 완전히 다른 것을 기억하자. 나선의 필라멘트는 추진기의 기능을 하고 고리는 일반적인 연결부위, 그리고 막대와 환을 가지는 기저소체는 세포표면에서 축받이와 축받이 통 역할을 한다. 추진기관은 기저소체의 바로 안쪽에 위치한다. 다른 세균에서는 운동성은 매우 다른 수단으로 주어진다. 우리는 우선 편모의 방식에 초점을 맞추고, 후에 다른 것들을 다룰 것이다.

편모 운동

어떻게 편모가 세균이 단지 움직이게 하는 것만이 아니라 *목적을 가진 것처럼* 움직이게 하는가? *E. coli*의 연구로부터 얻은 결과로 이 질문에 답할 것이다.

우선, 세균이 어떻게 움직이는가? 편모의 추진기는 ATP가 아니라 세포막의 전기화학적 농도구배(양성자 동력)으로 부터-회전에 1000개 정도-양성자의 흐름을 통해 직접적으로 에너지를 사용하여 필라멘트를 회전시킨다. 필라멘트는 시계방향 또는 시계반대방향으로 회전할 수 있다. 각 세포의 편모는 같은 방향으로 같이 회전하기위한 동시성을 가진다. 시계반대방향으로 회전하면 생산적인 방향성운동(**전진이동, run**)을 하게 되는데, 이 회전은 편모를 경직된 묶음으로 감아서 추진기와 같은 힘을 만들기 때문이다. 편모의 시계방향의 회전은 묶음을 풀어서 세포가 공간에서 **방향전환(tumble)**하게 만든다(그림 13.8). 편모는 내

그림 13.8 편모의 행동과 운동성. (A) 단일의 극성 편모를 가지는 세포는 편모가 시계반대방향으로 돌 때 오른 쪽에서 왼쪽으로 움직이고, 편모가 시계방향으로 움직일 때 방향전환을 한다. (B) 표면전체에 걸쳐 많은 편모를 가진 세포에서, 시계반대방향으로 회전하는 것이 응집성의 편모 묶음을 만들고 움직임을 부드럽게 만든다. 시계방향으로 회전하는 것이 묶음이 흩어져서 날게 만든다; 방향전환 결과

A 주성편모

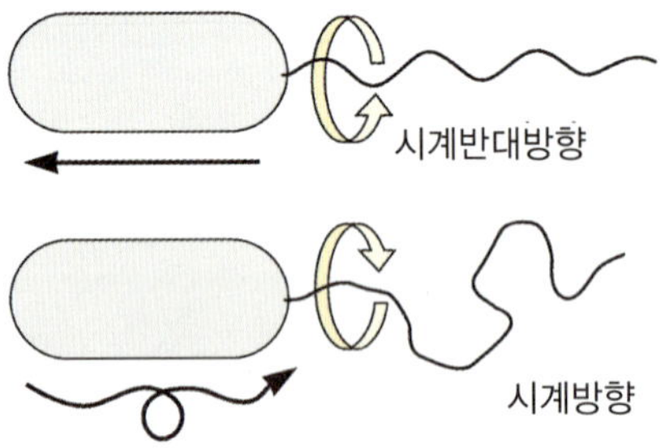

B 많은 편모(주모성의)

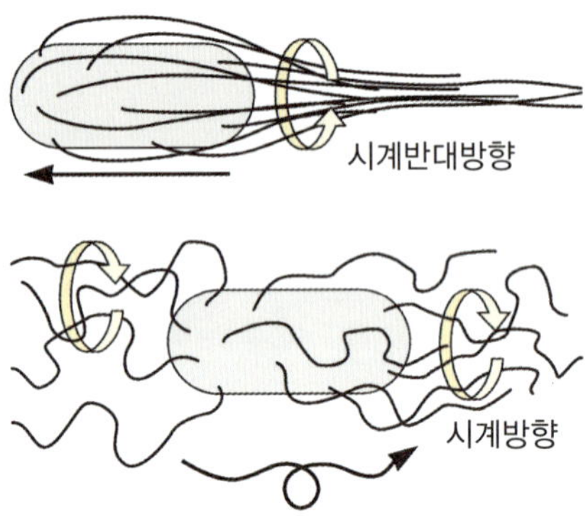

부계획(이것의 기반을 우리가 직접 볼 것이다)에 따라 시계방향과 시계반대방향 회전의 기간을 번갈아 일어나게 한다. 결과적으로, 운동성 세균은 짧은 전진이동 중간에 방향전환기간을 가진다. 각각의 새로운 전진이동은 세포가 어떤 방향이든지간에 시계방향 방식에서 시계반대방향으로 바뀔 때를 경험하면 일어난다.

어떻게 세포가 무작위가 아니게 전진이동과 방향전환이 교대로 일어나는가? 목적성 이동으로 보이는 것이 일어나는 것은 틀림이 없다. 예를 들면, 메이플 액과 같은 곳으로부터 스며 나오는 설탕으로부터 그렇게 멀리 떨어지지 않은 영양이 적은 위치에 세균군집을 놓는다. 이 같은 풍부한 먹이 쪽으로 이동하는 것은 확실히 이로울 것이다. 실제로, 이것이 바로 일어난다; 짧은 시간 안에 군집의 대부분은 영양원근처에 모인다. 화학 농도구배로 인한 이 이동과정을 **주화성(chemotaxis)**라고 부른다. 우리 질문은 그래서 다시 생긴다, 어떻게 화주기성이 running과 tumbling의 무작위 과정으로 인해 완성될 수 있는가?

기본적으로는 해답은 간단하고 만족할 만하다. 이 군집의 개개 세포들은 그림 13.9에 나타낸 것처럼, 일련의 전진이동과 방향전환을 통해 영양원 근처로 가는 것처럼 보인다. 생산적인 전진이동(말하자면, 영양원을 향해 가도록 하는 것)은 지속되고, 반면에 중성적 또는 비생산적 전진이동은 짧아진다. 결과적으로, 세포는 엄연하게 **편향된 임의걸음(biased random walks)**라고 부르는 것을 통해 목표에 다다른다.

이러한 관찰들은 우리에게 더 복잡한 질문을 던진다. 어떻게 세포가 목적성 이동을 하는가가 이제는 어떻게 이들 세포가 방향전환횟수를 조절하나가 궁금한 점이 되었다. 세포가 잘못된 방향으로 가고 있을 때 횟수가 늘거나, 바른 쪽으로 향하면 횟수를 줄이는 것이면 편향된 임의걸음을 통해 관찰된 결과를 얻을 수 있을 것이다.

이제 중요한 질문이다. 어떻게 뇌가 없는 세포들에게서 "바른 방향"과 "잘못된 방향"이 구별될 수 있는가? 세균 세포가 세포의 "머리"와 "꼬리" 사이의 설탕의 농도를 측정하여 이들 자료를 이용하여 잘못된 방향(꼬리에 더 높은 설탕농도)으로의 전진이동을 종료하고 바른 방향(머리에 더 높은 농도)으로 전진이동을 지속하도록 할지 모른다고 추측하면, 이런 생각의 노력만으로 "A" 점수를 받을 수 있지만, 여러분은 틀렸다. 알아채지 못했던 것은 세균 세포의 머리와 꼬리사이의 길이(최대로 몇 마이크로미터)가 너무 짧아서 한쪽으로부터 다른 쪽까지 인지할 만한 농도 차이를 가지려면 엄청나게 가파른 농도구배를 가져야 한다. 이들 세포들이 반응할 수 있는 농도구배는 훨씬 얕다.

해답은 거의 과학소설의 영역이다. 생각했던 것과는 반대로, 세균은 앞과 뒤쪽의 농도를 감지하지 않는다. 세포들은 *기억에 의해 농도가 높은 쪽과 낮은 쪽을 구별한다.* 말하자면, 그들은 설탕(우리가 여기서 사용한 예)의 지금의 농도를 계속적으로 기억이 말하는 얼마시간 전의 *그때의* 농도와 비교한다. 유인 물질-단풍 즙의 방울로부터 나오는 설탕분자-의 세포 표면의 수용체와 결합으로 전진이동과 방향전환의 내생적인 일반적 계획을 변경시킨다. 이것은 계속적으로 전진이동하게 하는, 편모 모터의 회전방향을 결정하는 인산화 단계적 반응을 방해함으로써 그렇게 일어난다. **메틸화 시스템(methylation system)**에 의한 **순응조절(accommodation)**은 내생적인 계획을 복원시키고 전진이동을 지속시키는데 필요한 높은 농도의 유인 물질에 대한 세포의 민감성을 원래대로 만든다(순응반응은 인간지각의 많은 특성들을 설명하는데, 냄새에 오랜 기간 동안 노출되면 인간이 점차적으로 냄새를 못 맡는

것과 같은 것이다). 사실상, 순응반응은 유인 물질의 농도 변화를 감지하고 그것을 향해 진행하는 **분자기억(molecular memory)**을 구성한다. 이 놀라운 분자 감지시스템은 그래서 고등동물의 행동시스템에 기대할 수 있는 많은 특징들을 처리하는데, 계속적인 자극에 적응하는 것을 포함한다.

편모 단백질(편모에 대하여 *fla*라고 불리는)을 암호화하는 유전자 이외에, 30개가 넘는 유전자들(운동성에 대하여 *mot*이라고 불리고, 주화성에 대하여 *che*라고 불리는)이 이 시스템이 작동하게 하는 단백질들을 암호화한다; 수용체, 신호유발체, 신호전달체, 방향전환 조절자, 그리고 모터. 그림 13.10에서 자세한 역할을 알 수 있다.

13.2 *E. coli* 운동의 동영상

편모운동은 많은 종들에게 일어난다. 몇몇 종들은 *E. coli*시스템의 변이를 나타내지만, 많은 종들은 영양원에 무작위 걸음을 달성하기 위한 다른 방식을 보여준다. 예를 들면, 일부 세균들은 단일의 편모를 가지는데, 묶음의 형성과 분리는 당연하게 일어날 수 없다. 중간쯤 삽입되어 있는 단일 편모를 가지는, *Rhodobacter spheroides*는 시계방향으로 편모를 회전하여 유영한다. 이 생명체는 편모의 회전방향을 변화시키지 않는다; 오히려, 회전을 멈추고 유영방향을 다시 잡는다. 그렇게 할 때, 편모를 팽팽하게 감고, 세포는 브라운운동의 힘으로 다시 방향을 잡는다. 시계방향으로 다시 회전하는 것은 생산적이며, 나선의 모양의 편모를 다시 만들고, 다른 전진이동을 가능하게 한다.

주화성은 생존 장치이고(독성물질을 피하기 위한), 생장촉진 장치(먹이를 찾기 위한)이다. 이것은 또한 숙주에 정착하기 위한 병원성인자이다. 또한, 스트레스 반응의 토론부분의 끝에 다루었던 것처럼, 주화성은 스트레스에 대한 공동의 반응에 중요한 역할을 하는 것으로 최근에 밝혀졌다. 집합체로 세포들을 모으는 신호는 많은 경우에 있어 주화성의 중요한 선택적 이점이고, 뒤에서 볼 수 있는 것처럼("균체밀도 감지, 운동성, 그리고 생물막형성" 참조), 이 능력의 진화의 중요한 요소일지도 모른다.

먹이가 아니라 환경이 특성이 방향성 운동을 이끌수 있는가? 말할 필요도 없다. 많은 세균들이 pH, 온도, 빛, 염분, 드리고 산화환원전위를 감지할 수 있고 특정 세균 종들을 위한 이들 조건들을 최적화하기 위한 적당한 방향으로 움직인다. 일부 수생 세균들은 **주자성(magnetotaxis)**-지구의 자장을 인지하여 운동-이라는 특별한 신기한 방향성운동을 나타낸다. 이 재능은 남북의 이동과는 관계가 없고 어느 쪽이 위쪽인지 아는 능력과 관계가 있다; 말하자면, 가장 북쪽 위도의 자기장은 실제로 주로 북쪽을 향해 *아랫방향*을 가리키고 그래서 세포가 진흙 속으로 더 깊이 들어가는 것을 안내하는데, 그들은 **미호기성(microaerophilic)**이기 때문에 이것을 선호한다(이것은 북반부와 남반부에서 서로 다른 방향으로의 자기장을 따라가는 것을 의미하는가? 그렇다). 표 13.5에 세균의 주성 반응의 몇 예가 나열되어 있다.

자연계에서 세포이동의 중요성은 세균이 진화시킨 매우 다양한 이동장치에 의해 분명히 나타나있다. 이들 중의 일부의 간단한 검토가 *E.coli*의 내용을 보충할 것이며 운동성을 이루기 위해 세포들이 겪었던 길이를 증명할 것이다.

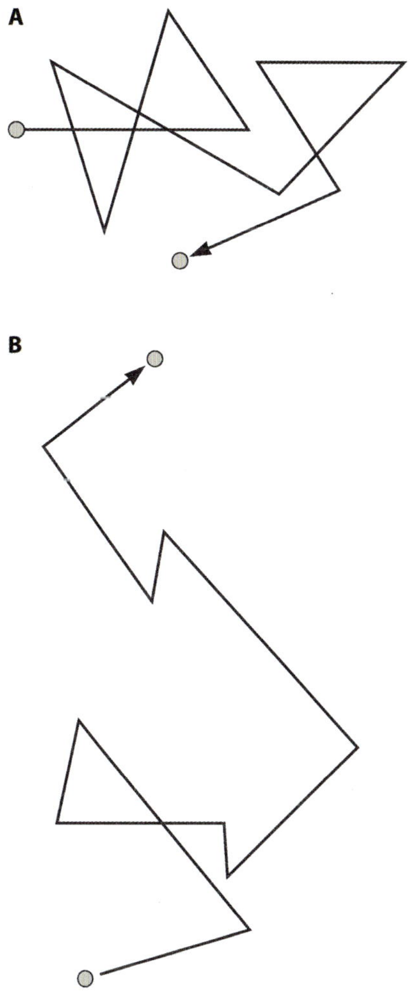

그림 13.9 편향된 임의의 걸음. **(A)** 주화성 자극이 없을 때 *E. coli*와 같은 운동성 세균전형적인 임의의 의 경로 내부의 계획으로 교차하는 전진이동과 방향전환의 시간. **(B)** 유도물질이 존재할 때 그림의 위쪽을 향하는 이 세포가 취한 경로. 세포들이 유도화학물의 방향에 있을 때 전진이동이 더 길다.

스와밍운동(swarming motility)

일부 세균들은 편모를 다른 종류의 운동성을 위하여 사용한다-배양액에서 흔히 보던

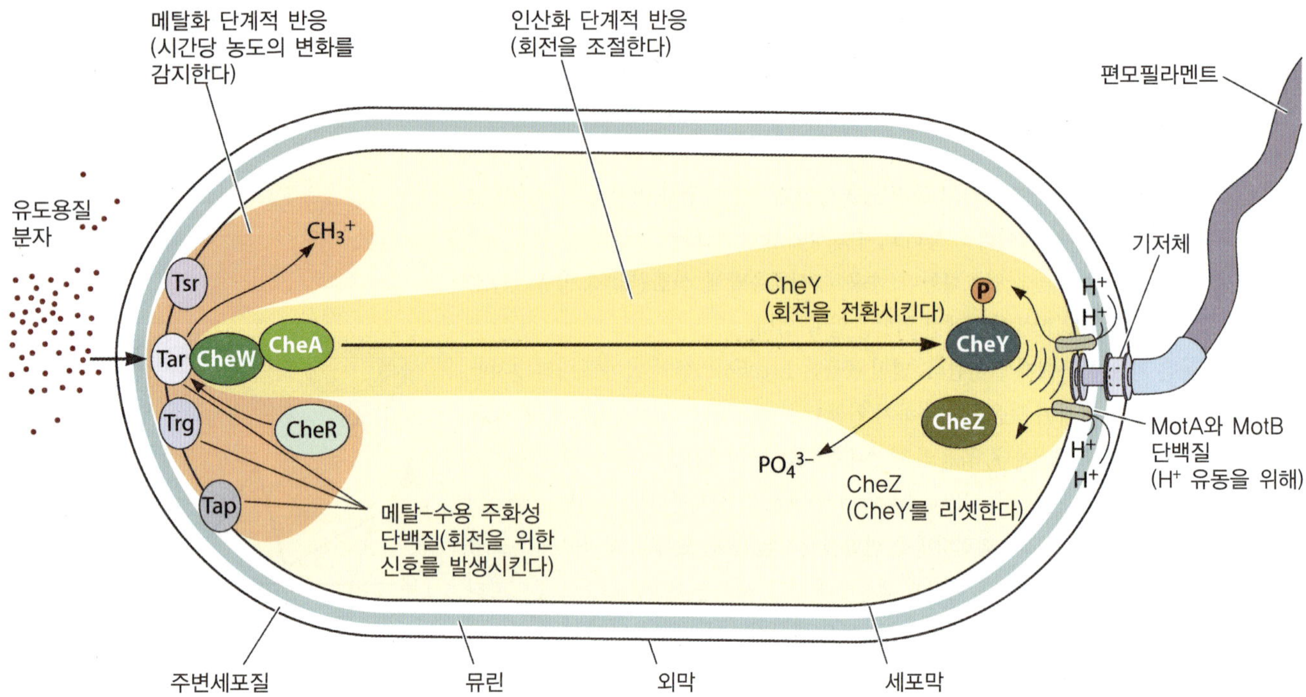

그림 13.10 *E. coli* 주화성 회로. 확산성의 주화성물질이 나타나있고 주변세포질로 들어가서 주변세포질 결합단백질과 결합한다. 이 경우에는, 특별하게 세포막 메틸수용 단백질인 Tar와 반응하여 인산화 단계적 반응을 일으키고 편모의 시계반대방향 회전을 활성화시켜 전진이동을 하게 한다. 세포막 Tar의 메틸화는 곧 이 활성의 역반응을 일으키게 하고 시계방향회전은 거기서 세포가 방향전환을 만들게 한다. 이 주기의 시간은 Tar에 제공되는 유도물질의 새로운 농도에 의존한다.

13.3 *운동성의 다양한 방식 동영상*

것이 아니라 한천배지와 같은 표면에서 일어나는 것. 이 현상을 **스와밍(swarming)**이라고 부른다. 이것은 그룹이 만드는 과정이다; 개개 세포들은 떼를 짓지 않고, 나란히 선 세포들의 "무리"가 떼를 짓는다. 이 협동과정의 필요성에 대한 이유는 정확하지 않다. 스와밍 할 수 있었던 개개 세포들이 때때로 많은 새로운 측면의 편모를 가진 기다란 세포로 분화되기 때문에 스와밍은 이해하기 어렵다. 스와밍은 스와밍 하는 세포로부터 분비되는 점질층을 필요로 한다; 이 점질의 한 성분이 특별히 표면장력을 낮게 하는 힘을 가진 지질펩티드인, **써펙틴(surfactin)**인데, 몇 스와밍을 하는 종들에 의해 합성되고 분비된다. 몇 종들(예를 들면, *Proteus vulgaris*와 *Vibrio parahaemolyticus*)은 미생물학자들 사이에 스와밍 하는 것으로 매우 잘 알려진 종들이지만, 스와밍 하는 세균들은 *E. coli*, *Salmonella*, 그리고 *Bacillus subtilis*를 포함한다.

활주운동(gliding motility)

13.4 *Myxococcus xanthus에 대한 사이트*

몇 십의 또는 그보다 많은 세균의 속들이 고체표면위에서 "활주(gliding)"이라고 불리는 운동성을 보인다. 이 운동은 편모의 도움 없이 일어난다. 이 용어는 편모없이 고체표면 위를 이동하게 하는 한 가지를 공통점을 갖는 많은 다른 기작을 포함할 수도 있다. 활주는 *cyanobacteria*, *myxobacteria*, 그리고 *mycoplasma*와 같은 다양한 그룹에서 관찰되어 왔다. 한

표 13.5 세균의 주성 반응

주성 반응	설명
주화성	화학물질(화학작용자)에 반응하여 방향성 운동으로, 유인물질(양성의 주화성)일수도 있고 또는 기피물질(음성의 주화성)일 수도 있다; 원핵세포에서 흔한 특성; *E. coli*에서 많이 연구됨.
주기성	산소에 반응하는 방향성 운동; 흔한 특성
pH 주성	산 또는 알칼리 조건으로 가까이 또는 멀리가는 운동; *E. coli*는 중성 pH에 도달하기 위하여 산 또는 알칼리로부터 움직인다.
주자성	지구자성에 따른 방향성 운동; 북쪽 또는 남쪽으로가 아니라 위 또는 아래로 안내하는 기능하는 것으로 보이며, 미호기성 환경으로 움직이는데 유용하다.
주열성	보통 세균의 생장을 최적화하기 위한 온도 범위를 향해 방향성 운동; 흔한 특성
주광성	보통 세균의 대사과정에서 광색소와 그들의 기능과 관련 있는 빛의 파장을 향한 방향성 운동

가지 잘 연구된 예가, 점액세균인 *Myxococcus xanthus*의 운동인데, 두 가지 독립적인 작동 시스템이 있는 것으로 보인다, 한 가지(**사회성 운동, social motility**이라고 불리는)는 무리를 지어 세포들이 이동하는 것에 관여하고 다른 것(**모험운동, adventurous motility**이라고 불리는)은 개개 세포들이 그와 같은 그룹에서 나와서 이동하는 것을 말한다. 사회성 운동은 IV형이라고 불리는 필리(pili)가 관여한다; 모험운동은, 적어도 돌연변이 분석으로, 잘 모르는 기작에 의해 그람음성 세포벽의 지질다당류가 관여하는 것으로 보인다(제14장 참조).

이제 어떻게 주성반응이 자연환경에서 놀라운 결과로 작동하는지 설명한다. 이 일례는 마침 활주를 포함한다. 두 종류의 활주세균은 일주 주성반응을 하기 위해 협동한다. 한 속인, *Beggiatoa*는 H_2S, O_2에 그리고 빛에 대하여 세 가지 음성의(싫어하는) 주성 반응을 가진다. 이들은 황산화세균으로 호기(aerobic)와 혐기(anaerobic) 환경사이에서 잘 번성하는데, 거기서 그들의 두 영양분-O_2와 H_2S-이 알맞은 농도로 사용가능하기 때문이다. *Beggiatoa*는 오직 여기에서만 발견되는데, 이 세균의 각 영양분에 대한 혐오(음성의) 주기성의 결과로 발생된 것이다. 이 좁은 지역에서, 두 영양분의 농도는 *Beggiatoa*세포의 대사활동으로 줄어든다. *Beggiatoa* 세균은 이 지역 위에서는 높은 O_2로, 낮은 지역에서는 H_2S로 여기에 갇히게 된다. *Beggiatoa*는 미생물 매트에서 두 번째 속인 시안세균인 *Oscillatoria*와 같이 산다. 두 번째 균은 광합성 그리고 광영양성이다; 활주운동을 이용하여 시안세균의 매트 표면위에 모이고, 많은 양의 O_2를 생산하는데, 이는 산소에 민감한 *Beggiatoa*에는 피해가 클 수 있다. 이것을 피하기 위해, 밤에, 시안세균이 O_2를 생산하지 않을 때, *Beggiatoa*는 매트의 표면위에 이동하고 호기-혐기 경계면을 늘린다. 만약 *Beggiatoa*가 O_2와 H_2S에만 혐오적으로 반응했다면, 그들은 산소발생 광합성이 시작하는 아침에 매트표면에서 H_2S로부터 멀리 떨러져 움직일 수 없게 될 것이다. 그러나 *Beggiatoa*는 빛에 대하여도 혐오적 주성을 또한 가져서, 세균이 호기-혐기의, O_2-H_2S 경계면에 도달하기 위해 매트로 다시 돌아가도록 움직일 수 있다.

휘둘림운동(twiching motility)

Pseudomonas aeruginosa, *Neisseria gonorrhoeae* 그리고 *E. coli*를 포함하는 그람 음성 세균의 몇몇 종들은 또 다른 종류의 운동을 사용한다. 편모를 가지던 가지지 않던, 이들 종들의 세포들은 (예를 들면, 한천배지 위와 같은)고체 표면위에서 변덕스러운 방식으로 움직인다.

13.5 휘둘림 운동에 대한 더 자세한 설명

휘둘림운동(twiching motility)이라고 불리는 이 운동성은 IV형 필리(pili)에 의존적이고 필리의 신장, 부착, 그리고 이어지는 세포 쪽으로의 철회하는 , "고리잡기" 기작에 의해 일어난다(제2장 참조). 휘둘림 운동은 (뒤에 토론되는)생물막 형성과 점액세균의 분화를 야기하는 집단형성 같은 것에 기여한다.

군집노력에 의한 스트레스 대응

개체군 감지

생물학은 보이기에 작고, 난해한 것의 연구로부터 중요한 새로운 통찰을 얻은 예들이 풍부하다. 세균이 예전에 생각했던 외로운 것이 아니라 오히려 다른 개체와 대화하며 협동적 행동을 나타내는 사회적 개체라는 것을 인지한 것도 그러한 예이다. 이 획기적인 개념은(아직까지 연구를 통해 발전되고 있는데) 불과 1990년대에 알려졌지만 이것의 기초는 몇 십 년 전 *Vibrio fisheri*라고 불리는 발광세균의 연구들로부터이다. 이들 생물발광 세포들은 자유롭게 사는 해양생물로, 비록 빛을 낼 수는 있지만, 높은 밀도에서만 그렇게 한다-그들이 높은 밀도일 때는 오징어와 많은 물고기의 발광기관에 서식하면서 일반적 공생자로서 역할을 할 때이다(세균에 대한 공생의 가치는 보호와 음식의 제공이다; 오징어에 대해서는, 발광되는 빛이 오징어에 의해 달빛이 그림자를 만드는 것을 막음으로써 오징어 아래 부분의 포식자로부터 보호하는 것이라고 생각되어져 왔다; 이 위장 가설은 이 시점에서 추측만이 아닌 그 이상이다). 빛 발광의 세포밀도 의존성은 다음의 사실에 근거한다. ATP를 빛의 에너지로 전환시키는 단백질[**루시페라아제(luciferase)**가 그것]은 (*lux*라고 불리는)일곱 유전자 오페론의 산물이다. 이 오페론은 LuxR이라는 단백질이 긴 이름:N-(3-oxohexanoyl)-L-homoserine의 작은 리간드와 결합되어 활성화 되지 않으면 발현되지 않다. 이 분자가 **자가유도물질(autoinducer)**이다. 세균에 의해 생산될 때, 주변 환경으로 확산되고 세포로부터 없어진다. 그러나 오징어의 발광기관의 정해진 공간에서는, 세포의 밀도가 매우 높으면, 세포 밖의 자가유도물질 농도가 높아진다. 자가유도물질은 다시 세포 안으로 흡수되고 LuxR단백질에 결합된다. 그런 후에, 활성화된 LuxR은 lux오페론의 발현을 촉진시키고 빛을 만든다. 빛을 만드는 생화학적 반응이 여기서 촉매 되고, 또한 루시페라아제 효소에 의해 반딧불이에서도 일어난다.

오징어로부터의 발광은 우리 중 일부에게는 아주 놀랄만한 사실이 아니다, 하지만 이것은 어떻게 이 행동이 세균의 개체군 크기에 의존하는가를 설명한다. 이 현상을 **균체밀도 감지(quorum sensing)**라고 부른다. 이 용어는 개체들의 정족수, 말하자면 일정한 수를 인식하여 특정한 행동을 하는 것을 알려주기 때문에 적절하다. 균체밀도 감지는 개체군이 어떤 경계의 수를 넘었을 때만 특정행동을 하는 것을 나타내도록 하기 때문에 세포-세포대화의 한 형식이다. 이것은 (비록 이 상황에 국한된 것과 멀지만) 숙주기생 상호작용에서 아주 흔한 일로 밝혀졌다. 한 예가 *Pseudomonas*에 의해 야기되는 낭포성 섬유증 환자의 폐감염이다. 여기서, 생물체는 부분적으로는, 균체밀도 감지의 결과로써 생기는 생물막이라고 불리는 복잡한 군집을 조직적으로 형성함으로써, 환자의 폐에서 생존한다.

13.6 균체밀도감지에 대하여 더 자세히

균체밀도 감지의 *V. fischeri* 경우는 특이하게 간단하다. 훨씬 더 흔한 것은 다중인자 반응 조절 시스템을 포함한다. 여기서는, 분비된 자가유도물질은 간단하게 세포 안으로 확산되어 들어가지 않고, 세포표면의 전형적인 감지 키나아제에 의해 감지되고, 일부 반응 조절 단백질에게 인산화 신호의 전달을 촉진한다. 한 가지 잘 연구된 사례를 추가할 수 있는데, 일부 그람양성 종들의 유전적 물질의 성적인 전이는, 개체군 밀도가 **페로몬(pheromone)**이라는 자가유도물질의 분비에 의해 신호화된다(제10장 참조). 이 분자 신호의 교환이 곤충들 사이에서 흔한 만큼, 화학적 대화의 세균의 전조가 아닌지 궁금하다.

비록 많은 자세한 연구가 진행되어야 하지만, 균체밀도 감지의 광범위한 존재를 현재 알고 있다. 대부분의 그람음성 종들은 다양한 *N*-acyl-homoserine lactones (*Vibrio*종류의 관련물질)을 자가유도물질로 사용하는 반면, 그람양성 세균들 사이에서는 신호물질이 펩티드인 경우가 더 흔하다. 표13.6은 알려진 균체밀도 감지 시스템의 예들이 나열되어있다.

조직화된 군집의 형성

다른 균과 대화할 수 있고, 그들의 자신의 수를 감지할 수 있는 세균의 능력의 자연적인 결과로 그들은 다세포 형성으로 뭉칠 수 있는 능력이 있다. 그와 같은 형성은 보호와 자연환경에서 다른 이점을 제공한다(제18장 참조).

자연환경에서 다른 것들과 함께 있는 세균 세포들을 **생물막(biofilm)**이라고 부른다. 생물막은 높은 산 계곡의 바위 표면위에서, 사람환자에 심어져 있는 보철의 의료기구 위에서, 또는 부식된 물 파이프 안에서 발견된다. 그것들은 물에 잠겨있는 고체표면 어디에서나 발견된다. 모든 미생물들의 많은 부분들은 사실 생물막으로 나타난다. 모든 경우에서, 미생물들이 표면에 붙으면 **고착(sessile)**이다 (*sessile*이라는 단어는 라틴어인 "to sit" 에서 유래되었다). 세균의 생리학의 대부분의 연구는 **부유성(planktonic)** 세포들로 진행되어왔는데, 우리는 고착세포의 추가적인 특성들과 행동들에 대해 많은 새로운 발견들이 있을 것으로 기대할 수 있다.

표면은 용액을 결정하는 물리화학적 특성들과 다른 특성들을 가진다. 우리 목적에, 이 차이들이 유기 그리고 무기물질의 희석 용액이, 대게 정전기 전하에 의해 끌려서 표면에 붙는 것과 관련이 있다. 이런 특성들과 세균들의 자연적 끈적끈적함이 생물막형성을 만든다. 일단 서로 붙고 표면에 붙으면, 세균은 커다란 군집을 이루어, 종종 눈으로도 관찰할 수 있다. 이와 같은 생물막군집들은 구조적으로 복잡하고, 종종 받침대와 안쪽에 위치한 통로로 둘러싸인 버섯 같은 구조로 이루어져 있다. 생물막의 특이한 특성중의 하나가 일부 항생제와 다른 독성 물질에 대한 매우 향상된 내성이다; 어떤 경우에는, 가운데를 둘러싸며 세포를 보호하는 막인 생물막형성의 결과로써 항생제를 차단하거나 또는 그 안에서 항생제를 분해하여 억제농도가 1,000배가 넘게 증가한다. 게다가, 생물막을 형성하면서, 막 안의 개개 세포들에게 본질적으로 더 항생제 저항성을 주는 효소들이 발현된다.

13.7 *생물막에 대하여 더 자세히*

자연계에서는, 종종 다양한 종류의 미생물 종들이 협동적인 배치로 생물막과 다른 군집들이 구성된다. 예를 들면, 치태형성(치과를 떠나면서 형성되기 시작한다)은 특정 세균 종, 잘 알려진 *Streptococcus mutans*가 치아의 표면에 처음 붙는 것을 요구한다. actinomycetes(제15장 참조)로 불리는 큰 그룹의 일부 세균들과 같은 다른 종들의 세균은 이들 초기 고착세균에 붙는다. 결과적으로, 다른 것들도actinomycetes에 붙게 되어, 얼마간의 시간 후에 여러 가지 다른 생물들의 복잡한 구조가 만들어져서 다종의 생물막이 된다. 모

표 13.6 세균의 균체밀도감지 시스템의 몇 가지 표본

속	자가유도 신호분자	생리적 기능
Vibrio	호모세린 락톤(Homoserine lactones)	생물발광
Pseudomonas	호모세린 락톤	병원성형성
Agrobacterium	호모세린 락톤	접합
Bacillus	펩티드	컨피턴스(competence), 발달
Enterococcus	펩티드	접합, 플라스미드 유지, 병원성형성
Myxococcus	펩티드	발달
Streptococcus	펩티드	형질도입
Staphylococcus	펩티드	병원성형성

든 생물막이 유일하게 구조적 목적으로만 존재하는 것은 아니다. 생물막군집들은 또한 상호 대사목적으로 기여할 수 있다. 이와 같은 예들이 이 책의 뒤에 언급될 것이지만, 지금 언급할 만한 것이 있다. 어떤 해양 고세균은 그들의 사는 환경에 풍부한 가스인 메탄을 산화할 수 있다. 그러나 이 과정은 열역학적으로 일어나기 힘들다(제18장 참조). 이 반응을 일어나게 하기 위해서는 이들 고세균들이 메탄산화로부터 나오는 수소를 대사적으로 제거시켜 주는 세균과 함께 있어야 한다. 생물막 안에서 이들은 함께 메탄 산화를 일으킬 수 있다. 미생물세계에서 이와 같은 공동의 작업은 보편적인 일인 것으로 보인다.

균체밀도 감지, 운동성, 그리고 생물막형성

세상의 세균의 생활사에 대한 이 장에 잘 맞는 결론은 어떻게 이들 세포들이 함께 일하는 가를 고려하는 것이다. *E. coli*의 연구에서 주화성, 균체밀도 감지, 그리고 생물막 형성이 결합된 작용을 보았다. 이들 세포들은 작은 양의 아미노산을 분비하는데, 그 중 하나가 글리신이다. 이들 같은 세포들은 주화성 수용체 단백질인, **Tsr**을 가지는데, 이는 글리신(또는 L-세린, L-알라닌, 또는 L-시스틴)에 결합한다. 커다란 액체배양에서, 별다른 일이 일어나지 않지만, 매우 좁은(40-μm)통로로 접근이 가능한 작은 중앙 공간(가로 세로 250μm)을 갖는 작은 배양용기에서는, 세포들은 중앙공간에 이동하여 유도물질의 충분한 농도가 될 때 까지 충분한 수로 축적된다. 적당한 돌연변이의 사용을 통하여, 그들이 자신의 세포들을 끌어들이기 위한 글리신을 분비하는 것을 확인하였다. 일단 세포들이 공간 안으로 모여 밀집되면, 세포들은 생물막조기단계인 두꺼운 과립모양 군집이 된다. 만약 같은 실험이 발광 *Vibrio harveyi*로 진행되면, 중간공간으로부터-균체밀도 의존적 반응으로-빛이 발생한다.

이들 결과들은 다세포 군집이 자발적으로 형성하기 위한 세균의 능력을 보여준다. 유전자 교환(제10장 참조), 항생제 공동분해, 생물막형성, 그리고 다른 균체밀도 의존적 행동이 그러므로 가능하다.

결론

어떻게 세균이 그들이 처한 환경에 대응하는 가에 관하여 미생물학자들이 더 알아야 할 것은 무엇인가? 이미 언급된 것들 보다 훨씬 더 밝혀져야 한다. 미생물학자들은 단지 미생물에 의한 지구의 지배를 이해하기 위해여 표면을 훑은 정도에 불과하다. 만약 진실을 말하자면,

단일의 미생물 스트레스 반응이 정확하게 그리고 정량적으로 현재 모델이 될 수 없다. 다시 말하면, 다양한 다른 조건에서 행동의 예측을 위해 충분한 수학적 정밀함으로 설명될 수 없다. 이것은 우리가 단지 세포에 대한 양적으로 충분한 정보를 가지지 않아서가 아니다(비록 이것이 일부이긴 하다); 우리가 세포의 조절회로의 설계를 충분히 이해하지 못하기 때문이다. 환경에 대한 세포의 반응을 이해하기 위해서는 화학이나 생물학보다는 공학과 더 일반적으로 연계된 장치의 사용이 요구된다. 어떻게 유전자가 완전한 세포에서 다른 것들과 연관되어 역할을 하는지 아는 것은 아직 대부분의 미생물학자에게 생소한 시스템분석의 분석 기술이 요구되고, 사실, 많은 분석 기술들이 더욱이 개발되어야만 한다. 이들 도전에 우리는 스트레스에 대한 공동의 반응의 상대적으로 새로운 주제를 추가하여야만 하고, 이 연구 분야가 이제 막 시작되었다.

종합해보자, 개개 세포로써 그리고 세포의 조직화된 군집으로써, 미생물들은 환경에서의 생명을 위해 엄청난 종류의 대응 전략을 진화시켜왔다. 세균들은 스트레스에 대한 많은 종류의 분자생물학적 반응을 그들의 잠재적인 생식적 능력에 추가시켜왔다. 이들 시스템은 크기가 작고 끊임없이 변화하는 환경에 노출되어 타고난 취약성을 극복하게 한다. 이 장에서는, 미생물 전략들에 대하여 단지 간단한 자료를 제공하였다. 다음 장에서는, 두 가지의 매우 진화된 생물학적 과정인 분화와 발달분야에 미생물이 관여하는지 살펴보면서 우리의 이해를 늘린다.

학습문제

1. 미생물에게 스트레스 용어의 특성을 정의하는 것은 무엇인가(예, 스트레스는 어떻게 오나)?

2. 어떻게 37℃ 배양액에 모르는 종의 세균을 접종하여 열 충격 또는 냉 충격을 가져오게 할 수 있는지 설명하라.

3. 세균의 감지 또는 반응-조절 시스템의 일반적인 구성요소는 무엇인가? 각 구성요소에 대하여 그것의 화학적 특성과 시스템에서의 역할, 그리고 세포의 어디에 위치하는지를 기술하라.

4. 세균에서 주어진 스트레스에 대하여 반응하여 양적으로 늘거나 혹은 줄어드는 단백질을 암호화하는 유전자의 커다란 그룹을 스티뮬론이라고 부른다. 어떻게 스티뮬론의 구성성분들이 밝혀질 수 있나?

5. 세균이 빨리 생장하면 생장할수록 더 많은 PSS(리보좀과 관련된 인자들)가 만들어 진다. 생장률에 따른 세균의 PSS의 양을 조절하는 다음의 분자들 각각의 가정된 역할을 설명하라: Fis, H-NS, UP요소, ppGpp, 뉴클레오시드 3인산, 그리고 RNA-P(σ^{70}). 무엇이 PSS의 합성이 그렇게 복잡하고 중복적인 조절을 받는지에 대하여 논리적으로 만드는가?

6. 어떤 방식으로 정지기의 세균이 지수기의 같은 세포와 다른가? 주어진 세균 종들에서, 정지기의 세포들은 무엇이 생장을 멈추게 하든 간에 다 똑 같은가?

7. 생장하고 있는 세균이 정지기의 세포로 분화되는 것은 많은 변화를 포함한다. 6개 정도의 주요변화를 말하라. 어떤 면에서 주어진 종의 모든 비생장세포들이 무엇이 그들을 정지기로 전환시켰던 간에 비슷한가? 어떻게 그들이 다른가?

8. 세균이 생장으로부터 정지기로 전환되게 만드는 sRNA와 σ^S의 역할을 설명하라.

9. 어떻게 간단하게 유전체의 크기를 아는 것으로 새로 발견된 세균의 생리적인 일부를 말할 수 있는지 설명하라

10. 주어진 약품이 부엌 테이블이나 혹은 비슷한 표면에서 "세균의 99%를 죽일 수 있다"는 주장의 유용성을 평가하라.

11. 세균의 편모운동에 근거한 주화성은 인산화의 단계적 반응과 메틸화 시스템을 작동하기 위하여 필요로 한다. 편모운동에 의한 주화성에서의 각각의 분명한 역할을 일반적인 용어로 설명하라.

12. 어떻게 개개 세균이 얼마나 많은 종들이 주변에 존재하는지 알 수 있는지 설명하라. 이 정보의 가치는 얼마인가?

13. 생물막을 정의하고, 이것의 일반적인 특성을 설명하라. 미생물의 자유롭게 떠다니는 방식보다 생물막이 제공하는 세 가지 이점을 열거하라.

제14장 분화와 발생

개요

앞의 두 장에서는 환경에서 부과된 스트레스에 대처하고 생장의 과정을 공동작동하는 가에 관하여 어떻게 미생물이 생존하고 번성하기 위하여 그들의 활동을 조율하는지 살펴보았다. 세포가 무슨 이유에선지 계속적인 생장이 더 이상 가능하지 않을 때, 어떻게 개개 세포들이 **분화되어(differentiate)** (구조적으로 그리고 기능적으로 전문화되는) 훨씬 더 강해진 정지기 세포가 되는지 보았다. 마지막으로, 많은 세균의 세포그룹이 **발달하여(development)** (점진적으로 그들의 세포주기에서 주도적인 역할을 해왔던 형태와 기능을 변화하는) 그들이 생물막을 형성하게 되는지 알았다.

"분화되다" 그리고 "발달되다"는 용어들은 식물과 동물의 생물학에 편하게 맞는 용어들이다. 그들의 접합자들의 초기 자손세포들은 *분화되어* 특수화된 조직이 되는 특수화된 세포들로 되고, 발달과정을 겪고 성숙된 생물체가 된다. 미생물에 적용할 때, 용어와 그들의 사용이 병합되는 경향이 있다. 앞으로 진행하면서 둘을 구분하도록 최대한 노력할 것이다.

식물과 동물에서 분화는 대개 한 방향 길이다. 특수화된 세포들은 아주 매우 드물게 다시 **줄기세포(stem cells)** (분화가 가능한 아직 분화되지 않은 세포)가 된다. 식물과 동물의 발달은 유전적으로 프로그램화되어있고 대개 방향성이 없다. 반면에, 분화되는 원핵세포들은 보통 다시 그들의 원래 세포 형태로 돌아갈 수 있다-그러나 예외도 있다. 한 가지 예가 시안세균의 **이형세포(heterocysts)**의 형성이다. 이형세포는 두꺼운 벽을 가진, 분열하지 않는, 질소고정 전용의 특수화된 세포이고, 명백하게 다시 영양세포로 돌아갈 수 없다. 그들은 고정된 질소를 주변의 영양세포에게 공급하는 특별한 역할을 하고, 영양세포는 보답으로 그들이 고정한 이산화탄소로부터 유래된 영양분을 공급한다. 최종분화의 다른 예는 내생포자 형성과 연관된 이 장의 뒤에서 언급한다. 포자 모세포는 발달하는 내생포자에서 영양분을 공급하는데 헌신한다. 그들의 일이 완수되면 그들은 용해된다.

원핵생물의 발달의 다른 두드러진 특징은 거의 항상 환경적으로 유도된다는 것이다. 이와 관련하여, 13장에서 다룬 스트레스 반응과 공통점이 있다. 예를 들면, 시안세균의 이형세포 발달은 세균이 고정된 질소가 없을 때 일어나고, 포자를 형성할 수 있는 세균의 배양에서 영양분이 고갈되면 저항성 포자가 형성된다.

원핵생물의 분화는 일반적으로 가역적이기 때문에, 이 용어 아래 무엇이 포함되어야 하는지에 대한 제한이 애매하다. 예를 들면, 한때에는 효소발현이 포함되었다. 지금은 용어가 일반적으로 구별되는 형태적 변화에만 제한된다.

식물과 동물을 구성하는 거의 모든 세포들은 동일한 유전자를 가진다. 어떻게 그들이 뚜렷하게 다른 형태로 분화되는가와 어떻게 그들이 완전한 생명체로 발달하기 위해 그들을 준비시키는지를 이해하는 것은 오랫동안 실험 생물학의 중요한 도전이었다. 실제로 이것은 매우 어렵다. 사실 더 쉬운 원핵생물의 연구를 통하여 유전학과 생화학의 기초를 밝히는 커다란 도움에 의하여, 같은 방법을 사용하여 진핵생물의 분화와 발달의 문제를 풀었다. 여기서, 원핵생물 모델의 중요성이 좀 실망스러운 것으로 나타났다. 원핵생물에서 발달을 매개하는 분자적 기작들이 식물과 동물의 것들과 다르고 심지어 원핵생물 안에서도 다르다.

원핵생물의 분화와 발달의 엄청난 다양성에도 불구하고, 일부 공통의 원리가 밝혀졌고, 한 가지 일반화가 가능하다-우리의 현재 지식의 상태 범위안에서:비록 고세균이 분화하더라도, 어떤 고세균도 형태적으로 발달하지 않는다. 예를 들면, 적당한 환경적 신호의 방향아래서, *Halobacterium spp.*는 그들의 세포막의 구조를 변화하여, 광합성의 단순한 형태를 매개할 수 있는 자주색 부분을 형성한다. 그러나 고세균의 생활동안 어떤 고세균도 눈에 쉽게 보이는 형태적 변화를 하지 않는다; 어느 것도 내생포자를 형성하지 않는다. 어느 것도 이형세포를 형성하지 않는다. 아직까지, 그들은 그렇고 예전의 과거에도 그랬었다.

우리는 세균의 분화와 발달뿐만 아니라 다세포 생활의 예를 살펴보고 기본적인 원칙을 언급하며 알아보도록 하겠다. 확실히, 공통의 접근방법이 분화와 발달의 분자적 기작을 파헤치는데 사용되고 있다. 돌연변이 기술(10장 참조)은 이 일을 하기에 매우 가치가 있음이 증명되었다. 더 최근에는, 마이크로어레이 기술과 같은 고효율 방법이 유용하게 이용된다. 대부분의 모델 생물들의 유전체 염기서열이 알려졌기 때문에 유전체학이 주요 도움을 주고 있다. 이들 과정의 이해의 실제 목표와 증명은 그들의 수학적 모델을 만드는 것이다. 그것은 아직도 가야할 길이 멀지만, 일어날 것 같은 예감이 있다.

지난 10년 동안, 세균의 분화의 한계를 정하는 것이 더 어려워졌다. 실험실 세균종들이 **부유(planktonic)** (floating)세포로 배양액에 흩어져 생장하고 그러므로 쉽게 생화학적, 생리적 그리고 유전적 연구에서의 조작이 가능하다. 미생물학자들은 이들 균주가 자연에 존재하는 것들의 변이체임을 인지하기 시작했다. 대부분의 연구실 균주들은 명백하게 선택되었고, 오랜 기간 실험실 배양의 당연한 결과로 편리하지만 비전형적인 생장습성을 가진다. 그러나 자연에서는 대부분의 세균들이 부유성이 아니다. 대신에, 13장에 언급한 것처럼, 그들은 고체표면에 모여, **생물막(biofilms)**을 형성하고, 액체배양액 표면에서는 때때로 박막(pellicles)이라고 부른다. 생물막과 박막은 단지 세포들이 무작위로 모여 함께 붙어서 생성된 것이 아니다. 많은 세포가 특별한 형태로 발달하는데 이것은 이 장에서 다루게 될 더 뚜렷한 발달의 예를 이끄는 것과 일부 같은 기작의 결과물이다. 예를 들면, myxococci의 세포들은 휘둘림운동의 도움으로 정교한 자실체 형성을 위하여 모인다; 비슷하게, 휘둘림운동으로 *Pseudomonas aeruginosa* 세포들은 초기의 자루 형태로 올라가서 모여서 생물막위에 발달된 작은 버섯모양의 구조의 둥근 정상 부위를 가진다.

다음 절에서는 원핵세포의 발달의 일부 특별한 예들을 다루도록 한다.

내생포자

특성

많은 미생물들이 포자라는 세포를 만드는데 분산하기위한 것이다. 대부분 그와 같은 세포들은, 또한 **외생포자(exospore)**라고 불리고, 대기 중으로 뻗은 진균과 방선균의 사상세포의 끝에서 떨어져 나가서 형성된다. 외생포자는 다른 곳에서 새로운 사상의 생장을 시작하기 위하여 공기 중으로 퍼진다. 그러나 세균의 어떤 종들은 역시 포자라고 불리지만 완전히 다른 세포를 만든다. 이것들은 **내생포자(endospore)**인데, 그렇게 불리는 이유는 다른 세포 안에 그들이 발달하기 때문이다. *내생포자는 생존을 위한 것이지 분산을 위한 것이 아니다.* 이와 같은 의미에서, 내생포자는 13장에서 다루었던 정기기와 기능적으로 유사하지만, 내생포자는 엄청나게 저항성이다. 상당히 오랫동안, 확실히 몇 백 년 동안, 아마 수천 년 동안 대사적으로 기능이 없는 상태에서 생존할 수 있다. 적당한 영양분이 다시 공급되면, 내생포자는 재빨리 영양세포로 발아한다. 오래 사는 것 외에, 내생포자는 온도, 방사선, 활성산소의 극한에 대하여 매우 저항성이 있다. 게다가, 그들은 알려진 모든 생물학적 구조 중에 저항성이 가장 강하다. 이와 같은 이유로, 그들의 저항성이 멸균처리의 인자를 결정한다. 예를 들면, 캔 음식에 적용하는 열처리는 세균의 내생포자를 죽이기 위해 고안되었다. 이러한 처리가 내생포자를 없애기에 충분하면, 확실히 존재할 지도 모르는 다른 미생물 형태도 또한 제거 될 것이다. 그러나 2003년도에 내생포자에 치명적인 온도에서 잘 번성하는 초고온성 고세균종들이 발견되었다. 그러나 그들 초고온성균들은 평범한 온도에서 자라지 못하기 때문에 대부분의 목적으로 사용되는 멸균 영역을 바꾸지 않는다.

계통학적 분포

기초와 응용 미생물에서 중요한 입지에도 불과하고, 내생포자 형성은 그람양성 문인 Firmicutes의 많은 세균 속들에 국한되어 있다(표 14.1). 이것은 내생포자를 만드는 능력이 진화적으로 한번 일어났고, 후에 이 문이 분기되어 나왔다는 것을 의미한다.

형성

영양세포를 내생포자로 분화하게 하는 복잡한 과정들은 모델 생물로 *Bacillus subtilis*를 사용하여 가장 심도 있게 연구되어 왔다. 이러한 과정, **포자형성(sporulation)**은 몇 가지 영양분(탄소, 질소, 또는 인)이 거의 결핍에 가까워진 상태에서 유도되는데, 배양액이 상대적으로 밀도가 높을 때이다. 이 유도장치는 매우 중요하다. 적당한 영양분 농도가 아직 존재할 때, 세포가 내생포자를 형성하는 방향으로 대사 작용을 전환하지 않는다면 생장과 번성을

표 14.1 내생포자 형성 세균의 속

속	특성들
Bacillus	호기성이고 통성 혐기성; 가장 잘 연구된 내생포자; 중요한 병원성 종들을 포함한다. 예., 탄저병 원인균
Clostridium	혐기성, 중요한 병원성 종들을 포함한다. 예., 파상풍, 보툴리누스 중독과 가스 괴저 원인균들
Thermoactinomyces	호열성 호기성균; *Bacillus*와 밀접하게 관련
Sporolactobacillus	내생포자 형성 젖산균
Sporosarcina	절대 호기성 cocci(유일한 내생포자 형성 cocci)로 4개 또는 8개로 뭉쳐서 배열된 세포들
Sporotomaculum	혐기성 호흡을 하는 혐기성균들로 최종 전자수용체로 황산염을 사용한다.
Sporomusa	혐기성, 아세트산-생산(아세트산형성)세균
Sporohalobacter	혐기성, 깊은 바다로부터의 내염성 세균

위해 사용할 수 있는 귀중한 영양분을 낭비하는 것이다. 그러나 영영분이 완전히 소모되기 전에, 포자형성의 에너지 소비과정을 끝내기 위한 영양분의 수준에서 유도가 세팅되어, 더 심한 재앙으로 부터 안전하게 한다. 이와 같은 이유에서, 거의 완전한 영양결핍에 직면한 세포들은 내생포자를 형성할 수 없고, 그것에 의하여, 환경상화에 아직 저항성이지 않지만 포자형성을 하기로 되어 있는 약한 상태에 빠지는 것을 피할 수 있게 한다.

비록 종들에 따라 중요한 약간의 변이는 있지만, 내생포자형성은 이와 같은 연구에 모델 생물로 사용되는 *B. subtilis*에서 일어나는 본질적으로 같은 일련의 과정들을 통하여 모두에게서 일어난다(그림 14.1). 첫 번째, 핵양체가 길어지고, 주축필라멘트라고 불리는 구조로 되면서 세포길이를 늘린다. 그 후에, 격막을 형성함으로써 세포들은 분열을 시작하지만, 세포의 중앙에서가 아니라(모든 영양세포의 분열에서의 경우처럼), 이 격막은 세포의 한 끝으로부터 세포길이의 1/4정도 위치에서 형성된다. 이와 같은 이유에서, 이것을 **극격막(polar septum)**이라고 부른다. 이 분열의 커다란 세포 산물이 **모세포(mother cell)**가 되고, 발달하고 있는 포자에 영양분을 공급하고, 작은 것, **전포자(forespore)**가 실제 포자가 된다. 격막이 형성되면서, 염색체의 약 30%정도가 전포자의 쪽에 있다; 나머지들은 접합(제10장 참조)동안 일어나는 DNA전이와 비슷한 기작으로 전포자로 넘어간다. 모세포는 그런 후에 식세포로써 행동하여, 위족 같은 돌출기를 내어 전포자를 싸게 된다. 이 돌출부위의 끝이 전포자의 다른 쪽을 만나면, 그들의 세포막이 합쳐져서 전포자를 완전하게 둘러싸게 된다. 전포자(phygocytosed세포의 경우와 같이)는 그래서 두 세포막에 의해 둘러싸인다; 자기 자신의 것과 모세포의 것. 두 세포막의 바깥쪽 표면이 서로 마주보고 있다. 두꺼운 층을 **피층(cortex)**이라고 부르는데, 뮤린으로 구성되어 있고 두 세포막의 중간에 끼어 있다. 외피의 뮤린은 영양세포의 세포벽의 것과 몇 가지 화학적 구성성분이 다르다. 이 세포막 바깥 쪽에는(전포자의 쪽에서 보면), **포자막(spore coat)**단백질이 형성되고, **포자외막(exosporium)**이라고 불리는 막 층으로 둘러싸여 있기도 한다. 보호막 층으로 둘러싸이는 과정동안, 전포자는 내부적으로 변화한다. 예를 들면, 많은 양의 포자 특이적 화합물 디피콜린산(diplicolinic acid)을 합성하고 매우 건조한 상태가 된다. 마지막으로, 모세포가 용해되어, 성숙된 포자가 나온다.

A

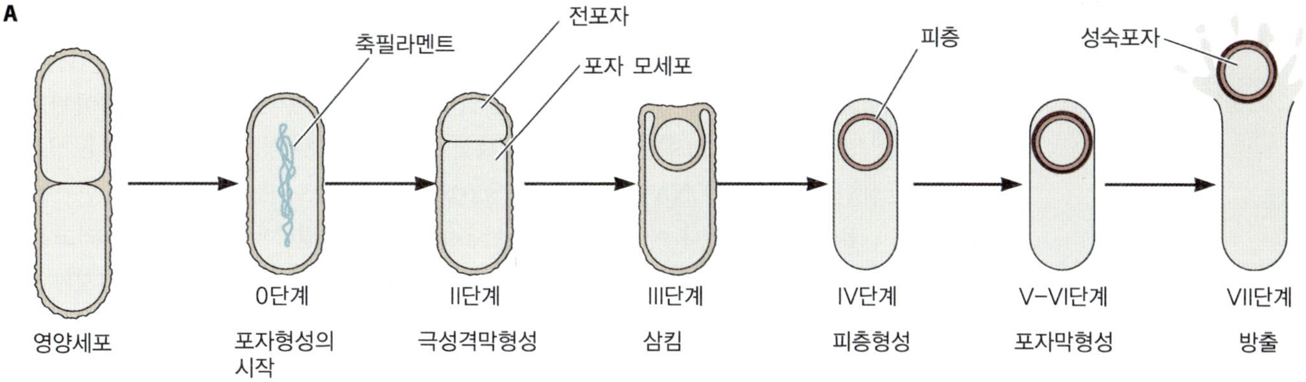

B

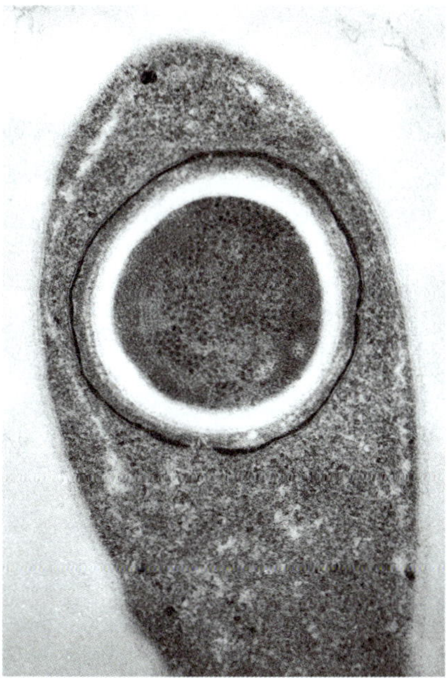

그림 14.1 **(A)** 내생포자 형성의 과정의 단계들. **(B)** 거의 완전히 발달한 *Clostridium tetanid*의 포자(V와 VII 단계). 가운데는 거의 완전히 탈수되었고 리보좀으로 채워졌다. 피층과 포자막이 잘 보인다.

우리가 살펴본 포자형성과정은 관례적으로, 포자형성의 어떤 표지도 있기 전, 0라고 된 것으로부터 내생포자가 성숙될 때 VI까지의 **단계(stages)**로 나눈다(그림 14.1). 이 과정에 영향을 주는 돌연변이 부위들은 특정단계에서 과정이 멈추는 것에 의해 명명된다. 예를 들면, *spo*0A의 돌연변이는 0단계에서 포자 형성이 멈춘 것이다.

성숙된 내생포자는 완벽하게 활성이 없는 것처럼 보인다. 관찰되는 어떠한 대사작용도 없다. ATP도 없거나, 줄어든 피리딘 뉴클레오티드를 포함한다. 포자의 안은[**중심(core)**이라고 불리는] 매우 건조하고 발아할 때만 물을 받아들이는데, 이것이, 아마 끓은 점을 넘는 고압의 수증기 열에 놀라운 저항성을 보이는 것을 설명해 준다.

프로그래밍과 조절

내생 포자형성의 유전적 프로그래밍과 조절은 지난 50년간 심도 깊게 연구되어왔다. 이것은 의심의 여지없이, 원핵세포의 분화의 가장 자세하게 연구된 예이다.

우리가 살펴본 것처럼, 개체군의 밀도가 높으면, 탄소, 질소, 또는 인의 배양액에서의 제한이 포자형성을 시작시킨다. 적당한 밀도는 균체밀도 감지(quorum sensing)(13장 참조)에 의해 정해지는데, 이에 의해 효과적인 포자형성이 일어나기 전에 각 세포들이 반드시 임계 양 만큼 분비하는 특정 펩티드의 축적이 일어난다. 포자형성을 촉진하는 모든 신호는 인산화, 그리고 DNA-결합 단백질인 Spo0A의 활성을 일으키는 다양한 일련의 반응 요소들로부터 인지된다. 이 과정의 단계적 반응을 **Spo0A인산릴레이(phosphorelay)**라고 부른다(그림 14.2). 활성화된 Spo0A(Spo0A~P)는 포자형성에 중요한 역할을 한다; 그것의 세포 내 농도가 어떤 포자형성관련 과정들이 일어날지를 결정한다. 실제로, 포자형성의 유전적 조절은 두 부분으로 나눌 수 있다: (i) 어떻게 Spo0A가 활성화되는가 그리고 (ii) 언제 활성되고, Spo0A가 무엇을 하는가.

Spo0A의 활성

Spo0A인산릴레이는 13장에서 살펴본 바와 같이 비교적 간단한 인산화 단계적 반응이다: **키나아제(kinase)**가 자가인산화를 한 후에 그것의 인산그룹을 다른 단백질(Spo0F)에 전이되는데, 이것은 인산전이효소(Spo0B)의 중계를 통하여 Spo0A에게 인산그룹을 공급한다. 비록 Spo0A인산릴레이 시스템이 단일의 직선적 경로로 구성되어 있지만, 이것은 여러 가지 다른 포자형성 신호를 감지할 수 있다. 이것은 생리학적 그리고 환경적 요소들에 의해 정확하게 조절되고 있다. 이것의 첫 번째 구성요소, 키나아제는 하나가 아닌 세 개의 단백질로 구성되어 있고, 각각은 여러 가지 영양분의 결핍에 가까운 것을 포함하는 다른 신호에 의해 활성화 된다. 전체적인 시스템은 마지막 산물(Spo0A~P) 또는 중간 대사 물질로부터 인산 그룹을 제거하는 세 가지 포스파타아제에 의해 더 조절되고 정교하게 조율된다. 그러므로 인산화 그리고 탈인산화가 Spo0A~P의 최적의 내부 농도를 만드는데 작동된다. 키나아제와 포스파타아제는 둘 다 특정 신호에 의해 활성화된다; 그래서, 이들 효소들은 많은 환경 신호의 레퍼토리에 반응한다. 포자형성은, 그러므로 환경상황의 많은 다른 변화에 의해 추진된다.

낮은 농도에서는, Spo0A~P가 포자형성뿐만 아니라, 또한 굶주림과 관련된 다른 과정에서도 관계가 있다. 세포가 초기의 굶주림에 직면할 때, 아직 부가적인 영양분을 얻을 수 있을지 모르고, 그러므로 포자형성의 필요성을 뒤로 미룬다. 이들 굶주림과 관련된 먹이 찾는

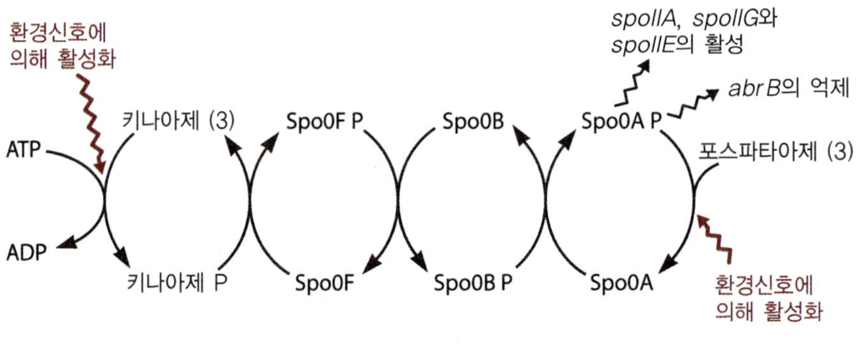

그림 14.2 *B. subtilis*에서 **포자형성과 그와 관련된 일들을 조절하는 인산릴레이 시스템.** 조절위치가 어두운 빨간색으로 나타나있다.

과정은 항생제와 독소(화학적으로 매개된 포식?)형성, 형질전환의 반응가능성 유도(먹이를 위한 외부 DNA를 사용하기 위해?), 운동성과 주화성의 시작(영양분을 찾기 위해?), 수송시스템과 이화경로의 발현(존재할 지도 모르는 대체 영양원을 이용하기 위해?) 을 포함한다.

낮은 Spo0A~P농도에 의한 반응의 유도는 간접적으로 일어난다. 영양분이 충분할 때의 생장동안, 이들 반응들은 AbrB(이들 유전자들을 조절하는 몇 가지 단백질 중 하나)에 의해 *억제된다*. 이 후에, 포자형성 신호가 Spo0A~P의 농도를 높일 때, 이것이 AbrB의 합성을 억제하고, 그래서 포자형성관련 반응을 촉매 하는 효소가 만들어지게 한다.

Spo0A~P의 활성

아마도 놀랍지 않게, 포자형성을 이끄는 조절경로는 굶주림과 관련된 반응의 발현을 조절하는 것보다 훨씬 더 복잡하다. 포자형성은 적당한 시간-어떤 것은 과정을 시작하기 위해 즉각적으로, 그리고 다른 것은 포자 발달의 적당한 단계에서 늦게-에 발현되는 유전자에 의존된다. 게다가, 유전자들은 적당한 위치에서 발현되어야만 하는데, 어떤 것은 모세포의 안에서, 어떤 것은 전포자의 안에서. 이 분화 발현은 모세포와 전포자가 유전적으로 동일한 사실에도 불구하고 일어난다.

비록 우리가 포자형성을 조절하기 위한 모든 유전자들과 어떻게 그들이 상호작용하는지 완벽하게 몰라도, 이러한 과정의 일반적인 개요에 대한 것은 모습을 갖추었다. 중심적인 역할자가 **시그마인자(sigma factors)**(RNA 중합효소에 결합하고 특정 프로모터에 특이성을 부여하는 단백질)[제8장과 12장 참조]이다. 영양생장동안, 시그마 A(σ^A)라고 명명된 시그마인자가 우점한다. 그 후에 포자형성동안, 다섯 개의 다른 시그마 인자들이 형성되어 다양한 포자 유전자들이 특정위치에서 다양한 시간에 발현되도록 한다(표 14.2). 이 중요한 시그마 인자의 역할은 정지기에 들어가서 자라고 있는 세포들을 준비하게 하는 σ^S에 의한 중요한 역할을 회상시킨다(제13장 참조).

이들 시그마 인자의 네 가지는 불활성 단백질로 합성되어 적당한 시간과 위치에서 단백질분해 분열에 의해 활성화된다. Spo0A~P가 이들 시그마 인자들의 발현을 만드는 네 종류의 독립적 단계적 반응을 시작시킨다.

포자형성: 그룹활동

우리는 포자형성이 마치 단일의 세균 세포의 활동인 것처럼 지금까지 다루었다. 실제로 그것이 지금까지 연구된 방법이다. 우리는 포자형성이 균체밀도 감지, 그룹활동-그러나 더 많은 것-에 의존적인 것을 이미 보았다. 이들 연구에 사용된 *B. subtilis*의 실험실 균주는 오랜 기간 동안 액체 배양액에서 빠르게 생장하도록 선택되는 미생물로 길들여짐을 겪었다. 이와 같은 실험실 균주의 배양은 분산된 단일 세포들로 생장한다. 반면에, 자연으로부터 최근에 분리된 고정된 배양의 거의 모든 세포들은 표면으로 움직여서 두꺼운 구조물인 **박막(pellicles)**을 형성한다. 손가락 같은 돌출물이 박막으로부터 나오고 그들의 끝에 포자가 형성된다. 이와 같은 구조들은 진균의 자실체를 닮았고, 아마도 그들은 비슷한 선택적 이점을 제공할 것이다; 그들은 분산을 도울수도 있다.

비록 실험실 균주의 연구가 포자형성에 대한 많은 풍부한 정보를 주었지만, 그들은 오

표 14.2 포자형성 유전자의 발현을 지시하는 시그마 인자들

시그마 인자	암호화 유전자	위치	활성을 가진 단계
σ^H	*sigH*	분열전 포자낭	0
σ^F	*sigF*	전포자	II
σ^E	*sigE*	포자 모세포	II
σ^G	*sigG*	전포자	III
σ^K	*sigK*	포자 모세포	IV

랫동안 포자형성 세균이 다세포 생물처럼 행동하는 군집을 형성하는 놀라운 사실들을 간과했다.

*Caulobacter crescentus*의 발달

돌기(prosthecate)세균(프로스테카는 부속지이다)의 한 그룹은 **동종이형(dimorphic)**이다(두 모양을 가진다는 의미). 이 종류의 생명체의 한 세포가 분열하면, 분열의 두 생성물은 모양과 행동 면에서 다르다. 이들 세균들은 그들의 번식에 필수적인 발달 주기를 겪는다.

*Caulobacter crescentus*의 경우에는, 돌기의 동종이형 세균으로 가장 잘 연구되었는데(그림 14.3), 분열의 한 생성물은 **유주세포(swarmer)**라고 부르며, 극성 편모를 가져서 운동성이 있고, 다른 생성물은 운동성이 없거나 부착 형이다. 부착 형 세포는 **자루(stalk)**라고 불리는 극성 돌기를 가지는데, 이는 세포가 **부착기(holdfast)**라고 불리는 부착의 끝부분의 기관을 이용하여 고체표면에 세포를 고정시키기 때문이다. 자루와 편모는 모두 세포의 "오래된" 극(분열에 의해 생성되는 "새로운" 극과 비교하여)에 위치한다. *Caulobacter*가 부착은 거의 모든 종류의 표면에 작동한다-예, 연못의 바위 또는 세면대의 수도꼭지.

자루세포는 계속 분열하고, 매번 새로운 유주세포를 만드는데, 극성 편모를 이용하여 활발하게 수영한다. 그러나 그것은 새롭게 형성된 유주세포가 할 수 있는 모든 것이다. 그것은 자신의 DNA를 복제할 수도 없고 분열할 수도 없다-분열되어 자루세포가 되지 않았지만 모세포와 같이, 분열하고 더 많은 유주세포를 만들 수 있다. 유주세포들은, 또한 주화성을 갖는데, 분명히 분산을 위한 것이다; 그들은 그들을 잡아두었던, 자루를 가진 모세포로부터 떠나고 새로운 영양원이 있는 장소에 군락을 형성할 수 있다.

세포주기

각 유주세포들은 번식할 수 있기 전에 매우 대단한 구조적 발달과정을 겪는데, 30℃에서 150분 정도 걸린다(그림 14.3). 처음 15분정도에, 유주세포들은 주화성으로 수영한다. 그리고 독특한 유주세포의 특징을 벗어버린다; 주변의 필리와 함께 편모를 떨어지게 하고 주화성 기구를 분해한다(같은 극 부위 쪽에 위치한다). 다음에, DNA를 복제하고 자루와 부착기를 합성하고, 새로운 유주세포를 만들기 위해 분열을 시작한다.

유주세포의 발달 진행과정은 형태적으로 생화학적으로 정교하다. 진행과정동안, 유전자들이 발현과 억제되고 세포 구성요소들이 분해된다. 세포주기동안 특정시간에 *Caulobacter*유전자의 약 50%정도가 활성화되거나 억제된다.

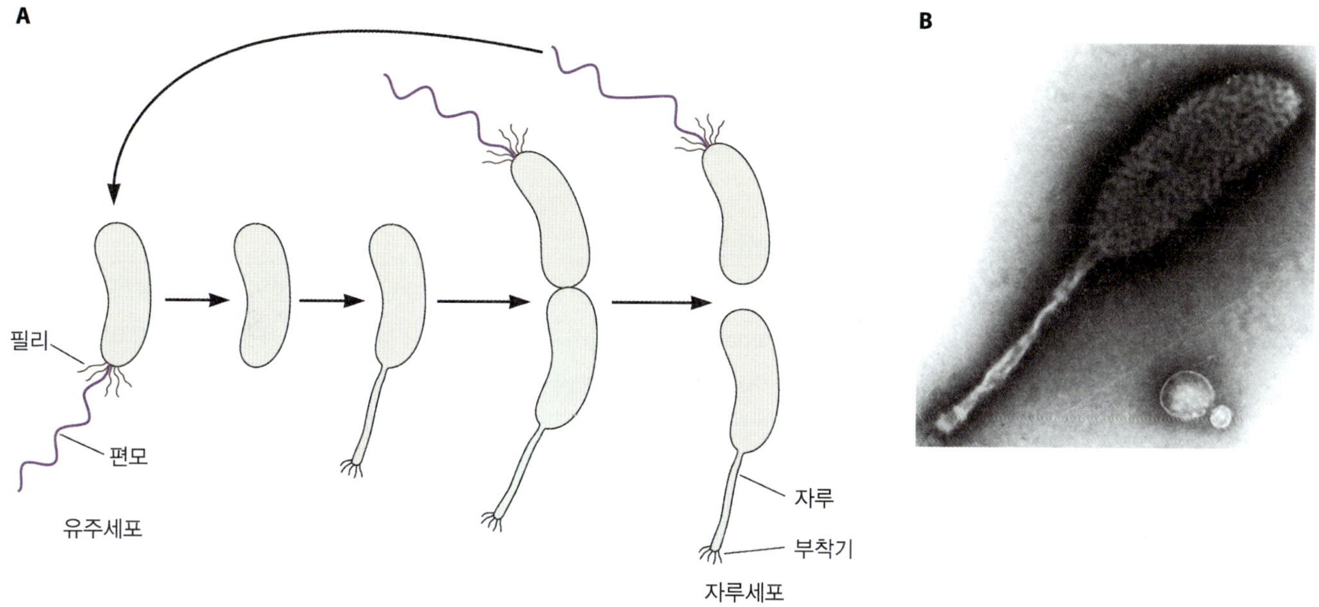

그림 14.3 *Caulobacter crescentus*. (A) 생활사; (B) 세부사진

발달의 유전자 조절

*Caulobacter*의 세포주기는 두 개의 분명하게 구별되는 특징을 가진다. 하나는 세포내 극성의 강력한 영향이다. 세균의 분화와 발달의 연구에서 다룬 바와 같이, 세균 세포는 유전적으로 비대칭형이고, 이떤 것에서는 다른 것에서 보다 더 분명하다. *Caulobacter*는 확실히 매우 비대칭적인 그룹에 속한다. *Caulobacter*발달의 가장 중요한 결과가-편모, 필리, 주화성 기구, 그리고 부착기포함 자루의 형성-세포의 오래된 극 쪽에서 일어난다. 세포는 비록 다른 구역을 나눌 내부 세포막을 가지지 않지만, 구역이 나누어 진 것처럼 보인다. 그러나 단백질-표지 방법(녹색 형광단백질을 붙이는 것과 같은)으로 조절단백질을 포함하는 특징적인 구성요소가 특정 세포내 위치에 축적되는 것을 알았다. 실제로, 조절분자의 위치는 공간적으로 분화하는 발달에 중요하다. 그와 같은 위치성에 대하여 자세한 것은 아직 남아있지만, "확산과 포획" 에 의해 작동한다고 알려져 있다: 분자들이 확산에 의해 빠르게 움직이고 극 쪽에서 어떤 세포내 구성성분에 의해 포획된다.

다른 분명한 특징은 정확하게 프로그램 되어 있는 세포내 구성성분의 생합성의 켜지고 꺼짐이다-사실, 이것은 놀랍도록 정교하다. *Caulobacter*는 유전자발현에서 "시간에 맞는" 정책을 따르는 것처럼 보인다. 특정 세포구조와 기능의 성분을 암호화하는 유전자들은-예를 들면, 편모 생합성과 그와 관련된 주화성 시스템-그들의 산물이 사용되기 바로 전에 발현된다. 비슷하게, 더 이상 필요가 없으면, 이들 시스템과 그들의 구성요소들은 적당한 때에 또한 합성된 특별한 단백질분해효소에 의해 빠르게 파괴된다.

우리가 포자형성에서 살펴보았던 종류 중 몇몇의 인산전이효소 단계적 반응이 *Caulobacter*의 세포주기의 주요한 조절인자로 보인다. 각각은 같이 작동하는 모듈의 집단을 조절하고 특정 세포 기능을 조절하기 위하여 상호작용하는 것으로 보인다. 조절연결은 다양한 모듈과 "이야기" 하고 그들을 동시에 일어나게 하도록 작동한다. 한가지 특정 반응 조절 단백질인, CtrA는 제일 위의 조절자이다. *Caulobacter*의 발달에서, 이것은 포자형성의 Spo0A의 역할과 동등한 역할을 수행한다. 직간접적으로, 이것은 세포주기에서 조절되는 유전자의 1/4가량을 조절한다.

Myxobacteria의 발달

myxobacteria는 *델타프로테오박테리아* 강에 속하는 프로테오박테리아 그룹의 하나이다. Myxobacteria는 그들의 생활사의 내부 부분에서 정교한 분화 과정을 겪는다(그림 14.4).

이들 주로 육상의 호기성 생물의 개개 세포들은 고체 표면 위에서 **활주운동(gliding motility)**으로 움직여서 유주세포를 이루어 그들의 경로에 있는 다른 미생물 세포들을 죽이거나 잡아먹는다. 그들이 이리 떼라고 불리는데 이의가 없다. 유주세포들은 선택적이지 않다; 그들은 사상성 진균, 효소, 그리고 다른 세균뿐만 아니라 원생동물을 게걸스럽게 먹는다. 원핵생물로서 myxobacteria는 잡은 먹이를 섭취할 수는 없다. 대신에, 그들은 항생제와 세포를 죽이고 용해시키는 효소와 분비된 대형분자들을 부수는 다른 효소들과 함께 분비한다. 그들은 그래서 결과적으로 작은 분자들을 받아들인다; 그들의 영양은 주로 아미노산에 근거한다. 이 같은 방식의 미생물 세포 죽임과 소비는 그룹행동에 의존한다; myxobacteria세포는 이 과정을 매개하기 위해서는 분해효소가 충분히 넘치는 환경을 만들어 그들의 자원을 풍부하게 한다. 실제로, myxobacteria의 희석된 배양은 심지어 단백질 카제인도 대사할 수 없지만, 밀도 있는 배양은 기꺼이 분해하여 배출된 아미노산을 사용할 수 있다.

먹이가 부족하게 되면(그들의 환경에서 아미노산의 고갈에 의한 신호로써), 발달의 주기가 시작된다. 개개 세포들은 "위험한"(A)것에서 필리로 유도된 휘둘림 운동(제2장 13장 참조)의 구성요소를 가진 "사회적인"(S)의 운동성으로 전환한다. 세포들은 더 밀접하게 "집합중심" 에 모인다. 그리고 그들은 다른 것들 위에 싸이고, 그렇게 함으로써, **자실체(fruiting body)**를 형성하는데, 일부 종들에서는 밀리미터 높이까지 될 수 있다. 자실체는 세포들의 계획성 없는 더미가 아니다; 그들은 일정한 형태와 크기를 가지는데, 이것이 그것을 생산하는 특정 종들의 특징이다(그림 14.5). 이들 자실체의 끝에는, **포자낭(sporangioles)**(둥근 포자를 가진 구조물)이 형성된다. 그렇게 하면서, 안에 있는 반 정도의 세포가 용해되고 그들로부터 분비된 물질들이 생존자에 의해 다시 사용되어, **점액포자**

그림 14.4 *M. xanthus*의 생활사

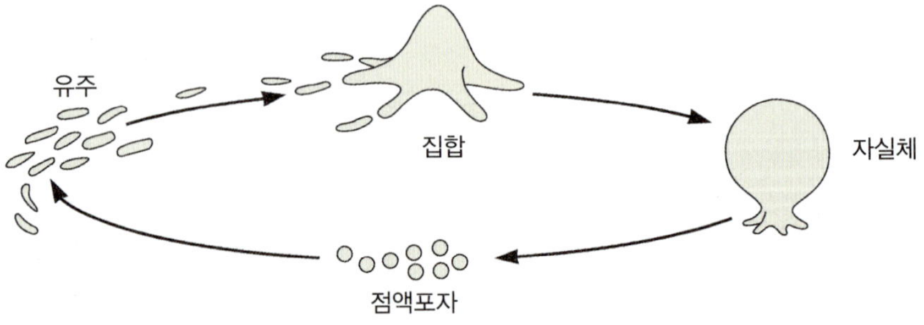

(myxospore)라고 부르는 저항성 휴면세포가 된다. 비록 내생포자 가까이만큼 단단하지 않지만, 그들은 열, UV 방사선과 건조에 영양세포들 보다 더 잘 생존한다. 그들은 통상의 실내 온도에서 보관된 토양에서 15년 동안 생존할 수 있다고 알려졌다. 조건이 좋아지면, 믹소포자들은 발아하고 새로운 생장 주기를 시작한다.

다양한 myxobacteria의 자실체는 모양에서 상당히 다양하다(그림 14.5). 가장 연구가 잘된 myxobacterium인 *Myxococcus santhus*의 것들은 상당히 간단하다; 그들은 단일의 둥근 지붕보양의 포자낭을 가진다. 반면에, 주로 썩은 나무의 껍질에서 발견되는 *Stigmatella* spp.의 자실체는 정교한 모양과 풍부한 색깔을 가진다. 이들 밝은 오렌지색 구조물은 몇 개의 포자낭을 가지고, 각각은 가지 친 자루의 끝에 위치한다.

믹소포자의 기능은 분명하다. 그들은 myxobacteria가 굶주림 동안과 거친 환경에서 살 수 있게 해주지만, 무엇이 위로 올라간 포자낭에 함께 그룹 져서 있게 하는 것이 선택적 이점을 가져다주는가? 대부분의 myxobacteria 연구는 두가지 이점이 있다고 제안한다. 첫 번째는, 포자낭은 아마 분산을 위한 도구일 것이다. 더 영양분이 많은 환경으로 움직이는 벌레 혹은 곤충들이 포자낭을 미생물 세포들이 고갈되지 않은 새로운 장소로 옮길 수 도 있다. 또한, 포자낭안의 그룹으로 모인 믹소포자들 발아가 세포들의 군집을 이룰 수 있도록 해준다; 이것은 우리가 보았던 것처럼, myxococcal의 음식섭취가 그룹으로 이루어지기 때문에 중요하다.

발달의 조절

mycobacteria의 발달 주기는 개개의 분화보다는 세포그룹사이의 상호작용에 더 많이 의존적이기 때문에, 세포-세포 신호가 이 과정을 유도하는 것에 놀라서는 안 된다.

발달의 적당한 시간에, *M. xanthus*의 세포들은 적어도 다섯 개의 분사 신호(A, B, C, D, 그리고 E로 명명된)를 만들고 진행과정을 협동작용하다. 이들 세포내 신호들의 모두는 아니지만 일부는 화학적으로 밝혀졌다. 예를 들면, A 신호는, 세포가 굶주림을 감지하면 만

그림 14.5 *myxobacteria*의 자실체가 복잡성에서 *Myxococcus stipitatus*의 비교적 단순한 것 (A) 에서부터 *Stigmatella aurantiaca*가 만드는 정교한 구조(B) 까지 다양하다. 막대, 50 μm

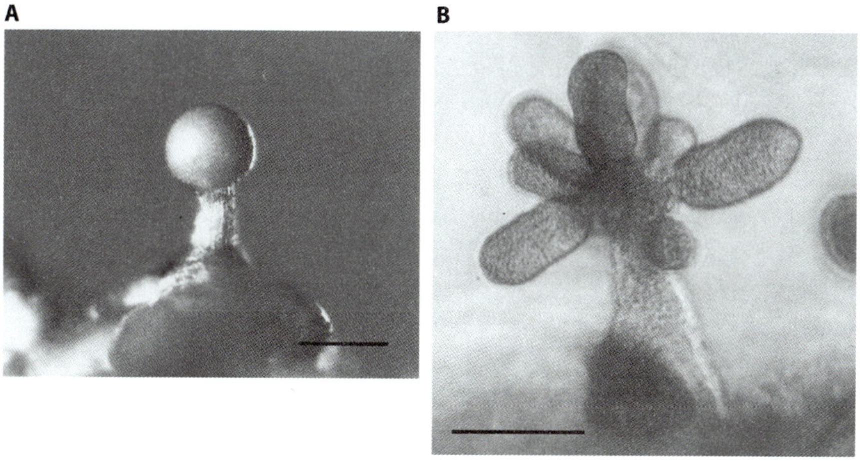

들어 지는데, 아미노산과 펩티드의 혼합물이다. C 신호는 두 단백질의 혼합물이다. B 신호의 본질은 아직 잘 모른다. 이들 분자 신호와 아직 화학적으로 밝혀지지 않은 것들의 존재의 발견은 유전적 증거에 의존한다. 자기 혼자 발달과정을 시작하거나 완성할 수 없는 균주들은 야생종 세포들과 (또는 어떤 다른 종류의 발달이 결핍된 돌연변이 세포들과)함께 섞여 있으면 그렇게 할 수 있다.

분화와 발달을 하는 다른 세균

많은 다른 세균들이 분화하고 발달을 겪는다. 가장 잘 연구된 것 일부가 표14.3에 나타나 있다.

아마, *Nostoc punctiforme*와 관련 시안세균이 원색생물의 분화기록에서 최고일 것이다 (그림 14.6). 여기 이들이 겪는 분화종류들이 있다.

1. 질소제한 신호에, 필라멘트안의 세균들은 **이형세포(heterocysts)**라고 불리는 질소 고정 전문가로 분화하게 된다. 그들은 질소화효소(nitrogenase)를 합성하도록 유도되는데, 그들은 질소화효소를 산소발생 광시스템 II를 파괴하고 그들 주위에 두꺼운, 산소 불통과 세포벽을 형성하여 위험한 산소로부터 보호한다.
2. 영양제한에, 사상의 일부 세포들은 휴면의 저항성 세포인, **휴면포자(akinetes)**가 된다.
3. 시안세균의 사상은 또한 **연쇄체(hormogonia)**라고 불리는 분산자 형태로 분화할 수 있다-활주운동을 할 수 있게 되는 작은 세포들의 작은 길이; 연쇄체의 마직막 세포들은 특징적인 날카로운 끝으로 발달한다.
4. 특정 식물과 이끼류, 또는 선태류로부터 적당한 화학적 신호를 받으면, 연쇄체는 그

표 14.3 세균의 분화와 발달의 잘 연구된 몇 가지 예들

그룹	예	분화와 발달
Actinobcteria	*Streptomyces coelicolor*	기균사체와 기질균사체를 형성, 기균사체의 끝에 외생포자를 형성
시안세균	*Nostoc punctiforme*	질소고정 이형세포를 형성, 휴면포자라고 부르는 휴면세포를 형성. 연쇄체라고 부르는 움직이는 세포그룹을 형성, 특정 식물, 이끼류, 선태류와 질소고정 공생을 형성
Firmucutes	*Bacillus subtilis*	액체표면에 박막으로부터 뻗어 나와 돌기 끝에 대개 내생포자를 형성
Myxobacteria	*Myxococcus xanthus*	개개의 운동성이며 섭취하는 세포들이 모여 자실체로 발달하고 점액포자를 형성하여 안에서 섭취하는 세포를 형성하기 위해 발아할 수 있다
자루형 세균	*Caulobacter crescentus*	자루세포가 분열하여, 자루세포와 유주세포를 만들고, 유주세포는 자루세포가 되기 위하여 발달한다.
많은 종류의 세균	*Proteus mirabilis*	개개의 세포가 함께 이동하는 길게 늘어난(20-에서 80-μm까지 긴) 다중편모(50까지)의 세포로 분화될 때, 세포그룹이 스와밍(swarming)이동을 한다; 그 후 그들은 원래의 세포형태로 분화한다.
Chlamydiae	*Chlamydia trachomatis*	필수적인 발달주기를 겪는데, 감염성이고 대사적으로 불활성화된 기본소체가 식균작용에 의하여 숙주로 들어간다; 식균작용 액포에서 비감염성이지만 대사적으로 활성을 가진 망상체로 분화하고, 복제하여 세포를 채운다. 망상체는 분화하여, 기본소체가 되고 숙주가 용해될 때 나온다.
내부공생 질소고정균	*Sinorhizobium melioti*	자유형 세균 세포들은 콩과식물의 뿌리털로 들어가고 감염관을 통하여 식물이 형성하는 뿌리혹 안에서 질소고정 박테로이드로 분화한다; 박테로이드는 자유형 세균 세포가 되도록 분화할 수 있다.

것들 쪽으로 움직이고 숙주가 만든 주머니 안으로 들어가서, 많은 질소고정 이형세포를 형성하도록 분화한다.

확실히 이런 정교한 분화 시스템은 나중에 미생물학자들에게 도전이 될 것이다.

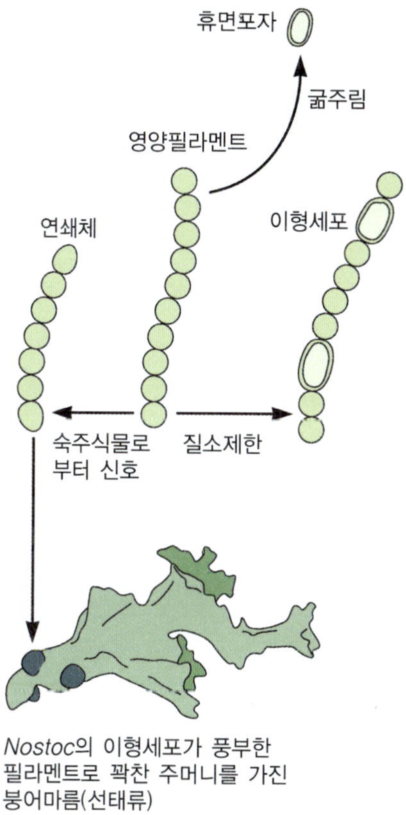

그림 14.6 분화의 *N. punctiforme* 양상

결론

확실히 세균은 커져서 분열하는, 단지 단일 세포로 된 창조물이 아니다. 많은 세균들이 분화하고 발달을 하는 놀라운 능력을 가지고 있고, 엄청나게 많은 그들이 생물막또는 박막으로써 다세포 그룹으로 함께 살고 있다. 이질적인 원핵생물 영역은 여기에서 다룬 것 이상의 생물학적 특성들이 풍부하다; 다음 장에서 이 놀랍게 다양한 생물그룹을 살펴본다.

학습문제

1. (시안세균의)이형세포와 (*Bacillus*의)포자 모세포가 어떤 특징을 공유하는가?

2. 내생포자와 외생포자사이의 형성과 기능에 관하여 구분하라.

3. 얼마나 많은 세포막이 전포자를 싸고 있는가? 그들은 어디에서 왔는가?

4. 몇 가지 다른 환경 신호들이 어떻게 Spo0A~P를 형성하기 위한 단일 경로를 조절하는 것이 가능한가?

5. 어떻게 *Caulobacter*의 유주세포와 자루세포들이 형태적으로 기능적으로 다른가?

6. 자루형 *Caulobacter*의 세포 안에서 기능적으로 구획화된 증거가 있는가?

7. 항생제와 치명적인 분해 효소들을 분비할 수 있는 것이 유주형 myxobacteria에게 주는 선택적 이점은 무엇인가?

8. 믹소포자를 만드는 myxobacteria의 능력에 의해 부여되는 선택적 이점은 무엇인가?

단원 VI 다양성

제15장 원핵 미생물

제16장 진핵 미생물

제17장 바이러스, 비로이드, 프리온

제15장 원핵 미생물

서론

앞 단원에서는 미생물의 세계를 관통하는 일반적인 특징을 찾는, 즉 통일성(unity)을 추구하는 학문인 미생물 생리학을 다루었다. 이제 주제를 크게 바꾸어 미생물의 다양성에 초점을 맞추고자 한다. 우선 15장에서는 원핵생물의 다양성부터 살펴볼 것이며 이후 장에서는 바이러스와 진핵 미생물을 다룰 것이다. 앞으로 자세히 고찰하겠지만 원핵생물은 의심할 여지도 없이 아직 밝혀지지 않은 거대한 다양성을 지니고 있다.

원핵생물 다양성의 질서

엄청나게 다양하고 거대한 원핵생물의 현존량과 같은 정보의 바다에서 어떻게 통일성과 질서를 유추해 낼 수 있을까? 아리스토텔레스 이후 혹은 그 이전부터 인류는 당혹스러울 정도로 거대한 물질의 다양성으로부터 질서를 찾기 위하여, 서로 비슷하게 보이는 개체를 무리 짓고 이 무리들 사이의 유사성을 찾아 더 큰 단위로 분류하는 일반적인 접근법을 채택하여 왔다. 이와 같은 방법을 통하여 우리는 어마어마한 수의 개체 그 자체보다는, 다소 다루기 쉬운 적은 수의 그룹들에 초점을 두어 연구대상을 단순화할 수 있었다. 인류는 이러한 연구방법론을 생물 다양성 연구에도 적용하여 왔으며, 생물 다양성 연구분야는 새로운 원리의 도입이 필요한 종 개념(species concept)에 대한 정의로부터 진화의 원리에 이르기까지 넓은 영역을 포괄하는 특수한 경우라 할 수 있다.

원핵생물(prokaryotes), 균류(fungi), 원생생물(protists)은 크기가 작아(우리가 앞에서 살펴보았듯이 예외는 항상 있다!) 미생물(microbe)로 분류된다. 그러나 크기가 작다는 것은 그 자체만으로는 **계통학적**(진화적) 연관성을 나타내지 못하며 그리 유별난 특징도 아니다. 일반적으로 현미경의 도움 없이 육안으로는 볼 수 없는 생물(100 μm 보다 작은)로 정의되는 미생물(microorganisms)은 생물의 세 도메인(domain)인 진핵생물(Eukarya), 세균(Bacteria), 고세균(Archaea)에서 모두 발견된다. 그러나 주로 두 개의 원핵생물 도메인인 세균과 고세균이 '작은 크기'라는 미생물의 정의에 부합되는 생명체로 구성되어 있다.

미생물 분류학의 역사적 특징은 분류의 틀이 일관된 방향성이 없이 매우 자주 변경되었다는 점이다(그림 15.1). 식물과 동물의 전통적인 분류에서 매우 중요하게 작용하는 다양한 형태적 특징과 화석증거는 미생물(특히 원핵 미생물)에서는 거의 찾아볼 수 없다. 17세기와 18세기 동안 이루어진 원핵생물 다양성 연구의 초기에는 미생물의 단일 개체를 독립적인 개체로 인식하는 것마저 어려웠고 때론 논쟁거리가 되었다. 자연계에 존재하는 다양한 미생물수의 상대적인 비율은 미생물 군집의 대사활동에 따라 미세서식환경이 변화되면서

그림 15.1 생물분류 주요체계의 진화.

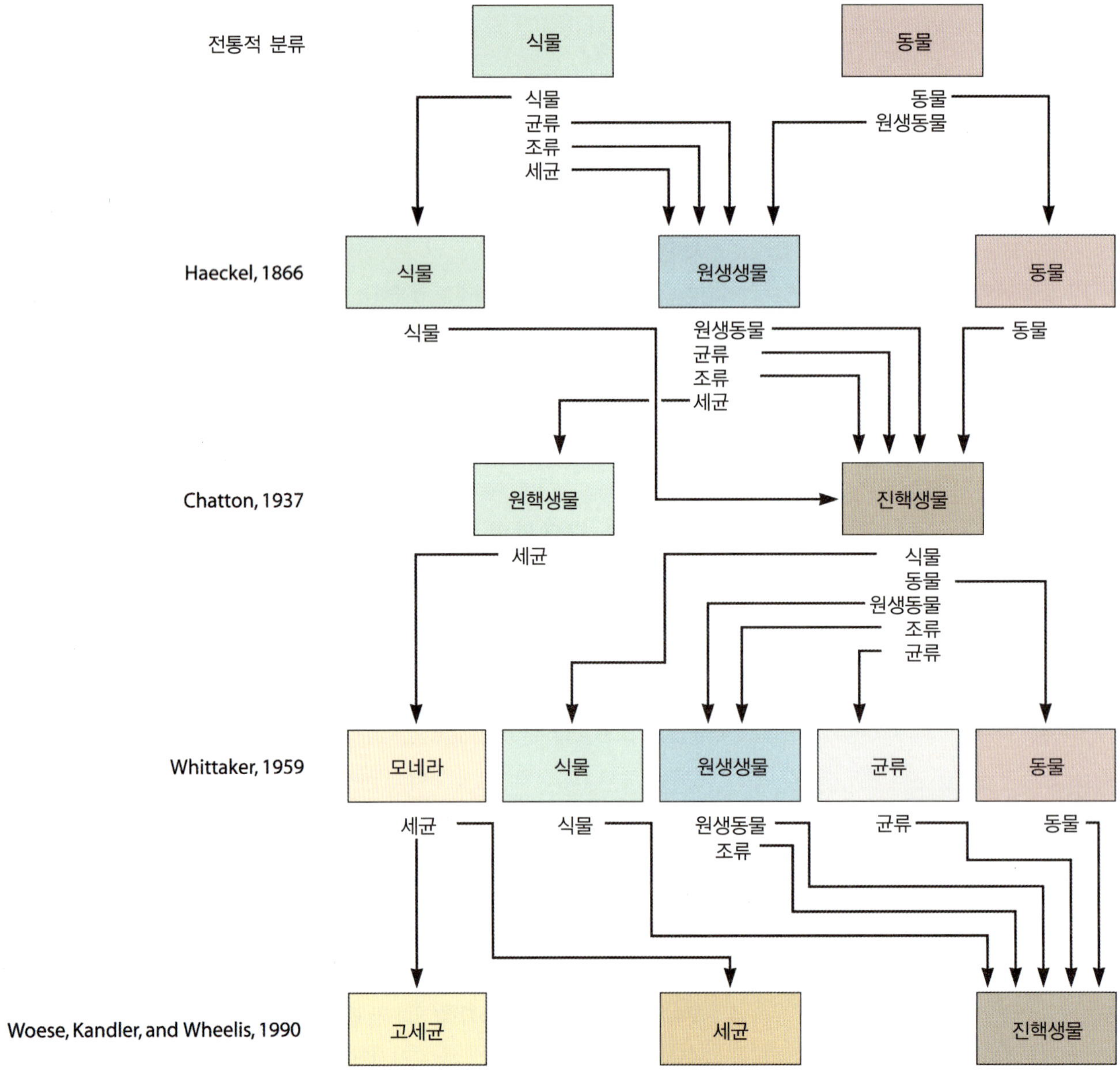

급격하게 변하는데, 일부 과학자들은 현미경을 통해 특정 환경에서 관찰되는 미생물 형태의 점진적인 변화를 미생물 생활사의 한 형태로 오인하여 **다형성**(polymorphism)이라 부르기도 하였다. 이 시기에 어떤 생물학자들은 모든 원핵생물은 단일 종으로 이루어져 있다는 결론을 내리기도 하였다.

미생물 다형성에 대한 오해는 19세기의 미생물학자들이 **순수배양체**(pure culture, 단일 세포로부터 유래된 클론)를 대상으로 연구를 시작하면서 수정되었으며, Robert Koch(독일의 의사이자 미생물학자)가 순수배양체를 연구하기 위한 간단한 도구로서 한천배지(agar plates)를 발명하면서 순식간에 사라지게 되었다. 이때부터, 생장하는 동안 특징적인 모양이 거의 변하지 않는(14장에서 다루었듯이 약간의 예외는 있지만) 많은 수의 다양한 미생물이 자연계에 존재한다는 점이 명확한 사실로 받아 들여졌다. 순수배양체에 대한 폭발적인 연구로부터 '특정 원핵생물의 모양, 생리적 특징, 그리고 병원균의 경우 이들이 야기하는 질병은 독특하다' 라는 새로운 학설이 정립되었다. 비록 이 학설은 미생물의 유전적 안정성을 지나치게 강조하였지만, 여러 종류의 다양한 원핵생물을 분별, 명명, 분류하는 연구의 토대가 되었다. 이 결과 식물과 동물의 명명법에 오래 사용된 라틴어 속(genus)명과 종(specie)명으로 이루어진 린네의 이명법(binomial system)이 미생물의 명명법에 도입되게 되었다.

원핵생물 종

종(species)은 생물 분류의 기본적인 단위이기에 누구나 동의할 수 있는 매우 잘 정의된 개념이 필요하다. 모든 **상위분류군(higher taxa)**-속(genus), 과(family), 목(order)-은 인간이 인위적으로 만든 것으로서 쉽게 이해가 될 수 있지만, *종(species)*은 특수한 개념적 정의를 요한다. 현대 분류학의 창시자인 린네(Carolus Linnaeus, 1707-1778)는 동물과 식물만을 분류의 대상으로 삼았기 때문에 종에 대한 그의 정의는 매우 명쾌하다. 그는 종(species)을 "실제로 생식하며, 변하지 않으며, 그렇게 창조된 개체들"의 집합이라 정의하였다. 19세기 중반의 진화론과 20세기 초의 유전학의 발달은 종에 대한 새로운 개념적 정의를 도출하였다. 이 중 가장 영향력이 큰 종에 대한 개념적 정의는 1942년 Ernst Mayr가 주창한 **생물학적 종개념(biological species concept)**이며 "자연적으로 또는 잠재적으로 상호교배(breeding, 생식) 가능한 개체군 단위"로서 종을 정의한다. Mayr의 이론과 20세기에 이루어진 진핵생물에 대한 다양한 종개념에서는 상호교배 가능성이 핵심이다. 이 종개념은 특정 종의 구성원들 사이의 유사성(이들은 상호교배 가능하므로)과 서로 다른 종의 구성원들 사이의 뚜렷한 차이점(이들은 상호교배 불가능하므로)을 잘 설명해 준다.

15.1 *종에 대한 여러 정의들*

이처럼 생식(breeding)하는 단위에 기초를 둔 종의 정의는 대부분의 동물 종에서는 잘 적용되지만 식물이나 원생생물의 종에서는 예외도 있다. 그러나 원핵생물에는 이러한 종개념이 전혀 적절하지 않다. 왜냐하면 원핵생물은 무성생식을 하기 때문에 원핵생물에는 상호교배가 가능한 생식 단위가 없기 때문이다. 원핵생물은 다양한 기작으로 유전자를 상호교환하며 또 유전자 교환은 상호 연관된 그룹 내에서만 제한적으로 가능하지만, 미생물의 생식은 이러한 유전자 교환과는 관련이 없다(제 10장 참조). 미생물은 유전자 교환에 기반을 둔 생식 과정에 의존하지 않기 때문에, 돌연변이(mutation)를 통해 각각의 개체가 서로 조금씩 다르게 되며, 결과적으로 연속성이 있는 수많은 개체들로 진화를 하였을 것이라 예상할 수 있다.

그러나 실험적 연구결과는 원핵생물 내에 서로 유사한 개체들의 무리(cluster)가 실재함을 보여 주고 있다. 미생물학자들은 이 무리(cluster)를 종(species)이라 부르며 이를 린네의 이명법에 따라 명명한다. 예를 들어 *Escherichia coli* 나 *Pseudomonas aeruginosa*와 같은 종 이름은 원핵생물의 무리를 설명하는 유용한 수단이 된다. 미생물의 종 이름은 각 분리주(strains, 분리된 각 개체 또는 유전적 변이주) 그룹이 어떤 특징을 가지는 지를 빠르게 예측할 수 있도록 도와준다. 그러나 우리는 여기에서 왜 원핵생물에 종으로 간주되는 집단이 있는지 의문을 가지게 된다. Mayr는 이러한 의문을 모든 생물체로 확장하여 "왜 자연계 전체의 유전자 변이가 종이라 불리는 독특한 집단으로 조직되는가?" 로 재질문하였다. Mayr는 종은 "독특한 생태환경에 특별히 적응된 유전자 복합체" 를 공통으로 소유한다고 제안하였다.

미생물을 동정(identification)하기 위한 목적으로 원핵생물의 종을 어떻게 정의할 수 있을까? 가장 초기의 접근법은 각 분류군에 속하는 미생물이 공유하는 몇몇 핵심적인 *분별(defining)*적 특징(예를 들어, 산과 가스를 형성하는 젖산 발효는 *E. coli*를 분별하는 특징 중의 하나임)을 확인하는 것이었다. 그러나 일부 특정 표현형에 의존하는 것은, 이들 특징이 돌연변이에 의하여 쉽게 변하므로 매우 위험한 방법이 될 수 있다. 종의 구성은 한 번의 돌연변이 사건에 의해 결정되어서는 안 되기 때문이다.

이후의 시기에는 **수리분류(numerical taxonomy)**라 부르는 상반된 방법을 선호하였다. 이 방법은 여러 균주들 사이의 **유사도 지수(similarity index)**를 결정하는 과정을 포함하며, 유사도 지수는 포자형성의 유무와 같은 다수의 표현형의 발현 여부(+와 -로 표시)에 따라 계산된다. 일반적으로 70% 이상의 유사도 지수를 나타내는 균주들은 같은 종으로 간주된다.

현재 널리 인정되고 있는 원핵생물에 대한 종의 정의는 각 균주들 사이의 DNA 유사도에 기초하고 있는데, 이 경우에도 서로 다른 종 사이에는 명백히 다른 표현형적 특징이 존재해야 한다. 미생물 분류학자들이 채택하는 원핵생물 종 결정의 경계선은 DNA-DNA 유사도 (혼성 DNA를 형성하는 정도에 따라 결정되는)가 70% 이상이거나 DNA 용해점[ΔT_m]이 5℃ 이내인 조건이다. 비록 이 기준은 매우 인위적인 것이지만 이 정의는 실용적이며 아주 유용하다.

15.2 *유전체에 기초한 종의 정의에 대한 고찰*

최근에는 자연환경으로부터 DNA를 추출한 후 염기서열 분석을 통해 배양이 되지 않은 미생물 개체군을 연구하는 연구방법론이 도입되면서 미생물 종에 대한 정의는 더욱 복잡해지고 있다. 자연환경 시료에서는 아주 적은 양의 유전체가 추출되므로 DNA-DNA 혼성화 반응이 불가능하다. 이러한 어려움을 반영하여, 일부 학자들은 종이라는 용어 대신에 **계통형(phylotype)** 또는 **유전체 종(genomic species)**이라는 용어를 사용하기도 하는데 일반적으로 계통형이나 유전체 종은 구성원들 유전자들 사이에 94% 이상의 유사도를 보이는 무리로 정의된다.

원핵생물 다양성의 크기

원핵생물을 연구할 수 있는 효율적인 방법은 많지만, 전체 원핵생물 다양성의 크기는 잘 알려져 있지 않다. 원핵생물은 모든 장소에 존재하지만 대부분의 원핵생물에 대해 우리는 잘 알지 못한다. 단지 5,000여 종의 원핵생물만 기술되어 있을 뿐이다(50만 종의 곤충이 기술되어 있는 것과는 매우 대조적이다). 최소한 5,000여 종 보다 몇 배 이상의 원핵생물 종이 자연계에 존재하여야 한다. 일부 미생물학자는 원핵생물 종의 수를 1,000만 이상으로 추정하는 것이 더 정확하다고 주장한다. 원핵생물의 양이 너무나 많기에 원핵생물의 잠재적인 다양성이 무궁무진함은 주지의 사실이다. 원핵생물은 심지어 다른 생명체들이 그 생명을 지탱하기에는 너무나 척박한 지구의 다양한 환경에서 살아야 하므로 다양한 선택압(selective pressure)에 노출되어 있다. 지구 전체의 원핵생물에 존재하는 총 탄소량은 지구 전체의 식물이 가지는 총 탄소량과 거의 비슷하며(물론 식물 하나의 개체가 지니는 탄소량은 미생물 하나의 개체가 가지는 탄소량보다 훨씬 많다), 원핵생물의 인(phosphorous)의 총량 또한 식물의 인 총량보다 약 10배 이상 많다. 지구에 존재하는 원핵생물의 총 수는 상상을 초월할 정도로 많은 4-6 × 10^{30} 개나 되며 이들의 무게는 무려 5만조(兆) 톤이나 된다. 이처럼 거대한 원핵생물은 빠른 증식속도와 도처에 존재하는 특징으로 인해 거대한 유전자 변이의 저장고로서 기능한다. 이처럼 많은 수의 미생물은 엄청나게 다양한 원핵생물 종이 자연계에 실재함을 입증해 준다.

그렇다면 왜 전체 원핵생물 중 극히 일부만이 알려져 있고 연구되었을까? 여기에는 여러 가지 이유가 있다. 기술적인 측면에서는 동물계의 "과(family)" 내의 유전적 변이보다도 더 큰 유전적 변이를 가진 미생물 개체들이 단일한 종으로 묶인다는 것을 들 수 있다. 원핵생물에서 우리가 종이라고 규정하는 단위 내의 다양성을 진핵생물과 비교하면, 원핵생물 종 내 다양성은 진핵생물 내의 여러 종, 속, 과를 포함하는 다양성에 버금간다. 원핵생물 종의 정의에 따르면 심지어 인간과 곤충은 같은 종에 속한다! 하지만 이것보다 더 중요한 이유가 있다. 원핵생물의 경우 단지 현미경을 통해 관찰하는 것만으로는 종을 확인하기가 어렵다. 전통적으로 원핵생물의 명명(순수배양이 안 된 종은 "후보종(*Candidatus*)"이란 단어를 앞에 붙여 임시적으로 사용한다)을 위해 반드시 필요한 순수 배양이 대부분의 미생물에서 매우 어렵다. 현미경으로 관찰되어 분명 살아 있다고 판단되는 원핵생물 중 오직 1% 남짓만이 현재까지 여러 자연환경 시료에서 배양될 수 있었다. 난배양성 미생물의 배양에 대한 연구 영역은 최근에 아주 활발히 연구되는 분야로서 진전된 연구결과가 많이 보고되고 있다. 이전까지 비배양성으로 보고된 다양한 세균 및 고세균이 한천 평판배지에서 콜로니를 형성하거나 액체배지에서 성공적으로 배양되었다. 이러한 성공적 배양의 배경에는 인내심-최소 몇 주나 몇 달 후에 생장이 관찰되므로-과 영양조건에 대한 면밀한 고찰이 있다. 예를 들어 많은 해양미생물은 부영양배지에서 생장하지 않는 대신, 해수성분과 유사한 "빈영양성 액체배지(thin soup)" 에서 생장한다.

15.3 기존에 배양되지 않은 미생물의 배양 전략

분자 탐침(molecular probe)을 이용한 연구는 위와 유사한 결론을 제공한다. 예를 들어 대양에서 얻은 많은 양의 해양미생물로부터 추출된 RNA의 정보를 담고 있는 유전자(rDNA)를 이용한 탐침 연구는 많은 양의 고세균이 대양에 존재함을 알려 주지만, 아직도 이 고세균은 배양되어 있지 않다. 흥미로운 사실은 인간, 동물, 식물에 감염하는 병원미생물은 대부분 쉽게 배양할 수 있다는 점이다(물론 예외도 있으며 대표적인 예가 *Mycobacterium leprae*의 경우이다). 병원미생물이 쉽게 배양될 수 있는 하나의 이유는 대다수의 병원미생물은 순수배양 상태로 자랄 수 있는 능력을 가지고 있다는 점이며, 실제로 이들이 숙주에 감염할 때는 거의 순수 배양체 상태이다.

자연계에 풍부하게 존재하는 원핵생물을 배양하기가 어렵다는 사실에 대해 선뜻 수긍하기 어려울 수도 있다. 원핵생물을 배양하기 위해서는 원핵생물이 생장할 수 있는 물리화

표 15.1 원핵생물에 의해서만 수행되는 대사 기능

이름	전환 기능
질소고정	N_2를 암모니아로 전환
탈질화과정	질산염을 N_2로 전환
아나목스	암모니아와 아질산염을 N_2로 혐기적 전환
질산화과정	암모니아를 아질산염으로, 그리고 아질산염을 질산염으로 전환
TMAO 환원	trimethyl amine N-oxide(TMAO)를 trimethyl amine으로 환원
황산염 환원	황산염을 황화물(sulfide)로 환원
비산염 환원	비산염(arsenate)을 아비산염(arsenite)으로 환원

학적 환경을 실험실에서 재현만 해주면 되기 때문이다. 그러나 이는 여러 이유로 인해 쉽지 않다. 예를 들어 자연 환경에는 상호의존적인 영양소 **콘소시엄(consortia**, 상호의존적인 개체들의 집합체)을 지니는 원핵생물이 많다. 이 콘소시엄에서 한 미생물은 바로 옆의 파트너 미생물이 생산하는 아주 적은 농도의 최종산물을 계속 이용하며 자란다. 반대로 최종산물 생산자는 파트너 미생물이 이 최종산물을 계속 이용할 수 있는 능력에 의존하며 생장한다. 이러한 기작은 에탄올과 CO_2를 메탄으로 전환하는, 오랜 기간 동안 단일 종으로 여겨왔던 "*Methanobacillus omelianskii*" 에서 찾아볼 수 있다. 실제로는 "*M. omelianskii*" 는 두 종이 섞여 있는 원핵생물의 컨소시엄이라는 사실이 밝혀졌으며 두 종 중 어떠한 종도 에탄올과 CO_2를 이용하여 홀로 생장하지 못한다. 이 콘소시엄 중 한 종은 에탄올을 이용하여 H_2를 생산하는데, 이 생화학반응은 수소의 농도가 매우 낮은 상태에서만 미생물의 생장과 더불어 일어날 수 있다. 수소의 농도는 파트너 종인 또 다른 종이 수소가 생산되자마자 이를 이용함으로써 감소한다. 바로 이 두 번째 종이 첫 번째 종에 의해 생산된 H_2를 재빨리 이용하여 CO_2를 산화시켜 메탄을 생산하는 것이다.

또 다른 예인 콘소시엄에서는, 이 컨소시엄의 생장을 지탱할 수 있는 적정한 O_2의 농도와 적정농도의 대사물질-예를 들어 산소가 존재하는 조건에서 H_2S의 안정적인 공급-이 필요하다. 일례로서 *Beggiatoa*는 바로 위와 같이 양립하기 힘든 가스를 대사함으로써 대사에너지를 확보한다. 자연계에서 이 미생물 컨소시엄은 두 가스가 만나는 경계지점에서 서식하는데 이 장소는 미생물이 생산한 H_2S가 한쪽 방향(표층)으로, O_2는 반대방향(저층)으로 확산되는 서식처이다. 이러한 조건은 실험실에서도 조성될 수 있지만 쉽지 않다. 물론 특정한 종류의 콘소시엄을 여전히 이해할 수 없는 여러 이유도 존재한다. 배양하기 까다로운 원핵생물을 성공적으로 배양한 미생물학자들은 성공적인 배양의 이유를 극소량의 영양물질을 제공하는 연구방법과 많은 미생물들은 매우 천천히 자란다는 사실을 고려한 덕택이라고 말한다. 이 미생물학자들은 해부현미경 하에서 미세한 콜로니가 보일 때까지 몇 주 또는 몇 달을 기다릴 준비가 되어 있다. 이러한 접근법으로 인하여 특정 생태계 내의 미생물의 배양도가 1%에서 7%까지 증진되었다. 자연계에 무수히 많이 존재하는 다양한 미생물을 배양하는 것은 미생물학자들에게 여전히 중요한 목표이자 도전과제이다.

대사 다양성-특히 에너지 공급반응(fueling reaction)-은 원핵생물이 가지는 우수한 특징이다. 이러한 대사 작용의 선구자들(원핵생물)은 지구에 존재하는 모든 생명체들의 영속적인 존재를 위해 필요한 매우 다양하고 독특한 화학적 전환 기작(표 15.1)을 수행할 수 있다. 예를 들어, 인류가 20세기에 질소 고정을 산업적으로 수행할 수 있는 방법을 알아내기 전까지는 원핵생물만이 유일하게 대기 중의 질소를 암모니아로 전환할 수 있었고, 이렇게 고정된 질소는 직접 혹은 간접적으로 모든 생명체의 대사 작용에 이용되었다. 또한 오직 원핵생물만이 위의 역작용, 즉 **탈질화 과정**(denitrification)과 **혐기성 암모니아 산화(아나목스, Anammox)**를 수행할 수 있으며, 이 과정을 통해 고정된 질소화합물이 다시 질소 가스로 전환된다(제18장 참조). 이 전환 작용은 지속가능한 지구 생명체 유지를 위해 필수적인데, 그 이유는 만약 이 과정이 없다면 고정된 질소가 대양에 계속 쌓이기 때문이다. 18장에서 자세히 살펴보겠지만, 높은 용해도를 가진 질소함유 염은 강으로 유입되고 다시 바다로 흘러가 대양에 축적된다. 대양에 축적된 질소화합물은 반드시 대기로 방출되어야만 생명유지에 필수원소인 질소를 다시 육지에 재공급할 수 있다. 원핵생물만이 지닌 이러한 특별한

15.4 *아나목스의 발견*

기작의 자세한 생화학적 측면은 6장에서 이미 검토하였으며 환경 및 생태학적 측면은 18장에서 다시 다룰 것이다.

이제 원핵생물의 다양성을 접근하는 두 번째 과정, 즉 종을 그룹지어 연관된 그룹들의 계층적 구조를 형성하는 주제를 살펴보도록 하자.

원핵생물의 상위 분류군

DNA와 단백질의 서열 정보가 대량으로 알려지기 시작한 1970년대까지도 원핵생물을 계통학에 기반을 둔 속 이상의 상위 분류군으로 그룹 짓는 이론적인 근거가 없었다. *Bergey 지침서 (Bergeys' Manual of Systematic Bacteriology)*-국제적으로 권위를 인정받는 원핵생물 동정 및 분류 지침서- 초판에서는 원핵생물의 종에 대한 계통학적 관계를 완전히 무시하면서 미생물 분류에 대한 어려움을 솔직하게 인정하였다. 대신 Bergey 지침서는 당시에 알려져 있는 모든 원핵생물을 표현형의 특징만으로 4개의 "대분류군(division)" 과 31개의 "섹션(section, 분류학적인 의미가 없는)" 으로 구분하였다. 각 섹션에서는 계통학적으로 유사한 종을 포함하기 보다는 표현형질이 유사한 종을 다루었다.

오늘 날에는 거대 분자의 서열에 포함되어 있는 엄청난 양의 정보를 이용하여 원핵생물을 계통학적으로 분류할 수 있다. 16S rRNA의 유전정보를 담고 있는 DNA의 염기서열은 이러한 목적으로 가장 널리 사용된다. 이 유전자의 염기서열은 모든 독립생활 생물체에서 찾아볼 수 있으며, 또한 서열이 잘 보존된 보존 부위를 포함하고 있어서 멀리 떨어진 원핵생물 그룹들 사이에서 계통학적 비교를 할 수 있는 장점을 가지고 있다. 가장 최신의 Bergey 지침서(제 2판, 2001년도에 발간)는 이러한 분자계통학적 정보를 사용하여 원핵생물의 종을 다음과 같이 린네의 계층구조를 따라 분류 한다; 종(species), 속(genus), 과(family), 목(order), 강(class), 문(phylum), 그리고 가장 큰 분류단위인 Bacteria와 Archaea를 일컫는 도메인(domain, 계). 이제 이들 도메인과 이들에 속하는 그룹을 살펴보자.

고세균(ARCHAEA, 아케아)

지금은 고세균(Archaea)이라고 불리는 원핵생물의 거대한 그룹이 다른 원핵생물(세균, Bacteria)과 근본적으로 매우 다르다는 사실은 1970년대에 일리노이즈 대학의 Carl Woese 박사가 여러 원핵생물의 16S rRNA 염기서열을 분석하면서 알려졌다. 일부 미생물의 16S rRNA 염기서열은 다른 미생물과 크게 달라서 Woese와 그 동료들은 이들이 원핵생물의 특별한 그룹을 구성한다고 결론지었고 이들이 원시생물의 기원과 관련되어 있다고 생각하여 **고대세균(Archaebacteria)**이라 명명하였다. 대다수의 생물학자들은 이제 이들 고대세균이 진핵생물보다 세균과 더 관련성이 있다는 사실을 믿지 않으며, 따라서 이 사실을 반영하기 위하여 이제는 이들 고대세균을 **고세균(Archaea)**라 부른다. 세균(Bacteria), **진핵생물(Eukarya)**과 더불어 고세균은 생물계의 세 번째 도메인을 구성하고 있다. 일부의 생물학자들은 이러한 생물계의 세 도메인이론(3계 이론)을 반박하기도 한다. 이들 학자들이 반박하는 이유로 각 도메인의 크기가 너무나 다르며, **기호서열(signature sequences)**-같은 그룹의 생물에는 존재하지만 다른 그룹의 생물에게는 존재하지 않는 특정 염기서열-이 일관성 있게 항상 일치하는 않는 점을 들 수 있나. 그러나 현재 이 3계 이론은 강한 증거에 의해 지지받고 있다.

15.5 *생물의 세계를 삼분하는 것에 대한 논쟁*

15.6 고세균의 형태

생물체를 3개의 도메인으로 분류함으로써 두 개의 도메인(세균과 고세균)이 공통적으로 지니는 세포 모양의 단순한 기술을 위한 용어인 원핵생물의 의미가 퇴색된다. 원핵생물(원시의 핵, 핵 이전의)이라는 용어의 의미가 내포하듯이, 이들 세포는(Planctomycetes는 예외임, 3장 참조) 진핵생물에서 관찰되는 이중 막으로 둘러싸인 핵(nucleus)이 없다. 대신에 원핵생물의 DNA는 **핵양체(nucleoid**, 3장 참조)라 일컫는 뚜렷하게 구분이 되지 않은 구조물에 존재한다. 물론 원핵생물은 여러 가지 특징들 또한 공유한다. 대부분 원핵생물은 진핵생물 세포 크기의 1/10 수준이다(진핵생물이 대개 10 μm 이상인 데 비하여 원핵생물은 수 μm수준). 또한 진핵생물은 80S 리보솜을 가지지만 원핵생물은 70S 리보솜을 지닌다. 원핵생물에는 진핵생물에서 관찰되는 막 구조로 이루어진 세포 소기관(예, 골지체, 미토콘드리아)이 없다. 원핵세포에서 발견되는 특징은 리보솜의 존재를 제외하고는 대부분 "음성(negative)" 이라는 점이다(즉, 원핵생물은 진핵생물과 비교하여 볼 때 대부분 가지고 있지 않다). 그러므로 원핵생물과 진핵생물의 연관성은 그리 크지 않다고 볼 수 있다. 그러나 여전히 원핵생물이란 용어는 크기가 작은 세포의 유사한 생리적인 특징을 공통적으로 나타내 줄 수 있다는 측면에서 유용하다.

15.7 극한환경에서의 생명

여러 측면에서 고세균은 다른 생명체들과 놀랄 만큼 다르다. 고세균의 여러 특징 중 가장 독특한 것은 고세균은 극한 환경에서 잘 서식할 수 있다는 점이다. 어떤 고세균은 물의 끓는점보다 더 높은 온도에서도 잘 생장한다. *Pyrolobus fumarii*는 놀랍게도 113℃에서 최적으로 자라며 더 놀랍게는 멸균온도인 121℃에서도 생장한다. 어떤 고세균은 고농도의 염분과 매우 높은 산성에서도 견디어 이 분야의 생물계 최고기록을 가지고 있다. 이러한 극한 환경은 아마도 원시지구에서 흔하게 볼 수 있는 환경이었을 것이므로, 극한환경에서 견딜 수 있는 고세균의 능력은 모든 생물체의 조상이 고세균의 구성원이었을 것이라 추정하게 해주는 근거가 된다. 일부 세균도 극한 환경에서 서식할 수 있고 또 일부 고세균도 지극히 평범한 환경에서 서식할 수 있지만, 극한 환경에서 서식하는 것은 고세균이 가지는 일반적인 특징이라 볼 수 있다.

생화학적 측면에서 고세균은 오히려 진핵생물과 유사하다. 고세균의 DNA 중합효소(polymerase)와 RNA 중합효소 구조는 진핵생물과 유사하다. 새롭게 합성되는 고세균의 펩티드(peptide)는 진핵생물과 유사하여 *N*-formylmethionine으로 시작하지 않고 메티오닌으로 시작한다(세균에서는 N-formylmethionine이 단백질의 첫 번째 아미노산이다). 세균과 구별되는 고세균의 또 다른 생화학적 특징은 항세균성 항생제(antibacterial antibiotics)에 내성을 가진다는 점이다. 세균 및 진핵생물과는 완전히 다른, 고세균만이 가지는 독특한 생화학적 특징도 있다. 대표적인 것으로서 고세균의 세포막은 글리세롤 에테르(glycerol ethers)로 이루어져 있는데, 이는 일반적으로 다른 생물체들의 세포막에서 보이는 글리세롤 디에스터(glycerol diesters)로 이루어진 인지질(phopholipid)과 명확하게 구별된다(그림 2.12 참조). 글리세롤에 에스터(ester) 결합으로 연결된 지방산으로 이루어진 다른 생명체들의 세포막과는 달리, 고세균에서는 글리세롤에 에테르(ether) 결합으로 연결된 이소프렌(isoprenoid)이 세포막을 형성한다. 일부 고세균의 세포막은 마치 인지질 이중막이 구성된 것처럼 글리세롤 디에테르(diethers)로 이루어진 이중 막을 가지는 데, 소수성(고세균의 경우 이소프렌 부위) 영역은 세포막의 중심부와 상호작용하며, 친수성 영역은 세포 외부의 수용액과 상호작용한다. 고세균 세포막의 또 다른 형태는 디글리세롤 테트라에테르(diglycerol tetraethers)로 이루어져 있으며 이는 이중막이 아니라 단일막이다. 각 테트라에테르는 다른 고세균의 디에테르 쌍, 또는 세균 및 진핵생물의 인지질과 동일한 역할을 수행한다(그림 2.12 참조). 이러한 독특한 생화학적 특징은 고세균이 서식하는 극한환경에 적응하기 위한 적응방식의 하나인 것처럼 보인다. 마지막으로 메탄을 생성하는 일부 고세균은 자연계의 어디에서도 찾아 볼 수 없는 독특한 조효소를 가지고 있다. 이것은 이후에 자세히 다루도록 하겠다.

고세균의 또 다른 생화학적 특징으로 인해 고세균은 세균(Bacteria)과 확실하게 구별된다. 거의 모든 세균의 세포벽은 **뮤린(murein)**이라 부르는 펩티도글리칸(peptidoglycan)으로 구성되어 있다. 반면 고세균 세포벽에는 뮤린이 없다. 몇몇 고세균은 **슈도뮤린(pseudomurein)**이라 불리는 다른 형태의 펩티도글리칸 세포벽을 가진다. 이 슈도뮤린에는 세균에서 발견되는 N-acetylmuramic acid와 D형 아미노산이 없다. 고세균은 RNA 중합효소의 조성에서도 세균과 확실하게 구분된다. 모든 세균에서 관찰되는 RNA 중합효소는 αββ′σ의 폴리펩티드 구성을 보이지만 고세균 중합효소의 구성은 다르다. 고세균의 RNA 중합효소의 펩티드 구조는 오히려 진핵생물 RNA 중합효소의 구조와 유사하다.

또 하나 고세균의 흥미로운 특징은 식물이나 동물에 감염하는 병원체가 없다는 점(동물과 편리공생하는 고세균은 존재한다)을 들 수 있는데, 고세균 병원체가 없는 이유는 명확하지 않고 단지 추정만이 가능하다. 고세균의 주요 그룹은 감염 대상인 진핵생물이 출현하기 이전에 진화하여 생활형(lifestyle)을 완성하였을 것이며, 혹은 후생동물(metazoans)이 없는 환경에서 진화하였을 것이라 추정된다.

Bergey 지침서 최신판에는 고세균이 두 개의 문(phyla), 즉 크렌아케아 문(Crenarchaeota)과 유리아케아 문(Euryarchaeota)으로 이루어져 있다고 쓰여 있다. 세 번째 그룹인 **고르아케아 문(Korarchaeota)**는 아직 배양이 되고 있지 않으며, 초고온성(hypertheromophilic) 환경에서 유래된 고세균의 염기서열로만 구성되어 있다. Korarchaeota의 특징과 다른 고세균와의 관계는 유전체 분석의 결과로부터 추정될 수 있다.

크렌아케아 문(Crenarchaeota)

때로는 **호고온산성균(thermoacidophiles)**이라 불려왔던 Crenarchaeota는 초고온균(extreme thermophiles, 70-113℃에서 생장한다)과 호산성균(acidophile, 최적 pH가 2.0 아래임)을 포함한다. 대부분의 Crenarchaeota는 산성도가 강한 온천에 서식한다. 바로 이 그룹에 *Pylobus fumarii*가 속한다. 많은 수의 Crenarchaeota는 원소상 황(elemental sulfur)을 에너지 공급반응의 일부분으로 사용하여 대사한다. 어떤 Crenarchaeota는 황을 산화하는 호기성 화학무기영양체이며 또 다른 종류는 H_2를 산화하는 동시에 황을 H_2S로 환원하는 화학무기영양체이다.

놀랍게도 아주 많은 수의 Crenarchaeota는 분자생물학적인 방법으로는 대양에서 검출되었지만 아직도 배양되지 못하고 있다. 이들은 해양환경에 대량으로 존재하므로 해양환경에서 중요한 역할을 수행할 것이라 예상되지만 이 역할에 대해서는 아직 구체적으로 알려진 바가 없다. 이들의 대사 작용은 지금까지 알려진 Crenarchaeota와는 분명이 다를 것이다. 왜냐하면 이들은 초고온성도 아니며 호산성균도 아니기 때문이다. 또한 대양에서는 황이 아주 미량으로 존재하기 때문에 이들 해양 Crenarchaeota가 황을 대사하지는 않을 것으로 예상된다.

유리아케아 문(Euryarchaeota)

고세균 도메인 중 크렌아케아 문보다 더 큰 그룹인 유리아케아 문(Euryarchaeota)에는 메탄을 생산하는 메탄생산균(methanogen), 높은 농도의 염분에서 생장하는 **극호염균(extreme halophiles)**, 세포벽이 없는 고세균 종 등 다양한 생리적 그룹이 있다.

메탄생산균(Methanogens)

메탄생산균은 최종산물로 메탄을 생산하는 것이 유일한 에너지 공급반응이며, 그러므로 대사적으로는 매우 특이적이지만 생태적으로는 매우 다양하다. 메탄생산균은 저온성 환경부터 초고온 환경에 이르기까지 탄소원이 풍부한 혐기성 환경에 존재한다.

고요한 연못에서 솟아나는 거품은 유기물질이 풍부한 혐기성 퇴적토에 서식하는 메탄생산균이 만들어 내는 메탄을 함유하며, 이러한 사실은 이 가스를 채취하여 불을 붙이면 푸른 불꽃을 내며 타는 현상으로부터 쉽게 증명된다. 소를 비롯한 많은 반추동물이 트림을 하며 내뿜는 기체도 반추위(rumen)에 존재하는 메탄생산균이 만들어 내는 메탄을 포함하고 있다. 반추동물은 지구의 대기에 존재하는 메탄량의 10-20%에 달하는 엄청난 양의 메탄을 생산한다. 우리 인류의 약 1/3가량도 우리 몸 안에 군체를 형성하고 있는 메탄생산균에 의하여 장내가스로서 메탄을 생산한다. 메탄을 생산하는 인간은 그 생명을 유지하기 위하여 메탄을 생산해 낸다. 나머지 인류는 메탄생산을 위한 기질로 사용되는 수소를 생산한다. 비록 이들 메탄생산균이 발암성이 있다고 오래 전부터 지목되어 왔지만, 메탄생산균이 숙주인 인간에게 해가 된다는 직접적인 증거는 아직 발견되지 않는다.

저자노트 메탄 생성을 시험하고자 하면 연못 바닥을 막대기로 휘저어라. 이때 방출된 기체를 꽉 조여진 고무관이 삽입된 물이 채워져 있는 깔때기에 모아라. 고무관을 열고 방출되는 기체에 불을 붙여라.

쓰레기 매립장(landfill)이나 혐기성 소화조와 같은 여러 다른 환경에서도 메탄생산균은 많은 양의 메탄을 생산한다. 석유산업에서 천연가스라 부르는 메탄은 물론 소중한 연료 자원이미 분명하지만, 매우 강력한 **온실 가스(greenhouse gas)**이므로 지구 온난화를 야기하는 생태적 위험물질이기도 하다. 전 지구적으로 메탄생산량이 1년에 약 1% 정도로 계속적으로 증가하는 사실로부터 이러한 생태적인 측면이 더욱 강조된다.

메탄생산은 혐기성 호흡(anaeribic respiration, 제 6장 참조)의 하나의 형태로 이해될 수 있다. 많은 메탄생산균에 의해 수행되는 가장 간단한 대사작용에서는 H_2가 전자 공여체이며 CO_2가 **최종 전자 수용체(terminal electron acceptor)**이다. 이 때 4분자의 H_2로부터 8개의 전자가 한 분자의 CO_2로 전달되면서, 한 분자의 메탄이 형성되며, 이와 동시에 ATP를 생산하거나 에너지를 이용하는 여러 가지 세포작용에 이용되는 막간양성자동력(transmembrane proton gradient)이 만들어 진다.

메탄생산균의 여러 종(species)에는 일반적인 관점에서 다음과 같은 세 개의 변이가 존재한다.

1. 유기물질(개미산 또는 에탄올, 2-프로판올, 2-부탄올, c-펜탄올과 같은 여러 알코올)이 H_2를 대신하여 전자 공여체로 작용하는 메탄생산균
2. 메틸기를 포함하는 물질(예를 들어 메탄올, trimethylamine, dimethyl sulfide)이 CO_2를 대신하여 전자 수용체로 작용하는 메탄생산균
3. 아세트산(acetate)이 전자 공여체와 수용체로 동시에 작용하는 메탄생산균. 이 때 아세트산 분자는 쪼개져 메틸 그룹과 카르복실 그룹으로 나눠진다. 전자 공여체로 작

용하는 메틸 그룹은 CO_2로 산화되며, 전자 수용체로 작용하는 카르복실 그룹은 메탄으로 환원된다.

메탄생산균에 필요한 다양한 기질들(CO_2, H_2, 개미산, 아세트산, 짧은 체인 알코올)은 혐기성 환경에 존재하는 발효 세균의 산물인 고분자 유기물질로부터 많은 양이 형성된다. 메탄생산균은 이러한 발효산물을 기체인 메탄으로 전환시켜 혐기성 환경으로부터 유기물질을 유출하는 순환고리의 핵심적인 역할을 한다. 메탄이 호기성 환경으로 방출되면 이 중 일부는 **메틸영양체**(methylotrophs, methane-oxidizing bacteria, 메틸(탄)산화세균)에 의해 CO_2로 산화된다. 그러나 앞에서 언급한 것처럼 메탄생산균에 의해 만들어진 메탄의 대부분은 대기 중으로 방출되어 온실가스로서 기능한다.

메탄생산균은 자연계의 그 어디에서도 존재하지 않은 특정한 조효소(cofactors)를 생산한다는 측면에서 생화학적으로 독특하다. 이산화탄소의 순차적인 환원은 이러한 조효소와 결합되어 일어난다.

극호염균(extreme halophiles)

극호염 고세균(haloarchaea)는 또 다른 놀라운 그룹이다. 이들은 염으로 거의 포화상태인 바닷물(4 M)에 매우 풍부하게 존재하며 이들 환경에 의존한다. 주위환경이 1 M의 염도 (여전이 높은 농도이다)로 변하면, 단백질 세포벽이 얇아져서 결국 이들의 세포는 용혈된다. Haloarchaea는 염전에서 매우 풍부하게 존재하며, 이들이 생산하는 카로티노이드 색소로 인해 염전은 밝은 적색을 띠게 된다. 샌프란시스코 만을 항해하는 비행기에서 내려다 보면, 염전은 마치 밝은 적색의 체크판처럼 보인다(그림 15.2). 인류는 성서시대부터 염전에서 붉은 색이 나타나면 마그네슘과 황산염이 풍부한 **간수(bitterns)**를 빼내는 시점으로 여겨 보다 맛이 좋은 소금을 생산하는 지표로서 이용하여 왔다.

그림 15.2 샌프란시스코 만에 있는 염전지대의 항공 사진. 소금 농도가 높아지면, 호염성 고세균이 증식하여, 염전이 붉은색으로 변한다.

어떻게 극호염 고세균이 고농도의 염분에도 견딜 수 있는지 의문이 들 것이다. 세포 내에서 염분을 방출하는 중호염성 세균(moderately halophilic bacteria)과는 달리, 극호염 고세균은 거의 포화상태인 염수에서 자랄 때 세포 내에 5 M까지의 KCl을 축적함으로써 원형질 분리를 피한다. 당연히 이들 고세균의 단백질은 대부분 생물체의 단백질이 변성되는 높은 농도의 염분에서도 변성되지 않는다.

극호염 고세균은 절대 호기성균이므로, 고염 환경에서 낮은 용해도를 보이는 산소에 전적으로 의존할 수밖에 없다. 연구가 잘 되어 있는 *Halobacterium halobium*과 같은 일부 극호염 고세균은 호기성 호흡을 대체하는 비상수단을 보유하고 있다. 이 비상수단은 산소가 부족할 때 산소가 풍부한 표층으로 세포를 이동시키는 주기성(aerotaxis)에 필요한 충분한 양의 ATP를 공급하기 위한 원시적 광합성 시스템이라 볼 수 있다. 세포 주위의 저산소량은 세포에게 신호를 주어 **자색세포막(purple membrane)**이라 불리는 세포막 특정 부위의 합성을 유도한다. 세포막의 이 특정 부위는 광유도 양성자 펌프(light-driven proton pump)의 기능을 하고 있으며, 이 양성자 펌프는 양성자를 세포막 바깥으로 이동시켜 막간 양성자 동력을 발생시켜 ATP를 생산하거나 수송 작용에 필요한 에너지로 공급한다. 결정질 격자(crystalline lattice) 형태로 존재하며 박테리오로돕신(bacteriorhodopsin)이라 부르는 단일 단백질로만 구성된 이 광유도 양성자 펌프는 매우 단순한 광합성 시스템이다. 막간 단백질인 박테리오로돕신은 색소포인 **레티날(retinal)**과 여기에 공유결합한 단백질 부분(moiety)인 **박테리오옵신(bacterioopsin)**으로 구성된다. 동물의 망막에서 발견되는 **로돕신(rhodopsin)** 역시 레티날과 결합되어 있으며 이 로돕신은 일련의 기작에 의해 동물이 앞을 볼 수 있도록 만들어 주는 광 수용체이다.

자색 세포막에서, 빛 에너지는 세포막의 안쪽에 있는 레티날에서 양성자를 떼어 내어 박테리오도롭신으로 전달해 주며 다시 세포 바깥으로 방출한다. 각 사이클마다 한 개의 양성자가 방출되며, 이러한 일련의 기작이 ATP를 형성할 수 있는 양성자 구배 동력을 만든다.

세균(BACTERIA)

세균 도메인은 두 개의 원핵생물 도메인 중에서 더 크고 더 복잡한 도메인이다. 그러나 아마도 우리가 인지하고 있는 이 차이는 실제의 차이보다 훨씬 클 수 있을 것이다. 왜냐하면 고세균 도메인에서 새로운 종과 그룹이 계속 발견되고 있기 때문이다. 현재 고세균 도메인에는 단지 세 개의 주요 계통학적 가지가 있는 것처럼 보이지만, 세균 도메인에는 23개의 주요 계통 가지(문 B1부터 B23, 표 15.2)가 존재한다. 가장 작은 문인 Dictyoglomi에는 오직 하나의 종만 존재한다. 가장 큰 문인 **프로테오박테리아(Proteobacteria**, alpha부터 epsilon에 이르는 다섯 개의 강으로 구성)는 1,300 여종을 포함하는 거대한 문이다(일반적인 원핵생물의 분류학에 기초함). 매우 많은 세균수에도 불구하고, 어느 세균이 어느 문에 속하는지를 아는 것은 그 세균에 대한 많은 사실을 알려 준다. 세균을 특정 문으로 지정하는 것은 출판논문이나 대화에서 미생물학자들이 낯선 세균에 대해 소통하고자 할 때 널리 인정되는 가장 간단한 전달방법이다: "이 미생물은 이 문, 혹은 저 문에 속한다." 하지만 프로테오박테리아 문은 너무나 커서 예외적으로 분류하며, 예를 들어 Alphaproteobacteria, Betaproteobacteria 처럼 "강(class)" 으로 기술한다.

23개의 문에 속하는 일부 그룹에 대해서는 이 책의 여러 부분에서 소개되고 있지만(표

15.2), 우리는 여기에서 23개의 모든 문에 대해 살펴보지는 않을 것이다. 대신 우리는 여기에서 언급하지 않으면 간과될 수도 있는 아주 독특한 특징을 지닌 일부 문에 대해서만 일반적인 특징에 대하여 살펴보고자 한다.

문 B4: 데이노코커스-써머스(Deinococcus-Thermus)

문 B4는 *Deinococcus radiodurans*라는 종을 포함하고 있는데, 이 종은 장기간의 건조 환경은 물론 아주 강력한 감마선과 자외선에 견디는 것으로 유명하다. 일반적으로 고세균은 척박한 환경에 견디는 극한 미생물이라 알려져 왔지만, 다른 어떤 원핵생물-고세균이나 세균-도 *D. radiodurans*가 방사능에 견디는 능력에 미치지 못한다. 500에서 1000 라드(rads)의 방사능 조사량은 사람을 죽이는 치사량이지만, *D. radiodurans*는 500만 라드에도 견딘다. 심지어 균주는 시간당 6,000 라드의 지속적인 방사능 조사 환경에서도 생장할 수 있다. 대장균(*E. coli*)은 단지 두 개 혹은 세 개의 이중가닥 절단(break)에도 생존할 수 없지만 *D. radiodurans*는 수백 개의 이중가닥 절단에도 이를 계속 복구하며 생존할 수 있다. 실제로 *D. radiodurans*는 이중가닥 절단을 복구하는 뛰어난 능력을 지녀, 치명적인 손상을 유도하는 장기간의 건조 환경에도 견디는 내성을 보여 준다.

*D. radiodurans*는 많은 양의 카로티노이드(carotenoid) 색소(방사능에 대한 보호능력을 제공하는 것으로 알려진 물질)를 생산하며, 그 결과 이 균주의 콜로니는 독특한 선홍색을 띠게 된다. 또한 이 균주는 아주 두꺼운 세포벽을 지니고 있다. 그러나 이 균주의 놀랄만한 견고함은 DNA에 가해지는 위해를 보호함으로써 생기는 것이 아니라 손상된 DNA를 빠르게 복구함에 의해서 형성된다. *D. radiodurans*에서 DNA 이중가닥의 절단을 복구하는 기작은 두 가지이다: 외가닥 **복원**(single-strand **annealing**)과 RecA-매개성 상동재조합(homologous recombination)이다. 외가닥 복원은 용어가 내포하듯이, 튀어나온(protruding) 외가닥 말단에 DNA 조각을 재부착하는 방법으로 이중가닥 절단을 복구한다. RecA는 절단된 부위까지 확장되어 있는 손상되지 않은(intact) DNA 조각을 인지한 다음, 이를 절단된 DNA를 복구하는 조각으로 사용한다. 이 복구 기작의 활성은 *D. radiodurans*에서 다소 높지만 이들 기작은 *D. radiodurans*만이 가지는 독특한 기작은 아니다. 그렇다면 어떻게 *D. radiodurans*는 이중가닥 절단을 그처럼 효과적으로 복구할 수 있을까? 물론 RecA-매개성 복구는 절단된 부위를 포함하며 손상되지 않은 DNA 조각을 필요로 한다. 이 조각을 이용할 수 있는 능력이 *D. radiodurans*의 성공적인 복구능력의 기초라고 여겨진다. 이 균주는 각 세포에 다른 세균보다 훨씬 많은 4-10개의 복사본(copy) 유전체(genome)를 가지고 있다. 하지만, 이것만으로는 *D. radiodurans*의 뛰어난 내성을 설명하기는 어렵다. 반면, 유전체의 근접성이 해답이 될 수 있다. 여러 개의 유전체 복사본들은 아마도 유일하게 존재하는 매우 특이한 형태 (DNA 상동부위가 서로 인접할 것으로 여겨지는 링 모양의 유전체)로 서로 뭉쳐져 있다. 또한 복구용 DNA를 RecA 시스템에 제공하는 또 하나의 대체 시스템이 존재한다. *D. radiodurans* 세포는 네 쌍의 형태로 존재하는데(그림 15.3), DNA가 손상을 입으면 DNA는 풀려서 네 쌍의 세포를 서로 연결하는 통로를 따라 이동한다.

*D. radiodurans*는 아주 많은 생태학적 의문을 제기한다. 이 균주는 지구환경에서 접할 수 있는 방사능 농도를 초월하는 높은 방사능 양에도 내성을 지닌다. 이 균주가 매우 높은 방

그림 15.3 *Deinococcus radiodurans* 박편의 전자현미경 사진

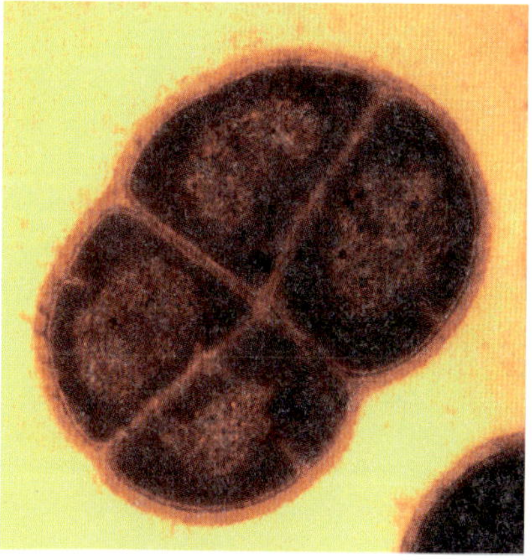

표 15.2 세균 도메인의 대표적인 문(phyla)

문(phyla) 번호	이름	특징	대표 종 및 속
B11	Aquificae	그람-음성, 무포자형성, 호열성 간균 또는 사상형 세균	*Aquifex pyrophilus*
B2	Thermotogae	그람-음성, 격막처럼 생긴 외막을 가진 무포자형성 간균	*Thermotoga maritima*
B3	Thermodesulfobacteria	그람-음성 간균; 외막은 돌출부위를 형성; 호열성 황산염 환원세균	*Thermodesulfobacterium commune*
B4	Deinococcus-Thermus	그람-양성이며 방사능 내성을 가진 구균과 그람-음성 호열성 세균을 포함	*Deinococcus radiodurans, Thermus aquaticus*
B5	Chrysiogenetes	단일 종으로 이루어진 문	*Chrysiogenes arsenatis*
B6	Chloroflexi	그람-음성이며 활주운동을 보이는 사상형 세균. 일부는 산소비발생형 광합성세균이며 나머지는 화학종속영양세균	*Chloroflexus aurantiacus*
B7	Thermomicrobia	단일 종으로 이루어진 문	*Thermobacterium roseum*
B8	Nitrospirae	질산화세균, 황산염 환원세균, 주자기성 세균을 포함하는 대사적으로 다양한 그룹	*Nitrospira marine*, "*Candidatus*[b] Magnetobacterium bavaricum"
B9	Deferribacteres	혐기적으로 호흡하는 종속영양세균. 최종 전자수용체로서 Fe^{3+}, Mn^{4+}, S, Co^{3+} 등이 있음	*Deferribacter thermophilus*
B10	Cyanobacteria	그람-음성. 단세포형, 집락성, 또는 사상형의 형태를 가진 산소발생형 광합성세균	*Nostoc punctiforme*
B11	Chlorobi	그람-음성, 산소비발생형 광종속영양세균 ("녹색황세균")	*Chlorobium limicola*
B12	Proteobacteria	84개의 속과 1,300여 종을 포함하는 가장 큰 세균 문. 5개의 강을 가짐 (아래에 나열)	
		Alphaproteobacteria	*Rickettsia rickettsii, Caulobacter* spp., *Rhizobium* spp., *Nitrobacter* spp.
		Betaproteobacteria	*Bordetella pertussis, Neisseria meningitidis, Nitrosomonas spp., Zoogloea ramigera*

		Gammaproteobacteria	*Beggiatoa* spp., *Francisella tularensis, Legionella pneumophila, Pseudomonas aeruginosa, Azotobacter* spp., *Vibrio cholerae, Escherichia coli, Salmonella enterica serovar* Typhi
		Deltaproteobacteria	*Desulfovibrio* spp., *Bdellovibrio bacteriovorus*
		Epsilonproteobacteria	*Camoylobacter jenuni, Helicobacter* pylori
B13	Firmicutes	낮은 G+C 함량을 보이는 그람-양성 세균과 mycoplasma를 포함	*Clostridium tetani, Clostridium botulinum, Mycolasma pneumoniae, Bacillus anthracis, Listeria monocytogenes, Staphylococcus aureus, Lactobacillus* spp., *Pediococcus* spp., *Oenococcus oeni, Streptococcus pneumoniae*
B14	Actinobacteria	방선균류와 mycobacteria를 포함	*Corynebacterium diphtheriae, Mycobacterium tuberculosis, Nocardia* spp., *Propionibacterium acnes, Streptomyces griseus, Frankia* spp., *Bifidobacterium* spp., *Gardnerella vaginalis*
B15	Planctomycetes	그람-음성. 일부는 출아법에 의해 분열하며 일부는 부속지를 보유함	*Planctomyces bekefii*
B16	Chlamydiae	운동성이 없음. 숙주의 세포질에 있는 액포 내에 서식하는 절대 기생성 구균	*Chlamydia trachomatis*
B17	Spirochaetes	그람-음성, 나선형, 유동성 세균; 주변세포질의 편모에 의해 운동	*Borrelia burgdorferi, Treponema pallidum, Leptospira interrogens*
B18	Fibrobacteres	초식동물의 소화관에 서식하는 그람-음성 혐기성 세균	*Fibrobacter*
B19	Acidobacteria	그람-음성, 호기성, 내산성 종속영양세균 및 그람-음성 혐기성 세균	*Geothrix*
B20	Bacteroidetes	호기성 간균, 혐기성 간균, 활주운동성, 격막성, 굽은 모양의 세균을 포함하는 표현형질이 매우 다양한 그람-음성 세균	*Bacteroides gingivalis, Cytophaga spp.*
B21	Fusobacteria	혐기성, 종속영양 대사를 하는 그람- 음성 간균	*Fusobacterium* spp.
B22	Verrucomicrobia	그람-음성, 중온성 종속영양세균, 일부는 prostheca를 보유하며 일부는 출아법에 의해 분열	*Prosthecobacter fusiformis*
B23	Dictyoglomi	그람-음성, 간균, 초호열성, 절대 혐기성 종속영양 세균의 특징을 가지는 단일 속	*Dictyoglomus*

[a] Bergey' s Manual of Systematic Bacteriology 제 2판(2001)에서 제시된 세균의 번호임.

[b] 순수배양체로 배양되지 않은 종

사능에도 내성을 지니도록 진화해온 사실을 도대체 어떤 선택압(selective pressure)으로 설명할 수 있을까? 아마도 이 선택압은 방사능은 아닐 것이다. 장기간의 건조는 이중가닥 절단의 또 하나의 원인이며, 이것이 바로 진화의 선택압일 것이라는 생각을 지지하는 근거가 있다.

그것은 방사능이 조사된 의료기구나 통조림처럼 *D. radiodurans*가 발견될 것으로 예상되는 환경만이 아니라 이 균주가 남극의 매우 건조한 계곡에서도 존재한다는 사실이다. 또 다른 설명으로서 강력한 방사능에 노출된 원시 지구에서 *D. radiodurans*가 진화하였을 것이라는 가설도 있다. 세균 도메인의 RNA 기반 계통수는 *D. radiodurans*가 생명 계통수에서 깊숙한 가지(deep branch)를 형성하고 있음을 보여주며, 이는 이 미생물이 원시 기원이라는 사실을 암시한다.

문 B10: 시안세균(Cyanobacteria)

해양 식물플랑크톤의 구성원인 *Prochlorococcus marinus*는 다소 이론의 여지는 있지만, 우리 행성인 지구에서 그 수가 가장 많은 생물체이며 생태학적으로 가장 중요한 그룹 중 하나이다. 이 세균은 비교적 최근인 1986년에 최초로 발견되었으며 아마도 이들이 늦게 발견된 이유는 이들 세균이 다른 시안세균과는 매우 다르기 때문일 것이다. 계란 모양의 이 세균은 지름이 약 0.6 μm으로 매우 작다(산소 발생 광합성 생물 중 가장 작다). *P. marinus*보다 약간 크기가 큰(지름이 약 0.9 μm) 시안세균인 *Synechococcus*는 이 세균보다는 다소 덜 풍부하다.

시안세균은 매우 다양한 그룹이지만 대부분의 세포는 세균 도메인의 세포크기-지름이 수 미크론-만큼 충분히 크며 또한 많은 시안세균은 매우 잘 분화되어 있다(그림 15.4). 예를 들어 *Nostoc punctiforme*은 정교한 분화형태를 보여준다. 이 세균은 이형세포(heterocysts), 휴면포자(akinetes), 연쇄체(hormogonia)라 불리는 여러 형태로 분화할 수 있는 세포로 구

그림 15.4 시안세균(Cyanobacteria). (A) 사슬 모양의 시안세균 *Nostoc paludosum*의 세포. 그림의 Het는 질소고정을 수행하는 분화된 세포인 이형세포를 나타낸다. 막대자, 20 μm. **(B)** *Synechococcus* sp. 박편의 전자현미경 사진. 이 해양 세균은 광합성 세균과 화학합성 세균의 전형적인 특징인 풍부한 막 구조물을 가진다. 막대자, 100 nm.

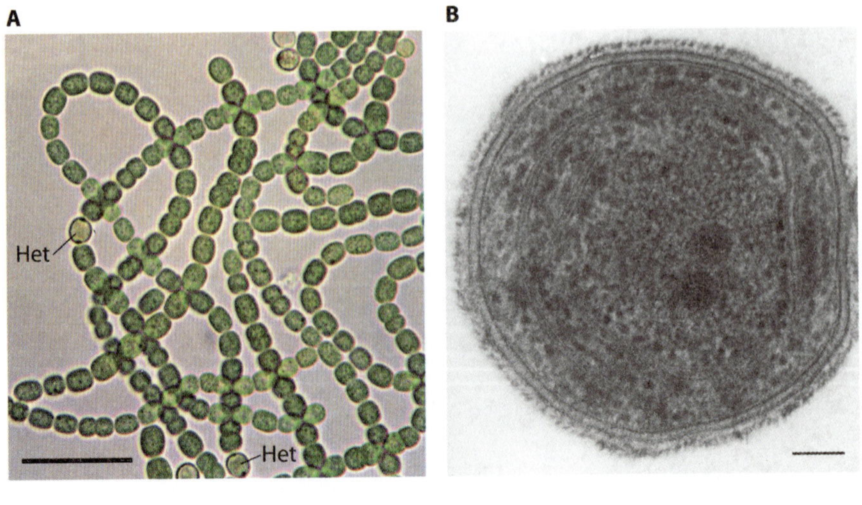

성된 필라멘트형이다. 또한 이 세균은 여러 관다발식물(vasular plant) 및 비관다발식물에 공생하여 질소고정 공생체를 형성한다(제14장 참조). 시안세균 중 일부만이 질소고정세균(*Prochlorococcus*는 아니다)이지만, 모든 시안세균은 산소를 발생하는 광독립영양생물이다. 실제로 시안세균이 직접적으로나 혹은 간접적으로 지구 대기에 존재하는 모든 산소의 생산자라는 사실은 매우 타당한 근거를 가진다. 식물과 미세조류(이들 역시 광독립영양생물임)는 언급할 필요도 없이 매우 중요한 산소 발생자이지만, 이들의 산소발생능력은 고대에 세포내로 들어간 시안세균이 지금까지도 남아 있는 형태인 **엽록체**(chloroplast, 세포내 광합성 소기관)에 전적으로 의존하고 있다. 시안세균은 매우 오랜 시간동안 지구에 존재하며 지구 대기의 산소를 생산하여 왔다. 약 30억 년 전에 형성된 가장 오래된 화석은 현대의 사상형 시안세균과 매우 유사하다(제11장 참조).

대양의 표층에 매우 풍부하게 존재하고 있음에도 불구하고(10^5 cells/ml에 달한다), *P. marinus*를 발견한 것은 매우 도전적인 과제였다. 대양의 표층에 알려지지 않은 광영양생물이 존재한다는 사실은 분광스펙트럼 분석을 통하여 알려져 왔었지만 이들의 정체는 모호하였다. 결국 *P. marinus*는 북대서양에서 **유세포분석기**(flow cytometer, 여러 종류의 세포를 분리하는 데 사용되는 레이저에 기초한 실험 기기)를 이용하여 최초로 발견되었다.

지구 광합성(이산화탄소의 고정 및 산소의 발생)량의 약 절반은 진핵미생물을 포괄하는 해양 식물플랑크톤에 의해 생산된다. *P. marinus*의 풍부도 뿐만이 아니라 이들의 유전체 크기도 매우 중요하다. 생장에 빛, 이산화탄소, 미네랄염 만을 필요로 하는 대사능력은 단지 1,716 개의 유전자를 포함하는 1백 70만 염기서열에 암호화되어 있다. 이는 아마도 광독립영양생물을 위한 최소 유전체 크기일 것이다. 항상 일정한 *P. marinus*의 서식환경은 이 세균의 간단한 유전체에 대한 하나의 설명이 될 수 있다. 대양 환경은 급격하게 변하지 않는다. 그러므로 *P. marinus*는 조절 기능에 대한 필요가 별로 없었을 것이며, 그 결과 매우 작은 수의 유전자만이 조절 기능과 관련되어 있다. 또한 특수화(specialization)도 기여했을 것이다: *P. marinus*에는 두 그룹이 존재하는데 한 그룹은 표층에 존재하는 밝고 강한 빛에 적응하여 자라며, 다른 한 그룹은 깊은 수심의 낮은 광량에 적응하여 자란다. 이 두 그룹에 해당하는 균주들의 생장률은 철의 이용도에 제한을 받는다. 철의 양이 충분할 때 이 세균들의 생장률은 1.1-1.8 doublings/day까지 증가한다. 철을 이용하여 생장도가 증가하는 사실은 일부 학자들이 지구대기에 존재하는 온실기체인 이산화탄소의 증가를 조절할 수 있다고 제안하는 다소 논쟁적인 근거가 되고 있다.

*Prochlorococcus*와 진화적으로 가까운 *Synechococcus*는 일부 효소의 보조인자로서 철 대신에 니켈과 코발트를 사용하여, 희박한 철을 보존할 수 있는 대사경로를 가지고 있다. *Synechococcus*는 또 다른 측면에서 매우 독특하며 어쩌면 다른 생명체에서는 찾아볼 수 없는 유일한 기작을 가진다: 비록 이 세균은 편모를 가지고 있지 않지만 미지의 기작을 통하여 해양에서 매우 활발하게 유영할 수 있다.

문 B12: 프로테오박테리아(Proteobacteria)

알파프로테오박테리아

*Agrobacterium tumefaciens*는 광엽식물(상떡잎식물)에 대한 유전적 침입자(genetic invader)이다. 보통 크기(1-3 μm), 그람 음성, 주모성 편모 소유의 특징을 가진 이 세균은 매

그림 15.5 *Agrobacterium tumefaciens*에 의해 형성된 오크 나무의 혹

우 독특한 기능을 수행하는데, 그 기능은 이 세균이 식물 숙주와 일부 유전자를 공유한다는 것이다. *A. tumefaciens*는 식물의 상처에 감염한 다음, 이들 세균의 유전자 일부를 식물 세포 유전체에 삽입하여 식물을 보다 나은 숙주로 만들기 위하여 점차적으로 파괴시켜 간다. 이 때 식물 숙주는 오직 *A. tumefaciens*만 이용할 수 있는 영양물질로 가득 찬 환경을 형성하는 일련의 분화과정을 거친다. 이 결과로 **근두암종(crown gall)**이라 부르는, 식물의 수관(crown, 중세의 신학자들이 식물의 영혼이 존재한다고 여겨 왔던 줄기와 뿌리의 연결부위) 근처에 종양이 형성 된다(그림 15.5). 근두암종은 식물을 죽이지는 않지만 (감염된 식물의 대부분은 일반적으로 어린 식물이며, 사과, 복숭아, 체리, 산딸기, 장미와 같은 장미과 식물이다), 이 질병이 묘목의 가치를 떨어뜨리므로 질병을 방지하기 위한 많은 조치들이 역사적으로 수행되어왔다.

*A. tumefaciens*의 질병유발 능력은 Ti(tumor inducing, 종양을 유발하는)라 부르는 거대 플라스미드에 존재한다. *A. tumefaciens*가 Ti를 잃게 되면, 이 세균은 비병원성이 되며 일반적으로 *Agrobacterium radiobacter*라 부른다. Ti가 *Agrobacterium*의 근연종인 공생 질소 고정자 *Rhizobium*으로 전이되면 *Rhizobium* 역시 식물에 감염하여 근두암종을 형성한다.

*A. tumefaciens*와 이 세균이 감염하는 식물과의 관계는 놀라울 정도로 친밀하며, 심지어 는 협조적이다. 이들 상호작용은 상처 입은 식물이 acetosyringone이라는 페놀화합물을 분비하고 *A. tumefaciens*가 10^{-7} M 정도의 낮은 농도에 주화성 반응을 보이며 시작한다. *A. tumefaciens*는 acetosyringone의 농도가 약 10^{-5} M로 높아지는 식물의 상처 쪽으로 가까이 다가가며, 이 때 *A. tumefaciens*에서 **독성 인자(virulence factor)**의 발현이 유도된다. 이 중 하나가 **핵산내부가수분해효소(endonuclease**, 핵산 내부에서 DNA를 절단하는 효소)이며 이 효소는 Ti 플라스미드에 있는 전달 DNA(T-DNA, transfer DNA)라는 조각을 자르게 된다. 이렇게 잘린 T-DNA는 *A. tumefaciens*를 떠나 식물세포로 들어가 식물 염색체에 통합되어 결국 A. tumefaciens에게 이익을 주는 여러 대사경로를 이끌어 낸다. T-DNA는 식물체가 종양을 형성하도록 만드는 증식-유도 식물호르몬의 합성을 이끌어 내며, **opine**(특수한 아미노산)과 agrocinopine이라는 독특한 인산화 당유도체의 합성을 유도한다. 오직 *A. tumefaciens* 만이 이 화학물질을 영양물질로 이용할 수 있다. 즉, *A. tumefaciens*는 유전적 침입이라는 과정을 통하여 식물체를 희생시킨 다음, 이들의 생장에 적합한 이상적인 서식환경을 조성한다고 할 수 있다.

*A. tumefaciens*의 Ti 플라스미드에 있는 T-DNA로 외부의 DNA(foreign DNA)를 삽입하는 과정은 유전공학적으로 형질전환된 식물체를 생산하는 유용한 경로가 된다. *A. tumefaciens* Ti 플라스미드는 곤충과 살충제에 내성을 지니는 유전자 전환 식물을 만드는데 널리 사용된다.

근두암종은 항생제를 이용하여 제어될 수 있지만, 항생체 처리는 식물 질병에 있어서 경제적인 처리법이 아니다. 다행히 생물학적 처리제인 *A. radiobacter* K84는 효율적인 예방 치료법을 제공한다. 식물을 심기 전에, 종자, 묘목, 또는 꺾꽂이를 단지 K84 균주의 생장액에 담그기만 하면 된다. *A. radiobacter*는 독특하고 매우 특이적인 기제로 치료법을 제공한다. 이 세균은 agrocin 84(adenine의 독성 유사물)를 생산하며, 이 물질은 *A. tumefaciens*에게 특이적으로 독성이 있다. 그 이유는 *A. tumefaciens*가 이 독성 유사체를 이 세균이 가지는 독특한 효소인 agrocinopin 투과효소(permease)를 이용하여 세포내로 흡수할 수 있기 때

그림 15.6 *Magnetospirillum magnetotacticum*. 검은 구형의 물체가 마그네토솜이다.

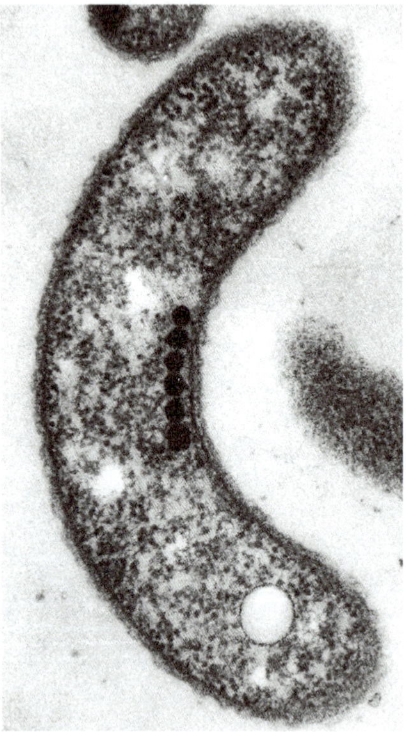

문이다.

또한 알파프로테오박테리아는 자력선을(magnetic line of force) 감지하고 이를 따르는 특이한 능력을 가진 담수 세균인 *Magnetospirillum magnetotacticum*을 포함한다(13장의 "편모 운동" 참조). 자력선을 감지하는 세포 소기관은 **마그네토솜(magentosome)**이며, 이는 세포의 중앙에 정렬되어 있는 **자철석(magnetite**, 자성을 띤 산화철)의 봉입체이다. **자기주성(magnetotaxis)**에 의하여 *M. magnetotacticum*은 자력선을 따라 수괴의 바닥 쪽으로 이동한다. 일반적으로 진흙으로 덮여 있는 호수의 바닥에는 매우 낮은 농도의 산소가 존재하므로, **미세호기성(microaerophilic**, 매우 낮은 농도의 산소를 요구하는)인 이 세균에게는 호수의 바닥이 최적의 환경이다. *M. magnetotacticum*은 지구의 자기장이 마그네토솜에 영향을 미치는 힘에 의해 바닥으로 끌려오는 것이 아니다. 이 인력은 너무나 약해 *M. magnetotacticum*과 같은 아주 작은 세포도 움직이게 할 수 없다. 대신, 마그네토솜은 세포를 자력선에 따라 정렬시키는 나침반 바늘과 같다. 세포의 편모가 자력선에 따라 세포가 움직일 수 있도록 하는 구동력을 제공한다.

베타프로테오박테리아 및 감마프로테오박테리아

베타 및 감마프로테오박테리아는 인류에게 지대한 영향을 미치는 여러 구성원을 가진 거대한 그룹이기 때문에 이제 우리는 이에 대하여 살펴볼 것이다. 우리는 이 책에서 이미 지속적으로 이 그룹의 일부 구성원들을 다루어 왔다.

베타프로테오박테리아는 두 개의 중요한 병원성 세균 속인 *Bordetella*와 *Neisseria*를 포함한다. *Bordetella pertussis*는 주로 어린아이에 감염하여 백일해를 일으킨다. *Neisseria gonorrhoeae*는 성병인 임질을 일으키고, *Neisseria meningitidis*는 구균성 뇌막염을 일으킨다.

감마프로테오박테리아는 훨씬 더 거대한 계통학적 그룹이며, *Enterobacteriales*, *Vibrionales*, *Pasteurellales*, *Pseudomonadales* 등 13개의 목을 포함하고 있다. *Enterobacteriales* 목은 흔히 인체 병원균을 포함하고 있는 장내세균이라 부르며, 대다수는 소화관계에 감염한다. *Salmonella enterica* 혈청형 Typhi는 장티푸스를, *Shigella spp.*는 이질의 일종인 쉬겔라균중독(적리)을, *Yersinia pestis*는 림프절 페스트를 일으킨다. 그리고 연구가 많이 되어 있는 *E. coli*는 일부 병원성 균주를 포함하고 있다. *Vibrionales* 목은 콜레라를 일으키는 종인 *Vibrio cholera*를 포함하고 있다. *Pasteurellales* 목은 치명적인 질병을 일으키는 두 속인 *Pasteurella*와 *Haemophilus*를 포함한다. *Pseudomonadales* 목은 화상을 입은 환자나 낭포성 섬유증 환자와 같은 면역력이 약한 숙주에게 감염하는 기회성 병원균인 *P. aeruginosa*를 포함한다.

문 B14: 엑티노박테리아(Actinobacteria)

Streptomyces spp.는 생태학적으로, 산업적으로, 의학적으로, 그리고 과학적으로 중요하다. 이들은 포자 형성 엑티노박테리아(Actinobacteria)에 속하며 방선균류(actinomycetes)로 알려져 있다. 이들은 토양에 풍부하며, 토양에 존재하는 유기물 분해에 상당량 기여한다. 사실, 새롭게 갈아 엎은 토양에서 나는 향기로운 냄새는 이 세균들이 생산하는 휘발성 물질인 **지오스민(geosmin)**으로부터 나온다. 토양시료가 단순한 무기영양 배지에 도말되었을 경우 생성되는 콜로니 중 다수는 *Streptomyces*이다. 이들은 경이로운 파스텔 색깔(여러 색조

그림 15.7 *Streptomyces*. **(A)** 평판배지 위에 형성된 파스텔 색조의 주황색 집락; **(B)** 집락 단면의 해부도.

A

B

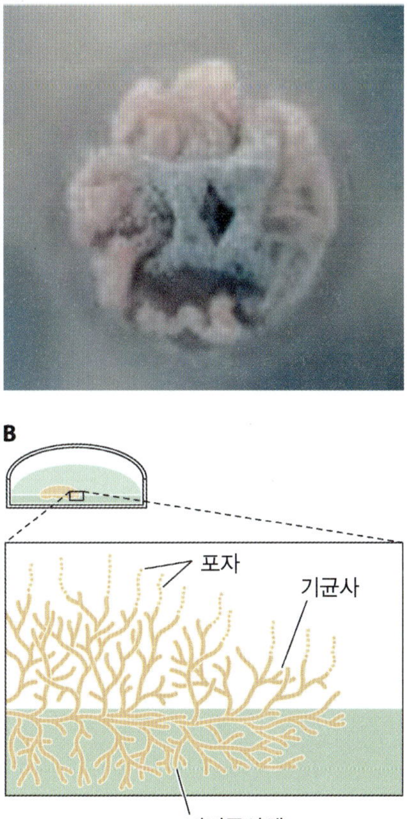

표 15.3 일부 Streptomyces 종과 이들이 생산하는 항생제

종	항생제
S. aureofaciens	Tetracycline
S. erythreus	Erythromycin
S. fradiae	Neomycin
S. griseus	Streptomycin
S. lincolnensis	Clindamycin
S. noursei	Nystatin

의 보랏빛, 푸른색, 주황색, 노란색, 붉은색)로 쉽게 구별이 된다. 백금이로 집락을 터치하여 간단하게 *Streptomyces*의 집락을 확인할 수 있다. 이들 집락은 함께 엉겨 붙어 있어서 백금이로 모든 집락을 한꺼번에 취할 수 있지만, 집락의 일부만 취하지는 못한다. 또한 이들이 자라는 평판배지에서 전형적인 흙냄새를 맡을 수 있다.

Streptomyces 집락의 색깔과 완전성은 이들 집락의 구조에 기인한다. *Streptomyces*는 사상형(filamentous)이다. 이들은 곰팡이와 유사한 균사체로 자라며, 단면을 보면 각각의 필라멘트는 전형적인 보통 그람 양성세균과 유사하다. 균사체의 일부분(**기저균사체**, substrate mycelium)은 한천배지 속으로 파고들어 자라 한천배지에 고정된다. 위쪽의 **기균사**(aerial mycelium)는 위로 향하여 자라며, 기균사의 끝에서는 긴 사슬형의 포자가 형성된다. 긴 사슬형 포자는 이 균주가 가지는 독특한 색깔인 파스텔 색을 띠도록 만든다. 서로 뒤엉킨 균사체는 콜로니가 서로 엉겨 붙도록 만들어 준다.

아마도 *Streptomyces*가 우리 생활에 미치는 가장 큰 영향은 항생제(antibiotics)를 생산하는 능력일 것이다. 오늘날 사용되는 대다수의 항생제(곰팡이로부터 생산되는 페니실린과 *Bacillus*로부터 생산되는 일부 항생제를 제외하고)는 *Streptomyces* 속에 속하는 여러 종으로부터 유래한 것이다. 상업적으로 이용되는 항생제는 특정 종으로부터 생산되는 데, 이들 특정 종의 구분은 생물학적 구분이라기보다는 아마도 특허 보호를 목적으로 구분된 것일 것이다(표 15.3, 표 19.2 참조). 또한 *Streptomyces* 종은 항기생충제, 살충제, 면역억제제, 그리고 식품 및 다른 산업에 널리 쓰이는 여러 효소를 생산하는 데 이용된다.

항생제는 *Streptomyces*의 전형적인 **2차대사(Secondary metabolism)**의 산물이다. **2차대사물질(secondary metabolite)**은 영양물질이 생장에 제한이 될 때 생산된다. *Streptomyces* 가 항생제를 생산하는 이유는 다른 생물들을 경쟁을 통하여 제거시켜 희박하게 존재하는 영양물질을 섭취하기 위한 절박한 시도로 여겨진다. 그러나 일부 미생물학자들은 자연 환경에서 항생제는 효과가 없기 때문에 항생제가 경쟁을 제거하지 못한다고 논박한다. 실제로 일부 항생제-예를 들어 스트렙토마이신(streptomycin)-는 토양의 점토에 단단하게 결합하여 불활성화 된다. 한 가지 흥미로운 공통점은 주요 항생제 생산자-*Streptomyces*, *Bacillus*, 곰팡이- 모두 포자를 형성한다는 사실이다. 흥미롭게도 인간과 동물의 건강에 미치는 엄청난 영향에도 불구하고 항생제를 생산하는 균주에 미치는 선택적 이익은 여전히 그 이유가 밝혀지지 않았다.

광범위한 유전학적 연구의 대상 생물체로 사용된 *Streptomyces coelicolor*의 유전체가 최근에 해독되었다. 이 유전체는 7,825개의 유전자를 보유한 850만 개의 염기쌍으로 이루어져 있어서 염기서열이 매우 큰 세균 유전체 중 하나이지만, *Streptomyces*의 복잡한 분화주기와 2차대사물질을 생산하는 능력으로 볼 때 그리 놀랄만한 결과는 아니다.

결론

앞서 언급하였듯이, 원핵생물의 다양성은 너무나 방대하여 이 장에서는 일부만을 취사선택하여 일례로서 살펴보았다. 또한 이 장에서는 고세균과 세균의 근본적인 차이점을 도출하였으며 각 그룹의 대표군에 대하여 토의하였다. 고세균은 작은 그룹이므로 각각의 주요 아계(subdivision)에 대하여 자세히 살펴보았지만, 세균에 대해서는 매우 간단히 언급하였다.

세균에서는 흥미로운 몇 개의 예에 대하여 비교적 자세히 언급하였지만, 세균 다양성에 대한 전반적인 개괄은 간략히 요약되어 있는 표 15.2에 제시하였다. 이 표에 나열되어 있는 많은 종들은 다른 장에서 종종 논의되고 있다. 여러분은 이 표를 두 가지 방법으로 이용할 수 있을 것이다. 이 표는 좀 더 많은 논의가 되는 곳에서 언급된 특정 종을 찾기 위한 색인으로 사용할 수 있으며, 이 책을 읽다가 만나는 종들 사이의 연관성을 살펴보기 위하여도 이용할 수 있을 것이다.

이제 우리는 16장에서 진핵 미생물-원생생물과 곰팡이-을 살펴봄으로써 미생물 다양성에 대한 우리의 조사를 계속 수행하고자 한다.

학습문제

1. 원핵생물과 진핵생물의 공통점과 차이점은 무엇인가?

2. 어떠한 사실이 현존하는 원핵생물 종 수가 거대하다는 점을 뒷받침하는가?

3. 분류학적 용어인 "후보"("*Candidatus*")에 담긴 뜻과 논리는 무엇인가?

4. 세균과 고세균은 원핵생물이지만 연관성이 없다고 논쟁되어 왔다. 이러한 논쟁의 근거는 무엇인가?

5. 고세균은 어떻게 생태학적으로 그리고 생화학적으로 독특한가?

6. 만약 여러분이 연못에서 솟아나는 거품을 본다면, 여러분은 연못의 바닥에서 무슨 일이 일어난다고 생각할 수 있는가?

7. *D. radiodurans*는 강한 방사능에도 어떻게 생존할 수 있는가?

8. *A. tumefaciens*의 Ti 플라스미드는 숙주식물에게 어떻게 이득을 주는가?

제16장 진핵 미생물

서론

생물 세계의 큰 경계점을 지나, 이제 우리는 현미경 크기의 생물체 중 또 하나의 거대한 그룹인 진핵 미생물을 다루고자 한다(표 16.1). 이들은 생명 세계에서 매우 큰 부분을 차지하고 있으며, 총 생물량과 다양성에서 원핵생물(세균과 고세균)에 견줄 만하다. 진핵 미생물은 대다수 원핵생물보다 크기가 크며, 크기와 모양의 변이 또한 매우 크다. 이들은 수계와 토양, 건강한 식물과 병든 식물, 사람을 포함한 동물의 내부 및 외부 등 매우 다양한 환경에서 흔히 발견된다.

최초의 진핵 세포는 보다 큰 구조적 복합성을 획득한 원핵생물로부터 탄생하였다. 진핵 세포는 핵막을 확보하여 "진정한" 핵(nucleaus) 및 여러 세포 소기관을 획득하였다. 최초의 진핵 미생물들은 의심의 여지없이 현미경적 크기였을 것이다. 핵의 획득을 비롯하여 어떻게 일부 원핵생물이 진핵생물로 되었는가에 대한 자세한 기작은 아직 잘 모르지만, 미토콘드리아와 엽록체와 같은 주요 세포 소기관은 원핵 미생물의 섭취에 의해 획득되었다고 널리 받아들여지고 있다. 이 주제에 대해서는 19장에서 자세히 살펴 볼 것이다.

원핵생물은 38억 년 전부터 진핵생물이 생겨나기 전인 20억 년 전까지 지구에 존재한 유일한 생명체였다. 최초의 다세포 생물이 출현하기 전인 10억 년 전까지 세 도메인(세균, 고세균, 진핵생물)에 속하는 미생물들이 지구를 지배하였다.

진핵 미생물의 분류는 매우 복잡하며 이 그룹에 속하는 많은 수의 생물체를 고려하면 충분히 그럴 만하다. 이 분류체계에 대해서 여기에서는 자세히 다루지는 않지만, 이 책에서는 진핵미생물을 균류(fungi)와 원생생물(protist)이라는 두 개의 큰 그룹으로 살펴 볼 것이다. 매우 친숙한 용어인 **원생동물(protozoa)**은 비광합성이며, 대다수가 운동성이 있는 단세포 종의 다양한 그룹이며 종의 수는 약 50,000 개에 달한다. 원생동물과 미세조류(광합성을

표 16.1 진핵 미생물의 주요 그룹

그룹	그룹 유형의 예	세포 외벽과 구성물질의 특징
균류[a]	효모, 곰팡이	당단백질(예, mannoprotein)과 다당류(예, 키틴, 글루칸)를 함유하는 세포벽
원생동물	짚신벌레, 아메바, *Giardia*, 말라리아원충, *Tetrahymena*	세포의 모양을 유지하며, 상호연결된 단백질 분자로 구성되어 있는 세포막 내부에 있는 박막
조류(algae)[a]	유글레나, 클로렐라, 규조류, 와편모조류	엽록체, 섬유소로 이루어진 세포벽, 일부는 규소 또는 칼슘을 포함

[a] 모든 생물체가 현미경적 크기는 아니다. 예를 들어, 버섯(균주)이나 해조류(조류)는 육안으로도 보인다.

할 수 있는)를 통칭하여 **원생생물(protist)**이라 부른다. 원생생물, 원생동물, 조류(algae)의 용어는 이미 널리 쓰이고 있는 유용한 용어이지만, 이들 용어는 분류학적 의미를 가지지 않는다. 그 이유는 이 생물들은 독립적이고 단일한 그룹으로 진화하지 않았기 때문이다. 일례로, 어떤 미세조류(예, *Euglena*)는 다른 미세조류보다도 오히려 특정 원생동물(예, trypanosome)에 더 가깝다. 모두는 아니지만 거의 모든 균류와 원생생물은 전형적인 진핵세포의 구조-핵, 미토콘드리아, 광합성 생물의 경우 엽록체-를 가진다. 편모충증(giardiasis, hiker' s disease)의 원인 생물인 *Giardia*와 같은 일부 원생생물은 미토콘드리아를 가지지 않는다. 바로 이러한 생물들이 미토콘드리아로 진화한 내부공생 세균을 획득하지 못한 진핵생물의 원시 조상을 나타낼 것이라고 생각하기 쉽지만 아마도 아닐 것이다. 왜냐하면 이 원생생물들의 유전체는 세균으로부터 유래한 유전자를 포함하고 있기 때문이다. 이러한 진화적인 단서들은 *Giardia*가 선미토콘드리아의(premitochondrial) 내부 공생자를 획득한 후, 일부 유전자만 남긴 채, 내부 공생 세균을 잃어 버렸다는 것을 의미한다. 현재까지 고대에 존재한 미토콘드리아를 가지지 않은 진핵세포의 자손은 발견되지 않았다.

16.1 *진핵 미생물이 현재의 계통학적 개념에 적합한 근거*

성병을 일으키는 *Trichomonas vaginalis*와 같은 일부 원생동물은 내부공생을 통한 진화 주제에 대한 또 다른 설명을 제시한다. 이 생물들은 미토콘드리아와는 다르게 기능하는 막결합성 세포소기관인 **하이드로게노솜(hydrogenosome)**을 가지고 있다. 하이드로게노솜은 피루브산(pyruvate)을 아세트산, 이산화탄소, 수소로 전환한다. 미토콘드리아와 달리 하이드로게노솜에는 DNA가 없다. 그러나 위의 화학적 전환 반응을 암호화하며 핵에 존재하는 유전자는 세균의 유전자와 유사하여, 이 세포 소기관이 아마 이들이 가졌던 모든 유전자를 숙주의 핵에 넘겨주었다고 추정된다. 이러한 추론을 확신하게 만드는 하나의 예가 있다. 흰개미의 후장(많은 종의 세균과 원생동물이 있는 비옥한 미생물 정원)에서 발견되는 *Nyctotherus ovalis*라는 원생동물은 DNA가 존재하는 하이드로게노솜과 리보솜을 가진다. 이제 균류와 두 원생동물-연구가 많이 된 원생생물인 짚신벌레(*Paramecium*)와 말라리아를 일으키는 기생충인 말라리아원충(*Plasmodium*)-의 생활사를 살펴 볼 것이며, 이로부터 원생생물의 생활사가 얼마나 복잡한 것인지를 일례로 알 수 있을 것이다.

16.2 *하이드로게노솜 내의 DNA를 보여주는 전자현미경 사진*

균류

"균류"라는 용어는 야생 혹은 재배된 버섯으로 만든 맛있는 음식, 맥주, 포도주, 빵 등 효모(yeast)를 이용하여 제조된 식품, 무좀과 여러 감염성 질환, 냉장고에 방치된 곰팡이가 핀 음식, 가죽 구두 위의 곰팡이 등을 연상시킨다. 균류는 간단한 단세포 생물로부터 야생 숲의 거대한 버섯까지 포괄한다(지금까지 알려진 가장 큰 표본은 크기가 1 m에 달하는 "가장 고결한 다공균" 인 *Bridgeoporus nobilissimus*이다. 이것은 크고 털이 많은 버섯이며 오래된 나무의 그루터기에서 자란다. 혹자의 말에 따르면 이 모양은 '상고머리 모양으로 잘린 녹색 피자의 윗부분' 을 연상시킨다. 먹을 수 없다). 균류의 다양성은 매우 거대하지만, 모든 균류는 다음과 같은 여러 가지 공통적인 특징을 보인다.

- 균류는 비광합성이며 이들의 성장을 위해 이미 합성된 유기물에 의존한다. 많은 세균과 유사하게 균류의 영양 요구는 일반적으로 매우 단순하다.
- 균류는 식세포작용이 아닌 오직 흡수를 통해 영양분을 섭취한다.
- 균류는 세균 및 식물과는 다른 세포벽을 가지고 있으며, 세포벽은 **키틴**(갑각류의 표피에서도 발견되는 N-아세틸글루코사민의 중합체) 혹은 다른 여러 중합체로 이루어져 있다.
- 균류는 유성생식이 아닌 균사체의 확장을 통해 식물체처럼 자랄 수 있다.
- 균류는 높은 습도 조건에서 흐르는 물이 없이도 자랄 수 있으며, 이러한 사실은 축축한 환경에 있는 가죽 구두와 벽에 생기는 곰팡이로부터 쉽게 확인된다. 균류들은 표면으로부터 떨어져 나올 수 있는 포자를 만들고, 이 포자는 공기 중으로 잘 흩어져 이들에 알레르기 반응을 나타내는 사람들을 매우 불편하게 만들기도 한다.
- 균류는 유익한 공생체 또는 질병을 야기하는 원인물질로서 다른 생물들과 상호작용하는 특징을 가진다.

대다수 균류는 사상형(효모는 예외임)이다. 균류의 필라멘트는 **균사(hypha)**라 부르며 균사의 덩어리는 **균사체(mycelium)**라 부른다. 일반적으로 균류의 필라멘트와 효모 세포의 지름은 전형적인 진핵세포 크기인 4-10 μm이다.

토양에서 균류의 주요 역할은 식물에서 유래한 물질의 재순환이다. 균류는 참으로 위대한 분해자이다. 이들은 숲의 주된 구성원인 섬유소와 리그닌을 비롯한 다양하고 복잡한 유기물질을 분해할 수 있다. 흰개미를 비롯하여 나무를 먹는 여러 곤충들은 균류와 세균 없이는 소화시킬 수 없는 물질들을 분해하기 위하여 이들의 장내에 서식하는 균류와 세균에 의존하며 생활한다. 균류의 활동이 없다면, 죽은 식물과 나무가 아주 두껍게 숲에 쌓일 것이며 이는 거대한 탄소덩어리가 될 것이다. 균류의 활동 없이는 식물과 미생물의 광합성에 필요한 충분한 양의 이산화탄소가 생기지 않을 것이다. 결국 식물에 전적으로 의존하여 생활하는 동물은 생존할 수 없다. 균류 없이는 돼지고기로 만든 리조또를 먹지도 못할 뿐만 아니라 우리 인류의 존재도 없을 것이다.

16.3 *Doctor Fungus에 있는 균류에 대한 방대한 자료들: 균학에 대한 모든 것이 망라된 온라인 자료*

효모

가장 널리 알려진 균류는 효모이며, 효모는 진핵 세포의 모델생물로서 최근에 집중적으로 연구되고 있다. 효모를 대상으로 하는 연구를 통하여 우리는 여러 환경에서 유전자 발현의 조절, 세포 주기와 세포 분열의 조절에 대하여 자세하게 이해할 수 있게 되었다.

일반적으로 제빵 혹은 주정용 효모라고 부르는 "효모" 인 *Saccharomyces cerevisiae*는 다른 대다수의 효모처럼 출아(budding)로 분열한다[눈(bud)는 자손 세포에 있는 풍선 모양처럼 생긴 돌출부위이다]. 이 종은 대다수 균학자들이 좋아하는 종이다. 자연계에는 많은 종류의 효모가 있으며, *Schizosaccharomyces*와 같은 종은 대다수의 세균이 분열하는 방법인 이

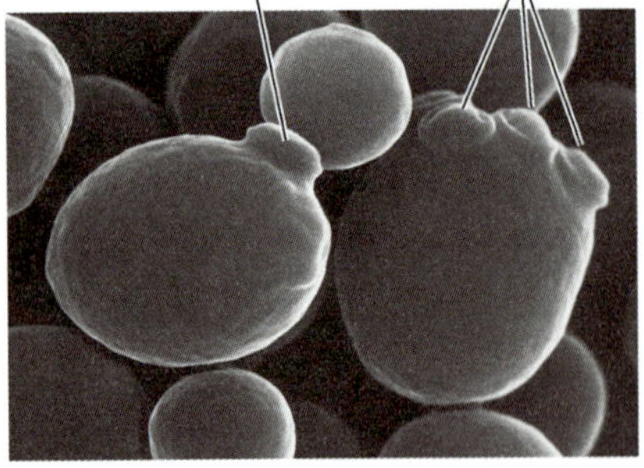

그림 16.1 눈(bud)과 눈흔적(bud scar)을 보여주는 효모 세포의 주사전자현미경 사진. 막대자, 1 μm.

분법(binary fission, 반으로 쪼개짐)으로 분열한다. 균류는 주어진 환경에 따라 효모의 형태(단세포) 혹은 사상형으로 자란다. 균류가 이러한 **2형성(dimorphism)**을 가지는 이유는 아직 완벽하게 알려져 있지 않지만, 이 특징은 서로 다른 환경에서 생존을 가능하게 해주는 각 균류 개체의 생물학적 레퍼토리에까지 영향을 미친다.

*S. cerevisiae*는 포도당과 아세트산과 같은 단일 탄소원과 무기염류가 포함된 단순한 배지에서 잘 자란다. 부영양배지에서 이들은 매 2시간마다 분열한다. 이 효모는 접종 후 이틀이면 한천영양배지에서 눈에 보이는 집락을 형성하여 실험 연구에 매우 적합하다. *S. cerevisiae*는 **호기성(aerobic)**과 **혐기성(anaerobic)** 조건에서 모두 잘 생장한다. 산소가 존재하는 호기성 조건에서는 이 균주는 호흡과정을 수행하며, 탄소원을 이산화탄소와 물로 산화시킨다. 혐기성 조건에서 이 균주는 당류를 이산화탄소와 에탄올로 발효한다. 호흡과 발효과정은 에너지 수율이 다르기 때문에, 호기성 조건과 혐기성 조건은 각각 많은 수의 효모 세포를 얻거나 또는 맥주와 포도주를 생산하는 데에 선택적으로 사용될 수 있다. 알코올 생산을 최대로 얻고자 하는 양조업자는 혐기성 조건을 사용하며, 높은 세포 수율을 얻고자 하는 효모 공급자는 당연히 호기성 조건을 사용할 것이다.

균류의 생활사

출아 효모의 세포분열은 **비대칭형(asymmetrical)**이다. 눈(bud)은 "모세포"로부터 돌기처럼 시작되어 모세포의 크기와 거의 같아질 정도까지 커진다. 이 시점에서 새롭게 형성된 세포는 모세포로부터 분리된다. 이분법과는 다르게 출아법은 외상(traumatic)의 결과를 낳는다. 눈이 모세포로부터 분리된 자리에는 **눈흔적(bud scar)**이라고 불리는 작은 분화판이 형성된다(그림 16.1) (눈흔적이라는 용어는 또한 식물의 잎이 줄기에서 떨어져 나올 때 남는 자국을 묘사하기도 한다.) 새로운 눈은 눈흔적이 있는 자리에서는 생성되지 않는다. 그러므로 눈흔적의 수는 효모 세포의 나이를 알려준다. 생활사에서 미리 정해진 특정시기에 **반수체(haploid)**와 **2배체(diploid)** 상태를 번갈아 경험하는 원형의(prototypical) "고등" 생물체와는 달리, 많은 효모는 장기간 동안 어느 한쪽의 상태로만 생장한다. *Candida albicans*(**아구창**, **질내 감염**, 기타 감염성 질환을 일으키는 원인균)와 같은 일부 효모는 항상 2배체 형이며, 또 다른 종류의 효모는 항상 반수체 형이다. 그러나 대부분의 버섯류는 위와는 다른 변이를 보인다. 두 배우자(gamete)의 결합에 의해서 생기는 버섯의 균사는 같은 세포질을 공유하는 두 개의 핵을 가진다. **2핵체(dikaryon)**라 부르는 이 세포에서 두 개의 핵은 마치 서로에게 헌신적인 커플보다는 상호 초연한 룸메이트처럼, 서로 융합하지 않고 세포질 내에 공존한다. 버섯의 세포는 포자를 만들기 전까지 이러한 2핵체 상태로 계속 유지된다. 포자를 만드는 시기에는 두 개의 핵은 융합하여 감수분열(meiosis)이 진행되며 그 결과 반수체의 포자가 형성된다(그림 16.2). 이 생물체에서 얼마나 짧은 기간 동안 2배체 시기가 존재하는지 주목하길 바란다.

16.4 노화 또는 생물학적 퇴화를 연구하는 모델로 널리 이용되어온 시스템

균류는 뚜렷한 생식세포계열(germ line)을 가지지 않는다. 즉, 특화된 정자세포나 난세포가 없다. 고등생물처럼 균류의 **배우자(gamete)**는 반대의 성을 가진 세포와 교배하여 접합체(zygote)를 생성한다. 한쪽 성의 세포(교배형이라 부른다)는 단지 대사작용을 계속 수행할 뿐이며 같은 교배형과는 교배하지 않는다. 이들은 오직 반대 교배형 세포가 존재할 때 배우자 세포로 분화한다. 무엇이 이러한 교배를 유도할까? 바로 이 신호물질은 **페로몬**

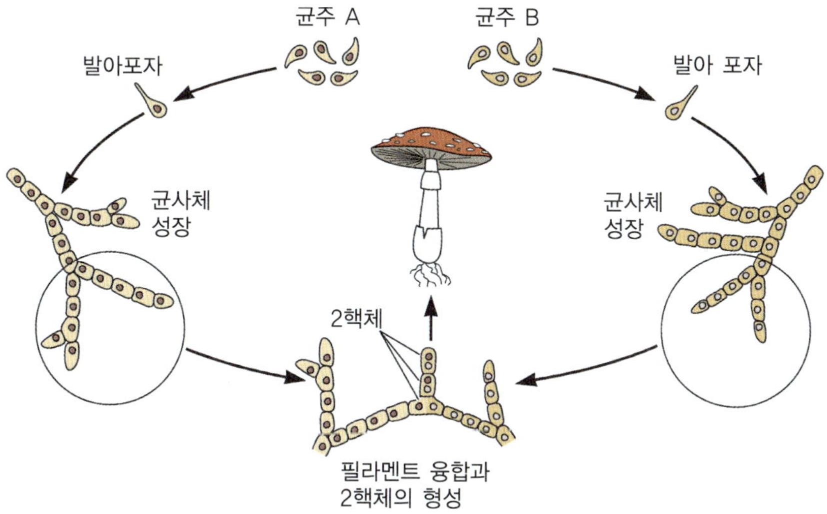

그림 16.2 버섯의 생활사. 서로 다른 교배형(붉은색과 갈색의 핵을 가진 것으로 묘사된)의 포자는 발아하여 필라멘트(균사)를 형성한다. 이 균사는 융합하여 2핵체라 부르는 두종류의 핵을 모두 가지는 새로운 필라멘트를 형성한다. 이 2핵체는 결국 분화하여 버섯이라 부르는 자실체를 형성한다.

(**pheromone**, 행동에 영향을 수는 분비 화학물질)이라는 확산형 분자이다. 각 교배형은 자기만의 독특한 페로몬을 분비한다. 반대 교배형의 시그널이 감지되면 세포는 배우체가 되어 교배할 수 있는 능력을 획득한다. 이것은 상호간에 일어나는 상황이므로, 각 교배형의 세포들은 교배의 가능성을 동등하게 감지한다. 효모 세포가 배우자가 될 때는 세포가 분열을 멈추고 길어져서 배(pear)모양의 세포가 된다(그림 16.3). 그 다음에 다시 융합하여 작은 쪽 말단이 서로 결합된 마치 배 모양과 같은 구조가 된다. 그리고 두 반수체의 핵이 융합하여 2배체 핵이 된 이후에 접합체로 변한다.

효모의 교배 페로몬은 주위 환경을 통해 확산하는 작은 펩티드 분자이다. 한 교배형의 세포가 한천평판배지에서 자랄 때, 높은 농도의 페로몬이 생장 부위의 주변에 축적된다. 다른 교배형의 세포가 이 부위에 위치하게 되면 이 세포들은 매우 빠르게 배 모양의 배우자로 전환된다. 이와 같은 페로몬의 활성 시험을 위한 단순한 형태학적 실험은 페로몬을 정제하여 동정하는데 사용될 수도 있다.

교배 후 세포들은 2배체 상태로 장기간 증식할 수 있다(버섯과는 다르게). 영양조건이 좋지 않을 때에만 2배체는 반수체인 **포자(spore)**로 전환되는 반응을 수행한다. 열과 화학물질에 저항성이 매우 큰 세균의 내생포자와는 달리 균류의 포자는 세균 포자가 견디는 극한 조건에서는 아주 짧게만 견딜 수 있다. 그러나 균류의 포자는 영양상태가 좋지 않은 환경에서 생존할 수 있으며, 이는 균류가 기아 상태에서도 견딜 수 있는 능력의 근거이다.

포자는 어떻게 형성될까? 2배체 배양체는 반수체 포자를 만들기 위하여 반드시 **감수분열(meiosis)**을 하여야 한다. 감수분열을 시작하는 신호는 앞서 언급했듯이 영양상태가 극히 좋지 않은 조건이다. 감수분열로 인하여 4개의 세포가 생성되며, 효모에서 이 세포들은 한 주머니에 담겨 있어서 마치 비닐 백에 넣은 감자처럼 생겼다. 다른 자낭균류(ascomycetes)에서는 이 세포들이 한 번 더 분열하여 8개의 포자를 담은 주머니가 만들어 진다(그림 16.4). **자낭(ascus, 복수는 asci)**이라 부르는 이 구조로 인하여 이와 같은 균류를 분류학적인 이름인

그림 16.3 효모 세포의 교배. 모래시계 모양의 세 개의 교배하는 효모세포가 원형의 2배체 세포와 함께 보인다.

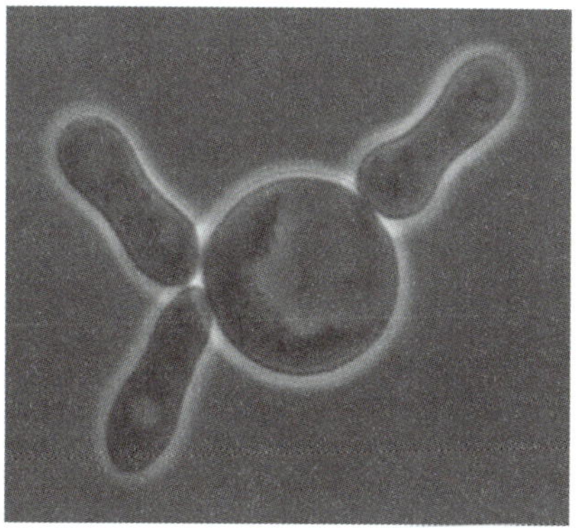

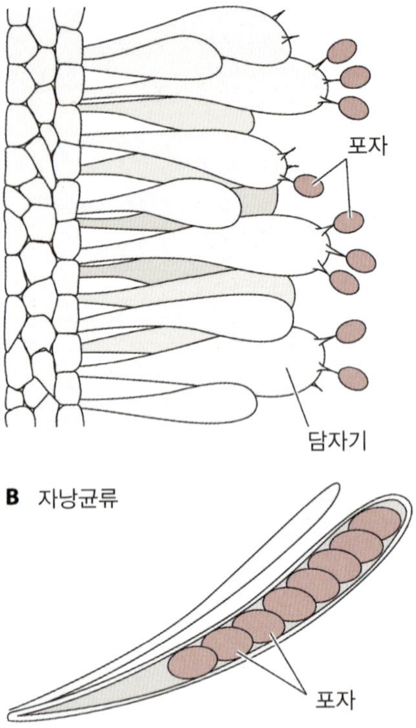

그림 16.4 균류가 생식 포자를 생산하는 두 가지 방법. (A) 버섯의 대부분을 포함하는 담자균류에서는 담자기라 부르는 세포로부터 출아에 의해 포자가 형성된다. (B) 대다수의 효모, 곰팡이, 일부 버섯을 포함하는 자낭균류에서는 자낭이라 부르는 주머니에 포자가 들어 있다.

자낭균류(Ascomycetes)라 명명한다. 자낭균류는 대다수의 효모, 사상균류(곰팡이, mold), 동물과 사람의 병원균, 송로버섯, 그리고 그물버섯을 포함한다. 대부분의 버섯을 포함하고 있는 다른 균류는 **담자기(basidium)**라 하는 세포를 만들며, 이 세포의 표면에서 반수체 포자가 출아법에 의해 생겨난다. 이러한 균류를 **담자균류(Basidiomycetes)**라 한다(그림 16.4).

영양상태가 충분히 좋은 환경에서는, 자낭포자(ascospore)는 발아하여 영양생장(vegetative growth)을 한 후에 반수체의 세포가 된다. 멘델의 법칙에 따르면, 자낭에 존재하는 두 개의 세포는 하나의 교배형이 되며, 다른 두 개의 세포는 반대 교배형이 될 것이다. 만약 하나의 발아된 포자가 다른 포자들로부터 떨어져 고립되면, 이 포자는 생식능이 없게 된다. 그러나 (생식능이 없게 되는) 이 운명은 확정적인 것은 아닌데, 그 이유는 각 교배형의 세포들은 주기적으로 다른 교배형으로 전환되기 때문이다. 이 과정은 유전자의 재배열을 필요로 하며 이는 마치 항체의 다양성을 만드는 과정과 크게 보면 유사하다. 이 과정은 다음과 같이 일어난다. 각 효모 세포는 두 개의 **잠재(silent)** 유전자를 가지며, 한 유전자는 하나의 교배형을, 또 다른 유전자는 반대의 교배형을 암호화한다(그림 16.5). 이 잠재 유전자 자리(loci)는 염색질(chromatin) 구조에 놓여 있어 전사가 되지 않는다. 그러나 잠재 유전자는 마치 실재 유전자가 발현되는 위치("카세트 플레이어")에 삽입되는 "카세트 테이프"의 역할을 수행한다. DNA의 재조합은 잠재 유전자를 잠재 유전자 자리에서 복사하여 발현되는 교배형 카세트를 반대의 교배형으로 바꾼다. 비록 효모 개체군이 하나의 교배형을 가진 반수체 포자로부터 형성되었다 할지라도, 생장이 일어나는 동안 발생하는 이 교배형 전환은 결국 양쪽의 교배형을 모두 가지는 집락의 형성을 가능하게 해준다.

효모는 왜 널리 쓰이는 유전학 연구의 도구인가?

효모의 생활사는 효모를 비교적 연구하기 쉬운 대상으로 만들어, 많은 연구자들 사이에서 인기 있는 연구 도구가 되고 있다. 여러 가지 서로 다른 교배형 배양체를 혼합하여 마음대로

그림 16.5 효모에서 교배형의 전환. α와 a라 부르는 두 개의 교배형이 있는데, 동시에 오직 한 개의 교배형만 발현된다. 이 유전자들은 모두 잠재형이며, 전사가 일어나는 위치인 *MAT* 부위로 유전자 복사본이 이동해야만 발현된다. 이 기작은 카세트 플레이어에 테이프를 끼워 넣는 과정과 구조적으로 유사하며, 따라서 이 기작을 **카세트 모델**로 부르기도 한다. 때때로 발현되지 않은 유전자가 발현위치에 놓인 유전자와 교환되어 교배형의 전환이 일어난다.

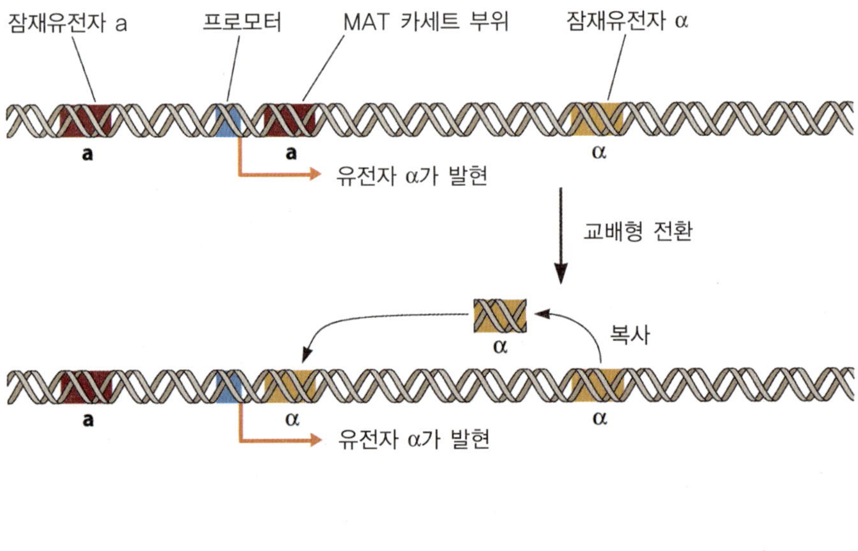

교배를 쉽게 유도할 수 있다. 하나의 자낭에 존재하는 감수분열로 생긴 4개의 세포는 미세조작기구(micromanipulator)를 사용하여 분리할 수 있다. 효모 이외의 다른 진핵세포는 효모처럼 쉽고, 편하고, 정확한 유전학적 분석이 어렵다. 이 외에도 효모를 유전학적 연구의 대상으로 사용하는 여러 가지 이점이 있다.

- 효모는 비교적 작은 유전체(1.4 Mb)를 가지며, 대장균 유전체의 3배 정도 크기에 불과하다. 효모 유전체는 800 kb 크기인 16개의 작은 염색체로 나누어져 있지만 이들은 전형적인 진핵세포 염색체처럼 행동한다. 작은 염색체 크기로 인하여 효모 염색체는 진핵세포에서 DNA 복제와 염색체의 특징을 연구하는 매혹적인 모델이 된다. 효모는 화려한 기능(신경으로 분화하거나 항체형성과 같은)은 없어도 세포에게 필수적인 모든 기능을 수행하는, 즉 불필요한 부분을 모두 제거한 진핵세포로 간주된다.
- 효모는 안정적인 반수체와 2배체 시기를 가짐으로써, 치사돌연변이가 반수체 세포에서 발현되고 또한 2배체 세포에서는 유지될 수도 있다. 그러므로 돌연변이를 즉시 관찰할 수 있으며, 치사돌연변이는 이후 분석을 위하여 쉽게 보관할 수 있다.
- 외래 효모 DNA는 형질전환(transformation)을 통하여 효모 세포에 쉽게 도입될 수 있다. 효모의 세포벽은 매우 견고하지만, 전기적 충격(전기천공법, electroporation) 또는 lithium acetate와 같은 특정 염을 처리하여 약해지도록 만들 수 있다. 세포 내부로 도입된 DNA는 고효율의 상동재조합을 통하여 어떤 유전자의 구조도 쉽게 변환시킬 수 있다.
- 효모 세포 내부에서 복제되는 플라스미드의 제조가 비교적 쉽다. 대장균에서 복제되는 몇몇 플라스미드는 효모에서도 복제된다. 이러한 **유선자 운반체(shuttle vector, 셔틀벡터)**는 효모와 대장균 모두의 유전 체계를 활용할 수 있도록 도와준다. 크기가 매우 큰 외부 DNA를 포함하는 플라스미드도 유전공학적으로 재조합될 수 있다. 이러한 플라스미드를 **효모인공염색체(yeast artificial chromosome, YAC)**라 한다. 이러한 특징으로 인하여 효모는 인간을 포함하는 많은 원료로부터 DNA 연구를 위한 편리한 연구도구가 되고 있다. 진핵세포 유전체를 분석하기 위해서는 일반적으로 큰 크기의 염색체 절편을 클로닝 해야 한다. 800 kb나 되는 큰 DNA절편으로 YAC을 제조하는 것도 가능하다. 또한 효모 세포에서 유전공학을 이용하여 단백질을 생산하는 것은 여러 가지 이점이 있다. 효모는 진핵세포이므로, 대부분 진핵세포 단백질이 적절하게 접힐 수 있고 번역후변형(예를 들어 글리코실화 반응)도 이루어 진다. 최초의 유전공학 생산물로서 인간 백신인 B형 간염 핵심항원(hepatitis B core antigen)과 식품 생산에 사용되는 최초의 유전공학 효소인 렌닌(rennin)은 모두 효모에서 생산되었다.

원생생물

원생생물의 주요 그룹은 표 16.2에 제시되어 있다.

짚신벌레 속(*Paramecium*)

학생들이 과학에 흥미를 가지도록 유도하기 위하여 고등학교 과학 교사는 종종 학생들에게

표 16.2 원생생물의 일부 주요 그룹

그룹	예	운동 수단	주요 영양 방식
편모충류	트리파노소마(아프리카: 수면병, 남미: 샤가스병), *Giardia* (편모충증, 설사증), 트리코모나스(성매개 감염)	편모	흡수 (용존성 먹이를 섭취)
아메바	*Entamoeba histolytica* (이질, 농양), *Naegleria fowleri*(뇌염)	위족	식세포작용(입자상 먹이를 섭취)
섬모충류	짚신벌레 *Balantidium*(인간 장내 감염)	섬모	섭식 (입과 유사한 기관을 통하여 입자상 먹이를 섭식)
정복합체포자동물문 (apicoplast라 부르는 구조를 형성하여 붙인 이름임)	말라리아 원충, *Toxoplasma*(톡소플라스마증)	비운동성 (생활주기의 일부 주기에서는 예외)	흡수 (용존성 먹이를 섭취)

연못에서 떠온 물 한 방울을 현미경으로 관찰하도록 시킨다. 온갖 종류의 생물들이 주르륵 미끄러지며 이리 저리 움직이는 것이 관찰된다. 크기가 큰 생물체 중 털이 달린 슬리퍼처럼 보이며 매우 활발하게 움직이는 생물체가 바로 짚신벌레이다. 이 생물은 10대의 학생뿐만이 아니라 생물학 전공자들에게도 매혹적이다. 왜냐하면 짚신벌레는 매우 크고 복잡한 단세포 생물중의 하나이며 아주 흥미로운 방식으로 생리적, 유전적 작용을 수행하기 때문이다. 우리는 무엇이 세포를 이렇게 크게 만들었는가 하고 의문을 품을 수도 있다. 어쨌든 타조 알도 단세포이기 때문이다. 그러나 타조 알은 짚신벌레처럼 움직이지도 않으며, 단지 부화를 위해 존재할 뿐이다. 짚신벌레와 그 근연종들, 즉 **섬모충류(ciliates)**라 부르는 거대 단세포 생물들은 자유생활에 잘 적응되어 있다. 이들은 연못, 대양, 호수, 강, 토양 등에서 발견되며, 세균이나 작은 생명체를 섭식하며 살아간다. 짚신벌레 역시 섭식자(grazer)로서 세균과 같은 작은 입자를 섭취하여 살아간다. 하지만 짚신벌레도 다른 생물에 의해 섭취되어 먹이사슬의 일부분이 된다(그림 16.6). 여기에서는 *Paramecium caudatum*을 원생생물의 세계를 대표하는 일례로서 다루고자 한다.

단세포 생물체이지만 짚신벌레는 매우 복잡하다. 이들은 적어도 피상적으로나마 입, 식도, 항문처럼 보이는 특화된 구조를 가지고 있다. 과량의 물이 체내에 축적될 수도 있으므로, 이들은 과량의 액체를 밖으로 내보내는 **수축포(contractile vacuole)**라 부르는 신장-방광 체계를 가지고 있다. 짚신벌레가 단세포라는 사실은 같은 크기의 다른 생물체들이 다세포로 이루어져 있다는 점에 기초하여 볼 때 수수께끼이다(그림 16.7).

지금까지 어떠한 학자들도 서로 다른 세포가 서로 다른 기능을 수행하는 가장 일반적인 다세포 생물의 생활 방법을 짚신벌레가 채택하지 않는 이유에 대한 명확한 근거를 제시하지 못하였다. 짚신벌레는 크기가 매우 커서(섬모충류 전체를 고려하면 그리 특별하지는 않지만), 마치 하마처럼 느긋느긋하고 한가하게 생활할 것이라고 예상할 수 있다. 그런데 그렇지 않다. 짚신벌레는 10시간마다 분열하며, 일부 근연종은 2시간마다 분열한다. 빠른 생장은 이처럼 크고 복잡한 세포에게 도전적 과제를 부여한다. 소화가 가능하거나 또는 불가능한 세균들로 가득 차 있는 환경에서는 먹이가 풍부하므로 짚신벌레에게 영양분 섭취는 문제가 되지 않는다. 하지만 먹이 섭취에 있어서 문제가 없더라도 빠른 생장률은 세포의 구성

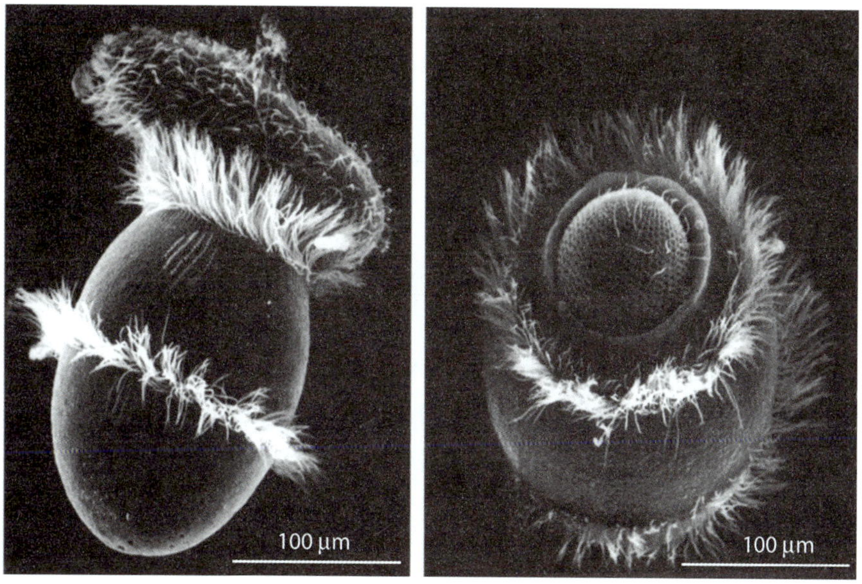

그림 16.6 섬모충류 사이의 포식. 짚신벌레를 삼키고 있는 또 다른 섬모충류인 *Didinium*의 주사전자현미경 사진. **(왼쪽)** 초기 단계를 옆에서 본 사진; **(오른쪽)** 거의 완전히 섭식된 피식자를 위에서 본 사진.

원들이 조화롭게 제 기능을 하도록 요구한다. 세포가 분열되는 시간에 맞추어 세포소기관 같은 모든 구성성분은 두 배가 되어야 한다. 이를 위하여 세포 구성성분을 배가하는 데 작용하는 모든 기계적 장치(핵산)들은 매우 효율적으로 작동하여야 한다. 연이어 이 핵산들은 번역이 되어 핵산, 단백질, 탄수화물, 지방을 만드는 많은 양의 효소를 만들게 된다. 부가적으로, **RNA 효소** 혹은 **리보자임(ribozyme)**-단백질이 아닌 효소로서 예외적임-이 짚신벌레의 친척뻘인 *Tetrahymena*에서 발견되었다. RNA의 이어맞추기(splicing)도 발견되었다.

다음으로 어떻게 짚신벌레가 대량의 효소를 효율적으로 만들 수 있는 지가 고려의 대상이 된다. 단백질 합성에는 대량의 mRNA가 필요하므로 DNA로부터 얼마나 신속하게 mRNA를 합성할 수 있는지가 제한요인이 된다. 섬모충류는 이 문제를 아주 독특하고 유일한 방법으로 해결한다: 이들은 **거대핵(macronucleus)**이라 부르는 또 하나의 거대한 핵을 만든다. 거대핵은 '실제' 의 **핵(미소핵, micronucleus)**으로 떨어져 나와 반복적으로 복제된 특정 유전자들을 포함하고 있는 자루이다. 거대핵은 섬모충류의 종류에 따라 다르지만, 반복적으로 복제된 40개에서 1000개의 유전자들을 포함하고 있다. 거대핵은 그러므로 유전자들이 안전하게 보관되는 금고, 즉 세포의 정보 저장소의 역할을 한다. 한편 거대핵은 분자 복제장치가 매우 활발하게 작동하는 분주한 장소이다. 거대핵은 생장에 필요한 유전자를 담고 있다. 일부 종에서는 미소핵 유전자의 15%만을 포함하며, 또 다른 종에서는 90%까지도 포함한다. 미소핵으로부터 거대핵이 형성되는 과정은 세포 유전자 목록의 선택적 축소를 포함하는 복잡한 과정이다. 왜냐하면 거대핵에 담길 유전자들은 미소핵 염색체에 인접해 있지 않아 반드시 다시 개편되어져야 하기 때문이다. 다음 세대를 위한 정보의 지킴이로서 기능하는 미소핵은 감수분열에 의하여 매우 정확하게 복제되어야 한다. 그러나 거대핵은 그렇지 않다. 거대핵은 많은 수의 유전자 복사본을 가지고 있어서 이들이 정확하게 배분되어야 할 필요가 없다. 거대핵은 미소핵처럼 감수분열에 의해 분열하지 않고 마치 두 동강이 난 껌 조각처럼 단순히 반으로 잘려져 분열한다.

짚신벌레는 또 다른 흥미로운 특징을 보인다. 이들은 다른 짚신벌레를 포함하여 가까

그림 16.7 ***Paramecium caudatum*****.** 이 복잡한 단세포 생물은 먹이의 흡수(식도), 먹이의 소화(식포), 분비(수축포), 유전체의 보호(미소핵), 유전정보의 이용(거대핵)과 관련된 구조를 가진다.

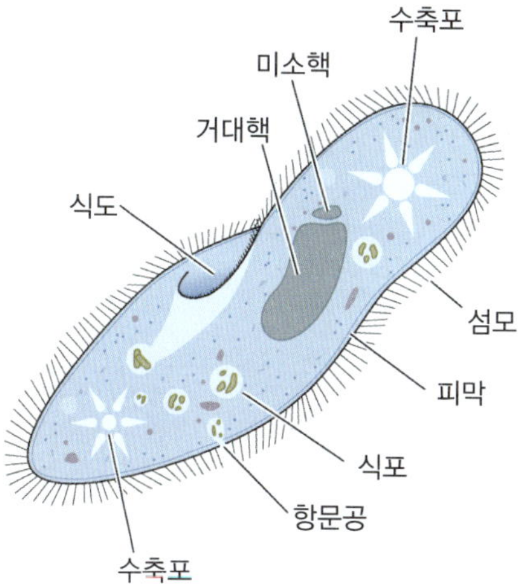

이 있는 어떠한 입자들도 삼킨다. 어떤 경우에는, 포식된 짚신벌레가 이들의 미소핵에 내부 공생 세균을 가지고 있어서 포식자로부터 자기를 방어하기도 한다. 내부공생세균을 지니는 이러한 짚신벌레들이 다른 포식자에 의해 섭취가 되면, 세균이 독소를 방출시켜 포식자를 죽인다. 내부공생 세균을 가지는 이 짚신벌레는 이 독소에 면역능을 가지고 있어서 해를 입지 않는다. 흥미롭게도 여기에는 여러 층위의 생물학적 상호작용이 작동한다: 내부공생 세균의 독소는 불완전한 프로파지(prophage)에 의해 암호화되어 있다(제17장 참조).

16.5 섬모충류에 존재하는 내부공생 세균에 대한 더 많은 정보

짚신벌레 및 여러 원생생물은 무한정 분열하지 않고 얼마간의 세포분열 후에 죽는다. 이 **노화(senescence)** 현상은 동물 세포를 연상시킨다. 짚신벌레에서 노화현상은 척추동물과는 달리 말단소체(telomere, 선형 염색체의 말단 부위)가 짧아져서 일어나지 않는다. 원생생물에서 노화기전은 아직 밝혀지지 않았다. 어떻게 짚신벌레들은 멸종되지 않았을까? 이들이 유성생식을 진행할 때 생체시계가 재시작 된다. 즉, 이 종들은 간헐적으로 교배를 할 때까지 죽지 않고 견딜 수 있다. 그러나 정확은 기작은 여전히 알려져 있지 않다.

유전학과 진화에 대한 우리의 지식 증진에 섬모충류가 공헌한 또 하나의 기작은 **피층 유전(cortical inheritance)**이라 부르는 현상이다. 이것은 *유전자의 참여가 없이* 세포 표면의 특징이 유전되는 것을 가리킨다. 짚신벌레의 교배는 세포의 융합 과정을 수반하며 이후에 접합된 세포의 분리가 일어난다. 이때 세포의 분리가 완벽하게 일어나지 않아 때때로 한 파트너가 다른 파트너의 피층(피부) 조각을 취하게 된다. 피층은 특정한 방향으로 방향성을 가지는 섬모를 지니는데, 새로운 피층 조각에서 섬모는 반대 쪽 방향으로 방향성을 가지게 될 것이다. 섬모는 짚신벌레가 유영할 수 있도록 하는 중요한 세포기구이므로 이들의 방향성은 매우 중요하다. 만약 충분한 양의 섬모들이 잘못된 방향성을 가지게 되면, 섬모충은 비정상적인 방향으로 움직일 것이다. 이러한 자연적인 현상은 피층의 일부를 실험실 내 조작을 통하여 반대방향으로 뒤집어 놓은 실험에 의하여 재현될 수 있다. 여기에서 주목할 만한 사실은 섬모들의 새로운 패턴, 즉 변형된 방향성의 헤엄치기가 유전된다는 것이다. 이러한 유전현상에는 유전자가 관여하지 않으며 전적으로 피층 조각의 국지적인 기하학적 배열에 의존한다. 우리는 이러한 현상을 후생유전(epigenetics)이라 부른다(프리온과 연관된 유사한 상황에 대해서는 17장 참조).

말라리아원충(*Plasmodium*), 말라리아를 일으키는 기생충

16.6 퀴닌(quinine)과 퀴닌의 역사

말라리아는 과거, 현재, 그리고 미래에 이르기까지 인류에게 있어서 엄청난 재앙 중 하나이다. 말라리아는 주로 열대지역에서 약 3억 명의 사람들이 감염되며, 매년 100만에서 150만에 이르는 인류가 이 질병으로 목숨으로 잃어 치명적 전염병으로 분류된다. 말라리아는 주로 열대지역에서 발견되는(다른 지역에서도 발견된다) 흡혈모기에 의해 전염된다. 이 모기들은 2마일 이상을 날지 못하는데 이러한 사실은 모기를 통제하는 데 중요한 고려점이 된다. 말라리아 질병은 살충제 사용, 모기가 번식하는 웅덩이의 관개, 모기장 설치 등 위생적 조치에 의해 통제될 수 있다. 그러나 이러한 조치를 대규모로 수행하기에는 비용이 많이 들어 몇몇 저개발국가의 경우에는 방제수단으로써 상상조차 힘들다. 일부 의약품은 말라리아를 예방할 수 있으며 또한 치료약으로도 쓰일 수 있다. 퀴닌(quinine)같은 몇몇 의약품은 근 1세기동안 널리 사용되어 왔다. 그러나 독성이 가장 강한 몇몇 종들은 수많은 항말라리아 의약품에 내성을 가지게 되었으며 모기를 죽이는 살충제 또한 모기가 약품에 내성을 가지게 되어 효과가 사라지는 실정이다.

인간의 말라리아 질병은 *Plasmodium* 속에 속한 4개의 종에 의해 유발되며, 이중 가장 강력한 종은 *Plasmodium falciparum*이다. 말라리아원충은 두 개의 절대(obligately) 생활형을 번갈아 가지는데 그 하나는 이들에게 절대숙주인 모기 내부의 생활형이며 다른 하나는 척추동물 숙주 내부의 생활형이다. 말라리아원충은 이들의 생활주기를 완성하는 데 필수적인 유성 생식기를 포함하는 아주 특별하고도 복잡한 과정을 반복적으로 가진다. 이 기생충은 대략 12개의 독특한 생활 단계를 지니고 있으며 이 모든 단계에는 고유한 이름이 붙여져 있다. 여기에서는 이 중 일부의 단계에 대해서만 살펴볼 것이다.

대다수 흡혈 곤충처럼 오직 암컷 모기만이 척추동물 숙주의 피를 빨아 먹는다. 수컷과는 달리 암컷 모기는 알을 만들기 위하여 많은 양의 단백질이 필요하다. 말라리아원충에 감염된 숙주의 피를 빨 때, 모기는 기생화된(parasitized) 적혈구를 섭취한다. 말라리아원충은 모기의 입에서 증식하며, 모기가 다른 숙주를 물 때 감염을 유발할 수 있을 정도의 기생충이 다른 숙주에게 옮겨진다. 그러나 이 과정은 그리 단순하지 않다. 말라리아원충은 질병을 유발할 수 있는 충분한 양에 도달하기 전에 일련의 복잡한 분화 과정을 겪는다(그림 16.8).

그림 16.8 말라리아원충의 생활 주기. 암컷 모기의 침샘으로부터 유리된 기생충(**포자소체**) 이 인체에 주입됨(**1**). 혈관을 타고 간으로 들어감(**2**). 간에서 **분열생식포자** 조직이라 불리는 세포로 성숙(**3**). 혈관계로 **분열소체**의 형태로 다시 들어감(**4**). 적혈구 세포를 공격(**5**). 그러나 일부 기생충은 휴면상태로 간에 잔류(**2**). 일부 말라리아종(*Plasmodium vivax*와 *Plasmodium ovale*)은 회기열과 오한을 야기함. 기생충은 적혈구에서 고리형태(**6**)와 또 다른 무성생식 단계(영양체 및 분열생식포자, **7**, **8**)로 성숙. 완전히 성숙한 후에 기생충은 적혈구를 용혈하며, 이 때 방출된 기생충은 정상의 적혈구를 다시 공격함(**9**). 적혈구 세포 안에서 일부 기생충은 유성생식자(배우자모세포)로 분화(**10**). 모기에 의해 다시 섭취되어, 배우자는 더 분화되며(**11**), 교배하여 접합체를 생산하여(**12**), 이 접합체는 모기의 장내로 침투(**13**), 난모세포의 구조로 발달함. 난모세포는 모기의 침샘(**1**)으로 이동할 수 있는 세포를 생산하고(**14**), 이 생활주기는 반복됨.

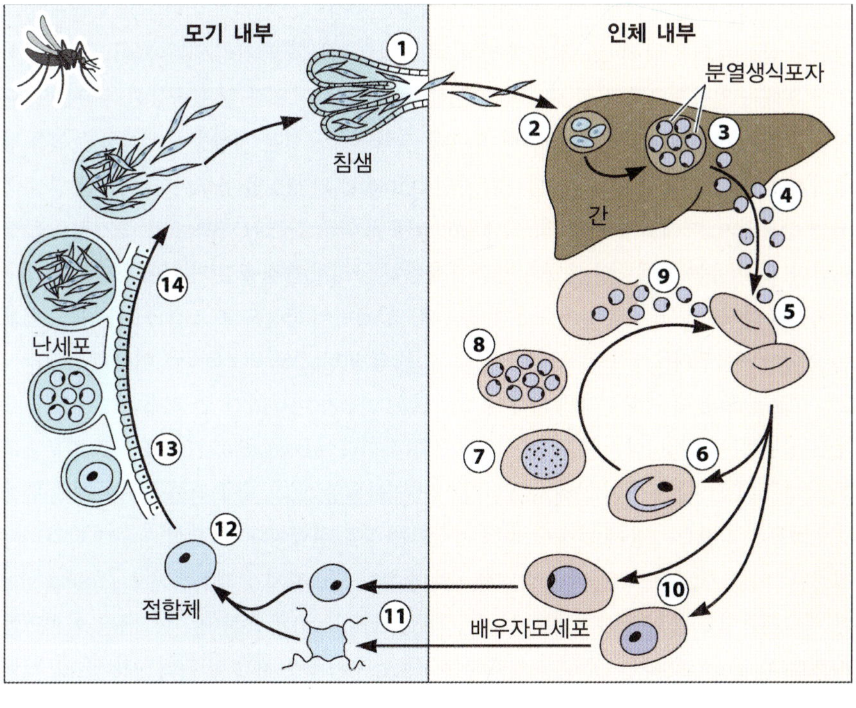

감염된 숙주로부터 모기가 획득한 피에는 여러 분화 단계의 기생충이 있으나, 이 중 소위 **배우자모세포(gametocyte)**만이 **배우자(gamete)**로 분화하여 모기에 침투하게 된다. 모기의 장내에서 배우자들은 적혈구를 빠져 나오며, 수컷 배우자는 활발하게 움직이는 8개의 정자와 같은 세포를 낳고, 이들은 암컷 배우자를 찾는다. 모기 안으로 들어온 지 30분 내에, 교배는 완성되고 2배체의 **접합체(zygote)**가 형성된다. 이 접합체는 다시 분화하여 모기의 장 내에 침입하는 운동성 세포가 된다. 이 과정 중에 감수분열이 일어나 단수체의 세포가 형성된다. 단수체 세포들은 분열하여 수만 개의 자손 세포를 만들고 이들은 모기의 피로 다시 들어간다. 단수체 세포의 형태로서 기생충들은 모기의 침샘(salivary gland)에 침투하여, 모기가 다른 사람이나 동물을 물 때 주입될 수 있는 준비상태가 된다.

인간의 체내에서 말라리아원충은 빠른 속도로 혈관을 따라 이동하여 간에 도착한다. 숙주의 면역 상태와 같은 아주 다양한 요인에 따라서 이들은 간세포에서 급속하게 분열하거나 혹은 휴면기 상태로 존재한다. 그러나 휴면 상태의 원충은 나중에 다시 소생하여 말라리아의 발작성 열병을 야기할 수 있다. 말라리아 원충이 간에서 빠져 나오게 되면 이들은 혈류를 타고 적혈구에 감염한다. 간을 통한 우회과정은 이 원충이 체내에 존재하도록 진화가 된 과정 때문이라 추측된다.

말라리아원충이 분열하게 되면 감염된 적혈구는 경직된다. 비장(spleen)은 경직된 적혈구를 '노화된 혈구'로 인식하여 파괴한다. 그러나 기생충들은 적혈구와 함께 파괴되는 것을 방지하기 위한 보호기작을 가진다. 기생충들은 적혈구에 혹과 같은 구조를 유발시켜 혈관 벽에 부착하도록 만들어 비장에서 이들이 파괴되지 않도록 한다. 이러한 기작에도 불구하고 많은 수의 적혈구는 용혈되며, 심지어 감염되지 않은 적혈구도 용혈된다. 감염되지 않는 수많은 적혈구가 용혈된다는 사실은 *Plasmodium*에 의한 감염이 말라리아 증상을 일으키는 어떤 자가면역 기작을 유발시킨다는 것을 암시해 준다(말라리아 증상의 면역과 연관된 주제와 백신 제작의 가능성은 복잡하므로 이곳에서는 다루지 않는다).

적혈구와 용혈과 더불어 말라리아의 전형적인 증상인 오한이 일어나는데 오한 증상은 상당히 심하여 더운 날씨에도 심하게 떨며, 큰 소리로 이를 딱딱거리게 된다. 이러한 증상이 지난 후에는 일반적으로 전신 무기력감, 심한 두통, 구토, 고열과 같은 증상이 뒤따른다. 환자는 고열이 진정될 때까지 땀을 흠뻑 흘린다. 적혈구의 용혈은 기생충이 생산한 물질을 방출하게 만들고, 이 물질은 고열유발 시토카인(cytokine)의 생산을 유도한다. 이러한 임상 증세는 반복되며, 때때로 수일 간격(*Plasmodium* 종에 따라 간격이 다름)으로 주기적으로 일어난다. 그 이유는 기생충의 분열과 방출이 특정한 공시적 특징을 띠며 일어나기 때문이다. 적혈구의 파괴는 대규모로 일어나서 대량의 헤모글로빈이 방출되고 그 결과 짙은 색의 검붉은 오줌이 배설된다(그러므로 이 증상을 '검은 물 열병(blackwater fever)'이라 부른다).

*Plasmodium*의 생활주기에 대하여 가장 많은 연구가 이루어진 것 중 하나는 적혈구 세포로 침투하는 과정이다. 적혈구들은 식세포가 아니다; *Plasmodium*이 적혈구로 침투하려면 적혈구 세포가 길들어져 약해져야 한다. 말라리아원충, 모기, 숙주 적혈구 사이의 첫 번째 상호작용은 리간드-수용체 반응에 의해 매개되는 상호 결합이다. 이 결합 이후에 말라리아 원충은 "혀끝" 혹은 뾰족한 말단이 적혈구와 접촉하도록 위치가 재조정된다. *Plasmodium*은 원생생물의 그룹인 정복합체포자동물문(Apicomplexa)에 속하며, 이 그룹은 **아피코플라스트(Apicoplast)**라는 DNA를 함유하는 세포소기관을 가지고 있다(제19장 참조). 적혈

구 세포는 식세포작용을 방해하는 2차원의 아막(submembrane)인 **세포골격(cytoskeleton)**을 가지고 있으며, 말라리아원충이 적혈구로 들어가기 위해서는 이 세포골격이 파괴되어져야 한다. 말라리아원충은 세포골격 단백질을 이용하여 세포골격의 표면으로 미끄러져 들어가며, 적혈구 세포 안으로 기어 들어간다는 표현을 쓰기도 한다. 새로운 적혈구에 감염하는 *Plasmodium* 은 생활 주기를 새로 시작하는 배우자로 분화한다.

이처럼 복잡한 생활주기에는 어떠한 선택압력이 작용할까? 유감스럽게도 아직 잘 알려진 바는 없다. 인체에 감염하는 대부분 원생동물 기생충과는 달리, 말라리아원충은 유성생식을 한다. 유성생식은 복잡한 과정이며, 배우자 세포로의 분화, 교배, 그리고 감수분열이 반드시 필요하다. 말라리아원충은 간(liver) 세포와 적혈구에 감염하며, 이러한 생활주기의 측면이 이들의 생존과 감염에 영향을 미친다고 볼 수 있다.

*Plasmodium*과 가까운 종들을 포함하는 다른 여러 기생충들은 이처럼 복잡한 과정을 보이지 않는다. 아프리카에서 수면병(sleeping sickness)을 일으키는 트리파노소마(Trypanosome)는 곤충이나 포유동물 숙주 내부에서 뚜렷한 형태 변화를 하지 않는다. 남미에서 샤가스병(Shaga' s disease)을 일으키는 또 다른 트리파노소마, 그리고 유연관계가 좀 더 먼 *Leishmania* 종[피부와 조직 모두에게 영향을 미치는 리슈만편모충증(leishmaniasis)의 원인충]은 단지 두 개의 뚜렷한 모양형(morphotype)을 가지는데 그 하나는 곤충 내부에서, 또 하나는 인간 내부에서이다. 왜 이처럼 본질적으로 진히 다른 생활형으로 진화되었는가에 대하여는 단순한 설명이 불가능하다. 그러나 트리파노소마나 *Leishmania*가 곤충이 깨문 자리에서 국지적인 상처를 일으키고, 이곳에서 증식하여 혈액순환계로 들어가는 것과는 대조적으로, 말라리아원충은 아주 작은 수만이 곤충이 깨문 후에 직접 혈관으로 들어간다.

*Plasmodium*의 다양한 생활사는 각각의 생활사에 직접 영향을 미치는 약품이나 백신개발에 영향을 미칠 것이라 여겨진다. 말라리아 질병치료에 많은 개선이 이루어져 왔지만, 지구촌의 많은 지역에서 이 질병을 통제하는 것은 여전히 어렵다.

16.7 *기생충에 대한 더 많은 정보*

16.8 *미세조류의 이동과 여러 가지 세포 구조 및 기능에 대한 동영상*

규조류와 여러 조류들

H. G. Wells의 미래소설이나 스타트랙 드라마에서 우리는 때때로 탄소 대신 규소(silicon)에 기초한 다른 형태의 생명체를 접하게 된다. 왜 아니겠는가? 규소와 탄소는 중합체를 형성하는 능력을 비롯한 매우 유사한 화학적인 특징을 공유한다. 그러나 Si-O 결합이 깨지는 것은 C-O 결합이 깨지는 것 보다 훨씬 많은 에너지가 필요하다. 또한 산화된 규소는 기체(이산화탄소)가 아닌 불용성 물질(이산화규소)을 만든다. 그러므로 규소에 기초한 생물체는 혐기성 생물이거나 또는 이산화규소의 '벽돌' 침전물을 끊임없이 만들 것이다. 우리는 더 이상 이 주제에 대하여 깊이 들어가지 않고 단지 규소를 이용하는 지구에 존재하는 생물체에 대하여만 살펴보고자 한다. 규소는 지구에 매우 풍부한 원소 중 하나이다. 이산화규소 혹은 규조토(silica)의 형태로서 규소는 유리의 주요한 성분이다. 또한 규소는 일부 원생동물, 해면동물, 식물, 그리고 아주 뚜렷하게도 모든 규조류에서 구조 보호물질로 이용된다.

규소는 동물의 뼈나 결합조직에서도 발견된다. 성인 인간의 체내에는 약 10 g의 규소가 있지만 이 책에서는 수계 환경에서 매우 중요한 역할을 하는 생물체인 규조류에 대해서 다루고자 한다. 해양은 육안으로는 볼 수 없는 흥미로운 생명체들로 가득 차있다. 바다에 떠 있는 작은 입자들을 채취하여 현미경으로 살펴보면 많은 원핵생물 이외에도 매우 다양하고 무한한 아름다움을 가진 진핵 미생물들을 관찰할 수 있다. 많은 진핵 미생물들은 눈을 즐겁게 해주는 아름다운 기하학적 구조를 가진 생체 구조를 가지고 있다. 이 생물들은 원형, 혹은 직사각형이거나, 사슬형으로 되어 있다. 이러한 생물들이 바로 해양 먹이사슬의 필수 요소인 **플랑크톤(plankton)**이다. 한 방울의 연못물을 관찰하면 비록 구성 생물체는 시료에 따라 다르지만 여전히 동일한 즐거움을 경험하게 된다.

16.9 식물플랑크톤에 대한 더 많은 정보

규조류는 단세포 미세조류(algae)이다. 이들은 해양이나 담수 생태계의 부유환경이나 퇴적토 환경에서 대량으로 존재한다. 규조류는 단세포로 홀로 존재하거나 또는 여러 개체가 결합하여 여러 크기의 사슬형 형태로 존재하기도 한다. 일부 규조류들은 표면 위에서 활발하게 움직일 수도 있다. 규조류 개체들은 2 μm에서 수 mm 의 크기이며, 극히 일부의 종만이 200 μm 이상이다. 규조류들은 매우 다양하여 현존하는 종의 수는 50,000 개 이상으로 여겨진다. 규조류의 독특한 특징 중 하나는 유기물질로 둘러싸인 이산화규소(즉, 유리)로 만들어진 세포벽이다. 이 세포벽 껍데기들은 복잡한 기하학적 패턴을 나타내 자연미의 정수를 보여준다 (그림 16.9). 이들 세포벽을 관찰한 사람들은 감동을 받아 이들을 '자연의 보석', '유리의 정감을 가진 식물' 처럼 아름다운 이름으로 부르기도 한다.

그렇다면 왜 규소일까? 규조류 세포벽의 디자인과 구성 성분은 물리적인 파손에도 견딜 수 있는 강한 구조를 만든다. 그러나 규조류에 존재하는 규소는 불활성이 아니다. 규소는 아마도 pH를 최적 범위에 유지하도록 완충작용을 하여 광합성을 촉진하는 역할을 할 것이라 생각된다. 세포벽의 화려한 모양 또한 광합성을 촉진시키는 역할을 할 것이라고 여겨지는데, 그 이유는 많은 구멍과 톱니 모양이 물과 이산화탄소에 노출되는 세포의 표면적을 증가시키기 때문이다. 규조류는 규소를 다른 목적으로도 이용할 수 있다. 규소는 규조류의 DNA 중합효소 유전자를 비롯한 다양한 유전자를 활성화시키기도 한다.

16.10 규소에 대한 규조류의 반응에 관한 논문

규조류는 광합성 생물이며 이들의 광합성 량은 지구에서 일어나는 전체 유기탄소 고정의 20-25%를 차지한다. 규조류는 해양에 매우 풍부하게 존재하므로 해양생물의 주요한 먹이원이 되며 또 지구 대기에 존재하는 산소의 주요 생산자이기도 하다. 모든 규조류들이 자유 유영생활을 하는 것은 아니며, 일부 규조류들은 수생 식물, 연체동물, 갑각류, 심지어 거북이의 표층에 고착하여 생활한다. 일부 고래의 피부에는 규조류가 매우 많이 서식하기도 한다. 규조류는 먹이사슬의 주요 요소이다. 많은 원생동물과 크기가 작은 플랑크톤은 더 작은 규조류를 통째로 섭취하지만, 이 중 일부는 크기가 큰 규조류를 공격하여 껍데기부터 차례로

그림 16.9 규조류의 예. 서로 다른 모양을 보이는 규조류의 주사전자현미경 사진

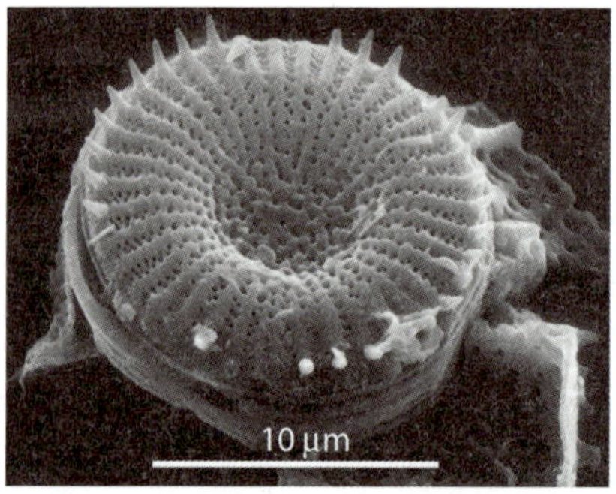

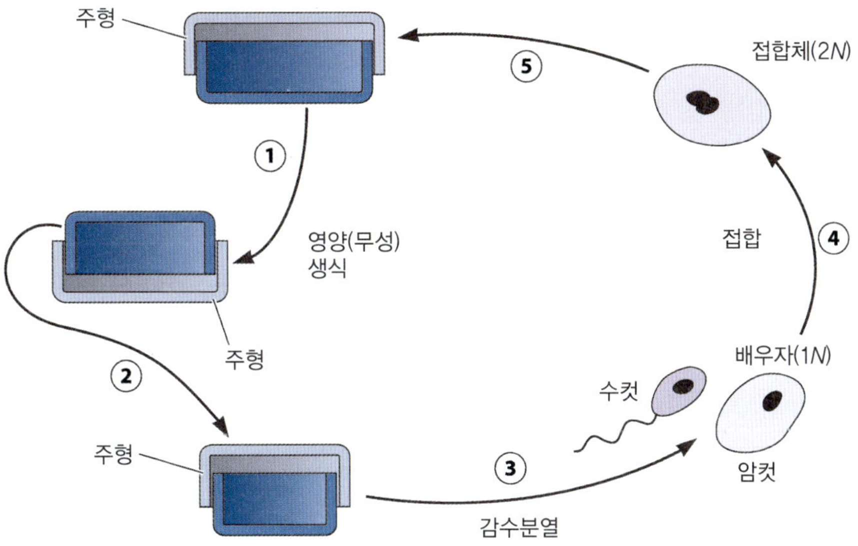

그림 16.10 페트리 접시 모양을 한 규조류의 생활 주기. 무성생식의 형태로서, 세포의 "윗 껍데기"가 주형으로 작용하여 "아래 껍데기"를 형성함(1). 뒤집어 져**(2)**, 아래 판이 윗판이 되고, 다시 주형으로 작용하여 아래판을 형성함. 각 분열 단계마다 세포는 작아져 더 작아진 껍데기에 둘러싸이게 됨(푸른색). 껍데기가 아주 작아지면 세포는 방출되어, 감수분열을 하고, 배우자가 됨**(3)**. 배우자들은 접합하여 접합체를 형성하고 **(4)**, 이 접합체는 자라서 껍데기를 다시 만들어 이 순환주기가 반복됨**(5)**. 편의를 위하여 껍데기 반쪽은 번갈아 진한 푸른색과 연한 푸른색으로 표시하였으며, 세포 분열의 일부 과정만 제시됨.

섭취하기도 한다. 규조류가 이들에 의해 섭취되어도 이들의 껍데기는 파괴되지 않고 적어도 백악기까지 거스르는 지질지대에 거쳐 아주 많은 양이 퇴적되어 축적되어 왔다. 거의 전적으로 규조류 껍데기 화석으로만 이루어진 백악암(white chalky rocks)은 **규조암(diatomite)** 또는 **규조토(diatomaceous earth)**로 알려져 있다. 이러한 퇴적물은 상업적으로 채취되어 연마재, 세척제, 페인트로 사용되며 와인을 비롯한 여러 액체물질을 여과하는 재료 등으로도 이용되어 왔다. 양치질을 하는 동안 우리는 규조류와 접하게 되는데 그 이유는 일부 치약은 가공된 규조토를 함유하기 때문이다. 개개의 규조류 종은 각각 다른 기후 환경에서 서식하고 있기 때문에, 규조류 화석을 분석하면 과거 환경에 대한 정보를 확보할 수 있다.

몇몇 규조류의 껍데기는 서로 꼭 맞는 두 개의 불균등한 부분으로 구성되며 마치 환약갑이나 페트리 접시를 닮은 구조로 되어 있다. 이러한 구조적 특징으로 인하여 각 반쪽의 껍데기가 새로운 껍데기의 주형으로 독립적으로 작용하는 독특한 형태의 복제 기작이 규조류에 존재한다(그림 16.10).

규조류는 광합성을 하는 다른 종류의 플랑크톤과 유연관계가 약간 멀다. 플랑크톤 중 또 하나의 거대한 그룹인 **석회비늘편모조류(cocolithophores**, 둥근돌 담지자, 인편모조류라고도 함)는 석회석(calcium carbonate)으로 이루어진 세포벽을 보유한다. 이들 역시 규조류처럼 멋진 현미경적 모양을 보여준다(그림 16.11). 이들은 바다에서 100,000 km^{2}의 면적에 달하는 거대한 "대발생(bloom)"을 야기한다(이 면적은 영국 혹은 오하이오 주의 크기와 비슷하다). 석회비늘편모조류의 대발생은 광합성 량에서 거대한 양을 차지하는 커다란 화학 공장으로 종종 묘사된다. 석회비늘편모조류는 지구에서 가장 큰 탄산염 공급원이며, 석회비늘(cocoliths)이라 불리는 작은 비늘을 주기적으로 떨처 낸다. 석회비늘편모조류는

그림 16.11 석회비늘편모조류. 알려진 모든 석회비늘편모조류 중 가장 우점하는 *Emiliania huxleyi* (줄여서 'Ehux'라 함)의 사진. 선호하는 환경 조건에서 Ehux는 영국의 면적에 달하는 조류의 대발생을 야기하며, 이 때 이들의 양은 주어진 서식환경에서 모든 식물플랑크톤 양의 총합보다 10배가 많다. 세포 모양이 아름다운 이유는 이들 세포를 둘러싸고 있는 석회석으로 이루어진 **석회비늘** 때문이다. 석회비늘을 가지고 있어서 이 조류를 석회비늘편모조류라 부른다. 이 조류의 대발생은 빛을 매우 잘 반사하게 만들어, 태양열에 의해 바다가 덥혀지지 않고 많은 양의 빛과 열이 대기로 반사된다. 대량의 석회비늘의 생성이 되고 이들이 대양저에 침전되는 과정은 이산화탄소가 대기에 축적되어 온실효과를 야기하는 과정과 차이가 있다. 석회비늘편모조류는 기후에 영향을 줄 뿐만이 아니라 영국 도버 해협의 백악 절벽처럼 궁극적으로 백악암과 석회암을 형성하는 지질학적 과정에 관여한다.

16.11 *Ehux 홈페이지에서 찾아볼 수 있는 더 많은 정보*

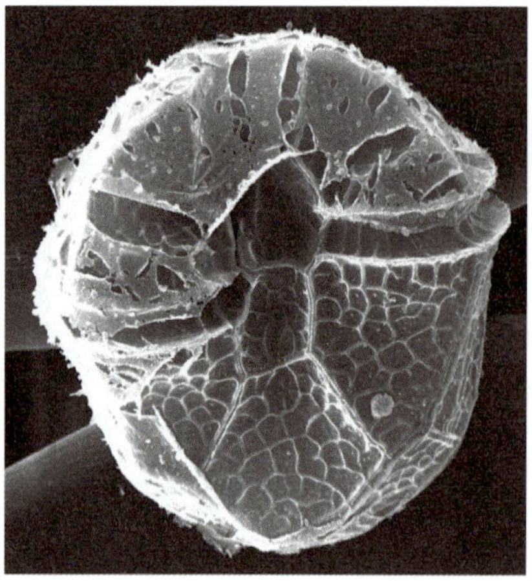

그림 16.12 담수 와편모조류인 *Peridinium willei*의 주사전자현미경 사진. 섬유소를 함유하는 세포벽 때문에 생기는 장갑판 모양 및 각대(cingulum)로 알려진 매우 특이적인 홈통에 유의할 것. 와편모주류의 대부분은 해양에 서식하지만, 일부는 담수 호소와 강에서도 발견된다. 이들 중 약 절반은 광합성을 수행하며, 나머지는 종속영양자이다. 와편모조류가 대량으로 생장하면 척추동물에 해가 되는 적조를 일으킨다.

자연 상태의 검푸른 바닷물의 색깔을 밝은 빛의 파란색으로 바꾸므로 석회비늘편모조류의 대발생은 위성 사진으로도 쉽게 판별할 수 있다. 물질 순환에서 매우 중요함에도 불구하고 석회비늘편모조류에 대해서는 많은 것이 알려져 있지 않고 있으며, 따라서 아직 이들의 "쨍하고 해뜰날" 은 오지 않았다고 할 수 있다.

규조류의 다른 사촌들은 미네랄보다는 섬유소 혹은 다른 중합체로 이루어진 단단한 세포벽을 가진다. 이들은 **와편모조류(dinoflagellates)**라 불리며, 이들 중 일부는 "적조(red tide)" 라 부르는 조류의 대발생을 야기한다(그림 16.12). 와편모조류는 야간에 홍미로운 장관을 보여 준다: 생물발광(bioluminescence)은 산소 의존적이며, 와편모조류의 존재는 파도가 부서지는 정점 혹은 배가 부서지는 자리에서 번쩍이는 빛으로 인해 쉽게 알 수 있다. 일부 와편모조류 종은 강력한 신경독소를 생산하며, 이 독소는 먹이사슬을 타고 전달되어 조개, 물고기, 새, 해양 포유류, 그리고 인간에게까지 영향을 미치며 때로는 이들을 죽음에 이르게까지 한다.

규조류에게는 독특한 규산염의 이용, 다양한 모양, 특별한 번식 형태 등과 관련된 많은 의문점이 있다. 아마도 이 책의 독자들은 언젠가는 이러한 질문에 자기 스스로가 답할 수 있도록 동기가 부여될 수도 있을 것이다. 그렇다면 규조류는 실험실에서 배양될 수 있다는 점을 꼭 명심하길 바란다.

결론

진핵 미생물은 크기와 모양이 매우 다양하며, 대량으로 존재하는 생명체의 한 형태이다. 많은 진핵 미생물은 자연계의 물질 순환에서 필수적인 역할을 수행하며, 일부는 인간, 동물, 식물들의 질병을 야기하며, 또 일부는 아주 집중적인 연구의 대상이 된다. 효모는 모든 진핵생물의 모델로 여겨져 왔으며, 모든 생명체 중 가장 잘 연구가 되어 있는 대장균을 대체할 만한 연구대상의 경쟁자이기도 하다. 섬모충류는 분자생물학에 대한 우리의 지식을 증대시켰으며, 유전자 이어맞추기(gene splicing) 또는 효소처럼 작용하는 RNA와 같은 기대하지 않았던 새로운 현상의 발견을 가져 왔다. 이러한 매혹적인 생물체를 연구함으로써 더욱 더 많은 새로운 연구 성과를 기대할 수 있다. 우리는 탄소순환과 생지화학적 순환에서 이들의 역할을 이제 막 이해하기 시작하고 있다. 다음 장에서 우리는 계속하여 생물 다양성의 주제를 다룰 것이며, 생물 세계의 또 하나의 중심 요소인 바이러스(virus)에 대해 살펴보고자 한다.

학습문제

1. 진핵 미생물의 주요 그룹은 쉽게 분별이 가능한 범주(categories)로 구별되는가? 몇 개의 주요 그룹에 대한 예를 들어라.

2. 균류의 핵심적인 특징은 무엇인가?

3. 어떠한 근거로 연구자들은 효모를 진핵세포의 연구를 위한 모델로서 선호하는가?

4. 어떠한 점에서 *Paramecium*의 미소핵과 거대핵은 다른가?

5. 어떠한 방법으로 말라리아 기생충은 이들의 숙주에게 해를 입히는가?

6. 규조류와 석회비늘편모조류를 쉽게 구별할 수 있는 특징은 무엇인가? 이 생물들은 자연계의 물질순환에서 어떠한 역할을 수행하는가?

제17장 바이러스, 비로이드, 프리온

서론

만약 바이러스가 존재하지 않는다면, 누가 도대체 바이러스를 생각해 낼 수조차 있을까? 바이러스는 이들의 존재를 위해 숙주 세포를 마음대로 이용하며, 숙주세포의 물질대사와 유전적인 활성에 중대한 영향을 미치는 활성이 없는 입자이다. 누가 본래의 형태를 잃고 숙주 세포 내에서 몸체가 분리되어 증식되는 작은 전염성 입자를 상상할 수 있을까? 누가 바이러스가 모든 형태의 생명체에 영향을 주며, 모양과 크기가 놀랄 만큼 다양하고, 환경에 엄청나게 많이 존재할 수 있다는 것을 예측할 수 있을까? 바이러스는 생물학에서 중요한 역할을 한다. 바이러스는 지속적으로 진화하여 왔고, 생명체 사이의 생태학적 상호작용에 지속적으로 연관되어 있으며, 물론 질병도 유발한다. 그러나 바이러스는 "생명계통수(tree of life)"의 전통적인 그림에는 나타나지 않는다(그림 1.2 참조). 그 이유는 비록 바이러스가 복제, 돌연변이, 재조합과 같은 살아있는 생명체의 특징을 일부 가지고 있지만, 유기체가 아니기 때문이다.

17.1 *바이러스학에 대한 역사적 고찰*

크기 및 모양

바이러스는 매우 다양한 숙주를 감염하며, 크기, 모양, 화학적인 조성도 매우 다양하다(그림 17.1). 가장 크다고 알려진 바이러스는 가장 작은 세균 정도의 크기이며, 가장 작은 바이러스 부피의 수천 배 정도이다. 어떤 바이러스들은 막대기 모양이고, 일부는 다각형의 돔 모양이며, 또 다른 바이러스는 달착륙선처럼 생겼다. 그러나 이처럼 다양한 모양에도 불구하고, 모든 바이러스 입자들은 단백질 성분의 배열 구조에서 공통점을 가진다.

바이러스 입자는 단백질 껍질로 둘러싸인 DNA 또는 RNA(동시에 두 종류 모두를 가지지 않음)형태의 핵산으로 구성된다. 바이러스 입자 그 자체를 **비리온(virion)**이라 부르며, 단백질 껍질은 **캡시드(capsid)**, 캡시드-핵산 복합체는 **뉴클레오캡시드(nucleocapsid)**라

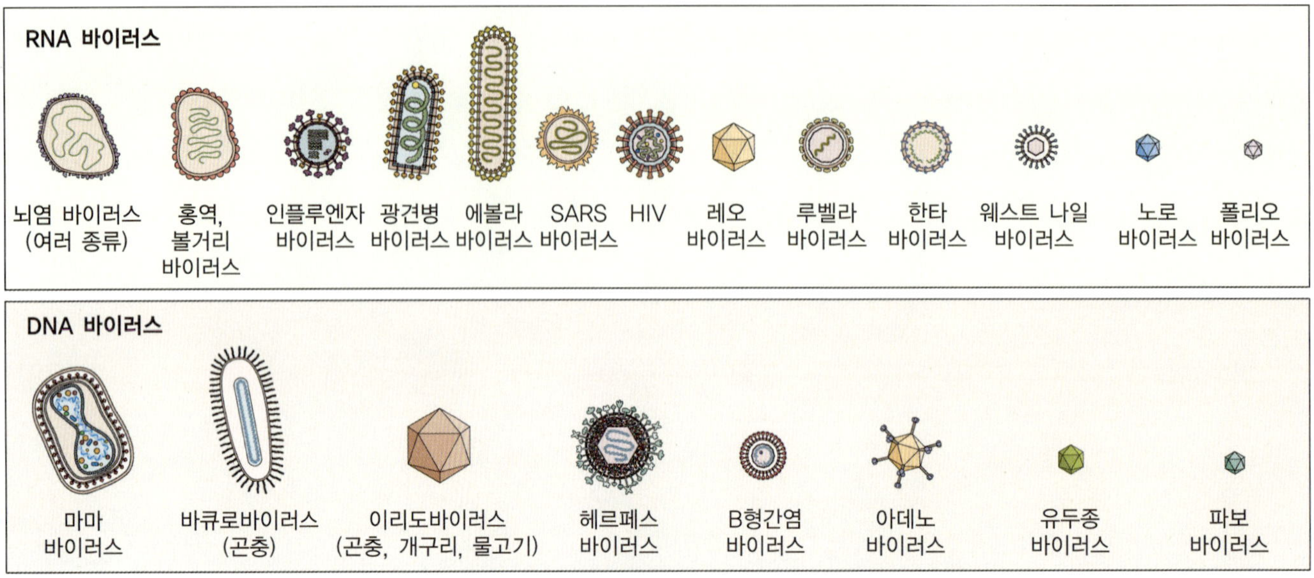

그림 17.1 바이러스의 모양 및 크기의 예. 매우 다양한 모양과 크기에 주목하라. 그림에서 바이러스들의 크기는 실제 크기와 비례하도록 나타내었다.

부른다. **캡소머(capsomer)**라 부르는 캡시드의 구조 소단위는 단일, 혹은 복합형태의 단백질로 구성된다. 가장 단순하며 크기 또한 작은 바이러스에서, 캡소머는 다음 두 구조 중 하나의 구조로 정렬된다. 그 하나는 20개의 정삼각형 모양으로 이루어진 **정이십면체(icosahedron)**이며 다른 하나는 빈 중앙공간을 둘러싼 채로 나선형으로 배열된 캡소머로 구성된 **나선형 필라멘트(helical filament)**이다. 이 두 구조 모두 캡소머의 고유한 특징에 의하여 결정되는데, 독립된 캡소머는 핵산의 존재여부와는 상관없이 자발적으로 자가조립(self-assemble)할 수 있다. 정이십면체 바이러스의 크기는 캡소머의 자가조립 특징만으로

그림 17.2 바이러스의 기본적인 형태. **(A)** 정이십면체형, 나출형; **(B)** 정이십면체형, 피막형; **(C)** 나선형, 나출형; **(D)** 나선형, 피막형.

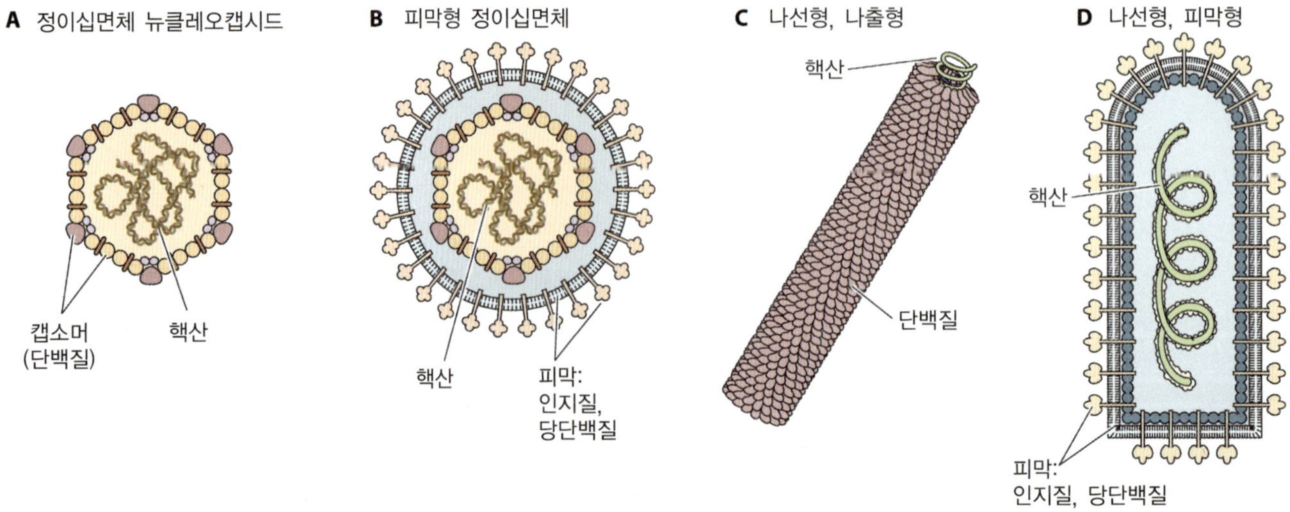

결정된다. 반면, 나선형 필라멘트 바이러스의 길이는 이 바이러스가 가지는 핵산의 길이에 따라 결정된다. 나선형 필라멘트 바이러스가 외부 핵산을 획득하면, 비리온은 그 길이만큼 길어진다(이는 유전공학적으로 단백질을 생산할 때 매우 유용한 특징이 된다).

간단한 정이십면체 비리온은 각 20면에 3개의 캡소머를 지녀 총 60개의 캡소머로 구성된다. 좀 더 큰 정이십면체 비리온은 더 많은 캡소머(1,500개 까지)로 구성된다. 그러나 캡소머들은 비대칭이므로, 대칭형 정삼각형을 형성하기 위하여 조립되는 캡소머의 수는 엄격한 법칙을 따른다. 그러므로 정이십면체 비리온은 무작위 수의 캡소머로 이루어 지지 않으며, 60개의 캡소머 다음으로는 180, 240, 540, 960, 그리고 1500개의 캡소머로 구성된다.

17.2 바이러스 구조에 대한 자세한 고찰

인간 면역결핍증 바이러스(human immunodeficiency virus, HIV)와 같은 일부 바이러스는 **복합적인 형태(mixed morphology)**를 보인다. HIV는 필라멘트형 핵산 코어와 정이십면체의 캡시드를 가진다. 일부 바이러스들은 캡시드 주위를 둘러싼 지질-탄수화물-단백질 피막(envelope)을 가진다. 이 피막을 이루는 단백질은 바이러스 유전체에 암호화되어 있지만, 지질과 탄수화물은 숙주 세포의 막(membrane)들 중 하나로부터 유래된다(예를 들어, 세포막, 핵막, 골지체막, 소포체막). 바이러스가 성숙하는 과정에서 숙주의 세포막을 뚫고 나올 때, 바이러스는 막의 구성성분을 획득한다(그림 17.3). 한편 일부 바이러스는 인플루엔자 바이러스의 스포크(spoke), 세균 바이러스의 달착륙선 모양의 구조처럼 숙주세포에 부착할 때 관여하는 독특한 구조를 가진다.

비록 비리온은 대사적으로 활성이 없지만, 생화학적으로는 무기력하지 않다. 다수의 바이러스가 **암호화하는 효소(virally encoded enzymes)**는 숙주에 부착하고 핵산을 복제하거나 심지어는 자기의 핵산을 변환시키기 위하여 사용된다(이에 대해서는 아래에서 자세히 살펴볼 것이다). 천연두를 유발하는 바이러스, 또는 미미바이러스(mimivirus)라고 명명된 아메바에서 발견된 거대 바이러스처럼 크기가 큰 바이러스는 매우 복잡하여 다음과 같은 의문점을 낳는다. 독립적으로 복제하는 세포 구조가 되기 위해서 이들 거대 바이러스는 도대체 무엇을 더 획득하여야만 할까?

17.3 미미바이러스에 대한 자세한 고찰

그림 17.3 세포막을 통한 바이러스의 출아(budding). **(1)** 감염되기 전 또는 감염 초기의 숙주 세포막. **(2)** 바이러스가 암호화하는 단백질 분자가 세포막과 결합한다. 바이러스의 당단백질 스파이크가 세포막으로 침투한다. **(3)** 바이러스 핵산과 단백질(뉴클레캡시드)이 세포막 근처에서 조립되며 출아가 시작된다. **(4)** 출아는 바이러스 스파이크가 세포막 내로 더 침투하면서 계속된다. **(5)** 출아가 완성되고, 성숙한 비리온이 방출된다.

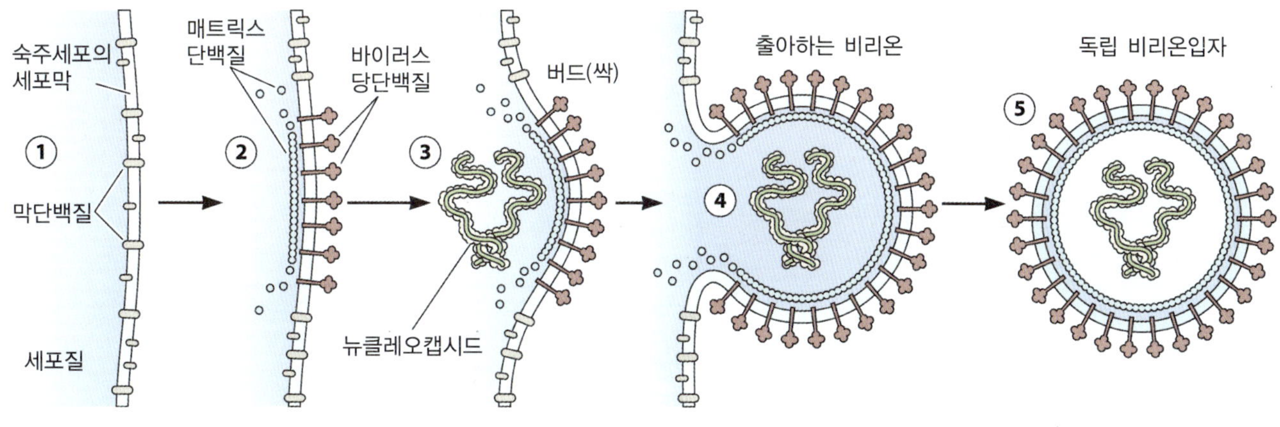

생태 및 분류

바이러스에 의한 감염을 피할 수 있는 생물체는 거의 없으므로, 아주 다양한 종류의 바이러스가 자연계에 존재한다고 쉽게 예측할 수 있다. 인간에게 질병을 일으키는 바이러스는 수백 개가 있다(표 17.1). 아주 "단순한" 대장균과 같은 세균도 수십 개의 서로 다른 바이러스에 의해 감염될 수 있다. 서로 다른 종류의 바이러스는 독성 및 항원 특징(혈청형)에서 서로 다른 **분리개체(strain)**를 구성한다. 바이러스는 일반적으로 숙주 특이성이 있지만, 예를 들어 돼지와 사람에 동시에 감염할 수 있는 돼지독감(swine flu) 바이러스처럼 예외도 있다. 현재까지 수천 종류의 바이러스가 알려져 있지만, 이 숫자가 매우 과소평가되었다는 것을 쉽게 짐작할 수 있다.

바이러스에 감염되지 않는 세포형태의 생명체가 있을까? 아마도 없을 것이다. 더욱이 어떤 숙주에 감염하는 지도 전혀 알 수 없는 바이러스도 매우 많다. 예를 들어 전자현미경으로 관찰할 때, 바닷물 1 ml에는 주로 박테리오파아지(bacteriophage, 세균에 감염하는 바이러스)로 간주되는 천만 개 이상의 바이러스 입자가 존재한다. 바닷물에 존재하는 대부분의 세균은 아직 배양되지 않았으므로, 어떤 세균이 이러한 바이러스들의 숙주인지 알 수가

표 17.1 하나의 숙주, 많은 바이러스; 인간의 주요 질병은 바이러스[a]에 의해 매개된다.

RNA 바이러스
인플루엔자
감기(100종류 이상의 바이러스에 의해 유발)
SARS[b]
웨스트 나일 뇌염
한타바이러스 폐 질환
광견병
볼거리
홍역
소아마비
위장관 질병(여러 종류의 바이러스, 예, 노르웍 바이러스, 로타바이러스)
에볼라 출혈성 열병
인간 면역결핍 바이러스(HIV) 감염, 후천성 면역결핍증(AIDS)
DNA 바이러스
단순 포진(단순 헤르페스)
음부 포진(음부 헤르페스)
B형 간염
천연두
닭수두(작은 마마), 대상 포진(바리셀라, 조스터)
전염성 단핵증(엡스타인-바 바이러스)
사이토메갈로바이러스 전염병
아데노바이러스 전염병
유두종 (사마귀)

[a] 인체에 감염하는 수백 개의 바이러스가 알려져 있다. 일부 질병은 인간에게만 발병하지만(예, 천연두), 인수공통 감염 바이러스도 있다. 어떤 바이러스는 계(kingdom) 장벽을 넘어, 동물과 식물 모두에 감염하기도 한다.

[b]SARS, 급성 호흡기 증후군

없다. 숙주와 바이러스에 대한 무지로 인하여 매우 중요한 생태학적, 진화적 관계를 제대로 파악하기가 힘든 실정이다.

바이러스는 숙주(세균, 식물, 동물 등)의 종류, 크기와 모양, 피막의 유무, 핵산의 종류(DNA 또는 RNA), 핵산의 형태(단일가닥, 이중가닥, 원형, 선형)에 따라 다양하게 분류될 수 있다(표 17.2와 그림 17.4).

바이러스의 복제

바이러스가 복제하기 위해서는, *바이러스는 감수성(susceptible) 숙주세포에 침투하여야*만 한다. 비리온은 숙주세포에 부착하며, 비리온 핵산이 세포 내로 침투하여 바이러스 구성성분의 합성을 유도하고, 이 성분들이 자가조립하여 후손 입자를 만든 다음 세포 밖으로 방출된다. 이러한 과정들의 매 단계는 매우 복잡하며, 바이러스 종류에 따라 독특하다.

부착과 침투

바이러스는 숙주세포에 무작위로 충돌하며, 일천 회에서 일만 회 충돌할 때마다 한번 꼴로 세포에 달라붙는다. **흡착(adsorption)**이라 부르는 이 과정에는 에너지가 필요 없지만 특정 이온과 pH 조건이 필요하다. 부착된 바이러스의 **리간드(ligand)**는 숙주세포의 **수용체(receptor)**에 특이적으로 견고하게 결합한다. 단순 바이러스의 캡소머는 리간드로서, 그리

표 17.2 동물 바이러스들

그룹	핵산의 극성[a]	질병의 예[b]
RNA 바이러스		
단일 가닥		
폴리오바이러스	양성	소아마비
코로나바이러스	양성	감기, SARS
A형 간염 바이러스	양성	A형 간염
HIV	양성	AIDS
광견병 바이러스	음성	광견병
홍역 바이러스	음성	홍역
인플루엔자 바이러스	음성	독감(인플루엔자)
이중 가닥		
로타바이러스		위장염
DNA 바이러스		
단일가닥		
파보바이러스		발진(인간), 위장관염(개)
이중가닥		
아데노바이러스		감기, 눈병
헤르페스바이러스		포진, 뇌염, 전염성 단핵증, 닭수두
폭스바이러스		천연두, 우두
B형 간염 바이러스[c]		B형 간염

[a]양성은 비리온의 RNA가 직접적으로 mRNA로서 기능하는 것을 일컫는다. 음성은 비리온의 RNA가 반드시 상보적인 가닥으로 복제된 이후에 mRNA로서 기능하는 것을 일컫는다.

[b]SARS, 급성 호흡기 증후군

[c]B형 간염 바이러스의 DNA는 단일가닥의 확장형이다.

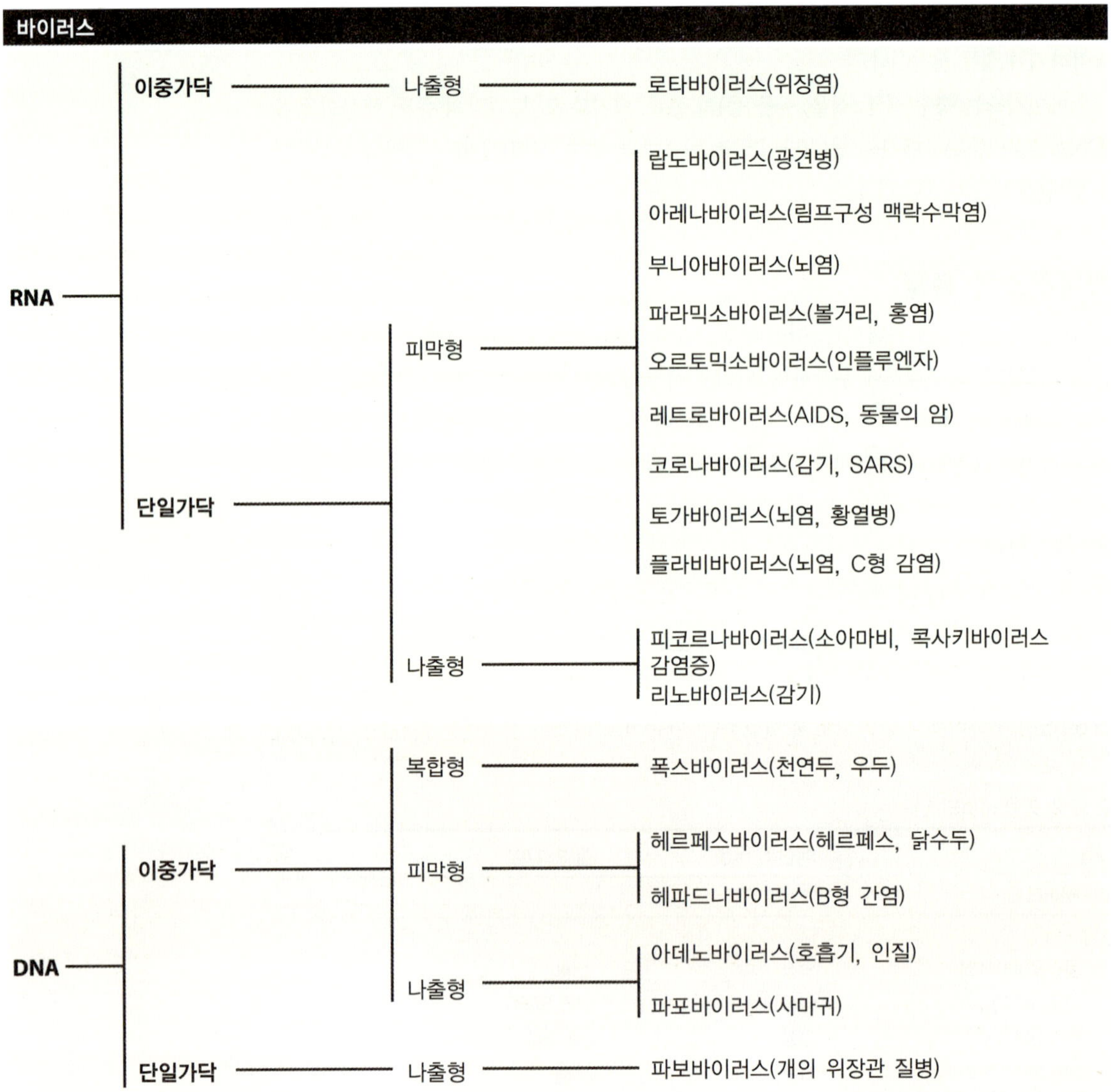

그림 17.4 인간 바이러스의 주요 그룹. 이 그림은 바이러스 계통도를 나타내는 것이 아니라, 실용적 목적을 위해 인위적으로 분류한 것임.

고 비리온 구조의 구성성분으로서 이중의 역할을 하지만, 보다 복잡한 복합 바이러스(인플루엔자 바이러스와 피막형 바이러스들)는 표면에서 돌출된 스포크와 같은 특수한 결합 구조물을 가진다. 숙주의 수용체는 당지질 또는 단백질(대개 당단백질)이지만 그 구조는 단지 일부 비리온에서만 밝혀졌다. 예를 들어 인플루엔자 바이러스의 경우, 바이러스의 리간드 단백질과 숙주세포의 수용체 사이에는 훌륭한 상호 적합성이 있다.

어떤 바이러스들은 세포 내로 침투할 때, 완전히 혹은 거의 원형을 유지한 채로 침투하며, **탈피(decoating)**에 의해 핵산을 방출한다. 헤르페스 바이러스와 HIV처럼 일부 피막형 바이러스는 숙주의 세포막으로 융합되어(fusing) 침투한다. 인플루엔자 바이러스를 비롯한 다른 피막형 바이러스는 식세포작용에 의해 침투하며, 식세포성 소포(endocytic vesicle)에 비리온이 갇히게 된다. 탈피는 이 소포가 산성화되면서 일어나는데, 이는 비리온의 표면에 존재하는 단백질 입체구조의 변화를 유도한다. pH가 5로 떨어지면, 일반적으로 캡시드에 파묻혀 있는 단백질들 중 하나[인플루엔자 바이러스의 헤마글루티닌(hamagglutinin) HA2]의 아미노 말단[**융합펩디드(fusion peptide)**라 부르는]이 외부로 돌출되어 환경에 노출된다. 이 융합펩티드는 소수성이 강하여, 이 펩티드가 바이러스의 피막을 소포막에 융합시킨다. 이 과정에서 방출된 바이러스의 유전체는 숙주세포의 세포질로 들어가, 그곳에서 복제된다.

탈피의 과정에는 많은 변이가 있다. 어떤 바이러스들은 세포 내로 침투하면서 탈피한다. 예를 들어, 세균 바이러스(박테리오파아지 또는 파아지)는 세균을 감싸고 있는 단단한 피막을 통과한다. 피막 통과는 세포벽과 세포막에 침투하는 주사기 모양의 도구를 사용하여 이루어진다(그림 17.5). 이 구조는 바닥판(basal plate)이 끝에 달려 있는 꼬리(tail)와 바닥판에서 돌출된 꼬리섬유(tail fiber)를 가진다. 바이러스가 세균과 충돌한 이후에, 꼬리 섬유는 수용체에 결합하며, 바닥판은 세균의 표면에 강하게 부착힌다. 꼬리는 핵산이 통과하여 숙수세포에 감염될 수 있도록 고안된 빈 튜브이다. 침투는 꼬리 단백질의 수축(입체구조의 변화)에 의해 수행되며, 이는 궁극적으로 숙주세포의 세포질로 바이러스 핵산이 유입되는 결과를 낳는다. 핵산의 배출 과정은 아직 잘 알려져 있지 않다. 바이러스 "머리"의 모양은 핵산의 방출과정에서 변하지 않으며, 그러므로 안에 들어 있는 내용물을 배출하게 위하여 짜내야만 하는 둥근 공과 같은 역할은 아니라고 여겨진다.

침투과정에는 많은 변이가 있을 수 있지만, 이 모든 과정에는 하나의 중요한 측면이 있는데, 이는 *캡시드로부터 바이러스 핵산의 분리*이다. 이것이 바로 바이러스를 다른 생명체와 명확하게 구별할 수 있는 *복제하기 위하여 분리되는 과정*이다.

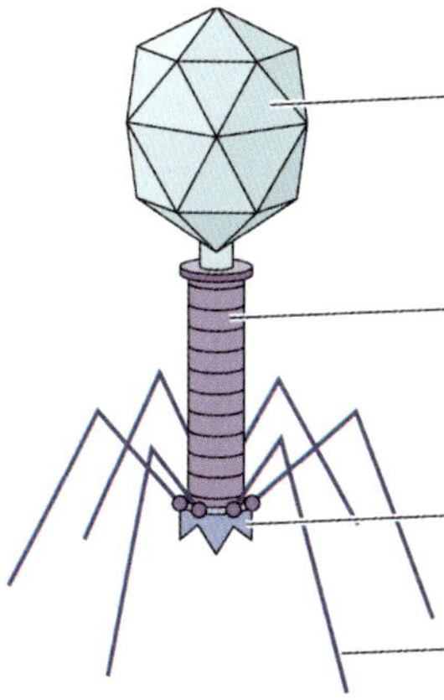

그림 17.5 파아지의 구조(대장균 파아지 T4). 세균 표면에 있는 수용체와 비리온에 있는 바닥판과 꼬리섬유의 상호작용에 의해 비리온이 숙주세포에 부착한다. 부착 후 파아지의 머리에 들어 있는 DNA가 숙주세포 안으로 들어간다.

바이러스 핵산의 합성: 변이의 주제

거대분자의 합성이 "DNA는 RNA을 만들고 RNA는 단백질을 만든다(중심 이론, 혹은 센트랄 도그마)" 라는 문장으로 간단히 기술될 수 있다는 아이디어가 제기된 바로 그 시점에, 많은 바이러스들은 이 명제에서 벗어난다는 생각이 동시에 제기되었다. 사마귀를 유발하는 파필로마바이러스(papillomavirus, 유두종 바이러스)와 같은 일부 바이러스는 센트랄 도그마를 명확하게 따른다. 이들의 유전체는 복제하고, 전사하여, 번역되는 **이중가닥 DNA (double-stranded DNA)**로 구성되어 있다. 그러나 다른 바이러스들은 보다 창조적인 방법으로 복제하고, 전사하여, 번역한다. 예를 들어, 어떤 바이러스들은 **단일가닥 DNA (single-stranded DNA)**를 가지고 있으며, 숙주의 DNA 중합효소(polymerase)는 이 유전체를 다음과 같은 방법으로 복제한다.

단일가닥 DNA(감염성 바이러스) → 이중가닥 DNA(복제의 형태) → 단일가닥 DNA(자손)

전령 RNA(mRNA)로의 전사는 바이러스의 DNA가 이중가닥일 때만 일어나며, 이 과정에서 숙주의 RNA 중합효소(DNA-의존 RNA 중합효소)를 이용한다. 이는 일반적인 도그마의 약간의 변이처럼 여겨진다. 그렇다면 **단일가닥 RNA 바이러스(single-stranded RNA virus)**를 한번 생각해보자. 이들은 RNA 주형으로부터 RNA를 만들어야 하지만, 숙주 세포는 RNA로부터 RNA를 만드는 효소를 가지고 있지 않으므로 이 과정은 완전 새로운 생화학적 과정이 된다. 그럼 해결방안은 무엇일까? RNA 바이러스는 RNA로부터 RNA를 합성하는 **RNA 복제효소(RNA replicase**, RNA-의존 RNA 중합효소)라는 특수 효소를 이들 유전체에 암호화함으로써 이 문제를 해결한다. 이 효소는 어떻게 만들어 질까? 이 바이러스의 RNA는 단일가닥이므로 그 자체로서 mRNA로 기능하여 단백질을 합성하는 데 사용된다.

단일가닥 RNA가 mRNA가 아니고 오히려 이에 *상보적인 가닥*인 단일가닥 RNA 바이러스의 경우는 복제와 전사 과정이 그리 단순하지 않다. 이러한 종류의 바이러스는 비록 바이러스 유전체가 RNA 복제효소를 암호화하고 있어도 복제될 수 없다(어떻게 mRNA를 만들 수 있겠는가?). 이에 대한 해결책은 아주 고상하게도, 바이러스 입자가 이미 완전하게 형성된 RNA 복제효소를 가지고 있다는 데에 있다. 세포 안으로 들어가자마자 RNA 복제효소는 바이러스의 RNA를 이와 상보적인 mRNA로 복제한다. 이러한 바이러스를 **음성 RNA 바이러스(negative-polarity RNA virus)**라 부른다. 이 그룹에는 인플루엔자, 볼거리, 다양한 식물 질병을 야기하는 바이러스가 있다. 반면, 직접 mRNA로 기능하는 RNA를 가지고 있는 바이러스를 **양성 RNA 바이러스[positive-polarity RNA virus**, 혹은 **양성가닥 RNA 바이러스(positive-stranded RNA virus)]**라 한다. 여기에는 소아마비, C형 간염, 감기를 유발하는 잘 알려진 바이러스가 속한다. 한 가지 더 복잡한 사실이 있다. 음성 RNA 바이러스에 있는 RNA 복제효소는 RNA에 완벽하게 접근이 되어야 기능을 수행하므로, 이중가닥 부위와 같은 구조적인 장애물을 완벽하게 제거하여야 한다. 효소의 손쉬운 접근을 위하여 RNA의 당-인산 백본(backbone)은 단백질에 결합되어 있어서, RNA의 염기가 RNA 복제효소에 쉽게 노출될 수 있다.

또 하나의 대안은 **후천성 면역결핍증[acquired immunodeficiency syndrome (AIDS)]**을 유발하는 HIV와 같은 **레트로바이러스(retrovirus)**에서 찾아 볼 수 있다. 이들의 유전체는 단일가닥 양성 RNA이지만 다음과 같은 기작에 의하여 DNA 중간체를 경유하여 복제된다.

> 단일가닥 RNA(감염성 바이러스) → 단일가닥 DNA → 이중가닥 DNA(숙주유전체에 통합) → 단일가닥 RNA(자손)

이 바이러스는 RNA를 DNA로 전환하는 효소인 **역전사효소(reverse transcriptase)**를 가진다(이 효소는 독특하고, 유일하며, 바이러스 단백질의 성숙에 반드시 필요하며, 비리온 내에 존재하는 효소이기 때문에 항 HIV 약품의 훌륭한 표적이 된다. 21장의 'HIV 감염과 에이즈' 참조). 이중가닥의 DNA는 비리온 내에 존재하는 삽입효소(integrase)의 활성에 의해 숙주 유전체로 통합된다. 숙주의 RNA 중합효소는 이 DNA를 바이러스의 RNA로 전사한다. HIV는 RNA 바이러스인가, DNA 바이러스인가? 해답으로 둘 다 맞지만 생활주기의 각 단계에서는 이 중 하나만이 정답이다. 이처럼 복잡한 복제 주기를 가지는 진화적 선택이 익은 DNA 중간체가 가지는 특성에서 기인하는데, 바로 이 중간체 DNA가 숙주의 유전체에 통합되어 무한대로 복제될 수 있기 때문이다.

만약 여러분들이 바이러스가 수행할 수 있는 가능한 모든 복제 전략을 리스트에 포함시키고자 한다면, 이중가닥 RNA 바이러스와 혼합 전략을 가진 일부 바이러스를 그 리스트에 추가하면 된다(그림 17.6). 종합하면, 유전 정보가 복제되고, 유전체로부터 단백질로 정보가 전달되는 방식에는 아주 다양한 변이가 존재하지만, 유전 정보는 단백질로부터 핵산까지 역으로는 절대로 흐르지 않는다. 중심 이론에 왜 이처럼 많은 변이가 존재하는 것일까? 아직까지는 아무도 모른다.

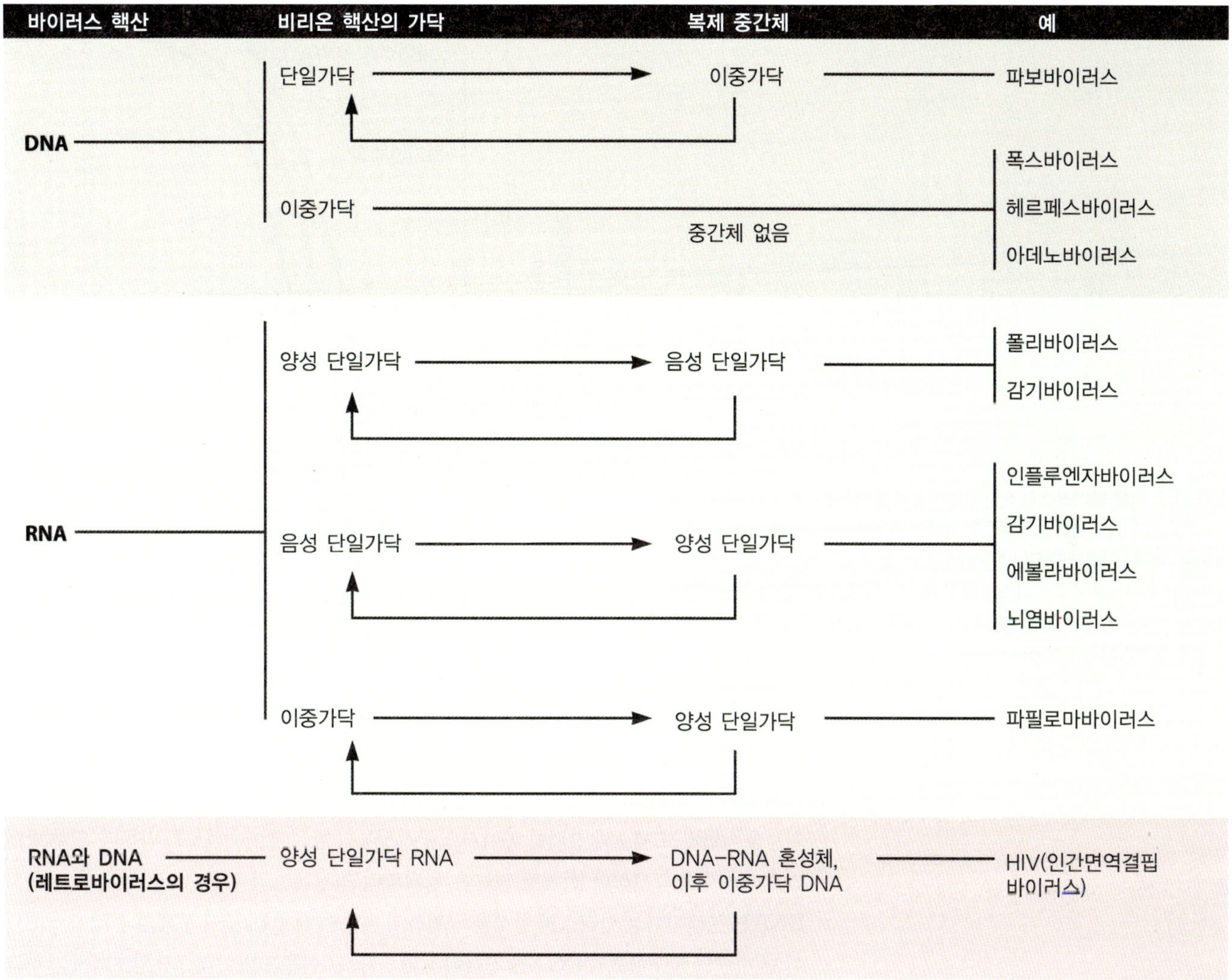

그림 17.6 바이러스 복제의 주요 전략들. 화살표는 비리온 핵산을 생산하는 복제과정을 나타낸다. 양성은 비리온의 RNA가 직접 mRNA로서 기능하는 것을 뜻한다. 음성은 비리온의 RNA가 직접 mRNA로 사용될 수 없으며, 반드시 상보적인 가닥으로 먼저 복제되어야 함을 뜻한다.

바이러스 단백질의 생산

바이러스의 생활주기는 숙주 세포에 감염되는 것으로 시작하여 자가조립과 바이러스 자손의 방출로 끝난다. 이 과정 사이에 많은 일들이 일어난다. 앞서 우리가 고찰하였듯이, 비리온은 복제하기 위하여 반드시 먼저 분리되어야 하므로, 감염 직후의 세포에는 완전한 형태의 비리온은 존재하지 않는다. 감염 직후부터 비리온 전체가 조립되는 시기까지를 **암흑기(eclipse period)**라 한다(그림 17.7). 그러나 암흑기는 감염된 세포 내에서 실제로는 아주 많은 일이 일어나고 있는 매우 분주한 시기이다.

바이러스의 핵산과 단백질을 생산하는 것은 계획성 없는 과정이 아니라, 상호 협력하여 시간을 잘 맞춘 조화로운 협주곡 연주와 같다. 양성가닥 RNA 바이러스를 제외하고, 바이러스 단백질을 만들기 위하여 반드시 먼저 합성되어야 하는 첫 번째 물질은 mRNA이다. 일단 mRNA가 합성되면 바이러스 단백질은 숙주세포의 장치들에 의하여 합성될 수 있다.

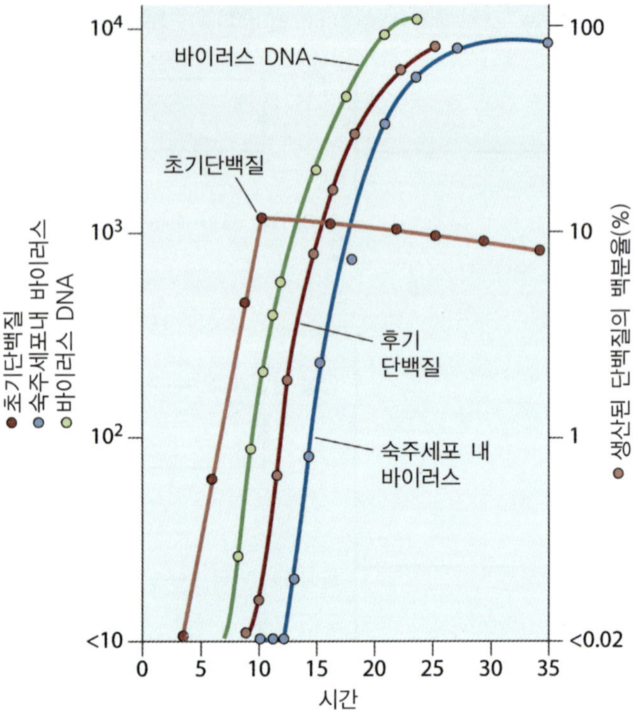

그림 17.7 동물 바이러스의 전형적인 '1단계 증식곡선'. 세포배양에서 아데노바이러스의 증식곡선을 보여주고 있다. 바이러스 복제의 여러 단계는 잘 조직된 계획에 따라 진행된다. 먼저 바이러스의 초기 단백질이 생산되며, 이 단백질은 숙주세포가 바이러스의 DNA와 후기 단백질(비리온 구조 단백질을 포함)을 만들도록 유도한다. 일정기간이 지나면, 완전한 전염성비리온 입자가 숙주세포 안에서 형성된다.

얼핏 생각하면, 합성되어야만 하는 단백질은 바이러스 자손의 구성 단백질인 것처럼 보인다. 그러나 바이러스는 이보다 더 많은 일을 수행한다. 바이러스는 숙주 세포의 대사를 전복시켜 많은 바이러스 자손을 만들도록 유도한다. 어떤 독성 박테리오파아지는 숙주의 다수 기능을 차단하고 세포의 장치를 바이러스 구성성분의 합성에 이용하도록 만든다. 일부 박테리오파아지에서 이러한 전복적 기능은 철저함의 정점에까지 이른다. 감염 후에, 세균의 DNA는 분해되어 바이러스의 합성을 지원하기 위하여 해체된다. 이 분해의 과정에서 견디어 낸 미량의 숙주세포의 DNA는 전사되지 않는다. 그 이유는 바이러스가 암호화하는 **시그마 인자(sigma factor)**가 숙주 DNA의 프로모터를 차지하여, 숙주 RNA 중합효소가 바이러스의 DNA만을 전사하도록 만들기 때문이다. 바이러스가 암호화하는 일부 단백질은 세균의 mRNA가 단백질로 번역되는 것을 막기도 한다. 그러므로 숙주의 거의 모든 세포장치를 장악함으로써, 바이러스는 아주 효율적으로 생합성을 하는 기생체가 되는 것이다. 박테리오파아지가 매우 빠르게 재생산되는 것은 그리 놀랍지 않다. 이들은 수백 개의 자손 비리온들을 20분 이내에 혹은 더 빠르게 만들어낸다. 이처럼 빠른 복제를 위해서 숙주세포의 기능을 재편하는 과정이 재빠르게 일어나야 하며, 이를 매개하는 것이 바로 **초기 단백질(early protein)**이다. 비리온의 구조 단백질은 나중에 만들어지며 매우 적절한 용어를 사용하여 **후기 단백질(late protein)**이라 부른다. 그러므로 바이러스의 복제는 조심스럽게 계획되고 적절하게 실행되는 과정이라 볼 수 있다(그림 17.7).

어떤 바이러스는 숙주 세포가 더 많은 바이러스를 만들 수 있도록 다른 전략을 구사한다. 헤르페스 바이러스의 사촌격인 사이토메갈로바이러스(세포거대바이러스)는 숙주세포를 속여 오직 바이러스 DNA만을 복제하도록 만든다. 숙주세포 내에서 장기간 존재하는 일부 바이러스는 또 다른 전복적 전략을 수행한다. 이러한 바이러스가 일반적으로 짧은 수명을 가진 상피세포에 침투하여 감염하면 **세포자살[apoptosis,** 예정세포사(programmed cell death)라고도 함]을 저해한다. 감염된 세포는 "죽지 않게 되어"(immortalized), 오랜 기간 동안 더 많은 바이러스를 만들게 된다. 이러한 전략을 사용하는 바이러스의 예는 전염성 단핵증(infectious mononucleosis)을 유발하는 바이러스이다(엡스타인 바이러스, 21장의 "전염성 단핵증: '키스병'" 참조). 사멸하지 않는 세포는 때로는 암을 유발하기도 한다.

17.4 *헤르페스 바이러스의 복제*

비리온의 조립과 숙주세포로부터의 방출

충분한 양의 바이러스 핵산과 단백질이 합성되면 비리온은 조립된다. 바이러스 캡소머의 자가조립에 의해 비리온의 일반적인 형태인 결정체 모양을 띤 캡시드가 먼저 생성된다. 캡시드는 이후에 바이러스 핵산으로 채워지며, 이 단계에서 나출형(nonenveloped) 바이러스는 완성 비리온을 생산하는 단계를 마무리한다. 이후 숙주의 세포막이나 세포골격을 공격하는 바이러스 단백질에 의해 유도되는 숙주세포의 용혈 또는 용균과정을 통해 비리온이 세포 밖으로 방출된다. **피막형 바이러스의 비리온(virion of enveloped virus)**은 더욱 복잡한 생성과정을 거친다. 이들은 **출아(budding)**에 의해 숙주세포로부터 방출되며, 숙주의 세포막 조각에 둘러싸이게 되는데, 이 과정은 숙주세포에게 위해를 가하는 기작은 아니다. 위해성이 없는 이 전략은 숙주세포 내에서 바이러스가 존재할 수 있는 기간을 늘려, 더 오랜 기간 동안 바이러스 자손이 생산되어, 궁극적으로 바이러스에게 이득이 되는 전략이다. 출아가 시작되기 전, 바이러스의 표면 단백질이 숙주 세포막의 불연속적인 패치에 침투한다. 바이러스의 캡시드는 이 패치에 결합되어 돌출되고, 피막에 둘러싸이게 된다(그림 17.3).

17.5 *파아지에 감염된 세균이 용균되는 짧은 동영상*

바이러스 증식의 관찰 및 정량

17.6 *바이러스 감염에 대한 애니메이션*

적은 양의 세균 또는 동물 비리온을 많은 양이 배양된 세균 혹은 동물세포와 혼합하여 이를 한천 평판배지에 도말한다고 상상해 보자. 적절한 기간 동안 배양하면(세균 바이러스는 몇 시간, 동물 바이러스는 하루 또는 수일), 평판배지는 감염되지 않은 웃자란 숙주세포로 채워질 것이다. 그러나 평판배지 여러 곳에서 숙주세포의 "잔디(lawn)"에 구멍처럼 보이는 둥근 원반이 나타날 것이다. 이러한 부위를 **용균반(plaque)**이라 부르며 이는 미세감염(microepidemic)의 결과이다. 각 용균반은 최종적으로 용균될 하나의 감염된 세포로부터 출발한다. 방출된 바이러스 입자는 이웃하는 비감염 숙주세포에 부착하고 침투하며, 이 과정은 계속 반복되어, 감염이 중심부에서부터 확산된다. 이 과정은 세균이 생장을 멈추고 정지기(stationary phase)로 들어가면서 중단된다.

시료에 존재하는 바이러스 입자 또는 감염된 세포의 수를 정량할 때에는 간단하게 용균반 계수를 사용한다. 콜로니 계수법과 마찬가지로, 평판배지 위에 형성된 용균반의 숫자에 시료의 희석비율을 곱하여 간단히 계산할 수 있다. 이 방법은 증식할 수 있는 바이러스 입자만을 계수할 수 있는 방법이다. 만약 시료에 존재하는 바이러스 입자의 총량을 계수하고자 하면, 시료를 전자현미경으로 관찰하여야 하며, 이 때 단위 부피당 존재하는 바이러스 개수가 계수될 수 있다. 이를 위한 가장 간단한 방법으로, 이미 알고 있는 농도의 라텍스 구슬을 시료에 첨가하여 바이러스 입자와 라텍스 구슬의 비율을 결정하는 방법이 있다.

계수법에는 많은 변이가 있다. 식물 바이러스의 경우, 용균반 정량법은 문질러서 닳게 만든 식물 표면이나 감수성 숙주의 잎에 바이러스를 뿌리는 방법으로 수행될 수 있다. 바이러스가 뿌려진 곳에 발달하는 환부의 숫자는 시료에 존재하는 바이러스 숫자와 비례한다.

17.7 *물 바이러스에 대한 더 많은 정보: "인터넷에 있는 바이러스학의 모든 것"(많은 링크)*

용원성과 숙주 유전체로의 통합

서론

지금까지 우리는 숙주세포에 해를 입히고 질병을 야기하는 파괴적 인자로서 바이러스를 고찰하였다. 이는 바이러스가 실제로 수행하는 일에 대한 불완전한 고찰이다. 우리는 많은 바이러스가 장기간 숙주세포와 함께 공존한다는 사실을 이미 알고 있다. 이러한 관계는 숙주세포의 유전적 변화를 야기할 수 있고 또 세포 사이의 유전물질 교환을 유도할 수 있으므로 중요한 영향을 미친다. 결과적으로 바이러스는 진화에 있어 핵심적인 역할을 수행한다. 용균을 유도하여 일반적으로 숙주를 죽이는 **독성(virulent)** 바이러스와 때때로 숙주와 조화를 이루며 살아가는 **잠재성(temperate)** 바이러스, 두 종류의 바이러스가 존재한다. 진핵생물 바이러스 또는 원핵생물 바이러스(파아지) 모두가 독성 또는 잠재성 바이러스가 될 수 있다.

잠재성 바이러스의 유전체는 *숙주세포의 유전체로 통합될 수 있다.* 실질적으로, 이러한 바이러스의 유전자들은 숙주 유전체 구성성분의 일부가 된다. 통합된 상태에서, 바이러스 유전체는 숙주의 유전체에 포함되며, 숙주가 세포분열을 할 때 복제된다. 오직 DNA 바이러스만이 숙주 유전체로 통합될 수 있다(비록 HIV의 경우, 바이러스가 비리온에 RNA를

그림 17.8 잠재성 파아지의 두 개의 생활 양식: 용균과 용원. 감수성 숙주 세균에 파아지가 부착한 후(1), 바이러스 DNA는 숙주 안으로 침투한다(2). 전형적 기작에서는 바이러스 DNA가 원형화되어 복제하고(3), 자손 파아지를 생산하여 세포를 용균하거나(4), 숙주 염색체로 통합되어(5) 프로파아지가 된다. 이 단계에서 숙주 세포는 용원성이 되어 많은 세대기간동안 복제할 수 있다(6). 간헐적으로, 프로파아지는 유도과정(예, UV를 조사하거나 돌연변이원을 제공할 때)에 의해 세균의 염색체로부터 자연적으로 빠져나온다(7). 숙주세포에서 빠져 나온 파아지의 DNA는 용균경로를 시작한다(3과 4).

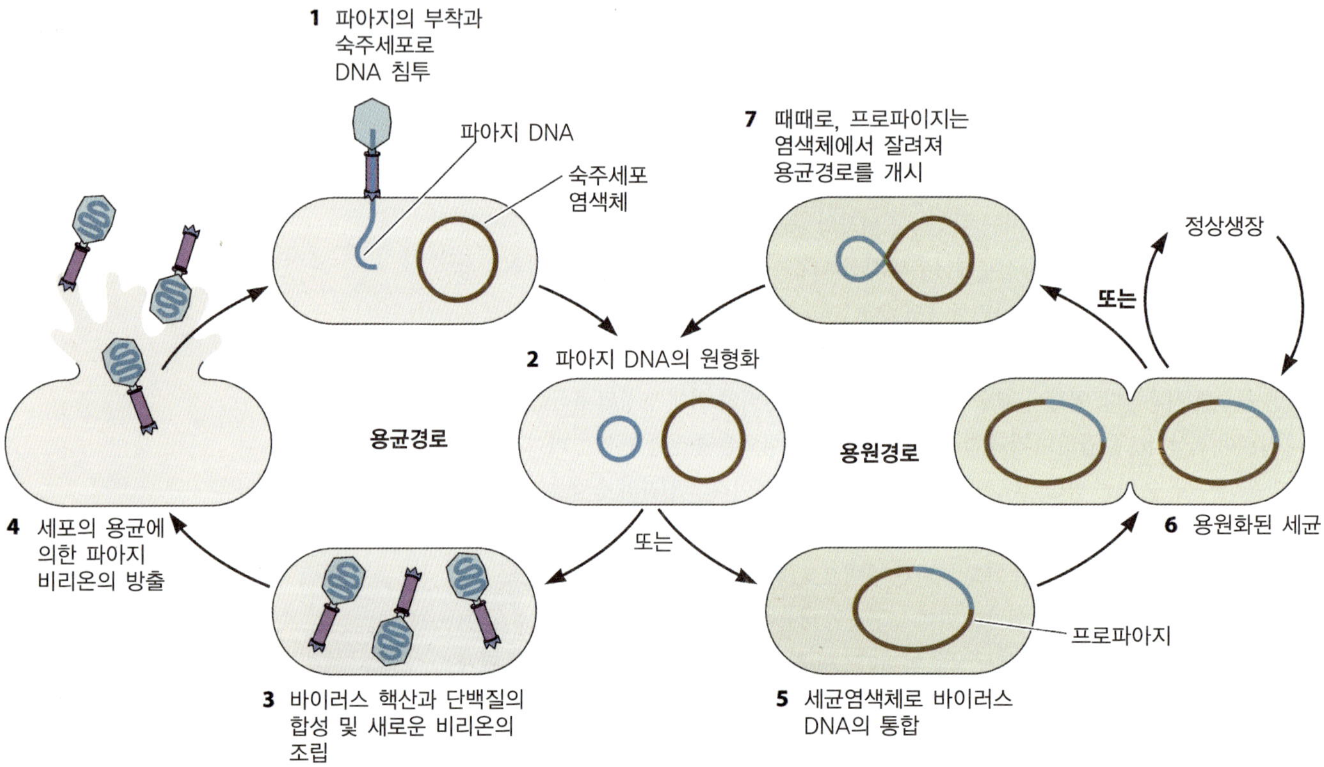

지니며 생활주기 일부의 시기에 DNA를 만들지라도). 잠재성 바이러스에 대한 개념은 또 다른 핵심 관점을 내포한다. 바이러스 DNA의 숙주 유전체로의 삽입은 가역성이므로, 특정 환경조건에서 *잠재성 바이러스의 유전체는 숙주 유전체로부터 벗어나 방출될 수 있다.* 이러한 가역성은 바이러스를 독성으로 만들어 숙주 세포 내에서 증식하게 유도하여 결국 숙주세포를 사멸에 이르게 한다.

주로 파아지에 적용되는 몇 개의 정의는 매우 유용하다. 숙주의 유전체로 삽입될 수 있는 **잠재성 파아지(temperate phage)**를 **용원(lysogens)**이라 하며, 유전체로 삽입된 형태를 **프로파아지(prophage)**라 하며, 프로파아지를 가지고 있는 세균을 **용원화(lysogenized)**된 세균이라 부르며, 이러한 현상을 **용원성(lysogeny)**이라 한다. **용원성 경로(lysogenic cycle)**의 단순화된 도식은 그림 17.8에 제시되어 있다.

용원성에 대한 주제에도 변이가 있다. 또 다른 방식의 용원성 경로에서, 프로파아지는 숙주의 유전체로 통합되지 않고 오히려 플라스미드 상태로 존재한다. 다른 플라스미드와 마찬가지로, 세균 염색체와 공시적으로 복제하며 자손에게 전달된다. 플라스미드로 전환되는 파아지의 한 예는 P1이다. 그러므로 숙주 유전체로의 통합은 용원성의 본질적인 특징은 아니다. 오히려 중요한 것은 파아지가 잠재성 생활주기를 추구할 때, 파아지가 숙주 세포 내에서 활발하게 증식하지 않는다는 것이다.

용원성 파아지와 이들의 숙주 세균과의 협력관계는 일반적으로 숙주의 생명을 위협하는 환경조건에 따라서 중단된다. 예를 들어, 용원된 대장균 세포에 자외선(UV)을 조사하면, 프로파아지는 숙주 유전체에서 잘려져 나와 독립적으로 복제한다. 이 현상을 **바이러스 유도(viral induction)**라 한다. 이 현상은 숙주세포가 죽더라고 지속적인 생존을 위하여 잠재성 바이러스가 사용하는 '위험 회피(bailing out)' 기작으로 여겨진다.

독성 바이러스가 되어 많은 수의 자손을 즉시 만들어 내는 것과 잠재성 바이러스가 되어 유전체를 숙주세포 내에 보존하는 것 어느 쪽이 시간의 경과에 따른 바이러스의 생존을 더 보장할 수 있을까? 억제되지 않은 독성 바이러스의 증식은 많은 수의 숙주 세포를 파괴시켜 결국 막다른 길에 이르게 할 것이다. 반면, 영구적인 잠재성 바이러스가 되는 것은 결국

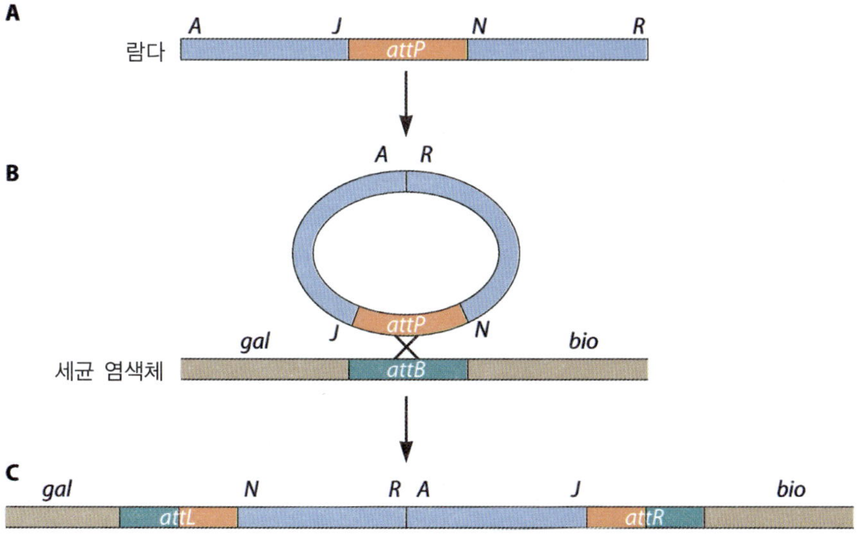

그림 17.9 잠재성 파아지의 유전체가 숙주 염색체로 통합되는 기작. 선형의 람다 파아지 유전체의 말단(A)은 함께 결합하여 원형이 된다(B). 파아지의 부착 부위인 *attP*는 세균 염색체의 부착 부위인 *attB*와 재조합된다. 이 두 부위에서 일어나는 교차의 결과로 파아지의 유전체는 숙주의 유전체로 통합된다(C). 이 과정에서, 부착 부위는 *attL*과 *attR*로 전환된다.

영속적인 감금으로 귀결될 것이다. 훌륭한 해결책은 독성과 잠재성을 번갈아 수행하는 것일 것이다. 이러한 바이러스는 이들의 유전체를 안전한 장소에 보관하면서 때때로 바이러스 입자를 만들 수 있기 때문이다. 바로 이것이 용원성 파아지가 채택하는 전략이다.

어떻게 용원성 파아지가 독성과 잠재성 생활주기의 균형을 맞출 수 있을까? 연구가 가장 많이 된 대장균에 감염하는 잠재성 파아지는 **람다(lambda)**인데, 이 파아지는 용원성 현상을 이해하기 위한 모델이 되어 왔다(람다 파아지만을 다루는 강좌에서도 분자생물학의 가장 근본적인 이론을 모두 포괄할 만큼 람다에 대해서는 많은 것이 알려져 있다).

17.8 *람다 파아지와 용원성에 대한 자세한 정보*

어떻게 잠재성 파아지의 유전체가 숙주세포의 유전체로 통합되는가?

람다 비리온에서 DNA는 이중가닥의 선형 분자로 존재한다. *E. coli*로 주입된 직후에, 람다 DNA는 원형이 된다. 원형화(circularization)는 람다 DNA의 말단이 단일가닥의 상보적인 튀어나온(protruding) 염기서열로 구성되어 있어서 가능하다. 이러한 말단구조로 인하여 염기쌍 조합이 이루어져 원형이 된다. 이 결과로 형성된 원형의 유전체는 두 개의 단일가닥 틈을 가지며, 이 틈은 DNA 접합효소에 의해 메워져 **공유결합으로 닫힌 원형체(covalently closed circle)**를 형성하고, 이 원형 DNA가 숙주 DNA로 단일 *교차 이벤트*(single crossover event)에 의해 통합된다(그림 17.9). 이 과정은 독특한 특징을 보인다. 만약 파아지 DNA가 선형이라면, 단일 교차는 숙주 염색체를 선형으로 만들게 되어 세포내의 핵산분해효소에 의해 분해될 것이며, 이 경우 숙주 유전체는 복제되지 않을 것이다(대장균은 오직 원형 DNA만 복제할 수 있다). 이 경우에는 이중 교차(double crossover)가 원형을 유지하기 위하여 필요하다. 람다 파아지와 숙주 염색체의 재조합은 *각 염색체의 특정 부위*에서만 일어난다. 왜 대부분의 세균(모두는 아니지만)은 이처럼 원형화를 중요시할까? 세균은 말단이 보호되어 있지 않은 선형 DNA를 분해하는 강력한 핵산말단분해효소(exonuclease)를 가지고 있기 때문이다. 그러므로 원형 염색체는 재조합되기 위한 가장 단순하고 쉬운 방법인 셈이다.

숙주 유전체로 통합되는 바이러스는 숙주의 생명유지에 필수적인 유전자를 불활성시킬 수 있는 위험을 가진다. 이러한 위험을 피하기 위하여, 대부분의 바이러스는 오직 특정 위치에서만 통합된다. 이러한 재조합 이벤트는 **인테그레이즈(integrase)**라는 위치-특이적인 효소의 활성을 필요로 하며, 이 효소는 세균 염색체의 특정 위치 및 이에 **상동성(homology)**을 보이는 바이러스 DNA의 특정 위치, 즉 두 개의 특이적이지만 서로 다른 위치를 인식한다. 이 부위는 너무나 짧아서 인접하는 DNA를 인식하는 인테그레이즈의 도움이 없이는 교차가 일어날 수 없다. 많은 종류의 인테그레이즈가 여러 바이러스의 통합과정에 작용하지만, 람다의 인테그레이즈에 대한 연구가 가장 잘 되어 있다.

어떻게 통합된 바이러스 유전체가 휴면상태로 남아 있는가?

바이러스가 프로파아지 상태로 존재하면, *유전자 대부분이 억제되어 있어서* 바이러스 입자 형성이 일어나지 않는다. 잠재성(silencing)은 **람다 억제단백질(lambda repressor)**이라는 특수 단백질에 의해 매개되는데, 이 단백질은 *억제단백질을 암호화하는 유전자 하나만 제외하고* 모든 바이러스 유전자가 발현되는 것을 막는다. 람다 억제단백질은 전형적인 억제인자로서 기능하며 프로모터 지역의 작동유전자에 결합한다(제12장 참조). 활성화된 억제단백질이 존재하는 한 프로파아지 절개(excision)와 복제를 암호화하는 유전자는 발현이 억제되며, 활성화된 억제단백질이 존재하지 않을 때 프로파아지는 절개되어 새로운 파아지 입자가 만들어진다. 결과적으로 이 경우 많은 자손 파아지의 방출과 함께 숙주세포의 용균이 일어난다. 람다 파아지를 잠재성 바이러스에서 독성 바이러스로 *돌연변이를 통하여* 전환하는 것은 가능하다. 두 종류의 돌연변이체가 실제로 이를 수행한다. 이 중 하나의 돌연변이체에서는 돌연변이가 억제단백질을 불활성 시키며, 다른 돌연변이체는 조절유전자가 억제단백질에 영향을 받지 않도록 설계되어 있다. 이러한 돌연변이체들은 lac 오페론에 돌연변이를 가진 재조합 돌연변이체와 유사하다(제12장 참조). 실제로 이 두 시스템은 1950년대에 파리의 파스퇴르 연구소에서 상호 협력적이지만 독립적인 연구실에서 연구하던 두 과학자 그룹에서 거의 동시에 개발되었다.

프로파아지가 파아지로서 복제되기 위하여 어떻게 활성화 되는가에 대한 핵심은 억제단백질이 생산되고 이것이 불활성화되는 경로이다. 바이러스는 *최적 농도의 억제단백질*을 보유하는 것이 이익이다. 억제단백질의 양이 너무 적으면 파아지의 복제가 숙주세포를 죽이게 된다. 반대로 억제단백질의 양이 너무 많으면 바이러스 유도를 성취하기가 어렵다. 억제단백질은 이들 자체 유전자의 발현을 조절할 수 있는 능력을 가지고 있으므로 "적당한" 농도의 억제단백질이 유지될 수 있다. 이러한 **자가조절(autoregulation)**은 피드백 고리와 같으며, 유사하게 표현하면 항온장치(thermostat)와 같은 기구일 것이다. 온도가 너무 높으면 회로가 꺼지고, 너무 낮으면 회로가 켜지는 것과 같다.

억제단백질의 중요성은 다음과 같은 두 종류의 실험에 의해 설명된다. 첫째, 만약 대장균 배양액이 적은 양의 바이러스 입자로 감염되면, 적은 수의 바이러스가 각 대장균 세포에 침투할 것이며, 적은 양의 억제단백질이 생산되어, 파아지는 증식하여 결국 대부분의 세포는 용균된다. 둘째, 만약 대장균 배양액이 많은 양이 바이러스 입자로 감염되면, 많은 수의 바이러스가 각 대장균 세포에 침투할 것이며, 신속하게 많은 양의 억제단백질이 생산되어, 결국 대부분의 세포는 용원화 될 것이다. 용균과 용원경로의 결정에 대하여 아래에서 좀 더 살펴보도록 하자.

무엇이 바이러스 유도를 야기하는가?

세균에게 위해를 주는 환경 조건에서는 억제단백질이 불활성화되며, 프로파아지가 유도되어 **용균경로(lytic cycle)**가 시작된다. 바이러스 유도물질 중 하나의 예는 자외선이며 이는 숙주 세포의 DNA에 위해를 가하여 일련의 분자적 사건이 일어나도록 한다. 손상된 DNA를 복구하는 과정에서, 세포는 짧은 단일가닥 DNA를 축적한다. 이 단편들은 **SOS 반응(SOS response)**을 유발시켜 RecA라 불리며 보통 때는 휴면상태로 존재하는 단백질 가수분해효소를 활성화시킨다. 활성화된 RecA 단백질은 람다 억제단백질을 분해하여 파아지 유전자들이 발현되도록 한다. 이 유전자들 중 하나는 **절제효소(excisionase)**라는 일종의 절단효소를 암호화하며, 이 효소는 인테그레이즈가 프로파아지를 절개하는 교차(crossover) 반응을 수행하는데 도움을 준다. 절개는 단순히 통합의 역반응이 아니기 때문에 인테그레이즈는 절개 과정에서 다른 효소의 도움이 필요하다. 두 개의 교차반응이 서로 약간 다른 염기서열 사이에서 일어난다.

만약 유도가 일어나지 않는다면, 어떻게 프로파아지가 세균 유전체에 숨어 있는 사실을 알 수 있을까? 일반적으로 단순히 배양액이나 집락을 관찰함으로써 세균이 용원성이라는 사실을 알 수는 없지만, 간단한 실험을 통하여 확인할 수 있다. 동일한 파아지로 감염시킨 직후에 용균이 일어난다면 배양액은 용원성이 아니며, 만약 용균이 일어나지 않는다면 배양액은 용원성이다. 용원성 세균 내에 존재하는 억제단백질이 용균을 방지하기 때문에 용원성 세균은 파아지가 증식하는 것을 막는다. 그러나 치밀한 독자께서는 이 실험의 문제점을 알아차릴 것이다. 어떻게 람다 파아지는 유도과정이 없이 **용균성 파아지(lytic phage)**로 기능할 수 있을까? 계속 읽기 바란다.

용균과 용원 사이의 결정

바이러스에 전혀 감염되어 있지 않은 비용원성 배양액을 감염시키는 최초의 단계로 돌아가 보자. 우리는 어떻게 바이러스 유전체가 통합되어 세포가 용원성이 되는지 머릿속에 간단히 상상할 수 있다. 그러나 논리적으로 당연한 결과, 즉 용원성이 되는 것과는 달리, 대부분의 경우에는 반대의 결과가 일어난다. 람다는 복제하여 많은 자손 입자들을 만들고 세포는 용균된다. 이 결과는 세포의 생장환경, 세포 당 감염입자의 수, 숙주의 생리적 상태에 의존적이다. 예를 들어, 대장균 세포가 영양이 풍부한 환경에서 자랄 때에는(높은 농도의 포도당이 존재하는 배지처럼) 람다 파아지에 감염되어 용균이 되는 경향이 있다. 포도당 농도가 낮은 빈영양 배지에서는 대장균은 용원성이 된다. 어떻게 용원성이 되지 않고 "용균성 진행(go lytic)" 으로 결정될까?

람다 억제단백질의 특징이 궁극적으로 이 결정과정을 지배한다. 람다 억제단백질은 세포내에 있는 단백질분해효소에 의해 분해될 수 있으므로 매우 불안정하다. 우리는 앞서 이러한 종류의 단백질을 살펴보았는데 세포의 DNA가 손상을 입었을 때 관여하는 RecA가 그것이다. 그러나 람다 억제단백질에 영향을 미치는 또 다른 단백질분해효소인 Hfl은 배양액의 생장률과 같은 환경조건에 의해 조절된다. Hfl 단백질의 활성은 고리형 아데노신1인산(cyclic AMP, cAMP)의 세포내 농도에 의해 영향 받는다. 제 12장에서 언급하였듯이 대장균 세포내에서 cAMP의 농도는 배지에 있는 포도당의 농도에 따라 변한다. 많은 양의 포도당을 포함하는 배지에서 cAMP의 농도는 낮으며, 포도당이 결핍된 배지에서는 cAMP의 농도는 높다. Hfl 단백질분해효소의 농도는 cAMP농도와 역비례 한다는 사실이 알려져 있다. 그러므로 포도당 함량이 높은 배지에서는 포도당 결핍 배지에서보다 더 많은 양의 단백질분해효소가 생산된다. 그 결과 람다 억제단백질은 포도당이 풍부한 배양액에서 더 많이 분해가 될 것이며 용균경로로 진행이 될 것이다. 억제단백질의 가수분해만이 용균-용원경로의 결정에 관여하는 것은 아니다. 억제단백질의 합성속도와 활성 모두 중요하며, 또 여러 다른 단백질도 관여하고 있다. 이러한 단백질 중 일부는 억제단백질이 가수분해되는 것을 방지하며, 또 다른 단백질은 조절유전자를 사이에 두고 억제단백질과 경쟁하여 조절유전자의 활성에 영향을 미치게 된다. 이 조절과정은 복잡한 무용술(choreography)과 같다.

17.9 용원성에 대한 역사적 기술

대장균 배양액이 용원성인지를 결정하기 위한 실험으로 돌아가 보자. 일반적으로 이 실험은 높은 농도의 포도당이 함유된 배지에서 수행된다. 여기에서 대장균 세포내의 cAMP의 농도는 낮으며, 그러므로 Hfl 단백질분해효소의 농도는 높아서 람다 억제단백질의 농도는 낮다. 결과적으로 용균성 경로가 용원성 경로에 비해 선호된다. 반대의 경우라면 충분한 양의 억제단백질이 용균성 경로를 저해하므로 대장균 세포는 용원성이 된다.

용균성 경로와 용원성 경로사이의 전환은 단지 실험실에서 일어나는 현상은 아니며,

아마도 바이러스와 숙주 모두에게 선택적 이익이 있을 것으로 추정된다. 대장균은 영양이 풍부한 환경(동물의 결장)과 영양이 결핍된 환경(물, 토양, 퇴적토) 사이의 삶을 반복한다. 실제로 자연환경에서 분리한 대장균의 분리주는 람다 파아지 또는 이와 유연관계가 높은 다른 파아지에 대하여 용원성이다. 비록 실험적으로 증명되지는 않았지만, 두 생활형 사이의 스위치는 파아지나 숙주의 생존에 도움을 줄 수 있을 것으로 추정된다.

용원성의 유전학적 중요성은 무엇인가?

용원성이 되는 것은 여분의 유전자를 보유하는 것을 의미한다. 프로파아지는 전형적인 파아지 유전자를 지니고 있을 뿐만 아니라 세균에게 특이적인 유전자도 가질 수 있다. 이러한 유전자는 어디에서 유래된 것일까? 이들 유전자는 파아지가 오래 전 세균 숙주에 감염하였을 때 유래되었을 것이라고 추정된다. 우리는 오늘날 세균이 어떻게 프로파아지에서 유래된 유전자를 획득하는 가를 알 수 있다. 프로파아지가 숙주 유전체로부터 빠져 나올 때 일어나는 재조합 과정은 프로파아지의 말단에서 항상 *정확하게* 일어나지는 않는다. 간헐적으로 프로파아지의 절개가 유전자의 약간 오른쪽에서 또는 약간 왼쪽에서 일어나기도 한다. 이 경우, 새로 형성된 파아지의 유전체는 인접하는 *세균* 유전자를 포함하게 될 것이다. 이 파아지가 연속하여 다른 세균에 감염하면 세균-유래 유전자를 다른 숙주세포로 도입할 수 있다. 이러한 현상인 **특수형질도입(speciaized tranduction)**에 대해서는 이 책의 10장에 기술되어 있다.

용원성에 따른 유전자의 획득은 숙주세균의 생리, 숙주의 생존 능력, 그리고 질병 유발에도 매우 중요하다. 놀랄 정도로 많은 수의 잠재성 파아지가 세균의 병원성에 연관된 유전자를 가지고 있다. 이 유전자들로 인하여, 원래 파아지가 없으면 독성을 전혀 보이지 않는 세균도 병원성을 띠게 된다. 용원화되어 비병원성에서 병원성으로 전환된 세균에는 디프테리아, 콜레라, 성홍열, 포도상 구균 식중독을 일으키는 세균 등이 있다. 많은 경우에 프로파아지 유전자는 강력한 독소를 암호화하며, 다른 유전자들은 새로운 항원형을 암호화한다. 이 유전자들은 전이인자(mobile element)에 의해 이동될 수 있으므로 하나의 세균에서 다른 세균으로 전이될 수 있다.

용원성 세균은 프로파아지가 *다른 세균의 유전자를 가지고 있지 않아도* 유전적으로 변화될 수 있다. 용원성 세균은 똑 같은 파아지에 의한 2차 감염을 허용하지 않으며, 비록 미미한 수준이지만 세균에게 생명을 보존하는 결과를 가져온다. 즉, 용원된 세균은 이 세균을 죽일 수도 있는 파아지 감염에 대하여 **면역(immune)**을 가지게 된다. 용원성은 또 다른 중요성을 가진다. 람다 파아지 및 여러 잠재성 파아지는 숙주 유전체의 정확한 위치에 올바르게 통합되지만 일부 다른 파아지들은 통합위치가 부정확하다. 이처럼 부정확한 위치로의 통합은 특정 위치의 유전자를 비활성화시켜 결국 **삽입 돌연변이(insertion mutation)**를 유발한다. 이는 트랜스포존의 삽입과 동등하다(제10장 참조). 이런 이유로 파아지 뮤(Mu)를 '파아지로 가장한 트랜스포존'이라 부르기도 한다.

동물에서는 파아지의 용원성과 유사한 기작이 암을 유발한다. 이 과정을 **세포 형질전환(cell transformation)**이라 부르는데, 세균에서는 이 용어를 나출된(naked) DNA를 흡수하여 생기는 유전적 변화를 기술하기 위하여 쓰기도 한다. 세포 형질전환은 세포복제의 조절기작을 파괴하는 **암유전자(oncogene)**에 의하여 유발된다. 암유전자는 세포의 유전자 발현을 조절하는 데 필요한 정상적인 신호전달경로를 파괴하며 이는 정상 유전자의 변형된 형태이다. 암유전자는 바이러스 자체에 내장되어 있거나, 또는 바이러스 유전자 산물이나 바이러스 유전체의 삽입에 의하여 그 구조와 발현이 변형된 숙주에 존재한다. 바이러스에 의한 세포 형질전환은 일반적으로 바이러스 유전체 전체 또는 일부를 필요로 하며, 암유전자가 지속적으로 발현되는 것 또한 필요하다. 그러나, 일부 바이러스는 '치고 달리기(hit-and-run)' 형태의 암발생기전을 수행하기도 한다. 세포 형질전환을 유발하는 바이러스에는 라우스 육종 바이러스(Rous sarcoma virus)와 사람 T세포 백혈병 바이러스(human T-cell leukemia virus) 제1형과 같은 레트로바이러스(retrovirus), 파필로마바이러스(papillomavirus), 헤르페스바이러스(herepesvirus) 등이 있다.

진화에서 용원성의 효과는 무엇인가?

파아지가 세균의 진화에 매우 큰 영향을 준다는 사실은 널리 인정되고 있다. 포식자로서 **독성 파아지(virulent phage)**는 파아지에 내성에 있는 생존자를 선택하며, 이는 새로운 세균형의 출현을 촉진한다. 그러나 잠재성 파아지가 숙주 세포의 진화에 더 중요한 역할을 한다. 잠재성 파아지는 유전자 전이에 영향을 미침으로써, 단순 유전자 돌연변이보다 더 널리 전파될 수 있는 유전적 조합을 만들어 낸다(제 10장 참조). 실제로 용원성은 과거에는 매우 일반적인 현상이었으며, 오늘날에도 빈번히 일어난다. 많은 세균 유전체에는 파아지가 가지는 특이적 염기서열이 존재하며, 이는 용원성 파아지가 과거에 세균 유전체로 통합되었음을 암시한다. 파아지에서 유래된 유전자 잔여물은 절개와 복제에 필요한 완벽한 유전자조합이 결여되어 있어 세균 유전체 내에 지속적으로 남아 있게 된다. 앞서 우리가 언급했듯이 용원성은 바이러스의 생존에 유리한 전략인 것처럼 보인다. 지금까지 알려진 파아지의 80% 이상이 잠재성 파아지이다.

비로이드와 프리온

바이러스의 세계가 단조롭지 않다는 데에 우리 모두가 동의한다. 바이러스는 크기, 구조, 복제형태에 있어서 변이가 매우 크다. 바이러스는 단일가닥 또는 이중가닥, 선형 또는 원형, DNA 또는 RNA 등 모든 종류의 핵산을 포괄하고 있다. 그러나 더 다양한 것이 여기 있다. 바이러스의 정의에는 적합하지 않지만, 매우 작고 감염성이 있는 **비로이드(viroid)**와 **프리온(prion)**이 그것이다. 바이러스와 비로이드의 관계는 비로이드가 전적으로 RNA 원형체로 이루어진 **나출형 핵산 분자(naked nucleic acid molecule)**라는 점에서 가깝다. 반면 프리온은 오직 **단일 단백질 분자(single protein molecule)**로만 구성되어 있어서 바이러스와는 아주 멀리 떨어진 물질이다. 만약 이 책에 프리온을 위한 더 적절한 공간이 존재한다면 우리는 기꺼이 프리온을 그곳에 위치시킬 것이지만, 불행하게도 아직 찾지 못하여 여기에 서술한다.

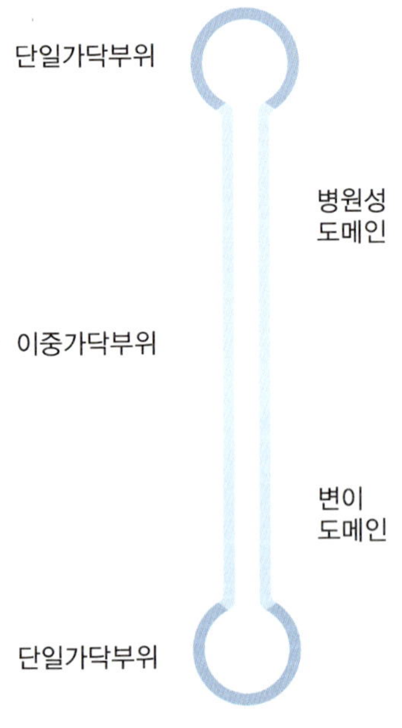

그림 17.10 비로이드의 전형적인 구조

비로이드

식물에 질병을 유발하는 비로이드는 단백질 피막이 없는 나출형 RNA 분자로 구성된다. 이것이 전부다. 비로이드는 심지어 단 한 개의 단백질도 암호화하고 있지 않다. 비로이드는 단순한 원형의 RNA 분자이며, 확장된 이중가닥 절편을 만들기 위하여 RNA 분자가 접혀져 있다(그림 17.10). 비로이드는 아보카도 태양반점증(sunblotch), 복숭아 모자이크병, 코코넛 카당카당과 같은 질병을 유발하여 심각한 경제적 손실을 야기한다. 실제로 필리핀의 코코넛 경작과 미국의 국화재배는 비로이드 질병으로 많은 손실을 입고 있다. 어떻게 비로이드가 질병을 유발할까? 비로이드는 증식하여 세포의 자원을 유용하지만 이것만으로는 숙주세포에게 문제를 일으키지 않는다. 비로이드 RNA와 세포 표적간의 직접적인 상호작용이 질병을 유발할 것으로 추정된다. 자세한 질병유발 기작은 아직 알려져 있지 않다. 비로이드의 놀라운 특징 중 하나는 이들의 작은 크기이다. 감자에 감염하는 방추형 괴경 비로이드(potato spindle tuber viroid)는 단지 350개의 염기서열로 구성된다.

비로이드는 캡시드에 의해 보호되지 않으므로 캡시드가 필요 없는 것처럼 보인다. 비로이드는 RNA 분해효소에 의해 파괴가 되지 않도록 확장된 이중가닥 부위를 가진다. 어떻게 비로이드는 복제할까? 비로이드는 캡시드 단백질을 만들 필요가 없으므로 캡시드를 암호화하는 유전자를 가질 필요가 없다. 그러나 비로이드는 RNA 바이러스가 직면한 문제점과 동일한 문제점을 가진다. 즉, RNA 주형으로부터 어떻게 RNA를 만들 것이며 어떻게 원형의 RNA를 만들 것인가라는 문제점이다. 비로이드가 이 문제를 해결하는 방식은 꽤 복잡하다. 감염성 비로이드의 RNA는 동물과 세균에는 존재하지 않지만 식물에서는 흔히 발견되는 **숙주 RNA 중합효소(host RNA polymerase)**에 의해 복제된다. 복제는 원반형 RNA를 주형으로 하여 원반 주위를 돌면서 상보적인 가닥이 합성되는 방식으로 진행된다. **원반형 복제(rolling-circle replication)**라 일컫는 이러한 복제방식은 일부 DNA 바이러스나 플라스미드에서도 찾아볼 수 있다. 복제의 결과물은 주형의 정확한 복사본이 아니라, 마치 풀려 있는 두루마리 휴지처럼 염기서열이 계속 반복되는 긴 단일가닥 RNA이다. 비로이드가 되기 위해서는 이처럼 긴 분자들이 적절한 크기의 단편으로 잘려야 한다. 이는 다음 두 가지 방법에 의하여 수행된다. 어떤 비로이드에서는, RNA 그 자체가 효소활성을 가지는데, 이는 긴 단일가닥을 단일한 복사본으로 자를 수 있는 일종의 **리보자임(ribozyme)**이라 할 수 있다. 다른 비로이드에서는 적절한 크기로의 절단이 숙주의 **핵산내부분해효소(endonuclease)**에 의해 수행된다. 두 경우 모두 최종적인 RNA 복제본은 원형으로 접합되어 비로이드의 분자구조를 이룬다.

인체에서 발견되는 유일한 비로이드-유사 질병원은 **D형 간염바이러스(hapatitis D virus)**인데, 사실 잘못 명명되었다. 이들은 실제로는 바이러스와 비로이드의 중간체적 성격을 띤다[그러므로 이들을 "**바이러소이드(virusoid)**"라고도 부른다]. 이들은 나출형 RNA로 이루어져 있지만 단백질을 암호화하고 있다는 점에서 비로이드와 구별된다. 그러나 바이러스와는 달리, D형 간염 유발체는 자체의 캡시드를 암호화하고 있지 않다. 대신 이들이 암호화하는 단백질은 조립과 관련되어 있다. D형 간염 유발체는 진정 바이러스인 B형 간염바이러스의 캡시드를 사용하여 조립한다. 그러므로 D형 간염은 숙주가 B형 간염바이러스와 D형 간염 바이러소이드에 동시에 감염되어 있을 때만 발병한다. 이 "원 플러스 원(two-for-the-price-of-one)" 감염은 B형 간염바이러스에만 감염될 때보다 훨씬 더 심각한 증상을 유발한다.

D형 간염 유발체는 세포의 필수 구성성분을 비활성화시켜 질병을 유발하기도 한다. 이들 RNA는 신호 감지와 분비 혹은 막간 단백질의 전위에 관련된 세포질 7S RNA 입자와 매우 유사한 상동 염기서열을 가진다. 바이러소이드 RNA는 7S RNA 입자를 고립시키거나 자르는 것처럼 여겨지며, 이는 결국 세포를 사멸에까지 이르게 한다.

프리온

중추신경계의 퇴화는 심각한 문제이며, 종종 인간이나 동물에게 치명적인 결과를 유발한다. 이러한 퇴화현상 중 가장 악명 높은 것은 최근에 등장한 광우병(mad cow disease)이지만, 인간 크로이츠펠츠-야콥병(Creutzfeldt-Jakob disease)이나 면양의 스크래피(scrapie)와 같은 유사한 증상도 이에 속한다. 종합하여 이러한 질병을 **해면상 뇌병증(spongifrom encephalopathy)**이라 부르는데 그 이유는 뇌에 구멍이 생겨 뇌가 해면체 모양으로 변하기 때문이다. 이러한 질병 중 하나인 쿠루(kuru)의 **전염성 특징(infectious nature)**은 이 질병에 감염된 사람들이 종교적인 의식의 일부로 사람의 뇌를 섭취해 왔다는 사실이 알려지면서 의심되었다. 실제로 이들 질병 중 일부는 실험동물에게도 전염될 수 있다. 과학자들은 질병의 유발물질이 바이러스라 의심하였지만, 바이러스, 세균, 그리고 이미 알려진 어떠한 그룹의 유발물질도 찾지 못하였다. 이후에 "프리온(prion)" 이라 명명된 질병 유발물질이 확인되었는데, *프리온은 핵산을 가지고 있지 않으며 전적으로 단백질로 이루어져 있다*는 점에서 매우 특이하다. 이 발견은 프리온을 제외한 다른 모든 질병 유발체, 즉 다른 모든 자가복제체가 핵산에 기초한 유전체를 소유하고 있다는 점에서 매우 놀랍다.

프리온 단백질이 독특한 특징을 가진다는 사실이 발견되면서 의혹은 부분적으로 해소되었다. 다른 단백질처럼 프리온 단백질 또한 여러 가지 3차원 구조로 접힐 수 있다. 일반적인 입체 구조에서, *프리온 단백질은 중추신경계 세포의 정상적인 구성원*이며 아무런 해가 없다. 그러나 다른 입체구조에서, 이들은 프리온으로 전환되며 정상적인 단백질을 프리온으로 변형시킬 수 있는 독특한 기능을 얻게 된다. 프리온과 이들의 정상적인 전구체는 *동일한 아미노산 서열*을 가지며 동일한 유전자에 의해 암호화되어 있다. 이들의 차이는 단지 접힘 방식의 차이일 뿐이다. 프리온 전구체 단백질에는 α-나선구조가 많으며 β-병풍구조는 거의 없는 반면 프리온은 이와 반대이다. 정상적인 단백질과는 대조적으로, 프리온은 단백질분해효소, 독성 화학물질, 그리고 고열에 강한 내성을 가진다. 프리온을 함유하는 물질의 소독에는 극한 처방이 필요하다. 예를 들어, 오염된 물체에 있는 프리온을 파괴하기 위해서는 1N 수산화나트륨 용액을 적어도 1시간 이상 처리해야 한다.

프리온은 어떻게 정상 단백질의 비정상적인 접힘을 유발할까? 프리온은 정상적인 단백질이 프리온 형태로 접힐 수 있도록 *유도(induce)*한다고 여겨진다. 그러나 이미 접힘이 진행되고 있는 단백질이나 정상적인 입체구조로 이미 접혀 있는 단백질에 실제로 프리온이 작용하는 지에 대해서는 알려진 바가 없다. 이 과정은 실험실에서 재현되지 않았다. 이 과정은 비가역적이라 생각되는데, 즉 프리온은 정상적인 단백질로 다시 전환되지 못한다.

기작이 어떠하건 간에, 충분한 양의 프리온의 축적과 인접 세포로의 확산은 정상적인 뇌 기능을 손상시킨다. 광우병에서 'mad' 는 화(anger)를 뜻하는 것이 아니라 ' 미친 '이라는 뜻이다. 면양에서 이 질병은 스크래피라 부르는데, 그 이유는 질병에 걸린 면양이 아무 곳에서 몸을 문질러 털과 피부가 벗겨지기 때문이다. 세포 덩어리가 죽게 되면, 뇌는 마치 구멍으로 가득 찬 스위스 치즈 모양이 된다(그림 17.11). 프리온 단백질은 응집하여 세포예정사를 유발하는 **아밀로이드(amyloid)**라 부르는 왁스질의 반투명의 섬유가 된다. "해면상 뇌병증" 이라는 용어는 넓은 범위에 거쳐 사용되며, 세포의 괴저로 인해 생기는 뇌조직의 해면모양을 나타낸다. 프리온 질병은 항상 천천히 진행된다. 흥미롭게도 정상 프리온의 기능은 아직 알려져 있지 않다. 정상 프리온이 존재하지 않도록 형질전환된 돌연변이 쥐는 프리온 질

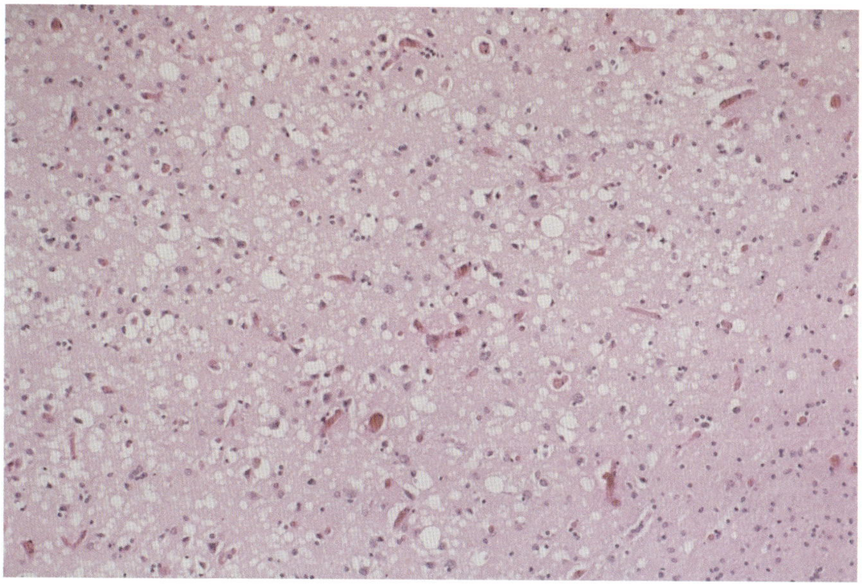

그림 17.11 프리온 질병의 병리학. 조직에 아주 많은 공동이 존재하는 것을 보여주는 해면상 뇌병증을 가진 뇌의 단면 사진.

병에 걸리지 않는다. 만약 프리온이 필수적인 단백질에 영향을 미친다면, 질병의 증상이 보다 더 즉시 나타나리라 추정할 수 있다.

17.10 *프리온에 대한 웹사이트*

일반적인 정의에서 프리온의 활성은 **후생학(epigenetics)**의 영역에 속하는데, 이는 변형된 유선제 염기서열로부터 유래되지 않는 유전가능한 변이를 의미한다. 고등 생물체에서의 예는 쉽게 찾아볼 수 있는데, 예를 들어 간(liver) 세포는 근육 세포와 동일한 유전체를 가지지만 간 세포는 자신의 세포를 계속해서 만들 수 있다. 또 다른 예로서, 메틸화에 따른 DNA의 변형은 특정 세포형을 특징짓는 유전자 발현 형태에 변화를 가져온다. 단세포 생물에서 이러한 현상은 매우 제한적으로 일어난다. 그러나 효모는 프리온처럼 행동하는 단백질을 가지고 있다. 이 단백질은 교배를 통하여 다른 개체로 도입될 때 유전될 수 있도록 변형된다. 동물 프리온처럼 효모 프리온 또한 섬유질로 응집되어 정상적인 단백질을 비활성시킨다. 프리온과 연관된 기작이 다른 생물체에서 얼마나 폭넓게 존재하는가에 대하여는 아직 잘 알려져 있지 않다. 프리온은 장기 기억이나 심지어는 체세포 분열과 같은 다른 후생학적 현상에 연관되어 있을 수 있다.

결론

바이러스, 비로이드, 프리온은 생물 세계의 다양한 유연성을 보여 주며, 생명에 대한 우리의 기본 개념을 생명의 기초인 세포로부터 유전 정보의 화학적 매개자까지 확대한다. 이러한 실체로부터 우리는 복제와 돌연변이처럼 생명 개념의 중심적인 현상이 단지 세포만이 가지는 특정 영역이 아니라는 것을 배웠다. 이들의 특징은 분열과 자손 생산이라는 세포의 주요 특징과 직접 연결되지 않을 수도 있다. 이러한 세포내 실체는 홀로 작동하지 않으며, 이들에게 에너지와 단백질 합성기능을 제공해 주는 숙주 세포가 반드시 필요하다. 만약 자기의 핵산을 복제할 수 있는 능력을 이미 보유한 바이러스가 에너지와 단백질을 생산하는 기능이 생긴다면, 이들은 다른 생물들의 도움을 받지 않고 스스로 복제할 수 있을까? 다시 말하자면 이들은 세포가 될 수 있을까? 이러한 질문은 핵산 합성효소의 훌륭한 보완도구를 가지며 천연두를 유발하는 바이러스처럼 크기가 큰 피막형 바이러스에 특히 적절한 질문으로 여겨진다.

이처럼 의문점이 많은 바이러스의 세계는 더 깊은 성찰거리를 제공한다. 어떻게 바이러스는 생겨났을까? 바이러스는 독립된 개체에게 생명에 필수적인 특성을 잃어버린 '축소된 세포(reduced cell)' 일까? 아니면, 새로운 실체로서 탄생하여 진화되어 온 것일까? 혹은 이와는 완전히 다른 진화경로를 거쳤을까? 왜 인류는 단일 숙주에서조차도 엄청나게 다양한 많은 바이러스를 가지는가? 일례로서 인간에게만 질병을 일으키는 다양한 바이러스 종류를 생각해 보라. 독립적으로 진화를 거듭해 온 세균과는 달리, 바이러스는 숙주와 결합하여 진화하여 왔다. 더 나아가 프리온은 현재까지 알려진 것보다 더 널리 퍼져 있는데, 혹시 이들은 분화와 같은 매우 기초적인 생물학적 현상에 연관되어 있는 것은 아닐까? 이처럼 다양한 아주 많은 의문점들은 앞으로 우리가 연구해야 할 도전적인 과제가 되고 있다.

학습문제

1. 어떤 점에서 바이러스는 세포형태의 생명과 다른가?

2. 어떤 구성 요소가 모든 바이러스에게 공통으로 존재하는가?

3. 모양을 제외하고 정이십면체 바이러스와 필라멘트 바이러스의 중요한 차이점은 무엇인가?

4. 피막형 바이러스에서 피막은 어디에서 유래하는가?

5. 일부 바이러스는 비리온 내에 효소를 가지고 있다. 이들은 어떤 종류의 효소인가?

6. 레트로바이러스의 핵산은 어떻게 복제되는가?

7. 바이러스의 복제주기 동안 어떻게 바이러스 단백질이 합성되는가?

8. 독성 바이러스와 잠재성 바이러스를 구분지어 설명하시오.

9. 잠재성 바이러스는 어떻게 휴면상태로 존재할 수 있는가?

10. 용원화된 세균에서, 용균 경로와 용원 경로 사이의 결정은 어떻게 이루어지는가?

11. 비로이드와 프리온을 대비하여 서술하시오.

단원 VII 상호작용

제18장 생태학

개괄

생태학은 생물체와 주위환경 사이의 상호작용에 대한 학문이다. 즉, 물리적, 화학적, 생물학적 환경이 어떻게 특정 종류의 생물에 영향을 미치며, 또 어떻게 그 생물들은 주위의 환경에 영향을 미치는 가를 연구하는 학문이다. 여러분들은 아마도 여기에서 도대체 새로운 것이 무엇이냐고 반문할 지도 모르겠다. 사실 우리는 이 주제에 대하여 이 책에서 계속해서 다루어 왔다. 그러나 우리는 이 장에서는 약간의 변화를 주고자 한다. 이 장에서는 개체의 미생물의 활동을 다루기보다는 보다 더 넓은 범위인 미생물 집단의 전체적인 활동에 강조점을 두고자 한다. 특히 미생물들이 어떻게 지구의 환경을 조성해 왔으며, 어떻게 지구를 균형 잡힌 생명지탱 환경으로 유지시켜 왔는가에 대하여 특별히 주의를 기울이고자 한다.

미생물 생태학의 근본적인 주제는 미생물이 가지는 세 가지 주요 특징에서 출발한다. (i) 미생물의 **편재성**(**ubiquity**, 미생물은 물이 있는 곳이면 어디에든 존재한다), (ii) 미생물의 **풍부도**(**abundance**, 미생물은 대량으로 존재한다), (iii) 미생물의 **대사능력**(**metabolic power**, 미생물은 놀라울 정도로 다양한 방법으로 활동한다)이 바로 그것이다. 우리는 이미 4장에서 어떻게 일부 미생물이 극한 온도에서, 극한 압력에서, 그리고 극한 염분의 환경에서 생장하는지, 또한 미생물의 수가 얼마나 많은지에 대하여 살펴보았다. 지구에는 10^{30} 개가 넘는 세균 및 고세균이 존재한다. 인체에 있는 인간 세포의 수보다 더 많은 수의 세균이 장내에 존재한다. 1 밀리리터의 세균 배양액이나 10 g의 토양은 지구에 존재하는 총 인구보다도 더 많은 수의 미생물을 포함한다.

미생물의 대사적 다양성은 이들의 편재성에 기여하고 있다. 만약 열역학적으로 실행 가능한 화학반응의 요소가 특정 환경에 존재한다면, 미생물은 그곳에 반드시 존재할 것이며, 생장하고 번식하기 위하여 환경을 적절히 활용할 것이다. 물론 미생물이 성공적으로 에너지를 이용하기 위해서는, 화학반응이 반드시 생산해야만 하는 에너지(Gibbs 자유에너지의 변화량 혹은 ΔG)의 하한선은 있을 수 있지만, 이 수치는 경이로울 정도로 낮다. 다시 말하면, 미생물은 화학 물질로부터 유래되는 아주 적은 양의 에너지도 쥐어 짜내서 이용할 수 있다는 것을 의미한다. 원핵생물은 아주 적은 에너지를 방출하는 화학반응을 이용하여 생장하는 데 능숙하다. 원핵생물은 다음 중 하나의 방법으로 낮은 에너지-수율-반응을 이용한다.

1. 원핵생물은 이웃 미생물의 도움을 받으며, 일반적으로 반응 생성물을 신속하게 소모하는 이웃 미생물의 대사 능력을 이용한다. 이웃한 미생물이 수행하는 대사물질의 신속한 소모는 반응의 평형상태를 변화시키므로 미생물의 생장이 가능하다. 예컨대 부탄산(butyrate) 분해세균은 메탄생산균과 공생 배양될 때 단지 -4.5 kJ/mol의 자유에너지를 생산하는 화학반응을 이용하여 생장할 수 있다. 자유에너지 -4.5 kJ/mol은 ADP를 ATP로 전환시키는데 필요한 자유에너지(-33 kJ/mol)보다 7배나 적은 양이다.
2. 낮은 에너지 수율 반응으로부터 생존 에너지를 얻는 또 하나의 전략은 각 반응단계에서 생산된 적은 양의 에너지를 모아서 하나의 ATP 분자가 만들어 질 수 있을 만큼 충분한 에너지가 축적될 때까지 보관하는 것이다. 미생물은 각 반응 단계마다 몇 개의 양성자를 세포막 밖으로 수송시키고, 결국 미생물이 점진적으로 만들어낸 양성자 구배동력이 ATP를 만들 수 있게 된다.

미생물은 크기가 매우 작지만 광활한 규모로 그 역할을 수행한다. 미생물은 대기에 존재하는 주요 기체-질소, 산소, 이산화탄소-를 형성하고 이들의 농도를 결정하는 데 중대한 영향을 미친다. 미생물은 또한 동물과 식물의 사체(remains)를 분해하는 역할을 수행하는데 만약 이러한 기능이 없다면, 이들의 사체가 축적되어 탄소 및 다른 생물요소가 순환이 되지 않아 결국 다른 생명체가 살수 없다. 한편 미생물은 뚜렷하게 눈에 띄지는 않지만 환경에 주요한 영향을 주는 수많은 생지화학적 변환과정에서 중요한 역할을 담당한다. 예를 들어 미생물은 여러 금속염의 산화-환원 반응을 촉매하며, 그 결과 지구내부에 매장된 광물의 형성에 기여하고 또 바위를 풍화시키기도 한다. 미생물은 심지어 기후를 변화시킨다. 지구과학 분야 의 주요 구성원이 바로 미생물인 셈이다.

앞서 살펴보았듯이, 미생물학자들은 호기적으로 생장하는 화학종속영양미생물의 대사에 대하여 많은 관심을 기울여 왔다. 그 이유는 이 미생물들이 쉽게 배양이 되며, 대부분 병원성 미생물이 이에 속하기 때문이다. 물론 호기성 화학종속영양미생물도 환경에서 중요한 역할을 수행하지만, 이 미생물들의 생태적 영향은 혐기성 미생물이나 자가영양 미생물이 미치는 생태적 영향보다는 적을 것으로 생각된다.

개활지의 땅을 파고 들어가면 만날 수 있는 미생물을 고찰함으로써, 자연계에 존재하는 매우 다양한 미생물의 종류, 이들의 다양한 대사 작용, 그리고 어느 곳에서도 생장할 수 있는 미생물의 능력에 대하여 개괄적으로 이해할 수 있다(그림 18.1). 산소가 풍부한 제일 위층의 토양층에서는 호기성 호흡에 의해 유기물질을 이용하는, 우리에게 매우 친숙한 화학종속영양미생물이 서식한다. 이 층은 비록 호기성 환경이지만, 여기에 존재하는 국지적 혐기성 환경에서는 탄수화물을 발효하는 또 다른 종류의 종속영양미생물이 서식한다. 점점 더 깊이 내려가면 무산소환경인 얕은 지하수층의 영역으로 들어가는데, 여기에는 여러 종류의

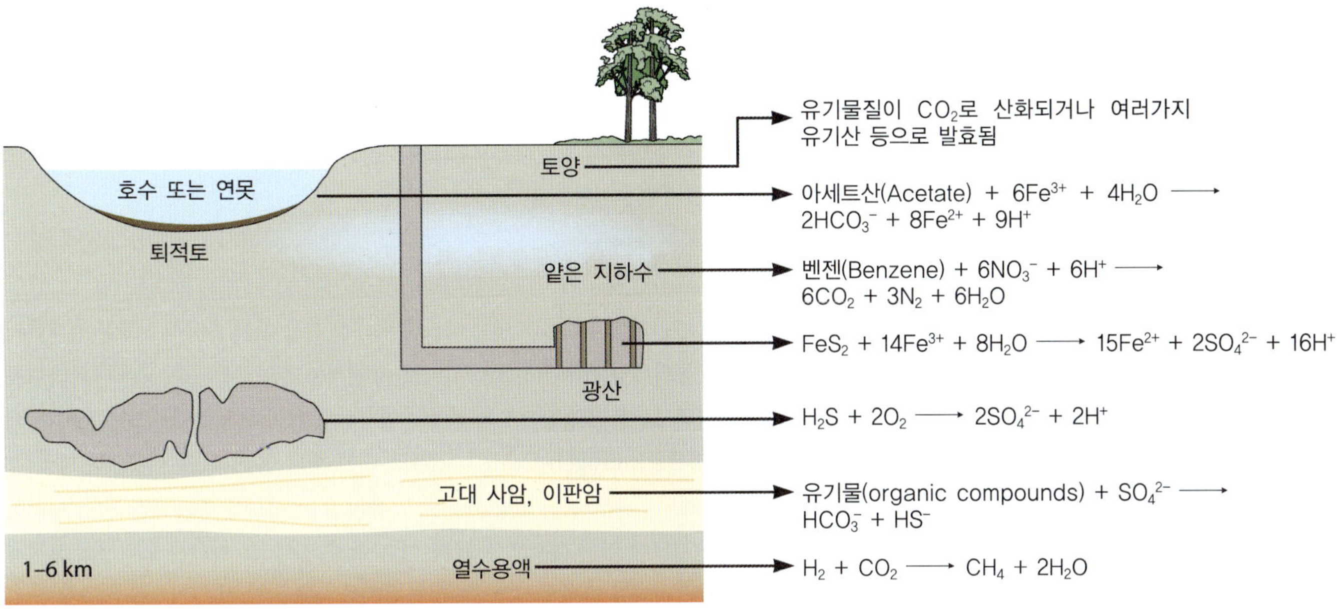

그림 18.1 땅속 여러 깊이의 층에서 발견되는 미생물에 의해 수행되는 물질 전환 기능들.

혐기성 호흡을 통해 살아가는 미생물들이 존재한다. 혐기성 호흡 미생물은 질산염이온, 3가 철이온, 황산염이온과 같은 다양한 최종전자수용체를 이용한다. 혐기성 호흡에 의해 살아가는 미생물의 일부는 위 토양층에서 형성되어 아래층으로 서서히 침투한 발효산물인 아세트산과 같은 유기물질을 산화하는 종속영양생물이나, 또 다른 미생물들은 벤젠, 트리클로로에틸렌, 살충제와 같은 오염물질을 산화하며 살아간다. 또한 황화물(sulfide), 2가철이온 등 무기 물질의 혐기성 호흡에 의해 에너지를 생산하는 자가영양생물이 이 층에서 서식한다. 땅속으로 더 깊이 내려가도 미생물을 계속해서 만날 수 있다는 사실은 놀랍다. 실제로 5-6 km의 깊은 지하에서도 미생물이 발견되며, 지구의 지각에서 유래되어 지하 깊숙한 광산에 침투되는 염수환경에서도 미생물이 존재한다는 사실이 입증되었다.

미생물처럼 대사적으로 다양한 생물체가 어떻게 그토록 깊은 지하층에서도 생장하며 번식할 수 있을까? 심층에 존재하는 미생물은 주위 환경이 매우 뜨겁기 때문에 초호열성미생물로 존재한다. 그렇다면 이들 미생물의 생장을 위한 영양소 공급원은 무엇일까? 심층 미생물과 이보다 약간 얕은 층에 서식하는 미생물은 수소를 산화하여 금속이온이나 이산화탄소를 환원시키는 수소의존성 대사를 통하여 살아간다. 이산화탄소의 환원은 메탄을 생산하며, 메탄기체는 토양 표층까지 확산되어, 메탄을 대사하는 미생물인 **메틸영양세균(methylotroph)**의 의해 산화된다. 수소 기체는 아주 깊은 지하에는 존재하지 않을 것처럼 생각되지만, 실제로는 그렇지 않다. 수소는 지구의 마그마로부터 유래되는 기체 중 하나이며, 고온과 고압환경에서 물의 지질화학적 환원작용에 의하여 형성된다.

미생물생태학의 연구방법

생태학의 궁극적인 목표는 특정 환경에 어떤 생물이 존재하며, 이 생물이 무슨 일을 하고 있는가를 밝히는 것이다. 고등생물의 경우 상당량의 생태학적 정보를 단지 관찰이라는 연구행위를 통해서도 얻을 수 있지만, 미생물의 경우 비록 현재까지 이르는 동안 방법론적 개선이 있었다 하더라도 여전히 관찰에만 의존해서는 많은 정보를 얻기가 어렵다. 고등생물과 달리, 대다수의 미생물은 단지 관찰을 통해서는 동정이 되지 않는다. 그 이유는 미생물의 활성은 전반적으로 화학반응에서 기인하므로 이들이 환경에서 무슨 일을 하는지는 관찰만으로는 좀처럼 알 수 없기 때문이다.

농화배양

아주 최근까지도 자연계에서 누가 무엇을 하느냐에 대한 답을 찾기 위하여 미생물 생태학의 주요 연구방법은 **농화배양(enrichment culture)**에 전적으로 의존하였다. 용어가 나타내듯이 농화배양은 배양조건을 조절함으로써 원하는 미생물의 최적 생장을 유도하는 것이다. 예를 들어, **질소고정세균[nitrogen-fixing bacteria**, 대기 중의 질소(N_2)를 이용하는 세균]을 농화배양하기 위해서는 질소원이 없는 배지에 약간의 토양 시료를 첨가하면 된다. 이러한 조건에서는 토양 시료에 있는 질소고정세균만이 자랄 수 있다. 그 이유는 오직 질소고정세균만이 생장에 필수적이자 이 배양시스템에서는 유일한 질소원인 질소 기체를 이용할 수 있기 때문이다. 결과적으로 이 배양액에는 질소고정세균이 풍부하게 생장하게 된다. 다른 종류의 많은 미생물도 이와 같은 방법으로 농화배양 될 수 있다(표 18.1).

농화배양은 미생물생태학을 연구하기 위한 강력한 도구이다. 만약 특별한 종류의 미생물이 특정한 환경에서 독특한 생물전환 과정을 수행한다고 여겨지면, 그 환경에 존재하는 화학 물질을 배양배지에 첨가만 하면 된다. 이 조건에서 얻고자 하는 미생물이 농화배양 되면, 이 미생물은 확실하게 그 환경에 존재한다고 간주된다. 그러나 농화배양에만 전적으로 의존하는 것은 미생물 생태학적 측면에서는 위험한 접근법인데, 그 이유는 농화배양은 실증할 수 없거나 혹은 잘못된 가정에 기초하고 있기 때문이다. 잘못된 가정 중 하나는 특수한 생태적 역할을 하는 미생물을 항상 배양할 수 있다는 것이며, 실증할 수 없는 가정 중 하나는 미생물이 자연 생태계에서 하는 역할을 배양상태에서도 동일하게 수행한다는 것이다.

실험실과 자연 환경에서 미생물 연구

자연계에 존재하는 미생물의 대부분을 배양할 수 없다는 사실은 오랫동안 잘 알려진, 그리고 유쾌하지 않은 사실이다. 오직 최근에 와서야 이 문제의 중요성과 영향력이 널리 인정받

표 18.1 농화배양의 예

미생물 모둠	배양 조건	배양조건의 근거
호열성 미생물	고온 조건에서 배양, 예 55℃	고온에서는 단지 호열성 미생물만 생장
내생포자 생성균	토양 시료를 배지에 접종하기 전 열처리(끓임)	극소수의 미생물 세포만이 끓는 온도에서 견딜 수 있음; 내생포자는 끓는 온도에서도 생존 가능
질소고정 시안세균	고정된 질소화합물이 첨가되지 않는 배지에서 호기성 광조건에서 배양	일부 시안세균만이 질소를 고정하며, 호기성 조건에서 광합성을 수행함
황산염환원 세균	황산염 이온과 비발효성 유기탄소원이 포함된 배지에서, 혐기성 암조건에서 배양	이와 같은 배양조건에서, 황산염 환원세균은 혐기성 호흡에 의해 에너지를 얻을 수 있음; 광합성, 호기성 호흡, 발효는 이 조건에서 불가능함
살충제 분해 미생물	살충제를 유일 탄소 및 에너지원으로 공급한 최소배지에서, 호기성 암조건에서 배양	이와 같은 배양조건에서, 살충제를 분해할 수 있는 능력이 생장에 필수적임

게 된다. 토양이나 수계 등 자연환경에 존재하는 미생물을 현미경을 이용하여 계수한 수는 배양을 통하여 관찰되는 미생물의 수보다 *수백 배에서 수천 배 이상 크다.* 그러나 최근에는 미량의 영양소를 천천히 공급하거나 장시간 배양하는 것처럼 환경조건을 모방한 독창적이지만 까다로운 방법이 적용되어 현미경을 이용하여 관찰된 수와 배양된 미생물 수 사이의 차이가 점점 줄어들고 있다.

미생물을 순수배양 하는 것이 왜 바람직할까? 유전체 염기서열을 결정하거나 생리학 및 유전학 연구를 수행할 때 한 개의 세포를 가지고 연구할 수 없다는 점은 명백한 사실이다. 그러나 배양된 미생물만을 대상으로 연구하는 것에도 한계가 있다. 많은 미생물들은 자연계에서 수행하는 일을 순수배양액에서는 하지 않는다는 사실 또한 분명하다. 길들이기(배양)에는 비용이 따른다. 어떤 병원성 미생물은 병원성을 잃고, 일부 미생물은 이들의 항원을 바꾸기도 하며, 또 다른 미생물들은 대사 활성을 변화시킨다. 또한 자연계의 미생물은 종종 개체로서가 아니라 군집의 구성원으로서 상호작용하는 역할을 한다. 극적인 예로, 어떤 미생물 공동체(콘소시엄)는 순수배양액에서는 절대로 불가능한 물질전환 기작을 공동체 상태에서는 수행할 수 있다. 때때로 이러한 미생물공동체는 자연계에서 분리되어 순수배양액 상태로 유지될 수도 있다. 15장에서 살펴보았듯이 세균과 고세균의 공동체인 "*Methanobacillus omelianskii*"는 에탄올을 이산화탄소와 메탄으로 전환할 수 있는데, 순수배양된 두 종의 미생물들은 단독으로는 에탄올을 이용할 수가 없다.

어떻게 우리는 자연계에 존재하는 미생물을 연구할 수 있을까? 재조합 DNA 기술, 유전체학, 현대 면역학, 그리고 방사능화학 기술의 발전 덕택으로 이제는 배양에 의존하지 않는 여러 가지 새로운 방법이 적용 가능하다(표 18.2). 이 기술들은 미생물 생태학에서 매우 강력한 도구가 되고 있다.

형광 in situ 혼성화법(FISH, Fluorescence in situ hybridization)은 시료에 존재하는 생물의 유전체에 있는 상보적인 염기서열에 결합하는 형광표지 DNA 탐침(probe)을 사용한다. 형광현미경 관찰에 의한 FISH 방법을 적용하면 어떤 미생물이 특정 환경의 어느 위치에 존재하는가를 쉽게 알 수 있다 (그림 18.5 참조). 형광 탐침을 특정 종(species)에만 특이적으로 결합하지 않고 보다 넓은 범위의 계통 그룹을 검출할 수 있도록 FISH에 적용하여 고안할 수 있다. 예컨대 FISH 방법은 세균 도메인이나 고세균 도메인을 선택적으로 검출하는 데 사용할 수 있다. FISH 방법에서 얻은 정보는 군집 내 미생물 상호작용을 이해하는 데 매우 중요한 수단으로 활용된다. 앞에서 거듭 살펴보았듯이, 자연계에서 두 미생물이 상호 밀접하게 존재하는 것이 현미경을 통하여 밝혀지면 이 미생물들은 대사적으로 상호작용하며 서로의 생장을 위하여 상대방에 의존한다고 추정할 수 있다.

형광 항체 탐침(Fluorescent antibody probe) 방법 또한 자연계의 미생물을 동정할 수 있는 강력한 도구이다. 이 방법은 매우 특이적이어서 FISH처럼 미생물 그룹을 검출하는 데에 사용하지 않고 주로 특정 종이나 균주를 식별하는 데 사용한다. 이 방법은 특정한 한 종류의 미생물에 대한 특이적인 정보를 제공해 주지만, 특정 환경에 존재하는 일반적이고 광범위한 미생물에 대한 일반적인 정보를 찾는 데에는 한계가 있다.

또 다른 유용한 접근법은 특정 환경의 생물군집으로부터 16S rDNA(16S rRNA 유전자)와 같은 특이 유전자의 염기서열을 분석하는 것이다. 이러한 염기서열 정보로부터 우리는 매우 구체적인 수준부터 아주 일반적인 수준에 이르는 넓은 영역의 질문에 대한 해답을

표 18.2 미생물 생태학에서 사용하는 배양-비의존적 연구방법들

연구방법	실험 과정	가치
동정		
형광 in situ 혼성화법(FISH)	일반적으로 rRNA를 암호화하는 DNA 핵산 탐침을 형광 염색시료로 표지하고, 자연계에 존재하는 세균에 혼성화 반응을 수행한 다음, 형광현미경을 통해 관찰한다.	탐침의 종류에 따라, 개체 미생물 세포는 종, 속, 또는 더 큰 분류군, 예를 들어 세균 도메인에 이르기까지 동정될 수 있다. 다른 색깔의 형광물질로 표지된 여러 탐침을 사용하면 여러 미생물을 동일한 시료에서 동시에 동정할 수 있다.
형광 항체 탐침	항체가 핵산 탐침을 대체하는 것만 제외하고, 대략적인 실험 과정은 FISH와 동일하다.	항체의 높은 특이성은 이 방법의 적용대상을 종 혹은 개체균주로 제한한다.
염기서열 분석에 따른 미생물 조사	환경에서 DNA를 추출한 다음, 적절한 프라이머를 사용하여 여러 미생물의 rRNA 유전자를 PCR을 통하여 증폭하고, 클로닝을 수행한 다음 염기서열을 얻는다. 또는 환경시료의 전체 DNA를 클로닝하여 염기서열을 얻는다.	이 방법을 사용하면, 배양이 되어 있지 않거나 혹은 존재조차 알려지지 않는 미생물의 분자적 동정이 가능하다.
판정		
현미경을 이용한 생존도 판정: 염색법	특정 염색시약은 살아있는 세포와 죽어있는 세포를 분별할 수 있다. 널리 쓰이는 fluorescein diacetate는 세포 외에서는 비형광이지만, 세포 내에서 비특이적 에스테르가수분해효소(esterase)에 의해 분해되어 형광을 띠게 된다.	현미경 관찰할 때 형광을 나타내는 미생물은 살아 있는 세포이다.
현미경을 이용한 생존도 판정: nalidixic acid	Nalidixic acid와 미량의 영양물질을 대조군와 실험군 시료에 첨가한 후 배양하여, 현미경을 이용하여 관찰한다.	Nalidixic acid는 세포분열을 막아 세포를 길어지게 하므로, 대조군에 비해 실험군에서 길이가 길어진 미생물은 영양물질을 섭취하여 생장하였다고 판정한다. 즉, 길이가 길어진 미생물은 생존력이 있다고 판정한다.
미세자기방사법	방사능 물질을 시료에 주입하고 몇 시간 동안 배양을 한 다음, 미생물을 고정하여 사진 현상액이 코팅된 슬라이드 위에 도말한다. 빛이 차단된 통에서 수일간 감광한 후, 현상하여 관찰한다.	사진 현상액의 미세입자에 의해 둘러싸인 세포는 방사능 물질을 대사하는 능력을 가지고 있는 것으로 판정한다.

찾을 수 있다. 한 예로서 "특정 문(phylum)이나 도메인을 대표하는 특정 균주가 시료에 존재하는가?" 라는 물음을 들 수 있다. 이 방법은 아직까지 한 번도 알려진 바 없는 미생물까지도 그 존재를 확인할 수 있는 방법이며, 그러므로 시료에 존재하는 보다 일반적인 미생물을 검출하는 데 매우 효과적이다. 최근에 이 접근법은 경이로울 만큼 확장되어 적용되고 있다. 환경시료에서 특정 유전자의 염기서열을 분석하는 것을 뛰어 넘어, 환경에 존재하는 전체 미생물 유전체 염기서열을 분석하는 것이 좋은 예이다. 이러한 분석법이 최초로 적용된 예는 북대서양 버뮤다 해역 인근의 사가소 해(Sargsso Sea)에서 채취한 해수를 대상으로 유전체 분석을 수행한 연구이다. 이 연구에서는 많은 양의 원핵생물을 얻기 위해 해수를 여과하여 DNA를 추출한 다음, 10억 이상의 염기서열을 확보하였다. 이 연구에서는 방대한 양의 데이터를 분석하여 매우 풍부한 정보를 얻을 수 있었다. 이 시료에는 1,800여개의 미생물 종이 존재하는 것으로 추정되었고, 이 중에 148개는 이전에는 전혀 알려져 있지 않았던 원핵생물 **계통형(phylotype**, 단지 염기서열의 유사도에 의해서 동정된 종)이었다. 또한 이 연구에서는 120만개 이상의 새로운 유전자가 발견되어, 이 해양 환경에서 미생물의 다양성이 얼마나 큰 지를 확인할 수 있었다. 최근에는 이와 유사한 실험들이 여러 환경을 대상으로 급속도로 확산되고 있다.

환경에 존재하는 미지의 미생물, 그리고 다양한 종류의 유전자에 대한 방대한 양의 정보가 제공이 되면서, 우리가 앞으로 얼마나 더 많이 미생물에 대하여 연구해야 하는지 겸손하게 돌이켜보게 된다. 유전자 정보는 다양한 미생물이 환경에서 어떠한 일을 수행하는가에 대한 단지 어렴풋한 정보만을 제공한다. 새롭게 발견된 미생물의 활성에 대하여 잘 알려지고 연구가 많이 되어 온 미생물과의 연관성을 결정하면, 새로운 미생물이 이미 잘 알려진 미생물과 유사한 활성을 가질 것이라고 예측할 수는 있다. 그러나 실제 환경에서 어떠한 일을 이 미생물이 수행하는지를 알기 위해서는 궁극적으로 이 미생물을 배양하여야 한다. 한편, 죽은 미생물과 살아있는 미생물을 구별하여 염색하고, 이를 현미경을 통하여 관찰하는 생존도 측정법으로 유익한 정보를 얻을 수 있다. 또한 삼중소수로 표지한 DNA 전구체인 티미딘과 같은 방사능 물질을 시료에 첨가하면 활발하게 대사하는 미생물을 표지할 수 있다. 방사능 물질이 주입된 미생물 시료를 현미경 슬라이드에 도말한 다음 사진현상 용액을 첨가하면 개체 미생물이 방사능을 띠는 여부를 확인할 수 있다. 어두운 곳에서 약 2시간 배양한 다음, 방사능 물질의 붕괴로 인해 생기는 검은색 사진현상 입자를 현미경을 이용하여 관찰할 수 있다. **미세자기방사법(microautoradiography)**라 부르는 이 방법과 방사능으로 표지된 기질을 결합하여 사용하면, 환경에 존재하는 특정 미생물이 이 기질을 이용하는 여부를 쉽게 판정할 수 있다.

생지화학적 순환

현미경으로 관찰할 수 있지만 배양은 되지 않는 수많은 미생물의 역할을 이해하기 위한 계속된 도전으로 인해 미생물 생태학은 인상적으로 진보해 왔다. 이를 통하여 미생물은 모든 생물권(biosphere)에 존재하며, 깊은 지하와 같은 생태계에서는 미생물이 그 생태계에 존재하는 유일한 서식자라는 사실이 알려졌다. 또한 생물권에서 물질 상호전환의 대부분이 미생물에 의해서 수행되며, 중요한 몇몇 상호전환 과정은 오직 원핵생물에 의해서만 매개된다는 사실도 알려졌다. 매우 밀접하게 상호 연관된 물질 전환과정을 쉽게 이해하고 요약하기 위하여, 이 전환과정을 자연계에서 진행되는 여러 주요 **생물원소(major bioelements)**-탄소, 산소, 질소, 황, 인-의 화학적 변화에 따라 일반적으로 분류한다. 이 상호전환은 균형을 이루고 있으며, 다시 말하면 여러 가지 생물원소(예를 들어 질소 기체에서 질소원소)들이 끊임없이 형성되고 이용되지만 이들의 총량은 변하지 않는다. 어떤 생물원소의 특정한 형태를 사용하는 반응의 총합은 이 생물원소를 다시 보충하는 반응의 총합과 거의 유사하다. 그러므로 생물원소의 여러 상호전환 과정을 '이용과 보충의 순환과정'으로 기술하는 것이 가능하다. 이러한 순환과정을 **생지화학적 순환(biogeochemical cycles)**이라 부른다. 다음 절에서 우리는 순환과정에 독특하게 작용하는 미생물의 역할을 강조할 것이며, 최근에 이르러 더 심각해지고 있는 물질 순환과정에 미치는 인간의 영향에 대해서도 고찰할 것이다.

거의 모든 생지화학적 순환과정에 적용되는 일반적인 규칙은 *"순환과정 구성요소의 각 단계들은 산화되거나 환원되는 반응이다."* 라는 것이다. 대다수 경우, 생물원소의 산화상태는 전체 순환과정 중에 변한다. 예를 들어, 탄소 순환에서 유기물은 이산화탄소로 산화되고 이산화탄소는 다시 유기물로 환원된다.

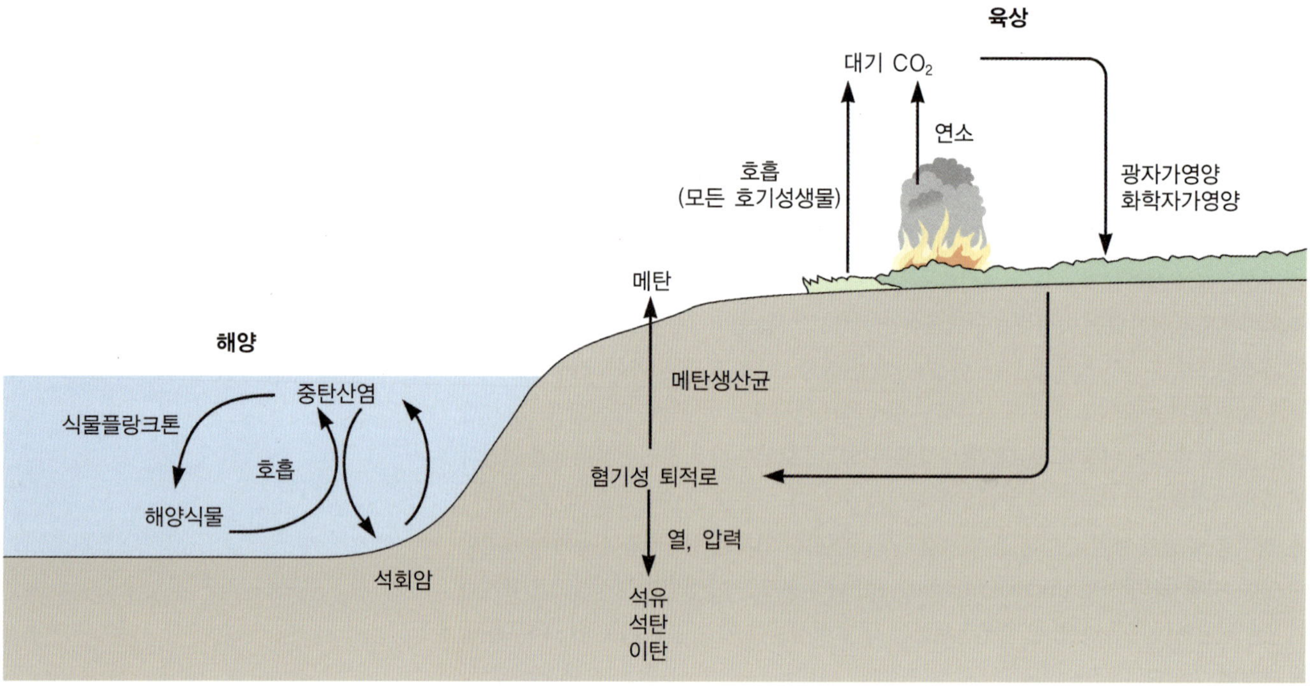

그림 18.2 탄소 순환.

탄소 및 산소 순환

그림 18.2는 탄소 순환의 핵심-무기 또는 유기물 형태로서, 대기 중의 이산화탄소와 고정된 탄소 사이의 순환-을 요약하여 보여준다. 전체적으로 단순하게 보이지만, 탄소 순환은 우리가 이미 고찰한 바 있는 생물 세계에서 발견되는 거의 모든 복잡성을 보여준다. 예를 들어, 혐기성 환경에 저장된 많은 양의 유기 탄소는 활발하게 진행되는 탄소 순환과정에 매우 천천히 유입된다(제15장 참조).

우리 인류는 탄소 순환과정에 매우 깊숙이 개입하여 왔지만, 그 개입의 결과가 아직 완전히 이해되고 있지는 않다. 해마다 끊임없이 증가하는 비율로 화석연료를 태움으로써, 우리 인류는 우리가 지금 직면하고 있는 지구 온난화의 원인기체인 이산화탄소의 대기 중 농도를 현저하게 증가시켜 왔다(그림 18.3).

인류는 또한 탄소순환의 양적인 측면뿐만이 아니라 질적인 측면에서도 새로운 복잡성을 제공해 왔다. 자연적으로 생겨나는 유기물은 예외 없이 미생물에 의해 이용될 수 있다. 일부 **부식질(humus**, 검고 리그닌이 풍부한 토양의 성분)과 같은 유기물과 무산소환경의 유기물은 미생물에 의해 매우 느린 속도로 분해되지만 *"자연적으로 생긴 유기물 중 분해되지 않는 것은 없다."*[이는 종종 **미생물의 절대확실성(microbial infallibility)**이라 불린다]. 그러나 인류는 종종 자연이 할 수 없는 일을 수행한다. 인류가 제조한 수많은 플라스틱 제품은 미생물 공격에도 완전히 분해되지 않으며, 인간이 생산한 수많은 화학 물질들도 생태계에 위협을 주며, 극히 느린 속도로 분해된다. 이 물질들은 탄소 순환에서 '흐르지 않는 웅덩이(dead-end sump)'를 형성한다. 이들 물질이 자연계에 방출되면, 아주 오랜 시간동안 분해되지 않고 계속 자연계에 남게 될 것이다(그림 18.4).

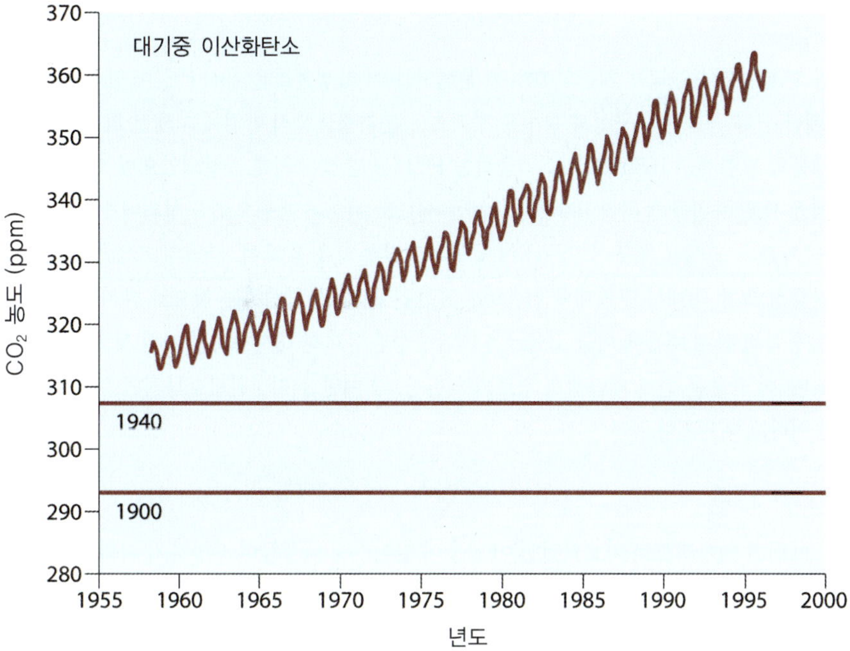

그림 18.3 하와이의 마우나 로아(Mauna Loa) 에서 측정된, 대기 중 이산화탄소의 농도. (2002년도 말에 측정된 값는 373 ppb 이다.)

우리가 앞서 고찰하였듯이, 혐기성 환경에 저장된 분해 가능한 유기물이 호기성 환경으로 유입되는 주요 경로는 메탄생성 고세균의 작용을 통해서 이루어진다. 전 세계적으로 이 미생물들은(제15장 참조) 대양저나 호소 바닥의 개흙(실트)과 반추동물이나 흰개미의 소화관을 비롯한 여러 혐기성환경에 저장된 유기물로부터 엄청난 양의 메탄을 생산한다. 메탄생성(methanogenesis)은 전 지구적 탄소 순환의 핵심 연결자로 기능하는데, 그 이유는 메탄은 수층에서 용존도가 낮은 기체이므로 혐기성 환경에서 대기 중으로 빠르게 확산되기 때문이다. 한편, 생물학적 또는 무생물학적 기원을 가진 거대한 양의 메탄이 대양저 아래에 고체상태의 가스 수화물(gas hydrate)이나 메탄기체의 형태로 매장되어 있다.

이처럼 많은 양의 메탄은 결국 어떻게 될 것인가에 대한 의문이 생긴다. 비교적 최근까지도 인간에 의한 연소를 제외하고, 매장된 메탄에 대하여 알려진 유일한 경로는 메탄이용세균이라 불리는 호기성 세균에 의한 산화 또는 강력한 온실 기체로 작용하는 대기 중으로 방출뿐이었다(대기 중의 메탄은 1984년도에 1,620 ppb에서 2003년도에 1,750 ppb로 증가하였고, 현 시점에서는 농도가 낮아지는 것처럼 보인다). 이전에 과학자들은 메탄은 분해되기 전에 반드시 혐기성환경에서 호기성 환경으로 방출되어야만 한다고 생각하였다. 그러나 1970년대에 확보된 지화학적 증거들은 많은 양의 메탄이 해양의 혐기성환경에서 분해되고 있음을 암시하였다. 1990년대 후반에 드디어 메탄 분해의 놀라운 경로가 발견되었다. 이 발견은 배양-비의존적인 방법을 사용함으로써 얼마나 많은 새로운 미생물 생태학의 지식을 확보할 수 있는가를 보여준 연구로서 좀 더 깊게 고찰할 필요가 있다.

혐기성 메탄분해경로는 고세균과 세균으로 구성된 이원(two-member) 미생물 공동체(consortium)에 의해 매개되는 생물학적 작용임이 밝혀졌으며, 이 대사 공동체는 황산염을 황화수소로 환원시키는 동시에 혐기적 반응으로 메탄을 이산화탄소로 산화하는 역할을 수행하고 있다.

그림 18.4 바다의 아무 장소에서나 버려진 플라스틱들은 해안에 이 사진처럼 쌓인다.

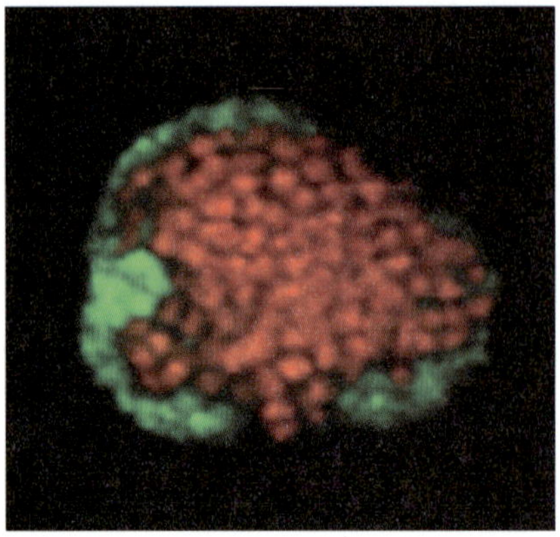

그림 18.5 **혐기성 메탄 산화 과정을 수행하는 메탄 산화, 황산염-환원 미생물의 공동체.** 황산염 환원 세균(*Desulfosarcina*와 *Desulfococcus*)을 특이적으로 검출하는 녹색 형광 RNA 탐침과 ANME-2라는 고세균 그룹을 특이적으로 검출하는 적색 형광 RNA 탐침으로 세포를 염색한다. 이 응집체의 지름은 약 10 μm이다. 이 사진은 공촛점 형광현미경을 이용하여 촬영되었다.

$$CH_4 + SO_4^{2-} \longrightarrow CO_2 + H_2S + 2OH^-$$

해양 환경에서 생산되는 메탄의 80%를 분해하는 이 미생물들은 아직 배양이 안 되어 있다. 이 메탄-산화 공동체의 구성과 활성은 전적으로 분자생물학적 방법에 의해 밝혀졌다. 이 원핵생물의 집합체는 16S rRNA를 검출하는 FISH용 탐침에 의해 관찰되었으며, 약 100개의 고세균 세포 주위를 둘러싼 100여개의 세균 세포로 이루어진 층으로 구성되어 있다는 사실이 밝혀졌다. 고세균 세포의 16S rRNA 염기서열 분석을 통하여, 이들은 고세균 도메인의 메탄생성 그룹 내에서 단일계통군(clade, 연관된 분지)을 형성하는 것으로 밝혀졌다. 이러한 계통학적 관계 때문에 이들 고세균은 메탄생성과 유사한 대사경로를 가질 것으로 추정되었으며, 이 반응은 현재 메탄생성 경로의 역반응, 즉 메탄을 이산화탄소와 수소로 전환하는 반응이라고 여겨진다.

$$CH_4 + 2H_2O \longrightarrow CO_2 + 4H_2$$

에너지 역학적으로 비호의적인 이 반응이 일어나서 미생물이 생장하기 위해서는 이 반응을 오른쪽으로 유도할 수 있도록 수소가 충분이 낮은 농도로 유지되어야만 한다. 수소의 효율적인 제거는 황산염을 환원하면서 수소의 산화를 촉매하는 *Desulfosarcina*로 구성된 세균 층(고세균 주위를 둘러싼)이 수소를 이용하면서 수행된다.

$$5H_2 + SO_4^{2-} \longrightarrow H_2S + 4H_2O$$

이 영양공생체가 실제로 자연 환경에서 메탄을 대사한다는 사실은 화학적 방법에 의해서도 확인되었다. 이 방법은 자연적으로 발생하는 메탄은 (여러 복잡한 이유로 인하여) 다른 유기물에 포함된 ^{13}C의 함량보다도 분명히 더 적은 양의 ^{13}C를 포함한다는 사실에 기초하고 있다. FISH와 결합된 2차 이온 질량 분석법(secondary ion mass spectrometry)의 방법을 사용하여, 이 영양공생체의 고세균 및 세균 구성원들에서는 ^{13}C가 거의 발견되지 않는다는 점이 밝혀졌다. 그러므로 이들 미생물들 공생체는 메탄을 이용하여 생장하는 것이 분명하다고 입증이 되었다.

흑해(Black Sea)에서 발견된 또 다른 메탄 이용 고세균은, 높이 4 m, 폭이 1 m에 달하는 거대한 미생물 매트(microbial mats) 내에서 황산염 환원세균과 공생체를 형성한다(그림 18.6). 해저의 메탄 분출구에서 발견되는 이 미생물 매트는 탄산칼슘에 의해 구조적으로 안정화되며, 이때 탄산칼슘은 공생체에 의해 발생하는 CO_2가 주변의 염기성 해수와 반응하여 형성된다. 비록 이들 미생물들이 아직까지 전혀 배양되지 않았지만 이처럼 흥미롭고 새로운 많은 사실들이 지속적으로 알려지고 있다.

그림 18.6 **흑해에서 관찰된 메탄 산화 미생물 매트.** 이 사진은 매트의 단면(section)을 관찰할 수 있도록 고안된 공촛점 형광현미경을 이용하여 촬영되었다. 그림 18.5에서처럼 메탄 용 고세균은 적색 형광 탐침으로 황산염 환원 세균은 녹색 형광 탐침으로 염색하였다.

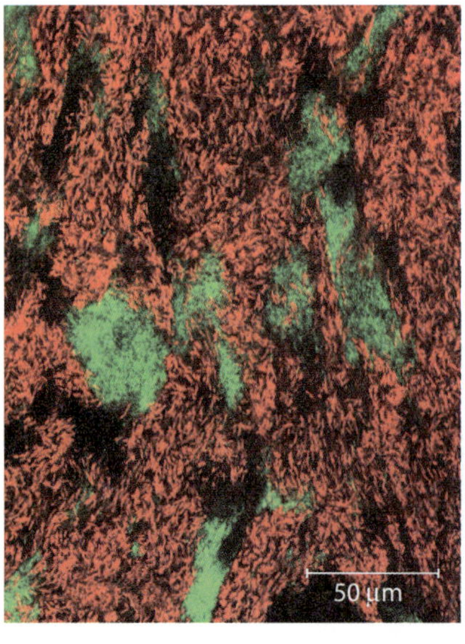

질소 순환

충분하지 않은 양의 질소는 많은 자연 환경에서 식물의 성장에 제한이 된다. 전 세계적으로 식량생산에 주요한 영향을 주었고 기아를 감소시킨 "녹색혁명"은 근본적으로 암모니아와 질산염의 형태로 식물에게 더 많은 질소원을 공급하는 것에 기초를 두고 있다.

식물과 그리고 간접적으로는 모든 생물체에 필요한 질소 영양분은 지구의 거대한 질소 저장소인 대기 중 질소로부터 유래되며 생물체에 공급된 질소는 놀랄 만큼 빠르게 다시 대기로 돌아간다. 대기 중 질소기체(N_2)의 반감기는 약 2천만년이며, 이는 지구의 40억년 역사에 비추어 보면 아주 짧은 순간이다. N_2는 매우 안정적인 기체인데, 그 이유는 질소-질소의 삼중결합을 끊기 위해서는 많은 양의 활성에너지가 필요하기 때문이다. 원핵생물은 이 결합을 끊어 질소를 고정할 수 있는 유일한 생물체이다(제 7장 참조). 인류가 대기 중 질소 기체를 하버 공정(Harber process)이라 부르는 화학적 방법에 의해 암모니아로 전환하는 방법을 개발한 20세기 초까지, 지구에 고정된 질소(번개와 화산활동에 의해 형성된 매우 적은 양의 고정 질소를 제외하고)는 모두 원핵생물에 의해 생산되었다.미생물 활성의 중요성은 간단한 계산에 의해 증명될 수 있는데, 만약 미생물이 **질소 순환(nitrogen cycle)** 과정을 당장 그만 둔다면 식물들은 1주일 이내에 질소부족을 겪게 된다. 현재 우리 인류는 이용가능한 질소의 약 절반가량을 제조하고 있다. 질소 순환의 여러 과정들은 역시 원핵생물에 의해서만 수행된다(그림 18.7). 여기에는 암모니아가 아질산을 거쳐 질산으로 전환되는 **질산화과정(nitrification)**과 고정된 질소가 다시 기체형태로 전환되는 **탈질화과정(denitrification)**과 **아나목스(anammox)**가 포함된다.

질산화과정은 자가영양생물에 의해 수행된다. 질산화과정의 첫 단계에서는 *Nitrosomonas* 속(감마프로테오박테리아에 해당함)으로 대표되는 자가영양세균에 의해 산소가 환원되면서 암모니아가 아질산으로 산화된다. 두 번째 단계에서는 *Nitrobacter* 속(알파프로테오박테리아에 해당함) 대표되는 세균에 의해 아질산이 질산으로 산화된다. 흥미롭게도 암모니아를 질산까지 한꺼번에 산화시키는 세균은 아직 발견되지 않았다. 질산화 세균은 자연계에 널리 분포하며 활성이 매우 좋다. 그러므로 암모니아와 아질산은 토양의 표층과 같은 호기성 환경에서 빨리 사라지게 된다. 무수 암모니아 기체가 토양에 비료로 공급될 때(현대 농업에서 일반적인 공급법), 이들은 물과 반응하여 암모니아 이온으로 전환되고 이들

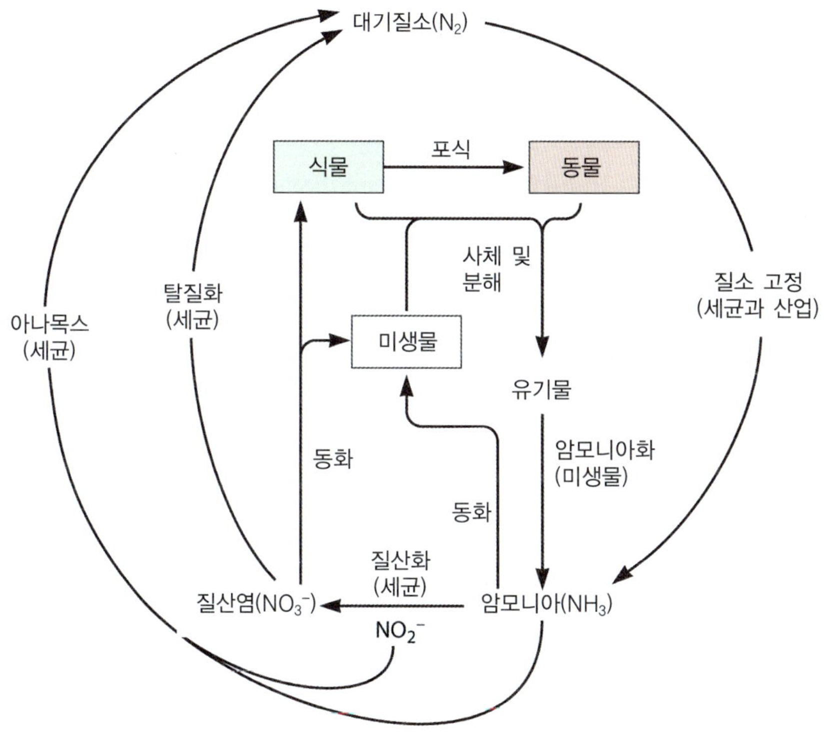

그림 18.7 질소 순환.

은 토양 점토입자에 강하게 결합되어 고정된다. 그러나 질산화 세균이 재빠르게 암모니아 이온을 질산 이온으로 전환하여 결국 토양층을 따라 자유롭게 이동하여 식물체에 이용된다.

19세기 초에 영국의 유럽 봉쇄로 인하여 나폴레옹 군대는 흑색화약(질산, 황, 석탄의 혼합물로 화약의 재료로 사용)을 만들기 위해 필요한 질산의 공급원으로서 퇴비 더미를 대량으로 사용한다. 이러한 퇴비 더미는 전 지구적 질소 순환 중 한쪽 측면의 완벽한 축소 모형이다. 퇴비 더미는 **호기성생활환경(aerobiosis)**을 유지하기 위하여 지속적으로 뒤집어 져 산소가 공급된다. 여러 종류의 미생물들은 퇴비에 존재하는 복합 질소 유기물을 암모니아로 전환하며, 질산화 자가영양세균은 이 암모니아를 아질산을 거쳐 질산으로 전환시킨다. 탈질화와 아나목스는 절대 혐기성 기작이므로 질소 순환은 이 퇴비 더미에서는 완성될 수 없으며 결국 질소원은 질산염의 형태로 계속 축적된다. 이와 유사한 기작은 남미, 아프리카, 서인도 제도의 연안에서 찾아볼 수 있는 거대한 **조분석(guano**, 바닷새의 건조 배설물) 퇴적물에서도 발견된다.

그림 18.7에서 보이듯이, 생물들은 서로 완전히 다른 두 가지 경로를 통해 질소를 이용한다. i) 모든 생물체는 질소를 영양원으로 사용하여 단백질, 핵산, 인지질과 같은 세포 구성성분으로 질소를 편입한다 (제7장 참조). ii) 일부 원핵생물은 질소를 두 가지 형태의 ATP 생산과정을 위한 기질로 사용한다. 앞서 살펴보았듯이, 일부 자가영양세균은 암모니아 혹은 아질산의 산화를 통하여 에너지를 얻는다. 다른 종속영양 세균은 질산, 아질산, NO 또는 N_2O를 최종 전자수용체로 이용하는 혐기성 호흡에 의해 에너지를 얻는다. 또한 일부 종속영양세균은 질산염과 같은 특정 질소 화합물을 영양원으로 사용하거나 또는 에너지를 얻는 수단으로 사용한다. 이러한 두 가지 형태의 역할은 **동화(assimilatory)**와 **이화(dissimilatory)**의 용어로 구별할 수 있다. 영양원으로 이용하기 위하여 질산을 암모니아로 환원하는 과정을 **동화적 질산환원(assimilatory nitrate reduction)**이라 한다. 혐기성 호흡에서 최종 전자수용체로 질산을 사용한 결과로 발생한 질산 환원은 **이화적 질산환원(dissimilatory nitrate reduction)**이라 부른다.

질소 순환의 최종 단계는 고정된 질소를 다시 대기 중 기체 질소로 돌려주는 과정이다. 이 단계는 거의 전적으로 생물학적 과정이다. 최근까지 이 과정은 질산이 연속적으로 N_2로 환원되는 혐기성 호흡의 한 종류인 **탈질화과정(denitrification)**에 의해서만 일어난다고 여겨졌다(제6장 참조). 넓은 범위의 다양한 탄소원을 전자 공여체로 이용하는 다양한 종류의 원핵생물이 탈질화과정을 매개한다. 그런데 1990년대 중반에 고정된 질소로부터 N_2를 생산하는 새로운 세균 그룹이 발견되었다. 이 세균은 **아나목스(annamox)**라 부르는 혐기성 암모니아 산화과정을 수행하는데, 이제는 이 과정이 암모니아나 질산의 형태로 고정된 질소를 대기 중의 질소기체로 재순환하는 주요 경로로 여겨진다. 이처럼 새롭게 발견된 아나목스 경로는 오랫동안 알려지지 않았는데, 그 이유는 이 과정을 매개하는 미생물은 아직까지도 배양이 불가능하며 또한 전통적으로 알려진 탈질화과정이 고정된 질소가 대기로 재순환되는 과정에 대한 적절한 설명처럼 여겨졌기 때문이다. 그러나 아나목스의 질소 순환에의 기여는 매우 큰 것으로 드러났다. 전 지구적 질소 생산의 3분의 1에서 절반가량은 대양의 혐기성 해양에서 일어나는데 이 환경에서는 질소 발생의 19-67%가 아나목스를 통해 일어난다.

아나목스의 발견은 매우 정교한 현대 과학적 방법을 사용하여 이루어졌다. 이 과정이 어떻게 일어났는가를 살펴보는 것은 교육적으로 시사하는 바가 크다. 두 명의 네덜란드 과학자는 다음과 같은 딜레마에 처해 있었다. 이들이 연구하는 폐수처리 공장의 혐기 반응조에서 질산이 아닌 암모니아가 사라지고 있었던 것이다. 왜 질산이 아니라 암모니아일까? 이들은 이 반응조에서 아질산 또한 사라지고 있다는 것을 발견하였고 곧장 아질산에 의해 암모니아가 산화되어, N_2가 발생하는 다음과 같은 반응(하나의 질소 원자는 암모니아로부터 또 하나의 질소 원자는 아질산으로부터 얻어 질소를 생산하는)을 예측하였다.

$$NH_4^+ + NO_2^- \longrightarrow N_2 + 2H_2O$$

이들은 반응조에 $^{15}NH_4^+$와 $^{14}NO_2^-$를 첨가하였고, 이 반응조에서 ^{15}N 원자와 ^{14}N 원자로 구성된 N_2가 발생하는 것을 확인하여 이 가설을 입증하였다. 이후에 이들은 가열, 방사능 조사, 여러 가지 반응 분리자(decoupler, 세포의 양성자 구배동력을 파괴하여 ATP 합성을 저해하는 화학물질, 제 6장 참조)에 의해 이 과정이 중난됨을 확인함으로써 아나목스 과정이 전적으로 생물학적으로 매개됨을 확인하였다.

아나목스 반응이 알려졌음에도 불구하고 과학자들은 이 반응을 수행하는 생물체를 배양하는데 실패하였지만, 암모니아, 아질산, 중탄산염이 공급되는 유수식 반응조에서 이 미생물을 농화배양할 수 있었다. 혼합 배양체의 70%가 비슷한 모양의 구균으로 이루어진 혼합 배양액을 얻은 다음, 이들을 밀도구배 원심분리 하여 90% 이상의 순도를 가지는 구균 덩어리를 확보하였다. 이렇게 회수된 세포들은 CO_2를 고정하면서 암모니아와 아질산을 N_2로 전환하였다. 여전히 이 미생물 세포들은 배양되지 않는다. 이들 미생물로부터 얻은 16S rDNA의 염기서열로부터 이들 미생물들이 *Planctomycetes* 문(제 3장에서 살펴보았듯이 이 이들은 핵양체 주위에 막을 지닌다)에 속한다는 사실이 밝혀졌으며 이들 미생물은 "*Candidatus* Brocadia anammoxidans"라 명명되었나("*Candidatus*"는 아직 배양이 되지 않은 미생물을 가리킨다). 아나목스의 발견은 비록 미생물이 배양되지 않을 지라도 자연계에 존재하는 미생물의 활성에 대하여 우리가 많은 부분을 알 수 있음을 보여주고 있다. 또한 우리가 이들 미생물의 기능에 대하여 많은 부분을 알지라도 이들을 배양하는 것이 얼마나 어려운가를 보여준다.

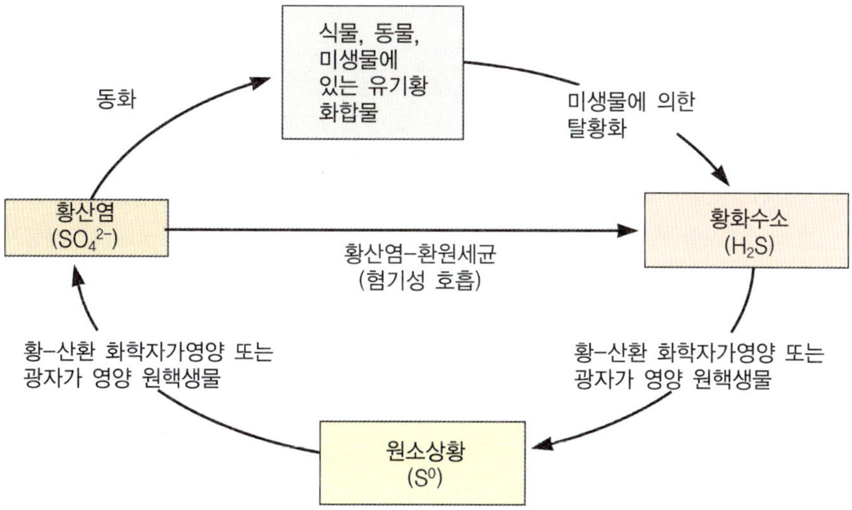

그림 18.8 황 순환.

황 순환

황 순환(그림 18.8)은 황이 질소처럼 미생물에 있어서 두 가지의 분명한 대사기능을 수행한다는 측면에서 질소 순환을 닮았다. 모든 생명체에게 황은 필수 영양원이며(황은 세포내에서 질소보다는 덜 풍부하지만), 어떤 생명체에서 황은 ATP를 발생하는 산화적 또는 환원적 반응경로를 매개한다. 후자의 역할에서 대량의 황이 대사된다. 황의 육상 저장조는 매우 거대하며, 이들 중 일부는 미생물에 의해 생산된다. 고대 호수의 바닥에서 발견되는 석고(gypsum) 형태의 거대한 황 침전물은 황 순환의 두 경로의 결합에 의해 형성되는데 이 경로는 모두 혐기성이다: 황산염-환원 세균(sulfate-reducing bacteria)은 황산염을 황화수소로 전환하며, 광영양 세균은 황화수소를 원소상 황으로 산화한다. 이러한 황 형성의 두 경로는 오늘날에도 일부 호수에서 끊임없이 일어난다.

황화수소는 또한 다양한 종류의 자가영양생물에 의해 산화되는데, 대부분은 호기성 호흡에 의해 산화되지만, 몇몇 경우에는 혐기성 호흡에 의해서도 산화된다. 이 산화과정은 갯벌과 같은 혐기성 환경에 서식하는 황산염-환원 세균에 의해 황화수소가 생산되는 환경에서 아주 풍부하게 일어난다. 황화수소는 대기 중에서 자연적으로 산화되므로, 화학자가영양생물인 황 산화세균은 황화수소가 산소와 만나게 되는 경계 지역에서 서식한다.

18.1 *해저 열수공*

대부분의 환경에서 황 산화세균은 다른 미생물의 대사작용에 의해 공급되는 황화수소를 이용하지만, 아주 극적인 예외도 있다. 지화학적으로 형성된 황화수소는 지구의 구조판이 분리되고 새로운 지각이 끊임없이 생성되는 중앙해령의 **열수분출공(hydrothermal vent)**에서 분출된다. 수백 종의 원핵생물과 진핵생물로 구성된 복잡한 생물군집이 여기에 서식한다. 광합성에 의한 일차생산에 의존하는 다른 생물권과는 달리, 태양빛이 존재하지 않는 이 지역의 생물군집은 대양 표층에서 확산되어 내려온 산소를 이용하여 황화수소를 산화하는 화학자가영양 세균에 전적으로 의존한다. 황화수소-산화 세균에 대한 의존성은 일부 공생생물에서는 아주 친밀하게 이루어진다. 이 환경에 서식하는 거대한 관벌레(tube worm)는 소화관이 없다. 대신 관벌레는 이들에게 영양분을 공급하는 황-산화세균으로 구성된 **트로포솜(trophosome)**이라는 해면체 조직을 가진다. 황 순환은 또한 중요한 대기의 구성원이기도 하다. 주로 dimethylsulfide로 구성된 휘발성 황 함유물은 대기로 유입되어 태양광에 의해 다른 형태로 전환된다. 이러한 황 순환의 측면은 아래의 "미생물, 기후, 날씨"에서 살펴보도록 하겠다.

인 순환

인 순환(그림 18.9)에서 대부분의 인(phosphorous)은 항상 같은 산화상태인 +5가(즉, 인산염의 형태)로 존재하므로, 인 순환은 가장 단순한 생지화학적 순환과정이라 볼 수 있다. 유기인(ester, amide, 혹은 무수화물) 혹은 무기인 형태로서의 인산염(phosphate)은 생물계에 존재하는 인의 주요 형태이다. 전 지구적인 인의 순환은 매우 느리게 일어나는데, 그 이유는 인 순환에는 기체형태의 주요 중간물이 없기 때문이다. 용존되어 있는 대부분의 인산염은 토양으로부터 용출되어 바다로 유입된다. 해양에서 육상으로 인산염의 회귀는 해양동물을 섭취하는 바닷새가 배설물을 육지에 공급함으로써 매우 적은 양으로 일어나며, 때로는 우리가 앞서 질소 순환과정에서 살펴본 조분석의 침전물을 형성함으로써 일어난다. 그러나 바다에 존재하는 대부분의 인은 해양저의 지질학적 융기로 인해 육상으로 재순환되며 이 과

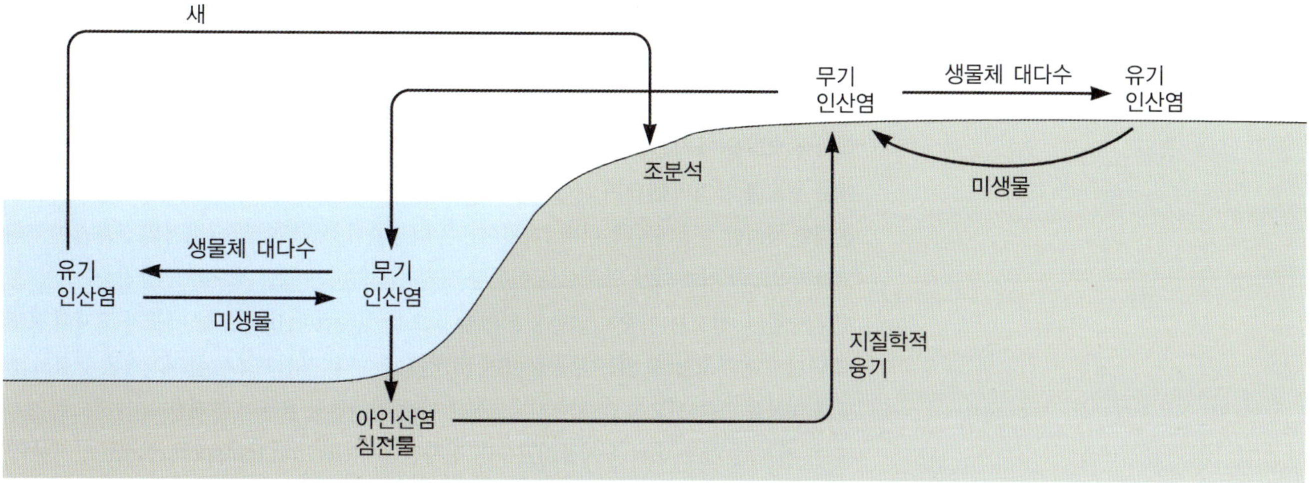

그림 18.9 인 순환.

정은 매우 느린 과정이 된다. 이 융기 과정의 산물은 인회암(phosphate rock)이며 채굴되어 주로(약 90%) 비료로 사용된다.

아주 적은 양이지만, 비인산염 형태의 인도 인 순환에 기여한다. 대기 중에서 자발적으로 연소하는 기체 형태인 인화수소(phosphine, H_3P)는 늪 위를 맴도는 연한 푸른빛으로 때때로 관찰되는 '도깨비불' 의 원인물질로서 오랫동안 인류를 매혹시켜왔다. 인화수소는 자연계에 존재한다. 인화수소는 대기의 저층에 극미량(1 입방미터에 수 나노그램에서 수 마이크로그램으로 존재)으로 존재하지만, 이들의 생물학적 기원에 대해서는 명확하게 알려진 바가 없다.

아인산염(phosphite, PO_3^{3-})과 차아인산염(hypophosphite, PO_2^{3-})과 같은 환원된 상태의 인도 자연계에서 발견되며, 일부 미생물들은 이들을 산화하여 인산염으로 이용한다. 어떤 환경에서는 많은 양의 phosphonate(R-PO_3^{2-})가 발견되기도 한다. 이들은 원핵생물과 진핵생물에 의해 형성된 확실한 생물학적 기원 생성물이다(phosphonate 항생제는 방선균에 의해 생산된다). Phosphonate의 C-P결합이 매우 안정적인 결합임에도 어떤 미생물들은 이 결합을 끊어 인산염으로 전환시켜 인원(phosphorous source)으로 사용한다.

고체 기질

오직 녹아 있는 영양소만이 원핵생물의 세포로 들어올 수 있다. 진핵생물은 식세포작용(phagocytosis)에 의해 입자상 영양소를 섭취할 수 있지만 원핵생물에는 이 기능이 없다. 그럼에도 불구하고 원핵생물은 녹말, 섬유소, 심지어는 한천과 같은 다양한 불용성 영양소를 이용할 수 있다. 미생물은 불용성 중합체를 가용성 단량체로 분해하는 효소를 분비하여 세포 내로 가용성 단량체를 섭취한다. 그러므로 이 경우 원핵생물의 소화 작용은 세포의 바로 바깥쪽에서 일어난다고 할 수 있다.

최근에는 이러한 일반화에 반하는 놀라운 예외가 발견되었는데, 용존성 단위체로 분해가 되지 않는 철, 마그네슘, 산화 우라늄(uranium oxide)과 같은 불용성 물질들을 특정 미생물이 이용한다는 사실이다. 세균의 한 속인 *Geobacter*는 이러한 고체 산화물을 최종 전자수용체로 이용하는 혐기성 호흡을 수행할 수 있다. *Geobacter*는 고체 기질을 세포내로 섭취하지 않은 채로 이 반응을 수행한다. 철을 예로 들면, 세포 주위에 있는 고체형태의 녹빛 철 조각은 연초록색의 2가철이온으로 환원된다. 이 미생물의 독특한 대사 능력에 비추어 *Geobacter*가 독특한 모양을 가지는 것은 그리 놀랍지 않다. *Geobacter*는 쉼표 모양을 하고 있으며 한쪽 끝에는 편모를 가지며 반대편 끝에는 튀어나온 짧은 선모(pili)를 지닌다. 편모는 2가철이온이 존재할 때에만 형성되는데, 이때 2가철이온은 미생물이 부착되어 있는 입자의 산화철이 거의 고갈되었으며 이제 다른 암석으로 이동할 시기가 되었다는 것을 세포에게 알려주는 신호로서 기능한다. 선모는 이중의 역할을 담당할 것으로 짐작된다: (i) 선모는 세포가 고체의 표면에 단단하게 부착할 수 있는 부속물이며, (ii) 선모는 마치 가전제품의 플러그처럼 전자의 전도체 역할을 한다-선모의 끝에는 시토크롬과 같은 전자전달 물질이 존재한다. 그러므로 전자(또는 전류)는 세포 내의 유기물질로부터 **전자전달계(electron transport chain)**를 거쳐 선모를 통하여 세포 밖으로 흘러 외부 환경에 존재하는 산화철 덩어리로 전달된다.

전자를 고체 표면으로 비특이적으로 공여할 수 있는 환상적인 *Geobacter*의 대사능력으로 인하여 *Geobacter*는 금속 조각에도 전자를 공여할 수 있어서 이용이 가능한 전류를 생산할 수 있다. 그러므로 *Geobacter*가 풍부한 대양저에 금속판을 매장한다면, *Geobacter*의 생물막이 금속판의 표면에서 발달하게 되고, 이 때 형성된 전류는 하나의 금속판에서 다른 금속판으로 흐르게 될 것이다. 비록 여기에서 생산된 전류는 적은양이지만(마이크로암페어 수준) 작은 해양학적 센서의 작동을 위한 전원으로는 충분하며, 실제로 이러한 목적으로 이용되고 있다. 이와 유사한 세균인 *Shewanella*도 이러한 특징을 보인다.

미생물 생태계

우리가 방금 살펴본 미생물 매개 생물전환이 지구의 어느 곳에서 일어나는지 궁금할 수 있을 것이다. 간단히 말하면 '어디에서나 일어난다.' 라고 할 수 있다. 미생물이 살기에 너무 뜨겁고, 너무 차갑고, 너무 산성이며, 너무 알칼리성이며, 너무 염분이 높으며, 너무 수압이 높은 장소는 지구에 거의 없다. 이제 미생물이 서식하는 주요 서식처를 자세히 살펴보도록 하자.

토양

토양의 상층은 생지화학적 순환의 많은 경로들이 일어나는 매우 활발한 미생물 생태계이다. 이 생태계는 미생물로 가득 차있다. 보통 토양 1 그램 속에는 수백만에서 수십억 개의 원핵생물, 10-100 m의 곰팡이 균사체, 수천 개의 조류, 수천에서 수백만 개의 원생동물이 있다. 이 장의 서두에서 고찰하였듯이 미생물의 생장은 단지 표층에만 국한되지 않는다. 저층으로 갈수록 미생물의 숫자는 감소하지만, 미생물의 활성은 지구표면에서 5-6 km 아래의 심층에서도 발견되다.

해양

지구 표면의 71%를 덮고 있는 해양의 표층은 지구에서 매우 중요한 미생물 생태계의 하나이다. 지구에서 일어나는 광합성(탄소순환에서 이산화탄소를 고정하고 산소를 발생하는 부분)량의 절반이 해양의 표층(생장을 유지하는 데 필요한 충분한 양의 태양광이 공급되는)에서 서식하는 **식물플랑크톤(phytoplankton**, 부유하는 광영양 미생물)에 의해 수행된다(표

표 18.3 1 ml의 해수에 존재하는 생명체

생물의 종류	1 ml 당 개체수
동물플랑크톤	〈〈 1
식물플랑크톤	
조류	3,000
원생동물	4,000
광합성 세균	100,000
종속영양 세균	1,000,000
바이러스(파아지 포함)	10,000,000

18.3). 식물플랑크톤은 지구 대기에 존재하는 기체의 비율을 조절하는 주요 조절자임과 동시에 바다 먹이사슬의 출발점이 된다. 크릴(작은 새우처럼 생긴 동물)로부터 갑각류, 어류를 거쳐 고래에 이르기까지 해양생물은 직접적으로 혹은 간접적으로 식물플랑크톤의 일차생산량에 전적으로 의존한다. 해양에서 가장 풍부하게 존재하는 식물플랑크톤은 단세포로 이루어진 시안세균이며, 이 중에서도 특히 *Synechococcus* 속(그림 15.4B 참조)과 *Prochlorococcus* 속이 대량으로 존재한다. 놀랍게도 이 시안세균이 지구 탄소순환에 기여하는 해양환경에서 매우 중요한 역할을 하고 있다는 사실은 비교적 최근에야 밝혀졌다. 지름이 약 0.9 μm로 매우 작은(시안세균으로서는) *Synechococcus*의 풍부도(abundance)는 1979년에 최초로 보고되었다. 이보다 더 작은 *Procholococcus*(0.5-0.7 μm)는 1988년에 발견되었다(15장 참조). 규조류와 미세조류 등 진핵 식물플랑크톤은 시안세균보다 10배가 더 크다. 그러나 시안세균은 이들보다 더 풍부하며 대사활성이 더 좋아 이들에 비해 생태학적 영향력이 더 크다고 볼 수 있다.

토양과 마찬가지로 해양에 존재하는 미생물 역시 표층으로 이들의 서식처를 국한시키지 않는다. 미생물은 심해(평균 수심 4 km)에 발달된 어둡고 차가우며 수압이 매우 높은 환경에 이르기까지 해양의 모든 환경에서 서식한다. 우리는 이미 열수분출공 근처의 해양저에 풍부하게 서식하는 황-산화 세균에 대하여 살펴보았다. 해양은 성층화 되어있어 수심에 따라 서로 나른 환경을 나타내지만, 바다는 바람, 조석, 그리고 해류에 따라 끊임없이 휘저어진다. 그 결과로 수층은 전체적이지는 않지만 혼합된다.

대양환경은 변화가 매우 심하다는 사실을 염두에 두어 여러 수심에서 해양의 영양환경에 대해 고찰해 보도록 하자. 용존 영양염 이외에도 해양은 해조류, 게, 물고기 등을 포함하고 있으며 이들 생물체는 연안의 경우 흙 입자, 대양의 경우 퇴적토에 의해 많은 영향을 받는다. 비록 해양환경이 매우 다양하다고 하지만, 해양 생태학에 대한 대략적 일반화는 가능하다. 예를 들어 원양 환경에서 이용 가능한 유기물질의 양은 매우 적지만 측정이 가능하다. 엄청나게 풍부한 종속영양 미생물 개체군을 유지할 만큼 충분한 양의 유기 물질이 대양에 존재한다. 실제로 해양 표층수에서 원핵생물의 농도는 1 밀리리터당 100만 마리인데 중요한 사실은 해양 미생물 수가 전 지구의 대양에서 비교적 동일한 수준으로 유지된다는 것이다.

해양 표층에서 태양빛은 매우 풍부하지만 단지 1%의 광량만이 수심 100 m에 도달한다. 그러므로 식물플랑크톤이 서식하는 지역은 꽤 좁다. 일부 세균은 가스 액포(gas vacuole)를 이용하여 부력을 조절하여 환경이 좋은 유광층에 머물기도 한다(제 3장 참조). 대조적으로 호기성 종속영양세균이 좋아하는 지역은 훨씬 넓다. 태양광처럼 해양의 표층으로 유입되거나, 유광층의 식물플랑크톤에 의해 생산된 산소는 해양 저층까지 도달한다. 4 km 심해에서도 산소의 농도는 여전히 표층 농도의 절반정도나 된다. 인은 표층에서는 매우 희박하지만 1 km 아래에서는 풍부하다. 결과적으로 심해에도 아주 많은 미생물 생명체가 존재한다. 물론 호기성 종속영양 미생물에게는 유기물이 필요하다. 저층의 유기물은 주로 수층을 따라서 천천히 가라앉으며 꾸준히 공급되는 유기 쇄설물의 '비'에 의해 공급된다. **해중설(marine snow)**이라 부르는 이 물질은 육안으로도 쉽게 관찰이 되며, 동물과 식물의 생체 혹은 사체를 포함하는 다당류 매트릭스로 이루어져 있다. 때때로 해중설은 눈폭풍처럼 쏟아져 잠수부들의 가시거리를 수 피트에 불과하도록 만들기도 한다. 해중설은 하루에 30-70 피트의 속도로 침강하며, 해양저에 도달하여 미생물 혹은 다른 여러 서식자들의 먹이가 된다.

해양저(sea floor)는 수층과는 전혀 다른 환경이다. 유기물질은 표층에서부터 침강한 유기 쇄설물에 의하여 계속 쌓인다. **저서(benthic)** 미생물(저층의 퇴적토에 서식하는 미생물)의 수는 대양의 미생물보다 무려 10만 배까지나 많다. 산소는 저서 환경에서 빠르게 소모되어 결핍된다. 산소가 고갈된 퇴적토의 심층에는 질산염, 황산염, 3가철이온을 최종 전자수용체로 이용하는 미생물이 서식한다(제 6장 참조). 황산염을 이용하는 미생물에 의해 생산된 황화수소(H_2S)는 순차적으로 질산염을 최종 전자수용체로 이용하는 다른 혐기성미생물에 의해 황으로 산화된다. 질산염은 해수에 꽤 풍부한 영양염이지만, 이들 혐기성미생물이 서식하는 황화물이 풍부한 퇴적토에서는 거의 고갈된다. 이러한 미생물들은 어떻게 공간적으로 분리된 영양염(수층의 질산염과 퇴적토의 황화물)을 섭취할 수 있을까? 서로 독특하게 다른 두 미생물은 이 문제를 각각 다른 방식으로 해결한다. 이들 미생물 중 *Thioploca*는 긴 점액질의 **협막(sheath)**에 파묻혀 있으며, 이 협막은 아래쪽의 퇴적토와 위쪽의 해수층 사이의 수송 경로의 역할을 한다(협막 세균의 예는 그림 18.10 참조). *Thioploca* 세포는 이러한 협막 내에서 위 아래로 움직이며 아래쪽에서는 황화물을 위쪽에서는 황화물을 산화하는데 필요한 질산염을 취한다. 이 미생물은 일을 하기 위해 엘리베이터를 타는 것이다!

또 다른 세균인 *Thiomargarita*는 다른 방식으로 이 문제를 해결한다. 영양분(황)과 산화제(질산염)를 섭취하기 위하여 이동하는 대신에, 이 미생물 세포는 점액질 협막에 의해 균일하게 분리되어 있는 세포의 긴 줄기에서 움직이지 않는다. 이곳에서 이 미생물 세포는 황화수소 형태인 먹이가 지나가는 동안 질산염이 충분히 축적되기까지 조용히 앉아서 기다린다. 이 경이로운 미생물은 해수의 질산염 농도보다 약 10,000 배가 큰 질산염을 축적할 수 있는 매우 큰 액포를 가지고 있다. 이 액포는 스쿠버 다이버가 메고 있는 산소통과 같은 역할을 하는데 단지 공기 대신에 질산염으로 채워져 있다. 이 액포는 매우 거대하며, 이 액포를 가진 *Thiomargarita*는 크기가 0.75 mm에 달하여 지금까지 알려진 미생물 중 크기가 가장 크다(거대 미생물에 대하여는 3장을 참조). *T. namibiensis*는 다른 세균에 비해 놀랄 만큼 크다. 보통 세균이 갓 태어난 생쥐의 크기를 가진다고 가정하면, *T. namibiensis*는 긴수염고래보다 더 큰 크기를 가진다. 나미비아의 해수에서 이 미생물을 발견한 과학자들은 이 미생물에 *Thiomargarita namibiensis*라는 이름을 붙였는데, 이는 나미비아의 황 진주라는 뜻이다. *T. namibiensis*는 또한 원소상 황을 저장하며, 청록색의 유백광을 띠며 밝게 빛나 마치 진주를 엮어 놓은 목걸이처럼 보인다.

그림 18.10 격막을 가진 세균(*Leptothrix discophora*) 박편의 전자현미경 사진. 막대자, 1 μm

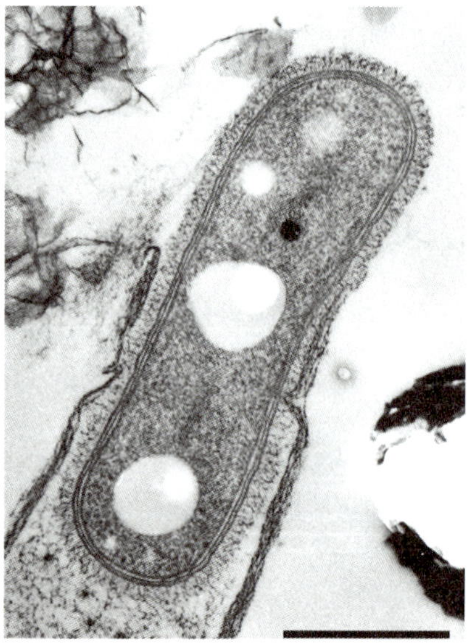

미생물, 기후, 그리고 날씨

미생물이 우리 행성의 기후에 영향을 미친다는 사실은 미생물이 지구 대기에 존재하는 주요 기체인 질소, 산소, 이산화탄소의 순환과정에 결정적인 역할을 한다는 사실에 기초하여 볼 때 그리 놀랍지 않다. 대기의 산소 및 질소 저장고는 너무나 방대하여 이들 기체의 회전시간은 수백만 년이 된다. 이산화탄소의 회전시간은 수 년 정도로 매우 짧다. 그러나 우리가 고찰하였듯이 대기 중의 이산화탄소는 지구의 장기 기후에 중요한 영향을 미치는 온실기체이다. 오늘날 보다 분명해 지고 있는 사실이지만, 미생물이 단지 수일에 거쳐 대기의 조성을 변화시켜 국지적인 날씨에도 영향을 미친다는 사실은 매우 놀랍다.

이제 구름 형성에 대한 이야기를 해보자. 여전히 완전히 풀리지는 않았지만, 구름형성에 대한 일반적인 기작은 이미 알려져 있다. 구름은 대기에 존재하는 특정 화학물질이 수중기를 응축하기 위하여 필요한 핵으로 작용하여 미세 물방울을 형성함으로써 생긴다. 이들 화학물질 중 일부는 황을 포함하고 있다. 그렇다면 황은 어디에서 왔을까? 대기에 존재하는 많은 양의 황은 화산 방출물, 석탄과 유황석유의 연소와 같은 비생물학적 기원에서 유래한다. 이 비생물학적 기원의 황 함유물은 SO_2를 생산하며, 대기에서 SO_3로 산화된 이후 물과 반응하여 주요 구름 응축핵의 형태인 황산(H_2SO_4)이 된다. 수일 이내에 황산은 물방울(산성비로)의 형태나 입자 물질의 표면에 부착하여 육지로 돌아온다.

그러나 응축핵으로 작용하는 많은 양의 황은 생물학적 기원을 가지고 있다. 이 이야기는 석회비늘편모조류와 같은 진핵 미생물을 포함하는 식물플랑크톤이 매우 풍부하게 존재하는 대양의 표층에서 시작된다. 구름이 없는 맑은 날, 태양의 강력한 자외선 조사는 식물플랑크톤에게 스트레스로 작용한다. 이에 반응하여, 광합성 식물플랑크톤은 dimethylsulfoniopropionate(DMSP)라는 보호물질을 대량으로 생산한다. 조류의 대발생 시기에, 해수 중의 DMSP 농도는 수 밀리몰 농도에 달할 만큼 높다. 이 때 수층에 존재하는 다양한 종류의 세균은 DMSP를 분해하고 대사하여 대기 중으로 확산될 수 있는 휘발성 물질인 dimethylsulfide(DMS)를 만든다. 대기에 공급되는 생물학적 기원인 DMS의 연간 총생산이 5천만 톤의 황에 달할 정도로 막대한 양이 해양 표층에서 생산된다. 대기 중에서 DMS는 산소와 반응하여 다양한 종류의 황 화합물을 생산하고 이들은 구름을 형성하는 수증기의 응축핵으로 작용한다.

이 과정이 피드백 고리로서 작용하는 것은 주목할 만하다. 태양광의 강도가 세지면, 식물플랑크톤의 스트레스가 강해지고, 더 많은 양의 DMSP가 생산되며, 더 많은 구름이 형성되어 결국 태양광의 강도는 약해진다. 약해진 태양광으로 인해 식물플랑크톤은 스트레스를 덜 받게 되며, DMSP를 덜 만들게 되고, 결국 적은 양의 구름이 형성된다. 이 주기는 계속 반복된다.

이 순환과정이 육상에서도 일어날까? 명쾌한 해답은 아직 없지만, 미생물은 심지어 인간의 대장을 포함하여 서식하는 거의 모든 장소에서 DMS를 만든다는 사실은 잘 알려져 있다. 실제로 방귀의 '계란 썩은' 냄새는 DMS로 인해 생긴다.

미생물 생태학의 미래

대부분의 환경에서 많은 수의 주요 원핵생물이 여전히 배양이 되고 있지 않은 사실은 미생물 생태학이 앞으로 꾸준히 연구되어야 할 학문임을 알려 준다. 미생물 생태학의 미래에 대해서는 단지 추측만이 가능할 뿐이다. 많은 새로운 원핵생물이 유전체 분석, 형광표지 탐침, FISH와 같은 분자생물학적 방법에 의해 발견될 것이다. 새롭게 발견된 미생물의 일부-당분간 여전히 소수이겠지만-는 더욱 더 정교하고 상상력이 가미된 배양 방법이 개발되면서 배양이 될 것이다. 미지의 미생물을 발견하고 배양하기 위해서는 많은 도전이 계속 되어야 하는 것도 사실이다. 새로운 미생물을 발견하기 위하여 사용되는 분자적인 방법은 기존에 알려진 미생물과의 비교분석에 전적으로 의존하고 있음을 상기할 필요할 있다. 예를 들어 자연계에 존재하는 미생물을 찾기 위하여 사용하는 중합연쇄반응(PCR)에 필요한 프라이머의 염기서열은 기존에 알려진 미생물의 잘 보존된 염기서열에 기초하고 있다. 정말로 독특한 미생물은 이러한 방법으로 발견되지 않을 것이다. 환경에 존재하는 DNA의 염기서열을 무작위로 분석하는 방법(최근에 태동된)은 아마도 새로운 미생물을 찾을 수 있는 방법이 될 수 있을 것이다.

그러나, 더욱 더 위대한 도전은 배양이 불가능한 미생물의 대사적 역할을 발견하는 것이다. 우리는 앞에서 특정한 비배양 미생물이 서식하는 환경의 ^{13}C 함량이 낮다는 사실로부터 이 비배양 미생물이 혐기성 환경에서 메탄을 산화하는 것을 살펴보았다. 이것은 매우 특별한 경우이며, 자연계에 존재하는 미생물 기질의 대부분은 이와 같은 방식으로 표지될 수 없다. 새로운 독창적인 방법이 필요할 것이다. 여러분은 새로운 아이디어가 있는가?

무수한 도전이 앞에 놓여 있음에도, 미생물 생태학은 어떻게 환경을 보존하고 복원할 수 있는가를 비롯하여 환경에 대해서 많은 것을 알려줄 수 있는 여전히 새로운 활력이 넘치는 분야가 되고 있다.

결론

이 장에서 우리는 아주 일반적인 측면-우리의 행성인 지구에서의 미생물의 역할과 활성-에서 미생물 생태학을 다루었다. 이후에 우리는 다음 장의 **공생(symbiosis,** 종들 사이에서 친밀한 상호작용), 그 다음 장의 **병인론(pathogenesis,** 미생물과 인간, 동물, 식물사이의 질병 유발 상호작용)을 포괄하는, 보다 특별한 미생물 상호작용에 대하여 다루고자 한다.

학습문제

1. 지구의 심층에서 미생물의 생장을 위하여 필요한 에너지와 탄소의 기원은 무엇인가?

2. 농화배양은 무엇인가? 어떠한 종류의 생태학적 질문에 여러분은 답을 할 수 있는가? 어떠한 생태학적 질문에 여러분은 답을 할 수 없는가?

3. 일부 미생물이 공동체(consortia)로 살아가는 이유는 무엇인가? 몇 개의 예를 들고 이들의 생리적인 특징에 대하여 고찰하라.

4. 특정 환경에서 어떤 종류의 비배양 미생물이 존재하며 이들이 무엇을 하는 지를 결정하기 위하여 어떻게 배양-비의존적 방법을 사용하는가?

5. '미생물의 절대확실성(microbial infallibility)' 이라는 학설은 무엇인가?

6. 메탄생산균은 탄소 순환에서 어떠한 역할을 수행하는가?

7. 비교적 일정한 대기 중 질소기체 농도를 유지하기 위하여 어떠한 기작이 생물학적으로 혹은 산업적으로 고정된 질소의 양을 보충하는가?

8. 퇴비를 질산염으로 전환하기 위하여 어떠한 미생물 매개기작이 퇴비더미에서 일어나는가?

9. 자연적으로 존재하는 원소상 황의 퇴적물은 어떻게 형성되는가?

10. 지구에 존재하는 생물체들의 영속적인 생존을 위해 필수적인, 그리고 미생물에 의해 수행되는 물질의 화학적 전환과정의 세 가지 예를 들고, 왜 이들이 필수적인지 설명하라.

제19장 공생, 포식, 항생작용

공생

서론

현실적으로 어떤 생물체도 홀로 살아갈 수는 없다. 극소수 예외적인 경우를 제외하고, 살아 있다는 것은 서로 어울려 살아가는 것을 뜻한다. 함께 어울려 살아간다는 것은 매우 강력한 현실인데, 왜냐하면 이것은 진화, 생태학, 개체와 종에 대한 기능 등 거의 모든 생물학적 현상에 대한 우리의 사고에 영향을 미치기 때문이다. 다른 생물체와 관계를 맺으며 사는 것 자체가 건강과 질병을 결정하기도 한다. 상호작용 또는 공생의 범위는 상호이익을 주는 관계, 다른 말로 **상리공생(mutualism)**부터 위해를 가하는 상호관계, 즉 **기생(parasitic)**에 이르기까지 매우 다양하다. (일반적으로 공생이라는 용어는 상리적인 상호작용을 일컫는 용어로 쓰이지만, 생물학에서는 모든 종류의 상호작용을 가리키는 용어로 사용된다.) 그런데 이들의 경계는 항상 명확하지는 않으며, 정의 자체가 다소 모호한 측면이 있다. 왜냐하면 상호작용의 형태는 생명체가 가지는 다양한 반응양식으로 인해 빈번히 변할 수 있기 때문이다. 예를 들어, 인간에게 오늘의 호의적인 동료들은 내일의 공격자가 될 수 있다. AIDS로 고통받고 있는 환자는 이 환자가 질병에 안 걸렸을 때에는 전혀 문제를 일으키지 않은 인체에 정상적으로 존재하는 미생물 군총에 의해 감염되어 희생자가 된다. 그러므로 서로 도움을 주는 관계나 파괴적인 관계 사이의 균형은 매우 복잡하고 섬세한 과정이 되며, 때론 이들의 관계는 상호관계에 있는 상대방의 유전적 변이로 인하여 쉽게 변할 수 있다. 상호작용을 하는 두 파트너는 상호작용 관계가 성립되는 과정에서 공통의 단계를 공유하는데, 만남, 상호작용, 그리고 번식하는 단계가 바로 그것이다. 두 파트너는 이후에 매우 강력한 끌고 당기는 협상을 진행하며, 이 협상의 결과가 어떤 종류의 상호작용이 우세할 것인지를 결정한다.

공생은 진화의 과정을 촉진하고 널리 퍼뜨릴 수 있는 힘이 된다. 공생 과정을 통하여 생물들은 생태학적 적소를 차지하고, 에너지를 생산하며, 영양분을 획득하고, 또는 포식을 피할 수 있는 새로운 경로를 발달시킨다. **지의류[lichen**, 바위나 나무를 장식하는 곰팡이-조류 공생체(때로는 곰팡이-시안세균)]나 콩과식물의 뿌리혹과 같은 일부 공생체들은 쉽게 발견된다. 그러나 다른 상리공생 상호작용은 그리 쉽게 관찰되지 않는다. 열수분출공처럼 광합성에 기초를 두지 않는 생태계에 존재하는 세균과 벌레들의 공생관계를 관찰하려면 깊은 바다로 여행을 해야 한다. 공생의 효과는 때때로 공생자 사이의 상호작용이 위협을 받을 때 드러나기도 한다. 예를 들어, 인간의 장내 세균총의 중요성은 이 세균들이 항생제 처리로 인하여 숫자가 급속하게 줄어들 때 분명하게 드러난다. 항생제 처방을 받은 사람은 효모에 의해 유발되는 설사에 걸리기 쉬운데, 이로부터 최소한 인체에 존재하는 장내 세균총은 원하지 않는 침입자의 침투를 방지하는 역할을 한다는 것을 알 수 있다.

다양한 공생 상호작용의 범위는 아래에서 구체적으로 기술될 여러 가지 범례를 통해 알 수 있다. 각각의 상호작용마다 서로 다른 상황이 전개된다. 공생의 범위는 너무나 다양하여, 단지 하나의 상호작용만 살펴보게 되면, 공생 주제에 대한 오직 일부분에 대한 사실만을 알 수 있다는 것을 항상 염두에 두어야 한다. 상리공생의 보다 많은 예는 표 19.1에 제시되어 있다.

19.1 *내부공생과 진핵생물의 기원*

미토콘드리아, 엽록체, 진핵 세포의 기원

가장 넓은 범위에 걸쳐 있고, 아마도 가장 오래 지속되고 있는 공생관계는 동물과 식물의 미토콘드리아의 획득과 식물의 엽록체 획득일 것이다. 이 세포소기관들은 한때는 미생물이었다. 약 10억 년 전에 일어난 이러한 공생의 기작은 진핵세포의 탄생이라는 기념비적인 사건을 유도하였다. 오늘날의 이 세포 소기관들은 이들의 조상을 별로 닮지 않았기에, 이들이 미생물로부터 유래되었다는 것을 확인하는 데에는 꽤 오랜 시간이 걸렸다(그림 19.1). 이 관계를 확신시켜 준 중요한 발견은 미토콘드리아의 DNA가 발진티푸스 등의 질병을 일으키는 알파프로테오박테리아인 리케챠의 DNA와 상동적인 관계를 가진다는 연구결과였다. 흥미롭게도, 리케챠는 오늘날에도 여전히 절대적인 세포내 기생체로 살아간다. 비슷한 예로, 엽록체의 DNA는 광합성 세균인 시안세균의 DNA와 매우 유사하다.

그림 19.1 미토콘드리아의 개략 모형도.

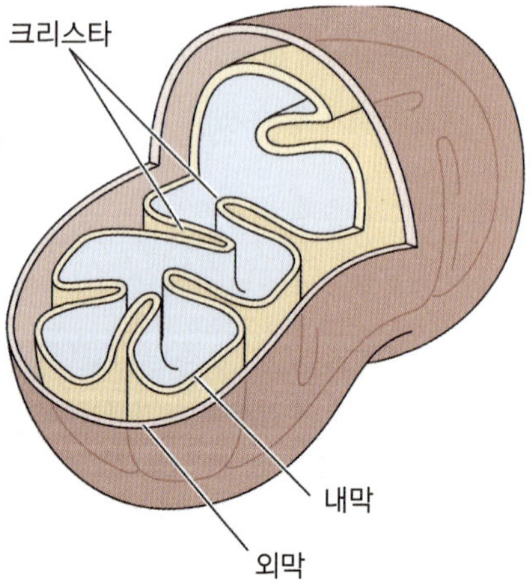

미토콘드리아와 엽록체 모두, 원래 이들의 조상 미생물이 지녔던 많은 유전자들이 핵으로 이전되었으며, 또 다른 유전자들은 잃어 버렸다. 그러므로 이들 세포 소기관은 원래의 독립생활 상태에 비해 유전적으로 매우 축소된 상태이며, 이제는 독립적인 생활을 유지하기는 것은 불가능하다. 미토콘드리아 유전체는 일반적으로 수십 개의 단백질을 암호화하고 있을 뿐이고, 엽록체 유전자는 이보다 10배 정도 많은 단백질을 암호화하고 있다. 미토콘드리아의 일부 유전자는 이 소기관의 핵심 기능인 유산소 호흡을 담당하고 있다. 엽록체 유전체는 광합성을 수행하는 유전자를 가진다.

유산소 호흡에 필요한 대다수의 유전자는 미토콘드리아에 존재하는 것이 아니라 핵에 존재한다. 그러므로 이들 유전자 산물인 단백질은 세포질을 통과하여 미토콘드리아로 수송되어야 한다. 비록 소수에 불과해도, 미토콘드리아가 암호화하는 단백질은 매우 긴 시간동안 유지되어 왔으므로 매우 중요한 것임에 틀림없다. 물론 이 말이 미토콘드리아 유전자가 변하지 않는다는 것을 의미하는 것은 아니다. 여러 선천적 질병은 미토콘드리아 유전체의 돌연변이에 의해서 발생한다. 사실, 미토콘드리아 DNA의 돌연변이율은 매우 높은데, 그 이

표 19.1 본문에 제시되지 않은 상리 공생의 여러 예들.

미생물	숙주	상호작용의 특징
세균		
세균(*Vibrio fischeri*) 19.2	오징어, 물고기	포식자의 공격을 피하는 위장술, 또는 상호인식을 위해 이용되는 생물발광
세균 19.3	심해 열수 분출공의 여러 벌레와 조개	여러 종류의 세균은 H_2S를 산화하여 CO_2를 고정하고 유기물을 생산하여 숙주의 먹이 공급 역할을 수행
세균 ("*Micrococcus cerolyticus*" 그리고 효모) 19.4	새	새가 벌집의 밀랍을 소화하도록 도와줌 (새가 밀랍을 섭취하여, 오소리나 곰이 벌꿀을 찾을 수 있도록 '안내함')
시안세균 19.5	해면동물, 조개	숙주에게 광합성에 의해 생산한 먹이를 공급함
세균(*Aeromonas veronii*) 19.6	거머리	혈액의 소화를 도와줌? 비타민 B12의 공급원? 다른 세균의 생장을 방지?
세균(*Anabaeba*, 시안세균) 19.7	고사리(*Azolla filiculoides*)	질소고정을 통하여 고사리에 질소원을 공급
원생생물		
와편모조류 19.8	조개	숙주에게 광합성에 의해 생산한 먹이를 공급함
조류 19.9	바다 달팽이	조류의 엽록체가 바다 달팽이의 위장관으로 빨려 들어가 세포 안으로 유입되며, 이곳에서 광합성이 일어남
균류		
균류 (*Termitomyces* spp.) 19.10	흰개미	이 곰팡이를 후장에서 키우는 흰개미의 먹이가 됨
균류 19.11	식물	숙주에게 미네랄과 물을 공급하는 근권을 형성함
균류 19.12 19.13	조류 또는 시안세균[a]	균류에게 먹이를 공급하고, 조류에게는 서식처를 제공하는 지의류를 형성함
바이러스		
바이러스(polydnavirus)	말벌	송충이 유충(말벌 알의 성숙과 부화를 위한 숙주)[b]의 면역방어를 방해함

[a] 숙주의 지정은 임의적으로 설정하였다.

[b] N. Beckage, "The Parasitic Wasp' s Secret Weapon," *Scientific American*, November 1997, p. 50-55.를 참조하길 바란다.

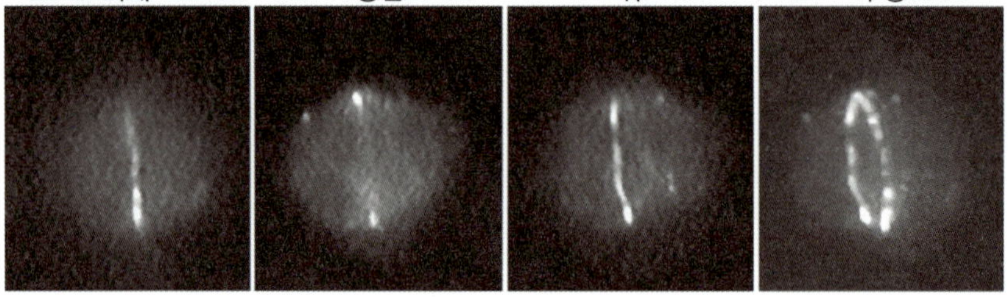

그림 19.2 아기장대(Arabidopsis)의 엽록체에 있는 FtsZ 단백질. 이 사진은 단백질을 형광을 띤 항-FtsZ 항체를 통해 관찰한 결과이다. 왼쪽 세 개의 패널은 각각 엽록체의 아래쪽, 중간, 위쪽의 광학적 분획이다. 투영(projection)이라 표기된 오른쪽 패널의 사진은 각 이미지를 서로 합친 다음 FtsZ 고리를 잘 보이게 하기 위하여 30% 회전하여 얻었다.

유는 이들 DNA 복제 장치에 교정(proofreading) 기능이 없기 때문이다. 하지만, 이러한 돌연변이의 대부분은 체세포에서 일어나 유전되지 않으므로 의학적 중요성은 상대적으로 낮다. 대다수 진핵세포는 한 개 이상의 미토콘드리아를 가지고 있으므로, 한 개의 미토콘드리아에서 일어난 돌연변이의 유전학적 효과는 그리 크지 않을 수 있다(미토콘드리아의 유전학은 이 소기관이 오직 모계를 통해서만 유전된다는 사실로 특징지어진다. 정자세포의 미토콘드리아는 수정 후에 분해된다. 그러므로 미토콘드리아 유전자의 유전은 멘델 유전보다는 모계 유전이라고 할 수 있다).

이 세포 소기관들은 여러 가지 측면에서 세균성 기원이라는 것을 보여준다. 우선, 미토콘드리아와 엽록체는 이분법을 통해 분열한다. 이들은 심지어 세균의 분열에 전형적으로 필요한 단백질을 가진다. 엽록체와 일부 미토콘드리아는 분열을 위해 FtsZ 고리를 사용하며, 어떤 경우에는 Min 시스템의 단백질을 이용한다(그림 19.2, 제 9장 참조). 미토콘드리아와 엽록체의 단백질 합성은 여러 가지 측면에서 세균과 유사하다: 이들의 단백질은 메티오닌(진핵생물의 경우 시작 아미노산)이 아닌 포르밀-메티오닌(formylated methionine)으로 시작하고, 이들의 리보솜은 세균의 리보솜과 유사하며(진핵생물의 리보솜보다 작다), 세균의 단백질 합성을 저해하는 항생제에 민감하다. 미토콘드리아는 또한 히스톤이 없는 원형의 염색체를 가진다.

미토콘드리아와 엽록체만이 진핵생물 내에 서식하는 유일한 전-미생물(exmicrobe)은 아니다. 말라리아를 일으키는 기생충인 *Plasmodium*과 같은 일부 원생생물은 **아피코플라스트(apicoplast)**라는 구조물을 가지고 있다(그림 19.3). 이것이 없이는 이들 숙주가 생존할 수가 없으므로 이 세포 소기관은 필수적이다. 이 소기관은 약 35개의 유전자만을 가지고 있다. 비록 아피코플라스트가 비광합성 생물에 존재할 지라도 이들의 DNA는 엽록체의 DNA와 유사하다. 그러나 아피코플라스트는 지방산의 합성, DNA의 복구, 복제, 전사를 비롯한 광합성과는 전혀 다른 기능을 가진다. 그러므로 아피코플라스트의 존재는 진핵생물 조상이 과거에 엽록체를 획득하였지만, 이를 광합성 기구에서 다른 생화학적 활성을 가진 기구로 전환시킨 고대적 사건의 결과인 것처럼 보인다.

그림 19.3 아피코플라스트를 가지는 원생동물의 개략 모형도.

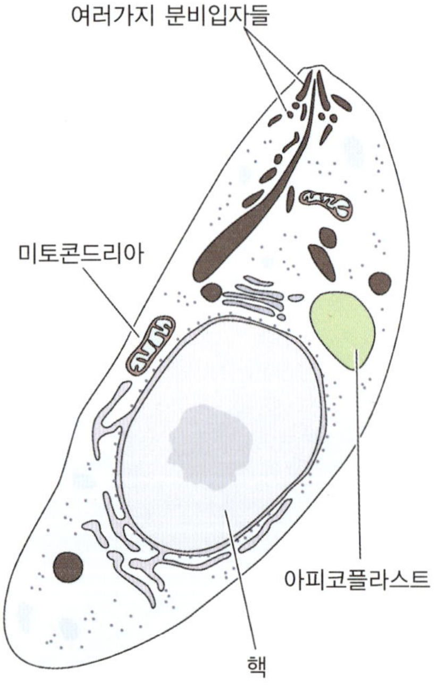

DNA를 함유하는 세포 소기관이라는 주제는 더 놀라운 사실을 보여준다. 아프리카 수면병이나 남미의 샤가스병을 일으키는 트리파노소마와 같은 일부 원생동물은 '이상한 나라의 엘리스' 와 같은 존재처럼 생각된다. 이 생물은 섬모의 끝에 위치하는 매우 특화된 미토콘드리아인 **동원질체(kinetoplast)**라는 독특한 DNA-함유 세포 소기관을 가진다(그림 19.4). 하나의 세포는 하나의 동원질체를 가진다. 동원질체는 마치 중세 사슬갑옷의 사슬모양처럼 생긴 실처럼 꼬여 있는 DNA 고리의 그물을 가진다(그림 19.5). 이 DNA 고리에는 크기가 서로 다른 두 개의 고리가 있는데, 맥시서클(maxicircle)과 미니서클(minicircle)이 그것이다. 한 개의 동원질체에 미니서클은 약 10,000개가 존재하는데 비해, 맥시서클은 20-50개 정도가 존재한다. 맥시서클이 암호화하는 단백질은 에너지 생산에 관련되어 있으므로, 맥시서클은 미토콘드리아의 DNA와 유사하다. 미니서클의 DNA의 크기는 더 작으며(맥시서클은 20-35 kb이지만 미니서클은 0.5-1.5 kb이다), 염기서열도 다양하다. 미니서클의 DNA는 단백질을 암호화하지 않는다. 대신 미니서클이 가지는 RNA(안내 RNA)는 다른 유전자에 의해 만들어진 mRNA를 편집하는데 관여한다. 동원질체의 기원에 대해서는 아직 연구 중에 있지만 미생물의 내부공생과 연관된 기원이라 추정된다.

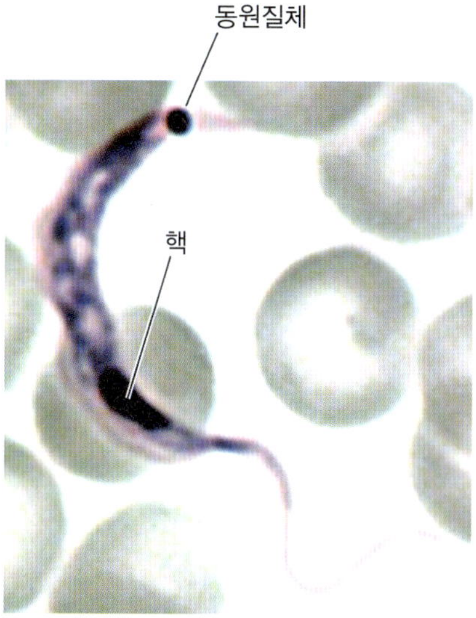

그림 19.4 동원질체(The kinetoplast). 혈액 도말 표본에 보이는 것은 동원질체를 가진 리슈마니아류(*Leishmania*; 리슈만편모충증을 일으키는 원생동물)이다.

곤충의 세균성 내부공생체 : 세포소기관의 형성?

진핵 세포들은 왜 단지 몇 종류의 미생물 유래 세포소기관만 가지고 있을까? 왜 더 많지 않을까? 이러한 공생관계의 수립에 따르는 이점은 분명하다. 즉, 수용 세포는, 호흡 또는 광합성처럼 복잡한 기능을 하는데 필요한 모든 유전 물질을 단 한 번에 획득함으로써, 대담하고 새로운 모험을 수행할 수 있는 체계를 갖출 수 있다. 그렇다면 공생관계가 미토콘드리아, 엽록체, 다른 소수의 세포소기관에만 제한되어 있을까? 그렇지 않다고 답할 수 있는데, 왜냐하면 유기생명체의 특정 그룹에서 세포 내 공생은 꽤나 흔하기 때문이다. 공생체-숙주 간 관계가 세포소기관의 경우처럼 친밀하지는 않지만, 다른 종류의 공생적 협력은 곤충, 지렁이, 조개 등과 같은 무척추동물에서 빈번하게 발견된다. 이러한 경우에, 공생체로부터 온 유전자는 숙주의 핵으로 전달되지 않고 공생체의 유전체 속에 남아있게 된다.

그림 19.5 *Leishmania*의 동원질체 DNA. 동원질체 DNA는 상호 연결된(사슬로 연결된) 맥시서클과 미니서클의 거대한 그물망으로 구성된다. 각 그물망에는 약 10,000개의 미니서클과 50개의 맥시서클이 존재한다. 이 DNA 구조는 지금까지 알려진 DNA 구조 중 가장 특이하다.

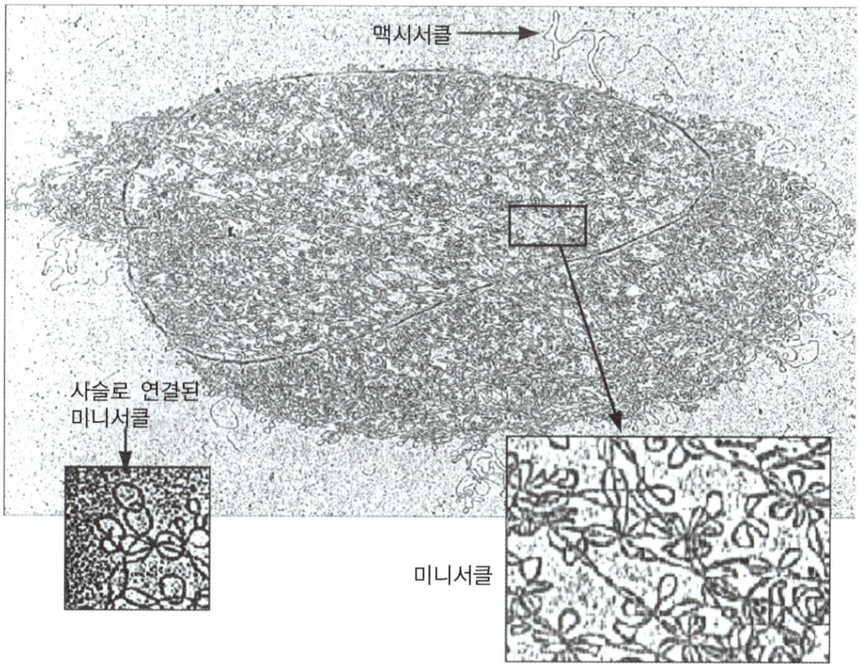

19.14 *동원질체에 대한 웹사이트*

많은 무척추동물 종에서는 이러한 공생관계가 생명유지를 위한 필수요소이다. 반면, 척추동물에서는 미생물과의 필수적인 협력 관계가 드물게 발달했다. 예를 들자면, 인간의 대부분의 세포 내 미생물은 병원성이지만, 결핵균(tubercle bacillus) 같은 몇몇의 세포 내 세균은 오랜 시간 동안, 혹은 숙주의 일생 동안 숙주의 대식세포에 존재할 수 있다. 상호 간에 균형이 유지되는 한, 이는 숙주에게 단지 희박한 영향만을 주는 휴지상태인 것이다. 리케차(Rickettsiae; 미토콘드리아의 조상)나 클라미디아(chlamydiae)와 같은 몇몇 세균은 숙주 세포 밖에서는 자랄 수 없는 **완전 세포내 기생충(strict intracellular parasites)**이다. 오늘날, 리케차가 더 많은 유전자를 소실하지 않고 미토콘드리아가 그랬듯이 진화한 이유를 추측하자면, 리케차가 한 숙주로부터 다른 숙주로 옮겨가는데 필요한 충분히 많은 특징을 간직하고 있기 때문이라고 주장할 수 있을 것이다.

리케차와 클라미디아에서도 물론 유전체의 일부가 상실되었지만, 절대적 세포내 기생(parasitism)을 하는데 필요한 특수한 기능을 하는 유전자 또한 가지고 있다. 한 예로, 이들 유기생명체들은 ATP와 ADP의 수송 체계를 암호화하는 유전자들을 가진다. 그러한 유전자들은 다른 세균에서는 발견되지 않는데 그것은 아마도 다른 세균들은 이러한 뉴클레오티드를 스스로 만들거나, 또는 외부로부터 획득해야 하는 위치에 놓이지 않기 때문일 것이다. 반면, 리케차와 클라미디아는 ATP를 생산하는데 제한된 능력을 가지고 있어서, 그들의 환경인 숙주 세포의 세포질로부터 그것을 얻어야 한다.

대부분의 곤충들은 세균과 공생적 협력을 한다. 대개의 경우에 세균은 **내부공생체(endosymbionts)**이다. 그들은 박테리오사이트(bacteriocytes)라고 불리는 크고 분화된 세포 내부로 번식한다. 박테리오사이트는 핵과 다른 세포 구성요소를 위한 공간만 남겨놓고 세균으로 채워진다(그림 19. 6). 일반적으로 이러한 세균은 인공 배지에서 배양되는 능력을 상실하고, 그들 숙주에게 생존을 완전히 의존하게 된다. 대부분의 경우, 숙주 또한 미생물의 존재에 같이 의존한다. 숙주와 공생체 간 이익의 실제 상태는 각자의 협력에 따라 다르다. 대

그림 19. 6 박테리오사이트(bacteriocyte), 곤충 세포는 내부공생 세균으로 채워져 있다. 이 전자 현미경 박편은 바퀴(German cockroach)의 지방체(fat body)에 있는 한 숙주 세포에 내부공생체가 얼마나 조밀하게 차 있는지 보여준다. 박테리오사이트는 지름이 약 100 μm이다.

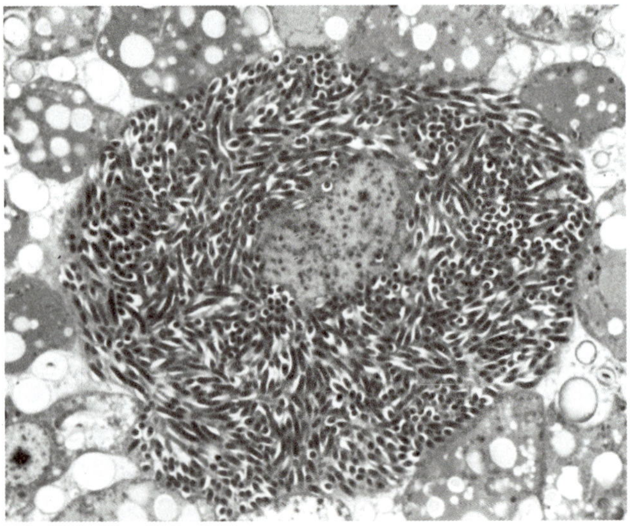

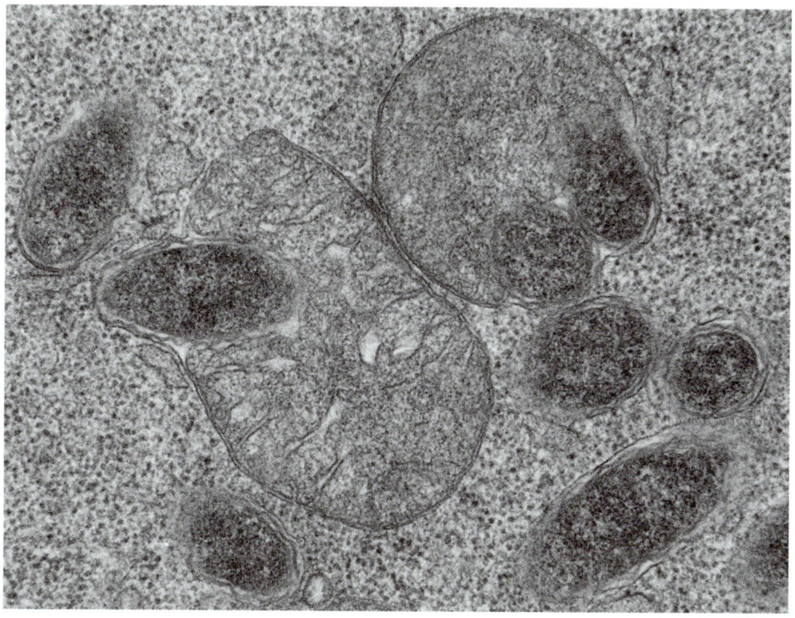

그림 19.7 진드기의 미토콘드리아 속 공생 세균. 이들 미토콘드리아가 세균을 쉽게 수용 할 수 있을 만큼 충분히 크다는 사실에 주목하라.

부분의 공생에서는, 숙주와 공생체가 서로에게 필요한 양분을 제공하며 영양학적으로 상호작용한다. 다른 경우에는, 이들 간의 관계가 숙주의 생식에 영향을 주어 종 분화와 생활방식의 변화를 이끌 수도 있다. 세균성 내부공생체는 숙주의 세포질에서 자유롭게 존재하는 것에 대해 제한을 가지지 않는다. 어떤 경우에는, 세균이 미토콘드리아를 침입하거나(그림 19.7), 또는 특정한 리케차의 경우에는 핵까지 침입한다.

영양학적 **상리공생(mutualism)**의 특별히 잘 연구된 한 예로, 식물에서 흔히 발견되는 기생 곤충인 진디(aphids)와 부크네라(*Buchnera*)라 불리는 그람 음성 세균 간의 관계를 들 수 있다. 진디는 수액을 흡수하는데, 먹이인 식물의 수액에는 단백질이 적어서 필요한 모든 아미노산을 모두 제공받을 수 없다. 진디는 10개의 아미노산(인간과 유사)을 생산할 수 없고, 다른 공급자로부터 이들 아미노산을 얻지 못하면 굶어죽을 것이다. 이에 대한 공급자는 그들의 세균성 내부공생체이다. 따라서 진디가 세균성 내부공생체를 죽이는 항생제에 노출되면, 진디는 당연히 성장과 생식을 할 수 없게 된다. 표지된 아미노산 전구체가 세균에서 처음 나타난 후 진디로 전해지는 것을 관찰하므로써 필수 아미노산의 전달이 직접 증명될 수 있다. 동전의 다른면은, 진디가 합성할 수 있는 다른 아미노산들을 세균은 만들지 못한다는 것이다. 진디는, 세균에게 그들이 필요한 아미노산을 만들 때 사용할 수 있는 글루타민산염(glutamate)과 같은 전구체를 제공한다. 이는 각 파트너가 다른 부족한 전구체를 서로 급식 제공하는, 이른바 완벽한 맞받아치기이다. 부크네라의 유전체 분석은, 전구체 합성을 위해 필요한 많은 유전자의 상당수가 소실된 것을 보여주었다. 따라서 이 세균이 숙주의 밖에서는 자랄 수 없다는 사실은 놀라운 일이 아니다. 아미노산 생합성의 생화학적 복잡성을 고려해 볼 때(제7장 참고), 숙주와 공생체간의 정확한 상보적 관계는 적절한 진화적 단계를 거쳐야 한다. 부크네라는 아미노산 생성 기계이며, 몇몇 생합성을 매개하는 유전자들의 다중복제 플라스미드를 가지고 있다(예로, 트립토판 생성에 관계하는 유전자 플라스미드).

부크네라와 많은 다른 세균성 내부공생체는 대장균의 약 7분의 1정도 되는 작은 유전체를 가진다. 이들 DNA의 계통발생학적 분석은, 이들의 조상(아마 대장균의 먼 친척)과 비교해 대부분 유전자가 상실되었다는 것을 말해준다. 이들 감소된 유전체 상의 유전자는 숙주에 존재하기 위해 필요한 것들이다. 미토콘드리아나 다른 세포소기관과는 달리, 소실된 유전자는 숙주 세포의 핵으로 이동한 것으로는 보이지 않는다. 내부공생체와 숙주 사이에서 이러한 수평적 유전자 이동이 항상 일어나는 것은 가능한 일이지만, 오직 소수의 유전자들만이 안정화 된다. 예를 들어, 어떤 딱정벌레의 경우엔 세균성 공생체로부터 온 제한된 양의 유전자만이 숙주의 핵으로 편입된다.

19.15 유전체 감소에 대한 더 많은 정보

내부공생의 진화과정에, 기존의 자유 생활 세균이 기능을 잃어버려서 이제는 숙주에 의존적인 소기관으로 변이되는 연속단계가 있을 것이다. 세균 유전자가 숙주의 핵속으로 편입되는 범위는 무(無)에서 다(多)까지 다양하고, 범위에 있으며, 이는 각 공생의 특징을 정의할 것이다. 반면 혹 있다면 매우 드문, 말하자면 중간 형태인 미토콘드리아와 부크네라 사이의 중간 형태가 발견되었다. 부크네라 진화의 아주 재미있는 면은 숙주인 진디의 진화와 동시에 진행되는 것처럼 보인다는 것이다(그림 19. 8). 이는 공진화의 좋은 예이다. 진디의 화석 기록이 있기 때문에, 이러한 조화가 세균 진화의 시계 역할을 할 수 있다.

부크네라는 자손 숙주 세포 사이에서 종단적인 유전 능력을 유지해왔고, 이러한 의미에서 세포소기관과 유사하다. 이것이 일방적인 **경난소 전파(transovarian transmission)**에 의해 숙주의 자손에게 전달하는 내부공생체와, 몇을 제외하고 숙주의 각 세대를 감염시켜야만 하는 **기생충(parasite)** 사이의 차이점임을 주목하라. 이들이 완전 세포내 기생충이기 때문에, 부크네라 세포는 다른 유기체로부터 온 유전자의 수평적 전이로부터 보호받는다. 결과적으로, 이들의 유전적 변이의 유일하고 분명한 원인은 돌연변이이다. 이러한 유기체가 어떻게 치사 돌연변이의 축적을 극복할까? 대답이 정확히 알려지지는 않았지만, 진디는 분리된 종류의 박테리오사이트에 각기 존재하는 하나 이상의 세균성 내부공생체를 가짐으로써 비극적 손실에 대항하며 스스로를 지키고 있는 것처럼 보인다. 그러한 유기체를 통해, 비교적 보

그림 19. 8 진디(aphids)와 부크네라(Buchnera)의 공진화. 유전체적 근접상으로 부터 파생된 부크네라의 계통 발생론은 청록으로 표시되었다. 화석 기록으로부터 파생된 진디 숙주의 계통발생론은 주황으로 표시되었다. 두 계통 발생이 놀라울 만큼 일치하는 것에 주목하라. (Mya, 수백만 년 전)

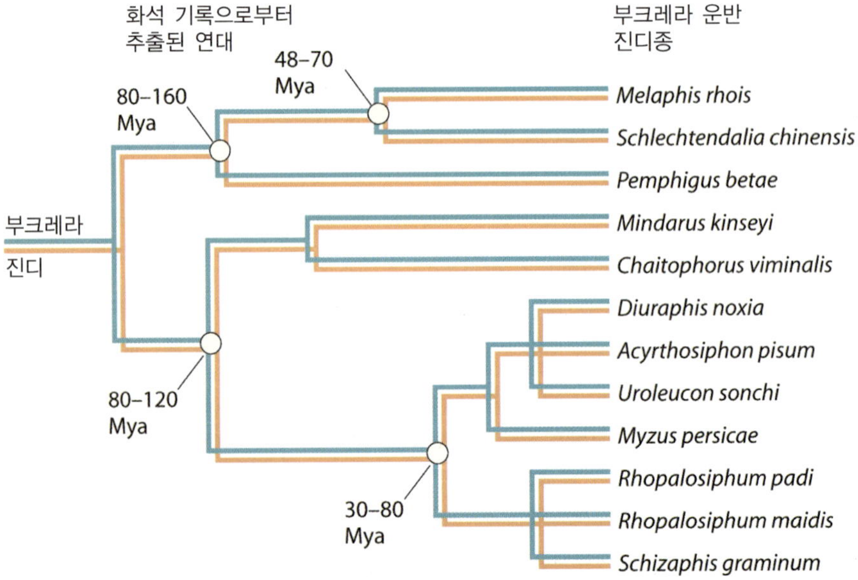

호된 환경에서 이루어지는 진화의 특별한 측면에 대한 연구가 가능함을 주목하자.

이미 언급했듯이, 곤충과 미생물 사이의 공생은 종종 영양학적 필요를 충족시키지만, 항상 그렇지만은 않다. 다른 사례로, 협력관계는 숙주의 생식 현상을 변형시킨다. 예로서, 연충과 거미를 포함한 모든 곤충 종의 25에서 75%을 감염시키는 매우 흔한 세균인 리케차 볼바키아(*Wolbachia*)를 들 수 있다. 다른 숙주에서는 볼바키아는 다양한 표현형을 유발한다. 이에는 수컷을 선택적으로 죽임으로써 성을 결정하는 것, 감염, 또한 다른 효과들을 포함한다. 꿀벌, 말벌, 개미와 같은 군체 곤충에서 볼바키아 감염은 수컷을 제거한다. 그 결과, 암컷은 처녀생식을 하고 암컷만 있는 집단을 생성한다. 수컷 제거의 선택적인 이점은 알을 통해 자손에게로 볼바키아가 전이되는 기회를 증가시키는 것이다. 또한, 암컷 유충은 적은 경쟁을 거치게 된다. 그들은 죽은 형제조차 먹어 치운다. 이러한 세균의 매우 위협적인 능력은 숙주에게 상당한 진화적 압박을 주고 종종 그들의 행동을 변화시킨다. 몇몇 나비에서 수컷 치사는 완전하지 않으며, 적은 수의 수컷이 감염의 결과로부터 탈출한다. 이러한 종에서는 암컷이 진귀한 수컷의 주목을 받기위해 경쟁하며 집합체를 이루게 된다. 일반적으로 수컷이 암컷을 탐색하는 과정에서 형성하는 수컷 집합체와는 반대로, 이 경우 배우자에 의해 선택을 받는 것은 수컷이다.

내부공생에 대한 주요 화제는 인간의 의학적 측면에 대한 직접적인 중요성이다. **사상충증(river blindness:** 열대 지역에서 발병하는 눈을 멀게 하는 질병)이라는 질병은 온코세르카(*Onchocerca*) 라는 선충류에 의해 발병된다고 오랫동안 여겨졌다. 최근까지의 학설은 각막의 혼탁이 기생충에 대한 면역 반응에 의해 일어난다는 것이다. 하지만, 뒤집어 생각하면 그게 아닐 수도 있다. 이 질병은 기생충에 필수적으로 있는 볼바키아 내부공생체에 대한 면역 반응의 결과로 나타나는 것으로 보인다. 쥐 모델에서 무세균 기생충은 질병을 일으키지 않지만, 볼바키아를 가지고 있는 기생충은 질병을 유발한다. 이러한 발견은 이러한 질병이 항미생물적 치료 또는 백신에 의해 치료될 수도 있다는 것을 제시한다.

19.16 볼바키아에 대한 더 많은 정보

내부공생체의 세계는 많은 호기심을 불러일으킨다. 벚나무깍지벌레(mealybug)에서 발견된 특정 세균은 그들 안에 있는 다른 세균을 번식시킨다. "부모" 세균은 아미노산을 만듦으로서 곤충에게 이익을 주지만, 그것의 내부공생체의 역할은 아직 밝혀지지 않았다. 이러한 예는 세균과 진핵생물 사이의 공생 관계에 의해 이행되는 공생 활동의 광대한 범위를 설명해준다.

질소고정 세균과 콩과식물

질소는 대기 중 가장 풍부한 기체 분자이다. 하지만, 이 기체는 비교적 화학적으로 비활성적이며 (예를 들어, 산소와는 달리), 아미노산이나 퓨린 또는 피리미딘은 같은 질소 함유 물질을 만드는데 있어서 살아있는 유기체에 의해 직접적으로 사용될 수 없다. 생물학적으로 이용이 가능하게 하려면, 질소는 생합성 경로로 들어올 수 있는 한 형태인 암모니아로 환원되어야 한다. 이러한 **이질소(dinitrogen)** 분자의 이용 가능한 형태로의 **환원(질소 고정)**은 7장에서 소개되있고, 자연에서의 질소 순환은 18장인 *Nitrogen fixation is to nitrogen as phototrophy and lithotrophy are to carbon*에서 자세히 논의되었다.

탄소의 경우처럼, 모든 유기체가 질소를 환원시킬 수 있는 것은 아니다. 생물학적 질소고정은 자유 생활 또는 식물과 연관 있는 원핵생물들에 의해서만 행해진다. 이 장에서는 식물

그림 19.9 **자주개자리(alfalfa) 식물의 뿌리혹.** 혹에서 이러한 형태의 공생관계의 독특한 대사산물인 레그헤모글로빈(leghemoblobin)의 존재로 인해 붉은색을 띄는 구성성분을 볼 수 있다.

과 공생관계에 있는 질소고정 세균만을 다루기로 하겠다. 이러한 관계는 나무, 관목, 또는 양치류에서 발견된다. 가장 잘 연구된 예는 완두콩(pea), 자주개자리(alfalfa), 강낭콩(bean) 같은 콩과식물류이다. 콩과식물류가 땅에서 자라 올라오면, 그 뿌리는 전형적으로 직경 1mm의 작은 혹으로 장식 되는 것처럼 보이고, 따라서 **뿌리혹(root nodule)**이라고도 불리운다(그림 19.9). 납작하거나 나눠진 뿌리혹을 관찰해보면, 이들이 세균과 유사한 몸체로 채워진 것을 알 수 있다.

뿌리혹은 질소고정의 공장이다. 또한 세균과 식물 간 공생관계의 장이다. 이 두 협력자 모두 뿌리혹 형성에 영향을 주며, 또한 이러한 과정에서의 결정적 변화를 수행한다. 이 상호관계는 어떤 단계로 이루어질까? 혹 형성에 포함된 세균은 근균류(*Rhizobium*)속 또는 그 유사 속의 흙 속에 사는 구성원이다. 세균 종은 그들 숙주에 대해 매우 특이적이다. 농업에서, 농작물은 종종 윤작된다. 왜냐하면, 콩과식물류와 다른 식물의 교차 재배가 비료 요구를 절감시키기 때문이다. 자주개자리와 다른 콩과류는 곡초와 다른 곡물에 의해 제거된 질소를 대체한다.

혹 형성 과정은 식물 뿌리가 근처 질소고정 세균에 의해 감지되는 복합물(플라보노이드: flavonoids)을 분비함으로써 시작된다. 그 결과 근류착생에 포함된 세균성 유전자(*nod*)가 유도된다. 수개의 nod 유전자의 생산물이 혹 형성을 시작하도록 식물에게 신호를 보내는 물질인 **근류착생 인자(nodulation factors)**를 만들기 위해 함께 작동한다. 근류착생 인자는 지방산에 키틴유사 합성물(N-acetylglucosamine을 포함한 중합효소)을 더한 것으로 매우 강력하게 작용한다. 10^{-9} M 정도로 낮은 농도를 적용할 때, 근류착생 인자는 세균이 없어도 혹 형성을 유도 할 수 있다. 흥미롭게도, nod 유전자는 플라스미드로 운반된다. 세균 균주와 특정 식물 간 관계에 나타나는 특이성은 이러한 유전자 생성물의 특이성 때문이다.

혹 형성은, 뿌리 표면의 특정 세포에 있는 실같이 연장된 형태인 **뿌리털(root hair)**에 침투하는 얇은 섬모로 세균이 침입하는 과정을 포함한다. 침입 과정은 세균성 침투의 특수 형태를 보여준다. 첫 번째 과정은, 세균 표면의 리간드(ligand) 분자와 숙주 세포 표면의 수용체 사이의 학인을 요구하는 뿌리털에 세균이 붙는 것이다. 부착은, 세균이 단단한 식물 세포

그림 19.10 **질소고정 혹으로의 형태학적 변화.**

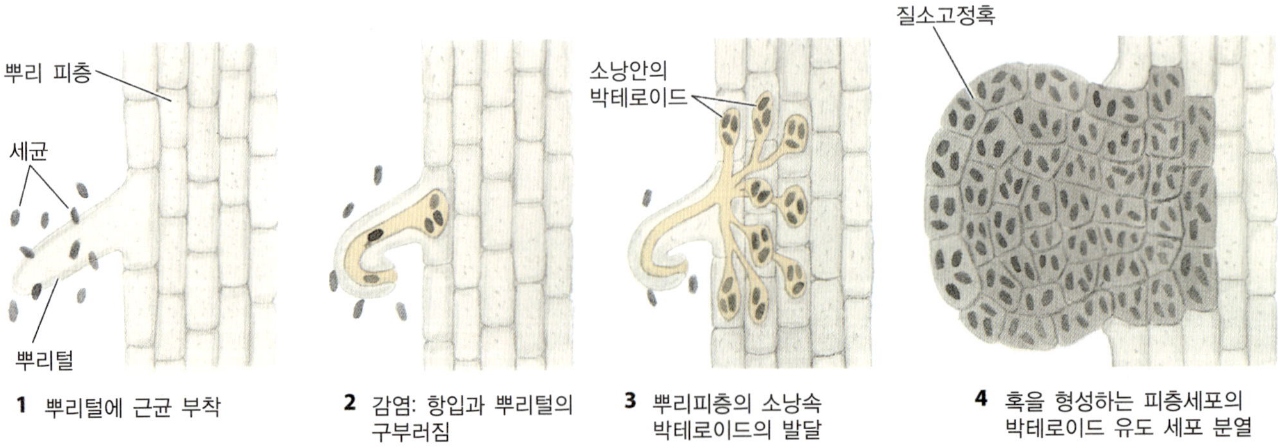

벽에 국소적 수화를 일으키는 뿌리털 끝에서 보통 일어난다. 이는 유기체가 뿌리털을 침략할 수 있게끔 한다. 이내, 목양자의 지팡이(shephered' s crook)처럼 보이게끔 둥글게 감아서, 뿌리털의 형태적 변화 결과를 가져 온다 (그림 19. 10). 내재된 세균은 식세포의 액포에서 생존하는 특정 동물 병원체와 매우 유사하며, 세포 내 액포에 존재한다. 혹이 형성되기 위해서는 세균이 뿌리의 안쪽, 중심 쪽으로 이동하여야 한다. 세균은 단단한 섬유소로 쌓여있는 식물 세포를 통해 그들의 통로를 만들어 뚫고 나아가야 하는 험난한 과정을 거친다. 이 과정은, 식물이 뿌리털로부터 뿌리의 안쪽으로 뻗는 **감염사(infection thread)**라 불리는 관(tube)을 형성할 때 순조롭게 이루어지게 된다. 세균 세포는 이 관을 따라 여행한다. 깊숙한 부분에 도착하면, 그들은 감염사를 탈출해 증식을 시작한다. 식물 세포는 종양 유사 구조인 혹속으로 빠르게 증식함으로써 세균 자극에 대해 응답한다. 세균에게 이러한 숙주 반응은 정교한 균형을 필요로 한다. 왜냐하면, 식물은 침략 세균을 파괴 시킬 수 있는 방어 기작이 있기 때문이다. 근균과 그 유사들은 꼬투리(capsule)를 만들고, 그람 음성이 되며 지질다당체를 지닌다. 이러한 성분이 결핍된 변종은 침입 후 파괴되기 때문에, 이러한 쌍방의 구성성분 모두가 세균의 생존에 필요하다는 것을 알 수 있다.

최종 장소에 도착하여 세균은 질소고정의 작업장으로 분화되는데, 이들은 분기되고 팽창하여 이제 **박테로이드(bacteroids)**로 불린다(그림 19. 11). 질소고정을 하기 전에 세균은 마지막 문제를 처리해야한다. 질소고정은 매우 혐기적인 과정이지만 근균은 호기성 세균이고 식물의 뿌리 또한 호기성이다. 식물은 박테로이드에 적합한 농도 수준을 유지하고 질소고정 작동을 위해 산소를 흡수하는 레그헤모글로빈(leghemoglobin)이라 불리는 헤모글로빈의 한 형태를 합성한다. 박테로이드는 혹에서 더 이상의 성장이 불가능하게 되고 식물에게 영양분을 완전히 의존한다. 따라서, 박테로이드는 숙주로부터 질소고정에 필요한 에너지와 환원 능력을 제공해 주는 유기산을 받는다. 대신에, 그들은 숙주에게 암모니아의 형태로 동화 질소(assimilable nitrogen)를 제공한다. 이러한 상호관계는 쌍방의 파트너가 충분한 생화

19.17 뿌리혹에 대한 웹사이트

그림 19. 11 뿌리혹 세포 속의 박테로이드(bacteroid). 박테로이드(B라고 표지된)로 채워진 완두콩 뿌리 세포의 관통 단면을 보여준다. 화살표는 전분입자이다.

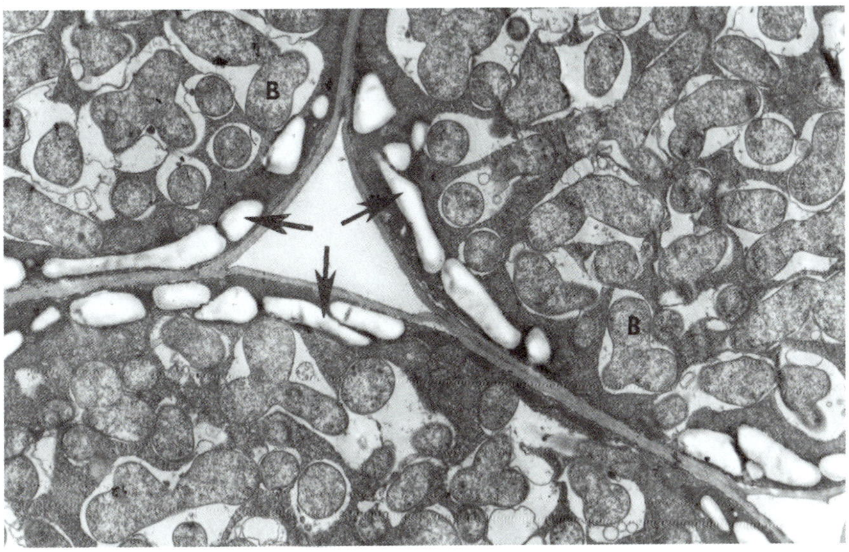

학적, 구조적 적응을 겪어야 했음을 전제하고 있다. 앞서 질문했듯이, 무엇이 질소고정 세균을 미토콘드리아와 엽록체와 함께 세포소기관이 되는 것으로부터 보호했는가? 이에 대한 답은 아직 분명치 않다.

반추위(rumen)와 미생물

동물들은 섬유소(cellulose)와 식물 다당류를 직접 소화할 수 없으며, 이것은 초식동물들에게 주요 골칫거리이다. 오로지 식물 기반 물질에만 의존하여 이러한 중합체들을 사용할 수 없다면 이는 낭비적이며 비효율적일 것이다. 하지만, 초식동물의 공생자 미생물은 이러한 화합물을 분해하여 소화할 수 있는 생성물로 바꾸어준다. 이러한 공생은 콩과식물의 혹 형성과는 달리 미생물에 의한 숙주의 두드러진 변이를 필요로 하지 않지만, 생화학적 변형이 일어날 수 있는 숙주가 제공하는 장소인 크고 영양이 가득한 소실(chamber)에 의존한다. 이에는 일반적으로 두 가지 방법이 있다. 소, 염소, 사슴은 반추위(rumen)라 불리는 큰 소실을 가지고 있으며, 따라서 **반추동물(ruminant)**로 구분된다(그림 19. 12). 말, 토끼, 코끼리 같은 비반추동물은 대장 안에 있는 매우 큰 맹장(cecum)에서 섬유소 소화 작용을 수행한다. 인간의 대장은 중간 크기이며, 이곳에서 일어나는 섬유소 분해는 아마도 영양적으로 필수적인 과정은 아닐 것이다.

19.18 *반추위에 대한 정보*

소화하기 힘든 섬유소와 다른 중합체들은 다음과 같은 과정으로 분해된다. 첫 번째 과정은, 식물 물질을 작은 조각들로 철저한 분쇄하는 것이다. 초식동물들은 이 일에 적합하도록 표면에 대향한 납작한 이빨을 가졌다. 더 나아가서, 반추동물들은 그들이 이전에 먹은 음식을 역류시켜 새김질감(cud)을 씹고, 더 작은 조각으로 만들기 위해서 이것을 다시 씹는다. 이 과정은 이러한 동물들이 빨리 먹을 수 있도록 하기도 하지만, 약탈자로 부터 떨어져 한가할 때 음식을 먹을 수 있게도 한다.

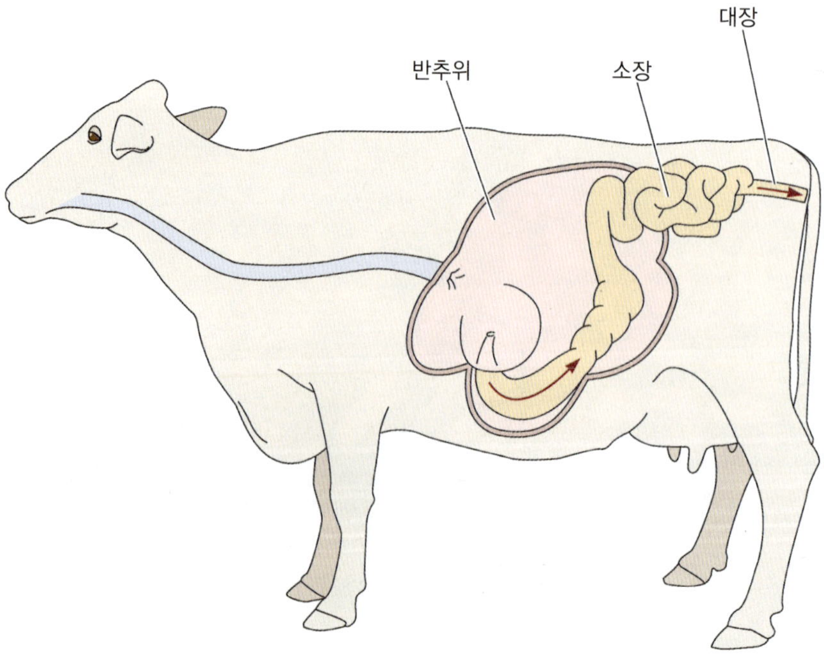

그림 19. 12 소의 소화 조직. 큰 반추위(rumen)에 주목하라. 반추위에서 섬유소의 소화가 일부 이루어졌기 때문에 "대" 장은 비교적 작다. 말과 같은 비반추 초식동물은 매우 큰 대장을 가지고 있다.

이 후 잘 씹혀진 식물의 입자는 소의 경우 약 15 갤론(gallons)의 액체를 가지는 반추위로 들어간다. 여기서 **섬유소 분해미생물(cellulolytic microbes)**의 여러 그룹들이 섬유소를 당류로 분해한다. 이 후에, 다른 세균들은 아세트산, 프로피온산과 부틸산 같은 휘발성 지방산(volatile fatty acid)을 얻기 위해 당류를 발효시킨다. 반추위는 매우 혐기성이며, 당류는 호흡을 통해 이산화탄소로 완전히 산화될 수 없다. 반추동물은 상피조직을 통해 지방산을 흡수하여 물질대사에 사용한다. 반추동물은 소 한 마리당 하루에 25 갤런 이상의 막대한 양의 잘 완충된 타액을 분비하기 때문에, 반추위의 pH는 산 생성으로 인해 급격히 하락하지 않는다. 많은 양의 지방산이 만들어져 동물에게 탄소원을 공급한다. 그렇다면, 반추동물은 필요한 아미노산과 다른 성장인자를 어떻게 얻을 수 있을까? 답은, 반추위 미생물 자체로부터 얻을 수 있다. 반추위의 내용물이 다음 소실인 위로 비워지면, 미생물 세포들은 산에 의해 죽은 후 소화 효소에 의해 분해된다. 많은 세균들이 반추동물에서 유일하며 작용점이 적절한 산 저항성 **세포 벽 분해 리소자임(cell wall-degrading lysozyme)**에 의해 분해된다. 반추동물은 먹이와 공생자를 매우 효과적으로 사용하고, 이는 소의 우유와 고기생산에 있어서의 고효율성과 반추동물종의 세계적 분포를 설명해준다. 소가 수행하는 발효는 산업계 미생물학자들조차 따라갈 수 없는 고효율성을 보인다. 이들은 가장 싼 기질(섬유소)을 이용하고, 스스로 수확하고, 그리고 그것을 값진 생성물인 소고기와 우유로 바꾸어 준다.

비반추 초식동물에서 섬유소의 분해는 맹장에서 일어난다. 여기서, 미생물은 반추위에서처럼 효율적으로 재생 이용되지 않고, 배설물로 통과된다. 이것은 토끼와 쥐 같은 몇몇 동물들이 자신의 고영양의 배설물을 먹는 **분식성(coprophagic)**이라는 사실을 설명한다. 미생물 섬유소 분해는 흰개미의 소화관에서 일어나는데, 이 또한 그들의 미생물 파트너에 의해

그림 19.13 양의 반추위에 있는 세균과 원생동물.

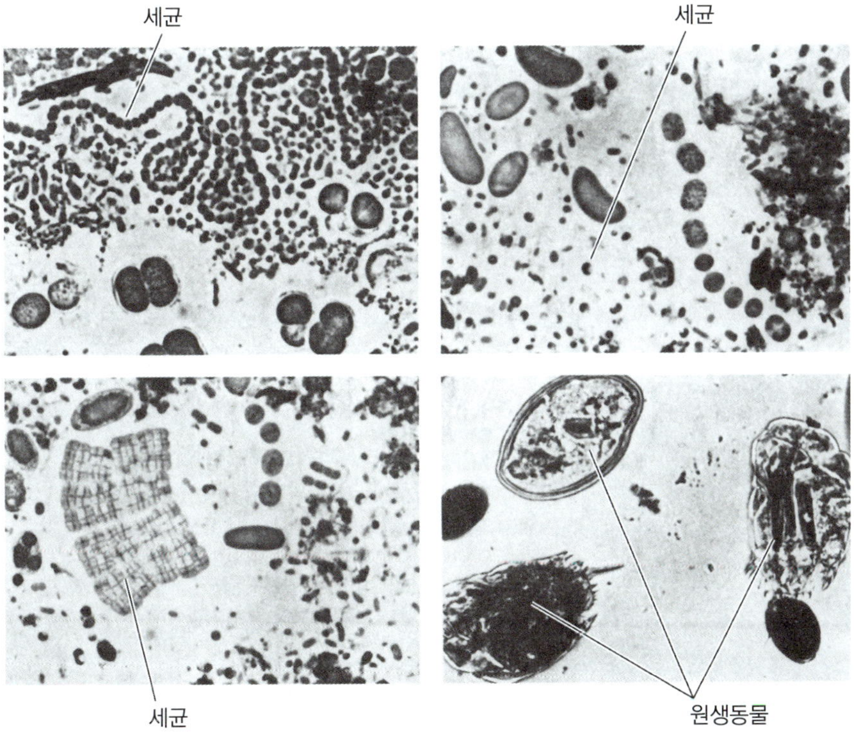

일어난다.

반추위는 지속적으로 갱신되는 매우 다양한 집단의 세균, 원생동물, 진균류를 포함한다(그림 19. 13). 따라서 소는 걸어 다니는 끊임없는 배양 장치라 불린다. 반추위 미생물은 매우 다양한 그룹의 유기체를 포함한다. 세균은 단연 가장 많고 (ml 당 10^{10}), 200종 이상을 포함한다. 원생동물은 무게로는 전체 미생물의 거의 반을 구성하지만, 크기만 크고 수는 적다. 원생동물 또한 섬유소 분해 작용에 포함됨에도 불구하고, 이들은 세균을 먹이로 포식하고 전체 발효에 대해 부정적인 영향을 줄 수도 있다고 볼 수 있으며, 이 부분은 여전히 논쟁의 대상이다.

섬유소의 지방산과 이산화탄소로의 생화학적 변형은 섬유소 분해에서 시작해 당 발효로 끝나는 **먹이사슬(food chain)**의 작동을 필요로 한다. 최종 과정인 휘발성 지방산의 생성은 많은 양의 수소를 생산하는 결과를 낳는다. 만약 수소가 반추위의 매우 혐기적인 환경에서 축척되었다면, 더 이상의 발효를 억제 할 수도 있을 것이다. 이에 대한 이유로는, 피루브산으로부터의 아세트산 형성은 에너지 측면에서 불리하고, 반응 생성물의 농도가 감소하지 않는 한 뚜렷하게 일어나지 않을 것이기 때문이다. 따라서 생성물중 하나인 수소를 제거함으로써 반응이 진행되도록 하는 것이다.

수소가 반추위로부터 어떻게 제거될까? 반추위 생물군은 메탄을 만드는데 수소와 이산화탄소를 사용할 수 있는 고세균인 일부 **메탄 생성 미생물(methanogens)**을 포함한다. 메탄 생성의 일반적인 설명과 그 생태학적 논의는 6장과 18장에서 소개된 바 있다. 상당히 불용해성인 메탄은 트림에 의해 가스로 배출된다. 이것은 성냥불을 조심히 들고 가서 트림하는 소 앞에 작은 화염이 나타나는 것을 보면 증명된다. 수소 제거는 발효가 효과적으로 진행되도록 한다. 메탄 생성 미생물에 의한 수소의 제거는 더 많은 지방산을 생산하고, 더 많은 **ATP**를 얻을 수 있다. 결과적으로 많은 미생물 세포가 합성되어 반추위동물의 단백질 사용 가능성을 증가시킨다.

반추위와 그 내부 미생물들은 서로 간에 매우 상호 의존적이다. 반추위 동물에 의해 먹히는 먹이의 복잡성이 단일 종에서는 포함 될 수 없는 많은 양의 생화학적 활성을 필요로 하기 때문에, 이는 당연한 결과이다. 반추위의 미생물이 매우 다양화되어 있으며 또한 특화되어 있는 사실은 의심할 여지가 없다.

살생적 협력을 통해 얻어지는 먹이: 세균과 선충류

어떤 경우엔 두 생명체가 제 삼자를 죽이기 위해 단결한다. 약 1 mm 길이의 둥근 벌레로 토양 속에 풍부하게 서식하는 **선충(nematodes)**의 먹이 습성은 다양하다. 그중 하나인 예쁜꼬마선충(*Caenorhabditis elegans*)은 분화와 다른 주요 생물학적 현상을 연구하는데 모델 유기체로 유명하다. 어떤 선충류는 식물을 먹고 살고, 그 외에는 균류 또는 세균을 먹고 산다. 어떤 선충류는 특정 곤충의 애벌레에 잠복함으로써 먹이를 얻고, 이러한 침입의 결과로서 애벌레는 죽는다; 선충은 이곳에서 생식한 후 궁극적으로는 애벌레 사체를 떠난다. 선충은 토양 속에서 먹거나 생식하지 않고 반드시 곤충에 기생하여 생존하여야 한다. 선충 혼자서는 이러한 생활사를 수행할 수 없으며, 이들과 공생관계에 있는 특정 세균의 도움을 필요로 한다. 세균이 없이는 선충류는 곤충에 의해 파괴될 수도 있다. 유용한 공생 세균 *Xenorhabdus nematophila*는 곤충 숙주를 죽이고 그 방어 기작을 손상시킨다.

세균은 선충의 소화시스템에 존재한다. 선충이 곤충 애벌레에 침입할 때, 세균은 선충에서 나와 애벌레를 죽이는 독성물질을 만든다. 이러한 독 중 하나는 곤충의 내장상피세포에서 아폽토시스(apoptosis)를 유발하고 터거(turgor)를 없앤다. 그 독은 벌레를 펄럭이는 것처럼 보이게 하기 때문에 **Mcf**(애벌레를 펄럭이게 만든다 make caterpillar floppy)라고 불린다. 세균은 가수분해효소를 분비함으로써 애벌레의 조직을 파괴하는데, 이를 통해 선충은 필요한 영양액을 공급받는다. 한번 영양을 공급받으면, 선충은 교미하며 번식한다. 선충은 충분히 영양을 공급받은 후, 그의 공생세균과 함께 애벌레의 몸에서 나온다. 이 과정은 약 2주 동안 지속될 수 있다. 애벌레의 시체가 이 기간 동안 왜 썩지 않을까? 이것은 세균의 잔인한 책략, 즉, 다른 종류의 세균을 죽이기 위해 강한 항생제를 썼기 때문이다. 결국 애벌레의 사체는 세균과 그의 공생자인 선충을 번식시키기 위한 무덤이 된다.

이러한 세균과 선충 사이의 공모는 공생성이 매우 강하기 때문에 둘 중 하나만 토양 속에서 살아남을 수 없다. 심지어 선충 속의 세균이 일반 실험실 배지 안에서 키워질 수는 있어도 토양에서 독립적으로 발견되지는 않는다. 선충은 세균에게 피난처와 교통수단을 제공하고, 세균은 선충에게 음식을 제공한다.

여담으로, 이 공생관계에 포함되어 있는 몇몇의 세균들(*Photorhabdus luminescens* 등)은 생물적 발광(bioluminescent)을 한다. 빛을 발산함으로써 선충을 유인하는 것이라고 생각되어 왔지만 그들이 왜 빛을 발산하는지는 알려져 있지 않다. 이 세균 중 몇몇은 또한 사람에게서 상처감염을 발생시킨다. 제 1차 세계대전시 감염된 조직은 참호의 어둠속에서 실제로 빛을 내었다. 노련한 의사는 이것을 좋은 징조로 여겼다. 왜냐하면 빛을 내는 상처를 발견하여 빨리 치료할 수 있을 것 같기 때문이었다. 세균이 더 강한 침입자를 들이지 않기 위한 항생제를 생산하기 때문에 이런 현상이 일어나는 것일까? 병원에 더 나은 조명이 설비되면서 이런 진단은 사라질 것 같다.

잎을 자르는(leaf-cutting) 개미, 곰팡이 그리고 세균

열대와 아열대 아메리카 지역에는(아르헨티나부터 서부지역 미국까지), 자기가 키우는 곰팡이에 존속하며 살아가는 개미가 있다. 이 개미들은 거대한 지하 둥지를 만들고 정교한 곰팡이 정원을 만들기 위해 잎과 꽃 그리고 다른 유기물질들을 둥지로 가져온다. 횡단면을 보면 **곰팡이 정원(fungus garden)**은 둥지의 큰 구멍을 채운 희끄무레하고 불규칙한 덩어리들로 가득 차 있다. 이 정원을 키우기 위해 서로 다른 계급 구성원에 따라 다양한 농사일들이 나뉘어져 있다. 보다 큰 일꾼개미들은 종종 1인치의 반 정도 되는 직경의 잎 부위를 모아서 길고 빠르게 움직이는 행렬들 속에서 둥지로 옮긴다. 인간이었으면 큰 합판처럼 무겁고 서툴게 옮겼을만한 짐을 개미는 손쉽게 옮긴다(그림 19. 14). 이렇게 근면하고 헌신적으로 잎을 모으는 것을 보면, 이전의 관찰자들이 개미들이 잎을 먹고 사는 것이라 생각했던 것은 당연하다. 그러나 이 식물은 단지 진짜 식량인 곰팡이의 성장을 위한 배지로 사용된다.

잎을 자르는 개미 중 몇몇 종은 자신의 둥지와 자원이 되는 식물 사이에 나무가 사라져버린 흔적을 남긴다. 이런 깨끗한 자국은 600피트의 길이와 8인치 넓이를 넘는 놀라운 면적에 달하곤 한다. 오고 가는 개미의 양이 놀랄 만큼 많아서 교통을 종종 마비시켜버리기 때문에, 들어오고 나가는 개미가가 말 그대로 다른 개미 위로 기어 올라가야만 지나갈 수 있을 정도이다(도시 고속도로에서는 아직 발달되지 않은 기술이다). 둥지에서는 큰 일개미들이 정교

그림 19.14 잎을 자르는 개미가 짐을 나르고 있다.

한 퇴비화 작업을 실시하고 있다. 잎 조각들을 더 작은 크기로 자르고, 전반적으로 닦아내어 배설물과 섞는다. 그들의 턱과 다리, 더듬이를 사용해서 수분이 많은 작은 공 모양의 먹이로 반죽한다. 이 과육모양의 재료를 조심스럽게 곰팡이 정원의 가장자리에 찔러 넣어 묻어버린다. 그리고 정원의 오래된 구역에서 나온 균사와 함께 "접종"한다. 정원에는 새로운 균사체가 빠르게 퍼진다. 균류의 표면은 둥근 몸체가 되는 하이팔 팁(hyphal tip)의 집합체로 구성되어 있다.

잎을 자르는 개미들은 커피나 카카오같은 재배식물을 먹이로 삼았기 때문에 사람에게 손해를 입혀 좋지 않은 인식을 받아왔다. 그들은 사실 미국열대지방에서 우위를 차지하고 있는 초식동물이다. 브라질에서는 이 개미의 지역적인 이름이 saúva이며 이 단어는 오래된 속담에서 따오게 되었다 : "브라질이 saúva를 없애면 saúva도 브라질을 없앨 것이다." 개미의 입장에서 대신 항변하자면, 개미가 가져가는 식물의 잎을 완전히 떨어뜨리는 것이 아니라고 말할 수 있다. 게다가 곰팡이 정원에서 소비된 찌꺼기는 유기물질이 풍부해서 환경으로 돌아가면 식물의 거름으로 사용된다. 전형적으로 개미는 이 찌꺼기를 나무줄기 혹은 덩굴의 위쪽까지 운반하고 땅으로 떨어뜨린다. 한 둥지의 개미가 폐기물을 매끈한 바위위로 옮긴 후 경사진 곳으로 떨어뜨리는 것이 관찰되었다.

곰팡이와 개미와의 관계는 아마도 5천만년 전부터 시작된 것으로, 무척 오래된 것으로 보인다. 개미가 곰팡이를 주요 작물로 선택함으로써 개미는 오랜 시간 동안 살아남았다. 다른 종의 개미들과 그들의 곰팡이의 리보솜 RNA를 비교하면 한때 공생관계가 설립되었고 두 공생자가 정말로 오랜 시간 함께 살아남았다는 것을 알 수 있다.

이 이야기보다 더욱 재미있는 것이 있다. 왜 곰팡이 정원에는 선택된 곰팡이만 자라는 것일까? 다른 곰팡이도 잎 조각 등 비슷한 기질을 바탕으로 성장할 수 있지만, 단작 즉, 일모작을 통해 단지 한 종류만 우세한 것이다. 이는 이 개미들이 자신의 몸 속에 다른 곰팡이들을 차단할 수 있는 항생제를 만들어주는 streptomyces라는 세균 종을 지니고 있기 때문에 가능하다. 그리고 이것이 바로 개미, 곰팡이, 세균 3종의 공생관계이다. 개미들이 사람보다 5천만년 일찍 항생제를 만들어 사용한 점에 주목하자.

기생으로 인한 행동 변화

미생물-숙주 간에는 유익한 상호공생관계부터 기생이라는 해로운 형태까지 넓은 범위의 관계를 맺고 있다. 병인론(pathogenesis)이라는 제목의 장에서 기생활동의 전형적인 발현 및 기생관계에 대해 다룬다. 반면, 살아있는 생물 사이의 상호작용에는 매우 놀랄만한 다른 뉘앙스가 있다. 예를 들어, 미생물과 상호작용함으로써 동물과 식물의 행동 또한 상당히 변화해 왔다. 그런 변화의 사례가 단순한 용어 정의보다 쉽게 이해할 수 있도록 안내할 것이다.

무모한 쥐와 치명적인 매력

특정 기생충에 감염된 쥐는 고양이에 대한 두려움을 잃어버린다. 이러한 자멸적인 변화는 *Toxoplasma gondii*라는 원생동물에 의한 감염 때문이다. 이 행동은 쥐에게는 전혀 말이 되지 않지만, 기생충에게는 큰 이득이 된다. 왜 그럴지를 이해하려면 *T. gondii*의 생활사를 이해해야 한다. 이 기생충이 주로 기생하는 숙주는 고양이이고, 반면에 쥐나 다른 설치류 혹은 인간 등은 임시숙주이다. 이 원생동물은 고양이의 장에서 번식하고 **낭포체(oocyst)**라고 불리는 환경적으로 거친 형태로 발달하여 고양이의 배설물을 통해 방출된다. 낭포체는 오랜 기간 동안 토양에서 살아남는데 이때 설치류가 낭포체를 먹게 된다. 잠깐 쥐의 몸 속에 있을 때 쥐는 번식하고 강한 면역작용을 발생시킨다. 그 면역작용에 견디기 위해 *T. gondii*는 쥐의 세포 안에서 휴지기를 갖기 때문에 더 이상의 큰 손상을 일으키지 않는다. 사람이 *T. gondii*의 낭포체를 섭취했을 때도 비슷한 일이 일어난다. 이것이 기생충의 생활사의 끝이라고 보일 수도 있다. 그러나 감염된 쥐가 고양이에게 먹혔을 때 기생충은 고양이의 장에서 번식하고 결국 배설물을 통해 밖으로 나와 새로운 주기를 시작한다. 따라서 설치류가 고양이에게 잡아먹히는 것이 이 기생충의 생활사를 위해 필수적으로 행해져야 하는 행위인 것이다 (그림 19. 15).

19.19 *독소플라즈마에 감염된 쥐가 고양이의 오줌에 대한 두려움을 잃는 행위에 대해 연구한 논문*

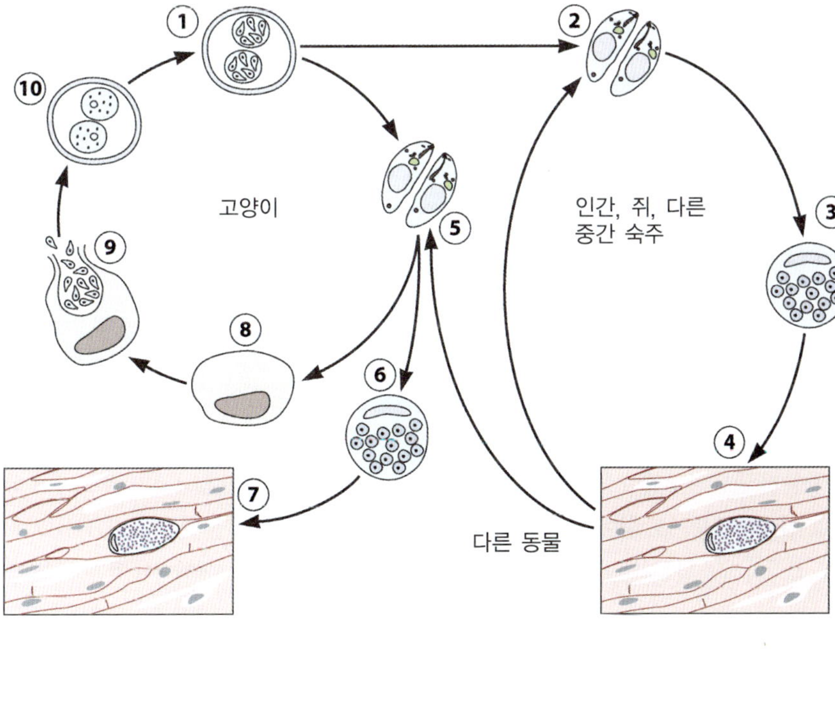

그림 19. 15 Toxoplasma의 생활사. **(1)** 부적절하게 준비된 오염된 고기나 고양이의 배설물을 통해 포낭(cyst)을 섭취함으로써 인간과 고양이가 Toxoplasma에 감염된다. **(2)** 포낭은 활성화된 형태로 발달하기 시작하고 **(3)** 활성화되면 혈류로 들어가 퍼진다. **(4)** 대부분의 숙주는 면역체계를 통해 활성화된 형태를 제거하고 세포 속의 휴면기의 포낭만이 살아남는다. **(5~7)** 고양이에게도 같은 일이 일어난다. **(8~10)** 그러나 여기서 몇몇 기생충은 생식단계를 포함하는 생활사를 끝마친다.

그림 19. 16 "정상에 올라가는 병(summit disease)". 곰팡이(Cordyceps curculionum)에 감염된 바구미가 나무줄기에 단단히 붙어있다. 곰팡이는 줄기 끝에 자실체를 발달시킨 것이 보인다.

그림 19. 17 위장 꽃. 이것은 들판에 핀 겨자과 식물에 곰팡이가 성장하면서 생긴 것이며 잎을 변형시켜 꽃잎처럼 보이게 하고 있다.

연구자들은 고양이의 오줌을 이용해서 정상 쥐와 감염된 쥐의 반응을 비교했다. 당연하게도 건강한 쥐는 마치 자신들에게 좋은 것이 무엇인지 아는 것처럼 고양이의 냄새를 매우 싫어했다. 반면에 감염된 쥐는 금지명령이 사라진 듯한 모습을 보였다. 심지어는 천적의 냄새에 끌리는 것처럼 보였다. 그런 행동은 쥐에게는 이익이 될 리 없지만, 기생충의 생활주기를 완료하는데는 당연히 도움이 된다. 이 발견의 중요성은 필드 연구에서 확인된 것은 아니지만, 그 관계는 호기심을 일으키는데 충분하다.

기어오르게 재촉함

숲의 바닥에 사는 특정 개미들은 곰팡이에 의해 감염되면 급격한 행동의 변화를 보인다. 개미에 침입한 곰팡이는 개미가 활발하게 움직일 수 있도록 천천히 성장하지만, 곧 작전을 바꾸어 개미가 식물이나 나무의 줄기를 기어 올라가도록 재촉한다. 개미들은 특정 높이까지 올라가 턱으로 식물의 줄기를 단단히 잡아 자신들을 붙이고, 그 후로도 남은 여생동안 횃대가 된다. 메뚜기, 여치, 진딧물, 파리 등 다른 곤충도 소위 "정상에 올라가는 병 (summit disease)"라고 불리는 이러한 행동을 나타낸다. 그리고 곰팡이는 자라서 포자로 가득 찬 자실체를 발달시킨다(그림 19. 16). 포자는 높은 곳에서부터 퍼질 수 있어서 매우 긴 거리도 옮겨갈 수 있다.

개미를 기어오르게 재촉하는 이유는 곰팡이의 목적론적 인내심에 좌우된다. 단순히 "거기에 있기 때문에"가 이를 수행하게 하지는 않는다. 연구자들은 곰팡이가 자신의 이익을 위해 곤충이 기어오르도록 하는 것이 의심스러웠다. 숲 바닥에 남아있으면 공중으로 포자를 퍼뜨릴 기회를 확실히 감소시킨다. 그러나 숲 바닥을 벗어나는 것은 감염된 곤충이 햇빛과 온도에 노출되어 결국은 곰팡이 자신에게도 해로울 것을 의미했다. 곤충학자 R. A. Humber는 "이것은 당신이 따뜻한 침대를 향해가는 것과, 아플 때 계속 닭고기 수프를 바라는 것과 비슷한 행동이다"라고 말했다. 게다가, 감염된 곤충은 애타적인 이유로, 즉, 그 집단의 다른 곤충들에게 병이 감염되는 것을 막기 위해서 기어오르는 것이다. 정말로, 곰팡이에 감염된 다른 곤충들도 반대의 행동을 취했다. 어떤 나비와 나방의 유충은 감염되면 마치 친척들로부터 도망가는 것처럼 나무 껍질 아래 같은 도저히 접근할 수 없는 공간으로 기어갔다. 그런 곰팡이들은 포자를 널리 퍼뜨리기 위해 반드시 자실체에 긴 줄기를 발달시킨다. 이유가 무엇이든, 곰팡이와 곤충 간에 주고받는 신호의 상호작용은 평범한 것이 아니다. 곤충이 땅에서 위로 기어올라가 특정 위치에 닿을 때까지 곰팡이의 성장을 막는 특정 메커니즘이 있는 것일까? 무엇이 곤충을 나무로 기어오르게 촉진시키는 것일까? 누가 이익을 얻고 누가 잃는 것일까?

꽃이 언제 꽃이 아닐까?

새로운 구조나 혹은 다른 정교한 구조로 만들기 위해 숙주를 비틀어 꼬는 것을 제일 잘하는 곰팡이는 아마 *Puccinia monocia*일 것이다. 이 곰팡이는 겨자 과에 속하는 들꽃 식물을 감염시켜, 줄기 끝에 나뭇잎이 뭉쳐서 나도록 유인한다. 이렇게 뭉쳐서 난 잎은 장미꽃 모양이 되는데, 성장한 곰팡이로 덮이기 때문에 한층 더 진짜 꽃의 잎처럼 보인다(그림 19. 17). 그 표면은 끈적하지만 달콤한 냄새가 난다. 위장 꽃(pseudoflower)으로 불리는 이 꽃은, 다른 식물과는 다른 아름다운 노란색을 띠지만 같은 지역에서 사는 점에서 다른 식물과 비슷하다. 계획대로 꿀을 가져가기 위해 온 곤충들은 위장 꽃에 빨대를 찔러 넣음으로써 꿀 대신 곰팡이의 포자를 가져간다. 그리고 그 곤충들은 다른 식물에 포자를 퍼뜨린다. 사진에서 볼 수 있듯이, 모방은 잘못이 아니며, 좀 떨어져서 보면 식물 전문가들도 속아 넘어간다.

포식

미생물은 보통 포식자로 여겨지지만 사실 종종 먹이가 된다. 이것은 왜 많은 자연상태의 미생물 군락이 이용 가능한 먹이를 기반으로 예상된 크기에 도달하지 못하는가를 설명하는 유용한 개념이다. 예를 들면, 바다에 서식하는 미생물은 그들의 포식자인 파지와 원생생물을 포함한 먹이그물의 가운데에 있다.

환경상태의 미생물 포식은, 99%이상의 미생물들이 배양되기 어려웠기 때문에 실험실에서 연구하기가 힘들었다. 예를 들면, 전 세계의 바다를 통틀어 바닷물 1 ml당 백만마리의 세균이 있다. 심지어 이것이 큰 숫자일지라도 먹이의 양을 기반으로 예상되는 숫자보다 작은 수일 것이다. 이때 사용되는 먹이는 바다 미생물이 이용 가능한 것으로 유기탄소가 녹아있는 형태가 된다. 이러한 모순이 생긴 이유는 미생물이 포식자에 의해 조절되고 있기 때문이다. 사실 포식행위가 없었으면 바다의 미생물은 10배 이상으로 많아졌을지도 모른다.

미생물의 주요 포식자는 원생생물(예: 섬모충과 와편모충 등)과 세균을 먹으면서 바다를 떠도는 단세포 진핵생물, 세균 바이러스, 해양 세균을 먹는 파지 등이다. 파지는 바다에서 공통적으로 존재한다. 미생물학자 Forest Rohwer가 지적한 것처럼 바닷물은 1ml당 10^7마리의 파지를 포함하고 있지만, 1ml당 10^{-19}마리의 큰 백상아리를 포함하고 있는 것이다. 해양 미생물이 포식자의 반은 원생생물에 의해 먹힐 것이고, 나머지 반은 파지에 의해 감염될 것이다. 해양 파지를 연구하기 위해서는 파지를 세균 숙주에서 길러야 하지만 대부분의 세균 숙주가 배양되지 않는다. 이런 어려움 때문에 해양 파지를 연구하려는 시도가 좌절되었다. 그러나 샷건 시퀀싱(shotgun sequencing)에 의해 이런 한계가 극복되었다. 이 기술은 배양 없이 해양파지 군락에서 파지의 종류를 순간 촬영하는 기술이다. 이를 통해 연구자들은 바다에 존재한다고 알려진 거의 모든 그룹의 파지를 보여줄 수 있게 되었다. 또한 이 파지들은 믿을 수 없이 다양해서 바닷물 1 리터에 약 천 마리 정도의 다른 파지 종을 탐지할 수 있다.

대부분의 해양파지들은 용원성(lysogenic)이기보다는 용균성(lytic)을 띠는 것처럼 보인다(제17장 참고). 그리고 감염시킴으로써 세포를 용해시키고 모든 세포 내 물질을 방출시킨다. 세포가 용해됨으로써 방출된 세균 구성성분은 너무 작아서 단지 다른 세균들만이 그것들을 먹을 수 있다. 이것은 파지가 세균을 죽일 때 사실은 다른 세균의 성장을 도와주는 역할을 한다. 대조적으로 원생동물이 세균을 먹을 때, 그 구성성분은 물고기를 포함한 더 높은 영양 단계의 먹이사슬에 들어갈 수 있는 것이다. 예를 들어, 발육기의 대구(juvenile cod)는 많은 양의 원생생물을 먹는다.

일부 세균은 진짜 기생동물인 것처럼 직접적으로 행동한다. 즉, 먹이를 먹거나 그 먹이에 실제로 침투한다. 이런 포식자의 발견은, 이 글을 읽는 여러분들에게도 의외이듯, 발견자에게도 꽤 놀라운 일이었다. 연구자들은 한천배지(agar plate)에서 자랄 수 있는 세균 군락(lawn)에서 “플라크(plaque)”나 구멍을 찾는 일처럼 신뢰성 있는 방법으로 파지를 연구했

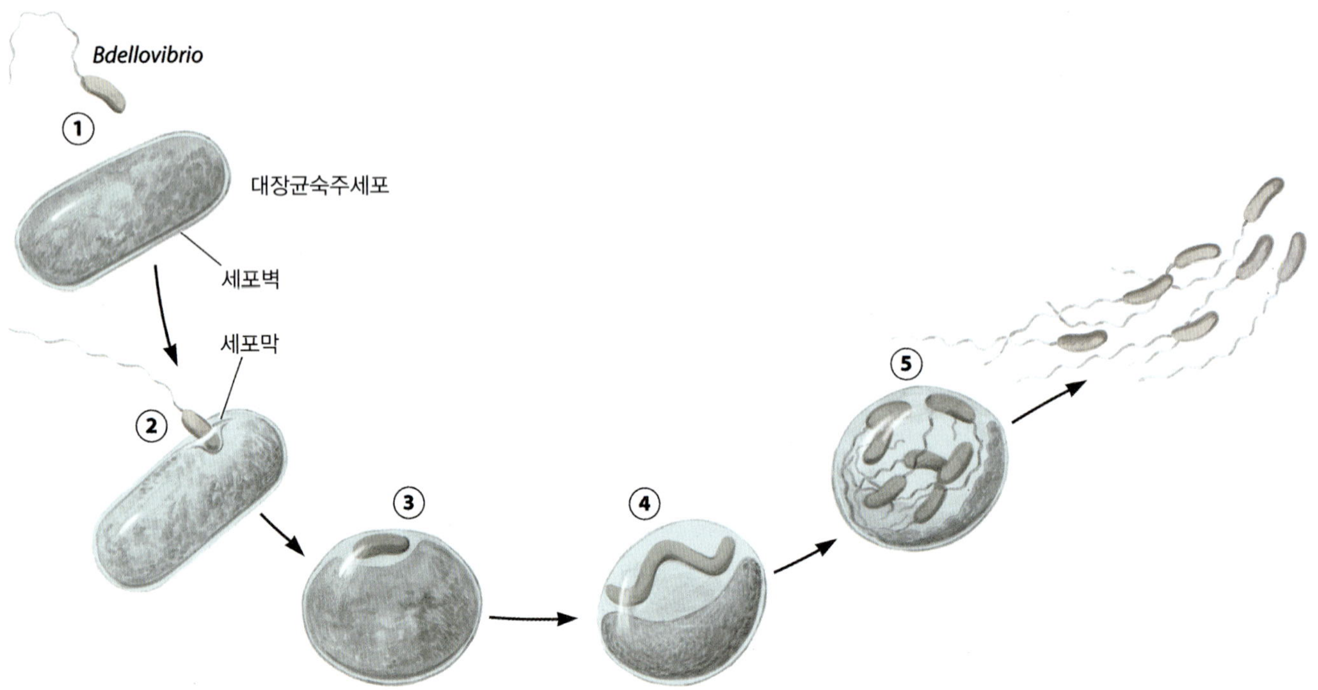

그림 19. 18 Bdellovibrio의 생활사. **(1)** 숙주세포에 빠르게 부착하고 **(2)** 뒤이어 periplasm을 뚫는다. **(3, 4)** 기생생물은 분열없이 성장하면서 나선형의 bdellovibrio를 만든다. **(5)** 나선형 bdellovibrio는 막대모양의 미생물로 분열하고 편모가 생성된다. 약해진 숙주세포를 용해하고 자손 bdellovibrios가 방출된다.

다(제17장 참고). 그들은 플라그를 찾았고 성장을 멈춘 파지에 의해 생긴 것들과는 달리, 이 플라그 구멍들이 몇 일 간의 배양 후에도 점점 더 커지는 것을 발견했다. 이 플라그를 현미경으로 관찰했을 때, 연구자들은 명백하게 세균으로 보이는 작은 물체들을 발견했다.

이러한 세균 포식자들은 발음하기 힘든 이름을 가지고 있다. *Bdillovibrio bacteriovorus*("bdello"는 "거머리"라는 뜻이다)이다. 이 생물은 대장균의 5분의 1 크기밖에 되지 않지만 전형적인 세균이다. Bdellovibrios는 특별한 생태적 공간(숙주의 내막과 외막사이 공간(periplasm) 혹은 두 막 사이의 공간[그림 19. 18])을 차지한다. 따라서, Bdellovibrio에 의한 감염은 그람 음성 세균에 한정된다. 이런 포식자들이 어떻게 외부 막을 뚫을 수 있는지는 아직 알려져 있지 않다. Bdellovibrios는 운동성이 강하다(모든 세균 중 가장 빠르다). 그러나 주화성에 의해 숙주를 찾아나가는지에 관한 증거는 거의 없다. 이 세균은 내막과 외막 사이 공간에 있을 때(한 숙주세포당 한 마리씩 존재) 숙주의 내막을 조금씩 새게 하고 숙주의 세포질을 가수분해 효소로 분해시켜 영양공급을 늘린다. Bdellovibrios는 숙주의 단백질과 핵산을 분해시켜 얻은 부산물을 먹고 자란다. 마침내, 침입자는 성장하고 분열해서 3~5 마리의 자손세포(progeny cell)을 만들고 곧 숙주를 용해시켜 밖으로 나간다. 전체 과정은 3~4시간 정도 걸리며 영양이 충분한 숙주 세균의 생장률에 비하면 시간이 오래 걸리는 셈이다. 그러나 숙주가 더 이상 성장하지 않을 때 소규모 전염성(microepidemic)을 일으키기에는 충분하다. 이것은 "오래된" 한천 배지 위에서 플라그의 크기가 점차 증가하는 이유를 설명한다.

Bdellovibrios는 종종 바닷물과 토양에서 발견되고 침입할 수 있는 숙주 세균의 종류가 많은 편이다. 그러면 민감한 숙주 세균이 자연에서 살아나갈 수 있는지에 관해서는 의문이 생긴다. 포식-포획 관계도 아니며, 간단히 대답하기도 어렵다. 몇 가지 흥미로운 생각들이 발표되었다. 예를 들면, 방어에 강한 종이 "미끼"처럼 행동해서 bdellovibrios를 빨아들이거나 (sop up) 그 미생물 종은 바이오필름을 형성하는 먹이에는 침입할 수 없다는 것이다. 따라서 비록 bdellovibrios들이 전문화된 응용력을 가졌지만, 바람직하지 않은 미생물을 제어하는데 사용할 후보자로는 여겨지지 않게 생각되어진다. 다른 생각으로는 bdellovibrios가 숙주에 침입할 때 말고는 자연상태에서 성장하지 않는다는 것이다. 사자와 범고래에서는 흔히 있는 일로써 적당한 먹이가 사라짐으로써 결국 그 수가 줄어들 것이다.

동물과 식물 같은 더 복잡한 숙주와 병원균처럼 *Bdellovibrio*의 침입은 정해진 단계로 구성된다; 마주침, 침입, 증식 그리고 손상. 각각의 단계는 특별히 분화한 유전자의 발현과 필요 없는 유전자를 침묵(silencing)시키는 것이 필요하다. 예를 들자면, 먹이를 찾아 배회하는 bdellovibrios는 운동성이 강하지만 숙주에 침입했을 때는 편모가 사라진다. Periplasmic 단계에 있어서 최소한 30개의 특수한 단백질이 있다. 그 단계는 정밀한 분석을 하기에 알맞은 시기이다. 야생형 bdellovibrios는 단지 숙주세포에서만 자랄 수 있지만, 돌연변이 bdellovibrios는 인공적인 배지에서도 사랄 수 있다. 그러나 인공배지에서 더 빠르고 오래 자랄수록 침입력이 떨어지게 된다.

Bdellovibrios만이 다른 세균을 먹고 사는 것은 아니다. 많은 포식자들이 "미끼(baiting)" 기술을 이용해 발견될 수 있다. 페트리 디쉬에 토양샘플을 담고 그 위를 미생물이 통과하기에 충분한 크기의 구멍이 있는 여과 종이로 덮는다. 여과종이에 미끼로 이용될 세균을 뿌린다. 며칠 후면 토양 속의 무수히 많은 포식자들이 이 미끼를 덮치고 있는 것을 알 수 있을 것이다. 사실 포획의 기술은 대단하다. myxobacteria 같은 다른 생물체는 "떼를 지어 사냥"하는데 먹이가 될 세균의 표면으로 무리를 지어 몰려가 가수분해 효소를 분비시켜 섭식한다 (제14장 참조). 비슷한 종류의 다른 포식자도 항생제를 분비시켜 섭식한다. 다른 포식자들은 *Bdellovibrios*의 변종의 형태를 보인다; 외막과 내막사이 공간에 침투하는 대신, 세포질을 뚫거나 그들과 먹이 간에 "세포간 다리"를 형성한다. 독특한 전략을 보이는 것은 *Saprospira grandis*라고 불리는 해양활공(marine gliding) 세균이다. 이 생물은 먼저 편모로 먹이를 "잡으면", *S. grandis*의 끈적끈적한 표면에 먹잇감의 편모가 달라붙는다. 이렇게 먹잇감을 잡는데 마치 파리가 끈끈이 종이에 들러붙거나 곤충이 거미줄에 걸리는 것과 비슷하다. 많은 다른 세균의 경우에서는 생존과 성장에 매우 유용한 편모가 이 경우에서는 먹잇감의 죽음에 이용되는 것이다.

미생물 세계에서 포식은 소홀히 다루어지는 주제였지만 포식의 역현상에 관련해서 미생물 형태의 협력은 복잡한 생태학적 관계를 설명하는데 도움이 된다.

포식 외에도 미생물은 그 환경 속에서 다른 종보다도 우월한 입장을 차지하기 위해 미묘한 전략을 사용한다. 몇몇 종은 항생제와 다른 항균성 생산물을 분비한다; 다른 종은 경쟁에 미묘한 생리학적 수단을 사용한다. 생리학적 전략중의 하나의 예를 들자면, 철 금속에 대한 경쟁이 있다. 철은 자연에서 풍부하지만 융합할 수 있는 가용의 형태로는 매우 희귀하다. 환경에서는 숙주동물의 몸뿐만 아니라 철에 대한 경쟁도 성장에 필수적이다. 세균이 철을 획득하는 기본 지식은 8장에 나와 있다. 세균이 필요한 철을 얻는데 사용하는 공통적인 전략은 철에 대해 큰 친화성이 있어서 철과 쉽게 결합하는 작은 철-킬레이크(iron-chelating) 분자인 시데로포어(siderophores)를 분비하는 것이다. 이 철을 나르는 킬레이트는 재흡수될 수 있고 철은 사이토크롬 및 다른 산화효소의 조효소를 합성하는데 쓰이는 등 신진대사에 사용될 수 있다. 이들 미생물이 철을 흡수함으로써 철의 농도를 더 낮은 레벨로 감소시킬 수 있고, 따라서 무기물을 모으는데 덜 효율적인 다른 미생물의 성장을 방해하게 된다.

항생제와 박테리오신

미생물은 다른 종의 성장을 억제하는 화학성분을 분비하는 "화학 언어"를 통해 의사소통한다. **항생제(antibiotics)**는 사람이나 동물의 질병을 치료하는데 사용되기 때문에 이런 화학물질 중에서 가장 잘 알려지게 되었다. 역설적으로 우리는 항생제가 실험실이나 감염된 숙주에서 어떻게 세균을 억제하는지에 대해서는 매우 잘 알고 있지만, 항생제가 자연에서 어떤 역할을 하는지는 거의 모르고 있다. 토양에서 항생제의 농도는 보통 미생물을 억제하는데 필요한 양에 미치지 못한다. 그러나 매우 한정된 영역에서 그런 농도를 얻을 수도 있을 것이고, 이로써 항생제를 생산한 생물이 억제되는 다른 종을 보다 빨리 성장시키게 할 수도 있을 것이다. 그러나 어떤 선택적인 압력이 항생제를 생산하는 생물의 출현을 이끌어왔는지에 대해서 모른다고 말하는 것이 솔직한 답변일 것이다.

19.20 항생제 취급 설명서

항생제는 일반적으로 300~1,000 달톤에 달하는 범위의 질량을 가지는 다른 유기분자의 거대한 배열로 구성되어 있다. 처음으로 사용된 항생제는 세균과 곰팡이로부터 얻은 천연생산물이었다. 시간이 흐르면서 이 화합물들은 완전히 새로운 합성물 종류를 창조해 온 화학자들에 의해 다시 한 번 변형되었다. 표 19.2에서 유용한 항생제의 리스트와 그 항생제에 어떤 작용이 있는가를 나타내었다.

박테리오신(bacteriocins)는 펩타이드지만, 역시 다양한 그룹으로 구성되어 있다. 박테리오신은 많은 세균에 의해 만들어지고 아마 환경에서 다른 종간의 경쟁에서 중요한 역할을 할 것이다. 일부 박테리오신은 이를 생산한 종과 유연관계가 가까운 세균에 대해서는 활성을 띠지만, 다른 종류의 박테리오신은 활성을 띠는 영역이 넓고 유연관계가 멀리 떨어져 있는 종에 대해서도 영향을 미친다. 심지어는 검증된 모든 그람 양성 세균에도 영향을 끼칠 수 있는 박테리오신도 있다. 박테리오신은 민감한 세균을 다양한 방법으로 억제한다 (표 19.3). 박테리오신의 작용에 있어서 가장 공통적인 방법은 칼륨과 인산이온을 위한 구멍을 만듦으로써 세포막을 붕괴시키는 것이다. 그리고 세균은 ATP-의존적 수송체계(ATP-dependent transport system)를 이용해서 이 이온들을 재축적한다. ATP가 사용됨에 따라서 ATP의 레벨이 다른 에너지 요구 기능 뿐 아니라 막전위를 유지하기 위해 필요한 ATP의 레벨보다 떨어지게 된다.

박테리오신을 생산하는 균주는 왜 자신의 박테리오신 작용에 손상되지 않을까? 이 면역성에 대한 답은 박테리오신을 생산하는 균주가 박테리오신 외에도 그 활동을 중화시키는 단백질을 만들어 내기 때문이다. 종종, 박테리오신을 합성하는 유전자와 그 활동을 중화시키는 면역 유전자는 같은 오페론에 존재해서 그 발현을 상호적으로 조절한다. 박테리오신을 생산하는 균주가 면역 유전자를 상실하면, 자신의 박테리오신의 작용에 민감성이 증대된다.

표 19.2 공통적으로 사용되는 항균적 항생제와 그 작용

항생제	작용메커니즘
Murein 합성 억제제	
β-Lactams (penicillin V와 같은 penicillin류, cephalexin[keflex]과 같은 cephalosporins류, ampicillin과 같은 합성유도체) 그 밖 (vancomycin, aztreonam, imioenen)	세포벽 생합성을 방해해서 자가분해 유도
단백질 합성 억제제	
Aminoglycosides(streptomycin, kanamycin, neomycin, gentamicin, amikacin, tobramycin)	세균 리보좀 30S subunit에 결합 translational misleading을 야기 단백질 사슬의 신장을 억제 단백질합성의 개시를 막아서 죽임
그 밖	
Tetracyclines(teteracycline, doxycycline)	리보좀 30S subunit에 결합 사슬 신장 단계 억제
chloramphenicol	리보좀 50S subunit에 결합 사슬 신장 단계 억제
Erythromycins(azithromycin[Zithromax]	리보좀에서 완성된 펩타이드 사슬의 방출을 막음
RNA 합성 억제제	
Rifampin	세균 RNA polymerase에 결합하여 전사 개시 단계를 억제
DNA 합성 억제제	
Nitrofurans Metronidazole Nalidixic acid Novobiocin Ciprofloxacin(Cipro) 그리고 다른 quinolones	DNA에 부분적으로 환원된 니트로기를 달아 DNA가닥이 끊어지게 한 DNA topoisomerase를 억제해 DNA 복제를 막음
Folate antagonists	
Sulfonamides(trimethoprim-sulfamethoxazole[Septra])	tetrahydrofolate의 합성과 1-carbon 신진대사를 막음

박테리오신은 실질적인 방법으로 사용되는데, 특히 낙농 산업에서 예측가능한 방법과 예측 불가능한 방법 두 가지 모두에서 사용된다. 예측 가능한 방법으로는 때때로 유제품을 오염시키는 병원균인 리스테리아(*Listeria*)와 같은 바람직하지 않은 세균의 성장을 억제하는 데 사용된다. 박테리오신을 대량으로 생산하기 위한 쉬운 방법은 치즈 생산을 위해 사용되는 균주에 그 유전자를 복제하는 것이다. 박테리오신은 체다 같은 치즈의 향을 증가시키기 위해서도 사용된다. 세균이 이 종류의 치즈의 분해에 사용될 때, 세균은 향의 발달을 증가시키는 효소를 방출해서 치즈의 숙성이 빨라지게 한다.

표 19.3 몇몇 박테리오신[a]의 작용방식

막에 이온 채널 형성(depolarization)
DNA의 가닥을 절단
리보좀의 불활성화
세포벽 murein 활성 억제
세포벽 murein의 가수분해

[a]몇몇은 또한 진핵세포에도 영향을 미침.

결론

살아있는 생명체 간의 작용은 다양하며 많은 종의 생존에 필수적이다. 다른 유기 생명체의 존재 없이 형성되고 진화된 생물은 없다. 이 장에서 서로 이익이 되는 관계 및 한 쪽에 유리한 관계에 대해 논의하였다. 다음 두 장에 걸쳐서, 보다 무거운 주제로서 대개 숙주에 악영향을 미치는 관계로 정의되는 미생물 병원성에 대해 논의하겠다.

학습문제

1. 무엇이 미토콘드리아와 엽록체가 세균으로부터 파생되었다고 생각하게 만들었는가?

2. 곤충의 세균 내부공생자(endosymbionts)의 중요한 특징은 무엇인가?

3. 콩과 식물의 뿌리혹이 가지는 기능은 무엇이며, 어떻게 생겨나는가?

4. 소의 반추위(rumen)에 존재하는 미생물의 주요 활동은 무엇인가?

5. 세균 *Xenorhabdus* 와 선충 사이의 공생관계와 특정 곤충의 애벌레에게 미치는 작용에 대해 서술하시오.

6. 잎을 자르는 개미와 특정 곰팡이 사이의 삼자 공생관계(three-way symbiosis)에는 어떤 식의 관계가 있는가?

7. 일반 청중들을 위해 어떻게 감염자가 그들의 숙주의 행동을 변화시킬 수 있는지에 대해 예를 들어 보시오.

8. 포식자의 먹이로써 이용되어 온 세균의 예를 설명하시오.

제20장 감염: 척추동물 숙주

서론

미생물학을 수강하지 않아도, 대부분의 사람들은 수십 개 이상의 감염성 질환의 명칭을 말하는 것에 큰 문제가 없다 (도전해 보길). AIDS, 결핵, 천연두 같은 인류의 무서운 재앙과 패혈성 인두염, 감기, "위 감기" (뭐든간에, 그 이름으로 인한 임상적으로 인정된 실체는 없다)와 같이 좀 더 양호한 상태 또한 그 리스트에 포함 될 듯하다. 여기서 요지는, 감염 질환은 흔하고 일반적이라는 것이다. 어떤 것은 치명적거나 다른 어떤 것은 거의 별 것 아니지만, 모든 사람들이 그것에 대해 조금씩은 알고 있다.

과거에는, 감염 질환이 막대한 재앙을 유발하였고, 이것은 오늘날 세계의 많은 지역에서 여전히 일어나고 있다. 이러한 상황에 대해 우리는 과거에 정형화된 역사를 가지고 있고, 또한 오늘날에조차 이어지고 있지만, 적어도 천연두라는 공포스러운 질환은 지구상에서 박멸되었다. 소아마비는 근절되기 임박한 후보이고, 좀 더 지나면 결핵, 매독, 홍역 또한 마찬가지로 없어질 것이다. 한편, 숙주와 기생충 사이의 전투는 인간에게 끊임없이 정교한 수단을 만들도록 지속적인 요구를 한다. 우리는 감염 질환을 제어하기 위해 주요 세 종류의 외부 무기를 지닌다. 곤충제어를 포함한 **공중위생(sanitation)**, **백신(vaccination)**, 그리고 **항미생물 약제(antimicrobial drug)**이다. 현재 상황을 돌이켜 본다면, 이들이 어떻게 적용될 수 있고 또한 어떤 단점을 가지는지를 제시할 수 있다. 어찌됐던 진정 가장 힘 있는 무기는 우리 안에 내재되어 있는 면역 체계이다.

인간과 미생물 사이의 관계는 끊임없이 변한다. AIDS와 같은 어떤 질병은 우리의 시야에 새로이 나타난다. 위장의 헬리코박터(*Helicobacter*) 감염의 경우, 긴 시간동안 우리와 함께했지만 최근 들어서야 인식되었다. 대부분의 경우에 인간의 행동이 환경을 변화시킴으로써, 병원체의 감염 기회를 높임으로써, 또는 항미생물 약제를 남용함으로써 공격 미생물에

표 20.1 감염 질병들의 출현에 기여한 인간의 행위

요인	환경	예
국가와 지역의 가난	낙후된 공공 의료 서비스	다제내성저항 결핵
	오염된 음식과 물	콜레라, 그 외 다수
	영양실조	홍역의 격렬도 증대
생태적 변화	재조림 (사슴과 진드기의 증가)	라임병
개인적 행동	성적 행동과 정맥 주사 약물 사용	AIDS, C형간염
사회적 행동	도시화	AIDS, 뎅기열, 결핵
국제 여행과 무역	배송	South America에 콜레라
	국제 음식 무역	음식이 낳은 발발 (많은 종류)
현대 생산 업무	집단 음식 생산	햄버거 속의 대장균 O157:H7
	소에게 폐물을 급식	광우병
	과잉 흡수의 탐폰	독소 충격 증후군
항균제의 의학적 농업적 사용	항균제와 항바이러스제의 남용	세균 약제 저항

대한 우리의 관계에 영향을 준다(표 20. 1).

우리가 배울 수 있는 감염 질환을 너무 방대하다. 대신에, 그들이 공통적으로 가지고 있는 것에 대하여 초점을 맞출 것이다. 특정 요인에 걸린 개념적 틀은 다음과 같다; *인간, 동물, 또는 식물을 막론한 모든 감염질환의 발달은 같은 과정을 통해 일어난다.* 이 과정들을 논하기 전에, 먼저 용어의 사용에 대해 사과의 말씀을 전한다. 우리는 방어, 공격, 침략, 무기 등과 같은 무력적이고 전투적인 용어를 사용할 것이다. 이러한 용어 사용은 간편하지만 병원체에 대한 적대적 의미를 내포하기 때문에 그릇된 인상을 줄 수도 있다. 질병을 유발하는 미생물은 그들은 업무를 단순히 이행하고 있다. 일부 소수의 경우를 제외하고는, 질병 유발은 이러한 미생물 생활양식의 부수적 현상이다.

만남(Encounter)

감염질환이 일어나기 위해서는 숙주와 감염인자가 반드시 마주쳐야한다. 만남(encounter)은 병에 걸리기 전 뿐만 아니라 숙주의 일생 중 언제든지 일어날 수 있다. 어떤 경우엔 "병균을 획득하고" 며칠 안에 병에 걸리거나 또는 병원균이 질병을 유발하기 전 상당기간 몸속에 존재할 수도 있다. 이러한 만남은 예상보다 일찍 일어난다. 인체 면역결핍 바이러스(HIV)감염, 풍진 (rubella), 그리고 매독 같은 특정한 인간 질병은, 모체의 자궁에 있는 동안 획득할 수 있으며, 불안한 유물이 된다.

감염의 증상들은 좀처럼 바로 나타나지 않고, 며칠, 몇 달, 혹은 몇 년(나병과 AIDS는 감염 후 증상이 나타나는데 10년 이상이 걸릴 수도 있다)이 걸릴 수도 있는 **잠복기간 (incubation period)**을 거쳐서 진행된다. 이러한 유기체의 공급원은 다른 인간(목감기, 독감, 성병), 동물(사슴 진드기로부터 걸리는 라임병), 또는 무생물적 환경으로부터 유래(살모넬라에 의한 식중독과 콜레라) 될 수도 있다.

병원체의 대부분은 우리의 몸 안에서 흔히 있기 때문에 멀리서 찾지 않아도 된다. 모든 척추동물과 대부분의 무척추동물은 크고 다양한 **정상 플로라(normal flora)**을 가진다 (표 20. 2). (미생물은 식물이 아니기 때문에 **정상 생물군(normal biota)**이라는 용어가 정확한 것임을 유념하라. 하지만 "**정상 플로라 (normal flora)**"가 광범위하게 사용된다.) 신체에서

표 20.2 인간의 정상 미생물군 :빈번한 형태의 분류

	그람 양성 세균		그람 음성 세균		
위치	구균	간균	구균	간균	그외
피부	포도상구균	코리네박테리아 (diphtheroids)		장 구균 (몇 지점에서)	
입	연쇄상구균 (알파-용혈성), 다른 구균	코리네박테리아(diphtheroids)	나이세리아	*Haemophilus*	스피로헤타
대장	연쇄상구균(장내구균)	유산균		박테로이드, 장 구균	
질	연쇄상구균	유산균		박테로이드	미코플라즈마

세균 군집은 입 안 또는 대장에서는 매우 조밀하게 존재하고, 피부에서는 보통으로, 심층 조직에서는 실질적으로 거의 없다. 이러한 유기체의 대부분이 **무해한 편리공생자(harmless commensal)**이거나, 또는 이들이 상리공생 관계에 참여함에도 불구하고, 상당수는 숙주를 공격하고 질병을 유발할 수도 있다. 우리는 그러한 질병을 **내생적 포착(endogenously acquired)**이라고 부른다.

감염이 성립되기 위해서는, 숙주의 방어기작에 대해 반드시 어느정도의 침해를 필요로 한다. 그 침해는, 피부를 뚫고 지나는 것처럼 하찮은 것일 수도 있고, 또는 AIDS 환자에서의 전체 면역체계 붕괴같은 비극적인 일일 수도 있다. 감염성 병원체는 종종 숙주의 방어체계가 흐트러지는 것을 보장하게 된다. 이는 각 병원체의 고유한 방법으로 수행된다.

표 20.3 침입의 형태

흡입 (인플루엔자 바이러스, 한타바이러스)
섭취, 보통 배설물의 경구 루트 (살모넬라, 콜레라 병원균, 대장균)
곤충에 물림 (말라리아와 라임병 병원균)
성적 접촉 (성적으로 전염되는 질병의 병원균, HIV)
상처 감염 (자연적 또는 외과적)
장기 이식 (각막, 수혈)

침입(Entry)

감염성 질병을 일으키기 위해, 병원체는 숙주 속으로 반드시 들어가야 한다(표 20.3). 침입에는 두 가지 뜻이 있다. 좀 더 잘 알려진 관점은, 감염성 병원체는 숙주의 조직으로 침투한다는 것이다. 반면에, 심각한 질병들은 침투 없이도 일어날 수 있다. 병원체는 위장 내, 호흡기, 또는 비뇨 생식관처럼 외부와 접촉하는 동물체의 공동(cavities) 중 한 곳으로 들어간다(그림 20.1). 예를 들어, 병원체는 입에서부터 항문까지 어떠한 상피 공간도 거치지 않고 통과할 수 있다. 따라서, 콜레라 같은 내장성 병원체는 몸 밖에서 존재한다. 그들은 단지 신체 표면 위 상피막에 접착한다. 심층 조직에 침입하지 않는 세균에 의해 일어나는 심각한 질병의 예는 표 20.4에서 보여준다.

그림 20.1 인간 신체의 미생물적 관점. 우리의 몸은 관의 연속으로 구성되어 있다. 소화계는 두 개의 구멍을 가지고, 호흡계와 비뇨계는 하나의 구멍만 가진다. 관이 열리고 닫힐 수 있게 하는 여러 괄약근은 묘사되지 않았다. 예를 들어, 소화계는 식도와 위, 위와 소장 등의 접합부분에 괄약근이 있다.

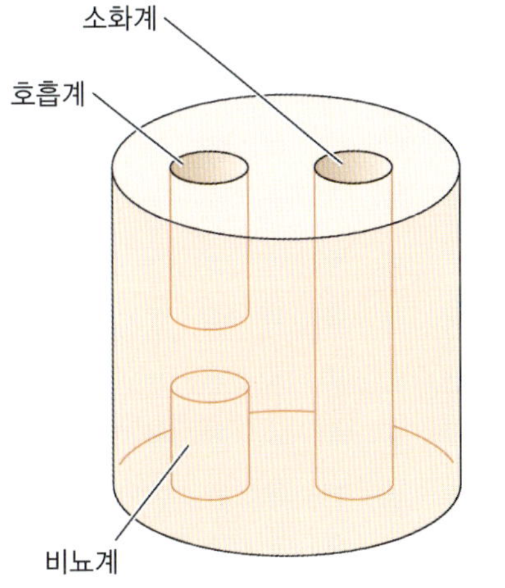

정립(becoming established)

신체에 정립되었다는 의미는 침입 병원체가 방어의 특정 부분을 무너뜨렸다는 것을 뜻한다(예, 피부 또는 점막). 이 후, 침입자와 숙주 사이에서는, 안무가의 작용과 반작용, 또는 음악가의 선율과 대위선율과 같은 복잡한 상호작용의 연속이 시작된다. 이 결과는 질병의 증상이 나타날지, 또는 병원체가 조직 내에서 존속할지를 결정한다.

감염성 병원체가 정립되고 질병을 일으킬지를 결정하는데 보통 세 가지 인자가 관여한다.

- 접종체의 크기 (침입 미생물의 숫자)
- 감염성 병원체의 침입 능력
- 숙주의 방어 상태

표 20.4 세균은 신체의 깊은 조직에 침입 없이도 심각한 질병을 유발할 수 있다. 몇 가지 예.

질병	부위	조직으로 침투
콜레라	소장	사실상 없음
세균성 설사 (몇)	소장	사실상 없음[a]
백일해	기도	사실상 없음
디프테리아	인후	표면 층만
세균성 이질	대장	표면 층만
방광염 (방광 감염)	방광	표면 층만
임질	요도	표면 층만[a]
클라미디아 감염	요도, 눈	표면 층만[a]

[a]질병의 합병증을 수반하지 않은 경우에만. 질병의 증상이 다른 상태의 몇 환자에서는, 유기생명체가 심층 조직에까지 침투한다.

이러한 인자들은 서로 밀접한 관계가 있다. 만약 병원체가 높은 침입 능력이 가지면, 덜 유해한 병원체보다 감염을 정립시키는데 더 적은 병원체가 필요할 것이다. 접종물의 크기는, 얼마나 많은 유기체가 흡입 혹은 섭취되느냐가 아니라, 표적 조직 또는 기관에 실제로 얼마나 많이 도달하는지를 말한다. 그 곳에 도달하는데 까지 많은 일들이 일어날 수 있다.

예를 들어, 입으로 삼켜져 내장에서 질병을 일으키는 세균은 위에서 산에 견디어 내야 한다. 환자의 위산 생성이 부족한 경우, 적은 수의 콜레라 간균(cholera bacilli)으로도 질병을 유발하는데 충분하다는 것이 밝혀졌다. 이러한 특수성에도 불구하고, 숙주의 방어가 낮으면 적은 숫자의 침략 유기체로 더 쉽게 질병을 일으킬 수 있고, 또한 반대도 마찬가지이다.

혹자는 병원체가 무엇인가라는 질문을 할 수 있다. 까다로운 용어이다. 미생물은 어떤 사람에겐 질병을 일으키지만, 다른 이에겐 아닐 수도 있다. 방어가 매우 낮은 환자(AIDS가 진행된 경우처럼)는 많은 **편리공생자(commensal)**를 포함한 거의 대부분의 미생물에 의해 감염될 수도 있다. 이와 같이, 병원체의 정의는 조건적이다. 말하자면, 정상 숙주에서 무해한 공생동물인 병원체는 병원균처럼 행동 할 수 있고, 면역 반응 등이 제대로 발휘되지 못하는 사람에겐 질병을 유발한다. 숙주의 **면역 적격성(immune competence)**은 최고로 중요하지만, 유일 인자는 아니다. 해부상의 고찰은 때때로 건강과 질병 사이에서 차이점을 만든다. 이와 같이, 결장에 사는 무해한 혐기성 세균이 만약 치료 되지 않으면, 내장 벽에 상처가 있을 때 치명적인 복막염이 유발된다.

어떤 유기체들은 광범위하고 다양한 숙주를 감염 시킬 수 있는 반면에, 어떤 유기체는 숙주에 특이적이다. 예를 들어, 임균(gonococcus)은 인간만 감염시키는 반면에, 낭포성 섬유증(cystic fibrosis)과 화상 환자에서 감염과 관련 있는 세균인 녹농균(*Pseudomonas aeruginosa*)은 식물, 곤충, 연충, 그리고 척추동물처럼 전혀 다른 그룹에서 다양한 질병을 유발하는 것에 대해 까다롭지 않다.

손상 유발

숙주에서의 병원체 정립은, 조직에 손상을 주지 않는 한 질병을 일으키지 않을 것이다. 손상은 다양한 방법으로 일어나며, 그것은 각 감염 질환이 자신의 고유 특징을 갖는데 대한 하나의 이유이다.

손상은 숙주 세포의 분해, 또는 때 아닌 **아폽토시스(apoptosis)**의 유발에 의한 **세포 용해(lysis)**의 결과일 수 있다. 숙주에게 있어서 그 효과는 어떤 조직이 연루되는지에 대해 매우 의존적이고, 비교적 덜 중요한 장기가 연루될 때 보다 중요한 부분이 영향을 받을 때 훨씬 위협적이다. 조직은 숙주 세포의 사멸 없이도 미생물 독소의 약리학적 활성에 의해서 영향을 받을 수 있다. 예를 들어, 콜레라 같은 세균성 설사병은 이온과 물을 교환하는 정상 세포 기능의 혼란으로부터 초래된다. 침범된 장 세포들은 그대로 남는다. 드물게, 손상을 혈관 또는 림프관이 막히는 것 같은 기계적인 활동으로부터 일어난다.

20.1 세균 독성물질에 관한 개관

감염성 병원체에 의해 유발되는 손상은 침입 장소에서 가까이 일어난다. 예를 들어, 피부가 베었을 때 그 부분에 고름을 동반한 염증이 생긴다. 대신에, 파상풍의 경우에서처럼 표적 조직은 침입 장소로부터 떨어져 있을 수도 있다. 이 질병에서는, 그 불쾌한 세균이 발의 상처에서 발견될 수도 있지만, 실질적 손상은 먼 신경근육 접합점에 작용하는 독소에 의해 유발된다. 이러한 두 예는, 감염성 질환의 크고 다른 테마를 보여준다. 파상풍에서의 손상은 병원체에 의해 직접적으로 유발된다. 하지만, 감염된 상처의 경우에서는, 대부분의 손상이 숙주 자체가 일으키는 왕성한 반응에 의해 생기는 것이다. 대부분의 감염성 질환들은 이러한 두 가지 형태의 손상을 수반한다 (표 20. 5와 20. 6).

표 20. 5 감염동안 발생한 손상

치명적인 (세포 사멸)
독소에 의한 용해
면역 림프구에 의한 용해 (살해자 세포)
자기세포사 (아폽토시스)
약리학적 변화
파상풍, 보툴리누스 중독, 콜레라
물리적
생명 유지 항로의 장애
숙주 반응에 기인한
염증
면역 병리

숙주의 방어

우리 신체 방어 능력에 대해 가장 인상 깊은 증거는, 우리가 "벌레투성이" 의 세상에 살지만 드물게 감염이 된다는 것이다. 우리의 방어 수단은 복잡하게 뒤얽혀 있어서 그것을 이해하는 것이 필요하다. 면역 반응의 이해는 감염성 질병의 이해를 위해서 중요하다. 방어 기작의 중요성은, 이러한 방어가 없을 때 어떤 일이 일어나는지에 의해서 가장 잘 증명된다. 유전적 결손, 또는 방어 기작의 유도 부재는 감염을 심화시키고, 감염 확률을 항상 증가시킨다. 그 결과는 생명에 위협적 일수도 있다.

방어체계를 편리하게 두 종류로 나눌 수 있다. 항상 사용 가능한 **선천(innate)** 방어와, 특정 침략 병원체와 접촉한 후에 활동이 개시되는 **적응(adaptive)** 방어이다 (표 20. 7). 드문 예외를 제외하고는 부모로부터 선천 방어를 상속받고, 이러한 관점에서 우리 모두는 다른 이들과 서로 똑같다. 반면에, 적응 방어는 유전적으로 상속되지 않고 각 개인의 경험을 반영

표 20. 6 숙주 반응에 의해 유발된 증상의 예

질병	면역 반응	증상
고름 유발 (예, 임질, 패혈성 인두염, 좌창)	급성 염증	고름, 염증
뇌 농양	급성 염증과 갇힌 공간 (두개골)안의 외래	치명적 부위의 압박에 기인한 신경학상 증상
결핵	만성 염증	진행되는 조직 파괴로 인한 출혈을 동반한 기침
호흡계 syncytial 바이러스 감염	세기관지 속 과민증 유사 반응	헐떡이며, 숨쉬기 어려움 (천식과 유사)
말라리아	열을 유발하는 사이토카인의 동시 방출	식은땀을 동반한 오한의 간헐적 발생

표 20. 7 미생물에 대한 신체의 방어

구성성분인, 또는 선천성
물리적
피부, 점막
화학적 (예)
피부위 지방산 (피부 세균에 기인함)
위의 염산
조직과 백혈구 세포에 항미생물성 펩티드
세포, 조직, 체액에 있는 리소자임
장 속의 담즙산염
순환과 조직속 보체 (주 인자)
세포적
백혈구세포 (호중구, 대식세포 등)
적응, 또는 유도된
체액성 면역 (항체)
세포 매개 면역

한다. 그러므로 우리 모두는 각자 서로 다른 적응방어의 방식을 가진다.

앞으로 논의되겠지만, 이러한 두 체계는 매우 연관성이 있고 단지 편익을 위해 따로 존재한다.

선천 방어

외부 장벽

세균 또는 바이러스는 손상되지 않은 피부에 드물게 침투할 수 있다. 우리의 피부는 정말 얇지만, 중세 도시를 둘러싼 크고 단단한 벽처럼 작용하며, 오직 상당한 강압에 의해서만 파괴된다. 추가로, 피부 표면은 고농도의 소금, 특정 펩티드, 그리고 지방산 같은 항 미생물성 물질을 함유한다. 호흡계, 소화계, 비뇨생식계의 점막은 항체와 리소자임(lysozyme, 세균의 세포벽 murein을 수화하는 효소)같은 항 미생물성 물질로 젖어 있다. 소화관과 신장관의 관모양의 장기에서 격렬한 연동운동과 함께 유동체의 흐름이 휩쓸려가고, 따라서 세균은 조직 벽에 단단하게 부착되지 않는다.

미생물에게 특히 효과적인 장벽은, 강산이 대부분의 섭취된 유기체를 살해하는 위장이다. 충분한 염산을 만들 수 없는 사람은 심각한 장 감염의 위험에 처한다. 하지만, 위는 완벽한 살균 소실은 아니다. 시겔라(shigellas,이질의 병원체)와 콜레라 간균(cholera bacilli)같은 몇 산 저항 병원체는, 위를 통한 여행에서 살아남는다. 세균의 한 종인 헬리코박터 파일로리(*Helicobacter pylori*)는 위에서도 살 수 있다. 이 유기체는, 위와 십이지장에 염증과 궤양을 일으키고, 위암에 연루된다. *H. pylori*는, 주위에서 산을 중화시키도록 많은 양의 암모니아를 생산함으로써 이러한 산성 환경에서 살아간다.

조직 내부

침입 병원균에 대한 숙주의 가장 강력한 반응은 **염증반응(inflamatory response)**이다. 이는 대부분의 감염에서 흔히 보이는 **염증(inflamation)**에 의해 나타난다. 염증의 특징은 국소적 홍반, 종기, 통증, 고름이다. 홍반은 그 장소의 혈류 증가로 인해 생기고, 종기는 조직 내 체액의 분출, 그리고 통증은 화학적 매개물질의 방출과 신경의 압박으로 인해 생긴다. 염증 반응에서 가장 강력한 항미생물 요소는 **식세포(phagocyte)**이며, 외부 입자를 흡입하고 미생물의 경우에는 그 외부 입자를 살해하는 백혈구가 대표적이다. 식세포는 감염부위로 모이게 되고, 외부 입자를 흡입하기 전에 이들 식세포들은 활성화 된다. 식세포의 활성을 자극하기 위한 방법으로는 **보체(complement)**라고 불리는 용해 시스템(세포 경계가 아닌)에 의한 화학적 신호가 작용한다.

염증 반응의 주 특징은, 대부분의 경우에 스위치가 꺼져있지만, 미생물의 공격에 의해 스위치가 켜진다는 것이다. 이렇게 작용하지 않는 경우에는, 신체는 지속적인 감염과 심각한 질병의 진행으로 사망하게 되는 상태가 될 것이다. 그렇다면 무엇이 이를 총괄하는 주 스위치 일까? 신체가 미생물 침입의 존재를 어떻게 인식할 수 있을까? 답은, 침입 미생물이 그들의 어떤 독특한 화학적 구성성분에 의해 인식이 가능 해진다는 것이다. 이런 세균의 인식표로, 세포벽 무레인(murein), 그람 음성 세균의 지질다당체 (내독소), 플라젤린(flagellin, 세균 편모의 주요 단백질), 또는 필린(pilin, 선모 단백질)을 추측 해 볼 수 있다. 분명한 점은, 우리의 신체는 배타적인 미생물의 존재를 인식하듯이, 이러한 분자적 기호도 인식한다는 것이다. 따라서 다른 유기체들은 그들이 전형적인 미생물적 구성요소를 가지고 있는 한 인식될 수 있다. 이러한 **미생물-연관 분자 패턴(MAMPs)**은 세균과, 진균류와 동물 기생충의 표면 구성성분과, 화학적으로 구분된 바이러스성, 또는 세균성 핵산을 포함한 다른 감염성 인자에서 모두 발견된다 (병원체 연관 분자 패턴이라는 잘못된 용어인 PAMP가 종종 사용된다. 하지만, 이러한 패턴은 병원체와 비병원체 유사에 의해 공유된다). 선천 면역 체계는 거대한 양의 병원체를 포함한 약 1000개의 다른 MAMPs를 인식할 수 있다고 여겨진다. 이론적으로, 모든 MAMPs가 결핍된 병원체는 우리 신체의 레이더망에서 벗어 날 수 있다. 그렇지만 사실은, 우리의 감시 기작은 실질적으로 모든 침략자를 감지하기에 충분히 광범위하다.

MAMP가 감지되면, 침입자가 존재한다는 알람이 울리면서 방어 반응은 작동을 준비한다. 선천 면역 반응의 발전을 이끄는 두 가지 경로 중 하나는 수용성 물질을 포함하는 경로이고, 다른 경로는 세포의 참여를 포함한다. 우리는 수용성 물질을 포함한 주요 반응인 보체계(complement system)를 먼저 다루기로 한다.

20.2 *보체 체계에 관한 개관*

보체계(The complement system). 보체(complement)는 30개의 다른 단백질로 구성된 다기능적 방이 체계이다. 이는 염증 반응을 유도하는데 중심 역할을 하고, 건강과 좋은 상태를 유지하는데 필수적이다. 보체라는 이름은, 그것이 또한 다른 방식으로 작용 한다는 것이 이후에 확정되었음에도 불구하고, 항체의 기능을 "보완" 한다는 초기 개념으로부터 파생되었다.

보체는 보통 휴면상태이고, 방어 기작이 작동되기 위해선 활성화 되어야 한다. 보체의 역할에 대한 중요한 힌트는, 그 구성성분의 유전적 결핍을 입은 채 태어난 사람을 관찰함으로써 알 수 있다. 보체 구성성분중 하나가 드물게 돌연변이된 어떤 사람들은 건강하게 살 수 있지만, 다른 이들은 비감염성 질환으로 잘 알려진 자기면역질환인 홍반성 낭창(lupus erythematosus)같은 세균성 감염에 대한 위험이 매우 높다.

보체를 활성 시키는 데에는 다양한 방법이 있다. 전형적인 한 방법은, 세균성 표면 다당류처럼 특정 보체 단백질이 MAMPs에 붙음에 의해 일어난다. 이것은 혈액 응고에서의 단백질 가수분해의 단계적인 반응을 연상케 하는 **순차적 단백질 가수분해(proteolytic cascade)**의 연속 작용을 촉발한다. 보통, 이러한 단백질들이 자유롭게 순환할 때, 그들은 단백질 가수분해에 영향을 민감하게 받지는 않지만, 입자에 결합하게 되면 이에 영향을 받게 된다. 그 결과, 분리된 펩티드는 다른 단백질의 분열을 자극시키고, 이런 식의 단백질 분해가 연속적으로 일어난다. 이러한 단백질 가수분해 현상으로 생긴 일부 생성물은, 염증을 격렬히 진행시키는 **약리학적으로 활성된 펩티드(pharmacologically activated peptides)**이다 (표 20. 8). 이것은 보체 활성화의 가장 흔한 형태이지만, **대체 경로(alternative pathway)**라는 잘못된 이름을 가지고 있다 (처음으로 발견된 것이 아니기에). 다른 활성화 경로는 시간적 조절에서 차이가 있다(그림 20. 2). **전형적 경로(classical pathway)**로 알려진 이들 중 하나는, 항체 존재에 의존적이다. 항원 자극 후 충분한 수준의 항체를 만드는데 일주일 이상이 소요되기 때문에, 이 경로는 감염의 초기에는 일어나지 않는다.

보체 시스템의 정상적인 휴지기는, 보체 활성화의 정도를 감시하는 일부 조절 분자의 조절 하에 있고, 자극이 사라지면 이러한 조직의 스위치는 꺼진다. 숙주는 그들 세포의 표면

표 20. 8 보체의 역할

식세포를 침입 장소로 소집하는데 도움을 줌
침입 미생물이 식균작용에 영향을 받기 쉽게 만듦 (옵소닌화)
몇 미생물은 직접적으로 용해함
면역 반응을 증진시킴

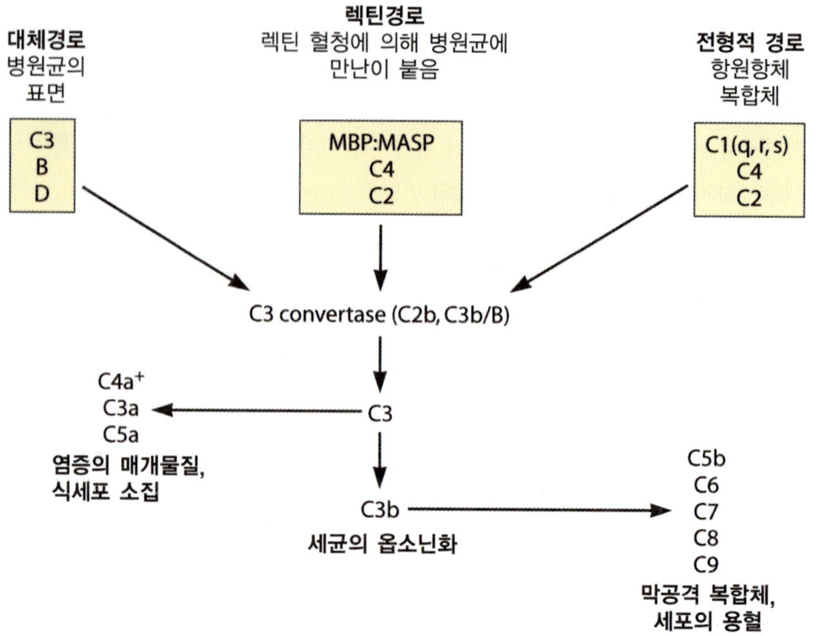

그림 20. 2 보체의 활성화 경로와 그 구성성분. 보체체계는 모두 같은 생성물로 통하는 세 가지의 다른 방법으로 활성화 될 수 있다. 각 경우에서, 결과는 염증의 조정, 식세포 보충, 옵소닌화, 그리고 외부 세포의 분해와 같은 보체의 주요 활성에 포함된 단백질의 형성이다. 반응을 도출하는 자극에서 차이점이 있다. **대체경로(alternative pathway)**는 침략 유기체의 표면 구성성분의 인식에 의해 유도된다. **렉틴경로(lectin pathway)**는 렉틴 혈청에 의해 세균 표면에 만난(mannan) 잔재의 인식에 의존한다. **전형적 경로(classical pathway)**는 항원-항체 복합의 존재로부터 기인된다. 다른 둘과는 다르게, 전형적 경로는 숙주가 백신으로부터 항체를 만들었거나 유기체가 상응하는 항체와 이전에 교전한 적이 없는 이상 10-14일정도의 과정이 소요되는 특정 항체의 형성을 기다려야 한다는 사실에 주목하라. 항상은 아니지만 보체 단백질의 이름은 종종 보체의 C로 시작한다. MBP, 만난-결합 단백질; MASP, MBP 연관 혈청 프로테아제.

에 아미노당 시알산(amino sugar sialic acid)을 더함으로써 보체의 활성화 촉발을 또한 피할 수 있다. 시알산의 존재는 단백질 가수분해의 단계적 반응을 촉발하는 보체 단백질의 부착을 방해한다.

보체는 염증 반응의 수행에 중요한 역할을 하고, 이를 통해 백혈구 세포에 의한 식균 작용을 한다. 보체 작용은 백혈구 세포를 미생물이 있는 장소로 소집 하거나, 백혈구의 식균 능력을 강화하는 두 가지 수단으로서 수행된다.

백혈구 세포의 대부분은 자유롭게 순환하고 있으며, 일부는 작은 혈관의 벽에 붙어서 존재한다. **소집(recruitment)**은 이러한 혈관 부착 백혈구가 혈관벽을 통해 이동하여 침입자가 있는 장소에 백혈구들을 밀집시키는 것이다(그림 20.3). 무엇이 알람을 울리는 것일까? 보체 활성은 **보체 케모탁신(complement chemotaxin)**이라 불리는 펩티드를 형성하는 결과를 낳는다. 백혈구 세포들이 이러한 물질의 농도 변화를 감지하면서 증가된다. 따라서, 보체가 침략 미생물에 의해 활성 되면, 백혈구 세포는 그들을 향해 무리지어 오게 된다. 식세포가 감염 부위로 이동하는 또 하나의 방법이 있다. **세균성 케모탁신(bacterial chemotaxin)**의 감지에 의해서이다. 세균에서 일어나는 독특한 현상은, 아미노 말단에서 그들 단백질이 몇 개의 여분 아미노산과 합성되는 것이다(제8장 참조). 이것들은 그 후, 단백질의 "성숙" 을

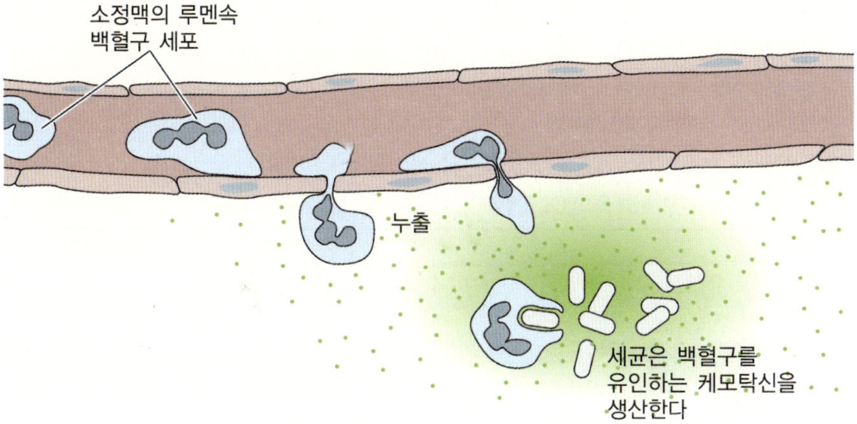

그림 20. 3 미생물이 존재하는 장소로의 백혈구 세포의 보충. 세균은 순환으로부터 백혈구 세포를 유인하여 미생물이 존재하는 조직 내 장소로 공급하는 케모탁신(chemotaxin)이라 불리는 확산성 물질을 생산한다. 백혈구 세포의 흐름은 누출(diapedesis)이라 불리는 혈관벽을 통한다.

위하여 제거된다. 이 분열에 의해 생성되는 펩티드는 보통 3~4 아미노산 길이이며, 백혈구를 소집하기위한 유인물질(chemotaxins)로서 작용한다. 세균성 케모탁신은 매우 강력하게 작용한다. 그들 중 하나(N-formylmethoinyl-leucyl-phenyllalanine)는 10^{-11} M의 낮은 농도에서도 작동한다. 따라서 세균은 그들의 존재를 크게 홍보하게 되고, 우리 신체는 이러한 부름을 인지하게 된다.

특별한 도움이 없다면, 식세포들은 느리고 비효율적으로 세균을 섭취한다. **옵소닌(opsonin)**이라 불리는 보체 펩티드는 도움을 제공하여, 식균성 세포들이 왕성한 식욕자와 무서운 살해자로 변하게끔 한다 (아래 참조). 보체는 단일종의 옵소닌만 생산하지는 않는다. 항체 또한 이런 방식으로 작용한다 (그림 20. 4).

보체는 또한 식세포에 작용하는 것과 관계없이 방어 기작으로써 작동한다. 다른 보체 파생 펩티드는 세균, 동물세포, 유막 바이러스조차 용해할 수 있다. 이러한 펩티드는 외부 막으로 삽입되는 **막공격 복합체(membrane attack complex)**인 도넛 모양의 구조와 유사해진다 (그림 20. 5). 이것은 세균 또는 유막 바이러스가 용해를 이끄는 이온과 물로 삼투할 수 있는 구멍을 만든다. 이렇게, 철창 구멍을 뚫어 버리는 무기를 통해, 식세포에 의해서 살해되지 않는 세균과 바이러스를 파괴한다.

그림 20. 4 옵소닌화는 식균 작용을 강화한다. 미생물과 다른 입자들은 그들이 옵소닌이라 불리는 단백질로 덮이지 않는 한 백혈구 세포에 의해 즉시 식균되지 않는다. 단백질의 몇 종류는 옵소닌처럼 작용할 수 있다. 보체 단백질 C3b로 덮인 미생물은 지퍼를 닮은 기작에 의해 식균성 세포의 표면에 있는 C3b 수용체에 붙는다. 미생물이 항체로 덮일 때, 유사 과정이 일어난다.

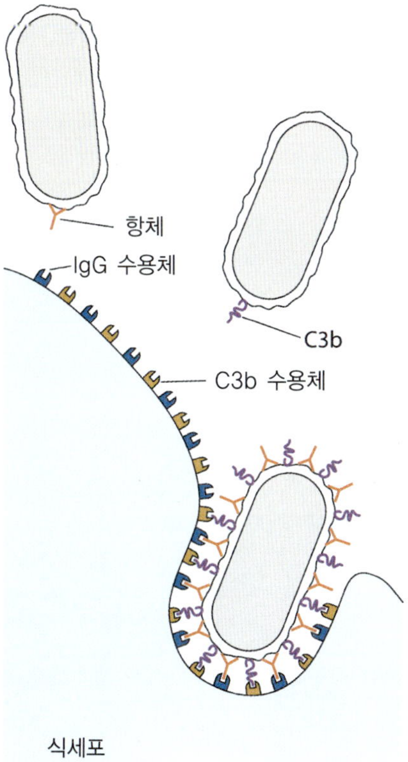

식세포. 식균 작용은 세포에 의해 외부 입자가 삼켜지는 것이다. 이것은 세균에 대항하는 선천 방어의 가장 효율적인 부분이다. *일생동안 인간을 침략하는 세균의 대부분은 식균 작용에 의해 살해되거나 제거된다.* 입자를 흡입하는 식세포로서 작동하는 세포의 능력은 신체의 많은 세포에 의해 공유되지만, 오직 몇만이 이러한 작용을 마음껏 누리게 된다. 전문적인 식세포라 불리는 세포의 우두머리 격은 백혈구지만 이런 인증받은 식세포도 식균 작용을 위해 MAMPs와 같은 침입자에 대한 신호를 기다려야 한다.

식균성 백혈구는 다른 기능을 하는 여러 부류로 나눠진다. 수적으로 가장 많은 것은 최종 분화된(terminally differentiated) 호중구(neutrophil, 또는 다형핵 백혈구 polymorphonuclear leukocyte)이다 (표 20. 9). 이들은 증식할 수 없고, 며칠 또는 몇 주밖에 살 수 없다. 이들의 역할은 세균 같은 외부 입자를 색출하여, 섭취하고 살해하는 것이다.

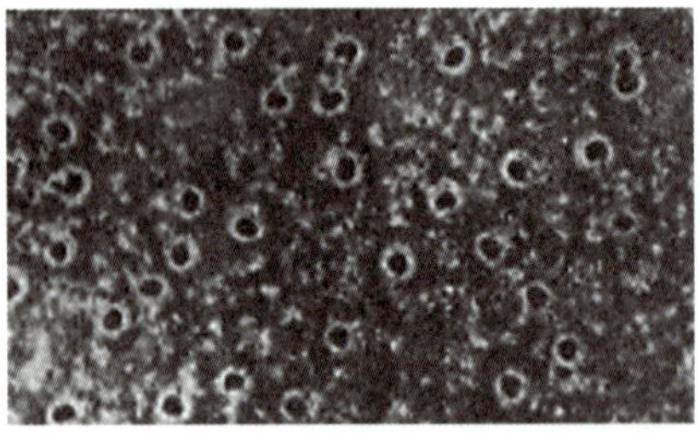

그림 20. 5. 전자 현미경으로 관찰한 막 공격 복합체. 이러한 도넛 모양의 MACs는 적혈구 세포의 막으로 삽입된다.

표 20. 9 호중구 또는 다형핵 백혈구의 특징

수명이 짧은 세포 (몇 주만 생존)
독성 생산물을 만드는 많은 세균과 산화적 효소를 파괴할 수 있는 가수분해 효소를 포함한 큰 리소좀성 과립이 함께 채워짐, 특히 차아염소산염 (표백제)
몇몇의 케모탁신, 보체 파생물, 그리고 세균 대사의 다른 생산물에 의해 미생물 부위로 소집됨.
미생물 살해에 효과적이기 위해 옵소닌이 필요함

이 작용을 성공할 수 있게 하는 것은, 이들이 주화성(chemotactic) 변화에 반응하며 작은 아메바처럼 매우 빠르게 움직이는 능력에 기인한다. 이들은 빨리, 그리고 많이 세균성 표적에 도달할 수 있고, 이것은 염증을 이끌게 된다. 하지만, 이런 작용이 만약 제어되지 않는다면, 염증은 조직에 손상과 질병의 증상을 유발할 수 있다는 것에 주목하라. 즉, 위의 작용은 양날의 검과 같은 것이다(표 20. 6).

식균 작용은 호중구 막이 세균을 감싸며 일어나는 섭취(ingestion)로 시작한다. 이 과정은 세균 표면 위와 호중구 분자 사이의 상호작용에 좌우된다. **옵소닌(opsonin**, 보체 파생

그림 20. 6 식균작용의 단계. 미생물은 식균세포에 접착한다. 식균세포는 미생물을 둘러싸는 위족을 가진 원생생물을 형성하고(1), 식포(phagosome)라 불리는 액포의 형성으로 이끈다(2). 항 미생물 성분으로 채워진 리소좀은 식포와 함께 용해되고, 이제는 phagolysosomal vesicle이라 불리는 액포에 그들 내용물을 방출한다. phagolysosomal vesicle안의 미생물은 가수분해 효소에 의해 살해되고 소화된다(3). 많은 미생물이 식균 작용에 저항하는 기작을 가지고 있기 때문에, 이것은 필연적인 결과가 아님에 주의하라.

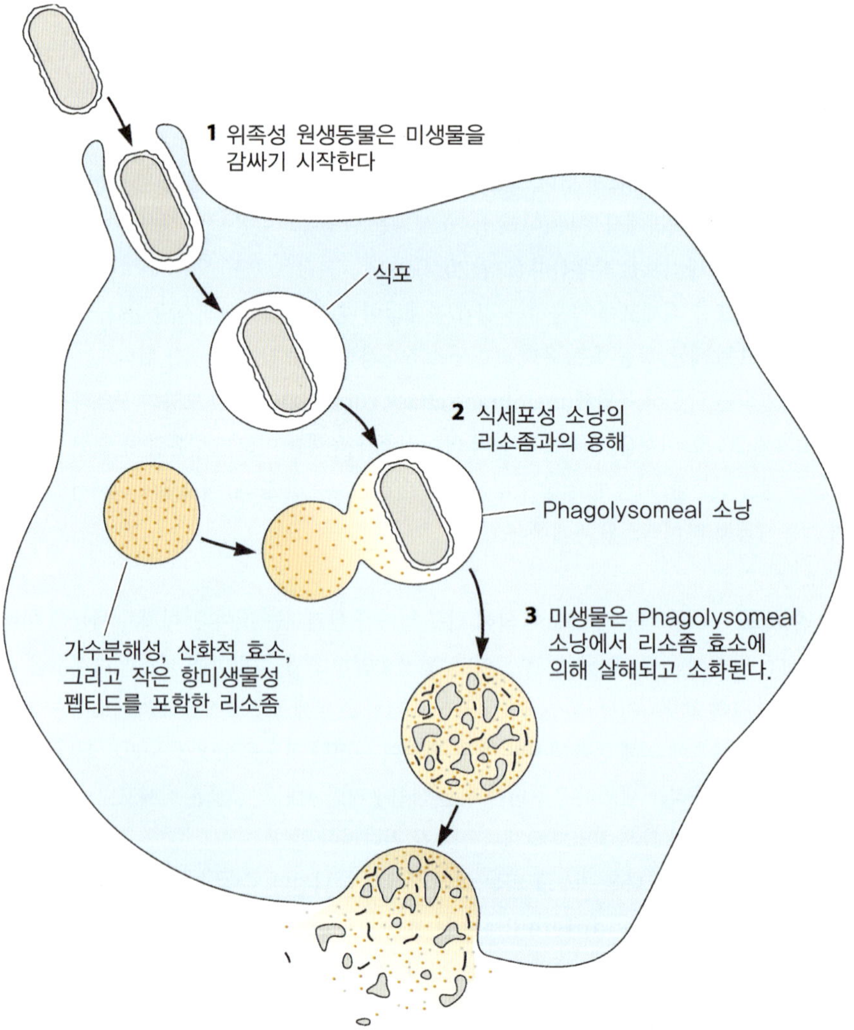

또는 항체)은 세균의 표면을 뒤덮는다. 식세포막의 **옵소닌 수용체(opsonin receptor)**는 세균이 완전히 삼켜질 때까지 지퍼와 유사한 방식으로 작용한다(그림 20.6). 호중구의 이동과 섭취는 액틴(actin)과 미오신필라멘트(myosin filament)의 작용을 통한 세포골격의 재정비를 필요로 한다 (호중구가 아메바를 상기시키지 않는가?).

섭취된 입자는 소낭내로 꼭 끼어들어가 호중구 세포질 내에 있는 식포(phagosome)로 방출된다. 만약 더 이상 아무 일도 일어나지 않는다면, 섭취된 미생물은 살해되지 않을 것이고, 식포는 더욱 커질 것이다. 이런 일은 보통 일어나지 않는다. 호중구는 실제 폭탄의 역할을 하는 큰 주머니 모양의 **세포질 과립(cytoplasmic granule**, 사실 거대한 리소좀)을 지닌다. 이러한 과립은 **디펜신(defensin)**이라 불리는 항 미생물 펩티드와 **가수분해 효소 (hydrolase)**, 그리고 방출되면 세균과 세포 자신에게 까지 손상을 주는 다른 효소들을 포함한다. 보통, 과립은 phagolysosomal vessicle을 소집하며 식포로 용해된다. 이것이 일어날 때, 과립의 효소는 섭취된 세균과 직접 접촉을 한다. 이러한 효소는 두 분류로 나뉜다. (i) 가수분해효소와 미생물의 세포적 보전에 직접 영향을 줄 수 있는 다른 항 미생물적 단백질, 그리고 (ii) 빨래 표백제에서 발견되는 강력한 화학물질인 차아염소산염을 만들도록 작용하는 산화 효소이다. 과립의 식포로의 용해는 침략자의 섭취가 완전히 되기 전에 일어날 수 있다. 이와 같이, 그들은 완전히 흡수되기도 전해 살해당할 수도 있다. 이것은 유독성 뱀이 먹잇감을 삼키기 전에 무력화 시키는 전술과 공통점이 있다.

20.3 *식균작용에 대한 동영상*

침입 장소로 호중구가 도착한다는 것이, 미생물이 반드시 살해당할 것이라는 뜻을 내포하는 것은 아니다. 오히려, 미생물과 식균세포 사이에는 결코 앞으로의 진밍 없는 시사직 투쟁 상태를 수립한 것이다. 각 전투원은 다른 이를 제압하기 위해 많은 무기를 가진다. 호중구가 압도할 때조차 숙주에게는 대가가 따른다. 침략 미생물이 존재하는 장소로의 백혈구 세포의 소집은 잘 조절이 되지 않고, 또는 과도해 질 수 있다. 이것은 종종 살거나 죽은 백혈구 세포, 파편, 조직액의 축적인 고름을 유발한다. 전에도 말했듯이, 고름은 염증의 독특한 특징이고, 다른 특징에는 홍반, 종기, 열, 그리고 국소 통증 등이 있다.

백혈구 세포의 다른 주요 분류는 **단핵구(monocyte)**이다. 호중구와는 달리, 이러한 세포는 생명이 길고, 그 후 분화가 가능하다. 단핵구는 조직에 정착할 수 있는 능력을 가지고, 그 경우, 이들은 **대식세포(macrophage)**로 잘 알려져 있다(표 20.10). 단핵구는 호중구 뒤에 감염 부위에 도착한다. 사실은 호중구에 의해 분비된 물질에 의해서 이 부위로 불려오는 것이다. 단핵구와 대식세포는 다양한 기능을 제공한다. 하나는 호중구와 미생물 사이의 전쟁의 현장에 남겨진 잔해를 청소하는 것이지만, 쓰레기 수집자 역할 외에도 면역 체계의 다른 작동자들과 의사소통을 하기도 한다. 이는 보체를 활성화 시키고, 염증을 일으키며 또한 아

표 20.10 대식세포와 단핵세포의 특징

수명이 긴 세포
호중구보다 느리게 미생물 부위에 도착
"쓰레기 수집자" 처럼 행동; 미생물 잔해와 잔존하는 미생물을 청소
미생물 침입에 대한 반응에서 생성되는 사이토카인에 의해 활성화 됨
호중구를 유인하고 활성화하는 사이토카인을 생성, 따라서 급성 염증에 기여
특정한 선천 면역 반응의 개시를 도움. 예) 세포 매개 면역

직 개시되지 않은 적응 면역(adaptive immunity)을 유발하기도 하는 **사이토카인(cytokines)**이라 불리는 큰 부류의 단백질군을 생성함으로써 수행된다. 이렇게, 이 종류의 백혈구는 면역 반응의 전반적인 관점에서 복잡하고 중심적인 역할을 한다.

침입한 미생물의 기호인 MAMPs을 여기서 다시 논하기로 하자. 대식세포와 면역 체계의 다른 세포들은 MAMPs의 특정 부류에 명확히 붙는 단백질 수용체를 가진다. 이러한 수용체는 **TLRs(Toll-like recepters)**라 불린다. 왜냐하면, 그들은 초파리(*Drosophila*, 이러한 단백질이 부족한 과일 파리로 행동이 별나다. 따라서, 독일인 발견자가 독일어로 다른 어떤것 중에서 별나다라는 뜻인 toll로 불렀다)의 Toll 수용체라 불리는 것과 유사하기 때문이다. TLRs는 과일파리에서부터 인간, 그리고 식물을 포함한 많은 유기체에서 발견되고, 숙주와 기생충의 초기 공진화의 산물일 수도 있다. 어떤 이는, 그러한 수용체가 보통 숙주의 생리학상 다른 역할을 수행하고, 그들이 침입 유기체 인식의 목적으로 우연히 충당되어 왔다고 이의를 제기할 수 있을 것이다. 이것은 전부가 아닌 몇 수용체의 경우이다. 일부가 독특한 미생물 인식 기능을 가지고 있다는 견해는, 질병에 싸우는 그들의 능력보다는, 이러한 수용체가 결핍된 쥐가 모든 점에서 정상이라는 것을 발견함으로써 강화될 수 있다.

TLRs는 MAMPs의 부분에 특이적이다. 이와 같이, 어떤 것은 그람양성세균의 murein을 인지하고, 다른 어떤 것은 그람음성세균의 지질다당체를 인식하고, 다른 것은 독감 바이러스나 유행성 이하선염 바이러스 같은 바이러스의 단일가닥 RNA 등등을 인식한다. 몇 TLRs는 많은 세포의 세포질막에 위치하고, 나머지는 식균세포 액포의 세포질막에 위치한다. 이와 같이, 그들은 MAMPs 인식에서 두 탄환을 가진다. 첫째로, 미생물이 숙주 세포막으로 튀어 오를 때와, 둘째로, 그들이 식균되고 그들 구성성분이 용해 후 방출 된 이후이다. 미생물 구성성분이 TLRs에 접착하는 것은 사이토카인 유전자를 자극하는 **핵 인자 κB(NF-κB, nuclear factor κB)**라 불리는, 핵심 숙주 세포 전사인자의 활성화를 이끄는 신호 반응을 촉발한다.

TLRs와 MAMP의 상호작용의 결과의 예는 대식세포의 활성이다. 대식세포는 면역 반응 체계의 다른 구성원처럼 보통 정지해있다. 미생물을 죽이는 그들의 막대한 능력에 도달하기 위해선 반드시 활성화 되어야 한다 ("성나게" 된다). 성난 대식세포는 효율적인 식균세포이며, 또한 더 나은 사이토카인 생산자이다. 그 결과로서, 대식세포가 조직내 미생물의 존재를 인지할 때, 그들은 면역반응의 모든 면에 영향을 주는 알람을 울린다.

대식세포 활성화 자극 중 중요한 것은, 그람음성세균의 외부막의 지질다당체 (내독소)인 MAMPs의 패러다임이다 (표 20. 11). 지질다당체가 높은 수준으로 존재할 때, "내독소"라는 단어는 매우 정당화된다. 왜냐하면, 그 환자는 혈관이 넓어짐에 의해 심각한 쇼크를 겪고, 혈압이 떨어질 수도 있기 때문이다. 이 치사상태는 때때로 그람음성세균(세균성 패혈증)에 의해 일어나는 혈액 감염의 환자에서 보인다. "내독소"라는 용어는 외독소로 알려진 용해성 독소와는 다르게, 생산된 세균의 몸체와 관계가 있다는 것을 나타낸다.

미생물은 선천 방어체계를 어떻게 회피하는가?

보체와 식세포가 함께 작용하는 것은 침입자 미생물에 대항하여 꿰뚫을 수 없는 장벽을 설립하는 것으로 보인다. 이는 과학 기술의 선진국을 배제하고 생각한다면, 감염성 질환이 왜 일상적이지 아닌지에 대한 설명을 도와준다. 여전히 일부 감염성 병원체는 이런 무시

표 20.11 세균성 내독소의 특징

리포 다당류로 구성
그람양성세균의 외부막의 외부 조각 잎에서만 발견 (따라서 그람음성세균에서는 발견되지 않음)
사이토카인을 생산하는 대식세포에 작용, 열을 유발
혈관을 팽창시키는 화합물을 생산하는 호중구에 작용, 부종과 쇼크 유발
활성을 유도하는 보체계에 작용, 염증 유발

무시한 장벽을 넘어 질병을 유발한다. 왜냐하면, 미생물은 숙주 방어를 전복시키는 진화된 방법을 가지기 때문이다. 개개의 병원체는 반대적 방이 작용의 빌딜에 차이가 있다. 숙주의 방어체계를 전복시키려는 공격은 손상되지 않는 선천 방어의 구석구석을 공략한다. 이러한 미생물의 반대적 방어에 대한 다양성은 면역 체계가 왜 그렇게 복잡한지에 대한 가능성이 있는 이유를 제시한다. 여기서, 진화는 새로이 전술적인 반대적 방어 기전을 고안하는 병원체와, 그것을 극복하기 위해 새로운 방법으로 응수하는 숙주 사이의 경쟁을 유도한다.

미생물은 보체로부터 자신을 어떻게 방어할까? 미생물이 자신을 방어할 수 있는 가장 효과적인 방법은 다양한 방법으로 보체의 활성을 억제하는 것이다. 예를 들어, 수막염균(meningococci; 수막구균, *Neisseria meningitidis*)은 두꺼운 피막(capsule)으로 스스로를 감싸 그들의 표면에 보체 활성 구성성분을 가면으로 가린다. 임균(gonococci; *Neisseria gonococci*)은 대응하는 숙주세포에 의해 보체가 활성화 되는 것을 억제하는 아미노당인 시알산으로 자신의 표면을 덮는다. 살모넬라균은 그들의 표면에 닿으면 구멍을 만드는 단백질의 덧칠로 보체의 용해 효과로부터 자신을 보호한다. 우두 바이러스(vaccinia, 천연두 대항 백신을 만드는데 사용되는 바이러스)는 보체 활성을 제어하는 모방 단백질을 만듦으로써 보체의 활성을 억제한다. 이 단백질이 결핍된 우두 바이러스의 돌연변이는 실험 동물을 통해 덜 유해한 것으로 밝혀졌다.

미생물은 식균세포로부터 자신을 어떻게 방어할까? 다시 언급하지만, 미생물은 식균작용에 대한 방어를 위한 다양한 전술 목록을 가지고 있다(표 20. 13). 어떤 미생물은 보체 활성을 억제함으로써 식균세포가 소집되는 것을 약화시키고, 그 결과로 케모탁신의 형성을 방해한다. 다른 경우에는, 세포골격을 붕괴하는 독소를 만들어 호중구를 마비시킨다. 또한 그밖에, 점액성 외피는 그들이 식균세포에 의해 삼켜지는 것으로부터 지켜준다. 외피 형성 전술은 일반적이며 혈류를 통한 세균 전염에 의해 사용된다(*Hemophilus influenzae*와 수막염균처럼).

다른 미생물은 섭취된 후에 식균세포에 의한 손상을 피한다. 예를 들어, 결핵균(*Mycobacterium tuberculosis*)은 파고솜과 리소좀의 융합을 억제하여 용해되는 것을 회피한다. 다른 세균은 좀 더 잔인한 방법을 사용한다. 이들은 파고리소좀(phagolysosome)의 막을 용해하고, 이 결과로써 들어있던 세균 내용물을 식균세포를 살해하는 숙주 세포의 세포질로 방출한다. 이것은 용해 효소의 작용에 비교적 저항성이 있는 미생물에게 최고로 잘 작용한다. 특히 독창적인 기술은, 시겔라와 식품 파생 병원체인 리스테리아균(*Listeria*)에 의해 사용되는 세포질로 탈출하는 방법이다(그림 20. 7). 이 장소는 유기체에게 안전한 피난처이다. 왜냐하면 세포의 자살 이외에는 세포가 자신의 세포질로 리소좀의 내용물을 쏟아낼 방법이 없기 때문이다.

세포내 생활

숙주의 세포 안에서 사는 것은 식균작용 으로부터 피난처를 제공받을 뿐 아니라, 순환, 손상 물질(예, 항체와 숙주 세포를 통과할 수 없는 항미생물 약품)등으로부터 병원유기체를 보호할 수 있게 한다. 병원체에게 이러한 기회가 무슨 도움이 될까? 바이러스는 세포내에서 생식해야한다. 하지만 대부분 세균, 진균류, 그리고 원생동물은 그렇지 않다. 클라미디아, 리케차, 그리고 나병 간균 (*Mycobacterium leprae*)같은 몇몇 세균은 세포 밖에서는 자랄 수 없지만, 이들은 예외의 경우이다. 반면, 한천 배지에서 완벽하게 자랄 수 있는 어떤 유기체는 세포내 생활양식을 선택한다. 예를 들어, 결핵균은 몇 년 동안 휴지기를 보내며, 숙주 방어에 의해 파괴되지 않는 대식세포에서 발견된다.

세포내 위치선정은 쉬운 일이 아니다. 왜냐하면 여행과 새로운 교전을 만드는 기회에는 제한이 있기 때문이다. 숙주 세포 안에 사는 유기체는 어떻게 다른 표적 세포에 도달할 것인가라는 문제에 직면한다. 어떤 바이러스와 세균은 숙주 세포를 용해하고, 따라서, 순환을 통해 다른 곳으로 전이되지만, 이것은 그들로 하여금 항체, 식균세포, 그리고 항 미생물 약품에 노출되게 한다. 헤르페스 바이러스(herpesvirus)와 같은 특정 바이러스는, 이러한 문제를 다른 세포와 용해되도록 번식하는 세포를 유발함으로써, 거대한 **다핵합포체(multinuclear syncytia)**를 만들며 해결한다. 멋진 해결방법은 감염된 세포에서 이웃 세포로 세포골격을 이용하는 리스테리아균(*Listeria*)이라 불리는 특정 세균의 것이다 (그림 20. 7). 이것은 어떻게 감염성 병원균이 그들 자신을 위해 숙주 세포 기능을 사용하는지를 보여주는 좋은 예이며, 병원체의 발병을 상기시켜주는 주제이다. 시간이 지날수록, 세포내 존재는 오랜 기간 동안 생존이 보장되지 않는다. 왜냐하면, 숙주는 감염된 세포를 찾아서 파괴하는 적응 방어 기작을 가지기 때문이다 (아래 참조).

> **20.4** *숙주세포 안에서 움직이는 세균을 담은 동영상. 그들 중 아무거나 선택해도 되지만, 마지막 미생물을 놓치지 말 것.*

적응 방어

주요 적응 방어는 **항체(antibody)**와 **세포매개 면역(cell-mediated immunity)**이다. 양쪽 모두, 선천 방어와는 다르게 병원체에 노출되는 것이 필요하고, 양쪽 다, 매우 특이적이며 개개인에 다양하게 나타난다. 한 가지만 제외하면 이러한 작용은 매우 훌륭한데, 그것은 이들이 숙주가 병원체에 처음 노출될 때 숙주에 존재하지 않으며 효과적으로 작용하려면 일주일 이상의 시간이 필요하다는 점이다. 그렇지만, 이런 적응 면역에 의한 보호는 병원체(이것이 질병 증상을 일으키는지에 상관없이)와의 이전의 접촉, 면역화, 또는 일생의 처음 몇 달 동안 모체에서 태반을 통해 태아로 전달된 항체, 또는 초유(colostrum) (출산 후 처음 며칠 동안 분비되는 고단백 모유) 수요 등에 의해 획득될 수 있다.

항체

선진국의 대부분의 아이들이 생후 초기 몇 달 동안 다양한 백신을 접종한다. DTP라 불리는 이러한 백신 중 하나는 복합 백신이며, 디프테리아 독소(D), 파상풍 독소 (T), 그리고

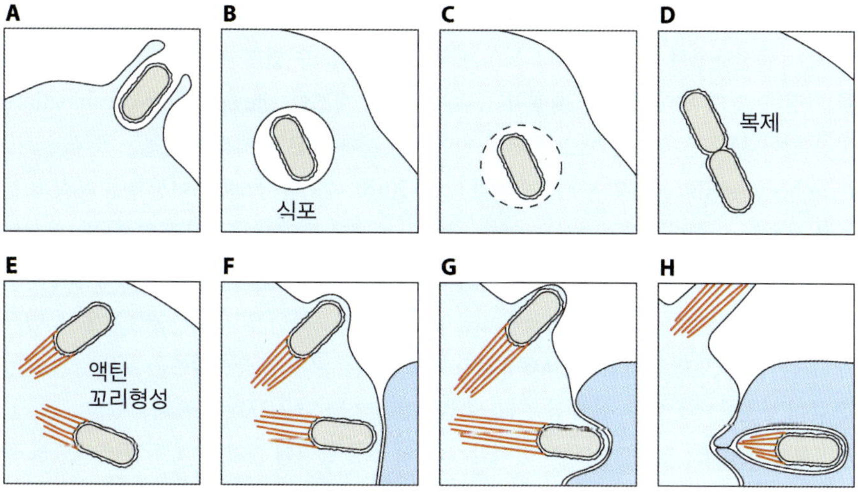

그림 20. 7 세균이 숙주 세포의 세포질로 어떻게 이동하는가. 몇 세균(예, 리스테리아, 시겔라, 리케차)은 식균작용에 의해 흡수될 때 (A), 식포로부터 탈출해서 (B) 식포벽의 용해에 의해 세포질로 들어가고(C) 분열된다(D). 액틴은 세균의 극중 하나에서 중합하고(E), 세균을 앞방향으로 나아가게 한다(F). 세균이 원형질막에 이르면, 이것은 때때로 세포질 분출 형성을 유발한다(G). 만약 이것이 그 후 인접 세포에서 일어나면, 세균은 감염의 다른 되풀이를 위해 안으로 그 침투한다(H).

백일해(P)에 대한 항체의 형성을 유도한다. 이러한 백신접종은 이러한 질병으로부터 보호하는 항체의 형성을 유도한다.

항생물질의 출현 전에 항체가 어떻게 감염에 대한 싸움을 돕는지에 대한 한 예가 있다. 폐렴구균에 의한 폐렴 환자는 전형적으로 일주일 또는 이주일 동안 점점 심해지는 증상으로 꽤 앓았다. 이 시점에서, "고비"가 발생했고, 환자는 사망하거나 후에 갑자기 상태가 호전되었다. 어떤 환자는, 몇 시간 안에 그의 관에서 일어나, 맛있는 식사를 요구했다. 이러한 초자연적인 치료는 그 유기체에 대한 항체가 효과적인 역치 수준에 도달했기 때문에 발생한 것이다. 폐렴구균은 보통과는 달리 식균작용에 저항적이다. 왜냐하면 그들은 두꺼운 점액성 피막으로 덮여있기 때문이다 (그림 2. 12 참조). 항체가 피막에 결합할 때, 항체는 식균세포가 붙고 세균을 섭취하게 하는 옵소닌으로서 역할을 가진다.

항체는 **항원(antigen)**이라 불리는 외부 물질에 대한 반응에서 생성되는 글로불린(globulin)이라 불리는 단백질이다. 여기서 강조할 것은 외부물질 이다. 척추동물 숙주는 "자기" 와 "비자기" 사이를 구분 짓는 난해한 기작을 가진다. 그 결과, 그들의 신체 구성원에 대항한 항체의 생성을 방지한다. 이러한 일이 일어날 때, **자가면역질환(autoimmune disease)**이라 불리는 질환을 초래한다. 많은 항체는 놀랍도록 특이적이고, 단일 아미노산이 다른 단백질과 α 또는 β결합이 다른 지질다당체 사이에 한 곳에서만 반응하며 구분될 수 있다. 정상적으로, 항혈청은 여러 균을 혼합한(polyvalent) 특정 병원체에 대항해 만들어진다. 즉, 그것은 같은 항체의 다른 항체부위를 인식하는 항체의 혼합인 **에피토프(epitope)**이다 (정교한 기작을 통해 하나의 에피토프에만 특이적인 단일 클론 항체(monoclonal antibody)의 생산을 허락한다. 단일 클론 항체는 연구에서 많이 사용되고, 진단과 치료에서의 사용도 증가하는 추세이다).

항체는 각 항체를 암호화하는 하나의 유전자에서 발현되는 것이 아니라, 면역 글로불린 항체 유전자에서 막대한 양의 DNA 재배치를 수행할 수 있기 때문에 거대한 수의 변이를 가질 수 있게 된다. 이러한 재배치는(부위 특이적 재조합, site-specific recombination) 항상 일어나고, 항체 생산 세포의 거대 변이인 각자가 다른 항체를 생산하는 B 림프구(B lymphocytes) (B cells)를 발생하게 한다 (그림 20. 8). 재조합이 6백만 이상 종류의 항체 분자를 산출할 수 있다는 것이 계산되었다. 게다가, 체세포 돌연변이(생식 계열에서는 발생하지 않는)는 10에서 100개의 다른 인자에 의해 적어도 총 10^8개가 가능한 항체 다양성에 기여한다. 이러한 거대한 숫자는 유전체에 있는 많은 유전자로부터 얻어질 가능성이 없다. 인간 유전체는 단지(몇이 말하길) 30,000 유전자를 포함한다. 각 B 림프구 클론은 많은 양의 주어진 특이 항체를 생산한다. 실제 양은 1초당 놀라운 숫자인 약 2,000 분자이다.

보통 B 림프구는 휴지상태에 있지만, 그들의 동종 항원이 존재할 때, 각자는 세포의 클론(clone)을 만들기 위해 증식한다. 그들은 대식세포와 다른 세포에 의해 만들어지는 사이토카인에 의해 매개되는 항체 생산의 공장이 되기 위해, 그들의 항로를 출발한다. 이 상태에서, 선천 면역은 항체 형성의 활성화 신호에 대한 책임을 가지게 된다. 이러한 반응의 다른 기전인 세포매개 면역에서도 또한 이와 같은 현상이 일어난다. 이렇게 면역의 두 가지 측면은 서로 친밀히 연결되어 있다.

항체는 감염질환에 대한 투쟁을 다양한 방법으로 돕는다.

1. 항체는 미생물 독소를 중성화 하고 또한 무력하게 한다.
2. 항체는 감염성 병원체의 제거를 용이하게 한다.
   - 옵소닌처럼 작용 - 세균이 항체로 덮이면, 그들은 보체 파생 옵소닌과 유사하게 식균세포 표면에 있는 수용체에 의해 인식된다.
   - 세균을 제거를 용이하게 하는 거대 분자로 응집시킨다.
   - 신체의 여과 기작을 이용.
3. 특정 세균을 용해시키기 위해 보체와 상호작용한다.

세포 매개 면역

세포내 유기체는 항체, 보체, 그리고 식세포로부터 보호받는다. 세포매개 면역이라는 특별한 기작은 숙주 세포 안에 존재하는 이러한 병원균을 다룬다. 솔직히, 이것은 복잡한 일이다 (그림 20. 8). **살해자(killer)** 또는 **세포독성 T 림프구(cytotoxic T lymphocytes)**라는 특화된 세포에 의해서, 감염된 세포는 살해당한다. 이 체계는 잘 조절되어야 하고 살해자 세포가 신체의 정상 세포를 공격해서는 안된다(표 20. 12). 감염된 세포는 그들 안에 존재하는 미생물에 의해 만들어진 일부 항원을 세포 표면에 운반하여 제시한다. 신체의 대부분의 세포는 인식이 가능하도록 적절한 위치에서 외부 항원을 잡게 도와주는 단백질인 **MHC(major histocompatibility complex; 주조직 적합성 복합체**, 역사적 중요성으로 잘못 알려진 용어)라 불리는 표면 당단백질을 지닌다. 이러한 세포들은 **항원제시세포(antigen-presenting cells)**라 불린다. 세포독성 T 림프구는 세포 표면의 MHC 관련 항원을 인식한 후 결합한다. 이와 같은 결합은 항체 형성 세포와 결합할 때처럼, T 림프구가 특이적인 클론으로 분화하도록 전달되는 신호를 인식할 수 있게 한다. 그러므로 세포매개 면역

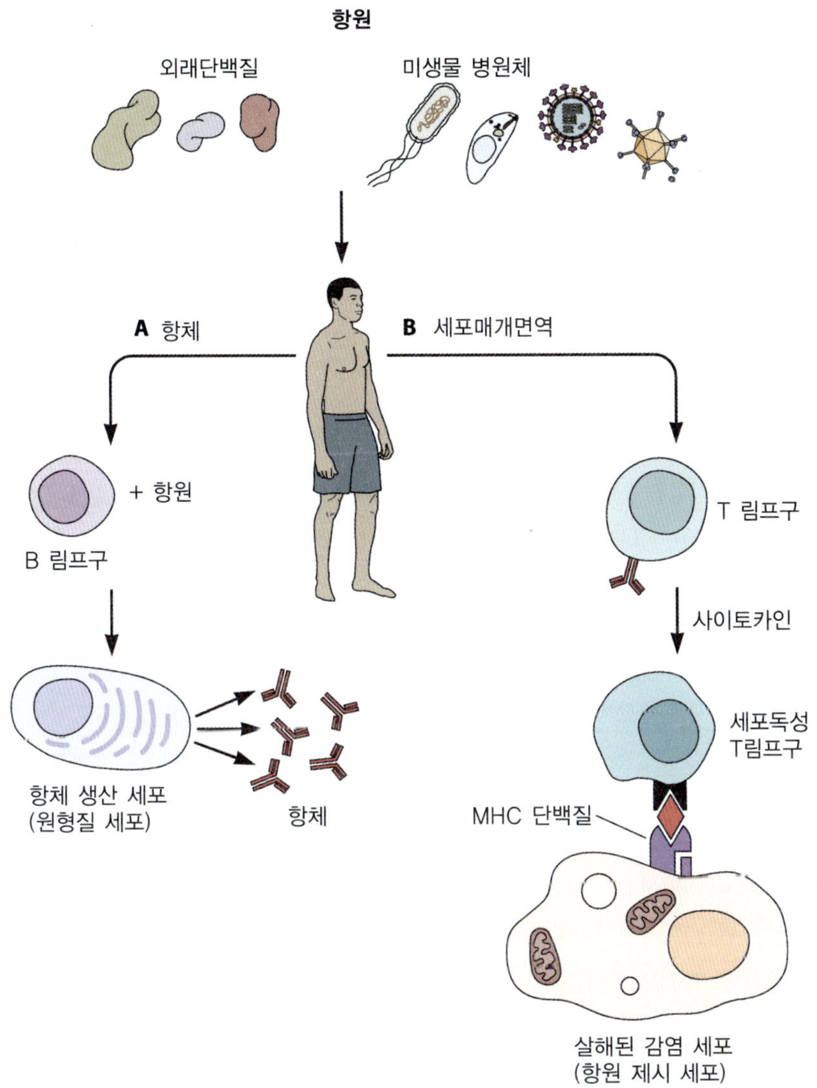

그림 20.8 두 종류의 적응면역. (A) 항원이 존재하면, 항원 특이적인 B 림프구가 특정 항체를 생산하는 클론으로 분열되는 항체 생성 세포**(plasma cell)**가 된다. **(B)** T cell은 세포 독성 T 림프구(CTLs, killer cells)로 분화하고, 이 T 림프구는 항원 제시 세포(antigen-presenting cells, 미생물에 감염된 세포)의 표면에 발현된 MHC 관련 항원을 인식한다. 그 후 CTL이 미생물에 감염된 세포를 죽인다.

반응은 항체 반응만큼 특이적이다. 따라서 모든 바이러스 및 결핵균, 살모넬라 균 등 세포 내에 존재하는 기생충에 의한 감염성 질병이 발생하면, 강한 방어 메커니즘이 작동한다.

세포매개 면역반응이 일어나려면 세포 간에 다양한 종류의 강력한 신호전달이 발생해야 한다. 사이토카인이 화학적 언어로 구성된 메시지를 전달한다(표 20.13). 몇몇 종류의 사이토카인은 위험을 알리는 파수꾼인 대식세포가 만든다. 보조 **T 세포(T helper cell)**이라고 불리는 한 림프구는 주된 전달자로써 위에서 말한 두 종류의 적응면역을 활성화하는데 관련이 있다. 보조 T 세포는, 사이토카인을 만들어 B 림프구와 T 림프구를 자극하기 때문에, 항체 형성과 세포매개 면역반응의 확립 사이에서 매개자로 작용한다. 게다가, 보조 T 세포는

표 20.12 적응 면역에 관련된 세포들

세포 종류	중요 기능
대식세포	항원 제시(antigen presentation);미생물을 직접적으로 죽임;항원 제시 세포를 죽임
수지상 세포	항원 제시
B 림프구	항원을 직접 인식함 ; 항체형성 세포(plasma cell)로 분화
T 림프구	세포 매개 면역반응에 관련됨
T helper 림프구	B 림프구 분화 촉진; 대식세포 활성화
세포독성 T 림프수	항원제시 세포를 죽임

선천면역 작용을 유도해 염증을 유발시키는 사이토카인을 생산한다. 또한, 보조 T 세포의 주요 역할은 HIV가 감염된 세포를 찾아내는 것인데, HIV 바이러스는 특히 CD4라고 불리는 세포표면 단백질을 운반하는 CD4 T 세포를 타겟으로 작용한다. 에이즈를 발생시키는 HIV(제21장 참조)는 CD4 T 세포를 주로 파괴시킨다.

면역학적 기억

우리는 살면서 가끔 파상풍 주사를 맞는 것처럼 백신주사를 맞아서 면역기능을 활성화시킨다. 만약 항체나 세포 매개 반응의 수치를 측정한다면, 그 수치가 엄청난 속도로 상승하며, 첫 번째 백신을 접종했을 때보다 더 오래 살아남는 것을 알 수 있다. 미생물에 감염되었을 때도 마찬가지의 기작이 발생한다. 같은 병을 두 번째로 걸렸을 때는, 왠지 그 병의 정도가 약한 것 같이 느껴진다. 이런 현상을 **면역학적 기억(immunological memory)**이라고 한다. 어떻게 이런 일이 생기는 것일까? 백신 속에 함유되어 있는 균이나 그 항원에 처음으로 노출된 후에는 항원 특이적인 B 림프구와 T 림프구가 분열함으로써 발생하는 **1차 반응(primary response)**이 일어난다. 이런 세포들은 대부분 항원이 제거된 후에 빨리 사라진다. 그러나 만약 이 세포들이 사라졌을 때 같은 균이 재차 침입하면, 우리 면역체계는 다시 새롭게 반응이 일어나야 할 것이다. 이를 막기 위해, 면역체계는 과거의 기억들을 간직하고 있는 것이다. B 림프구의 몇몇이 **기억세포(memory cell)**로 분화해서 더 이상의 항원으로 인한 자극이 없다면, 정지기에 들어가서 파괴되지 않고 남아있게 된다. 체내로 비슷한, 혹은 같은 균이 들어왔을 때, 기억세포는 빠르고 효과적인 면역반응, 즉 **2차 반응(secondary response)**을 일으키기 위해 분열한다.

기억세포는 체내에 오랜 기간 동안 머무르면 그 기간은 몇십년이 될 수도 있다. 그리고

표 20.13 염증과 면역에 관련된 몇 가지 중요한 사이토카인

이름	주요 활동
인터루킨-1(IL-1)	열을 발생시킨다;T와 B 림프구의 활성화
인터루킨-2(IL-2)	T와 B 림프구의 분열 유도
인터루킨-4(IL-4)	B 림프구를 활성화시켜 항체 생성하게 함
인터루킨-10(IL-10)	대식세포와 몇 가지의 림프구의 기능을 조정함
인터페론 감마(γ)	대식세포와 다른 면역 세포를 활성화시킴
종양괴사인자 알파(TNF-α)	대식세포, 호중성 백혈구를 활성화 시키고 열을 발생시킴

같은 항원을 만났을 때마다 빠른 속도로 분열할 수 있게 만반의 준비를 갖추고 있다. 면역학적 기억이 존재하기 때문에, 유년기에 병원균의 항원에 노출되어도 중대한 이익을 얻을 수 있다. 왜냐하면, 그 후 살아가면서 같은 항원에 의해 발생하는 질병이 초래하는 위험성을 줄여주기 때문이다. 따라서, 면역반응은 정말 살아가면서 끊임없이 받는 선물이다.

미생물은 적응 면역으로부터 어떻게 자신을 방어하는가?

위에서 본 것처럼, 미생물이 세포 내로 침투해 존재하는 것은 숙주의 방어로부터 자신을 지키기 위한 한 가지 방법이지만, 그 외에도 자신을 지키기 위해 사용할 수 있는 몇 가지 방법들이 있다. 가장 효과적인 방법은 면역반응을 완전히 차단하는 것이다. 다행히도 소수의 감염균만이 이 방법을 쓸 수 있는데, 이 중에서도 주된 균은 HIV이다. HIV는 면역체계가 가지고 있는 무기를 시휘하고 있는 세포를 죽임으로써, 감염된 환자가 모든 종류의 감염균에 취약해지도록 만든다 (21장 참조). HIV 감염이 에이즈로 발전하는 무서운 특징은 바로 면역체계의 붕괴이다. 반면 HIV와는 달리, 면역체계를 조금만 변화시켜 감염하는 경우도 있다. 예를 들면, 홍역에 감염되면 상대적으로 약한 면역결핍이 발생하는데, 특히 어린 시절에 영양결핍이 생기면 무시무시한 속도로 악화된다. 따라서, 개발도상국가의 어린이들에게는 홍역이 매우 위협적일 수 있다. 왜냐하면, 개발도상국가에서는 영양실조에 걸릴 확률이 높기 때문에, 이런 아이들이 결핵같은 세균 감염에 매우 취약하기 때문이다.

미생물은 면역반응을 방해할 수 있도록 다양한 방법을 진화시켜 왔다. 특히, 교활한 방법은 항체 형성을 억제하는 것이 아니라, 사실상 항체 형성을 촉진하는 것이다. 그러나 생성된 항체는 비특이적이기 때문에 감염균과 싸울 능력이 없다. 이렇게 쓸모없이 무작위로 항체를 생산하는 것은 초항원(superantigen)에 의해 발생하는데, 이 초항원은 B 림프구를 속여 넓은 범위의 특이성을 갖는 항체를 생산하게 하는 미생물 성분이다. 초항원이 생성되면 너 낳은 항체늘이 존재하는 것이지만, 사실상 그 항체들은 쓸모가 없는 것들이다. 초항원은 HIV와 다른 바이러스뿐만 아니라 연쇄구균(streptococci)과 포도상구균(staphylococci)을 포함한 세균 종이 만들어 낼 수 있다.

몇몇 미생물은 주기적으로 표면에 제시하는 항원을 바꾸는, 즉, **항원 변이(antigenic variation)**를 이용함으로써 항체와 세포 매개 면역반응을 방해한다. 보통은 미생물의 표면에 제시된 성분을 직접적으로 인식함으로써 가장 강한 면역반응이 일어나는데, 이는 숙주가 쉽게 침입자를 감지할 수 있게 해준다. 항원변화는 다음과 같은 반응으로 작용한다: 한번 숙주가 효과적으로 면역반응을 일으키면, 감염균은 면역성을 갖고 있지 않은 여러 종류의 항원을 만들어 낸다. 새로운 항원으로 전환하는 것은 드물게 발생할지 모르겠지만, 새로운 항원을 가지는 생물체는 면역적으로 안전하다. 우리의 몸은 이 새로운 항원에 대한 면역반응을 일으켜 새로운 항원과 면역반응의 격차를 없애려 한다. 어떤 경우에는 감염균이 매우 많은 다른 종류의 항원을 만들 수 있기 때문에 면역반응이 일어나는 속도가 느려지기도 한다 (그림 20.9). 새로운 종류의 항원이 출현함으로써 세포는 유전적인 기초에 의해 반응하는데, 항체 다양성을 발생시키는데 사용되었던 유전자 재배열과 비슷한 몇 가지 방법을 사용하게 된다. 항원 변화를 일으키는 균은, 말라리아와 수면병을 발생시키는 원생동물인 임균과 HIV이다. 따라서 이런 종류의 균에 대한 백신을 만들기가 어렵고, 아직 실용화가 되지 않는 것은 어찌 보면 당연한 일이다.

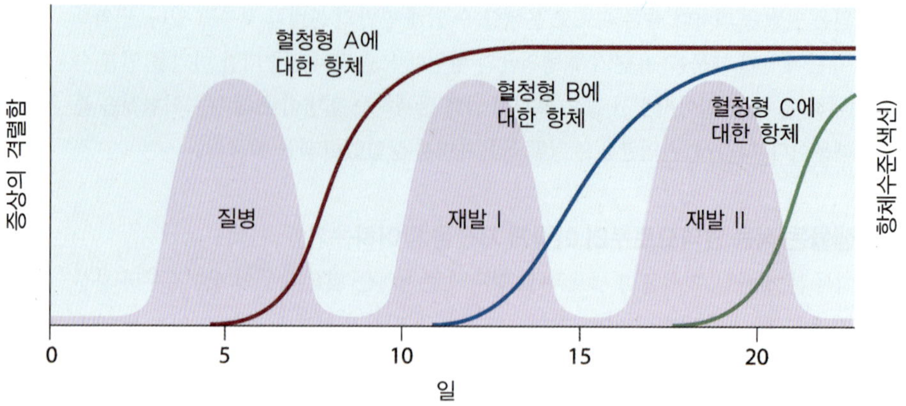

그림 20.9 미생물은 면역반응으로부터 자신을 보호하는데 항원 변화를 이용한다. 병원성 미생물(혈청형 A)에 의해 감염된 동물은 질병에 걸리지만 이 균에 대한 항체가 충분한 농도에 달했을 때 회복된다. 그러나 이것이 미생물을 완전히 제거했음을 나타내는 것이 아니며 이제는 새로운 항원 종류(혈청형 B)를 가지도록 돌연변이가 발생한다. 숙주는 다시 질병에 걸리고 혈청형 B에 대한 항체 반응을 발생시킨다. 항원 변화에 의해 수반되는 증상들은 많은 주기에 걸쳐 반복될 수 있다.

방어 기작의 조화로운 완성

인간과 다른 척추동물은 건강과 통일성을 유지하기 위해 수많은 종류의 방어기작을 진화시켜 왔다. 그렇게 많은 기작을 가지는 이점은, 하나가 실패하더라도 다른 하나가 그 빈틈을 막을 수 있다는 것이다. 비록, 서로 다른 특이성과 강도를 가지며, 작용하는 시간이 다르더라도, 이 기작들은 쌍방향으로 작용하며 협력을 통해 작용한다. 따라서, 적응면역과 선천면역이 독립적으로 작용하는 것이 아니다. 우리는 그 예들을 보아 왔다. 예를 들면, 항체는 보체를 활성화시키는 것을 돕는다(보체를 활성화시키기 위한 "전형적" 경로). 반면, 보체는 섭식세포의 작용을 크게 향상시킨다. 그리고, 대식세포는 B 림프구와 T 림프구를 활성화시키는 사이토카인을 분비한다. 항체와 세포 매개 면역반응을 일으키는 적응면역이 효과적인 수준에 다다르면, 우리의 몸은 심각한 질병을 효율적으로 방어할 수 있게 된다. 셰익스피어의 말을 인용하자면, 우리의 몸은 "자신을 감염으로부터 보호하기 위해 자연에 의해 지어진 요새..."가 된다.

결론

이 장에서는, 미생물이 숙주세포에 손상을 입히기 위해 발달시켜온 수많은 영리한 방법과, 그와 동등하게 이런 공격에 방어하기 위해 진화해 온 숙주의 주목할 만한 반응의 차이를 미생물질병 발생학의 개요와 함께 설명했다. 다음 장에서는, 복잡하지만 매력적인 상호관계를 볼 수 있는 몇 가지 특별한 예를 볼 수 있을 것이다.

학습문제

1. 모든 감염에서 공통적으로 발생하는 발병 단계는 무엇인가? 그들 각각의 두드러진 점을 설명할 수 있는가?

2. 다음 용어를 설명하라: 잠복기간, 접종원의 크기, 정상세균총, 내생적 및 외생적으로 얻어진 감염
3. 감염에서 증상을 발생시키는 주요 과정들은 무엇인가?
4. 염증의 주요 요소가 무엇인가?
5. MAMPs가 무엇인가? 예를 들어라.
6. 보체가 활성화됨으로써 어떤 결과가 발생하는가?
7. 세균을 파괴시키는 식균작용이 발생하는 단계는 무엇인가?
8. 어떻게 세균이 숙주가 선천적으로 가지고 있는 방어 기작을 피할 수 있는가?
9. 선천 면역과 적응면역을 구분하여 설명하고, 예를 들어보시오.
10. 항체는 어떤 작용으로 병원균을 막는 것을 돕는가?
11. 세포매개 면역이 무엇이며 어떻게 유도되는가?

제21장 감염: 미생물

서론

미생물로 인한 질병발생론에서 최근에 널리 퍼지고 있는 주제는, 미생물이 숙주세포 안에서 단독으로 성장하지 않는다는 생각이다: 미생물은 번식을 위해 숙주의 기능을 자신의 것으로 취한다. **세포미생물학(cellular microbiology)**이라는 새로운 영역은 이러한 관점에서 생겨났으며, 이 분야의 연구가 관련된 미생물을 이해하고 진핵세포 생물학의 기본 메커니즘을 밝힌다. 바이러스의 세포생물학이 잘 연구되어 왔는데, 그 이유는 바이러스가 세포의 기능을 자신의 것으로 취함으로써 번식해왔기 때문이다. 바이러스 중 몇몇 종은 핵산을 복제하기 위한 자신만의 효소를 가지고 있지만, 스스로 에너지를 발생시켜 자랄 수 있는 종은 하나도 없다. 반면, 대부분의 병원성 세균은 한천 배지에서 자랄 수 있다. 오랜 기간 동안 세균이 숙주를 하나의 거대한 배양접시로 이용하며 숙주의 한 부분 혹은 다른 부분에서 단독으로 자란다고 생각해 왔다. 배지의 세균과 숙주 속 세균은 거의 같은 종이라고 믿어져 왔지만 이 개념은 더 새로운 연구에 의해 바뀌었고, 결국 세균이 숙주세포 안과 실험실의 배지 안에서 전혀 다른 행동을 하는 것이 밝혀졌다. 중요한 신진대사와 고분자 생합성에 관련된 항존 유전자(housekeeping gene)에 속하는 몇몇 유전자가 이 두 경우에 발현된다. 그러나 유전자 발현을 분석해 보니 세균이 숙주에 침입할 때만 엄청난 수의 유전자가 발현된다는 것이 밝혀졌다. 이는 일반적으로 행해지는 두 가지 종류의 실험을 이용해 알아볼 수 있다. 첫 번째는 유전자의 기능을 밝히기 위한 유전적 도구를 사용하는 것이다. 이 유전자는 숙주 안에서 독성물질이 포착되었을 때 발현되지만 실험실의 배지에서는 발현되지 않는다. 두 번째 방법은 다양한 조건에서 만들어지는 mRNA를 밝히는 마이크로어레이(microarray)를 사용하여 전사를 감시하는 것으로 알려져 있다(제13장 참조).

21.1 *독성물질에 대해 유전적으로 접근하는 개관*

이 장에서는 5가지의 감염성 질병을 예로써 들고자 한다. 각각은 여러 가지 특징을 나타내지만 그 중 몇은 특이하고 다른 몇은 감염성 병원균에서 공통적으로 나타난다. 20장에서처럼, 우리는 병원성 균주가 가지는 공통적인 단계인 만남, 침입, 정립 그리고 손상의 단계들을 주의 깊게 다루고 접근할 것이다. 또한, 다음과 같은 질문들을 던질 수 있다. 병원성 균주 혹은 숙주가 손상에 대해 얼마만큼의 책임이 있는가? 병원성 균주는 생존과 복제를 위해 숙주의 기능을 얼마만큼 빼앗는가? 숙주의 방어기작과 병원성 균주가 숙주를 죽이려는 시도 사이에는 어떠한 상호작용이 있는가? 각 예시들은 표 21. 1에서 보이는 것처럼 특정한 원리를 설명할 것이다. 주요 감염성 질병의 범위에 대해서는 표 21. 2에서 잘 보여주고 있다.

21.2 병원성 세균의 관객

여러 가지 사례

비교적 "간단한" 감염성 질병인 파상풍

22살의 농부가 병원에 왔다. 그는 지난 3일 동안 턱이 아파서 입을 크게 벌릴 수가 없다고 말했다. 10일 전에 그는 마굿간의 판자에 썩은 못이 튀어나와 있는 것을 보고 부주의하게 잡아당기다가 못에 피부를 깊게 찔렸다고 했다. 비록 다치고 피가 나왔지만 응급처치를 받지 않았다. 그는 어렸을 때 파상풍 주사를 맞았지만 10년 전도 더 된 일이었다.

환자는 파상풍의 가능성에 대해 들었고 각 엉덩이에 항생제와 함께 항파상풍균 면역글로불린 주사를 2회 맞았다. 몇 주가 지나자 그의 증상들이 점차적으로 사라졌다. 다음날 고름이 멈췄으며 붉어진 상처가 희미해졌다.

파상풍이 환자를 어떻게 감염시켰는지를 이해하기 위해서는 반드시 짚고 넘어가야 할 몇 가지 주제가 있다: 어떤 환경 속에서 감염성 균이 존재하는가? 어떻게 감염되었나? 어떻게 감염균이 몸속으로 들어오게 되었나? 감염성 균은 몸속의 방어기작에 대응하여 어떻게 살아남았는가? 어떻게 독성이 해당 조직으로 퍼졌나(이 경우, 신경체계)? 그리고 한번 들어온 감염균이 어떻게 독성을 활성화시켰는가? 물론 파상풍 발병은 간단한 것이 아니지만, 다른 감염성 질병과 비교해 보면 매우 간단해 보인다.

21.3 질병관리 및 예방센터의 파상풍 웹사이트

파상풍은 *Clostridium tetani*에 의해 생산된 독성에 의해 발생하는 질병이다. 이 그람 양성 세균은 토양과 동물의 배설물 등에 존재하며 내생 포자(endospores)를 형성함으로써 오랜 기간 환경 속에 존재할 수 있다. *C. tetani*는 신경전달물질을 방해하는 독성을 방출해 농

표 21. 1 이 장에서의 임상사례

질병	원리 설명
파상풍	세균이 독성을 만든 장소로부터 멀리 떨어진 곳에서 독성이 작용하여 이 질병의 주요 증상들을 만들어낸다.
E. coli 출혈성 대장염	감염성 균주가 자신의 번식을 위해 숙주세포의 기능을 이용하고 이 경우 숙주세포에 부착함으로써 침입한다.
결핵	다양한 장치를 사용하여 세균이 숙주세포 속에서 오랜 기간 동안 손상 없이 살아남을 수 있다. 이 질병의 주요 증상들은 감염성 균주에 의해 발생하는 것만큼 숙주 반응에 의해서도 발생한다.
전염성 단핵증	특정 바이러스에 의해 다양한 상태가 발생할 수 있지만, 이 경우 감염이 심하고 숙주세포 속에 체류하는 기간이 길면 암으로 발전할 수 있다.
HIV 감염과 에이즈	면역체계에 관련된 중요한 세포(T 림프구)가 파괴됨으로써 생기는 진행성 면역결핍증은 제어하기 힘든 감염을 발생시키며 종종 정상 플로라(normal flora)에 의해 감염되기도 한다.

표 21. 2 감염성 질병의 예

감염계통과 감염균의 종류	질병
상부호흡기과 소화계	
세균성	폐혈성 인두염;디프테리아;*Haemophilus influenzae*, pneumococcus에 의해 발생하는 중이염
바이러스성	보통 감기, 대상 포진
곰팡이성	*candida* 감염(아구창)
하부호흡기계	
세균성	pneumococcus, streptococci, mycoplasmas에 의해 발생하는 폐렴;폐결핵;레지오넬라증;반점;탄저병
바이러스성	호흡기 세포 융합 바이러스감염에 의한 독감
하부소화기	
세균성	헬리코박터균에 의한 위염과 궤양;cholera bacili, *Salmonella*, *listeria*, *E. coli*(몇 종류의 균주)에 의한 설사증세;Shigella와 E. coli(몇 종류의 균주)에 의한 설사
바이러스성	rotavirus에 의한 설사, hepatitis virus(A, B, C, D)에 의한 간 감염
기생성	*Giardia*, *Cryptosporidium*, *Entamoeba*에 의한 설사
비뇨생식기	
세균성	*E. coli*(몇 종류의 균주)에 의한 임질과 방관 감염, *Chlamydia*감염, 매독
바이러스성	대상포진, 사마귀
효모	칸디다증
기생성	*Trichomonas* 감염
신경계	
세균성	파상풍;보툴리누스;meningococci, *H. influczao*, pnoumococcus, tubercle bacilli에 이한 수뇌막염,
바이러스성	포진 바이러스, 절지동물 매개 바이러스에 의한 뇌염
순환계	
세균성	streptococci, staphylococci, enterococci에 의한 심내막염
바이러스성	에볼라 출혈열
기생	말라리아
피부와 연부조직	
세균성	staphylococci, streptococci, strep fasciitis, gas gangrene에 의한 고름 감염(고름이 형성됨)
바이러스성	대상포진, 수두, 홍역, 풍진, 천연두
곰팡이성	칸디다 감염, 버짐, 무좀
뼈와 관절	
세균성	staphylococci, streptococci, gonococccus, Lyme disease spirochete에 의한 관절염
면역체계	
세균성	TB, 장티푸스, 야토병
바이러스성	HIV disease

사균이 경험한 것처럼 근육의 비정상적인 수축(경련성 마비)을 발생시켜 치료하지 않고 방치하면 질식사할 수 있다. 그러나 환자가 일찍 파상풍 예방 주사를 맞았더라면, 예방이 가능했을 것이다.

포자를 생성하는 다른 혐기성 균인 *Clostridium botulinum*의 독성 물질은 보툴리누스 중독을 발생시키며 이 균도 역시 질식을 유발시킨다. 그러나 이 균은 반대로 근육을 이완시킴으로써 질식을 유발시킨다(이완성 마비). 이 때문에 보툴리누스 독은(보톡스) 때때로 아주 적은 양으로 미용 혹은 치료 목적으로 사용된다. *C. tetani*는 *C. botulinum*과 유연관계가 깊기 때문에 공통적인 특징이 있다. 두 생물 모두 침입성이 매우 강해서 상처가 났거나 오염된 주사기에 노출되었을 때 등 몸의 방어력이 떨어졌을 때 침입한다. 사람들이 보툴리누스 중독은 오염된 통조림 등을 먹었을 때 감염되는 것이라고 생각하지만, 상처가 오염될 경우에도 감염될 수 있다. 과거에는 상처를 통해 감염되는 경우가 희귀했지만 요즘은 오염된 주사기에 의해서 감염되는 사람들이 증가하고 있다. 미국에서는 백신의 영향으로 파상풍에 걸리는 숫자가 적어졌지만, 여전히 1년에 50건 정도가 발생하고 있다. 또한, 위생이 열악하거나 백신이 부족한 나라에서는 매우 빈번하게 발생하고 있다.

파상풍이나 보툴리누스 중독을 입증하기 위해서는 무엇을 해야 할까? 이 균은 침입한 장소에 국소적인 염증을 발생시킨다. Tetanus와 botulism bacilli는 세포 내에서 오래 생존하지 못하며 며칠이 지나면 보통 제거된다. 이를 입증하는 한 가지 이유는 이 유기체들이 절대적인 혐기성 균류이기 때문에 산소가 존재하는 환경에서는 생존이 불가능하다는 점이다. 그러나 소수가 살아남아 산소가 결핍되어 있는 작은 지역을 만들 수 있다. 이 균은 국소적인 상처부위가 아닌 상처부위에서 멀리 떨어진 부분에 심각한 손상을 유발한다. 사실, 국소적인 상처는 너무 작아서 잘 발견되지 않는다. 상대적으로 조금밖에 지나지 않는 세균 세포가 그렇게 지독한 질병을 발생시킬 수 있는 이유는, 그 세균이 매우 강한 독성을 생성하고 급속도로 짧은 시간에 농축되어 작용하기 때문이다. 보툴리누스 중독과 디프테리아 독성은 이제까지 알려진 독성들 중 가장 강한 것 중의 하나다(독성 1 g이 천만명의 사람들을 죽일 수 있다!). 보툴리누스 독을 정제하면 맛이 아직 알려지지 않은 하얀 가루가 된다는 것이 알려졌다.

대장균 O157:H7에 의해 발생하는 복잡한 감염인 출혈성 대장염

1999년, 뉴욕에서 열린 워싱턴 주 박람회에 참석한 사람들에게서 음식으로 인한 감염이 발발했다. 원인이 되는 균주는 대장균 O157:H7 균주로 밝혀졌다. 이 균주가 발견된 장소는 소 비료로 오염되었을 거라 추측되는 박람회장의 우물인 것으로 생각된다(다른 경우의 감염에서는 이 균이 덜 익혀진 햄버거 고기에서 발견되었다). 이 병으로 인한 합병증으로 3살짜리 여자아이와 79세의 노인이 숨졌다. 수백명의 다른 사람들은 **출혈성 대장염** **(hemorrhagic colitis)**으로 알려진 출혈을 동반하는 설사증세로 고생했고 71명의 사람들이 입원해야만 했다. 이 중 대장균 O157:H7에 의해 감염되면 14개의 합병증이 심각한 상태로 발생하며 이에 따라 신장기능이 쇠퇴할 수 있다.

대장균 O157:H7은 생물 종 중에서 균주가 많은 종의 하나이다. 사실 대장균종의 범위는 매우 넓고 수많은 병원성 균주를 가지고 있다. 이 종은 종종 번호 "O"로 나타내어지는데, 이는 리포 다당류(lipopolysaccharide)의 O 항원 때문이다. 또 "H"로도 나타낼 수 있는데, 이는 편모의 플라젤린 단백질(flagellin protein)을 나타낸다. 대부분의 병원성 대장균 균주는 장에 관련된 질병을 발생시키지만 몇몇은 요로 감염증을 발생시키기도 하며 소수의 대장균은 깊은 조직에 침입하기도 한다. 다른 측면에서의 대장균에 K-12 균주가 있다. 대장균 K-12 균주는 오랜 동안 실험실에서 이용되면서 어느 누구에게도 감염되지 않았고, 셀 수 없이 많은 이 균주를 배양한 연구자들과 이들과 접촉한 어느 누구에게도 질병을 일으키지 않았다. 비록 모든 대장균 균주의 유전자 요소가 비슷하긴 하지만, 많은 병원성 균주는 20% 더 많은 DNA를 가지고 있다. 이는, 여분의 유전자들이 다른 세균으로부터 수평감염(horizontal tranmission)됨으로써 얻어지는 것으로 생각된다(제11장 참조).

이러한 질병을 유발시키는 대장균 균주는 소의 장에 살면서 겨우 알아챌 수 있을 정도의 매우 미약한 질병을 발생시킨다. 이런 균주들을 몸속에 지니고 사는 동물들을 **운반자(carrier)**라고 한다. 다른 많은 감염성 균주처럼 이 균주도 하나의 숙주 생물에게 심각한 질병을 유발시키지만, 다른 동물에서는 거의 발병하지 않는다. 사람은 감염성 대장균 균주의 **우연 기주(accidental host)**로써 만약 감염이 된다면, 그 균주가 사람을 감염시킨 적이 없었더라도 사람의 몸속에서 매우 잘 생존해 나갈 수가 있다. 동물들로부터 전염되는 질병은 동물원성 **감염증(zoonose)**이라고 부른다(사람으로부터 동물로 전염되는 질병도 있다).

21.4 *대장균 O157:H7에 대한 상황보고서*

한번 감염되면 감염성 대장균 균주는 콜론을 만들고 그로 인해 염증(이 때문에 대장염이 된다)을 발생시킨다. 이 생물체는 비교적 산에 대해 저항성을 갖고 있기 때문에 위장을 지나면서도 살아남을 수 있다. 또한, 장 상피세포 속으로는 침투할 수 없어서 장 속에서 흘러가는 액체에 의해 떠내려가지 않기 위해 장 상피세포의 표면에 단단히 붙는다 (그림 21. 1). 세포 표면에 붙어있는 세균은 장 상피세포의 융모를 파괴하고 장 기능을 악화시켜 염증을 일으키고 심각한 설사를 초래한다. 상처가 깊어지면 장 상피세포 아래층의 점막의 고유층(lamina propria)을 통과해 그 밑에 있는 혈관에 영향을 미친다. 그 결과 출혈을 동반한 설사를 하게 되는데 이 방대한 양의 출혈은 유기생물체로부터 만들어진 독성물질에 의해 만들어진 **염증 사이토카인(inflammatory cytokine, proinflammatory**라고도 불림)에 의해 발생된다고 생각되어 왔다. 이 질병으로 인한 합병증은 드물지만 신장, 뇌 및 다른 기관의 작은 혈관에 혼상을 야기시킬 수 있고, 그 결과 사망에 이를 수도 있다.

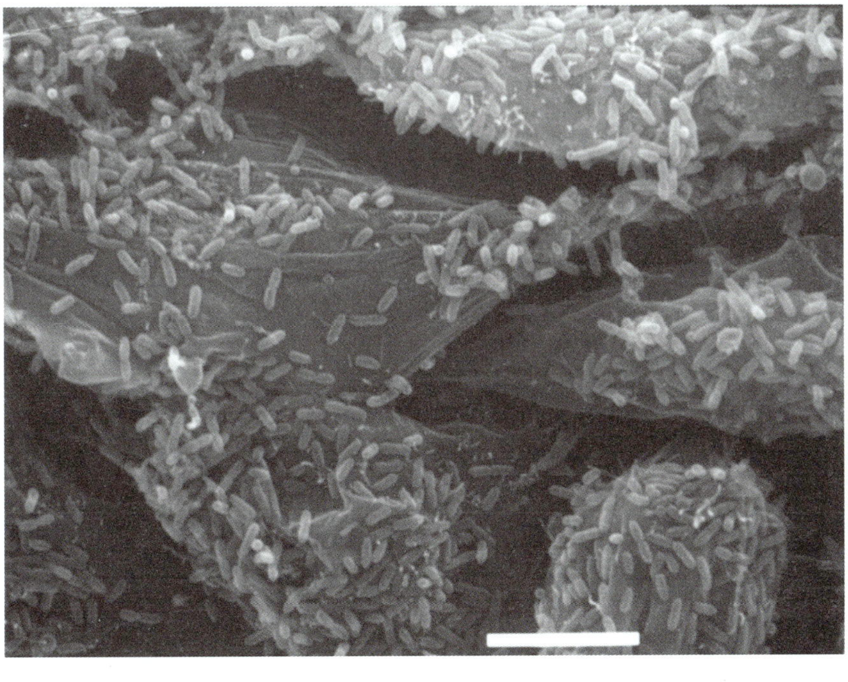

그림 21. 1 상피세포에 붙어있는 세균. 사람의 자궁암 세포에 붙어있는 *대장균*을 전자 현미경으로 찍은 사진

감염성 대장균 균주에 의해 생성된 독성물질은 다른 환경으로는 분비되지 않고, 놀랍게도 몸속의 세포에 직접 분비된다. tetanus bacillus와 비교해 보자. Tetanus bacillus는 체내로 독성을 퍼뜨리기 때문에 독성이 희석되지만, 이 독성은 잠재력이 커서 단지 소수의 독성 분자만으로도 효과가 충분하기 때문에 별로 상관이 없다. 그에 비해 대장균은 경제적으로 독성을 분비해 모든 독성 분자가 각 세포에 직접 도달한다. 세균 단백질을 숙주세포로 침투시키는 것은 주사를 놓는 것과 비슷하다. 숙주세포 표면과 접촉할 수 있는 미세한 장치가 세균 세포에서 튀어 나온다(그림 21. 2). 그러나 이 말은 오해할 소지가 있는데, 이 장치에는 침을 놓는 주사봉은 없다. 이 장치는 이름이 명확하지 않은 type III 분비액을 분비한다. 이 장치는 세균 편모와 상동성을 갖는 몇 가지 구조적인 단백질을 가지는데, 이 상동성은 두 나노머신(nanomachine)의 기원이 공동적일 수도 있다는 사실을 의미한다. type III 분비 장치는 요구가 있을 때만 만들어진다. 예를 들면, 온도, 이온 조건, 민감한 세포 표면에 접촉할 때 등 숙주 세포에 의해 특정한 자극을 받을 때 이 장치가 생겨난다.

21.5 대장균 접착에 대한 논문

숙주세포로 세균의 type III 분비액이 분비됨으로써 숙주세포의 세포골격이 바뀐다. 이는 세균이 좀 더 쉽게 세포에 붙을 수 있도록 세포를 형태학적으로 변화시키고 장세포의 미세융모(microvilli)를 파괴한다.

그 후, 몇 가지 단계를 거쳐 결합하게 되는데, 첫 번째는 상대적으로 약한 결합이다. 이 단계에 뒤이어 세균이 숙주세포 표면에 수용체를 생성시키고 이에 강하게 결합해 스스로 제거되는 것을 막는다. **Tir**(translocated intimin receptor)라고 불리는 이 수용체는 type III

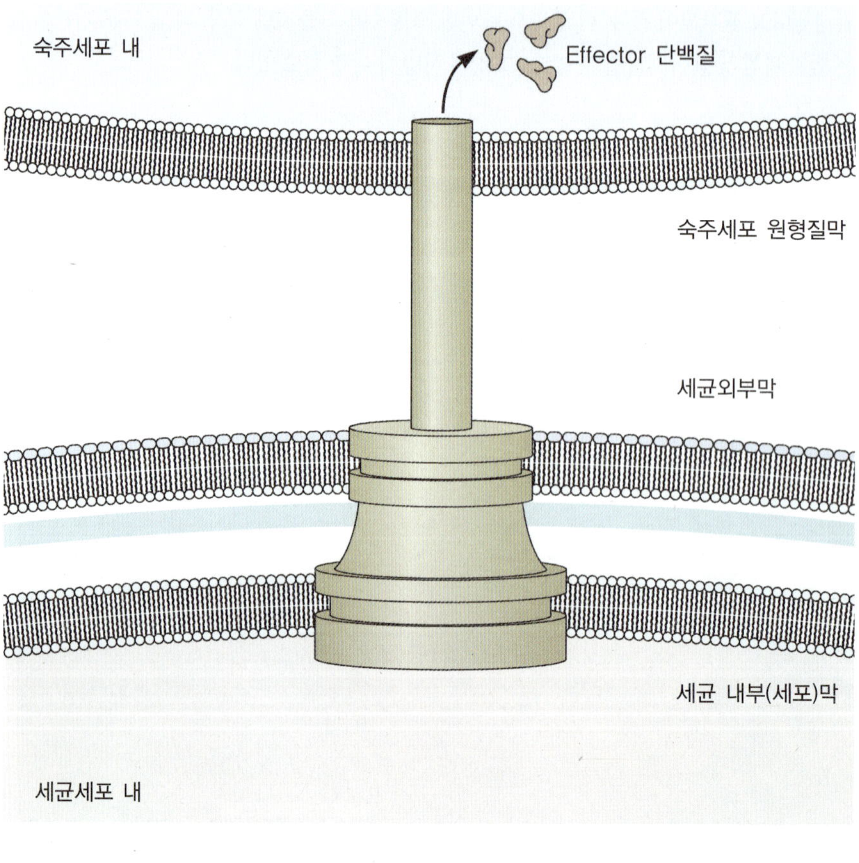

그림 21. 2 Type III 분비장치. 이것은 많은 종류의 그람 양성 세균이 진핵세포인 숙주세포로 단백질을 삽입할 때 사용되는 장치인 **injectosome**의 개념도를 나타낸 것이다. 이 구조는 세균의 편모의 구조와 유사하다. "삽입된" 단백질은 **effector**라고 불리며 숙주의 세포골격에 관련된 필수적인 기능들에 손상을 입힌다. injectosome은 많은 단백질로 구성되며 이 중 몇몇은 injectosome의 기본 구조를 구성한다. 다른 몇몇은 세균의 세포막에 매달려 숙주의 세포막을 뚫는다(8장 참조).

분비에 의해 유도되며 처음에는 불활성화 상태로 존재한다. Tir은 숙주세포의 세포질에서 인산화에 의해 활성화되고 형태가 변형되어 숙주 세포막에 삽입될 수 있다. 세포막에서 Tir은 단단하게 결합할 수 있는 세균의 강한 수용체로 작용한다. 이 방법으로 세균은 자신의 단백질을 효율적인 수용체로 바꾸기 위하여 숙주의 인산화 체계를 사용한다. 이것은 어떻게 미생물이 자신에게 유리하게 숙주세포의 기능을 사용하는가에 대한 다른 예가 되겠다.

단지 대장균 뿐 아니라 많은 세균 종은 숙주세포에 직접적으로 작용하게 될 독성과 그 외의 다른 단백질들을 생성시키기 위해 type III 분비를 사용한다. 이 메커니즘은 사람과 식물 병원균 사이에도 공통적인데 이는 즉, 이 메커니즘이 한때 진화해 왔으며 후에 다른 종들 사이에서 좌우로 전이되어온 것을 의미한다. 이는 type III 분비에 쓰이는 유전자들이 염색체나 플라스미드의 밀집된 지역(contiguous regions)에 존재하는 사실로 알 수 있다. 이러한 유전자 밀집지역은 **genomic islands** 혹은 **pathogenicity islands**라고 불리며 나머지 염색체 부분과 구별된다. 예를 들면, 이 지역은 다른 G+C 비율을 가지는데(그림 21. 3), 이는 유전자 수평전이(horizontal gene transfer)를 통해 최근에 알려져 왔다(제11장 참조). 이것을 보면, type III 분비처럼 복잡한 과정이 한 때 진화했고, 그 결과 많은 병원균이 공유하게 되었을 것이라는 사실은 어느 정도 타당성이 있는 듯하다.

일부 종의 세균은 숙주세포에서 다른 단백질 변형을 이용한다. 이 발견은 오랫동안 풀리지 않은 의혹을 설명하는 계기가 되었다. 예를 들면, 최근까지 어떻게 살모넬라균이 -보통 식중독을 일으킨다고 알려져 있다 - 장염을 발생시키는지에 대한 좋은 설명이 없었다. 배양여액(culture filtrate) 및 심지어 환자의 장 내용물의 분석결과를 통해 cholera bacillus같은 설사를 유발하는 다른 세균은 독성물질을 만드는 것이 이미 밝혀졌다. 그러나 많은 시도에도 불구하고 살모넬라가 그런 수용성 독성물질을 생산한다는 내용은 밝혀지지 않았다. 그러나 마침내 살모넬라 단백질은 대장균처럼 반드시 숙주세포의 세포질에 삽입되어야 하며 그 후에 그 단백질이 변형된다는 사실이 밝혀졌다. 한번 변형되면 그 독성물질은 효소처럼 작용해 액틴에 ADP-ribosyl기를 붙인다(그림 21. 4). 이를 통해 액틴의 세포골격 활성이 변형되고 세균이 장세포로 흡수되면 감염 증상들을 연속적으로 발생시킬 수 있다. 다른 세균 종도 같은 효소적인 활성(ADP-ribosylation)을 가지는 독성들을 만들어내지만, 대부분의 경

그림 21. 3 pathogenicity island와 염색체상의 근접 지역의 G+C 함량. 나머지 염색체와는 다른 G+C ratio를 가지는 염색체 DNA의 범위는 유전자 수평 전이에 의해 다른 생물로부터 얻어진 지역, 즉 pathogenicity(genomic) islands를 나타낸다.

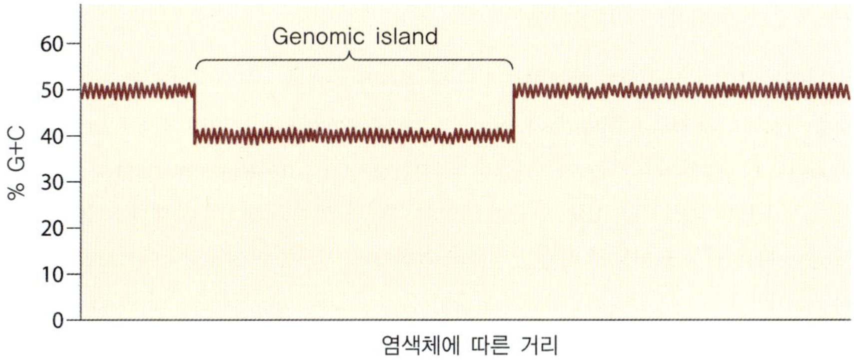

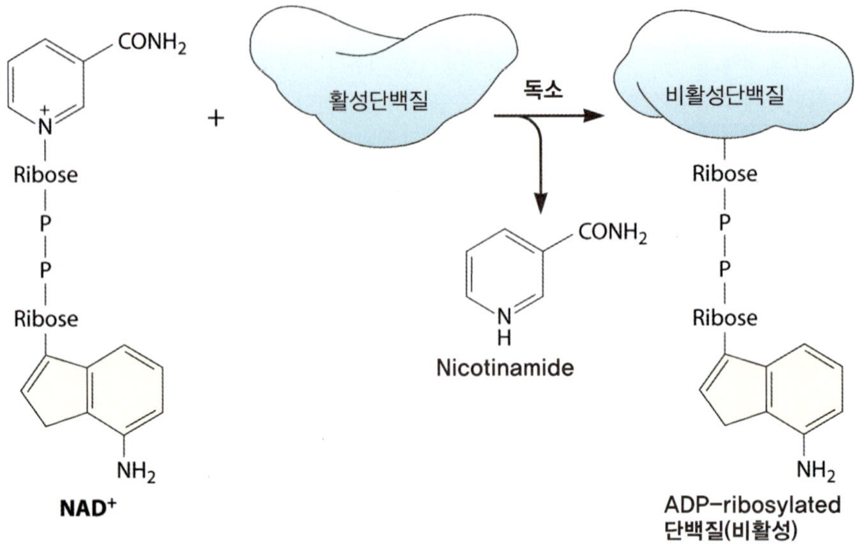

그림 21. 4 ADP-rybosylating toxins. 많은 세균 독성물질(디프테리아, 콜레라, 수도모나스, 살모넬라 균의 독성물질 등)은 수여자(donor)로써 nicotinamide adenine dinucleotide(NAD)를 이용해 타겟 단백질에 adenine-ribose-diphosphate(ADP-ribose)를 붙임으로써 숙주의 필수 단백질을 변형시킨다.

우에 목표 단백질이 다르다. diphtheria bacilli와 pseudomonads의 경우 숙주세포의 단백질을 합성하기 위해 변형된 단백질을 요구한다. 콜레라의 경우를 보면, 타겟 단백질은 숙주세포의 적절한 이온 밸런스를 유지하는데 필요한 cyclic AMP의 레벨을 조절한다. 단백질이 적절하게 작용하지 않으면, 급격하게 수분이 방출되어 이 병의 특징인 엄청난 양의 묽은 설사 증상이 생긴다.

TB, 숙주 반응에 의해 주로 야기되는 질병

눈이 내리는 어느 겨울 저녁, 32세의 노숙자가 보스턴의 한 병원에 예약도 없이 찾아왔다. 그는 몇 달 동안 지속되는 고열과 식은땀에 대해 호소했다. 그는 약간 취해보였고 만성적인 영양실조였으며 체온이 102.6°F였다. 흉부를 검사해 보니 "수포음"이 들렸다. 폐 속에서 들리는 바삭거리는 소리를 통해 그의 기낭에 물이 찼다는 것을 알았고 결국 그는 폐렴진단을 받았다. 흉부 X ray를 찍고 침을 검사샘플로 맡기고 나서 그는 갑자기 사라져 몇몇의 친구들과 함께 지내는 버려진 건물에서 그 날 밤을 보냈다. 타액의 실험결과 그의 몸 속에 결핵균인 *Mycobacterium tuberculosis*(그림 21. 5)와 일치하는 항산균(acid fast bacilli)이 존재한다는 것이 밝혀졌다. 엑스레이는 결핵균(TB)의 존재를 더 확실하게 해 주었다. 환자는 사람 면역결핍 바이러스(HIV) 음성이었다. 4개월 뒤에 비슷한 증세로 호소하며 다시 그 환자가 돌아왔을 때, 의사는 그에게 몇 가지 항생제를 혼합한 약을 주며 한 번이라도 빼먹으면 안된다고 엄격한 주의를 주었다. 이 치료는 9개월 동안 지속되었으므로 의사는 환자가 처방을 따르지 않는다고 의심하였다.

그림 21. 5 침 도말 표본 속의 TB. 이 도말 표본은 acid-fast technique에 의해 염색되었으며 이 표본 속에 tubercle bacilli와 다른 항산균이 원래 색깔로 유지되고 있다. tubercle bacilli는 균을 염색하기 위해 사용된 염색약(fuchsin)이 빨간색이기 때문에 빨간색을 보인다.

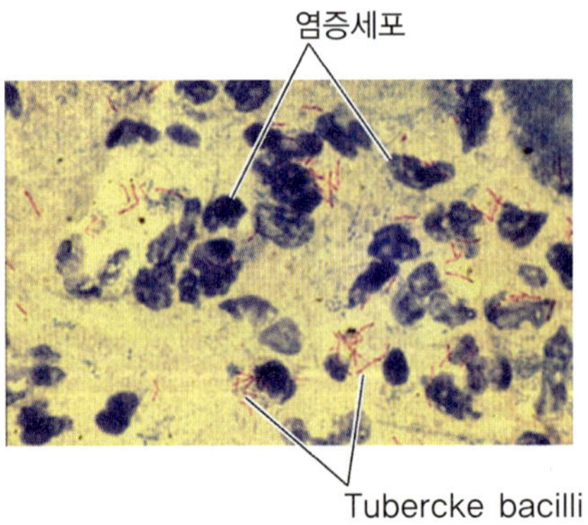

TB라고 하면 치료되지 않으면 심각한 폐 질환을 초래하는 무서운 병원균을 떠올린다. 책을 사랑하는 독자들은 Thomas Mann의 *Magic Mountain*을, 오페라 팬들은 *La Traviata*와 *La Bohéme*에서 죽어가는 여주인공을 기억할 것이다("Che gelida manina...." ["아! 이 작고 차가운 손..."]). 사실, TB는 단순한 질병이 아니며, 기존의 병원균에 대한 노출, 영양문제 혹은 다른 건강 요인들에 의해 발생하는 질병이다. 이제는 개발도상국에서도 발병률이 적어졌지만 TB는 세계적으로 여전히 단순한 감염성 질병으로부터 죽음에 이르는 원인이 되고 있다. TB는 유럽에서 17~18세기에 "하얀 플라그(White Plaque)"의 원인이었다(플라

그 균인 Yersinia pestis에 의해 발생하는 검은 플라그(Black Plaque)와 혼동하지 말 것). 이 기간동안 유럽의 모든 사람들이 감염되었고, 성인의 25%가 사망했다. 기록에 의하면 미국에서는 TB로 인한 사망률이 거의 매년 감소했지만 1985년에는 다소 증가했으며, 1999년 초에 다시 떨어졌다 (그림 21. 6). 특히 노숙자들 사이에서 많은 수가 증가함으로써 발병률이 크게 증가하였다(위에서 설명한 예시처럼). TB 감염은 감염되었을 때 면역체계에 손상을 일으키는 HIV 감염이 발생할 수 있기 때문에 그 중요성이 더욱 크다. 최근에 TB로 인한 사망률이 감소하는 것은 항 HIV 약제제가 전에 비해 더 성공적으로 사용되고 있기 때문일 것이다. 최근에는 *M. tuberculosis*균주들 중에서 다제내성저항(multidrug resistance)이 나타나 큰 위협이 되고 있다. 약에 대한 저항성이 발생하는 큰 이유는 장기간의 항생제 사용이 저항성 돌연변이 균주의 **선별(selection)**을 초래할 수 있기 때문이다. TB와 같이 큰 사회적 요건과 관련되는 질병은 거의 없다.

21.6 *TB진단과 사진*

폐질환을 야기시키는 TB의 발병은 두 가지로 나뉠 수 있으며 이 단계는 질병을 이해하는데 큰 도움을 준다. 첫 번째로, **1차 단계(primary)**는 tubercle bacilli에 노출되는 것이다. 보통 흡입함으로써 노출되며 이는 약한 감기처럼 너무 미약해서 스스로 증상을 억제할 수 있다. 대부분의 건강한 사람들에게서는 더 이상의 증상은 없지만 면역체계가 약한 사람에게서 그 후에 **2차 단계(secondary)**가 나타날 수 있는데 더 심각한 질병이 발생한다. 1차 단계에서 2차 단계로 진행되는 시간의 길이는 적게는 한달에서 많게는 수 년이 걸린다. 두 번째 단계는 오래 전부터 TB의 무서운 이미지와 관련되어 있는 증상들을 야기시킨다. TB는 1차에서 2차 단계로 넘어가는 기간에 대식세포(macrophage) 속에서 휴면상태로 지내기 때문에 숙주세포도 거의 알아차리지 못한다.

Tubercle bacilli는 질병의 진행과정을 이해하는데 도움이 될 만한 특징들을 몇 가지 갖고 있다. 이 균은 **항산성(acid-fast)**을 지니기 때문에(제2장 참조) 한번 염색되면 산으로 처리한 후에도 염색약이 세포 안에 남는다. 이 특성으로 인해 TB는 독한 화학약품을 처리해도 비정상적으로 저항성을 가진다. 항산성(acid-fastness)은 세균 사이에서도 희귀한 성질이다. 항산성을 지니는 생물은 왁스로 구성된 외부막(waxy outer membrane)(2장의 "항산성 용액" 참조)을 지니고 있어서 병원에서 "바닥을 닦기 위해(swab the decks)" 사용되는

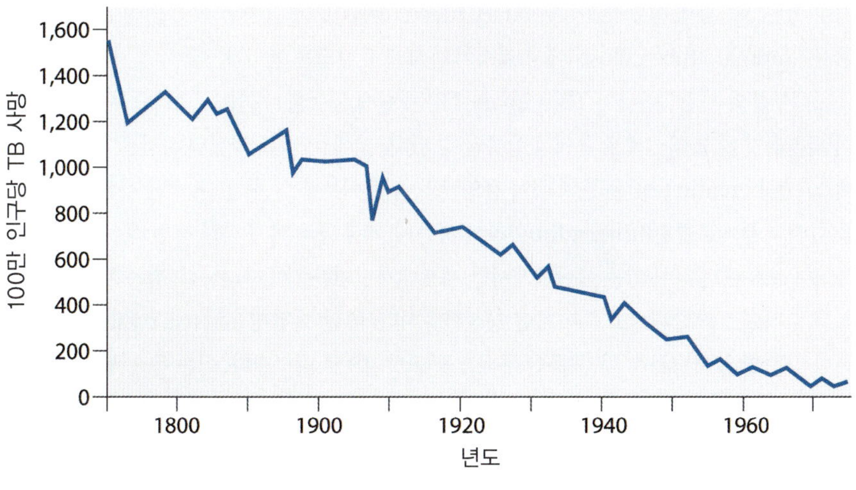

그림 21. 6 발현빈도가 꾸준히 감소하는 변화를 보이고 있는 TB. 뉴질랜드에서 보이고 있는 전형적인 발현빈도는 다른 개발도상국에서 보이는 양상과 비슷하다.

보통의 살균제에 들어있는 많은 극성분자들이 세포로 들어오는 것을 막을 수 있다. 따라서 효과적으로 mycobacteria를 죽여 감염을 막기 위해서는 특별한 혼합물이 필요하다. mycobacteria는 먼저 지질의 합성과 이용에 관련된 신진대사를 독립적으로 점유한다. 이 대사에 어울리지 않게, 존재하고 있는 수 많은 유전자들을 사용한다. mycobacteria의 외막은 **마이콜릭산(mycolic acid)**라고 불리는 독특한 성분을 포함하는데, 이 성분은 약 80개의 탄소길이를 갖는 긴 사슬 왁스(long chain wax)이다(제2장 참조). 감염균에 의한 1차 감염과 지속적인 감염을 위해서는 지질의 합성과 수송에 관련된 일부 유전자들이 필수적으로 요구된다. 마이콜릭산에 cyclopropane기를 붙이도록 암호화된 유전자 같은 다른 유전자들은 감염이 진행되고 있는 동안 성장에 필요가 없다. 반면, 유전자에 침묵 돌연변이(null mutation)이 일어난 균주는 감염을 오랫동안 지속할 수 없다.

Tubercle bacilli의 외막은 균이 건조에 잘 견딜 수 있게 도와준다. 폐렴성 TB의 감염단계가 진행되면, 환자는 기침과 동시에 엄청난 수의 균을 밖으로 내보낸다. 균은 분무됨으로써 먼지 입자의 형태로 공기 속에 존재하게 된다. 건조한 환경에 잘 견딜 수 있고, 공기 속에 존재하는 두 특성은 폐렴성 질병을 일으키고 건조에 대한 저항성을 증대시켜 다른 사람에게 균이 전달될 기회를 증가시킨다. 또 다른 중요한 특성은 14시간에 두 배가 될 정도로 성장이 매우 느린 것이다. 성장이 느려서 배지 위에 콜로니(colony)를 보는 데에만 몇 주가 걸리기 때문에 실험실에서 이 균을 배양해서 진단을 내리는 것에 시간이 걸린다. 그러나 한번 자라면, 독특한 특성을 나타낸다 : 배지 위에 노란색을 띄는 왁스 덩어리가 생긴다. 질병을 발생시키기 위해서는 매우 많은 수의 tubercle bacilli가 필요하다. 그러나 열악한 주거환경이나 감옥 혹은 병원처럼 사람들이 함께 모여있는 경우에 균에 접촉할 가능성이 높아진다. 위에서 말했듯이 같은 울타리 안에 있으면서 균을 흡입한다면 그 사람도 역시 병원균을 널리 퍼뜨리게 될 것이다.

어떤 작용에 의해 사람들에게서 TB가 발병할까? Tubercle bacilli는 세포를 손상시킬 수 있는 독성이나 다른 생산물을 만들어내지 않는다. 이 균의 느린 생장 속도는 숙주세포를 빨리 죽이려는 의도가 없다. 단지 옆에 순수하게 존재할 뿐이다. 그러나 숙주세포의 면역체계는 곧 이 균의 존재를 알아차리게 되고, 간접적으로 세포에 손상을 입히게 된다. 사실, 대부분의 증상을 나타내는 것은 이 균에 대한 **숙주세포 반응(host response)**이다. 통제 불가능한 진행성 염증반응과 그로 인한 심각한 손상이 세포 손상의 원인이 된다. 이 균에 감염된 적이 있는 2차 감염 숙주세포(secondary tuberculosis)보다 감염된 적이 없는 1차 감염 숙주세포(primary tuberculosis)에서 질병이 다르게 표현되는 셈이다.

대부분의 사람들은 1차 TB(primary TB)는 쉽게 치료할 수 있다. 그러나 이 균은 완전히 제거되지 않고 대식세포 속에서 살아갈 수 있다. 전에 이 병에 걸렸던 사람은 **투베르쿨린 테스트(tuberculin test)**를 통해 쉽게 감염균의 존재 여부를 알 수 있다. 세균 항원의 혼합물을 합쳐서 **투베르쿨린(tuberculin)**이라고 하는데, 피부를 통해 주사하면 현재 이 균을 보유하거나 보유했던 적이 있는 사람에게서만 세포매개면역반응이 나타난다. 접종 부위의 피부가 국소적으로 딱딱해지고 붉어지면 양성반응이다. 어린 시절에 tubercle bacilli에 감염된 적이 있는 많은 사람들은 몇 년 동안 투베르쿨린 양성으로 나타난다. 이는 몸속에 이 균이 오랜 기간 동안 살아남는다는 증거이다. 당연히, 면역력이 약화된 환자에게 있어서는 감염균을 계속 통제하려는 우리 몸의 능력이 약화될 것이고 결국 몸의 많은 조직에 침투해 결국 사망할 것이다.

2차 TB(secondary TB)는 그 정도가 미약하더라도 면역체계에 결함이 있는 사람들에게서 흔히 나타난다. 만약 미생물과 숙주세포사이의 밸런스가 기울어져서 미생물이 더 잘 번식할 수 있는 환경이 있다고 하자. 그러면 우리의 몸은 격렬한 **세포 매개 반응(cell-mediated response)**을 일으켜 세포를 손상시킬 것이다. 이런 반응을 유발시키는 세균 화합물 중 몇몇은 세포 외막의 생성물 - 외막의 마이콜릭산과 뮤린 세포벽의 muramyl dipeptid - 을 분해한다. 세포 외막의 이 두 가지 생성물은, 대식세포의 수용체에 결합해서 대식세포가 사이토카인을 분비하게 한다. 이렇게 분비된 사이토카인 중 **종양괴사인자 알파(tumor necrosis factor alpha)**는 심각한 염증을 야기시킨다. 이 뿐만 아니라, *M. tuberculosis*를 제거하기 위해 대식세포가 독성이 있는 리소좀 성분을 분비하는데 이것도 세포 손상을 일으키는 원인이 된다. 결국, 세포는 **괴사(necrosis)**한다. 손상된 부분이 심각해지면, 숙주세포는 거의 사라지고 많은 양의 세균이 포함된 치즈처럼 보이는 물질로 바뀐다. 폐에서 이런 손상은 기도를 뚫을 수도 있다. 세포 속의 물질이 바깥으로 빠져나오면 구멍이 남게 되는데 이 단계에서 질병이 급속도로 진행되기 때문에 "급속도로 진행되는 파괴" 로 알려져 있다.

이런 손상은 면역반응 때문에 생기기 때문에, 혹자는 면역반응이 이익보다 해를 더 많이 입히는 것 아닌지, 혹은 면역반응이 없는 편이 더 나은 일 아닌지 의심할지도 모른다. 확실히, 면역체계는 손상과 치료를 둘 다 행할 수 있다. 대부분의 사람들의 면역체계는 TB를 억제해서 단지 마지막 단계에서만 촉진되는 느린 질병으로 만든다. TB에 감염된 사람들은 치료 없이도 몇 년을 살 수 있다. 그러나 면역체계가 손상된 에이즈 환자가 TB에 감염되었을 때를 비교해보자. 잠복기의 tubercle bacilli는 빠른 속도로 진행되고 곧 생명을 위협하는 질병이 된다. 제대로 기능을 유지하고 있는 면역체계와 그 기능이 손상된 면역체계는 극히 대조적인 결과를 낳는다.

21.7 *TB 애니메이션*

인간과 항산균 사이의 상호작용은 여기서 끝나지 않는다. 한센병을 일으키는 균인 *Mycobacterium leprae*도 항산균이다. 이 균은 tubercle bacillus와 비슷한 특징이 있지만 배양이 잘 되지 않고 약간의 동물들(특히 아르마딜로)에서만 연구할 수 있으며 최근에는 유전자를 복제해 대용생물(surrogate organism)에 삽입함으로써 연구되고 있다. 또한, 물과 토양에도 다른 많은 항산균들이 존재하고 있다. 이 균들은 양성이어서(benign) 건강한 사람들에게는 거의 질병을 일으키지 않는다. 그러나 면역력이 결핍된 사람들에게 있어서는 매우 위험할 수 있고, 에이즈 환자에 있어서 종종 심각한 감염을 유발시킨다.

전염성 단핵증: "키스병"

19세의 건강한 남성 축구선수가 축구시합 1주일 전부터 독감과 비슷한 증상들이 나타나기 시작했다. 그는 의사에게 목이 아프고 편도선이 붓고 미열, 피곤함, 무력감과 같은 증상으로 아프다고 호소했다. 빠른 항체 스크리닝 테스트(약 25달러가 소요됨)를 받은 결과 양성이었다. 의사는 그에게 아마 전염성 단핵증일 것이라고 말하며 적어도 1달 동안은 운동을 하지 말아야 한다고 말해 그와 그의 코치를 놀라게 했다. 이틀 후 최종 테스트(약 300달러가 소요됨)를 받은 결과 양성이었다.

21.8 *질병관리 및 예방센터의 전염성 단핵증에 관한 웹사이트*

전염성 단핵증(Infectious mononucleosis, mono)는 10-35세의 사람들에게서 대부분 발생하며 주로 15-17세 청소년기에 발현빈도가 높다. 전염성 단핵증은 보통 위험한 병으로 생각되지는 않지만, 심각한 합병증을 낳을 수 있다. 이 질병에 대해 오래전부터 내려온 이름은 "선열(glandular fever)"로써, 림프절(lymph nodes)이 붓기 때문에 이런 이름이 붙게 되었다. 전염성 단핵증은 **엡스테인 바 바이러스(Epstein-Barr virus, EBV)**에 의해 발생한다. 이 바이러스는 보통 타액과 점액을 통해 전달되기 때문에 "키스병(kissing disease)"이라는 별명을 가진다. 이 바이러스는 또한 감염된 사람이 재채기를 할 때, 혹은 감염된 사람이 쓰던 빨대나 컵을 함께 썼을 때 감염될 수 있다. 이 병의 잠복기간은 확실히 알려져 있지 않기 때문에, 감염자와 최초로 접촉했을 때를 추적하기가 어렵다. 또한, 아픈 증상이 나타나지 않기 때문에, 감염된 사람은 어떠한 증상도 못 느낄 수 있다.

전염성 단핵증은 EBV 바이러스에 대한 정보를 담고 있는 보통 DNA와, cytomegalovirus에 대한 정보를 담은 DNA 두 종류에 의해 발병할 수 있다. 이 바이러스는 입술 포진(cold sores), 음부 포진(genital herpes), 천연두 등을 발생시키는 감염균이 포함되어 있는 포진 바이러스(herpesviruses) 과에 속한다(그림 21. 7). 미국인의 약 절반이 살면서 모르는 사이에 EBV에 감염된다. 특히 유년기에 여러 번 감염되는데, 이때 발생하는 감염은, 어린시절에 종종 걸리곤 하는 다른 미약한 질병과 구별할 수 없을 정도의 증상을 나타내거나, 혹은 거의 증상이 나타나지 않는다. 40세가 되기까지 미국인의 거의 90%가 EBV에 대한 항체를 가지는데, 이 사실은 그들이 바이러스를 지니고 있으며 그 이후의 감염에 대해 면역성이 있다는 것을 뜻한다. 10대나 혹은 그 이후가 되기까지 EBV에 감염된 적이 없는 사람은 전염성 단핵증의 증상이 나타나기 쉽다. 사람에게 전염되는 바이러스 중에서도 *EBV는 독특하게도 평생동안 지속될 수 있다.* 따라서, EBV는 명백히 정상 세균계 중 하나로서 간주될 수 있을 것이다.

EBV는 보통 양성바이러스(benign virus)로써 기껏해야 매우 약한 질병을 발생시킨다. 그러나 이 바이러스는 다른 면을 갖고 있다: 버킷 임파종(Burkitt' s lymphoma), 홉킨스병(Hodgkin' s disease), 비인강 악성종양(nasopharyngeal carcinoma)라는 심각한 암을 발생시킬 수도 있는 것이다. EBV는 세 종류의 뚜렷한 생활사를 가지고 있다.

1. 무해한 편리공생 (commensal)
2. 약한 질병의 감염균
3. 심각한 악성종양의 원인

EBV의 세 가지 특성은 수많은 질문을 불러일으킨다.

- 전염성 단핵증의 증상을 발생시키는 것은 무엇인가?
- 어떻게 EBV가 면역반응에도 견뎌 오랫동안 살아남는가?
- 암으로 발전했을 때 EBV가 하는 역할이 무엇인가? EBV가 악성종양의 직접적인 원인인가?

세 질문은 서로 연관되어 있고, 답도 서로 뒤엉켜 있다. 이 질문의 답을 알기 위해서는 바이러스의 생활사에 대한 이해가 필요하다.

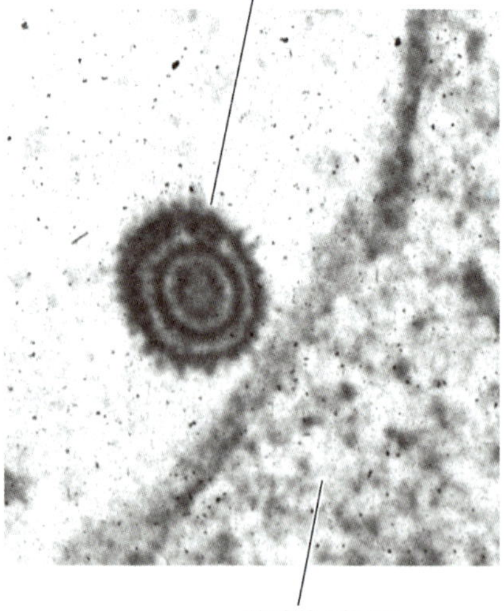

그림 21. 7 EBV 바이러스의 전자현미경 사진(얇은 구간). 감염된 림프구에서 비리온(virion)이 방출되었다. 복잡한 세포외피와 거의 구형을 나타내는 것이 포진 바이러스의 특징이다.

EBV는 먼저 입과 인두의 상피세포를 감염시킨다. 그리고 상피세포 밑에 있는 조직으로 들어가 B 림프구와 같은 면역체계에 작용하는 특정 세포들을 선택적으로 감염시킨다. 세포 매개 면역에 중요한 역할을 하는 T 림프구와는 달리, **B 림프구(B lymphocytes)**들은 항체 생산에 우선적으로 관련되어 있다. 숙주세포를 방어하기 위해 존재하는 세포 안에 사는 것은, 바이러스에게 있어서는 위험한 일일 수 있다. 그러나, 많은 감염성 균주들은 이런 전략을 선택하고 불리한 환경에서 끈덕지게 살아남는다. 우리는 전에 tubercle bacillus가 어떻게 대식세포 속에서 살아가는가를 배웠다. 미생물의 입장에서 보면 B 림프구보다는 대식세포가 더 불리한 환경인 것이다. 이윽고 EBV에 감염된 B 림프구가 림프관으로 다시 들어가면, 근접한 다른 지역에 바이러스를 퍼뜨리고 결국은 순환하게 된다. 감염된 사람들 중 약 20%는 침 속에 바이러스를 포함하고 있기 때문에 손으로 만지거나 키스를 함으로써 침과 접촉한 사람들을 언제라도 감염시킬 수 있는 것이다. 이 과정은 바이러스가 퍼지는 독특한 방법을 잘 설명하고 있다. 바이러스가 특정한 체액 속에 높은 농도로 존재한다는 사실은 T 림프구로부터 보호받는 특권지역에서 바이러스를 복제할 수 있다는 것을 의미한다.

왜 EBV는 B 림프구를 특이적으로 감염할까? B 림프구는 세포 표면에 EBV 비리온이 결합할 수 있는 특이적인 수용체(specific receptor)를 갖고 있다. 흥미롭게도 이 수용체는 보통 보체(complement)가 B 림프구와 신호를 교환하기 위해 보체의 단백질이 세포에 결합할 때 사용된다. 이 특이적 결합은 감염성 균주가 자신을 위하여 숙주세포의 기능을 사용하는 또 다른 예이다.

어떻게 EBV가 전염성 단핵증을 발생시키는가?

전염성 단핵증은 이전에 EBV에 감염된 적이 없거나 EBV에 대한 면역력이 없는 경우에 발병한다. 이 바이러스는 체내의 20%에 달하는 수많은 B 림프구를 감염시킨다. 이것만으로는 감염 증상이 나타나지 않지만, 시간이 지나면 몸은 항체를 만들고, 세포매개 면역반응을 준비하기 시작한다. 그러면 T 림프구가 killer cell로서의 기능을 발현시킨다. killer T 림프구는 세포 표면에 바이러스 항원을 가지고 있는 세포를 어떻게 찾아내고, 죽여야 하는지 알고 있다. 그로 인해 B 세포가 파괴되어 밖으로 세포 구성성분들이 빠져나오게 되면 열이나 염증 등의 감염증상을 일으키는 것이다. 다음과 같은 원리이다. 림프구 등의 백혈구는 리소좀(여기서는 미립자(granule)라고 부르자)을 가지고 있는데, 리소좀은 염증을 일으키는 가수분해 효소나 물질들로 가득 차 있기 때문에 잠재적으로 조직에 손상을 입힐 수 있다. 리소좀이 파괴되지 않았을 때는 리소좀을 제어할 수 있다. 그러나 백혈구와 그 속의 리소좀들이 파괴되어 매우 활성을 띄는 리소좀 구성성분이 방출되면 주변의 세포나 조직을 손상시킨다. 이 과정은 고름을 형성시키는 staphylococcus(staph)나 streptococcus(strep)에 감염되었을 때 공통적으로 발생하며, 백혈구를 제거하거나 용해시킨다.

어떻게 EBV가 체내에 존속할 수 있는가?

바이러스가 존재하기 위해서는(바이러스 잠복, viral latency) 두 가지가 필요하다: (ⅰ) 바이러스가 감염시킨 세포와 조화되면서 복제해야 하고 (ⅱ) 감염된 세포가 면역체계에 의해 파괴되지 않아야 한다. 바이러스가 숙주 세포 안에서 확실히 복제를 성공시키기 위해 취하는 방법은 숙주세포의 유전자(genome)에 자신의 유전자를 통합시키는 것이다. 이 방법은 용원성(lysogenic) 세균에서 일어나는 과정과 비슷하다 (제17장 참조). HIV 바이러스나 헤르페스 바이러스 같은 많은 바이러스들은 위와 같은 과정을 통해 존속해 나갈 수 있지만 EBV는 다르다 ; EBV는 핵 속에서 **독립적으로 복제하는 DNA 개체(independently replicating DNA entity)** 혹은 플라스미드(Plasmid)로 존재한다. 확실히 EBV는 자신의 바이러스 DNA와 숙주세포의 염색체를 함께 복제하기 위해서 특별한 메커니즘을 사용한다. 이를 위해서는 바이러스에 의해 부호화(encode)된 단백질과, 숙주에 의해 부호화된 단백질 사이의 상호작용이 필요하다. 그런데, 세포는 일반적으로 외부 DNA를 제거하려고 한다; 따라서 EBV DNA는 어떻게 해서든지 DNA가 분해되는 것을 막아야 한다. 특정한 바이러스 단백질은 바이러스 DNA에 결합해 숙주세포의 단백질과 함께 분해되지 않는 안정한 복합체를 만든다. 일반적으로 이 숙주세포의 단백질은 다른 목적으로 사용되는 것이었다: 인간 직선형 염색체(human linear chromosome)인 텔로미어(telomere)의 말단에 결합해서 텔로미어가 분해되는 것을 막는다. EBV는 구형 DNA를 갖기 때문에 말단이 없지만 유전자 속에 텔로미어와 비슷한 부위의 DNA 염기서열을 갖고 있다. 따라서 EBV는 텔로미어에 결합하는 단백질을 자신의 것으로 만들어 사용할 수 있게 되는 것이다. 결국 이 단백질은 숙주세포의 텔로미어를 위해 일하지 않고 바이러스를 위해 일하게 되는 것이다. telomeric-EBV 단백질 복합체의 형성이 억제되면 잠복기에 있는 바이러스 유전자가 불안정해지고 세포에서 제거된다.

21.9 *EBV 생활사*

우리 몸은 바이러스에 감염된 세포를 제거하는 다양한 방법을 갖고 있다 ; 이 모든 방법은 세포가 존재하는 기간 동안 EBV가 세포 근처에 오지 못하도록 방해해야만 한다. 세포가 계속 살아남을 수 있는 이유 중의 하나는 EBV가 모든 종류의 B 림프구에 존재하지 않기 때문이다. 오히려 EBV는 B 림프구 종류 중 하나인 **기억세포(memory cell)**에 우선적으로 침입한다. 20장에서 설명했던 것처럼, 항원에 의해 신호를 받았을 때, 특정 B 세포는 분열해서 많은 양의 특이 항체를 만든다. 이 세포들은 생존기간이 짧기 때문에 항원이 사라지면 같이 사라진다. 그러나 같은 혹은 비슷한 항원이 다시 침입했을 때, 새로 분열되는 것을 피하기 위해 기억 세포는 파괴되지 않고 다른 항원 자극이 있을 때까지 정지기 상태에 들어간다. 그리고 나서 기억세포는 빠르고 효과적인 면역반응을 준비하기 위해 분열한다. 면역학적 기억은 왜 백신 촉진제(booster shots of vaccines)가 효과적인지, 왜 한번 감염된 사람들이 똑같은 질병에 두 번째 걸렸을 때 저항성을 갖게 되는지에 관한 답이 될 수 있다.

기억세포 속에서 EBV는 안전하고 오랜 기간 생존한다. 기억세포가 정지기가 되면, 세포는 몇 종류의 바이러스 단백질을 발현한다. 따라서 면역반응이 바이러스를 "찾을 수 없는 것" 이다. EBV에 대해 놀라운 사실 중 하나는 EBV가 생존하기 위해 면역 체계의 부분인 기억세포를 목표로 하고 그 결과 살아남을 수 있다는 점이다.

어떻게 EBV가 암의 원인이 되는가?

어떻게 EBV가 암의 원인이 되는가에 관한 질문은 다소 어렵다. 확실하게 알려진 것은 바이러스 감염이 B 림프구를 자극해 임파아구세포(lymphoblast)라고 불리는 성장할 수 있는 세포로 분화하고 제한이 없다면 임파아구세포가 **림프종(lymphomas)**이 된다는 점이다. 건강한 사람들은 면역체계가 작용함으로써 EBV-유도 B 세포 분열이 억제된다. 면역결핍상태는 평생을 살면서 다양한 시기에 발생할 수 있기 때문에 바이러스가 침입한 몇 년 후에 암 발병이 시작될 수 있다. 따라서 EBV는 활성을 유도하는 신호가 없다면 스파이 이야기 속의 "첩자"처럼 행동할 수 있다.

감염된 B 림프구가 분열해서 결국 암이 될지 말지는 바이러스 단백질의 숫자에 달려있다. 몇몇 단백질은 **자기세포사멸(programmed cell death)**인 apotosis를 막아서 "불멸화(immortalize)" 된 세포를 만든다. 이 과정은 바이러스 단백질이 apoptosis를 억제하는 숙주 단백질을 활성화시킴으로써 진행된다. EBV의 다른 영리한 점은 감염되었을 때 늦게 발현되는 두 단백질이 기억세포를 장기간 생존하도록 유지할 수 있는 신호전달 과정을 정확하게 모방하는 것이다.

EBV는 비인두(nasopharynx)의 상피세포에 발생하는 암과 관련이 있다. 왜 EBV는 다른 종류의 세포를 쉽게 감염시키지 못하는 것일까? 거의 확실한 답은 다른 세포의 표면에는 특이적인 EBV 수용체가 없기 때문일 것이다 ; 이 수용체는 단지 B 림프구와 특정 상피세포에서만 발견된다. 이유가 무엇이든 간에 우리에게는 다행인 일일 수도 있다.

HIV 감염과 에이즈

병원관리노동자로 일하고 있는 28살의 양성애자 B씨는 의사에게 지난 주 내내 열이 있고 림프절이 붓고 두통이 있었다고 호소했다. 그는 3주 전에 콘돔을 사용하지 않고 새로운 남자 애인과 관계를 가졌고 그 자신이 꽤 문란하다고 생각했다. 과거에 그는 정맥주사(intravenous drug, i.v.)를 사용하는 마약환자였지만 1년도 전에 그만두었다. 의사는 HIV 감염을 의심하고 테스트를 받게 했다.

B씨는 전형적인 감염증상을 나타내기 때문에 특별한 조건이라고는 생각되지 않는다. 그러나 의사는 HIV감염의 가능성을 빨리 파악해야 했다. 왜냐하면, B씨는 몇 가지 관련된 위험요소를 갖고 있었기 때문이다. 그는 양성의 상대와 관계를 가졌으며, 정맥주사를 사용하는 마약환자였고, 병원에서 일하고 있어서 HIV 감염 환자의 혈액에 쉽게 접촉할 수 있었다.

과연 새로 사귄 애인이 B씨에게 HIV를 옮겼을까? 대부분의 경우, 그가 보인 증상은, HIV에 감염되고 6달 이내에 보이는 증상들이며 3일에서 14일 정도 약하게 지속되는 증상이다. HIV에 대한 항체형성을 확인하는 **혈액 테스트(enzyme-linked immunosorbent assay[ELISA] 혹은 Western blot으로 확인함)**는 B씨가 의사를 방문해 증상을 호소하는 시기에는 아마 음성으로 나왔을 것이다. 왜냐하면, 감염 초기에는 항체를 발견할 수 없기 때문이다. 바이러스 RNA에 대한 항원을 찾는 더 민감한 검사를 할 수 있지만, 비싸고 보통 빨리 스크리닝이 되지 않는다.

HIV 항체에 관한 테스트는 음성이었지만, 다음에 바로 혈액속의 바이러스 RNA에 관한 테스트는 양성이었다. 10일 후에, B씨가 병원에 찾아와 자신의 병에 대한 진단을 받았을 때, 그는 "그럼 제가 에이즈란 말이에요?"라고 물었다. 의사는 아직은 에이즈가 아니지만 확실히 치료받지 않으면 에이즈로 발전할 거라는 얘기를 해 주었다. 그는 의사에게 더 이상 잠자리를 통한 접촉을 하지 말고, 혹시 하더라도 콘돔을 사용해 안전한 관계를 가지라는 충고를 들었다. 또, 의사는 3개월 이내에 다시 병원을 방문해서 테스트를 좀 더 받기를 권장했다.

21.10 *HIV 테스트 종류에 대한 정보*

B씨의 몸 속에서 무슨 일이 일어나고 있는 것일까? 이 질병의 전형적인 진행과정은

CD4 T 세포(CD4 T cells)라고 불리는 림프구인 특정 백혈구에 빠르게 감염되는 것이다. 이 이름이 붙여진 이유는, 세포 표면에 HIV가 결합할 수 있는 수용체로 작용하는 CD4 단백질을 갖고 있기 때문이다. 이 세포는 세포 속에서 번식하고 있는 바이러스를 지닌 채 혈류로 퍼져나가 림프절, 간, 신장 등의 다른 기관들을 감염시킨다. CD4 T 세포를 대규모로 제거해야 하기 때문에 B씨가 위에서 말한 증상들이 뚜렷해지는 것이다. 이를, 감염의 **급성기(acute phase)**라고 한다.

몇 주 후에, HIV 감염의 **만성기(chronic phase)**가 시작되는데, 이때 면역체계는 감염을 통제할 능력을 얻기 시작한다. 면역체계는 바이러스를 생산해 내는 세포를 죽이기 시작하며, 이때 감염증상은 사라지지만 감염상태는 지속된다. 5~10년 동안 혈류 속의 CD4 T 세포의 숫자는 정상 수준(1mm^{3}당 800~2,000개)에서 점진적으로 계속 감소하기 시작한다. 일반적으로 그 수치가 200에 달하면 에이즈에 감염되었다고 생각된다. 수치가 100이하로 내려가면, 면역체계가 능력을 상실해 HIV 뿐만 아니라 거의 모든 감염을 막지 못하게 된다.

처음에는 B씨의 CD4 T 세포의 숫자가 정상이었기 때문에 그는 괜찮은 것 같다고 생각했다. 그래서 의사가 6개월마다 한번 씩 병원에 꼭 오라고 했는데도 불구하고 가지 않았다. 6년 후에 B씨는 상부와 어깨에 강한 발진이 생기고 림프절이 부은 채로 병원에 돌아왔다. 또한, 인후염 뿐만 아니라 입에 하얀 반점까지 생겼다(아구창[thrush]을 나타내는 것으로 효모 *Candida*에 의해 발병한다). 그의 CD4 T 세포의 수치는 이제 185 cells/mm^3 이다.

6년 동안 무슨 일이 있었던 걸까? 비록 6년 동안 B씨의 증상이 느리고 점진적으로 발생했지만, 결코 HIV는 정지기에 있었던 것이 아니다. 엄청난 수의 비리온이 생성되고 엄청난 수의 CD4 T 세포가 제거되었다. 그의 몸은 많은 양의 새 CD4 T 세포를 만들 수 있었지만, 결국 바이러스가 이겼다.

CD4 T 세포가 없어지면 왜 감염이 더 잘 될까? CD4 T 세포는 두 부류의 적응면역(adaptive immunity)에 있어서 중요한 역할을 한다 : 항체와 세포 매개 면역반응이다(제20장 참조). **보조 T세포(T helper cell)**로도 알려져 있는 이 림프구는 항체(B 림프구)를 만드는 세포의 분열과 세포매개 면역반응(killer cell, 세포독성T세포 cytotoxic T lymphocyte)

그림 21. 8 치료받고 있지 않는 HIV 환자의 전형적인 질병발달양상

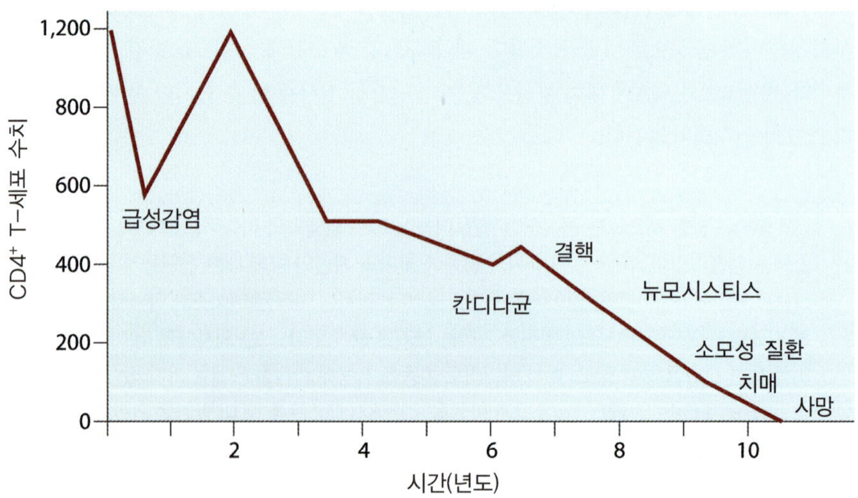

에 관련된 세포의 분열에 필수적이다. 추가로, 보조 T세포는 염증을 유발시키는 사이토카인을 분비한다. CD4 세포가 없으면 미생물이 들어왔을 때 전혀 방어할 수 없게 되어, 정상인에게서는 독성을 나타내지 않는 세균이 들어왔을 때조차 방어가 불가능해진다. 치료받고 있지 않은 HIV 환자의 감염진행에 관한 그래프가 그림 21. 8.이다.

B씨가 받을 수 있는 치료는 HIV의 복제를 억제하는 다양한 약을 복용하는 것이다. 이 약은 3가지 종류로 나뉘는데, **역전사 억제제(reverse transcriptase inhibitors), 단백질분해 억제제(protease inhibitors)** 그리고 바이러스 침입 억제제이다. 이 약들은 HIV가 번식하는 과정을 효과적으로 억제한다. 17장에서 설명한 것처럼, HIV는 필수적으로 DNA 중간생성단계를 가지는 RNA 바이러스 즉, **레트로바이러스(retrovirus)**이다. RNA에서 DNA를 만들기 위해 바이러스는 그 비리온 속에 **역전사효소(reverse transcriptase)**를 지닌다. 이런 종류의 바이러스 중에서도 HIV는 꽤 독특한 편이라서 억제제로 쉽게 효소를 억제할 수 있다. 단백질 분해효소는 비리온을 성숙시키기 위한 마지막 단계에 작용하는데, 바이러스 단백질 전구체를 절단하여 성숙한 형태로 만든다. 이 두 가지 단백질을 억제하는데 사용되는 많은 약들은 구입이 가능하고 보통 3개가 함께 사용된다. 한꺼번에 약을 복용하는 이유는 만약 약을 단독으로 복용하게 되면, HIV에 저항성 돌연변이가 빠르게 생기기 때문이다(높은 돌연변이율은 RNA 바이러스의 특징이며, 이는 RNA 복제에 관련된 효소를 교정하는기능이 없기 때문이다). 그러나 HIV가 저절로 세 약에 대해 저항성을 가지게 될 가능성은 매우 낮다. 언제부터 이런 치료를 시작해야 할까? 어떤 사람은 빠르면 좋다고 생각하지만 이 생각에 대한 증거는 논쟁의 여지가 있다.

B씨의 의사는 B씨에게 두 종류의 역전사 효소 억제제와 한 종류의 단백질 분해억제제를 처방했다. 의사는 B씨에게 반드시 이 세 종류의 약을 특정 시간에 맞춰서 먹어야 하며 그렇게 하지 않을 경우에는 바이러스가 약에 대한 저항성을 갖게 될 것이라고 말했다. 몇 주가 지나 처방을 따르면서 찾아온 불면증, 구역질, 설사 등의 부작용 때문에 결국 B씨는 그 처방을 따르지 않게 되었다. 6주 후 그는 숨이 가빠져 오고 마른 기침을 하게 되어 응급실에 실려왔다. 그의 체온은 102°F였고, 결핵을 진단받았기 때문에 항생제를 처방받아 어느 정도 괜찮아졌다. 결핵을 발병시킨 병원균은 *Pneumocystis jiroveci*(옛날에는 *Pnemocystis carinii* 였다)라는 곰팡이로, 대부분의 일반 사람의 폐에 공생하는 위험하지 않은 생물이었다.

이 약을 복용하는 사람은 혈액 속의 바이러스 수치가 급격하게 떨어지고 6달 이내에 바이러스가 나타나지 않는다. CD4 T 세포의 수치가 상승하고, 환자는 더 이상 기회성감염(opportunistic infection)이 없는 듯한 기분을 느낀다. 이 치료 덕분에 미국에서 에이즈로 사망하는 환자는 1998년 에이즈가 발병했을 때와 비교했을 때 20% 정도 감소했다. 만약 치료를 중단하면 즉시 바이러스 복제가 진행되기 때문에, 치료를 더한다고 완치할 수 있는 것은 아닌 것 같다. 따라서, 이 약들은 HIV 감염을 치료할 수 있는 것이 아니라 단지 멈출 뿐이다. 그러나 다른 부정적인 점이 있다. 환자는 CD4 세포의 숫자가 회복될 때까지 기회 감염을 억제하기 위해 하루에 최소한 8개부터 많게는 16개 까지 다른 약과 함께 복용하지 않으면 안된다. 이 약들을 복용함으로써 부작용 즉, 불면증, 발진, 구역질, 설사 그리고 두통에서부터 빈혈, 간염 그리고 당뇨 등이 나타날 수 있다. 게다가, 약의 가격이 상당히 비싸다.

결핵 후에, B씨는 직장으로 돌아갔다. 4개월 후에, 높은 열과 심각한 두통이 찾아왔다. 의

> 사는 척수 천자(spinal tap)를 통해 *Cryptococcus neofirmans*라는 곰팡이가 몸 속에 존재한다는 것을 밝혀냈다. B씨는 fluconazole(항곰팡이 균 트리아졸 유도체[a triazole antifungal agent])을 처방받음으로써 괜찮아졌지만 작년에 비해 80파운드나 살이 빠지고 피부 감염이 증가하고 있는 것에 대해 걱정이 되기 시작했다. 두 달 후에, 그는 부모님과 함께 병원을 찾아왔다. 부모님은 그의 건망증이 점점 심해지고 성격이 점점 내성적으로 변하는 것에 걱정하고 있었다. 그는 간단한 명령조차 따를 수 없는 상태가 되어 있었다. 뇌의 CAT(computerized axial tomography) 사진은 그의 뇌 조직이 심각하게 상실되어 있음을 보여주고 있었다. 2주 후에, 의사는 부모님으로부터 B씨가 그날 집에서 사망했다는 사실을 들었다.

B씨의 비극적인 죽음은 세계적으로 매년 수백 배씩 증가될 수 있다. 처음으로 에이즈의 존재를 알고 나서부터 30년이 채 되지 않아 에이즈는 역사상 가장 파괴적인 전염병으로 우리를 위협하게 되었다. 1,500만 명 이상의 사람들이 에이즈로 죽어가고 3천만명의 사람들이 HIV에 감염되고 있다. 사하라 사막 이남의 아프리카 사람들의 평균 수명은 47세로 떨어졌다 ; 에이즈가 유행하기 전에는 62세였다. 보츠와나에서는 평균수명이 거의 35세로 떨어졌다. 4천만 명의 아이들이 부모 중 한명 혹은 두 명 모두를 잃고 있다. 더 어두운 전망은 에이즈에 대한 특별한 치료방법이 개발되지 않으면 앞으로 수백만 명의 사람들이 에이즈로 죽어갈 것이라는 것이다. 주요 문제들 중 하나는 돈인데, 환자 한명이 약을 처방받아 치료하는데 1년에 드는 돈이 15,000달러에 달한다. 이에 반해, 많은 아프리카 국가들에서 한 사람당 1년에 지불하는 건강지출기금이 10달러에 불과하다는 것을 생각해 볼 수 있겠다.

HIV는 사회적으로 강하게 인식하고 행동함으로써 예방할 수 있다. HIV가 세 종류의 전달방식을 갖고 있다는 것을 생각해 보면 일반인에게 그 전달경로를 알려야만 한다: (ⅰ) 감염자와 성적으로 접촉하면 감염된 체액(혈액, 정액, 질 분비물)이 전달될 수 있다; (ⅱ) 감염자와 정맥주사를 함께 사용하거나 수혈을 잘못 받으면 혈액이 감염될 수 있다; (ⅲ) 그리고 에이즈에 감염된 엄마가 아이의 탄생 직후 혹은 탄생 후에 아이에게 모유수유를 할 경우 감염될 수 있다. 이 연결고리들은 충분한 교육과 동기부여를 통해 끊을 수 있지만 이들 중 어떤 것도 쉽사리 행동에 옮길 수 없다. 가장 강한 무기는 역시 백신이겠지만 HIV의 엄청난 돌연변이율은 이 백신의 연구를 어렵게 만든다. 더 근본적인 것은 바이러스연구가가 말한 것처럼 "만약 HIV 감염자의 면역체계가 바이러스를 완전히 제거할 수 없다면, 같은 면역체계를 활성화시키는 백신이 감염을 억제시킬 것이라고 왜 기대하는가?"라는 것이다. 그러나 이런 노력에 더해 투입되고 있는 재능과 자원들을 생각해 보면 우리는 희망적이다. 우리에게 많은 선택은 없으나 곧 효과적인 치료와 예방법이 나올 것으로 믿고 있으며, 이 경우가 아니라면 인류 역사상 가장 무서운 경험을 한 목격자가 될 것이다.

결론

이 장에서는 인간이 원생생물과 벌레를 포함한 세균, 곰팡이, 혹은 다른 기생충과 상호작용하는 수많은 방식 중, 감염성 질병은 단지 예에 지나지 않는다는 개념을 설명하였다. 이 장에서 설명한 많은 양의 정보를 이해하기 위해서는, 모든 감염성 질병이 거의 같은 발병단계를 가지며, 단지 세부적인 사항에서만 다양성을 지닌다는 것을 알 필요가 있다.

감염성 질병에 관한 연구는 정지기의 상호작용이 없기 때문에 움직이는 향연과 같다.

시간이 흐르면서 숙주세포와 기생충이 함께 진화했기 때문에 상황도 함께 바뀌어 왔다. 게다가, 생태학적인 변화와 함께 사람의 행동도 변화함으로써 새로운 균주가 나타났다. 다음 장에서는 인류와 병원성 미생물의 관계 변화에 관련된 요소들을 알아볼 것이다.

학습문제

1. 인간의 감염성 질병들 중 20개의 이름을 말해보시오. 그 중 각각 어떤 것이 세균, 바이러스, 곰팡이, 동물기생충에 의해 발병하는가?

2. 세균 외독소(exotoxin)의 특징은 무엇인가? 예를 들어보시오.

3. 어떻게 세균 독성물질이 숙주세포로 직접 주입되는가?

4. Tubercle bacilli의 두드러진 특성이 무엇인가?

5. 양성 투베르쿨린 테스트가 시사하는 것은 무엇인가?

6. EBV의 주요 특징들은 무엇인가?

7. HIV에 감염되었을 때, 치료하지 않는 경우 발생하는 주요 발병 단계에 대해 서술하시오.

제22장 미생물과 인간 역사

서론

진화는 생물체 사이의 상호작용에 의해 형성된다. 다른 종들처럼 우리도 상리공생, 기생, 포식관계 같은 생물학적, 물리적으로 변화하는 환경에 살아남기 위해 진화해 왔다. 다른 모든 동물처럼 변화하는 환경에 대처하기 위해 고대로부터 전해져 내려오는 효과적인 방법 또한 가지고 있다.

미생물의 침입에 대응해 살아남기 위해, 우리는 강한 선천(innate) 면역 반응 혹은 **적응(adaptive)면역 반응**을 진화시켜왔다. 처음에는 피부, 점막, 식세포, 보체 체계 및 항균 성분 등으로 구성된 선천면역반응이 진화했다. 그 후에 항체와 세포 매개 면역반응을 일으키는 적응면역반응이 진화했다.

선천면역반응(innate immunity)은 척추동물과 무척추동물이 나뉘기 시작한 5억만 년 전부터 생명현상에 깊게 관여하기 시작, 오늘날에는 곤충과 동물들이 고대로부터 전해져 온 면역학적 특징을 보유하게 된 것이다. 1800년대 후기의 Elie Metchnikoff는 불가사리가 진화하는 시기와 함께 식균작용도 진화해 왔다는 것을 발견했다. 미생물에 관련된 분자 패턴(20장 참조)을 인식하는 척추동물 톨-유사수용체(Toll-like receptor)와 상동성을 가지는 부분이 *Drosophila* 세포에서 발견된 것이다. 따라서 곤충과 동물들은 미생물의 침입을 알아차리고 방어반응을 유도하는 비슷한 메커니즘을 지녔던 것이다. 그러나 곤충에게서는 적응면역반응이 발달되지 않았다.

그렇다면, 획득 면역이 무척추 동물에게서는 발견되지 않는 이유에 대해서 몇 가지 생각해 볼 수 있다. 곤충들은 평균수명이 너무 짧고 일반적으로 동물보다 크기가 작아서 획득면역을 발달시키기에는 무리가 있었을 것이다. 사람의 경우에는 많은 기관(신장, 림프절 및 다른 기관)을 통해 나타나고 분포된 조직에 의해 획득 면역이 생겨났을 것이다. 물론 인간보다 쥐에게 있어서 그 공간이 더 작겠지만, 면역체계는 세포 매개 면역반응을 나타내고 항체를 생성하도록 프로그램된 세포에 큰 다양성을 주기 위해 많은 공간을 차지하고 있다. 아마도 곤충은 크기가 너무 작아서, 그런 많은 수의 세포를 수용할 공간조차도 없을 것이다.

22.1 *곤충면역학에 대한 개관논문*

감염성 질병의 위협은 아직 끝나지 않았다 - 몇몇은 사라지고 새로운 종류가 나타나며 나타난 지 오래된 질병은 더 심각한 질병으로 업그레이드되어 다시 나타나고 있다. 또한, 감염성 병원균이 인간보다 더 확실하게 우위를 차지하고 있었던 시기도 있었다. 증명할 수는 없지만, 감염균이 진화하기 시작하면 인간들은 감염성 질병 때문에 멸종하기 시작할 지도 모른다. 인류학자들은 다른 종에 존재하고 있는 호모속(genus Homo)을 지적하고 있는데, 그 종중에 몇몇은 *Homo sapiens*의 조상과 함께 존재했고 결국 모든 종이 멸종했다. 역사적으로 볼 때에도 고립된 종의 인류는 사라졌고, 다른 종의 숫자는 가파르게 감소했다. 그 예로, 1903년에 한 명의 선교사에 의해 발견된 Southern Coyapos라는 아마존 부족의 슬픈 운명을 들 수 있겠다. 1913년에 부족민들 사이에 전염병이 발생했는데, 그로 인해 부족민의 숫자가 8,000명에서 500명으로 감소했다. 결국, 1927년에 단지 27명만이 살아남았고, 종족을 위해 다른 부족과 결혼했기 때문에 순수혈통의 부족민은 사라지게 되었다. 또 다른 예는, 1778년에 James Cook 선장과 그의 선원들이 하와이 섬을 찾아냈을 때 발생하였다. 폐결핵, 홍역, 장티푸스 및 다른 질병들을 발생시키는 새로운 감염성 병원균이 섬의 주민을 덮쳤고 그 결과 섬에 살고 있는 한 세대가 끝나기 전에 인구가 300,000명에서 30,000명으로 감소했다. 이 사건들은 결코 먼 나라의 일이 아니다 : 오늘날 보츠와나 같은 사하라 사막 이남의 몇몇 나라에서는 에이즈로 인한 사망이 최악에 이르고 있다.

페스트(great plaque)로 인해 우리의 역사가 바뀐 것과 비슷한 상황을 스페인의 멕시코 정복에서도 볼 수 있다. 멕시코 원주민은 유럽에서 유행하던 많은 전염병에 노출된 적이 없었고, 이 시기에 이미 유럽의 인구는 전염병에 어느 정도 저항성을 갖고 있었다. 그 결과 홍역, 천연두 및 다른 질병은 멕시코의 인구를 압도적으로 감소시켰다. 점령군이 도착한 후 100년동안 멕시코 원주민의 숫자는 3천만 명에서 1600만 명으로 감소했다. 이처럼 인구는 급격하게 감소했고 그런 인구의 감소가 - 물론 가장 큰 이유는 아니겠지만 - 멕시코의 크고 강한, 세련된 황제를 불과 소수로 구성된 침입자가 쉽게 정복할 수 있었던 주요 이유 중의 하나라고 생각된다. 다음 글은 지금의 과테말라 지역에서 온 것이다.

> 죽음의 악취가 엄청나게 심했다. 우리의 아버지와 할아버지들이 죽은 후에, 인구의 반이 사라졌다. 개와 독수리가 그 시체를 게걸스럽게 먹었다. 사망률이 극에 달했다. 너의 할아버지가 죽었고, 그와 함께 왕의 아들, 왕의 형, 왕의 친척들 모두 함께 죽었다. 그것은 곧 우리가 고아가 될 거라는 사실이다. 오, 나의 아들아! 우리도 또한 그렇게 될 것이다. 우리는 죽으려고 태어났다!
>
> A. RECINOLS et al., 번역자, 칵치쿠엘(Cakchiquels)과 또또니까빵(Totonicapan) 왕의 기록(*The Annals of Cakchiquels and Title of the Lords of Totonicapan*) (1953, 노르만, 오클라호마 대학 인쇄)
> A. W. CROSBY의 "콜럼비아 교역", 58페이지에서 인용 (1972, 그린우드 인쇄, Westport, Conn.)

스페인 사람들은 이 질병들에 대해 확실히 면역성을 갖고 있었고, 이 사실은 원주민들로 하여금 이들이 초자연적인 힘을 갖고 있다고 믿게 만들었다. 똑같은 사건이 남아메리카에서 발생했는데, Pizarro는 단지 168명의 군사로 잉카왕국을 점령했다. 곧 홍역과 아마도 전염성 장티푸스였을 것으로 생각되는 여러 종류의 질병이 잉카를 덮쳤다. 반면, 모든 종류의 새로운 전염병이 유럽에서 온 것은 아니었다. 예를 들면, 말라리아와 황열병은 아프리카에서 왔으며, 미국에서도 곧 발병했다.

그러면, 왜 신세계가 아닌 구세계에서 이런 질병들이 유행했던 것일까? Jared Diamond는 그 이유를 다음과 같이 생각했다: 대다수의 전염병은 원래 동물들로부터 생겨났으며 큰 동물을 길들이는 행위는 구세계에서 더 성행하였다. 이윽고 순수한 동물 감염균이 인간을 숙주로 삼으며 적응하기 시작했고, 그에 따라 점차 인간에게도 병원성을 띠는 균이 되었을 것이라는 것이다. 구세계의 사람들은 이런 질병에 대해 필수적으로 약간의 저항성을 가져야만 했다. 질병을 옮기는 동물과 그에 따른 질병 목록은 표 22.1에서 볼 수 있다.

감염성 질병은 어떻게 변화하는가?

시간이 흐르자, 사람들은 오히려 미생물과 타협하기 시작했고, 그 반대도 적용되었다. 특별한 변화의 추구 없이, 숙주와 기생충 사이에 어느 정도의 균형이 이루어졌다. 일반적으로 기생충이 그 숙주를 죽여서 특별한 이익을 얻는 것도 아니며, 더구나 새로운 숙주에게 전파되는 것을 방해하는 것도 아니다. 이러한 관계들이 항상 단순하게 이루어지는 것도 아니다. 예를 들면, 파상풍균은 토양 속에 살고, 생존을 위해 동물이나 사람이 숙주로 필요한 것은 아니다. 사람을 감염시켜 번식하는 균은 소수이기 때문에, 이 균의 생활사에 있어서 숙주는 우연적인 요소이다. 결국, 가끔 숙주세포를 죽이는 것은 이 세균에게 있어서 아마 문제가 되지 않을 것이다. 그러면 파상풍균이 왜 독성을 만드는에 대한 질문이 생긴다. 그에 대한 답은 아직 밝혀지지 않았다. 숙주의 몸 밖에 존재하는 것이 적응되지 않은 균에게 있어서, 다른 숙주로 전달되기 전에 그 숙주를 파괴하는 것은 자신의 이익과는 명백하게 대조적으로 선택된 행동일 것이다. 그러나 대부분의 전염병은 인간과 동물을 저장기관으로 하고 환경 속에서 오랜 기간 생존할 수 없는 미생물에 의해 발생한다. 그 예로써 천연두, 플라그, 인간 면역결핍 바이러스(HIV) 감염, 장티푸스, 디프테리아, 매독, 척추성 소아마비 등을 들 수 있다. 장티푸스, 콜레라, 세균성 이질이 오염된 물과 음식을 먹음으로써 광범위하게 발생하는 것은 사실이지만, 콜레라를 제외한 다른 질병들은 원인이 되는 미생물이 매우 가끔 환경에서 발견된다. 다른 대부분의 경우에서 감염균이 저장되는 곳은 인간과 동물이다. 그 결과, 오래된 혹은 새로운 질병이 발생하는 데는 인간 행동양식의 변화가 중요한 역할을 한다. 다음 문단에 예

표 22.1 가축에게서 전파되는 치명적 질병

인간에게서 발생하는 질병	가장 관련이 높은 병원균을 옮기는 동물
홍역	소(우역)
폐결핵	소
천연두	소(우두), 천연두 바이러스와 관련된 다른 가축들
인플루엔자	돼지와 오리
백일해	돼지와 개
말라리아	새(닭과 오리)

시가 열거되어 있다.

- 이전에 면역적으로 "순진(naive)" 했던 개체군이 새로운 병원성을 얻었을 때 질병의 양상이 위협적일 수 있다. 뚜렷한 예는 유럽인들이 미국으로 퍼뜨린 천연두를 들 수 있다. 위에서 설명한 것처럼, 벼룩을 동반한 bacillus 플라그를 몸에 지니는 쥐가 아시아에서 유럽으로 옮겨왔다. 또한, 근대 교통의 발달로 인해 감염성 질병이 전 세계로 급속도록 퍼져나갔다.
- 시골에서 도시로 바뀌는 도시화는 감염성질병이 퍼지는 데 영향을 미친다. 1900년에 세계 인구의 약 5%만이 도시에 살았다; 21세기 초에는 도시 거주자가 대다수이다. 도시에 사는 사람들의 숫자가 더 커질수록, 결핵 같은 질병이 더 쉽게 전파된다.
- 전쟁, 기아 그리고 만성적인 가난은 영양실조를 발생시킨다. 이는 면역을 억제시켜 소화기 및 호흡기의 감염에 취약해지게 만든다. 특히 아이들은 이런 심각한 호흡기, 소화기 감염에 더 취약해질 수 있다.
- 오염된 주사기를 사용하거나 콘돔을 사용하지 않은 채 관계를 맺는 등의 위험한 행동들은 현재 유행하고 있는 에이즈를 포함하여 다양한 질병들의 주요 원인이 될 수 있다.
- 근대에 들어와서 소, 조류 혹은 생선 등을 좁은 공간에서 대량으로 키워 고기를 생산하는 방식이 보급되어 왔다. 또한, 중앙에 위치한 큰 공장에서 수 톤에 육박하는 양의 고기와 달걀을 생산해 국내에 혹은 국제적으로 분포하고 있다. 그러나 이는 겉보기에 경제적으로 보이지만 병원균의 성장을 촉진하고 대량으로 퍼뜨릴 수 있는 환경을 만들고 있다 (예를 들면, 대장균 균주).
- 사람들이 나무로 우거진 구획 위에 집을 지으려고 했기 때문에 미국의 북동부 지역과 상부에 위치한 중서부 지역 등 북아메리카는 부분적으로 재산림화(reforestation)를 진행하였다. 이는 사람의 접근성을 증가시켜 사슴의 개체수를 증가시키는 의도하지 않은 결과를 낳게 되었다. 그와 동시에 라임병 세균(Lyme disease bacterium)을 옮기는 사슴 진드기의 숫자가 증가하게 되었다.
- 항생제의 남용은 약에 대한 저항성을 지닌 세균의 생성을 촉진시킨다. 여기서 위험한 점은 효과적인 약효를 능가하는 미생물의 저항성이다. 항생제 출현 이전에 정립된 세균들이, 약에 대한 세균에 대해 동일한 민감성을 가지는 것이 증명되어 왔다.

미생물이 존재하는 환경의 변화가 모두 인간이 만든 것만은 아니다. 역사적으로 봤을 때, 기후가 순환함으로써 콜레라와 말라리아 같은 질병이 퍼지는데 영향을 끼쳤다. 물론, 인간이 만들어낸 지구 온난화의 문제점을 여기서 다루고자 한다.

크건 작건간에, 환경의 변화는 미생물에게 선택적인 압력으로 작용하고, 새로운 형태의 미생물을 출현시키거나 오래된 형태의 미생물을 다시 출현시킨다. 환경 혹은 숙주에게서 발견되는 많은 수의 미생물들을 보면, 심지어 발생빈도가 낮더라도 돌연변이가 증가한다. 따라서 세균에 돌연변이가 일어나면 항생제 저항성을 지니게 되고, 전형적으로 10^6~10^8개의 모든 세포에서 돌연변이가 일어나게 되지만 이 수치는 자연적으로 발생하는 세균 개체군에 있어서는 그리 큰 숫자는 아니다. 그러나 악성(virulence)과 같은 더욱 복잡한 기능은 단

22.2 *질병발생연구센터의 웹사이트*

일 돌연변이(single mutation)를 축적한다고 일어나는 것은 아니다. 대량의 유전자를 얻으면 광범위한 돌연변이가 일어나기가 쉽다. 10장에서 다룬 것과 같이, 세균은 세포에서 세포로 자신의 큰 유전자 조각을 옮기는 몇 가지 방법을 가지고 있다. 지구의 환경이 위태롭게 변화하고 미생물은 그 변화에 빠르게 대응하는 능력을 갖고 있으므로 우리는 어떤 새로운 균이 우리를 죽이려 들 것인지는 예측할 수 없지만 새로운 종이 곧 나타날 것이라고 추측할 수 있다. 1969년 미국의 공중위생국장이 발표한 선언에는 자신감이 떨어진 것을 볼 수 있다 : "전염병에 관한 책을 가까이 할 시간이다." Louis Pasteur의 말을 인용해보면 더 쉽게 이해할 수 있다 : "미생물은 끝까지 양보하지 않을 것이다!"

전쟁 속의 미생물

적을 무력화시키기 위해 전염병을 일으키는 미생물을 사용하는 것은 긴 역사 속에서 불명예스러운 일이었다. 최초로 전염균을 사용한 예는, 14세기에 크림 반도의 페닌슐라왕국에서 도시를 포위하는 동안의 일이었다. 페닌슐라 왕국을 공격하던 침입자는 도시의 방어벽 너머로 플라그에 감염되어 죽은 사람의 시체를 내던졌고, 그 결과 도시에는 전염병이 퍼지게 되었고 결국 왕국은 무릎을 꿇었다. 미국에서는, 스페인인과 영국인들이 전염병을 퍼뜨릴 목적으로, 천연두 바이러스에 감염된 사람들의 옷과 담요들을 원주민에게 내주었다. 20세기에 들어서도 이런 행위는 계속되고 있지만 그 행동의 정확한 범위가 완전히 드러나지 않고 있을 뿐이다. 전쟁에 미생물을 사용하는 일은 미생물의 생물학적 기원을 찾아내는 것보다 아무런 가치가 없으며, 이는 곧 감염의 원인을 알 수는 없지만 감염되면 어떤 일이 일어나는지는 알고 있다는 것을 의미한다.

미생물을 이용한 전쟁이 효과가 있는지는 단지 도덕적인 이유때문만이 아니어도 논쟁의 여지가 있다. 일반적으로 생화학적인 전쟁이 일어나면, 감염균을 예측하는 것이 불가능할 수도 있고, 질병이 분산되는 것을 쉽게 막을 수 없다. 예를 들면, 공격하는 사람마저도 위험한 장소에 있을 수 있는 것이다. 인류는 이 생화학적 위협이 거의 없어지도록 노력하고 있다. 1969년에 미국은 생물학적 무기 프로그램을 일방적으로 종료하고, 1972년에는 비축한 무기들을 제거하도록 공표했다. 1969년에는 160개국이 생물학적 화학무기의 사용을 금지하는 조약을 맺었다. 이 조역을 비준한 143개의 나라 중에는 미국, 러시아, 이라크, 이란, 리비아뿐만 아니라 북한도 포함되어 있다. 그럼에도 불구하고 현재에도 생화학테러라는 미명아래 생화학 전쟁이 우리를 계속 위협하고 있다. 다음으로, 이런 인식 속에서 두드러지게 알려진 두 종류의 감염균을 설명하려한다.

천연두

천연두는 우리 지구에서 박멸되었다. 최소한 1977년 이후로는 한 번도 보고된 적이 없고, 1980년 5월 8일 세계보건기구(WHO)는 이 질병이 완전히 사라졌다고 공표했다. 그러나 천연두가 생화학 테러균으로서 점차 그 사용이 증대됨으로써, 의학과 국제협력으로 이루어진 이 대단한 승리에 먹구름이 드리워지고 있다. 이전까지는 백신이 효과적으로 작용했기 때문에 질병의 근절에 매우 성공적이었다. 앞서 말한, 우려가 발생하는 이유는, 비록 이제까지 알려진 천연두바이러스가 지금은 안전하게 미국과 러시아의 저장고에 보관되고 있다 하더라

22.3 *질병관리 및 예방센터의 천연두에 관한 웹사이트*

도, 살아있는 몇몇 바이러스가 다른 장소에서 나타날 가능성이 있기 때문이다. 천연두의 재출현은 심각한 결과를 낳을 것이다. 왜냐하면, 천연두를 근절했다고 이미 발표했기 때문에, 백신이 사용되지 않았고, 따라서 지금의 인구는 이제 이 바이러스에 대해 취약하기 때문이다.

천연두는 고대에 전 세계에 널리 퍼진 질병이었다. 천연두가 가장 악성인 형태로 존재할 때 사망률이 약 25%에 달했으며, 전염성이 매우 강했다. 천연두("great pox" 즉, 매독과 구별하기 위해 천연두라고 부른다)는 많은 심각한 증상을 낳는다 : 고열, 극도의 고통, 발진이 발생하며 수없이 발생하는 종기는 결국 고름으로 가득 차게 된다 (마맛자국, pocks).

천연두는 질병에 대한 많은 흥미를 불러일으켰고, 그 결과 소아마비, 홍역, 한센병 그리고 다른 기생성감염 등 여러 심각한 감염성 질병을 근절시키기 위한 프로그램이 설치되었다. 천연두가 근절되면서 다른 감염성 질병들에 관련된 사실들도 나타나, 질병통제의 가능성을 시사했다. 천연두 근절은 다음 이유들 때문에 가능했다.

- 인간은 단지 균 저장고일 뿐이다.
- 백신은 간단하고 효과적이다.
- 백신은 다른 영역에서는 중요한 요소인 냉장보관을 요구하지 않는다.
- 감염증상은 쉽게 알 수 있다.
- 잠복기의 감염은 실질적으로 알 수 없다 ; 따라서, 잠복기의 바이러스를 찾을 가능성이 거의 없다.

천연두는 폭스바이러스(poxvirus)라는 큰 과(family)에 속하는데, 폭스바이러스에는 수많은 동물성 질병 및 인간 질병을 일으키는 소수의 감염균이 소속되어 있다. 폭스바이러스는 이중나선 DNA를 포함하고 있는 두 종류의 막층(membranous layer)에 둘러싸여 있으며, 바이러스 중에 가장 크기가 커서 광학현미경으로 보이는 경우도 있다. 유전자는 가장 작은 세균 유전자 수의 3분의 1정도를 약간 넘는 200,000개의 염기로 구성되어 있다. 이 바이러스는 보통의 DNA 바이러스 중에서도 독특한 특징을 가지는데, 바이러스 복제기구에서 떨어져있는 숙주세포의 세포질에서 복제하는 것이다. 이를 위해 바이러스 유전자는 RNA를 만들고 변형(메틸화와 아데닐화를 이용함)하며 DNA를 합성하는데 필요한 모든 효소를 부호화하는 유전자를 갖고 있다. 효소를 독립적으로 생합성하기 위해, RNA 중합효소와 RNA 변형 효소가 비리온 속에 포함되어 있다. 그래서 감염되면 바로 직후에 기능을 가지는 messenger RNA가 만들어질 수 있는 것이다. 폭스바이러스는 거대분자 소통이 복잡하기 때문에 미래 항바이러스제의 적절한 목표물이 될 것으로 보인다.

탄저병

2001년에 발생한 탄저병 공포 전에, 대부분의 사람들은 탄저병에 대해 거의 들어본 적이 없었다. 탄저병이 20세기까지는 인간과 소에서 주로 발생하는 질병이었기 때문에 탄저병에 대해 들어본 사람도 있긴 있었다. 그러나 탄저병은 아프가니스탄 같은 나라에서는 여전히 중요한 문제이다. 이 질병은 고대로부터 시작되었고, 몇몇의 학자에 따르면 성서에 쓰여져 있는 이집트에서 발생한 질병의 원인일지도 모른다고 한다. Robert Koch와 Louis Pasteur는 전염병들 중 처음으로 탄저병에 대해 집중적으로 연구하였고 백신을 개발하였다. 그 결과 탄저병은 곧 수그러들었고, 농사과정을 좀 더 효율적으로 만들어 주었기 때문에(감염된 시체를 적절하게 분산시키거나 가축의 백신 등) 의학적, 수의학적인 호기심을 일으켰다. 여전히 탄저균은 많은 토양 속에 존재하고 있으며 때때로 탄저병이 발생하는 것이 보고되고 있다. 미국의 upper Midwest에 있는 몇몇 농장들이 탄저병 때문에 격리되었다.

22.4 *질병관리 및 예방센터의 탄저균에 관한 웹사이트*

탄저병도 다른 모든 감염성 질병처럼 숙주(우리들)와 기생충(anthrax bacillus)간에 강한 상호작용이 존재한다. 탄저균(Bacillus anthracis)은 혈류에 침투하는데, 다른 균이었더라면 백혈구의 식균작용에 의해 제거되었을 테지만, 이에 저항해 살아남는다. 탄저균은 얇은 막으로 구성된 캡슐(capsule)로 둘러싸여 있는데 이것이 백혈구에게 잡아먹히는 것을 막아준다. 탄저균은 체내에서 강한 독성물질을 생산하기 때문에 위험하다. 이 독성물질은 **세 종류의 플라스미드를 부호화하는 단백질(three plasmid-encoded proteins)** 복합체인데, 이 중 두 종류(치명적인 요소[lethal factor]의 첫 자를 따서 LF라고 부르고, 부종을 일으키는 요소[**edema** factor]의 첫 자를 따서 EF라고 부름)는 직접적으로 독성을 지니는 물질이고, 다른 하나(보호항원[protective antigen]의 첫 자를 다서 PA라고 부름)는 위 두 종류의 독성물질을 세포로 안내하는 역할을 한다. LF는 백혈구를 파괴하며 EF는 세포내에서 cyclic AMP의 양을 증가시켜 세포가 가진 에너지와 수분 균형을 손상시킨다. PA는 그 자체로는 독성을 갖지는 않지만 숙주세포막에 삽입할 수 있는 다중결합고리(multimeric ring)을 만들어 나머지 두 독성성분이 특이적으로 통과할 수 있게 해준다(그림 22. 1). 따라서 탄저균은 숙주세포로 독성물질을 분비하는 그들만의 특별한 체계를 갖고 있는 것이다. 이런 과정을 앎으로써, 탄저병의 독성물질을 중화시키는 약을 만드는데 도움이 될 것이다.

그림 22. 1 어떻게 탄저균의 독성이 세포로 들어가는가?. 독성은 세 분자로 구성되어 있다. 그 중 하나는 보호항원, 즉 PA라고 불리는데 **(1)** 숙주세포의 수용체에 결합한 후 절단된다. **(2)** 구멍을 만드는 구조(pore-like structure)로 다중결합되면(multimerize) **(3)** 그 구조에 독성물질(부종 요인[EF], 치명적요인[LF])이 결합한다. **(4)** 복합체가 소낭(vesicle)에 삽입되고 **(5)** 소낭이 산성화되면 독성물질인 EF와 LF가 세포질로 방출된다. 독성물질은 세포질에서 세포기능을 파괴시킨다.

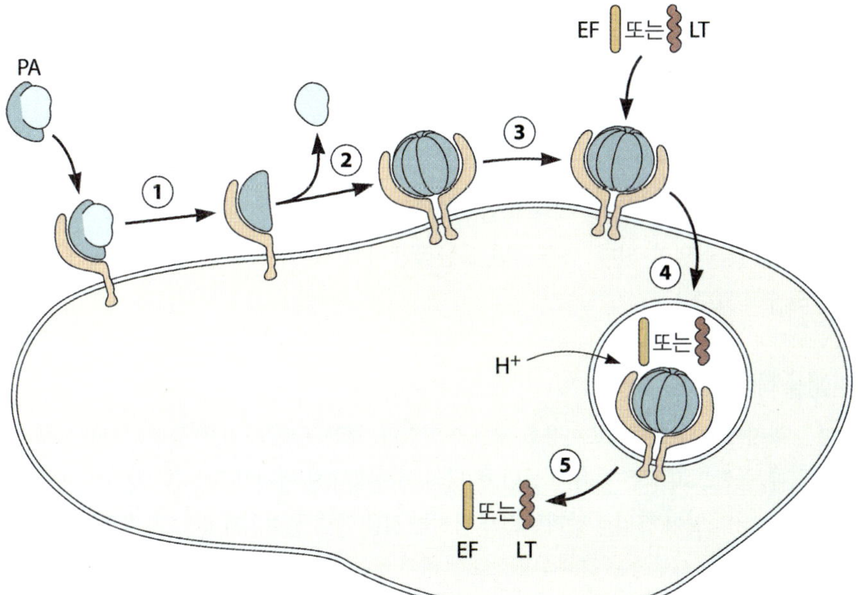

만약 PA가 불활성화 되면, 나머지 두 종류의 독성성분이 숙주세포에 들어갈 수 없기 때문에 독성을 나타낼 수 없을 것이다.

탄저균은 전 세계적으로 토양에서 발견된다. 이 균은 포자를 형성하는 그람 양성 막대세포("무기 단계" 혹은 "무기가 아닌 단계" 보다는 세균이 그람 양성과 그람 음성으로 분열할 때로 돌아가 볼 수 있다)이다. 이 생물체의 포자는 전형적으로 건조와 열에 매우 강하기 때문에 환경에서 박멸할 수 없다. 이 질병의 가장 공통적인 형태는 손으로 오염되는 물질에 의해 발생하는 **피부병(cutaneous)**이다. 포자가 피부에 난 작은 상처나 베인 상처 등을 통해 피부로 들어가 번식해 국소적인 피부병을 발생시키는 것으로 생각된다. 대부분의 피부병 탄저균 감염환자는 10일 이내에 회복되지만 개중 극소수는 생명을 위협하는 단계로까지 진전된다. 포자를 들이마시면 감염증상이 폐(pulmonary)질환 형태로 나타나는데, 체내의 순환을 통해 탄저균이 몸으로 퍼지며, 이런 형태는 사망률이 매우 높게 나타난다. 포자는 폐포에 있는 대식세포에 먹힌 후에 체내로 들어가는 것으로 생각된다.

무기로 사용되는 탄저병

20세기에 몇몇 나라에서는 무기로써 탄저병을 개발했고 전쟁에 사용할 목적으로 가축에게 실험했다. 2001년에 미국에서 발생한 탄저병 공포는 테러무기로써 이 균이 사용될 수 있다는 중요성을 잘 나타내주는 예이다. 그러나 탄저병이 이상적인 생화학 무기가 아니라는 주장도 제기될 수 있다. 사람을 감염시키기 위해서는 많은 수의 포자가 필요하기 때문에 적은 수로는 특별히 병원성을 나타내지 않으며, 거의 사람에서 사람으로는 전염되지 않는다는 것이 그 이유이다. 또한, 매우 미세한 가루 형태로 운반될 때 가장 효과적이다. 탄저병을 "무기화(weaponizing)" 하기 위해 배양하려면 준비된 표본을 매우 미세한 가루로 갈고 점결방지제(anticaking agent)를 사용하여 포자가 덩어리지는 것을 막아야 한다. 따라서 탄저균을 쉽게 배양할 수 있어도, 무기 단계의 표본을 만들기 위해서는 특별히 고안된 봉쇄기지가 필요하며 여기서 일하는 사람의 안전을 지키기 위한 큰 노력이 필요하다.

아직 탄저병 백신이 효과적이지 않기 때문에 예방하기에는 어렵다. 더 새로운 백신이 개발 중이지만, 감염 바로 직후에 진단을 받으면 효과적으로 치료할 수 있다. 탄저균은 일반적으로 페니실린이(penicillin)나 시프로플록사신(ciprofloxacin, Cipro) 등의 항생제에 취약하지만, 언제든지 이런 항생제에 대해 저항성을 가지는 균이 나타날 수 있다. 진단을 빨리 받아야 효과적으로 치료할 수 있기 때문에, 탄저균을 빨리 탐지하는 방법이 개발되고 있다. 비록 탄저병이 완전한 무기는 아니지만, 테러에 의해 국소적으로 질병이 퍼져도 사회에 강한 반응을 이끌어낼 수 있다. 예를 들면, 일반적인 사회행동이 무너질 수 있으며, 중요한 자원이 될 수도 있다.

미생물학적 전략

미생물학 지식을 박애적으로 사용한 경우가 있었다. 제2차 세계대전 시 독일이 폴란드를 점령했을 때, 폴란드의 작은 마을에 살던 두 명의 의사에 대한 얘기가 적절한 예가 될 것 같다. 이 두 의사는, 독일이 전염성 장티푸스가 퍼지는 것을 특히 두려워하고 있고, 장티푸스에 걸렸다고 의심되는 사람들은 강제수용소로 보내지 않는 것을 알고 있었다. 그때의 테스트는 혈청 속에 장티푸스와 별 관계가 없는 *Proteus* 속에 대한 항체가 존재하는가를 검사하는 방법(그러나 그 이후 다른 테스트로 대체되었다)에 의존하고 있었다. Proteus 속의 항원은 장티푸스균(리케차, Rickettsia)의 항원과 유사하고, 항리케차 항체(antirickettsial antibody)는 Proteus와 교차반응 한다. 장티푸스균과는 달리, *Proteus*는 간단한 실험실에서조차 쉽게 배양할 수 있다. 영리하게도, 이 폴란드 의사들은 죽은 *Proteus*로 무해한 백신을 만들어 몇몇 마을 주민들에게 접종해 주었다. 독일인들이 주민들을 찾아내었을 때, 주민들이 높은 항체 농도를 갖고 있는 것을 알고 그 마을이 전염성 장티푸스의 온상이라고 받아들였다. 그 마을의 거주자들은 살아남을 수 있었고, 두 의사가 가진 미생물에 대한 통찰력에 감사하였다.

22.5 *이 사건에 대해 더 자세히 설명해 놓은 보고서*

미생물 세상에서 위험에 대한 대처

공중 위생

우리는 감염성 질병에 걸리지 않기 위해 주로 3가지 방법을 사용한다: 공중위생, 백신 그리고 치료이다. 앞의 두 종류는 예방을 위한 방법이기 때문에 많이 권장하고 있다. 이 중 공중위생이 가장 오랜 기간 동안 사용되었고 인간뿐만 아니라 동물의 경우에도 사용되었다. 동물들이 특정 장소에 배설물을 묻는 행동(임시변소, latrine)은 미생물이 번지는 것을 막기 위해서이기도 하지만, 포식자를 속여서 포식자에게서 멀리 떨어질 수 있기 때문이다. 군락을 이루어 사는 특정 개미나 흰개미들 같은 곤충들은 생활에서 나오는 폐기물을 그 집난에서 멀리 떨어진 곳에 버린다(19장 참조). 인간 또한, 고대로부터 내려오는 복잡한 공중위생 방식을 지켜왔다. 구약성서(레위기 등)에 보면, 많은 공간이 신체의 청결과 음식의 보존을 위해 봉헌되었고, 이는 이런 종류의 예방행동들이 전부터 중요시되어 왔다는 것을 의미한다. 특히, 간단한 공중위생방식은 노력을 비교적 거의 필요로 하지 않는다. 그러나 깨끗한 물과 음식에 관한 인식이 널리 보급되었고, 이를 위해서는 많은 양의 자원이 필요하기 때문에 종종 가난한 사람들에게 있어서는 다소 힘든 일이 되고 있다. 미생물에게는 국경이 없기 때문에, 가난한 나라의 위생에 관해 선진국에서 걱정하는 것은 선진국 스스로에 대한 관심일 수 있다.

백신

서부에서는 19세기에 하수처리와 식수 공급이 크게 개선되면서, 백신이 널리 사용되기 시작했다. 그와 함께, 콜레라나 장티푸스처럼 음식과 물에서 생겨나는 질병이 크게 감소하였고, 그 뿐만 아니라 결핵, 장티푸스, 플라그처럼 환자와 가까이 생활할 경우 발생하는 질병 또한 감소하였다. 유용한 백신의 범위는 다양하지만 말라리아, 에이즈, 다른 성병처럼 대다수의 매우 위험한 질병에 대한 백신은 많지 않다(표 22.2). 이런 위험한 감염균에 대한 효과적인 백신이 없는 것은 백신개발에 노력을 기울이지 않았다는 뜻이 아니다. 많은 효과적인 백신을 쉽게 얻을 수 있었던 몇 가지 이유가 있었고, 그에 따라 100년 동안 그 백신들을 이용할 수 있었다. 백신은 오히려 미생물학과 면역학이 발달한 초창기에 빠르게 발달되었지만, 그 후에는 그 속도가 점점 느려지기 시작했다. 최근에는 새로운 백신의 개발속도가 다시 빨라졌지만, 그에 비해 이용할 수 있는 백신은 비교적 없는 편이다. 백신을 개발하는 것이 왜 이렇게 어려울까?

표 22.2 미국에서 일반적으로 사용되는 몇 종류의 백신들

바이러스 백신
인플루엔자
홍역
볼거리
소아마비
A형 간염
B형 간염
세균 백신
디프테리아
파상풍
백일해
수막염구균
B형 혈우병 인플루엔자
폐렴 쌍구균

- 백신을 임상 실험할 때 윤리적인 문제가 생길 수 있다. 새로운 표본을 확대할 때 필수

적으로 수반되는 위험성이 있고, 백신을 주사해야 할 사람과 대조군으로서 선택되는 사람 사이의 선택 등이 문제될 수 있다.

- HIV, 임균(gonococci), 아프리카 수면병의 병원균인 트리파노소마(trypanosome) 같은 특정 병원균은 높은 비율로 돌연변이가 일어나기 때문에 항원 특성이 바뀐다. 그러면, 새로운 항원을 따라잡을 수 있을만한 속도로 면역반응이 일어나야 한다.
- 말라리아를 일으키는 병원균처럼 생활사가 수많은 단계로 구성되어 있는 병원균은 면역체계가 각 단계 모두를 다르게 인식한다.
- 항체는 순환함으로써 독립적 개체의 병원균을 죽일 수 있겠지만, 세포 속에 존재하는 병원균에게는 아무런 영향을 미칠 수 없다.
- 세포 내에 존재하는 병원균에 대한 주요 획득 방어 방식인 세포 매개 면역은 백신에 의해 유도되기 어렵다. 일반적으로, 살아있지만 불활성화 상태의 병원균만이 세포 매개 면역반응을 이끌어 낼 수 있다. 그 예로, BCG(*bacille Calmette-Guérin*, 이 균의 개발자의 이름을 따서 지었음)를 들 수 있다. 그러나 면역력이 약화된 환자들은 살아 있지만 불활성화 상태의 병원균 때문에 위험해질 수 있다.

22.6 *백신을 만드는 방법*

항미생물제제

항미생물 성분에 대해 저항성을 가지는 균주가 출현하는 것은 미생물의 유전자가 유연성을 가지고 있다는 좋은 예다. 이제 저항성을 갖는 균주가 발생하는 것을 평균적인 일이 되었지만 운 좋게도 아직 보편적으로 발생하지는 않는다. 지금까지의 양상은 미생물은 저항성을 가지려 하고, 그에 반해 인간은 새로운 약을 발명하려고 하는 두 종간의 필사적인 분투 중에 하나였다. 처음 1950년대에는 새롭고 강한 약을 가능한 빨리 만들려고 했다. 그러나 그 후에 미생물학자와 화학자의 노력이 함께 작용해 어느 정도 성공을 거두었고, 이른 시기에 임상학적으로 이용가능한 새로운 항생제가 극히 소량으로 생산되었다. 이들 중 대부분은 이전에 알려진 화합물을 화학적으로 변형시킨 것들이다 ; 새로운 종이 발견되어 생성된 백신은 매우 소량이었다. 그 이유는 미생물의 진화기간이 매우 길기 때문에, 생존하는데 필요한 대부분의 성분을 만들어낼 수 있는 시간이 있었기 때문이었을 것이다. 중요하게 생각되는 예외로는, 에이즈 감염이 진행되는 것을 어느 정도 막을 수 있게 해 주는 항 HIV 제제를 다양하게 개발한 것이다. 일반적으로 항바이러스제가 항세균제에 비해서 개발이 뒤쳐져 있었기 때문에 이런 약들이 비싸고 관리하기 어렵더라도 전망이 밝다.

결론

이 장에서는 미생물을 질병의 원인이 되는 위험한 요소로서 바라보는 시각을 가지고 공부를 마치면 안된다. 미생물은 악의를 가지고 태어난 것도 아니며 미생물 자체가 악의를 가진 것도 아니다. "미생물공포증"을 불러일으켜 항상 청결을 강조하는 사회는 인간과 미생물 간의 현실적인 상호작용을 왜곡해 때때로 인간에게 손해를 끼칠지도 모른다. 우리는 우리 주변에 가까이 있는 미생물로부터 많은 이익을 얻고 있기 때문에 우리 주변 환경을 항상 살균하려고 하는 것은 어리석은 행동이며 역효과를 낳을 수 있다. 보통 미생물군은 우리가 병원균에 감염되는 것을 막아주고 면역체계에 중요한 자극을 준다. 균이 하나도 없는 곳에서 사는 것은, 제왕절개로 태어난 후 살균된 장소(sterile bubbles)에서만 살아가는 극도로 고립된 환경이 아니면 불가능하다. 사실, 면역체계가 결핍되어 생명을 위협할 정도로 위험하다고 진단된 아이의 경우는 가능할 수 있겠다. "bubble boy(무균실에서 살아가는 소년)" 였던 데이비드는 12살 때 자연환경에 노출되었고, 결국 1984년에 죽었다.

병원균의 끊임없는 위협에도 불구하고, 인간과 다른 생명체들은 미생물과 공존하는 법을 배워왔다. 이 책에서 설명했던 것처럼, 인간과 미생물간의 공존은 어느 정도 가치가 있다 : 우리는 미생물 없이는 살아갈 수 없다.

추천 도서

Diamond, J. 1997. *Guns, Germs, and Steel : the fates of Human Societies*. W. W. Norton & Co., New York, N. Y.

McNeill, W. H. 1976. *Plaques and Peoples*. Anchor Books, New York, N. Y.

학습문제

1. 전염병이 갖는 역사적 의미에 대해 간단히 요약하여 친구들에게 설명하시오.

2. 새로운 감염성 질병의 출현과 오래전에 존재했던 감염성 질병의 재출현에 대해 설명하고 예를 들어보시오.

3. 천연두를 성공적으로 박멸할 수 있었던 중요한 요인은 무엇인가?

4. 감염성 질병과 싸울 수 있게 해주는 주무기에 대해 간단히 정리하여 청중에게 설명하시오.

제23장 미생물을 이용하는 일

서론

우리들과 미생물 사이에서 이루어지는 대부분의 상호작용은 무의식적으로 일어난다. 미생물은 자신의 일을 하고, 인간도 그들의 일을 한다. 보통 이렇게 미생물이 하는 일은 우리에게도 도움이 되는데, 그 이유는 미생물 역시 지구의 신진대사를 돕는 없어서는 안 되는 참가자이기 때문이다(제1장 참조). 반면 다른 경우에는 미생물이 인간에게 해를 끼치기도 한다 : 우리의 음식을 상하게 하고, 작물을 파괴하며 질병의 원인이 되기도 한다. 우리도 역시 미생물에게 해를 끼친다 : 환경을 변화시키는 것과 같은 인간의 행동은 미생물계에 큰 영향을 미치며 미생물뿐만 아니라 다른 모든 살아있는 유기체에게도 영향을 미친다. 그러나 이 현상은 보통 의도하지 않은 결과였다. 반면에 우리는 의도적으로 미생물을 다양한 방법으로 사용해 왔고, 이는 인간 문명이 시작된 이후로 계속되어 왔던 일이었다.

다양하게 사용되는 미생물

사람이 사용해 온 미생물들은 종류가 많고 다양하다(표 23. 1). 그 중 몇몇 종류의 미생물을 사용하기 위해서 정교한 생물학적 기술이 요구되었다(예를 들면, 항생제 생산); 그에 반해, 다른 경우에는, 사람이 세밀하게 조작하지 않았는데도 저절로 미생물이 작용했다(예를 들면, 빵, 치즈, 피클, 식초, 소금에 절인 양배추, 간장, 와인 혹은 전통적인 방법으로 제조되는 맥주의 생산 등). 미생물학이 점점 진보함에 따라, 사람들은 어떻게 이러한 미생물을 더 잘 이용할 수 있을지에 대해 빠르게 이해하기 시작했다. 일반적으로, 미생물학의 진보는 단독으로 행동하는 미생물이든 혹은 여러 미생물이 함께 작용하는 미생물이든 어떤 미생물이 작용하고 있는가에 대해 알아냄으로써 발달되어 왔다; 그 다음에는 더 좋은 균주를 찾거나 그 미생물을 유전적으로 변형시켰다. 물론, 이런 방법은 별로 독창적인 방법은 아니며 태곳적

표 23.1 우리 생활에 유용한 미생물의 사용

목적	설명
음식을 만들기, 보존하기 혹은 맛을 풍부하게 하기	
빵	빵효모인 Saccharomyces cerevisiae가 당을 발효시킬 때 생성되는 이산화탄소가 빵을 부풀게 한다.
치즈	젖산균이 우유를 덩어리지게 하고, 이는 특정 종류의 치즈를 만들기 위한 첫 번째 방법이다 ; 많은 다른 세균은 그 단백질 분해 활성과 지질분해 활성을 통해 치즈가 숙성되는 것을 돕는다.
요구르트	요구르트는 다양한 젖산균에 의해 우유 속에 포함된 락토오즈의 발효됨으로써 만들어지는 많은 유제품 중 하나에 불과하다.
피클	피클은 오이에 포함되어 있는 당을 발효시키는 젖산균에 의해 만들어진다. 올리브를 포함하는 많은 다른 채소들도 비슷하게 보존된다.
식초	식초는 아세트산균이 에탄올을 아세트산으로 산화시킬 때 만들어진다. 보통 다양한 과일 중 주로 포도와 사과가 효모발효됨으로써 개시물질(starting materials)이 만들어진다.
소금에 절인 양배추	소금에 절인 양배추는 양배추에 있는 젖산균에 의해 만들어진다(제1장 참조).
사일리지(silage)	사일리지(silage)는 젖산균이 작용함으로써 만들어진 보존된 동물 사료이다.
맥주	맥주는 당화시킨 곡류를 효모발효시켜 만든 것이다.
와인	와인은 과일 중 특히 포도를 발효시킨 것이다.
비타민	리보플라빈, 비타민 C, 비타민 B12 등을 포함하는 많은 비타민은 미생물 발효에 의해 만들어진다.
아미노산	리신, 메티오닌, 글루타민산 소다 등을 포함하는 몇 가지 아미노산은 미생물 효모에 의해 만들어진다 ; 이 아미노산들은 사람이나 동물 먹이에 첨가되어 영양가를 높이거나 향을 강화시킨다.
효소	많은 미생물 효소들은 공업적으로 혹은 치료법에 적용되어 사용된다(표 23.2).
의약품	
항생제	거의 예외없이, 오늘날 사용되는 항생제는 미생물 발효에 의해 만들어진다.
프로바이오틱	다양한 종류의 살아있는 미생물 혹은 여러 미생물들의 혼합물은 동물의 질병을 치료하고 작물의 성장을 증진시키는데 사용된다. 예를 들면, 닭의 정상장내균상에 가까운 세균 혼합물은 닭이 *Salmonella* spp.에 감염되는 것을 막는다. 콩과식물의 씨는 질소고정균으로 덮여 있어서 성장하는 식물이 질소를 고정할 수 있게한다.
치료용 단백질	사람 유전자가 삽입된 세균은 인슐린이나 인간성장 호르몬을 포함하는 특정 치료용 단백질을 만드는데 쓰인다.
코르티코스테로이드	코르티코스테로이드를 화학합성하는 특정 단계를 매개하는데 미생물이 쓰인다.
쓰레기처리	
하수처리	하수처리는 하수 속에 포함된 유기성분을 미생물이 산화하는 것을 포함한다. 그 이후에 오수 속의 질소나 인함량을 감소시키기 위해 미생물이 사용된다.
퇴비화	미생물은 식물 폐기물을 풍부한 영양물질로 바꿔준다.
생물적환경정화	다양한 미생물은 독성 물질을 제거하는데 사용된다.
채굴	특정 광석 중에서 금 같은 미네랄성분은 불용성 황화물 형태로 채집된다 ; 세균은 황화물을 산화시킴으로써 미네랄을 방출하도록 한다.
연료 만들기	하수와 가축분뇨는 고세균이 메탄을 만들기 위해 사용하는 기질물질이며 이렇게 생성된 메탄은 국내 혹은 한정된 지역에서 연료로써 사용된다. 옥수수 전분이 당으로 바뀌고 알콜 형태로 발효되면 가소홀(gasohol)로 사용된다.

부터 가축과 밀, 쌀, 옥수수 등을 포함한 식물을 키울 때 더 좋은 혈통을 선택하기 위해 사용되곤 했던 방법이다.

우리는 더 나은 균주를 찾기 위한 여러 방법들을 얘기하고, 인간이 미생물을 사용하는 다른 수많은 예를 설명하려 한다.

더 좋은 와인 만들기: 유산발효(malolactic fermentation)

와인을 만드는 과학의 한 분야인 포도주학(enology)은 매우 정교한 사업으로 발전해 왔다. 이렇게 세계적으로 중요한 산업을 유지하기 위한 기본적인 과학지식을 연구하기 위해 대학에 각 부서가 설치되었고 산업 연구원이 설립되었다. 그러나 결국 와인은 포도를 분쇄하는 필수적인 미생물학적 결과로써 만들어지는 것이다. 포도의 표면에 있는 가루모양의 과분에 알코올 발효가 가능한 효모들이 존재하고 있다; 포도의 성분은 발효설탕(fermentable sugar)의 풍부한 재료가 되며 거의 완벽한 성장배지가 된다. 포도를 분쇄할 때, 효모가 고루 퍼지면서 와인이 생성된다. 효모는 전분을 발효시킬 수 없기 때문에, 맥주나 정종 같은 음료를 만들기 위해 곡식을 발효시키는 것(혹은, 보드카를 만들기 위해 감자가 사용되는 것처럼)은 처음에 사람의 손길을 필요로 한다. 곡식이나 감자 등에 포함된 전분을 포도당이나 맥아당 등의 발효성당으로 바꾸는 과정을 **당화(saccharification)**라고 한다. 서구세계에서 당화는 보통 맥아(malt)(구워서 발아시킨 보리)를 첨가함으로써 이루어졌는데, 이 때 맥아는 곡식의 전분을 가수분해하기 위한 아밀라아제를 공급하기 위한 공급원으로써 첨가되었다. 아시아에서는 아밀라아제를 생성하는 곰팡이의 혼합물을 사용하여 곡식의 성장을 촉진시키며, 몇몇 토착문명에서는 사람의 침이 아밀라아제의 공급원으로 사용되었다. 그러나 곡식과 감자와는 대조적으로, 포도액은 당화의 과정이 필요하지 않았다. 포도액은 효모가 성장하는데 필요한 영양분을 모두 갖고 있을 뿐 아니라, 효모가 발효할 수 있는 포도당과 과당을 같은 몰 비율의 혼합물로 포함하고 있다.

포도를 분쇄해서 와인을 만들지만, 단순히 분쇄한다고 해서 반드시 좋은 와인이 만들어지는 것은 아니다. 좋은 와인을 만들기 위해서는 수많은 세부적인 일에 수의를 기울여야 하며, 그들 중 상당수가 미생물에 관련된 일이다. 몇 세기 동안 시행착오를 거쳐 와인을 만드는 전통이 발달되었고, 이 전통을 통해 좋은 와인을 생산해 낼 수 있었다 ; 근대 미생물학은 그 결과물을 더 좋게 만들었고, 더 신뢰할 수 있게 했다. 이제, 질적으로 향상된 기술을 가지고 있는 와인 제조업자가 만들어내는 와인은 매년 다양한 종류가 생산되는데, 그 이유는 그 사람이 단지 운이 좋아서가 아니라, 포도의 성장환경을 변화시키는 방법을 사용하기 때문이다. 포도주학에 기여한 미생물학 관련 지식들 중 가장 잘 알려진 것은 바람직한 효모 균주를 첨가하여 향을 풍부하게 하고, 주로 아세트산균과 젖산균에 의해 발생하는 부패를 막음으로써 알콜 발효를 통제하는 것이다. Louis Pasteur는 부패를 발생시키는 미생물을 제거하기 위해 적당한 열을 가하는 과정을 개발하였는데, 이를 저온살균(pasteurization)이라고 부른다. 공중위생에 중요한 성과를 가져다 준 우유의 저온살균은 와인을 만드는 방법에서 비롯된 것이다.

세균이 와인의 부패에 관련이 있다고 알려졌지만 세균 발효는 유산발효로 알려져 있으며, 부차적으로 질적으로 높은 레드 와인을 만들기 위해서는 반드시 와인의 발효가 필요하다. 전통적으로, 유산발효는 포도를 분쇄하고 발효시키기 시작한 가을로부터 몇 달 후인 한겨울에 자연적으로 시작된다. 와인 제조업자는 포도주를 담아둔 탱크 속에서 들리는 아주 작은 소리에도 주의를 기울여야 한다. 그렇지 않으면, 와인에 어떤 유기산이 존재하는가를 측정하지 않는 한 발효과정이 눈치채지 못한 사이에 지나갈지도 모르기 때문이다. 포도액은 타르타르산과 사과산, 두 종류의 유기산을 함유하고 있다. 1차 알콜 발효는 두 종류의 유기산을 변화시키기 않지만, 2차 발효는 유산발효를 통해 모든 사과산을 젖산으로 바꾼다:

$$HOOC\text{-}CH_2\text{-}CHOH\text{-}COOH \longrightarrow CH_3\text{-}CHOH\text{-}COOH + CO_2$$

사과산 젖산

이 변화는 매우 적은 양의 에너지를 생성시킨다. 그러나 이 적은 양의 에너지는 젖산균이 느리게 성장하기에는 충분한 양이다(18장 참조). 발효과정에서 생성된 CO_2는 포르투갈에서 생성된 vinhos verdes라고 불리는 특정 포도주의 경우를 제외하고는 와인 제조에서 그다지 중요하지 않다. 이 포도주는 발효과정 중 생성된 CO_2 덕분에 발포성(sparkling)을 지니게 된다(샴페인 종류의 발포성 와인은 효모발효에서 생성된 CO_2에 의존한다). 사과산이 젖산으로 바뀌는 것은, 좋은 질의 레드와인을 만드는데 필수적이다. dicarboxylic acid가 monocarboxylic acid로 바뀜으로써 와인의 신맛이 감소하고 맛이 더 부드러워지며, 젖산균의 부산물은 와인의 풍부한 향미를 더한다.

만약 유산발효가 정기적으로 발생한다면, 역설적으로, 왜 와인 제조업자는 그 과정을 통제하기를 원할까? 몇 가지 이유가 있다. 만약 발효가 지연되어 포도주가 병에 담긴 후에 발효가 일어난다면, 몇 종류의 휘발성 성분이 병에 갇히게 되어 와인에서 불쾌한 냄새가 나게 된다. 매우 다양한 종류의 젖산균이 유산발효를 매개하고, 이 중 몇은 다른 종류의 젖산균보다 더욱 좋은 향을 낸다. 해결책은 매우 간단해 보이는데, 오히려 밀에 더 나은 다양성을 발달시키는 방법과 비슷하다 : 높은 품질의 와인에서 와인의 품질을 향상시키는 생물체를 분리한 후 다른 와인에 접종원으로 사용하여 더 좋은 발효를 발생시킨다. 그러나 이 방법은 그다지 효과적으로 보이지 않는다. 그 이유는 자연적으로 시작하는 유산발효와 알콜 발효 사이의 기간이 지연되는 것에 관련이 있다. 효모는 영양분을 스폰지처럼 빨아들인다 : 효모는 성장을 멈추면, 주변 환경에서 영양분을 흡수하고 액포 속에 영양분을 저장시킨다. 유산발표를 매개하는 균을 포함한 젖산균, 아미노산과 비타민 등의 매우 많은 종류의 성장요소를 필요로 한다. 이 요소들이 충족되었을 때, 비로소 더 높은 품질을 위해 선택된 접종원과 유산발효를 시작할 수 있게 된다. 효모가 영양분으로써 와인을 사용하기 전에, 접종원을 알콜 발효가 끝나는 기간에 간단히 첨가시킨다. 자연적인 유산발효는 겨울에 시작하는데 그때가 되서야 유산균의 성장에 요구되는 성장요소와 풍부한 배지를 위한 충분한 숫자의 자기분해된 효모세포를 가지기 때문이다. 이제, 유산발효는 일상적으로 사용되고 있다. 세계적으로 유명한 접종원은 세균 *Oenococcus oeni* ML 34인데, 이것은 California의 Napa Valley에 있는 고급 포도주 양조장에서 분리된 것이다 ; 이 균은 처음으로 보고되고 도입된 유산발효를 시작하는데 사용되는 균주이다.

나무 보호하기와 눈 만들기: ice-minus 세균

세균이 식물에 서리 피해를 입힌다고 하면 얼토당토않게 들리겠지만, 사실이다. 물론, 온도를 낮게 하기 위해 화학적으로 영향을 미치지는 않는다. 대신, 서리가 형성되도록 작용해서 물리적인 손상을 입힌다. 그 결과, 발생한 얼음 결정체는 식물 세포를 분열시키고, 결국 식물을 죽인다. 서리를 형성시키는 이 능력은 *Pseudomonas syringae*와 *Pseudomonas*, *Xanthomonas*, 그리고 모든 종류의 *Gaemmaproteobacteria*인 *Erwinia*에 연관된 종을 포함하는 적은 종류의 세균에 국한되어 있다. 이 세균은 식물 잎의 표면에 살고, 환경이 좋으면 규칙적으로 물 분자들을 배열함으로써 초점을 맞추게 하는 역할을 하는 얼음 결정을 형성시키도록 유도하는 단백질(InaX)을 생성한다. 물론, 얼음 결정은 단지 빙점이나 빙점 아래로 온도가 내려갔을 때만 형성되며 온도만 낮다고 형성되는 것은 아니다. 물론 얼음이 형성되도록 작용하는 결정핵형성 요인(nucleation agent)이 없으면 0℃ 아래에서도 액체 상태를 유지하지만, 만약 이런 결정핵형성 요인들이 더해진다면 거의 즉시 얼음이 형성된다. 식물 잎의 경우를 보자. 예를 들어, 딸기 잎의 경우, 얼음결정핵 형성균(ice nucleation bacteria)이 없으면 주위온도가 -5℃ 아래로 떨어지지 않는 한 서리는 생성되지 않는다. 얼음결정핵 형성균이 존재하면 0℃ 에서도 서리가 형성된다(그림 23. 1).

그림 23. 1 단지 0°C아래로 유지된 물을 이용한 두 종류의 시험관. wild-type *P. syringae*(오른쪽)가 포함되어 있는 콩잎이 들어있는 시험관은 서리가 생겼다; *P. syringae*의 유전자를 조작하여 Ice-균주를 형성시킨 시험관은 서리가 생기지 않는다.

얼음결정핵 형성균의 발견은 매우 흥미로운 사건이었다. 이 발견은 1970년대에 이루어졌는데, 두 그룹의 미생물학자가 각각 매우 다른 관찰을 바탕으로 발견하게 되었다. Wyoming 대학의 한 그룹에서는 평소와는 이례적인 양상을 띠는 지역 날씨를 연구하고 있었다 : 불모지역보다 식물이 자라고 있는 지역에서 강우가 더 크게 쏟아졌다. Wisconsin대학의 다른 그룹에서는 지피식물 물질(ground plant material)로 덮여진 옥수수묘목이 그렇지 않은 대조군보다 서리 피해에 더 취약한 것을 발견하고 그에 대한 조사를 하고 있었다. Wyoming 대학의 그룹은 원인결과의 딜레마에 부딪혔다. 확실히 강우가 많이 내릴수록 식물의 성장에 좋은 것은 사실이다. 그러나 특히 *P. syringae*와 같은 식물 잎 위에 살고 있는 특정 세균이 강한 결정핵 요소로 작용하여 세균이 공기 중으로 휩쓸려 올라가면, 구름 속의 수증기를 빗방울로 유합시킨다. 이 과정을 통해 식물이 강우를 유도하는 것임을 밝혔다. Wisconsin 대학의 그룹에서는 특히 *P. syringae* 같은 특정 세균이 지피식물 물질에 포함된 서리 유도 성분이며 강한 결정핵 요소로 작용해 비와 서리를 발생시킬 수 있다고 밝혔다.

이 발견이 나타내는 실제적인 의미는 즉시 명백해졌다. 만약 자연적으로 발생하는 *P. syringae*의 미생물 군락 및 다른 얼음결정핵 형성균이 서리에 취약한 식물군으로부터 분리된다면 -5℃ 이상에서 발생하는 서리피해는 감소시킬 수 있거나 완전히 제거할 수 있는 것이다. 간단하게 박멸함으로써 특정 미생물을 자연환경에서 완전히 제거하는 것은 결코 실현 가능한 일은 아니지만, 그런 환경이 때때로 발생해도 그 환경에 적응할 수 있는 다른 미생물과 함께 옮겨놓는 것은 가능하다. 예를 들어, 장내세균이 자연적으로 발생하는 닭들과 병아리를 함께 사육했을 때, 병아리가 *Salmonella*에 감염될 가능성이 크게 줄었다(미국 농림부에 의해 개발된 방법으로 프로바이오틱-**probiotic**이라고 부름): 집단 속에서 감염되는 닭이 발생하는 비율이 90%에서 10%로 감소했다. 이와 유사하게, 산을 형성하지 않는 충치 발생 균주인 *IStreptococcus mutans*를 지니는 아기 쥐는 자연적으로 산을 발생시키는 균주를 제거했고 평생 충치에 걸리지 않았다. 이 방법은 언젠가 사람을 치료하는데 사용되도록 허가 될지도 모른다.

혹자는 서리를 유도하는 세균에서 돌연변이가 발생해 결정핵 단백질인 InaX를 생성하지 않는 세균이 나타나면 서리를 유도하는 세균을 제거할 수 있다고 생각할 것이다. 한 과학자가 *inaX*를 부호화하는 유전자가 제거된 Ice^- 돌연변이 균주를 준비했다. 그러나 자연에서 이런 Ice^-균주를 분리할 수 있음에도 불구하고 단지 DNA 재조합 방법으로 만들었다는 이유로 현장실험을 위한 승인을 받을 수 없었다. 그러나 드디어 1990년대 초기에 승인을 받았다; 현장실험이 행해졌고 그 결과는 놀라웠다. 감자에 *P. syringae* Ice^- 균주의 현탁액을 뿌렸고, 그 결과 밤새도록 연속적으로 발생하는 서리에 의한 손상이 80%까지 감소하였다. 그럼에도 불구하고, 유전적으로 변형시킨 미생물을 자연에 방출하는 것에 대해 공공의 인식이 좋지 않기 때문에 Ice$^-$ 세균은 여전히 상업화되지 못하고 있다. 대신, 자연적으로 발생한 균주인 *Pseudomonas fluorescens*가 사용되고 있다. 이 균주는 Ice$^-$균주처럼 효과적으로 Ice+균주를 제거한다. 2004년에 미국에서 다양한 농작물에 사용하기 위해 약 50,000 파운드의 냉동건조된 세균 세포가 팔렸다. 1g당 10^{10}개의 세포는 엄청난 수의 세균을 포함하고 있는 것이다. 이 숫자는 생물학적 제어 요소를 사용한 가장 큰 예로 기록될 것이다.

물론, 세상에는 그 반대의 경우가 진실인 상황도 있기 때문에 빠르고 풍부하게 얼음결정을 형성시키기를 원하는 사람도 있을 것이다. 그런 경우에는 *P. syringae* Ice$^-$ 균주가 도움이 될 것이다. 그런 응용 중 하나는 스키용 경사면에 인공 눈을 만드는 것이다. 자연적으로 발생하는 눈은, 작은 물 입자가 작은 먼지입자처럼 핵입자 주변에 얼음 결정을 형성할 때 만들어진다. 그리고, 그 입자가 떨어지기 시작하면 수증기가 **기화(deposition)**라는 과정을 통해 눈의 표면에 더 많은 결정을 형성하며 쌓이는 것이다(승화의 반대개념으로써 액체상태를 건너뛰어 가스상태에서 고체상태로 직접 변화하는 것) ; 눈송이는 떨어짐으로써 천천히 그 크기가 커진다. 눈을 만드는 기계인 인공 강설기(snow gun)는 이와 같은 여유로운 과정을 거칠 수 없다.

23.1 *인공강설기*

이 기계들은 공기를 압축시켜 물을 발사하기 때문에, 물을 미세한 안개형태로 만들어 공중으로 약 20~30피트 정도 분산시킨다. 만약, 결정핵 형성이 즉시 일어나지 않는다면, 물은 땅으로 떨어져 얼음 - 스키를 타는 사람들이 절대 이길 수 없는 - 이 된다. 이런 상황에서 눈을 만들기 위해 냉동건조 되고, 펠렛으로 만들어져 멸균되었던(몇몇 종의 *P. syringae*는 식물에서 병원성을 나타낸다) *P. syringae*가 인공강설기에 첨가된다. 이 효과는 매우 좋다.

단백질 제제를 만들기 위해 사용되는 미생물: 인슐린과 인간성장 호르몬(hGH)

20세기 중반부터, 미생물은 의약품의 제조에 주요 공헌자가 되기 시작했다. 거의 예외 없이 (클로람페니콜과 테트라사이클린과 같은 화학적으로 변형된 항생제를 포함) 항생제는 미생물로부터 만들어지고, 또는 특정 스테로이드 같은 몇 가지 종류의 약을 화학적으로 합성하는데 있어서 난해한 단계들을 수행하기 위해 미생물이 사용된다. 이를 위해 미생물이 가진 모든 능력을 활용한다. 예를 들어, 항생제를 생성하는 미생물은 처음으로 자연에서 분리되었을 때 항생제를 생성한다. 상업화를 위해 연속적으로 유전자를 조작하거나 배양조건을 조작하는 것은 항생제를 대량으로 합성하기 위해 도입된 것이다. 1970년대에는 재조합 DNA 기술이 등장했기 때문에 의약품을 제조하는데 있어서 미생물을 사용하는 방법이 완전히 변화하였다 ; 미생물에 의해서만 생성될 수 있었던 치료제가 더 이상 자연적인 능력에만 국한되지 않았다. 유용한 요소를 생성할 수 있는 미생물을 찾기보다는 미생물을 유전적으로 변형시켜서 특정 요소를 생성할 수 있도록 제작하는 것이다. 최소한의 이론상으로는, 모든 생물체의 유전자는 미생물에 삽입될 수 있으며 미생물의 놀라운 생합성 능력은 삽입된 유전자가 생성하는 부산물을 대량으로 생산할 수 있다. 그러나 그 밖에 많은 난관들이 존재해 왔다.

일단 시작하기 전에, 어떤 성분을 만들어 낼 것인지 결정해야 한다. 여기에는 명백한 지침서가 있다. 의심할 여지없이, 이 성분은 개발하고 제조하는데 드는 비용을 만회할 충분한 가치가 있어야 한다. 아니면 다른 자원으로부터 얻을 수 없는 것이어야 한다. 치료목적으로 가치가 있는 인간의 단백질을 명백하게 예로 들 수 있겠다. 당뇨병 환자를 치료하기 위해 사용되는 인슐린은 인간의 유전자가 클로닝된 미생물에 의해 만들어지는 첫 번째 치료제였다. 인슐린은 1920년대에 발견되자마자 치료용으로 사용되어 왔다. 특히 동물의 췌장에서 추출해서 사용하는데, 미국에서는 대부분을 소에서 추출하고, 유럽에서는 돼지에서 추출하고 있었다. 대부분의 환자들이 이 외부의 단백질을 반복해서 처방받았기 때문에 단백질에 대한 내성을 가지고 있었지만, 그에 따른 특이한 합병증이 있었다. 또한, 비록 동물 단백질과 사람의 단백질이 비슷하더라도 그 두 가지가 항원에 관련해서 완전히 동일하지 않기 때문에, 몇몇 환자들에게서는 인슐린 내성이 발달하기 시작했다. 그리고 인슐린의 공급이 점점 어려워졌는데, 소 췌장의 주요 공급원이었던 비육우가 전통적인 공급원이었던 방목우 보다 더 적은 양의 인슐린을 생산하기 때문이었다. 이 문제는, 인슐린을 부호화하는 사람의 유전자를 대장균에 삽입함으로써, 미생물 내에서 인슐린을 생산하게 함에 따라 해결되었다. 또한, 미생물에게서 생산되는 인슐린은 외부의 단백질이 아니기 때문에 면역반응도 일어나지 않았다. 따라서 무제한적으로 공급이 이루어지게 되었다.

hGH는 더 강력한 요구에 의해 제공된다. 뇌하수체에 이상이 생겨 hGH를 적은 양으로 분비하는 아이들에게 이 호르몬은 필수적이다(만약 치료받지 않으면 뇌하수체 난쟁이가 된다). hGH의 단 하나의 공급원은 사람 시체의 뇌하수체인데, 사람시체에서 호르몬을 공급받은 소수의 아이들에게서 프리온 질환인 크로이츠펠드 야콥병(Creutzfeldt-Jakob disease)이 발생했다는 증거가 있기 때문에, 이렇게 호르몬을 공급하는 것은 상당히 위험하다.

세균에 hGH 유전자를 클로닝해서 단백질을 발현시키는 방법은 사람 단백질을 만들기 위해 사용되는 전형적인 방법이다. 모든 사람세포는 hGH를 부호화하는 유전자를 가지고 있는데, 그러면 어떻게 이 유전자를 분리해서 클로닝할 것인가? 시도해 볼 수 있는 한 가지 방법은, DNA 대신 메신저 RNA(mRNA)를 사용하는 것이었다. 사람의 뇌하수체 조직은 체내에 hGH를 공급하기 위해 많은 양의 mRNA를 함유하고 있을 것이다. 이 mRNA 분자는 그에 맞는 **프로브**(**probe**, hGH를 부호화하는 유전자의 부분에 일치하는 짧은 길이의 DNA 분자)로 동정할 수 있다. 이 프로브는 일치하는 mRNA에 상보적인 서열을 지니기 때문에 그 mRNA와 결합할 것이고 그 결과 우리가 찾는 mRNA를 나타내 준다. 두 번째로 직접 유전자를 분리하지 않고 mRNA를 분리하는 것에 대한 더 강력한 이유가 있다. 인간을 포함한 진핵생물의 유전자는 **인트론(introns)**(mRNA가 성숙하면 잘려서 제거되기 때문에 단백질을 부호화하고 있지 않은 일정 길이의 DNA)을 포함하고 있다. 원핵생물은 인트론을 제거하기 위한 효소가 없기 때문에, 인트론을 지니는 진핵생물의 유전자로부터 잘못된 단백질을 합성할 것이다.

그러면 어떻게 프로브를 만들 것인가? 먼저, hGH 단백질의 아미노산 서열을 알아야만 한다. 그리고 유전적 코드를 참조하면 프로브에 대한 염기서열을 알아낼 수 있다. 그러나 대부분의 아미노산은 몇 가지 다른 코돈에 의해 부호화되기 때문에 유전적 코드가 너무 많다. 유전적 코드는 DNA의 특정 염기서열에 의해 부호화되는 아미노산 서열을 정확하게 알려준다. 코드가 너무 많기 때문에 적절한 아미노산 서열을 나타내는 모든 DNA 서열은 반드시 합성된다. 이 혼합물이 프로브로 사용된다.

일단 정확한 mRNA가 분리되면, 역전사효소(reverse transcriptase)(DNA를 만들기 위해 원형으로 RNA를 사용하는 레트로바이러스로부터 얻은 효소(제17장 참조)를 사용해 DNA를 만든다. 이렇게 생성된 DNA는 상보적인 DNA(cDNA)로써, 이는 이 DNA가

mRNA의 복사본이며 그 자체가 유전자로 사용되는 DNA가 아님을 나타낸다. 그리고 나서 상보적인 DNA는 제한효소로 잘려지고 세균 플라스미드에 연결된 후 형질전환을 통해 세균 숙주에 삽입된다. 숙주 속에서 재조합 DNA 분자는 복제되고, hGH를 포함하는 유전자가 발현된다. 이로써 형질 전환된 세포는 hGH를 생산하는 공장이 되는 것이다.

hGH를 클로닝하기 위해 쓰인 방법은 hGH를 생산하기 위해 사용된 유일한 방법은 아니다. 많은 변화가 일어날 수 있고, 거의 매일 새로운 방법이 개발되고 있다. 가장 근본적인 변화는 **클로닝 벡터(cloning vector)**와 숙주세포에서 일어나고 있다. hGH를 클로닝하기 위해 플라스미드 뿐만 아니라 바이러스 DNA도 사용가능하다. 원래의 DNA 혹은 재조합 DNA를 숙주세포로 삽입하는 것을 **형질전환(transformation)**이라고 부른다. 이제는 거의 모든 종류의 세포 혹은 완전한 유기체가 재조합 DNA 분자를 위한 숙주로써 사용될 수 있는 것이다. 그러나 단백질을 만들기 위해 마지막으로 어떤 세포가 숙주로 선택되던지 간에, 세균은 클로닝 과정에서 거의 항상 사용된다.

hGH를 만들어 내는 세균 균주를 얻은 후, hGH를 상업적으로 생산해 내는 직업이 나타났지만, 균주를 얻은 것만으로는 충분한 양의 hGH를 생산하기에 다소 부족하다. hGH를 상업적으로 알맞은 양을 생산하기 위해서는 플라스미드도 변형시켜야 하고 배양조건도 개발되어야 한다. 예를 들면, 다른 외부의 단백질도 마찬가지겠지만, 많은 양의 hGH를 생성하는 것은 세포에게 해로운 일이기 때문에 *대장균*이 높은 세포 밀도에 도달한 직후에 hGH를 만들도록 유도하는 방법들이 고안되어 왔다. 그 뿐만 아니라, 세균 배양액에서 적절하게 폴딩되어 있는 단백질을 정제하고 비정상적인 단백질을 파괴하려는 숙주세포의 단백질 분해효소로부터 보호하기 위한 여러 방법들도 고안되어고 있다.

표 23.2 상업적으로 사용되는 미생물 효소의 견본

효소	*미생물 공급원*	활성	사용
자당 분해효소(Invertase)	*Saccharomyces cerevisiae*	자당을 포도당과 과당으로 가수분해한다.	빵 굽기, stabilizing syrup, 사탕제조
베타 글루칸 소화효소 (β-Glucanase)	*Bacillus subtilis, Aspergillus niger, Penicillum emersonii*	β-글루칸을 가수분해한다.	맥주정화(clarifying beer)
유당분해효소(Lactase)	*Saccharomyces lactis, Aspergillus niger, Aspergillus oryzae, Rhizopus oryzae*	유당을 포도당과 갈락토오즈로 가수분해한다.	유당 알러지가 있는 사람에게 사용되는 소화제 ; 낙농업
펙틴 분해효소(Pectinase)	*Aspergillus niger, Aspergillus oryzae, Rhizopus oryzae*	팩틴을 가수분해한다.	과일 주스와 와인의 정화
응유효소(Rennin)	Escherichia coli with cloned gene from cattle	우유 속에 들어있는 단백질인 casein의 결합을 가수분해해서 우유를 응고시킨다.	치즈제조
중성 단백질 분해효소 (Neutral proteas)	*Bacillus subtilis, Aspergillus niger*	중성 pH에서 단백질을 가수분해한다.	고기와 치즈의 향을 강화시킴
알칼리성 단백질 분해효소 (Alkaline protease)	*Bacillus licheniformis*	알칼리성 pH에서 단백질을 가수분해한다.	단백질로 구성된 얼룩을 제거하는 세척제에 첨가됨
지방분해효소(Lipase)	*Aspergillus niger, Aspergillus oryzae, Rhizopus oryzae*	지방과 기름에서 에스테르 결합을 가수분해한다.	낙농업 ; 지방으로 구성된 얼룩을 제거하는 세척제에 첨가됨
셀룰로오즈 분해효소(Cellulase)	*Trichoderma konigi*	셀룰로오즈를 가수분해한다.	소화제
알파 갈락토시다아제 (α-Galactosidase)	*Lactobacillus plantarum, Lactobacillus fermentum, Lactobacillus brevis, Lactobacillus buchneri*	α-galactoside를 가수분해한다.	콩과식물에 포함된 위장에 가스를 차게 하는 성분감소

미생물 효소: 옥수수로부터 생산되는 감미료

효소는 삶을 살아갈 수 있게 하는 생체촉매이지만 또한 상업적으로 이용되는 품목이기도 하다. 미생물 효소는 공업적으로 엄청난 양이 생산되고 있으며 사탕을 만드는 것부터 옥수수로부터 감미료를 정제해 거대한 양을 생산하는 의학적인 사용까지, 수많은 목적으로 이용되고 있다 (표 23. 2). 미생물 효소의 이용 중 몇몇은 호기심을 자극한다. 예를 들면, 자당을 포도당과 과당으로 분해하는 효소인 자당분해효소(invertase)는, 초콜릿으로 덮인 마라스키노 체리 사탕을 만들 때 그 속을 액체 상태로 유지시키기 위하여 첨가된다: 뜨거운 초콜릿으로 덮일 때는 속이 고체 상태이지만, 사탕 속에 적은 양으로 포함된 수용성 자당이 더욱 수용성을 띠는 포도당과 과당의 혼합물로 바뀌면서 고체 상태의 내용물이 액체 상태로 변한다. α-galactosidase 효소는 콩 속에 포함된 라피노스(raffinose), 스타치오(stachyose) 등의 α-galactoside 당 성분을 감소시키기 위해 사용되는데, 이 성분들은 사람의 위에 가스를 차게 하는 고창(flatulence)을 유발한다. 사람과 단위가축(monogastric animals)들은 α-galactosidase를 만들지 않기 때문에, 이 당들은 소화되지 않은 상태로 십이지장을 통과하게 된다. 대장에는 H_2와 CO_2 등 가스를 생산하는 세균인 *Clostridium*과 *Bacteroides*가 서식하고 있다. α-galactoside는 이 종들에 의해 대장 속에서 발효되어 고창을 유발하는 것이다. 콩이 가공될 때 미생물 α-galactosidase를 첨가하거나 콩을 먹을 때 소화제를 함께 먹으면 이런 문제를 최소화할 수 있다. 옥수수전분에서 조미료를 얻기 위해 사용되는 미생물 효소는 상업적으로 미생물 효소를 만들고 사용하는 일반적 원리를 미생물학적, 경제적, 사회적으로도 잘 나타내 주고 있다.

옥수수에 포함된 전분은 전혀 달지 않지만, 매년 천만 톤 이상에 달하는 고과당옥수수시럽(high-fructose corn syrup, HFCS)이라고 불리는 감미료를 이 옥수수전분에서 추출해낸다. 고과당옥수수시럽은 우리가 먹는 모든 디저트 혹은 단 맛을 내는 거의 모든 음식에 첨가된다. 이렇듯, 고과당옥수수시럽은 수많은 음식에 들어가는데, 거의 모든 탄산음료, 과일주스, 설탕에 조린 과일, 통조림 과일, 향이 첨가된 요구르트같은 유제품으로 만든 디저트, 제과점에서 나오는 거의 모든 제품, 많은 씨리얼, 그리고 많은 종류의 젤리 등에 첨가된다. 전분을 HFCS로 바꾸는 거의 모든 과정은 효소가 작용한다. 그 단계들은 각각 다른 효소에 의해 촉매되는데 (표 23. 3), 그 중 3종류의 과정은 다음과 같다.

표 23. 3 전분을 HFCS로 바꾸는데 사용되는 효소

효소	미생물 공급원	활성
α-amylase	*Bacillus licheniformis*, *Bacillus subtills*	전분을 절단하여(α-D-glucopyranose의 직쇄폴리머[straight chain polymer]인 amylose의 혼합물과 약간의 α-1,6 결합을 포함하는 가지형[branched form]) 단일 사슬을 가지는 말토덱스트린으로 만든다.
Glucoamylase	*Aspergillus niger*, *Aspergillus oryzae*	α-1,4 결합을 절단함으로써 포도당을 말토덱스트란으로 쪼갠다.
Pullulanase	*Klebsiella aerogenes*, *Bacillus* spp.	말토덱스트란의 α-1,6 결합을 절단한다.
Glucose isomerase	*Bacillus coagulans*, *Actinoplanes missouriensis*, *Streptomyces* spp.	D-포도당을 D-과당으로 변화시킨다.

전분 —(α-아밀라아제)→ 말토덱스트란 —(글루코아밀라아제와 플루라나아제)→ 포도당 —(포도당 이성질체화효소)→ HFCS

처음 두 단계를 촉매하는 효소들은 1950년대 이후에 공업적으로 생산되어 왔지만, 아주 중요한 세 번째 단계를 촉매하는 포도당 이성질체화효소(glucose isomerase)는 최근에 개발되었다. 처음 두 단계를 거쳐 만들어지는 포도당도 당이긴 하지만 별로 달지 않다. 설탕의 당도를 100이라고 정한다면, 포도당은 단지 70, 과당이 130이 될 것이다. 게다가, 포도당은 비교적 불용성을 지녀서, 농축한 시럽을 만들 때 침전하는 경향이 있기 때문에, 공업적으로 저장하고 사용하기에 다소 어렵다. 그에 반해, 과당은 포도당보다 2배 정도의 수용성을 지닌다. 그 결과, 시럽에 포함된 절반 정도의 포도당을 과당으로 전환함으로써(HFCS를 만들어냄) 앞서 말한 두 가지의 문제점을 해결하게 되었다 : 생산품은 자당만큼 단 맛을 지녔으며, 수용성 상태를 안정하게 유지해서 차가워져도 쉽게 침전되지 않았다.

되돌아보면, 포도당 이성질체화효소가 발견되어 사용될 것이라고는 누구도 상상하지 못했었다. 이 효소를 만들어내는 세균에서 효소가 가지는 대사 작용은 포도당, 혹은 과당과는 전혀 상관이 없었다. 대신, 이 효소는 목당의 이화작용 중 첫 번째 단계를 촉매하는데, 목당은 식물 세포벽의 주요 구성성분인 헤미셀룰로오즈가 가수분해되면 만들어지는 것으로써 자연환경에서 풍부한 탄소공급원이다. 자일로스 이성질체화효소(xylose isomerase)라고 불리는 것이 더 적당한 이 효소는 xylose를 xylulose로 바꾸는 역할을 한다. 1957년에, 이 효소가 포도당에서는 약 160배 적은 활성을 갖는 것이 밝혀졌다(포도당은 xylose와 상동성을 가지며 부가적으로 $-CH_2OH$기를 갖고 있는 것만 다르다). 그러나 효소가 활성화하기 위해서는 코발트 이온과 마그네슘이온이 필요하기 때문에, 이 이온들만 존재하다면 포도당에 대한 활성도도 높아지는 것이 곧 밝혀졌다. 다른 세균들에서도 보편적으로 존재하는 이 효소에 대해 집중적으로 연구한 끝에, HFCS를 생산하여 실제적으로 이용하는 것이 가능하게 되었다. 이 효소를 변형시켜 개선할 수 있는 연구가 진행된 결과, 이 효소를 생산하는 수단을 최적화하였고 사용 환경도 증진되었다. 많은 난관 중에서도 기질 물질로서 사용되는 xylose가 비싼 점도 극복되었다. 또한, 컬럼에 포도당액을 통과시켜 효소를 고정시켜 추출하는 방법은 몇 가지 문제를 해결하는데 도움이 되었다: 상대적으로 비싼 효소들이 덜 필요하게 되었고, 코발트와 마그네슘 조효소가 컬럼에 고정되어 생산품을 오염시키지 않았다.

포도당 이성질체화효소는 평형반응을 촉매하고, 이 때 마지막 혼합물의 대략 41%가 보통 온도에서 과당으로 존재한다. 탄산음료에 충분한 당도를 주기 위해서는 약 55%의 과당이 필요하기 때문에, 혼합물에서 약간의 과당이 컬럼 크로마토그래피를 통해 분리되어 이 수준으로 맞추기 위해 사용된다. 온도가 높아질수록 포도당과 과당사이의 평형이 과당 쪽으로 기울기 때문에 포도당 이성질체화효소의 열 안정성을 높이기 위한 연구가 집중적으로 행해졌다. 그 결과 높은 온도에서 반응시킬 수 있게 되었고, 더 많은 과당이 만들어질 수 있었다. 95℃에서 견딜 수 있는 효소가 나온다면 결정화되기에 충분할 정도의 농도로 구성된 과당이 만들어져 알갱이로 만들 수 있을 것이다. 그러면 설탕으로써도 사용이 가능해져 설탕과 경쟁하게 될 지도 모르겠다.

감미료로서 자당도 충분히 사용될 수 있음을 고려해 볼 때, 왜 굳이 HFCS가 필요한지에 대해 궁금해 질 수 있다. 그 답은 주로 경제적인 내용을 담는다. HFCS는 자당보다 싸다.

이런 이유로 HFCS의 생산이 증가해 자당의 생산이 점점 사라지고 있는 것이다. 이미 전 세계적으로 자당보다는 HFCS가 더 많이 사용되고 있다. HFCS는 주로 미국에서 사용되고 있지만, 그 밖에 다른 나라에서도 사용이 점점 늘고 있는 추세이다. 자당과는 달리, 과당은 충치를 생기게 하지 않는다. 충치를 발생시키는 균인 *S. mutans*는 치아 표면에 글루칸을 생성시키는데, 이 과정은 충치를 형성하는 필수적인 과정이다. 그러나 *S. mutans*는 과당을 사용해 글루칸을 생성시킬 수 없다. 글루칸은 *S. mutans*에 의해 발생하는 젖산을 끌어들여 치아표면에 산을 가져가고, 이 산은 치아 에나멜질을 이탈시켜 충치를 발생시킨다. 그러나 우리가 HFCS를 많이 사용할수록 건강에 좋지 않은 영향을 미친다는 목소리가 나오고 있다. 1970년대 후반에 우리가 먹는 음식에 HFCS가 사용됨에 따라서 유년기에 걸리는 당뇨병과 함께 비만이 전염병처럼 번지기 시작했다. 게다가 HFCS의 소비가 늘수록 비만환자가 더 증가했다. 그러나 HFCS와 비만 사이의 인과관계를 단순히 우연의 일치라고 생각하기에는 더욱 뚜렷한 증거가 있다. 레스토랑에서 판매하는 소프트 드링크에 첨가되는 감미료는 유일하게 HFCS가 사용되는데, HFCS의 가격이 낮은 덕분에 소프트 드링크의 1인분 크기가 몇 배나 커졌다. 따라서 이런 형태로 사람이 섭취하는 과당의 비율이 높아졌기 때문에, 우리 몸은 생리학적으로 합당하게 반응한 것이다. 우리가 섭취하는 음식을 가수분해하면 포도당이 생성되는데, 이에 응답해서 췌장에서 인슐린이 생성된다. 인슐린이 생성되면서 렙틴(leptin)이라는 호르몬이 분비되도록 유도하는데, 렙틴은 포만감을 주는 신호를 보내서 우리에게 충분히 먹었다고 알려준다. 과당을 포도당으로 전환시켜 주는 체계가 결핍된 췌장은 포만감을 느끼게 하는 생리학적 신호전달을 시작할 수 없게 된다. 그렇다고 세균을 원망하지는 말자: 세균은 단지 나무속의 헤미셀룰로오즈를 분해하기 위해 효소를 생산했을 뿐이나.

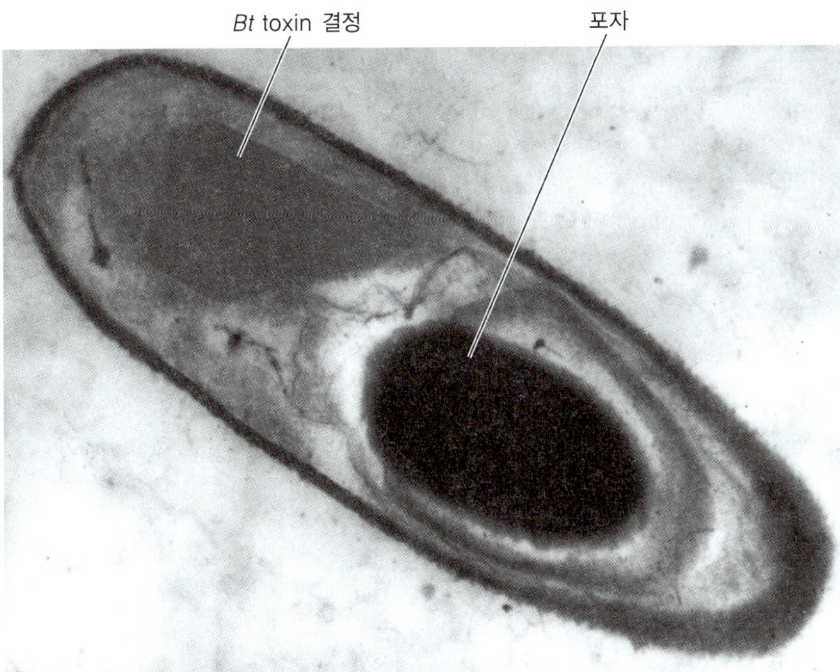

그림 23.2 *Bt* toxin이 결정을 형성하고 있는 것을 보여주는 *B. thuringiensis*의 포자

생물학적 살충제: *Bt*

*Bacillus thuringiensis*는 포자를 생성하는 수많은 종류의 토양 세균 중 하나로써 농업에서 살충제로 유용하게 사용되어 왔다. 이 세균은 일련의 강력한 독성 단백질을 만들어내기 때문에, 농부들이 다양한 종류의 곤충들을 제거하기 위해 널리 사용해 왔다. 이 단백질은 *Bt* toxin으로 알려졌는데, 150종 이상의 해로운 곤충들을 죽일 수 있다. 이 독성물질은 세균이 포자를 형성하는 동안 만들어지며, 결정을 형성할 수 있을 정도로 많은 양이 생성된다. 이 결정은 전자현미경으로 쉽게 관찰할 수 있다(그림 23. 2).

Bt toxin의 종류는 매우 다양한데, 그 종류에 따라 각각 다른 종류의 곤충에게 효과가 있다. 곤충이 *Bt* toxin을 형성하는 세균을 섭취하면 독성물질이 곤충의 장 속에 존재하는 수용체에 특이적으로 결합하게 된다. 그 수용체는 독성물질이 각각 효과적으로 작용하는 곤충 종에 따라 다양하다. 반면, 인간과 다른 척추동물은 이런 수용체를 갖고 있지 않다; 따라서, 이 독성물질은 큰 동물에게는 효과가 없고 음식을 생산하는데 있어서 안전하다고 생각되었다.

아마 더 정확하게 말하자면, 세균에서 만들어지는 이 단백질은 그 자체로서는 독성이 없기 때문에 프로톡신(protoxin)이라고 불러야만 한다. 곤충이 이 단백질을 섭취했을 때만 치명적인 형태로 전환된다. 단백질 결정체는 유충이 가지고 있는 독성에 민감한 중장(midgut)의 알칼리성 환원상태에서 수용성으로 존재한다. 수용성으로 존재하는 단백질은 여전히 활성이 없지만, 단백질이 분해되면서 활성상태로 바뀐다. 독성물질은 중장 속에 존재하는 세포막으로 들어가 선택적 이온 채널(cation-selective channels)를 형성해 세포를 죽이고 결국은 곤충을 죽인다.

이 독성물질이 자연 속에서 어떤 역할을 하는지는 거의 알려져 있지 않다. 토양 속에 세균이 곤충을 죽여서 얻는 선택적인 이익은 무엇일까? 자연 속에서, *B. thuringiensis*는 그 세균이 존재하는 장소에 감염시킬만한 숙주가 거의 존재하지 않을 경우 곤충들 사이에서 드물게 전염병을 발생시킨다. 그러나 *Bt* toxin은 토양 속에 풍부하게 존재하며 세균을 먹고 사는 작은 벌레인 선충도 죽일 수 있다. *Bt* toxin은 포식자가 될 수 있는 동물을 영양분 공급원으로 만들기 위한 전략일까? 만약 그렇다면 그 독성물질이 지닌 곤충을 죽이는 능력은 우연히 얻은 것일지도 모른다. 이런 추측은 그럴 듯하다. 왜냐하면, 이 독성물질이 같은 기작으로 곤충과 선충을 함께 죽일 수 있기 때문이다.

Bt toxin이 가지고 있는 살충제로써의 특성 때문에 곤충을 통제하기 위해 널리 사용되어 왔기 때문에 상업적으로도 다양한 종류의 제품이 출시되었다. 농부들은 죽이고자 하는 곤충의 종류에 따라 알맞은 *Bt* toxin을 사용해야만 한다. 따라서 *Bt* toxin을 농업적으로 사용한다고 해서 벌과 같은 유익한 동물이 해를 입지는 않는다. 또한 한번 사용되었다고 해서 지속성을 지니지 않으며, 농업적으로 사용하기 위해서도 보통 반복해서 사용하는 것이 필요하다. 그러나 타겟으로 삼은 곤충의 장세포 수용체가 돌연변이를 통해 변화하면 독성 물질에 대한 저항성을 발달시킬 수도 있다. 이런 이유 때문에 *Bt* toxin은 미래의 변화에 대한 통찰력을 가지고 주의 깊게 사용되어야 한다. 유전공학자들은 들판에 독성물질을 뿌리지 않게 하기 위해 옥수수와 같은 식물에 독성물질을 만들어내는 유전자를 직접 삽입했고, 또한 이런 유전자들을 rhizosphere bacteria(식물 뿌리 주변의 토양에 풍부한 세균)에 삽입시켜 왔다. 그러면 세균이 독성물질을 식물로 전달해서 곤충으로부터 식물을 보호한다. *Bt*를 식물

로 전달하는 대안적인 방법은 매력적인 것으로 보이지만, 독성물질이 오랜 기간 동안 지속되기 때문에 저항성 돌연변이를 증가시킬 위험이 있다. 또한, 꽃가루를 포함한 대부분의 식물 부위에 독성이 함유되기 때문에 몇몇 유해한 곤충들이 죽을 가능성이 있다.

오염물질 복구: 생물적 환경정화

의도적이든지 혹은 의도하지 않았든지, 독성물질 혹은 방사성 화학물질을 환경에 도입하는 것은 광범위한 부분에서 생물학적, 물리적, 경제적 손상을 초래할 수 있다(5장의 "생물환경정화" 부분 참조). 이를 통한 오염은 오염물질을 강, 호수, 토양 등에 불법으로 버리거나 독성 화학물질을 묻어둔 수백만 개의 탱크에서 누수가 발생하고 해양 재난이 발생하는 등 다양한 방법으로 발생할 수 있다. 또한 독성물질을 버리는 장소를 정화시키는 것도 우리의 사회적 능력과 결의의 한계에 도전하는 어려운 일이다. 쉽게 말해서, 어렵고 비용이 많이 든다. 오염된 물질을 저장하는 일은 많은 비용이 들며 누수의 위험성을 항상 동반한다. 태우는 것도 공기 오염을 발생한다; 다른 방법들도 마찬가지로 위험하고 처리 비용이 비싸다.

다행히도 무수한 종류의 화학적 활성을 가지고 있는 미생물(6장의 "연료 반응의 개요"와 "요약" 부분 참조)은 우리가 자연환경에 버린 독성물질을 제거하는데 알맞은 특성을 가지고 있다. 비록 가끔 환경에서 독성을 제거하는 속도가 느리긴 하지만, 수많은 종류의 미생물 활성은 자연스럽게 발생한다. 그러나 우리는 미생물이 환경을 정화시키는 자연적인 방법을 공부함으로써 그 효율성을 증대시킬 수 있다. 환경의 화학적, 물리적 특성이 생물체의 생리기능을 결정짓는다는 생태원리가 여기서 적용된다. 예를 들면, 방사능 물질로 오염된 장소를 정화시키는데 도움을 주는 미생물은 핵발전소에서 방출되는 폐수에 존재할 것이라고 생각할 수 있다. 그런 폐수 속에서 높은 수준의 방사능에 저항성을 가질 뿐만 아니라(세계 챔피온 격인 *Deinococcus radiodurans* 처럼 [제15장 참조]) 방사능 성분을 불용성 물질로 만들고 더 쉽게 분해할 수 있는 미생물을 정말 발견할 수 있다. 이런 생물은 배양하는 것도 가능하고 더 효과적인 기능을 가지도록 유전적으로 변형시킬 수도 있다.

어떤 목적을 가지고 식물과 미생물을 이용해 정화 작용을 하는 것을 **생물적 환경정화(bioremediation)**라고 한다(5장의 "생물학적 환경정화" 부분 참조). 이 처리공정은 미국에서 약 50,000개 정도의 유해폐기물이 묻혀진 지역에서 사용되고 있으며 공해방지 사업을 위한 1,200개의 대형펀드(superfund site)가 선정되고 있다. 이 기금은 미국의 환경 보호청이 유해폐기물로 인한 환경위협에 특별한 주의를 기울이기 위해 선발해 왔다. 생물적 환경정화를 위한 몇 가지 경로들이 있다. 어떤 경우는 오염된 지역에 존재하는 오염물질의 수위를 낮추기 위한 목적을 지닌다; 다른 경우는 오염된 탱크나 저수지처럼, 생물학적으로 처리되어야 할 특정 지역에서 오염물질을 추출해 제거하고자 하는 목적을 지닌다.

생물적 환경정화가 꽤 성공적으로 이루어졌던 경우는 40년이 넘도록 핵무기를 위한 방사능 물질을 만들어 왔던 남부 캐롤리나의 사바나 강 지역 310 제곱마일에 달하는 지역에서 일어났다. 이 지역은 미국에서 가장 오염된 구역의 땅들 중 하나였다. 여기서는 처리과정 중에 유기용매가 사용되었는데, 이 유기용매가 지하에 묻혀진 파이프를 통해 이동하여 지하탱크에 축적되어 있었다. 결국 파이프에서 유기용매가 누출되었고 땅속으로 퍼져나갔다. 이 유기용매에 가장 많이 포함되어있던 성분들 중 하나가 매우 독성을 지닌 트라이클로로에틸

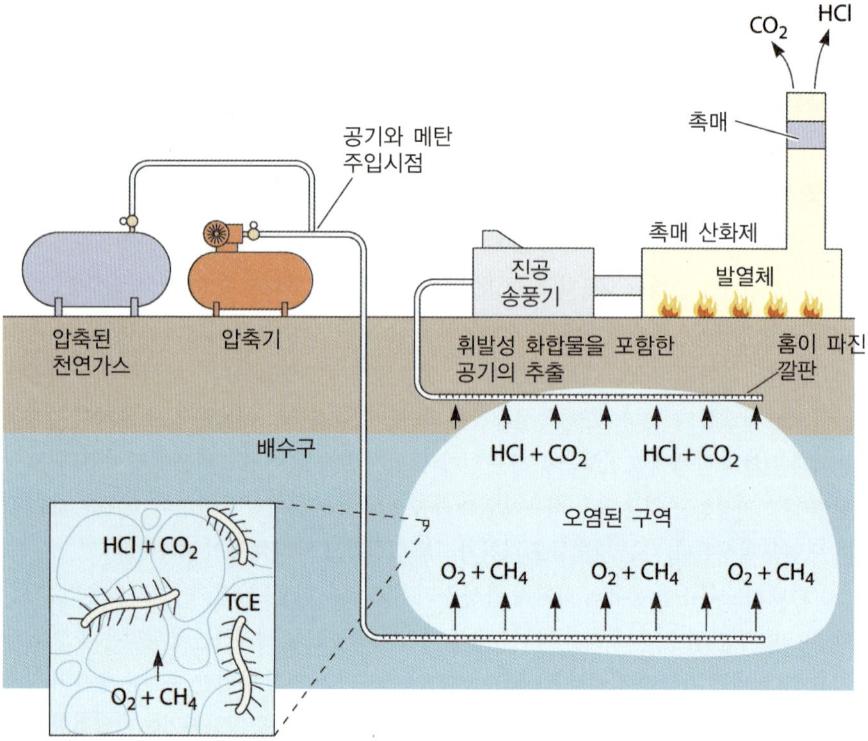

그림 23. 3 TCE로 오염된 남부 캐롤리나 사바나 강 지역에서 이루어진 생물적환경정화를 간단히 나타낸 그림

그림 23. 4 1989년 *Exxon Valdez*에 의해 누출된 석유의 면적이 뉴 잉글랜드 지역의 지도에 그려져 있다. 몇 개 주의 크기에 달하는 지역을 기름이 덮고 있음을 볼 수 있다.

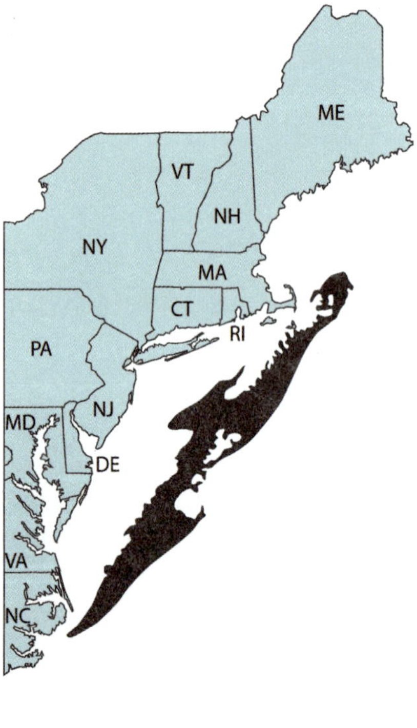

렌(trichloroethylene, TCE)이었는데, 이 물질은 다른 염소화된 용매와 마찬가지로 정화시키기 어려운 물질이었다. TCE는 드라이클리닝 및 다른 공업적인 용도로 널리 사용되고 있기 때문에, 가장 풍부하게 존재하는 독성 물질 중에 하나이다. 미생물학자들은 TCE를 산화시킬 수 있는 많은 종류의 세균을 증가시키는 방법을 고안했다. 그들은 메탄을 산화시킬 뿐 아니라 TCE를 포함한 다른 탄화수소를 이용할 수도 있는 토양 세균인 호메탄세균(methanotrophs, 제15장 참조)의 도움을 받았다.

호메탄세균은 methane mono-oxygenase라고 불리는 효소를 만들어내는데, 이 효소는 특이성을 갖지 않으며 메탄 뿐 만 아니라 TCE 및 다른 성분들도 분해할 수 있다. 보통 이 토착 생물체는 상대적으로 적은 양으로 존재한다. 어떻게 이 생물체를 토양 속에 풍부하게 번식시킬 수 있었을까? 호메탄세균의 성장을 늘리기 위해 메탄이 오염된 토양에 주입되었다. 또한 탄화수소의 산화에는 산소가 필요하기 때문에 메탄과 함께 공기도 주입되었다. 그 후 몇몇 지역에서 호세균의 수가 7개의 목(order)으로 늘어난 것이 밝혀졌다. 그리고 세균이 TCE의 농도를 점차 줄여나가기 시작했다. 가스를 효과적으로 배달하기 위해서 상당한 기술이 요구되었기 때문에 이 과정은 들리는 것처럼 그렇게 간단한 과정이 아니었다 (그림 23. 3). 이 과정의 한 가지 좋은 점은 그만두는 것이 가능하다는 점이다. 메탄이 더 이상 주입되지 않으면, 호메탄세균은 원래 자연적으로 발생하던 상태로 되돌아간다.

이 경험을 통해, 원하는 미생물을 풍부하게 번식시키기 위해서는 그 미생물의 영양요구성(nutritional requirement)을 이해해야만 한다는 것을 알 수 있었다. 사실, 메탄과 산소만으로는 TCE를 최대로 분해하기에는 충분하지 않다. 3가인(phosphorous)과 질소를 제한적으로 공급하면 호메탄세균의 성장을 더욱 촉진시킬 수 있다. 알래스카의 Exxon Valdez 유조선의 석유 누출사건은 이러한 영양공급을 통한 효과를 볼 수 있는 또 다른 예이다 (그림 23. 4). 여기에서도 역시, 바다에 서식하고 있는 미생물에 의해 석유오염물질 분해를 촉진시키기 위해 3가 인과 질소 등으로 구성된 미생물을 위한 인공비료를 공급했다.

물론, 사바나 지역에서 사용된 방법을 통해서 단지 특정 오염물질만을 감소시킬 수 있었다. 그 지역에는 여전히 중금속(납, 크롬, 수은, 카드뮴)과 방사성물질(트리튬, 우라늄, 핵분열생성물, 플루토늄)및 그 밖에 다른 오염물질들이 남아있었다. 생물환경정화기술은 방사성핵종(radioactive nuclide)을 포함한 이런 오염물질들을 제거하기 위해 발달해왔다. 살충제인 PCBs(polychlorinated biphenyls)와 다른 환경 손상물질에 대해서도 마찬가지이다. 그런 까닭에 혹자는 미래의 생물적 환경정화 기술에 대해 낙천적인 입장을 가질 수도 있다. 추가적인 연구를 통해, 인류사회를 가장 위협하는 문제 중 하나를 해결하는데 도움이 될 방법을 개발할 수 있을 것으로 기대된다.

결론

이 장에서는 긴 역사동안 인간들이 실질적인 목적을 위해 미생물과 협력해서 도움을 받아왔던 많은 방법들을 논의하여 보았다. 또한 현재에도 미생물을 이용하는데 있어서 풍부하고 새로운 방법들이 끊임없이 개발되고 있다. 새로운 미생물들이 또 발견될 것이고, 알려진 미생물을 유전적으로 개선하는 우리들의 능력이 발전함에 따라 미생물학의 영역이 확장 발전될 것임에는 의심의 여지가 없다.

학습문제

1. 미생물은 어떻게 와인의 질을 향상시키는가? 그 답례로 미생물이 얻는 것은 무엇인가?

2. 경작물에 얼음이 형성되는 것을 지연시키기 위해 유전적으로 *P. syringae*를 조작해서 현장에 직접 사용하는 것에 대한 공공의 우려를 어떻게 생각하는가? 눈을 만드는 반대의 효과를 위해 세균을 사용하는 경우에는 왜 우려를 하지 않는 것인가?

3. 공업적인 목적으로 세균을 조작해서 인간의 단백질을 생산하는 단계는 무엇인가?

4. 세균 효소가 공업적으로 사용되는 HFCS의 생산을 위해 어떻게 기여하는가?

5. *B. thuringiensis*는 곤충을 죽이기 위해 독성물질을 생산한다. 그러나 이 세균은 상대적으로 곤충이 많이 없는 토양 속에 존재한다. 독성을 만드는 이런 능력은 어떻게 진화되어 왔다고 생각하는가?

6. 생물적 환경정화를 위해 세균의 어떤 생리적 특징이 사용될 수 있었는지 설명해보시오.

맺음말

우리는 인간을 포함한 지구상의 모든 형태의 생명이 살아가는데 있어서 미생물이 반드시 필요하다는 것을 점차 인식해 왔다. 미생물은 모든 살아있는 생명체의 조상이기 때문에 우리들의 유산이다. 그리고 지금 당장, 우리가 살아있고 숨 쉬듯이 우리의 삶은 여전히 미생물의 활동에 크게 의존하고 있다. 우리가 보아왔던 것처럼, 미생물은 삶에 필수적인 영양분과 요소들을 처리하고, 날씨와 기후에 영향을 미치며, 우리 지구의 바위와 물의 형태를 조각한다. 인간과 미생물간의 상호작용이 모두 좋은 것은 아니듯이, 특정 미생물은 인간과 동식물의 건강을 위협한다. 우리들에게 이것은 동양의 음양설처럼 보이겠지만, 이는 매우 인간 중심적인 관점으로 바라보는 것이다. 미생물은, 인간을 돕던지 방해하던지 간에, 단순히 자신들의 삶을 살아가고 있는 것이다.

미생물은 지구상 생물계의 설립자이며 인간 건강을 결정짓는 주요 결정자이다. 따라서, 미생물을 연구하는 미생물학은 살아있는 모든 생명체에 대한 연구를 위한 중추적인 역할을 수행한다. 따라서, 미생물학은 근본적인 주제이며, 이 지구 위에서 살아가는 모든 생명을 이해하고 연구하는데 필수적이다. 미생물 세계에 대한 당신의 짧은 여행이 지구위에 살아가는 짧은 시간동안 미생물에 대한 더 심도 깊고 광범위한 연구를 할 수 있는 토대가 되었기를 바란다.

우리가 이제까지 배웠던 것과, 미생물 세계에 대해 배울 앞으로의 지식이 지구와 지구상의 모든 생명체들을 위하여 건전하고 현명하게 쓰여지길 바라며 이 책을 끝맺는다. 이를 위해서는 좋은 의도를 가져야 할 뿐만 아니라, 미생물이 행하는 모든 것을 깊게 이해하려는 노력이 필요할 것이다.

용어해설

Abortive transduction (비진행성 형질도입) 형질도입에 의하여 들어간 DNA절편이 수용체의 염색체에 재조합되지 못하고, 복제의 기점이 결여되어서 각 세포 분열에서 딸세포의 오직 한 쪽으로만 유전되는 현상.

Accommodation(chemotactic) [순응조절(주화성의)] 단백질 감지자들의 메틸화에 의한 자극에 대한 반응성이 점차적으로 줄어드는 것.

Acid-fast (항산성) 약한 산에 의해 염색약이 빠지는 작용에 대해 저항성을 지님; mycobacteria와 몇몇의 방선균류에서 나타나는 특성

Actinomycetes (방선균류) 기균사와 포자로 분화할 수 있는 능력을 가진 그람 양성 세균의 거대 모둠; 다양한 항생물질의 생산자.

Activator (활성자) 전사를 양성적으로 조절하는 유전자 산물(보통 단백질). 활성자는 프로모터에 RNA 중합효소의 결합(닫힌 복합체 형성)을 증가시키거나 RNA 중합효소를 자극하여 전사를 시작한다(열린 복합체 형성).

Adaptive immunity (적응 면역) 항원에 노출되면 활성화되는 면역체계의 일부분이며 개인마다 차이가 있는 면역체계.

Addiction module (중독 모듈) 플라스미드 유지 및 세균의 프로그램 세포 사이에 관련된 독소 및 항독소 유전자 배열.

Adenosine triphosphate(아데노신 삼인산) 대사에너지를 두 개의 고에너지 인산결합에 보존하는 아데닌-리보오스-3인산 화합물. 줄여서 ATP라고 함.

Adventurous motlity (모험 운동) 각각의 세포가 나수로 함께 움직이는 세포그룹으로부터 나와서 개개의 세포들이 움직이는 활주운동의 형태.

Aerobic (호기성) 산소가 존재하는. 생장에 산소를 필요로 하는 생물 또는 산소가 존재하는 배양 조건을 기술하기 위하여 사용됨.

Aerobic respiration (호기성 호흡) 산소 기체가 최종 전자 수용체로 작용하는 호흡의 한 형태.

AIDS (에이즈) 후천성 면역결핍증 참조.

Alkaliphiles(호염기성균) 염기성 환경에서 잘 생장하는 미생물.

Allosteric effector (알로스테릭 작용자) 알로스테릭 단백질에 결합하여 활성을 변화시키는 작은 분자.

Allostery (알로스테리) 단백질의 다른 위치의 활성에 영향을 주기 위하여 작용자에 의해 단백질의 입체 특이적 변형.

Alternative pathway (대체경로) 세균 리포다당류 같이 미생물에 관련된 분자 패턴에 의해 유도되는 보체 활성 시그널 전달체계.

Aminoacyl-tRNA synthetases (아미노아실-tRNA 합성 효소) tRNA 분자를 하전(아미노산 첨가)시키는 효소.

Anaerobic (혐기성) 산소가 존재하지 않는. 산소에 민감하거나 산소가 존재하지 않는 생장조건을 필요로 하는 생물체를 기술하기 위하여 사용됨.

Anaerobic respiration (혐기성 호흡 또는 무산소 호흡) 최종 전자

수용체로 산소(O_2)가 아닌 다른 물질을 사용하는 호흡 과정.

Anammox reaction (아나목스 반응) 암모니아와 아질산염으로부터 질소기체를 생산하는 혐기성 반응.

Annotation (주석달기) DNA염기서열에 기능을 부여하는 과정.

Anoxygenic photosynthesis (무산소성 광합성) 원핵세포에 의하여 수행되는 광합성 형태로 산물로서 산소를 생산하지 않음.

Antibiotic (항생물질) 특정 단계의 세포 기작에 간섭해서 살균 혹은 정균작용을 발생하는 물질; 가끔 자연적으로 발생한 생물학적 기원을 가지고 있는 용어에 제한됨.

Antibody (항체) 항원과 특이적으로 상호작용하는 단백질 복합체.

Antigen (항원) 면역체계에 의해 인식되는 분자.

Antigenic variation (항원 다양성) 몇몇 미생물이 가지고 있는 능력으로써 주기적으로 세포 표면에 제시되는 항원을 바꿀 수 있는 능력을 뜻함.

Antigen-presenting cells (항원제시세포) 섭식한 항원을 분해한 성분을 세포 표면에 나타내는 세포.

Antiterminator (항종결자) RNA 중합효소가 전사종결위치를 지나서도 전사를 계속하게 하는 단백질

Apiocoplast (아피코플라스트) 일부 원생동물이 가지는 특수한 DNA-함유 세포 소기관.

Apoptosis (세포자살, 예정세포사) 세포내의 자연적인 발생 기작 또는 다른 세포나 감염체에 의해 유도되는 세포의 죽음.

Apoptosis (아폽토시스) 세포 내부 발달 기작 혹은 감염균 및 다른 세포에 의해 유도되는 세포사.

Archaea (고세균) 생물의 세 도메인인 세균, 고세균, 진핵생물 중 하나. 이들은 형태적인 면에서 세균과 유사하며, 원핵생물(진정 핵을 가지고 있지 않는)의 일부이기도 하지만, 다양한 분자생물학적 기작의 측면에서는 세균보다 오히려 진핵생물에 더 가까움. 이전에는 Archaebacteria나 Archaeobacteria라고 불렸음.

Artificial transformation (인위적 형질전환) 화학적 또는 물리적 처리를 하여 세포가 외부의 DNA를 받아들이도록 하는 과정.

Assembly modification (결합체 변형) 단백질에 화학적 변형이 일어나 단백질을 기능적인 상태로 만듦.

Assimilatory nitrate reduction (동화적 질산 환원) 영양염으로 공급되기 위하여 일어나는 질산염의 암모니아로의 환원 과정.

Atomic force microscope(원자 힘 현미경) 상을 만들어 내기 위해 원자들 사이의 당기는 힘과 반발력을 이용하는 주사현미경

Attenuation (감쇄조절) 메신저 RNA의 신장을 방해하여 전사 수준을 조절하는 기작. 조절 부위의 느린 번역으로 RNA의 2차 구조를 만들고 전사 종결을 촉진한다. 과정이 전사와 번역의 결합에 의존하기 때문에 원핵생물에 국한된다.

Attenuation (감쇠) mRNA 신장을 방해함으로서 전사체 양을 조절하는 메커니즘. 조절 부위를 통한 느린 번역은 전사 종결을 촉진하는 RNA의 2차 구조 형성을 가져옴. 이 과정은 전사 및 번역 짝에 의존하며 따라서 원핵세포에 제한되어 있음.

Autoinducer (자가유도물질) 생물이 축적되었을 때 생산하는 화합물로 그 생물에서의 반응을 유도한다.

Autotroph (자가영양생물) 모든 탄소원을 CO_2로부터 얻는 생물.

Auxotroph (영양요구체) 특정 영양분(예, 아미노산, 뉴클레오티드, 또는 비타민)이 있을 때만 생장을 하는 돌연변이.

B cell (B 세포) B 림프구 참조.

B lymphocyte (B 림프구) 주로 항체 형성에 관련된 림프구. B 세포라고도 불림.

Baby machine (아기 기계) 최근 분열된 세포를 얻는 장치. "모세포"가 붙는 표면과 같이 한 표면에 세포를 붙이는 것에 의존; 분열 후 한 "아기"는 붙은 채로 남고 다른 하나는 분리됨.

Bacteriocin (박테리오신) 세균에 의해 만들어지며 다른 세균에게 독으로 작용하는 작은 단백질.

Bacteriophage (박테리오파아지) 세균에 감염하는 바이러스. 파아지라고도 함.

Bacteroid A (박테로이드 A) 질소 고정의 분화된 형태인 뿌리혹을 형성하는 세균.

Balanced growth (균형생장) 세포의 모든 구성 성분이 시간에 따라 같은 비율로 증가하는 생장 상태. 일반적으로 지수생장 혹은 정상 상태의 생장과 동의어로 쓰인다.

Barophiles (호압세균) 1기압 이상의 압력에서 더 잘 생장하는 유기체들.

Basal body (기저체) 세균의 세포 외피에 끼어져 편모 필라멘트가 회전할 수 있도록 고정자 역할을 하는 편모의 구조.

***Bergey's Manual of Systematic Bacteriology* (Bergy 지침서)** 원핵생물의 분류 체계를 다루고 있는 널리 이용되는 책.

β-Lactamase (β-락타마아제) β-락탐 항생제의 β-락탐 고리를 잘라

항생제를 불활성화시키는 효소. 많은 플라스미드에 의해 부호화된 암피실린 저항성은 β-락타마아제의 분비에 기인한다.

Bidirectional replication (양방향 복제) 두 DNA 복제 기점이 같은 복제 시발부위로부터 반대 방향으로 진행하는 과정.

Binding proteins (결합 단백질) 특정 영양소에 결합하여 세포막을 통해 그 물질의 통과를 촉진하는 주변세포질 단백질.

Biofilm (생물막) 세포외 점질층에 박혀있는 미생물 층.

Biological species (생물학적 종) 실제로 또는 잠재적으로 상호교배가 가능한 개체군 단위.

Bioremediation (생물적 환경 정화) 미생물을 이용하여 독성물질을 제거하거나 해독하는 것

Bubble (버블) (1) 복제 DNA에서 복제를 개시하기 위하여 두 가닥이 분리되는 DNA 부위. (2) RNA 합성에서 전사를 하기 위해 두 가닥이 분리되는 DNA 부위.

Calvin cycle (캘빈순환) CO_2가 세포 성분으로 통합되는 대부분 독립영양 생물에 의해 사용되는 경로.

cAMP Cyclic AMP (순환적 AMP) 참조.

CAP Catabolite gene activator protein (분해대사물 유전자 활성 단백질) 참조.

Capsid (캡시드) 파아지나 바이러스의 핵산을 감싸고 있는 단백질 층으로서 핵산을 주위환경으로부터 보호함.

Capsule (캡슐) 보통 탄수화물로 구성되어 있으며 미생물을 둘러싸고 있는 확산된 가장 바깥쪽 막.

Carbon cycle (탄소 순환) 자연계에서 탄소를 함유하는 물질의 상호전환 과정의 순환.

Carboxysome(카르복시소옴) 리불로스 비스포스페이트 카르복실라아제(ribulose bisphosphate carboxylase)를 함유하는 독립영양 세균의 단백질결합 소낭.

Catabolite gene activator protein (분해대사물 유전자 활성 단백질) cAMP와 상호작용하는 단백질로 장내 세균에서 분해대사물 억제의 많은 모습들을 보여줌. 축약하여 CAP.

Catabolite repression system (분해대사물 억제시스템) 광범위 조절시스템으로 포도당과 같은 효과적인 탄소원의 첨가로 많은 유전자들의 억제된 발현을 만든다; 장내세균에서 CRP 단백질과 cyclic AMP의 복합체에 의하여 부분적으로 매개된다.

Catalase (카탈라아제) 과산화수소를 물과 산소로 분해하는데 촉매하는 효소

Cell membrane (세포막) 세포를 둘러싸는 인지질 이중층. 세포막 도는 원형질막이라고도 불림.

Cell wall (세포벽) 많은 세포들을 둘러싸고 있는 튼튼한 외피. 거의 모든 박테리아와 고세균을 포함하며 세포질 막의 바깥쪽에 위치해 있다.

Cell-mediated immunity (세포 매개 면역반응) T 세포에 의해 매개되는 면역 반응.

Cellular microbiology (세포 미생물학) 미생물이 숙주세포의 생태에 어떤 영향을 미치는가를 연구한 학문.

Central dogma (센트랄 도그마) DNA가 mRNA를 만들고, 이는 단백질을 만드는 생물학적 기본원리.

Channel protein (채널 단백질) 막을 통해 채널을 형성하는 단백질.

Chaperone (샤페론) 다른 단백질의 접힘 또는 다중 단백질 복합체의 결합을 촉진하는 단백질. 일부 열 충격 단백질들이 샤페론이다.

Chemoautotroph (화학적 독립 영양체) Lithotroph 참고.

Chemostat(키모스타트) 연속배양장치 참고.

Chemotaxis (주화성) 화학적 농도구배에 의한 이동과정.

Chloroplast (엽록체) 광영양성 진핵생물에서 광합성이 일어나는 세포 내 소기관.

Chromosome(염색체) (1) 세포 또는 바이러스의 생장과 복제에 필수적인 유전 정보를 가지고 있는 자기복제 DNA 분자. (2) 세균의 경우 히스톤 유사 단백질과 진핵생물의 경우 히스톤에 결합된 DNA의 단단하게 포장된 구조.

Ciliates (섬모충류) 섬모를 가지는 원생동물의 모둠.

Clade (단일계통군) 계통학적으로 상호 연관된 생물의 분지.

Classical pathway (전형적 경로) 항체에 의해 유도되는 보체 활성 신호전달 경로.

Clone (클론) 단일세포에서 파생된 일련의 세포로써 유전적으로 동일하다고 예상되는 세포.

Cloning vector (클로닝 벡터) 적절한 숙주세포에서 복제할 수 있는 능력을 가진 DNA 분자로써, DNA 재조합 기술에 의해 잘려진 DNA 분자를 삽입할 수 있는 적절한 지점이 있어야 하며 숙주세포 안에서 벡터를 선별할 수 있는 유전적 마커(genetic marker)를 지녀야 한다.

Closed complex (폐쇄 복합체) RNA 중합효소가 DNA에 결합하지만 가닥은 아직 분리되어있지 않은 전사의 초기 단계.

Coding region (암호 부위) 폴리펩티드를 암호화하는 DNA 서열.

Coding strand (암호 가닥) RNA를 전사하는데 기질로 사용되는 DNA 가닥.

Codon (코돈) DNA 혹은 RNA에서 특정 아미노산을 암호화하거나 폴리펩티드 합성의 종결을 신호하는 세 개의 연속적인 뉴클레오티드(삼염기쌍).

Coenzyme (조효소) 어떤 효소의 활성을 위해 필요한 유기 분자.

Cofactor (보조인자) 어떤 효소의 활성을 위해 필요한 무기 분자.

Cold shock(저온 충격) (1) 빠르게 생장하는 세균 배양물의 갑작스러운 냉각으로 인한 세포 사멸. (2) 그람음성 세균 배양액의 급격한 냉각과 삼투농도의 희석. 그 결과 주변 세포질 내용물의 유출을 일으킨다.

Colony (군락) 고체배지에 도말된 단일 세포로부터 생성한 눈에 보이는 세포 그룹.

Commensals (편리공생) 공생관계에 있는 생물들로써 서로 상대에게 무해함.

Complement (보체) 감염에 비특이적으로 방어기작을 지니는 30개 이상의 혈액 단백질로 구성된 복합체.

Complementray (상보적인) 이중가닥 분자를 형성하기위해 염기쌍을 만드는 두 폴리뉴클레오티드 사슬을 설명함.

Complementary DNA (상보적 DNA) 역전사 효소를 사용하여 mRNA로부터 합성된 DNA. 축약하여 cDNA.

Concatenate (콘카테나테) 다중의, 직렬로 머리에서 꼬리까지 반복되는 서열을 가진 DNA 분자.

Confocal microscope (공초점현미경) 표본을 관통하는 단층의 상을 만들기 위해 광검출기의 결과를 컴퓨터로 처리하여 사용하는 광학현미경.

Conjuation (접합) 세균에서, 공여자로부터 수여자로 직접적 접촉에 의한 DNA 전이.

Conjugative plasmid (접합 플라스미드) 접합에 필요한 기능을 암호화하는 세균의 플라스미드.

Consensus sequence (합의 서열) 한 세트의 관련된 서열을 비교하고 각 부위에서가장 흔하게 나타나는 염기로부터 유래된 서열.

Consortium (컨소시엄) 서로 다른 형태의 개체로 이루어진 상호-연관된 집합체.

Continuous-culture device(연속배양장치) 조절되는 조건하에서 오랫동안 연속적인 신선한 배지의 공급과 배양액의 제거가 일어나는 액체 배지을 이용한 미생물배양 장치. 키모스타트라고도 불린다.

Cortical inheritance (피층 유전) 핵에 있는 유전자의 참여 없이 세포 표면의 특징이 유전되는 현상.

Cyan fluorescent protein(시안형광단백질) 자외선 조사에 푸른 빛을 방출하는 녹색 형광단백질의 변형. 줄여서 CFP라고 부른다.

Cyanobacteria (시안 세균) 산소-생산 광합성 세균.

Cyclic AMP 리보오스 탄소의 3′과 5′탄소 둘 다에 인산이 공유결합되어 있는 아데노신 1인산분자. 줄여서 cAMP.

Cyclic photophosphorylation (순환적 광인산화반응) 광독립영양체에 의한 ATP의 생성과정으로, 활성 전자가 막이 위치한 전자 전달 사슬을 통하여 바닥상태의 엽록소에 전달됨.

Cytokine (싸이토카인) 면역체계의 세포와 체내의 다른 세포 사이의 상호작용을 책임지고 있는 백혈구에 의해 방출된 전달 단백질 (예를 들어, 종양괴사인자 혹은 인터루킨).

Cytoplasm(세포질) 진핵생물에서 세포의 막들과 핵, 그리고 원핵생물에서는 핵양체를 제외한 세포내용물들.

Cytoplasmic membrane(세포질막) 세포막 참고.

Cytoskeleton (세포골격) 미세소관, 미세섬유, 중간섬유로 구성된 진핵 세포의 세포 내 구조물.

D value(D값) 1/10 감소시간. 미생물 균체의 90%를 죽이기 위한 처리에 요구되는 시간.

Dam methylase (Dam 메틸라제) GATC 부위의 아데닌 속으로 메틸기를 전달하는 효소.

Deconvolution microscopy(디컨볼루션현미경) 주어진 평면상의 특정신호를 증가시키기 위하여 광축을 따라서 어떤 물체의 이미지에 알고리즘을 적용하는 기술. 일반적으로 디컨볼루션 분석은 형광 여기와 발광에 의하여 특정 초점면으로부터 벗어난 빛을 제거함으로써 상을 더 선명하게 해준다.

Deletion (결손) 하나 또는 그 이상의 염기, 염기쌍의 DNA분자로부터 손실

Dendrogram (덴드로그램, 계통수) 계통학적 단위사이의 관계를 나무같이 나타냄.

Dendrogram (수지도) 분류 단위 사이의 관계를 나무 모양으로 나타낸 그림.

Denitrification (탈질화 과정) 질산염 이온을 질소 기체로 전환하는 세균-매개 혐기성 호흡의 일련의 과정.

Deoxyribonuclease (디옥시리보뉴클라아제) DNA를 분해하는 효소. 축약하여 DNase.

Deoxyribonucleic acid (디옥시리보핵산) 디옥시리보오스 당과 함께 약한 수소결합에 의해 합쳐진 두 개의 역평행 폴리뉴클레오티드 가닥으로 구성된 거대분자. 축약하여 DNA.

Development (발달) 성숙되는 동안 생물이 겪는 변화의 과정.

Differentiation (분화) 세포와 조직이 발달하는 동안 일어나는 구조적, 기능적 변화.

Dikaryon (2핵체) 하나의 세포에 유전적으로 서로 다른 두 개의 핵을 가지는 생물.

Dimorphism (2형성) 효모 생장과 균사체 생장을 번갈아 수행할 수 있는 능력을 가지는 일부 균류의 특징.

Diploid (2배체 또는 배수체) 각 배우자로부터 주어진 염색체를 쌍으로 가지는 생물.

Dissimilatory nitrate reduction (이화적 질산 환원) 혐기성 호흡에서 최종 전자 수용체로 작용하여 일어나는 질산의 환원 과정.

Divisome (디비좀) 세균의 분열 부위에서 발견되는 세포 분열에 관련된 단백질 복합체.

DNA bending (DNA 접힘) 특정 단백질 결합의 결과로 DNA 서열에서 나타나는 굽힘.

DNA Deoxyribonucleic acid (디옥시리보핵산) 참조.

DNA gyrase (DNA 지라아제) 이중-가닥 틈을 형성하고 이어서 그것을 봉합하여 초나선을 제거하는 토포이소머라제.

DNA polymerases (DNA 중합효소) DNA의 상보적 가닥을 주형으로 사용하여 존재하는 폴리뉴클레오티드 사슬에 디옥시리보뉴클레오티드를 중합시키는 효소군.

DNA repair (DNA 교정) 손상된 DNA를 제거하고 교정하는 다양한 메커니즘.

DnaA boxes (DnaA 박스) DnaA 단백질이 DNA 복제를 개시하는데 결합하는 DNA 부위들.

DNase Deoxyribonuclease (디옥시리보핵산 분해효소) 참조.

Domain (도메인 또는 영역) (1) 단백질의 분명하고 독립적으로 접힌 부위. 다기능 단백질의 서로 다른 기능은 일반적으로 각 분리 도메인에 의해 수행됨. (2) 생물에서 세 개의 가장 높은 분류군 중 하나: 세균, 고세균, 진핵생물.

Downstream region (하향 부위) 복제 또는 전사 방향으로 더 멀리 있는 DNA 부위.

Duplication (중복) 두 복제된 것에 존재하는 DNA 부위. 인근의 같은 반복에 존재한다면 직렬 중복이라고 부른다. 또한 염색체의 먼 위치에 중복이 존재할 수 있는 가능성도 있다.

Eclipse period (암흑기) 바이러스 감염 후에 세포 내에 완전한 형태의 비리온이 존재하지 않는 시기.

Edema (부종) 세포 사이에 존재하는 공간에 체액이 방출되면서 조직이 붓는 현상.

Electron acceptor (전자수용체) 전자를 얻어 환원되는 화합물 또는 원자.

Electron transport chain (전자 전달계) 막을 가로질러 양성자구배를 생성하는 막 내부에 존재하는 화합물들의 순차적인 산화-환원 반응.

Electrophoresis (전기영동) 전기장에서 전하를 띤 분자의 이동과 분리.

Electroporation (전기천공법) DNA 혹은 다른 분자를 높은 전압의 빠른 펄스에 노출시킴으로서 세포 내로 들이는 방법.

Elongation cycle (신장 순환) 단일 아미노산 잔기의 부가에 의하여 펩티드 사슬이 신장되는 번역 부분.

Elongation factor (신장 인자) 번역의 신장 순환에 관여하는 단백질.

Endocytosis(식균작용) 외부물질에 대한 세포의 탐식.

Endospore (내생포자) 대사적으로 불활성인, 복제하지 않는 특정 세균의 형태로 Bacillus와 Clostridium의 속들을 포함하는 것들이다. 내생포자는 물리적 화학적 손상에 저항성이 큰 경향이 있다.

Endosymbiont (내부공생체) 숙주 세포 안에 거주하는 세균으로서 일반적으로 절대적 공생 관계임.

Enhancer (인핸서) 이웃한 프로모터로부터 전사를 증가시킬 수 있는 cis-작용 조절 서열.

Enrichment culture (농화배양) 거대하고 복잡한 자연계 개체군으로부터 특정 종류의 미생물의 생장을 선택적으로 얻고자 고안된 미생물 배양 방법.

Enzyme-linked immunosorbent assay (효소면역측정법) 항체 지시자에 연관된 효소를 사용하여 진단을 내리기 위해 실시하는 면역 실험. 줄여서 ELISA.

Epigenetics (후생유전) 핵산 염기서열에 암호화 되어 있지 않은 특정 형질의 유전 현상. 예를 들어, 특정 DNA 염기서열의 메틸화는 유전자 발현에 영향을 미침.

Epitope (에피토프) 항체 결합 부위에 의해 인식되는 항원의 부분. 단백질 항원에서 에피토프는 전형적으로 5~8개의 아미노산으로 구성됨. 단백질에 에피토프를 붙여 유전자를 융합시키면 그 단백질에 표지를 달기 위해 사용될 수 있음.

Eukaryote (진핵생물) 핵막과 막으로 둘러싼 세포 소기관(예, 미토콘드리아), 그리고 유사분열장치를 가지는 생물. 진핵생물의 분류학적 이름은 Eukarya임.

Evolutionary distance (진화 거리) 생물체의 계통학적 연관성에 대한 정량적 표현.

Excisionase (절제효소) 숙주 세포 유전체로부터 프로파아지 DNA의 절단을 수행하는 효소.

Exosporium (포자외막) 세균의 외막을 싸고 있는 느슨하게 끼여 있는 외피.

Exotoxins (외독소) 특정 세균성 병원균에 의해 생산되는 독성 단백질.

Exponential growth(지수생장) 군집 내에서 세포의 수가 일정한 시간에 걸쳐 반복적으로 배가 되는 생장단계. 대수생장이라고도 불린다. 균형생장 참조.

Exponential phase(지수기) 대수기 참조.

Extremophiles (극한생물) 극한 상태의 온도, 압력, pH, 염도 범위를 가진 환경 조건에서 서식하는 미생물.

F^- cell (F^- 세포) F 인자를 가지지 않는 세포로, F- 또는 Hfr균주와 교배의 접합 DNA전이에서 수용자(암컷)로 작용할 수 있다.

F factor (F 인자) 접합-전이("번식력")기능을 암호화하는 *Escherichia coli* 플라스미드. F 플라스미드는 세포질의 자발적 플라스미드로 존재할 수도 있고, 또는 염색체의 특정 위치에 융합되어 Hfr 세포를 만들 수도 있다.

F^+ cell (F^+ 세포) 자발적 플라미드로써 F 인자를 가지는 세포로, 세포가 공여자(수컷)로 작용하여 수용자(암컷)세포에게 F인자를 전이한다.

Facultative organism(통성 유기생명체) 다른 환경 조건하에서 생장할 수 있는 유기체. 일반적으로 호기적 환경에서는 산화작용에 의해 생장하고, 혐기적 조건에서는 발효작용에 의해 생장할 수 있는 세균을 기술하는데 사용된다.

Feedback inhibition (되먹임 저해) 알로스테릭 억제, 보통 경로의 산물에 의해 경로의 첫 번째 효소를 통한 생합성 경로의 조절. 마지막 산물 억제라고도 부른다.

Feeder pathway(공급자 경로) 탄소원을 중앙 물질대사의 중간 대사물로 전환시키는 경로.

Fermentation(발효) (1) 과학적: ATP가 기질수준 인산화에 의해서만 생성되는 혐기성 과정 (2) 산업적: 혐기 또는 호기조건 하에서 미생물에 의한 물질 변환.

Filament(필라멘트) 이동성을 제공하기 위해 회전하는 편모의 나선형 부분.

Fimbriae(필리, 핌브리아) 미생물 세포의 표면으로부터 뻗어 나와 고체 표면이나 다른 세포에 부착하도록 해주는 가느다란 단백질성 필라멘트. 단수는 fimbria이며 필리(pili)라고도 불린다.

FISH (형광 현장 혼성화) Fluorescence in situ hybridization 참조.

Flagella (편모) 세포의 표면으로부터 확장되어 회전에 의해 운동을 일으키는 길고 유연한 나선형 단백질 구조. 단수형, flagellum.

Flagellin (플라젤린) 세균 편모 필라멘트의 주요한 단백질 성분.

Flow cytometry (유동 세포측정법) 세포 개체군에 있는 형광 화학물질(자연적으로 조재하거나 인공적으로 도입된)의 분포를 결정하는 기술; 대개 어떤 특성을 가진 세포들을 분리하는 세포 분류 기능을 포함.

Fluorescence in situ hybridization (형광 현장 혼성화) 일반적으로 리보솜 RNA을 암호화하는 짧은 단편의 DNA인 핵산 탐침을 형광으로 표지한 후 이 탐침에 혼성화 반응을 수행하여 자연환경에서 미생물을 검출하거나 동정하는 방법, 약어는 FISH임.

Fluorescence microscopy (형광 현미경) 세포를 형광 색소로 염색한 후, 자외선 등 특정 파장의 빛을 조사하여 세포 또는 세포의 구성 성분을 관찰하는 방법.

Fluorochrome (형광 염료) 특정 파장의 빛을 흡수하여 더 높은 파장의 빛을 방출하는 형광 화학물질.

Folding (접힘) 단백질이 3차원 형태를 갖추는 번역후 과정.

Forespore (전포자) 내생포자를 형성의 발달 단계로 포자같은 구조가 처음으로 구별된다.

Frameshift (틀이동 돌연변이) D NA분자에서 코딩서열로부터 1개 또는 2개의 염기쌍을 (또는 3의 배수가 아닌 어떤 수든) 첨가 또는 결여시키는 돌연변이로 유전자 코드의 틀이 맞지 않게 된다. 틀이동 돌연변이의 아래쪽으로 번역되는 모든 코돈들은 잘못 읽혀지고, 자주 틀에 맞지 않는 정지코돈이 번역을 미리 종결시킨다.

Fruiting body (자실체) 포자를 담지하고 있거나 보유하는 구조.

Fueling pathways(에너지 생성경로) 전구체 대사물질, ATP, 그리고 환원력을 생산하는 대사경로들.

Gene (유전자) 기능이 있는 유전적 단위. 한 유전자는 한 폴리펩티드 또는 비번역 RNA 분자(예, rRNA, tRNA, 또는 조절 RNA)를 암호화할 수 있음.

Gene dosage (유전자 량) 특정 유전자의 사본 수. 복제하는 환형 염색체를 따라 있는 유전자의 위치는 유전자 량에 영향을 미침. 복제를 하는 세포에서, 복제시발점에 가까운 유전자들은 말단 부위에 더 가까운 유전자들보다 더 높은 사본 수로 존재.

Generalized transduction (일반 형질도입) 생식 오류로 염색체 유전자가 파지 머리로 삽입될 때 파지에 의해 조절되는 과정에 의한 유전자 교환.

Generation time (세대 주기) 한 세포가 분열하여 두 개의 딸세포를 형성하는데 필요한 시간의 양.

Genetic code (유전 암호) mRNA 각 삼염기쌍 코돈의 아미노산으로 할당 및 번역 정지 신호.

Genetic competence (유전자 수용성) 세균 세포가 형질 전환 DNA를 받아들이는 데 필요한 일시적 생리 상태.

Genetic recombination (유전자 재조합) 한 분자(염색체, 플라스미드, 또는 파지 유전체)로부터 온 DNA 단편이 또 다른 분자와 교환되거나 그 속으로 통합되는 과정.

Genome (유전체) 염색체, 플라스미드, 그리고 프로파지를 포함하는 한 세포 또는 생물이 갖고 있는 완전한 유전적 내용물.

Genomic island (유전체 섬) 한 생물의 염색체에는 존재하지만 밀접하게 관련된 생물에는 없는 상당한 DNA 부분.

Genomic species (유전체 종) phlotype(계통형) 참조.

Genomics (유전체학) 하나 또는 여러 개의 생물로부터 유전체 DNA 염기서열을 분석하는 것. 유전체 분석은 유전자 진화에 대한 정보를 제공할 수 있고 유전자들의 기능과 생물의 대사과정을 예측할 수 있게 해준다.

Genotype (유전자형) 생물의 유전적 구성인자의 설명. 간단하게 하기 위해서, 보통 관련된 부분만 설명된다.

Germination (발아) 포자와 같은 휴면 구조에서 영양세포로의 전이.

Gliding motility (활주운동) 일부 원핵생물에서 나타나는 고체 표면에서의 비편모성 운동의 형태.

Global control system (광범위 조절시스템) 광범위 조절을 매개하는 시스템.

Glycolysis(해당과정) EMP(Embden-Meyerhof-Parnas) 경로 참고.

Gram negative bacteria (그람 음성 세균) 얇은 펩티도글리칸 층으로 둘러싸인 외막으로 구성된 세포 외피를 가진 세균군.

Gram positive bacteria (그람 양성 세균) 두꺼운 펩티도글리칸 층과 외막이 없는 세포 외피를 가진 세균군.

Green fluorescent protein (녹색 형광 단백질) 해파리 Aequorea victoria로부터 유래된 근본적으로 형광을 띠는 단백질. 축약하여 GFP. GFP-암호화 DNA와의 유전자 융합은 일반적으로 형광현미경에 의하여 단백질 위치를 결정하는데 사용됨. 시안 형광 단백질, 노란 형광 단백질 참조.

Greenhouse gas (온실 기체) 태양빛이 대기를 통과하게 만들지만, 지구에서 우주로 복사되는 적외선(열)을 대기에 가두는 역할을 하는 기체. 수증기, 이산화탄소, 메탄, 아산화질소가 자연적으로 존재하는 온실 기체임. 에어로졸에 들어 있는 기체는 인공적인 온실 기체임.

Group translocation (그룹 전좌) 인산화처럼 동시 화학적 변형으로 세포 내로 화합물 유입.

Growth metabolism (생장 물질대사) 우선적으로 생장을 지향하는 물질대사의 측면.

Haploid (반수체) 하나의 세포에 단지 염색체 한 개만을 가지는 생물의 형태. (높은 생장률을 보일 때 때로는 하나 이상의 염색체가 존재하는 경우가 있지만, 원핵생물은 일반적으로 반수체임).

Heat shock response (열 충격 반응) 열, 삼투압, 그리고 다른 형태의 스트레스에 의해 의한 손상에 반응하여 많은 유전자들의 감소 또는 증가 발현을 가져오는 광역 조절 반응.

Helical filament (나선형 필라멘트) 비어 있는 중심부위를 둘러싸고 캡소머가 나선형 형태로 배열된 바이러스의 캡슐.

Helicase (헬리카아제) DNA 이중 나선을 푸는 단백질.

Helper phage (보조 파아지) 복제, 형태형성, 또는 돌연변이(불완전) 파아지의 조립을 위해 필요한 기능을 제공하기 위하여 숙주 세포로 침투하는 파아지.

Heterocysts (이형세포) 일부 시안세균의 특화된 산소-불투과 세포로서 질소고정을 수행함.

Heterotroph(종속영양체) 유기영양체(organotroph) 참고.

Hfr "high frequency of recombination 재조합의 높은 빈도"를 의미. 염색체의 특정 위치에 들어가는 F 인자를 가지는 세포는 F-세포와 교배할 때 염색체 유전자의 매우 높은 빈도 공여자로 역할을 한다.

High-energy phosphate bond(고에너지 인산결합) Anhydride 또는 에놀(enol) 결합을 가지고 있어 쉽게 붕괴되어 인산기를 방출하여 다른 반응에 쉽게 관여하고 그 반응을 촉진하는 결합.

Holdfast 부착기 고체 표면에 생물을 붙이는 구조로, 예를 들면, 자루형 Caulobacter세포들을 붙이는 구조.

Homologous recombination (동형 재조합) 두개의 동종 DNA 분자 사이 DNA의 물리적 교환. 장내 세균에서 RecA 단백질을 필요로 함.

Homology (상동성) (1) 두 뉴클레오티드 염기서열 사이의 서열의 동종성 (2) 공통의 조상을 가지는 두 염기서열 사이의 유전적 연관도. 일반적으로 염기서열의 유사도와 혼동해서 사용하는데, 예를 들어 85%의 염기서열 유사도는 100개의 염기 위치에서 85개가 일치하는 것을 가리킴.

Hook(갈고리) 필라멘트를 기저체에 연결시키는 세균 편모의 구조적 구성요소.

Horizontal gene transfer (수평 유전자 전이) 생식에 의한 것을 제외한 유전자 전달. 측면 유전자 전달이라고도 함.

Hormogonium 연쇄체 사상의 시안세균의 운동성의 주화성 분절

Hydrogenosome (하이드로게노솜) 피루브산을 아세트산, CO_2, H_2로 전환하는 막-결합 세포 소기관.

Hyperthermophile (초고온성생물) 매우 높은 온도에서 생장하는 생물.

Hypha (균사) 곰팡이나 방선균류의 영양 생식 단계에서 형성되는 다세포 필라멘트. 복수는 hyphae임.

Icosahedron (정이십면체) 20개의 정삼각형 면과 12개의 모서리를 가진 기하학적 정다면체. 이 구조는 매우 안정된 구조임. 많은 수의 파아지와 바이러스의 캡시드는 정이십면체임.

Immune competence (면역적격성) 신체의 방어기작에서 완전하게 기능하기 위한 능력.

Immunological memory (면역학적 기억) 항원에 노출되고 나서도 오랫동안 면역성이 지속되는 것.

Inclusion bodies(봉입체) 눈에 보일 정도로 폴리포스페이트, 폴리하이드록시알카노에이트 또는 유전자 변형 생물체에서 다량생성에 의해 만들어진 단백질과 같은 화합물의 세포내 축적.

Incubation period (잠복기간) 병원균이 침투하고 그 증상을 나타내기까지 걸리는 시간.

Inducer (유도자) 유전자가 적당한 조건 하에서만 발현되는 조저 시스템을 나타냄 (예, 기질이 존재하거나 특정 환경조건 하에 있을 때).

Inducible (유도할 수 있는) 유전자 발현을 가져오는 화학 물리 제재. 대개 DNA 결합의 정도를 감소시킴으로서 억제자-작동유전자 상호작용을 변형하는 물질을 나타냄.

Induction (유도) (1) 유도자와 조절 단백질 사의 상호작용으로 인해 엊제 시스템에서 전사가 이루어짐. 예를 들면, *lac* 오페론은 젖당 혹은 이스프로필-β-D-치오갈락토시드피라노시드를 더함으로써 유도됨. (2) DNA 손상에 의해 파지 람다의 cI 억제자가 불활성화 될 때 나타나는 것과 같이, 용균 생장을 시작하기 위해 용원성의 원인이 되는 조건.

Inflammation (염증) 염증 반응 참조.

Inflammatory cytokine (염증 사이토카인) 염증반응을 유도하는 면역세포에 의해 만들어진 호르몬 유사 단백질. proinflammatory cytokine이라고도 불린다.

Initiation complex 개시 복합체 리보좀과 개시 transfer RNA를 mssenger RNA에 결합을 촉진하여 번역의 과정을 시작하게 하는 단백질의 복합체.

Innate immunity (선천 면역) 자연적으로 존재하며 노출 전에 항원이 활성화될 필요가 없는 면역체계의 일부분.

Inoculum (접종원) 배양을 시작하거나 숙주를 감염시키기 위해 최초로 사용되는 세포.

Integrase (인테그레이즈 또는 통합효소) 프로바이러스의 유전체를 숙주의 염색체로 통합하는 것을 촉진하는 바이러스 효소.

Introns (인트론) 진핵생물의 유전자에서 공통적으로 발견되는 부호화되지 않는 지역. 그러나 원핵생물에서도 (희귀하지만) 공통적으로 발견됨.

Inverted repeat (역 반복) DNA의 한 가닥을 따라 있는 뉴클레오티드 서열이 다른 가닥을 따라서는 반대 방향으로 반복되는 DNA 혹은 RNA 서열. 역 반복은 흔히 비반복 DNA 부위에 의하여 분리됨.

kb Kilobase (킬로베이스) 참조.

Kilobase (킬로베이스) DNA 또는 RNA의 1,000 뉴클레오티드. 줄여서 kb.

Kinase (키나아제) ATP로부터 인산을 다른 분자에 이동시키는 효소

Kinetoplast (동원질체) 섬모충류의 섬모 끝에 위치하는 고도로 특

화된 미토콘드리아.

Lag phase (적응기) 배양액이 생장을 시작하기 전으로 미생물 생장 주기의 단계.

Lagging strand (지체가닥) 복제하는 동안 불연속적으로 복제되는 DNA 가닥.

Lambda (λ) (람다 파아지) 대장균에 감염하는 잠재성 파아지. 람다 유도체는 클로닝 벡터로서 널리 사용됨.

Lateral gene transfer (측면 유전자 전이) 수평 유전자 전달 참조.

Leader peptide (선도 펩티드) 감쇄조절에 의해 조절 받는 오페론 앞쪽에서 암호화되는 펩티드.

Leader transcript (선도 전사체) 선도 서열의 전사체.

Leading strand (선도 가닥) 복제 기점과 같은 방향으로 지속적으로 합성되는 새로 복제되는 DNA 가닥. DNA 합성은 5′에서 3′ 방향으로 진행.

Lichen (지의류) 곰팡이와 조류 또는 곰팡이와 시안세균의 공생적 상호작용체.

Ligase (DNA) (리가제) DNA의 3′-OH 잔기를 이웃한 DNA의 5′-인 잔기에 결합시키는 효소.

Linkage group(연관군) 공동 유전되는 경향이 있는 유전자 쌍.

Lipopolysaccharide (지질다당류) 그람음성 세균의 외막의 바깥층의 주요 구성 성분. 줄여서 LPS라고 함.

Lithotroph (무기영양체) 철 이온, 황화수소, 또는 수소가스와 같은 무기영양소를 산화시켜 ATP를 만들어내는 미생물. 화학적 독립 영양체라고도 부른다.

Logarithmic growth (지수생장) 지수생장(Exponential growth) 참고.

Low-energy phosphoryl bond (저에너지 인산결합) 유기분자에 대한 인산기의 안정적인 에스테르 결합.

LPS (지질다당류) Lipopolysaccharide 참조.

Lymph nodes (림프절) 몸 전 체에 림프관을 따라서 위치한 작은 콩 모양의 기관.

Lysis (용해) 세포 구성 성분을 방출하게 하여 세포를 파괴하는 작용.

Lysogen (용원균) 발현이 억제된 프로파아지의 형태로서 파아지 유전체를 보유하는 세균.

Lysogeny (용원성) 용균 경로로 유도될 때까지 휴면상태의 프로파아지로서 자신을 유지할 수 있는 잠재성 박테리오파아지의 능력.

Lysozyme (리소자임) 뮤린을 가수분해하는 효소.

Lytic cycle (용균 경로) 숙주세포에 감염 직후 또는 프로파아지의 유도 후 진행되는 박테리오파아지 입자의 발달 과정으로서, 자손 파아지의 생산, 조립, 방출로 이어져 숙주세포의 용균을 유도함.

Lytic phage (용균성 파아지) 파아지를 받아들일 수 있는 감수성 세균에 감염한 후 용균 경로를 수행하는 파아지.

Macronucleus (거대핵) 특정 유전자의 여러 복사본을 가지고 있는 섬모충류의 거대한 핵.

Macrophages (대식세포) 많은 조직에서 발견되는 큰 섭식세포로써 선천 면역체계의 일부분이며 단핵구에서 분화되었음.

Magentosome (마그네토솜) 자기주성을 보이는 세균에서 발견되며, 자철석이나 다른 철-함유 물질로 구성된 작은 세포 내 입자.

Magnetotaxis (자기주성) 지구의 자기장과 같은 자력선을 따라 이동하는 미생물의 특징.

Major histocompatibility complex (주조직 복합체) 세포 내부에 존재하는 병원균으로부터 파생된 항원을 제시하는 동물세포 표면에 존재하는 단백질. 생략해서 MHC.

MAMPs 미생물 연관 분자패턴 참조.

Membrane attack complex (막공격 복합체) 보체 단백질에 존재하는 주사기를 닮은 단백질을 말하며 세포막을 통해 구멍을 내서 세포를 용해시킴.

Memory cell (기억세포) 특이적 면역반응에 연관된 림프구로써 더 이상의 항원 자극이 없는 한 잠복기로 존재함.

Mesophile (중온성세균) 적당한 온도 약 37℃에서 가장 잘 자라는 생물.

Messenger RNA (전령 RNA) 단백질 합성 시 주형인 염색체 DNA 절편의 전사체. 축약하여 mRNA.

Methanogen (메탄생산균) 메탄을 생산하는 고세균.

Methylotrophs (메틸영양체) 메탄이나 여러 C1 화합물을 이용하는 미생물.

Methyltransferase (메틸전이효소) 한 분자에서 다른 분자로 메틸기의 전이를 촉매하는 효소.

MHC 주조직 복합체참조.

Microaerophilic (미세호기성) 공기 중에 있는 산소 농도보다 더 낮은 농도의 산소에서 최적 생장하는 미생물.

Microarray (마이크로어레이) 고체 표면에 고정된 정리된 일련의

DNA절편. DNA절편이 유전체에서 모든 열린 해독틀, 특정 유전자 집합, 또는 임의의 다른 유전자 서브단위를 나타낼 수도 있다. 때때로 유전자칩 또는 마이크로칩이라고 부른다.

Microautoradiograph (미세자기방사법) 방사능 동위원소의 존재를 현미경으로 관찰이 가능한 사진 현상액의 입자로 나타내 주는 기법. 이 방법은 방사능 동위원소가 주입된 시료 위에 사진 현상액을 뿌리고 암실에서 배양한 후 이를 현상하는 과정으로 이루어짐.

Microbe-associated molecular patterns (미생물 연관 분자패턴) 단백질, 뮤린, 특정 핵산 등 특이적인 미생물 분자를 말하며 특이적인 숙주세포 수용체에 의해 인식됨. 줄여서 MAMPs.

Microbial infallibility (미생물의 절대확실성) 자연적으로 생성된 유기물 중 미생물에 의해 분해될 수 없는 유기물은 존재하지 않음을 설명하는 학설.

Microchip **Microarray** 참조.

Micronucleus (미소핵) 전체 유전체를 포함하고 있는 섬모충류의 핵.

Minimal medium (최소배지) 특정한 미생물의 생장에 필요한 영양소만 제공해주는 조성이 명확한 배지.

Mismatch repair system (불일치 짝 교정 시스템) A-T 또는 G-C 이외의 염기쌍을 감지하고 교정하는 DNA 교정 시스템. 축약하여 MMR 시스템.

Mobile elements (이동성 인자들) DNA 염기서열로 스스로의 전위를 촉진할 수 있다; 삽입서열 또는 트랜스포존.

Modulator (조절자) 단백질 또는 핵산으로 가역적으로 반응하여 효소의 활성을 변화한다.

Modulon (모듈론) 비록 다른 레귤론의 구성원이지만 같은 조절자에 조절받는 독립적인 오페론의 그룹.

Monoclonal antibody (단일클론항체) 특이적 림프구 클론에 의해 만들어지는 항체 분자이며 단일 에피토프에 반응함.

Monocyte (단핵구) 타원형 혹은 편자모양의 핵을 가진 큰 식세포로써 순환하고 대식세포로 분화할 수 있는 세포Mycolic acid (마이콜릭산) : 왁스로 구성된 마이코세균 세포 외피에서 발견되는 긴 사슬 유기산.

mRNA (전령 RNA) Messenger RNA 참조.

Multifork replication (다기점 복제) 빠르게 생장하는 세균에서 발견되는 복제 방식으로 새로운 라운드의 복제는 이전 라운가 끝나기 전에 시작된다.

Murein (뮤린) 세균의 세포벽에서 발견되는 펩디도글리칸의 형태.

Mutagen (돌연변이원) 돌연변이의 빈도를 증가시키는 화학적 또는 물리적 인자.

Mutagenesis (돌연변이 생성) 돌연변이 유도.

Mutant (돌연변이) 하나 또는 여러 개의 유전자에서 변경된 염기서열을 가진 생물. 보통 야생형 균주로부터 다른 표현형을 유발하는 돌연변이를 가진 생물을 일컫는다.

Mutualism (상리공생) 두 공생자 모두에게 이익이 되는 상호공생작용.

Mycelium (균사체) 많은 곰팡이와 방선균이 생산하는 균사 덩어리.

Mycolic acid (마이콜산) 마이코박테리아의 윤이 나는 세포 외피에서 발견되는 긴 사슬의 유기산.

Myxospore (점액포자) 점액세균에 의해 만들어지는 포자.

Nematodes (선충) 선형동물로써 벌레 혹은 기생충 문에 속하는 생물.

Neutrophil (호중성 백혈구) 다형핵백혈구 참조.

Nitrification (질산화과정) 암모니아가 아질산을 거쳐 질산으로 산화되는 연속적인 과정.

Nitrogen cycle (질소 순환) 자연계에서 일어나는 질소-함유 물질의 전환 과정.

Nitrogenase (질소고정효소) 질소 기체를 암모니아로 전환(고정)하는 효소.

Nodulation factor (근류착생 인자) 식물이 혹을 형성하도록 신호를 보내는 물질.

Nomarski differential interference contrast microscope (미분간섭 위상차 현미경) 표본 에서 유사 3차원 이미지를 만들기 위해 굴절률의 차이를 이용하는 현미경.

Nonsense codon (비번역 코돈) 어떤 아미노산에 대해서도 암호화하지 않는 코돈이지만 번durd의 종결을 신호하거나 중지하는 코돈. 세 가지 비번역 코돈은 UAG(amber), UAA(ochre), 그리고 UAG(opal).

Normal biota (정상 생물군) 정상 플로라참조.

Normal flora (정상 플로라) 정상적으로 동물에서 나타나는 미생물 군락. 적절하게 말하면, 정상 생물군.

Nuclease (핵산분해효소) 뉴클레오티드 내(엔도뉴클레아제) 또는 말단(엑소뉴클레아제)에서 인-디옥시리보오스 결합을 절단하는 효소.

Nucleoid (핵양체) 세포내에 존재하는 원핵생물 염색체의 응축된 구조.

Nucleotide(뉴클레오티드) 인산기가 부착된 뉴클레오시드(리보오스를 가진 퓨린 또는 피리미딘).

Numerical taxonomy (수리분류) 각 형질에 동일한 비중을 두어 많은 수의 형질을 측정하여 분류하는 분류학의 한 체계.

O antigen(O 항원) 그람음성 세균의 지질다당류에 있는 다당류의 곁가지 사슬. 몇몇 종류의 파지 수용체로서 작용한다.

Okazaki fragments (오카자키 단편) 불연속적인 DNA 복제에 의하여 지체 가닥의 DNA 복제 동안 형성되는 약 1,000-2,000 뉴클레오티드의 짧은 DNA 단편으로 나중에 결합.

Open complex (개방 복합체) 전사동안 형성되는 복합체로 DNA 이중나선이 열리는 RNA로, RNA 중합효소가 부착하는 두 가다 중 하나에 버블을 형성.

Open reading frame (개방 해독 틀) 잠재적으로 단백질을 암호화하는 한 범주.

Operator (작동 유전자) 억제 단백질이 하나 이상의 밀접하게 연결된 구조유전자의 활성을 조절하기 위하여 가역적으로 결합하는 DNA 서열; 이 용어는 현재 조절자를 위한 매우 다양한 잠재적 부위가 인지됨에 따라 덜 중요.

Operon (오페론) 억단일 폴리시스트론 mRNA로 읽히는 이웃한 유전자들의 서열. 따라서 전사 량의 변화는 오페론에 있는 모든 유전자에 영향을 미치고, 그러한 유전자들은 종종 협력적으로 조절됨.

Opsonin (옵소닌) 식균작용을 용이하게 도와주는 물질.

ORF Open reading frame (개방 해독 틀) 참조.

Organotroph (유기영양체) 탄소원과 에너지로 유기영양소를 이용하는 유기체. 종속 영양체(heterotroph)라고도 불림.

Origin of replication (복제 시발점) DNA 복제가 개시되는 뉴클레오티드 서열 (ori).

Outer membrane (외막) 그람음성 세균의 외부 지질층으로서 바깥쪽의 지질다당류 부분과 안쪽의 인지질과 단백질로 구성되어 있다.

Oxidation-reduction reaction (산화 환원반응) 한 분자가 전자들을 잃고 다른 분자가 그것들을 얻는 반응. Redox reaction 이라고도 불림.

Oxidative phosphorylation (산화적 인산화) 호기 호흡에 의한 ATP의 생성.

Oxygenic photosynthesis (산소성 광합성) 산물로서 산소를 생산하는 식물, 조류, 그리고 시안세균에 의해 수행되는 광합성.

Palindromic sequence (팔린드롬 서열) 언어 팔린드롬 ("Madame, I' m Adam")과 같이 양 방향으로 꼭 같이 읽히는 뉴클레오티드.

Pandemic (전염병) 전세계적으로 유행하는 전염병.

Parasitism (기생) 숙주는 해를 입으며, 기생 생물은 이익을 얻는 공생 상호작용.

Pelagic (원양성) 수층에 서식하는. planktonic(부유성) 참조.

Penicillin (페니실린) 세균 세포벽 속에 존재하는 펩티도글리칸의 교차결합을 억제하는 항생제. 엠피실린 등의 다양한 종류의 페니실린 유도체를 이용할 수 있음.

Pentose phosphate pathway (오탄당 인산 회로) 포도당으로부터 오탄당 인산을 생산하는 이화 경로.

Peptide bond formation (펩티드 결합 형성) 한 펩티드에서 아미노산을 결합시키는 결합 형성.

Peptidoglycan (펩티도글리칸) 글리칸과 펩티드로 구성된 중합체. 이 용어는 세균 세포벽의 공통 구성요소인 뮤린을 대체하는 말로 쓰인다.

Periplasm (주변세포질) 그람-음성 세균에서 세포막과 외막사이 부위.

Phage (파아지) Bacteriophage(박테리오파아지) 참조.

Phagosome (식포) 식균작용 물질을 포함하는 섭식세포의 막에 결합되어 있는 액포.

Phase-contrast microscope (위상차 현미경) 표본 내 굴절률의 차이를 이용함으로써 투명한 물체의 대비를 만들어내는 복합현미경.

Phosphodiester bond (인산에스테르 결합) 인삼염과 당분자의 수산기 사이의 디에스터 결합. 핵산에 있는 뉴클에오티드 사이의 결합(—O—PO_2—O—).

Photoautotrophs (광독립 영양체) 빛에너지에서 ATP와 환원력을 얻고 CO_2에서 탄소를 얻는 생명체.

Phototrophs (광 영양체) 빛에너지에서 ATP와 환원력을 생산하는 생명체.

Phylogeny (계통) 종의 진화적 역사.

Phylotype (계통형) 적어도 94% 이상의 DNA 염기서열 유사도를 가지는 그룹. 또한 유전체 종이라고도 부름.

Phytoplankton (식물플랑크톤) 해양에서 부유하여 서식하는 광영양 미생물.

Pigment antenna (색소안테나) 엽록소에 공급될 빛 에너지를 모으는 광 영양체의 색소복합체.

Pili (필리) Fimbriae 참고 단수는 pilus.

Pilin (필린) 필리(핌브리아)의 구조적 단백질 구성성분.

Pinocytosis (음세포작용) 탐식에 의한 가용성물질의 세포내 흡수.

Planktonic (부유성) 자유롭게 부유하는. 일반적으로 수체에 존재하는 미생물 세포를 가리킴. pelagic(원양성) 참조.

Plasma cell (형질세포) 항체를 생성시키는 세포.

Plasma membrane (원형질막) 세포막(cell membrane) 참고.

Plasmid (플라스미드) 세포질에 독립적인 리플리콘(replicon)을 가지고 존재하고 있는 외부염색체 DNA 분자. 선형 플라스미드의 예가 잘 알려져 있지 않지만, 대부분의 플라스미드는 원형 DNA에 가까움.

Point mutation (점돌연변이) 단일의 염기쌍이 대체, 첨가, 혹은 결여되는 돌연변이.

Polycistronic (폴리시스트론의) 여러 개의 분리된 유전자 산물을 암호화하는 DNA 또는 mRNA의 한 범주를 나타냄.

Polyhydroxyalkanoate (폴리 하이드록시 알카논산) 알파 하이드록시 카르복실산의 탄소 저장 중합체.

Polymerase chain reaction (중합효소 연쇄반응) 변성, 특정 프라이머의 풀림 그리고 합성의 반복에 의해 DNA의 특정부분을 증폭시키는 방법. 증폭된 DNA 단편의 농도는 각 순환과정마다 기하급수적으로 증가한다. 줄여서 PCR이라고 함.

Polymerization (중합) 단량체들의 결합에 의해 거대분자를 만드는 것.

Polymorphonuclear leukocyte (다형핵 백혈구) 순환하는 백혈구 중에서 가장 풍부한 종류이며 열편모양의 핵을 가짐. 생명이 짧고 식균작용을 함.

Polyosome (폴리솜) Polyribosome(폴리리보솜) 참조.

Polyribosome (폴리리보솜) 하나 이상의 리보솜에 의하여 전사되는 한 mRNA. 폴리솜이라고도 불림.

Precursor metabolites (전구체 대사물질) 세포의 모든 성분을 합성할 수 있는 13개 화합물.

Primase (프리마아제) Okazaki 단편들의 지체 가닥 DNA 합성을 위해 RNA 프라이머를 합성하는 효소.

Primer (프라이머) 상보적 DNA 가닥의 합성을 개시하기 위해(즉, 프라이머를 신장하기 위해) 사용되는 DNA 한 가닥 또는 RNA에 상보적인 짧은 올리고뉴클레오티드, 프라이머는 DNA 중합효소가 상보적 DNA 합성을 개시하기 위해 3′-OH 말단 제공.

Prion (프리온) 오직 단백질로만 이루어진 감염성 물질.

Probe (탐침) 상보적인 염기서열을 검출하기 위하여 다른 DNA 분자에 혼성화 반응하는 방사능이나 형광 물질로 표지된 DNA 절편.

Proinflammatory cytokine (염증촉진 사이토카인) 염증 사이토카인을 보라.

Prokaryote (원핵생물) 핵막과 미토콘드리아와 같은 특정 기관들이 결핍된 유기체. 진정세균과 고세균이 포함된다.

Proofreading (교정) 단백질과 DNA 합성 동안 오류가 감지되고 교정되는 과정.

Prophage (프로파아지) 용균 기능이 억제되어 있으며 세균의 유전체와 더불어 동시에 벅제하는 잠재성 파아지의 유전체.

Prosthecate (돌기) 부속지(프로스테카)를 가지는.

Protease (단백질 분해효소) 단백질을 분해하는 효소.

Protein export (단백질 방출) 세포로부터 단백질 운반.

Protein secretion (단백질 분비) 세포막을 횡단하여 단백질 운반.

Proteobacteria (프로테오박테리아) 세균 도메인 중 가장 큰 문.

Proteome (프로테옴) 한 생물에 의하여 만들어지는 단백질의 완전한 배열.

Protists (원생생물) 원생동물이나 미세 조류를 부르는 보통의 이름(분류학적 명명이 아님).

Proton motive force (양성자 동력) 양성자 구배 형태로 저장된 잠재 에너지.

Protoplast (원형질체) 세포질 막과 그것의 바깥쪽에 있는 막 성분의 일부(대체로 알려지지 않은)에 의해 둘러싸인 세포. 만일 외피의 많은 부분이 남아있다면 그 구조는 스페로플라스트(spheroplast)라고 불린다.

Protozoa (원생동물) 비광합성 단세포 진핵생물.

Pseudomurein (모조 뮤린) 몇몇 고세균의 세포벽에서 발견되는 펩티도글리칸의 형태.

PSS Protein-synthesizing system (단백질 합성 시스템) 참조.

Psychrophile (저온성 미생물) 낮은 온도에서 생장하는 미생물.

Quorum sensing (균체밀도 감지) 미생물 개체군이 각 세포가 작은 양의 어떤 화합물을 분비한 결과로서 그들의 밀도를 감지하는 화학 과정.

R factor (R 인자) R plasmid 참조.

R plasmid (R 플라스미드) 하나 또는 여럿의 다른 항생제에 대한 저항성을 만드는 유전자를 가진 전이가능한 플라스미드. 또한 R factor라고도 부른다.

Reading frame (해독 틀) 폴리펩티드들 암호화하는 뉴클레오티드의 한 서열이 연속적인 삼염기쌍으로 읽히는 방식.

RecA recA 유전자에 의해 암호화되는 단백질로 동형 재조합에 필수. RecA 단백질은 SOS 반응과 DNA-손상 물질에 반응하여 λ-프로파아지 유도에 관여.

Recombinant DNA (재조합 DNA) DNA분자로써 다른 자원으로부터 온 DNA절편이 공유결합으로 연결되는 것이다.

Recombinase (재조합효소) 재조합을 조절하는 효소.

Reducing power (환원력) 환원된 니코틴 아미드 아데닌 디뉴클레오티드(NADH: nicotinamid adenine dinucleotide)와 환원된 니코틴 아미드 아데닌 디뉴클레오티드 인산(NADH: nicotinamid adenine dinucleotide phosphate)의 총량

Regulatory site (조절 부위) 조절 효과를 중재하는 유전체 부위.

Regulon (레귤론) 공통적인 조절 단백질에 반응하는 염색체의 다른 위치에 위치하는 유전자 또는 오페론 그룹.

Release factor (방출 인자) 폴리펩티드를 합성한 리보솜으로부터 미성숙한 폴리펩티드의 분리를 촉진하는 단백질. 축약하여 RF.

Repair synthesis (교정 합성) DNA 교정 동안 형성된 틈을 메우는 DNA 합성.

Replication (복제) DNA 분자를 중복하는 과정.

Replication fork (복제 기점) 이중 가닥 DNA를 복제하는 부위로 새로운 DNA 합성이 일어나는 곳임. 복제 기점은 두 가닥이 분리하여 복제가 일어나는 DNA 분자에서 Y-형 부위를 생성하는 곳.

Replisome (리플리솜) DNA 복제 기계 장치의 요소를 구성하는 복합체.

Repression (억제) 화학 또는 다른 자극에 대한 유전자 또는 유전자 그룹의 발현을 일어나지 않게 하는 것

Repressor (억제자) 유전자 발현을 음성적으로 조절하는 유전자 산물. 대개 어떤 조건 하에서 전사를 억제하는 DNA-결합 단백질을 나타냄.

Resolving power (해상력) 현미경에서 두 물체의 구별해주는 능력.

Response regulator (반응 조절자) 두-요소 조절 시스템의 구성원으로 다른 구성원의 상태를 감지하고 조절을 매개한다.

Retroviruses (레트로바이러스) 생활사에 필수적으로 필요한 과정으로써 RNA를 DNA로 바꾸는 바이러스. 이를 행하는 효소가 역전사효소임.

Reverse transcriptase (역전사효소) 상보적 DNA 가닥을 RNA 주형으로 합성할 수 있는 효소. 이 효소는 메신저 RNA 로부터 상보적 DNA를 만드는데 사용됨.

Ribonuclease (RNA 분해 효소) RNA 분자를 가수분해하는 효소.

Ribosomal RNA (리보솜 RNA) 리보솜 구조의 일부를 형성하는 RNA 분자. 축약하여 rRNA.

Ribosome (리보솜) mRNA와 하전된 tRNA의 정확한 위치를 정하는데 관여하는 RNA-단백질 복합체로 단백질 합성 동안 아미노산의 적당한 배열을 가능케 함.

Ribozyme (리보자임) 촉매 활성을 나타내는 RNA 분자. 단백질 촉매 분자인 효소와 유사성을 지님.

Ribulose bisphosphate carboxylase(리불로스 비스포스페이트 카르복실라아제) 탄소고정을 관여하는 켈빈회로 있는 효소. 약어로 RuBisCo라 함.

RNA polymerase (RNA 중합효소) 주형으로 DNA의 한 가닥을 형성하여 NTPs로부터 RNA를 합성하는데 관여하는 효소.

RNA replicase (RNA 복제효소) 바이러스가 암호화하는 RNA-의존적 RNA 중합효소.

Root nodule (뿌리혹) 공생관계에 있는 질소 고정 세균이 살고 있는 식물의 뿌리가 부어오른 것.

rRNA Ribosomal RNA (리보솜 RNA) 참조.

Rumen (반추위) 소, 양, 염소 등과 같은 반추동물은 여러 가지 공간이 있는 위장을 가지고 있는데, 그 중 첫 번째 공간 속에서 식물로 이루어진 주요 음식의 대부분을 분해시키고 미생물에 의해 발효시킴. 그 결과 만들어진 휘발성 지방산이 영양성분으로 사용됨.

Sacculus(낭) 뮤린(펩티도글리칸)으로 구성된 입체형 자루. 단수는 sacculi.

Scanning electron microscope (주사형 전자 현미경) 표본의 표면을 전자빔으로 주사함으로써 이미지를 만드는 전자현미경.

Scanning tunneling microscope (주사형 터널 현미경) 탐침자를 시료에 근접시켜 전자의 흐름에 의해서 생성된 신호를 가공하여 반도체 물질 표면을 관찰하는 현미경.

Secondary active transport (2차 능동 수송) 양성자 동력을 사용한 물질의 능동 수송.

Secondary metabolite (2차 대사물질) 생장이 중지된 후 생물이 생산하는 대사 최종 산물.

Secreted protein (분비 단백질) 세포막을 통하여 방출되는 단백질. 대부분의 분비 단백질은 막에서 방출 장치와 상호작용을 촉진하는 특정 신호 서열을 가짐.

Selective medium (선택배지) 특정 종, 변종, 변이체만의 생장이 가능하도록 제조된 생장배지.

Semiconservative replication (반보전적 복제) 각각의 새로운 이중 나선이 하나는 새로운 가닥으로 다른 하나는 오래된 가닥으로 구성된 DNA 복제.

Sense strand (번역 가닥) mRNA와 꼭 같은 뉴클레오티드 서열을 가진 DNA 가닥 (RNA에 U 잔기가 있는 곳에 DNA가 T를 가진 것을 제외하고).

Sensor (감지자) 두-요소 조절 시스템의 단백질 구성원으로 조절 신호를 인식한다.

Sessile 고착의 생물이 표명에 붙고 자유롭게 움직이지 못하는 것을 설명하는 용어(라틴어의 "앉아서" 에서 유래)

Shine-Dalgarno sequence (샤인-달가노 서열) 리보솜이 번역을 개시하기 위해 결합하는 mRNA 분자에 있는 염기 서열.

Siderophore (시데로포어) 큰 친화력을 가지고 철이온과 결합하는 세균 생성물의 작은 분자.

Sigma factor (시그마인자) 세균 RNA 중합효소의 소단위로서 기능을 나타내는 단백질로 프로모터의 인지에 관여. 다른 시그마 인자들은 다른 프로모터의 서열을 인지할 수 있도록 함.

Signal peptide (신호펩티드) 분비하기 위해 표적으로 삼은 단백질의 N-말단에 있는 아미노산 서열. 신호 서열이라고도 불림.

Signal transduction (신호전달과정) 다른 유전자의 발현을 조절하는 단백질의 형태의 변화. 초기에 신호전달과정은 단백질의 형태를 바꾸어 이것이 세포안의 조절신호를 릴레이 하게 하는 외부 조건을 언급하곤 했다, 하지만 더 최근에는, 다양한 조절 단계에 널게 적용하는 용어가 되었다.

Single-hit kinetics (단일 속도론) 시간에 따라 화합물 농도 또는 살아있는 유기체 수가 대수적으로 감소하는 특성을 가진 동역학.

Single-strand displacement (단일-가닥 환치) DNA 이중 나선의 한 가닥이 DNA의 단일 가닥에 의하여 대치되는 재조합 과정.

Single-stranded DNA-binding protein (단일-가닥 DNA-결합 단백질) 단일-가닥 DNA에 높은 친화성을 가진 작은 염기성 단백질. 이 단백질은 핵산분해효소(뉴클레아제)의 공격으로부터 단일-가닥 DNA를 보호하고 그것이 이중-가닥 DNA로 재결합하는 것을 억제. 축약하여 SSB 단백질.

Site-directed metagenesis (위치지정 돌연변이생성) RecA를 필요로 하지 않는 특정 작은 DNA 염기서열사이에 일어나는 유전자 교환. 각 위치-특이적 재조합 시스템은 유전자 교환을 촉매 하는 독특한 효소를 필요로 하지만 두 DNA분자 간에는 염기서열의 상동성이 적다.

Site-specific recombination (부위특이적 재조합) RecA를 필요로하지 않는 특정한 짧은 DNA 서열 간에 발생하는 유전적 변화. 각각의 부위특이적 재조합 체계는 독특한 효소를 요구하는데, 이 효소가 유전적 변화를 촉매하지만 두 DNA 분자 사이에는 서열 상동성은 거의 없음.

S-layer (S 층) 결정표면층(crystalline surface layer) 참고.

Slime layer (점질층) 많은 원핵생물 세포를 둘러싸고 있는 얇고 끈적끈적한 층.

Small RNA (소형 RNA) 주형으로 조절 특성을 가진 여러 RNA 분자 중의 하나. 축약하여 sRNA.

Social motility 사회성 운동 점액세균의 세포들의 협동적 운동성.

Sodium motive force (나트륨 동력) 세포막을 가로지르는 나트륨 이온의 농도구배.

SOS response (SOS 반응) 어떤 형태의 DNA 손상에 반응하여 많은 유전자들의 협력적 유도. 많은 유도된 유전자 산물들은 손상된 DNA의 교정을 촉진하지만, 이 교정은 교정된 DNA에 높은 빈도의 오류를 가져오며 흔히 오류-경향성 교정(error-prone repair)이라고 함.

Specialized transduction (특수 형질도입) 세균사이의 유전자 전이 방법으로 세균의 공여자 DNA의 특정지역이 파아지에 의해서 옮겨진다. 특수 형질도입 파아지에 의해 이동된 숙주 DNA는 프로파아지의 비정상적 잘림으로 나타난다.

Spheroplasts (스페로플라스트) 세포벽이 부분적으로 제거된 삼투압에 민감한 세포. Protoplast(원형질체) 참고.

Spirillum (나선균) 나사모양의 미생물.

Spore coat (포자막) 내생포자의 외부 층.

Sporulation (포자형성) 포자를 형성하는 과정.

sRNA Small RNA 참조

SSB protein (SSB 단백질) Single-stranded 움-binding protein (단일-가닥 DNA-결합 단백질) 참조.

Stationary phase (정지기) 미생물 배양의 생장기 이후단계.

Stimulon (스티뮬론) 같은 자극에 반응하는 유전자의 그룹.

Stop codon (중지 코돈) 비 번역 코돈 참조.

Stringent response stringent 반응 세균이 아미노산이 결핍된 동안 transfer RNA와 리보좀 RNA의 합성을 제어하는 능력. 화학물질 ppGpp(guanosine-3′-diphosphate 5′-diphosphate)과 pppGpp(guanosine-3′-diphosphate 5′-triphosphate)가 적어도 부분적으로 stringent 반응에 필요하다.

Structural gene (구조 유전자) 조절 유전자와는 대조적으로, 폴리펩티드 또는 RNA분자를 암호화하는 유전자.

Substrate level phosphorylation (기질 수준 인산화) ADP와 고에너지 인산결합을 가진 대사 중간 산물사이의 반응으로부터 ATP 생성.

Substrate (기질) 효소 또는 미생물에 의해 사용되는 화학물질.

Sulfur cycle (황 순환) 자연계에서 일어나는 황-함유 물질의 화학적 전환 과정.

Supercoiled (초나선의) 이중가닥의 지나친 감기와 적게 감기로 원형을 꼬여 공유적 닫힘 원형 DNA 분자가 형성되는 이중 나선의 원형 DNA와 관련된 형태로 비틀림 응력에 의해 탄성 밴드의 지나침 감기로 만들어지는 형태로 감긴다.

Superoxide dismutase (슈퍼옥사이드 디스뮤타제) 과산화수소와 산소로 슈퍼옥사이드(O_2^-)를 분해하는데 촉매하는 효소.

Swarming (스와밍) 특정 세균 세포들의 협동적인 운동.

Symbiosis (공생) 서로 다른 두 종류 혹은 여러 종류의 생물이 함께 공존하며 살아가는 현상.

T helper cell (보조 T 세포) 다른 림프구의 기능을 촉진하는 T 림프구.

Teichoic acid (테이코산) 인산기 그룹에 의해 연결된 글리세롤 또는 리비톨 단위체로 구성된 분자. 그람양성 세균의 세포벽에서 발견됨.

Temperate phage (잠재성 파아지) 세균 숙주 내에서 프로파아지가 될 수 있는 파아지. (즉, 휴면상태로 자신을 유지시킬 수 있는 파아지).

Temperature-sensitive mutant (온도-민감 돌연변이) 특정 온도범위(예, 30℃ 보다 적은)에서 유전자의 기능적 발현을 나타내지만, 다른 온도(예, 42℃)에서 기능이 없는 돌연변이를 가진 돌연변이주.

Termination codon (종결 코돈) 비 번역 코돈.

Terminator (종결부) 전사의 종결을 가져오는 DNA 서열.

Terminus (종점) DNA 복제가 종결되는 DNA 서열 부위.

Thermophiles (고온성 미생물) 높은 온도에서 생장하는 미생물.

Thylakoid (틸라코이드) 빛에너지를 포집하여 화학에너지로 변화시키는 엽록체의 막구조.

TLR 톨 유사 수용체 참조.

Toll-like receptor (톨 유사 수용체) 미생물 연관 분자 패턴(MAMPs)을 인식하는 면역체계 세포에 발현되는 수용체. 다양한 종류의 MAMPs에 특이적인 다양한 종류의 수용체가 존재.

Transcript (전사체) DNA 기질로부터 전사되는 RNA 가닥.

Transcription (전사) RNA중합효소에 의해 촉매 되어 DNA틀로부터 RNA합성 가닥.

Transcriptome (전사체) 특정 조건아래서 세포에 의해 만들어 지는 RNA전사가닥의 완전한 세트. 일반적으로 마이크로어레이 분석으로 결정된다.

Transduction (형질도입) 세균 공여자 DNA가 파아지에 의해 옮겨지는 세균사이에 유전자 전이 방법.

Transformation (형질전환) 한 세포로부터 다른 세포로 naked DNA가 전달되면서 발생하는 유전자 변화.

tRNA Transfer RNA 참조.

Tuberculin test (투베르쿨린 테스트) 결핵균으로 구성된 혼합물인 투베르쿨린을 소량을 주사함으로써 수행하는 피부검사. 양성반응은 12시간~48시간 후에 나타나며 과민반응이 지연되기 때문에 피부가 심하게 붓게 됨. 이것은 이전에 감염균에 노출된 적이 있었다는 것을 나타내며, 반드시 현재 질병이 활성화되고 있는 것은 아님.

Twitching motility (휘둘림) 운동 필리-의존성 운동의 형태로 이를 통하여 일부 세균들이 고체 표면에서 자신을 밀면서 움직일 수 있다.

UP element (UP 요소) Upstream region 참조.

Upstream region (상향 부위) 프로모터의 앞(전사의 방향과는 반대 방향으로)에 있는 부위. UP 요소라고도 불림.

Viable count (생균수 측정) 군집 내에 살아있는 세포 수의 측정. 일반적으로 한천배지위에 희석액의 일부를 도말하고 생성되는 군락을 셈으로써 측정함.

Viral induction (바이러스 유도) 숙주 염색체로부터 프로바이러스의 절개에 따른 감염성 바이러스 입자의 형성.

Viral latency (바이러스 잠복) 질병의 증상이 나타나지 않은 채 숙주세포 속에서 바이러스 유전자가 계속 존재하고 있는 것.

Virion (비리온) 바이러스 입자.

Viroid (비로이드) 캡시드가 없는 작은 단일 가닥 RNA 분자. 비로이드는 식물의 다양한 질병과 D형 간염을 유발함.

Virulence (독성) 질병을 일으킬 수 있는 생물의 상대적 능력.

Virulence factor (독성 인자) 생물이 질병을 유발하는 능력을 증진시키는 모든 종류의 유전자 산물.

Virulent phage (독성 파아지) 항상 용균 경로로 생장하는 박테리오파아지.

Virus (바이러스) 복제 시에 이들의 구성원인 단백질과 핵산이 분리되는 특징을 가진, 크기가 작은 절대적인 세포 기생자.

Western blot (웨스턴 블랏) 검출을 위해 특정 항체와 함께 단백질이 아크릴아마이드 겔에서 막 필터로 옮겨지는 실험.

Yeast (효모) 균류의 단세포 형태. 효모라는 용어는 종종 Saccharomyces cerevisiae를 일컫는데, 그 이유는 이 종이 발효나 제빵에 아주 널리 사용되기 때문임.

Yellow fluorescent protein (노란색 형광 단백질) 자외선 조사 시 푸르고 노란색의 빛을 방출하는 녹색 형광 단백질의 변이체. 축약하여 YFP.

Zoonoses (동물원성 감염증) 동물 속에 정상적으로 거주하는 병원균에 의해 발생하는 인간 질병. 단수표현으로 zoonosis.

Zygote (접합체) 배우자의 융합으로 인하여 생긴 세포.

학습문제 해답

제1장

1. 다음을 기본원칙으로 사용하는 것을 생각해보라. 모든 생명체는 미생물로부터 유래되었다. 미생물은 계통발생학적으로 식물이나 동물보다 다양하고, 매우 풍부하며, 실질적으로 액체상태의 물이 있는 곳이면 지구상의 어디에나 존재한다. 게다가 미생물은 생명체에게 필요한 모든 물질의 순환과정에 관여하고 있고, 지권을 변화시키고, 심지어는 기후에도 영향을 미친다. 미생물은 식물, 동물, 그리고 다른 미생물과 셀 수 없는 공생관계를 맺고 있으며, 질병도 일으킬 수 있다.

2. 여러분은 아마도 다음 사항을 지적할 것이다. 미생물은 인간을 포함한 모든 생명체에 대한 연구에 훌륭한 모델 시스템이다. 미생물은 산업적 중요한 주요 화학적 활동을 수행하며, 백신이나 약물과 같이 유용한 단백질 생산 또는 식품 생산 및 보존 강화를 위해 조작될 수 있다. 미생물은 오염된 장소의 생물학적 정화를 위해 이용될 수 있다. 미생물은 생물학전이나 생물학적 테러와 같은 악의적인 목적에도 이용될 수 있다. 게다가 우리가 건강할 때 우리 몸에 서식하는 미생물은 병원성 미생물로부터 우리 몸을 보호하는 역할을 한다.

3. 세포가 커지면 커질수록 부피에 대한 표면적의 비율이 작아지는데 그것은 확산에 의한 영양분의 흡수와 사용한 대사물질의 분비가 작은 세포에서보다 느리다는 것을 의미한다. 몇몇 매우 큰 세균은 용질의 효율적인 수송을 위해 특별한 특성을 가지고 있거나 그렇지 않으면 이 과정을 느리게 수행하는 것으로 예상된다. 크기는 또한 주어진 공간에 얼마나 많은 세포들이 들어있는지를 말해주는데, 세포가 작으면 작을수록 더 많은 수의 세포가 살 수 있고 반대로 세포가 클수록 더 적은 수의 세포만이 살 수 있다.

4. 진핵세포는 내부공생 원핵세포의 섭취에 의해 유래되어 오늘날의 세포기관인 미토콘드리아와 엽록체가 되었다는 것이 일반적으로 받아들여지고 있다. 원핵생물과 진핵생물사이의 유익하거나 유해한 많은 상호작용이 두 종류 생물체의 신화에 영향을 미쳐왔고 그리고 앞으로도 영향을 미칠 것이다. 이것은 미생물과 다른 모든 형태의 생명체 사이의 친밀한 관계를 반영한다.

제2장

1. 그람양성 세균은 다양한 종류의 유해화합물을 차단할 수 있는 많은 층의 펩티도글리칸(뮤린)으로 구성된 단단한 세포벽으로 그들의 세포질 막을 보호한다. 그람음성 세균은 얇은 세포벽을 가지고 있지만, 세포벽 외부에 이중층 바깥 면이 인지질 대신에 지질다당류로 구성된 특별한 보호 외막을 지니고 있다. 게다가 유해 가능성이 있는 소수성 화합물을 차단하는 많은 양의 다당류 사슬(O 항원)이 이중층에 부착되어 있다.

2. 외막의 화학적 구성성분에 있어 이들 두 그룹이 다르다는 사실이 미생물들의 환경적 선호도를 반영할지 모른다는 추론을 이끌어낸다. 그러나 우리는 이것을 단정할 만큼 이 두 그룹의 외막에 대해 잘 알지 못한다. 극한환경 미생물은 세균보다는 고세균에 의해 좀 더 대표되고 있지만, 많은 세균 역시 극한 환경에서 번성한다. 고세균의 에테르 결합 지질은 세균의 에스테르 결합 지질보다 열 저항성이

더 강한 것 같다. 게다가 몇몇 고세균은 단층의 막을 가지고 있는데 그것들 역시 뛰어난 열 안정성을 반영할지 모른다.

3. 700 달톤 보다 작은 화합물의 그람음성 세균 내 유입은 친수성 경로를 통해 일어난다. 흡수공들은 포린이라고 불리는 특정 단백질의 삼량체에 의해 만들어진다.

4. 항산성 세균의 외부 층은 지질이중층에 배열된 마이콜산으로 알려진 밀랍으로 구성되어 있다. 이 층은 유기용매나 산에 높은 저항성을 나타낸다.

5. 결정체 S-층은 세균과 고세균 사이에 널리 분포한다. 일부 고세균에서 그들은 세포막 밖에 있는 유일한 층이다. 그들은 이들 세포의 바깥층을 구성하며, 단백질 변성제와 단백질 가수분해 효소에 높은 저항성을 가지는 단일 종류의 단백질 분자로 구성되어 있다.

6. 캡슐과 좀 더 느슨하게 구성된 그들의 사촌격인 점질층은 식세포, 건조, 그리고 다른 유해한 경우들로부터 미생물을 보호한다. 어떤 종들에 있어, 그들은 미생물이 치아 에나멜과 같은 표면에 달라붙는 것을 도와준다.

7. 세균의 편모는 단일 종류의 단백질(플라젤린, 미생물에 따라 구성 성분은 다양하다)로 구성된 필라멘트와 그 필라멘트를 기저체에 연결하는 편모 갈고리로 구성되어 있다. 기저체는 그람양성 세균의 세포막에 끼어져 있으며, 그람음성 세균은 두 개의 막 안에 끼어져 있다. 비록 일부 원핵생물이 이러한 구조를 포함하지 않는 기작에 의해 움직이기도 하지만, 편모는 많은 원핵생물의 운동기관이다.

8. 필리(fimbriae)는 가늘고 편모보다 대체로 짧은 곧은 단백질 필라멘트로 구성되어 있다. 그들은 세균의 숙주세포와 다른 표면에 대한 부착, 식세포에 대한 저항성, 단백질과 핵산의 다른 세포로 전달 그리고 이동성에 관련되어 있다. 모든 필리들이 이 일들을 모두 수행하는 것은 아니며 대부분의 경우 어떤 기능에 특화되어 있다. 그들은 또한 항원이 되고, 숙주에서 면역반응을 유도해내기도 한다. 그들은 주로 그람음성 세균에서 발견되며 편모와는 달리 세포의 안쪽에서 바깥쪽으로 커진다. 비록 필리가 중앙경로를 가지고 있지만, 필린(필리 단백질)들이 그것을 통과하기는 너무 작다.

제3장

1. 원핵세포 내부에 있는 두 개의 주요 구성 요소는 핵양체와 세포질이다. 진핵세포 사이에서는 거의 보편적인 요소들인 미토콘드리아, 핵, 골지체, 소포체, 색소체, 그리고 유사분열장치들이 없다. 원핵세포의 세포질이 진핵세포의 세포질보다 더 진한 것처럼 보이고, 분자의 확산이 원핵세포에서 진핵세포보다 더 빠르다.

2. 핵양체는 핵막과 염색체의 뉴클레오솜 조직(그들은 히스톤이 결여되어 있다)이 결핍되어 있다. 대부분의 원핵세포는 단일 염색체를 가지고 있고 일반적으로 원형이다. 몇몇 원핵세포는 진핵세포와 같은 선형염색체를 가지고 있지만, 그들의 말단은 말단소립의 특징적 구조가 결여되어 있다. 핵양체는 불규칙적인 DNA 덩어리처럼 보이고 유사분열 방법을 이용해 분열하지 않는다.

3. 그것은 유전자 발현조절에 사용될 수 있는 수퍼코일형이 될 수 있고, 선형 염색체들에서처럼 말단을 엑소뉴클리아제(expnuclease)로부터 보호하거나 그들의 복제와 관련된 문제를 해결할 필요가 없다.

4. 어떤 환경 하에서 기체로 채워진 기낭을 가짐으로써 부양밀도를 변화시킨다. 이것은 낮에 광합성 세균이 빛을 더 많이 받도록 수계의 상층부에 도달하는 것을 가능하게 해준다.

5. 기낭, 광합성 소포체, 카르복시소옴 그리고 엔테로소옴. 기낭은 세포의 부양밀도를 변화시키는 기능을 한다. 카르복시소옴과 엔테로소옴의 기능은 잘 알려져 있지 않지만, 그들은 아마도 효소의 조밀한 충진에 의해 생화학적 반응을 촉진시키는 기능을 할 것이다.

제4장

1. 현미경 계수판 또는 전자입자계수기를 이용한 직접적인 계수는 세포의 전체 수를 말해준다. 생균수 측정(평판 계수)은 살아있는 세포의 수를 말해준다.

2. 세균 배양균의 생장률은 시간에 경과에 따른 혼탁도 측정에 의한 세포양, 평판 계수에 의한 생균수 측정, 입자계수, 건조 중량 또는 화학적 세포 성분에 의한 총 균수 같은 관련 매개변수를 측정함으로써 결정될 수 있다. 이러한 측정은 배양균이 균형생장을 이루면 동일할 것이다.

3. 다른 모든 상태들이 일시적이고 재현하기 불가능한 반면, 균형생장에서의 배양균은 재현 가능한 정상 상태이다. 그 결과로 균형생장에서의 세포의 특성은 다른 것과 같은 요인에 의해 증가할 것이다. 그리고 그것은 2번 질문에 대한 답의 설명을 가능하게 한다. 즉 그런 배양균의 생장률을 결정하기 위해 우리는 쉽게 측정될 수 있는 어떤 속성이든 이용할 수 있다.

4. 적응기에서 세포는 새로운 배지에 적응한다. 지수기에서 생장은

방해받지 않는다. 정지기에서는 유독한 대사물질의 축적 또는 필요한 영양분의 고갈 때문에 생장이 느려진다.

5. 화학조절 배양장치 또는 연속배양장치는 정해진 온도가 유지되고 호기성 생장의 경우 공기가 공급되는 배양기로 구성되어 있다. 신선한 배지가 정량펌프 또는 유량을 조절하는 밸브에 의해 정해진 속도로 유입된다. 신선한 배지가 공급되는 것과 동일한 속도로 배출장치를 통해 배지를 제거함으로써 부피를 일정하게 유지한다. 화학조절 배양장치가 적절하게 기능을 수행하기 위해 세균의 밀도는 회분식 배양에서 균형생장을 가능하게 하는 농도를 초과해서는 안 된다. 이러한 조건은 포도당, 암모니아, 인산염, 또는 필수 아미노산과 같은 일부 필수영양소들의 농도 낮추는 것과 같이 일부 필수 영양소를 제한함으로써 이룰 수 있다.

6. 일부 진정세균과 고세균은 온도, pH, 정수압, 또는 염분 농도(표 4.2 참고)의 극단적인 환경을 견뎌내고 번성하기 위해 진화해왔다. 어떤 것들은 하나 이상을 환경적인 도전을 동시에 견디어 낸다.

제5장

1. 다른 행성과 그들의 외계 생명체에 관한 서로 다른 가정에 근거를 둔 다양한 대답이 있다. 몇몇의 가능성 중에 일부 중 (i) 질소의 부족은 촉매제로서 단백질 보다는 RNA(또는 무기 금속 화합물)를 배타적으로 선호하여 사용할 것이다. (ii) 생명체 형태는 아주 원시적이고 환경에는 유기분자들이 아주 풍부해서 자연발생적인 중합반응이 그들의 대사활동을 구성할 것이다. (iii) 태양으로부터 행성으로의 에너지 유입은 생명체의 외부적인 광화학 반응에 의해서만 획득될 것이다. 생명체는 이러한 고에너지 화합물을 직접적으로 물질대사 활동에 이용할 것이다. (iv) 행성에서의 생명체는 무세포일 것이고 모든 물질대사는 우리 지구인간에게 친숙한 막보다는 다른 표면에서 일어날 지도 모른다.

2. 생물권은 추측컨대 생명체가 존재하고 생장하는 지구의 모든 장소의 합으로 정의된다. 이러한 모든 장소는 원핵생물에 의해 점유되었고, 이들 장소의 많은 곳에서는 원핵생물만이 유일한 생명체이다.

3. 다음 표는 시작물질과 생성물의 종류를 보여준다. 이러한 과정 중에서, 전체 또는 부분적으로 없어도 되는 유일한 과정은 생합성 과정이다. 이것은 생합성의 생성물이 환경에서 실행되어 공급될 수 있다는 것을 가정한다.

대사과정	시작물질들	생성물
에너지생성	환경의 유기분자들과 무기분자; 빛	NAD(P)H ATP 13종의 전구체 대사물질
생합성	NAD(P)H ATP 13 종의 전구체 대사물질과 황과 질소원	아미노산(amino acids) 푸린과 피리미딘 (purine and pyrimidine) 핵양체 비타민과 조효소 당류과 기타 탄수화물 지방산(fatty acids)
중합	아미노산(amino acids) 푸린과 피리미딘 (purine and pyrimidine) 핵양체 비타민과 조효소 당류과 기타 탄수화물 지방산(fatty acids) ATP	단백질 RNA DNA 탄수화물 인지질
조립	단백질 RNA DNA 탄수화물 인지질	막 세포벽 핵양체(뉴클레오티드) 필리(pili) 편모(flagella) 폴리리보소옴(polyribosomes)
세포분열	막들 벽 핵양체(뉴클레오티드) 필리(pili) 편모(flagella) 폴리리보소옴(polyribosomes)	하나에 두 개의 세포

제6장

1. 빛을 에너지로, 유기 분자는 물론 무기 분자를 에너지 및 탄소원으로 이용할 수 있는 미생물이 능력은 동물과 식물의 연료 공급 능력을 훨씬 압도하고도 남는다.

2. 환원력과 에너지는 정방향 및 역방향 전자 전달을 통하여 상호 전환할 수 있기 때문에 모든 생물학에서 같은 가치를 가진다.

3. 기질 수준 인산화 반응에서, 유기 대사물질의 "저-에너지" 인산결합은 대개는 NAD^+로 전자의 전달을 포함한 대사물질의 산화에 의하여 "고-에너지" 인산 결합으로 전환된다. 이 때 인산기는 ADP를 ATP로 전환할 수 있다. 전이막 이온 농도 구배는 농도 구배에 따라 위치해 있는 양성자 (또는 다른 이온)가 통과함에 따라 나타나는 에너지를 이용하는 효소, F_1F_0ATP synthase에 의하여 ATP를 생산하는데 쓰일 수 있다. 가장 흔하게, 호흡(막 전자전달계를 이용

한) 또는 광합성(물이나 다른 화합물로부터 전자를 취하기 위하여 빛 에너지를 이용한) 시 농도 구배는 에너지 구배에 따라 아래로 위치해 있는 전자의 통과로부터 나타난다. 흔하지는 않지만, 이 농도 구배는 이온펌프나 스칼라 반응(decarboxylation 또는 별도의 전자 운반체가 결부되지 않은 다른 화학 반응의 에너지를 이용하는)에 의하여 나타난다.

4. 미생물은 전이막 이온 구배를 만들기 위하여 적어도 4개의 메커니즘을 개발했다: (i) 막-결합 전자전달계에서 전자가 수송체로부터 수송체로 이동할 때 전자의 에너지를 사용한 이온 (대개는 양성자) 분비; (ii) 빛에 의하여 활성화된 전자의 에너지를 사용한 이온 분비; (iii) decarboxylation (F_1F_0ATP synthase에 의한 ATP 가수분해는 이런 종류의 특별한 경우이다)과 같은 어떤 화학 반응의 에너지를 이용하는 막-결합 효소에 의한 직접적 이온 분비; 그리고 (iv) 한 예로서 세포 내에서 양성자를 소비하는 스칼라 반응. 전이막 이온 구배에 의해 ATP를 생산하는 주요 메커니즘은 내재 막 효소 복합체, F_1F_0ATP synthase란 매개체를 통하여 이루어진다.

5. 비록 다른 광민감 색소, 다른 경로, 그리고 전체 과정의 효율성을 확실하게 하기 위한 구조들은 많은 변이가 있지만, 광합성은 색소 분자에서 빛이 유도하는 변화를 수반하여 기저 상태의 전자 에너지 준위를 활성 상태로 높이게 되고, 이어서 활성화된 전자는 어떤 산화 분자를 환원시켜 화학 에너지를 만들어 낼 수 있다.

6. 원핵세포에서 독립영양 및 종속영양 생물의 연료 공급 반응의 형태들은 그 수와 다양성에서 식물이나 동물들의 것들 보다 훨씬 많고 크다. 이러한 큰 다양성은 표 6.1에 요약되어 있고 6장의 모든 표에 예시되어 있다.

7. 몇몇 다양성은 운반되는 용질의 특성과 관련되어 있지만 큰 다양성은 다양한 환경 니체(niche)의 원핵세포에서 선별압의 다양성을 반영해주기도 한다. 특히 한 예는 교훈적이다: 그룹 전이 반응에는, 해당 경로의 첫 번째 단계에서 인산화된 유도체가 소비되어져야 하는 것처럼, 포도당과 다른 당들을 세포 내로 들일 때 ATP가 쓰였기 때문에 여분의 에너지가 사용되지 않는다. 따라서 사람들은 호기성 생물보다 대사 에너지를 획득하는데 훨씬 더 힘든 시간을 보내는 발효 혐기성 생물에서 이와 같은 흔한 유입방식을 보게 된다.

8. 어떤 의미에서, 중앙 경로들은 다른 대사 연료 공급 반응보다 확실히 모든 원핵세포에서 더 유사하게 나타나지만, 표면적으로는 일정한 해당, 오탄당 경로, 그리고 TCA 회로와 같은 반응들에서 조차도 많은 유연성과 변이가 있음을 알아야 한다. 이들 경로들은 가역적이고 부분적으로 기능을 발휘할 수 있는 방식으로 설계된다. 예들은 그림 6.16에 나타나 있다.

제7장

1. 생합성 경로들을 운용하는데 비용이 지불된다. 유전적으로, 이 경로들은 그들은 효소에 대한 구조 유전자와 그들 효소들은 조절하는 조절 유전자(또는 다른 메커니즘)들을 필요로 한다. 에너지 측면에서, 생합성은 ATP와 환원력을 소비하여 대부분의 빌딩불럭들을 만든다. 지속적으로 이미 형성된 빌딩 불럭들을 제공하는 환경은 생물의 생장을 좋게 하여 이들 화합물을 만드는데 여분의 기계장치를 필요로 하지 않게 된다.

2. 가장 긴 경로는 트립토판을 유도하는 것이고 (12 효소); 가장 짧은 것은 알라닌을 유도하는 경로이다 (1 효소).

3. 여러분들의 정답은 여러 경로들(아미노산, 뉴클레오티드, 또는 다른 빌딩 불럭을 유도하는)을 예시하여 나타낼 수 있다. (i) 시작 물질로서 전구 대사물질, (ii) ATP와 NADPH의 사용, (iii) 다양한 산물을 유도하는 직선 경로 또는 분지 경로, (iv) 산물로서 빌딩 불럭, 그리고 (v)이 경로를 통한 흐름을 통제하는 하나 이상의 초기 단계로의 피드백.

4. 가장 그럴 듯 한 것은 두 개의 반대 목적을 얻기 위한 필요성이다: 연료 공급 반응에서 수소 수용체로 사용하기 위하여 낮은 농도의 산화 형을 유지할 필요성과 생합성 경로에서 사용하기 위해 높은 농도의 환원형을 유지할 필요성.

5. 모든 질소 화합물의 생합성은 독보적인 원핵세포의 한 과정인 대기 중의 질소 고정에 의존하며 이용 가능한 암모니아를 만든다.

6. 글루탐산은 질소 동화에서 핵심이다. 글루탐산과 덜한 정도이긴 하지만 글루타민은 그들의 질소를 다양한 빌딩불럭의 생합성 경로에 공여한다. 양적으로, 글루탐산은 훨씬 더 중요하다: 세포 질소의 약 90%가 이것을 통하여 흐른다. 시스테인은 황 동화의 핵심이다. L-시스테인은 직 · 간접적으로 대부분의 다른 황-함유 화합물들(예, L-메티오닌, 비오틴, 티아민, 그리고 CoA)에게 원천으로서 작용한다.

7. 두 가지 특성이 인 동화를 구분할 수 있게 한다: 이 과정은 생합성 경로보다는 연료 공급 반응에서 일어나고, 산화나 환원과 관련되어 있지 않다.

8. 하나의 큰 차이점은 핵산 빌딩 불럭들은 데옥시뉴클레오시드 삼인산 (데옥시 아데노신 삼인산 [dATP], 데옥시 구아노신 삼인산

[dGTP], 데옥시 시티딘 삼인산 [dCTP], 리보실티민 삼인산 [TTP]) 으로 합성된다. 한편, 아미노산들은 합성 후 폴리펩티드로 결합되기 전 ATP에 의하여 활성화되어야만 한다.

제8장

1. 여러 개의 주목할 만한 특성들이 언급될 수 있다. (i) 번역 장치의 구조는 속도와 효율성의 모델이다: 한 폴리시스트론 mRNA가 단백질을 만드는 리보솜으로 덮여있지만 mRNA 자체는 여전히 RNA polymerase에 의하여 합성된다. (ii) 한 세포 구획 (핵)으로부터 다른 곳 (세포질)로 mRNA를 운반할 필요성이 없다. (iii) 모든 mRNA 합성은 단일 RNA 중합효소에 의하여 수행된다. 8장에서 강조되지 않은 두 개의 다른 효율적 특성이 언급될 수 있다: (i) 리보솜 소단위는 진핵세포의 것보다 작고 (ii) 원핵세포 mRNA는 poly(A) 꼬리를 갖고 있지 않다.

2. 유사성에는 동일한 빌딩블럭들이 포함된다 (dATP, dGTP, dCTP, 그리고 TTP); 반보전적 복제, 각 사슬이 상보적 가닥을 합성하기 위한 기질로 작용; 복제 기점, 프라이머 합성, 그리고 Okazaki 단편의 향성 및 결합; 그리고 많은 생장점의 존재. 차이점으로는 진핵세포에서는 복제가 일어나기 전 DNA를 히스톤으로부터 분리하여 싸고 있는 것을 벗겨낼 필요성이 있는 점, 훨씬 큰 염색체, 그리고 진핵세포는 원핵세포보다 더 많은 복제 기점을 필요로 하고 여러 부위에서 시작됨으로 인하여 진핵세포에서 훨씬 느린 복제 기점의 진행 등을 들 수 있다.

3. DNA 메틸화는 복제 개시 때 기능을 나타낸다. 효소 Dam methylase는 메틸기를 GATC 서열의 A에 위치시키지만, 새로운 가닥이 합성된 후 이것이 일어나는데 수분이 걸리며, 이 시간 동안 DNA는 반메틸화가 이루어진다. 반메틸화가 이루어진 단편은 단백질 SeqA에 의하여 결합되어 시발점(origin)에서 부적절한 개시를 방지한다. DNA 메틸화는 또한 세포 DNA의 표지("브랜드화") 하는 기능을 나타낸다. 세포는 그 자신의 제한 효소의 인식 부위에 있는 아데닌 혹은 시토신을 메틸화하여 그 자신의 염색체 DNA를 보호한다. 메틸화에 의한 이러한 변형은 그 DNA를 자신의 것으로 표지하여 파괴되는 것으로부터 보호한다.

4. 이 묘기는 높은 세포 생장률에서 다중 복제 기점을 가짐으로써 이루어질 수 있다. 각 세포는 부분적으로 복제된 염색체를 물려받아 다음 세포 분열을 준비하는데 필요한 시간을 줄인다.

5. 근본적으로, 원핵세포는 매 수분마다 단백질 합성에 대한 청사진을 삭제함으로써 다음 간격(interval)에서 만들어 질 단백질을 완전히 변화시킬 수 있다. 환경 조건이 빠르고 빈번하며 엄청난 변화를 겪기 쉬운 세포들에게, 이러한 특성은 적응성을 분명하게 해줄 수 있다.

6. 원핵세포들은 한 생물 내에서나 다른 종에서 단일 프로모터 서열을 가지지 않는다. 대신에, 유일한 뉴클레오티드 서열보다는 RNA polymerase에 "프로모터"라 불리는 일반적인 서열 패턴이 있다. 프로모터들은 상향(upstream) 또는 하향(downstream) 부위에 측면에 위치해있는 핵심(core)을 가지고 있다고 할 수 있다. 상향부위는 조절 단백질의 작용 부위이고; 하향부위는 유전자의 암호화 서열의 개시부위를 포함한다. 이 핵심은 세 부분으로 구성된다: 17-염기 스페이서(spacer)에 의해 분리되는 -35 육합체(hexamer)와 -10 육합체 (- 신호는 유전자의 번역을 시작하는 코돈으로부터 상향부위의 거리를 나타낸다).

7. 지속적인 논쟁은 원핵세포 염색체의 특성이다. DNA 복제 기점은 반대 방향으로 움직이는 RNA polymerase 분자와 정면으로 충돌하고 추월하여 같은 방향으로 움직이는 RNA polymerase의 후미와 충돌하지만 리플리솜 보다는 훨씬 느리다. 정면충돌은 최악의 경우이다; 그들은 복제를 멈추게 하고, 단지 순간적일지라도, 전사를 중지시킨다. 같은 방향의 충돌은 덜 충격적이다; 그들은 단지 복제를 느리게 하고 지속적으로 진사가 이루어지도록 한다.

8. 원핵세포의 전사체는 한 개의 폴리펩티드 이상을 만드는데 필요한 정보를 암호화하여 폴리시스톤이라 불린다. 폴리시스트론 메시지의 의미는 그들이 관련되어 있는 단백질 (한 경로사의 효소들과 같은)을 만들 때 효율성과 속도를 유지하기 위해서 뿐만 아니라 그들의 합성을 상호 조절하기 위해 그들 메시지가 제공하는 기회라 할 수 있다.

9. 실제 개시 AUG 코돈은 30S 리보솜 소단위의 16S rRNA의 3′말단과 상보적인 4-6개의 염기보다 약 10 뉴클레오티드 상향부위에 위치해 있다. 샤인-달가노 서열(Shine-Dalgarno sequence)라고 불리는 이들 염기들은 16S RNA와 수소결합을 하여 30S 리보솜 소단위를 적당한 부위에 위치시키는 것을 돕는다. 당연히 내부 AUG 코돈은 이러한 위치지정 기능을 갖고 있지 않다.

10. 폴리리보솜들은 전사와 번역이 짝을 이루고 있고, 번역은 전사가 완료되기 전에 시작되기 때문에 다른 크기와 다른 수의 리보솜을 가질 것이다 (그림 8.14).

11. mRNA 합성율은 (*E. coli*에서) 초당 약 45 뉴클레오티드이다.

리보솜은 mRNA를 따라 초당 15 코돈의 속도로 진행하고, 코돈은 3개의 염기로 구성되어 있기 때문 리보솜은 메시지가 만들어지는 것과 같은 비율로 메시지를 따라 움직인다. 따라서 각 mRNA 분자는 바쁘게 성자하는 mRNA를 번역하는 리보솜의 행렬로 쌓여지고, 그 행렬을 선도하는 리보솜은 전사 버블에서 RNA polymerase와 보조를 맞춘다. 이 동시 과정의 한 결과는 번역이 진행되는 한 결코 뉴클레아제(nucleases)에 노출되는 큰 단편의 mRNA는 없다는 것이다. 더 빠른 mRNA polymerase는 mRNA가 미성숙으로 인해 분해되기 쉽기 때문에 세포에게 큰 문제를 일으킬 수 있다.

12. 단백질 방출의 많은 특징은 용질이 복잡하고 다양한 것을 요구하는 점이다. 단백질들은 그들의 구조는 물론 막을 통과할 때의 감수성에서 차이가 있고 세포 외막에서의 궁극적인 위치에서 다르다. 그람-양성과 그람-음성 몸체 계획은 단백질의 전좌에 매우 다른 문제를 제공한다. 마지막으로 type III 단백질 분비는 숙주 진핵세포로의 직접적인 단백질 주입을 가져온다는 사실은 고도로 특수화된 과정의 정교한 예를 보여준다.

제9장

1. 가장 흔하게 사용되고 있는 기술은 세포가 생장하는 동안 단일 세포를 검사하는 것과 한 개체군 내에 있는 단일 세포들의 주어진 특성의 분포를 결정하는 것 (예를 들면, 유동 세포측정에 의해), 그리고 한 개체군을 동시성을 가지고 나타내는 것 (예를 들면, 아기 기계를 사용하여) 으로 구성된다.

2. DNA 복제는 (양방향으로) 시발점으로부터 말단까지 진행된다. *E. coli*에서 이 과정은 37℃에서 약 40분 걸린다. 빠르게 생장하는 세포에서 개시는 세포 주기 당 한번 시작하고, 다중 기점 복제를 선도한다(질문 8.5에 대한 정답 참조).

3. 세균의 세포 분열은 세포막과 세포벽의 함입이 수반되며, 그람-음성 세균의 경우, 외막의 함입도 또한 수반된다. 이들 과정들이 완성되었을 때만 개체는 분리될 수 있다. 대부분의 그람-양성 세균들은 중간세포(midcell)에서 그들의 외피 층의 수축시켜 분열되며, 이것은 대부분의 동물세포에서 볼 수 있는 것과 유사하다. 어떤 그람-양성 구균과 간균에서, 세포 분열은 그들의 몸통을 뚜렷하게 수축함이 없이 진행되는데, 이는 식물의 세포분열과 유사하다.

4. 대부분의 원핵세포에서 세포 격막 형성에는 궁극적으로 세포 격막이 형성될 수축환을 만드는 FtsZ라고 불리는 단백질이 수반된다. Z-환이라고 불리는 이 구조는 격막이 형성됨에 따라 점진적으로 폐쇄된다. 이 과정에는 다른 단백질들 또한 결부되어 있다.

5. 세균에서 세포 분열과 DNA 복제는 어느 하나가 억제되었을 때 어느 것도 일어나지 않는다는 점에서 적절한 시기에 연결되어 있다. 이 두 시스템은 분자 신호를 통하여 서로에게 "말"("talk")을 건다. 따라서 DNA가 손상을 입어 복제할 수 없을 때, SulA라고 불리는 단백질이 만들어져 세포 분열에 필요한 FtsZ 환의 형성을 억제한다.

6. Z-환이 정확하게 세포의 중간에 형성되는 메커니즘은 잘 이해가 되지 않는다. 다양한 Min 단백질들의 무용술(choreography)이 왜 격막이 정상적으로는 세포 길이를 따라 아무데서나 형성되지 않는지에 대한 이유를 설명하게 해준다. 어떻게 Min 단백질들의 동요가 세포 중간을 정의하는 역학 측정 장치로서 제공될 수 있는 지를 설명하는 모델들이 제시된바 있다.

7. 생장하는 세균에서 염색체 분리는 복제가 끝나기 전에 시작하며, 이는 진핵세포에서 볼 수 있는 것과는 다른 현상이다. 분리는 세포 중심으로부터 미래 세포 분열을 위해 격막이 만들어질 예정인 극 쪽 지역으로 복제 시발점(replication origin)의 이동을 필요로 한다.

제10장

1. a. 그와 같은 균주는 공여자가 될 수는 있지만 수용자로써는 역할을 못한다. 어떤 재조합도 일반 형질도입입자를 형성하는데 참여하지 않고, 일반 형질도입은 숙주 세포 염색체의 단편화와 단편을 파아지 머리로 삽입하는 것으로 포함한다. 그러나 수용자로 역할을 하기 위해 재조합은 필요한데, 원핵생물에서 유전자 교환의 대부분의 경우에서처럼, 단지 작은 DNA조각만이 수용자에게 들어가고, 그와 같은 작은 조각은 리플리콘(replicon) 이 되기 어렵기 때문이다. 리플리콘이 되기 위해서는 그래서 수용자 유전체의 한 부분이 되어야 되고, 그것은 재조합에 의해서 수용자의 이미 존재하는 리플리콘의 하나에 삽입되어야만 한다.

b. 그와 같은 균주는 염색체 유전자의 공여자나 수용자로 작용할 수 없다. 염색체 유전자가 이동하기 위해서는, 재조합으로 F 플라스미드에 붙어야만 하고, (위에 언급된 것처럼) 두 번째 재조합이 그들이 수용자 유전체의 한 부분이 되는 것이 필요하다.

2. 많은 가능한 표현형과 유전형쌍이 있다. 예를 들면, 영양요구체 또는 트립토판 영양요구체의 표현형을 가지는 것으로 설명될 수 있다. 그와 같은 균주는 예를 들면, 트립토판 생합성의 여러 단계 중 하나를 암호화하는 *trpA*와 같은 유전자를 불활성화시킨 돌연변이로

고통받는다. 그것이 이것의 유전형이고, 돌연변이 유전자를 확인하는 것부터 암호화하는 D NA의 실제 염기서열 변화를 확인하는 것까지 다양한 정확성 수준으로 설명되어질 수 있다.

3. 배지의 더 작은 군락이 비진행성 형질도입으로부터 발달된 것으로 추측할 수 있으나, 단지 군락 중의 한 세포만이 최소배지에서 자랄 수 있는 증명이 반드시 있어야한다. 그래서 배지의 모든 군락을 꺼내서 새로운 최소배지 판에 깔고 오직 한 군락만이 발달한다면, 그 군락이 확실히 비진행성 형질도입으로부터 발달한 것일 것이다.

4. 그렇다. 모든 해독틀의 이동에 의해, 모든 아래쪽 코돈이 바뀔 것이다. 높은 확률로, 이들 중 일부가 비인식 코돈일 것이다.

5. 리보오스가 유일한 탄소원인 배지에서 자라게 되는 돌연변이된 균주들에 페니실린이 첨가된다. 페니실린은 단지 생장하고 있는 세포들만 죽이기 때문에, 원하는 돌연변이는 이 배지에서 생장할 수 없지만, 생존할 수 있다. 야생형 세포는 자랄 수 있고 죽을 것이다. 결과적으로, 원하는 돌연변이가 농화배양될 것이다.

제11장

1. 생물학적 진화는 자연선택의 결과로 새로운 종들이 나타나는 것이다.

2. a. 현존하는 생물의 DNA의 염기의 서열은 미생물사이의 관계에 대하여 더 많은 정보를 제공하는데 미생물의 화석기록이 너무 없기 때문이다. 또한, 화석은 단지 형태만을 보이고, 미생물의 형태는 종을 구분하는데 적당하지 않다.

b. 아마 그렇지 않을 것이다. 적어도 지금까지, 현존하는 생물의 염기서열만이 결정되었기 때문이다.

c. 미생물의 화석기록으로 미생물이 초기의 지구에 존재했을 것으로 확인했고, 이들 초기 미생물의 형태를 보여주었다.

3. 비교하기 위해서는 모든 생물에 유전자가 존재하여야만 하고, 유전자는 반드시 충분히 천천히 진화하여 꽤 먼 관계의 생물들 사이의 일부 유사성이 보존되어야 한다.

4. 그룹 안에서 수평적으로 한 종류의 유전자가 전이되고 다른 것이 아니면, 그들의 유사성을 비교하여 다른 진화적 관계를 제안할 수 있다.

5. RNA가 축적된 유전정보의 보고로 작용할 수 있고 화학반응을 촉매 할 수 있기 때문에, D NA와 단백질이 아직 진화하지 않았을 때 진화의 초기시대동안에 원시세포가 존재하였을 것이라는 상상을 할 수 있다.

6. 시안세균과 식물의 엽록체는 산소를 생산하고, 엽록체가 내부 공생하는 시안세균에서 유래되었다는 유력한 증거가 있다. 비슷하게, 미토콘드리아가 진핵생물로 하여금 산소를 이용할 수 있게 해주는데, 미토콘드리아가 내부 공생의 산호-이용 세균으로부터 진화했다는 유력한 증거가 있다.

7. 단백질의 특정 활성들은 특별한 도메인에 의해 매개된다. 이미 존재하는 도메인의 개량이 한 단백질안의 다양한 도메인들과 함께 진화하는 것보다 더 빠를 것이다.

제12장

1. (i) 경제학. 세균은 필요 없거나 혹은 중복적인 효소를 만들 여유가 없거나, 필수 효소를 만들지 못하면서 생존할 수 없다; 두 경우 모두 효소합성의 재빠른 조율을 요구한다. (ii) 빠른 생장. 효소합성을 중지함으로써, 세균 세포들은 세포의 각 분열에 그 단백질 수준의 반을 가지게 된다. 만약 세대시간이 20분이면, 한 시간에 수준이 8배 감소할 수 있다. (iii) mRNA 분해. 세균의 mRNA는 빠르게 교체되고, 그래서 매 수분 안에 단백질 합성의 청사진이 완전하게 다시 새것으로 되어, 전사수준에서 효소합성을 빠르게 조절할 수 있는 놀라운 기회를 가지게 된다. (iv) 세균의 mRNA의 멀티시스트론 오페론 본질이 전체 경로 또는 기능적으로 관련 있는 단백질의 다른 그룹의 단일 조절을 촉진한다. 하나의 mRNA의 합성의 조율에 의해, 세포는 전체 경로 합성의 속도를 변화시킬 수 있다.

2. 알로스테릭 상호작용에 의한 단백질 활성의 조절이 더 빠른 조절이다; 이것은 거의 즉각적으로 일어날 수 있다. 만약 모든 조절이 존재하고 있는 효소의 활성 변화에 의해서 쓰여 지면, 세포는 중복적이거나 필요 없는 효소의 합성을 피하는 커다란 경제성을 잃어버린다.

3. (i) 공유결합 변화는 적당한 유기화합물(대사물질)을 알로스테릭 리간드로서 가지지 못하는 경우에 단백질 활성의 조절의 기회를 갖게 한다. (ii) 공유결합 변화는 글루타민 합성효소의 다중의 아데닐화의 경우에서처럼, 활성에서 양적인 조절(키고 끄는 간단한 것이라기보다)을 가능하게 한다; 아데닐화된 형태가 알로스테릭 조절에 덜 민감하다. (iii) 단백질의 인산화의 경우에서, 주화성 경로 또는 두 요소 감지-반응 시스템에서처럼, 인산그룹은 신호 전달을 만들기 위하여 한 단백질에서 다른 단백질로 전이될 수 있다.

4. 세포의 에너지 상태의 유용한 지표가 세포의 에너지 양으로, 다음

과 같이 정의 된다;

$$에너지양 = \frac{([ATP] + [ADP]/2)}{([ATP] + [ADP] + [AMP])}$$

일반적으로, ATP-풍부(에너지 생성)경로가 높은 에너지 양에서 억제되고, ATP-이용(생합성과 중합체형성)경로에서 자극된다.

5. (i) 감쇄조절은, 선도서열을 번역하는 리보좀의 능력이 후의 전사에 영향을 주는 것이고, (ii) 번역 억제는, 조립되지 않는 리보좀 단백질이 번역의 개시를 막는 것이다.

6. 가장 비용이 많이 드는 방법은 단백질의 합성이 아니라, 단백질의 분해속도를 다양하게 하여 세포내 수준을 조절하는 것들이다. 가장 덜 비싼 방법은 유전자 발현의 초기 단계를 막는 것들이다; 전사의 개시

7. 최소한으로, 전사 억제는 적어도 하나의 조절 유전자(억제단백질을 암호화하는)를 가지고, DNA에 그것이 결합하는 부위를 가진다. 감쇄조절은 조절 단백질을 요구하지 않고, 단순히 작은 선도 서열을 요구한다.

8. 그들이 조절하는 오페론으로 부터 먼 조절 지역을 인핸서라고 부르는데, 그들이 보통 개시를 자극하기 때문이다. DNA 서열은 DNA의 굽힘으로 결합된 조절단백질을 전사개시에 영향을 줄 수 있는 프로모터 부분으로 가져오는 것으로 먼 프로모토를 조절할 수 있다. 굽힘은 자동적으로 일어나지 않고, DNA 굽힘 단백질로 일어난다.

9. 모두는 아니지만, 대부분의 조절 단백질(억제자와 활성자)들은 알로스테릭 단백질로 특별한 리간드(유도물질 또는 억제보체)와 결합에 의해 활성이 조절될 수 있다.

10. (i) 일부의 경우에는, 같이 조절되어야 하는 유전자의 수가 너무 많아서 단일로 역할을 하는 오페론 안에 수용할 수가 없다(150 또는 그 정도의 유전자들이 번역 기구의 부분들을 암호화하는 것이 좋은 예이다) (ii) 일부 과정들은 독립적으로 조절되어야만 하는 유전자를 포함하고 또한 우선적으로, 협동으로 조절을 받는다. (예를 들면, 다른 탄소원을 사용하기 위한 유전자들은 특별한 조절 작용을 받아야 하는데, 특별한 생장 기질의 존재에 따라서 포괄적으로 분해대사물 억제를 받는다.

11. 레귤론은 보통 단백질 억제자 또는 활성자의 같은 조절자에 의해 통제를 받는 독립적인 오페론의 그룹이다. 모듈론은 또한 같은 조절자에 의해 조절을 받는 독립적인 오페론 그룹이지만, 모듈론은 더 높은 단계의 단위인데 독립적인 오페론의 그룹이 다른 레귤론의 부분들을 일부를 포함하기 때문이다 (그림 12.10에 도식화됨)

12. 매우 크고(예, 많은 오페론과 레귤론으로 구성된) 매우 많은 대사 기능들에 영향을 미치는 모듈론을 광범위 조절 시스템이고 부른다. 분해대사물 억제와 stringent조절 시스템은 본문에서 언급한 두 가지 좋은 예이다. RpoS 정지기 단계적 반응을 또한 첨가시킬 수도 있다.

제13장

1. 스트레스는 물리적(온도, 압력 등), 화학적(무기와 유기 영양분, 독성물질 등의 존재), 또는 생물학적(상호작용 또는 경쟁 생물의 존재) 환경에서의 중요한 변화로 미생물 세포에 영향을 주는 것을 일컫는 기술적 용어이다.

2. 만약 세균 종들이 호열성이면, 접종이 냉충격 반응을 일으킬 수 있다. 만약 생물 종들이 저온성이면, 열충격 반응이 일어난다. (만약 여러분이 접종원이 자라는 온도가 중요하다고 언급하면서 이 질문에 답했으면, 여러분은 추가 점수를 받아야 한다. 강의자에게 보상을 논의하라; 저자들은 보상을 제공할 위치가 아니다)

3. 감지자. 흔한 감지자는 알로스테릭 단백질로, 이것의 기능이 외부의 환경을 감지하는 것이기 때문에 보통 내부막 단백질이다. (ii) 반응 조절자. 조절자는 흔히 세포질 알로스테릭 단백질로 레귤론에 함께 있는 일련의 타깃 오페론의 발현을 조절하는 DNA에 결합하는 것에 의하여 전사를 조절(조율)한다.(iii) 되먹임 조절은 문제에, 예., 스트레스 기간의 정도와 길이에 대한 세포반응과 일치한다,

4. 단백질체와 전사의 모니터링은 둘 다 스티뮬론의 구성요소를 나타낼 수 있다. 전자는 2차원 폴리아크릴아마이드 겔에서 나타나는 반응 단백질을 인식한다; 후자는 이들 단백질을 만드는 mRNA를 유전자가 올려진 마이크로어레이에서 인식한다.

5. UP 요소는 *E. coli*의 7개 중 몇 개의 rRNA 오페론의 위쪽의 특별한 염기서열로 특별히 강한 RNA-P결합을 제공한다. 단백질 Fis(factor for inversion stimulation)는 UP 요소 근처의 위치에 결합하고 RNA-P를 프로모터에 끌고온다; 이것은 양성적인 조절 인자이다. 단백질 H-NS(histon-like nucleoid structuring protein)는 DNA 굽힘에 영향을 주고 음성의 조절 인자인데, 이것이 rRNA 프로모터의 활성을 저해하기 때문이다. 구아노신 3인산 유도체 ppGpp(구아노신 4인산)는 stringent-반응 모듈론의 작용

자로 rRNA와 tRNA의 합성을 완전하게 억제할 수 있는 능력을 가진다. 영양적 제한이 생장을 느리게 할 때, ppGpp가 재빨리 축적되고 RNA-P를 변화시키는 방법으로 rRNA의 프로모터에서, 아마 RNA-P를 σ^{70}가 아닌 대체 σ인자들과 결합을 선호하게 하는 것에 의해 작동하지 못하게 한다. 또한 RNA-P의 기질인 뉴클레오티드 3인산의 합성을 세포가 하지 못하게 제한하는 조건이 또한 RNA합성을 억제할 것이다. 복잡하고 중복적인 조절들이 기대될 수 있는데, 거대분자의 합성의 양을 조절하는 조절 시스템의 중요성 때문이다. (*E. coli*에서 영양배지에서 빠른 생장동안, rRNA의 전사체는 혼자, 세포에 의해 만들어 지는 RNA의 절반이 넘게 구성하고 있다. 게다가, 100개 또는 그 정도의 단백질이 개시와 신장 인자, 아미노아실-tRNA 합성효소와 자연적으로 리보좀 단백질을 포함하는 PSS를 구성한다)

6. 정지기의 세포들은 생장하는 세포들보다 더 작다. 그들은 또한 생장하는 세포들보다 강하고 용해에 세다. 대사과정은 생장을 위한 합성보도는 오히려 생존을 촉진하는 방식으로 변경되었다. 정지기 세포의 전체적인 화학적 조성은 다르고, 각 세포 구성요소(부속지, 외막, 그리고 그람음성 세균의 세포주변질, 그리고 뮤린벽, 세포막, 핵양체, 그리고 리보좀)의 화학적 그리고/또는 물리적 본성의 변화가 있다. 처음의 예측은 무엇이 세포의 생장을 멈추게 하였는가가 문제가 아니다; 마지막 결과도 거의 같은 것처럼 보인다. 그러나 이 예측은 전체 이야기와 너무 다르다; 포도당의 결핍으로 인한 정지기의 세포는 과산화수소 또는 중금속에 의해 독성을 받은 것들과 동일하지 않으나, 차이점은 세포의 모습과 전체적인 화학적 강인함이 아니라 두 조건에서 만들어지는 단백질의 종류들에 의해 대게 영향을 받게 된다.

7. 놀라운 복잡성의 조절 회로는 생장세포를 비생장 정지기세포로의 과정을 안내한다. 이 과정의 일부는 번역개시를 조절하는 sRNA 분자를 포함한다. 이들 sRNA 분자(DsrA, RprA와 OxyS)는 통합자로 역할을 한다; 그들은 다른 스트레스로 부터의 신호를 처리하고 그들을 단일의 일치하는 행동으로 통합한다. 한 가지 중요한 역할이 RNA-P를 특별한 프로모터로 가게 하는 시그마인자, σ^S의 합성을 촉진하는 것이다. σ^S는 정지기로 들어가게 하는 중요한 역할을 한다. 핵심 RNA-P의 σ^S와의 결합은 σ^{70}와 결합한 것을 줄이고 이 방법으로 중합효소를 생장과 관련된 오페론을 전사하는 것으로부터 비생장 상태의 생존과 관련된 것들로 이동시킨다. (σ^S가 유일한 정지기의 조절자는 아니다. H-NS, CRP, Lrp와 FhlA와 같은 다른 광범위 조절자들이 σ^S의존적 정지기의 레귤론의 각각의 오페론의 발현을 조율하고 섬세하게 조절한다. 조절자가 조절자를 통제하고, 교대로 다른 조절자들도 조절할 수 있는 이러한 종류의 네트워크를 단계적 조절이라고 부른다.

8. 유전체 크기는 일반적으로 생물이 환경스트레스를 접하는 정도를 반영한다. 생물이 스트레스를 더 많이 받으면, 그들은 더 큰 유전체를 가지고 유전체의 더 많은 부분이 조절 유전자로 일을 한다.

9. 보통 특정한 해로운 처리에 의해 주어진 군집에서 모든 세균이 죽지는 않는다. 만약 미생물 군집에서 커다란(99%)분획 또는 심지어 더 커다란(99.99%)분획이 죽는다면, 생존자는 아직 커다란 수일지도 모른다. 10^8세포에서 99%가 죽는 것은 백만 개(10^6)의 세포가 아직 살아있으며, 다른 표면을 오염시킬 것이거나 조건이 좋아지면 증폭해서 빠르게 원래의 수로 돌아갈 것이다.

10. 세균은 얼마 전에 있었던 그들의 기억으로 유도물질의 농도를 계속적으로 비교함으로써 농도구배를 감지한다. 유도물질이 세포표면에 가까운 수용체에 결합하면 전진과 방향전환의 내부의 일반적인 계획을 변경한다. 그것은 편모모터의 회전의 방향을 결정하는 인산화 조절단계를 방해하여 가능한데, 그것이 오랫동안지속적인 전진에 효과를 준다. 메틸화 시스템에 의한 순응조절은 원래의 내부계획으로 바꾸고 전진을 계속하기 위해 더 높은 농도를 요구하도록 유도물질에 대한 민감성을 리셋시킨다. (순응조정은 오랫동안 존재한 후에 냄새를 맡는 것에 대하여 점차적으로 실패하는 것과 같은 인간의 인지의 많은 특성들을 설명한다). 결과적으로 순응조절은 유도물질의 변화를 감지하고 그 방향으로 진행되도록 하는 분자적 기억으로 되어 있다.

11. 많은 세균 종들이 균체밀도인지 능력을 가진다. 세포는 자가유도물질라고 불리는 작고, 확산될 수 있는 분자를 만들고 분비한다. (많은 자가유도물질들이 아실호모세린락톤이다). 간단한 경우에, 분비된 자가유도물질이 단순히 세포 안으로 다시 들어온다. 충분히 많은 수의 세포(균체밀도)가 갇힌 공간에서 생장하고 있을 때, 세포 안으로 다시 들어가는 자가유도물질의 농도가 분계 점의 양을 넘고 특정한 반응들을 일으킨다. 많은 경우에, 자가유도물질들은 생산한 세포 안으로 다시 들어가기 보다는, 세포표면의 전형적인 감지 키나아제에 의하여 감지되어, 일부 반응 조절 단백질에 인산화 신호를 전달하게 한다. 균체밀도 감지는 세균에 의하여 커다란 군집에 의한 이점을 주는 과정을 언제 시작하는지 결정하기 위하여 사용된다. 병원성 세균이 침입을 준비하는 것이 균체밀도-유발 과정의 좋은 예이다.

12. 생물막은 하나 또는 여러 종들이 밀접하게 서로 그리고, 보통 일부 고체 표면에 붙어 있는 세균 세포들의 자연적인 군집이다. 이들 고착의 세균들은 다세포 연합을 형성하는데, 복잡한 채널, 구획과 일부 건축적 복잡성의 다른 구조를 발달시킬 수도 있다. 생물막은 극히 작은 농도의 영양분을 포지하는 것을 촉진한다; 그들은 항생제와 같은 해로운 물질로부터 보호를 해준다; 그리고 그들은 세포가 공간에서 군집을 이루게 하고 액체 흐름으로부터 씻겨나가지 않게 해준다.

제14장

1. 이들 두 구조를 형성하기 위한 분화는 비가역적이다; 둘 다 영양세포가 다시 되기 위하여 분화될 수 없다.

2. 필라멘트의 끝에서 세포 분열에 의하여 외생포자가 형성된다; 세포안에서 내생포자가 형성된다; 외생포자는 주로 분산을 위한 도구이다; 내생포자는 주로 생존을 위한 도구이다.

3.둘: 자기자신의 것과 포자 포세포의 것

4. 단계적 조절의 첫 번째 구성요소는 키나아제 활성으로 세 가지 다른 단백질로 되어 있고, 각각 다른 환경신호에 의하여 조절된다. 단계적 반응의 활성 산물인 Spo0A-P와 단계적 반응의 인산화 중간물질의 수준은 세 개의 포스파타아제에 의하여 조절되고, 각각은 다른 환경신호에 반응한다.

5. *Caulobacter*의 분화된 세포 형태인 유주세포와 자루세포 각각은 자연에서 경쟁하기 위한 세포의 능력에 기여한다. 고체 표면에 붙는 능력으로, 자루세포는 그들의 물 환경에서의 움직이는 물의 흐름에 씻겨나가지 않는다; 유주세포의 운동성은 새로운 환경으로 이동하는 기작을 제공한다.

6. 그렇다. 단백질 표지를 이용한 실험으로 특정 조절 단백질이 세포의 특정 지역에 국한되는 것을 알았다.

7. 그들은 점액세균이 먹이를 죽일수 있게 해준다.

8. 포자낭 안에 들어가는 것은 점액포자의 그룹이 같은 장소에서 발아하는 가능성을 높이고 그룹 먹이섭취에 관여하게 해주는데, 이것은 그들의 생존에 중요하다.

제15장

1. 가장 큰 차이는 진핵생물의 종은 교배가능한 생식적 집단을 구성하지만, 원핵생물은 그러하지 않다는 것이다. 원핵생물과 진핵생물의 종은 근연종 사이의 중간체를 거의 가지지 않는 상호 유사한 생명체 그룹이라는 특징을 공유한다.

2. 원핵생물의 거대한 개체군의 크기, 빠른 분열 속도, 다양한 환경에의 존재는 원핵생물 사이에 거대한 유전적 변이가 존재함을 시사한다. 이러한 사실은 원핵생물 종의 수가 매우 많을 수밖에 없음을 제시한다.

3. 이 용어는 종이 아직 배양되지 않았다는 것을 가리키며, 그러므로 종으로 분류할 근거를 여전히 충족시키지 못하고 있는 점을 알리기 위하여 사용된다.

4. 세균과 고세균 사이에 존재하는 매우 많은 심대한 생화학적 차이와 고세균과 진핵생물 간의 특정 측면에서의 유사성은 세균과 고세균 사이에 밀접한 연관성이 없다는 점을 시사한다. 그러므로 세균과 고세균의 세포 구조가 원핵세포로서 유사하다는 것만으로는 이들 두 그룹의 연관도를 설명할 수는 없다.

5. 고세균은 이들의 일부 구성원이 매우 높은 염분과 고온에서도 생장할 수 있는 특징으로 인해 생태학적으로 독특하다. 또한 고세균은 세포막을 구성하는 지질의 성분에서도 생화학적으로 독특하다.

6. 아마도 이 거품은 메탄일 것이며, 연못의 바닥에 형성된 무산소층에는 메탄생산균이 서식할 것이다.

7. *D. radiodurans*는 방사능이 야기한 DNA 이중가닥의 절단을 복구할 수 있는 특별한 능력을 가지고 있다.

8. Ti 플라스미드는 감염된 숙주식물로 하여금 *A. tumefaciens*가 이용할 수 있는 영양염을 합성하도록 하며 보호망을 생산하도록 유도해 주는 유전자를 가지고 있다.

제16장

1. 예 또는 아니오. 균류는 그 영역이 비록 넓지만 합리적으로 잘 정의된 그룹인데 비해, 원생생물은 완전히 서로 다른 다양한 범위의 생물체를 포함한다(예, 원생동물, 조류, 규조류 등). 균류의 예로서 효모, *Candida*, 버섯, 곰팡이를 들 수 있다. 원생생물에는 미세 단세포 조류(예, *Chlamydomonas, Chlorella, Euglena*), 아메바, 말라리아 기생충, *Giardia, 짚신벌레*, 적조 와편모조류, 규조류 등이 있다(표 16.2 참조).

2. 엽록체가 없으며, 광합성을 수행하지 않는다. 그러므로 균류는 영양섭취를 위하여 다른 생물의 유기물에 의존한다(종속영양). 식세포작용이 없다. 식물 사체의 주요 분해자이다. 일부는 병원성이며,

또 일부는 식물과 상리 공생을 하기도 한다(예, 균근).

3. 효모는 빠른 생장률을 보이며, 진핵생물로서는 비교적 작은 유전체 크기를(15 Mbp) 가지고, 교배가 가능하며, 감수분열의 산물이 쉽게 분석될 수 있고, 안정적인 반수체와 2배체의 시기를 가지며, 외부의 DNA와 플라스미드가 세포 내로 쉽게 도입이 되는 특징으로 인하여 연구의 재료로서 널리 이용된다.

4. 미세핵은 유전체의 저장소이며 감수분열에 의해 분열한다. 거대핵에는 생장에 필요한 유전자들의 여러 복사본이 있지만, 나머지 유전자들은 없다. 거대핵은 체세포 분열에 의해서 분열하지 않으며, 두 개의 거대핵으로 단순하게 쪼개어 진다.

5. 적혈구에서 자라는 말라리아원충은 적혈구를 변형시켜 적혈구 세포가 비장에서 용혈되도록 유도하여, 결국 빈혈증을 유발한다. 감염되지 않은 적혈구 세포 또한 자가면역반응이라 추정되는 기작에 의하여 용혈된다. 세포의 용혈로 인하여 염증 유발물질이 방출된다.

6. 규조류는 규소로 구성된 단단한 세포벽을 가지는 반면, 석회비늘편모조류는 석회석으로 이루어진 세포벽을 가진다. 이 두 진핵미생물은 해양에서 일어나는 광합성 중 매우 많은 부분을 차지한다. 규조류 껍질은 거대한 규소 침전물을 형성하며, 석회비늘편모조류의 껍질은 많은 양의 탄산염을 침전시켜, 탄소순환에서 중요한 역할을 수행한다.

제17장

1. 모든 형태의 세포와 달리, 바이러스는 복제하는 동안 이들의 구성성분인 단백질과 핵산이 따로 떨어져 복제된다. 바이러스에는 리보솜과 단백질을 합성하는 장치가 없다. 그러므로 바이러스는 단백질 합성을 위해 숙주에 절대적으로 의존한다.

2. 바이러스는 RNA 또는 DNA 중 한 종류의 핵산과 단백질 껍데기인 캡시드로 이루어진다. 많은 바이러스는 피막을 가지며, 일부 바이러스는 복제에 필요한 효소를 보유한다.

3. 일반적으로, 정이십면체 바이러스는 캡시드 단백질인 캡소머의 자가조립적 특징에 따라 그 크기가 제한된다. 반면, 필라멘트형 바이러스의 길이는 미리 결정되어 있지 않아서 외부의 DNA를 받아들여 크기가 결정된다. 그러므로 이러한 특징은 생명공학에서 단백질을 합성할 때 유용하게 이용된다.

4. 바이러스의 피막은 숙주 세포의 막으로부터 유래한다(예, 핵막, 골지체막, 소포체막, 세포막). 피막은 바이러스가 성숙하면서 숙주 세포의 막에서 '출아'를 할 때 형성된다.

5. 바이러스에서 발견되는 대부분의 효소는 숙주세포로의 부착(예, 인플루엔자바이러스의 헤마글루티닌)과 핵산의 복제(음성 RNA 바이러스는 양성가닥, 또는 mRNA를 합성할 때 바이러스 RNA 복제효소에 의존함)에 관여한다. 헤르페스바이러스와 같은 일부 바이러스는 DNA 복제에 필요한 효소를 가진다.

6. 레트로바이러스는 우선 RNA를 비리온이 가지고 있는 역전사효소를 사용하여 DNA로 복제한다. 이후, 바이러스 DNA는 숙주세포의 염색체로 삽입이 되고, 숙주세포의 RNA 중합효소에 의하여 새로운 바이러스 RNA가 합성된다.

7. 바이러스 단백질의 합성은 시간을 잘 맞춘 상호 연관된 연속된 과정으로 이해할 수 있다. 바이러스 단백질은 숙주세포의 장치에 의해 합성되며 이 과정은 세포질에서 일어난다(세포질은 숙주세포의 리보솜이 있는 장소이다). mRNA의 원재료는 비리온 자체에 들어 있는 바이러스 RNA(양성 RNA 바이러서의 경우)거나 또는 바이러스가 암호화하는 RNA 복제효소에 의해 합성된 비리온 RNA의 복사본이다. 바이러스 단백질은 모두 한꺼번에 합성되지 않는다. "초기" 단백질은 숙주 세포의 생화학 장치를 바이러스의 핵산과 단백질을 합성하도록 유도하며, "후기" 단백질은 비리온의 구조적 성분이 된다.

8. 독성 바이러스는 일반적으로 용혈을 유도하여 숙주 세포를 죽인다. 잠재성 바이러스도 이러한 기작을 수행할 수는 있지만, 이들은 숙주 유전체로 통합되거나 숙주 염색체 외부의 핵산으로 남아 숙주와 더불어 조화롭게 생존할 수 있다. 진핵 생물의 바이러스와 원핵 생물의 바이러스(파아지) 모두 독성 또는 잠재성 바이러스가 될 수 있다.

9. 잠재성 바이러스에서 대부분 바이러스 유전자는 바이러스 억제 단백질에 의해 발현이 억제되어, 휴면상태의 프로파아지로 존재한다. 일반적으로 억제단백질은 용원화된 세포에서 생산되는 유일한 바이러스 단백질이다. 억제단백질의 양은 바이러스의 복제를 유도하는 유전자의 억제를 위하여, 또한 특정 환경조건에서는 프로파아지가 유도가 되도록 조심스런 균형을 유지한다.

10. 용원 경로와 용균 경로의 결정은 프로파아지 억제단백질의 특징에 의존적이다. 람다 파아지에서 억제단백질은 불안정하여 단백질가수분해효소(Hfl)에 의해 분해된다. Hfl은 세포내 cAMP의 양을 감지한다. 배지의 포도당 농도가 낮으면, 높은 농도의 cAMP가 세포내에 존재하게 되고, 적은 양의 단백질가수분해효소가 합성되

어, 결국 람다 억제단백질이 잘 작동하여 용원성 상태가 유지된다. 한편, 많은 양의 포도당을 포함하는 배지에서는 억제단백질이 분해가 되어 용균 경로가 일어난다. 그러므로 파아지가 어떤 경로를 취할 것인지는 세균이 처해진 환경조건에 따라 결정된다.

11. 비로이드는 캡시드가 없는 노출된 RNA 분자로 이루어져 있다. 비로이드는 숙주의 RNA 중합효소를 이용하여 복제하며, 원반형 복제라 일컫는 복제기전에 의해 긴 RNA 복제본을 생산한다. 긴 복제본 RNA는 비로이드 RNA의 리보자임 활성 또는 숙주의 핵산가수분해효소에 의해 비로이드 크기로 잘린다. 프리온은 핵산이 없으며 전적으로 단백질로 이루어져 있다. 다른 단백질처럼 프리온 단백질도 다양한 형태의 3차원 구조로 접힐 수 있다. 일반적인 입체구조에서, 프리온 단백질은 중추신경계 세포의 정상적인 구성원으로서 숙주에 해를 입히지 않는다. 그러나 다른 입체구조에서, 이들은 프리온으로 전환되며 정상적인 단백질을 프리온으로 변형시킬 수 있도록, 프리온의 주형으로 작동하는 독특한 기능을 획득한다.

제18장

1. 고온, 고압의 지구 내부 마그마에서 물의 지화학적인 환원에 의해 형성된 수소.

2. 농화배양은 특별한 종류의 미생물이 좋아하는 생장조건을 위하여 특수한 환경조건과 영양조건을 갖춘 배지를 도입하며, 이 배지에 특정 환경 시료를 접종하여 완성된다. 농화배양은 특정한 생물전환 능력을 가진 미생물이 그 환경에 존재하는지 여부를 알려주지만, 이 능력을 가진 미생물의 숫자를 알려주지는 못한다.

3. 미생물 공동체는 특정한 기질을 이용하기 위하여 미생물이 협력을 하는 구조이다. 예를 들어, 공동체의 한 구성원은 다른 구성원이 생산한 산물을 재빠르게 이용하여 농도를 충분하게 낮추어, 이 화학반응을 열역학적으로 가능한 반응이 되도록 상호 협력한다.

4. 특정 DNA 탐침을 이용한 혼성화 반응은 환경에 어떤 미생물이 존재하는지를 알려주며, 미세자기방사법은 환경에서 무슨 일을 하는지에 대한 증거를 제공한다.

5. 이 학설은 자연계에 존재하는 모든 유기물질은 어떤 미생물에 의해 반드시 대사될 수 있다는 점을 일컫는다.

6. 기체상태의 유기물인 메탄을 생산함으로써, 혐기성 환경에 갇혀 있는 대량의 유기 탄소가 호기성 환경으로 전달되도록 한다.

7. 두 미생물-매개 기작인 탈질과정과 아나목스가 고정된 질소를 질소기체로 전환한다.

8. 암모니아를 아질산으로 산화하고, 아질산을 질산으로 산화하는 두 개의 경로로 구성된 질산화과정이 자가영양 미생물에 의해 수행된다. 이 두 미생물 그룹은 호기성 세균이므로, 퇴비더미를 뒤집어 산소를 공급하면, 질산화과정이 촉진된다.

9. 고대 호수의 바닥에서, 지각에 풍부한 황산염이 황산염 환원세균에 의하여 황화수소로 환원되고, 연속하여 황화수소는 광자가영양생물에 의하여 원소상 황으로 산화된다.

10. 탈질과정과 아나목스는 고정된 질소를 대기 중으로 재순환하여, 이들이 해양에 축적되는 것을 방지한다. 식물의 생존은 질소 고정에 의존한다. 질산화과정은 질산염을 생산하고, 이 질산염은 용존되어 토양층을 따라 이동하여 식물의 성장에 이용된다.

제19장

1. 미토콘드리아와 엽록체의 유전자는 오늘날의 세균의 유전자와 많은 상동성을 지니고 있다(미토콘드리아와 시아노세균의 엽록체의 경우 리케차). 이 세포기관들은 2분열을 통해 분열하는데, 이들 중 몇몇은 전형적인 세균 단백질인 FtsZ ring의 도움을 빌려서 분열한다. 이들의 리보좀은 진핵세포의 세포질에서 발견되는 리보좀보다 세균의 리보좀에 더 가깝다. 미토콘드리아는 단백질 합성을 저해하는 특정 항세균 항생제에 더 취약하다.

2. 대부분 알려진 곤충의 세균성 내부공생자들은 유전자가 상실되어 있다. 즉, 바꿔 말하면, 살아가는데 있어서 필요한 몇 가지 기능을 가지는 유전자들이 사라졌기 때문에 이 기능을 발현시키기 위해서 숙주세포에 의존하는 것이다. 이들은 숙주에게 유용한 기능들을 보유하고 있기 때문에 상리공생하는데 도움을 준다.

3. 뿌리혹은 콩과 식물들이 질소를 이용할 수 있게 만들어주는 질소 고정 공장이다. 토양 속에 혹을 형성하는 세균이 존재하는 것이 식물에 의해 감지되면, 이 식물이 혹을 형성할 수 있는 성분을 분비한다. 그리고 나서 세균 유전자가 혹을 형성하는 요인을 만들도록 그 기능을 발휘하면 식물 뿌리에 혹 형성이 유도된다. 혹이 형성됨으로써 세균이 식물에 침투할 수 있게 된다. 그리고 식물은 종양 같이 생긴 혹을 만들어 그 속에서 세균이 질소 고정 세포, 즉, 박테로이드로 분화할 수 있도록 만들어준다.

4. 몇몇 세균은 셀룰로오즈를 분해해서 당으로 바꾼다. 당은 다른 세균에 의해 발효되고 휘발성을 가지는 지방산으로 바뀐다. 곧 지방산

은 소들이 흡수해서 주 에너지원으로 사용하게 된다. 이 과정에서 많은 수소가 만들어지고, 메탄을 생성하는 고세균에 의해 메탄으로 바뀐다.

5. 특정 곤충의 애벌레만이 특정 토양 선충을 먹을 수 있다. 애벌레가 죽고 선충이 번식한다. 선충은 *Xenorhabdus nematophila* 등의 세균의 도움을 받아 곤충 애벌레를 죽이고 그 방어 기작을 무효화시킨다. 세균은 독성물질을 만들어 곤충의 장 조직 세포를 파괴하고 장 세포의 아폽토시스를 유도한다. 곤충 시체의 부패를 막기 위해 세균은 항생제를 만들어 다른 종류의 세균을 죽인다. 벌레도 세균도 단독으로 토양에 존재할 수 없다.

6. 이 개미들은 지하의 둥지에 곰팡이 정원을 만든다. 개미는 둥지로 잘게 썰어진 잎을 가져와 그 위에 곰팡이를 키워 곰팡이 정원을 만들고 여기서 자라는 곰팡이를 먹고살게 된다. "올바른" 종류의 곰팡이만을 키우기 위해, 개미들은 세균이 항곰팡이 항생제를 만들게 해서 원하지 않는 종류의 곰팡이를 죽이고, 원하는 종류만이 자랄 수 있게 한다. 따라서, 개미들은 이미 5천만년 전에 농입과 항생제 사용 모두를 발견했다.

7. 적절한 예로써 *Toxoplasma*에 감염된 쥐가 고양이 오줌에 대한 두려움을 상실하는 것을 들 수 있겠다. 이 행동은 *Toxoplasma* 기생충이 그 생활사를 완성하게 도와준다; "정상에 오르는 병"은 곰팡이에 감염된 곤충이 식물 줄기를 기어올라가는 행동을 말하는데, 이는 아마도 곰팡이 포자를 더 잘 퍼뜨리게 하기 위해 하는 행동인 것으로 보인다; 곰팡이에 감염된 식물에서 "가짜꽃"이 형성됨으로써 곤충을 속여 곰팡이의 포자를 "수분"시키게 만들어 그 번식을 돕는다; 더 친숙한 예를 들자면, 사람들이 감기에 걸렸을 때 행동이 변하는 것을 들 수 있겠다.

8. 많은 환경에서, 세균은 먹이사슬의 가장 밑바닥에 있고 다른 유기체와 바이러스의 먹이가 된다. 포식은 그들의 개체 밀도를 조절하는 것처럼 보인다. 세균 포식관계에서 중요한 행위자는 파지(phage); *Bdellovibrio*처럼 세균을 먹는 세균; 그리고 항생제와 박테리오신이다.

제20장

1. 만남, 침입, 정립, 그리고 손상은 모든 감염에 있어서 거의 공통적으로 존재하는 단계이다. 만남은 태어나기 전에, 태어나서 혹은 그 이후에 일어날 수 있다. 증상은 만남 후에 다양한 시기에 나타날 수 있다(잠복기간). 정상 플로라에 속하는 감염균과의 만남은 외부 감염균과 만나는 것과는 다르게 질병의 시작보다 더 일찍 행해질 수 있다. 우리의 몸 속으로 감염균이 침입하는 것은 상피세포 층을 가로질러 몸 속의 깊은 곳에 존재하는 막층에 도달하는 것과 호흡기와 소화기 등의 외부 표면에 밀착해 질병을 일으키는 것 모두를 뜻한다. 감염균의 정립은 접종원의 크기, 감염균의 침입능력, 숙주 방어 상태 같은 여러 요소에 의존한다. 손상은 세포 손상(용해 혹은 아폽토시스), 약물작용(많은 외부독성물질), 혹은 기계적인 손상(혈관 혹은 림프관의 차단)등에 의해 발생할 수 있다.

2. 잠복기관은 감염균이 침입하고 증상이 나타나기까지 걸리는 시간이다. 접종원의 크기는 감염기간 동안 요구되는 감염균의 숫자이다. 정상 플로라(적절하게 "정상 생물군")는 건강한 개체에 보통 존재하는 미생물로 구성되어 있다. 내생적 감염은 체내에 존재하는 감염균에 의해 발생하는 질병을 말한다. 외부적 감염은 외부에서 획득되는 질병을 말한다(예를 들면, 곤충에 물리거나 오염된 음식을 섭취 혹은 흡입하는 것).

3. 주된 과정들은 감염, 용해 혹은 아폽토시스에 의한 세포사, 독성물질의 약물작용, 그리고 기계적인 방해들이다.

4. 염증의 주된 요소는 국소적인 발진, 붓기, 고통, 고름이다.

5. 그것들은 Toll-like receptors라고 불리는 특정 수용체에 의해 인식되는 미생물 구성성분이다. 전형적인 MAMPs는 세균 리포다당류, 무레인(murein), 플라젤린, 곰팡이와 원생생물의 다른 종류의 표면 구성성분, 특정 바이러스 핵산 그리고 세균 DNA에 존재하는 몇몇 염기서열 등이 있다.

6. 케모탁신과 옵소닌의 형성은 식세포를 소집하고 그 기능을 더욱 강화시키며 약물적으로 작용하는 펩타이드를 통해 염증반응을 일으키고 막에 구멍을 만들어 세포를 죽인다(막공격 복합체).

7. 섭식세포의 표면 수용체에 입자들이 부착하고 세포골격이 재배열됨으로써 세균을 빨아들인다. 리소좀과 융합되어 있는 섭식 액포를 형성시킨 후 살균제로 작용하는 리소좀을 방출한다.

8. 다른 종류의 미생물은 여러 종류의 선천 방어를 각각 교묘히 빠져나갈 수 있다. 몇몇 종류의 미생물은 그들 표면에 존재하고 있는 보체를 활성화시키는 구성성분을 숨기거나 보체를 조절하는 단백질을 변형시켜 보체체계에 대해 자신들을 보호한다. 식균작용에 대해서는 섭식세포 케모탁신의 작용을 저해하고, 캡슐이 둘러싸여져서 흡수되는 것을 피하며 파고리소좀 형성을 방해하는 방법으로 자신들을 보호한다. 또한, 세포질로 도망쳐서 섭식세포를 죽이거나 리소좀 살균 성분에 본질적으로 저항한다.

9. 선천적 방어는 모든 건강한 사람들에게 존재하고 신속하게 반응한다. 이것은 조직, 보체체계 그리고 섭식세포에 존재하는 항균 화학물질에 의해 발현된다. 적응 방어는 각 개인에 따라 독특한데, 모든 사람들의 가지는 외부 항원에 대해 노출되었던 기록을 반영한다. 처음으로 항원에 노출되었을 때, 적응 방어는 효력을 발휘하기 위해 시간이 걸린다. 반복적으로 노출되면 신속하게 반응한다. 적응 반응 두 종류가 있다: 수용성 항체와 세포 매개 면역이 그것이다.

10. 독성물질을 중화시키고 침입한 미생물을 쉽게 걸러낼 수 있는 입자로 만들기 위해서 덩어리지게 하여 쉽게 제거할 수 있도록 한다. 또한, 옵소닌처럼 작용해서 특정 병원균을 용해하도록 보체와 상호작용하고 세포 매개 면역반응을 강화시킨다.

11. 세포 매개 면역반응은 세포 표면에 미생물 항원을 제시하는 세포를 인식하고 용해하는 세포독성 T 림프구의 작용에 의존한다.

제21장

1. 우리는 모든 독자가 20개의 감염성 질병의 이름을 떠올릴 수 있을 것이라고 생각한다. 도움을 바란다면 표 21.2참조.

2. 세균 외독소는 체내의 합성장소에서 가깝든 멀든 유해하게 작용하는 독성물질이다. 외독소는 세균에 의해 분비되고 종종 성장을 방해한다. 외독소는 다양한 일반적인 방법으로 작용한다: 세포막에 구멍을 만들어 숙주세포를 용해한다; cyclic AMP의 수치를 증가시키는 등 기능을 변형시킨다; 혹은 신경전달에 영향을 주어 경련성 혹은 이완성 마비를 발생시킨다.

3. type III 분비기작을 사용함으로써 전달되는데, 이는 숙주세포막을 뚫을 수 있는 주사기 같은 장치가 세균 표면에 생성된다. 이것은 매개체를 통해 분비하는 대신 직접 타겟으로 삼은 세포에 독성물질을 전달할 수 있게 한다.

4. 이 균은 항산성이다. 왜냐하면 왁스로 구성된 외피로 둘러싸여져 있기 때문이다. 이 균은 가혹한 화학물질과 건조에 저항성을 가져 폐결핵 환자로부터 쉽게 전파될 수 있다. 느리게 성장하기 때문에 개체가 2배로 늘어나는데 24시간이 걸린다.

5. 그 사람이 결핵균과 접촉했으며 결핵균의 항원에 대한 세포 매개 면역반응을 발달시키고 있다는 것을 의미한다. 이것은 그 사람이 결핵에 걸렸거나 결핵에 걸린적이 있음을 의미하는 것이 아니다. 만약 개발도상국가의 어떤 사람이 투베르쿨린 음성에서 양성으로 바뀌었다면 건강진단과 항생제 치료가 보장된다.

6. EBV는 B 림프구를 감염시키는 헤르페스 바이러스 과에 속하는 DNA 바이러스이다. 이 세포들은 T 림프구에 의해 파괴되며 이 때 세포 구성성분이 방출됨으로써 조직에 손상을 입힌다. EBV는 플라스미드로써 기억세포 속에 존재하며, 후에 다시 발생하거나 암으로 발전할 수 있다.

7. HIV에 처음 감염되면, 감기와 유사한 증상으로 느낄 정도의 약한 정도의 감염을 발전시킨다. 이윽고, 보통 몇 년 후에 더 다양한 종류의 심각한 증상들 - 예를 들면, 종종 발진이 발생하거나 림프절이 붓고 인후염, 아구창 등이 나타난다. 결핵이 잇따라 발병하는데, 종종 다른 무해한 공생자인 *Pneumocystis*에 의해 발생할 수 있다. 그 후 많은 증상을 나타내는 많은 수의 감염균에 기인하는 질병이 발생할 수 있다. 그리고 사망한다.

제22장

1. 토론 중에 방어 기작의 진화 과정 중, 초기에 나타나는 모습과 옛날의 특정 감염성 질병을 포함시킨다. 노출되지 않은 인구에 대한 그 영향도 예를 들면 좋겠다. 새로운 감염균의 출현에 대해서도 논할것.

2. 여행, 도시화, 전쟁과 그 결과들, 증가하고 있는 위험한 성행위, 식품 생산의 공업화, 북아메리카의 재산림화, 널리 퍼지고 있는 무분별한 항생제 사용 그리고 자연적으로 발생하는 인류발생학적 환경 변화 등, 인간 행동에 있어서 발생하는 변화들을 논할 것.

3. 이 질병의 성공적인 근절을 위해 몇 가지 요인들이 필요했다. 그 요인들에는 다음과 같은 것들이 속한다: 인간은 천연두균이 사용하는 단 하나의 저장소였으며, 예방접종이 간단하고 효율적이었다. 또한, 백신을 냉장보관할 필요가 없었고 질병의 증상을 쉽게 알 수 있었다. 게다가 잠복성 혹은 지속성 감염이 사실상 알려지지 않았다; 따라서 발견되지 않은 채 바이러스가 잠복할 기회가 거의 없었다.

4. 토론 중에 공중위생, 예방접종과 치료를 포함시킬 것. 공중위생은 대부분 자원과 정치적 의지가 필요한 사회적, 기술적 문제이다. 예방접종은 많은 질병에 대해 매우 효율적이지만 그 외 다른 질병에는 아직 적용되지 않는다. 특정 백신들이 아직 개발되지 않은 이유는 후보가 되는 백신을 시험해 보기에 어려움이 있고 많은 감염균이 항원을 바꿀 수 있는 능력을 가지고 있기 때문이다. 또한, 세포 매개 면역반응을 이끌어내는데 어려움이 있다. 항미생물 제제는 특히 세균에게 매우 효과적이지만, 감염균이 저항성을 가지게 되면 효율성이 사라지게 된다. 이로 인해, 부득이하게 항미생물 제제를 남용해 왔다.

제23장

1. 레드와인의 맛은 사과산이 젖산으로 바뀌면서 향상되는데, 이 과정을 소위 유산발효라고 한다. 이 발효를 책임지는 세균은 화학반응이 일어나면서 발생하는 적은 양의 에너지를 얻어 살아가는데, 이 에너지는 비록 적은 양이지만 성장하기에 충분한 양이다.

2. 유전공학에 의한 것이든 표준적인 품종개량에 의한 것이든지 간에, 유전적으로 변형된 모든 생물종을 현장에서 사용하는 것에 대해 우려가 발생하는 것은 타당한 일이다. 이 경우 들 수 있는 적절한 예는, 자연적으로 발생하는 눈 발생을 억제하는 세균 균주가 존재한다는 것이다. 눈을 만들기 위해 세균을 죽이기 때문에 위험도 없고, 실제로 느껴지지도 않는다.

3. 원하는 단백질을 발현시키는 유전자는 공업적으로 단백질을 발현시키기에 알맞은 생물체에 클로닝 되어야 한다. 이를 위해 염기서열과 이중결합할 수 있는 프로브를 이용해 유전자와 그 mRNA를 확인해야 한다. 그리고 mRNA를 클로닝이 가능한 DNA로 복사하고 그 DNA를 적절한 생물체에 삽입한다. 유전자가 제어가능한 조건 아래서 적절한 수준으로 발현되는 것을 확인한 후, 세포를 공업적으로 이용가능한 양을 생산하는 공장으로 만들어 단백질을 발현시킨 후 정제한다.

4. 토양 세균이 왜 곤충을 죽이는 단백질을 만드는가에 대한 이유는 정확하지 않다. 왜냐하면, 세균과 곤충이 만나는 경우가 거의 없기 때문이다. 그러나, *Bt* 독성물질은 곤충과 같은 기작을 통해 토양 선충에게도 영향을 줄 수 있다. 이는 독성물질을 만드는 능력이 어떻게 선택되었는지를 시사해준다.

5. 독성물질은 곤충뿐만 아니라 세균을 먹고사는 선충에게도 영향을 미친다. 독성이 곤충에게도 영향을 미친다는 것은 우연이 일치일지도 모른다.

6. 몇몇 세균은 그들이 생존하는데 필요한 영양물질을 분해하는데 사용하는 경로와 비슷한 방법으로 오염물질을 분해할 수 있다. 예를 들어, 메탄을 사용하는 세균은 메탄뿐만 아니라 트라이클로로에틸렌 등의 특정 오염물질도 분해할 수 있다. 오염된 지역에서 이 세균을 키우기 위해 이 세균이 생존하는데 필요한 모든 영양요구조건을 이해하는 것이 필요했고, 그 결과 질소와 3가인을 자원으로 한다는 것을 알아낼 수 있었다.

국문 찾아보기

ㅈ

영문 찾아보기

A

B

C

D

E

K

L

M

N

O

P

Q

R

S